超导磁体案例研究

设计和运行要点

第二版

[美] 岩佐幸和（Yukikazu Iwasa） 著

王邦柱 马 韬 王 磊 译

中国科学技术出版社

·北 京·

图书在版编目（CIP）数据

超导磁体案例研究：设计和运行要点：第二版 /
（美）岩佐幸和著；王邦柱，马韬，王磊译 . -- 北京：
中国科学技术出版社 , 2025. 1. -- ISBN 978-7-5236-0991-0

Ⅰ . TM26

中国国家版本馆 CIP 数据核字第 2024MG8325 号

著作权合同登记号：01-2024-3991

First published in English under the title

Case Studies in Superconducting Magnets: Design and Operational Issues (2nd Ed.)

by Yukikazu Iwasa

Copyright © Springer-Verlag US, 2009

This edition has been translated and published under licence from

Springer Science+Business Media, LLC, part of Springer Nature.

本作品中文简体版权由中国科学技术出版社有限公司所有。

策划编辑	高立波　邓　文
责任编辑	杨曦子
封面设计	中文天地
正文设计	中文天地
责任校对	焦　宁
责任印制	徐　飞

出　　版	中国科学技术出版社
发　　行	中国科学技术出版社有限公司
地　　址	北京市海淀区中关村南大街 16 号
邮　　编	100081
发行电话	010-62173865
传　　真	010-62173081
网　　址	http://www.cspbooks.com.cn

开　　本	787mm×1092mm　1/16
字　　数	905 千字
印　　张	47.75
版　　次	2025 年 1 月第 1 版
印　　次	2025 年 1 月第 1 次印刷
印　　刷	河北鑫玉鸿程印刷有限公司
书　　号	ISBN 978-7-5236-0991-0 / TM·44
定　　价	258.00 元

献给我亲爱的父母，
Seizaburo 和 Shizuko Iwasa
以及
未来的一代，包括
Erina、Alexa 和 Max，
他们必定会从更多超导技术中受益

序

高磁场孕育着许多重大的科学发现和新技术。超高磁场的产生和应用研究对极端条件科学设施、生物医学工程、高精度的科学仪器、能源交通及特种电工装备都具有重要的意义。目前强磁场领域的发展趋势是采用超导磁体方式，以降低系统的构建和运行成本。经过几十年的发展，我国在开展高场全超导磁体研究方面取得了长足的进展。近年来，我国组建了一批新的强磁场科学研究机构，成立了一批超导磁体商业化应用公司，一批具有代表性的强磁场装置达到并赶超世界先进水平。相信在不久的将来，我国将全面引领世界强磁场研究和应用的发展。

超导磁体领域的快速发展离不开高级专业人才的支撑，高级专业人才的培养需要高水平的专著教材。美国麻省理工学院岩佐幸和教授所著的 *Case Studies in Superconducting Magnets：Design and Operational Issues（2nd Ed.）* 就是一本不可多得且特色鲜明的超导磁体专著，是从事超导磁体工作的重要参考书。该书以"案例"为特色，每一章以几个代表性案例为纲，全面深入且具体地介绍了超导磁体设计、制造和运行所涉及的电磁分析、低温、稳定性、保护、检测等关键问题。最后更是给出了几个综合性设计案例，将全书紧密地"串了起来"。本书编排思路清晰，公式推导周密，计算过程详尽，既有理论和技术深度，又可操作实践。

岩佐幸和教授从 1967 年至今一直在麻省理工学院磁体实验室工作，从事高、低温超导磁体技术及低温工程方面的研究已有 40 余年，先后获得米克洛什·赫特尼奖（Miklós Hetényi Award），电气电子工程师协会应用超导领域持续且重大贡献奖（IEEE Award for Continuing and Significant Contributions in the Field of Applied Superconductivity）等多项国际学术荣誉与奖励，在国际超导学术界、超导技术与工程应用界享有盛誉。岩佐幸和教授是我的老朋友，他待人热情友好，说话风趣幽默。他先后多次受我邀请来我领导的超导强磁场团队作讲座，他的这本书是我们团队成员最重要的参考书籍之一。

王磊说他联合王邦柱和马韬将岩佐幸和教授的《超导磁体案例研究：设计和运

行要点（第二版）》译为中文并交由中国科学技术出版社出版。尽管我鼓励尽量读英文原版，但对于更习惯使用中文的研究工作人员，本书中文版的出版无疑是一件好事。三位青年译者都长期工作在领域一线，工作严谨细致，译文质量有保证。

我希望本书能让越来越多的人加入我国的超导强磁场创新大军，探索无穷的新现象、新规律、新应用、新模式、新机遇，利用超导磁体技术推进多个领域科技的发展。

王秋良

作者为中文版写的序

我很荣幸被邀请为这本书写序。得知我的书的第二版已被译为中文，我很高兴。本书涵盖了超导磁体技术的设计和运行基础问题：其根本目的是帮助研究生和磁体工程师学习和讨论超导磁体。

几十年来，超导磁体技术取得了巨大进展。本书讨论了相关主题：电磁场、磁场和力、低温技术、磁化、磁体稳定性、耗散、保护和高温超导等。我希望本书不仅能够成为学生的有益引介，同时也为磁体工程师提供可靠参考。

我衷心感谢王邦柱、马韬和王磊在将我的书译成中文方面所付出的努力和专业精神。翻译一本技术书籍是具有挑战性的。他们做的不仅是翻译工作，更是创作了一部有意义的作品。我希望读者能够欣赏到他们的细心和他们专业的工作成果。

最后，我要衷心感谢每一位读者。愿它成为您书架上超导磁体方面的得力伴侣。

岩佐幸和（Yukikazu Iwasa）

原版前言

本书第二版像第一版一样，是基于我自 1989 年起在麻省理工学院（MIT）机械工程系开设的一门关于**超导磁体**的研究生课程，当时正值高温超导体（HTS）被发现不久。在本书中，我把临界温度为 39 K 的 MgB_2 超导体归为 HTS。这本书面向研究生和专业工程师，涵盖了超导磁体技术的基本设计和运行问题。

正如第一版序言中提到的，该课程为学生布置了许多"辅导"问题，以回顾课堂材料、讨论课堂上没有涉及的更深入的话题或者教授课堂上根本没有介绍的主题。由于"辅导"问题配合一周后的解决方案模式在课程中取得了成功，因此第一版中采用的这种格式在第二版中得以保留。新版中保留了第一版中的大多数问题，作为**问题**或变为**讨论**。此外，还添加了更多**问题**和**讨论**形式的主题。由于在 1995 年以前，国家高场磁体实验室（Francis Bitter National Magnet Laboratory，FBNML[*]）的主磁体项目一直是高场直流螺线管磁体，因此除了少数例外，与其他应用直接相关的磁体问题没有被列出。然而，本书涵盖的重要话题，特别是关于磁场分布、磁体、力、热稳定性、耗散和保护等主题，其概念足够基础和通用，因此螺线管磁体是合适的例子。

第二版比第一版多了 200 多页，有以下 4 个原因：①涵盖了第一版中应该涵盖但被遗漏的主题；②添加了与 HTS 磁体相关的新材料；③对一些概念做了更详细的解释；④纳入了自 1995 年以来编制作业和测验。这一次，呈现形式上得到了显著改进，比以前的错误和印刷错误都少得多（但仍然不是没有）。在遇到第一版的读者时，我经常不得不提醒他/她书中有许多错误。不过，如果仔细阅读，这些错误在很大程度上是显而易见的。

完成第一版只花了不到 18 个月的时间——工作在 1993 年 5 月开始，在 1994 年 10 月出版；相比之下，完成第二版用了十几年，工作始于 1997 年的重写和扩充第三

---

[*] 1995 年后改称弗朗西斯·比特磁体实验室（Francis Bitter Magnet Laboratory），简称 FBML。

章。在准备这两个版本的过程中，我极度依赖我亲自参与的磁体项目，并向 FBML（前身为 FBNML）磁体技术部门的成员致敬：过去的成员包括约翰·威廉斯（John Williams）、马特·利奥波尔德（Mat Leupold）、伊曼纽尔·博布罗夫（Emanuel Bobrov）、戴维·约翰逊（David Johnson）、弗拉德·斯泰斯卡尔（Vlad Stejskal）、安迪·什切帕诺夫斯基（Andy Szczepanowski）、梅尔·维斯塔尔（Mel Vestal）、罗伯特·韦格（Robert Weggel）和亚历克斯·茹科夫斯基（Alex Zhukovsky）。现在的成员包括胡安·巴斯库南（Juan Bascuñán）、我的朋友和同事已故的伊曼纽尔（1936—2008 年），现任职于高丽大学的戴维·约翰逊、李海根（音译，Haigun Lee）、韩承勇（音译，Seungyong Hahn）和姚伟俊（音译，Weijun Yao）。

在撰写新版的十多年里，有很多人帮助我完成它。在我们的部门，我特别感谢：胡安反复阅读了整本书，仔细检查了涉及完全椭圆积分的轴向力方程，并提供了许多低温数据；伊曼纽尔建议在新的版本中加入轴向力公式，并指出它们可以从米兰·韦恩·加勒特（Milan Wayne Garrett）的一篇论文中的公式推导出来；海根仔细阅读了早期草稿并发现了许多错误；伟俊在早期章节中提供了关键观点；承勇对许多关键问题提出了深刻的评价，并提出了有益的改进建议。许多近期的访问者和博士后研究员为新版本作出了贡献，特别是：安敏哲（音译，Min Cheol Ahn）为绘制许多图表和编制索引提供了帮助；金禹硕（音译，Wooseok Kim，首尔国立大学）和弗雷德里克·特里约（Frederic Trillaud，现在劳伦斯·伯克利国家实验室）为绘制图表提供了帮助；安藤龙哉（音译，Ando Ryuya，日立有限公司）为低温数据提供了帮助。此外，我以前的学生本杰明·海德（Benjamin Haid，现在劳伦斯·利沃弗国家实验室）也为这本新版本作出了贡献。罗伯特通读了整本书好几次，不仅纠正了错别字等错误，而且更重要的是，提出了重要评论和建议。他还检查了索引的几个版本。我对他们表示最深切的感谢。

我收到了来自位于磁体实验室对面的等离子科学与聚变中心（Plasma Science and Fusion Center）同仁的许多宝贵意见，包括乔·米纳维尼（音译，Joe Minervini，他在核工程系也教授了这门研究生课程）、乔·舒尔茨（Joel Schultz）、高安诚（音译，Makoto Takayasu）、陈郁庚（音译，Chen-Yu Gung）、布拉德·史密斯（Brad Smith）和亚历克斯·茹科夫斯基。我感谢他们的贡献。

我还要感谢我的同事和麻省理工学院以外的朋友们对我的宝贵贡献，特别感谢以下人员：CERN 的卢卡·博图拉（Luca Bottura）博士提供了图表和数据；布鲁克黑文（Brookhaven）国家实验室的正木末长（音译，Masaki Suenaga）博士和九州大学的舟木一夫（音译，Kazuo Funaki）教授在交流损耗方面的贡献；国家强磁场实验室（NHMFL）的汉斯·施奈德-蒙塔特（Hans Schneider-Muntau）博士、马克·伯德（Mark Bird）博士和约翰·米勒（John Miller）博士当时在水冷磁体和 45 T 混合磁体方面的贡献；奥克·里奇（Oak Ridge）国家实验室的克里斯·雷伊（Chris Rey）博士在磁分离方面的贡献；岩手大学的藤城博之（音译，Hiroyuki Fujishiro）教授在焊料材料电阻率数据方面的贡献（第 7 章）；早稻田大学的石山敦士（音译，Atsushi Ishiyama）教授、Oak Ridge 国家实验室的罗伯特·达克沃思（Robert Duckworth）博士和 NHMFL 的王晓蓉（音译，Xiaorong Wang）博士在高温超导试样正常区传播的实验结果方面的贡献（第 8 章）。

以下朋友们对部分章节草稿进行审阅并提出宝贵建议，我要感谢他们：Oak Ridge 国家实验室的迈克·古奇（Michael Gouge）博士、法国原子能委员会（CEA）的弗朗索瓦·保罗·朱斯泰（François-Paul Juster）博士，威斯康星大学的约翰·普福滕豪尔（John Pfotenhauer）教授，劳伦斯·伯克利（Lawrence Berkeley）国家实验室的苏林·普雷斯特蒙（Soren Prestemon）博士以及马丁·威尔逊（Martin Wilson）博士。

自 1995 年以来，我们的项目主要关注 HTS 磁体的特定设计和运行问题，例如保护机制、在高端核磁共振（NMR）和磁共振成像（MRI）磁体中的应用。是 FBML 和麻省理工学院化学系主任罗伯特·格里芬（Robert Griffin）教授、哈佛医学院的格哈德·瓦格纳（Gerhard Wagner）教授以及麻省理工学院核科学与工程系的大卫·科里（David Cory）教授与我们部门的密切合作启发了这些磁体项目。

保护项目最初由美国能源部支持，后续由美国空军科学研究办公室一直支持。NMR 和 MRI 磁体项目得到了国家卫生研究院的 2 个下属机构的支持，最近又得到其所属第 3 个机构的支持。我特别感谢美国国家研究资源中心的亚伯拉罕·利维（Abraham Levy）博士、美国国家生物医学成像和生物工程研究所的艾伦·麦克劳克林（Alan McLaughlin）博士，以及美国国家综合医学研究所的让娜·韦尔利（Janna Wehrle）博士，他们对我们的磁体项目的浓厚兴趣和付出使我深感欣慰。

自 2001 年起，包括基于草稿章节的讲座在内的大部分写作工作都是在法国原子能委员会萨克雷研究所（CEA Saclay）的加速器、低温和磁学部门（Accelerator, Cryogenics and Magnetism Department，SACM）完成的。我不仅感谢 SACM 同事们的友谊，特别是弗朗索瓦·基歇尔（François Kircher）博士、安托万·达埃尔（Antoine Daël）博士和琼-米歇尔·里芙莱（Jean-Michel Rifflet）博士，还感谢他们给予我的这个绝佳机会。在 2000 年初，我在中国科学院电工研究所应用超导实验室使用了草稿章节进行讲座，我感谢严陆光院士、林良真研究员、肖立业研究员和王秋良研究员给我机会。从 2005 年开始，我还在西南交通大学应用超导实验室做了 3 个系列讲座，我感谢王家素教授、王素玉教授及他们的学生们。

　　最后，我要感谢我的妻子喜美子（音译，Kimiko）。她让我能够在家里继续工作，并最大限度减少家务上对我的要求，使我能够完成这个新版本。

岩佐幸和（Yukikazu Iwasa）

韦斯顿，马萨诸塞州

2009 年 1 月

目 录
CONTENTS

第 5 章　磁化　341

第 8 章　保护　　　513

第 1 章

超导磁体技术

1.1 引言

超导磁体技术研究超导磁体的设计、建造和运行。超导磁体是一种高度承压的设备：它要求工程提供最好的条件以确保能成功、可靠地运行，同时还具有经济属性。典型的 10 T 磁体要承受等效 40 MPa 的磁压（约 400 atm），不论是以超导态运行于 4.2 K（液氦）或 77 K（液氮），还是以电阻态运行于室温。超导磁体技术属于交叉学科，涉及机械、电气、制冷和材料等多个工程领域。

表 1.1 列举了与超导磁体技术有关的"首次"事件。其中，1911 年卡末林·昂内斯（Kamerlingh Onnes）* 发现超导电性后，特别值得提及的大事如下：

1. 水冷 10 T 电磁体：弗朗西斯·比特（Francis Bitter），20 世纪 30 年代
2. 大规模氦气液化装置：柯林斯（Collins），20 世纪 40 年代末
3. 磁体级超导体：孔兹勒（Kunzler）等，20 世纪 60 年代初
4. 磁体低温稳定性：斯特科利（Stekly），20 世纪 60 年代中
5. 高温超导体（high temperature superconductor，HTS）：穆勒（Müller）和贝德诺尔茨（Bednorz），1986 年

尽管比特（Bitter）磁体是运行于室温的水冷电阻型的，但我们可以放心地说，是比特开创了现代磁体技术。曾经仅几个研究中心才买得起的昂贵液氦，在柯林斯液化器投入使用不久后便广泛可得，推动了低温物理学领域的快速发展。许多重要的超导体都是在 20 世纪 50 年代发现的，它们最终在 20 世纪 60 年代被改进为磁体级超导体并沿用至今。

---

* 1908 年，卡末林·昂内斯率先将氦液化。

表 1.1 超导磁体技术有关的"首次"事件

年　代	事　件*
20 世纪 30 年代	迈斯纳效应
	发现第Ⅱ类低温超导体（low temperature superconductor，LTS）
	超导的唯象理论
	比特磁体产生高达 10 T 的磁场
20 世纪 40 年代	Collins 氦气液化装置进入市场
20 世纪 50 年代	发现更多第Ⅱ类超导体
	超导的金兹堡-朗道-阿布里科索夫-高里科夫理论（Ginzburg-Landau-Abrkosov-Gor'kov，GLAG theory）和 BCS 理论（Bardeen-Cooper-Schrieffer theory）
	小型超导磁体
20 世纪 60 年代	开发出磁体级超导体，即 NbTi 和 Nb_3Sn
	国家高场磁体实验室（Francis Bitter National Magnet Laboratory）建立
	比特磁体产生高达 22 T 的磁场（有铁芯时达 25 T）
	LTS 中的磁通跳跃
	LTS/常规金属复合超导体
	阐明低温稳定性条件
	大型低温稳定 LTS 磁体［磁流体力学（magnetohydrodynamics，MHD）和气泡室］
	超导发电机
	内冷 LTS 磁体
	多丝化 NbTi/Cu 超导体
20 世纪 70 年代	多丝化 Nb_3Sn/Cu 超导体
	磁悬浮试验车
	加速器用超导二极和四极磁体
	管内电缆导体（cable-in-conduit conductor，CICC）
	混合磁体产生 30 T 的磁场
	使用 LTS 磁体的商业化核磁共振（nulcear magnetic resonance，NMR）系统
20 世纪 80 年代	使用 LTS 磁体的商业化磁共振成像（magnetic resonance imaging，MRI）系统
	聚变 LTS 磁体的多国协作试验项目⇒国际热核实验堆（international thermonuclear experimental reactor，ITER，2001）
	60 Hz 应用的亚微米超导体
	超导加速器
	发现 HTS
20 世纪 90 年代	BSCCO-2223/Ag 复合超导带；磁体（1~7 T）
	制冷机冷却"干式"磁体（LTS 和 HTS）
	YBCO 涂层导体
	45 T 混合磁体
2000—	发现 MgB_2 "类金属"超导体（T_c = 39 K）
	HTS 示范装置，如电缆、变压器、电机
	高分辨率 900 MHz~1 GHz 全 LTS NMR 磁体
	高分辨率 LTS/HTS NMR 磁体开始研发
	脑成像用高场 MRI 磁体
	大型强子对撞机（Large Hadron Collider，LHC）运行

* 事件顺序未区分先后。

斯特科利（Stekly）等人在 20 世纪 60 年代中期提出的低温稳定磁体的设计准则可能是超导磁体早期最重要的一步。它着实促使了超导从科学好奇到工程现实的转变。随后，HTS 磁体技术的进步而成功开发出的高性能（绝热，即非低温稳定）磁体，如今主宰了超导磁体的"市场"份额。

HTS 的发现把超导磁体技术从液氦深井中提起来。伴随制冷机技术的进步，HTS 加速了制冷机冷却高温超导（HTS）/低温超导（LTS）"干式"（无制冷剂）磁体的发展。21 世纪初以来，人们坚定地相信并热切地希望，HTS 最终能成功用于 LTS 未能实现的应用。

1.2 超导电性

在特定临界温度（通常记为 T_c）下通过直流时完全没有电阻，这是超导电性的基本概念。T_c 和另两个参数临界磁场（H_c）和临界电流密度（J_c）共同定义了一个临界面，超导相存在于这个面之下（见 1.2.4 节）。T_c 和 H_c 都是热力学参数，对给定的超导材料，不因冶金工艺而改变，而 J_c 不是。实际上，孔兹勒（Kunzler）等人在 1961 年的关键贡献就是展示了对于某些超导体，仅通过冶金学方法即可显著提高 J_c。本书不打算用正式的唯象理论或微观理论来解释 T_c、H_c、J_c 的相互关系。不过鉴于超导电性磁场下的行为在超导磁体中有重要作用，本书将用简单的理论模型对其解释。

1.2.1 迈斯纳效应

迈斯纳效应（Meissner effect）是由迈斯纳和奥克森费尔德（Ochsenfeld）在 1934 年发现的，描述的是在超导体内部磁感应强度（B）不存在的现象（即 $B=0$）。超导体的完全抗磁性是比完全无电阻（即导体的电阻为 0，$\rho=0$）更基本的性质，因为材料的完全抗磁性**自动**要求它是理想电导体。迈斯纳效应源自导体表面的超导电流，在第 I 类和第 II 类超导体中都观察到了（见 1.2.3 节）。第 I 类超导体的迈斯纳效应在其热力学临界磁场 H_c 之下都存在；而第 II 类超导体的 Meissner 效应仅存在于下临界磁场 H_{c1} 以下，超过 H_{c1} 后，磁场会逐步进穿透超导体并在达到上磁场 H_{c2} 时完全进入，此时第 II 类超导体处于完全正常态。

图 1.1（a）给出了 2 个球的磁场 H 和温度 T 相图。临界温度 T_c 将之分成 2 个区

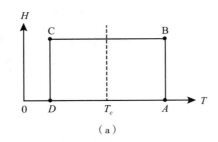

（a）

超导体（Superconductor，Sc）

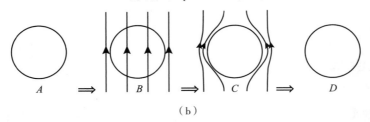

（b）

理想导体（Perfect conductor，Pc）

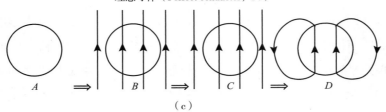

（c）

超导体（Superconductor，Sc）或理想导体（Perfect conductor，Pc）

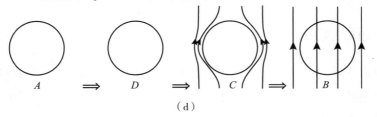

（d）

图 1.1 （a）2 个球的 H–T 相图，其中一个是超导体，另一个是理想导体。（b）超导球按 $A \Rightarrow B \Rightarrow C \Rightarrow D$ 顺序施加 H–T 环境的磁场分布。（c）理想导体按相同的顺序施加 H–T 环境的磁场分布。（d）超导体或理想导体按 $A \Rightarrow D \Rightarrow C \Rightarrow B$ 顺序施加 H–T 磁场情况。超导球的点 C(b)，理想导体球的点 D(c)，超导球和理想导体球的点 C(d)，球感应出表面电流以满足 $B = 0$ 或 $\dfrac{\partial B}{\partial t} = 0$。[图(b) ~ (d) 为磁场示意图。]

域。在 $T < T_c$ 时，超导体（Sc）球进入超导状态（$B = 0$），理想导体（Pc）球成为理想的导电体（$\rho = 0$）。2 个球的性质均与磁场 H 无关。

图 1.1（b）给出了超导球的 $H–T$ 相图按 $A{\Rightarrow}B{\Rightarrow}C{\Rightarrow}D$ 顺序变化的磁场分布：球在 C 点时通过感应表面电流满足其 $B=0$ 条件——电流分布将在第 2 章研究。D 点磁场为 0，感应电流也归零。图 1.1（c）给出了理想导体球在同样相变顺序下的磁场分布：在 $B{\Rightarrow}C{\Rightarrow}D$ 时，球内磁场保持不变，即 $\dfrac{\partial B}{\partial t}=0$，以满足 $\rho=0$。图 1.1（d）给出了超导球或理想导体球的另一种相变顺序。此时，A 点和 D 点的初始磁场条件 $\dfrac{\partial B}{\partial t}=0$ 或者 $B=0$ 在 C 点保持不变，空间分布的表面电流与超导球一样。注意，超导球的磁场分布实际上不依赖于球的初始条件或者相变顺序；而理想导体球是依赖的，如图 1.1（c）和图 1.1（d）中的 C 和 D 的所示。

1.2.2　伦敦超导电性理论

在 1957 年由巴丁（Bardeen）、库珀（Cooper）和施里弗（Schrieffer）建立微观理论（Bardeen-Cooper-Schrieffer theory，BCS 理论）之前，从 20 世纪 30 年代开始，出现了多种超导电性的唯象理论。其中包含伦敦电磁理论（1935 年）。该理论提出"穿透深度"概念，解释了迈斯纳效应。简单地说，超导体表面穿透深度为 λ 的超导电流完全屏蔽了超导体外的磁场。根据伦敦理论（London theory），λ 由下式给出：

$$\lambda = \sqrt{\frac{m}{\mu_0 e^2 n_{se}}} \tag{1.1}$$

式中，m 和 e 分别是电子质量（9.11×10^{-31} kg）和电荷量（1.60×10^{-19} C）；μ_0 是自由空间磁导率（$4\pi\times10^{-7}$ H/m）。这里，超导电子密度 n_{se} 区别于自由电子密度 n_{fe}：在 $T=0$ 时，所有电子都是超导电子；在 $T=T_c$ 时，无超导电子。定量地（第 2 章，问题 2.2），有：

$$n_{se} \approx n_{fe} = \frac{\varrho N_A}{W_A} \tag{1.2}$$

其中，ϱ 是导体的密度（g/cm^3），N_A 是阿伏伽德罗常数（6.022×10^{23} 原子数/mol），W_A 是原子质量（g/mol）。超导电流密度 $J_c=en_{se}v\approx en_{fe}v$，$v$ 是超导电子的漂移速度。第 I 类超导体铅（Sb）的 λ 和 J_s 近似值，将在问题 2.2 中进行计算。

1.2.3 第 I 类和第 II 类超导体

1911 年，卡末林·昂内斯在纯汞中发现了超导电性；随后，又发现铅、锡等金属也是超导体。这些材料现在被称为第 I 类超导体，由于 H_c 很小（一般小于 10^5 A/m，或 0.1 T），并不适合作超导磁体材料。磁体级超导体（1.3 节介绍），可追溯到哈斯（Haas）和维格德（Voogd）于 1930 年发现的首个第 II 类超导体，铅铋合金[1.1]。

第 II 类超导体可以建模为第 I 类超导体和正常导体材料的混合态。实际上，在 20 世纪 60 年代初就有了两种混合态物理模型：薄层（lamina）模型和涡旋（vortex）模型。古德曼（Goodman）提出的薄层模型认为，第 II 类超导体由超导层及其隔开它们的正常态层组成。涡旋模型是由阿布里科索夫（Abrikosov）提出的[1.2]，不久得到了埃斯曼（Essmann）和特劳贝尔（Trauble）的实验证实[1.3]。该理论认为在超导"海"中存在许多六角形排列的正常态"岛"。若要第 II 类超导体在 0.1 T 以上保持超导态，正常态"岛"的半径必须小于 λ。岛的半径即相干长度 ξ，是由皮帕尔德（Pippard）在 1953 年引入的一个空间参数，定义了超导/正常态转变发生的尺度。根据用于解释第 II 类超导体磁场行为的 GLAG［金兹伯格（Ginsburg）、兰道（Landau）、阿布里科索夫（Abrikosov）、戈尔科夫（Gorkov）］理论，若 $\xi < \sqrt{2}\lambda$，则属于第 II 类超导体；若 $\xi > \sqrt{2}\lambda$，则属于第 I 类超导体。ξ 因合金而减小，因为合金会令正常电子的平均自由程缩短；此外，ξ 反比于材料正常态的电阻率。两种常用的磁体级超导体——NbTi 合金和 Nb_3Sn 复合物——的室温正常态电阻率都比铜至少大一个数量级。值得注意的是，所有 HTS 的 ξ 都远小于 λ。

DC 和 AC 响应

图 1.2 给出了三类超导棒载有小于其临界电流值的电流时的图示。在第 I 类超导棒［图 1.2（a）］中，AC 或者 DC 电流都仅在表面（伦敦穿透深度以内）流过且无耗散。在第 II 类超导棒中，DC 电流［图 1.2（b）］在整个棒体内流过，尽管存在若干正常态区但不产生耗散。我们可以想象为超导棒中的超导电子流动时"躲"开了正常态区。从电路模型看，我们可以认为这些有电阻的"岛"被周围的超导"海"短路掉了。不过，第 II 类超导棒中通过 AC［图 1.2（c）］电流时是有损耗的（产生热），即"混合态"棒有电阻，尽管该有效电阻仍比正常高导电金属小几个数量级。

每一个正常态区都包含磁通束，即类磁通（fluxoid）或涡旋线（vortices）。磁通束在时变磁场和/或时变电流下流动。此种耗散性磁通流动是第Ⅱ类超导体交流损耗的主要来源。

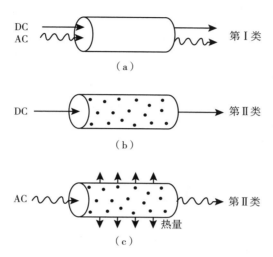

图 1.2　载流超导棒。（a）第Ⅰ类超导体棒，传输 DC 或 AC 电流——无焦耳耗散产生。（b）第Ⅱ类超导体棒，DC 电流无耗散。（c）第Ⅱ类超导体棒，AC 有焦耳耗散产生。

磁场性质

　　在磁场中，第Ⅰ类超导体在体热力学临界磁场 H_c 下是完全抗磁的；超过 H_c 后就成为常规的无磁材料。第Ⅱ类超导体在 H_{c1} 下的磁场性质和第Ⅰ类超导体一致；在 H_{c1} 和上磁场 H_{c2} 之间时，第Ⅱ类超导体处于混合态。图 1.3 给出了第Ⅰ类/第Ⅱ类超导体的磁化强度与磁场强度的关系（非实际比例）。因为超导体本质上是抗磁的，磁化强度是负的，故图中的曲线按 $-M$ 与 H 的关系绘出。图 1.3 中的斜划线区域即第Ⅱ类超导体的混合态区域。注意，所有磁体级超导体的磁化曲线都是不可逆的（第 5 章涉及），并不与图一致。不可逆导致磁滞曲线。第Ⅱ类超导体的磁滞本性是其交流损耗的又一来源。

超导体举例

　　表 1.2 列出了一些第Ⅰ类和第Ⅱ类超导体，并给出了它们的零场临界温度 T_c、临界磁场（第Ⅰ类为 $\mu_0 H_c$；第Ⅱ类为 $\mu_0 H_{c2}$）。所有的第Ⅰ类超导体都是金属，临界场

很小。这就解释了为什么昂内斯（Onnes）在 1913 年用铅线做的首个超导线圈会失败：暴露于线圈的磁场中（自场），铅就不能保持超导了。即使那个时代，电磁铁要能产生至少 0.3 T 的磁场才会被认为是有用的。表 1.2 已经很清楚地表明，超导磁体必须使用第Ⅱ类超导体。与第Ⅰ类超导体不同，第Ⅱ类超导体存在多种类型：合金、类金属、金属化合物甚至氧化物。表 1.2 中的所有氧化物都是 HTS；MgB_2 是类金属，也被归为 HTS。图 1.4 给出了几种 HTS 和 LTS 的 T_c 及其发现年份，图中还（用横线）标出了重要制冷工质的沸点。跨越约 90 年，实线把氧化物超导体连接了起来，虚线把以 Hg 为首以 MgB_2 为尾的金属类超导体连接了起来。

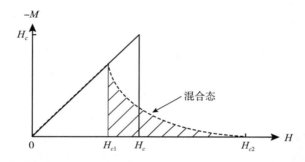

图 1.3　第Ⅰ类（实线）和第Ⅱ类（虚线）超导体的 "$-M$ 与 H 的关系示意图"。H_{c1} 和 H_{c2} 分别是第Ⅱ类超导体的下磁场和上磁场。斜划线填充区域表示第Ⅱ类超导体的混合态。

表 1.2　几种第Ⅰ类和第Ⅱ类超导体的临界温度 $T_c\,[\mathrm{K}]$ 和临界磁场 $\mu_0 H_{c2}^*\,[\mathrm{T}]$

第Ⅰ类	$T_c\,[\mathrm{K}]$	$\mu_0 H_c^*\,[\mathrm{T}]$	第Ⅱ类	$T_c\,[\mathrm{K}]$	$\mu_0 H_{c2}^*\,[\mathrm{T}]$
Ti	0.39	0.0100	Nb（金属）	9.5	0.2[*]
Zr	0.55	0.0047	NbTi（合金）	9.8	10.5[†]
Zn	0.85	0.0054	NbN（类金属）	16.8	15.3[†]
Al	1.18	0.0105	MgB_2（类金属）	39.0	35~60[‡]
In	3.41	0.0281	Nb_3Sn（化合物）	18.2	24.5[†]
Sn	3.72	0.0305	Nb_3Al（化合物）	18.7	31[†]
Hg	4.15	0.0411	Nb_3Ge（化合物）	23.2	35.0[†]
V	5.38	0.1403	$YBa_2Cu_3O_{7-x}$（氧化物）	93	150[*]
Pb	7.19	0.0803	$Bi_2Sr_2Ca_{n-1}Cu_nO_{2n+4}$（氧化物）[*]	85~110	>100[*]

[*]　0 K，估计值。

[†]　4.2 K，测试值。

[‡]　4.2 K，估计值（35 T，平行场；60 T，垂直场）。

[*]　$n=2$，Bi2212；$n=3$，Bi2223。

1.2.4　第Ⅱ类超导体的临界面

图 1.5 是一种典型的第Ⅱ类磁体级超导体（1.3 节）的临界面。超导电性存在于由函数 $f_1(J,H,T=0)$，$f_2(J,T,H=0)$，$f_3(H,T,J=0)$ 为边界的临界面下方相空间内。在一种超导体的早期研发阶段，需要测量 $f_2(J,T,H=0)$ 和 $f_3(H,T,J=0)$。对磁体工程师来说，更有用的是一般的 $f(H,T,J)$ 函数。

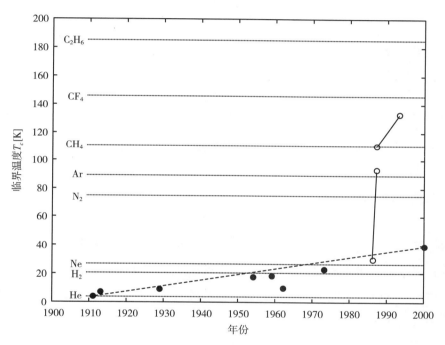

图 1.4　几种超导体的 T_c 和发现年份。实线和空心圆圈为 HTS，虚线和实心圆圈为 LTS（2000 年发现的 MgB_2 除外，其 $T_c=39$ K，被认为是 HTS）。水平点线：若干制冷工质的沸点，自下而上分别为：He（4.22 K）；H_2（20.39 K）；Ne（27.09 K）；N_2（77.36 K）；Ar（87.28 K）；CH_4（111.6 K）；CF_4（145.4 K）；C_2H_6（184.6 K）。

临界电流密度

第Ⅱ类超导体的临界电流密度（J_c）可以通过冶金工艺方法显著提升。这种增强的 J_c 性能通常归因于产生的"钉扎中心"钉住了涡旋，从而可以抵抗施于其上的洛伦兹力（Lorentz force，$\vec{J_c}\times\vec{B}$）。晶体结构中的钉扎中心可通过材料掺杂、冶金工艺（如冷处理产生位错，热处理产生前位体和晶界）等手段产生。金（Kim）等人得到了 $J(H,T$ 为常数)[1.4]：

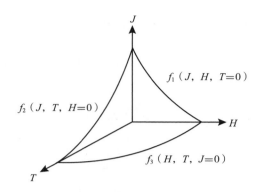

图 1.5 典型的第 II 类超导体的临界面。

$$J_c \approx \frac{\alpha_c}{H+H_0} \qquad (1.3)$$

式中，α_c，H_0 是常数。α_c 是 $H \gg H_0$ 时与洛伦兹力密度平衡的渐近力密度。

1.3 磁体级超导体

磁体级超导体是指那些满足苛刻的磁体参数要求且**可商业化获取**的超导体。以下的评论指出了**磁体级超导体**与**超导材料**的关键区别：正如迄今为止所开发的每一种成功的磁体级超导体的情况一样，将实验室中发现的超导材料转化为磁体级超导体要经历一个漫长而艰苦的过程。

1.3.1 超导材料与磁体级超导体

表 1.3 给出了满足特定超导标准的材料数量的估计值：随着标准接近磁体级的要求，这个数量急剧下降。实际上，迄今发现的约 10000 种超导体中，仅有几种可用于超导磁体。它们包括属于 LTS 的 NbTi 和 Nb$_3$Sn，以及属于 HTS 的 Bi2212、Bi2223、涂层 YBCO 导体和 MgB$_2$。超过 3 个数量级的下降表明了材料科学家和冶金科学家在将一种材料转变为磁体级超导体时所面临的任务艰巨。

表 1.3 超导材料与磁体级超导体

标 准	数量（种）	标 准	数量（种）
①能超导？	~10000	③$J_c > 1\mathrm{GA/m^2}$？	~10
②$T_c > 4.2$ K 且 $\mu_0 H_{c2} > 10$ T？	~100	磁体级？	<10

1.3.2　实验室级超导体与磁体级超导体

超导材料从实验室级到磁体级要经过很长的一段历程，可分为 6 个阶段：①发现；②提高 J_c 性能；③与基底金属的共处理；④多丝成形；⑤$I_c > 100A$ 且长度 >1 km；⑥其他要求，如强度和应变能力。表 1.4 给出了 Nb_3Sn 和 Bi2223 的上述 6 个阶段开始的大致时间。请注意，Bi2223 从一开始就与正常基体金属（银）共处理的。还要注意的是，J_c（阶段 2）的提升至今仍在继续：LTS 如此，HTS 亦然。对于涂层 YBCO，目前处于阶段 3 晚期，即将进入阶段 4；目前已有使用 YBCO 制作的运行于 77 K 的小线圈。2001 年发现的 MgB_2 已越过阶段 5，目前已有大型的 MgB_2 磁体建成且投入运行。

表 1.4　Nb_3Sn 和 Bi2223 从材料到导体的发展阶段

阶　段	事　件	Nb_3Sn	Bi2223
1	发现	20 世纪 50 年代早期	20 世纪 80 年代晚期
2	大 J_c 短样	20 世纪 60 年代早期 *	20 世纪 90 年代早期 *
3	与基底金属共处理	20 世纪 60 年代晚期	20 世纪 90 年代早期 †
4	多丝成形	20 世纪 70 年代早期	20 世纪 90 年代中期
5	$I_c \geqslant 100$ A；长度 $\geqslant 1$ km	20 世纪 70 年代中期	21 世纪 00 年代早期 *
6	其他磁体要求	20 世纪 70 年代晚期	21 世纪 00 年代中期

* 仍在进行性能提高。

† 对 Bi2223：从阶段 1 开始就与银共处理。

尽管 1961 年发现 Nb_3Sn 后进行了十多年密集的研究与试验，但它在多数磁体中应用时**仍**需定制设计。由于其脆性和不耐受超过 0.3% 的应变，这种材料本身就很难加工，在处理时需要非常小心。BSCCO 的情况也很类似，它也是脆性的。

1.4　磁体设计

在本节中，将简要讨论重要的磁体设计问题。

1.4.1　要求和关键问题

一个磁体，无论是实验性的还是更大系统的部件，都必须满足磁场的基本要求：

空间分布和时变特性 $\vec{H}(x,y,z,t)$。磁场的特性中常给出以下重要参数：①H_0，磁体中心（$x=0,y=0,z=0$）场强；②V_0，规定磁场 $\vec{H}(x,y,z)$ 的空间区域；③$\vec{H}(t)$，磁场的时变特性。在第 2 章和第 3 章将详细讨论 H_0 和 $\vec{H}(x,y,z)$。

除了满足这些基本的磁场要求，磁体设计还必须解决以下关键问题：

机械完整性　磁体必须有足够的结构强度，以便在工作和故障条件下承受巨大的磁应力。第 3 章也涉及磁力和应力。

运行可靠性　磁体必须稳定可靠地达到并保持在其工作点上。磁体的这种可靠性一般称为磁体稳定性；运行中磁体失去超导电性的过程叫作**失超**。第 5 章、第 6 章和第 7 章将讨论这个问题。

保护　一旦磁体发生运行偏离变成正常态（电阻性），它必须能保持不受损害，并且能够反复通电到其工作点。第 8 章专门讨论这个问题。

导体　对量产的磁体，超导磁体系统的总体成本很大程度上受超导体费用的影响，即导体费用决定磁体费用。不过，本书很少定量处理超导体费用问题，比如 1.8 K 运行的 NbTi 和 4.2 K 运行的 Nb_3Sn 或者 4.2 K 运行的 NbTi，以及 15 K 运行的 MgB_2 的经济性选择问题。附录章节中给出了超导体的部分特性。

低温技术　磁体运行需要能量来制造并维持低温环境，故低温技术是超导磁体的一个重要问题。第 4 章专门讨论这个问题。人们往往过分强调低温技术对于整个磁体系统的重要性。故这里必须指出，即使在许多超导磁体发挥关键作用的应用中，磁体也只是整个系统中的一个组成部分，而低温则又是一个子组件。低温系统的功率要求通常只是整个系统相关总功率的一小部分，在某些情况下，操作的便利性和可靠性完全允许投资和/或运营的高费用。

为了使超导磁体在市场上取得成功——大多数超导磁体的最终目标——上述列表中还应增加 2 个要求：价格和操作便利。

1.4.2　运行温度的影响

LTS 磁体的基准温度通常是 4.2 K。运行于显著高于 4.2 K（仅 HTS 磁体可能）的温度对 5 个关键磁体问题的影响是不同的。这些关键问题是机械的完整性、稳定性、保护、导体和低温。图 1.6 给出了"难度或费用"与运行温度 T_{op} 的定性关系，上述 5 个关键问题在温度尺度上涵盖了 LTS 和 HTS 磁体。对与 LTS 磁体，温度范围一般在 1.8~10 K；HTS 一般在 20~80 K。不过 LTS/HTS 混合系统的运行温度 T_{op} 由 LTS 决定，即≤10 K。图 1.6 中的保护与导体用一条曲线表示，稳定性与低温亦然，但每一对问题的**实际**曲线并不会重合。

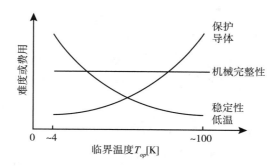

图 1.6　温度对 5 个关键磁体问题的影响。

图 1.6 表明，满足机械完整性要求的难度基本与运行温度无关。这个结论在运行温度到~100 K 以内都是适用的；在此温区内，磁体的多数材料的热膨胀差异都可忽略。对给定磁场要求的磁体，安匝数与运行温度基本无关。因为已知的超导体的临界电流密度都是随温度上升而下降，而导体费用总是随温度上升而提高。降低低温成本的期望收益一定要与导体费用的增加值作比较。通过第 6 章和第 8 章的讨论我们将看到，温度显著影响运行稳定性（温度越高越容易）和保护（温度越高越难）。这两章中的问题和讨论专题将展示提高运行温度的正面和负面影响。

1.5　数值解

本书开篇已指出，超导磁体技术属于交叉学科，需要机械、电气、制冷和材料等工程领域的专业知识。这也意味着一个人很难完成满足多数**实际**磁体设计和运行每一个参数的**可靠数值解**，需要一个专业的团队来做成此事。

1.5.1　概算近似解

例如，这不意味着低温工程师对磁场专家所有的计算都深信不疑，低温专家也应当能够计算比较复杂条件下的磁场概况。本书的一个目标就是让设计团队的每一位成员都具备在自己的专业领域以及其他领域进行估算的能力。也就是说，本书的主要目的是让读者能够将每一个复杂或简单的磁体系统浓缩为一组简单的模型，每个模型都适合概算数值求解。实际上，每一个新磁体系统的研发都应该从每个设计团队成员的练习开始，各成员对每个重要的设计和运行参数概算一遍。之后，由团队内的专家们使用计算机程序计算出**更精确的**数值，以便建造和成功运行一个这样的磁体系统。

1.5.2 程序解

对于磁体系统的实际建造和随后的运行，每一个设计和运行参数一般都必须采用程序辅助计算。大多设计团队使用 ANSYS、Vector Fields、COMSOL 等软件进行磁场、应力、应变以及热分析。

专家已经开发出专用程序（例如 GANDALF、THEA）用以处理 CICC（讨论6.6）绕制的大型超导磁体，特别是聚变磁体的失超产生和传播现象。失超现象包含的热、流体和电的暂态，电缆和冷却工质温度的变化很大，且扩展到很大范围——热、电物性的变动幅度常跨越 1~2 个数量级。正是这个原因，失超暂态常常（有时完全是）依赖于数值仿真。数值仿真能处理电缆内的非线性热产生和传导以及冷却通道中工质因受热引起的可压缩黏性流动问题。上述每一套程序都凝聚了大量专家超过 25 年的工作成果[1.5~1.24]。

GANDALF 和 THEA 都是商业软件。GANDALF[1.19] 编写之初是用来分析 ITER 导体的热-流体暂态的（见讨论3.9）。软件 THEA（Thermao - Hydraulic and Electric Analysis）[1.20] 的主要特征是将热、流体模型扩展到多平行路径（例如，具有不同温度的多丝，或者导体中的平行流动路径），并将电缆中的非均匀电流分布和暂态重分布包括进来。

1.6 专题

1.6.1 问题1.1：第 I 类超导体的热力学性质

第 I 类超导体的单位体积比热（J/m³K）由下式给出[1.25]：

$$超导态：C_s(T) = aT^3 \tag{1.4a}$$

$$正常态：C_n(T) = bT^3 + \gamma T \tag{1.4b}$$

式中，a，b，γ 都是常数。

a）证明零场时的临界温度为：

$$T_c = \sqrt{\frac{3\gamma}{a-b}} \tag{1.5}$$

采用如下步骤：①由 $C(T) = T \dfrac{\partial S(T)}{\partial T}$ 得到熵 $S_n(T)$ 和 $S_s(T)$ 的表达式；并注意 ②$H = 0$ 时，有 $S_n(T_c) - S_s(T_c) = 0$。

b）证明在 $T = 0\ \mathrm{K}$，$H_{c0} \equiv H_c(0)$ 时，由下式给出：

$$H_{c0} = T_c \sqrt{\frac{\gamma}{2\mu_0}} \tag{1.6}$$

证明临界磁场 $H_c(T)$ 是 T 的二次函数：

$$H_c(T) = H_{c0} \left[1 - \left(\frac{T}{T_c} \right)^2 \right] \tag{1.7}$$

为了推导式（1.7），注意零场时单位体积的超导带和正常态的自由能关系为：

$$G_n(T) - G_s(T) = \frac{1}{2}\mu_0 H_c^2(T) \tag{1.8}$$

根据式（1.8）以及 $S(T) = \dfrac{-\partial G(T)}{\partial T}$，可以推导出式（1.6）。

c）证明内能密度差 $U_n - U_s$ 在零场下于 T_{ux} 时取最大。注意在零场时有 $U(T) = \int C(T)\mathrm{d}T$，证明：

$$T_{ux} = \frac{T_c}{\sqrt{3}} \tag{1.9}$$

d）缓慢且绝热地向超导体（初始温度为 T_i，$0 < T_i < T_c$）施加磁场至略大于其临界值；这个向正常态的相变导致超导体温度降低至 $T_f (< T_i)$。给出 T_f 和 T_i 的关系，并用热力学相图表示本过程。

e）对同样初始温度为 $T_i (0 < T_i < T_c)$ 且置于零场中超导体，**突然**施加磁场 H_e。如果 H_e 超过临界值 H_{ec}，金属将被**加热**。证明：

$$H_{ec}(T_i) = H_c(T_i) \sqrt{\frac{1 + 3\left(\dfrac{T_i}{T_c} \right)^2}{1 - \left(\dfrac{T_i}{T_c} \right)^2}} \tag{1.10}$$

问题1.1的解答

a) 由于 $C(T) = T\dfrac{\mathrm{d}S(T)}{\mathrm{d}T}$ 以及 $S(T=0) = 0$，得：

$$S(T) = \int_0^T \frac{C(T)}{T}\mathrm{d}T \tag{S1.1}$$

将式（1.4）代入式（S1.1），得：

$$S_s(T) = \int_0^T \frac{C_s(T)}{T}\mathrm{d}T = \frac{1}{3}aT^3 \tag{S1.2a}$$

$$S_n(T) = \int_0^T \frac{C_n(T)}{T}\mathrm{d}T = \frac{1}{3}bT^3 + \gamma T \tag{S1.2b}$$

于是，

$$S_n(T) - S_s(T) = \gamma T - \frac{1}{3}(a-b)T^3 \tag{S1.3}$$

上文已指出，在 $H=0$ 时，有 $S_n(T_c) - S_s(T_c) = 0$。由式（S1.3）得：

$$\gamma = \frac{1}{3}(a-b)T_c^2 \tag{S1.4}$$

从式（S1.4）解出 T_c，得：

$$T_c = \sqrt{\frac{3\gamma}{a-b}} \tag{1.5}$$

b) 从式（1.8）以及 $S(T) = \dfrac{-\partial G(T)}{\partial T}$，有：

$$S_n(T) - S_s(T) = -\mu_0 H_c(T)\frac{\partial H_c(T)}{\partial T} \tag{S1.5}$$

联立式（S1.3）和式（S1.4），并利用 $\dfrac{(a-b)}{3} = \dfrac{\gamma}{T_c^2}$，有：

$$S_n(T) - S_s(T) = \gamma T\left[1 - \left(\frac{T}{T_c}\right)^2\right] \tag{S1.6}$$

联立式（S1.5）和式（S1.6），两侧分别对 T 积分，有：

$$-\frac{1}{2}\mu_0 H_c^2(T) = \frac{1}{2}\gamma T^2 - \frac{1}{4}\gamma T_c^2 \left(\frac{T}{T_c}\right)^4 + A \tag{S1.7}$$

式中，A 是常数。由于 $H_c(T=0) \equiv H_{c0}$，有 $A = \dfrac{-\mu_0 H_{c0}^2}{2}$。

在 $T = T_c$ 时，由于 $H_c(T_c) = 0$，式（S1.7）成为：

$$0 = \frac{1}{2}\gamma T_c^2 - \frac{1}{4}\gamma T_c^2 - \frac{1}{2}\mu_0 H_{c0}^2 \tag{S1.8}$$

从式（S1.8）解出 H_{c0}，得：

$$H_{c0} = T_c \sqrt{\frac{\gamma}{2\mu_0}} \tag{1.6}$$

由式（1.6），可得：

$$\gamma = \frac{2\mu_0 H_{c0}^2}{T_c^2} \tag{S1.9}$$

联立式（S1.7）$\left(\text{以及 } A = -\dfrac{\mu_0 H_{c0}^2}{2}\right)$ 和式（S1.9），得：

$$-\frac{1}{2}\mu_0 H_c^2(T) = \mu_0 H_{c0}^2 \left(\frac{T}{T_c}\right)^2 - \frac{1}{2}\mu_0 H_{c0}^2 \left(\frac{T}{T_c}\right)^4 - \frac{1}{2}\mu_0 H_{c0}^2 \tag{S1.10}$$

式（S1.10）可重写为：

$$H_c^2(T) = H_{c0}^2 \left[1 - 2\left(\frac{T}{T_c}\right)^2 + \left(\frac{T}{T_c}\right)^4\right] = H_{c0}^2 \left[1 - \left(\frac{T}{T_c}\right)^2\right]^2 \tag{S1.11}$$

由式（S1.11），可得：

$$H_c(T) = H_{c0} \left[1 - \left(\frac{T}{T_c}\right)^2\right] \tag{1.7}$$

可以根据第I类超导体的 γ 和 T_c 实测值，使用式（1.6）预测 H_{c0}。针对表 1.2 列出的第I类超导体，表 1.5 给出了由式（1.6）得到的 $\mu_0 H_{c0}$ 计算值和实测值数据；表中还给出

了 γ 和 T_c 的实测值；由于 γ 通常使用 $[J/(g \cdot mol \cdot K^2)]$ 为单位，密度（ρ）和原子质量（M）一并给出[1.26]。由表 1.5 可看出式（1.6）和实测值（表 1.2）的一致性很好。

表 1.5　H_{c0}：采用式（1.6）的计算值和实测值（表 1.2）

第 I 类超导体	$\rho^*[g/cm^3]$	$M[g/mol]$	$\gamma[J/m^3K^2]$	$T_c[K]$	$\mu_0 H_{c0}[mT]$ 计算 [式（1.6）]	$\mu_0 H_{c0}[mT]$ 实测 （表 1.2）
Ti	4.53	47.88	316.8	0.39	5.6	10.0
Zr	6.49	91.22	199.2	0.55	6.1	4.7
Zn	7.14	65.38	69.8	0.85	5.6	5.4
Al	2.70	26.98	135.1	1.18	10.9	10.5
In	7.31	114.8	107.6	3.41	28.0	28.1
Sn	7.31	118.7	109.6	3.72	30.9	30.5
Hg	13.55	200.6	120.9	4.15	36.2	41.1
V	6.11	50.94	1111	5.38	142.7	140.3
Pb	11.35	207.2	163.2	7.19	72.8	80.3

* 在 18~25℃。

c) $U(T)$ 是自由能，零场时 $dU(T) = C(T)dT$，可得：

$$U(T) = \int_0^T C(T)\,dT \tag{S1.12}$$

将式（S1.12）代入式（1.4），得：

$$U_n(T) = \int_0^T (bT^3 + \gamma T)\,dT = \frac{1}{4}bT^4 + \frac{1}{2}\gamma T^2 \tag{S1.13a}$$

$$U_s(T) = \frac{1}{4}aT^4 \tag{S1.13b}$$

两个自由能的差为：

$$U_n(T) - U_s(T) = \frac{1}{4}(b-a)T^4 + \frac{1}{2}\gamma T^2$$

$$= \left(\frac{a-b}{4}\right)\left[\left(\frac{2\gamma}{a-b}\right)T^2 - T^4\right] \tag{S1.14}$$

对式（S1.14）微分，并在 $T = T_{ux}$ 处令其为 0，有：

$$\left.\frac{d(U_n - U_s)}{dT}\right|_{T_{ux}} = \left(\frac{a-b}{4}\right)\left[\left(\frac{4\gamma}{a-b}\right)T_{ux} - 4T_{ux}^3\right] = 0 \tag{S1.15}$$

于是：

$$\left(\frac{4\gamma}{a-b}\right) T_{ux} - 4 T_{ux}^3 = 0 \qquad \text{(S1.16)}$$

结合式（1.5），由式（S1.16）解出 T_{ux}，得：

$$T_{ux} = \sqrt{\frac{\gamma}{a-b}} = \frac{T_c}{\sqrt{3}} \qquad \text{(1.9)}$$

d）由于这个过程是绝热可逆的，磁场缓慢施加，有 $S_n(T) = S_s(T)$。从式（S1.2）可得：

$$S_n(T_f) - S_s(T_i) = \frac{1}{3}bT_f^3 + \gamma T_f - \frac{1}{3}aT_i^3 \qquad \text{(S1.17)}$$

由 $S_n(T_f) - S_s(T_i) = 0$，得到关于 T_f 和 T_i 的表达式：

$$\frac{1}{3}bT_f^3 + \gamma T_f = \frac{1}{3}aT_i^3 \qquad \text{(S1.18)}$$

由式（1.5），得到：

$$b = a - \frac{3\gamma}{T_c^2} \qquad \text{(S1.19)}$$

联立式（S1.18）和式（S1.19），得：

$$\frac{1}{3}a(T_f^3 - T_i^3) = -\gamma T_f\left[1 - \left(\frac{T_f}{T_c}\right)^2\right] \qquad \text{(S1.20)}$$

由于 $T_f < T_c$，式（S1.20）右侧为负，于是 $T_f < T_i$。图 1.7 给出了超导态（实线）和正常态（虚线）的 T-S 图。$T_i \to T_f$ 相变在图中用竖实线表示。

e）超导体必须先被驱动进入正常态后方能被加热；外场必须提供 $\dfrac{\mu_0 H_c^2(T_i)}{2}$ 的磁能。相变过程吸热 $T_i[S_n(T_i) - S_s(T_i)]$，此吸收能量也须由 H_{ec} 提供。图 1.7 中的横虚线指出了本相变过程。于是：

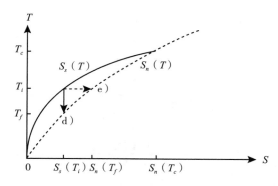

图 1.7　超导态（实线）和正常态（虚线）的 $T\text{-}S$ 相图。竖实线用于问题 d），横虚线用于问题 e）。

$$\frac{1}{2}\mu_0 H_{ec}^2(T_i) = \frac{1}{2}\mu_0 H_c^2(T_i) + T_i\big[S_n(T_i) - S_s(T_i)\big] \tag{S1.21}$$

联立式（S1. 21）和式（S1. 3），得：

$$\frac{1}{2}\mu_0 H_{ec}^2(T_i) = \frac{1}{2}\mu_0 H_c^2(T_i) + T_i\Big[\frac{1}{3}(b-a)T_i^3 + \gamma T_i\Big] \tag{S1.22}$$

把式（S1. 9）代入式（S1. 22），并应用式（S1. 19），得：

$$\frac{1}{2}\mu_0 H_{ec}^2(T_i) = \frac{1}{2}\mu_0 H_c^2(T_i) + 2\mu_0 H_{c0}^2\Big(\frac{T_i}{T_c}\Big)^2\Big[1-\Big(\frac{T_i}{T_c}\Big)^2\Big] \tag{S1.23}$$

联立式（S1. 23）和式（1. 7），得：

$$H_{ec}^2(T_i) = H_c^2(T_i) + 4H_c^2(T_i)\,\frac{\Big(\dfrac{T_i}{T_c}\Big)^2}{1-\Big(\dfrac{T_i}{T_c}\Big)^2} = H_c^2(T_i)\,\frac{1+3\Big(\dfrac{T_i}{T_c}\Big)^2}{1-\Big(\dfrac{T_i}{T_c}\Big)^2} \tag{S1.24}$$

于是：

$$H_{ec}(T_i) = H_c(T_i)\sqrt{\frac{1+3\Big(\dfrac{T_i}{T_c}\Big)^2}{1-\Big(\dfrac{T_i}{T_c}\Big)^2}} \tag{1.10}$$

由于 $H_c(T_c) = 0$，可知 $H_{ec}(T_c) = 0$；另有 $H_{ec}(T_i) \geqslant H_c(T_i)$。

1.6.2 问题1.2: 超导回路

本题表明，不可能通过外部电流源在一个**闭合**的超导回路、线圈或圆盘中感应出持续电流（persistent current）。这对一些人来说可能是显而易见的，我们在这里用一个电路模型进行证明。图 1.8 给出了一个超导回路与另一个连接到电流源的回路，两者之间通过电感耦合。超导回路由自感为 L_s 的电感表示，通过电流 $I_s(t)$。电流源回路由串联的自感为 L 的电感和电阻 R 表示，通过电流 $I(t)$。两个电路通过互感 M 耦合。

a）写出分别与两个回路的电压有关的电路方程。

b）在上述电压方程中解出 $I_s(t)$，证明以一个初始态和末态都是 0 的电流源 $I(t)$，$I(t=0) = I(t=\infty) = 0$ 不能在**闭合**超导回路中建立起电流。闭合超导回路可以是一个采用超导接头连接终端引线的超导磁体、超导盘片、超导盘片堆叠体、圆心有空的超导盘片或圆心有孔的超导盘片堆叠体。

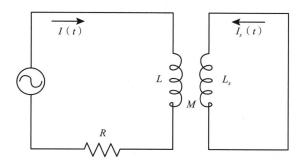

图 1.8　超导线圈回路与一个带有电流源的回路通过电感耦合。

问题1.2的解答

a）两个电压方程为：

$$L\frac{\mathrm{d}I(t)}{\mathrm{d}t} + M\frac{\mathrm{d}I_s(t)}{\mathrm{d}t} + RI(t) = 0 \tag{S2.1a}$$

$$M\frac{\mathrm{d}I(t)}{\mathrm{d}t} + L_s\frac{\mathrm{d}I_s(t)}{\mathrm{d}t} = 0 \tag{S2.1b}$$

b）从式（S2.1b）中可以解得：

$$I_s(t) = -\frac{M}{L_s}I(t) + C \qquad (S2.2)$$

因为 $I_s(t=0)=0$，所以，$C=0$。由于 $I(t=0)=I(t=\infty)=0$，所以仅在 $I(t)\neq0$ 时有 $I_s(t)\neq0$。即无初始值的闭合超导回路，在外部电源关闭的情况下，不能自己保持带电状态。

在一个超导回路中不能产生感应电流，在某些应用中构成了一个实际问题，其中突出的例子是持续模式的超导磁体、超导盘和超导环。持续模式的磁体必须通过引线通入电流，即驱动模式（driven-mode）磁体；磁体完成励磁后，通过持续电流开关（persistent current switch，PCS）也称为超导开关将引线短路，然后电源可以退出。持续模式磁体的设计问题将在第 7 章（讨论 7.8）研究。第 9 章（例 9.2D）将讨论一种 HTS 超导环（圆心带孔的圆盘）堆叠磁体的励磁方法。

1.6.3　问题1.3：磁共振成像

超导磁体最成功的商业应用之一便是医疗诊断装置，特别是磁共振成像（magnetic resonance imaging，MRI）。以下是磁体工程师需要了解的基本问题：

a）MRI 中，为什么 H^1、N^{14} 等核是可探测的，而 C^{12}、O^{16} 等核是不可探测的？

b）如果频率分辨率 10 Hz，那么 1 T 全身 MRI 磁体的中心的指定体积上的最小磁场均匀性必须是多少？对室温孔径 80 cm 的全身 MRI 磁体，上述均匀场区域通常在 25 cm 直径半球体积（diameter spherical volume，DSV）。

c）MRI 装置中，脉冲梯度磁体的作用是什么？

d）对 1 T 的 MRI 装置，脉冲磁体产生的典型 $\dfrac{\mathrm{d}\vec{B}}{\mathrm{d}z}$ 是多少？

问题1.3的解答

a）有奇数核子的原子核存在净角动量。处于磁场中，核子将以一个正比于磁场强度的特定频率，拉莫尔频率（Larmor frequency）进动。比如氢（单个质子）的拉莫尔频率在 1 T 时是 42.576 MHz。表 1.6 给出了几种元素及其原子的情况，其中标出了是否可探测。

表 1.6　几种元素的原子

原子序数	元　素	原子质量	质子数	中子数	可探测
1	氢	1	**1** *	0	是
6	碳	12	6	6	否
6	碳	13	6	**7**	是
7	氮	14	**7**	**7**	是
8	氧	16	8	8	否
11	钠	23	**11**	12	是
15	磷	31	**15**	16	是

＊ 粗体数字表示可以探测。

b）10 Hz 相当于 42.576×10^6 Hz 的 0.23×10^{-6}，所以磁场必须是 1 T 的 0.23×10^{-6}，大约是 0.002 Gs。注意，地磁场约为 0.7 Gs。

c）通过有目的地引入磁场特定空间分布，这样可以限制在某个指定区域产生共振，进而可以对某一个特定核素的含量进行成像。

d）梯度幅值直接和成像的空间解析度相关。更高的梯度相应产生更精细的分辨率，但患者对磁体的忍受是有极限的。医用 MRI 必须限制梯度强度——至少应限制梯度偏斜率——以避免产生对神经和肌肉的刺激。医用 MRI 的最大梯度约为 3～4 Gs/cm，最大场偏斜率约为 12（Gs/cm）/ms 或120（T/m）/s。

参考文献

［1.1］ J. K. Hulm and B. T. Matthias, "Overview of superconducting materials development," in *Superconductor Materials Science—Metallurgy, Fabrication, and Applications*, Eds., S. Foner and B. B. Schwartz（Plenum Press, NewYork, 1981）.

［1.2］ A. A. Abrikosov, "On the magnetic properties of superconductors of the second type（English translation），" *Zh. Eksp. Teor. Fiz.（Soviet Union）* **5**, 1174（1957）.

［1.3］ U. Essmann and H. Trauble, "The direct observation of individual flux lines in Type II superconductors," *Phys. Lett.* **24A**, 526（1967）.

［1.4］ Y. B. Kim, C. F. Hempstead, and A. R. Strnad, "Magnetization and critical supercurrents," *Phys. Rev.* **129**, 528（1963）.

［1.5］ J. K. Hoffer, "The Initiation and propagation of normal zones in a force-cooled tubular superconductor," *IEEE Trans. Mag.* **15**, 331 (1979).

[1.6] C. Marinucci, M. A. Hilal, J. Zellweger, and G. Vecsey, "Quench studies of the Swiss LCT conductor," *Proc. 8th Symp. on Eng. Prob. Fus. Res.*, 1424 (1979).

[1.7] V. D. Arp, "Stability and thermal quenches in force-cooled superconducting cables," *Proc. of 1980 Superconducting MHD Magnet Design Conference*, *MIT*, 142 (1980).

[1.8] J. Benkowitsch and G. Kraft, "Numerical analysis of heat-induced transients in forced flow helium cooling systems," *Cryogenics* **20**, 209 (1980).

[1.9] E. A. Ibrahim, "Thermohydraulic Analysis of Internally Cooled Superconductors," *Adv. Cryo. Eng.* **27**, 235 (1982).

[1.10] C. Marinucci, "A numerical model for the analysis of stability and quench characteristics of forced-flow cooled superconductors," *Cryogenics* **23**, 579 (1983).

[1.11] M. C. M. Cornellissen and C. J. Hoogendoorn, "Propagation velocity for a force cooled superconductor," *Cryogenics* **25**, 185 (1985).

[1.12] A. F. Volkov, L. B. Dinaburg, and V. V. Kalinin, "Simulation of helium pressure rise in hollow conductor in case of superconductivity loss," *Proc. 12th Int. Cryo. Eng. Conf.* (*Southampton*, *UK*), 922 (1988).

[1.13] R. L. Wong, "Program CICC flow and heat transfer in cable-in-conduit conductors," *Proc. 13th Symp. Fus. Tech.* (*Knoxville*, *TN*), 1134 (1989).

[1.14] L. Bottura and O. C. Zienkiewicz, "Quench analysis of large superconducting magnets. Part I: model description," *Cryogenics* **32**, 659 (1992).

[1.15] C. A. Luongo, C. L. Chang, and K. D. Partain, "A computational model applicable to the SMES/CICC," *IEEE Trans. Mag.* **30**, 2569 (1994).

[1.16] A. Shajii and J. P. Freidberg, "Quench in superconducting magnets. I. Model and implementation," *J. Appl. Phys.* **76**, 3149 (1994) 以及 "Quench in superconducting magnets. II. Analytic Solution," *J. Appl. Phys.* **76**, 3159 (1994).

[1.17] R. Zanino, S. De Palo, and L. Bottura, "A two-fluid code for the thermohydraulic transient analysis of CICC superconducting magnets," *J. Fus. Energy* **14**, 25 (1995).

[1.18] L. Bottura, "A numerical model for the simulation of quench in the ITER magnets," *J. Comp. Phys.* **125**, 26 (1996).

[1.19] L Bottura, C. Rosso, and M. Breschi, "A general model for thermal, hydraulic, and electric analysis of superconducting cables," *Cryogenics* **40**, 617 (2000).

［1.20］ Q. Wang, P. Weng, and M. Hec, "Simulation of quench for the cable-in-conduitconductor in HT－7U superconducting Tokamak magnets using porous medium model," *Cryogenics* **44**, 81 (2004).

［1.21］ T. Inaguchi, M. Hasegawa, N. Koizumi, T. Isono, K. Hamada, M. Sugimoto, and Y. Takahashi, "Quench analysis of an ITER 13T－40kA Nb_3Sn coil (CS insert)," *Cryogenics* **44**, 121 (2004).

［1.22］ L. Bottura, "Numerical aspects in the simulation of thermohydraulic transients in CICC's," *J. Fus. Energy* **14**, 13 (1995).

［1.23］ L. Bottura and A. Shajii, "Numerical quenchback in thermofluid simulations of superconducting magnets," *Int. J. Num. Methods Eng.* **43**, 1275 (1998).

［1.24］ L. Bottura, "Modelling stability in superconducting cables," *Physica C* **316** (1998).

［1.25］ A. B. Pippard, *The Elements of Classical Thermodynamics*, (Cambridge University Press, Cambridge 1966).

［1.26］ C. Kittel, *Introduction to Solid State Physics* 3rd Ed. (John Wiley & Sons, 1966).

其他信息源

这里仅列出了作者熟悉的一些参考书。

Martin N. Wilson, Superconducting Magnets (Clarendon Press, 1983). 一本出版于 HTS 发现之前的关于超导磁体的优秀论著。

Peter J. Lee, Editor, Engineering Superconductivity (John Wiley & Sons, Inc., New York, 2001). 涵盖超导物理和超导应用。

Thomas S. Sheahen, Introduction to High-Temperature Superconductivity (Plenum, 1994). 一本关于 HTS 及其应用的入门级优秀作品。

Terry P. Orlando and Kevin A. Delin, Foundations of Applied Superconductivity (Addison-Wesley, 1991). 面向工程师的超导基础讨论。

下面列出的会议论文集并非包罗万象，但包括了有关超导体及其应用的最新信息。

Applied Superconductivity Conference（应用超导会，ASC）：双数年份在美国举办，主要包括三大主题：大型应用、材料和电子学。

Cryogenic Engineering Conference（低温工程会议，CEC）and International Cryogenic Materials Conference（国际低温材料会议，ICMC）：双数年在美国的城市联合举办。

European Conference on Applied Superconductivity（欧洲应用超导会，EUCAS）：ASC 的欧洲版，奇数年举办。

International Conference on Magnet Technology（国际磁体会议，MT）：奇数年在美国、欧洲或亚洲的城市举办。

International Symposium on Superconductivity（国际超导研讨会，ISS）：自 1988 年起每年在日本举办。会议论文集是追踪 HTS 材料发展的良好来源。

第 2 章

电 磁 场

2.1 引言

本章通过介绍麦克斯韦方程组（Maxwell's equations）来回顾电磁理论。这一回顾旨在让读者忆起对电磁理论的理解，以便本书的主题——超导磁体——能以定量的方式展开。在本章介绍麦克斯韦方程组和几个可用解析法处理且在多数磁体应用中很有用的简单问题求解，而后将研究大部分磁体工程师都熟悉的几个具体案例。

2.2 麦克斯韦方程组

麦克斯韦方程组包括 4 个基本方程：①高斯定律（Gauss's law）；②安培定律（Ampère's law）；③法拉第定律（Faraday's law）；④磁感应连续性定律。此外，我们还会常用到电荷守恒方程及其他本构关系。下文将逐一简要讨论各个方程。

国际单位制（SI）单位是本书几乎唯一使用的单位，特别是表 2.1 列出的这些电磁量。磁体社群实践中常混用磁场强度 $\vec{H}$ 和磁感应（或磁通密度）$\vec{B}$ 来表示磁场，单位同用特斯拉 [T]。尽管这个做法通常无害，也基本不导致混淆，但我们应小心，比如从 $\vec{M}$ 与 $\vec{H}$ 的关系图计算能量的时候。

自由空间的磁导率 μ_0 的值为 $4\pi \times 10^{-7}$ H/m；自由空间介电系数 $\epsilon_0 \left(= \dfrac{1}{\mu_0 c^2} \right.$，其中 c 是光速$\Big)$ 的近似值为 8.85×10^{-12} F/m。附录章节中给出了其他物理常数及部分常用非 SI 单位到 SI 单位的转换因子。

超导磁体磁场 $\vec{H}$ 的主要源是电流密度。相对较小的时变 $\vec{D}$ 场对 $\vec{H}$ 的贡献在本章的麦克斯韦方程组中并未包括。

表 2.1　电磁量

符　号	名　称	SI 单位	
E	电场	伏特/米	[V/m]
H	磁场	安培/米	[A/m]
B	磁感应强度（或磁通密度）	特斯拉	[T]
J	电流密度	安培/米^2	[A/m^2]
K	面电流密度	安培/米	[A/m]
ρ_c	电荷密度	库伦/米^3	[C/m^3]
σ_c	面电荷密度	库伦/米^2	[C/m^2]
ρ_e	电阻率	欧姆米	[$\Omega \cdot$ m]

2.2.1　高斯定律

自由空间中的高斯定律（Gauss's law）的积分形式为：

$$\oint_S \epsilon_0 \vec{E} \cdot \mathrm{d}\vec{\mathcal{A}} = \int_{\mathcal{V}} \rho_c d\mathcal{V} \tag{2.1}$$

$\epsilon_0 \vec{E}$ 场的表面积分等于表面 $\mathcal{S}$ 围成的体积 $\mathcal{V}$ 内的净电荷量。式（2.1）中，$\mathrm{d}\vec{\mathcal{A}} = \vec{n} \mathrm{d}\mathcal{S}$，其中 $\vec{n}$ 是表面元上的单位法向量（指向外侧的）。式（2.1）的微分形式为：

$$\epsilon_0 \nabla \cdot \vec{E} = \rho_c \tag{2.2}$$

边界条件　　在电荷密度为 $\sigma_c [\mathrm{C/m^2}]$ 的表面上，从区域 $1(\vec{E}_1)$ 到区域 $2(\vec{E}_2)$ 的电场法向分量不连续：

$$\vec{n}_{12} \cdot (\vec{E}_2 - \vec{E}_1) = \frac{\sigma_c}{\epsilon_0} \tag{2.3}$$

式中，单位矢量 $\vec{n}_{12}$ 从区域 1 指向区域 2。

2.2.2　安培定律

安培定律（Ampère's law）的积分形式为：

$$\oint_C \vec{H} \cdot \mathrm{d}\vec{s} = \int_S \vec{J}_f \cdot \mathrm{d}\vec{\mathcal{A}} \tag{2.4}$$

方程指出，$\vec{H}$ 场的线积分等于以 C 为边界线围成的面 S 内的总自由（free，下标 f）电流，即不含有磁化电流。式（2.4）的微分形式为：

$$\nabla \times \vec{H} = \vec{J}_f \tag{2.5}$$

式（2.4）和式（2.5）都忽略了作为 $\vec{H}$ 源的 $\dfrac{\partial \vec{E}}{\partial t}$。

边界条件　　如果存在自由面电流密度 $\vec{K}_f$ [A/m]，则通过区域 1（$\vec{H}_1$）到区域 2（$\vec{H}_2$）的磁场的切向分量不连续，满足：

$$\vec{n}_{12} \times (\vec{H}_2 - \vec{H}_1) = \vec{K}_f \tag{2.6}$$

2.2.3　法拉第定律

法拉第定律（Faraday's law）的积分形式为：

$$\oint_C \vec{E} \cdot \mathrm{d}\vec{s} = -\frac{\mathrm{d}}{\mathrm{d}t} \int_S \vec{B} \cdot \mathrm{d}\vec{A} \tag{2.7}$$

方程指出，$\vec{E}$ 场的线积分等于以 C 为边界线围成的面 S 内的总磁通对时间的变化率的负值。式（2.7）的微分形式为：

$$\nabla \times \vec{E} = -\frac{\partial \vec{B}}{\partial t} \tag{2.8}$$

边界条件　　通过区域 1（$\vec{E}_1$）到区域 2（$\vec{E}_2$）的 $\vec{E}$ 场的切向分量总是连续的：

$$\vec{n}_{12} \times (\vec{E}_2 - \vec{E}_1) = 0 \tag{2.9}$$

2.2.4　磁感应连续性

磁感应连续性的积分形式为：

$$\oint_S \vec{B} \cdot \mathrm{d}\vec{A} = 0 \tag{2.10}$$

式（2.10）指出，$\vec{B}$ 场在面 S 上的面积分为 0，即 $\vec{B}$ 场无点源。式（2.10）的微分形式为：

$$\nabla \cdot \vec{B} = 0 \tag{2.11}$$

边界条件   通过区域 1（$\vec{B_1}$）到区域 2（$\vec{B_2}$）的 $\vec{B}$ 场的法向分量是连续的：

$$\vec{n}_{12} \cdot (\vec{B_2} - \vec{B_1}) = 0 \tag{2.12}$$

如 2.2.6 节所讨论的，在磁介质中的 $\vec{B}$ 是磁场强度 $\vec{H}$ 和磁化强度 $\vec{M}$ 之和。这意味着不论两种介质的磁化是多么的不同，$\vec{B}$ 场在两种介质中的法向分量连续性都可以保持。

2.2.5　电荷守恒

自由电流密度 $\vec{J}_f$ 与自由电荷密度 ρ_{c_f} 的时变率有关。该关系的积分形式为：

$$\oint_S \vec{J}_f \cdot \mathrm{d}\vec{\mathcal{A}} = -\frac{\mathrm{d}}{\mathrm{d}t} \int_{\mathcal{V}} \rho_{c_f} \mathrm{d}\mathcal{V} \tag{2.13}$$

式（2.13）的微分形式为：

$$\nabla \cdot \vec{J}_f = -\frac{\partial \rho_{c_f}}{\partial t} \tag{2.14}$$

2.2.6　磁化和本构关系

磁感应强度 $\vec{B}$、磁场强度 $\vec{H}$ 和磁化强度 $\vec{M}$ 的关系为：

$$\vec{B} = \mu_0 (\vec{H} + \vec{M}) \tag{2.15}$$

在均匀、各向同性、线性介质（本书通常以此设定为前提）中，$\vec{B} = \mu \vec{H} = \mu_0 (1+\chi) \vec{H}$，其中磁导率 μ 和磁化系数 χ 一般假定与磁场无关。如"高 μ" **屏蔽**材料等铁磁材料的 χ 可高达 10^6。典型的顺磁材料，例如氧，χ 是 10^{-6}。抗磁材料（如单原子气体氦和氖，大部分液体如水）的磁化系数是负值；具有完全抗磁性的第 I 类超导体的 $\chi = -1$，即 $\mu = 0$。

在金属等导体材料中，$\vec{E}$ 场的存在会激发出电流密度 $\vec{J}$，二者关系为：

$$\vec{J} = \frac{\vec{E}}{\rho_e} \tag{2.16}$$

式中，ρ_e 是金属的电阻率 $[\Omega \cdot \mathrm{m}]$。

2.3 准静态

电场 $\vec{E}$ 和磁场 $\vec{B}$ 通过法拉第定律耦合在一起。自由空间里，必须求解以下完整的场方程组：

$$\nabla \cdot (\epsilon_0 \vec{E}) = \rho_c \tag{2.17a}$$

$$\nabla \times \vec{E} = -\frac{\partial \vec{B}}{\partial t} \tag{2.8}$$

$$\nabla \times \vec{H} = \vec{J}_f + \epsilon_0 \frac{\partial \vec{E}}{\partial t} \tag{2.17b}$$

$$\nabla \cdot \vec{B} = 0 \tag{2.11}$$

$$\nabla \cdot \vec{J}_f = -\frac{\partial \rho_c}{\partial t} \tag{2.17c}$$

如果电场 $\vec{E}$ 和磁场 $\vec{B}$ 能够解耦，将极大地简化解方程式（2.17）的难度。准静态分析对很多重要实际应用足矣，其中最简单的就以**静态**方程替代求解上述方程组。这样，在 0 阶近似下，有：

$$\nabla \cdot (\epsilon_0 \vec{E}_0) = \rho_{c0} \tag{2.18a}$$

$$\nabla \times \vec{E}_0 = 0 \tag{2.18b}$$

$$\nabla \times \vec{H}_0 = \vec{J}_{f0} \tag{2.18c}$$

$$\nabla \cdot \vec{B}_0 = 0 \tag{2.18d}$$

$$\nabla \cdot \vec{J}_{f0} = 0 \tag{2.18e}$$

以 0 阶近似电场 $\vec{E}$ 为例，它可以独立于 $\vec{H}$ 解出。稍复杂的是感生场相比于原始的时变场可以忽略的情况。准静态取 1 阶近似，有：

$$\nabla \cdot (\epsilon_0 \vec{E}_1) = \rho_{c1} \tag{2.19a}$$

$$\nabla \times \vec{E}_1 = -\frac{\partial \vec{B}_0}{\partial t} \tag{2.19b}$$

$$\nabla \times \vec{H}_1 = \vec{J}_{f1} + \epsilon_0 \frac{\partial \vec{E}_0}{\partial t} \tag{2.19c}$$

$$\nabla \cdot \vec{B}_1 = 0 \qquad\qquad (2.19\text{d})$$

$$\nabla \cdot \vec{J}_{f1} = -\frac{\partial \rho_{c0}}{\partial t} \qquad\qquad (2.19\text{e})$$

注意，$\vec{E}_1$仍和$\vec{H}_1$无关。一般而言，电源产生的 $\vec{J}_f$ 仅由 $\vec{J}_{f0}$ 给出；在金属中，有 $\vec{J}_{f1} = \dfrac{\vec{E}_1}{\rho_e}$。

上述的近似过程可以无限地进行下去，但对于本章专题中所关心的低频情况，我们仅需解出 0 阶和 1 阶场。

2.4　坡印亭矢量

坡印亭定理可表示为：

$$-\nabla \cdot \vec{S} = p + \frac{\mathrm{d}w}{\mathrm{d}t} \qquad\qquad (2.20)$$

式中，$\vec{S}\,[\mathrm{W/m^2}]$ 是坡印亭矢量（Poynting vector），定义为$\vec{S} = \vec{E} \times \vec{H}$，$p$ 是功率耗散密度，w 是以电磁能形式存储的能量密度。

式（2.20）指出，S 矢量的散度的负值等于 p（能量耗散密度与产生密度之差）与能量存储密度变化率$\dfrac{\mathrm{d}w}{\mathrm{d}t}$之和。如果$\nabla \cdot \vec{S} = 0$，则系统内能量平衡，即流入和流出相等；如果$\nabla \cdot \vec{S} < 0$，表明有能量流入系统，在系统内要么被耗散，要么被存储。

正弦情况

处理简谐时变电场$\vec{E}$时，常用复数，即有$\vec{E} = \vec{E}_0 e^{j\omega t}$ 以及$\vec{J} = \left(\dfrac{\vec{E}}{\rho_e}\right) e^{j\omega t}$。此时，时均功率耗散密度<$p$>写成：

$$<p> = \frac{1}{2}\,\vec{E}\cdot\vec{J}^{\,*} = \frac{1}{2\rho_e}\left|E\right|^2 = \frac{\rho_e}{2}\left|J\right|^2 \qquad\qquad (2.21)$$

式中，$\vec{J}^{\,*}$是$\vec{J}$的复共轭量。

正弦条件下，S 矢量写成：

$$\vec{S} = \frac{1}{2}(\vec{E} \times \vec{H}^*) \tag{2.22a}$$

$$-\oint_S \vec{S} \cdot d\vec{A} = <P> + j2\omega(<E_m> - <E_e>) \tag{2.22b}$$

式中，$<P>[\text{W}]$、$<E_m>[\text{J}]$、$<E_e>[\text{J}]$ 分别是总能耗、磁场能和电场能。各量均为时均值，计算域为系统体积 V：

$$<P> = \frac{1}{2\rho_e}\int_V |E|^2 dV \tag{2.23a}$$

$$<E_m> = \frac{\mu_0}{4}\int_V |H|^2 dV \tag{2.23b}$$

$$<E_e> = \frac{\epsilon_0}{4}\int_V |E|^2 dV \tag{2.23c}$$

复坡印亭矢量 $\vec{S}$ 展开到 1 阶场的形式为：

$$\vec{S} = \frac{1}{2}(\vec{E}_0 \times \vec{H}_0^* + \vec{E}_0 \times \vec{H}_1^* + \vec{E}_1 \times \vec{H}_0^*) \tag{2.24}$$

2.5　场的标量势解法

静电场因其旋度为 0（$\nabla \times \vec{E} = 0$），是保守场，故存在一个标量势 ϕ，满足：

$$\vec{E} = -\nabla\phi \tag{2.25}$$

于是，$\nabla \cdot \vec{E}$ 可以写为：

$$\nabla \cdot \vec{E} = -\nabla \cdot \nabla\phi = -\nabla^2\phi \tag{2.26}$$

若无电荷密度存在（即 $\rho_c = 0$），式（2.2）可化为：

$$\nabla \cdot \vec{E} = 0 \tag{2.27}$$

联立式（2.26）和式（2.27），得：

$$\nabla^2\phi = 0 \tag{2.28}$$

式（2.28）即所谓的拉普拉斯方程（Laplace equation），它给出了由标量势导出 $\vec{E}$ 场的方法。

类似地，若在直流条件下且无自由电流存在，因为 $\mathbf{V} \times \vec{H} = 0$，磁场 $\vec{H}$ 也可以由满足拉普拉斯方程 $\vec{H} = -\mathbf{V}\phi$ 的标量势导出。除了电磁场，工程中还有很多不依赖于时间的问题可用拉普拉斯方程求解，如无源、各向同性传导介质中的温度（T）；体积膨胀；无力、无动量存在，各向同性弹性介质中 $x-$、$y-$ 和 $z-$ 向的线性应变之和。

下面介绍二维圆柱坐标和三维球坐标下的拉普拉斯方程的解。

2.5.1 二维圆柱坐标

二维圆柱坐标系（r,θ）下的势 $\mathbf{V}^2\phi$ 为：

$$\mathbf{V}^2\phi = \frac{1}{r}\frac{\partial}{\partial r}\left(r\frac{\partial\phi}{\partial r}\right) + \frac{1}{r^2}\frac{\partial^2\phi}{\partial\theta^2} = 0 \tag{2.29}$$

解式（2.29）的标准方法是将 ϕ 表示为两个函数之积，每个函数仅与一个坐标有关，即：

$$\phi = R(r)\Theta(\theta) \tag{2.30}$$

式（2.29）的通解如下：

对于 $\quad\quad\quad\quad n=0, \phi_0 = (A_1\ln r + A_2)(C_1\theta + C_2) \tag{2.31a}$

对于 $\quad\quad\quad\quad n>0, \phi_n = (A_1r^n + A_2r^{-n})(C_1\sin n\theta + C_2\cos n\theta) \tag{2.31b}$

其中，A_1，A_2，C_1，C_2 都是常数。

特例

$n=0$，最简单的情况。该条件下，由 ϕ 导出的场量在空间上依赖于 $\frac{1}{r}$。实例包括线电荷（$\lambda = 2\pi\epsilon_0$）产生的电场以及线电流（$I = 2\pi$）的磁场。此时，势为 $[\phi_0]_E = \ln r$，得 $\vec{E} = \left(\frac{1}{r}\right)\vec{i_r}$；势为 $[\phi_0]_H = \theta$，得 $\vec{H} = \left(\frac{1}{r}\right)\vec{i_\theta}$。注意，远离源时，场以 $\frac{1}{r}$ 衰减。

$n=1$，$\phi_1 = \frac{\sin\theta}{r}$ 和 $\phi_{1'} = \frac{\cos\theta}{r}$ 是与二维电/磁偶极子的电场/磁场有关的势。注意两

者在原点处（$r=0$）都有奇点，故它们通常仅用于表示不含原点的偶极子场。$\sin\theta$ 或 $\cos\theta$ 的选择取决于场在坐标系中的取向。此外，$\phi_1' = r\sin\phi$ 和 $\phi_{1'}' = r\cos\phi$ 与均匀矢量场有关。在第 2 章和第 3 章的专题中，将研究几个二维偶极子场。

$n=2$，$\phi_2 = \dfrac{\cos 2\theta}{r^2}$ 和 $\phi_2' = r^2\cos 2\theta$ 是与二维四极子场有关的势。前者因在原点有奇点，仅用于不含原点的空间；后者可用于不含无限远的全部空间。第 3 章将研究一个理想四极磁体。

2.5.2　球坐标

球坐标（r,θ,φ）下的势为：

$$\mathbf{V}^2\phi = \frac{1}{r^2}\frac{\partial}{\partial r}\left(r^2\frac{\partial\phi}{\partial r}\right) + \frac{1}{r^2\sin\theta}\frac{\partial}{\partial\theta}\left(\sin\theta\frac{\partial\phi}{\partial\theta}\right) + \frac{1}{r^2\sin^2\theta}\frac{\partial^2\phi}{\partial\varphi^2} \qquad (2.32)$$

类似地，$\mathbf{V}^2\phi$ 的解可写成 3 个各仅含一个坐标的函数的乘积，有：

$$\phi = R(r)\Theta(\theta)\Phi(\varphi) \qquad (2.33\text{a})$$

其中，$R(r)$，$\Theta(\theta)$，$\Phi(\varphi)$ 的解形式如下：

$$R(r) = A_1 r^n + A_2 r^{-(n+1)} \qquad (2.33\text{b})$$

$$\Theta(\theta) = CP_n^m(\cos\theta)\,(m \leqslant n) \qquad (2.33\text{c})$$

$$\Phi(\varphi) = D_1\sin m\varphi + D_2\cos m\varphi \qquad (2.33\text{d})$$

其中，A_1，A_2，C，D_1，D_2 都是常数。$P_n^0(\cos\theta)$，或其简写 $P_n(\cos\theta)$，是**勒让德函数**（Legendre function），在**设计**空间均匀螺管磁体时很有用。此类磁体在设计阶段常假定其磁场关于 z 轴（$\theta=0$）对称。$P_n^m(\cos\theta)$，被称为**连带勒让德函数**（associated Legendre function），在最小化一个**实际螺管磁体**的"偏差"场时很有用。第 3 章将更详细地讨论由式（2.33）导出的磁场表达式。表 2.2.1 给出了 $n=0\sim8$ 时的 $P_n(\cos\theta)$，表 2.2.2 给出了 $n=1\sim4(0<m\leqslant n)$ 时的 $P_n^m(\cos\theta)$。表 2.3 给出了特定 n 和 m 组合下的 $P_n^m(0)$。表 2.4.1 给出了式（2.33）在笛卡儿坐标系下的解，表 2.4.2 给出了连带勒让德函数（$1\leqslant m\leqslant n$）的相关数据；这些式子在设计和分析均匀场电磁体和铁磁性设备时具有实际意义。

表 2.2.1　勒让德函数和连带勒让德函数

勒让德函数 （$m=0$） [n 为奇数时，$P_n(0)$]		
n	$P_n(\cos\theta) \equiv P_n(u)$	三角形式
0	1	1
1	u	$\cos\theta$
2	$\dfrac{1}{2}(3u^2-1)$	$\dfrac{1}{4}(3\cos2\theta+1)$
3	$\dfrac{1}{2}(5u^3-3u)$	$\dfrac{1}{8}(5\cos3\theta+3\cos\theta)$
4	$\dfrac{1}{8}(35u^4-30u^2+3)$	$\dfrac{1}{64}(35\cos4\theta+20\cos2\theta+9)$
5	$\dfrac{1}{8}(63u^5-70u^3+15u)$	$\dfrac{1}{128}(63\cos5\theta+35\cos3\theta+30\cos\theta)$
6	$\dfrac{1}{16}(231u^6-315u^4+105u^2-5)$	$\dfrac{1}{512}(231\cos6\theta+126\cos4\theta+105\cos2\theta+50)$
7	$\dfrac{1}{16}(429u^7-639u^5+315u^3-35u)$	$\dfrac{1}{1024}(429\cos7\theta+231\cos5\theta+189\cos3\theta+175\cos\theta)$
8	$\dfrac{1}{128}(6435u^8-12012u^6+6930u^4-1260u^2+35)$	$\dfrac{1}{16384}(6435\cos8\theta+3432\cos6\theta+2772\cos4\theta+2520\cos2\theta+1225)$

表 2.2.2　连带勒让德函数（$1 \leqslant m \leqslant n$）[$P_n^m(1)=0$]

m, n	$P_n^m(\cos\theta) \equiv P_n^m(u)$	三角形式
1, 1	$(1-u^2)^{\frac{1}{2}}$	$\sin\theta$
2	$3u(1-u^2)^{\frac{1}{2}}$	$\dfrac{3}{2}\sin2\theta$
3	$\dfrac{3}{2}(1-u^2)^{\frac{1}{2}}(5u^2-1)$	$\dfrac{3}{8}(\sin\theta+5\sin3\theta)$
4	$\dfrac{5}{2}(1-u^2)^{\frac{1}{2}}(7u^3-3u)$	$\dfrac{5}{16}(2\sin2\theta+7\sin4\theta)$
2, 2	$3(1-u^2)$	$\dfrac{3}{2}(1-\cos2\theta)$
3	$15(1-u^2)\,u$	$\dfrac{15}{4}(\cos\theta-\cos3\theta)$
4	$\dfrac{15}{2}(1-u^2)(7u^2-1)$	$\dfrac{15}{16}(3+4\cos2\theta-7\cos4\theta)$
3, 3	$15(1-u^2)^{\frac{3}{2}}$	$\dfrac{15}{4}(3\sin\theta-\sin3\theta)$
4	$105(1-u^2)^{\frac{3}{2}}u$	$\dfrac{105}{8}(2\sin2\theta-\sin4\theta)$
4, 4	$105(1-u^2)^2$	$\dfrac{105}{8}(3-4\cos2\theta+\cos4\theta)$

表2.3　m=0，2，4，6，8，10 对应的 $P_n^m(0)$ 值

m	$P_n^m(\mathbf{0})$
0	$P_2(0)=-\dfrac{1}{2}$；$P_4(0)=\dfrac{3}{8}$；$P_6(0)=-\dfrac{5}{16}$；$P_8(0)=\dfrac{35}{128}$；$P_{10}(0)=-\dfrac{63}{256}$
2	$P_2^2(0)=3$；$P_4^2(0)=-\dfrac{15}{2}$；$P_6^2(0)=\dfrac{105}{8}$；$P_8^2(0)=-\dfrac{315}{16}$；$P_{10}^2(0)=\dfrac{3465}{128}$
4	$P_4^4(0)=3\times5\times7=105$；$P_6^4(0)=-\dfrac{945}{2}$；$P_8^4(0)=\dfrac{10395}{8}$；$P_{10}^4(0)=-\dfrac{45045}{16}$
6	$P_6^6(0)=3\times5\times7\times9\times11=10395$；$P_8^6(0)=-\dfrac{135135}{2}$；$P_{10}^6(0)=\dfrac{2027025}{8}$
8	$P_8^8(0)=3\times5\times7\times9\times11\times13\times15=2027025$；$P_{10}^8(0)=-\dfrac{3\times5\times7\times9\times11\times13\times15\times17}{2}=-\dfrac{34459425}{2}$
10	$P_{10}^{10}(0)=3\times5\times7\times9\times11\times13\times15\times17\times19=654729075$

表 2.4.1　式（2.32）在笛卡儿坐标系下的解

勒让德函数（$m=0$）

n	$r^n P_n(u)$
0	1
1	z
2	$z^2-\dfrac{1}{2}(x^2+y^2)$
3	$z^3-\dfrac{3}{2}(x^2+y^2)z$
4	$z^4-3(x^2+y^2)\left[z^2-\dfrac{1}{8}(x^2+y^2)\right]$
5	$z^5-5(x^2+y^2)\left[z^2-\dfrac{3}{8}(x^2+y^2)\right]z$
6	$z^6-\dfrac{5}{2}(x^2+y^2)\left[3z^4-\dfrac{9}{4}z^2(x^2+y^2)+\dfrac{1}{8}(x^2+y^2)^2\right]$
7	$z^7-\dfrac{7}{16}(x^2+y^2)\left[24z^4-30z^2(x^2+y^2)+5(x^2+y^2)^2\right]z$
8	$z^8-\dfrac{7}{128}(x^2+y^2)\left[256z^6-480z^4(x^2+y^2)+160z^2(x^2+y^2)-5(x^2+y^2)^3\right]$

表 2.4.2　连带勒让德函数（$1\leqslant m\leqslant n$）

m，n	$r^n P_n^m(u)\cos(m\varphi)$	$r^n P_n^m(u)\sin(m\varphi)$
1，1	x	y
2	$3zx$	$3zy$
3	$6x\left[z^2-\dfrac{1}{4}(x^2+y^2)\right]$	$6y\left[z^2-\dfrac{1}{4}(x^2+y^2)\right]$
4	$10zx\left[z^2-\dfrac{3}{4}(x^2+y^2)\right]$	$10zy\left[z^2-\dfrac{3}{4}(x^2+y^2)\right]$
2，2	$3(x^2-y^2)$	$3(2xy)$
3	$15z(x^2-y^2)$	$15z(2xy)$

续表

m, n	$r^n P_n^m(u)\cos(m\varphi)$	$r^n P_n^m(u)\sin(m\varphi)$
4	$45(x^2-y^2)\left[z^2-\dfrac{1}{6}(x^2+y^2)\right]$	$45(2xy)\left[z^2-\dfrac{1}{6}(x^2+y^2)\right]$
3, 3	$15x(x^2-3y^2)$	$15y(3x^2-y^2)$
4	$105zx(x^2-3y^2)$	$105zy(3x^2-y^2)$
4, 4	$105(x^4-6x^2y^2+y^4)$	$210(2xy)(x^2-y^2)$

特例

$n=m=0$：此时给出最简单的解，$\phi_0 \propto \dfrac{1}{r}$。一个众所周知的例子是电量为 $4\pi\epsilon_0$ 的点电荷产生的电场 $\vec{E}=\dfrac{1}{r^2}\vec{i_r}$（要求 $r>0$）。

$n=1$，$m=0$：有 2 个解，分别是 $\phi_1 \propto \dfrac{\cos\theta}{r^2}$ 和 $\phi_1' \propto r\cos\theta$。$\phi_1$ 表示球外的偶极场，该场由分布在球面上的源产生；后者是球内的**均匀场**。磁矩的偶极场亦可由 ϕ_1 推导出。

2.5.3　正交坐标系下的微分算符

下面将给出 4 个矢量微分算符——grad($\mathbf{\nabla}$)、div($\mathbf{\nabla}\cdot$)、curl($\mathbf{\nabla}\times$)、div grad（$\mathbf{\nabla}^2$）——在正交坐标系下的表达式。

笛卡儿坐标

3 个正交坐标是：x，y，z。

$$\mathrm{grad}\ U = \mathbf{\nabla} U = \frac{\partial U}{\partial x}\vec{i_x} + \frac{\partial U}{\partial y}\vec{i_y} + \frac{\partial U}{\partial z}\vec{i_z} \tag{2.34a}$$

$$\mathrm{div}\ \vec{A} = \mathbf{\nabla}\cdot\vec{A} = \frac{\partial A_x}{\partial x} + \frac{\partial A_y}{\partial y} + \frac{\partial A_z}{\partial z} \tag{2.34b}$$

$$\mathrm{curl}\ \vec{A} = \mathbf{\nabla}\times\vec{A} = \left(\frac{\partial A_z}{\partial y}-\frac{\partial A_y}{\partial z}\right)\vec{i_x} + \left(\frac{\partial A_x}{\partial z}-\frac{\partial A_z}{\partial x}\right)\vec{i_y} + \left(\frac{\partial A_y}{\partial x}-\frac{\partial A_x}{\partial y}\right)\vec{i_z} \tag{2.34c}$$

$$\mathrm{div\ grad}\ U = \mathbf{\nabla}^2 U = \frac{\partial^2 U}{\partial x^2} + \frac{\partial^2 U}{\partial y^2} + \frac{\partial^2 U}{\partial z^2} \tag{2.34d}$$

圆柱坐标

3 个正交坐标是：r, θ, z。

$$\text{grad } U = \nabla U = \frac{\partial U}{\partial r}\vec{i}_r + \frac{1}{r}\frac{\partial U}{\partial \theta}\vec{i}_\theta + \frac{\partial U}{\partial z}\vec{i}_z \tag{2.35a}$$

$$\text{div } \vec{A} = \nabla \cdot \vec{A} = \frac{1}{r}\frac{\partial (rA_r)}{\partial r} + \frac{1}{r}\frac{\partial A_\theta}{\partial \theta} + \frac{\partial A_z}{\partial z} \tag{2.35b}$$

$$\text{curl } \vec{A} = \nabla \times \vec{A} = \left(\frac{1}{r}\frac{\partial A_z}{\partial \theta} - \frac{\partial A_\theta}{\partial z}\right)\vec{i}_r + \left(\frac{\partial A_r}{\partial z} - \frac{\partial A_z}{\partial r}\right)\vec{i}_\theta +$$

$$\left[\frac{1}{r}\frac{\partial (rA_\theta)}{\partial r} - \frac{1}{r}\frac{\partial A_r}{\partial \theta}\right]\vec{i}_z \tag{2.35c}$$

$$\text{div grad } U = \nabla^2 U = \frac{1}{r}\frac{\partial}{\partial r}\left(r\frac{\partial U}{\partial r}\right) + \frac{1}{r^2}\frac{\partial^2 U}{\partial \theta^2} + \frac{\partial^2 U}{\partial z^2} \tag{2.29}$$

球坐标

3 个正交坐标是：r, θ, φ。

$$\text{grad } U = \nabla U = \frac{\partial U}{\partial r}\vec{i}_r + \frac{1}{r}\frac{\partial U}{\partial \theta}\vec{i}_\theta + \frac{1}{r\sin\theta}\frac{\partial U}{\partial \varphi}\vec{i}_\varphi \tag{2.36a}$$

$$\text{div } \vec{A} = \nabla \cdot \vec{A} = \frac{1}{r^2}\frac{\partial (r^2 A_r)}{\partial r} + \frac{1}{r\sin\theta}\frac{\partial (A_\theta \sin\theta)}{\partial \theta} + \frac{1}{r\sin\theta}\frac{\partial A_\varphi}{\partial \varphi} \tag{2.36b}$$

$$\text{curl } \vec{A} = \nabla \times \vec{A} = \left[\frac{1}{r\sin\theta}\frac{\partial (A_\varphi \sin\theta)}{\partial \theta} - \frac{1}{r\sin\theta}\frac{\partial A_\theta}{\partial \varphi}\right]\vec{i}_r + \left[\frac{1}{r\sin\theta}\frac{\partial A_r}{\partial \varphi} - \frac{1}{r}\frac{\partial (rA_\varphi)}{\partial r}\right]\vec{i}_\theta +$$

$$\left[\frac{1}{r}\frac{\partial (rA_\theta)}{\partial r} - \frac{1}{r}\frac{\partial A_r}{\partial \theta}\right]\vec{i}_\varphi \tag{2.36c}$$

$$\text{div grad } U = \nabla^2 U = \frac{1}{r^2}\frac{\partial}{\partial r}\left(r^2\frac{\partial U}{\partial r}\right) + \frac{1}{r^2\sin\theta}\frac{\partial}{\partial \theta}\left(\sin\theta\frac{\partial U}{\partial \theta}\right) + \frac{1}{r^2\sin^2\theta}\frac{\partial^2 U}{\partial \varphi^2} \tag{2.32}$$

2.5.4　勒让德函数

多项式 $P_n^m(\cos\theta)$［式（2.33c）］在 $m=0$ 时被称为 n 阶**勒让德（Legendre）**函数，即 $P_n^0(\cos\theta) \equiv P_n(\cos\theta) \equiv P_n(u)$（此处令 $u=\cos\theta$）。在 $1 \leqslant m \leqslant n$ 时，该多项式被称

为**连带勒让德函数**。$P_n^m(\cos\theta) \equiv P_n^m(u)$满足下面的关于$v$微分方程：

$$\frac{\mathrm{d}}{\mathrm{d}u}\left[(1-u^2)\frac{\mathrm{d}v}{\mathrm{d}u}\right] + \left[n(n+1) - \frac{m^2}{1-u^2}\right]v = 0 \qquad (2.37)$$

如前所述，$P_n(u)$ 在解具有**旋转对称性**的磁场（例如**理想螺管**）时特别有用；$P_n^m(u)$ 则在**实际螺管**（有瑕疵、缺少旋转对称性）分析中十分有用。$P_n(u)$ 和 $P_n^m(u)$ 由下式给出：

$$P_n(u) = \left(\frac{1}{2^n n!}\right)\frac{\mathrm{d}^n(u^2-1)^n}{\mathrm{d}u^n} \qquad (2.38\mathrm{a})$$

$$P_n^m(u) = (1-u^2)^{\frac{m}{2}}\frac{\mathrm{d}^m P_n(u)}{\mathrm{d}u^m} \qquad (2.38\mathrm{b})$$

$$= \left[\frac{(1-u^2)^{\frac{m}{2}}}{2^n n!}\right]\frac{\mathrm{d}^{m+n}(u^2-1)^n}{\mathrm{d}u^{m+n}} \qquad (2.38\mathrm{c})$$

几个有用的勒让德函数以及连带勒让德函数的递归形式如下：

$$(n+1)P_{n+1}(u) - (2n+1)uP_n(u) + nP_{n-1}(u) = 0 \qquad (2.39\mathrm{a})$$

$$(n+1-m)P_{n+1}^m(u) - (2n+1)uP_n^m(u) + (n+m)P_{n-1}^m(u) = 0 \qquad (2.39\mathrm{b})$$

$$P_n^{m+2}(u) - \frac{2(m+1)u}{\sqrt{(1-u^2)}}P_n^{m+1} + (n-m)(n+m-1)P_n^m(u) = 0 \qquad (2.39\mathrm{c})$$

表 2.2.1 和表 2.2.2 列出了 n 取至 8 的勒让德函数 $P_n(u)$，以及 $m(1 \leqslant m \leqslant n)$ 取至 4 的连带勒让德函数 $P_n^m(u)$。表 2.3 给出了 $n = 2$，4，6，8，10 和 $m = 0$，2，4，6，8，10 组合下的 $P_n^m(0)$。表 2.4.1 和表 2.4.2 给出了式（2.32）在笛卡儿坐标系下的解。

2.6 专题

2.6.1 问题2.1：均匀场中的磁化球

本题处理一个置于均匀外磁场中的磁性球。因为背景场是均匀的，所以没有对球的净力作用。球内的场表达式可以用来估算磁体的边缘场对附近铁磁物体的作用力。

磁体边缘场对铁制物体的作用力是第 3 章讨论 3.12 的主题。

如图 2.1 所示的一个磁性球，半径是 R，磁导率是 μ，置于均匀外磁场中：

$$\vec{H}_\infty = H_0\left(-\cos\theta\,\vec{i}_r + \sin\theta\,\vec{i}_\theta\right) \tag{2.40}$$

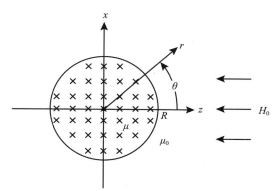

图 2.1　均匀磁场中的磁化球。

a）证明磁感应强度在磁性球内（B_2）、外（B_1）的表达式分别为：

$$\vec{B}_1 = \mu_0 H_0\left(-\cos\theta\,\vec{i}_r + \sin\theta\,\vec{i}_\theta\right) +$$

$$\mu_0\left(\frac{\mu_0-\mu}{2\mu_0+\mu}\right)H_0\left(\frac{R}{r}\right)^3\left(2\cos\theta\,\vec{i}_r + \sin\theta\,\vec{i}_\theta\right) \tag{2.41a}$$

$$\vec{B}_2 = \frac{3\mu_0\mu H_0}{2\mu_0+\mu}\left(-\cos\theta\,\vec{i}_r + \sin\theta\,\vec{i}_\theta\right) \tag{2.41b}$$

考虑以下 3 种极限情况：$\dfrac{\mu}{\mu_0}=0$，$\dfrac{\mu}{\mu_0}=1$ 和 $\dfrac{\mu}{\mu_0}=\infty$。确认表达式在球内是有物理意义的。

b）想象出 $\mu=0.1\mu_0$ 和 $\mu=100\mu_0$ 时 $\vec{B}$ 的场分布，再和图 2.2 对照。

问题2.1的解答

a）如本章介绍部分所讨论的，这个题用标量势来解是最简单的。磁标量势为：

$$\vec{H} = -\nabla\phi \tag{S1.1}$$

线性、各向同性介质，磁场和磁感应强度的关系为：

$$\vec{B} = \mu\vec{H} \tag{S1.2}$$

本题可以分为区域 1（$r \geqslant R$）和区域 2（$r \leqslant R$）两个区域。基于式（2.33）的解，且因为在 $r = \infty$ 时，$H_\infty = H_0$，在 $r = 0$ 时，$H \neq \pm\infty$，所以两个区域的势函数可分别选为：

$$\phi_1 = H_0 r \cos \theta + \frac{A}{r^2} \cos \theta \qquad (r \geqslant R) \qquad (S1.3a)$$

$$\phi_2 = C r \cos \theta \qquad\qquad (r \leqslant R) \qquad (S1.3b)$$

注意，在 $r \to \infty$ 时，$\phi_1 \to H_0 r \cos \theta$［式（2.40）］；在 $r = 0$ 时，ϕ_2 保持有限。

应用球坐标下的 ∇ 算符式（2.36a），我们有：

$$\vec{H}_1 = H_0(-\cos \theta \, \vec{i}_r + \sin \theta \, \vec{i}_\theta) + \frac{A}{r^3}(2\cos \theta \, \vec{i}_r + \sin \theta \, \vec{i}_\theta) \qquad (S1.4a)$$

$$\vec{H}_2 = C(-\cos \theta \, \vec{i}_r + \sin \theta \, \vec{i}_\theta) \qquad (S1.4b)$$

边界条件　　1）在 $r = R$ 处，因无表面电流，故 $\vec{H}$ 的切向分量（$\vec{i}_\theta$）连续。这等价于在 $r = R$ 时，有 $\phi_1 = \phi_2$：

$$H_0 + \frac{A}{R^3} = C \qquad (S1.5)$$

2）在 $r = R$ 处，$\vec{B}$ 的法向分量（$\vec{i}_r$）连续：

$$\mu_0\left(-H_0 + 2\frac{A}{R^3}\right) = -\mu C \qquad (S1.6)$$

从式（S1.5）和式（S1.6），解出常数 A 和 C：

$$C = \frac{3H_0\mu_0}{2\mu_0 + \mu} \qquad (S1.7)$$

$$A = (C - H_0)R^3 = H_0\left(\frac{\mu_0 - \mu}{2\mu_0 + \mu}\right)R^3 \qquad (S1.8)$$

于是，$\vec{B}_1$ 和 $\vec{B}_2$ 可写为：

$$\vec{B}_1 = \mu_0 H_0(-\cos \theta \, \vec{i}_r + \sin \theta \, \vec{i}_\theta) +$$

$$\mu_0\left(\frac{\mu_0 - \mu}{2\mu_0 + \mu}\right)H_0\left(\frac{R}{r}\right)^3(2\cos \theta \, \vec{i}_r + \sin \theta \, \vec{i}_\theta) \qquad (2.41a)$$

$$\vec{B}_2 = \frac{3\mu_0 \mu H_0}{2\mu_0 + \mu}(-\cos\theta \, \vec{i}_r + \sin\theta \, \vec{i}_\theta) \tag{2.41b}$$

下面，我们考虑 $\dfrac{\mu}{\mu_0}$ 的 3 种特例。

情况 1： $\dfrac{\mu}{\mu_0} = 0$

将 $\mu = 0$ 代入式（2.41a）和式（2.41b），可得：

$$\vec{B}_1 = \mu_0 H_0(-\cos\theta \, \vec{i}_r + \sin\theta \, \vec{i}_\theta) + \frac{\mu_0 H_0}{2}\left(\frac{R}{r}\right)^3 (2\cos\theta \, \vec{i}_r + \sin\theta \, \vec{i}_\theta) \tag{S1.9a}$$

$$\vec{B}_2 = 0 \tag{S1.9b}$$

这个球像第 I 类超导体，球内不允许磁通密度存在——迈斯纳效应。磁通图和图 1.1b 中超导体点 C 的示意图是一致的。问题 2.2 将会讨论到，$\vec{H}$ 在 $r = R$ 处的 θ 分量不连续将要求存在表面电流（被限制在一个薄层内）。因为这个电流一旦建立起来，就必须一直流下去，这就表明了球对电流是无电阻的。如第 1 章所言的，存在迈斯纳效应的材料必须同时是理想导体：那这种材料其实就是超导体。

情况 2： $\dfrac{\mu}{\mu_0} = 1$

这时问题退化为平凡情况，即等价于没有球。将 $\mu = \mu_0$ 代入式（2.41a）和式（2.41b），2 个方程变为相同。

情况 3： $\dfrac{\mu}{\mu_0} = \infty$

这时表示的是一个理想铁磁材料，软铁的性质与此近似。磁场被**吸入**球内。将 $\mu = \infty$ 代入式（2.41a）和式（2.41b），有：

$$\vec{B}_1 = \mu_0 H_0(-\cos\theta \, \vec{i}_r + \sin\theta \, \vec{i}_\theta) - \mu_0 H_0\left(\frac{R}{r}\right)^3 (2\cos\theta \, \vec{i}_r + \sin\theta \, \vec{i}_\theta) \tag{S1.10a}$$

$$\vec{B}_2 = 3\mu_0 H_0(-\cos\theta \, \vec{i}_r + \sin\theta \, \vec{i}_\theta) \tag{S1.10b}$$

需要注意的是，此时球内的 $\vec{B}$ 是外施磁场 $\vec{B}$ 的 3 倍。如果球存在磁饱和，则 μ 不再是 ∞。所有磁性材料都存在的磁饱和效应将在问题 2.3 中讨论。

b) 图 2.2 给出了 $\frac{\mu}{\mu_0}=0.1$ 和 $\frac{\mu}{\mu_0}=100$ 两种情况下的磁场线。

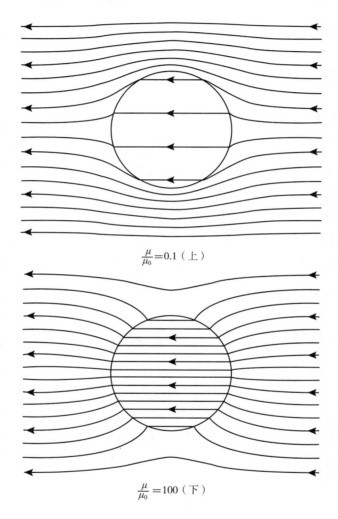

$$\frac{\mu}{\mu_0}=0.1\text{（上）}$$

$$\frac{\mu}{\mu_0}=100\text{（下）}$$

图 2.2　$\frac{\mu}{\mu_0}=0.1$（上）和 $\frac{\mu}{\mu_0}=100$（下）两种情况下球内和球附近的磁场线。上球

在 $r=\infty$ 处的磁场线密度是球内的 $\sim2.6\left(=\sqrt{\dfrac{2.1}{0.3}}\right)$ 倍以内；下球的球内磁场比无穷远处

密 $\sim1.7\left(=\sqrt{\dfrac{300}{101}}\right)$ 倍以内。这 2 个比值不仅在纸平面成立，在垂直纸面方向也成立。

$\frac{\mu}{\mu_0}=100$ 的圆柱体的比值为 $\dfrac{200}{101}$，但仅在纸平面成立。注意，在 $\frac{\mu}{\mu_0}=100$ 时，进出球的

场线**几乎**与球表面垂直；$\frac{\mu}{\mu_0}=\infty$ 时，完全垂直。

2.6.2 问题2.2: 均匀场中的第Ⅰ类超导棒

本题研究第Ⅰ代超导体（迈斯纳效应）。场结果应用超导电性的伦敦理论术语予以解释。如图 2.3 所示，无限长、圆截面（半径 R）的铅（Pb）棒置于垂直于其轴的均匀外磁场中。

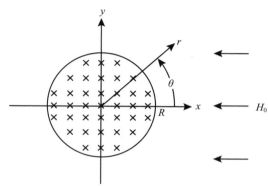

图 2.3　无限长、圆截面超导棒置于均匀磁场中。

$$\vec{H}_\infty = H_0(-\cos\theta\,\vec{i}_r + \sin\theta\,\vec{i}_\theta) \tag{2.40}$$

在 $\mu_0 H_0 = 0.08$ T 时。起初，棒处于**正常**态，磁场在棒内外任何地方都相同。然后，将 Pb 棒逐步冷却直至超导。

a）证明磁场暂态效应消失后，棒外磁场 $\vec{H}_1$ 表达式为：

$$\vec{H}_1 = H_0(-\cos\theta\,\vec{i}_r + \sin\theta\,\vec{i}_\theta) + H_0\left(\frac{R}{r}\right)^2(\cos\theta\,\vec{i}_r + \sin\theta\,\vec{i}_\theta) \tag{2.42}$$

注意，式（2.41a）对应磁性**球**的 $\vec{B}_1$。

b）证明在穿透深度 $\lambda \ll R$ 内的面（自由）电流密度 $\vec{K}_f$ [A/m] 为：

$$\vec{K}_f = 2H_0\sin\theta\,\vec{i}_z \tag{2.43}$$

c）将面电流密度幅值换算为（体）电流密度 J_f [A/m²]。证明这个值与用伦敦超导电性理论的计算值一致。

问题2.2的解答

a）问题分为区域 1（$r \geqslant R$）和区域 2（$r \leqslant R$）两个区域考虑。因为我们处理的是第Ⅰ类超导体，故圆棒超导时有 $\vec{B}_2 = 0 (\phi_2 = 0)$。区域1的磁场可由势导出：

$$\phi_1 = H_0 r \cos\theta + \frac{A}{r}\cos\theta \tag{S2.1}$$

注意，如式（2.40）所要求的，当 $r \to \infty$ 时，$\phi_1 \to H_0 r \cos\theta$。

使用圆柱坐标系下的 **∇** 算符式（2.35a），可以得到 $\vec{H}_1$：

$$\vec{H}_1 = -\frac{\partial}{\partial r}\left(H_0 r \cos\theta + \frac{A}{r}\cos\theta \right)\vec{i}_r - \frac{1}{r}\frac{\partial}{\partial\theta}\left(H_0 r \cos\theta + \frac{A}{r}\cos\theta \right)\vec{i}_\theta \tag{S2.2}$$

$$= -\left(H_0\cos\theta - \frac{A}{r^2}\cos\theta \right)\vec{i}_r - \left(-H_0\sin\theta - \frac{A}{r^2}\sin\theta \right)\vec{i}_\theta \tag{S2.3}$$

整理式（S2.3），可得：

$$\vec{H}_1 = H_0(-\cos\theta\,\vec{i}_r + \sin\theta\,\vec{i}_\theta) + \frac{A}{r^2}(\cos\theta\,\vec{i}_r + \sin\theta\,\vec{i}_\theta) \tag{S2.4}$$

B 法向分量的连续性要求式（S2.3）中 $\vec{i}_r$ 的系数在 $r=R$ 处为0：

$$-H_0 + \frac{A}{R^2} = 0 \tag{S2.5}$$

从式（S2.5）解出 A，得：

$$A = R^2 H_0 \tag{S2.6}$$

于是，超导棒外的磁场（区域1）为：

$$\vec{H}_1 = H_0(-\cos\theta\,\vec{i}_r + \sin\theta\,\vec{i}_\theta) + H_0\left(\frac{R}{r}\right)^2(\cos\theta\,\vec{i}_r + \sin\theta\,\vec{i}_\theta) \tag{2.42}$$

注意，在 $r=R$，$\theta = 90°$ 时，$\left| \vec{H}_1 \right| = 2H_0$，即此处的幅值是远场的2倍。物理上看，圆棒正常态时其内部本来存在的磁场在进入超导态后被"推"出并"堆积"在 $\theta = 90°$ 附近。

b）因为 $2H_0\sin\theta$ 中的 $\vec{H}$ 在 $r=R$ 处的切向分量不连续，所以必有面电流 $\vec{K}_f$ 流过超导棒式（2.6），有：

$$\vec{K}_f = \vec{i}_r \times 2H_0\sin\theta\,\vec{i}_\theta$$

$$= 2H_0 \sin \theta \ \vec{i}_z \tag{2.43}$$

该正弦（余弦更常用）电流分布是高能物理设备"核粒子加速器"内所用的大多数二极磁体的基础。问题 3.8 中将研究一个**理想二极磁体**。

c）根据伦敦超导电性理论（第 1 章的 1.2.2 节），第 Ⅰ 类超导体的超导电流密度 $J_s = e n_{se} v$。其中，e 是电子电荷量（$e = 1.6 \times 10^{-19}$ C），n_{se} 是超导电子密度，v 是超导电子的漂移速度。超导电子的密度大致上等于自由电子的密度 n_{fe}［式（1.2）］：

$$n_{se} \simeq n_{fe} = \frac{\rho N_A}{W_A} \tag{1.2}$$

对于 Pb，$\rho = 11.4$ g/cm^3，$N_A = 6.022 \times 10^{23}$ 原子数/mol，$W_A = 207.2$ g/mol，得：

$$n_{se} = \frac{11.4 \times 6.022 \times 10^{23}}{207.2} \simeq 3.3 \times 10^{28} \text{e/m}^3 \tag{S2.7}$$

由于 $v \sim 200$ m/s，约等于超导电子的漂移速度，因此可以确定 J_s 的**量级**：

$$J_s = e n_{se} v \sim 1.6 \times 10^{-19} \times 3.3 \times 10^{28} \times 200 \sim 1 \times 10^{12} \text{ A/m}^2$$

在上述铅圆柱棒所要求的表面电流密度（$K_f = J_f \lambda$）下，J_f 应**大致**与 J_s 相等。即与上面所计算的 J_s 在同一个量级上。超导电性理论给出了超导电流流过超导体表面的穿透深度 λ 的表达式［式（1.1）］：

$$\lambda = \sqrt{\frac{m}{\mu_0 e^2 n_{se}}} \tag{1.1}$$

其中，n_{se} 如式（S2.7），$m = 9.1 \times 10^{-31}$ kg，则：

$$\lambda = \sqrt{\frac{(9.1 \times 10^{-31} \text{kg})}{(4\pi \times 10^{-7} \text{H/m}) \times (1.6 \times 10^{-19} \text{C})^2 \times (3.3 \times 10^{28} \text{m}^{-3})}} \simeq 3 \times 10^{-8} \text{ m}$$

由于 $K_f = J_f \lambda$，则：

$$J_f = \frac{2H_0}{\lambda} = \frac{2\mu_0 H_0}{\mu_0 \lambda} \simeq 4 \times 10^{12} \text{ A/m}^2 \tag{S2.8}$$

可见，J_f 与 J_s **大致**相等。

2.6.3 讨论2.1: 均匀场中的理想导体球

本题我们推导理想导体（$\rho = 0$）球置于磁场中的磁场定量表达式。特别是针对第 1 章的图 1.1（c）的 $C \Rightarrow D$ 转变。点 C 处，包括球内部的整个空间处于均匀外场中，外场条件见问题 2.1 的式（2.40）。我们使用和问题 2.1 中图 2.1 相同的球坐标系。

当均匀外场减小至 0 [图 1.1（c）中的 D 点] 时，由于球内磁感应强度无法改变，其磁场强度 $\vec{H}_2$ 必保持不变。

$$\vec{H}_2 = H_0(-\cos\theta\, \vec{i}_r + \sin\theta\, \vec{i}_\theta) \qquad (r \le R) \qquad (2.44\text{a})$$

远离球中心（$r \to \infty$）处的外磁场 $\vec{H}_1$ 为 0。靠近球处的磁场可由标量势 $\phi_1 = \left(\dfrac{A}{r^2}\right)\cos\theta$ 导出。在 ϕ_1 上应用 ∇ 算符，就得到球坐标下的二极场：

$$\vec{H}_1 = \frac{A}{r^3}(2\cos\theta\, \vec{i}_r + \sin\theta\, \vec{i}_\theta) \qquad (r \ge R) \qquad (2.44\text{b})$$

在 $r = R$ 处，B 的法向分量连续。由于在 $\theta = 0$ 处球内外的磁场均仅有法向分量，故：

$$-H_0 = 2\frac{A}{R^3}$$

于是，$A = \dfrac{-H_0 R^3}{2}$。进而有：

$$\vec{H}_1 = -H_0\left(\frac{R}{r}\right)^3\left(\cos\theta\, \vec{i}_r + \frac{1}{2}\sin\theta\, \vec{i}_\theta\right) \qquad (2.44\text{c})$$

式（2.44c），即磁场分布的定量表达。不同的是，图 1.1（c）的外场是自下向上的，而图 2.1 的磁场是自右向左的。

磁场在 $r = R$ 处的切向分量不连续等于在 $r = R$ 处的球面上存在面电流密度 $\vec{K}_f$。联立式（2.6）、式（2.44a）和式（2.44c），有：

$$\vec{K}_f = \vec{i}_r \times \left[H_0\sin\theta\, \vec{i}_\theta - \left(-\frac{1}{2}H_0\sin\theta\, \vec{i}_\theta\right) \right] = \frac{3}{2}H_0\sin\theta\, \vec{i}_\theta \qquad (2.45)$$

注意，此 $\sin\theta$ 分布可以用一个绕在球面上的**在 z 轴方向具有均匀匝密度**的薄线圈来近似。

2.6.4　问题2.3：球壳的磁屏蔽

本问题处理被动磁屏蔽，它是 MRI、磁悬浮等高场系统的一个重要课题。在这些系统中，人和磁场敏感设备可能会暴露于其边缘场中。美国食品药品监督管理局规定，MRI 系统的最大边缘场上限 5 Gs（0.5 mT）。

在空间中的球形区域内，需要被屏蔽均匀磁场 $\vec{H}_{\infty}$ 为：

$$\vec{H}_{\infty} = H_0(-\cos\theta\,\vec{i}_r + \sin\theta\,\vec{i}_\theta) \tag{2.40}$$

为了实现屏蔽，可以使用外径 $2R$、壁厚 $\dfrac{d}{R}\ll 1$、有高磁导率 $\left(\dfrac{\mu}{\mu_0}\gg 1\right)$ 的材料做成的球壳，如图 2.4 所示。

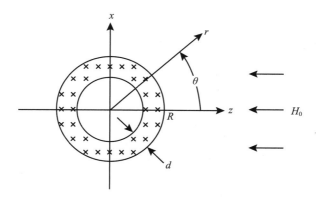

图 2.4　均匀磁场中的磁性球壳。

a）将本问题视为均匀外磁场中的磁性球壳。记 H_{ss} 为球壳内（$r \leqslant R-d$）的磁场幅值，证明 $\dfrac{H_{ss}}{H_0}$ 的表达式为：

$$\frac{H_{ss}}{H_0} = \frac{9\mu_0\mu}{9\mu_0\mu + 2(\mu - \mu_0)^2\left[1 - \left(1 - \dfrac{d}{R}\right)^3\right]} \tag{2.46}$$

b）证明在 $\dfrac{\mu}{\mu_0}\gg 1$ 和 $\dfrac{d}{R}\ll 1$ 的极限情况下，式（2.46）给出的 $\dfrac{H_{ss}}{H_0}$ 可约化为：

$$\frac{H_{ss}}{H_0} \simeq \frac{3}{2}\left(\frac{\mu_0}{\mu}\right)\left(\frac{R}{d}\right) \tag{2.47}$$

c）接下来，用微扰法推导式（2.47）。首先，在 $\mu = \infty$ 条件下解出壳体中（$R-d \leqslant r \leqslant R$）的磁场。然后，用微扰法在 $\frac{\mu}{\mu_0} \gg 1$ 条件下得到式（2.47）。

d）实践中，屏蔽材料中的磁通必须控制在材料的饱和磁通（$\mu_0 M_{sa}$）之下。证明壳体不饱和的 $\frac{d}{R}$ 条件为：

$$\frac{d}{R} \geqslant \frac{3H_0}{2M_{sa}} \tag{2.48}$$

e）画出 $\frac{\mu}{\mu_0} \gg 1$ 情况下的场线。

问题2.3的解答

a）将问题分为三个区域：区域 1（$r \geqslant R$）；区域 2（球壳）；区域 3（$r \leqslant R-d$）。相应的势函数分别为：

$$\phi_1 = H_0 r\cos\theta + \frac{A}{r^2}\cos\theta \tag{S3.1a}$$

$$\phi_2 = Cr\cos\theta + \frac{D}{r^2}\cos\theta \tag{S3.1b}$$

$$\phi_3 = H_{ss}r\cos\theta \tag{S3.1c}$$

可见，在 $r \to \infty$ 时，$\phi_1 \to H_0 r\cos\theta$；$r \to 0$ 时，ϕ_3 为有限值。

应用球坐标下的 ∇ 算符，得：

$$\vec{H_1} = H_0(-\cos\theta\,\vec{i_r} + \sin\theta\,\vec{i_\theta}) + \frac{A}{r^3}(2\cos\theta\,\vec{i_r} + \sin\theta\,\vec{i_\theta}) \tag{S3.2a}$$

$$\vec{H_2} = C(-\cos\theta\,\vec{i_r} + \sin\theta\,\vec{i_\theta}) + \frac{D}{r^3}(2\cos\theta\,\vec{i_r} + \sin\theta\,\vec{i_\theta}) \tag{S3.2b}$$

$$\vec{H_3} = H_{ss}(-\cos\theta\,\vec{i_r} + \sin\theta\,\vec{i_\theta}) \tag{S3.2c}$$

边界条件　①$r = R$ 处，$\vec{H}$ 的切向分量 H_θ 连续：$\phi_1 = \phi_2$。

②类似地，在 $r=R-d$ 处，H_θ 连续：$\phi_2 = \phi_3$。

③在 $r=R$ 处，$\vec{B}$ 的法向分量 B_r 连续。

④类似地，在 $r=R-d$ 处，B_r 连续。

上述边界条件给出下面的四个等式：

$$H_0 + \frac{A}{R^3} = C + \frac{D}{R^3} \tag{S3.3a}$$

$$C + \frac{D}{(R-d)^3} = H_{ss} \tag{S3.3b}$$

$$\mu_0\left(-H_0 + \frac{2A}{R^3}\right) = \mu\left(-C + \frac{2D}{R^3}\right) \tag{S3.3c}$$

$$\mu\left[-C + \frac{2D}{(R-d)^3}\right] = -\mu_0 H_{ss} \tag{S3.3d}$$

联立式（S3.3a）和式（S3.3b），消去 C，有：

$$\frac{A}{R^3} + D\left[\frac{1}{(R-d)^3} - \frac{1}{R^3}\right] - H_{ss} = -H_0 \tag{S3.4}$$

联立式（S3.3b）和式（S3.3d），得到用 H_{ss} 表示的 D：

$$D = \frac{\mu - \mu_0}{2\mu}(R-d)^3 H_{ss} \tag{S3.5}$$

联立式（S3.4）和式（S3.5），得到用 H_{ss} 表示的 $\frac{A}{R^3}$：

$$\frac{A}{R^3} = H_{ss}\left\{1 - \frac{\mu - \mu_0}{3\mu}\left[1 - \left(1 - \frac{d}{R}\right)^3\right]\right\} - H_0 \tag{S3.6}$$

由式（S3.3c）和式（S3.3d），得：

$$\frac{2A}{R^3} + 2\frac{\mu}{\mu_0}D\left[\frac{1}{(R-d)^3} - \frac{1}{R^3}\right] + H_{ss} = H_0 \tag{S3.7}$$

联立式（S3.3）～式（S3.7），用 H_0 表示 H_{ss}，可得：

$$\frac{H_{ss}}{H_0} = \frac{9\mu_0\mu}{9\mu_0\mu + 2(\mu - \mu_0)^2 \left[1 - \left(1 - \dfrac{d}{R}\right)^3\right]} \qquad (2.46)$$

b) 通过分子分母同除以 μ_0^2 和应用极限 $\dfrac{\mu}{\mu_0} \gg 1$ 以及 $\dfrac{d}{R} \ll 1$，可将式（2.46）简化为：

$$\frac{H_{ss}}{H_0} \simeq \frac{\dfrac{9\mu}{\mu_0}}{9\left(\dfrac{\mu}{\mu_0}\right) + 2\left(\dfrac{\mu}{\mu_0}\right)^2 \left[1 - \left(1 - 3\dfrac{d}{R}\right)\right]} \qquad (S3.8)$$

$$\simeq \frac{3}{3 + 2\left(\dfrac{\mu}{\mu_0}\right)\left(\dfrac{d}{R}\right)} \qquad (S3.9)$$

在 $\dfrac{\mu}{\mu_0} \cdot \dfrac{d}{R} \gg 1$ 的特殊情况下，式（S3.9）进一步简化为：

$$\frac{H_{ss}}{H_0} \simeq \frac{3}{2}\left(\frac{\mu_0}{\mu}\right)\left(\frac{R}{d}\right) \qquad (2.47)$$

c) 在极限 $\dfrac{\mu}{\mu_0} \gg 1$ 和 $\dfrac{d}{R} \ll 1$ 下应用微扰法可以直接得到与式（2.47）相同的结果。假设球壳材料的 μ 无限大，这要求 B 线在 $r = R$ 处垂直于球壳。这是因为在 $r = R$ 处，$\vec{H}_1$ 仅有径向分量。由于壳内 $H = 0$，故在 $r = R$ 处 H_θ 必须连续。注意，当 $\mu = \infty$ 时，$C = D = 0$，这很容易看出。由式（S3.3a），$A = -R^3 H_0$，于是在 $r = R$ 处：

$$\vec{H}_1 = -3H_0\cos\theta\,\vec{i}_r \qquad (S3.10)$$

B 线局限在壳内，不会"逸"至区域 3，即壳内的 B 仅有 $\vec{i}_\theta$ 分量。应用磁通连续性（$\nabla \cdot \vec{B} = 0$）并在 $\mu = \infty$ 条件下解 $\vec{B}_2$。解出 B_2 后，可以得到 $\mu \neq \infty$ 但 $\dfrac{\mu}{\mu_0} \gg 1$ 时 $\vec{H}_3$ 的近似表达式。

计算通过球壳表面 $\pm\theta$ 范围内进入壳的总磁通（图 2.5）。壳表面积可由如图 2.5 所示的微元面积从 0 到 θ 积分得到。于是，有：

$$\Phi = \mu_0\int_0^\theta \vec{H}_1 \cdot \mathrm{d}\,\vec{A} = \mu_0\int_0^\theta 3H_0\cos\theta\,2\pi R^2\sin\theta\mathrm{d}\theta = 3\pi\mu_0 R^2 H_0\sin^2\theta \qquad (S3.11)$$

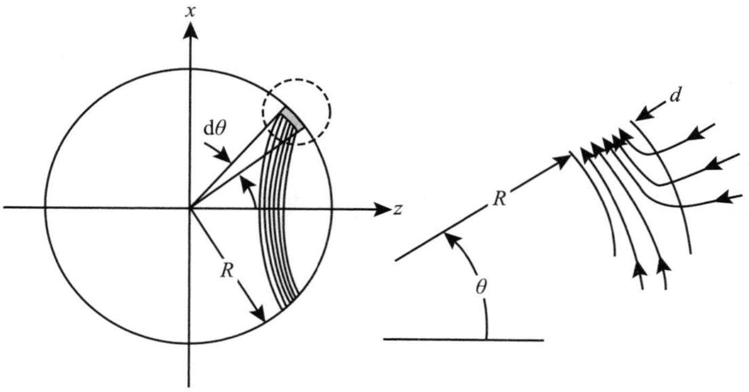

图 2.5　通过球壳 ±θ 范围内进入壳的磁通。

此处 Φ 等于在球壳 θ 处 θ 方向通过的总磁通量。因为在 $d \ll R$ 条件下，壳在 θ 处的截面区域面积 A_2 可由球壳厚度乘以半径为 $R\sin\theta$ 的圆环周长得到，有：

$$A_2 \simeq d2\pi R\sin\theta \tag{S3.12}$$

于是有：

$$\Phi = 3\pi\mu_0 R^2 H_0 \sin^2\theta \simeq B_2 A_2 = B_2 d2\pi R\sin\theta \tag{S3.13}$$

在式（S3.13）中解出 B_2，得：

$$\vec{B}_2 \simeq \frac{3}{2}\mu_0\left(\frac{R}{d}\right)H_0\sin\theta\,\vec{i_\theta} \tag{S3.14}$$

注意，上式的 $\vec{B}_2$ 是在 $\mu = \infty$ 条件下得到的；由于 $\vec{H}$ 的 $\vec{i_\theta}$ 分量在 $r = R-d$ 处必须连续，于是可以导出 $\vec{H}_3$ 的近似解：

$$H_{\theta3} \simeq \frac{B_{\theta2}}{\mu} = \frac{3}{2}\left(\frac{\mu_0}{\mu}\right)\left(\frac{R}{d}\right)H_0\sin\theta \tag{S3.15}$$

得到了 $H_{\theta3}$，就可以给出 $\vec{H}_3$ 的完整表达式：

$$\vec{H}_3 \simeq \frac{3}{2}\left(\frac{\mu_0}{\mu}\right)\left(\frac{R}{d}\right)H_0(-\cos\theta\,\vec{i_r} + \sin\theta\,\vec{i_\theta}) \tag{S3.16a}$$

$$\left|\frac{\vec{H}_3}{H_0}\right| \simeq \frac{3}{2}\left(\frac{\mu_0}{\mu}\right)\left(\frac{R}{d}\right) \tag{S3.16b}$$

式（S3.16b）给出的 $\left|\dfrac{\vec{H}_3}{H_0}\right|$ 比值与式（2.47）给出的 $\dfrac{H_{ss}}{H_0}$ 是一致的。注意，微扰法需要 $\mu=\infty$ 和 $d\ll R$ 条件，但从式（S3.9）到式（2.47）无须 $\dfrac{\mu d}{\mu_0 R}\gg 1$ 条件。

d）应当明确，不能为了满足 $\dfrac{d}{R}\ll 1$ 而将 d 选得任意小。事实上，前面的分析仅在以下条件得到满足时才成立：

$$\frac{\mu_0}{\mu}\ll\frac{d}{R}\ll 1 \qquad (\text{S3.17})$$

实际的 μ 不可能无限大，屏蔽材料会随着外场的增大最终饱和。因此，壳内的最大磁通（$\theta=90°$时取得）必须小于屏蔽壳材料的饱和磁通 $\mu_0 M_{sa}$。于是：

$$\frac{3}{2}\left(\frac{R}{d}\right)\mu_0 H_0\leqslant\mu_0 M_{sa} \qquad (\text{S3.18})$$

在式（S3.18）中解出 $\dfrac{d}{R}$，有：

$$\frac{d}{R}\geqslant\frac{3H_0}{2M_{sa}} \qquad (2.48)$$

表2.5给出了退火铁锭（annealed ingot iron）、铸造钢（as-cast steel）和铁钴钒（vanadium permendur，50%Co+2%V）3种材料在 $\mu_0 H_0$ 范围为 $0\sim 1000$ Gs（$0.1\sim 100$ mT）的微分 $\dfrac{\mu}{\mu_0}$ 和 $\mu_0 M（H_0）$ 的近似值。其中微分 $\dfrac{\mu}{\mu_0}$ 定义为 $\left(\dfrac{\mu}{\mu_0}\right)_{dif}\equiv\dfrac{\Delta M}{\Delta H_0}\bigg|_{\mu_0 H_0}$。这几种材料常用来屏蔽 ~ 100 Gs 以下的磁场，其饱和磁通 $\mu_0 M_{sa}$ 分别约为 2.1 T、2.0 T 和 2.2 T。

表2.5 铁合金的 $\dfrac{\mu}{\mu_0}$、$\mu_0 M(H_0)$ 和 $\mu_0 M_{sa}$ 值

$\mu_0 H_0$[Gs]	退火铁锭		铸造钢		铁钴钒	
	$\left(\dfrac{\mu}{\mu_0}\right)^*_{dif}$	$\mu_0 M$[T]	$\left(\dfrac{\mu}{\mu_0}\right)^*_{dif}$	$\mu_0 M$[T]	$\left(\dfrac{\mu}{\mu_0}\right)^*_{dif}$	$\mu_0 M$[T]
1	7710	0.375	na	na	na	na
3	3850	0.91	1660	0.25	4845	0.65
5	500	1.42	1155	0.51	1875	1.25
10	115	1.54	565	0.93	545	1.67

续表

$\boldsymbol{\mu_0 H_0}$ [Gs]	退火铁锭		铸造钢		铁钴钒	
	$\left(\dfrac{\mu}{\mu_0}\right)^*_{dif}$	$\boldsymbol{\mu_0 M}$ [T]	$\left(\dfrac{\mu}{\mu_0}\right)^*_{dif}$	$\boldsymbol{\mu_0 M}$ [T]	$\left(\dfrac{\mu}{\mu_0}\right)^*_{dif}$	$\boldsymbol{\mu_0 M}$ [T]
20	47	1.60	180	1.25	170	1.96
50	23.5	1.70	50	1.52	17	2.10
100	17.5	1.81	25	1.70	4.8	2.15
200	8.25	1.93	10	1.85	1.3	2.17
500	2.0	2.05	1.0	1.92	0.26	2.18
1000	0.4	2.11	0.45	2.01	0.07	2.19
$\mu_0 M_{sa}$	2.13 [T]		2.03 [T]		2.20 [T]	

* 数据来自《永磁体手册》（*Permanent Magnet Manual*）的 M（H）图（通用电气公司，1963）。

e）$\dfrac{\mu}{\mu_0} = 100$ 条件下的磁力线分布如图 2.6 所示。

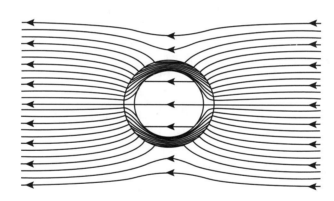

图 2.6 $\dfrac{\mu}{\mu_0} = 100$ 磁性球壳置于均匀场中的磁场分布。注意进出球壳的磁场线是**近乎**垂直于壳的。

2.6.5 讨论2.2：用圆柱壳屏蔽

圆柱壳外径为 $2R$，壁厚 $\dfrac{d}{R} \ll 1$，由高磁导率 $\left(\dfrac{\mu}{\mu_0} \gg 1\right)$ 制成，置于幅值为 H_0 的外场 $\vec{H}_\infty$ 中，圆柱壳内（$r \leqslant R-d$）的磁场记为 H_{cs}。我们用类似问题 2.3 中所用的微扰技术推导 $\dfrac{H_{cs}}{H_0}$ 的表达式。在二维圆柱坐标系下，外场为：

$$\vec{H}_{\infty} = H_0(-\cos\theta\,\vec{i}_r + \sin\theta\,\vec{i}_\theta) \qquad (2.40)$$

其中，θ 的定义见图 2.3。

假设圆柱材料的 μ 无限大。然后，发现 B 线在 $r=R$ 处必须垂直于圆柱（如问题 2.3）。于是，在 $r=R$ 处有：

$$\vec{H}_1 = -2H_0\cos\theta\,\vec{i}_r$$

当然，壳中的 B 为 θ 向。在 $\dfrac{d}{R}\ll 1$ 条件下，磁通 B 连续性要求：

$$B_2 d = \int_0^\theta 2\mu_0 H_0 R\cos\theta\,\mathrm{d}\theta = 2\mu_0 R H_0\sin\theta$$

于是得出：

$$\vec{B}_2 = 2\mu_0\left(\frac{R}{d}\right)H_0\sin\theta\,\vec{i}_\theta$$

一旦得到 $\mu=\infty$ 下的 $\vec{B}_2$，我们就知道了 $\dfrac{\mu}{\mu_0}\gg 1$ 下的 $\vec{H}_2$：

$$\vec{H}_2 = \frac{\vec{B}_2}{\mu} \simeq 2\left(\frac{\mu_0}{\mu}\right)\left(\frac{R}{d}\right)H_0\sin\theta\,\vec{i}_\theta$$

因为在没有表面电流时 H_θ 是连续的，对区域 2 和区域 3，一定有 $H_{\theta 2} = H_{\theta 3}$。于是，在 $r=R-d$ 处：

$$H_{\theta 3} = H_{\theta 2} \simeq 2\left(\frac{\mu_0}{\mu}\right)\left(\frac{R}{d}\right)H_0\sin\theta$$

综上所述，可得：

$$\vec{H}_3 \simeq 2\left(\frac{\mu_0}{\mu}\right)\left(\frac{R}{d}\right)H_0(-\cos\theta\,\vec{i}_r + \sin\theta\,\vec{i}_\theta)$$

$$\left|\frac{\vec{H}_3}{H_0}\right| \equiv \frac{H_{cs}}{H_0} \simeq 2\left(\frac{\mu_0}{\mu}\right)\left(\frac{R}{d}\right) \qquad (2.49)$$

如问题 2.3 研究的球壳一样，圆柱壳的厚度也不能任意薄，它必须有足够的厚度以防止饱和：

$$\mu H_{cs} = 2\mu_0 H_0 \frac{R}{d} \leqslant \mu_0 M_{sa}$$

根据上面的推导，有：

$$\frac{d}{R} \geqslant \frac{2H_0}{M_{sa}} \tag{2.50}$$

2.6.6 问题2.4：四个偶极子簇的远场

本题考虑如图 2.7 所示布置的四个**理想**偶极子簇的远场。各偶极子的方向由圆圈内的箭头指示。两个相反偶极子的中心距为 $2\delta_d$。偶极子 j 绕组厚度为 0，直径为 $2r_d$，y 向总长度为 ℓ_d。径向位置（r_j）远离偶极子的远场（$r_j \gg \ell_d$）可建模为球偶极子场 $\vec{B}_j$：

$$\vec{B}_j = \frac{r_d^2 \ell_d B_0}{2r_j^3} (\cos \vartheta_j \, \vec{\imath}_{r_j} + \frac{1}{2}\sin \vartheta_j \, \vec{\imath}_{\theta_j}) \tag{2.51}$$

式中，r_j 是到**各偶极子**中心的距离；各偶极子中的 ϑ_j 的定义确保 $\vartheta_j = 0°$ 时，偶极子在绕组内的磁场指向 r_j 向。图 2.7 给出了各偶极子内的磁场方向，还定义了对所有偶极子共用的 r-θ 坐标系和 z-x 坐标系。注意，$r \gg \delta_d$ 时，有 $\vartheta_1 = \theta + 180°$，$\vartheta_2 = \theta - 90°$，$\vartheta_3 = \theta$，$\vartheta_4 = \theta + 90°$。

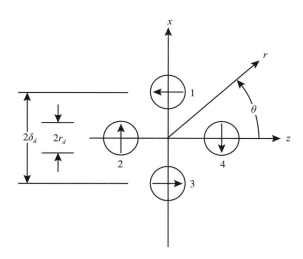

图 2.7　四个偶极子布局的横截面。每个偶极子中的箭头指示线圈内磁场的方向。

证明：若忽略各偶极子的末端效应，即仅考虑 $y = 0$ 平面，本组合系统的远场 $\left(\dfrac{r}{\delta_d} \gg 1\right)$ 近似表达式为：

$$\vec{B} \simeq \frac{3r_d^2 \ell_d B_0 \delta_d}{r^4}\left(-\sin 2\theta\, \vec{i}_r + \frac{1}{2}\cos 2\theta\, \vec{i}_\theta\right) \tag{2.52}$$

问题2.4的解答

对于 $r \gg \delta_d$，每个偶极子的 r_j 可以用 r 和 θ 表示：

$$r_1 \simeq r - \delta_d \sin\theta \tag{S4.1a}$$

$$r_2 \simeq r + \delta_d \cos\theta \tag{S4.1b}$$

$$r_3 \simeq r + \delta_d \sin\theta \tag{S4.1c}$$

$$r_4 \simeq r - \delta_d \cos\theta \tag{S4.1d}$$

将式（S4.1）分别代入式（2.51），使用 θ 表示 ϑ：

$$\vec{B}_1 \simeq \frac{r_d^2 \ell_d B_0}{2(r - \delta_d \sin\theta)^3}\left(-\cos\theta\, \vec{i}_r - \frac{1}{2}\sin\theta\, \vec{i}_\theta\right) \tag{S4.2a}$$

$$\vec{B}_2 \simeq \frac{r_d^2 \ell_d B_0}{2(r + \delta_d \cos\theta)^3}\left(\sin\theta\, \vec{i}_r - \frac{1}{2}\cos\theta\, \vec{i}_\theta\right) \tag{S4.2b}$$

$$\vec{B}_3 \simeq \frac{r_d^2 \ell_d B_0}{2(r + \delta_d \sin\theta)^3}\left(\cos\theta\, \vec{i}_r + \frac{1}{2}\sin\theta\, \vec{i}_\theta\right) \tag{S4.2c}$$

$$\vec{B}_4 \simeq \frac{r_d^2 \ell_d B_0}{2(r - \delta_d \cos\theta)^3}\left(-\sin\theta\, \vec{i}_r + \frac{1}{2}\cos\theta\, \vec{i}_\theta\right) \tag{S4.2d}$$

在 $r \gg \delta_d$ 时，式（S4.2）中的各式分母可对 $\dfrac{\delta_d}{r}$ 作一阶展开，成为：

$$\vec{B}_1 \simeq \frac{r_d^2 \ell_d B_0}{2r^3}\left[1 + 3\left(\frac{\delta_d}{r}\right)\sin\theta\right]\left(-\cos\theta\, \vec{i}_r - \frac{1}{2}\sin\theta\, \vec{i}_\theta\right) \tag{S4.3a}$$

$$\vec{B}_2 \simeq \frac{r_d^2 \ell_d B_0}{2r^3}\left[1 - 3\left(\frac{\delta_d}{r}\right)\cos\theta\right]\left(\sin\theta\, \vec{i}_r - \frac{1}{2}\cos\theta\, \vec{i}_\theta\right) \tag{S4.3b}$$

$$\vec{B}_3 \simeq \frac{r_d^2 \ell_d B_0}{2r^3} \left[1 - 3\left(\frac{\delta_d}{r}\right) \sin\theta \right] \left(\cos\theta \, \vec{i}_r + \frac{1}{2} \sin\theta \, \vec{i}_\theta \right) \tag{S4.3c}$$

$$\vec{B}_4 \simeq \frac{r_d^2 \ell_d B_0}{2r^3} \left[1 + 3\left(\frac{\delta_d}{r}\right) \cos\theta \right] \left(-\sin\theta \, \vec{i}_r + \frac{1}{2} \cos\theta \, \vec{i}_\theta \right) \tag{S4.3d}$$

将式（S4.3）各式联立，可得：

$$\vec{B} = \vec{B}_1 + \vec{B}_2 + \vec{B}_3 + \vec{B}_4 \simeq \frac{3r_d^2 \ell_d B_0 \delta_d}{r^4} \left(-\sin 2\theta \, \vec{i}_r + \frac{1}{2} \cos 2\theta \, \vec{i}_\theta \right) \tag{2.52}$$

可见，$\left| \vec{B} \right|$ 按 $\propto \dfrac{1}{r^4}$ 衰减，而不像单个偶极子一样依 $\propto \dfrac{1}{r^3}$ 衰减。

2.6.7　问题2.5：铁制电磁体的磁极形状

图 2.8 展示了一个铁制电磁体作用部分的剖面，两个铁磁材料制成的圆柱形磁极相对放置，圆柱末端削成锥形（图 2.8 中阴影部分）。磁极上的线圈（图 2.8 中未画出）通电后，两极间隙将产生一个相对均匀的磁场。中心场理论上没有上限，因为它 $\propto \ln\left(\dfrac{R_2}{R_1}\right)$ 增长。其中，$2R_1$ 和 $2R_2$ 分别是锥体顶部和基部的直径。由于随着 R_2 增加，磁体的质量会变得很大，故实际中的中心场上限~7 T［如美国贝尔维尤（Bellevue）大学、法国巴黎大学和瑞典乌普萨拉（Uppsala）大学的磁体］。圆锥所以能加强中心场，是由于锥顶部分的磁矩的磁场对中心位置 z 向场有**负**贡献。

证明：若铁极平行于系统 z 轴方向励磁，$\theta_{tp} = 54°44'$ 是这种简单磁极几何形状的最优角度。假定中心场是均匀分布于磁极件上的磁矩产生的场的叠加（如图 2.8 所示的 4 条点线分别投影在定义 $\theta_{tp} = 54°44'$ 的 4 条线上，相交于中心点。如果间隙足够大，削成锥形并无好处）。沿 z 向励磁的磁矩 $\vec{m}_A$［A·m²］产生的偶极场为：

$$\vec{H}_{m_A}(r,\theta) = \frac{\vec{m}_A}{r^3} \left(\cos\theta \, \vec{i}_r + \frac{1}{2} \sin\theta \, \vec{i}_\theta \right) \tag{2.53}$$

$\vec{H}_{m_A}(r,\theta)$ 关于 z 轴对称，可从标量势 $\dfrac{\cos\theta}{r^2}$ 导出。这种推导方法已在问题 2.1、问题 2.3、问题 2.4 以及讨论 2.1 中应用。

提示：求解位于磁极倒角基部边缘上（图 2.8 左下角黑点）的单个磁矩 $\vec{m}_A\uparrow$ 在 z 轴中心场。

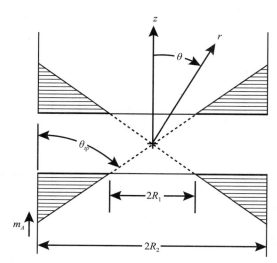

图 2.8　极对，倒角为 θ_{tp}。图中"点"指示了磁矩 $\vec{m}_A\uparrow$ 的位置。

问题 2.5 的解答

磁矩 $\vec{m}_A$ 在中心产生的磁场的 z 向分量 H_{m_Az} 为：

$$H_{m_Az} = \frac{\vec{m}_A}{r_A^3}\left(\cos^2\theta - \frac{1}{2}\sin^2\theta\right) \tag{S5.1}$$

式中，r_A 是 $\vec{m}_A$ 到中心的距离。当 $\theta = \theta_{tp}$ 时，式 S5.1 右侧为 0。于是：

$$\cos^2\theta_{tp} - \frac{1}{2}\sin^2\theta_{tp} = 0 \tag{S5.2}$$

根据式（S5.2），有 $\cos\theta_{tp} = \dfrac{1}{\sqrt{3}}$（或 $\tan\theta_{tp} = \sqrt{2}$），于是 $\theta_{tp} \simeq 54.736° \simeq 54°44'$。

注意，对阴影区中基线之上的磁矩均有 $\theta_{tp} > 54°44'$。由于随 θ 值的增加，$\cos\theta$ 增大而 $\sin\theta$ 减小，在 $\theta_{tp} > 54°44'$ 时，H_{m_Az} 为负。以 $\theta_{tp} = 54°44'$ 倒角磁极可以消除该负贡献，从而最大化中心场。

值得一提的是，NMR 质谱仪中的**魔角**（magic angle）正是 54°44'。通常，NMR 样品放置时以这个魔角对主轴场取向，以减少各向异性的作用。

2.6.8 讨论2.3：永磁体

永磁体是日常生活中使用的大量设备如汽车、电视、电脑、手机、冰箱等关键组件。实际上，如果没有永磁体，我们当下的现代生活将难以存续。在低场（<1 T）的 MRI 中，永磁体还是超导体的竞争对手。由于永磁体 MRI 既无须制冷也很便宜，很受欢迎。

表 2.6 给出了过去几十年间（1910—1990 年）永磁体和超导体的发展。永磁体的指标以最大磁能 $BH|_{mx}$ 表示，而超导体以最高临界温度 $T_c|_{mx}$ 表示。在此期间，$BH|_{mx}$ 提高了约 30 倍，$T_c|_{mx}$ 提高了约 20 倍。

表 2.6   永磁体和超导体的发展

年 代	永磁体	$BH\ |_{mx}$ [kJ/m^3]	超导体	$T_c\ |_{mx}$ [K]
1910	特种钢	11	Pb	7.2
1920—1940	Alnico* 1~4	15	NbN	16
1950	Alnico 5	35	Nb$_3$Sn	18
1960	Alnico 8,9	55	Nb$_{12}$Al$_3$Ge	19
1970	SmCo$_5$	140	Nb$_3$Ge	23
1980	Sm（CoCuFeZr）	240	Bi$_2$Sr$_2$Ca$_2$Cu$_3$O$_x$	118
1990	Nd$_2$Fe$_{14}$B	350	（Hg,Pb）Sr$_2$Ca$_2$Cu$_3$O$_x$	133

* 主要组分为 Al, Ni 和 Co 的铁合金。

永磁体磁体照这种速度发展下去，在不久的将来，基于永磁体的 MRI 将能达到1T。更高磁场的 MRI 还是以超导为主导。

2.6.9 问题2.6：圆柱中的准静态场

由理想导体（$\rho = \infty$，非超导体）薄板制成半径为 R 的细长圆柱，侧面开有宽为 δ 的窄缝（图 2.9）。圆柱置于正弦时变磁场中，磁场为 0 阶、均匀、z 向（垂直纸面），即：

$$\vec{\mathcal{H}}_\infty(t) = \text{Re}\left[H_0 e^{j\omega t}\right] \vec{i}_z \qquad (2.54)$$

式中，H_0 是复幅值。忽略端部效应。

a）忽略 $\dfrac{\delta}{R}$ 阶项。证明跨窄缝的 1 阶复电压幅值 $V_{1|0} \equiv V_{1|\theta = 0^\circ}$ 为：

$$V_{1|0} \equiv V_{1|\theta=0°} = -j\omega\pi R^2\mu_0 H_0 \tag{2.55}$$

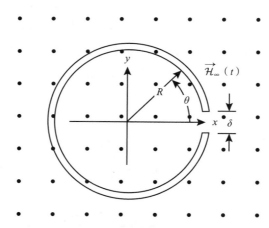

图 2.9　由理想导体薄板制成半径为 R 的细长圆轴向视图。在 $\theta=0$ 处有 δ 窄缝。圆柱置于 z 向的正弦时变磁场中。

b）现在假设一个电阻率为 $\rho\,[\Omega\cdot m]$ 的正常金属板置于窄缝并恰好将开缝连接。推导通过该板的一阶复电流密度（轴向单位长度）$J_1\,[A/m]$ 的表达式。假定驱动频率 $\left(\dfrac{\omega}{2\pi}\right)$ 足够小，磁场仍保持式（2.54）的准静态形式，并假设电流在板截面上均匀通过。

c）在**无电阻板**（或 $\rho_s = \infty$）条件下，在圆柱腔内画出 6 条描绘电场重要特征的一阶复电场（$\vec{E}_1$）线。

d）在**无电阻板**条件下，推导指定两点间的一阶电压的线积分 $V_1\Big|_{-\frac{\pi}{2}}^{+\frac{\pi}{2}}$ 的表达式。其中一点位于 $\theta=+\dfrac{\pi}{2}$，另一点位于 $\theta=-\dfrac{\pi}{2}$。

问题2.6的解答

a）对 1 阶电场 $\vec{E}_1(t)$ 应用积分形式的法拉第定律：

$$\mathcal{V}_1(t) \equiv \int_C \vec{E}_1(t)\cdot\mathrm{d}\vec{s} = -\pi R^2\mu_0\frac{\mathrm{d}\mathcal{H}_0(t)}{\mathrm{d}t} \tag{S6.1}$$

线积分沿着圆柱周向表面逆时针方向进行（含窄缝）。式（S6.1）右侧包括圆柱（πR^2）所定义的整个区域。因为圆柱是理想导体，材料内有 $\vec{E}_1(t)=0$。对线积分仅有的非 0 贡献来自窄缝。以复幅值表示，有：

$$V_{1|0} = -j\omega\pi R^2 \mu_0 H_0 \qquad (2.55)$$

b）应用欧姆定律（Ohm's law），得到 J_1（单位长度）：

$$J_1 = \frac{V_{1|0}}{\rho_s} \qquad (S6.2)$$

c）因为圆柱是理想导体，圆柱上 $\vec{E}_1$ 的切向分量必须为 0：$\vec{E}_1$ 以直角离开或进入圆柱。随着跨越圆柱的线积分路径向窄缝左侧移动，积分域减少，令 $|E_1|$ 变小。6 条重要场线如图 2.10 所示。

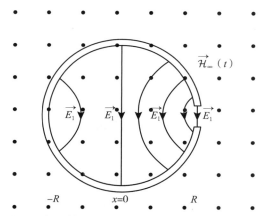

图 2.10　$\vec{E}_1$ 线垂直于理想导体圆柱。注意，从 $x=R$ 到 $x=-R$，$|E_1|$ 是减小的。

d）这是 c）的特例。根据对称性可以准确计算出线积分，积分域等于 $\dfrac{\pi R^2}{2}$。于是：

$$V_1\Big|_{-\frac{\pi}{2}}^{+\frac{\pi}{2}} = -\frac{1}{2}j\omega\pi R^2 \mu_0 H_0 \qquad (S6.3)$$

式（2.55）和式（S6.3）表明，在相同轴向坐标下，跨过圆柱的两点间的电压与电压触点的周向位置有关。在存在时变磁场（例如外施磁场；系统中电流产生的磁场）条件下测电压时务必要记住这一点。超导体交流损耗的电测法就是一个非常好的实例，我们必须注意。

2.6.10　问题2.7：圆柱壳的感应加热

本问题处理金属（非超导）圆柱壳的感应加热。它是一个同时涉及正弦电磁场、能流（坡印亭矢量）和能量耗散的好例子。本问题和下一个问题是交流损耗，特别是涡流损耗的先导实例，进一步的讨论将在第 7 章继续。感应加热在电炉中广泛使用，以在导电性材料内获得高温；有时它也被用来作为超导线圈热行为的研究工具。在超导磁体技术研究中，感应加热最常用脉冲磁场形式在超导线圈中产生小的正常区域，模拟暂态扰动。

图 2.11 给出一个细长金属圆柱壳，其电阻率为 ρ_e，外径为 $2R$，厚度 $d \ll R$。圆柱壳置于正弦时变磁场（0 阶、均匀、z 向）中，即：

$$\vec{\mathcal{H}}_\infty(t) = \text{Re}(\vec{H}_0 e^{j\omega t}) = \text{Re}(H_0 e^{j\omega t})\vec{i}_z \tag{2.54}$$

式中，H_0 是磁场复幅值。

用两种方法解出相应的场量（第 1 部分）。接下来，再用两种方法解出圆柱内的能量耗散（第 2 部分）。

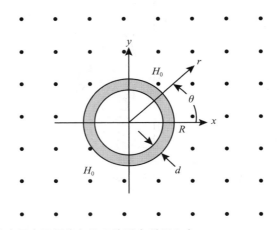

图 2.11 圆柱金属壳置于均匀的正弦时变磁场之中。

第1部分：场

可以用两种方法解出场量，下文详述。

方法 1　a）使用**积分**形式的麦克斯韦方程组，忽略端部效应，证明在 $r \leqslant R$ 区域内的一阶电场 $\vec{E}_1$ 以及在 $r \approx R$ 的壳内的一阶电流密度 $\vec{J}_1$ 分别为：

$$\vec{E}_1 = -\frac{j\omega\mu_0 r H_0}{2}\vec{i}_\theta \tag{2.56}$$

$$\vec{J}_1 \simeq -\frac{j\omega\mu_0 R H_0}{2\rho_e}\vec{i}_\theta \qquad (2.57)$$

b）证明在 $r \le R-d$ 区域内的一阶磁场 $\vec{H}_1$ 可以表示为：

$$\vec{H}_1 = -\frac{j\omega\mu_0 R d H_0}{2\rho_e}\vec{i}_z \qquad (2.58)$$

c）上面在准静态近似下得出的式（2.56）至式（2.58）仅在低频条件下成立，或者说仅在频率远小于"趋肤深度"频率 f_{sk} 时下成立。证明：

$$f_{sk} = \frac{\rho_e}{\pi\mu_0 R d} \qquad (2.59)$$

方法 2　　方法 1 得到的 $\vec{E}_1$、$\vec{J}_1$、$\vec{H}_1$ 均随着 ω 的增大而增大，仅在频率小于 f_{sk} 时成立。下面，我们用一种新技术来推导在**所有频率**下均成立的室温孔内场 $\vec{H}_T = \vec{H}_0 + \vec{H}_R$ 的完整表达式。其中，$\vec{H}_T$ 是总磁场，$\vec{H}_0$ 是原磁场，$\vec{H}_R$ 是室温孔内的系统反应场。本方法通过将 $\vec{H}_T = \vec{H}_0 + \vec{H}_R$ 视为 0 阶场，解出作为一阶磁场响应的反应场 $\vec{H}_R$。

d）证明在 $d \ll R$ 条件下，壳内的 $\vec{H}_R$、$\vec{H}_T$ 和 $\vec{J}$ 为：

$$\vec{H}_R = -\frac{j\omega\mu_0 R d H_0}{2\rho_e + j\omega\mu_0 R d}\vec{i}_z \qquad (2.60)$$

$$\vec{H}_T = \frac{2\rho_e H_0}{2\rho_e + j\omega\mu_0 R d}\vec{i}_z \qquad (2.61)$$

$$\vec{J} = -\frac{j\omega\mu_0 R H_0}{2\rho_e + j\omega\mu_0 R d}\vec{i}_\theta \qquad (2.62)$$

第1部分的解答

根据 θ 方向的对称性，知 $\vec{E}_1$ 和 $\vec{J}_1$ 均为 θ 向的常量，仅依赖于 r。这样，法拉第电磁感应定律可在 r 处的边线 C 上进行，围成的面积为 S：

$$\oint_C \vec{E}_1 \cdot \mathrm{d}\vec{s} = -j\omega\mu_0 \int_S \vec{H}_0 \cdot \mathrm{d}\vec{A}$$

$$\int_0^{2\pi} r E_{1\theta} \mathrm{d}\theta = -j\omega\mu_0 \int_0^r 2\pi r H_0 \mathrm{d}r$$

$$E_{1\theta}\int_0^{2\pi} r\mathrm{d}\theta = -j\omega\mu_0 H_0 \int_0^r 2\pi r\mathrm{d}r \qquad (S7.1)$$

在 $r \leqslant R$ 时，

$$E_{1\theta}2\pi r = -j\omega\mu_0 H_0\pi r^2 \qquad (S7.2)$$

式（S7.2）等号两侧同除以 $2\pi r$，有：

$$E_{1\theta} = -\frac{j\omega\mu_0 r H_0}{2} \qquad (S7.3)$$

于是：

$$\vec{E}_1 = -\frac{j\omega\mu_0 r H_0}{2}\vec{i}_\theta \qquad (2.56)$$

一阶电流仅在壳内（$r \simeq R$）流动：

$$\vec{J}_1 = \frac{\vec{E}_1(r \simeq R)}{\rho_e} = -\frac{j\omega\mu_0 R H_0}{2\rho_e}\vec{i}_\theta \qquad (2.57)$$

在 $d \ll R$ 时，通过将 $\vec{J}_1$ 乘以 d，可以将电流处理为一阶表面电流 $\vec{K}_1$：

$$\vec{K}_1 = \vec{J}_1 \cdot d = -\frac{j\omega\mu_0 R d H_0}{2\rho_e}\vec{i}_\theta \qquad (S7.4)$$

b）在 $r>R$ 时，$\vec{H}_1 = 0$；使用式（2.6），可以将表面电流 $\vec{K}_1$ 等效为在 $r=R$ 处 $\vec{H}$ 的不连续：壳内壁为 $\vec{H}_0 + \vec{H}_1$，壳外为 $\vec{H}_0$。于是：

$$\vec{K}_1 = \vec{i}_r \times \left[\vec{H}_0 - (\vec{H}_0 + \vec{H}_1)\right] = -\frac{j\omega\mu_0 R d H_0}{2\rho_e}\vec{i}_\theta$$

$$= \vec{i}_r \times (-\vec{H}_1) = -\frac{j\omega\mu_0 R d H_0}{2\rho_e}\vec{i}_\theta \qquad (S7.5)$$

在 $d \ll R$ 条件下从式（S7.5）中解出 $\vec{H}_1(r \leqslant R-d)$，有：

$$\vec{H}_1 = -\frac{j\omega\mu_0 R d H_0}{2\rho_e}\vec{i}_z \qquad (2.58)$$

c）根据式（2.57）、式（S7.4）和式（2.58），$\vec{J}_1$、$\vec{K}_1$ 和 $\vec{H}_1$ 的幅值均随频率单调增长；但它不可能对所有 ω 成立，这些解仅在准静态近似可用的低频下有效。更准确地说，式（2.58）给出的 $\vec{H}_1$ 仅在 $\left|\vec{H}_1\right| \ll \left|\vec{H}_0\right|$ 时有效：

$$\left|\vec{H}_1\right| = \frac{\omega\mu_0 Rd\left|H_0\right|}{2\rho_e} \ll \left|\vec{H}_0\right| \tag{S7.6}$$

由式（S7.6），可以得到准静态近似有效的频率上限，即通常所谓的趋肤深度频率 f_{sk}。在此频率之下，准静态近似才有效。

$$f_{sk} = \frac{\rho_e}{\pi\mu_0 Rd} \tag{2.59}$$

可见，正弦时变磁场中的物体的 f_{sk} 不仅与其材料的电阻率有关，还与其尺寸有关。

d）第 2 种方法在计算反应场时，我们设 $\vec{H}_1 \equiv \vec{H}_R$，并在式（2.58）中用 $\vec{H}_0 + \vec{H}_R$ 代换 $\vec{H}_0$：

$$\vec{H}_R = -\frac{j\omega\mu_0 Rd(\vec{H}_0 + \vec{H}_R)}{2\rho_e} \tag{S7.7}$$

在式（S7.7）中解出 $\vec{H}_R$，得：

$$\vec{H}_R = -\frac{j\omega\mu_0 Rd\,\vec{H}_0}{2\rho_e + j\omega\mu_0 Rd}\vec{i}_z \tag{2.60}$$

联立式（2.60）和 $\vec{H}_T = \vec{H}_0 + \vec{H}_R$，可得：

$$\vec{H}_T = \vec{H}_0 + \vec{H}_R = H_0\left(1 - \frac{j\omega\mu_0 Rd}{2\rho_e + j\omega\mu_0 Rd}\right)\vec{i}_z = \frac{2\rho_e H_0}{2\rho_e + j\omega\mu_0 Rd}\vec{i}_z \tag{2.61}$$

$\vec{J}$ 和 $\vec{H}_R$ 通过 $\nabla\times\vec{H} = \vec{J}$ 相关联，又因为 $\vec{K} = \vec{J}d$，于是：

$$\vec{J} = \frac{1}{d}H_R\vec{i}_\theta \tag{S7.8}$$

$$= -\frac{j\omega\mu_0 RH_0}{2\rho_e + j\omega\mu_0 Rd}\vec{i}_\theta \tag{2.62}$$

可见，在低频极限下，式（2.60）给出的 $\vec{H}_R$ 退化为式（2.58）给出的 $\vec{H}_1$；在高频极限下，$\vec{H}_R$ 退化为 $-\vec{H}_0$ 而 $\vec{H}_T$ 变为 0。$\vec{J}$ 存在类似的行为。

第2部分：能量耗散

现在，我们用两种方法解出圆柱内的能量耗散。

方法 1　　e）我们可以直接计算 $<p> = \dfrac{\vec{E} \cdot \vec{J}^*}{2} = \dfrac{\rho_e |J|^2}{2}$ 式（2.21）而算得圆柱壳的电阻性能量损耗。式中的 $\vec{J}$ 在式（2.62）给出。证明在 $d \ll R$ 条件下，壳内的时均总能量耗散功率（单位长度）的表达式为：

$$<P> = 2\pi R d <p> = \frac{\pi \rho_e \omega^2 \mu_0^2 R^3 d}{4\rho_e^2 + \omega^2 \mu_0^2 R^2 d^2} \left| H_0 \right|^2 \tag{2.63}$$

方法 2　　供给圆柱的复功率也可以视为从 $r>R$ 处的源在 $r=R$ 处进入圆柱内的坡印亭能流。

f）证明在 $r=R$ 处流入圆柱的一阶复坡印亭矢量 $\vec{S}_1$ 的面积分（单位圆柱长度）为：

$$-\oint_{\mathcal{S}} \vec{S}_1 \cdot \mathrm{d}\mathcal{A} = \frac{1}{2} (2\pi R) E_{1\theta} H_0^* = \frac{j\pi \rho_e \omega \mu_0 R^2}{2\rho_e + j\omega \mu_0 R d} \left| H_0 \right|^2 \tag{2.64}$$

提示：$E_{1\theta} = \rho_e J_\theta$，而 J_θ 已在式（2.62）给出。

g）证明式（2.64）的等号右侧的实部与式（2.63）中给出的 $<P>$ 是一致的。

h）画出 $<P>$ 以 ρ_e 为变量的图形。由于理想导体（$\rho_e = 0$）和理想绝缘体（$\rho_e = \infty$）均不产生损耗，图形应从 $<P> = 0$ 开始，并在 $\rho_e \to \infty$ 时渐进趋于 0。注意，其实式（2.63）给出的 $<P>$ 已经指出了这个特点。

i）从 $<P>$ 与 ρ_e 对比的关系可知，存在临界电阻率 ρ_{e_c} 使该点 $<P>$ 最大。证明 ρ_{e_c} 为：

$$\rho_{e_c} = \frac{\omega \mu_0 R d}{2} \tag{2.65}$$

从式（2.65）可知，对一个给定的电阻率（ρ_e）和样品尺寸（R, d）组合，存在一个可令加热最大化的最优频率：该频率就是式（2.59）给出的趋肤深度频率 f_{sk}。

j）计算一个半径 $R = 10$ mm，壁厚 $d = 0.5$ mm，电阻率 $\rho_e = 2 \times 10^{-10}$ Ω·m（大致为液氦温度下铜的电阻率）的铜管的 f_{sk}。

第2部分的解答

e）正弦情况下，时均能量耗散（单位长度）$<p> = \dfrac{\vec{E} \cdot \vec{J}^*}{2} = \dfrac{\rho_e |J|^2}{2}$，其中 $\vec{J}$ 是复电流密度，如式（2.62）。于是有：

$$<p> = \frac{\rho_e}{2} \left| J_\theta \right|^2 = \frac{\rho_e}{2} \left(\frac{\omega^2 \mu_0^2 R^2}{4\rho_e^2 + \omega^2 \mu_0^2 R^2 d^2} \right) \left| H_0 \right|^2 \tag{S7.9}$$

于是，壳内**总**时均能耗（单位长度）$<P>$ 可以用 $<p>$ 乘以壳的截面积得到：

$$<P> = 2\pi R d <p> = \frac{\pi \rho_e \omega^2 \mu_0^2 R^3 d}{4\rho_e^2 + \omega^2 \mu_0^2 R^2 d^2} \left| H_0 \right|^2 \tag{2.63}$$

下面考察 ρ_e 的两个极限：

$\rho_e \ll \omega\mu_0 R d$（良导体）：

$$<P> \simeq \frac{\pi \rho_e R}{d} \left| H_0 \right|^2 \propto \rho_e \tag{S7.10a}$$

$\rho_e \gg \omega\mu_0 R d$（不良导体）：

$$<P> \simeq \frac{\pi \omega^2 \mu_0^2 R^3 d}{4\rho_e} \left| H_0 \right|^2 \propto \frac{1}{\rho_e} \tag{S7.10b}$$

如我们所期望的，在上面两种极限情况下都有 $<P> \to 0$。

f）复坡印亭矢量 $\vec{S}$ 的一阶展开为：

$$\vec{S}_1 = \frac{1}{2} \left(\vec{E}_0 \times \vec{H}_0^* + \vec{E}_0 \times \vec{H}_1^* + \vec{E}_1 \times \vec{H}_0^* \right) \tag{S7.11}$$

注意，计算一阶坡印亭矢量时，E 和 H 场的下标必须不大于 1。在本例下，有 $\vec{E}_0 = 0$，于是式（S7.11）简化为：

$$\vec{S}_1 = \frac{1}{2} \left(\vec{E}_1 \times \vec{H}_0^* \right) \tag{S7.12}$$

式中的 $\vec{E}_1$ 由式（2.62）给出：

$$\vec{E}_1 = \rho_e \ \vec{J} = -\frac{j\rho_e \omega \mu_0 R H_0}{2\rho_e + j\omega \mu_0 R d}\vec{i}_\theta \qquad (S7.13)$$

于是有：

$$-\oint_S \vec{S}_1 \cdot \mathrm{d}\mathcal{A} = \frac{1}{2}(2\pi R)E_{1\theta}H_0^* = \frac{j\pi\rho_e \omega \mu_0 R^2}{2\rho_e + j\omega \mu_0 R d}\left| H_0 \right|^2 \qquad (2.64)$$

g）取式（2.64）实部易得。可以看到式（S7.14）、方法 2、式（2.63）、方法 1 是一致的。

$$<P> = \frac{\pi\rho_e \omega^2 \mu_0^2 R^3 d}{4\rho_e^2 + \omega^2 \mu_0^2 R^2 d^2}\left| H_0 \right|^2 \qquad (S7.14)$$

h）<P>与 ρ 的关系曲线如图 2.12 所示。

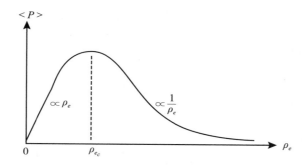

图 2.12　感应加热圆柱壳的功率耗散和电阻率关系。

i）将<P>对 ρ_e 求导并令之在 ρ_{e_c} 处为 0，有：

$$\frac{\mathrm{d}<P>}{\mathrm{d}\rho_e}\bigg|_{\rho_{e_c}} = \left[\frac{\pi\omega^2 \mu_0^2 R^3 d}{4\rho_{e_c}^2 + \omega^2 \mu_0^2 R^2 d^2} - \frac{8\pi\rho_{e_c}^2 \omega^3 \mu_0^2 R^3 d}{(4\rho_{e_c}^2 + \omega^2 \mu_0^2 R^2 d^2)^2}\right] = 0 \qquad (S7.15)$$

在式（S7.15）中解出 ρ_{e_c}，有：

$$\rho_{e_c} = \frac{\omega \mu_0 R d}{2} \qquad (2.65)$$

式（2.65）在均匀、正弦时变磁场施加于导体样品的感应加热应用中非常重要。样品被样品内的感应涡流加热，在式（2.59）给出的趋肤深度频率 f_{sk} 下，感应加热最大。

j）将铜圆柱的参数 $R = 1$ cm，$d = 0.5$ mm，$\rho_e = 2 \times 10^{-10}$ Ω·m（约 4 K 时铜的电阻率）代入式（2.59），有：

$$f_{sk} = \frac{\rho_{e_c}}{\pi \mu_0 R d} \simeq 10 \text{ Hz} \tag{2.59}$$

2.6.11　问题2.8：金属带中的涡流损耗

本题推导置于时变磁场中的金属带的涡流损耗的表达式，这在计算铜基底超导带中的涡流损耗时很有用。（感应电流发热有用时叫感应加热；有害时就通常称为涡流损耗。）

图 2.13 给出了 1 条置于时变外磁场中电导率为 ρ_e、宽为 b（y 向）、厚为 a（z 向）的细长（x 向）金属带。外场 $\dfrac{\mathrm{d}B_0}{\mathrm{d}t} = \dot{B}_0$，为第零阶、均匀、$z$ 向。

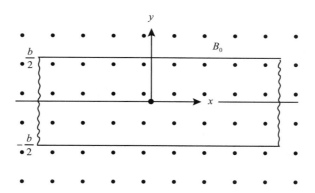

图 2.13　宽度为 b 的金属带置于时变磁场 $\dot{B}_0$ 中。

a）证明一阶电场 $\vec{E}_1$ 可表示为：

$$E_{1x} = y\dot{B}_0 \tag{2.66}$$

b）证明**空间平均能耗密度** $\tilde{p}$（单位带体积）可表示为：

$$\tilde{p} = \frac{(b\dot{B}_0)^2}{12\rho_e} \tag{2.67}$$

c）当外场以角频率 ω 正弦变化，即 $B(t)=B_0\sin\omega t$ 时，证明**时间平均能耗密度** $<\bar{p}>$ 可表示为：

$$<\bar{p}> = \frac{(b\omega\dot{B}_0)^2}{24\rho_e} \qquad (2.68)$$

问题2.8的解答

a）由于 $\vec{B}_0$ 是均匀的且系统不依赖于 x，因此 $\vec{E}_1$ 只能指向 x 向且仅依赖于 y。即 $\nabla\times\vec{E}_1=\dfrac{\partial\vec{B}_0}{\partial t}$ 化为：

$$-\frac{\mathrm{d}E_{1x}}{\mathrm{d}y}=-\frac{\mathrm{d}B_0}{\mathrm{d}t}=-\dot{B}_0 \qquad (S8.1)$$

根据对称性，$E_{1x}(y=0)=0$，由 S8.1 可得：

$$E_{1x}=y\dot{B}_0 \qquad (2.66)$$

b）带中的**局域**能耗密度 $p(y)$ 由 $\vec{E}_1\cdot\vec{J}_1$ 给出。总的能耗（单位长度）P 于是为：

$$P=a\int_{-\frac{b}{2}}^{\frac{b}{2}}p(y)\mathrm{d}y=\frac{2a(\dot{B}_0)^2}{\rho_e}\int_0^{\frac{b}{2}}y^2\mathrm{d}y=\frac{ab(b\dot{B}_0)^2}{12\rho_e} \qquad (S8.2)$$

式（S8.2）在 B_0 变化"足够"慢且材料有"足够"阻性时成立。即仅在 $\vec{J}_1$ 感应出来的一阶感应磁场相比 $\vec{B}_0$ 很小时才有效。

空间平均能耗密度 $\bar{p}$ 可以由 P 除以带的截面得到：

$$\bar{p}=\frac{P}{ab}=\frac{(b\dot{B}_0)^2}{12\rho_e} \qquad (2.67)$$

c）在正弦激励下，**时均能耗密度** $<p>$ 为：

$$<\bar{p}>=\frac{1}{2}E_{1x}J_{1x}^* \qquad (S8.3)$$

代入 $E_{1x}=j\omega y\dot{B}_0$，$J_{1x}=\dfrac{E_{1x}}{\rho_e}$，$<p>$ 在带体积上的平均值为：

$$\langle \tilde{p} \rangle = \frac{2a(\omega \dot{B}_0)^2}{2\rho_e(ab)} \int_0^{\frac{b}{2}} y^2 \mathrm{d}y = \frac{(b\omega \dot{B}_0)^2}{24\rho_e} \tag{2.68}$$

可见，$\tilde{p}$ 和 $\langle \tilde{p} \rangle$ 分别正比于 $(b\dot{B}_0)^2$ 和 $(b\omega \dot{B}_0)^2$；可见，二者对磁感应时间变化率和**导体宽度**均为平方依赖关系。

2.6.12 讨论2.4：切分以减少涡流损耗

若将带切分为宽度各为 $\frac{b}{2}$ 的 2 条。由式（2.67）和式（2.68）可知，$\tilde{p}$ 和 2 个窄带的总能耗变为原来的 $\frac{1}{4}$。因此，可以使用将带切分的方法将涡流损耗降至任意小。

这种切分技术在电力变压器中广泛使用，变压器铁轭是由铁片堆叠成的。类似地，我们将在第 5 章和第 7 章中看到，超导体也能从切分技术中获益：磁体用超导体一般都是细丝化的。

2.6.13 问题2.9：罗氏线圈

罗戈夫斯基线圈（Rogowski coil），也称为罗氏线圈，是时变电流的电流计。它是一种环形拾磁线圈，其输出电压正比于被罗氏线圈包围的截面内通过的总电流。图 2.14(a) 给出了一个罗氏线圈，待测电流 $I(t)$ 在线圈中间。如图 2.14(a) 所示，罗氏线圈包括 N 个串联的单匝圆环。各半径为 c 的单匝圆环的中心位于电流中心的径向 R 处。图 2.14(b) 定义了其中一个圆环的 x-y 坐标系。

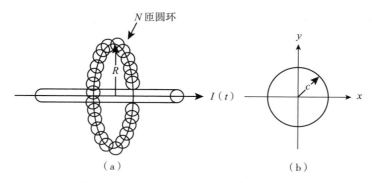

图 2.14　（a）罗氏线圈由 N 匝圆环组成，每匝直径为 $2c$，环绕在待测的时变电流 $I(t)$ 外。（b）单匝圆环（半径为 c）的截面图。中心与 x-y 坐标系原点对齐，圆环到电流中心的距离为 R。

a）说明在 $c \ll R$ 条件下，由 N 个单匝成的罗氏线圈的总磁链 $\Phi(t) = N\Phi_1(t)$ 为：

$$\Phi(t) \simeq \frac{\mu_0 N c^2}{2R} I(t) \tag{2.69}$$

其中，$\Phi_1(t)$ 是与单匝交链的总磁通。

b）证明 $\Phi(t)$ 的准确表达式为：

$$\Phi(t) = \mu_0 N (R - \sqrt{R^2 - c^2}) I(t) \tag{2.70}$$

拿出 N 匝中的一个放在 x–y 坐标系中并将其中心与原点对齐，计算 $\Phi(t)$。

c）证明在极限 $\left(\dfrac{c}{R}\right)^4 \ll 1$ 下，式（2.70）退化为式（2.69）。

d）证明式（2.70）给出的 $\Phi(t)$ 在罗氏线圈的轴线偏离电流中心时也有效。

e）计算一个 $N = 3600$，$c = 3$ mm，$R = 0.5$ m 的罗氏线圈在 $\Delta I(t) = 1$ MA 时 2 个端子之间产生的伏秒值。

问题2.9的解答

a）电流 $I(t)$ 产生的磁场 $H_\phi(t)$ 相对于电流方向是周向的。距电流中心距离 R 处的 $H_\phi(t)$ 为：

$$H_\phi(t) = \frac{I(t)}{2\pi R} \tag{S9.1}$$

在 $c \ll R$ 时，式（S9.1）给出的 $H_\phi(t)$ 在每一圆环匝的横截面 πc^2 上几乎都是成立的。由于罗氏线圈有 N 个这样的圆环匝，有：

$$\Phi(t) \simeq \frac{\mu_0 N c^2}{2R} I(t) \tag{2.69}$$

罗氏线圈输出电压 $V(t)$ 于是可以写为：

$$V(t) = \frac{\mathrm{d}\Phi(t)}{\mathrm{d}t} = \frac{\mu_0 N c^2}{2R} \frac{\mathrm{d}I(t)}{\mathrm{d}t} \tag{S9.2}$$

b）因为 $H_\phi(t)$ 在各圆环匝上并非不变，单匝包围的总磁通 $\Phi_1(t)$ 应由沿回路围成区域的积分得到。注意，若定回路中心坐标为 $(0,0)$，有 $x^2 + y^2 = c^2$，则 $\Phi_1(t)$ 为：

$$\Phi(t) = \frac{\mu_0 I(t)}{2\pi} \int_{-c}^{c} \int_{-\sqrt{c^2-y^2}}^{\sqrt{c^2-y^2}} \frac{1}{R+y} dx dy = \frac{\mu_0 I(t)}{\pi} \int_{-c}^{c} \frac{\sqrt{c^2-y^2}}{R+y} dy \qquad (S9.3)$$

式 (S9.3) 可以使用新变量 $\xi \equiv R+y$ 得到闭式解 (注意: $d\xi = dy$)。于是:

$$\Phi_1(t) = \frac{\mu_0 I(t)}{\pi} \int_{R-c}^{R+c} \frac{\sqrt{c^2-R^2+2R\xi-\xi^2}}{\xi} d\xi = \mu_0 (R - \sqrt{R^2-c^2}) I(t) \qquad (S9.4)$$

N 匝的罗氏线圈的交链磁通 $\Phi(t) = N\Phi_1(t)$:

$$\Phi(t) = \mu_0 N (R - \sqrt{R^2-c^2}) I(t) \qquad (2.70)$$

c) 式 (2.70) 可以写为:

$$\Phi(t) = \mu_0 N I(t) \left(R - R\sqrt{1 - \frac{c^2}{R^2}} \right) \qquad (S9.5)$$

由于 $x \ll 1$ 时有 $\sqrt{1-x} \simeq 1 - \left(\frac{1}{2}\right)x + \left(\frac{1}{8}\right)x^2 \cdots$,截取到二阶,式 (S9.5) 成为:

$$\Phi(t) \simeq \mu_0 N \left[R - R\left(1 - \frac{1}{2}\frac{c^2}{R^2} + \frac{1}{8}\frac{c^4}{R^4} - \cdots \right) \right] I(t) \qquad (S9.6)$$

$$\Phi(t) \simeq \frac{\mu_0 N c^2}{2R} I(t) \qquad (2.69)$$

d) 图 2.15 给出正交于电流/罗氏线圈组方向的横截面 (x, y),其中罗氏线圈中心位于 $(x=0, y=0)$,电流中心在罗氏线圈中心向下偏离 δ_i 处。

关键参数定义如图 2.15 所示:r 为罗氏线圈中心 $(0,0)$ 到一匝线圈上的点 A 的径向距离;θ 是 y 轴和 r 之间的夹角;s 是**电流中心**到点 A 的距离;ϵ 是 r 与 s 之间形成的角。根据几何条件,s^2 为:

$$s^2 = (r\cos\theta + \delta_i)^2 + r^2\sin^2\theta = r^2 + \delta_i^2 + 2r\delta_i\cos\theta \qquad (S9.7)$$

将 r 延长 $\delta_i\cos\theta$ 形成一个直角 (图 2.15 未画出),得到:

$$\cos\epsilon = \frac{r + \delta_i\cos\theta}{s} \qquad (S9.8)$$

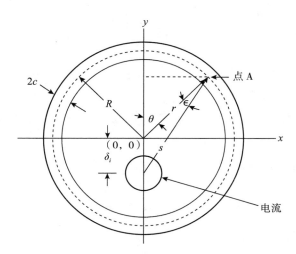

图 2.15 正交于电流/罗氏线圈组方向的横截面（x, y），其中罗氏线圈中心位于
（0, 0），电流中心在罗氏线圈中心向下偏离 δ_i 处。

点 A 处的磁场由 $H_A(t) = \dfrac{I(t)}{2\pi s}$ 给出，它在罗氏线圈上点 A 处的法向分量为：

$$H_{A\perp}(t) = \frac{I(t)}{2\pi s}\cos\epsilon = \frac{I(t)}{2\pi s}\left(\frac{r + \delta_i\cos\theta}{s}\right) \tag{S9.9}$$

联立式（S9.7）和式（S9.9），得到：

$$H_{A\perp}(t) = \frac{I(t)}{2\pi}\left(\frac{r + \delta_i\cos\theta}{r^2 + \delta_i^2 + 2r\delta_i\cos\theta}\right) \tag{S9.10}$$

为了计算 $\Phi(t)$，将式（S9.10）乘以 $\left(\dfrac{N}{2\pi}\right)2\sqrt{c^2 - (r-R)^2}$ 必须积分两次：第 1 次视径向距离 r 为常数，对 θ 从 0 至 2π 积分，计及 N 匝；第 2 次对 r 从 $R-c$ 到 $R+c$ 积分。注意 $2\sqrt{c^2 - (r-R)^2}$ 是每一匝直径为 c 的圆环在 r 处总的弦距离（z 向），它位于距离圆环匝中心的 $r-R$ 处。

$$\Phi(t) = \frac{NI(t)}{2\pi^2}\int_{R-c}^{R+c}\int_0^{2\pi}\left[\frac{(r + \delta_i\cos\theta)\sqrt{c^2 - (r - R)^2}}{r^2 + \delta_i^2 + 2r\delta_i\cos\theta}\right]\mathrm{d}\theta\,\mathrm{d}r \tag{S9.11a}$$

$$= \frac{NI(t)}{\pi}\int_{R-c}^{R+c}\left[0 + \frac{\sqrt{c^2 - (r - R)^2}}{r}\right]\mathrm{d}r \tag{S9.11b}$$

可见，积分中消去了 δ_i。对式（S9.11b）沿着一匝圆环的径向从 $r=R-c$ 到 $r=R+c$ 积分，得：

$$\Phi(t) = \frac{NI(t)}{\pi}\left[\pi(R-\sqrt{R^2-c^2})\right] \qquad (S9.11c)$$

因此，不管罗氏线圈与其围住的电流 $I(t)$ 是否同心，都可精确测量。

e）因为 $\left(\dfrac{c}{R}\right)^4 = 1.3\times10^{-9} \ll 1$，在 $N=3600$，$c=3$ mm；$R=0.5$ m；$\Delta I = 1$ MA 时，式（2.69）可用。由式（S9.2），得：

$$\int V(t)\,\mathrm{d}t = \frac{\mu_0 N c^2 \Delta I}{2R} \simeq 41\ \mathrm{mV\cdot s}$$

在一个充满噪声的环境内，比如典型的试验聚变设备中，测到 40 mV·s 级别的信号水平并不简单，但也不是非常困难。

—— 第 3 章 ——

磁体、场和力

3.1 引言

本章我们研究与磁体、场和力相关的关键主题。涉及的磁体包括：①螺管磁体。包括单螺管磁体及多螺管磁体，例如由嵌套线圈组成的螺管；②亥姆霍兹（Helmhotz）线圈和高均匀场磁体；③理想二极磁体；④理想四极磁体；⑤跑道线圈；⑥理想环形磁体。将会论及的还有用于产生高场的两种重要螺管磁体——比特磁体和混合（Hybrid）磁体。其他诸如负荷线、最小体积磁体、叠加技术等问题将在专题中研究。

目前磁场与力通常都交由程序计算。给定磁体的配置，程序就能得到任意位置的精确数值解。程序也能计算组成磁体的各线圈的自感与互感以及施于其上的洛伦兹力[3.1]。本章推导的解析解虽仅给出特定位置（如磁体中心）的场值，但展现了磁场、力和磁体参数间的微妙关系。

在简论部分，研究在无磁性材料存在时用于计算由电流产生的磁场的毕奥–萨伐尔定律。接下来处理一些扩展性问题：①磁场分析；②环、薄螺管的轴向力；③螺管内的应力应变；④自感和互感。

3.2 毕奥–萨伐尔定律

位于 O 点的电流微元 $I\mathrm{d}\vec{s}$ 在距离其 r 远处的 P 点产生的磁场微元 $\mathrm{d}\vec{H}$ 为：

$$\mathrm{d}\vec{H} = \frac{(I\mathrm{d}\vec{s} \times \vec{r})}{4\pi r^3} \tag{3.1}$$

式（3.1）称为毕奥–萨伐尔定律（Biot-Savart law）（又称拉普拉斯第一定律）。

它表明，任意位置的 $\mathrm{d}\vec{H}$ 大小反比于该位置到电流元的距离平方：$\left|\mathrm{d}\vec{H}\right| \propto \dfrac{1}{r^2}$。对于给定的半径，$\left|\mathrm{d}\vec{H}\right|$ 随 $\sin\theta$ 变化（其中 θ 是矢量 $\vec{s}$ 和 $\vec{r}$ 的夹角）。应用式（3.1），我们推导位于 $z=0$ 处的载流为 I 的闭合线圈在轴向（z）上的磁场的表达式，如图 3.1 所示。回路的对称轴定义为 z 轴，θ 从 $z=0$ 平面算起，φ（图中未给出）是周向角。

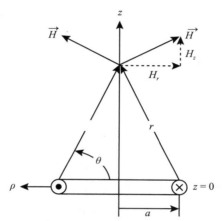

图 3.1　半径为 a 的闭合回路通过电流 I。

如图 3.1 所示，$\vec{H}$ 的 r 分量 H_r 在 z 轴上的任何位置都是抵消的，仅留下 z 分量 $\mathrm{d}H_z = \left|\mathrm{d}\vec{H}\right|\cos\theta$。在这个特定情况下，式（3.1）中的 $(I\mathrm{d}\vec{s} \times \vec{r})$ 可简化为 $(I\mathrm{d}\vec{s} \times \vec{r})_z = I\,a\cos\theta\mathrm{d}\varphi$，于是：

$$H_z = \int_0^{2\pi} \frac{I\,a\cos\theta}{4\pi r^3}\mathrm{d}\varphi = \frac{I\,a\cos\theta}{2r^2} \tag{3.2}$$

由于 $\cos\theta = \dfrac{a}{r}$，$r^2 = a^2 + z^2$，于是可写出 $H_z(z,\rho)$ 在 z 轴上（$\rho=0$）的场 $H_z(z,0)$：

$$H_z(z,0) = \frac{a^2 I}{2r^3} = \frac{a^2 I}{2\left(a^2 + z^2\right)^{\frac{3}{2}}} \tag{3.3a}$$

$H_z(z,0)$ 还可以用中心（$z=0,\rho=0$）场 $H_z(0,0)$ 表示：

$$H_z(z,0) = \frac{H_z(0,0)}{\left[1 + \left(\dfrac{z}{a}\right)^2\right]^{\frac{3}{2}}} \tag{3.3b}$$

式（3.3a）可用于推导与 φ 无关、任意电流分布、任意绕组截面的螺管的轴向场。问题 3.1 和讨论 3.1 是两个很好的实例。在式（3.3b）中，我们看到在 $z \gg a$ 或远离中心时，环线圈的轴向场按 $\dfrac{1}{\left(\dfrac{z}{a}\right)^3}$ 衰减——这将在问题 3.11 中进一步探究。

3.3 洛伦兹力和磁压

在有磁感应强度 $\vec{B}$ 存在时，以速度 $\vec{v}$ 运动的电荷 q 会受到力 $\vec{F}_L$，称为洛伦兹力：$\vec{F}_L = q\vec{v} \times \vec{B}$。对于一个处于磁场 $\vec{B}$ 中的电流密度为 $\vec{J}$ 的导体，洛伦兹力密度为：

$$\vec{f}_L = \vec{J} \times \vec{B} \tag{3.4}$$

式（3.4）是磁体中磁场力和应力的基本表达式。如第 1 章提到的，不管是以超导运行于 $1.8 \sim 80\,K$，还是以电阻态运行在室温，产生相同磁场的磁体所需应对的压力水平基本一样。磁体的极限磁场受限于结构件（包括其载流导体）的强度。这样看，一个 $50\,T$ 的超导磁体，如果可能的话，和一个 $50\,T$ 常导磁体都必须承受巨大的洛伦兹力。下文将指明，$50\,T$ 的磁感应强度对应的磁压为 $\sim 1\,GPa$（10000 atm）。

考虑一个无限长的薄壁（厚度 δ）螺管，平均半径为 $2a$，通以均匀分布的电流。为了计算简便，可等效为面电流密度 $K_\theta [A/m]$。（0，0）处的磁感应强度的 z 分量 B_z 可由式（3.3a）对 z 积分得到：

$$B_z = \frac{\mu_0 a^2 K_\theta}{2} \int_{-\infty}^{\infty} \frac{\mathrm{d}z}{\left(a^2 + z^2\right)^{\frac{3}{2}}} = \mu_0 K_\theta \equiv B_0 \tag{3.5}$$

由于电流环是从 $z = -\infty$ 到 $z = \infty$ 的，故积分包括整个 z 轴。应用安培定律，可知对于该无限长螺管，在螺管外（$r > a$），$\vec{B}$ 为 0；在螺管室温孔内，为 B_0，且在 z 和 r，2 个方向都均匀分布。从电流分布的对称性看，磁场也与 θ 无关。同时应注意，式（3.3a）仅在上述情况下成立。也就是说，无限长螺管的室温孔内的磁场是完全均匀的且仅有 z 分量。下面将更详细地讨论轴向磁场。

位于绕组内部的 B_z 就是 B_0，位于外部的是 0，而在管壁厚度 δ 内正比于 r 线性衰减。所以，绕组中电流所处的平均磁感应强度 $\bar{B}_z$ 为 $\dfrac{B_0}{2}$，施于线圈上的 r 向的平均洛伦兹力密度为：

$$f_{L_r}\vec{i}_r = \frac{K_\theta}{\delta}\tilde{B}_z\vec{i}_r = \frac{K_\theta B_0}{2\delta}\vec{i}_r \qquad (3.6)$$

如图 3.2 定义的作用于绕组体积元上的 r 向的洛伦兹力 $F_{L_r}\vec{i}_r$ 等价于作用于绕组表面元上的磁压 $p_m\vec{i}_r$（定义同样如图 3.2 所示）。于是：

$$F_{L_r}\vec{i}_i = f_{L_r}\left[(a\Delta\theta)\delta\Delta z\right]\vec{i}_r = p_m\left[(a\Delta\theta)\Delta z\right]\vec{i}_r \qquad (3.7)$$

联立式（3.5）至式（3.7），解出 p_m：

$$p_m = \frac{B_0^2}{2\mu_0} \qquad (3.8)$$

即磁压等于磁能密度。如果 $B_0 = 1\ T$，根据式（3.8）可算得磁压为 $3.98\times10^5\ Pa$ 或 ~4 atm。若 $B_0 = 50\ T$，磁压将达到 ~1 GPa。

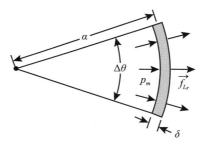

图 3.2 平均直径为 $2a$ 的薄壁螺管（壁厚 δ）的微元的轴向视图。微元在 z 向的高度元为 Δz（垂直纸面向外）。

3.4 螺管线圈的磁场分析

本节我们将推导出对分析高空间均匀性磁场的 MRI 和 NMR 磁体有用的闭式磁场表达式。同时，也将推导简单线圈（长、薄）的表达式。在螺管线圈设计的早期阶段，可以通过这些表达式"感受"场的均匀性。

图 3.3 给出的是一个内径、外径和长度分别为 $2a_1$、$2a_2$、$2b$ 的螺管线圈的剖面图。画出的场线指示了线圈产生的磁场在室温孔内主要是沿轴向的；除了线圈的对称轴上和轴中平面上，磁力线都是沿径向向外发散的，室温孔外尤其明显。两个无量纲

常数常用于螺管线圈磁场的分析：$\alpha \equiv \dfrac{2a_2}{2a_1} = \dfrac{a_2}{a_1}$ 和 $\beta \equiv \dfrac{2b}{2a_1} = \dfrac{b}{a_1}$。绕组的外径和长度用内径归一化。

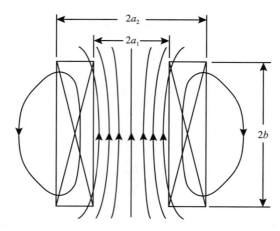

图 3.3　内径、外径和长度分别为 $2a_1$，$2a_2$，$2b$ 的螺管线圈的剖面图。从磁力线可以看出，线圈产生的磁场在室温孔内主要是沿轴向的；除了线圈的对称轴上和轴中平面上，磁力线都是沿径向向室温孔外发散的。

在如图 3.4 所示的球坐标系 (r, θ, φ) 下，任何电流体系和/或磁化材料产生的 z 向磁场 $H_z(r, \theta, \varphi)$ 在无源空间可以写为：

$$H_z(r, \theta, \varphi) = \sum_{n=0}^{\infty} \sum_{m=0}^{n} r^n (n+m+1) P_n^m(u) \left(A_n^m \cos m\varphi + B_n^m \sin m\varphi \right) \qquad (3.9)$$

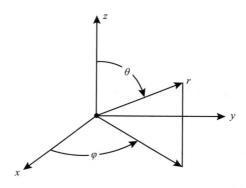

图 3.4　球坐标系。

式中，θ 是极角，φ 是周向角，磁场沿 z 向。如第 2 章所讨论的，$P_n^m(u)$ 是勒让德多项式（$m=0$）或 $u=\cos\theta$ 时的连带勒让德函数（$m>0$）。

A_n^m 和 B_n^m 是常数，因为它们会导致磁场不均，通常除了 A_0^0 和 B_0^0 都需要被最小化。可以通过调节磁体中各线圈的参数来实现 A_n^m 和 B_n^m 最小化。这些参数包括线圈内径 $2a_1$、外径 $2a_2$、长度 $2b$、中平面相对于磁体中心的位置、"总"电流密度等。简单地说，所有与磁场的空间分布有关的参数仅仅是上面定义的无量纲参数 α，β 的函数。

由于在螺管系统中所有的电流密度均不随 φ 改变，即轴对称，故仅余 $m=0$ 项。在 z 轴（$r=z, \theta=0$）上可将式（3.9）简化：

$$H_z(z) = \sum_{n=0}^{\infty} z^n (n+1) A_n^0 \tag{3.10a}$$

在螺管中平面上，沿 x 轴（或 y 轴）（x，$\theta=90°$）方向，式（3.9）成为：

$$H_z(x) = \sum_{n=0}^{\infty} \sum_{m=0}^{n} x^n (n+m+1) P_n^m(0) A_n^m \tag{3.10b}$$

因为 $P_n^0(1)=P_n(1)=1$，式（3.10a）不含勒让德函数。式（3.10b）中，注意当 n 为偶数且 m 为奇数时有 $P_n^m(0)=0$。第 2 章的表 2.3 给出了 $m=10$ 及以下偶数 m 对应的 $P_n^m(0)$ 值。代入 n 和 $m=0$，2，4 的 $P_n^m(0)$ 值，可以写出笛卡儿坐标系下的 $H_z(z)$ 和 $H_z(x)$：

$$H_z(z) = A_0^0 + 3A_2^0 z^2 + 5A_4^0 z^4 + \cdots \tag{3.11a}$$

$$H_z(x) = A_0^0 - \left(\frac{3}{2}A_2^0 - 15A_2^2\right)x^2 + \left(\frac{15}{8}A_4^0 - \frac{105}{2}A_4^2 + 945A_4^4\right)x^4 + \cdots \tag{3.11b}$$

A_0^0 是磁体中心 $(0,0,0)$ 的场：$A_0^0 \equiv H_0$。理想螺管线圈中，在 $m>0$ 时，系数为 0：$A_n^n=0$。$n>0$，$m=0$ 时，系数 A_n^0 是线圈参数 α，β 的函数。引入 $h_z(\zeta) \equiv \dfrac{H_z(z)}{H_0}$ 和 $h_z(\xi) \equiv \dfrac{H_z(x)}{H_0}$，此处 $\zeta \equiv \dfrac{z}{a_1}$，$\xi \equiv \dfrac{x}{a_1}$。我们得：

$$h_z(\zeta) = 1 + E_2(\alpha,\beta)\zeta^2 + E_4(\alpha,\beta)\zeta^4 + E_6(\alpha,\beta)\zeta^6 +$$
$$E_8(\alpha,\beta)\zeta^8 + E_{10}(\alpha,\beta)\zeta^{10} + \cdots \tag{3.12a}$$

$$h_z(\xi) = 1 - \frac{1}{2}E_2(\alpha,\beta)\xi^2 + \frac{3}{8}E_4(\alpha,\beta)\xi^4 - \frac{5}{16}E_6(\alpha,\beta)\xi^6 +$$

$$\frac{35}{128}E_8(\alpha,\beta)\xi^8 - \frac{63}{256}E_{10}(\alpha,\beta)\xi^{10} + \cdots \tag{3.12b}$$

注意 ξ^2 的系数仅为 ζ^2 系数的一半（异号），ξ^4 的系数为 ζ^4 的 $\frac{3}{8}$（同号）。实际上，平面方向的任何系数在数值上都小于 z 向的，所以，x 和 y 方向场的不均匀性要比 z 向小。

中心场 $H_0(\equiv A_0^0)$ 由下式给出：

$$H_0 = \lambda J a_1 F(\alpha,\beta) = \lambda J a_1 \beta \ln\left[\frac{\alpha+\sqrt{\alpha^2+\beta^2}}{1+\sqrt{1+\beta^2}}\right] \tag{3.13a}$$

在上式中，我们得到：

$$F(\alpha,\beta) = \beta\ln\left[\frac{\alpha+\sqrt{\alpha^2+\beta^2}}{1+\sqrt{1+\beta^2}}\right] \tag{3.13b}$$

$F(\alpha,\beta)$ 称为均匀电流密度线圈的"磁场因子"[3.2]。上式的衍生问题留到问题 3.1。式（3.12）中 $E_n(\alpha,\beta)$ 在 $n=2$，4，6，8，10 时的表达式在下面以 $F(\alpha,\beta)$ 和 $E_n(\alpha,\beta)$ 的乘积的形式给出[3.3-3.4]。除了二阶外，高阶的表达式都使用积分上下限的简洁表达形式：

$$F(\alpha,\beta)E_2(\alpha,\beta) = \frac{1}{2\beta}\left[\frac{1}{(1+\beta^2)^{1.5}} - \frac{\alpha^3}{(\alpha^2+\beta^2)^{1.5}}\right] \tag{3.14a}$$

$$F(\alpha,\beta)E_4(\alpha,\beta) = -\frac{r^3}{24\beta^3}\left[\frac{2r^4+7r^2\beta^2+20\beta^4}{(r^2+\beta^2)^{3.5}}\right]\Bigg|_{r=1}^{r=\alpha} \tag{3.14b}$$

$$F(\alpha,\beta)E_6(\alpha,\beta) = -\frac{r^3}{240\beta^5}\left[\frac{8r^8+44r^6\beta^2+99r^4\beta^4+28r^2\beta^6+280\beta^8}{(r^2+\beta^2)^{5.5}}\right]\Bigg|_{r=1}^{r=\alpha} \tag{3.14c}$$

$$F(\alpha,\beta)E_8(\alpha,\beta) = -\frac{r^3}{896\beta^7}\left[\frac{\left(\begin{array}{l}16r^{12}+120r^{10}\beta^2+390r^8\beta^4+715r^6\beta^6+\\1080r^4\beta^8-1008r^2\beta^{10}+1344\beta^{12}\end{array}\right)}{(r^2+\beta^2)^{7.5}}\right]\Bigg|_{r=1}^{r=\alpha} \tag{3.14d}$$

$$F(\alpha,\beta)E_{10}(\alpha,\beta) = -\frac{r^3}{11520\beta^9}\left[\frac{\left(\begin{array}{l}128r^{16}+1216r^{14}\beta^2+5168r^{12}\beta^4+\\12920r^{10}\beta^6+20995r^8\beta^8+19976r^6\beta^{10}+\\49632r^4\beta^{12}-46464r^2\beta^{14}+21120\beta^{16}\end{array}\right)}{(r^2+\beta^2)^{9.5}}\right]\Bigg|_{r=1}^{r=\alpha} \tag{3.14e}$$

$F(\alpha,\beta)E_n(\alpha,\beta)$ 是一个递归式，第 n 阶项可由下式导出：

$$F(\alpha,\beta)E_n(\alpha,\beta) = \frac{1}{n}\frac{\partial}{\partial\beta}\left[F(\alpha=1,\beta)E_{n-1}(\alpha=1,\beta) - F(\alpha,\beta)E_{n-1}(\alpha,\beta)\right] \quad (3.15a)$$

$F(\alpha,\beta)E_n(\alpha,\beta)$ 还可以写为：

$$F(\alpha,\beta)E_n(\alpha,\beta) = \frac{1}{M_n\beta^{n-1}}\left[\frac{f_n(\alpha=1,\beta)}{(1+\beta^2)^{n-0.5}} - \frac{\alpha^3 f_n(\alpha,\beta)}{(\alpha^2+\beta^2)^{n-0.5}}\right] \quad (3.15b)$$

式中，M_n 是常数。例如，由式（3.14a）、式（3.14b）和式（3.15b）我们得到：$f_2(\alpha,\beta) = 1$，$M_2 = 2$ 以及 $f_4(\alpha,\beta) = 2\alpha^4 + 7\alpha^2\beta^2 + 20\beta^4$，$M_4 = 24$。附录章节中给出了 $n = 2$，3，4，$\cdots$，20 时的 M_n 值和 $f_n(\alpha,\beta)$ 表达式。20 之下的偶数 n 对应的 f_n 常用来求解磁场问题。

根据上面的讨论［式（3.12a）和式（3.12b）］，磁场 $H_z(z)$ 的均匀性要比 z 轴法平面上的磁场 $H_z(x)$ 和 $H_z(y)$ 均匀性差（也不尽然，比如一些嵌套线圈磁体）。因而，我们仅考虑 z 轴磁场。根据式（3.12a），可写出对应形式：

$$\frac{\partial^2 h_z(\zeta)}{\partial\zeta^2} = \left[2E_2(\alpha,\beta) + (4)(3)E_4(\alpha,\beta)\zeta^2 + \cdots\right]$$

$$= \sum_{n=1}^{\infty}(2n)(2n-1)E_{2n}(\alpha,\beta)\zeta^{2(n-1)} \quad (3.16a)$$

一般式为：

$$\frac{\partial^{2k}h_z(\zeta)}{\partial\zeta^{2k}} = \sum_{n=k}^{\infty}(2n)(2n-1)(\cdots)(2n-2k+1)E_{2n}(\alpha,\beta)\zeta^{2(n-k)} \quad (3.16b)$$

在原点处，$\zeta=0$。式（3.16a）和式（3.16b）由于仅第一项非 0，可以简化为：

$$\left.\frac{\partial^2 h_z(\zeta)}{\partial\zeta^2}\right|_0 = 2E_2(\alpha,\beta) \quad (3.17a)$$

$$\left.\frac{\partial^{2k}h_z(\zeta)}{\partial\zeta^{2k}}\right|_0 = (2k)!\,E_{2k}(\alpha,\beta) \quad (3.17b)$$

嵌套线圈磁体

对一个由 ℓ 个线圈嵌套（同心且同轴，各线圈参数均为 λJ，a_1，α，β）组成的磁体，式（3.12a）仅给至 ζ^2 项，一般写为：

$$h_z(\zeta) = 1 + \frac{\sum_{j=1}^{\ell}(\lambda J)_j a_{1_j} F(\alpha_j,\beta_j) E_2(\alpha_j,\beta_j)}{\sum_{j=1}^{\ell}(\lambda J)_j a_{1_j} F(\alpha_j,\beta_j)}\zeta^2 + \cdots \qquad (3.18)$$

在 3.4.2 节讨论双线圈嵌套磁体产生的误差前，考虑几个单螺管线圈的特例。

3.4.1　简单线圈

本节我们推导简单线圈的 $E_n(\alpha,\beta)$ 和 $h_z(\zeta)$ 在 10 阶以下的表达式。各 $h_z(\zeta)$ 表达式可以给设计者在不依赖磁场分析专家的情况下，"感受"待设计线圈的尺寸即 (α,β) 对线圈的磁场均匀性的影响。

短线圈

对于短线圈（$\beta \to 0$），如饼式线圈，$F(\alpha,\beta)$ 可简化为：

$$F(\alpha,\beta \to 0) = \beta\ln\alpha \qquad (3.19)$$

虽然**极端枯燥**，但可从式（3.14）中得出 $E_2(\alpha,0)$，$\cdots$，$E_{10}(\alpha,0)$。在 $\beta \to 0$ 极限下，$f_n(\alpha,\beta)$ 各项的分母 $(1+\beta^2)^{n-\frac{1}{2}}$ 可以展开为 β^{2k} 的幂级数直到 β^n 项，其中整数 k 取遍 1 至 $\frac{n}{2}$。

$$\frac{1}{(1+\beta^2)^{n-\frac{1}{2}}} = 1 - (n-0.5)\beta^2 + (n-0.5)(n+0.5)\frac{\beta^4}{2!} + \cdots +$$

$$(-1)^k(n-0.5)(n+0.5)\cdots(n+k-1.5)\frac{\beta^{2k}}{k!} \qquad (3.20)$$

在 $\beta \to 0$ 极限下，式（3.20）等号右侧高于 β^n 的项为 β^n 的高阶小，可忽略。同时，所有小于 β^n 的项都被约掉，仅剩下式（3.14）中等号右侧中括号内的分子中的 β^n 项，例如 $n=2$ 时的系数为 $-\frac{3}{4}$。

由式（3.14）和式（3.19）导出的 $E_n(\alpha,0)$ 可写为：

$$E_2(\alpha, 0) = -\frac{3(\alpha^2-1)}{4\alpha^2\ln\alpha} \tag{3.21a}$$

$$E_4(\alpha, 0) = \frac{15(\alpha^4-1)}{32\alpha^4\ln\alpha} \tag{3.21b}$$

$$E_6(\alpha, 0) = -\frac{35(\alpha^6-1)}{96\alpha^6\ln\alpha} \tag{3.21c}$$

$$E_8(\alpha, 0) = \frac{315(\alpha^8-1)}{1024\alpha^8\ln\alpha} \tag{3.21d}$$

$$E_{10}(\alpha, 0) = -\frac{693(\alpha^{10}-1)}{2560\alpha^{10}\ln\alpha} \tag{3.21e}$$

于是，式（3.12a）成为：

$$h_z(\zeta) = 1 - \frac{3(\alpha^2-1)}{4\alpha^2\ln\alpha}\zeta^2 + \frac{15(\alpha^4-1)}{32\alpha^4\ln\alpha}\zeta^4 - \frac{35(\alpha^6-1)}{96\alpha^6\ln\alpha}\zeta^6 +$$

$$\frac{315(\alpha^8-1)}{1024\alpha^8\ln\alpha}\zeta^8 - \frac{693(\alpha^{10}-1)}{2350\alpha^{10}\ln\alpha}\zeta^{10} + \cdots \tag{3.22}$$

薄壁线圈

对于薄壁线圈（$\alpha=1$），$F(\alpha,\beta)$ 成为：

$$\lim_{\alpha \to 1}F(\alpha,\beta) = \beta\frac{\epsilon}{\sqrt{1+\beta^2}} \tag{3.23a}$$

$$= \frac{\beta(\alpha-1)}{\sqrt{1+\beta^2}} \tag{3.23b}$$

联立式（3.14）和式（3.23），可得 $E_n(1,\beta)$ 的表达式：

$$E_2(1,\beta) = -\frac{3}{2(1+\beta^2)^2} \tag{3.24a}$$

$$E_4(1,\beta) = \frac{5(3-4\beta^2)}{2^3(1+\beta^2)^4} \tag{3.24b}$$

$$E_6(1,\beta) = -\frac{7(5-20\beta^2+8\beta^4)}{2^4(1+\beta^2)^6} \tag{3.24c}$$

$$E_8(1,\beta) = \frac{9(35 - 280\beta^2 + 336\beta^4 - 64\beta^6)}{2^7(1+\beta^2)^8} \qquad (3.24d)$$

$$E_{10}(1,\beta) = -\frac{11(63 - 840\beta^2 + 2016\beta^4 - 1152\beta^6 + 128\beta^8)}{2^8(1+\beta^2)^{10}} \qquad (3.24e)$$

于是，对于薄壁线圈，得到：

$$h_z(\zeta) = 1 - \frac{3}{2(1+\beta^2)^2}\zeta^2 + \frac{5(3-4\beta^2)}{8(1+\beta^2)^4}\zeta^4 - \frac{7(5-20\beta^2+8\beta^4)}{16(1+\beta^2)^6}\zeta^6 + \cdots \qquad (3.25)$$

薄壁且细长线圈

对于薄壁且细长线圈（$\alpha=1$，$\beta\to\infty$），式（3.25）简化为：

$$h_z(\zeta) = 1 - \frac{1.5}{\beta^4}\zeta^2 - \frac{2.5}{\beta^6}\zeta^4 - \frac{3.5}{\beta^8}\zeta^6 - \cdots - \frac{n+1}{2\beta^{n+2}}\zeta^n \qquad (3.26)$$

从式（3.26）可知，在 $\beta\to\infty$ 极限下，$E_n(1,\beta) = \frac{-(n+1)}{2\beta^{(n+2)}}$。如所期望的，线圈长度增加能提高均匀度。

环线圈

对环线圈（$\alpha=1$，$\beta=0$），$E_n(\alpha,\beta)$ 可由式（3.21）在极限 $\alpha=1$ 导出，或由式（3.25）在极限 $\beta=0$ 下导出。在式（3.21）中，

$$\lim_{\alpha\to 1}\frac{\alpha^n-1}{\alpha^n\ln\alpha} = n \qquad (3.27)$$

于是，可以通过联立式（3.21）和式（3.27），或者简单地在式（3.24）中令 $\beta=0$，都可得同样结果：

$$E_2(1,0) = -\frac{3}{2} = -1.5 \qquad (3.28a)$$

$$E_4(1,0) = \frac{3\cdot5}{2^3} = 1.875 \qquad (3.28b)$$

$$E_6(1,0) = -\frac{3\cdot5\cdot7}{2\cdot4\cdot6} \simeq -2.188 \qquad (3.28c)$$

$$E_8(1,0) = \frac{3 \cdot 5 \cdot 7 \cdot 9}{2 \cdot 4 \cdot 6 \cdot 8} \simeq 2.461 \tag{3.28d}$$

$$E_{10}(1,0) = -\frac{3 \cdot 5 \cdot 7 \cdot 9 \cdot 11}{2 \cdot 4 \cdot 6 \cdot 8 \cdot 10} \simeq -2.707 \tag{3.28e}$$

于是，环线圈的 $h_z(\zeta)$ 为：

$$h_z(\zeta) = 1 - 1.5\zeta^2 + 1.875\zeta^4 - 2.188\zeta^6 + 2.461\zeta^8 - 2.707\zeta^{10} + \cdots \tag{3.29}$$

问题 3.4 中，将通过式 3.124 诸式得到 $E_{12}(1,0)$，$E_{14}(1,0)$，$E_{16}(1,0)$，$E_{18}(1,0)$，$E_{20}(1,0)$ 的值。

3.4.2 谐波误差——嵌套双线圈磁体

式（3.12a）和式（3.12b）表明，$h_z(\zeta)$ 和 $h_z(\xi)$ 都仅与 ζ 或 ξ 的偶次幂有关。即两式都表现出了理想螺管或者此种螺管的理想嵌套组合的轴向场的空间变化。在这里，理想一词指的是空间对称性、均匀性以及电流密度的不变性。

即使对单螺管，现实与理想也不同：如线圈形状的缺陷；导体的尺度和形状不一致；导体移位等。这些会导致磁场中产生偶次幂之外的项。如果一个磁体是由嵌套线圈组成的，缺陷就更多了，很多"不希望"的谐波项将出现。下面，我们将给出嵌套双线圈磁体谐波误差的起源。

考虑一个双螺管线圈嵌套磁体：参数为 $[2a_1]_1$，α_1，β_1，$[\lambda J]_1$ 的螺管线圈 1 嵌入参数为 $[2a_1]_2$，α_2，β_2，$[\lambda J]_2$ 的螺管线圈 2 的室温孔内。如果两个线圈在轴向和径向都对齐，有：

$$H_z(z) = [H_z(z)]_1 + [H_z(z)]_2 \tag{3.30}$$

根据式（3.11a），式中的 $[H_z(z)]_1$ 和 $[H_z(z)]_2$ 可写为：

$$[H_z(z)]_1 = [A_0^0]_1 + 3[A_2^0]_1 z^2 + 5[A_4^0]_1 z^4 + \cdots \tag{3.31a}$$

$$[H_z(z)]_2 = [A_0^0]_2 + 3[A_2^0]_2 z^2 + 5[A_4^0]_2 z^4 + \cdots \tag{3.31b}$$

注意，中心的总轴向场有：$H_z(0) = [A_0^0]_1 + [A_0^0]_2 \equiv H_0$

线圈轴向错位

如果线圈 1 和线圈 2 在径向是对齐的（即同轴），但其中平面未对齐，分别在 $z = 0$

和 $z=\delta_z$ 位置。这样，式（3.31）中的 $H_z(z)$ 成为：

$$H_z(z) = H_0 + 3\left\{[A_2^0]_1 z^2 + [A_2^0]_2 (z-\delta_z)^2\right\} +$$
$$5\left\{[A_4^0]_1 z^4 + [A_4^0]_2 (z-\delta)^4\right\} + \cdots \tag{3.32a}$$

将式（3.32a）展开，有：

$$H_z(z) = \left\{H_0 + 3[A_2^0]_2 \delta_z^2 + 5[A_4^0]_2 \delta_z^4 + \cdots\right\} - \left\{6[A_2^0]_2 \delta_z + 20[A_4^0]_2 \delta_z^3 + \cdots\right\} z +$$
$$\left\{3[A_2^0]_1 + 3[A_2^0]_2 + 30[A_4^0]_2 \delta_z^2 + \cdots\right\} z^2 - \left\{20[A_4^0]_2 \delta_z + \cdots\right\} z^3 +$$
$$\left\{5[A_4^0]_1 + 5[A_4^0]_2 + \cdots\right\} z^4 \tag{3.32b}$$

从式（3.32b）可以看出，线圈 1 和线圈 2 在轴向错位 δ_z 不仅影响了各 z 偶次项的系数，更重要的是还增加了 z 的奇次幂项，这将导致 $H_z(z)$ 在轴向不再对称。

在**实际**的由许多线圈嵌套组成的 NMR 磁体中，轴向错位是不可避免的。具体说，z 项要么展宽 NMR 谱线，要么引起频谱中各峰值的"下沉"。z^3 项同样展宽谱线，主要是那些在与远离中心频率的频率处。

轴向匀场线圈

这些不想要的项可以通过在超导磁体的校正线圈（correction coil）外再增加匀场线圈（shim coil）来最小化；通过布置在探测器和低温容器室温孔之间径向间隙中的室温匀场线圈可做进一步均化。

最小化 z 偶次幂项的匀场线圈主要是亥姆霍兹线圈，其基本原理我们将在问题 3.3 中研究；最小化 z 奇次幂项的匀场线圈同样是亥姆霍兹型的，但其中一个线圈是反极性的，以产生轴向反对称场。

线圈径向错位

为了研究径向错位的嵌套双线圈磁体磁场的空间变化，在笛卡儿坐标系中写出单螺管的 $H_z(x,y,z)$。根据式（3.11）和表 2.4 中 $n=0$，$n=2$，$n=4$ 的勒让德函数，可得：

$$H_z(x,y,z) = A_0^0 + 3A_2^0\left[z^2 - \frac{1}{2}(x^2 + y^2)\right] +$$

$$5A_4^0 \left\{ z^4 - 3(x^2+y^2) \left[z^2 - \frac{1}{8}(x^2+y^2) \right] \right\} \tag{3.33a}$$

若线圈 2 与线圈 1 在 x 方向错位 δ_x，在 y 方向错位 δ_y，我们将式（3.33a）中的 x 和 y 分别用 $x-\delta_x$ 和 $y-\delta_y$ 替换，有：

$$H_z(x,y,z) = H_0 + 3 \left(\left[A_2^0 \right]_1 \left[z^2 - \frac{1}{2}(x^2+y^2) \right] + \left[A_2^0 \right]_2 \left\{ z^2 - \frac{1}{2} \left[(x-\delta_x)^2 + (y-\delta_y)^2 \right] \right\} \right) +$$

$$5 \left[A_4^0 \right]_1 \left(z^4 - 3(x^2+y^2) \left[z^2 - \frac{1}{8}(x^2+y^2) \right] \right) +$$

$$\left[A_4^0 \right]_2 \left(z^4 - 3 \left[(x-\delta)^2 + (y-\delta_y)^2 \right] \left\{ z^2 - \frac{1}{8} \left[(x-\delta_x)^2 + (y-\delta_y)^2 \right] \right\} \right) \tag{3.33b}$$

式（3.33b）的展开式包含很多项，包括 x，x^2，x^3，x^4，y，y^2，y^3，y^4，xy，xy^2，x^2+y^2，$(x^2+y^2)^2$，z^2，z^2x，z^2y 和 $z^2(x^2+y^2)$。

一个 x 匀场线圈通常由一对薄的（一层或几层导体厚）长方形线圈构成，为适应磁体的外圆柱表面性质会成型为鞍状并且其轴向沿 $\varphi=0(x)$ 方向布置。它产生一个随 x 增大的 z 向磁场，在 z 轴（$x=0$）处为 0。类似地，y 向匀场线圈和 xy 匀场线圈分别是沿着 $\varphi=90°$ 和 $\varphi=45°$ 轴成对布置。每个线圈产生一个 z 向且随远离 z 轴而增大的磁场。

线圈轴向和径向均错位

当嵌套线圈在轴向和径向均错位的时候——**实际 NMR 中不可避免**——将产生 xz，yz，xyz 等谐波误差。

3.5 轴向力

本节给出轴向对齐环线圈、薄壁螺管线圈的轴向力 F_z 的解析式，这些式子都是从加勒特（Garrett）[3.5] 最早给出的原始表达式推导得到的。极限情况下（比如相距很远的线圈）的近似表达式可用于快速数值检查；另一些公式可作为编写计算程序的基准。所有案例均假定电流同向流动；电流反向，力反向。

3.5.1 两个环线圈间的轴向力

图 3.5 给出了沿轴向（$\vec{i_z}$）放置的两个距离为 ρ 的环线圈（$\alpha=1$，$\beta=0$）。线圈 A

和 B 的直径分别为 $2a_A$ 和 $2a_B$，总安匝数分别为 N_AI_A 和 N_BI_B。两线圈产生的轴向 ($\vec{i}_z$) 场指向同一个方向。线圈 B 施加给线圈 A 的轴向力 $F_{zA}(\rho)$ 为：

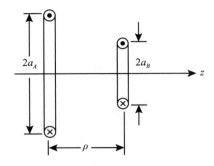

图 3.5 环线圈 A 和 B 同轴对齐，相距 ρ。

$$F_{zA}(\rho) = \frac{\mu_0}{2}(N_AI_A)(N_BI_B)\frac{\rho\sqrt{(a_A+a_B)^2+\rho^2}}{(a_A-a_B)^2+\rho^2}\times$$

$$\left\{ k^2K(k)+(k^2-2)\left[K(k)-E(k)\right] \right\} \tag{3.34}$$

$F_{zA}(\rho)$ 的方向为 $+z$，或指向线圈 B；即 $F_{zA}(\rho)$ 是引力。若两个电流的方向相反，则符号变为负号，$F_{zA}(\rho)$ 成为斥力。式（3.34）中，$K(k)$ 和 $E(k)$ 分别是第一类和第二类完全椭圆积分，定义为：

$$K(k) = \int_0^{\frac{\pi}{2}} \frac{\mathrm{d}\theta}{\sqrt{1-k^2\sin^2\theta}} \tag{3.35a}$$

$$E(k) = \int_0^{\frac{\pi}{2}} \sqrt{1-k^2\sin^2\theta}\,\mathrm{d}\theta \tag{3.35b}$$

对于本系统，椭圆积分的模 k 由下式决定：

$$k^2 = \frac{4a_Aa_B}{(a_A+a_B)^2+\rho^2} \tag{3.36}$$

表 3.1 给出了部分 k 和 k^2 值下的 $K(k)$ 和 $E(k)$。我们发现，$K(0)=E(0)=\frac{\pi}{2}$，$K(1)=\infty$，$E(1)=1$。即 $K(k)$ 随 k 增加而增加，$E(k)$ 随 k 增加而减小。$k^2=0.5$ 时，$K(k=0.7071)=1.8541$。

表 3.1　第一类和第二类完全椭圆积分：部分 k^2 和 k 下的 $K(k)$ 和 $E(k)$ 值

k^2	k	$K(k)$	$E(k)$	k^2	k	$K(k)$	$E(k)$
0	0	$\dfrac{\pi}{2}$	$\dfrac{\pi}{2}$	0.7	0.8367	2.0754	1.2417
0.1	0.3162	1.6124	1.5308	0.8	0.8944	2.2572	1.1785
0.2	0.4472	1.6596	1.4890	0.9	0.9487	2.5781	1.1048
0.3	0.5477	1.7139	1.4454	0.95	0.9747	2.9083	1.0605
0.4	0.6325	1.7775	1.3994	0.98	0.9899	3.3541	1.0286
0.5	0.7071	1.8541	1.3506	0.99	0.9950	3.6956	1.0160
0.6	0.7746	1.9496	1.2984	1	1	∞	1

$K(k)$ 和 $E(k)$ 可展开为 k^2 的幂级数：

$$K(k) = \frac{\pi}{2}\left[1 + \left(\frac{1}{2}\right)^2 k^2 + \left(\frac{1\cdot 3}{2\cdot 4}\right)^2 k^4 + \left(\frac{1\cdot 3\cdot 5}{2\cdot 4\cdot 6}\right)^2 k^6 + \cdots\right] \qquad (3.37a)$$

$$E(k) = \frac{\pi}{2}\left[1 - \left(\frac{1}{2}\right)^2 k^2 - \left(\frac{1\cdot 3}{2\cdot 4}\right)^2 \frac{k^4}{3} - \left(\frac{1\cdot 3\cdot 5}{2\cdot 4\cdot 6}\right)^2 \frac{k^6}{5} - \cdots\right] \qquad (3.37b)$$

在 $k^2 \ll 1$ 时，两个积分及其差值可近似为：

$$K(k) \simeq \frac{\pi}{2}\left(1 + \frac{1}{4}k^2 + \frac{9}{64}k^4 + \frac{25}{256}k^6 + \frac{1225}{16384}k^8\right) \qquad (3.38a)$$

$$E(k) \simeq \frac{\pi}{2}\left(1 - \frac{1}{4}k^2 - \frac{3}{64}k^4 - \frac{5}{256}k^6 - \frac{175}{16384}k^8\right) \qquad (3.38b)$$

$$K(k) - E(k) \simeq \frac{\pi}{4}\left(k^2 + \frac{3}{8}k^4 + \frac{15}{64}k^6 + \frac{175}{1024}k^8\right) \qquad (3.38c)$$

特例1：两个距离很远的环线圈

当两个线圈距离足够远，即 $\rho^2 \gg (a_A + a_B)^2$ 时，有 $k^2 \ll 1$。此时，可以用式（3.38a）和式（3.38c）的近似式来简化式（3.34）。式（3.34）第一步可简化为：

$$F_{zA}(\rho) \simeq \frac{\mu_0}{2}(N_A I_A)(N_B I_B)\left\{k^2 K(k) + (k^2 - 2)\left[K(k) - E(k)\right]\right\} \qquad (3.39a)$$

接下来，用式（3.38a）和式（3.38c）。尽管 $k^2 \ll 1$，但展开 $K(k) - E(k)$ 时必须考虑 k^4 项，因为与它相乘的，除了 k^2 还有 $k^2 - 2$：

$$F_{zA}(\rho) \simeq \frac{\mu_0}{2}(N_A I_A)(N_B I_B) \times \left[k^2 \left(\frac{\pi}{2} + \frac{\pi}{8}k^2 \right) + (k^2 - 2)\left(\frac{\pi}{4}k^2 + \frac{3\pi}{32}k^4 \right) \right]$$

$$\simeq \frac{\mu_0}{2}(N_A I_A)(N_B I_B)\left(\frac{3\pi}{16}k^4 \right) \tag{3.39b}$$

第二步近似时，忽略 k^6 项。最终，得到在极限 $\rho^2 \gg (a_A + a_B)^2$ 时力的简单表达式：

$$F_{zA}(\rho) = \frac{3\mu_0}{2\pi}\left(\frac{\pi a_A^2 N_A I_A}{\rho^2} \right)\left(\frac{\pi a_B^2 N_B I_B}{\rho^2} \right) \tag{3.39c}$$

式（3.39c）表明，轴向力正比于两线圈各自磁矩（$\pi a_A^2 N_A I_A$ 和 $\pi a_B^2 N_B I_B$）除以距离 ρ^2 后的乘积。讨论 3.17 中，将从互感表达式中再次导出式（3.39c）。

特例2：两个直径相同且距离很近的环线圈

如果两个环线圈直径相同且距离很近，即 $a_A = a_B = a$，$\rho \ll 2a$。于是，$k^2 \to 1$，$K(k) \to \infty$，$E(k) \to 1$。此时，式（3.34）可以有更简单的形式：

$$F_{zA}(\rho) \simeq \mu_0 (N_A I_A)(N_B I_B)\left(\frac{a}{\rho} \right) \tag{3.39d}$$

可以将式（3.39d）表示为环 A 周长（$2\pi a$）、总安匝（$N_A I_A$）和径向磁场 B_r 的乘积，其中上述径向磁场是由轴向 ρ 处的环 B 产生的，在 $\rho \ll a$ 时近似为 $\left(\frac{\mu_0 N_B I_B}{2\pi\rho} \right)$。注意，相距 $\rho \ll a$ 的两个环线圈可视为距离为 ρ 的 2 条直线。于是：

$$F_{zA}(\rho) \simeq (2\pi a) \times (N_A I_A) \times \left(\frac{\mu_0 N_B I_B}{2\pi\rho} \right)$$

$$= \mu_0 (N_A I_A)(N_B I_B)\left(\frac{a}{\rho} \right) \tag{3.39d}$$

3.5.2　薄壁螺管内的轴向力

考虑一个直径为 $2a$，长度为 $2b$，中平面位于 $z = 0$，通以 $\frac{NI}{2b}$ 均匀面电流的薄壁（$\alpha = 1$）螺管。在该螺管中距中平面 $z \geqslant 0$ 处的轴向力可以表示为：

$$F_z(z) = -\frac{\mu_0}{2}\left(\frac{NI}{2b}\right)^2 \left\{ (b-z)\sqrt{4a^2+(b-z)^2}\,[K(k_{b_-})-E(k_{b_-})] + \right.$$

$$(b+z)\sqrt{4a^2+(b+z)^2}\,[K(k_{b_+})-E(k_{b_+})] -$$

$$\left. 2b\sqrt{4a^2+4b^2}\,[K(k_{2b})-E(k_{2b})] \right\} \tag{3.40}$$

式中的椭圆积分模为：

$$k_{b_-}^2 = \frac{4a^2}{4a^2+(b-z)^2}; \quad k_{b_+}^2 = \frac{4a^2}{4a^2+(b+z)^2}; \quad k_{2b}^2 = \frac{4a^2}{4a^2+4b^2}$$

特例3：端部力

在 $z=b$，因为 $k_{b_+}=k_{2b}$，根据式（3.40），有 $F_z(b)=0$。即一个孤立螺线管端部的轴向力是 0，这和我们的预期一致。

特例4：中平面的力

将 $z=0$ 代入式（3.40），可得中平面（$z=0$）处的轴向力 $F_z(0)$：

$$F_z(0) = -\frac{\mu_0}{2}\left(\frac{NI}{2b}\right)^2 \left\{ 2b\sqrt{4a^2+b^2}\,[K(k_b)-E(k_b)] - 2b\sqrt{4a^2+4b^2}\,[K(k_{2b})-E(k_{2b})] \right\}$$

$$\tag{3.41a}$$

式中，模 k_{2b} 同上；k_b 由下式给出：

$$k_b^2 = \frac{4a^2}{4a^2+b^2}$$

可见，孤立螺线管沿 z 的轴向**压缩力**在 $z=b$ 为 0，向内逐渐增大，至中平面处取得最大值。

特例5：细长薄壁螺管的中平面的力

对一个细长（$\beta \gg 1$ 或 $k^2 \ll 1$）的薄壁螺管，可利用式（3.38c）将式（3.41）简化为：

$$F_z(0) \simeq -\frac{\mu_0}{2}\left(\frac{NI}{2b}\right)^2 \pi a^2 \qquad (3.41\mathrm{b})$$

式（3.41b）表明，$F_z(0)$ 在给定的表面电流密度 $\frac{NI}{2b}$ 下，与线圈长度**无关**。因为长螺管的轴向中心场（问题 3.1）$\frac{NI}{2b}=H_z(0,0)$，有：

$$F_z(0) \simeq -\frac{1}{2}\mu_0 H_z^2(0,0)\times\pi a^2 \qquad (3.41\mathrm{c})$$

于是，$F_z(0)$ 等于磁压乘以线圈室温孔的面积。实际上，后面我们将看到，**每一个轴向力的表达式都含有一个磁压项** $\left[\mu_0\left(\frac{NI}{2b}\right)^2\right]$ 或其等价形式。

3.5.3 薄壁螺管和环线圈间的轴向力

图 3.6 的薄壁螺管 $\left(2a_S,\ 2b_S,\ \frac{N_S I_S}{2b_S}\right)$ 与环线圈 $(2a_R,\ N_R I_R)$ 同轴。螺管右端距离环线圈距离为 ρ。两线圈产生的轴向场指向同一个方向。

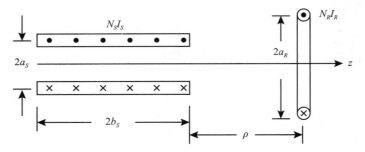

图 3.6 薄壁螺管 $\left(2a_S,\ 2b_S,\ \frac{N_S I_S}{2b_S}\right)$ 与环线圈 $(2a_R,\ N_R I_R)$ 同轴，相距 ρ。

螺管受到的轴向力为：

$$F_{zS}(\rho) = -\frac{\mu_0}{2}(N_R I_R)\left(\frac{N_S I_S}{2b_S}\right)\times$$

$$\left(\sqrt{(a_R+a_S)^2+(\rho+2b_S)^2}\left\{2[K(k_S)-E(k_S)]-k_S^2 K(k_S)\right\}-\right.$$

$$\sqrt{(a_R+a_S)^2+\rho^2}\left\{2\left[K(k_R)-E(k_R)-k_R^2K(k_R)\right]\right\}\bigg) \tag{3.42}$$

式中，模 k_S 和 k_R 为：

$$k_S^2 = \frac{4a_Sa_R}{(a_S+a_R)^2+(2b_S+\rho)^2}; \qquad k_R^2 = \frac{4a_Sa_R}{(a_S+a_R)^2+\rho^2}$$

式（3.42）等号右侧的第 2 项大于第 3 项，所以 $F_{zS}(\rho)$ 是正值，即轴向力是引力。

特例6：相距很远的薄壁螺管和环线圈

当两个线圈相距很远可满足 $k_S^2 \ll 1$ 和 $k_R^2 \ll 1$ 时，可得：

$$F_{zS}(\rho) \simeq \frac{\mu_0}{2\pi}(\pi a_R^2 N_R I_R)\left(\frac{\pi a_S^2 N_S I_S}{2b_S}\right)\left[\frac{1}{\rho^3}-\frac{1}{(\rho+2b_S)^3}\right] \tag{3.43a}$$

和上面的例子类似，力是 $+z$ 向（朝向环线圈），幅值正比于 2 个线圈磁矩的乘积。

特例7：相距极远的薄壁螺管和环线圈

当两个线圈的相距足够远可满足 $\rho \gg 2b_S$ 时，对式（3.43）中的方括号中的第 2 项做泰勒展开，有：

$$F_{zS}(\rho) \simeq \frac{\mu_0}{2\pi}(\pi a_R^2 N_R I_R)\left(\frac{\pi a_S^2 N_S I_S}{2b_S}\right)\frac{6b_S}{\rho^4} \tag{3.43b}$$

不出所料，式（3.43b）等价于式（3.39c）。

3.5.4 两个薄壁螺管间的轴向力

本节，我们推导两个薄壁螺管之间的轴向力；推导基于加勒特[3.5]方程，但比它走得更远。这个式子是非薄壁的一般螺管线圈轴向力的基础（见 3.5.5 节）。

考虑 2 个同轴的薄壁螺管线圈 A$\left(2a_A; 2b_A; \dfrac{N_A I_A}{2b_A}\right)$ 和 B$\left(2a_B; 2b_B; \dfrac{N_B I_B}{2b_B}\right)$。如图 3.7 所示，螺管 A 的右端距离螺管 B 的左端距离为 ρ。两螺管线圈产生的轴向场指向同一个方向。

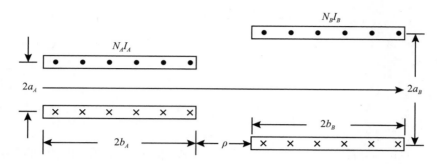

图 3.7　薄壁螺管 A 和 B，二者的近端相距 ρ。

螺管 A 受到螺管 B 的轴向力

螺管 B 施加给螺管 A 的轴向力可以写为：

$$F_{zAB}(\rho) = \frac{\mu_0}{2} \left(\frac{N_A I_A}{2b_A} \right) \left(\frac{N_B I_B}{2b_B} \right) \times$$

$$\left(\frac{2b_A + \rho}{\sqrt{a_T^2 + (2b_A + \rho)^2}} \left\{ \left[a_T^2 + (2b_A + \rho)^2 \right] \left[K(k_A) - E(k_A) \right] - Y(c^2, k_A) \right\} + \right.$$

$$\frac{2b_B + \rho}{\sqrt{a_T^2 + (2b_B + \rho)^2}} \left\{ \left[a_T^2 + (2b_B + \rho)^2 \right] \left[K(k_B) - E(k_B) \right] - Y(c^2, k_B) \right\} -$$

$$\frac{2b_T + \rho}{\sqrt{a_T^2 + (2b_T + \rho)^2}} \left\{ \left[a_T^2 + (2b_T + \rho)^2 \right] \left[K(k_T) - E(k_T) \right] - Y(c^2, k_T) \right\} -$$

$$\left. \frac{\rho}{\sqrt{a_T^2 + \rho^2}} \left\{ (a_T^2 + \rho^2) \left[K(k_\rho) - E(k_\rho) \right] - Y(c^2, k_\rho) \right\} \right) \qquad (3.44)$$

式中，$a_T = a_A + a_B$，$b_T = b_A + b_B$。4 个模分别为：

$$k_A^2 = \frac{4a_A a_B}{a_T^2 + (2b_A + \rho)^2}; \quad k_B^2 = \frac{4a_A a_B}{a_T^2 + (2b_B + \rho)^2}; \quad k_T^2 = \frac{4a_A a_B}{a_T^2 + (2b_T + \rho)^2}; \quad k_\rho^2 = \frac{4a_A a_B}{a_T^2 + \rho^2}$$

式（3.44）中，$Y(c^2, k)$ 定义为：

$$Y(c^2, k) \equiv (a_A - a_B)^2 \left[\prod (c^2, k) - K(k) \right] \qquad (3.45)$$

其中，$\Pi(c^2,k)$ 是第三类完全椭圆积分，定义为：

$$\Pi(c^2,k) = \int_0^{\frac{\pi}{2}} \frac{\mathrm{d}\theta}{(1-c^2\sin^2\theta)\sqrt{1-k^2\sin^2\theta}} \tag{3.46}$$

从式（3.46）明显可以看到 $Y(c^2,k)$ 有 2 个模，$c^2 \leqslant 1$ 和 $k \leqslant 1$。本例中的模量 c^2 由下式给出：

$$c^2 = \frac{4a_A a_B}{a_T^2} = \frac{4a_A a_B}{(a_A+a_B)^2} \tag{3.47}$$

$\Pi(0,k)=K(k)$，$\Pi(1,k)=\infty$。$\Pi(c^2,k)$ 可用 c^2 和 k^2 的级数表示：

$$\Pi(c^2,k) = \frac{\pi}{2} \sum_{m=0}^{\infty} \sum_{j=0}^{m} \frac{(2m)!\,(2j)!\,k^{2j}c^{2(m-j)}}{4^m 4^j (m!)^2 (j!)^2} \tag{3.48}$$

低阶项为：

$$\Pi(c^2,k) = \frac{\pi}{2}\left(1 + \frac{1}{2}c^2 + \frac{1}{4}k^2 + \frac{3}{8}c^4 + \frac{3}{16}c^2 k^2 + \cdots\right) \tag{3.49a}$$

$$\Pi(c^2,0) = \frac{\pi}{2}\left(1 + \frac{1}{2}c^2 + \frac{3}{2^3}c^4 + \frac{5}{2^4}c^6 + \frac{5\cdot 7}{2^7}c^8 + \cdots\right) \tag{3.49b}$$

当 $c^2=0$ 时，式（3.49a）退回为式（3.38a）$\Pi(0,k)=K(k)$。不过，对大多数感兴趣的问题，c^2 通常都接近于 1；由于快速收敛要求 $c^2 \ll 1$，此时式（3.49）的任一展开都不好用。后面在讨论互感的时候，我们将会用到式（3.49b）。表 3.2 给出了一些 c^2 和 k^2 值对应的 $\Pi(c^2,k)$。可用 Mathcad 等软件计算 $K(k)$，$E(k)$，$\Pi(c^2,k)$ 值。

表 3.2　一些 c^2 和 k 值下的第三类完全椭圆积分

$\Pi(c^2,k)\left[\Pi(0,0)=\dfrac{\pi}{2};\ \Pi(1,k)=\infty;\ \Pi(c^2,1)=\infty\right]$

c^2	$k=0$	0.1	0.2	0.3	0.4	0.5	0.6	0.7	0.8	0.9	0.999
0.1	1.6558	1.6600	1.6732	1.6961	1.7307	1.7803	1.8509	1.9541	2.1173	2.4295	4.8804
0.2	1.7562	1.7609	1.7752	1.8002	1.8380	1.8923	1.9696	2.0829	2.2625	2.6077	5.3514
0.4	2.0279	2.0336	2.0513	2.0822	2.1290	2.1963	2.2925	2.4343	2.6604	3.1001	6.7100
0.6	2.4836	2.4913	2.5148	2.5561	2.6187	2.7090	2.8389	3.0315	3.3418	3.9550	9.2511
0.8	3.5124	3.5246	3.5622	3.6283	3.7290	3.8751	4.0867	4.4042	4.9246	5.9821	16.070
0.9	4.9673	4.9863	5.0448	5.1480	5.3056	5.5355	5.8710	6.3796	7.2263	8.9943	27.895
0.92	5.5536	5.5754	5.6426	5.7610	5.9421	6.2069	6.5939	7.1824	8.1667	10.239	33.280

续表

c^2	$k=0$	0.1	0.2	0.3	0.4	0.5	0.6	0.7	0.8	0.9	0.999
0.94	6.4127	6.4387	6.5186	6.6597	6.8758	7.1921	7.6557	8.3633	9.5535	12.086	41.737
0.95	7.0248	7.0537	7.1429	7.3002	7.5414	7.8948	8.4135	9.2071	10.547	13.414	48.138
0.96	7.8540	7.8869	7.9886	8.1681	8.4435	8.8475	9.4417	10.353	11.897	15.227	57.268
0.97	9.0690	9.1079	9.2280	9.4403	9.7662	10.245	10.951	12.036	13.886	17.905	71.507
0.98	11.107	11.156	11.308	11.575	11.986	12.592	13.486	14.867	17.233	22.440	97.397
0.99	15.708	15.780	16.002	16.395	17.001	17.894	19.219	21.277	24.832	32.789	163.12
0.991	16.558	16634	16.869	17.286	17.927	18.874	20.279	22.462	26.239	34.711	176.15
0.992	17.562	17.643	17.894	18.338	19.022	20.033	21.532	23.864	27.903	36.986	191.85
0.993	18.775	18.862	19.131	19.609	20.345	21.431	23.045	25.557	29.914	39.735	211.22
0.994	20.279	20.374	20.667	21.185	21.985	23.167	24.923	27.658	32.409	43.151	235.80
0.995	22.214	22.319	22.642	23.214	24.096	25.400	27.339	30.362	35.623	47.552	268.26
0.996	24.836	24.954	25.318	25.962	26.956	28.426	30.613	34.027	39.978	53.523	313.54
0.997	28.679	28.816	29.239	29.989	31.147	32.860	35.412	39.400	46.365	62.286	382.16
0.998	35.124	35.294	35.817	36.745	38.178	40.300	43.464	48.416	57.088	77.009	502.08
0.999	49.673	49.916	50.666	51.996	54.050	57.096	61.643	68.776	81.309	110.30	787.66

特例8：线圈 A 中平面所受合力

考虑这样的两个螺管线圈 A 和 B：长度（$2b$）相同、表面电流密度$\left(\dfrac{NI}{2b}\right)$相同，但直径不同。对式（3.44）做如下代换：$2b_A = 2b_B = 2b$，$\dfrac{N_A I_A}{2b_A} = \dfrac{N_B I_B}{2b_B} = \dfrac{NI}{2b}$，$\rho = 0$（线圈相邻端间无间隙）。此时线圈 A 中平面所受合力如下式。该式对于我们探讨**非薄壁螺管线圈**十分有用。

$$F_{zA}(0) = \frac{\mu_0}{2}\left(\frac{NI}{2b}\right)^2 \times \left(\frac{4b}{\sqrt{a_T^2 + 4b^2}}\left\{\left[a_T^2 + 4b^2\right]\left[K(k_{2b}) - E(k_{2b})\right] - Y(c^2, k_{2b})\right\} - \right.$$
$$\left. \frac{4b}{\sqrt{a_T^2 + 16b^2}}\left\{\left[a_T^2 + 16b^2\right]\left[K(k_{4b}) - E(k_{4b})\right] - Y(c^2, k_{4b})\right\}\right) \qquad (3.50)$$

式中，$a_T = a_A + a_B$ 两个模为：

$$k_{2b}^2 = \frac{4a_A a_B}{a_T^2 + 4b^2}; \quad k_{4b}^2 = \frac{4a_A a_B}{a_T^2 + 16b^2}$$

对我们感兴趣的大部分问题，尽管 $c^2 < 1$ 总是成立的，但因为 $c^2 \simeq 1$，故式（3.50）甚至都不能用于细长螺管线圈（$\beta \gg 1$）的近似计算。

由式（3.44）导出式（3.50）

如果令线圈 A 和 B 的直径和表面电流密度相同，但长度均减半。当 $\rho=0$ 时，这两个螺管线圈就变成了一个长度为 $2b$ 的线圈。接下来，对式（3.44）进行如下替换：$2a_A=2a_B=2a$，$\dfrac{N_AI_A}{2b_A}=\dfrac{N_BI_B}{2b_B}=\dfrac{NI}{2b}$，$2b_A=2b_B=b$，代换后即成为式（3.50）。

3.5.5　厚壁螺管线圈——中平面轴向力

当一个螺管线圈不能被视为薄壁时，可以将之等效为径向上很多薄壁子线圈的组合。这里考虑对 $\alpha>1$ 螺管线圈的最简单的处理方法：将原螺管分为两个薄壁子螺管 A（内）和 B（外），两线圈长度均为 $2b$，直径分别为 $2a_A$，$2a_B(2a_B>2a_A)$，单位长度电流为 $\dfrac{1}{2}\left(\dfrac{NI}{2b}\right)$。子螺管 A 中平面上的总轴向力 $F_{zA}(0)$ 由两部分组成：一是来自它自己，$F_{zAA}(0)$，可由式（3.41）给出；二是来自子螺管 B，$F_{zAB}(0)$。图3.8 给出了两个子螺管线圈的相对位置，基于这种结构我们推导螺管 A 的中平面上的轴向力。

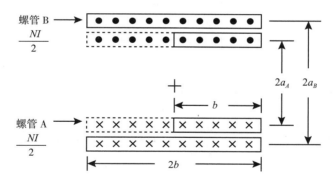

图3.8　用以计算线圈 A 上的中心面轴向力的螺管线圈 A 和 B 的布局。

对比图 3.7 和图 3.8，发现式（3.44）经代入替换 $2b_A=b$，$2b_B=2b$，$\rho=-2b$ 后可用于计算。代入上述参数及式（3.47）给出的 c^2，式（3.44）成为：

$$F_{zAB}(0)=-\frac{\mu_0}{2}\left(\frac{N_AI_A}{4b}\right)\times\left(\frac{2b}{\sqrt{a_T^2+b^2}}\left\{\left[a_T^2+b^2\right]\left[K(k_b)-E(k_b)\right]-Y(c^2,k_b)\right\}-\right.$$

$$\left.\frac{2b}{\sqrt{a_T^2+4b^2}}\left\{\left[a_T^2+4b^2\right]\left[K(k_{2b})-E(k_{2b})\right]-Y(c^2,k_{2b})\right\}\right)\qquad(3.51)$$

式中，$a_T = a_A + a_B$。模为：

$$k_b^2 = \frac{4a_A a_B}{a_T^2 + b^2}; \quad k_{2b}^2 = \frac{4a_A a_B}{a_T^2 + 4b^2}$$

子螺管 A 施加在自身的中平面轴向力 $F_{zAA}(0)$，可在式（3.41）中用 $\dfrac{NI}{4b}$ 代替 $\dfrac{NI}{2b}$ 得到。类似地，子螺管 B 受到的总中平面力 $F_{zB}(0)$ 由 $F_{zBB}(0)$ 和 $F_{zBA}(0)$ 组成：

$$F_{zA}(0) = F_{zAA}(0) + F_{zAB}(0) \tag{3.52a}$$

$$F_{zB}(0) = F_{zBB}(0) + F_{zBA}(0) \tag{3.52b}$$

于是：

$$\begin{aligned}
F_{zA}(0) = -\frac{\mu_0}{2}\left(\frac{NI}{4b}\right) \times \Bigg(& \left\{ 2b\sqrt{4a_A^2+b^2}\left[K(k_{b_A})-E(k_{b_A})\right] - 2b\sqrt{4a_A^2+4b^2}\left[K(k_{2b_A}) - \right.\right. \\
& \left.\left. E(k_{2b_A})\right]\right\} + \frac{2b}{\sqrt{a_T^2+b^2}}\left\{\left[a_T^2+b^2\right]\left[K(k_b)-E(k_b)\right]-Y(c^2,k_b)\right\} - \\
& \frac{2b}{\sqrt{a_T^2+4b^2}}\left\{\left[a_T^2+4b^2\right]\left[K(k_{2b})-E(k_{2b})\right]-Y(c^2,k_{2b})\right\}\Bigg)
\end{aligned} \tag{3.53a}$$

其中，c^2 已在式（3.47）给出。4 个模分别为：

$$k_{b_A}^2 = \frac{4a_A^2}{4a_A^2+b^2}; \quad k_{2b_A}^2 = \frac{4a_A^2}{4a_A^2+4b^2}; \quad k_{b_B}^2 = \frac{4a_B^2}{4a_B^2+b^2}; \quad k_{2b_B}^2 = \frac{4a_B^2}{4a_B^2+4b^2}$$

本例中，由于 $2b_A = 2b_B = 2b$，$N_A I_A = N_B I_B$ 以及 $F_{zAB}(0) = F_{zBA}(0)$。从而：

$$\begin{aligned}
F_{zB}(0) = -\frac{\mu_0}{2}\left(\frac{NI}{4b}\right)^2 \times \Bigg(& \left\{ 2b\sqrt{4a_B^2+b^2}\left[K(k_{b_B})-E(k_{b_B})\right] - 2b\sqrt{4a_B^2+4b^2}\left[K(k_{2b_B}) - \right.\right. \\
& \left.\left. E(k_{2b_B})\right]\right\} + \frac{2b}{\sqrt{a_T^2+b^2}}\left\{\left[a_T^2+b^2\right]\left[K(k_b)-E(k_b)\right]-Y(c^2,k_b)\right\} - \\
& \frac{2b}{\sqrt{a_T^2+4b^2}}\left\{\left[a_T^2+4b^2\right]\left[K(k_{2b})-E(k_{2b})\right]-Y(c^2,k_{2b})\right\}\Bigg)
\end{aligned} \tag{3.53b}$$

分为两个薄壁线圈的螺管受到的总中平面轴向力 $F_{zT}(0)$ 为 $F_{zA}(0)$ 和 $F_{zB}(0)$ 之和。于是：

$$F_{zT}(0) = -\frac{\mu_0}{2}\left(\frac{NI}{4b}\right) \times \left(2b\sqrt{4a_A^2+b^2}\left[K(k_{b_A})-E(k_{b_A})\right] - 2b\sqrt{4a_A^2+4b^2}\left[K(k_{2b_A}) - \right.\right.$$

$$E(k_{2b_A})\right] + 2b\sqrt{4a_B^2+b^2}\left[K(k_{b_B})-E(k_{b_B})\right] - 2b\sqrt{4a_B^2+4b^2}\left[K(k_{2b_B}) - \right.$$

$$E(k_{2b_B})\right] + \frac{4b}{\sqrt{a_T^2+b^2}}\left\{(a_T^2+b^2)\left[K(k_b)-E(k_b)\right] - Y(c^2,k_b)\right\} - $$

$$\left. \frac{4b}{\sqrt{a_T^2+4b^2}}\left\{(a_T^2+4b^2)\left[K(k_{2b})-E(k_{2b})\right] - Y(c^2,k_{2b})\right\}\right) \tag{3.54}$$

当一个螺管线圈被分为 2 个薄壁子螺管后,为获得 $F_{zT}(0)$,要计算式(3.54)中的 4 项;当一个螺管线圈被分为 $m>2$ 个薄壁子螺管时,则要计算 $\frac{2(m!)}{(m-2)!}$ 项。比如,$m=3$ 时,$F_{zT}(0)$ 的表达式中有 12 项和 18 个模,手工计算显然十分烦琐。

为了编写可用来精确计算实际螺管线圈(厚壁)中平面轴向力的计算机程序,须按照 m 个薄壁子线圈展开式(3.54)。为了确保每一个子线圈是薄壁的,m 可能需要 10 或更大。

多数情况下 c^2 是接近于 1 的,甚至对细长螺管($\beta \gg 1$)也不可能近似 $Y(c^2,k)$ 中的 $\Pi(c^2,k)$ 项。

特例9:细长的厚壁螺管的中平面力

因为在大多数应用中有 $c^2 \simeq 1$,式(3.54)中 $Y(c^2,k)$ 项里的 $\Pi(c^2,k)$ 项不能由其级数展开的前几项近似。不过,式(3.54)中的剩余项可以在 $\beta \gg 1$ 时展开,正如特例 5 [式(3.41b)]中所做的那样。于是:

$$F_{zT}(0) \simeq -\mu_0\left(\frac{NI}{4b}\right)^2\left\{\pi(a_A^2+a_B^2)-(a_A-a_B)^2\left[2\Pi(c^2,k_b)-\Pi(c^2,k_{2b})\right]\right\}$$

$$\simeq -\mu_0\left(\frac{NI}{4b}\right)^2\pi(a_A^2+a_B^2)\left\{1-\frac{(a_A-a_B)^2}{\pi(a_A^2+a_B^2)}\left[2\Pi(c^2,k_b)-\Pi(c^2,k_{2b})\right]\right\} \tag{3.55}$$

当 $a_A=a_B$ 时,式(3.55)约化为式(3.41b)。在式(3.55)的第 2 行中,大括号内的后一项可视为修正项。

3.5.6 嵌套双线圈磁体的轴向力

对于由多个同轴对齐的螺管嵌套组成的磁体,有时计算各个螺管的中平面轴向压缩力非常重要；对大型的嵌套螺管磁体，如 MRI 磁体，尤其重要。这里我们考虑仅有两个薄壁螺管 A 和 B 组成的最简单的嵌套磁体，如图 3.9 所示。螺管 A（内）的参数为 $2a_A$，$2b_A$，$\dfrac{N_A I_A}{2b_A}$；螺管 B（外）的参数为 $2a_B$，$2b_B$，$\dfrac{N_B I_B}{2b_B}$。

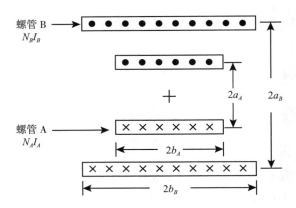

图 3.9　由螺管 A 和 B 组成的嵌套双线圈磁体。

螺管 A 所受中平面轴向力

施于螺管 A 右半部分的总中平面轴向力 $F_{zA}(0)$ 是 $F_{zAA}(0)$ 和 $F_{zAB}(0)$ 之和。其中，$F_{zAA}(0)$ 来自其左半部分，$F_{zAB}(0)$ 来自螺管 B。$F_{zAA}(0)$ 可在式（3.41）中替换下标 A 给出。$F_{zAB}(0)$ 可由式（3.44）采取如下替代给出：b_A 替 $2b_A$，$-(b_A+b_B)$ 替 ρ，$2b_B$ 不变。c^2 仍由式（3.47）给出。

$$
\begin{aligned}
F_{zA}(0) = -\frac{\mu_0}{2}\bigg[& \Big(\frac{N_A I_A}{2b_A}\Big)^2 \times \Big\{ 2b_A \sqrt{4a_A^2+b_A^2}\,\big[K(k_{b_A})-E(k_{b_A})\big] - 2b_A \sqrt{4a_A^2+4b_A^2}\,\big[K(k_{2b_A}) - \\
& E(k_{2b_A})\big]\Big\} + \Big(\frac{N_A I_A}{2b_A}\Big)\Big(\frac{N_B I_B}{2b_B}\Big)\Big(\frac{2b_B}{\sqrt{a_T^2+b_B^2}}\Big\{\big[a_T^2+b_B^2\big]\,\big[K(k_B)-E(k_B)\big] - \\
& Y(c^2,k_B)\Big\} - \frac{b_D}{\sqrt{a_T^2+b_D^2}}\Big\{\big[a_T^2+b_D^2\big]\,\big[K(k_D)-E(k_D)\big]-Y(c^2,k_D)\Big\} - \\
& \frac{b_T}{\sqrt{a_T^2+b_T^2}}\Big\{\big[a_T^2+b_T^2\big]\,\big[K(k_T)-E(k_T)\big]-Y(c^2,k_T^2)\Big\}\Big)\bigg]
\end{aligned}
\tag{3.56}
$$

其中，$a_T=a_A+a_B$，$b_D=b_B-b_A$，$b_T=b_A+b_B$。模 k_{b_A}，k_{2b_A}，k_A，k_B，k_{AB} 分别为：

$$k_{bA}^2 = \frac{4a_A^2}{4a_A^2 + b_A^2}; \quad k_{2b_A}^2 = \frac{4a_A^2}{4a_A^2 + 4b_A^2}; \quad k_B^2 = \frac{4a_A a_B}{a_T^2 + b_B^2}; \quad k_D^2 = \frac{4a_A a_B}{a_T^2 + b_D^2}; \quad k_T^2 = \frac{4a_A a_b}{a_T^2 + b_T^2}$$

特例10：螺管 A 上的中平面力——细长螺管

如果 2 个螺管都是细长（$b_A^2 \gg 4a_A^2$ 和 $b_B^2 \gg a_T^2$）的但长度不一样，比如 $b_D^2 \gg a_T^2$。式（3.56）可简化为：

$$F_{zA}(0) \simeq -\frac{\mu_0}{2}\left\{\left(\frac{N_A I_A}{2b_A}\right)^2 \pi a_A^2 + \left(\frac{N_A I_A}{2b_A}\right)\left(\frac{N_B I_B}{2b_B}\right) \times (a_A - a_B)^2 \right.$$
$$\left. [\Pi(c^2, k_D) + \Pi(c^2, k_T) - 2\Pi(c^2, k_B)] \right\} \tag{3.57a}$$

式（3.57）右侧的第 2 项代表 F_{zAB}。物理上，这是由螺管 B 的在螺管 A 的近螺管 B 端轴向位置上的磁场径向分量 B_r 引起的。当 $b_A \to \infty$ 和 $b_B \to \infty$ 时，第 2 项趋于 0。

特例11：螺管 A 上的中平面轴向力——A 和 B 均细长但 B 更长

当 2 个螺管都如特例 10 中一样是细长的但 B 远比 A 更长，即 $b_D \to b_B$ 以及 $b_T \to b_B$。式（3.57）可进一步简化为：

$$F_{zA}(0) \simeq F_{zAA}(0) \simeq -\frac{\mu_0}{2}\left(\frac{N_A I_A}{2b_A}\right)^2 \pi a_A^2 \tag{3.57b}$$

当 $\frac{b_A}{b_B} \to 0$ 时有 $F_{zAB}(0) \to 0$。这在物理上容易理解，因为螺管 B 比螺管 A 更长，式（3.57）右侧第 2 项给出的作为 $F_{zAB}(0)$ 关键项，螺管 B 的 B_r 在其室温孔内是 0，而螺管 A 恰置于此处。

螺管 B 上的中平面轴向力

螺管 B 的中平面轴向力表达式与螺管 A 非常相似。可以通过变量替换的方式，直接由前几部分已给出的表达式得到。螺管 B 所受总中平面轴向力 $F_{zB}(0)$ 是 $F_{zBB}(0)$ 与 $F_{zBA}(0)$ 之和。其中，$F_{zBB}(0)$ 来自其自身左半部分，$F_{zBA}(0)$ 来自螺管 A。

$$F_{zB}(0) = -\frac{\mu_0}{2}\left[\left(\frac{N_B I_B}{2b_B}\right)^2 \times \left\{2b_B \sqrt{4a_B^2+b_B^2}\left[K(k_{b_B})-E(k_{b_B})\right]-2b_B \sqrt{4a_B^2+4b_B^2}\left[K(K_{2b_B})-\right.\right.\right.$$

$$\left.E(k_{2b_B})\right\}+\left(\frac{N_B I_B}{2b_B}\right)\left(\frac{N_A I_A}{2b_A}\right)\left(\frac{2a_A}{\sqrt{a_T^2+b_A^2}}\left\{\left[a_T^2+b_A^2\right]\left[K(k_A)-E(k_A)\right]-\right.\right.$$

$$\left.Y(c^2,k_A)\right\}+\frac{b_D}{\sqrt{a_T^2+b_D^2}}\left\{\left[a_T^2+b_D^2\right]\left[K(k_D)-E(k_D)\right]-Y(c^2,k_D)\right\}-$$

$$\left.\left.\frac{b_T}{\sqrt{a_T^2+b_T^2}}\left\{\left[a_T^2+b_T^2\right]\left[K(k_T)-E(k_T)\right]-Y(c^2,k_T)\right\}\right)\right] \qquad (3.58)$$

式中的 c^2 同样由式（3.47）给出。模 k_{2b_B}，k_A 如下式，其他模与式（3.56）对应的相同：

$$k_{2b_B}^2 = \frac{a_B^2}{4a_B^2+4b_B^2}; \quad k_A^2 = \frac{4a_A a_B}{a_T^2+b_A^2}$$

特例12：螺管 B 上的中平面轴向力——A 和 B 均细长但 B 更长

条件参数与特例 11 所述相同，我们有：

$$F_{zB}(0) \simeq -\frac{\mu_0}{2}\left(\left(\frac{N_B I_B}{2b_B}\right)^2 \pi a_B^2 + \left(\frac{N_B I_B}{2b_B}\right)\left(\frac{N_A I_A}{2b_A}\right)\left\{\pi(a_A^2+a_B^2)-\right.\right.$$

$$\left.\left.(a_A-a_B)^2\left[2\Pi(c^2,k_A)+\Pi(c^2,k_D)-\Pi(c^2,k_T)\right]\right\}\right) \qquad (3.59a)$$

与特例 11 类似，式（3.59）中第 2 项表示的 F_{zBA} 不可忽略，因为螺管 A 的 B_r 在螺管 B 靠近螺管 A 两端的轴向位置上均不可忽略。

特例13：螺管 B 上的中平面轴向力——A 和 B 均细长但 B 比 A 短很多

当 2 个螺管都是细长的（$b_B^2 \gg a_T^2$ 和 $b_A^2 \gg a_T^2$）但螺管 B 比螺管 A 短很多（$b_D^2 \rightarrow b_A^2 \gg a_T^2$）时，式（3.58）简化为：

$$F_{zB}(0) \simeq -\frac{\mu_0}{2}\left(\frac{N_B I_B}{2b_B}\right)^2 \pi a_B^2 \qquad (3.59b)$$

式（3.59b）可类比于特例 11 中的式（3.57b），同样的物理解释也可以用在这里。

3.5.7 轴向中心错位螺管组的轴向恢复力

当螺管 A 和螺管 B 的轴向场指向同一方向但中轴线错位距离为 ρ 时，会产生一个轴向恢复力 $F_{zR}(\rho)$，让二者中轴线对齐。$F_{zR}(\rho)$ 可写为：

$$F_{zR}(\rho) = -\frac{\mu_0}{2}\left(\frac{N_A I_A}{2b_A}\right)\left(\frac{N_B I_B}{2b_B}\right)\times\left(\frac{b_T-\rho}{\sqrt{a_T^2+(b_T-\rho)^2}}\left\{\left[a_T^2+(b_T-\rho)^2\right]\left[K(k_{T-})-E(k_{T-})\right]-\right.\right.$$

$$Y(c^2,k_{T-})\} + \frac{b_D+\rho}{\sqrt{a_T^2+(b_T+\rho)^2}}\left\{\left[a_T^2+(b_D+\rho)^2\right]\left[K(k_{D+})-E(k_{D+})\right]-\right.$$

$$Y(c^2,k_{D+})\} - \frac{b_T+\rho}{\sqrt{a_T^2+(b_T+\rho)^2}}\left\{\left[a_T^2+(b_T+\rho)^2\right]\left[K(k_{T+})-E(k_{T+})\right]-\right.$$

$$Y(c^2,k_{T+})\} - \frac{b_D-\rho}{\sqrt{a_T^2+(b_D-\rho)^2}}\left\{\left[a_T^2+(b_D-\rho)^2\right]\left[K(k_{D-})-E(k_{D-})\right]-\right.$$

$$\left.\left.Y(c^2,k_{D-})\right\}\right) \tag{3.60}$$

式中 $a_T=a_A+a_B$，$b_T=b_A+b_B$，$b_D=b_A-b_B$ 模为：

$$k_{T+}^2=\frac{4a_A a_B}{a_T^2+(b_T+\rho)^2};\quad k_{T-}^2=\frac{4a_A a_B}{a_T^2+(b_T-\rho)^2};$$

$$k_{D+}^2=\frac{4a_A a_B}{a_T^2+(b_D+\rho)^2};\quad k_{D-}^2=\frac{4a_A a_B}{a_T^2+(b_D-\rho)^2}$$

特例14：轴向对齐

当 $\rho=0$，$k_{T+}^2=k_{T-}^2$，$k_{D+}^2=k_{D-}^2$ 时，有 $F_{zR}(\rho)=0$。这和物理上的预期一致。

特例15："小"的轴向错位

对于很小的错位 $\rho\ll\sqrt{a_T^2+b_D^2}$，$F_{zR}(\rho)$ 正比于 ρ：

$$F_{zR}(\rho) \propto - \left(\frac{N_A I_A}{2b_A} \right) \left(\frac{N_B I_B}{2b_B} \right) \rho \tag{3.61}$$

后文将使用式（3.61）推导"小"的轴向错位（$\rho \ll \sqrt{a_T^2 + b_D^2}$）螺管 A 和 B 间的互感 $M_{AB}(\rho)$。

特例16：螺管之一是细长的

如果螺管 A 或螺管 B 之一是细长的，那个更长的螺管的轴向场将成为均匀的，其 B_r 就很小了。哪怕 2 个线圈之间存在较大的错位，长螺管对短螺管的轴向力也很小。在 $b_T^2 \gg a_T^2$，$b_D^2 \gg a_T^2$ 时，式（3.60）中前 2 个正号项和后 2 个负号项抵消，结果有 $F_{zR}(\rho) \to 0$。

3.6　螺管在磁力下的应力应变

本节我们研究螺管磁体中的超导体（主要是）在洛伦兹力下的应力和应变[3.6]。这里推导出来的磁应力解析解和图像都是在简单场分布下应用绕组材料的"简化"性质条件下得到的。

3.6.1　应力应变方程

轴向感应磁场 $B_z(r,z)$ 和电流 λJ 相互作用而产生的磁场力在螺管绕组中引起的应力［径向 $\sigma_r(r,z)$，周向 $\sigma_\theta(r,z)$，轴向 $\sigma_z(r,z)$，剪切 $\tau_{rz}(r,z)$］可通过解以下平衡方程得到：

$$\frac{\partial \sigma_r}{\partial r} + \frac{\sigma_r - \sigma_\theta}{r} + \frac{\partial \tau_{rz}}{\partial z} = -\lambda J B_z(r,z) \tag{3.62a}$$

$$\frac{\partial \tau_{rz}}{\partial r} - \frac{\tau_{rz}}{r} + \frac{\partial \sigma_z}{\partial z} = -\lambda J B_r(r,z) \tag{3.62b}$$

边界条件为：$\sigma_r(r=a_1, z) = 0$；$\sigma_r(r=a_2, z) = 0$；$\sigma_z(r, z = \pm b) = 0$；$\tau_{rz}(r=a_1, z) = 0$；$\tau_{rz}(r=a_2, z) = 0$ 以及 $\tau_{rz}(r, z = \pm b) = 0$。可见，剪切力 τ_{rz} 是耦合式（3.62a）和式（3.62b）的唯一变量。大多数 LTS/HTS 复合超导体都可以视为正交材料，即符合胡克（Hooke）定律。正交材料的杨氏（Young）模量、泊松（Poisson）比等力学性

质在 3 个正交方向不同但关于正交方向对称。应变 ϵ_r，ϵ_θ，ϵ_z 分别为 r，θ，z 向，剪切应变 γ_{rz} 位于 r-z 平面，分别与应力关联：

$$\epsilon_r = \frac{1}{E_r}\sigma_r - \frac{\nu_{\theta r}}{E_\theta}\sigma_\theta - \frac{\nu_{zr}}{E_z}\sigma_z + \epsilon_{T_r} \tag{3.63a}$$

$$\epsilon_\theta = -\frac{\nu_{r\theta}}{E_r}\sigma_r + \frac{1}{E_\theta}\sigma_\theta - \frac{\nu_{z\theta}}{E_z}\sigma_z + \epsilon_{T_\theta} \tag{3.63b}$$

$$\epsilon_z = -\frac{\nu_{rz}}{E_r}\sigma_r - \frac{\nu_{\theta z}}{E_\theta}\sigma_\theta + \frac{1}{E_z}\sigma_z + \epsilon_{T_z} \tag{3.63c}$$

$$\gamma_{rz} = \frac{1}{G_{rz}}\tau_{rz} \tag{3.63d}$$

式中，E_r，E_θ，E_z 分别是 r，θ，z 向的杨氏模量。$\nu_{12} \equiv -\dfrac{\epsilon_2}{\epsilon_1}$ 是当材料应力加在 1 方向时（σ_1；$\sigma_2 = \sigma_3 = 0$）2 个正交方向的横向应变的泊松比。G_{rz} 是剪切模量。ϵ_{T_r}，ϵ_{T_θ}，ϵ_{T_z} 分别为从室温 300 K 到运行温度 T_{op} 的热膨胀系数积分。

$$\epsilon_{T_r} = \int_{300K}^{T_{op}} \alpha_{Tr}(T)\,\mathrm{d}T; \quad \epsilon_{T_\theta} = \int_{300K}^{T_{op}} \alpha_{T_\theta}(T)\,\mathrm{d}T; \quad \epsilon_{T_z} = \int_{300K}^{T_{op}} \alpha_{Tz}(T)\,\mathrm{d}T \tag{3.63e}$$

式中，$\alpha_{T_r}(T)$，$\alpha_{T_\theta}(T)$，$\alpha_{T_z}(T)$ 分别为平行于主轴的依赖于温度的热膨胀系数。这些系数为正且从 300 K 到 $T_{op} < 300$ K 积分，可知式（3.63a）~ 式（3.63c）中的热应变为负，即压缩。

同时应用下列 ν 和 E 关系：

$$\frac{\nu_{r\theta}}{E_\theta} = \frac{\nu_{\theta r}}{E_r}; \quad \frac{\nu_{\theta z}}{E_z} = \frac{\nu_{z\theta}}{E_\theta}; \quad \frac{\nu_{zr}}{E_r} = \frac{\nu_{rz}}{E_z} \tag{3.63f}$$

对于轴对称物体，例如，理想螺管在 r 和 z 方向的应变 u_r 和位移 u_z 关系为：

$$\epsilon_r = \frac{\partial u_r}{\partial r}; \quad \epsilon_\theta = \frac{u_r}{r}; \quad \epsilon_z = \frac{\partial u_z}{\partial z}; \quad \gamma_{rz} = \frac{\partial u_r}{\partial z} + \frac{\partial u_z}{\partial r} \tag{3.63g}$$

由于轴对称，式（3.62）中的所有变量都与 θ 无关，且有 $u_\theta = 0$。一般地，不同时存在 σ_r[式（3.62a）] 和 σ_z[式（3.62b）] 的闭式解。对细长螺管，例如，通常用于空间高均匀磁场 NMR 磁体的那种，其 $B_z(r,z)$ 在 z 方向至少是在以中平面为起点的很长范围内的变化都很小。剪切应力 τ_{rz} 是由 $B_z(r,z)$ 在线圈上产生的径向载荷的变化导致的。因此，在一个长螺管中，我们可假设所有变量都不依赖于 z（包括 u_r，即 $\dfrac{\partial u_r}{\partial z}=0$），以简化式（3.62a）。因为在高均匀磁场磁体中有 $\dfrac{\partial B_r(r,z)}{\partial z}\simeq0$，故可以放心地假设在磁体轴向的大部分位置上有 $\dfrac{\partial u_r}{\partial z}=0$ 成立。加上 $\dfrac{\partial u_z}{\partial r}=0$，结果有 $\gamma_{rz}=\tau_{rz}=0$。反过来，这个结果解耦了式（3.62a）和式（3.62b）。

联立式（3.62）和式（3.63），假设 $\tau_{rz}=0$，用 u_r 解出 σ_r 和 σ_θ，得：

$$\frac{\mathrm{d}^2 u_r}{\mathrm{d}r^2}+\frac{1}{r}\frac{\mathrm{d}u_r}{\mathrm{d}r}-\zeta^2\frac{u_r}{r^2}=-\frac{1-\nu_{r\theta}\nu_{\theta r}}{E_r}\lambda J B_z(r)+\frac{F}{r} \tag{3.64a}$$

其中，

$$\zeta=\sqrt{\frac{E_\theta}{E_r}};\quad F=-(\zeta^2-\nu_{r\theta})\epsilon_{T_\theta}+(1-\nu_{\theta r}\zeta^2)\epsilon_{Tr} \tag{3.64b}$$

式（3.64a）的通解为：

$$u_r=C_1 r^\zeta+\frac{C_2}{r^\zeta}+u_r^L+u_r^T \tag{3.65}$$

式中，C_1，C_2 是由 $r=a_1$，$r=a_2$ 边界条件确定的常数。u_r^L 和 u_r^T（上标 L 和 T 分别代表洛伦兹和热为对应于式（3.64a）等式右侧"源"项的特解。热学项 u_r^T 为：

$$u_r^T=\frac{Fr}{1-\zeta^2} \tag{3.66}$$

对各向同性材料（$E_\theta=E_r$，从而 $\zeta=1$），u_r^T 为：

$$u_r^T(\zeta=1)=\frac{1}{2}Fr\ln r \tag{3.67}$$

一般地，$B_z(r)$ 可以用 r 的幂级数给出：

$$B_z(r)=\sum_{k=0}^{n}b_k r^k \tag{3.68}$$

于是，洛伦兹项可以写为：

$$u_r^T = \frac{1-\nu_{r\theta}\nu_{\theta r}}{E_r}\lambda J\sum_{k=0}^{n}\frac{b_k r^{k+2}}{\zeta^2-(k+2)^2} \tag{3.69}$$

3.6.2 各向同性螺管的应力应变方程

本节我们推导绕组电流密度为 λJ 的各向同性螺管的径向和周向的应力。绕组中的轴向场随 r 线性变化，变化范围为 $B_z(r=a_1)\equiv B_1$ 到 $B_z(r=a_2)\equiv B_2$。注意，在嵌套线圈磁体中，B_1，B_2 中都可能含有由位于本螺管外部的长线圈产生的均匀背景场。定义 2 个无量纲参数：$\kappa\equiv\dfrac{B_2}{B_1}$，$\rho=\dfrac{r}{a_1}$。在高场 NMR 磁体中，最内部的线圈的 κ 会超过 0.9；对孤立线圈，κ 大概是 -0.1；对于无限长孤立线圈，有 $\kappa=0$。于是，式（3.62a）可修改为：

$$\frac{\mathrm{d}\sigma_\rho}{\mathrm{d}\rho}+\frac{\sigma_\rho-\sigma_\theta}{\rho}=-\frac{\lambda JB_1a_1}{\alpha-1}\big[\alpha-\kappa-(1-\kappa)\rho\big] \tag{3.70}$$

对于各向同性材料，考虑热应变 ϵ_T 后的总应变为：

$$\epsilon_\rho=\frac{1}{E}(\sigma_\rho-\nu\sigma_\theta)+\epsilon_T \tag{3.71a}$$

$$\epsilon_\theta=\frac{1}{E}(\sigma_\theta-\nu\sigma_\rho)+\epsilon_T \tag{3.71b}$$

从式（3.71）中解出 σ_ρ，σ_θ：

$$\sigma_\rho=\frac{E}{1-\nu^2}\big[\epsilon_\rho+\nu\epsilon_\theta-(1+\nu)\epsilon_T\big] \tag{3.72a}$$

$$\sigma_\theta=\frac{E}{1-\nu^2}\big[\epsilon_\theta+\nu\epsilon_\rho-(1+\nu)\epsilon_T\big] \tag{3.72b}$$

应变和位移 u 有关（此处仅考虑 r 向）：

$$\epsilon_\rho=\frac{1}{a_1}\frac{\mathrm{d}u}{\mathrm{d}\rho};\quad \epsilon_\theta=\frac{1}{a_1}\frac{u}{\rho} \tag{3.72c}$$

联立式（3.72a）~式（3.72c），得：

$$\sigma_\rho = \frac{E}{(1-\nu^2)a_1}\left[\frac{du}{d\rho} + \nu\frac{u}{\rho} - a_1(1+\nu)\epsilon_T\right] \tag{3.72d}$$

$$\sigma_\theta = \frac{E}{(1-\nu^2)a_1}\left[\frac{u}{\rho} + \nu\frac{du}{d\rho} - a_1(1+\nu)\epsilon_T\right] \tag{3.72e}$$

联立式（3.70）、式（3.92d）和式（3.72e），得：

$$\frac{d^2u}{d\rho^2} + \frac{1}{\rho}\frac{du}{d\rho} - \frac{u}{\rho^2} = -\left(\frac{1-\nu^2}{E}\right)\left(\frac{\lambda J B_1 a_1^2}{\alpha-1}\right)\left[\alpha - \kappa - (1-\kappa)\rho\right] \tag{3.73}$$

式（3.73）的通解为：

$$u = C_1\rho + \frac{C_2}{\rho} - \left(\frac{1-\nu^2}{E}\right)\left(\frac{\lambda J B_1 a_1^2}{\alpha-1}\right)\left[\frac{(\alpha-\kappa)\rho^2}{3} - \frac{(1-\kappa)\rho^3}{8}\right] \tag{3.74}$$

式中，C_1，C_2 是由 $\rho=1$ 和 $\rho=\alpha$ 处的边界条件确定的常数，最后一项是特解。联立式（3.74）、式（3.72d）和式（3.72e），得：

$$\sigma_\rho = \frac{E}{(1-\nu^2)a_1}\left[(1+\nu)C_1 - (1-\nu)\frac{C_2}{\rho^2}\right] -$$
$$\left\{\frac{\lambda J B_1 a_1}{\alpha-1}\left[\frac{2+\nu}{3}(\alpha-\kappa)\rho - \frac{3+\nu}{8}(1-\kappa)\rho^2\right]\right\} - \frac{E\epsilon_T}{1-\nu} \tag{3.75a}$$

$$\sigma_\theta = \frac{E}{(1-\nu^2)a_1}\left[(1+\nu)C_1 + (1-\nu)\frac{C_2}{\rho^2}\right] -$$
$$\left\{\frac{\lambda J B_1 \alpha_1}{\alpha-1}\left[\frac{1+2\nu}{3}(\alpha-\kappa)\rho - \frac{1+3\nu}{8}(1-\kappa)\rho^2\right]\right\} - \frac{E\epsilon_T}{1-\nu} \tag{3.75b}$$

代入 $\sigma_\rho(1)=0$ 和 $\sigma_\rho(\alpha)=0$，我们得到 C_1，C_2 的表达式：

$$\left[(1+\nu)C_1 - (1-\nu)C_2\right] = \frac{1-\nu^2}{E}\left(\frac{\lambda J B_1 a_1^2}{\alpha-1}\right)\left[\frac{2+\nu}{3}(\alpha-\kappa) - \frac{3+\nu}{8}(1-\kappa)\right] +$$
$$a_1(1+\nu)\epsilon_T \tag{3.76a}$$

$$\left[(1+\nu)C_1 - (1-\nu)\frac{C_2}{\alpha^2}\right] = \frac{1-\nu^2}{E}\left(\frac{\lambda J B_1 a_1^2}{\alpha-1}\right) \times \left[\frac{2+\nu}{3}(\alpha-\kappa)\alpha - \frac{3+\nu}{8}(1-\kappa)\alpha^2\right] +$$
$$a_1(1+\nu)\epsilon_T \tag{3.76b}$$

解出 C_1, C_2：

$$C_1 = \frac{1-\nu}{E}\left(\frac{\lambda J B_1 a_1^2}{\alpha^2-1}\right)\left[\frac{2+\nu}{3}(\alpha-\kappa)(\alpha^2+\alpha+1) - \right.$$

$$\left. \frac{3+\nu}{8}(1-\kappa)(\alpha+1)(\alpha^2+1)\right] + a_1\epsilon_T \tag{3.76c}$$

$$C_2 = \frac{1+\nu}{E}\left(\frac{\lambda J B_1 a_1\alpha^2}{\alpha^2-1}\right)\left[\frac{2+\nu}{3}(\alpha-\kappa) - \frac{3+\nu}{8}(1-\kappa)(\alpha+1)\right] \tag{3.76d}$$

将式（3.76c）和式（3.76d）代入式（3.75），可得：

$$\sigma_\rho = \frac{\lambda J B_1 a_1}{\alpha-1}\left[\frac{2+\nu}{3}(\alpha-\kappa)\left(\frac{\alpha^2+\alpha+1-\frac{\alpha^2}{\rho^2}}{\alpha+1}-\rho\right) - \right.$$

$$\left. \frac{3+\nu}{8}(1+\kappa)\left(\alpha^2+1-\frac{\alpha^2}{\rho^2}-\rho^2\right)\right] \tag{3.77a}$$

$$\sigma_\theta = \frac{\lambda J B_1 a_1}{\alpha-1}\left\{(\alpha-\kappa)\left[\frac{2+\nu}{3}\left(\frac{\alpha^2+\alpha+1+\frac{\alpha^2}{\rho^2}}{\alpha+1}\right)-\frac{1+2\nu}{3}\rho\right] - \right.$$

$$\left. (1-\kappa)\left[\frac{3+\nu}{8}\left(\alpha^2+1+\frac{\alpha^2}{\rho^2}\right)-\frac{1+3\nu}{8}\rho^2\right]\right\} \tag{3.77b}$$

薄壁线圈

图 3.10(a)和图 3.10(b)分别画出了薄壁线圈（这里 $\alpha=1.2$）的归一化周向应力 $s_\theta \equiv \dfrac{\sigma_\theta}{\lambda J B_1 a_1}$ 和径向应力 $s_r \equiv \dfrac{\sigma_\rho}{\lambda J B_1 a_1}$ 与归一化径向距离 $\rho \equiv \dfrac{r}{a_1}$ 在几个特定的磁场比 $\kappa \equiv \dfrac{B_2}{B_1}$ 下的关系。应注意，$\kappa=-0.1$ 对应孤立螺管；$\kappa=0$ 对应无限长线圈；$\kappa>0$ 对应处于均匀背景场中的线圈。

对各个磁场比 κ，s_θ 均为 ρ 的减函数。而 s_r 不同，在 $r=a_1$ 和 $r=a_2$ 时为 0，在绕组径向中间位置有极值（极大值或极小值）。

对于 $\kappa>0.5$，绕组总体上有一个正的径向应力，倾向于将各匝分开。这种情况一般是应当避免的。减小绕组应力 s_r 的正效应问题将在 3.6.3 中简要讨论。

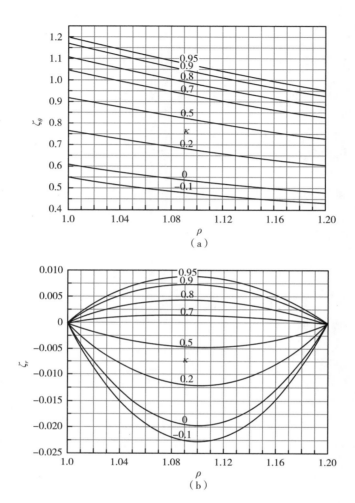

图 3.10　几个选定的 $\kappa \equiv \dfrac{B_2}{B_1}$ 值下的薄壁线圈（$\alpha=1.2$）的特性图。a）归一化周向应

力 $s_\theta \equiv \dfrac{\sigma_\theta}{\lambda JB_1 a_1}$ 与归一化径向距离 $\rho \equiv \dfrac{r}{a_1}$ 的关系。b）归一化径向应力 $s_r \equiv \dfrac{\sigma_\rho}{\lambda JB_1 a_1}$ 与归一

化径向距离 ρ 的关系。图中的 κ 的取值为 -0.1（最底部）；0；0.2；0.5；0.7；0.8；
0.9；0.95（最顶端）。

中等壁厚线圈

　　图 3.11 给出了中等壁厚线圈（$\alpha=1.8$）的类似图 3.10 的特性。在这个中等壁厚
线圈中，在 $\kappa \approx 0.2$ 时有 $s_r>0$；在 $\kappa>0.8$ 时 s_r 超过 0.1。即高场背景磁体室温孔中的

内插线圈应当是薄壁的；不然，它应被切分为多个薄壁的。

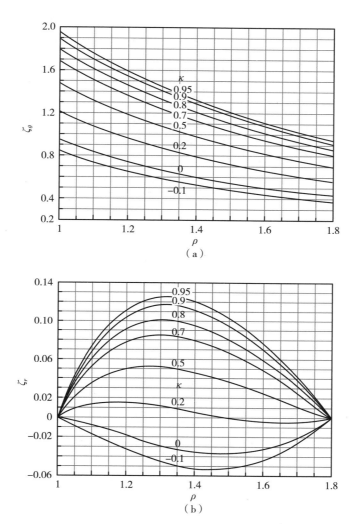

图 3.11　几个 $\kappa \equiv \dfrac{B_2}{B_1}$ 值下的中等壁厚线圈（$\alpha = 1.8$）的特性图。(a) $s_\theta \equiv \dfrac{\sigma_\theta}{\lambda J B_1 a_1}$ 与 ρ 的关

系；（b）$s_r \equiv \dfrac{\sigma_r}{\lambda J B_1 a_1}$ 与 ρ 的关系。各图中，κ 的取值均为 -0.1（最底部）；0；0.2；

0.5；0.7；0.8；0.9；0.95（最顶端）。

厚壁线圈

图 3.12 给出了厚壁线圈（$\alpha = 3.6$）的特性图。注意此时 s_θ 大致是中等壁厚线圈的 2 倍厚。厚壁线圈最典型的特征是只在 κ 明显小于 0 时其归一化径向应力 σ_r 才大于 0。

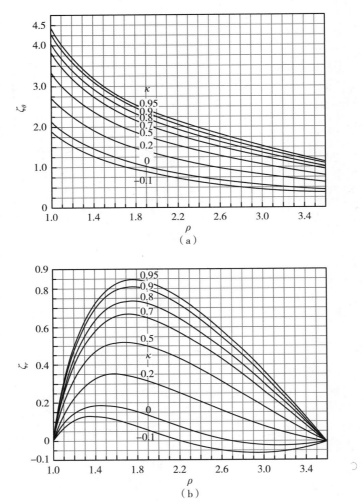

图 3.12　几个 $\kappa \equiv \dfrac{B_2}{B_1}$ 值下的厚壁线圈（$\alpha = 3.6$）的特性图。（a）$s_\theta \equiv \dfrac{\sigma_\theta}{\lambda J B_1 a_1}$ 与 ρ 的关

系；（b）$s_r \equiv \dfrac{\sigma_r}{\lambda J B_1 a_1}$ 与 ρ 的关系。各图中，κ 的取值均为 −0.1（最底部）；0；0.2；

0.5；0.7；0.8；0.9；0.95（最顶端）。

　　有 2 种实用方法可以令 σ_r 接近 0 或为负：①预应力绕制线圈；②在最外层用具有高弹性模量的材料进行绑扎。同时，将线圈分割为更薄的线圈不仅降低 σ_r，还降低 σ_θ。

3.6.3 张力绕制以减小径向应力

本节我们使用一个演示性案例来说明张力绕制对减小绕组径向应力 σ_r 的好处。如前文所述，σ_r 在绕组中应为**负**值以保证各层不会在径向崩析。简单来说，线圈由预张力导体绕成时，预张力产生径向向内的应力，从而减小了绕组内的径向应力。即使绕制过程张力维持恒定，张力效应在绕组中径向分布也很难写为磁场力的近似表达式。由于绕组张力的存在，轴向和径向的应力的计算只能靠数值分析。

考虑一个放置于高场背景磁体室温孔内的内插线圈。内插线圈的参数为内径 $2a_1 = 87\ mm$，外径 $2a_2 = 156.6\ mm$，对应 $\alpha = 1.8$：这是一个中等壁厚磁体。分析中，假设线圈是细长的。其他参数包括：$B_z(r=a_1) \equiv B_1 = 28.1\ T$；$B_z(r=a_2) \equiv B_2 = 24.3\ T$；$\kappa \equiv \dfrac{B_2}{B_1} = 0.865$；$\lambda J = 8.26 \times 10^7\ A/m^2$。图 3.11 给出了 $\alpha = 1.8$ 时的 $s_r(\rho)$ 曲线。从图中我们找到归一化径向应力 $s_r \equiv \dfrac{\sigma_r}{\lambda J B_1 a_1}$ 有最大值 0.11，在 $\rho = \dfrac{r}{a_1} = 1.3$ 时取得。于是，最大径向应力为：

$$[\sigma_r]_{mx} = 0.11\lambda J B_1 a_1 = 0.11(8.26 \times 10^7\ A/m^2)(28.1T)(43.5 \times 10^{-3}m) = 11.1MPa$$

内插线圈难以承受 11.1MPa 的径向应力。图 3.13 给出了几个绕制张力 Γ 下的 σ_r

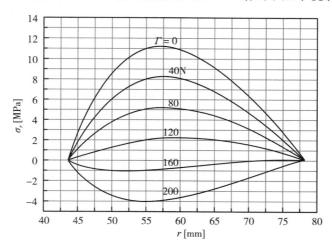

图 3.13　$\alpha = 1.8$ 的螺管线圈在不同张力 Γ 下的 σ_r 与 r，张力范围为 0（无张力）至 200N（$\simeq 20kg$）。$\Gamma = 0$ 时，σ 取得峰值，在 $r \simeq 57.5mm$ 处为 11.1MPa。当张力大于 160N（$\simeq 16kg$）后，处处有 $\sigma_r \leqslant 0$。

和 r 的关系，其中，Γ 取值范围为 $0 \sim 200$ N（$\simeq 20$ kg）。本图说明，绕制张力至少要 160 N 才能保证 σ_r 近似为 0 或为负值。实践中，可能用到大至 200 N 的张力来绕线圈。对于该内插线圈，绕制张力在 80 N 时，最大应力减小至大约 5 MPa；当线圈采用环氧湿绕以"黏合"相邻层时，约 5 MPa 的正径向应力是可承受的。

3.7　自感

线圈的总磁链 Φ 正比于通过线圈的电流 I：

$$\Phi = LI \tag{3.78}$$

比例系数 L 称为线圈自感。注意，Φ 是一个场概念，而 I 是一个"路"概念：L 将这 2 个概念连接起来。由于场必然涉及体积，故 L 是一个与几何有关的量。此外，L 还与线圈中存储的磁能 E_m 有关：

$$E_m = \frac{1}{2}LI^2 \tag{3.79}$$

对于不含有磁性材料的系统，E_m 可通过在整个空间对 $\left(\frac{1}{2}\right)\mu_0 H^2$ 积分得到。可见，E_m 也是一个场概念；L 通过式（3.79）将 E_m 和 I 联系在一起。

3.7.1　圆环的自感

麦克斯韦（Maxwell）推导了半径为 a、磁导率为 μ 的导线围成的半径为 R 的圆环的自感 L 的近似公式：

$$L = \mu_0 R\left[\ln\left(\frac{8R}{a}\right) - 2\right] + \frac{1}{4}\mu R \tag{3.80a}$$

$$\simeq \mu_0 R\left[\ln\left(\frac{R}{a}\right) + 0.079\right] + \frac{1}{4}\mu R \tag{3.80b}$$

在以上两式的等号右侧中，第 1 项是由圆环内部区域（$0 \leqslant r \leqslant R-a$）的磁通交链贡献的自感；第 2 项是由 $2\pi R$ 长的导线内部贡献的自感（问题 3.18 进一步研究）。因为导线外部的磁链与频率无关，故第一项在所有频率下都成立；而第二项与频率相关，即 $\frac{1}{4}\mu R$ 仅在低频下成立，在高频时趋向于 0。式（3.80）右侧第一项的推导非常复杂，涉及椭圆积分等背景。

3.7.2 螺管线圈的自感

某螺管线圈不含铁磁材料，绕组内径为 a_1，无量纲参数为 α，β，总匝数为 N。其自感 L 可写为：

$$L = \mu_0 a_1 N^2 \mathcal{L}(\alpha, \beta) \tag{3.81}$$

式中，$\mathcal{L}(\alpha, \beta)$ 是一个无量纲电感参数，仅与由 α，β 表示的线圈形状有关。

图 3.14 给出了 $\alpha = 1$ 至 $\alpha = 5$，$\beta = 0.04$ 至 $\beta = 10$ 范围内的 $\mathcal{L}(\alpha, \beta)$，这涵盖了我们感兴趣的螺管的特征值。$\beta > 1$ 包括了大部分螺管线圈，但环和饼是重要的例外。如图所示，$\mathcal{L}(\alpha, \beta)$ 大致正比于 α。事实上，如果 L 的**粗算**值够用，例如在"第一版设计"阶段，我们可以用：

$$\mathcal{L}(\alpha, \beta) \sim \frac{\pi \alpha}{2(\beta + 0.5)} \qquad （对于 \beta \to 1, \beta > 1） \tag{3.82a}$$

$$\mathcal{L}(\alpha, \beta) \sim \frac{\pi \alpha}{2\beta} \qquad （对于 \beta \to \infty） \tag{3.82b}$$

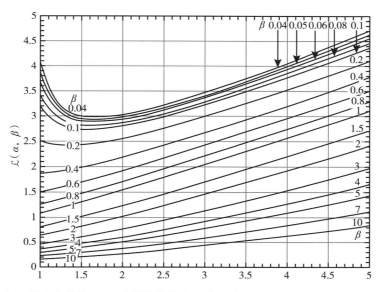

图 3.14　具有参数为 α，β 的螺管线圈的 $\mathcal{L}$（α,β）。

对于一个薄壁螺管，即 $\alpha \simeq 1$，若 $\beta \to \infty$，3.82b 简化为 $\dfrac{\pi}{2\beta}$。问题 3.18 将给出详细推导。

3.7.3　实用电感公式

本节给出无磁性材料（$\mu = \mu_0$）线圈的实用电感公式。一些公式的推导，在问题 3.18 中会再次讨论。

在有可方便实用的电感计算程序之前，人们推导了厚壁绕组电感的解析表达式，在工程手册中可以找到。这些公式一般不采用 SI 单位制，使用起来很烦琐。图 3.14 或者式（3.82）已足够应对大多数应用的电感计算，特别是早期设计阶段。

导线

半径为 a 的导线内部，单位长度电感 $L[\mathrm{H/m}]$ 为：

$$L = \frac{\mu_0}{8\pi} \tag{3.83}$$

长线圈

a）一个长（$\beta > 0.75$）且薄壁（内径 $2a_1$）的 N 匝线圈[3.7]：

$$L = \mu_0 a_1 N^2 \left[\frac{\pi(1+\alpha)^2}{8\beta} \right] \left[1 - \frac{2}{3\pi\beta} + \frac{(1+\alpha)^2}{32\beta^2} \cdots \right] \tag{3.84a}$$

在 $\dfrac{\alpha-1}{\alpha+1} \ll 1$ 时，式（3.84）成为：

$$L = \mu_0 a_1 N^2 \left(\frac{\pi}{2\beta} \right) \left[1 - \frac{2}{3\pi\beta} + \frac{1}{8\beta^2} \cdots \right] \tag{3.84b}$$

b）一个很长（$\beta \gg 1$）且薄壁（$\alpha \simeq 1$）的线圈，式（3.84b）成为：

$$L = \mu_0 a_1 N^2 \left(\frac{\pi}{2\beta} \right) \tag{3.84c}$$

可见，对一个非常长且薄壁的线圈，有 $\mathcal{L}(\alpha, \beta) = \dfrac{\pi}{2\beta}$。

短线圈

一个短（$\beta < 0.75$）且薄壁（内径 $2a_1$，$\alpha \simeq 1$）的 N 匝线圈[3.7]：

$$L \simeq \mu_0 a_1 N^2 \left(\frac{\alpha+1}{2}\right) \left(\ln\left\{\left[\frac{2(\alpha+1)}{\beta}\right]\left[1+\frac{\beta^2}{2(1+\alpha^2)}\right]\right\} - \frac{1}{2}\left[1+\frac{\beta^2}{4(1+\alpha^2)}\right]\right) \quad (3.85a)$$

如果 $\beta \ll 1$，则有：

$$L \simeq \mu_0 a_1 N^2 \left(\frac{\alpha+1}{2}\right)\left\{\ln\left[\frac{2(\alpha+1)}{\beta}\right] - 0.5\right\} \quad (3.85b)$$

饼式（扁平）线圈

一个内径为 $2a_1$ 的饼式（扁平）（$\beta \ll 1$）的 N 匝线圈[3.7]：

$$L \simeq \mu_0 a_1 N^2 \left(\frac{\alpha+1}{2}\right)\left\{\ln\left[\frac{4(\alpha+1)}{\alpha-1}\right]\left[1+\frac{1}{24}\frac{(\alpha-1)^2}{(\alpha+1)^2}\right] - \right.$$
$$\left. \frac{1}{2}\left[1-\frac{43}{144}\frac{(\alpha-1)^2}{(\alpha+1)^2}\right]\right\} \quad (3.86a)$$

当 $\frac{\alpha-1}{\alpha+1} \ll 1$ 时，上式进一步简化为：

$$L \simeq \mu_0 a_1 N^2 \left(\frac{\alpha+1}{2}\right)\left\{\ln\left[\frac{4(\alpha+1)}{\alpha-1}\right] - 0.5\right\} \quad (3.86b)$$

注意，对于环线圈（$N=1$），有 $a_1(\alpha+1)=2R$（环直径）和 $2a_1\beta=2a$ 或 $a_1(\alpha-1)=2a$（导线直径），式（3.85b）和式（3.86b）都将简化为：

$$L \simeq \mu_0 R\left[\ln\left(\frac{4R}{a}\right) - 0.5\right] = \mu_0 R\left[\ln\left(\frac{R}{a}\right) + 0.886\right] \quad (3.86c)$$

具有**长方形截面**的环线圈可用式（3.86c），**圆截面**的环线圈可用式（3.80a）。对一个很平（$\alpha \gg 1$）的饼式线圈，式（3.86）可以进一步简化为：

$$L \simeq 0.5\mu_0 a_1 \alpha N^2 \left\{\ln\left(\frac{25}{6}\right) - \frac{101}{288}\right\} = 0.538\mu_0 a_1 \alpha N^2 \approx 0.5\mu_0 a_2 N^2 \quad (3.86d)$$

注意，式（3.86d）中出现的是 a_2 而**不**是惯见的 a_1。

理想二极磁体

无限长、零绕组厚度、有 N 匝绕组的理想二极磁体（问题 3.8）的**单位长度**电感 $L_\ell[\text{H}/\text{m}]$ 为：

$$L_\ell = \frac{1}{8}\mu_0\pi N^2 \tag{3.87}$$

理想四极磁体

无限长、零绕组厚度、有 N 匝绕组的理想四极磁体（问题 3.9）的**单位长度**电感 $L_\ell[\text{H}/\text{m}]$ 为：

$$L_\ell = \frac{1}{16}\mu_0\pi N^2 \tag{3.88}$$

可见，理想二极磁体和理想四极磁体的电感均与绕组半径无关，但与长度成正比。

理想圆截面的环形磁体

零绕组厚度、主半径 R，圆截面半径 a、有 N 匝绕组的理想圆截面环形磁体（问题 3.10）的电感：

$$L = \mu_0 R N^2\left[1 - \sqrt{1 - \left(\frac{a}{R}\right)^2}\right] \tag{3.89a}$$

在极限 $a \ll R$ 下，L 近似为：

$$L = \mu_0 a N^2\left(\frac{a}{2R}\right)\left[1 + \frac{1}{4}\left(\frac{a}{R}\right)^2 + \frac{1}{8}\left(\frac{a}{R}\right)^4 + \cdots\right] \tag{3.89b}$$

$$\simeq \mu_0 a N^2\left(\frac{a}{2R}\right) \tag{3.89c}$$

理想矩形截面的环形磁体

零绕组厚度，主半径 R，矩形截面 r 轴宽 $2a$、z 轴高 $2b$，有 N 匝绕组的理想矩形截面环形磁体的电感：

$$L = \mu_0 b N^2 \left[\frac{1}{\pi} \ln\left(\frac{R+a}{R-a} \right) \right] \tag{3.90a}$$

在极限 $a \ll R$ 下，L 近似为：

$$L = \mu_0 b N^2 \left(\frac{2a}{\pi R} \right) \left[1 + \frac{1}{3} \left(\frac{a}{R} \right)^2 + \frac{1}{5} \left(\frac{a}{R} \right)^4 + \cdots \right] \tag{3.90b}$$

$$\simeq \mu_0 b N^2 \left(\frac{2a}{\pi R} \right) \tag{3.90c}$$

3.8　互感

当 2 个线圈 1 和 2 相互靠近时，它们之间通常会存在电感相互作用。它们的耦合可以定量地用互感 M_{12} 或 M_{21} 描述，且有 $M_{12} = M_{21} = M$。于是：

$$M_{12} \equiv N_1 \frac{\Phi_{12}}{I_2} = M_{21} \equiv N_2 \frac{\Phi_{21}}{I_1} \tag{3.91}$$

式中，Φ_{12} 是当线圈 2 通过电流 I_2 产生的磁通与线圈 1 的 N_1 匝的交链；Φ_{21} 是当线圈 1 通过电流 I_1 产生的磁通与线圈 2 的 N_2 匝的交链。

2 个线圈耦合系统的总磁能 E_m 为：

$$\begin{aligned} E_m &= \frac{1}{2} L_1 I_1^2 + \frac{1}{2} L_2 I_2^2 + \frac{1}{2} M_{12} I_1 I_2 + \frac{1}{2} M_{21} I_1 I_2 \\ &= \frac{1}{2} L_1 I_1^2 + \frac{1}{2} L_2 I_2^2 + M_{12} I_1 I_2 \end{aligned} \tag{3.92}$$

与自感公式类似，一些特定的线圈体系可以写出互感表达式。用来计算我们感兴趣的线圈系统（如耦合的同轴螺管线圈组）的线圈自感的程序，通常也能计算多线圈系统的电感矩阵。

串联线圈

2 个自感为 L_1 和 L_2，互感为 M_{12} 的 2 个线圈串联后的有效自感 L_s 为：

$$L_s = L_1 + L_2 \pm 2M_{12} \qquad (3.93)$$

如果二者的磁场是加强的，M_{12} 取正号；反之，取负号。

并联线圈

2 个自感为 L_1 和 L_2，互感为 M_{12} 的 2 个线圈，并联后的有效自感 L_s 为：

$$L_p = \frac{L_1 L_2 - M_{12}^2}{L_1 + L_2 \pm 2M_{12}} \qquad (3.94)$$

耦合系数

互感 M_{12} 与 L_1 和 L_2 有关：

$$M_{12} = k\sqrt{L_1 L_2} \qquad (3.95a)$$

$$k = \frac{M_{12}}{\sqrt{L_1 L_2}} \qquad (3.95b)$$

k 称为耦合系数；$k = 0$ 表示线圈间无耦合，$k = 1$ 表示全耦合。对于一对紧密嵌套的螺管线圈，即一个线圈同轴、同心、中平面对齐的置于位于另一个线圈的室温孔内，k 一般在 $0.3 \sim 0.6$。当它们的 α 和 β 相近时，趋向于 0.6；否则，趋向于 0.3。

3.8.1　互感——几个特定的解析表达

因为线圈之间的力和互感是紧密相连的，前面给出的线圈 A 和线圈 B 之间的轴向力解析表达式可以用于导出互感公式。根据 $\vec{F} = I_A I_B \nabla M$，显然 M 的表达式要比轴向力的表达式更复杂。因此，下面仅讨论几个简单的例子。

2个环线圈间的互感

2 个轴对齐的环线圈 $A(2a_A, N_A)$ 和线圈 $B(2a_B, N_B)$ 相距 ρ，其互感 $M_{AB}(\rho)$ 为：

$$M_{AB} = \frac{\mu_0}{2}(N_A N_B)\sqrt{(a_A + a_B)^2 + \rho^2}\left\{2\left[K(k) - E(k)\right] - k^2 K(k)\right\} \qquad (3.96)$$

本系统的模 k^2 为:

$$k^2 = \frac{4a_A a_B}{(a_A + a_B)^2 + \rho^2}$$

特例1:相距很远的2个环线圈

当 2 个环线圈相距很远,即 $\rho^2 \gg (a_A + a_B)^2$ 或 $k^2 \ll 1$ 时,可以用式(3.38c)和式(3.38a)来简化式(3.96):

$$M_{AB} \simeq \frac{\mu_0}{2\pi}\left[\frac{(\pi a_A^2 N_A)(\pi a_B^2 N_B)}{\rho^3}\right] \tag{3.97}$$

式(3.97)表明,互感近似正比于 2 个线圈的总绕组面积——$\pi a_A^2 N_A$ 和 $\pi a_B^2 N_B$——之积除以 ρ^3。

薄壁螺管线圈和环线圈间的互感

此处,我们考虑一个薄壁螺管 $\left(2a_S;\text{均匀匝密度}\dfrac{N_S}{2b_S}\right)$ 和一个环线圈($2a_R$,N_R),二者在轴向对齐,环线圈位于螺管右端右侧 ρ 处,如图 3.6 所示。螺管线圈和环线圈间的互感 M_{RS} 为:

$$M_{RS}(\rho) = -\frac{\mu_0}{2}\left(\frac{N_R N_S}{2b_S}\right) \times \left(\frac{\rho}{\sqrt{(a_R + a_S)^2 + \rho^2}}\left\{[(a_R + a_S)^2 + \rho^2][K(k_R) - E(k_R)] - \right.\right.$$

$$Y(c^2, k_R)\} - \frac{2b_S + \rho}{\sqrt{(a_R + a_S)^2 + (2b_S + \rho)^2}} \times \left\{[(a_R + a_S)^2 + (2b_S + \rho)^2]\right.$$

$$\left.\left.[K(k_S) - E(k_S)] - Y(c^2, k_S)\right\}\right) \tag{3.98}$$

式中,

$$k_R^2 = \frac{4a_R a_S}{(a_R + a_S)^2 + \rho^2}; \quad k_S^2 = \frac{4a_R a_S}{(a_R + a_S)^2 + (2b_S + \rho)^2}; \quad c^2 = \frac{4a_R a_S}{(a_R + a_S)^2}$$

特例2:相距很远的薄壁螺管和环线圈

当 2 个线圈很远,至于满足 $k_R^2 \ll 1$,$k_S^2 \ll 1$,$\rho > b_S$ 时,式(3.98)可简化为:

$$M_{RS} = \frac{\mu_0}{2}\left(\frac{N_R N_S}{2b_S}\right)\left\{\frac{2\pi(a_R a_S)^2 b_S}{\rho^3}\left(1+\frac{b_S}{\rho}\right)-\right.$$

$$\left. (a_R - a_S)^2\left[\Pi(c^2, k_S) - \Pi(c^2, k_S)\right]\right\} \qquad (3.99)$$

尽管 ρ 比 a_R 和 a_S 长不少，但仍不是远大于 b_S。于是，"修正"项 $\frac{b_S}{\rho}$ 和 $\Pi(c^2, k)$ 在式（3.99）中还必须予以保留。

特例3：相距极远的薄壁螺管和环线圈

当2个线圈足够远，至于 $\rho \gg b_S$ 以及 $k_R \to 0$，$k_S \to 0$ 都满足时，式（3.99）可进一步简化为：

$$M_{RS} = \frac{\mu_0}{2}\left(\frac{N_R N_S}{2b_S}\right)\frac{2\pi(a_R a_S)^2 b_S}{\rho^3} = \frac{\mu_0}{2\pi}(\pi a_R^2 N_R)\left(\frac{\pi a_S^2 N_S}{2b_S}\right)\frac{2b_S}{\rho^3} \qquad (3.100)$$

环线圈位于薄壁螺管的中部

图 3.15 给出了 2 个线圈的位置示意，环线圈位于薄壁螺管的中平面。此时，$\rho = -b_S$，将 $\rho = -b_S$ 代入式（3.98），得到下面的简化表达式：

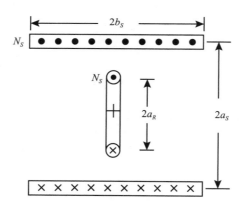

图 3.15 环线圈置于薄壁螺管线圈的中平面处。

$$M_{RS}(\rho = -b_S) \simeq \frac{\mu_0}{2}\left(\frac{N_R N_S}{2b_S}\right) \times \frac{2b_S}{\sqrt{(a_R + a_S)^2 + b_S^2}} \times$$

$$\left\{\left[\,(a_R+a_S)^2+b_S^2\,\right]\left[\,K(k)-E(k)\,\right]-Y(c^2,k)\right\} \tag{3.101}$$

式中，k 由下式给出：

$$k^2 = \frac{4a_R a_S}{(4a_R+a_S)^2+b_S^2}$$

特例4：长薄壁螺管和环线圈

当薄壁螺管线圈是长的，特别是当 $b_S \gg a_R$ 和 $b_S \gg a_S$ 满足时，环线圈和螺管线圈的相对位置不再重要。对于满足 $k^2 \simeq \dfrac{4a_R a_S}{b_S^2}$ 的长螺管，式（3.101）变为：

$$M_{RS} \simeq \frac{\mu_0}{2}\left(\frac{N_R N_S}{2b_S}\right)(2)\left\{b_S^2\left[K(k)-E(k)\right]-Y(c^2,k)\right\}$$

$$\simeq \frac{\mu_0}{2}\left(\frac{N_R N_S}{2b_S}\right)\pi(a_R^2+a_S^2)\left[1-\frac{2(a_R-a_S)^2}{\pi(a_R^2+a_S^2)}\Pi(c^2,k)\right] \tag{3.102}$$

式（3.102）的方括号内的第 2 项可以视为修正项，在极限 $a_R \gg a_S$ 或 $a_R \ll a_S$ 时可以忽略。

特例5：与螺管直径相差很大的环线圈

当环线圈的直径与螺管线圈直径相差很大时，条件 $c^2 \to 0$ 满足，前已提及 [式（3.49b）]，$\Pi(c^2,0)$ 可由依 c^2 展开的级数的前几项表示。在极限 $k^2 \to 0$（$b_S \gg a_R, b_S \gg a_S$）时，式（3.102）中的 $\Pi(c^2,k) \to \Pi(c^2,0)$。使用式（3.49b），有：

$$M_{RS} \simeq \frac{\mu_0}{2}\left(\frac{N_R N_S}{2b_S}\right)\pi(a_R^2+a_S^2)\left[1-\frac{(a_R-a_S)^2}{(a_R^2+a_S^2)}\left(1+\frac{1}{2}c^2+\frac{3}{8}c^4+\frac{5}{16}c^6\right)\right]$$

$$\simeq \frac{\mu_0}{2}\left(\frac{N_R N_S}{2b_S}\right)\pi(a_R^2+a_S^2)\times\left\{1-\frac{(a_R-a_S)^2}{(a_R^2+a_S^2)}\left[1+\frac{2a_R a_S}{(a_R+a_S)^2}+\right.\right.$$

$$\left.\left.\frac{6(a_R a_S)^2}{(a_R+a_S)^4}+\frac{20(a_R a_S)^3}{(a_R+a_S)^6}\right]\right\} \tag{3.103}$$

3.8.2　互感和相互作用力

使用 3.5.7 节导出的轴向偏心线圈受到的轴向恢复力表达式，我们可以导出 2 个线圈的互感表达式与轴向的关系。2 个螺管 A、B 间的净磁场力 $\vec{F}_{AB}$ 与 2 个线圈中储存的总磁能有关：

$$\vec{F}_{AB} = \nabla E_{AB} \tag{3.104}$$

将式（3.92）中的下标 1 和 2 替换为 A 和 B，代入式（3.104a）。注意 z 向的 $\vec{F}_{AB}$ 就是式（3.60）给出的 $F_{zR}(\rho)$，我们有：

$$F_{zR}(\rho) = \frac{\partial E_{AB}}{\partial \rho} = I_A I_B \frac{\partial M_{AB}(\rho)}{\partial \rho} \tag{3.105}$$

对于小距离 ρ（$\rho \ll \sqrt{a_T^2 + b_D^2}$），我们可以对式（3.61）给出的 $F_{zR}(\rho)$ 积分：

$$M_{AB}(\rho) - M_{AB}(0) \propto -\rho^2 \tag{3.106}$$

可见，对于小距离 ρ，$M_{AB}(\rho)$ 随偏离中心距离的平方 ρ^2 减小。

磁场强度 (H) 和磁感应强度 (B)

除非特别指明，专题中的磁体都是空心的。此时，磁感应强度（B）和磁场强度（H）存在简单关系：$B = \mu_0 H$。其中，μ_0 是空气磁导率，约等于真空磁导率 $\mu_0 = 4\pi \times 10^{-7}$ H/m。工程师们常将 B 的单位特斯拉［T］也用做 H 的单位（SI 单位制为：安培每米［A/m］）。将 B 和 H 混用的实践可能源于：①在 cgs 电磁单位制下，B［Gs］和 H［Oe］在数值上相等；②gauss［Gs］比 oersted［Oe］更常用。

3.9　专题

3.9.1　讨论3.1：均匀电流密度螺管

本节讨论内径 $2a_1$、外径 $2a_2$、总长度 $2b$ 的均匀电流密度螺管线圈的一些基本问题。图 3.16 定义了绕组截面——因为我们处理的是轴对称螺管，故仅需考虑 z 和 r 轴。位于 (r,z) 处的电流环微元 dA［A/m^2］在中心点处产生的磁场 $dB_z(0,0)$［T］可由式（3.3a）的等价形式给出：

$$dB_z(0,0) = \frac{\mu_0 r^2 \lambda J dA}{2(r^2 + z^2)^{\frac{3}{2}}} \tag{3.107}$$

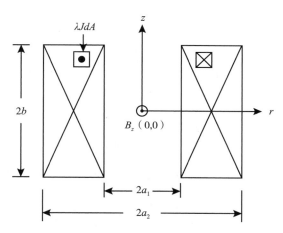

图 3.16 均匀电流密度螺管的截面。

式中，$\lambda J\left[\mathrm{A/m^2}\right]$ 是微元内的总体电流密度。无量纲数 λ 称为空间因子，它刻画了绕组截面并非完全由载流导体占据这一事实。注意在这个模型中，λJ 在整个绕组截面上是均匀的，写为：

$$\lambda J = \frac{NI}{2b(a_2 - a_1)} \tag{3.108a}$$

$$= \frac{NI}{2a_1^2 \beta(\alpha - 1)} \tag{3.108b}$$

式中，$\alpha = \dfrac{a_2}{a_1}$，$\beta = \dfrac{b}{a_1}$。$N$ 是总匝数，NI 称为总安匝数。

对式（3.107）依次从 $r = a_1$ 到 $r = a_2$，以及从 $z = -b$ 到 $z = b$ 积分，得到螺管的 $B_z(0,0)$ 的表达式，在 3.4 节中它是由式（3.13a）的 $H_z(0,0)$ 和式（3.13b）的磁场因子 $F(\alpha, \beta)$ 给出的：

$$B_z(0,0) = \mu_0 \lambda J_{a_1} F(\alpha, \beta) \tag{3.109}$$

$$F(\alpha, \beta) = \beta \ln\left(\frac{\alpha + \sqrt{\alpha^2 + \beta^2}}{1 + \sqrt{1 + \beta^2}}\right) \tag{3.13b}$$

前面的内容已提到，$F(\alpha, \beta)$ 是均匀电流密度线圈的"场因子"。与式（3.81）给出的电感参数 $\mathcal{L}(\alpha, \beta)$ 类似，它也仅依赖于螺管线圈的截面形状。图 3.17 给出了 3 组有关 $F(\alpha, \beta)$ 的关系：图 3.17（a）是 β 为常数时，$F(\alpha, \beta)$ 与 α 的关系；图 3.17（b）

是 α 为常数时，$F(\alpha,\beta)$ 与 β 的关系；图 3.17（c）是 $F(\alpha,\beta)$ 为常数时，β 与 α 的关系[3.8]。

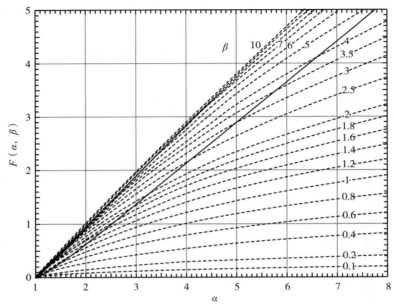

（a）在 β 为常数时，$F(\alpha,\beta)$ 与 α 的关系（虚线）。实线表示给定 $F(\alpha,\beta)$ 下的螺管线圈最小导体体积。

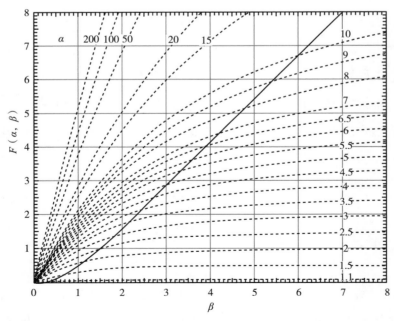

（b）在 α 为常数时，$F(\alpha,\beta)$ 与 β 的关系（虚线）。实线表示给定 $F(\alpha,\beta)$ 下的螺管线圈最小导体体积。

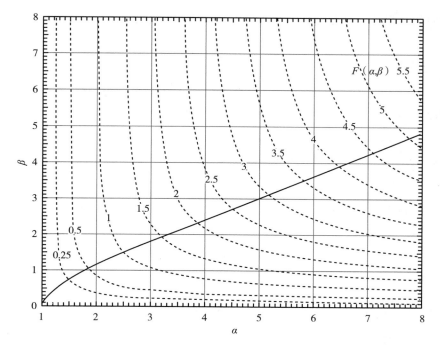

（c）在 $F(\alpha,\beta)$ 为常数时，β 与 α 的关系（虚线）。实线表示给定 $F(\alpha,\beta)$ 下的螺管线圈最小导体体积。

图 3.17 $F(\alpha,\beta)$ 与 β 和 α 之间的关系。

与 $F(\alpha,\beta)$ 类似，螺管中的导体总体积 $\mathcal{V}_{cd} = \lambda 2\pi a_1^3(\alpha^2-1)\beta$ 在给定的 λ 和 a_1 后，仅依赖于 α，β：每一幅图中的实线上的点都是给定 $F(\alpha,\beta)$ 下的**最小导体体积**。$F(\alpha,\beta)$ 与某些**特殊**线圈相关的显著特征将在问题 3.1 中论及。

3.9.2 问题3.1：简单螺管线圈

a）由式（3.107）推导出式（3.109）和式（3.13b）。

b）通过联立式（3.108b）和式（3.109），我们还可以将 $B_z(0,0)$ 表示为：

$$B_z(0,0) = \frac{\mu_0 NI}{2a_1(\alpha-1)}\ln\left(\frac{\alpha+\sqrt{\alpha^2+\beta^2}}{1+\sqrt{1+\beta^2}}\right) \qquad (3.110)$$

环线圈 对半径为 a_1、总载流为 NI 的环线圈（$\alpha=1$），式（3.110）可简化为：

$$B_z(0,0) = \frac{\mu_0 NI}{2a_1} \qquad (3.111a)$$

薄壁螺管　　对薄壁螺管（$\alpha \rightarrow 1$），式（3.110）可简化为：

$$B_z(0,0) = \frac{\mu_0 NI}{2a_1}\left(\frac{1}{\sqrt{1+\beta^2}}\right) \tag{3.111b}$$

同时证明：

$$B_z(0,0) = \mu_0 \lambda J a_1(\alpha-1)\frac{\beta}{\sqrt{1+\beta^2}} \tag{3.111c}$$

长螺管　　对于长度远大于外直径的螺管（$\beta \gg \alpha$），式（3.110）可简化为：

$$B_z(0,0) = \frac{\mu_0 NI}{2b} \tag{3.111d}$$

因为$\frac{NI}{2b}=K_\theta$，式（3.111d）等价于式（3.5）。同时，证明：

$$B_z(0,0) = \mu_0 \lambda J a_1(\alpha-1) \tag{3.111e}$$

饼式线圈　　对于长度比外直径小很多的饼式线圈，式（3.110）可简化为：

$$B_z(0,0) = \frac{\mu_0 NI}{2a_1}\left(\frac{\ln\alpha}{\alpha-1}\right) \tag{3.111f}$$

式（3.111f）对饼式线圈是适用的（参考讨论3.6）。

c）**场和能量**　　证明**电阻性**螺管（例如铜螺管）的中心场 $B_z(0,0)$ 与其功率要求 P 的关系是：

$$B_z(0,0) = \mu_0 G(\alpha,\beta)\sqrt{\frac{\lambda P}{\rho_{cd}a_1}} \tag{3.112a}$$

$$G(\alpha,\beta) = \sqrt{\frac{\beta}{2\pi(\alpha^2-1)}}\ln\left(\frac{\alpha+\sqrt{\alpha^2+\beta^2}}{1+\sqrt{1+\beta^2}}\right) \tag{3.112b}$$

式中，ρ_{cd} 是导体的电导率。$G(\alpha,\beta)$ 称为均匀电流密度线圈的"G因子"[3.2]。

问题3.1的解答

a）对式（3.107）在 z 和 r 的合适区间积分，得：

$$B_z(0,0) = \frac{\mu_0 \lambda J}{2} \int_{a_1}^{a_2} \int_{-b}^{b} \frac{r^2 dz dr}{(r^2+z^2)^{\frac{3}{2}}} = \mu_0 \lambda J \int_{a_1}^{a_2} \int_{0}^{b} \frac{r^2 dz dr}{(r^2+z^2)^{\frac{3}{2}}}$$

查积分表，得：

$$\int_{0}^{b} \frac{dz}{(r^2+z^2)^{\frac{3}{2}}} = \left[\frac{z}{r^2 \sqrt{r^2+z^2}} \right]_{0}^{b} = \frac{b}{r^2 \sqrt{r^2+b^2}}$$

于是：

$$B_z(0,0) = \mu_0 \lambda J \int_{a_1}^{a_2} \frac{r^2 b dr}{r^2 \sqrt{r^2+b^2}} = \mu_0 \lambda J b \left[\ln(r + \sqrt{r^2+b^2}) \right]_{a_1}^{a_2}$$

$$= \mu_0 \lambda J b \left[\ln(a_2 + \sqrt{a_2^2+b^2}) - \ln(a_1 + \sqrt{a_1^2+b^2}) \right]$$

$$= \mu_0 \lambda J a_1 \left(\frac{b}{a_1} \right) \ln \left[\frac{\frac{a_2}{a_1} + \sqrt{\left(\frac{a_2}{a_1}\right)^2 + \left(\frac{b}{a_1}\right)^2}}{\left(\frac{a_1}{a_1}\right) + \sqrt{\left(\frac{a_1}{a_1}\right)^2 + \left(\frac{b}{a_1}\right)^2}} \right] \qquad (S1.1)$$

代入 $\dfrac{a_2}{a_1} = \alpha$ 和 $\dfrac{b}{a_1} = \beta$，式（S1.1）变为：

$$B_z(0,0) = \mu_0 \lambda J a_1 \beta \ln \left[\frac{\alpha + \sqrt{\alpha^2+\beta^2}}{1 + \sqrt{1+\beta^2}} \right] \qquad (S1.2)$$

于是：

$$B_z(0,0) = \mu_0 \lambda J a_1 F(\alpha, \beta) \qquad (3.109)$$

$$F(\alpha, \beta) = \beta \ln \left(\frac{\alpha + \sqrt{\alpha^2+\beta^2}}{1 + \sqrt{1+\beta^2}} \right) \qquad (3.13b)$$

b) **环线圈**　对环线圈（$\alpha \to 1$；$\beta \to 0$），式（3.110）等号右侧的对数项成为：

$$\lim_{\beta \to 0} \ln \frac{\alpha + \sqrt{\alpha^2+\beta^2}}{1 + \sqrt{1+\beta^2}} = \ln \alpha$$

因为当 $\left|\epsilon\right| \ll 1$ 时，$\ln(1+\epsilon) \simeq \epsilon$。所以 $\alpha \rightarrow 1$ 时，$\ln\alpha \rightarrow \alpha - 1$。于是：

$$B_z(0,0) = \frac{\mu_0 NI}{2a_1(\alpha-1)}(\alpha-1) = \frac{\mu_0 NI}{2a_1} \tag{3.111a}$$

注意式（3.111a）和式（3.3a）的关系。式（3.3a）在 $z=0$ 时用 a_1，NI 分别替换 a，I，将得到式（3.111）（除 μ_0 项）。

薄壁螺管 对薄壁螺管（$\alpha \rightarrow 1$），联立式（3.13b）和式（3.23b），可得：

$$\lim_{\alpha \rightarrow 1} \ln\left(\frac{\alpha + \sqrt{\alpha^2 + \beta^2}}{1 + \sqrt{1 + \beta^2}}\right) = \frac{\alpha - 1}{\sqrt{1 + \beta^2}} \tag{S1.3}$$

联立式（3.110）和式（S1.3），得式（3.111b）；联立式（3.109）、式（3.13b）和式（S1.3），得式（3.111c）：

$$B_z(0,0) = \frac{\mu_0 NI}{2a_1}\left(\frac{1}{1 + \beta^2}\right) \tag{3.111b}$$

$$B_z(0,0) = \mu_0 \lambda J a_1 (\alpha - 1) \frac{\beta}{\sqrt{1 + \beta^2}} \tag{3.111c}$$

注意，对于长螺管（$\beta \gg 1$），式（3.111c）变成式（3.111e）。

长螺管 在 $\beta \gg \alpha$ 时，有：

$$\lim_{\beta \gg \alpha} \ln\left(\frac{\alpha + \sqrt{\alpha^2 + \beta^2}}{1 + \sqrt{1 + \beta^2}}\right) = \ln\left(\frac{\alpha + \beta}{1 + \beta}\right) = \ln\left(\frac{\dfrac{\alpha}{\beta} + 1}{\dfrac{1}{\beta} + 1}\right)$$

使用推导环线圈采用近似方法，得：

$$\lim_{\beta \gg \alpha} \ln\left(\frac{\dfrac{\alpha}{\beta} + 1}{\dfrac{1}{\beta} + 1}\right) \simeq \frac{\alpha}{\beta} - \frac{1}{\beta} = \frac{\alpha - 1}{\beta}$$

在极限 $\beta \gg \alpha$ 下，得：

$$B_z(0,0) = \frac{\mu_0 NI}{2b} \qquad (3.111\mathrm{d})$$

上文已提及，$\frac{NI}{2b}$ 可以视为面电流密度。根据式（3.108），$\frac{NI}{2b} = \lambda J(a_2 - a_1)$。于是式（3.111d）又可以写为：

$$B_z(0,0) = \mu_0 \lambda J a_1(\alpha - 1) \qquad (3.111\mathrm{e})$$

长螺管的中心场与其长度（β）无关——$B_z(0,0)$ 在大 $\beta(>\sim 3)$ 和中等 $\alpha(<\beta)$ 情况下的无关性从图 3.17（b）清晰可见。由图 3.17（a）可见，在大 β 和中等 $\alpha(<\beta)$ 情况下，$B_z(0,0)$ 正比于线圈厚度 $a_2 - a_1$。这是因为该值越大，相应的单位长度总安匝数越大。

饼式线圈　对饼式线圈，极限条件是 $\beta \to 0$：

$$\lim_{\beta \to 0} \ln\left(\frac{\alpha + \sqrt{\alpha^2 + \beta^2}}{1 + \sqrt{1 + \beta^2}} \right) = \ln\left(\frac{2\alpha}{2} \right) = \ln\alpha$$

$$B_z(0,0) = \frac{\mu_0 NI}{2a_1}\left(\frac{\ln\alpha}{\alpha - 1} \right) \qquad (3.111\mathrm{f})$$

注意，饼式线圈的中心场等于环线圈的中心场乘一个系数 $\ln\frac{\alpha}{\alpha - 1}$。在 $\alpha \to 1$ 时，式（3.111f）退化为式（3.111a）。

c）总导体体积等于 $\lambda \times$ <绕组体积>：

$$< 绕组体积 > = 2b\pi(a_2^2 - a_1^2) = a_1^3 2\pi\beta(\alpha^2 - 1)$$

于是：

$$P = \rho_{cd}J^2\lambda a_1^3 2\pi\beta(\alpha^2 - 1) \qquad (3.112)$$

式中，J 是导体中的电流密度。由式（3.112），用 P 和其他参数解出 J：

$$J = \sqrt{\frac{P}{\rho_{cd}\lambda a_1}}\left[\frac{1}{a_1\sqrt{2\pi\beta(\alpha^2 - 1)}} \right] \qquad (\mathrm{S1.4})$$

联立（S1.2）和式（S1.4），得：

$$B_z(0,0) = \mu_0 \lambda \sqrt{\frac{P}{\rho_{cd} \lambda a_1}} \left[\frac{1}{a_1 \sqrt{2\pi\beta(\alpha^2-1)}} \right] a_1 \beta \ln\left(\frac{\alpha + \sqrt{\alpha^2+\beta^2}}{1+\sqrt{1+\beta^2}} \right)$$

$$= \mu_0 \sqrt{\frac{\lambda P}{\rho_{cd} a_1}} \sqrt{\frac{\beta}{2\pi(\alpha^2-1)}} \ln\left(\frac{\alpha + \sqrt{\alpha^2+\beta^2}}{1+\sqrt{1+\beta^2}} \right)$$

于是：

$$B_z(0,0) = \mu_0 G(\alpha,\beta) \sqrt{\frac{\lambda P}{\rho_{cd} a_1}} \qquad\qquad (3.113a)$$

$$G(\alpha,\beta) = \sqrt{\frac{\beta}{2\pi(\alpha^2-1)}} \ln\left(\frac{\alpha+\sqrt{\alpha^2+\beta^2}}{1+\sqrt{1+\beta^2}} \right) \qquad (3.113b)$$

式（3.113a）表明，对给定参数 α 和 β 的电阻性螺管线圈，所需功率 P 依其中心场大小的**平方**增加：

$$P = \frac{\rho_{cu} a_1 B_z^2(0,0)}{\mu_0^2 \lambda G^2(\alpha,\beta)} \qquad\qquad (3.113c)$$

3.9.3　讨论3.2：比特磁体

尽管本书主要研究超导磁体，但我们还是讨论一下无铁芯水冷电磁体。我们称这种直流高场水冷磁体为比特磁体，以纪念于 20 世纪 30 年代最早提出该设计的麻省理工学院科学家弗朗西斯·比特（Francis Bitter）。比特的工作奠定了现代磁体技术的基础。

比特的设计采用了堆叠的镂空圆盘板导体。每一个板有一个缝，除一个扇区外用薄绝缘片隔开。缝允许裸露扇区在压力下与相邻板的裸露部分连接，从而电流可以在板间以类似螺旋的路径流动。每一个比特板都打了数百个冷却孔。为了产生高场，需在其中通入几万安培的电流，耗电几兆瓦，而这些能量大部分转换为板的热能。迫流冷却水以高速（~20 m/s）流过冷却孔以带走热量。20 世纪 90 年代美国高场实验室开发的 2 个嵌套"Florida-Bitter"板如图 3.18 所示[3.9]。板上的径向缝清晰可见。同时也注意，水孔并非如比特板那样的圆形，这种在电流方向拉长的形状处理最早是由麻省理工学院的韦格尔（Weggel）在 20 世纪 70 年代提出的。这里的板组的外直径是

148 mm；整体板直径尺寸已超过 400 mm。板上的 16 个大孔是用于轴向固定的。比特磁体建造的一个重要特点是实现了模块化——由许多类似的板组成。可通过定制轴向各板的厚度、机械性质和电气性质而实现磁体性能的优化。

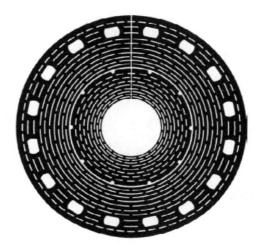

图 3.18　美国高场实验室水冷磁体中的 2 个嵌套"Florida-Bitter"板。外盘直径 140 mm。

由式（3.110）（问题 3.1）易知，在给定安匝 NI 下，绕组内径 a_1 越小，中心场 $B_z(0,0)$ 越大。又从式（3.113a）可知，在相同功耗下，减小 a_1 可以产生更高的中心场 $B_z(0,0)$。即为了在给定功率下最大化 $B_z(0,0)$，最有效的方法是将安匝尽可能靠近磁体室温孔绕制。比特的设计 $\left(J \propto \dfrac{1}{r}\right)$ 是一个近似实现上述目标的实用方法。

A. 电流密度、场、能量

本节我们推导比特磁体的电流密度 $[J_\theta(r)]_B$，中心场 $[B_z(0,0)]_B$，场因子 $[F(\alpha,\beta)]_B$ 和 G 因子 $[G(\alpha,\beta)]_B$ 的表达式。

电流密度分布　　考虑一个单盘，电流在 θ 向流动。电场 E 给出的电压 V 正比于 θ。因为 $\vec{E}$ 仅有 θ 分量，且在给定 r 处为常量，$E_\theta 2\pi r = V$。即 E_θ 按照 $\dfrac{1}{r}$ 变化。由于 $\vec{J} = \dfrac{\vec{E}}{\rho_{cu}}$，有：

$$[J_\theta(r)]_B = \frac{E_\theta}{\rho_{cu}} = \frac{V}{2\pi\rho_{cu}r} = J_0\frac{a_1}{r} \tag{3.114}$$

式中，$J_0 = [J_\theta(a_1)]_B = \dfrac{V}{(2\pi\rho_{cu}a_1)}$。式（3.114）表明，在比特磁体中，电流密度依$\dfrac{1}{r}$减小，在$r = a_1$处取最大值。

场　我们用式（3.114）给出的J_θ替换式（3.107）中的λJ，在合适的上下限下积分得：

$$[B_z(0,0)]_B = \mu_0\lambda_B J_0 a_1 \int_{a_1}^{a_2}\int_0^b \frac{r\mathrm{d}r\mathrm{d}z}{(r^2+z^2)^{\frac{3}{2}}} = \mu_0\lambda_B J_0 a_1 \int_1^\alpha\int_0^\beta \frac{\eta\mathrm{d}\eta\mathrm{d}\zeta}{(\eta^2+\zeta^2)^{\frac{3}{2}}}$$

式中，$\dfrac{r}{a_1} = \eta$，$\dfrac{z}{a_1} = \zeta$。查积分表，得：

$$\int_0^\beta \frac{\mathrm{d}\zeta}{(\eta^2+\zeta^2)^{\frac{3}{2}}} = \left[\frac{\zeta}{\eta^2\sqrt{\eta^2+\zeta^2}}\right]_0^\beta = \frac{\beta}{\eta^2\sqrt{\eta^2+\beta^2}}$$

联立上面两式，得：

$$[B_z(0,0)]_B = \mu_0\lambda_B J_0 a_1\beta \int_1^\alpha \frac{\eta\mathrm{d}\eta}{\eta^2\sqrt{\eta^2+\beta^2}} = \mu_0\lambda_B J_0 a_1\beta\left[-\frac{1}{\beta}\ln\left(\frac{\beta+\sqrt{\beta^2+\eta^2}}{\eta}\right)\right]_1^\alpha$$

$$= \mu_0\lambda_B J_0 a_1\ln\left(\alpha\frac{\beta+\sqrt{1+\beta^2}}{\beta+\sqrt{\alpha^2+\beta^2}}\right)$$

上面的表达式还可写为：

$$[B_z(0,0)]_B = \mu_0\lambda_B J_0 a_1[F(\alpha,\beta)]_B \tag{3.115a}$$

$$[F(\alpha,\beta)]_B = \ln\left(\alpha\frac{\beta+\sqrt{1+\beta^2}}{\beta+\sqrt{\alpha^2+\beta^2}}\right) \tag{3.115b}$$

请注意式（3.115b）和式（3.13b）两式的微妙区别。

场和能量　我们通过在整个线圈区域内对功率密度$\rho_{cu}[J_\theta]_B^2(r)$积分导出$[H_z(0,0)]_B$和比特磁体总功率$P_B$的关系。继续采用无量纲参数，有：

$$P_B = a_1^3 \int_1^\alpha \int_{-\beta}^\beta \rho_{cu} \lambda_B \left(\frac{J_0}{\eta} \right)^2 2\pi\eta \,\mathrm{d}\zeta \,\mathrm{d}\eta = J_0^2 \rho_{cu} \lambda_B a_1^3 (4\pi\beta\ln\alpha)$$

通过上式，我们将 J_0 和 P_B 关联起来：

$$J_0 = \frac{1}{a_1 \sqrt{4\pi\beta\ln\alpha}} \sqrt{\frac{P_B}{\rho_{cu} \lambda_B a_1}}$$

将上式和式（3.115）联立建立 $[B_z(0,0)]_B$ 和 P_B 的联系：

$$[B_z(0,0)]_B = \mu_0 [G(\alpha,\beta)]_B \sqrt{\frac{\lambda_B P_B}{\rho_{cu} a_1}} \tag{3.116a}$$

其中，

$$[G(\alpha,\beta)]_B = \frac{1}{\sqrt{4\pi\beta\ln\alpha}} [F(\alpha,\beta)]_B \tag{3.116b}$$

在均匀电流密度螺管线圈中，$[B_z(0,0)]_B$ 按 P_B 的平方根增加；P_B 是磁场的二次函数。$[G(\alpha,\beta)]_B$ 在 $\alpha \simeq 6.42$ 和 $\beta \simeq 2.15$ 时取得最大值，此时 $[G(6.4,2.15)]_B \simeq 0.166$。在 $5 \leqslant \alpha \leqslant 9$ 和 $1.8 \leqslant \beta \leqslant 2.6$ 范围内，$[G(\alpha,\beta)]_B$ 的值至少是其峰值大小的 99%。也就是说，在这个 α 和 β 范围内，在给定场下，P_B 的变动最小值为 2% 以内。不过，给定 a_1 时，场的均匀性随 $2b$ 或 β 增大而改善。故大多数比特磁体的 $\beta > 2.5$，就如下面给出的这个磁体一样。

实例 我们用式（3.116）计算一个比特磁体的 P_B。参数：$2a_1 = 6$ cm，$2a_2 = 40$ cm，$2b = 22$ cm，$\lambda_B = 0.8$ 以及 $\rho_{cu} = 2 \times 10^{-6}$ $\Omega \cdot$ cm，产生磁场 $[B_z(0,0)]_B = 20$ T。代入参数 $\alpha = \dfrac{a_2}{a_1} = \dfrac{40}{6} = 6.67$；$\beta = \dfrac{b}{a_1} = \dfrac{22}{6} = 3.67$，

$$[G(6.67,3.67)]_B = \frac{1}{\sqrt{4\pi 3.67 \ln(6.67)}} \ln\left[6.67 \frac{3.67 + \sqrt{1+(3.67)^2}}{3.67 + \sqrt{(6.67)^2 + (3.67)^2}} \right] \simeq 0.159$$

类似式（3.113c），可以将 P_B 写成 $[B_z(0,0)]_B$ 和其他参数的表达式：

$$P_B = \frac{\rho_{cu} a_1 [B_z(0,0)]_B^2}{\mu_0^2 \lambda_B [G(\alpha,\beta)]_B^2} = \frac{(2 \times 10^{-8}\ \Omega \cdot \mathrm{m})(3 \times 10^{-2}\mathrm{m})(20\ \mathrm{T})^2}{(4\pi \times 10^{-7}\ \mathrm{H/m})^2(0.8)(0.159)^2} \simeq 7.5\ \mathrm{MW}$$

这是运行于弗朗西斯·比特磁体实验室的 20 T 的比特磁体的典型功率。

B. 非比特型电流密度分布

水冷磁体的一个重要参数是磁场效率，定义为：$\dfrac{\left[B_z(0,0)\right]_B^2}{\mu_0^2 P_B}$。作为均匀电流密度磁体，比特磁体的磁场效率正比于 λ_B 和 $\left[G(\alpha,\beta)\right]_B^2$，反比于 a_1 和导体电阻率 ρ_{cu}。

我们目前考虑了 2 种电流分布：①均匀型，即 $J(r,z)=J_0$；②比特型，即 $J(r,z)\propto\dfrac{1}{r}$。均匀分布意味着 J 与 r 和 z 无关。由"分级"超导材料绕的超导磁体的 $J(r)$ 随 r 以离散化的阶梯变化。由多个嵌套线圈组成的磁体，若各线圈由不同的超导材料绕制，其 $J(r)$ 同样随 r 阶梯变化。这里我们介绍另外 3 种用于水冷磁体的电流分布[3.3]。

开尔文线圈（Kelvin Coil）

具有最高磁场效率的电流密度分布被称为开尔文分布：

$$J_K(r,z)\propto\frac{r}{\left(r^2+z^2\right)^{\frac{3}{2}}}$$

开尔文线圈的独有性质是每个部分的单位功率都产生相同的磁场。作为对比，总功率相同的均匀电流密度线圈产生的磁场是磁体中心场的 66%；而比特线圈的这个比值是 77%。不过，制成具有开尔文电流分布的线圈并不具可行性。

高梅线圈（Gaume Coil）

高梅分布同样给出很好的磁场效率：

$$J_G(r,z)\propto\frac{1}{r}\left(\frac{1}{\sqrt{a_1^2+z^2}}-\frac{1}{\sqrt{a_2^2+z^2}}\right)$$

高梅线圈的每一匝在单位功率下产生相同的磁场。高梅线圈产生的磁场是开尔文线圈的 85%。比特线圈的电流分布在某种程度上是近似于高梅线圈的。这可以通过在轴向远离磁体中心平面的位置使用更厚的比特板实现：$J_B(r,z)\propto\dfrac{1}{r\delta(z)}$，此处 $\delta(z)$ 是依赖于 z 的板厚度。

多螺旋

多螺旋线圈（Polyhelix Coil）由多个嵌套的单层线圈组成，每一层的电流密度经调整，具有最大化磁场效率并/或匹配每一层导体的应力水平：

$$J_P(r,z) \propto f(r)$$

最高效率的多螺旋线圈，其 $J_P(r,z) \propto \dfrac{1}{r^2}$，可以产生 92% 的开尔文磁场。实践中，多螺旋线圈由于两端需要很多电极，而被认为比比特线圈更难于制造。

3.9.4　问题3.2：螺管中的最大场

磁体中心轴向场通常是由**用户**指定的参数。对磁体**设计者**来说同等重要的另一个参数是磁体的最大场。在单螺管磁体中，如式（3.12b）给出的，在室温孔内的中平面轴向场 $H_z(r,0)$ 沿径向随远离轴线而增加。实际上，轴向的最大场出现在中平面上最内层绕组的半径点：$H_m = H_z(a_1,0)$。在由多个嵌套线圈组成的多线圈磁体中，最大场却不在最内层线圈上，而是偏离 $(a_1,0)$ 点的。这是由于其余线圈产生的场通常并非轴向。

再次说明，本主题只是为了增进读者对简单螺管线圈场分布的理解。在实际的多线圈磁体中，只能根据程序来计算各线圈的最大场及其出现位置。

a）使用 3.4 节中的表达式，证明对薄壁线圈（$\alpha = 1$）的 $\dfrac{H_z(r,0)}{H_z(0,0)} = h_z(\xi)$ 表达式如下，其中 $\xi = \dfrac{r}{a_1}$。

$$
\begin{aligned}
h_z(\xi) = {} & 1 + \frac{3}{4(1+\beta^2)^2}\xi^2 + \frac{15(3-4\beta^2)}{64(1+\beta^2)^4}\xi^4 + \frac{35(5-20\beta^2+8\beta^4)}{256(1+\beta^2)^6}\xi^6 + \\
& \frac{315(35-280\beta^2+336\beta^4-64\beta^6)}{16384(1+\beta^2)^8}\xi^8 + \\
& \frac{693(63-840\beta^2+2016\beta^4-1152\beta^6+128\beta^8)}{65536(1+\beta^2)^{10}}\xi^{10}
\end{aligned}
\tag{3.117a}
$$

b）证明对短线圈（$\beta = 0$），$h_z(\xi)$ 的表达式为：

$$
h_z(\xi) = 1 + \frac{3(\alpha^2-1)}{8\alpha^2\ln\alpha^2}\xi^2 + \frac{45(\alpha^4-1)}{256\alpha^4\ln\alpha}\xi^4 + \frac{175(\alpha^6-1)}{1536\alpha^6\ln\alpha}\xi^6 +
$$

$$\frac{11025(\alpha^8-1)}{131027\alpha^8\ln\alpha}\xi^8 + \frac{43659(\alpha^{10}-1)}{655360\alpha^{10}\ln\alpha}\xi^{10} + \cdots \tag{3.117b}$$

c）类似地，证明：对薄壁且长线圈，$h_z(\xi)$ 为：

$$h_z(\xi) \simeq 1 + \frac{3}{4\beta^4}\xi^2 - \frac{15}{16\beta^6}\xi^4 + \frac{35}{32\beta^8}\xi^6 - \frac{315}{256\beta^{10}}\xi^8 + \frac{693}{512\beta^{12}}\xi^{10} - \cdots \tag{3.117c}$$

d）对薄壁线圈（$\alpha=1$）和相对短线圈（$\beta=0.4$），计算 $\frac{H_m}{H_z}(0,0) \equiv h_m$ 的近似值。

e）计算饼式线圈（$\alpha=2,\beta\simeq0$）的 h_m。

f）确定薄壁且长线圈（$\alpha=1,\beta=2$）的 h_m。

注意，对任意 α，β 组合的单螺管线圈，$\frac{H_m}{H_z}(0,0)$ 可由式（3.12b）和式（3.14）中的 $h_z(\xi)$ 给出。

问题3.2的解答

a）考虑到 $H_z(r,0)$ 在中平面上与 $H_z(x,0)$ 或 $H_z(y,0)$ 等价，我们使用式（3.12b），其中 $\xi=\frac{x}{a_1}$，$\xi=\frac{y}{a_1}$或$\xi=\frac{r}{a_1}$。对于薄壁螺管，我们可以通过联立式（3.12b）和式（3.25）得到式（3.117）。

b）类似地，式（3.117b）可以通过联立式（3.12b）和式（3.21）得到。

c）通过联立式（3.12b）和式（3.26）得到式（3.117c）。和式（3.117b）中的高阶项的符号都是正的不同，式（3.117c）中的项是正负交替的。

d）将 $\beta=0.4$，$\xi=1$ 代入式（3.117），得：

$$h_m = 1 + 0.5574 + 0.3055 + 0.1125 - 0.0086 - 0.0585 = 1.9082$$

蒙哥马利（Montgomery）[3.2] 给出了 β 和 $F(\alpha,\beta)$ 为定值时的 $\frac{H_m}{H_z}(0,0)$ 与 α 的关系图，图中给出的值为 1.87。

e）将 $\alpha=2$，$\xi=1$ 代入式（3.117b），得：

$$h_m \simeq 1 + 0.4058 + 0.2378 + 0.1618 + 0.1209 + 0.0960 = 2.0222$$

f) 将 $\beta = 2$，$\xi = 1$ 代入式（3.117），得：

$$h_m \simeq 1 + 0.03 - 0.0049 + 0.0005 + 0.0000 - 0.0000 = 1.0256$$

一个更快但不精确的解可由式（3.117c）得到，该式事实上只在 $\beta \gg 1$ 时成立：

$$h_m \simeq 1 + 0.0469 - 0.0146 + 0.0043 - 0.0012 + 0.0003 = 1.0356$$

3.9.5　讨论3.3：负荷线

A. 用各向同性超导体绕成的螺管磁体

图 3.19 给出了各向同性超导体在给定温度 T_0 下临界电流 I_c 与 B 的关系 $I_c(B, T_0)$ 以及超导螺管磁体的两组负荷线。这里的 $I_c(B, T_0)$ 曲线是各向同性的，即与场方向无关。通常圆截面超导体的特性能满足这个条件。

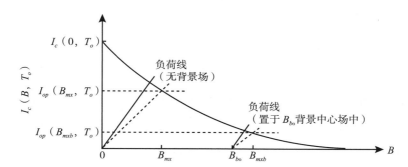

图 3.19　各向同性超导体在给定温度 T_0 下临界电流 I_c 与 B 的关系曲线。螺管磁体的两组负荷线——①自场。②置于一个产生背景中心场为 B_{b0} 的螺管磁体室温孔中。

从原点（0,0）开始的实线和虚线负荷线，对应磁体的自场：实线对应轴向中心场 $B_z(0,0)$，虚线对应绕组内的最大场 B_{mx}——对简单螺管磁体，B_{mx} 出现在轴向中平面（$z = 0$）的绕组内半径（$r = a_1$）处，$B_{mx} = B_z(a_1, 0)$。$I_c(B, T_0)$ 线和虚线负荷线交点是磁体可以保持全超导态的允许最大运行电流，$I_{op}(B_{mx}, T_0)$。

当磁体置于另一个磁体的室温孔中，背景场磁体产生的场将附加到内部磁体的负荷线上，即所谓的内插磁体——在一个组合磁体系统中，2 个磁体一般是同轴且中平面重合的。在 B 轴上以 B_{b0} 为起点的实线表示组合系统的中心场，虚线表示对应最大内插场——注意虚线起点略高于 B_{b0}，因为那里的背景场更大；$I_c(B, T_0)$ 线和虚线的交点给出了这个组合磁体的最大运行电流 $I_{op}(B_{mxb}, T_0)$。

出于各种原因，不论是孤立的还是组合的超导磁体，通常其设计运行电流为其允许最大电流的 50%~70%。一些磁体后续各章节将予以讨论。

B. 用各向异性超导体绕制的螺管线圈磁体

对于非圆形截面的超导体，$I_c(B, T_0)$ 通常是各向异性的，即 $I_c(B, T_0)$ 依赖于磁场与截面的相对方向。非圆形截面超导体的典型例子就是 Bi2223 和 YBCO，他们仅能做成"带"状。

附录章节中给出了 Bi2223 和 YBCO 的 $\dfrac{I_c(B, T)}{I_c(sf, 77K)}$ 图——其中，$I_c(B, T)$ 数据归一化为 $I_c(sf, 77K)$ 数据。这里，sf 表示自场（self field），即传导电流自身产生的磁场。每一种超导体都给出了 2 组数据，一组是外施磁场垂直于电流方向、平行于超导体的"宽"面（$B_\parallel$），另一组是外施磁场垂直于超导体"宽"面（$B_\perp$）。Bi2223 和 YBCO 的 $I_c(B, T_0)$ 都是在 $B_\perp$ 中下降更快。另一个值得注意的是，2 种超导体的临界电流 $I_c(B)$ 在 2 种方向的磁场下，都是在磁场更大的位置下降更快。

从图 3.3 所示的螺管磁体的场线可以推断出，磁场径向分量 B_r 在螺管轴向中平面（$z=0$）上严格为 0，在 $\pm z$ 和 r 方向随坐标增加，在 $z=\pm b$，$a_1 < r < a_2$ 的位置存在最大值 $[B_r(\alpha, \beta)]_{pk}$。尽管并不存在 $[B_r(\alpha, \beta)]_{pk}$ 的闭式解，但对**多数**单螺管线圈（$1 \le \alpha \le 3.6, 0.1 \le \beta \le 10$），在基于带材的磁体初设阶段，例如双饼线圈堆叠磁体（讨论 3.6），下面 3.118 给出的 $[B_r(\alpha, \beta)]_{pk}$ 与程序计算结果相差不超过 $\pm 30\%$：

$$\frac{[B_r(\alpha, \beta)]_{pk}}{B_z(0, 0)} \simeq \frac{0.3}{\alpha^2 \beta} + \frac{0.6}{\alpha} \tag{3.118}$$

注意，对一个薄壁或中等壁厚（$\alpha \le 1.8$）且短（$\beta < 1$）的螺管线圈，$[B_r(\alpha, \beta)]_{pk}$ 可能**超过** $B_z(0, 0)$，例如 $[B_r(\alpha=1.1, \beta=0.1)]_{pk} \approx 3B_z(0, 0)$！

所以，带材绕制的磁体的负荷线交点对应最大垂直场 $B_\perp$，即 $[B_r(\alpha, \beta)]_{pk}$。限制带材运行电流的是带材的 $I_c(B_\perp, T_0)$ 曲线而不是对应 $I_c(B_\parallel, T_0)$ 的最大 $B_\parallel (=B_z)$ 线。同时，由于 $B_\perp$ 随绕组中带材的高度（带材宽度）变化，这个变化在计算最大运行电流时也必须予以考虑。沃西奥（Voccio）最近给出了确定 Bi2223 和 YBCO 带材绕制的饼式线圈最大运行电流的解析方法[3.10]。

3.9.6 讨论3.4：叠加技术

用于求解磁场问题的毕奥–萨伐尔定律从根本上阐明了螺管上某点的磁场是螺管上所有电流元在该处产生的磁场的矢量和（叠加）。本节我们在整个螺管上应用叠加技术以计算螺管轴线上任一点的磁场。叠加技术虽仅限于轴线上的磁场，但亦能增进读者对螺管磁场的一般理解。

A. 末端场

轴对称螺管的轴线末端处的磁场是一个结构**等同**但长度加倍的螺管的**中心场**的 $\frac{1}{2}$。我们可以形象的理解：考虑一个由 2 个完全相同部分组成的轴对称螺管，每个螺管长 $2b$（图 3.20）。新螺管的轴向中心场是由 2 个部分螺管产生的磁场之和：

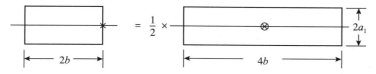

图 3.20　采用叠加技术，一个长度为 $2b$ 的轴对称螺管末端磁场可以按照同样结构但长度为 $4b$ 的螺管的中心场的 $\frac{1}{2}$ 计算。

$$H(b) = H(\alpha,\beta)\bigg|_{z=b} = \frac{1}{2}H(\alpha,2\beta)\bigg|_{z=0} = \frac{1}{2}\lambda Ja_1\left[F(\alpha,2\beta)\right] \qquad (3.119)$$

由于 $F(\alpha,2\beta)>F(\alpha,\beta)$［图 3.17（b）］，自然有 $H(z=b)>0.5H(0)$。即螺管的轴线末端场总是大于中心场的 $\frac{1}{2}$。在极限 $\beta\to\infty$ 下，有 $H(z=b)\to 0.5H(0)$。

B. 非中点轴向场

叠加技术还可以用于计算螺管轴线上任一点的轴向场。考虑 2 个非中点轴向场的实例：①$0<z<b$，即位于螺管室温孔内；②$z>b$，即位于螺管室温孔外。图 3.21 给出了各实例应用叠加技术的过程。于是，我们有：

$$（情况\ 1:z < b）\quad H(z) = \frac{1}{2}\lambda J\alpha_1\left[F\left(\alpha,\beta=\frac{b+z}{a_1}\right)+F\left(\alpha,\beta=\frac{b-z}{a_1}\right)\right] \quad (3.120a)$$

$$（情况 2：z > b）\quad H(z) = \frac{1}{2}\lambda J a_1 \left[F\left(\alpha,\beta = \frac{b+z}{a_1}\right) - F\left(\alpha,\beta = \frac{z-b}{a_1}\right) \right] \quad (3.120b)$$

情况 1：$z<b$

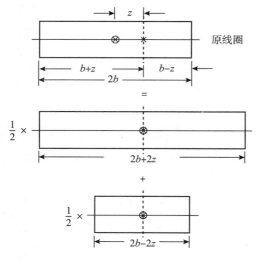

情况 2：$z>b$

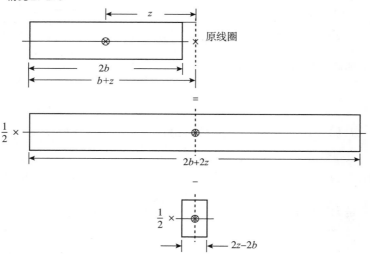

图 3.21　计算轴向场任意点磁场的叠加技术。情况 1：$z<b$；情况 2：$z>b$。

3.9.7　讨论3.5：混合磁体

"混合"磁体包括 2 个轴向对齐且居中但不同**种类**的电磁体：一个大功率水冷磁体安装在一个超导磁体的室温孔内。20 世纪 60 年代中期，美国国家磁体实验室（NML）

的蒙哥马利（Montgomery）等人证实，混合磁体是获得高于（约 25 T）直流磁场的一种方法[3.11]。25 T 是当时电源（9 MW）所能支持比特磁体实现的最高直流场。此后 30 年，磁体实验室设计、制造和运行了多台混合磁体，发展了混合磁体技术[3.12-3.18]。

A. 有代表性的混合磁体

现在有很多个混合磁体在运行。下面以其投入运行的时间为序，对几个有代表性的混合磁体作简要介绍。

拉德堡德大学（Radboud University）高场磁体实验室

位于奈梅亨（Nijmegen）的高场磁体实验室（High Field Magnet Laboratory，HFML）自 1977 年起，先后运行了 25.4 T[3.12] 和 32 T[3.14,3.15] 的混合磁体，由 6 MW 电源供电[3.19]。他们最近安装了 20 MW 电源[3.20] 并升级了水冷磁体[3.21,3.22]。之前预计 2012 年，45 T 混合磁体投入运行。

日本东北大学高场实验室

高场实验室（High Field Laboratory）自 1983 年开始，使用 7.5 MW 电源运行 23 T 混合磁体；他们将 23 T"湿"混合磁体替换为"干"式后，产生了 30 T 的磁场[3.23]。

实用化混合磁体应可以经受多次磁场过程，其理想的超导磁体应当是"干式"的和 HTS 的："干式"低温容器可在系列过程中避免其水冷磁体中的液态制冷剂损耗；HTS 磁体相比 LTS 磁体，可以承受由交流损耗引起的更大温升。第 4 章将讨论混合磁体实用化运行条件下，2 种甚至可令"干式"HTS 磁体都能可靠运行的设计/运行方式：①超导磁体腔内填充固体制冷剂；②采用低温循环器（cryocirculator，见讨论 4.7）而不是制冷机作为超导磁体的主要冷源。

格勒诺布尔高场实验室（Grenoble High Magnetic Field Laboratory）

格勒诺布尔磁体实验室在 1987 年开始运行混合磁体[3.24]。他们最新的 24 MW 电源[3.25] 为 40 T 混合磁体运行提供了条件[3.26]。

日本材料科学研究院磁体实验室

位于筑波（Tsukuba）的日本材料科学研究院的磁体实验室自 1995 年开始运行混合磁体。他们有一台 17 MW 电源，用于运行 30~35 T 混合磁体[3.27]。

美国强磁场实验室（NHMFL）

美国佛罗里达（Florida）州立大学的国家强磁场实验室的 45 T 混合磁体[3.28,3.29] 产生了世界上最大的直流磁场。其中，水冷磁体产生磁场 34 T，超导磁体产生磁场 11 T[3.30]。该超导磁体下文会详细讨论。

B. NHMFL 45 T 混合磁体

图 3.22 给出了 NHMFL 的 45 T 混合磁体的水冷磁体、超导磁体和一些附件的剖面图[3.31]。水冷磁体有 4 个嵌套线圈组成，在 24 MW 功率下产生 31 T 的中心场。超导磁体由 A、B、C 3 个线圈组成，运行于 1.8 K，最初产生 14 T 磁场，但现在仅产生 11 T[3.30]；水冷磁体经重新设计，可以在 30 MW 功率下产生 34 T 的磁场。磁体系统包括超流液氦补给低温容器，超导磁体低温容器通过管道与之相连，见图 3.22 的中部右侧。

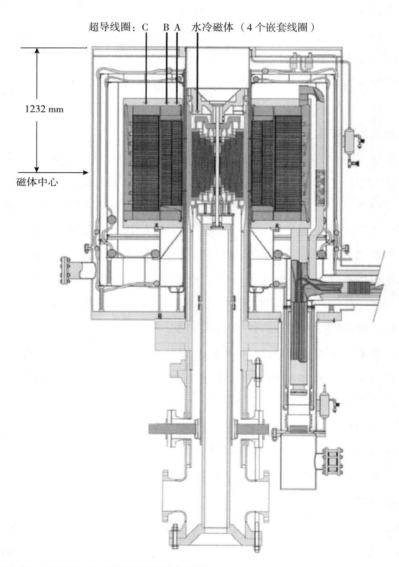

图 3.22　NHMFL 的 45 T 混合磁体剖面图。

45 T 混合超导磁体参数

表 3.3 给出了 45 T 混合磁体的超导磁体关键参数[3.31]。该超导磁体最突出的特征是它的 3 个线圈，每一个都是由 CIC 导体绕成的，CIC 的更多细节将在第 6 章讨论。2 个内侧线圈 A 和 B 是层绕的，外侧的线圈 C 是由 29 个双饼线圈堆叠的。

表 3.3　NHMFL 45 T 混合磁体的 14 T 超导磁体参数[3.31]

线圈（均以 CIC 导体绕成）		线圈 A	线圈 B	线圈 C
超导材料		Nb_3Sn		NbTi
绕组类型		层绕		饼式
层数/双饼数		6	7	29
总匝数		306	378	1015
绕组内径，$2a_1$	[mm]	710	908	1150
绕组外径，$2a_2$	[mm]	888	1115	1680
绕组长度，$2b$	[mm]	869	868	992
运行电流，I_{op}	[kA]	10*		
λJ@ I_{op}	[MA/m^2]	39.6*	44.3*	38.6*
贡献中心场@ I_{op}	[T]	3.3*	3.6*	7.4*
水冷磁体空载时 B_{peak}@ I_{op}	[T]	15.7*	11.7*	8.5*
组合电感	[H]	1.96		
储能量@ I_{op}	[MJ]	98*		

* 对应运行电流 10 kA；现在实际运行于 8 kA[3.30]。

C. 混合磁体的工程挑战

混合磁体很少，仅在五六个主要国家实验室有运行。混合磁体不是一类采用常规方法制造的，也不是一种可以由一群工程师或物理学家几个月就能造出来的。因为这种稀缺性，仅有很少的工程师实际参与到设计、制造和运行混合磁体中。此外，混合磁体将运行于常温、运行于液氦的 2 类磁体在空间上紧密结合起来，二者在电磁和机械上存在强耦合。于是，混合磁体不仅有针对具体磁体的特定工程问题，还存在特有且重大的设计和运行挑战：一方面要处理低温的超导磁体对室温磁体的机械结构的巨大作用力，另一方面降低室温磁体对超导磁体低温容器的热负荷。尽管本书读者的大部分根本不会碰到混合磁体，但它为磁体和低温工程师提供了有突出指导意义的设计和运行要点。

关于混合磁体的一般话题在本节后面和第 4 章、第 6 章、第 7 章、第 8 章都会涉及，这些话题都是基于麻省理工学院一直运行到 1995 年的 35 T 混合磁体的[3.16-3.18]。

D. 配置和独有特征

混合磁体中，超导磁体**总**是置于水冷磁体（内插）的外部。在这种配置下，每一组件的特性如下进行优化。

水冷磁体　　在讨论 3.2 中已经证明，比特磁体的功率需求 P_B 正比于 a_1 和 $[B_z(0,0)]_B^2$ 式（3.116a），其中，P_B 典型值为 6～30 MW。比特磁体相当耗电，故最好最小化它的总体积：作为混合磁体的内插磁体。然而，磁场越强，导体中的磁应力越大，导体材料强度就该越强，而这意味着更大的电阻。于是，$B_z(0,0) \propto \sqrt{P}$［式（3.113a）］和 $[B_z(0,0)]_B \propto \sqrt{P_B}$［式（3.116a）］在高场时都不再有效。

常规金属（例如铜）没有"固有"的磁场极限，即不存在高于某个场就不能用它制造磁体的问题。但是，如上文所述，由于高强度的材料需要更大功率，同时需要更多的冷量以匹配增加的焦耳热。30～40 T 一般被认为是可实现磁体的极限。

超导磁体　　超导体都有明确的可以保持超导态的上临界场。于是，最好将超导磁体放在混合磁体的低场部分：置于水冷磁体外侧。

总的存储磁能随磁体大小增加而增加，但对功率的需求增长——主要来自制冷——并不显著。100 MJ 的磁体并不需要 100 MW 的电源，通常 10～100 kW 就够了。

统筹考虑这些特征，我们就很自然地理解为什么混合磁体的水冷磁体放在内部，超导磁体包在外部了。

作用力　　混合磁体的一个独特和高要求特征源自内插磁体和超导磁体间相互作用力。如果 2 个磁体轴向和径向都是对齐的，它们之间无作用力。不过它们各自场中心的相对错位会导致很大的作用力。轴向错位产生轴向恢复力——回到磁体中心轴。场中心的径向错位产生的力将导致错位程度进一步增加，即失稳。一般力不大，细心设计和建造即可比较容易地应对此事。不过，我们必须接受，高性能水冷内插磁体的失效是不可避免的。若失效，例如当内插绕组短路、不再产生磁场时，因磁场未对齐会突然产生很大的力。

尽管磁体的电气保护的监测要求比起控制故障力的结构要求不高，但由于 2 个系统的磁耦合（互感），也很复杂。很明显，每个磁体及其电源系统都必须有自己的某种电保护以防止出现问题时损伤或损毁，另外 2 个磁体间还存在很强的电气耦合，如果它们分开，就不会存在这种作用。第 8 章的问题 8.3 和问题 8.4 将讨论磁体线圈监测的一般问题和针对混合磁体的特定问题。

3.9.8 讨论3.6：双饼与层绕

磁体的 2 种绕制技术一种通常被称为双饼或简单地称为饼，另一种称为层绕。双饼线圈的绕制通常使用扁平导体（如带材），有时也采用大的正方或长方形截面的导体（例如 CIC）。不管怎么绕，都要使用一根连续的导体。双饼线圈如图 3.23 所示，绕制的起点是导体的中点（图中的点 C 附近）；而层绕的话，起点在导体的一端（图中的点 A 或点 B）。因为每个双饼线圈的绕组高度（$2b$）大约是导体高度（带材宽度）的 2 倍，所以实际磁体需由多个双饼线圈组成，相邻线圈在径向最外侧（$2a_2$）之外连接。另外，层绕线圈是从导体的一端连续绕到另一端，从最内层到最外层一层层地绕。2 种技术的优缺点下文将加以讨论。

图 3.23　双饼线圈图示。为了清晰，上下饼在轴向分开了。图中这种双饼是由超导带材绕制的，点 A 和点 B 是连续导体的端头，而点 C 大约是带材的中点。

优势和劣势

（1）对双饼线圈，对导体长度的要求低于不分段的层绕线圈。导体无接头长度 ~ 50 m 就够绕一个小线圈了。对大型磁体，约 1~2 km 也够了。而对层绕线圈，单个线圈所需的无接头导体长度动辄超过 10 km。由于长导体更难制造，所以在导体长度要求意义上，饼式线圈优于层绕线圈。

（2）饼式线圈磁体一般要求很多双饼线圈，理想状态下每个双饼应该是完全一致的模块。这种**模块化**制造磁体的方法，结合上面提及的对导体长度要求，使饼式线圈磁体的制造更加简单（或许更便宜）。此外，层绕线圈可能出现在绕制过程中一个问题就导致整个线圈的导体都不能用的情况；这在饼式线圈，仅影响一个双饼的导体。由于每个双饼的电磁性能和尺寸会存在微小差异，饼式线圈的另一个技术优点就是它可以让各饼（依其性能）沿磁体轴线安装在最适合的位置。

（3）饼式线圈的一个明显劣势是它不可避免地要进行相邻双饼连接。连接为磁体制造增加了一个环节。由于连接必须随依绕组的形状，实施起来要比单一导体焊接困难。从运行角度看，或许更重要的是这些接头产生的焦耳热——除非接头也是超导的。NMR 和 MRI 磁体一般要求超导接头。做超导接头本身就很有挑战性，确保各个接头都超导也不是一项容易完成的任务。

3.9.9　问题3.3：亥姆霍兹线圈

很多应用都希望有高均匀性的磁场。亥姆霍兹线圈（Helmholtz coils）的布局可以在一个有限的区域内方便地实现高均匀磁场。它使用 2 个同样的线圈，在磁场轴线（z 向）分开一定距离同轴放置［图 3.24（a）］；两线圈分别位于 $z = \dfrac{d}{2}$ 和 $z = -\dfrac{d}{2}$。通过调整间隔 d，使得磁体中心处于（$r=0, z=0$）：

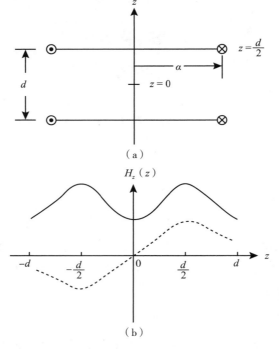

图 3.24　（a）理想亥姆霍兹线圈布局；（b）均匀场下的 $H_z(0,z)$，如图中实线和梯度场下的 $H_z(0,z)$ 如图中虚线。

$$\left.\frac{\mathrm{d}^2 H_z(0,z)}{\mathrm{d}z^2}\right|_{z=0} = 0 \tag{3.121}$$

a）将 2 个线圈看成半径为 a 的理想环线圈。证明：当 $d=a$ 时，在磁体中心处有 $\dfrac{\mathrm{d}H_z^2(0,z)}{\mathrm{d}z^2}=0$。图 3.24（b）中的实线给出了一个不满足式（3.121）的 d 下的某线圈的 $H_z(0,z)$。

b）证明：2 个线圈如果反极性，磁体中心会产生一个梯度场。计算 $\dfrac{\mathrm{d}H_z}{\mathrm{d}z}$ 在 $z=0$ 的值。$\left(\text{当 } d=a \text{ 时，} \dfrac{\mathrm{d}^3 H_z(0,z)}{\mathrm{d}z^3}\neq 0; \dfrac{\mathrm{d}^3 H_z(0,z)}{\mathrm{d}z^3}=0 \text{ 要求 } d=\sqrt{3}\,a\right)$。此种反向电流的配置称为麦克斯韦线圈。图 3.24（b）中的虚线给出了梯度线圈的 $H_z(z)$。

问题3.3的解答

a）位于下方 $z=-\dfrac{d}{2}$ 处的环线圈产生的轴向（$r=0$）磁场的 z 分量可由式（3.3a）给出：

$$H_z(0,z) = \frac{a^2 I}{2\left[a^2+\left(z+\dfrac{d}{2}\right)^2\right]^{\frac{3}{2}}}$$

加上位于上面 $z=\dfrac{d}{2}$ 处的环线圈的磁场，有：

$$H_z(0,z) = \frac{a^2 I}{2}\left\{\frac{1}{\left[a^2+\left(z+\dfrac{d}{2}\right)^2\right]^{\frac{3}{2}}} + \frac{1}{\left[a^2+\left(z-\dfrac{d}{2}\right)^2\right]^{\frac{3}{2}}}\right\} \tag{S3.1}$$

将式（S3.1）给出的 $H_z(z)$ 对 z 微分，有：

$$\frac{\mathrm{d}H_z(0,z)}{\mathrm{d}z} = \frac{3a^2 I}{2}\left\{-\frac{\left(z+\dfrac{d}{2}\right)}{\left[a^2+\left(z+\dfrac{d}{2}\right)^2\right]^{\frac{5}{2}}} - \frac{\left(z-\dfrac{d}{2}\right)}{\left[a^2+\left(z-\dfrac{d}{2}\right)^2\right]^{\frac{5}{2}}}\right\}$$

由于对称性，$\dfrac{\mathrm{d}H_z(0,z)}{\mathrm{d}z}=0$ 在 $z=0$ 处对任意 a 成立。

式（S3.1）的二阶导数为：

$$\frac{\mathrm{d}^2 H_z(0,z)}{\mathrm{d}z^2} = \frac{3a^2 I}{2}\left\{ -\frac{a^2 - 4\left(z+\dfrac{d}{2}\right)^2}{\left[a^2+\left(z+\dfrac{d}{2}\right)^2\right]^{\frac{7}{2}}} - \frac{a^2 - 4\left(z-\dfrac{d}{2}\right)^2}{\left[a^2+\left(z-\dfrac{d}{2}\right)^2\right]^{\frac{7}{2}}} \right\}$$

若在 $z=0$ 处二阶导数为 0，应有 $d=a$。这种同轴放置 2 个一样的线圈且其距离等于线圈半径的技术产生了一个均匀场区域。这里的二次谐波分析，是 MRI 和其他要求高空间均匀性磁场磁体设计的重要准则之一。

b）对该系统，将下方环线圈的电流极性反转，有：

$$H_z(0,z) = \frac{a^2 I}{2}\left\{ -\frac{1}{\left[a^2+\left(z+\dfrac{d}{2}\right)^2\right]^{\frac{3}{2}}} + \frac{1}{\left[a^2+\left(z-\dfrac{d}{2}\right)^2\right]^{\frac{3}{2}}} \right\} \tag{S3.2}$$

根据对称性，$H_z(z=0)=0$。对式（S3.2）依 z 求导，有：

$$\frac{\mathrm{d}H_z(0,z)}{\mathrm{d}z} = \frac{3a^2 I}{2}\left\{ \frac{\left(z+\dfrac{d}{2}\right)}{\left[a^2+\left(z+\dfrac{d}{2}\right)^2\right]^{\frac{5}{2}}} - \frac{\left(z-\dfrac{d}{2}\right)}{\left[a^2+\left(z-\dfrac{d}{2}\right)^2\right]^{\frac{5}{2}}} \right\} \tag{S3.3}$$

在 $z=0$ 处计算式（S3.3），有：

$$\left.\frac{\mathrm{d}H_z(0,z)}{\mathrm{d}z}\right|_0 = \frac{3a^2 Id}{2\left[a^2+\left(\dfrac{d}{2}\right)^2\right]^{\frac{5}{2}}}$$

这种同轴放置 2 个一样但电流方向相反的线圈以产生梯度场的方法是对中平面梯度场有要求的磁体的设计中使用的基本准则。MRI 系统中使用脉冲磁体产生梯度场（提取空间信息以成像）就是一个例子。

3.9.10　问题3.4：亥姆霍兹线圈的分析——另一种方法

这里我们使用式（3.16a）和式（3.22）来分析问题 3.3 中的亥姆霍兹线圈。

证明，2 个半径为 a、分别位于 $\zeta\left(\equiv\dfrac{z}{a}\right)=+0.5$ 和 $\zeta=-0.5$ 的环线圈 1 和线圈 2 组

成的亥姆霍兹对，轴向场在其中心 $(\zeta=0)$ 的二阶导数 $\left.\dfrac{\mathrm{d}^2 h_z(0)}{\mathrm{d}\zeta^2}\right|_{\frac{1}{2}}$ 可以表示为 ζ^{2n} 的级

数且随着项数增加而收敛于 0。由于并**未**计算各线圈**自己**在 $\zeta=0$ 的值，所以式
（3.17b）的简化表达式不能用在这里。

使用至第 20 阶项计算 $\left.\dfrac{\mathrm{d}^2 h_z(0)}{\mathrm{d}\zeta^2}\right|_{\frac{1}{2}}$。注意 $E_2(1,0)\cdots E_{10}(1,0)$ 已由式（3.28）给出。

推导 $E_2(1,0)\cdots E_{10}(1,0)$ 的技术同样也可用于从式（3.15b）推导出 $E_{12}(\alpha,0)\cdots E_{20}(\alpha,0)$。

$f_{12}(\alpha,\beta)\cdots f_{20}(\alpha,\beta)$ 在附录 IB 中有。在极限 $\beta\to 0$ 下，将 $\dfrac{1}{(1+\beta^2)^{19.5}}$ 展开至 β^{20} 项，有：

$$\frac{1}{(1+\beta)^{19.5}} = 1 - \frac{39}{2}\beta^2 + \frac{39}{2}\cdot\frac{41}{2}\frac{\beta^4}{2!} - \frac{39}{2}\cdot\frac{41}{2}\cdot\frac{43}{2}\frac{\beta^6}{3!} + \cdots +$$
$$\frac{39}{2}\cdot\frac{41}{2}\cdot\frac{43}{2}\cdot\frac{45}{2}\cdot\frac{47}{2}\cdot\frac{49}{2}\cdot\frac{51}{2}\cdot\frac{53}{2}\cdot\frac{53}{2}\cdot\frac{57}{2}\frac{\beta^{20}}{10!} \tag{3.122}$$

$E_{12}(\alpha,0)\cdots E_{20}(\alpha,0)$ 类似式（3.21）中的 $E_2(\alpha,0)\cdots E_{10}(\alpha,0)$，有：

$$E_{12}(\alpha,0) = \frac{7\cdot 11\cdot 13}{2^{12}}\cdot\frac{(\alpha^{12}-1)}{\alpha^{12}\ln\alpha} = \frac{1001(\alpha^{12}-1)}{4096\alpha^{12}\ln\alpha} \tag{3.123a}$$

$$E_{14}(\alpha,0) = -\frac{5\cdot 9\cdot 11\cdot 13}{2^{12}\cdot 7}\cdot\frac{(\alpha^{14}-1)}{\alpha^{14}\ln\alpha} = -\frac{6435(\alpha^{14}-1)}{28672\alpha^{14}\ln\alpha} \tag{3.123b}$$

$$E_{16}(\alpha,0) = \frac{5\cdot 9\cdot 11\cdot 13\cdot 17}{2^{19}}\cdot\frac{(\alpha^{16}-1)}{\alpha^{16}\ln\alpha} = \frac{109395(\alpha^{16}-1)}{524288\alpha^{16}\ln\alpha} \tag{3.123c}$$

$$E_{18}(\alpha,0) = -\frac{5\cdot 11\cdot 13\cdot 17\cdot 19}{2^{17}\cdot 3^2}\cdot\frac{(\alpha^{18}-1)}{\alpha^{18}\ln\alpha} = -\frac{230945(\alpha^{18}-1)}{1179648\alpha^{18}\ln\alpha} \tag{3.123d}$$

$$E_{20}(\alpha,0) = \frac{3\cdot 7\cdot 11\cdot 13\cdot 17\cdot 19}{2^{20}\cdot 5}\cdot\frac{(\alpha^{20}-1)}{\alpha^{20}\ln\alpha} = \frac{969969(\alpha^{20}-1)}{5242880\alpha^{20}\ln\alpha} \tag{3.123e}$$

在极限 $\alpha\to 1$ 时，式（3.123a）~式（3.123e）为：

$$E_{12}(1,0) = \frac{3003}{1024} = \frac{3\cdot 7\cdot 11\cdot 13}{2^{10}}$$

$$= \frac{3\cdot 5\cdot 7\cdot 9\cdot 11\cdot 13}{2\cdot 4\cdot 6\cdot 8\cdot 10\cdot 12} \simeq 2.933 \tag{3.124a}$$

$$E_{14}(1,0) = -\frac{6435}{2048} = -\frac{5 \cdot 9 \cdot 11 \cdot 13}{2^{11}}$$

$$= -\frac{3 \cdot 5 \cdot 7 \cdot 9 \cdot 11 \cdot 13 \cdot 15}{2 \cdot 4 \cdot 6 \cdot 8 \cdot 10 \cdot 12 \cdot 14} \simeq -3.142 \qquad (3.124b)$$

$$E_{16}(1,0) = \frac{109395}{32768} = \frac{5 \cdot 9 \cdot 11 \cdot 13 \cdot 17}{10^{15}}$$

$$= \frac{3 \cdot 5 \cdot 7 \cdot 9 \cdot 11 \cdot 13 \cdot 15 \cdot 17}{2 \cdot 4 \cdot 6 \cdot 8 \cdot 10 \cdot 12 \cdot 14 \cdot 16} \simeq 3.338 \qquad (3.124c)$$

$$E_{18}(1,0) = -\frac{230945}{65536} = \frac{5 \cdot 11 \cdot 13 \cdot 17 \cdot 19}{10^{16}}$$

$$= -\frac{3 \cdot 5 \cdot 7 \cdot 9 \cdot 11 \cdot 13 \cdot 15 \cdot 17 \cdot 19}{2 \cdot 4 \cdot 6 \cdot 8 \cdot 10 \cdot 12 \cdot 14 \cdot 16 \cdot 18} \simeq -3.524 \qquad (3.124d)$$

$$E_{20}(1,0) = \frac{969969}{262144} = \frac{3 \cdot 7 \cdot 11 \cdot 13 \cdot 17 \cdot 19}{10^{18}}$$

$$= \frac{3 \cdot 5 \cdot 7 \cdot 9 \cdot 11 \cdot 13 \cdot 15 \cdot 17 \cdot 19 \cdot 21}{2 \cdot 4 \cdot 6 \cdot 8 \cdot 10 \cdot 12 \cdot 14 \cdot 16 \cdot 18 \cdot 20} \simeq 3.700 \qquad (3.124e)$$

问题3.4的解答

位于 $\zeta = +0.5$ 的线圈 1 贡献的 $\dfrac{d^2 h_z(\zeta)}{d\xi^2}$ 在 $\zeta = 0$ 时为 $\dfrac{d^2 h_z(0)}{d\zeta^2}\bigg|_{\frac{1}{2}}$，可由式（3.16a）给出：

$$\frac{d^2 h_z(0)}{d\zeta^2}\bigg|_{\frac{1}{2}} = 2E_2(1,0) + 12E_4(1,0) \times (0.5)^2 + 30E_6(1,0) \times (0.5)^4 +$$

$$56E_8(1,0) \times (0.5)^6 + 90E_{10}(1,0) \times (0.5)^8 +$$

$$132E_{12}(1,0) \times (0.5)^{10} + 182E_{14}(1,0) \times (0.5)^{12} +$$

$$240E_{16}(1,0) \times (0.5)^{14} + 306E_{18}(1,0) \times (0.5)^{16} +$$

$$380E_{20}(1,0) \times (0.5)^{18} + \cdots \qquad (S4.1)$$

由于线圈 2（位于 $\zeta = -0.5$）和位于 $\zeta = 0.5$ 的线圈 1 在 $\zeta = 0.5$ 处给出数值上相同的 $\dfrac{d^2 h_z}{d\zeta^2}$，有：

$$\frac{\mathrm{d}^2 h_z(0)}{\mathrm{d}\zeta^2}\bigg|_{\frac{1}{2}} = 4\left(-\frac{3}{2}\right) + 24\left(\frac{15}{8}\right)(0.5)^2 + 60\left(-\frac{35}{16}\right)(0.5)^4 +$$

$$112\left(\frac{315}{128}\right)(0.5)^6 + 180\left(-\frac{693}{256}\right)(0.5)^8 +$$

$$264\left(\frac{3003}{1024}\right)(0.5)^{10} + 364\left(-\frac{6435}{2048}\right)(0.5)^{12} +$$

$$480\left(\frac{109395}{32768}\right)(0.5)^{14} + 612\left(-\frac{230945}{65536}\right)(0.5)^{16} +$$

$$760\left(\frac{969969}{262144}\right)(0.5)^{18} + \cdots \tag{S4.2}$$

我们计算式（S4.2）随项数增加的变化情况：

$$\frac{\mathrm{d}^2 h_z(0)}{\mathrm{d}\zeta^2}\bigg|_{\frac{1}{2}} = -6 \qquad (仅 E_2)$$

$$= 5.25 \qquad (到 E_4)$$

$$\simeq -2.9531 \qquad (到 E_6)$$

$$\simeq 1.3535 \qquad (到 E_8)$$

$$\simeq -0.5499 \qquad (到 E_{10})$$

$$\simeq 0.2062 \qquad (到 E_{12})$$

$$\simeq -0.0730 \qquad (到 E_{14})$$

$$\simeq 0.0248 \qquad (到 E_{16})$$

$$\simeq -0.0081 \qquad (到 E_{18})$$

$$\simeq 0.0026 \qquad (到 E_{20})$$

由上可知，随着更高次项的加入，$\frac{\mathrm{d}^2 h_z(0)}{\mathrm{d}\zeta^2}\bigg|_{\frac{1}{2}} \to 0$。注意，对置于 $\zeta = 0$ 的一个单环线圈有 $\frac{\mathrm{d}^2 h_z(0)}{\mathrm{d}\zeta^2} = -3$。

3.9.11　问题3.5：空间均匀磁体分析

图 3.25 给出了一个由 3 个线圈组成的空间均匀高场磁体的结构剖面。线圈 1 和线圈 3 是完全一样的，分别位于中间线圈 2 的上方和下方，用以提高中心（0,0）的

场均匀性。关键尺寸（单位为 mm）已在图中标注。各线圈的 $2a_1$ 都是 100 mm，总电流密度均为 $\lambda J = 2.5147 \times 10^8$ A/m²。表 3.4 给出了使用 Bobrov 的程序计算得到的该磁体的场参数[3.32]。

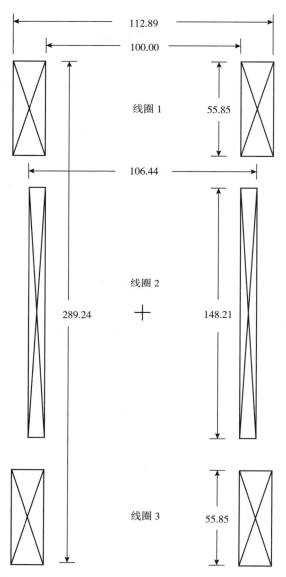

图 3.25 3 个线圈组成的磁体，以 mm 为单位。

　　图 3.26 给出的是用线圈 A、线圈 B 和线圈 C 表示的同一磁体，各线圈的中心都在（0,0）。线圈 A 从线圈 1 延伸至线圈 3，并包括中间的 2 个间隙。线圈 B 与线圈 2

一致。因为这个新的表示法中线圈 2 被线圈 A 和线圈 B 各表示了 1 次，所以使用与线圈 A 和 B 电流相反的线圈 C，以减掉线圈 2 中的 1 个以及那 2 个间隙。

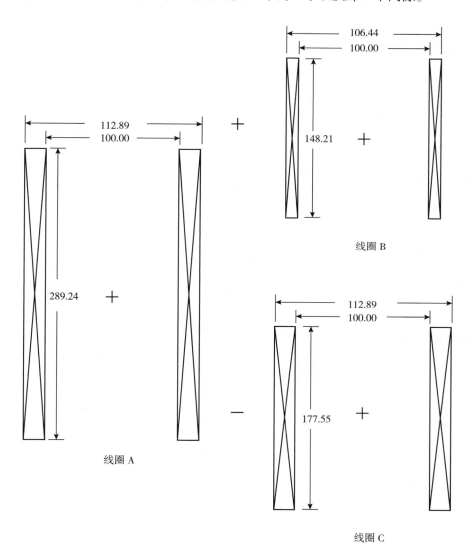

图 3.26　将图 3.25 中的 3 个线圈表示为 A、B、C 每个线圈的中心都位于磁体中心。线圈 C 的负号表示它的载流是与 A 和 B 反向的。尺寸以 mm 为单位。

a）证明，图 3.26 的线圈配置和原线圈配置给出相同的中心场 $B_0 = 1.000$ T。线圈 A、B 和 C 的总电流密度都是 λJ。

$$B_0 = 1.000 \text{ T} = \mu_0 \lambda J a_1 \left[F_A(\alpha, \beta) + F_B(\alpha, \beta) - F_C(\alpha, \beta) \right] \qquad (3.125)$$

b）应用式（3.14）和式（3.17），并用手持科学计算器计算本磁体的 $\dfrac{\mathrm{d}^2 B}{\mathrm{d}z^2}\Big|_0$ 和

$\dfrac{\mathrm{d}^4 B}{\mathrm{d}z^4}\Big|_0$。计算值应该与表3.4使用程序计算的结果吻合。

表3.4　场参数

参　数		值	参　数		值
中心场，B_0	[T]	1.000	$\dfrac{\mathrm{d}^6 B}{\mathrm{d}z^6}\Big|_0$	[T/cm⁶]	1.0893×10^{-4}
$\dfrac{\mathrm{d}^2 B}{\mathrm{d}z^2}\Big|_0$	[T/cm²]	0.4658×10^{-6}			
$\dfrac{\mathrm{d}^4 B}{\mathrm{d}z^4}\Big|_0$	[T/cm⁴]	4.8450×10^{-5}	$\dfrac{\mathrm{d}^8 B}{\mathrm{d}z^8}\Big|_0$	[T/cm⁸]	1.0789×10^{-4}

问题3.5的解答

表3.5列出了线圈 A、B 和 C 的 α 和 β 的对应值。采用这些值，得：

表3.5　场参数

线　圈	α	β
A	1.12888	2.89244
B	1.06444	1.48212
C	1.12888	1.77548

$$F_A(\alpha,\beta) = 0.12094421$$

$$F_B(\alpha,\beta) = 0.05287933$$

$$F_C(\alpha,\beta) = 0.11053327$$

a）由式（3.125），我们有：

$$B_0 = (4\pi\times10^{-7}\ \mathrm{H/m})(2.5147\times10^8\ \mathrm{A/m^2})(5\times10^{-2}\ \mathrm{m})\ \times$$

$$(0.12094421+0.05287933-0.11053327)$$

$$= 1.000\mathrm{T}$$

b）将 α 和 β 代入式（3.14a）式（3.14b1），我们有：

$$F(\alpha,\beta)E_2(\alpha,\beta)_A = -0.002277367; \quad F(\alpha,\beta)E_4(\alpha,\beta)_A = -0.000315757$$

$$F(\alpha,\beta)E_2(\alpha,\beta)_B = -0.007938543; \quad F(\alpha,\beta)E_4(\alpha,\beta)_B = -0.001737981$$

$$F(\alpha,\beta)E_2(\alpha,\beta)_C = -0.010216278; \quad F(\alpha,\beta)E_4(\alpha,\beta)_C = -0.002133593$$

当所有线圈都有相同的 a_1 和 $\lambda J a_1$ 时，式（3.18）成为：

$$h_\zeta(\zeta) = 1 + \frac{\sum_{j=1}^{k} F(\alpha_j,\beta_j)E_2(\alpha_j,\beta_j)}{\sum_{j=1}^{k} F(\alpha_j,\beta_j)} \zeta^2 + \cdots \tag{S5.1}$$

$$E_2(\alpha,\beta) = \frac{F(\alpha,\beta)E_2(\alpha,\beta)_A + F(\alpha,\beta)E_2(\alpha,\beta)_B - F(\alpha,\beta)E_2(\alpha,\beta)_C}{F(\alpha,\beta)_A + F(\alpha,\beta)_B - F(\alpha,\beta)_C}$$

$$= \frac{-0.002277367 - 0.007938543 + 0.010216278}{0.120924421 + 0.05287933 - 0.11053327} = 0.000005822$$

$$E_4(\alpha,\beta) = \frac{-0.000315757 - 0.001737981 + 0.002132363}{0.06329027} = 0.001261725$$

于是我们有：

$$\left.\frac{\mathrm{d}^2 B}{\mathrm{d}z^2}\right|_0 = 2E_2\left(\frac{B_0}{a_1^2}\right) = 0.4658 \times 10^{-6} \ \mathrm{T/cm^2}$$

$$\left.\frac{\mathrm{d}^4 B}{\mathrm{d}z^4}\right|_0 = 24E_4\left(\frac{B_0}{a_1^4}\right) = 4.8453 \times 10^{-5} \ \mathrm{T/cm^4}$$

这些数值与表 3.4 的数据完全是一致的，但需要我们认真地计算至第 9 位小数。

值得注意的是，在**给定**磁体设计时，这里给出的分析对磁场梯度项的计算很有用，尽管很烦琐。这里给出的分析形式对设计空间高均匀性磁体并不实用，不过，它可作为开发个人设计程序的基础。

3.9.12 问题3.6：直角坐标下的磁场展开

在由图 3.4 定义的球坐标（r,θ,ϕ）下，由嵌套线圈组成磁体产生磁场，在不包括源的空间内的 z 向分量 H_z 可由式 3.9 表示。

证明，笛卡儿坐标系下 $H_z(r,\theta,\phi)$ 的表达式 $H_z(x,y,z)$ 在 $n=0$，1，2 时分别为：

$$n = 0 \qquad H_z(x,y,z) = A_0^0 \tag{3.126a}$$

$$n = 1 \qquad H_z(x,y,z) = A_0^0 + 2zA_1^0 + 3(A_1^1 x + B_1^1 y) \tag{3.126b}$$

$$n = 2 \qquad H_z(x,y,z) = A_0^0 + 2zA_1^0 + 3(A_1^1 x + B_1^1 y) +$$

$$\frac{3}{2} A_2^0 (2z^2 - x^2 - y^2) + 12z(A_2^1 x + B_2^1 y) +$$

$$15 \left[A_2^2 (x^2 - y^2) + 2B_2^2 xy \right] \qquad (3.126c)$$

问题3.6的解答

球坐标参数 r, $u = \cos\theta$, $s = \sin\theta$, $\sin\varphi$, $\cos\varphi$ 用 x, y, z 表示为：

$$r = \sqrt{x^2 + y^2 + z^2} \qquad (S6.1a)$$

$$u = \cos\theta = \frac{z}{\sqrt{x^2 + y^2 + z^2}} \qquad (S6.1b)$$

$$s = \sin\theta = \frac{\sqrt{x^2 + y^2}}{\sqrt{x^2 + y^2 + z^2}} \qquad (S6.1c)$$

$$\sin\varphi = \frac{y}{\sqrt{x^2 + y^2}} \qquad (S6.1d)$$

$$\cos\varphi = \frac{x}{\sqrt{x^2 + y^2}} \qquad (S6.1e)$$

式 3.9 与式（S6.1a）～式（S6.1e）分别对 $n = 0$, 1, 2 联立，有：

$n = 0$：

$$H_z(x,y,z) = \sum_{m=0}^{0} r^0 (1+0) P_0^0(u) (A_0^0 \cos 0 + B_0^0 \sin 0) \qquad (S6.2a)$$

$$= (1)(1)(1)(A_0^0) \qquad (S6.2b)$$

即 $n = 0$，有：

$$H_z(x,y,z) = A_0^0 \qquad (3.126a)$$

其中，A_0^0 表示磁体中心场 $H_z(0,0,0)$。

$n = 1$：

$$H_z(x,y,z) = \sum_{m=0}^{1} r^1 (2+m) P_1^m (A_1^m \cos m\varphi + B_1^m \sin m\varphi) \qquad (S6.3a)$$

$$= r^1(2+0)P_1^0(A_1^0) + r^1(2+1)P_1^1(A_1^1\cos\varphi + B_1^1\sin\varphi)$$

$$= 2ruA_1^0 + 3rs(A_1^1\cos\varphi + B_1^1\sin\varphi)$$

$$= 2\sqrt{x^2+y^2+z^2}\frac{z}{\sqrt{x^2+y^2+z^2}}A_1^0 +$$

$$3\sqrt{x^2+y^2+z^2}\frac{\sqrt{x^2+y^2}}{\sqrt{x^2+y^2+z^2}}\left(\frac{A_1^1 x + B_1^1 y}{\sqrt{x^2+y^2}}\right)$$

$$= 2zA_1^0 + 3(A_1^1 x + B_1^1 y) \tag{S6.3b}$$

于是，在 n 不大于 1 时，有：

$$H_z(x,y,z) = A_0^0 + 2zA_1^0 + 3(A_1^1 x + B_1^1 y) \tag{3.126b}$$

注意，$H_z(x,y,z)$ 含有仅随着 z，x，y 变化的项。

$n=2$：

$$H_z(x,y,z) = \sum_{m=0}^{2} r^2(3+m)P_2^m(A_2^m\cos m\varphi + B_2^m\sin m\varphi)$$

$$= r^2(3+0)P_2^0(A_2^0) + r^2(3+1)P_2^1(A_2^1\cos\varphi + B_2^1\sin\varphi) +$$

$$r^2(3+2)P_2^2(A_2^2\cos 2\varphi + B_2^2\sin 2\varphi) \tag{S6.4a}$$

$$H_z(x,y,z) = 3(x^2+y^2+z^2)\frac{1}{2}\left(\frac{2z^2-x^2-y^2}{x^2+y^2+z^2}\right)A_2^0 +$$

$$4(x^2+y^2+z^2)\frac{3z\sqrt{x^2+y^2}}{x^2+y^2+z^2}\left(A_2^1\frac{x}{\sqrt{x^2+y^2}} + B_2^1\frac{y}{\sqrt{x^2+y^2}}\right) +$$

$$5(x^2+y^2+z^2)\frac{3(x^2+y^2)}{x^2+y^2+z^2}\left[A_2^2\left(\frac{2x^2}{x^2+y^2}-1\right) + B_2^2\frac{2xy}{x^2+y^2}\right]$$

$$= \frac{3}{2}A_2^0(2z^2-x^2-y^2) + 12z(A_2^1 x + B_2^1 y) + 15\left[A_2^2(x^2-y^2) + 2B_2^2 xy\right] \tag{S6.4b}$$

累加式（S6.2b），式（S6.3b）和式（S6.4b），我们得到 n 值不大于 2 的情况：

$$H_z(x,y,z) = A_0^0 + 2zA_1^0 + 3(A_1^1 x + B_1^1 y) +$$

$$\frac{3}{2}A_2^0(2z^2-x^2-y^2) + 12z(A_2^1 x + B_2^1 y) +$$

$$15 \left[A_2^2 (x^2 - y^2) + 2B_2^2 xy \right] \tag{3.126c}$$

注意，当在 $n=0$，1 和 2 下计算 $H_z(x,y,z)$ 时，它包含随 x，y，z，z^2，x^2，y^2，zx，zy 和 xy 变化的项。

3.9.13 问题3.7：凹槽螺管

亥姆霍兹线圈的原理——在关于螺管中心两侧对称位置放置载流元以在中心区域产生空间均匀场——是凹槽螺管（Notched Solenoid）线圈设计的基础。很多 MRI 和 NMR 磁体的设计都是凹槽螺管的变种。

对一个绕组内半径 a_1，外半径 a_2，总长度 $2b$，总电流密度 λJ 的简单螺管，回想到前面式（3.13a）和式（3.13b）给出的中心轴向场 $H_0 \equiv H_z(0,0)$：

$$H_0 = \lambda J a_1 F(\alpha, \beta) \tag{3.13a}$$

$$F(\alpha, \beta) = \beta \ln \left(\frac{\alpha + \sqrt{\alpha^2 + \beta^2}}{1 + \sqrt{1 + \beta^2}} \right) \tag{3.13b}$$

考虑到对称性以及前面讨论 3.4 给出的叠加技术，证明如图 3.27 所示。

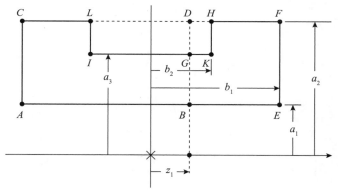

图 3.27　一个凹槽螺管的几何形状。

具有均匀电流密度 λJ 的凹槽螺管的 $H_z(0, z_1)$ 为：

$$H_z(0, z_1) = \frac{1}{2} \lambda J a_1 \left[F(\alpha_1, \beta_1 + \gamma_1) + F(\alpha_1, \beta_1 - \gamma_1) \right] -$$

$$\frac{1}{2} \lambda J a_3 \left[F(\alpha_2, \beta_2 + \gamma_2) + F(\alpha_2, \beta_2 - \gamma_2) \right] \tag{3.127}$$

式中，$\alpha_1 = \dfrac{a_2}{a_1}$，$\beta_1 = \dfrac{b_1}{a_1}$，$\gamma_1 = \dfrac{z_1}{a_1}$，$\alpha_2 = \dfrac{a_2}{a_3}$，$\beta_2 = \dfrac{b_2}{a_3}$，$\gamma_2 = \dfrac{z_1}{a_3}$。螺管参数 a_1，a_2，a_3，b_1，b_2 的定义如图 3.27 所示。

一个简单的凹槽螺管的自由度很少，仅有几个空间均匀度系数可调整为零位（调零）；但在将二阶和四阶量系数调零方面非常出色。

问题3.7的解答

为了解出 $H_z(0,z_1)$，我们可以把螺管分成 4 个单螺管，其截面参数按角点设计如下：

螺管 1　　$ABDC$，有 $\alpha_1 = \dfrac{a_2}{a_1} = \alpha$，$\beta_1 = \dfrac{(b_1+z_1)}{a_1} = \beta+\gamma$，其中 $\beta = \dfrac{b_1}{a_1}$，$\gamma = \dfrac{z_1}{a_1}$；

螺管 2　　$BEFD$，有 $\alpha_2 = \dfrac{a_2}{a_1} = \alpha$，$\beta_2 = \dfrac{(b_1-z_1)}{a_1} = \beta-\gamma$；

螺管 3　　$IGDL$，有 $\alpha_3 = \dfrac{a_2}{a_3} = \alpha'$，$\beta_3 = \dfrac{(b_2+z_1)}{a_3} = \beta'+\gamma'$，其中 $\beta' = \dfrac{b_2}{a_3}$，$\gamma' = \dfrac{z_1}{a_3}$；

螺管 4　　$GKHD$，有 $\alpha_4 = \dfrac{a_2}{a_3} = \alpha'$，$\beta_4 = \dfrac{(b_2-z_1)}{a_3} = \beta'-\gamma'$.

注意，所有螺管的 J 幅值相同，但螺管 3、4 与螺管 1、2 的电流方向相反。同时注意，所有螺管都是无凹槽的。

螺管 1 的磁场　　长 b_1+z_1 的螺管 1 产生的 $H_z(0,z_1)$ 是具有相同 a_1，a_2，λJ 参数而长度为 2（b_1+z_1）的螺管产生的中心场的一半。这从长为 $2b$ 的非凹槽螺管的中心场 $H_z(0,0)$ 是 2 部分螺管产生的场（一部分来自 $z=-b$ 到 0，另一部分来自 0 到 $z=b$）之和，这一事实可以更清楚地看出。即螺管的每一半各贡献 50% 的总场 $H_z(0,0)$。于是：

$$H_z(0,z_1)\Big|_1 = \frac{1}{2}\lambda J a_1 F(\alpha,\beta+\gamma) \tag{S7.1}$$

螺管 2 的磁场　　在 $(0,z_1)$，H_z 中来自长为 b_1-z_1 的螺管 2 的部分是具有相同 a_1，a_2，λJ 而长度为 $2(b_1-z_1)$ 的螺管的中心场的一半。

$$H_z(0,z_1)\Big|_2 = \frac{1}{2}\lambda J a_1 F(\alpha,\beta-\gamma) \tag{S7.2}$$

螺管 3 的磁场　　在 $(0,z_1)$，H_z 中来自长 b_2+z_1 的螺管 3 的部分是具有相同 a_3，

a_2，λJ 而长度为 $2(b_2+z_1)$ 的螺管的中心场的 $\dfrac{1}{2}$。因为 J 相对螺管 1 和 2 是反向的，我们有：

$$H_z(0,z_1)\big|_3 = -\frac{1}{2}\lambda Ja_3 F(\alpha',\beta'+\gamma') \tag{S7.3}$$

螺管 4 的磁场　　在 $(0,z_1)$，H_z 来自长 b_2-z_1 的螺管 4 的部分是其他参数相同而长为 $2(b_2-z_1)$ 的螺管的中心场的一半。

$$H_z(0,z_1)\big|_4 = -\frac{1}{2}\lambda Ja_3 F(\alpha',\beta'-\gamma') \tag{S7.4}$$

凹槽螺管的磁场　　原凹槽（notched）螺管产生的 $H_z(0,z_1)$ 于是可以由式（S7.1）~式（S7.4）之和得出：

$$H_z(0,z_1) = H_z(0,z_1)\big|_1 + H_z(0,z_1)\big|_2 + H_z(0,z_1)\big|_3 + H_z(0,z_1)\big|_4$$
$$= \frac{1}{2}\lambda Ja_1\big[F(\alpha,\beta+\gamma) + F(\alpha,\beta-\gamma)\big] -$$
$$\frac{1}{2}\lambda Ja_3\big[F(\alpha',\beta'+\gamma') + F(\alpha',\beta'-\gamma')\big] \tag{3.127}$$

3.9.14　讨论3.7：饼式线圈磁体的磁场分析

应用讨论 3.4 中的叠加技术，推导一个由 $2N$ 个饼式线圈（N 个双饼）组成的螺管形磁体的轴向场表达式，这个式子可用来计算磁场误差系数。由于 Bi2223 和 YBCO 都是带状的，由之绕制饼式线圈组成磁体是实现空间高均匀度磁体（例如 NMR 和 MRI 磁体）的一条可行途径[3.33,3.34]。饼式线圈是薄的长方形截面导体的理想形式。

在这个分析中，各饼的尺寸一致——$2a_1$；$2a_2$；$2b=w$（带材宽度），饼线圈绕组中的 λJ 也相同。相邻线圈间距为 δ。图 3.28 给出了一个由 $2N$ 个单饼组成的磁体的剖面示意图。

在推导磁场方程时认为所有的饼都对磁体原点居中。采用下面的简化记法，将 $\dfrac{F(\alpha,\beta)}{\beta}$ 简记为：

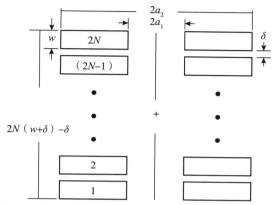

图 3.28 由 2N 个单饼（或 N 个双饼）组成的磁体，各饼尺寸一致——$2a_1$，$2a_2$，$2b=w$（带材宽度）且有相同的 λJ。

$$\frac{F(\alpha,\beta)}{\beta} \equiv \ln(\alpha,\beta) = \ln\left[\frac{\alpha+\sqrt{\alpha^2+\beta^2}}{1+\sqrt{1+\beta^2}}\right] \tag{3.128a}$$

定义一个无量纲轴向磁场参数 $\eta(\zeta) \equiv \dfrac{H(z)}{(\lambda J a_1)}$，其中 $\zeta \equiv \dfrac{z}{a_1}$：

$$\eta(\zeta) \equiv \frac{H(z)}{\lambda J a_1} = \beta\ln(\alpha,\beta)\left[1+\sum_{j=1}^{n} E_{2j}(\alpha,\beta)\zeta^{2j}\right] \tag{3.128b}$$

因为使用了 $\ln(\alpha,\beta)$，式（3.128b）是一个与式（3.13a）形式略有不同的无量纲场表达式。

第1步：二饼磁体——饼1和饼2

考虑最简单的情况：一个由 2 个饼，饼 1（P1）和饼 2（P2）组成的磁体。采用讨论 3.4 中的叠加技术，具有间隙 δ（图 3.29 最左侧）的原始磁体与 2 个无间隙螺管等价：高为 $2b_2=w+\delta$ 的线圈 2（中部）减去高为 $2b_2'=\delta'$ 的线圈 2'。下标 2 为了标明考虑的磁体包括两个饼式线圈。图 3.29 中的每个线圈仅给出了高度（$2b$）是因为高度是唯一的有关参数：于是，线圈 2 有 $\beta_2=\dfrac{(2w+\delta)}{2a_1}$，线圈 2' 有 $\beta_2=\dfrac{\delta}{2a_1}$。

2 个线圈的无量纲轴向场 $\eta_2(\zeta)$ 为：

$$\eta_2(\zeta) = \left[\eta(\zeta)\right]_2 - \left[\eta'(\zeta)\right]_2 \tag{3.129}$$

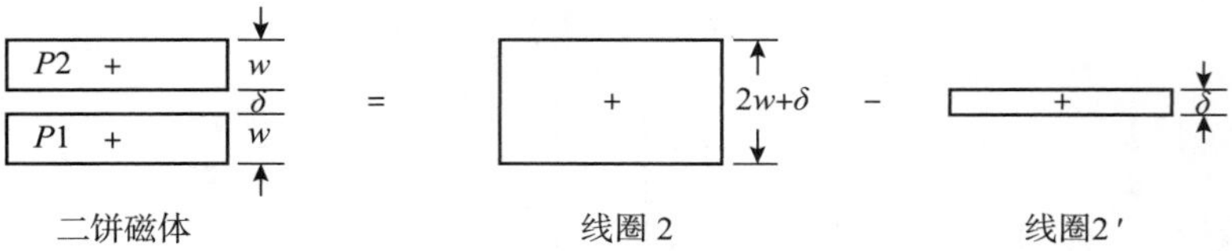

图 3.29 将双饼磁体视为 $2b=2w+\delta$ 的线圈 2 减去 $2b'=\delta$ 的线圈 2'。

根据式（3.128b），我们有：

$$\left[\,\eta(\zeta)\,\right]_2 = \beta_2 \ln(\alpha,\beta_2)\left[\,1+\sum_{j=1}^{n} E_{2j}(\alpha,\beta_2)\zeta^{2j}\,\right] \tag{3.130a}$$

$$\left[\,\eta'(\zeta)\,\right]_2 = \beta'_2 \ln(\alpha,\beta'_2)\left[\,1+\sum_{j=1}^{n} E_{2j}(\alpha,\beta'_2)\zeta^{2j}\,\right] \tag{3.130b}$$

联立式（3.129）和式（3.130），有：

$$\eta_2(\zeta) = \left[\,\beta_2\ln(\alpha,\beta_2)-\beta'_2\ln(\alpha,\beta'_2)\,\right]+\sum_{j=1}^{n}\left[\,\beta_2\ln(\alpha,\beta_2)E_{2j}(\alpha,\beta_2)-\right.$$
$$\left.\beta'_2\ln(\alpha,\beta'_2)\,\right]E_{2j}(\alpha,\beta'_2)\zeta^{2j} \tag{3.131}$$

第2步：四饼磁体——再加上饼3和饼4

接下来，我们考虑一个由 4 个饼组成的磁体。如图 3.30 所示，新磁体是第 1 步中的二饼磁体上下各加一个饼组成的。如图 3.30 所给出的，这 2 个新的饼可以建模为长 $2b=4w+3\delta$ 的线圈 4 减去长 $2b=2w+3\delta$ 的线圈 4'。于是，对线圈 4，有 $\beta_4 = \dfrac{(4w+3\delta)}{2a_1}$；对线圈 4'，有 $\beta'_4 = \dfrac{(2w+3\delta)}{2a_1}$。

来自所有 4 个线圈的总的无量纲轴向磁场 η_4（z）为：

$$\eta_4(z) = \left[\,\eta(\zeta)\,\right]_2-\left[\,\eta'(\zeta)\,\right]_2+\left[\,\eta(\zeta)\,\right]_4-\left[\,\eta'(z)\,\right]_4 \tag{3.132}$$

其中，

$$\left[\,\eta(\zeta)\,\right]_4 = \beta_4 \ln(\alpha,\beta_4)\left[\,1+\sum_{j=1}^{n} E_{2j}(\alpha,\beta_4)\zeta^{2j}\,\right] \tag{3.133a}$$

$$\left[\,\eta'(\zeta)\,\right]_4 = \beta'_4 \ln(\alpha,\beta'_4)\left[\,1+\sum_{j=1}^{n} E_{2j}(\alpha,\beta'_4)\zeta^{2j}\,\right] \tag{3.133b}$$

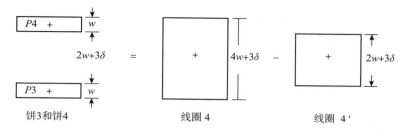

图 3.30　将四饼磁体视为如图 3.29 所示的二饼磁体加上 $2b=4w+3\delta$ 的线圈 4 减去 $2b=2w+3\delta$ 的线圈 4′得到的磁体。

联立式（3.130）和式（3.133），我们得到：

$$\eta_4(\zeta) = \left[\beta_2\ln(\alpha,\beta_2)+\beta_4\ln(\alpha,\beta_4)\right] - \left[\beta_2'\ln(\alpha,\beta_2')+\beta_4'\ln(\alpha,\beta_4')\right] +$$

$$\sum_{j=1}^{n}\left\{\left[\beta_2\ln(\alpha,\beta_2)E_{2j}(\alpha,\beta_2)+\beta_4\ln(\alpha,\beta_4)E_{2j}(\alpha,\beta_4)\right] - \right.$$

$$\left.\left[\beta_2'\ln(\alpha,\beta_2')E_{2j}(\alpha,\beta_2')+\beta_4'\ln(\alpha,\beta_4')E_{2j}(\alpha,\beta_4')\right]\right\}\zeta^{2j} \tag{3.134}$$

第3步：　$2N$ 饼磁体——加上最后2个饼

图 3.31 给出了 $2N$ 饼磁体加入最后 2 个饼（$2N-1$）、$2N$ 的建模。线圈 $2N$ 有 $2b_N = 2Nw+(2N-1)\delta$，由此 $\beta_{2N}=\dfrac{\left[2Nw+(2N-1)\delta\right]}{2a_1}$；线圈 $2N'$有 $2b_N'=2(N-1)w+(2N-1)\delta$，由此 $\beta_{2N}'=\dfrac{\left[2(N-1)w+(2N-1)\delta\right]}{2a_1}$。

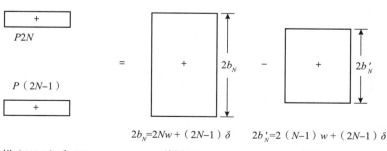

图 3.31　将 $2N$ 饼磁体视为 $2(N-1)$ 饼磁体加上线圈 $2N$ 再减去线圈 $2N'$所得的磁体。

由 N 个双饼组成的 $2N$ 饼磁体的轴向磁场表达式：

$$\eta_{2N}(\zeta) = \sum_{k=1}^{N}\left\{\left[\eta(\zeta)\right]_{2k} - \left[\eta'(\zeta)\right]_{2k}\right\} \qquad (3.135)$$

本分析中，我们假设双饼的 2 个饼间距离和相邻双饼之间的距离是相等的。
我们可以用类似式（3.134）的形式表示式（3.135）：

$$\eta_{2N}(\zeta) = \sum_{k=1}^{N}\left\{\left[\beta_{2k}\ln(\alpha,\beta_{2k}) - \beta'_{2k}\ln(\alpha,\beta'_{2k})\right] + \right.$$
$$\left. \sum_{j=1}^{n}\left[\beta_{2k}\ln(\alpha,\beta_{2k})E_{2j}(\alpha,\beta_{2k}) - \beta'_{2k}\ln(\alpha,\beta'_{2k})E_{2j}(\alpha,\beta'_{2k})\right]\right\}\zeta^{2j} \quad (3.136)$$

式中，

$$\beta_{2k} = \frac{2kw + (2k-1)\delta}{2a_1}; \qquad \beta'_{2k} = \frac{2(k-1)w + (2k-1)\delta}{2a_1}$$

式（3.136）也可以写为：

$$\frac{\eta_{2N}(\zeta)}{\eta_{2N}(0)} = \left\{1 + \left[E_2\right]_{2N}\zeta^2 + \cdots + \left[E_{2n}\right]_{2N}\zeta^{2n}\right\} \qquad (3.137)$$

式中，$\eta_{2N}(0)$ 是无量纲中心场。$\left[E_{2n}\right]_{2N}$ 是第 n 阶总体误差系数。$\eta_{2N}(\zeta=0)$ 和 $\left[E_{2n}\right]_{2N}$ 为：

$$\eta_{2N}(0) = \sum_{k=1}^{N}\left[\beta_{2k}\ln(\alpha,\beta_{2k}) - \beta'_{2k}\ln(\alpha,\beta'_{2k})\right] \qquad (3.138a)$$

$$\left[E_{2n}\right]_{2N} = \frac{\displaystyle\sum_{k=1}^{N}\left[\beta_{2k}\ln(\alpha,\beta_{2k})E_{2n}(\alpha,\beta_{2k}) - \beta'_{2k}\ln(\alpha,\beta'_{2k})E_{2n}(\alpha,\beta'_{2k})\right]}{\displaystyle\sum_{k=1}^{N}\left[\beta_{2k}\ln(\alpha,\beta_{2k}) - \beta'_{2k}\ln(\alpha,\beta'_{2k})\right]} \qquad (3.138b)$$

于是，式（3.138b）给出了一个计算由 $2N$ 个一致饼式线圈（各饼有相同的 $2a_1$，$2b=w$，α，β 参数，相邻饼间距 δ）组成的磁体的第 n 阶误差系数的表达式。

3.9.15　问题3.8：理想二极磁体

本问题研究一个理想二极磁体。此磁体无限长（从而无边缘效应）、绕组厚度为 0、磁场由纵向表面电流产生、磁场方向与二极磁体的轴垂直。实际二极磁体的磁场和力的计算远比理想二极磁体复杂；不过，除了在端部的复杂情况外，理想二极磁体给出了二极磁体的多数关键特征。二极磁体用于磁体轴向垂直方向要求为均匀磁场的系统，例如高能粒子加速器[3.35-3.40]和发电机[3.41-3.43]。

一个半径为 R、零绕组厚度的长（二维）二极磁体由二极壳（$r=R$）上的 z 向表面电流励磁。室温孔内（$r<R$）的磁场 $\vec{H}_{d1}$ 以及壳外的磁场 $\vec{H}_{d2}$ 为：

$$\vec{H}_{d1} = H_0(\sin\theta\,\vec{\imath}_r + \cos\theta\,\vec{\imath}_\theta) \qquad (3.139a)$$

$$\vec{H}_{d2} = H_0\left(\frac{R}{r}\right)^2(\sin\theta\,\vec{\imath}_r - \cos\theta\,\vec{\imath}_\theta) \qquad (3.139b)$$

二维坐标的定义如图 3.32 所示。$+z$ 方向指向纸面外。在解答下面的问题时，忽略边缘效应。

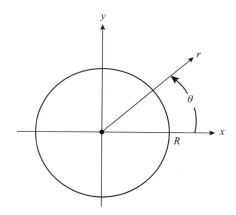

图 3.32　圆柱坐标系；$+z$ 朝向纸面外。

a）整齐地绘制出二极磁体在 $r<R$ 和 $r>R$ 2 个区域的场线。

b）证明 $r=R$ 处的表面电流的表达式为：

$$\vec{K}_f = -2H_0\cos\theta\,\vec{\imath}_z \qquad (3.140)$$

标出电流方向，$\vec{K}_f$ 如果是 $+z$ 方向，画圈（〇）；反之，画叉（×）。

c）证明作用在壳载流单元上的单位长度的洛伦兹力密度 $\vec{f}_L\,[\mathrm{N/m^2}]$ 为：

$$\vec{f}_L = -\mu_0 H_0^2 \sin2\theta\,\vec{\imath}_\theta \qquad (3.141)$$

d）证明施于右半部分（$-90°<\theta<90°$）的 x 向净洛伦兹力 $\vec{F}_{Lx}\,[\mathrm{N/m}]$（单位二极

长度）为：

$$F_{Lx} = \frac{4R\mu_0 H_0^2}{3} \tag{3.142}$$

e）证明储存的总磁能（单位二极长度）$E_m[\text{J/m}]$ 为：

$$E_m = \frac{\pi R^2 B_0^2}{\mu_0} \tag{3.143}$$

在 $B_0 = 5$ T，$R = 20$ mm 时计算 E_m。同时，由 E_m 计算一个长为 10 m、载流 $I_{op} = 5000$ A 的二极磁体的电感 L。

为了减少二极磁体外部的磁场，在极外安装一个厚为 d 的铁轭（$\mu = \infty$），如图 3.33 所示。

f）证明，新条件下在二极内部产生**同样**的磁场 $\vec{H}$，需要的 $\vec{K}_{f1}$ 恰为 3.140 的一半。解释为什么电流减小了。

g）实际中，铁轭不可能在无限的 H_0 下保持高 μ 值。证明，为了铁轭不饱和，最小的 d_m 为：

$$d_m = R\left(\frac{H_0}{M_{sa}}\right) \tag{3.144}$$

式中，M_{sa} 是铁轭材料的饱和磁化强度。在以下条件下计算 d_m：$\mu_0 H_0 = 5$ T；$\mu_0 M_{sa} = 1.2$ T；$R = 20$ mm。

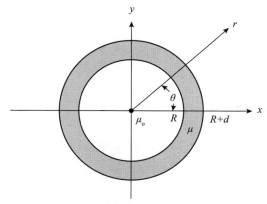

图 3.33　理想二极磁体外安装厚度为 d 的铁轭。

问题3.8的解答

a) 2 个区域的场线如图 3.34(a)示意。磁场的法向(r 向)分量在边界处($r=R$)处连续。

b)磁场的切向方向(θ 向)在 $r=R$ 处不连续等价于该处的表面电流密度 $\vec{K}_f$。根据式(2.6),有:

$$\vec{K}_f = \vec{\imath}_r \times (\vec{H}_{d2} - \vec{H}_{d1}) = \vec{\imath}_r \times (-2) H_0 \cos\theta\, \vec{\imath}_\theta$$

$$= -2H_0 \cos\theta\, \vec{\imath}_z \qquad (3.140)$$

如图 3.34(b)所示,$\vec{K}_f$ 在 $-90°<\theta<90°$ 部分指向 $-z$ 向,在 $90°<\theta<270°$ 部分指向 $+z$ 向。

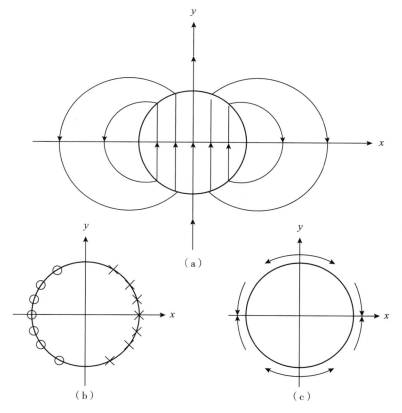

图 3.34　理想二极磁体。(a) 内外场。(b) 表面电流密度矢量。(c) 力矢量。

c) $\vec{f}_L$ 由 $\vec{K}_f \times \mu_0\, \vec{H}_d$ 给出,其中 $\mu_0\, \vec{H}_d = \dfrac{\mu_0(\vec{H}_{d1}+\vec{H}_{d2})}{2}$:

$$\vec{f}_L = \vec{K}_f \times \mu_0 H_0 \sin \theta \, \vec{\imath}_r \qquad (S8.1)$$

$$= -2\mu_0 H_0^2 \cos \theta \sin \theta \, \vec{\imath}_\theta = -\mu_0 H_0^2 \sin 2\theta \, \vec{\imath}_\theta \qquad (3.141)$$

可见，$\vec{f}_L$ 无 r 分量，仅有 θ 分量 ［图 3.34 （c）］。同时，力密度在 $\theta = \dfrac{\pi}{4} + \dfrac{n\pi}{2}$ 处最大，而在 $\theta = \dfrac{0+n\pi}{2}$ 时为 0，式中 $n = 0$，1，2，3。合力 $\propto \int f_L(\theta) \mathrm{d}\theta$，在 $\theta = 0$ 和 180°时取最大值。

d）从图 3.34(c)明显可见，施于壳右半部分的单位长度洛伦兹力是 $+x$ 方向的：

$$F_{Ldx} = \int \vec{f}_L \cdot \vec{\imath}_x \mathrm{d}x = -R \int_{-\frac{\pi}{2}}^{\frac{\pi}{2}} f_{L\theta} \sin \theta \, \mathrm{d}\theta \qquad (S8.2a)$$

$$= -2R \int_0^{\frac{\pi}{2}} f_{L\theta} \sin \theta \, \mathrm{d}\theta = 4R\mu_0 H_0^2 \int_0^{\frac{\pi}{2}} \cos \theta \sin^2 \theta \, \mathrm{d}\theta \qquad (S8.2b)$$

由式 （S8.2b），我们得：

$$F_{Lx} = \frac{4R\mu_0 H_0^2}{3} \qquad (3.142)$$

施于左半部分的净洛伦兹力和施于右半部分的洛伦兹力的幅值相同但指向 $-x$ 向。也就是说，存在一个很大的力试图将双极磁体的两部分拉开。实际上，用于承受这个力的结构设计是双极磁体设计的关键点之一。

e）$E_m[\mathrm{J/m}]$ 可以通过对磁能密度 $\dfrac{\mu_0 \left| H(r,\theta) \right|^2}{2}$ 在横跨于二极轴的整个表面 （从 $r=0$ 到 $r=\infty$；从 $\theta=0$ 到 $\theta=2\pi$） 积分获得。

$$E_m = \frac{\mu_0}{2} \int_0^R \left| H_{d1} \right|^2 2\pi r \mathrm{d}r + \frac{\mu_0}{2} \int_R^\infty \left| H_{d2} \right|^2 2\pi r \mathrm{d}r \qquad (S8.3a)$$

$$= \frac{\mu_0}{2} H_0^2 \pi R^2 + \frac{\mu_0}{2} H_0^2 \pi R^2 \qquad (S8.3b)$$

$$= \mu_0 \pi R^2 H_0^2 = \frac{\pi R^2 B_0^2}{\mu_0} \qquad (3.143)$$

从式 （S8.3b） 可知，存储的总磁能可以均分为二极壳内、外两部分。可以想象二极磁体内的电流一半用来产生 H_{d1}，另一半用来产生 H_{d2}。代入 $\mu_0 H_0 = B_0 = 5$ T，$R =$ 0.02 m，有：

$$E_m = \frac{\pi(2\times10^{-2}\text{m})^2(5\text{ T})^2}{4\pi\times10^{-7}\text{H/m}} = 25 \text{ kJ/m}$$

对于一个 5 T 二极磁体，如果长 10 m，则总存储磁能变为 250 kJ。总磁能即二极磁体的总电感储能。

$$\frac{1}{2}LI_{op}^2 = 250 \text{ kJ} \tag{S8.4}$$

代入 $I_{op} = 5000$ A 解出 L，有：

$$L = \frac{2(250\times10^3 \text{ J})}{(5000 \text{ A})^2} = 20 \text{ mH}$$

在 3.7.3 节已给出理想二极磁体单位长度的自感：

$$L_\ell = \frac{1}{8}\mu_0\pi N^2 \tag{3.87}$$

代入 $L_\ell(=2$ mH/m) 以及 20 mH，解出 N，得到在 $I_{op} = 5000$ A 时 $N \simeq 64$。如果二极磁体的运行电流是 1000 A，那么磁体的电感是 0.5 H；它的绕组匝数将是 20 mH 二极磁体匝数的 5 倍：$N \simeq 318$。

f）因为 $\mu = \infty$，以及在 $R<r<R+d$ 时 $\vec{H}_{d2} = 0$，如果屏蔽足够厚而不会饱和，那么对 $r>R+d$ 也有 $\vec{H}_{d2} = 0$。$\vec{H}_{d1}$ 仍为前面的形式。显然：

$$\vec{K}_{f1} = -H_0\cos\theta\,\vec{\imath}_\theta \tag{S8.5}$$

这恰好是式（3.140）中给出 $\vec{K}_f$ 的 $\frac{1}{2}$。考虑 2 种情况下要求的表面电流，我们可以作如下解释：用于产生室温孔场 $-2H_0\cos\theta$ 的全部表面电流中，有 $\frac{1}{2}$ 来自铁轭磁化的"表面电流"。

g）进入径向厚度为 d 的铁轭 0 至 $\theta=90°$ 区域的全部（单位长度磁通［Wb/m］）须不大于 $\mu_0 M_{sa}d$，即：

$$R\mu_0 H_0 \int_0^{\frac{\pi}{2}} \sin\theta \mathrm{d}\theta = R\mu_0 H_0 \leqslant \mu_0 M_{sa}\mathrm{d} \tag{S8.6}$$

于是，铁轭最小厚度为：

$$d_m = R\left(\frac{H_0}{M_{sa}}\right) \tag{3.144}$$

代入 $R = 20$ mm，$\mu_0 H_0 = 5$ T，$\mu_0 M_{sa} = 1.2$ T，我们有：

$$d_m = 83 \text{ mm}$$

从表 2.5 可知，在 $\mu_0 M = 1.25$ T 时，铸造钢的磁导率为 $180\,\mu_0$。尽管不是无限大（∞），但基于 $\mu = \infty$ 的简化方法已经足够了。

3.9.16　问题3.9：理想四极磁体

本问题研究一个理想四极磁体，该磁体无限长（无边缘效应）、零绕组厚度、纵向表面电流产生的磁场垂直于磁场轴线。类似二极磁体，四极磁体主要用于粒子加速器[3.35, 3.39, 3.44-3.46]。如下文中的 f 所论及的，四极磁体用于聚焦带电粒子束。

一个半径为 R、零绕组厚度的长四极磁体由四极磁体壳体上（$r=R$）沿 z 向流动的表面电流励磁。室温孔内（$r<R$）的磁场 $\vec{H}_{q1}$ 和壳外（$r>R$）的磁场 $\vec{H}_{q2}$ 分别为：

$$\vec{H}_{q1} = H_0\left(\frac{r}{R}\right)(\sin 2\theta\,\vec{\imath} + \cos 2\theta\,\vec{\imath}_\theta) \tag{3.145a}$$

$$\vec{H}_{q2} = H_0\left(\frac{R}{r}\right)^3(\sin 2\theta\,\vec{\imath}_r - \cos 2\theta\,\vec{\imath}_\theta) \tag{3.145b}$$

在解答下列问题时，应忽略边缘效应。

a）整齐地绘制出四极磁体内外区域的场线。

b）证明 $r=R$ 处的表面电流 $\vec{K}_f$ 为：

$$\vec{K}_f = -2H_0\cos 2\theta\,\vec{\imath}_z \tag{3.146}$$

绘制出电流的方向，在 $\vec{K}_f$ 是 +z 向（指向纸面外）时画圈（O）；反之，画叉（×）。

c）证明施加于壳体载流元上的单位长度洛伦兹力密度为：

$$\vec{f}_L = -\mu_0 H_0^2 \sin 4\theta\,\vec{\imath}_\theta \tag{3.147}$$

d）证明质子沿磁体中心以近乎光速 c 在 $+z$ 向运动时，x 向"磁弹簧系数"（magnetic spring constant）k_{Lx} 为：

$$k_{Lx} \simeq \frac{qc\mu_0 H_0}{R} \tag{3.148}$$

e）类似地，证明质子沿磁体中心以近乎光速 c 在 $+z$ 向运动时，y 向"磁弹簧系数" k_{Ly} 为：

$$k_{Ly} \simeq -\frac{qc\mu_0 H_0}{R} \tag{3.149}$$

f）通过阐明 k_{Lx} 和 k_{Ly} 是不稳定还是可恢复的，描述四极磁体在带电粒子加速器中的作用。

问题3.9的解答

a）场线如图 3.35（a）所示。对于理想四极，场的 r 分量在 $r=R$ 处连续。

b）磁场的 θ 分量在边界上的不连续等价于 $r=R$ 处的表面电流密度，即：

$$\vec{K}_f = \vec{\imath}_r \times (\vec{H}_{q2} - \vec{H}_{q1}) = \vec{\imath}_r \times (-2)H_0 \cos 2\theta \, \vec{\imath}_\theta = -2H_0 \cos 2\theta \, \vec{\imath}_z \tag{3.146}$$

$\vec{K}_f$ 矢量在磁壳体上改变 4 次方向［图 3.35（b）］。

c）$\vec{f}_L$ 由 $r=R$ 处 $\vec{K}_f$ 与 $\mu_0 \vec{H}$ 的叉积给出。在 $r=R$ 处，因为 $\vec{H}_{q1}$ 与 $\vec{H}_{q2}$ 的 r 分量相抵消，平均场 $\dfrac{(\vec{H}_{q1} + \vec{H}_{q2})}{2}$ 就是 $\vec{H} = H_0 \sin 2\theta \, \vec{\imath}_r$。注意 $\vec{K}_f = -2H_0 \cos 2\theta \, \vec{\imath}_z$，有：

$$\vec{f}_L = -2\mu_0 H_0^2 \sin 2\theta \cos 2\theta \, \vec{\imath}_\theta = -\mu_0 H_0^2 \sin 4\theta \, \vec{\imath}_\theta \tag{3.147}$$

$\vec{f}_L$ 的分布情况见图 3.35（c）。

d）我们可以将 x 方向的磁弹簧系数定义为：

$$k_{Lx} = -\frac{\partial F_{Lx}}{\partial x} \tag{S9.1}$$

电荷为 q 的质子以近乎光速 c 在 z 向运动时，受到的 x 向洛伦兹力 F_{Lx} 为：

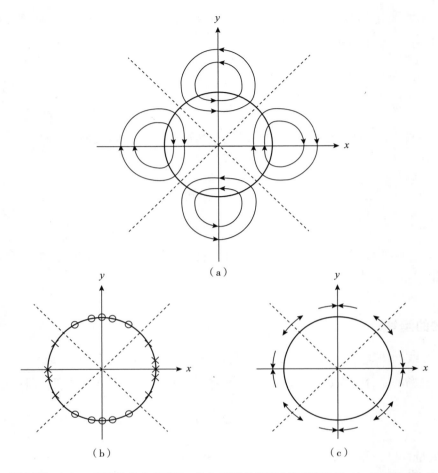

图 3.35 (a) 四极磁体的内外磁场。(b) 磁体的表面电流密度矢量。(c) 磁体中力的方向。

$$F_{Lx} \simeq \left[q(c\vec{\imath}_z) \times \mu_0 H_{q1} \vec{\imath}_\theta \right]_{\theta=0} \simeq -qc\mu_0 H_0 \left(\frac{r}{R} \right) \vec{\imath}_x \qquad (S9.2)$$

于是 k_{Lx} 为：

$$k_{Lx} = -\frac{\partial F_{Lx}}{\partial x} = -\frac{\partial F_{Lx}}{\partial r} \simeq \frac{qc\mu_0 H_0}{R} \qquad (3.148)$$

e) 在 y 向（$\theta = 90°$时的 r 向），F_{Ly} 为：

$$F_{Ly} \simeq \left[q(c\vec{\imath}_z) \times \mu_0 H_{q1} \vec{\imath}_\theta \right]_{\theta=\frac{\pi}{2}} \simeq qc\mu_0 H_0 \left(\frac{r}{R} \right) \vec{\imath}_y \qquad (S9.3)$$

于是，k_{Ly} 为：

$$k_{Ly} = -\frac{\partial F_{Ly}}{\partial y} = -\frac{\partial F_{Ly}}{\partial r} \simeq -\frac{qc\mu_0 H_0}{R} \tag{3.149}$$

f) F_{Lx} 是恢复性的，但 F_{Ly} 是不稳定的，会令粒子束在 y 向发散。因此，加速环中四极磁体成对使用，一个用于在 x 向聚焦，紧跟另一个在 y 向聚焦，净效果是在 2 个方向都聚焦了。

3.9.17 讨论3.8：双跑道线圈磁体

这里我们讨论一个由在磁体轴向正交平面方向相距 $2c$ 平行放置的 2 个长**理想**"跑道"线圈组成的磁体。所谓"跑道线圈"，是导体末端绕过 $180°$ 回到起点，就像跑道一样。和二极磁体不同，它的绕组位于同一平面，即"平"的。平的绕组让它相比于二极磁体更容易绕制，故而更适合用于发电机和电动机[3.47-3.50]。跑道线圈同样也适用于磁悬浮[3.51-3.53]。

图 3.36 给出了由 2 个理想跑道线圈组成的磁体的绕组配置剖面。彼此平行的 2 个非常长的跑道线圈在某些情况下可以替代二极磁体。例如，一条长超导带必须在一个与其主轴垂直的均匀场下测试，就可以使用这种磁体配置；相较于二极磁体，它所需的绕制设备更为简单。如图 3.36 所示，两跑道线圈相距 $2c$，各线圈绕组外宽为 $2a_2$，内宽为 $2a_1$，有 N 匝。

跑道线圈右侧电流为 $+z$ 向（指向纸外），左侧为 $-z$ 向。下面我们推导这种磁体的关键参数表达式。

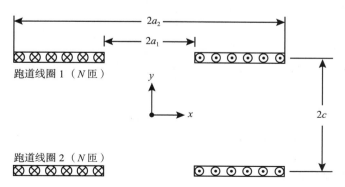

图 3.36 由 2 个理想跑道线圈组成的磁体剖面。

A. 磁体中心场

如图 3.37 所示，对跑道线圈 1 的右手侧 ξ 处的表面电流微元 $K\mathrm{d}\xi$ 应用毕奥–萨伐尔定律式（3.1），可得 (x,y) 处的磁场微元为：

$$\mathrm{d}\,\vec{H}_{1+} = \frac{K\mathrm{d}\xi}{2\pi r_1}\vec{\iota} \tag{3.150}$$

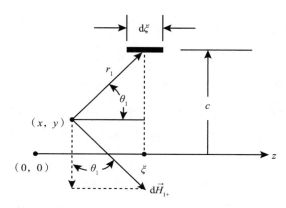

图 3.37　电流微元产生的磁场。

式中，$K = \dfrac{NI}{(a_2 - a_1)}$，磁场方向如图。整个 $+z$ 表面电流（从 $\xi = a_1$ 到 $\xi = a_2$）贡献的磁场的 y 分量 H_{y1+} 可由式（3.151）从 $\xi = a_1$ 到 $\xi = a_2$ 积分得到：

$$H_{y1+} = -\frac{K}{2\pi}\int_{a_1}^{a_2}\frac{\cos\theta_1\mathrm{d}\xi}{r_1} \tag{3.151}$$

将 $r_1 = \sqrt{(\xi - x)^2 + (c - y)^2}$ 和 $\cos\theta_1 = \dfrac{(\xi - x)}{r_1}$ 代入式（3.151），得：

$$H_{y1+} = -\frac{K}{2\pi}\int_{a_1}^{a_2}\frac{(\xi - x)\mathrm{d}\xi}{(\xi - x)^2 + (c - y)^2} = -\frac{K}{4\pi}\ln\left[\frac{(a_2 - x)^2 + (c - y)^2}{(a_1 - x)^2 + (c - y)^2}\right] \tag{3.152a}$$

同样，其他电流的贡献：

$$H_{y1-} = -\frac{K}{2\pi}\int_{a_1}^{a_2}\frac{(\xi + x)\mathrm{d}\xi}{(\xi + x)^2 + (c - y)^2} = -\frac{K}{4\pi}\ln\left[\frac{(a_2 + x)^2 + (c - y)^2}{(a_1 + x)^2 + (c - y)^2}\right] \tag{3.152b}$$

$$H_{y2+} = -\frac{K}{2\pi}\int_{a_1}^{a_2}\frac{(\xi-x)\,\mathrm{d}\xi}{(\xi-x)^2+(c+y)^2} = -\frac{K}{4\pi}\ln\left[\frac{(a_2-x)^2+(c+y)^2}{(a_1-x)^2+(c+y)^2}\right] \quad (3.152c)$$

$$H_{y2-} = -\frac{K}{2\pi}\int_{a_1}^{a_2}\frac{(\xi+x)\,\mathrm{d}\xi}{(\xi+x)^2+(c+y)^2} = -\frac{K}{4\pi}\ln\left[\frac{(a_2+x)^2+(c+y)^2}{(a_1+x)^2+(c+y)^2}\right] \quad (3.152d)$$

叠加上述 4 个磁场，有：

$$H_y(x,y) = -\frac{K}{\pi}\left\{\ln\left[\frac{(a_2-x)^2+(c-y)^2}{(a_1-x)+(c-y)^2}\right]+\ln\left[\frac{(a_2+x)^2+(c-y)^2}{(a_1+x)^2+(c-y)^2}\right]+\right.$$

$$\left.\ln\left[\frac{(a_2-x)^2+(c+y)^2}{(a_1-x)^2+(c+y)^2}\right]+\ln\left[\frac{(a_2+x)^2+(c+y)^2}{(a_1+x)^2+(c+y)^2}\right]\right\} \quad (3.153a)$$

将 $x=0$ 和 $y=0$ 代入上式，得：

$$H_y(0,0) = -\frac{K}{\pi}\ln\left(\frac{a_2^2+c^2}{a_1^2+c^2}\right) \quad (3.153b)$$

B. 中心附近的磁场

可以通过将 $H_y(0,0)$ 与上面导出包含 H_{y1+} 的项相加，再导出 $H_y(x,y)$ 的表达式 [式 (3.153a)]。式 (3.152a) 可以写为：

$$H_{y1+} = -\frac{K}{4\pi}\ln\left[\frac{(a_2-x)^2+(c-y)^2}{(a_1-x)^2+(c-y)^2}\right]$$

$$= -\frac{K}{4\pi}\left\{\ln\left[(a_2-x)^2+(c-y)^2\right]-\ln\left[(a_1-x)^2+(c-y)^2\right]\right\} \quad (3.154)$$

$\ln\left[(a_2-x)^2+(c-y)^2\right]$ 可由下式给出：

$$\ln\left[(a_2-x)^2+(c-y)^2\right] = \ln\left[(a_2^2+c^2)\left(1+\frac{x^2+y^2-2a_2x-2cy}{a_2^2+c^2}\right)\right]$$

$$= \ln(a_2^2+c^2)+\ln\left(1+\frac{x^2+y^2-2a_2x-2cy}{a_2^2+c^2}\right)$$

在 $|x|\ll1$ 时，使用 $\ln(1+x)\simeq\dfrac{x-x^2}{2}$ 近似：

$$\ln\left[(a_2-x)^2+(c-y)^2\right] \simeq \ln(a_2^2+c^2) + \frac{(c^2-a_2^2)(x^2-y^2)-2(a_2^2+c^2)(a_2x+cy)-4a_2cxy}{(a_2^2+c^2)^2}$$

$$\ln\left[(a_1-x)^2+(c-y)^2\right] \simeq \ln(a_1^2+c^2) + \frac{(c^2-a_1^2)(x^2-y^2)-2(a_1^2+c^2)(a_1x+cy)-4a_1cxy}{(a_1^2+c^2)^2}$$

于是，式（3.154）以及类似的，H_{y1-}，H_{y2+}，H_{y2-} 可以写成：

$$H_{y1+}(x,y) \simeq -\frac{K}{4\pi}\left[\ln\left(\frac{a_2^2+c^2}{a_1^2+c^2}\right) + \frac{(c^2-a_2^2)(x^2-y^2)-2(a_2^2+c^2)(a_2x+cy)-4a_2cxy}{(a_2^2+c^2)^2} - \right.$$
$$\left. \frac{(c^2-a_1^2)(x^2-y^2)-2(a_1^2+c^2)(a_1x+cy)-4a_1cxy}{(a_1^2+c^2)^2}\right] \quad (3.155a)$$

$$H_{y1-}(x,y) \simeq -\frac{K}{4\pi}\left[\ln\left(\frac{a_2^2+c^2}{a_1^2+c^2}\right) + \frac{(c^2-a_2^2)(x^2-y^2)+2(a_2^2+c^2)(a_2x-cy)+4a_2cxy}{(a_2^2+c^2)^2} - \right.$$
$$\left. \frac{(c^2-a_1^2)(x^2-y^2)+2(a_1^2+c^2)(a_1x-cy)+4a_1cxy}{(a_1^2+c^2)^2}\right] \quad (3.155b)$$

$$H_{y2+}(x,y) \simeq -\frac{K}{4\pi}\left[\ln\left(\frac{a_2^2+c^2}{a_1^2+c^2}\right) + \frac{(c^2-a_2^2)(x^2-y^2)-2(a_2^2+c^2)(a_2x-cy)+4a_2cxy}{(a_2^2+c^2)^2} - \right.$$
$$\left. \frac{(c^2-a_1^2)(x^2-y^2)-2(a_1^2+c^2)(a_1x-cy)+4a_1cxy}{(a_1^2+c^2)^2}\right] \quad (3.155c)$$

$$H_{y2-}(x,y) \simeq -\frac{K}{4\pi}\left[\ln\left(\frac{a_2^2+c^2}{a_1^2+c^2}\right) + \frac{(c^2-a_2^2)(x^2-y^2)+2(a_2^2+c^2)(a_2x+cy)-4a_2cxy}{(a_2^2+c^2)^2} - \right.$$
$$\left. \frac{(c^2-a_1^2)(x^2-y^2)+2(a_1^2+c^2)(a_1x-cy)-4a_1cxy}{(a_1^2+c^2)^2}\right] \quad (3.155d)$$

联立各项，在接近 (0,0) 附近，我们有：

$$H_y(x,y) \simeq -\frac{K}{\pi}\left[\ln\left(\frac{a_2^2+c^2}{a_1^2+c^2}\right) - \frac{(a_2^2-a_1^2)\left[3c^4+(a_2^2+a_1^2)c^2-a_2^2a_1^2\right]}{(a_2^2+c^2)^2(a_1^2+c^2)^2}(x^2-y^2)\right]$$
$$\simeq H_y(0,0)+K\left[\frac{a_2^2-c^2}{(a_2^2+c^2)^2} - \frac{a_1^2-c^2}{(a_1^2+c^2)^2}\right](x^2-y^2) \quad (3.156a)$$

注意，当 c^2 满足下式时，2 阶不均匀项为 0：

$$c^2 = \frac{1}{6}\left[\sqrt{(a_2^2+a_1^2)^2+12a_2^2a_1^2}-(a_2^2+a_1^2)\right]$$

$$= \frac{1}{6}\left[\sqrt{a_2^4 + 14a_2^2a_1^2 + a_1^4} - (a_2^2 + a_1^2)\right] \qquad (3.156b)$$

C. 4个电流元产生的中心场

如图 3.38 所示，通过将 4 个电流面近似视为载流为 NI 的载流元，可以简化跑道线圈中心附近磁场的表达式。⊙表示+z 向，⊗表示−z 方向。

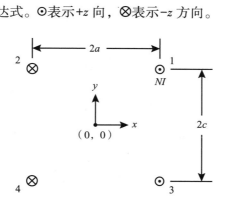

图 3.38 力计算用到的电流分布模型。

这样，令 $a_1 = a$，$a_2 = a+\epsilon$ 以及 $K\epsilon = K(a_2 - a) = NI$。将这些参数代入式（3.153b）中去，并注意在 $|x| \ll 1$ 时，有 $\ln(1+x) = x$。于是：

$$H_y(0,0) = -\frac{K}{\pi}\ln\left(\frac{a_2^2 + c^2}{a_1^2 + c^2}\right) \simeq -\frac{K}{\pi}\ln\left(\frac{a^2 + c^2 + 2a\epsilon}{a^2 + c^2}\right)$$

$$\simeq -\frac{K2a\epsilon}{\pi(a^2 + c^2)} \simeq -\frac{2aNI}{\pi(a^2 + c^2)} \qquad (3.157a)$$

式（3.156）的等号右侧的第 2 项 $K(a_2^2 - a_1^2) = K(a_2 + a_1)(a_2 - a_1)$ 成为 $2aNI$，于是：

$$\frac{K(a_2^2 - a_1^2)\left[3c^4 + (a_2^2 + a_1^2)c^2 - a_2^2a_1^2\right]}{\pi(a_2^2 + c^2)^2(a_1^2 + c^2)^2}(x^2 - y^2) \simeq \frac{2aNI\left[3c^4 + 2a^2c^2 - a^4\right]}{\pi(a^2 + c^2)^4}(x^2 - y^2)$$

$$= -H_y(0,0)\left[\frac{3c^4 + 2a^2c^2 - a^4}{(a^2 + c^2)^3}(x^2 - y^2)\right]$$

联立上式和式（3.156），得：

$$H_y(x,y) \simeq H_y(0,0)\left[1 + \frac{3c^4+2a^2c^2-a^4}{(a^2+c^2)^3}(x^2-y^2)\right] \tag{3.157b}$$

D. 电流元上的力

同样的**四电流元模型**可以用来计算施加于电流元 1 上的洛伦兹力 $\vec{F}_1$（轴向单位长度）。这个力是电流元 2/3/4 分别作用于电流元 1 上的洛伦兹力之和：

$$\vec{F}_1 = \left.\vec{F}_1\right|_2 + \left.\vec{F}_1\right|_3 + \left.\vec{F}_1\right|_4 \tag{3.158}$$

式中，$\left.\vec{F}_1\right|_2$，$\left.\vec{F}_1\right|_3$，$\left.\vec{F}_1\right|_4$ 分别是微元 2/3/4 作用在微元 1 上的力。

载流为 $I_2 = NI$ 的微元 2 作用在载流为 $I_1 = NI$ 微元上的力 $\left.\vec{F}_1\right|_2$ 的方向为 $+x$，为：

$$\left.\vec{F}_1\right|_2 = \frac{\mu_0 I_1 I_2}{4\pi a}\vec{\imath}_x = \frac{\mu_0 N^2 I^2}{4\pi a}\vec{\imath}_x \tag{3.159a}$$

同样，微元 3 在微元 1 上的力 $\left.\vec{F}_1\right|_3$ 是 $-y$ 向的，为：

$$\left.\vec{F}_1\right|_3 = -\frac{\mu_0 I_1 I_3}{4\pi c}\vec{\imath}_y = -\frac{\mu_0 N^2 I^2}{4\pi c}\vec{\imath}_y \tag{3.159b}$$

微元 4 对微元 1 的力 $\left.\vec{F}_1\right|_4$，有 x 向和 y 向分量：

$$\begin{aligned}
\left.\vec{F}_1\right|_4 &= \frac{\mu_0 I_1 I_4}{4\pi}\frac{1}{\sqrt{a^2+c^2}}\left(\frac{a}{\sqrt{a^2+c^2}}\vec{\imath}_x + \frac{c}{\sqrt{a^2+c^2}}\vec{\imath}_y\right) \\
&= \frac{\mu_0 N^2 I^2}{4\pi}\left(\frac{a}{a^2+c^2}\vec{\imath}_x + \frac{c}{a^2+c^2}\vec{\imath}_y\right)
\end{aligned} \tag{3.159c}$$

其他 3 个微元对微元 1 的电磁力的 x 分量和 y 分量 F_{1x} 和 F_{1y} 分别为：

$$F_{1x} = \frac{\mu_0 N^2 I^2}{4\pi}\left(\frac{1}{a} + \frac{a}{a^2+c^2}\right) = \frac{\mu_0 N^2 I^2}{4\pi a}\left(1 + \frac{a^2}{a^2+c^2}\right) \tag{3.160a}$$

$$F_{1y} = \frac{\mu_0 N^2 I^2}{4\pi}\left(-\frac{1}{c} + \frac{c}{a^2+c^2}\right) = -\frac{\mu_0 N^2 I^2}{4\pi c}\left(1 - \frac{c^2}{a^2+c^2}\right) \tag{3.160b}$$

E. 跑道线圈自身内部以及2个线圈之间的作用力

因为 $c^2 < a^2 + c^2$，F_{1y} 指向 $-y$ 向。跑道线圈 1 内部的微元 1 和微元 2 由于电流极性相反，为斥力。类似地，跑道线圈 2 内部的微元 3 和 4 之间也是排斥力。即如无外部约束，各跑道线圈都有扩展成圆形的趋势。

微元 1 和微元 3 由于电流极性相同，净力是引力。类似的，微元 2 和微元 4 之间的净力也是引力。如式（3.160b）所示，2 个跑道线圈之间的净力是引力。

3.9.18 问题3.10：理想环形磁体

本问题处理一个零绕组厚度的理想环形（toroidal）磁体以展示环形磁体的关键特性。

一个理想的圆截面环形磁体，主半径为 R、小半径为 a，由等效总安匝数 NI 的表面电流励磁（图 3.39）。假定表面电流与 φ 向垂直，绕环流动。

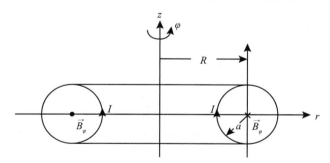

图 3.39 理想环形磁体，由 N 个环组成，每个环载流均为 I。

a）证明环形磁体的内部磁场 B_φ 为：

$$B_\varphi(r) = \frac{\mu_0 NI}{2\pi r} \tag{3.161}$$

同时证明，环外的磁场 B_φ 是 0。

b）假设环形磁体一共有 N 个环，每个环载流均为 I。证明，作用于单个环上的净径向洛伦兹力 F_{L+} 为：

$$F_{L+} = \frac{\mu_0 NI^2}{2}\left(1 - \frac{R}{\sqrt{R^2 - a^2}}\right) \tag{3.162}$$

问题3.10的解答

a）根据对称性，我们看到 H_φ 与 φ 无关。在环形磁体内应用安培定律积分形式：

$$\int_0^{2\pi} H_\varphi(r) r\mathrm{d}\varphi = 2\pi r H_\varphi(r) = NI \tag{S10.1}$$

因为 $B_\varphi(r) = \mu_0 H_\varphi(r)$，我们有：

$$B_\varphi(r) = \frac{\mu_0 NI}{2\pi r} \tag{3.161}$$

当上述积分在环形磁体外的闭合曲线上进行时，由于环形磁体外无净电流，故 $H_\varphi(r) = 0$，$B_\varphi(r) = 0$。

b）图3.40给出了一个单环，一个力微元 $\mathrm{d}\vec{F}_L$ 作用在它上面的一个线微元 $\mathrm{d}\vec{s}$ 上，力微元在 r 方向的分量为 $\mathrm{d}F_{Lr}$：

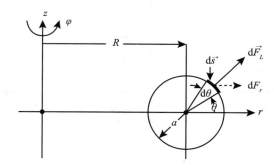

图3.40　作用于单个环上的力微元。

$$\mathrm{d}\vec{F}_L = -I\,\mathrm{d}s\,\vec{\imath}_\theta \times \tilde{B}_\varphi(r)\vec{\imath}_\varphi \tag{S10.2}$$

式中，$\tilde{B}_\varphi(r)$ 是作用在表面电流上的平均场。这个场是式（3.161）给出的场的 $\frac{1}{2}$。

$$\mathrm{d}\vec{F}_L = -I\,\mathrm{d}s\,\vec{\imath}_\theta \times \tilde{B}_\varphi(r)\vec{\imath}_\varphi = \frac{\mu_0 NI^2 \mathrm{d}s}{4\pi r}\vec{\imath}_\xi \tag{S10.3}$$

式中，$\vec{\imath}_\xi$ 矢量与 $\vec{F}_L$ 同向（图3.40）。该力微元的 r 分量写为：

$$\mathrm{d}F_{Lr} = \frac{\mu_0 NI^2 \cos\theta \mathrm{d}s}{4\pi r} \tag{S10.4}$$

因为 $\mathrm{d}s = a\mathrm{d}\theta$，$r = R + a\cos\theta$，根据式（S10.4）写出 $\mathrm{d}F_{Lr}$：

$$\mathrm{d}F_{Lr} = \frac{\mu_0 N I^2 a\cos\theta\,\mathrm{d}\theta}{4\pi(R + a\cos\theta)} \tag{S10.5}$$

在整个小环上对式（S10.5）积分，有：

$$F_{Lr} = \frac{\mu_0 N I^2 a}{4\pi}\int_0^{2\pi}\frac{\cos\theta\,\mathrm{d}\theta}{R + a\cos\theta} = \frac{\mu_0 N I^2 a}{2\pi}\int_0^{\pi}\frac{\cos\theta\,\mathrm{d}\theta}{R + a\cos\theta} \tag{S10.6}$$

查积分表，有：

$$F_{Lr} = \frac{\mu_0 N I^2 a}{2\pi}\left(\frac{\theta}{a}\bigg|_0^{\pi} - \frac{R}{a}\int_0^{\pi}\frac{\mathrm{d}\theta}{R + a\cos\theta}\right)$$

$$= \frac{\mu_0 N I^2 a}{2\pi}\left\{\frac{\pi}{a} - \frac{2R}{a\sqrt{R^2 - a^2}}\tan^{-1}\left[\sqrt{\frac{R-a}{R+a}}\tan\frac{\theta}{2}\right]\bigg|_0^{\pi}\right\} \tag{S10.7a}$$

$$F_{Lr} = \frac{\mu_0 N I^2}{2}\left(1 - \frac{R}{\sqrt{R^2 - a^2}}\right) \tag{3.162}$$

当 $R \to \infty$ 时，环形磁体成为直径为 $2a$ 的直螺线管。如预期的那样，此时有 $F_{Lr} \to 0$。

3.9.19　讨论3.9：核聚变与磁约束

若轻元素核被约束下加热到很高温度（~100 MK），它们将发生聚变。因为聚变产物的总质量 M_f 比初始态核的总质量 M_n 要小，所以聚变反应会释放出净能量 $E_n = (M_n - M_f)c^2$。其中，c 是光速。太阳即通过该过程产生能量。一个可控的热核反应堆是一个小型的人造太阳。太阳通过引力约束不稳定的热等离子，引力也可以用磁力替代，使用磁场令热离子稳定的技术称为磁约束。

聚变发电反应堆最可能使用的磁约束装置是环形的托卡马克（Tokamak）。托卡马克是 1950 年代由位于莫斯科的库尔恰托夫（Kurchatov）原子能研究所的 L. A. 阿尔齐莫维奇（L. A. Artsimovich）和 A. D. 萨哈罗夫（A. D. Sakharov）提出的。国际热核聚变实验反应堆（International Thermonuclear Experimental Reactor，ITER）项目是一个联合欧盟、日本、俄罗斯、美国、韩国、中国和印度的合作项目目标是使用超导磁体制造一个"收支相抵"的 Tokamak。ITER 的环形磁体并不是上面研究的圆截面，而是 D 形的，其主半径 $R \sim 8$ m，高约 12 m；环向磁场 $B_\varphi \sim 6$ T，导体上的最大磁场

（~13 T）。ITER 将在法国普罗旺斯地区艾克斯北部（~40 km）的卡达拉什建造。

3.9.20　问题3.11：边缘场

本节问题处理边缘磁场即边缘场——磁体系统的外部不希望存在的磁场。因为边缘场可能在磁体系统附近形成安全风险点，还会干扰磁场敏感设备或引起其失真，所以研究它十分重要。为了计算距磁体较远的边缘场 $\vec{H}_f$，可以将磁体建模为一个有效半径为 R_e 的球形偶极子：

$$\vec{H}_f = H_0 \left(\frac{R_e}{r}\right)^3 \left(\cos\theta\ \vec{\imath}_r + \frac{1}{2}\sin\theta\ \vec{\imath}_\theta\right) \tag{3.163}$$

式中，$\mu_0 H_0$ 是中心场。令式（3.163）中给出的 z 轴（r 向，在 $\theta=0$ 时）偶极远场（$r \gg R$）等于由 3.3a 给出的半径为 a，载流为 I 的电流环（$z \gg a$）的场。因此：

$$H_0 R_e^3 = \frac{1}{2} a^2 I \tag{3.164}$$

a）对一个安匝数为 NI、内径 $2a_1$、外径 $2a_2$ 的螺管线圈，证明：采用加权平均 $\bar{a}^2$，3.164 可写为：

$$H_0 R_e^3 = \frac{1}{2}\bar{a}^2 NI = \frac{1}{6}(a_1^2 + a_2^2 + a_1 a_2) NI \tag{3.165}$$

当式（3.164）用于由 n_ℓ 层组成的绕组的**每一层**时，各层都有**相同的**单位层总匝数 $n_{\frac{t}{\ell}}$。我们此处不加推导地给出一个表达式，请读者自行推导：

$$H_0 R_e^3 = \frac{1}{2} a_1^2 NI \left[1 + (\alpha-1)\frac{(n_\ell+1)}{n_\ell} + (\alpha-1)^2\frac{(n_\ell+1)(2n_\ell+1)}{6n_\ell^2}\right] \tag{3.166}$$

注意，$N = n_{\frac{t}{\ell}} n_\ell$。对于 $n_\ell \gg 1$，式（3.166）可以由式（3.165）近似。因为 R_e 正比于各式右侧的**立方根**，多数情况下式（3.165）都是式（3.166）的很好近似。需牢记，这些式子仅在 $r \gg R_e$ 时有效。所以，使用式（3.165）计算的 R_e 是与磁体长度 $2b$ 和安匝数 NI 无关的。对于由 k 个线圈嵌套组成的磁体，式（3.165）可以推导为：

$$H_0 R_e^3 = \frac{1}{6} I \sum_{j=1}^{k} (a_{1j}^2 + a_{2j}^2 + a_{1j} a_{2j}) N_j \tag{3.167}$$

b）使用式（3.167）和表 3.3 给出的参数，证明：对 45 T 超导磁体有 $R_e = 0.67$ m。

（因为水冷磁体的体积比超导磁体的体积小很多，尽管水冷磁体中心场为 31 T，但对仅贡献了一点的边缘场，可忽略不计。）

c）出于安全性考虑，与磁体的运行和实验有关的人员和设备必须位于磁体的 100 Gs 等磁场强度线外。确定 $z = 2.75$ m 时相应的径向距离 r_m，此处的边缘场 $\left| \mu_0 \, \vec{H}_f \right|$ 恰为 100 Gs。

问题3.11的解答

a）参数为 $2a_1$，$2a_2$ 的螺管的加权平均 $\tilde{a}^2$ 可以写为：

$$\tilde{a}^2 = \frac{1}{(a_2 - a_1)} \int_{a_1}^{a_2} r^2 \mathrm{d}r = \frac{(a_2^3 - a_1^3)}{3(a_2 - a_1)} = \frac{1}{3}(a_1^2 + a_2^2 + a_1 a_2) \tag{S11.1}$$

于是：

$$H_0 R_e^3 = \frac{1}{2}\tilde{a}^2 NI = \frac{1}{6}(a_1^2 + a_2^2 + a_1 a_2)NI \tag{3.165}$$

b）对 45 T 超导磁体（表3.3）应用式（3.167），代入 $H_0 = \dfrac{14\ \text{T}}{\mu_0}$，有：

$$\frac{14\ \text{T}}{4\pi \times 10^{-7}\ \text{H/m}} R_e^3 = 3.300 \times 10^6\ \text{Am}^2 \rightarrow R_e = 0.667\ \text{m}$$

c）当 $I_{op} = 10$ kA 时，代入 $\mu_0 \vec{H}_f = 0.01$ T（100 Gs），我们有：

$$(0.01\text{T}) = (14\ \text{T})\left(\frac{0.67\ \text{m}}{R_m}\right)^3 \left(\cos\theta\, \vec{\iota}_r + \frac{1}{2}\sin\theta\, \vec{\iota}_\theta\right) \tag{S11.2a}$$

$$(R_m) = \sqrt{(x_m)^2 + 0 + (2.7\ \text{m})^2} \tag{S11.2b}$$

$$\theta = \tan^{-1}\left(\frac{x_m}{2.7\ \text{m}}\right) \tag{S11.2c}$$

根据式（S11.2a）、式（S11.2b）和式（S11.2c），解出 x，得：$x = 6.52$ m。在 $x = 6.52$ m 时，我们从式（S11.2b）得到 $R \simeq 7.05$ m，$\theta \simeq 67.5°$。

值得注意的是，根据美国食品药品监督管理局（FDA）的认可的规则，实验人员在 100 Gs 磁场中一天半天的短时暴露和在 5 Gs 中长期暴露是不同的。

3.9.21 讨论3.10：螺管磁体的缩放

在磁体设计的早期阶段，设计新磁体的一个方便快捷方法是利用一个已设计好的磁体的参数进行比例缩放。缩放的一般要求是保持中心场 $H_z(0, 0)$ 或者功耗不变。下面的所有缩放法则尽管是针对螺管磁体提出的，但对任何形状的磁体都可以应用。

将原始绕组尺寸 $a_{1o} \equiv a_0$；$a_{2o} \equiv \alpha_0 a_0$；$b_0 \equiv \beta_0 a_0$ 分别放大 $\chi > 1$（或 $\chi < 1$ 缩小，χ 是常数）将得到新的绕组尺寸 $a_{1\chi} = \chi a_0$；$a_{2\chi} = \chi \alpha_0 a_0$；$b_\chi = \chi \beta_0 a_0$。后文讨论中，0 下标参数表示原始（original）磁体，χ 下标表示缩放后的新磁体。

我们感兴趣的参数包括：中心场 $H_z(0, 0) \equiv H$；空间因子 λ；总电流密度 J；运行电流 I；导体截面积 A；磁能 E；导体总长度 ℓ；绕组体积 $\mathcal{V}$。下面的讨论中，假设 2 个磁体的空间因子相同 $\lambda_\chi = \lambda_0 = \lambda$。

A. 空间均匀性

如讨论 3.4 所述，螺管磁体的磁场的空间均匀性完全由 α，β 确定。因此，只要 α，β 保持不变，缩放后的磁体（在缩放区域上）将和原始磁体（在原始区域上）具有相同的均匀性。

B. 中心场与电流密度

根据 3.13a（第 3.4 节和问题 3.1），对相同的 λ，α，β，中心场正比于 $a_1 J$。由于 $a_{1\chi} = \chi a_0$，J_χ 必须按 $\frac{1}{\chi}$ 缩放：$J_\chi = \frac{J_0}{\chi}$。因为磁压正比于 $H_z^2(0, 0)$，所以新磁体的磁压与原磁体一致；此外，磁压还正比于磁体径向尺寸与运行电流密度的乘积（即 $a_1 J$），而该量在缩放后不变。从式（3.54）可以看出，新磁体的中平面总轴向力是原磁体的 χ^2 倍——在式（3.54）中，$\left(\dfrac{NI}{4b}\right)^2$ 保持不变，而它是"面积"项，按 χ^2 增长。

C. 导体尺寸与运行电流

如果 I_χ 缩放 χ，则缩放后的磁体的导体截面积 $A_\chi \simeq \dfrac{I_\chi}{J_\chi}$ 将缩放 χ^2：$A_\chi = \chi^2 A_0$。另一方面，如果运行电流不变（$I_\chi = I_0$），那有 $A_\chi = \chi A_0$。

D. 总匝数

缩放后磁体的总匝数，N_χ，可由下式给出：

$$N_\chi = \frac{\lambda J_\chi(2\beta a_\chi) a_\chi(\alpha-1)}{I_\chi} \tag{3.168a}$$

因为 $H_z(0,0)$ 必须保持不变，代入 A_χ，$J_\chi = \dfrac{J_0}{\chi}$，$N_\chi$ 可保持不变或者按 χ 缩放：

$$（对 I_\chi = \chi I_0） \quad N_\chi = \frac{\lambda\left(\dfrac{J_0}{\chi}\right)(2\beta\chi a_0)\chi a_0(a-1)}{\chi I_0} = N_0 \tag{3.168b}$$

$$（对 I_\chi = I_0） \quad N_\chi = \frac{\lambda\left(\dfrac{J_0}{\chi}\right)(2\beta\chi a_0)\chi a_0(a-1)}{I_0} = \chi N_0 \tag{3.168c}$$

E. 导体总长度、运行电流和安·米

磁体所需的导体总长度，ℓ_χ，有 2 种选项：

$$（对 I_\chi = \chi I_0） \quad \ell_\chi = N_\chi\pi(\alpha a_\chi + a_\chi) = N_0\chi\pi a_0(\alpha+1) = \chi\ell_0 \tag{3.169a}$$

$$（对 I_\chi = I_0） \quad \ell_\chi = \chi N_0\chi\pi a_0(\alpha+1) = \chi^2\ell_0 \tag{3.169b}$$

总安·米数 $I_\chi\ell_\chi$ 是导体费用的一个好指标，在 2 种情况下都是按 χ^2 缩放：

$$I_\chi\ell_\chi = \chi^2 I_0\ell_0 \tag{3.170}$$

F. 总磁能

磁体的总磁能是磁能密度在磁场所在的全部空间的积分，而磁能密度不变：$E_{m_\chi} = \chi^3 E_{m_0}$。

示例　有一个磁体参数如下：$H_z(0,0) = 1.53$ T；$2a_1 = 80$ mm；$2a_2 = 130$ mm；$2b = 220$ mm；总匝数 $N_0 = 2976$。磁体自感 0.301 H，在运行电流为 100 A 时产生的中心场为 1.53 T。下面我们考虑一个**全尺寸**磁体，其尺寸扩大 10 倍，λ 保持不变。计算几个全尺寸新磁体的参数。

自感　因为 $L_\chi = \mu_0 a_\chi N_\chi^2 \mathcal{L}(\alpha, \beta)$，则：①$L_\chi = \chi L_0$（若 $I_\chi = \chi I_0$）；或②$L_\chi = \chi^3 L_0$（若 $I_\chi = I_0$）。于是：①若 $I_\chi = 1000$ A，$L_\chi \simeq 3.01$ H；②若 $I_\chi = 100$ A，则 $L_\chi \simeq 301$ H。

计算 ℓ_0：

$$\ell_0 = N_0 \frac{a_0(\alpha+1)}{2} = 2976 \times \frac{0.04 \times (1.625+1)}{2} \simeq 156 \text{ m}$$

于是：①若 $I_\chi = 1000$ A，$\ell_\chi \simeq 1.56$ km；②若 $I_\chi = 100$ A，$\ell_\chi \simeq 15.6$ km。

3.9.22　讨论3.11：粒子加速器

电场（$\vec{E}$）能加速带电粒子这一简单原理是粒子加速器的基础。早期考克罗夫特·沃尔顿（Cockroft Walton）（1928 年）和范·德·格拉夫（Van de Graaff）（1930 年）设计的机器是线性的，即沿一条电势线（$\int \vec{E} \cdot \vec{s}$）加速粒子。为了产生高能粒子，线性加速器需要很大的势能。因此，线性加速器要求高电场 $\vec{E}$ 或长距离，或二者兼有。斯坦福直线加速器（约 20 GeV）的距离为 2 英里（约 3.2 km）。

20 世纪 30 年代，E. O. 劳伦斯（E. O. Lawrence）开发了一种圆形的回旋加速器。现代圆形加速器就是从劳伦斯回旋加速器发展而来的。在圆形加速器中，带电粒子每次回旋时都以不很大的电势加速；通过多次回旋，可以将粒子加速到远远超过线性加速器可实现的能量水平。圆形加速器的重要组成部分是一组用于产生磁场（通常为垂直方向）以使粒子沿圆周轨道运动的磁体；现代加速器使用二极磁体，而劳伦斯的首台 1.2 MeV 回旋加速器使用的是磁极片，以类似夹三明治的方式让粒子束在其中运动。

问题 3.12 的研究表明，圆形加速器中的粒子能量 E_p 正比于回旋半径 R_a，粒子束速度和垂直磁场 B_z。CERN 最新的强子对撞机（LHC）为产生 7 TeV 能量的粒子，其机器半径将近 3 km！作为对比，劳伦斯的首台回旋加速器半径（约 0.1 m）。如果 LHC 使用和劳伦斯首台加速器一样的约 1 T 的磁场 B_z，半径扩大（约 3×10^4）仅能令 E_p 达到（约 0.8 TeV）。在 LHC 中，通过增加磁场强度，扩大（约 8 倍）半径，就实现了 7 TeV。如此大的磁场，仅超导二极磁体可以实现。

3.9.23　问题3.12：加速器中的回旋质子

大型强子对撞机（Large Hadron Collider, LHC）有（~1250 个）二极磁体。各磁体长

（~14 m），在直径 56 mm 的空间区域内产生 8.3 T 的磁场。LHC 有 2 个相对运动的质子束回旋，2 部分都被加速到 7 TeV。

a）长圆形（oblong-shaped）主环由 2 个半径为 $R_a = 2.8$ km 的半圆与连接二者的近 4.5 km 的直线部分组成。二极磁体占满了 2 个半圆部分。证明，二极磁场 8.3 T 产生的洛伦兹力 $\vec{F}_L$ 可与 7 TeV 质子在半圆部分的向心力 $\vec{F}_{cp}$ 平衡。假设质子速度等于光速。提示：$1\,\mathrm{eV} = 1.6 \times 10^{-19}$ J。

b）证明 7 TeV 质子的速度接近光速。

问题3.12的解答

a）回旋质子（质量为 M_p）的向心力 $\vec{F}_{cp}$ 与洛伦兹力 $\vec{F}_L$ 平衡。因为 F_{cp} 总是沿径向朝外的，所以选择 B_z 向磁场以保证 F_L 沿径向朝内。2 个力分别为：

$$\vec{F}_{cp} = \frac{M_p v^2}{R_a}\vec{\imath}_r \simeq \frac{M_p c^2}{R_a}\vec{\imath}_r = \frac{E_p}{R_a}\vec{\imath}_r \tag{S12.1a}$$

$$\vec{F}_L = -qcB_z\vec{\imath}_r \tag{S12.1b}$$

从 $\vec{F}_L + \vec{F}_{cp} = 0$ 中解出 R_a，得：

$$R_a = \frac{E_p}{qcB_z} \tag{S12.2}$$

根据上式，有：

$$R_a = \frac{(1.6\times10^{-19}\ \mathrm{J/eV})(7\times10^{12}\ \mathrm{eV})}{(1.6\times10^{-19}\ \mathrm{C})(3\times10^{8}\ \mathrm{m/s})(8.3\ \mathrm{T})} \simeq 2.81\times10^{3}\ \mathrm{m} \simeq 2.8\ \mathrm{km}$$

这比 LHC 的实际半径（略超过 4 km）要小。注意上面的计算假定了整个环都被二极磁体占满，而实际上，二极磁体的填充率（~60%）——其余部分空间被四极磁体、探测磁体占据。因此，沿着 LHC 环的平均二极场（~5 T），计算得到的半径就是（~4 km）了。当然，若二极场 $B_z = 15$ T，环半径将减半；而 10～16 T 的超导二极磁体并非不可能[3.54-3.56]。

b）速度 v 的质子质量 M_p 与其静止质量（$M_{p0} = 1.67\times10^{-27}$ kg）的关系为：

$$M_p = \frac{M_{p0}}{\sqrt{1-\left(\dfrac{v}{c}\right)^2}} = \frac{E_p}{c^2} \tag{S12.3}$$

在上式中解出 $\dfrac{v}{c}$，有：

$$\frac{v}{c} = \sqrt{1 - \frac{M_{p0}^2 c^4}{E_p^2}} \qquad\qquad (\text{S12.4})$$

因为 $\dfrac{v}{c}$ 非常接近 1，式（S12.4）可近似为：

$$\frac{v}{c} \simeq 1 - \frac{M_{p0}^2 c^4}{2E_p^2} \simeq 1 - 9 \times 10^{-9}$$

也就是说，质子的速度在光速的十亿分之九以内。

3.9.24 问题3.13：双线圈磁体

图 3.41 给出了一个由 2 个轴对齐，尺寸一致，励磁极性相同的线圈 A 和 B 组成的磁体的剖面。轴向场 B_z 沿水平方向。如问题 3.3（亥姆霍兹线圈）指出的，反对称系统（麦克斯韦线圈）在中点（$z=0$）附近产生"线性"轴向场 B_z。对称系统的线圈间的轴向力是引力，反对称系统是大小相同的斥力。

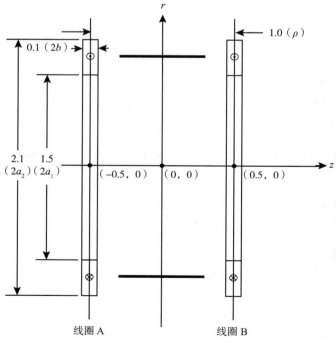

图 3.41　2 个相同线圈 A 和线圈 B 在同极性励磁下组成的磁体的剖面。尺寸以 m 为单位。

2 个线圈的绕组参数均为：$2a_1 = 1.5$ m；$2a_2 = 2.1$ m；$2b = 0.1$ m；$N = 8900$ 和 $I = 65$A。左侧线圈轴中心位于 $z = -0.5$ m，右侧线圈位于 $z = 0.5$ m，两线圈的中心距为 1 m（3.5 节中的 ρ）。水平的黑色条代表 2 个线圈之间的室温结构件，用以支撑两线圈间的作用力。

图 3.42(a) 和图 3.42(b) 分别给出了一个线圈在 $I = 65$ A 时的 $B_z(r,z)$ 和 $B_r(r,z)$ 图。这里的 $z = 0$ 恰好与线圈轴向中点重合。

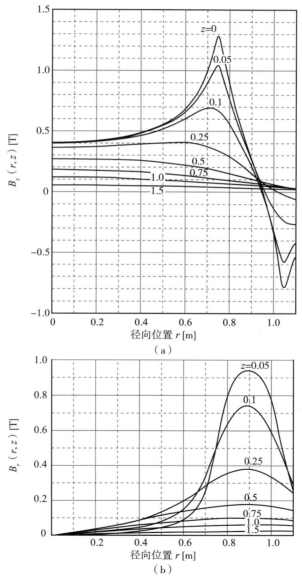

图 3.42　一个线圈不励磁，另一个励磁电流 $I=65$A 时，在励磁线圈轴向 z 位置上的 (a) $B_z(r,z)$ 和 (b) $B_r(r,z)$。

a）计算 $I = 65$ A 时，线圈 A 的总电流密度。

b）计算线圈 A 绕组的导体总长度。

c）使用恰当的解析表达，证明线圈 A 在 $I = 65$ A 但线圈 B **不励磁**时，轴向中点处的 B_z 近似为 0.4 T，如图 3.42（a）所示。

d）使用图 3.14 中给出的螺管的 $\mathcal{L}(\alpha, \beta)$ 和式 3.81，计算线圈 A 的自感。某程序给出的数值是 216.8 H。

e）定量的证明，3.5.1 节中研究过的线圈 A 上的轴向力 $F_{zA}(\rho)$ 在线圈 B 以 65 A 励磁时是 $+z$ 向的，即线圈 A 和 B 之间的轴向力是引力。

f）2 个线圈均以 65 A 励磁时，使用图 3.42（a）和图 3.42（b）中合适的场数据计算上述引力的幅值。结果应该在 2×10^5 N 的 ±20% 以内。（某程序计算值为 −193 kN，负号表示引力。）

g）将双线圈近似为环线圈（图 3.5），使用式（3.34）计算线圈 B 施于线圈 A 上的轴向力 $F_{zA}(\rho)$。使用 $k = 0.874157$ 对应的 $K(k) = 2.10000$，$E(k) = 1.2000$。这里 $a_A = a_B = 0.9$ m，$\rho = 1.0$ m。

h）在 $\rho = 5$ m 时计算 $F_{zA}(\rho)$。

表 3.6 给出了 2 个线圈系统的互感 $M_{AB}(\rho)$ 与中心距数据的计算值。

表 3.6 M_{AB} 与 ρ 数据对比

$\rho[\mathrm{m}]$	$M_{AB}[\mathrm{H}]$	$\rho[\mathrm{m}]$	$M_{AB}[\mathrm{H}]$
0.4	85.230	0.9	34.873
0.5	69.890	1.0	29.826
0.6	57.997	1.1	25.650
0.7	48.585	1.2	22.173
0.8	41.028	1.3	13.258

i）证明，系统存储的总能量 E_m 在运行电流 65 A，$\rho = 1.0$ m 时，近似为 1 MJ。使用 $L = 216.8$ H。

j）在系统上应用式（3.105b），由 $M_{AB}(\rho)$ 数据计算 $F_{zA}(\rho)$。

问题3.13的解答

a）根据式（3.108a），得：

$$\lambda J = \frac{NI}{2b(a_2 - a_1)} \tag{3.108a}$$

$$= 19.3 \times 10^6 \, \text{A/m}^2$$

b) 线圈导体总长度 ℓ 为：$\ell = N\pi(a_2 + a_1) \simeq 50.3 \, \text{km}$。于是，该两线圈系统的导体总长度约（$\sim 100 \, \text{km}$）。

c) 可以将其中的一个线圈（线圈 A 或 B）近似为 $\alpha = 1.4$ 的饼式线圈。应用式（3.111f），得到线圈 A 的轴向中心场 B_{zA}：

$$B_{zA} \simeq B_z(0,0) = \frac{\mu_0 NI}{2a_1}\left(\frac{\ln\alpha}{\alpha - 1}\right) \tag{3.111f}$$

$$= 0.4 \, \text{T}$$

d) 从图 3.14，得到 $\mathcal{L}(\alpha = 1.4, \, \beta = 0.067) \simeq 2.8$。根据式（3.81），有：

$$L = \mu_0 a_1 N^2 \mathcal{L}(\alpha, \beta) \tag{3.81}$$

$$= 209 \text{H}$$

e) 图 3.42b 中的 $B_r(r,z)$ 在 $z \geq 0$ 时成立，表明 $B_r(r,z)$ 是正的，沿径向朝外。不过，当线圈 B 产生的 $B_r(r,z)$ 作用于线圈 A 时，因为线圈 A 相对于线圈 B 的轴向中点处有 $z < 0$，线圈 B 作用于线圈 A 的 $B_r(r,z)$ 是沿径向朝内的。若对图 3.41 中的线圈 A 的顶部绕组截面应用 $I\vec{i}_\theta \times -B_r(r,z)\vec{i}_r$，可知线圈 B 作用于线圈 A 的轴向力是 $+z$ 向的，即这个力是引力。

f) $F_{zA}(\rho)$ 是洛伦兹力，可由下式计算：

$$F_{zA}(\rho) \simeq (\text{平均绕组周长}) \times (NI) \times (\text{绕组截面中心的 } B_r)$$

$$= \pi(1.8 \, \text{m})(8900 \times 65 \, \text{A})(0.06 \, \text{T}) = 196 \, \text{kN}$$

g) 线圈 B 作用于线圈 A 的力 $F_{zA}(\rho)$ 为：

$$F_{zA}(\rho) = \frac{\mu_0}{2}(N_A I_A)(N_B I_B)\frac{\rho}{(a_A - a_B)^2 + \rho^2}\sqrt{(a_A + a_B)^2 + \rho^2} \times$$

$$\left\{ k^2 K(k) + (k^2 - 2)\left[K(k) - E(k)\right] \right\} \tag{3.34}$$

式中，$K(k)$ 和 $E(k)$ 分别是第一类和第二类完全椭圆积分。模为：

$$k^2 = \frac{4a_A a_B}{(a_A + a_B)^2 + \rho^2} \tag{3.36}$$

已知 $N_A = N_B = N = 8900$；$a_A = a_B = \dfrac{(a_1 + a_2)}{2} = 0.9$ m；$\rho = 1$ m：

$$k^2 = \frac{4(0.9\ \text{m})(0.9\ \text{m})}{(0.9\ \text{m} + 0.9\ \text{m})^2 + (1.0\ \text{m})^2} = 0.764151 \Rightarrow k = 0.874157$$

已知 $K(k) = 2.100000$ 和 $E(k) = 1.200000$，于是：

$$F_{zA}(1\text{m}) \simeq -213.2\text{kN}$$

h）在极限 $\rho^2 \gg (a_A + a_B)^2$ 下，式（3.34）简化为：

$$F_{zA}(\rho) = \frac{3\mu_0}{2\pi} \left(\frac{\pi a_A^2 N_A I_A}{\rho^2} \right) \left(\frac{\pi a_B^2 N_B I_B}{\rho^2} \right) \tag{3.39c}$$

代入 $\rho^2 = 25.0$ m^2 以及 $(a_A + a_B)^2 = 3.24$ m^2，可知 $\rho^2 \gg (a_A + a_B)^2$ 条件能够满足。因为 $N_A = N_B = N = 8900$，$I_A = I_B = 65$ A，$a_A = b_B = 0.9$ m，式（3.39c）写为：

$$F_{zA}(\rho) = \frac{3(4\pi \times 10^{-7}\ \text{H/m})}{2\pi} \left[\frac{\pi (0.9\ \text{m})^2 (8900)(65\ \text{A})}{(5\ \text{m})^2} \right]^2 = 2.08\ \text{kN}$$

一个 2 kN（约 200 kg）的力仅大约相当于单个线圈重量的 13%。

i）系统存储的总磁能 E_m 可以由式（3.92）给出：

$$E_m = \frac{1}{2} L_1 I_1^2 + \frac{1}{2} L_2 I_2^2 + M_{12} I_1 I_2 \tag{3.92}$$

已知 $L_1 = L_A = L_2 = L_B \equiv L = 216.8$H，$I_1 = I_A = I_2 = I_B \equiv I = 65$A，查表知 $M_{AB} \simeq 29.8$H，于是有：

$$E_m = L I^2 + M_{AB} I^2 = (L + M_{AB}) I^2 = 1.04\ \text{MJ}$$

j）式（3.105b）为：

$$F_{zR}(\rho) = \frac{\partial E_{AB}}{\partial \rho} = I_A I_B \frac{\partial M_{AB}(\rho)}{\partial \rho} \tag{3.105b}$$

查表，$M_{AB}(\rho = 0.9\ \text{m}) = 34.873$H 以及 $M_{AB}(\rho = 1.1\ \text{m}) = 25.650$ H。于是：

$$\frac{\partial M_{AB}(\rho)}{\partial \rho} \simeq \frac{(25.650\ \text{H} - 34.875\ \text{H})}{(1.1\ \text{m} - 0.9\ \text{m})} = -46.115\ \text{H/m} \tag{S17.1}$$

将式（S17.1）代入式（3.105b），并取 $I_A = I_B = I = 65$ A，有：

$$F_{zR}(\rho) \simeq (65\ \text{A})^2(-46.115\ \text{H/m}) = -194.8\ \text{kN}$$

毫不奇怪，这个数值和程序计算的 -193 kN 很接近。

3.9.25　问题3.14：螺管线圈的中平面轴向力

本节问题我们将使用第 3.5 节对参数为 $2a_1 = 10$ cm；$2a_2 = 14$ cm；$2b = 25$ cm；$NI = 1.5 \times 10^6$ A 的螺管线圈［见图 3.43（a）］推导出来的一些表达式。

a）用 3.111d 计算 $B_z(0, 0)$，尽管这个螺管（$\alpha = 1.4$，$\beta = 2.5$）实际上既不是薄壁也不长。

b）将这个螺管视为薄壁的，应用式（3.41a）计算中平面轴向力 $F_z(0)$，计算时取 $2a = 10$ cm。某程序的计算结果是 -187.8 kN。

c）应用适用于长螺管的式（3.41b）计算 $F_z(0)$。取螺管平均直径：①$2a = 10$ cm；②$2a = 12$ cm。

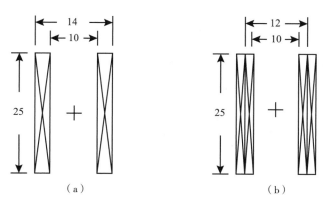

图 3.43　（a）参数为 $2a_1 = 10$ cm；$2a_2 = 14$ cm；$2b = 25$ cm 的螺管。（b）螺管分为 2 个子螺管 A 和 B，参数为 $2a_A = 10$ cm；$2a_B = 12$ cm；$2b = 25$ cm。

d）如图 3.43(b)所示，将螺管分为 2 个子螺管 A 和 B。子螺管具有相同的壁厚 1 cm，$2a_A = 10$ cm，$2a_B = 12$ cm，$NI = 0.75 \times 10^6$ A。计算 $B_z(0,0)$。

e）应用式（3.54）计算 $F_{zT}(0)$，并与某程序的计算值 -187.8 kN 对比。

f) 应用对长螺管成立的式（3.55）计算 $F_{zT}(0)$。

g) 取薄壁且长的（$2a,2b$）、有均匀表面电流密度 $\dfrac{NI}{2b}$ 的螺管的一半，在其整个表面应用 $\mathbf{V} \cdot B = 0$ 导出式（3.41b）。需要考虑的表面是线圈的 xy 平面上的 $z=0$（中平面）和 $z=b$ 之间的区域（分别为 πa^2）以及在 $r=a$ 时，从 $z=0$ 到 $z=b$ 的圆柱表面区域（$2\pi ab$）。

h) 对长螺管（$\beta \gg 1$）线圈，解释为什么在它长度方向从中平面到近末端的大部分区域的轴向力为常量，并等于中平面的值。考虑这个长螺管的 $\dfrac{1}{2}$，试确定 B_z 从 B_z（0,0）显著下降的开始位置 z。

表 3.7 给出了部分完全椭圆积分的值。

表 3.7　问题 b) 和 e) 所需的相关完全椭圆积分值

k^2	$K(k)$	$E(k)$	k^2	$K(k)$	$E(k)$
0.137931	1.62961	1.51514	0.390244	1.77081	1.40400
0.160858	1.64041	1.50558	0.432822	1.80099	1.38373
0.187256	1.65325	1.49445	0.479600	1.83717	1.36084
c^2	k	$\Pi(c^2,k)$	c^2	k	$\Pi(c^2,k)$
0.991736	0.401071	18.7227	0.991736	0.657892	22.3701

问题 3.14 的解答

a) 应用式（3.111d），我们有：

$$B_z(0,0) = \frac{\mu_0 NI}{2b}$$

$$= \frac{(4\pi \times 10^{-7} \text{H/m})(1.5 \times 10^6 \text{A})}{(0.25\text{m})} = 7.5 \text{ T} \qquad (3.111\text{d})$$

式（3.109）对这个 $\alpha = 1.4$，$\beta = 2.5$ 的螺管给出的结果是 $B_z(0,0) = 6.8$ T。可知式（3.111d）的误差大约是 10%。考虑到它的简单性，这个结果不算太坏。

b) 再次给出式（3.41a）：

$$F_z(0) = -\frac{\mu_0}{2}\left(\frac{NI}{2b}\right)^2 \left\{2b\sqrt{4a^2+b^2}\left[K(k_b)-E(k_b)\right] - 2b\sqrt{4a^2+4b^2}\left[K(k_{2b})-E(k_{2b})\right]\right\}$$

$$(3.41\text{a})$$

式中的模为：

$$k_b^2 = \frac{4a^2}{4a^2+b^2} = \frac{4(5)^2}{4(5)^2+(12.5)^2} \simeq 0.390244 ;$$

$$k_{2b}^2 = \frac{4a^2}{4a^2+(2b)^2} = \frac{4(5)^2}{4(5)^2+(25)^2} \simeq 0.137931$$

代入表 3.7 中给出的 $K(k)$ 和 $E(k)$ 值：

$$F_z(0) \simeq -157.8 \text{ kN}$$

上面这个值是某程序给出的值 -187.8kN 的 84%。

c）式（3.41b）如下给出：

$$F_z(0) \simeq -\frac{\mu_0}{2}\left(\frac{NI}{2b}\right)^2 \pi a^2 \tag{3.41b}$$

分别将 $a=5$ cm 和 $a=6$ cm 代入，有：

① $\quad F_z(0) \simeq -177.7 \text{ kN};$ ② $\quad F_z(0) \simeq -255.8 \text{ kN}$

式（3.41b）在 $a=5$ cm 时相比于程序值低估了大约 5%；在 $a=6$ cm 时高估了大约 36%。结果表明，令螺管内直径等于 $2a$ 似乎更好，但在其他 α 值下也不一定合适。

d）对每个子螺管应用式（2.111d），发现 $B_z(0,0)$ 不变。

$$B_z(0,0) = B_{zA}(0,0) + B_{zB}(0,0) = 7.5\text{T}$$

e）再次给出式（3.54）：

$$F_{zT}(0) = -\frac{\mu_0}{2}\left(\frac{NI}{4b}\right)^2 \times$$

$$\left(2b\sqrt{4a_A^2+b^2}\left[K(k_{bA})-E(k_{bA})\right] - 2b\sqrt{4a_A^2+4b^2}\left[K(k_{2bA})-E(k_{2bA})\right] + \right.$$

$$2b\sqrt{4a_B^2+b^2}\left[K(k_{bB})-E(k_{bB})\right] - 2b\sqrt{4a_B^2+4b^2}\left[K(k_{2bB})-E(k_{2bB})\right] -$$

$$\frac{4b}{\sqrt{a_T^2+b^2}}\left\{(a_T^2+b^2)\left[K(k_b)-E(k_b)\right]-Y(c^2,k_b)\right\} +$$

$$\frac{4b}{\sqrt{a_T^2+4b^2}}\Big\{\big(a_T^2+4b^2\big)\big[K(k_{2b})-E(k_{2b})\big]-Y(c^2,k_{2b})\big\}\Big\}\Big) \tag{3.54}$$

式中，c^2 和其他模分别为：

$$c^2=\frac{4a_Aa_B}{(a_A+a_B)^2}\simeq0.991736$$

$$k_{b_A}^2=\frac{4a_A^2}{4a_A^2+b^2}\simeq0.390244$$

$$k_{2b_A}^2=\frac{4a_A^2}{4a_A^2+(2b)^2}\simeq0.137931$$

$$k_{b_B}^2=\frac{4a_B^2}{4a_B^2+b^2}\simeq0.479600$$

$$k_{2b_B}^2=\frac{4a_B^2}{4a_B^2+(2b)^2}\simeq0.187256$$

$$k_b^2=\frac{4a_Aa_B}{(a_A+a_B)^2+b^2}\simeq0.432822\Rightarrow k_b\simeq0.657892$$

$$k_{2b}^2=\frac{4a_Aa_B}{(a_A+a_B)^2+(4b)^2}\simeq0.160858\Rightarrow k_{2b}\simeq0.401071$$

将这些值和其他必要的值代入式（3.54），有：

$$F_z(0)\simeq-168.9\mathrm{kN}$$

计算值相比程序值（-187.8kN）仍然有所低估，但现在是 90%。尽管式（3.54）给出的值相比式（3.41a）要准确，但它极度烦琐，并不推荐用来快速估算作用力。很明显，将螺管分为个子线圈并应用式（3.54）已经是口袋计算器手算所能实现的极限了。

值得注意的是，式（3.41b）在 $a=5$ cm 时给出的良好结果更像是巧合，而不是一般规律。

f) 在 $a_A=5$ cm 和 $a_B=6$ cm 时应用式（3.55），有：

$$F_z(0)\simeq-187.3\text{ kN}$$

式（3.55）相比于式（3.54）在计算上更为简单，同样给出了至少对这个特殊的例子更好的结果。

g）$z \geq 0$ 部分一个完整匝上的载流为 $\mathrm{d}I$ 微元所受的力为：

$$\mathrm{d}F_z(z \geqslant 0) = -2\pi a B_r(z)\,\mathrm{d}I$$

负号表示这个力是指向中平面的。做替换 $\mathrm{d}I = \left(\dfrac{NI}{2b}\right)\mathrm{d}z$ 并在螺管的一半区域（从 $z=0$ 到 $z=b$）积分，有：

$$F_z(0) = -\int_0^b 2\pi a B_r(r)\,\frac{NI}{2b}\mathrm{d}z = -\frac{NI}{2b}\int_0^b 2\pi a B_r(z)\,\mathrm{d}z \tag{S14.1}$$

积分 $\int_0^b 2\pi a B_r(z)\,\mathrm{d}z$ 是流出这半个螺管的总径向磁通。根据 $\mathbf{V} \cdot \vec{B} = 0$，这等于从中平面（$z=0$）圆形区域流入这一半螺管的总轴向磁通与在 $z=b$ 处圆形区域流出的磁通之差，即：

$$\int_0^b 2\pi a B_r(z)\,\mathrm{d}z = \pi a^2\left[B_z(0) - B_z(b)\right] \tag{S14.2}$$

式（3.41b）的有效性是在假定螺管是长（$k^2 \ll 1$ 或 $\beta \gg 1$）的情况下得到的，$B_z(0,0)$，$B_z(0,b)$ 可以假定在圆形区域 πa^2 上保持不变。对于长螺管，同时还有 $B_z(0,b) \simeq 0.5 B_z(0,0)$（见讨论 3.4），于是式（S14.2）可如下给出：

$$\int_0^b 2\pi a B_r(z)\,\mathrm{d}z \simeq \frac{\pi a^2}{2}B_z(0) \tag{S14.3}$$

对长螺管，$B_z(0,0) = \mu_0 \dfrac{NI}{2b}$ 式（3.111），于是：

$$\int_0^b 2\pi a B_r(z)\,\mathrm{d}z \simeq \frac{\pi a^2}{2} \times \frac{\mu_0 NI}{2b} \tag{S14.4}$$

联立式（S14.1）和式（S14.4），有：

$$F_z(0) \simeq -\frac{NI}{2b} \times \frac{\pi a^2}{2} \times \frac{\mu_0 NI}{2b} \simeq -\frac{\mu_0}{2}\left(\frac{NI}{2b}\right)^2 \pi a^2 \tag{3.41b}$$

h）对"长"螺管，$B_z(z)$ 不随 z 变化，而 $\nabla \cdot \vec{B} = 0$ 要求径向分量 $B_r(z)$ 总是 0。因为 $F_z(z)$ 是由 $B_r(z)$ 产生的［式（S14.1）］，故 $\mathrm{d}F_z(z) = 0$ 在线圈长度的大部分成立，所以 $F_z(z)$ 在 $z = b$ 范围内为常数，$z = b$ 之外磁通线开始偏离磁场中轴线，有了 $B_r(z)$ 分量，从而产生 $F_z(z)$。在 $4b^2 \gg 4a^2$ 和 $(b+z)^2 \gg 4a^2$ 时，可以证明式（3.40）中括号内的二阶和三阶项抵消，仅剩第 1 项，如下：

$$F_z(z \simeq b) \simeq -\frac{\mu_0}{2}\left(\frac{NI}{2b}\right)^2 \left\{ (b-z)\sqrt{4a^2 + (b-z)^2}\left[K(k_{b-}) - E(k_{b-}) \right] \right\} \quad (S14.5)$$

因为 z 接近 b 时，$k_{b-}^2 = \dfrac{4a^2}{\left[4a^2 + (b-z)^2 \right]}$ 不满足 $\ll 1$。于是，$K(k_{b-}) - E(k_{b-})$ 不能由 k_b^2 近似。我们简单猜测 z 应当在 b 附近，此处的 $F_z(z \sim b)$ 与式（3.41b）给出的值应相近。如果我们猜 $z = b - 2a$，然后有：

$$F_z(z = b - 2a) \simeq -\frac{\mu_0}{2}\left(\frac{NI}{2b}\right)^2 \left\{ 2a\sqrt{4a^2 + 4a^2}\left[K(k_{b-}) - E(k_{b-}) \right] \right\} \quad (S14.6)$$

式中，$k_{b-}^2 = \dfrac{4a^2}{8a^2} = 0.5$。查表 3.1 可知，$K(k_{b-} = 0.7071) = 1.8541$，$E(k_{b-}) = 1.3506$。将其代入式 S14.6，有：

$$F_z(z = b - 2a) \simeq -\frac{\mu_0}{2}\left(\frac{NI}{2b}\right)^2 4a^2\sqrt{2}(0.5035) = -\frac{\mu_0}{2}\left(\frac{NI}{2b}\right)^2 2.85a^2 \quad (S14.7)$$

因为 2.85 大约是 π 的 90%，$F_z(z)$ 实际上是长螺管两端向内大约 $2a$ 处的中平面力。在长螺管轴向 $F_z(z)$ 在螺管内 $2b-4a$ 大范围的几乎不变，也暗示了 $B_z(z)$ 在轴向同样长度区间内几乎不变，为 $\simeq B_z(0, 0)$。

3.9.26　问题3.15：嵌套型双线圈磁体的中平面轴向力

本节问题中，计算由螺管 A 和螺管 B 组成的嵌套型双线圈磁体中的轴向压缩力，2 个螺管的轴向场均为 z 向如图 3.44 所示。线圈参数如下：$2a_A = 10$ cm，$2b_A = 50$ cm；$N_A I_A = 3 \times 10^6$ A；$2a_B = 14$ cm；$2b_B = 100$ cm；$N_B I_B = 8 \times 10^6$ A。2 个线圈的径向绕组厚度均为 1 cm。

a）视 2 个螺管为薄壁（$\alpha = 1$）且长（$\beta \gg 1$）的，计算螺管产生的各自的中心场 $B_{zA}(0, 0)$ 和 $B_{zB}(0, 0)$。证明，该嵌套线圈磁体的中心场（~17.5 T）准确值：17.31 T。

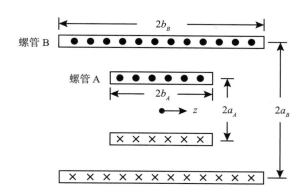

图 3.44　由 2 个薄壁（$\alpha=1$）线圈嵌套而成的双线圈磁体示意图。螺管 A（内）有 $2a_A=10$ cm，$2b_A=50$ cm。螺管 B（外）有 $2a_B=14$ cm，$2b_B=100$ cm。

b）使用式（3.57b），计算螺管 A 承受的总中平面轴向力 $F_{zA}(0)$。某程序给出 $F_{zA}(0)=-200.9$ kN。

c）使用式（3.57a），再次计算 $F_{zA}(0)$。计算结果值应该比 b）得到的更接近-200.9 kN。

d）使用式（3.59a），计算螺管 B 承受的总中平面轴向力 $F_{zB}(0)$。某程序给出 $F_{zB}(0)=-1207.5$ kN。

e）请解释为什么螺管 A 绕组内的最大场 $B_{TA}=\sqrt{B_{zA}^2+B_{rA}^2}$ 最可能出现在 $r=a_A$（绕组最内侧半径）和 $z=0$。

f）请解释为什么螺管 B 绕组内的最大场 $B_{TB}=\sqrt{B_{zB}^2+B_{rB}^2}$ 不会出现在 $z=0$，甚至都不靠近该点。它可能出现在什么位置呢？

表 3.8 给出了部分 $\Pi(c^2,k)$ 值。

表 3.8　问题 c 和 d 所用的 $\Pi(c^2=0.992222,\ k)$ 值

k	$\Pi(c^2,\ k)$	k	$\Pi(c^2,\ k)$	k	$\Pi(c^2,\ k)$
0.155782	9.5245	0.230109	9.6468	0.426679	10.2692

问题3.15的解答

a）根据 $B_z(0,0)=\mu_0 H_z(0,0)$ 以及式（3.111d），得到：

$$B_{zA}(0,0) \simeq 7.5 \text{ T}$$

$$B_{zB}(0,0) \simeq 10.0 \text{ T}$$

$$B_z(0,0) = B_{zA}(0,0) + B_{zB}(0,0) \simeq 17.5 \text{ T}$$

题干部分指出，准确的中心场值为 17.32 T。

b）式（3.57b）为：

$$F_{zA}(0) \simeq F_{zAA}(0) \simeq -\frac{\mu_0}{2}\left(\frac{N_A I_A}{2b_A}\right)^2 \pi a_A^2 \tag{3.57b}$$

代入合适的值，得：

$$F_{zA} \simeq -177.7 \text{ kN}$$

可见，式（3.57b）的结果是程序计算值的 88%；二者存在差异的部分原因是式（3.57b）没有考虑 $F_{zAB}(0)$ 的贡献。

c）式（3.57a）为：

$$F_{zA}(0) \simeq -\frac{\mu_0}{2}\left\{\left(\frac{N_A I_A}{2b_A}\right)^2 \pi a_A^2 + \left(\frac{N_B I_B}{2b_B}\right)\left(\frac{N_A I_A}{2b_A}\right) \times (a_A - a_B)^2\right.$$

$$\left. [\Pi(c^2, k_D) + \Pi(c^2, k_T) - 2\Pi(c^2, k_B)]\right\} \tag{3.57a}$$

式中，

$$c^2 = \frac{4a_A a_B}{(a_A + a_B)^2} = 0.972222; \quad k_B^2 = \frac{4a_A a_B}{a_T^2 + b_B^2} = 0.052950 \Rightarrow k_B \simeq 0.230109;$$

$$k_D^2 = \frac{4a_A a_B}{a_T^2 + b_D^2} = 0.182055 \Rightarrow k_D \simeq 0.426679; \quad k_T^2 = \frac{4a_A a_B}{a_T^2 + b_T^2} = 0.024268 \Rightarrow k_T \simeq 0.155781$$

向式（3.57a）中代入必要的值，得：

$$F_{zA} \simeq -183.7 \text{kN}$$

这个值是 -200.9 kN 的 91%；如预期的那样，准确度相对于 b）有所提升——尽管复杂性也增加了不少。

d）式（3.59a）为：

$$F_{zA}(0) \simeq -\frac{\mu_0}{2}\Bigg(\bigg(\frac{N_B I_B}{2b_B}\bigg)^2 \pi a_B^2 + \bigg(\frac{N_B I_B}{2b_B}\bigg)\bigg(\frac{N_A I_A}{2b_A}\bigg)\bigg\{\pi(a_A^2 + a_B^2) -$$

$$(a_A - a_B)^2 [2\Pi(c^2, k_A) + \Pi(c^2, k_D) - \Pi(c^2, k_T)]\bigg\}\Bigg) \qquad (3.59a)$$

式中，c^2，k_D^2，k_T^2 已在上文给出；本例中，因为 $b_A = b_D$，$k_A^2 = k_D^2$，有：

$$F_{zB} \simeq -1063.4 \text{ kN}$$

这是程序值的 88%。

e）因为 $(2b_B)^2 \gg (2b_A)^2$，在螺管 A 的室温孔内，螺管 B 产生的磁场和螺管 A 产生的磁场都是均匀的且仅有轴向。所以，螺管 A 内部的最大场（约 17.5 T）出现在 $z=0$ 处的最内侧半径上。根据程序计算结果，最大场 17.32 T 出现在（$r=5$cm，$z=0$）。

f）再次，因为 $(2b_B)^2 \gg (2b_A)^2$，螺管 A 径向场分量影响螺管 B 的中心点外的地方，在那里螺管 B 的轴向场仍基本与在中平面处相同。因此，螺管 B 的最大场很可能超过螺管 B 中平面的磁场 10.0 T（程序给出为 9.94 T），最大值点出现在轴向距离中心（$\sim \pm b_A$）的地方。程序给出的螺管 B 中的最大场是 9.96 T（$B_r = \pm 1.70$ T；$B_z = 9.81$ T），出现在（$r=7$ cm，$z=\pm 25$ cm）。注意，$b_A = 25$ cm。

3.9.27　问题3.16：环氧浸渍螺管的应力

本节问题将简单且近似地计算环氧浸渍磁体的应力。使用一台国家高场磁体实验室（Francis Bitter National Magnet Laboratory，FBNML）制造于 20 世纪 70 年代的 500 MHz（12 T）NMR 超导磁体作为实例[3.57]。该磁体包括一个高场内插磁体、一个主磁体和多个补偿线圈。主磁体绕组的内半径 a_1 为 72.6 mm，外半径（a_2）为 102 mm，绕组长度（$2b$）是 488 mm。主线圈由 NbTi 多丝复合导体绕成，该导体中铜和 NbTi 的体积比是 2.1。这种复合导线裸线直径是 0.63 mm（D_{cd}），含绝缘直径为 0.71 mm（D_{ov}）。绕组采用密排六方配置。导线间隙填充环氧树脂。图 3.45 给出了该密排六方配置下的 3 条相邻导线。

当所有线圈都励磁后，磁场 B_z 的轴向（z）分量在主线圈绕组厚度范围内随径向距离 r 线性减小。在主线圈的中平面（$z=0$）上，当 $r=a_1$ 时 $B_z = 8.22$ T，当 $r=a_2$ 时 $B_z = -0.21$ T。在 $z=0$ 时，B_z 严格线性减小。主线圈的总体运行电流密度 λJ 为 248 MA/m^2。

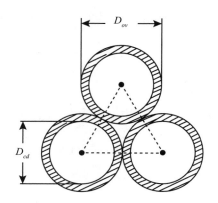

图 3.45　密排六方配置下的 3 条相邻导线。

　　用各向异性圆柱在体力载荷作用下的解析解来计算主线圈中平面的应力。计算得到的内半径和外半径上的周向应力分别为 105 MPa 和 65 MPa；周向应力大致上是从内半径到外半径线性减小。

　　a）考虑简单的力平衡，证明这些应力值匹配载荷条件。

　　b）假定绕线模式是密排（线挨线）六方配置，计算铌钛（NbTi）、铜、有机材料（环氧+绝缘）3 种材料的面积比。

　　c）基于上述面积比和 3 种材料在 4.2 K 时的近似杨氏模量（E_{sc} = 85 GPa；E_{cu} = 100 GPa 以及 E_{in} = 30 GPa），计算绕组最内层的 NbTi 和铜的周向应力。

问题3.16的解答

　　a）绕组中的平均周向应力为：

$$\tilde{\sigma} = \frac{\sigma_i + \sigma_0}{2} = \frac{105\ \text{MPa} + 65\ \text{MPa}}{2} = 85\ \text{MPa} \tag{S16.1}$$

　　平均绕组半径 $\bar{R} = \frac{(a_1 + a_2)}{2} = 87.3$ mm；平均磁场 $\bar{B}_z = \frac{(B_i + B_0)}{2} = 4.0$ T。因此，绕组中的平均周向应力为：

$$\tilde{\sigma} = \bar{R}(\lambda J)\bar{B}_z = (87.3 \times 10^{-3}\ \text{m})(248 \times 10^6\ \text{A/m}^2)(4.0\ \text{T}) = 86.6\ \text{MPa} \tag{S16.2}$$

　　这和上文中式（S16.1）计算的 $\tilde{\sigma}$（σ_i 和 σ_0 的平均值）几乎一致。

　　b）如图 3.45 中的密排六方配置，虚线连成的三角形面积 A_{tr} 可由导体直径 D_{ov} 确定: $A_{tr} = \dfrac{\sqrt{3} D_{ov}^2}{4}$。三角形内的导体面积 $A_{cd} = \dfrac{\pi D_{cd}^2}{8}$, 其中 2.1/3.1 是铜的面积 A_{cu}, 1/3.1 是 NbTi 的面积 A_{sc}。环氧和绝缘的面积 $A_{in} = A_{tr} - A_{cd}$。因此:

$$f_{cu} = \frac{A_{cu}}{A_{tr}} = \frac{\dfrac{2.1}{3.1} \dfrac{\pi D_{cd}^2}{8}}{\dfrac{\sqrt{3}}{4} D_{ov}^2} = \frac{(2.1)(\pi)(4)(0.63 \text{ mm})^2}{(3.1)(\sqrt{3})(8)(0.71 \text{ mm})^2} = 0.484 \qquad (\text{S16.3a})$$

$$f_{sc} = \frac{A_{sc}}{A_{tr}} = \frac{1}{2.1} \frac{A_{cu}}{A_{tr}} = 0.230 \qquad (\text{S16.3b})$$

$$f_{in} = \frac{A_{in}}{A_{tr}} = 1 - \frac{A_{cu} + A_{sc}}{A_{tr}} = 1 - 0.484 - 0.230 = 0.286 \qquad (\text{S16.3c})$$

c) 复合材料的杨氏模量 $\tilde{E}$ 可由并联混合定律得出:

$$\begin{aligned}
\tilde{E} &= f_{cu} E_{cu} + f_{sc} E_{sc} + f_{in} E_{in} \\
&= (0.48)(100\text{GPa}) + (0.23)(85\text{GPa}) + \\
&\quad (0.29)(30\text{GPa}) \simeq 76\text{GPa}
\end{aligned} \qquad (\text{S16.4})$$

可以计算各组分在绕组最内侧半径处的应力:

$$\sigma_{cu} = \sigma_i \frac{E_{cu}}{\tilde{E}} = (105\text{MPa}) \frac{100\text{GPa}}{76\text{GPa}} \simeq 137 \text{ MPa} \qquad (\text{S16.5a})$$

$$\sigma_{sc} = \sigma_i \frac{E_{sc}}{\tilde{E}} = (105\text{MPa}) \frac{85\text{GPa}}{76\text{GPa}} \simeq 117 \text{ MPa} \qquad (\text{S16.5b})$$

$$\sigma_{in} = \sigma_i \frac{E_{sc}}{\tilde{E}} = (105\text{MPa}) \frac{30\text{GPa}}{76\text{GPa}} \simeq 41 \text{ MPa} \qquad (\text{S16.5c})$$

这些值都忽略了残余应力, 而实际上这个力的值可能很大。

3.9.28 问题3.17: 高温超导磁体中的应力和轴向力

这里我们对 1.75 T (75 MHz), 高温超导 (HTS) 内插螺管磁体的应力进行分析[3.58]。该磁体由 48 个双饼线圈堆叠组成, 各双饼由高强度 HTS 带材绕成。该 HTS 内插磁体运行电流为 86.7 A, 与一个 14.1 T (600 MHz), 低温超导 (LTS) 背景 NMR 磁体共同构成了 675 MHz LTS/HTS NMR 磁体——后续内插磁体会将运行电流提高到 115.95 A 以实现 16.26 T（692.2 MHz）的组合磁场[3.59]。表 3.9 给出了内插磁体和 HTS 带材（由 Bi2223/Ag 和 2 层不锈钢层组成的复合材料）的关键参数。本例使用基于银和不锈钢的机械性能并联混合定律。表中给出的是双饼线圈的轴向场在中平面外侧的数值 B_z 和 B_r，这里有最大的应力和应变。

表 3.9　48 双饼螺管线圈参数[3.32, 3.58]

绕组内径（$2a_1$）；外径（$2a_2$）；长（$2b$）	[mm]	78.2；126.6；406.6
匝间绝缘厚度/双饼间隙	[mm]	0.038/0.178
总匝数		6816
运行电流（I_{op}）；λJ_{op}	[A；A/mm²]	86.7；66.31
B_z（$r=a_1$）；B_z（$r=a_2$）@86.7A	[T]	15.86；13.97
带宽度；厚度	[mm]	4.10；0.30
厚度：不锈钢（ss）带；焊层	[μm]	40（×2）；10（×2）
体积分数（不含不锈钢带）：Ag/非 Ag	[mm]	1.5
等效杨氏模量（混合定律）：E_r；E_d；E_z	[GPa]	62.8；81.3；70.6
等效泊松比（混合定律）：ν_{rh}；ν_{hr}；ν_{zr}		0.31；0.29；0.26

应力应变方程

螺管绕组的径向应力 $\sigma_r(r,z)$；周向应力 $\sigma_\theta(r,z)$；轴向应力 $\sigma_z(r,z)$；剪切应力 $\tau_{rz}(r,z)$ 满足的平衡方程已由式（3.62）给出：

$$\frac{\partial \sigma_r}{\partial r} + \frac{\sigma_r - \sigma_\theta}{r} + \frac{\partial \tau_{rz}}{\partial z} = -\lambda J B_z(r,z) \tag{3.62a}$$

$$\frac{\partial \tau_{rz}}{\partial r} - \frac{\tau_{rz}}{r} + \frac{\partial \sigma_z}{\partial z} = -\lambda J B_r(r,z) \tag{3.62b}$$

边界条件为：$\sigma_r(r=a_1,z)=0$；$\sigma_r(a_2,z)=0$；$\sigma_z(r,z=\pm b)=0$；$\tau_{rz}(r,\pm b)=0$；$\tau_{rz}(a_2,\pm b)=0$。HTS 复合材料可视为正交各向异性，若不考虑热应变，胡克定律为：

$$\epsilon_r = \frac{1}{E_r}\sigma_r - \frac{\nu_{rh}}{E_h}\sigma_\theta - \frac{\nu_{rz}}{E_z}\sigma_z \tag{3.171a}$$

$$\epsilon_\theta = -\frac{\nu_{hr}}{E_r}\sigma_r + \frac{1}{E_h}\sigma_\theta - \frac{\nu_{hz}}{E_z}\sigma_z \tag{3.171b}$$

$$\epsilon_z = -\frac{\nu_{zr}}{E_r}\sigma_r - \frac{\nu_{zh}}{E_h}\sigma_\theta + \frac{1}{E_z}\sigma_z \tag{3.171c}$$

式中，$\nu_{\xi\eta}$ 是泊松比，由 σ_η 可计算 ϵ_ξ。η 和 ξ 分别是 θ，r 或 z 向。

表 3.10 给出了一个中平面饼式线圈上最内，中点，最外 3 个点处的应力和周向应变值[3.32]。中平面轴向力是 -16 kN。注意，最大应力出现在绕组最内侧（$a_1 = 39.10$ mm）。银的最大组合应力，即特雷斯卡（Tresca）应力（$\sigma_T = \sigma_\theta - \sigma_z$）是 56.4 MPa，这比允许应力 $\sigma_{允许} = \dfrac{2\sigma}{3}$（0.2%）要小。银（silver）在 77K 时的允许应力为 $\sigma_{允许} \simeq 120$ MPa。

表 3.10　HTS 内插饼式线圈的中平面应力 σ 和应变 ϵ [3.32]（运行于 86.7 A，背景场 14.1 T）

r[mm]	σ_r	平均 σ_θ[MPa]	银 σ_θ[MPa]	钢 σ_θ[MPa]	银 σ_z[MPa]	银 σ_T^*[MPa]	带 ϵ_θ[MPa][%]
39.10	0	62.3	54.3	152.9	-2.1	56.4	0.030
51.19	2.6	44.9	39.2	110.3	-2.1	41.3	0.028
63.29	0	33.6	29.3	82.4	-2.1	31.4	0.026

* Tresca 应力：$\sigma_T = \sigma_\theta - \sigma_z$。

通过解式（3.62）和式（3.171）可以得到应力和应变。第 3.5 节推导的公式可以用来估算中平面轴向力。如上面第 3.5 节指出的，HTS 磁体在它的中平面上的轴向力计算值为 -16.2 kN（即压缩力），该力来自 HTS 磁体自身磁场以及 HTS 磁体和 LTS 磁体的相互作用。此处，近似计算 HTS 磁体仅由**自身**磁场对中平面力的贡献。上面的分析给出的数值是 -8.6 kN[3.32]。

a）将 HTS 磁体视为薄壁的，使用式 3.41a 计算 $F_z(0)$。选择 $a = 39.1$ mm，$b = 203.3$ mm，$NI = 5.91 \times 10^6$ A。

b）使用式（3.41b）计算 $F_z(0)$。分 2 种情况：①$a = 39.1$ mm（HTS 磁体的 a_1）；②$a = 51.2$ mm（绕组的平均半径）。

c）将 HTS 磁体视为 2 个薄壁且长的子螺管 A 和 B，二者具有相同的绕组厚度。使用式 3.55 计算 $F_{zT}(0)$。取 $a_A = 39.1$ mm，$a_B = 51.2$ mm。

d）内插的 HTS 磁体外和 14.1 T 的 LTS 组成嵌套磁体。将该 LTS 磁体建模为薄壁螺管，参数为：$a_B = 191.3$ mm；$b_B = 337.5$ mm；$N_B I_B = 7.535$ MA；将 HTS 内插磁体也建模为薄壁螺管，参数为：$a_A = 51.2$ mm；$b_A = 203.3$ mm；$N_A I_A = 0.591$ MA。使用式（3.57a）计算 HTS 内插磁体受到的总中平面轴向力 $F_{zA}(0)$，这个值是 -16.2

kN。解释为什么 3.57a **没有**给出正确的值。

e）2 个磁体采用如上相同的模型，用式（3.60）计算当 HTS 内插磁体偏心 5 mm（式 3.60 中 $\rho = 5$ mm）时其上所受的轴向恢复力。某程序给出的数值是 -2.1 kN。

表 3.11~表 3.14 给出了需要的椭圆积分值。

表 3.11 问题 a）所需的 $K(k)$ 和 $E(k)$ 值

k^2	$K(k)$	$E(k)$
0.128888	1.625445	1.518888
0.035670	1.585092	1.556694

表 3.12 问题 c）所用的 $\Pi(c^2, k)$ 值

c^2	k	$\Pi(c^2, k)$
0.982045	0.402269	12.66889
0.982045	0.214848	11.96934

表 3.13 问题 d）所用的 $\Pi(c^2, k)$ 值

c^2	k	$\Pi(c^2, k)$
0.666226	0.333965	2.822156
0.666226	0.476278	2.046996
0.666226	0.714162	3.382637

表 3.14 问题 e）所用的 $K(k)$，$E(k)$，$\Pi(c^2, k)$ 值

k^2	$K(k)$	$E(k)$	k^2	$K(k)$	$E(k)$
0.109834	1.616815	1.526733	0.113269	1.618355	1.525324
0.501110	1.855016	1.350085	0.518925	1.870449	1.341054
c^2	k	$\Pi(c^2, k)$	c^2	k	$\Pi(c^2, k)$
0.666226	0.331412	2.820467	0.666226	0.336555	2.823887
0.666226	0.707891	3.364664	0.666226	0.720364	3.400959

问题3.17的解答

a）我们有式（3.41a）：

$$F_z(0) = -\frac{\mu_0}{2}\left(\frac{NI}{2b}\right)^2 \left\{ 2b\sqrt{4a^2+b^2}\left[K(k_b)-E(k_b)\right] - 2b\sqrt{4a^2+4b^2}\left[K(k_{2b})-E(k_{2b})\right] \right\}$$

$$(3.41a)$$

式中，k_b，k_{2b} 是由 a 和 b 确定的模量。此处，$a = 39.1$ mm，$b = 203.3$ mm，得：

$$k_b^2 = \frac{4a^2}{4a^2 + b^2} = 0.128888; \qquad k_{2b}^2 = \frac{4a^2}{4a^2 + (2b)^2} = 0.035670$$

所需的完全椭圆积分参数见表 3.11。应用式（3.38c）到 k^6 项，可以计算 $k^2 \ll 1$ 条件下的 $K(k) - E(k)$：

$$K(k_{2b}) - E(k_{2b}) \simeq \frac{\pi}{4}\left[0.128888 + \frac{3}{8} \times (0.128888)^2 + \frac{15}{64} \times (0.128888)^3\right] \simeq 0.106515$$

这和根据表 3.11 中给出的 $K(k)$ 和 $E(k)$ 计算得到的结果 $K(k) - E(k) = 0.106557$ 是基本一致的（误差 0.04%）。

代入 $NI = 0.591 \times 10^6$ A 和其他值到式（3.41a），有：

$$F_z(0) = -6.2 \text{ kN}$$

该计算值相比程序值低估了 28%。

b）式（3.41b）为：

$$F_z(0) \simeq -\frac{\mu_0}{2}\left(\frac{NI}{2b}\right)^2 \pi a^2 \tag{3.41b}$$

$$\simeq -\frac{(4\pi \times 10^{-7} \text{ H/m})}{2}\left[\frac{(5.91 \times 10^5 \text{ A})}{0.4066}\right]^2 \pi(0.0391 \text{ m})^2 = -6.4 \text{ kN}$$

该值是程序值的 74%。用平均半径 51.2 mm 替代 39.1 mm 得到的力为 10.9 kN，比程序值大 27%。

c）如果磁体建模为 2 个薄壁且长的螺管，则应用式（3.55）有：

$$F_{zT}(0) \simeq -\mu_0\left(\frac{NI}{4b}\right)^2 \pi(a_A^2 + a_B^2)$$

$$\left\{1 - \frac{(a_A - a_B)^2}{\pi(a_A^2 + a_B^2)}[2\Pi(c^2, k_b) - \Pi(c^2, k_{2b})]\right\} \tag{3.55}$$

将 $a_T = a_A + a_B$，$a_A = 39.1$ mm，$a_B = 51.2$ mm，$b = 203.3$ mm，$a_T = 90.3$ mm 代入模量 k_b，k_{2b}，c^2，得：

$$c^2 = \frac{4a_A a_B}{a_T^2} = 0.982045$$

$$k_b^2 = \frac{4a_A a_B}{a_T^2 + b^2} = 0.161820 \Rightarrow k_b = 0.402269$$

$$k_{2b}^2 = \frac{4a_A a_B}{a_T^2 + 4b^2} = 0.046160 \Rightarrow k_{2b} = 0.214848$$

因此：

$$F_z(0) = -7.4\text{kN}$$

相比于程序值，低估了 15%。

d）式（3.57a）为：

$$F_{zA}(0) \simeq -\frac{\mu_0}{2}\left\{\left(\frac{N_A I_A}{2b_A}\right)^2 \pi a_A^2 + \left(\frac{N_B I_B}{2b_B}\right)\left(\frac{N_A I_A}{2b_A}\right) \times (a_A - a_B)^2\right.$$

$$\left. [\Pi(c^2, k_D) + \Pi(c^2, k_T) - 2\Pi(c^2, k_B)]\right\} \tag{3.57a}$$

和 d）不同的参数为：$a_T = a_A + a_B = 242.5$ mm，$b_T = b_A + b_B = 540.8$ mm，$b_D = b_A - b_B = -134.2$ mm，

$$c^2 = \frac{4a_A a_B}{a_T^2} = 0.666266$$

$$k_D^2 = \frac{4a_A a_B}{a_T^2 + b_D^2} = 0.510028 \Rightarrow k_D = 0.714162$$

$$k_T^2 = \frac{4a_A a_B}{a_T^2 + b_T^2} = 0.111533 \Rightarrow k_T = 0.333965$$

$$k_B^2 = \frac{4a_A a_B}{a_T^2 + b_B^2} = 0.226841 \Rightarrow k_B = 0.476278$$

将这些值代入式（3.57a），得：

$$F_{zA}(0) \simeq -43.3 \text{ kN}$$

这是程序值 16.2 kN 的 2.7 倍。主要误差来自式（3.57a）的近似涉及了相互作用力

F_{zAB}。为了让式（3.57a）可用，正如在推导时指出的，条件 $b_A^2 \gg 4a_A^2$，$b_B^2 \gg a_T^2$，$b_D^2 \gg a_T^2$ 必须要满足。在这个案例中，有 $\dfrac{b_A^2}{4a_T^2} = 0.176$，$\dfrac{b_B^2}{a_T^2} = 1.94$，$\dfrac{b_D^2}{a_T^2} = 0.306$，即没有一个条件满足。

e）式（3.60）为：

$$F_{zR}(\rho) = -\frac{\mu_0}{2}\left(\frac{N_A I_A}{2b_A}\right)\left(\frac{N_B I_B}{2b_B}\right) \times$$

$$\left(\frac{b_T - \rho}{\sqrt{a_T^2 + (b_T - \rho)^2}}\left\{\left[a_T^2 + (b_T - \rho)^2\right]\left[K(k_{T-}) - E(k_{T-})\right] - Y(C^2, K_{T-})\right\} + \right.$$

$$\frac{b_D + \rho}{\sqrt{a_T^2 + (b_D + \rho)^2}}\left\{\left[a_T^2 + (b_D + \rho)^2\right]\left[K(k_{D+}) - E(k_{D+})\right] - Y(c^2, k_{D+})\right\} -$$

$$\frac{b_T + \rho}{\sqrt{a_T^2 + (b_T + \rho)^2}}\left\{\left[a_T^2 + (b_T + \rho)^2\right]\left[K(k_{T+}) - E(k_{T+})\right] - Y(c^2, k_{T+})\right\} -$$

$$\left.\frac{b_D + \rho}{\sqrt{a_T^2 + (b_D - \rho)^2}}\left\{\left[a_T^2 + (b_D - \rho)^2\right]\left[K(k_{D-}) - E(k_{D-})\right] - Y(c^2, k_{D-})\right\}\right) \quad (3.60)$$

和 e）不同的参数为：$a_T = a_A + a_B = 242.5$ mm，$b_T = b_A + b_B = 540.8$ mm，$b_D = b_A - b_B = -134.2$ mm，以及：

$$c^2 = \frac{4a_A a_B}{a_T^2} = 0.666266$$

$$k_{T+}^2 = \frac{4a_A a_B}{a_T^2 + (b_T + \rho)^2} = 0.109834 \Rightarrow k_{T+} = 0.331412$$

$$k_{T-}^2 = \frac{4a_A a_B}{a_T^2 + (b_T - \rho)^2} = 0.113269 \Rightarrow k_{T-} = 0.336554$$

$$k_{D+}^2 = \frac{4a_A a_B}{a_T^2 + (b_D + \rho)^2} = 0.518925 \Rightarrow k_{D+} = 0.720364$$

$$k_{D-}^2 = \frac{4a_A a_B}{a_T^2 + (b_D - \rho)^2} = 0.501110 \Rightarrow k_{D-} = 0.707891$$

将表 3.15 中的数值代入式（3.60），有：

表 3.15　问题 e 所用到式（3.60）各项的值

$\dfrac{b_T-\rho}{\sqrt{a_T^2+(b_T-\rho)^2}}$	$\dfrac{(0.5358\mathrm{m})}{\sqrt{(0.2425\mathrm{m})^2+(0.5358\mathrm{m})^2}}$	0.911035
$a_T^2+(b_T-\rho)^2$	$(0.2425\mathrm{m})^2+(0.5358\mathrm{m})^2$	$0.345888\mathrm{m}^2$
$K(k_{T-})-E(k_{T-})$	$1.618355-1.525324$	0.093031
$(a_A-a_B)^2$	$(0.0512\mathrm{m}-0.1913\mathrm{m})^2$	$0.019628\mathrm{m}^2$
$(a_A-a_B)^2[\prod(c^2,\ K_{T-})-K(k_{T-})]$	$(0.019628\mathrm{m}^2)(2.823887-1.618355)$	$0.023662\mathrm{m}^2$
$\dfrac{b_D+\rho}{\sqrt{a_T^2+(b_D+\rho)^2}}$	$\dfrac{(-0.1292\mathrm{m})}{\sqrt{(0.2425\mathrm{m})^2+(-0.1292\mathrm{m})^2}}$	-0.470210
$a_T^2+(b_D+\rho)^2$	$(0.2425\mathrm{m})^2+(-0.1292\mathrm{m})^2$	$0.075499\mathrm{m}^2$
$K(k_{D+})-E(k_{D+})$	$1.870449-1.341054$	0.529395
$(a_A-a_B)^2[\prod(c^2,\ K_{D+})-K(k_{D+})]$	$(0.019628\mathrm{m}^2)(3.400959-1.870449)$	$0.030041\mathrm{m}^2$
$\dfrac{b_T+\rho}{\sqrt{a_T^2+(b_T+\rho)^2}}$	$\dfrac{(0.5458\mathrm{m})}{\sqrt{(0.2425\mathrm{m})^2+(0.5458\mathrm{m})^2}}$	0.913860
$a_T^2+(b_T+\rho)^2$	$(0.2425\mathrm{m})^2+(0.5458\mathrm{m})^2$	$0.356704\mathrm{m}^2$
$K(k_{T+})-E(k_{T+})$	$1.616815-1.526733$	0.090082
$(a_A-a_B)^2[\prod(c^2,\ K_{T+})-K(k_{T+})]$	$(0.019628\mathrm{m}^2)(2.820467-1.616815)$	$0.023625\mathrm{m}^2$
$\dfrac{b_D-\rho}{\sqrt{a_T^2+(b_D-\rho)^2}}$	$\dfrac{(-0.1392\mathrm{m})}{\sqrt{(0.2425\mathrm{m})^2+(-0.1392\mathrm{m})^2}}$	-0.497833
$a_T^2+(b_D-\rho)^2$	$(0.2425\mathrm{m})^2+(-0.1392\mathrm{m})^2$	$0.078183\mathrm{m}^2$
$K(k_{D-})-E(k_{D-})$	$1.855016-1.350085$	0.504931
$(a_A-a_B)^2[\prod(c^2,\ K_{D-})-K(k_{D-})]$	$(0.019628\mathrm{m}^2)(3.364664-1.855016)$	$0.029632\mathrm{m}^2$

$$F_{zR}(\rho)=-2.2\ \mathrm{kN}$$

相比程序值（2.1 kN），这个计算值高估了大约 4%；负号表示这个力是恢复力。磁体间的"弹簧系数"大约 400 kN/m。

密排六方绕组线圈的半径公式：

$$a_2-a_1=\left[1+\frac{\sqrt{3}}{2}(N_\ell-1)\right]D_{ov} \tag{3.172}$$

3.9.29　讨论3.12：铁球上的磁力

出于安全考虑，将铁磁物体远离大型磁体是非常重要的。以 45 T 混合磁体为例，推导"远离"磁体的铁球（图 3.46）受到的磁力。螺管线圈的边缘场（**远场**）已在问题 3.11 中论及，可由二极场给出：

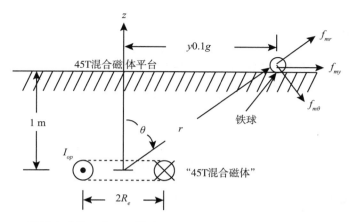

图 3.46　45 T 混合磁体平台上的铁球。

$$\vec{H}_f = H_0 \left(\frac{R_e}{r} \right)^3 \left(\cos\theta\, \vec{\imath}_r + \frac{1}{2}\sin\theta\, \vec{\imath}_\theta \right) \tag{3.163}$$

当铁球等磁性物体处于空间变化的磁场中时，它将受到磁场力 $\vec{f}_m$：

$$\vec{f}_m(r,\theta) = \nabla e_m \tag{3.173}$$

式中，∇ 是球坐标下的梯度算符，e_m 是铁球因磁化而存储的磁能密度。对 $\frac{\mu}{\mu_0} \gg 1$ 的铁球，球内的磁场 $\vec{B}_{sp}$ 是外施均匀磁场的 3 倍：$\vec{B}_{sp} \simeq 3\mu_0 \vec{H}_f = 3\vec{B}_f$（问题 2.1）。对于一个直径远小于其到磁体中心的距离的球，可认为 $\vec{B}_f$ 在球上各处一致。于是：

$$e_m = \frac{\vec{B}_{sp} \cdot \vec{B}_f}{2\mu_0} = \frac{3\left| \vec{B}_f \right|^2}{2\mu_0} \tag{3.174}$$

当铁球在磁化强度 M_{sa} 下饱和时，它的磁场近似为 $\vec{B}_{sa}(=\mu_0 M_{sa})$，该值是一个常数且与 $\vec{B}_f$ 同向。磁能密度于是可以写为：

$$e_{ms} \simeq \frac{\vec{B}_{sa} \cdot \vec{B}_f}{2\mu_0} \tag{3.175}$$

在式（3.174）和式（3.175）中，假定在计算能量密度时边缘场是均匀的，但是在计算力密度时是不均匀的。

A. 不饱和铁球上的力

为了推导不饱和铁球上的力 $\vec{f}_m(r,\theta)$ 表达式，根据式 3.163 计算 $\left|\vec{B}_f\right|^2$。

$$\left|\vec{B}_f\right|^2 = \mu_0^2 H_0^2 \left(\frac{R_e}{r}\right)^6 \left(\cos^2\theta + \frac{1}{4}\sin^2\theta\right)$$

联立上式和式（3.174），对式（3.173）使用球坐标中的梯度算符，得：

$$\vec{f}_m(r,\theta) = \frac{3\mu_0 H_0^2}{2}\left[\left(\cos^2\theta + \frac{1}{4}\sin^2\theta\right)\frac{\partial}{\partial r}\left(\frac{R_e}{r}\right)^6 \vec{\imath}_r + \frac{1}{r}\left(\frac{R_e}{r}\right)^6 \frac{\partial}{\partial\theta}\left(\cos^2\theta + \frac{1}{4}\sin^2\theta\right)\vec{\imath}_\theta\right]$$

$$= \frac{3\mu_0 H_0^2}{2R_e}\left(\frac{R_e}{r}\right)^7\left[-6\left(\cos^2\theta + \frac{1}{4}\sin^2\theta\right)\vec{\imath}_r - \frac{3}{2}\sin\theta\cos\theta\,\vec{\imath}_\theta\right]$$

上式可简化为：

$$\vec{f}_m(r,\theta) = -\frac{9\mu_0 H_0^2}{4R_e}\left(\frac{R_e}{r}\right)^2\left[(1+3\cos^2\theta)\vec{\imath}_r + \sin\theta\cos\theta\,\vec{\imath}_\theta\right] \qquad (3.176a)$$

可见，$\vec{f}_m(r,\theta)$ 依 $\frac{1}{r^7}$ 变化。如预期那样，对于任何铁磁物体，$\vec{f}_m(r,\theta)$ 的 r 分量指向磁体中心。

B. 饱和铁球上的力

式（3.175）给出的磁能密度为：

$$e_{ms} = \mu_0 M_{sa} H_0 \left(\frac{R_e}{r}\right)^3 \sqrt{\cos^2\theta + \frac{1}{4}\sin^2\theta}$$

同样，对 e_m 求梯度，得：

$$\vec{f}_{ms}(r,\theta) = -\frac{3\mu_0 M_{sa} H_0}{2R_e}\left(\frac{R_e}{r}\right)^4 \times \left(\sqrt{1+3\cos^2\theta}\,\vec{\imath}_r + \frac{\sin\theta\cos\theta}{\sqrt{1+3\cos^2\theta}}\vec{\imath}_\theta\right) \qquad (3.176b)$$

可见，当铁球饱和时，磁力随 $\frac{1}{r^4}$ 变化。因为它和不饱和球中一样是 $-r$ 向的，故铁球将被磁体中心吸引。

示例　就 45 T 混合磁体（仅考虑超导磁体的磁场）而言，其 $B_0 = 14$ T，$R_e = 0.67$ m（问题 3.11），计算位于磁体平台中心（$z = 2.75$ m）为起点的 y 轴上 $y_{0.1g}$ 点的位置，在该点密度为 ρ 的非饱和铁球所受磁力密度的 y 分量 $f_{my} = 0.1\,\rho g$（0.1 倍重力加速度）。f_{my} 为：

$$f_{my} = f_{mr}\sin\theta + f_{m\theta}\cos\theta \tag{3.177}$$

式中，f_{mr} 和 $f_{m\theta}$ 分别是磁力的 r 分量和 θ 分量。联立式（3.176a）和式（3.177），得：

$$f_{my} = \frac{9\mu_0 H_0^2}{4R_e}\left(\frac{R_e}{r}\right)^7\left[-(1+3\cos^2\theta)\sin\theta - \sin\theta\cos^2\theta\right]$$

$$= -\frac{9\mu_0 H_0^2}{4R_e}\left(\frac{R_e}{r}\right)^7(1+4\cos^2\theta)\sin\theta \tag{3.178}$$

式（3.178）中的负号表示 f_{my} 实际上指向图 3.46 所示方向的反向。在 $x = 0$ 时的 r，$\sin\theta$，$\cos\theta$ 分别为：

$$r = \sqrt{y_{0.1g}^2 + z^2}, \qquad \sin\theta = \frac{y_{0.1g}}{\sqrt{y_{0.1g}^2 + z^2}}, \qquad \cos\theta = \frac{z}{\sqrt{y_{0.1g}^2 + z^2}}$$

联立上面的表达式和式（3.178），代入 $f_{my} = 0.1\,\rho g$，得到：

$$0.1\rho g = \frac{9(\mu_0 H_0)^2 R_e^6}{4\mu_0}\left(\frac{1}{y_{0.1g}^2 + z^2}\right)^{3.5}\left(1 + \frac{4z^2}{y_{0.1g}^2 + z^2}\right)\frac{y_{0.1g}}{\sqrt{y_{0.1g}^2 + z^2}}$$

代入 $z = 2.75$ m 及其他数值，得：

$$0.1\times(8000)\times(9.81) = \frac{9\times(14)^2\times(0.67)^6}{4(4\pi\times10^{-7})}\left[\frac{1}{y_{0.1g}^2 + 2.75^2}\right]^{3.5}\times$$

$$\left[1 + \frac{4\times(2.75)}{y_{0.1g}^2 + 2.75^2}\right]\frac{y_{0.1g}}{\sqrt{y_{0.1g}^2 + 2.75^2}}$$

解得，$y_{0.1g} \simeq 2.42$ m

可先算出球上的磁场，然后检查球是否如假设的那样为非饱和状态。将 $r_{0.1g} =$

$$\sqrt{(2.42\ \text{m})^2 + (2.75\ \text{m})^2} \simeq 3.66\ \text{m} \text{ 以及 } \theta = \tan^{-1}\left(\frac{2.42\ \text{m}}{2.75\ \text{m}}\right) = 41.3° \text{代入式 (3.163)，有：}$$

$$\left|\mu_0 \vec{H}_f\right| = (14.0\ T)\left(\frac{0.67\ \text{m}}{3.66\ \text{m}}\right)^3 \sqrt{\cos^2 41.3° + \frac{1}{4}\sin^2 41.3°}$$

$$= (14.0\ T)(6.1\times10^{-3})(0.82) = 0.070\ \text{T} \qquad (\vec{M} = 3\mu_0 \vec{H}_f = 0.21\ \text{T})$$

3.9.30 讨论3.13：双线圈磁体的径向力

图 3.47 给出了双线圈磁体的布局。线圈 1（内）的中心轴相对于线圈 2（外）偏移 Δx，2 个线圈的轴向场都指向 $+z$ 方向，中平面都位于 $z=0$。

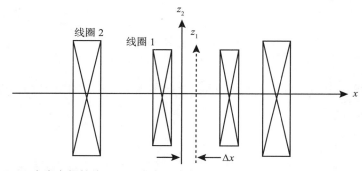

图 3.47 2 个嵌套螺管线圈，二者中轴线存在相对偏移。

当线圈 1 和线圈 2 同轴。即 $\Delta x = 0$，$\Delta y = 0$ 时，单位绕组体积上的作用力 $J_\theta \times B_z$ 是 r 向的。根据对称性，它们互相抵消，即净轴向力为 0。如果线圈 1 如图所示偏移 $+\Delta x$，那么绕组体积的 $\dfrac{1}{2}$（xy 平面上 $+x$ 侧的 180°弧）上的 B_{z2} 平均起来要大于另 $\dfrac{1}{2}$（xy 平面上 $-x$ 侧的接近 180°弧）上的 B_{z2}。最终的净不平衡力 F_{x1} 可近似为：

$$F_{x1} \simeq 4\pi\Delta x \int_0^b \int_{a_1}^{a_2} J_{\theta 1} \frac{\partial B_{z2}(r,z)}{\partial r} r \mathrm{d}r \mathrm{d}z \tag{3.179}$$

式中，B_{z2} 是由线圈 2 产生的轴向场。如式（3.12b）以及式（3.117a）~式（3.117c）（问题 3.2）所指出的，B_{z2} 随着在 xy 平面上的偏移量增加而增大，即 $\dfrac{\partial B_{z2}}{\partial r} > 0$。于是，$F_{x1}$ 是正的且在 x 方向增大，进而线圈 1 的偏移量将继续扩大，导致系统不稳定。

另一种考察本问题的方法是认识到励磁的线圈总是被吸引到最高场区域。因此，如果线圈 1 径向偏移，则它继续沿径向朝线圈 2 移动。原因如上所述：B_{z2} 随距 xy 平面的距离增加而变大，在线圈 2 的绕组最内侧半径处取得最大。相同的理由可用于解释为什么 z 方向上的位移是稳定的：如果线圈 1 轴向偏移 Δz，因为每个线圈的轴向场在中平面（$z=0$）处最大，故线圈 1 试图将其最大场区域与线圈 2 的最大场区域对齐，从而在 z 方向的偏移是稳定的。

3.9.31 讨论3.14： 45 T 混合磁体的结构支撑

45 T 混合磁体的设计具有升级至 50 T 的潜力，只要将 24 MW 的有阻内插磁体升级至 35 MW 即可。设计中的一个要点是内插磁体和超导磁体之间传递故障时作用力的结构，尤其关键的是在低温恒温器内部提供热间隙的结构部件。在 45 T 混合磁体中，该部件是单条柱形钢，与超导磁体同轴，跨越（约80 K 和 20 K）温区。为了计算在内插磁体失效时支撑结构上的预期故障载荷上限，对升级 50 T 进行了下面的分析。

（1）分析在以下基础上进行：取 45 T 电阻内插磁体的尺寸，设每个子线圈在峰值时具有均匀电流密度，调节每个子线圈中的电流水平至获得 50 T。该分析给出了一个内插磁体，相比于 $\frac{1}{r}$ 电流分布的线圈，它有更高的固有磁能和错位恢复力。

（2）基于这种配置，假设发生最坏情况的故障，即每个子线圈的中平面位置突然短路，导致电流加倍（恒定电压假设）和每个子线圈的磁中心的轴向移位 b_i（第 i 个线圈的半高）。对于假设的子线圈几何结构，这个假设的故障引起线圈 A、B 和 C 中所受的力分别约为 1.7 MN、1.8 MN 和 2.5 MN，即超导磁体所受合力约 6 MN。我们精心选择支撑柱壁厚以确保故障期间的平均应力不超过其 $\frac{2}{3}$ 屈服强度。按照 1.8~20 K、20~80 K 和 80~300 K 3 段对壁厚进行分段处理以匹配奥氏体钢屈服应力的温度依赖性。由此产生的传导热输入是系统总热负荷的很小一部分。由此得出的支撑柱设计还有其他优点，即对轴向和横向载荷来说，都非常坚硬。因此，在典型的错位恢复力作用下，内插磁体和外部磁体之间的相对偏移非常小。

3.9.32 讨论3.15： Nb_3Sn 复合导体上的应力

这里我们讨论 Nb_3Sn 复合导体的应力问题，主要考虑这种复合导体的 3 种主要组分青铜、紫铜和 Nb_3Sn 的应力关系[3.60]。因为超导体（HTS 和 LTS）的临界电流密度会因应变而退降——在拉伸时尤甚，故超导体的最大应变水平是磁体设计的关键参数。以 NbTi 和 Nb₃Sn 复合超导体为代表的应变效应已有全面研究[3.61,3.62]；HTS 的数据如今也积累了不少[3.63,3.64]。

当 Nb_3Sn 被冷却到 4.2 K，各组分都经历了一个从 1000 K 的反应温度到 4.2 K 的运行温度的近 1000 K 的温度下降。因为各组分的热缩系数不同，各组分中会出现残余应力。

图 3.48 示意了我们关心的 3 个状态下的应变：（a）复合导体在反应温度~1000 K 时的状态；（b）3 种组分可**独立**收缩时，在 4.2 K 的状态；（c）复合导体在 4.2 K 时的状态。示意图为了指出了青铜、紫铜和 Nb_3Sn 热缩系数相对大小，有所夸张。从反应温度~1000 K 冷却到 4.2 K 后的应变分别记为 ϵ_{br_0}，ϵ_{cu_0}，ϵ_{s_0}。图中也给出了复合导体在 4.2 K 对应的残余应变为 ϵ_{br_r}，ϵ_{cu_r}，ϵ_{s_r}。可以看出，青铜和紫铜都将为**拉伸**状态，而 Nb_3Sn 为**压缩**状态。图中的 E 和 A 分别代表杨氏模量和截面，下标指示了组分。图 3.48 中的各应变是按**标量**处理的。

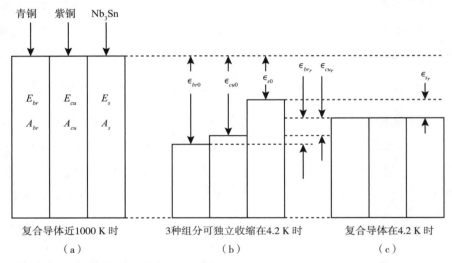

图 3.48 Nb_3Sn 复合导体冷却后的应变状态。

A. 平衡方程

复合导体在 4.2 K 时的应力应变平衡方程为：

$$\epsilon_{br_r}A_{br}E_{br}+\epsilon_{cu_r}A_{cu}E_{cu}-\epsilon_{s_r}A_sE_s=0 \tag{3.180a}$$

$$+\epsilon_{br_r}+\epsilon_{s_r}=\epsilon_{br_0}-\epsilon_{s_0} \tag{3.180b}$$

$$-\epsilon_{cu_r}+\epsilon_{s_r}=\epsilon_{cu_0}-\epsilon_{s_0} \tag{3.180c}$$

$$-\epsilon_{cu_r}+\epsilon_{br_r}=\epsilon_{cu_0}-\epsilon_{br_0} \tag{3.180d}$$

式（3.180a）表明净内力为 0。式（3.180b）～式（3.180d）给出了青铜/Nb_3Sn、紫铜/Nb_3Sn、青铜/紫铜的应变相容性。注意式（3.180）隐含假定了各组分都处于弹性范围，而事实并不总是这样。

B. 残余应变

根据式（3.180b）和式（3.180c），可以得到 ϵ_{s_r} 和 ϵ_{cu_r} 的表达式：

$$\epsilon_{s_r}=\epsilon_{br_0}-\epsilon_{s_0}-\epsilon_{br_r}$$

$$\epsilon_{cu_r}=\epsilon_{br_r}-\epsilon_{br_0}+\epsilon_{cu_0}$$

将上面的式子与式（3.180）联立，得：

$$\epsilon_{br_r}A_{br}E_{br}+(\epsilon_{br_r}-\epsilon_{br_0}+\epsilon_{cu_0})A_{cu}E_{cu}+(\epsilon_{br_r}-\epsilon_{br_0}+\epsilon_{s_0})A_sE_s=0$$

从上式解出 ϵ_{br_r}，得：

$$\epsilon_{br_r}=\frac{(\epsilon_{br_0}-\epsilon_{cu_0})A_{cu}E_{cu}+(\epsilon_{br_0}-\epsilon_{s_0})A_sE_s}{A_{cu}E_{cu}+A_{br}E_{br}+A_sE_s} \tag{3.181a}$$

同样，根据式（3.180b）～式（3.180d），可以得到 ϵ_{s_r} 和 ϵ_{br_r}：

$$\epsilon_{s_r}=\epsilon_{cu_0}-\epsilon_{s_0}-\epsilon_{cu_r}$$

$$\epsilon_{br_r}=\epsilon_{br_0}-\epsilon_{cu_0}+\epsilon_{cu_r}$$

因此，

$$(\epsilon_{br_0}-\epsilon_{cu_0}+\epsilon_{cu_r})A_{br}E_{br}+\epsilon_{cu_r}A_{cu}E_{cu}+(\epsilon_{cu_r}-\epsilon_{cu_0}+\epsilon_{s_0})A_sE_s=0$$

解出 ϵ_{cu_r}：

$$\epsilon_{cu_r}=\frac{(\epsilon_{cu_0}-\epsilon_{br_0})A_{br}E_{br}+(\epsilon_{cu_0}-\epsilon_{s_0})A_sE_s}{A_{cu}E_{cu}+A_{br}E_{br}+A_sE_s} \tag{3.181b}$$

同时，

$$\epsilon_{br_r}=\epsilon_{br_0}-\epsilon_{s_0}-\epsilon_{s_r}$$

$$\epsilon_{cu_r} = \epsilon_{cu_0} - \epsilon_{s_0} - \epsilon_{s_r}$$

因此，

$$(\epsilon_{br_0} - \epsilon_{s_0} - \epsilon_{s_r}) A_{br} E_{br} + (\epsilon_{cu_0} - \epsilon_{s_0} - \epsilon_{s_r}) A_{cu} E_{cu} - \epsilon_{s_r} A_s E_s = 0$$

解出 ϵ_{sr}，有：

$$\epsilon_{s_r} = \frac{(\epsilon_{cu_0} - \epsilon_{s_0}) A_{cu} E_{cu} + (\epsilon_{br_0} - \epsilon_{s_0}) A_{br} E_{br}}{A_{cu} E_{cu} + A_{br} E_{br} + A_s E_s} \tag{3.181c}$$

数值解 　使用式（3.181a）~式（3.181c），以及表 3.16 给出的各组分数据，可计算 ϵ_{br_r}，ϵ_{cu_r}，ϵ_{s_r}：

$$\epsilon_{br_r} = \frac{(1.66 - 1.62)(0.62)(100\text{GPa}) + (1.66 - 0.72)(0.14)(165\text{GPa})}{(0.24)(100\text{GPa}) + (0.62)(100\text{GPa}) + (0.14)(165\text{GPa})}$$

$$= \left(\frac{22.19\text{GPa}}{109.1\text{GPa}}\right) \% \simeq 0.22\% \quad （拉伸）$$

$$\epsilon_{cu_r} = \frac{(1.62 - 1.66)(0.24)(100\text{GPa}) + (1.62 - 0.72)(0.14)(165\text{GPa})}{62.9\text{GPa}}$$

$$= \left(\frac{19.83\text{GPa}}{109.1\text{GPa}}\right) \% \simeq 0.18\% \quad （拉伸）$$

$$\epsilon_{s_r} = \frac{(1.62 - 0.72)(0.62)(100\text{GPa}) + (1.66 - 0.72)(0.24)(100\text{GPa})}{62.9\text{GPa}}$$

$$= \left(\frac{78.36\text{GPa}}{109.1\text{GPa}}\right) \% \simeq 0.72\% \quad （压缩性的，如图 3.48 所示）$$

注意 2 种基底材料都处于拉伸状态，而 Nb_3Sn 处于压缩状态。0.72% 的 ϵ_{s_r} 还是太大了，几乎肯定会破坏导体。不过，当磁体励磁后，导体差不多总是处于拉伸状态，这会令 ϵ_{s_r} 趋向于 0 应变；通常励磁后，洛伦兹力足以让 Nb_3Sn 处于拉伸应变状态。

表 3.16　青铜、紫铜和 Nb_3Sn 在 4.2K 下的性质（近似值）

组分	$\epsilon_0 [\%]$ *	$E [\text{GPa}]$	A †
青铜	1.66	100	0.24
紫铜	1.62	100	0.62
Nb_3Sn	0.72	165	0.14

* 从 ~1000 到 4.2K 的热收缩应变。

† 占复合导体总截面的占比份数。

C. 青铜和紫铜中的应力

从上文计算的 ϵ_{br_r}，ϵ_{cu_r}，我们可以计算相应的应力：

$$\sigma_{br_r} = \epsilon_{br_r} E_{br} \simeq (2.2 \times 10^{-3})(100 \times 10^9) \simeq 220\text{MPa}$$

$$\sigma_{cr_r} = \epsilon_{cr_r} E_{cr} \simeq (1.8 \times 10^{-3})(100 \times 10^9) \simeq 180\text{MPa}$$

退火青铜的屈服应力 σ_{br_y} 和退火紫铜的屈服应力 σ_{cu_y} 仅约 100 MPa。可见，青铜和紫铜在冷却过程中都是塑性屈服的。

3.9.33 问题3.18：自感举例

推导 3.7.3 节给出的低频自感公式。

a）式（3.83），为半径为 a 的导线内部的单位长度电感为：

$$L = \frac{\mu_0}{8\pi} \tag{3.83}$$

b）式（3.84c），为 N 匝特别长（$\beta \gg \alpha$）的薄线圈的自感：

$$L = \mu_0 a_1 N^2 \left(\frac{\pi}{2\beta}\right) \tag{3.84c}$$

c）式（3.87），为由 N 匝绕成的理想二极磁体单位长度自感：

$$L = \frac{1}{8}\mu_0 \pi N^2 \tag{3.87}$$

使用 2 种方法推导上式：①$L = \dfrac{2E_m}{I^2}$；和②$L = N\Phi$。

d）式（3.88），为由 N 匝绕成的理想四极磁体单位长度自感：

$$L = \frac{1}{16}\mu_0 \pi N^2 \tag{3.88}$$

使用两种方法推导上式：①$L = \dfrac{2E_m}{I^2}$；和②$L = N\Phi$。

e）式（3.89a），为主半径为 R，圆形截面半径 a，共 N 匝的理想环线圈的自感：

$$L = \mu_0 R N^2 \left[1 - \sqrt{1 - \left(\frac{a}{R}\right)} \right] \qquad (3.89a)$$

f）式（3.89b），为在极限 $a \ll R$ 下，e）中理想环线圈的自感：

$$L = \mu_0 a N^2 \left(\frac{a}{2R}\right) \left[1 + \frac{1}{4}\left(\frac{a}{R}\right)^2 + \frac{1}{8}\left(\frac{a}{R}\right)^4 \cdots \right] \qquad (3.89b)$$

g）式（3.90a），为主半径为 R，宽 $2a$（r 轴）、高 $2b$（z 轴）矩形截面，共 N 匝的理想环线圈的自感：

$$L = \mu_0 b N^2 \left[\frac{1}{\pi} \ln\left(\frac{R+a}{R-a}\right) \right] \qquad (3.90a)$$

h）式（3.90b），为在极限 $a \ll R$ 下，g）中理想环线圈的自感：

$$L = \mu_0 b N^2 \left(\frac{2a}{\pi R}\right) \left[1 + \frac{1}{3}\left(\frac{a}{R}\right)^2 + \frac{1}{5}\left(\frac{a}{R}\right)^4 \cdots \right] \qquad (3.90b)$$

问题3.18的解答

a）一条半径为 a 的导线，通过均匀分布于其截面的电流 I，内部的磁场为：

$$H_\theta(r) = \frac{I}{2\pi a^2} r \qquad (S18.1)$$

导体内部单位长度储存的磁场能 e_m 为：

$$e_m = \frac{1}{2}\mu_0 \int_0^a 2\pi H_\theta^2(r) r \, \mathrm{d}r \qquad (S18.2)$$

联立式（S18.1）和式（S18.2），我们得到：

$$e_m = \frac{\mu_0}{16\pi} I^2 \qquad (S18.3)$$

联立式（3.79）$\left(E_m = \frac{LI^2}{2}; \text{单位长度} \ e_m = \frac{LI^2}{2} \right)$ 和 S18.3，解出导线内部的自感 L：

$$L = \frac{\mu_0}{8\pi} \tag{3.83}$$

b) 根据式（3.111d），长螺管（$\beta \gg \alpha$）的中心场 $B_z(0,0)$ 为 $\frac{\mu_0 NI}{2b}$。从式（3.117c）可以得出，薄壁且长螺管的磁场在轴向和径向都是均匀分布的，并且等于中心场。于是，螺管的 N 匝交链的总磁链为：

$$\Phi = \int_0^{a_1} 2\pi r H_z(0,0)\,\mathrm{d}r = N\left(\frac{\pi a_1^2 \mu_0 NI}{2b}\right) \tag{S18.4}$$

联立式（3.78）$\Phi = LI$ 和式（S18.4），得：

$$L = \mu_0 a_1 N^2 \left(\frac{\pi}{2\beta}\right) \tag{3.84c}$$

c) **方法 1：能量**　　如问题 3.8 所给出的，理想二极磁体的总安匝（NI）为：

$$NI = \int_{-\frac{\pi}{2}}^{\frac{\pi}{2}} K_f R\mathrm{d}\theta \tag{S18.5}$$

式中，R 是二极磁体半径。联立式（3.140）$\vec{K}_f$ 和式（S18.5），得：

$$NI = \int_{-\frac{\pi}{2}}^{\frac{\pi}{2}} 2H_0 R\cos\theta\mathrm{d}\theta = 4H_0 R \tag{S18.6}$$

二极磁体的单位长度总磁能 E_m 由式（3.143）给出：

$$E_m = \frac{\pi R^2 B_0^2}{\mu_0} \tag{3.143}$$

下面我们由式（S18.6）计算 $H_0 R = \frac{NI}{4}$。联立式（3.143）和式（3.79），解出 L_ℓ（单位长度的 L），得：

$$L_\ell = \frac{1}{8}\mu_0 \pi N^2 \tag{3.87}$$

方法 2：磁链　　表面电流密度 $\vec{K}_f$ 在二极绕组上不均匀。式（3.140）指出，

$\vec{K}_f = -2H_0\cos\theta\,\vec{i}_z$。若 I 在绕组中均匀分布，则匝密度 $n(\theta)$ 必须如下随 θ 变化：

$$n(\theta) = \frac{1}{2}N\cos\theta \tag{S18.7}$$

因为二极磁体有均匀分布的磁场 H_0，二极的 N 匝总交链为：

$$N\Phi = \int_{-\frac{\pi}{2}}^{\frac{\pi}{2}} n(\theta)\mu_0 H_0(2R\cos\theta)\,\mathrm{d}\theta = \mu_0 NH_0 R\int_{-\frac{\pi}{2}}^{\frac{\pi}{2}}\cos\theta^2\,\mathrm{d}\theta$$

$$= \frac{1}{2}\mu_0\pi H_0 R = \frac{1}{8}\mu_0\pi N^2 I \tag{S18.8}$$

联立式（S18.8）和式（3.78），我们得到：

$$L_\ell = \frac{1}{8}\mu_0\pi N^2 \tag{3.87}$$

d）方法 1：能量 理想四极磁体（问题 3.9）的总安匝 NI 为：

$$NI = 2\int_{-\frac{\pi}{4}}^{\frac{\pi}{4}} K_f R\,\mathrm{d}\theta \tag{S18.9}$$

式中，R 是四极磁体半径。为何积分前有乘数 2，可由图 3.35（b）看出，即电流分布被分为 2 个区域，我们只考虑了一极。联立式（3.146）$\vec{K}_f$ 和式（S18.9），我们得出：

$$NI = 2\int_{-\frac{\pi}{4}}^{\frac{\pi}{4}} 2H_0 R\cos 2\theta\,\mathrm{d}\theta = 4H_0 R \tag{S18.10}$$

四极磁体**单位长度**总磁能可在全表面对 $\frac{\mu_0\left|H(r,\theta)\right|^2}{2}$ 积分获得。因为 $\sin^2 2\theta + \cos^2 2\theta = 1$，式（3.145）给出的 $\left|H(r,\theta)\right|^2$ 与 θ 无关：

$$E_m = \frac{1}{2}\mu_0\left(\frac{H_0}{R}\right)^2\int_0^R 2\pi r^3\,\mathrm{d}r + \frac{1}{2}\pi\mu_0 H_0^2 R^6\int_R^\infty \frac{2\pi\,\mathrm{d}r}{r^5}$$

$$= \frac{1}{2}\mu_0\pi H_0^2 R^2 \tag{S18.11}$$

联立式 （3.79）、式 （S18.10） 和式 （S18.11），得：

$$L_\ell = \frac{1}{16}\mu_0 \pi N^2 \tag{3.88}$$

理想四极磁体的 E_m 是理想二极磁体的 $\frac{1}{2}$。这很容易理解：四极磁场在室温孔内是从 0 到 H_0 变化的，而二极磁场是均匀的；同时，四极磁体在外部按 $\frac{1}{r^3}$ 衰减，而二极磁体按 $\frac{1}{r^2}$ 衰减。

方法 2：磁链　　如前文处理的二极磁体类似，四极磁体的匝密度也必须随 θ 变化，如下式：

$$n(\theta) = \frac{1}{2}N\cos 2\theta \tag{S18.12}$$

注意，对上式在 $\frac{1}{4}$ 区域内积分，比如从 -45° 到 45°，它将给出也必须给出该部分的总匝数：$\frac{N}{2}$。对理想四极磁体，总磁链 Φ 由下式给出：

$$N\Phi = 2\int_{-\frac{\pi}{4}}^{\frac{\pi}{4}} n(\theta)\phi(R,\theta)\mathrm{d}\theta \tag{S18.13a}$$

因为 $H_{1r} = H_0\left(\dfrac{r}{R}\right)\sin 2\theta$ 式 （3.145a），我们得到：

$$\phi(R,\theta) = 2\mu_0 H_0 R\int_0^\theta \sin 2\omega\mathrm{d}\omega = \mu_0 H_0 R\cos 2\theta \tag{S18.13b}$$

因此：

$$N\Phi = \mu_0 NH_0 R\int_{-\frac{\pi}{4}}^{\frac{\pi}{4}}\cos^2 2\theta\mathrm{d}\theta = \frac{1}{4}\mu_0 \pi NH_0 R = \frac{1}{16}\mu_0 \pi N^2 I \tag{S18.14}$$

联立式 （3.78） 和式 （S18.14），得：

$$L_\ell = \frac{1}{16}\mu_0 \pi N^2 \tag{3.88}$$

e）正如在问题 3.10 中讨论的，理想圆截面环线圈内部的场 $H(r)$ 是周向（φ）的。根据式（3.161），如下给出：

$$H_{\varphi}(r) = \frac{NI}{2\pi r} \tag{S18.15}$$

因此，环线圈的总磁链 $\varPhi$ 为：

$$\varPhi = \mu_0 N \int_{R-a}^{R+a} \int_{z=-a}^{z=+a} H(r)\,\mathrm{d}z\mathrm{d}r \tag{S18.16}$$

定义圆截面的方程为：

$$z^2 + (R-r)^2 = a^2 \tag{S18.17}$$

根据式（S18.17），在式（S18.16）的积分中用 r 和常数表示积分限的 z，并与式（S18.15）联立，得：

$$\varPhi = \frac{\mu_0 N^2}{2\pi} \int_{R-a}^{R+a} \int_{-\sqrt{a^2-(R-r)^2}}^{\sqrt{a^2-(R-r)^2}} \frac{\mathrm{d}z\mathrm{d}r}{r} = \frac{\mu_0 N^2 I}{\pi} \int_{R-a}^{R+a} \frac{\sqrt{a^2-R^2+2Rr-r^2}}{r}\mathrm{d}r \tag{S18.18}$$

$$\varPhi = \frac{\mu_0 N^2 I}{\pi} \left| R\sin^{-1}\left(\frac{2r-2R}{2a}\right) + \frac{(a^2-R^2)}{\sqrt{R^2-a^2}}\sin^{-1}\left(\frac{2Rr+2a^2-2R^2}{2ra}\right) \right|_{R-a}^{R+a}$$

$$= \frac{\mu_0 N^2 I}{\pi}\left(R\pi + \pi\frac{a^2-R^2}{\sqrt{R^2-a^2}}\right) = \mu_0 N^2 RI\left[1 - \sqrt{1-\left(\frac{a}{R}\right)^2}\right] \tag{S18.19}$$

联立式（3.78）和式（S18.19），得：

$$L = \mu_0 RN^2\left[1 - \sqrt{1-\left(\frac{a}{R}\right)^2}\right] \tag{3.89a}$$

f）在 $a \ll R$ 时，得到：

$$\sqrt{1-\left(\frac{a}{R}\right)^2} = 1 - \frac{1}{2}\left(\frac{a}{R}\right)^2 - \frac{1}{8}\left(\frac{a}{R}\right)^4 - \frac{1}{16}\left(\frac{a}{R}\right)^6\cdots \tag{S18.20}$$

根据式（3.89a）和式（S18.20），

$$L = \mu_0 RN^2\left[\frac{1}{2}\left(\frac{a}{R}\right)^2 + \frac{1}{8}\left(\frac{a}{R}\right)^4 + \frac{1}{16}\left(\frac{a}{R}\right)^6\cdots\right]$$

因此：

$$L = \frac{\mu_0 a^2 N^2}{2R} \left[1 + \frac{1}{4} \left(\frac{a}{R} \right)^2 + \frac{1}{8} \left(\frac{a}{R} \right)^4 \cdots \right] \tag{3.89b}$$

g）理想矩形截面环线圈内部的磁场与上述圆截面环线圈的是一样的。因此：

$$N\Phi = \frac{\mu_0 N^2 I}{2\pi} \int_{R-a}^{R+a} \int_{z=-b}^{z=+b} \frac{1}{r} \mathrm{d}z \mathrm{d}r = \frac{\mu_0 N^2 b I}{\pi} \ln \left(\frac{R+a}{R-a} \right) \tag{S18.21}$$

联立式（3.78）和式（S18.21），我们得到：

$$L = \frac{\mu_0 b N^2}{\pi} \ln \left(\frac{R+a}{R-a} \right) \tag{3.90a}$$

h）对 $a \ll R$，我们可以展开 $\ln \left(1 \pm \frac{a}{R} \right)$ 为：

$$\ln \left(1 \pm \frac{a}{R} \right) = \pm \frac{a}{R} - \frac{1}{2} \left(\frac{a}{R} \right)^2 \pm \frac{1}{3} \left(\frac{a}{R} \right)^3 - \frac{1}{4} \left(\frac{a}{R} \right)^4 \pm \frac{1}{5} \left(\frac{a}{R} \right)^5 \cdots \tag{S18.22}$$

联立式（3.90a）和式（S18.22），得：

$$L = \frac{\mu_0 b N^2}{\pi} \left[2 \left(\frac{a}{R} \right) + \frac{2}{3} \left(\frac{a}{R} \right)^3 + \frac{2}{5} \left(\frac{a}{R} \right)^5 \cdots \right]$$

$$L = \frac{2\mu_0 a b N^2}{\pi R} \left[1 + \frac{1}{3} \left(\frac{a}{R} \right)^2 + \frac{1}{5} \left(\frac{a}{R} \right)^4 \cdots \right] \tag{3.90b}$$

3.9.34　讨论3.16：罗氏线圈的互感

问题 2.11 中研究过的罗氏线圈的总磁链的表达式为：

$$\Phi(t) \simeq \frac{\mu_0 N c^2}{2R} I(t) \tag{2.69}$$

式中，R 是罗氏线圈半径，c 是每一匝的半径。式（2.69）的成立条件是 $\left(\frac{c}{R} \right)^4 \ll 1$，该条件多数罗氏线圈通常都满足。于是，电流元和罗氏线圈之间的互感 M_{ri} 可由下式给出：

$$M_{ri} \equiv \frac{\varPhi}{I} \simeq \frac{\mu_0 N c^2}{2R} \qquad (3.182)$$

3.9.35　讨论3.17：力与互感

根据讨论 3.12 给出 $\vec{f}_m(r,\ \theta) = \nabla\, e_m$ 式（3.173），我们可以由 2 个环线圈的互感 M_{AB} 导出其轴向力 $F_{zA}(\rho)$ 的表达式；反之亦然。这里，我们研究一个简单情况：2 个环线圈距离"很远"，$F_{zA}(\rho)$ 由式（3.39c）给出，M_{AB} 由式（3.97）给出。于是：

$$F_{zA}(\rho) = \frac{3\mu_0}{2\pi}\left(\frac{\pi a_A^2 N_A I_A}{\rho^2}\right)\left(\frac{\pi a_B^2 N_B I_B}{\rho^2}\right) \qquad (3.39c)$$

以及

$$M_{AB} \simeq \frac{\mu_0}{2\pi}\left[\frac{(\pi a_A^2 N_A)(\pi a_B^2 N_B)}{\rho^3}\right] \qquad (3.97)$$

对该系统，给出：

$$e_m = I_A I_B M_{AB} \qquad (3.183)$$

在 ρ 方向应用式（3.173），并与式（3.97）和式（3.182）联立，得：

$$F_{zB}(\rho) = I_A I_B\,\frac{\mathrm{d}M_{AB}}{\mathrm{d}\rho} \qquad (3.184a)$$

$$= I_A I_B\,\frac{\mathrm{d}}{\mathrm{d}\rho}\left\{\frac{\mu_0}{2\pi}\left[\frac{(\pi a_A^2 N_A)(\pi a_B^2 N_B)}{\rho^3}\right]\right\} \qquad (3.184b)$$

$$= -\frac{3\mu_0}{2\pi}\left(\frac{\pi a_A^2 N_A I_A}{\rho^2}\right)\left(\frac{\pi a_B^2 N_B I_B}{\rho^2}\right) \qquad (3.184c)$$

式（3.184a）中 $\dfrac{\mathrm{d}}{\mathrm{d}\rho}$ 作用的意义是线圈 B（图 3.5 中右侧的线圈）移动距离 $\partial\rho$，故 $F_{zB}(\rho)$ 指向 ρ 相反的方向。即：

$$F_{zA}(\rho) = -F_{zB}(\rho) = \frac{3\mu_0}{2\pi}\left(\frac{\pi a_A^2 N_A I_A}{\rho^2}\right)\left(\frac{\pi a_B^2 N_B I_B}{\rho^2}\right) \qquad (3.39c)$$

很明显，上述过程反过来就可以用于在已知 $F_{zA}(\rho)$ 时求 M_{AB}。再次提醒：一定要注意符号。

$$M_{AB} = -\frac{1}{I_A I_B}\int_0^\rho F_{zA}(y)\,\mathrm{d}y \tag{3.185}$$

$$= \frac{\mu_0}{2\pi}\left[\frac{(\pi a_A^2 N_A)(\pi a_B^2 N_B)}{\rho^3}\right] \tag{3.97}$$

参考文献

［3.1］有很多个人或机构编写的代码可用，例如 SOLDESIGN（M. I. T.）；商业软件如 COMSOL，ANSYS，ANSOFT.

［3.2］D. Bruce Montgomery, *Solenoid Magnet Design*（Robert Krieger Publishing, New York, 1980）.

［3.3］R. J. Weggel（Personal communication, 1999）.

［3.4］Francis Bitter, *Magnets: The Education of a Physicist*（Doubleday, New York, 1959）.

［3.5］Milan Wayne Garrett, "Calculation of fields, forces, and mutual inductances of current systems by elliptical integrals," *J. Appl. Phys.* **34**, 2567（1963）.

［3.6］Based on a reformulation with new materials by Emanuel Bobrov（FBML）in 2005, with additional contribution by Seung-Yong Hahn（FBML）, of a paper by E. S. Bobrov and J. E. Williams, "Stresses in superconducting solenoid" Mechanics of Superconducting Structures, F. C. Moon, Ed.（ASME, New York, 1980）, 13-41.

［3.7］*Standard Handbook for Electrical Engineers*, Ed. Archer E. Knowlton（McGraw-Hill Book, 1949）.

［3.8］Benjamin J. Haid（Personal communication, 2003）.

［3.9］Hans-J. Schneider-Muntau and Mark Bird（Personal communication, 2004）.

［3.10］John Peter Voccio, "*Qualification of Bi2223 high-temperature superconducting（HTS）coils for generator applications*"（Ph. D. Thesis, Department of System Design Engineering, Keio University, 2007）.

［3.11］D. B. Montgomery, J. E. C. Williams, N. T. Pierce, R. Weggel, and M. J. Leupold,

"A high field magnet combining superconductors with water – cooled conductors," *Adv. Cryogenic Eng.* **14**, 88 (1969).

［3.12］ M. J. Leupold, R. J. Weggel and Y. Iwasa, "Design and operation of 25.4 and 30.1 tesla hybrid magnet systems," *Proc. 6th Int. Conf. Magnet Tech.* (*MT-6*) (ALFA, Bratislava), 400 (1978).

［3.13］ M. J. Leupold, J. R. Hale, Y. Iwasa, L. G. Rubin, and R. J. Weggel, "30 tesla hybrid magnet facility at the Francis Bitter National Magnet Laboratory," *IEEE Trans. Magn.* **MAG-17**, 1779 (1981).

［3.14］ M. J. Leupold, Y. Iwasa and R. J. Weggel, "32 tesla hybrid magnet system," *Proc. 8th Int. Conf. Magnet Tech.* (*MT-8*) (J. Physique Colloque C1, supplément to **45**), C1-41 (1984).

［3.15］ M. J. Leupold, Y. Iwasa, J. R. Hale, R. J. Weggel, and K. van Hulst, "Testing a 1.8 K hybrid magnet system," *Proc. 9th Int. Conf. Magnet Tech.* (*MT-9*) (SwissInstitute for Nuclear Research, Villigen), 215 (1986).

［3.16］ M. J. Leupold, Y. Iwasa, and R. J. Weggel, "Hybrid Ⅲ system," *IEEE Trans. Magn.* **MAG-24**, 1070 (1988).

［3.17］ Y. Iwasa, M. J. Leupold, R. J. Weggel, J. E. C. Williams, and Susumu Itoh, "Hybrid Ⅲ: the system, test results, the next step," *IEEE Trans. Appl. Superconduc.* **3**, 58 (1993).

［3.18］ Y. Iwasa, M. G. Baker, J. B. Coffin, S. T. Hannahs, M. J. Leupold, E. J. McNiff, and R. J. Weggel, "Operation of Hybrid Ⅲ as a facility magnet," *IEEE Trans. Magn.* **30**, 2162 (1994).

［3.19］ K. van Hulst and J. A. A. J. Perenboom, "Status and development at the High Field Magnet Laboratory of the University of Nijmegen," *IEEE Trans. Magn.* **24**, 1397 (1988).

［3.20］ Jos A. A. J. Perenboom, Stef A. J. Wiegers, Jan – Kees Maan, Paul H. Frings, "First operation of the 20 MW Nijmegen High Field Magnet Laboratory," *IEEE Trans. Appl. Superconduc.* **14**, 1276 (2004).

［3.21］ S. A. J. Wiegers, J. Rook, J. A. A. J. Perenboom, and J. C. Maan, "Design of a 50 mm bore 31+ T resistive magnet using a novel cooling hole shape," *IEEE Trans. Appl. Superconduc.* **16**, 988 (2006).

〔3.22〕 Y. Nakagawa, K. Noto, A. Hoshi, S. Miura, K. Watanabe and Y. Muto, "Hybrid magnet project at Tohoku University," *Proc. 8th Int. Conf. Magnet Tech. (MT-8)* (Supplement au Journal de Physique, FASC. 1), C1-23 (1984).

〔3.23〕 K. Watanabe, G. Nishijima, S. Awaji, K. Takahashi, K. Koyama, N. Kobayashi, M. Ishizuka, T. Itou, T. Tsurudome, and J. Sakuraba, "Performance of a cryogenfree 30 T – class hybrid magnet," *IEEE Trans. Appl. Superconduc.* **16**, 934 (2006).

〔3.24〕 H. -J. Schneider–Muntau and J. C. Vallier, "The Grenoble hybrid magnet," *IEEE Trans. Magn.* **MAG-24**, 1067 (1988).

〔3.25〕 G. Aubert, F. Debray, J. Dumas, K. Egorov, H. Jongbloets, W. Joss, G. Martinez, E. Mossang, P. Petmezakis, Ph. Sala, C. Trophime, and N. Vidal, "Hybrid and giga – NMR projects at the Grenoble High Magnetic Field," *IEEE Trans. Appl. Superconduc.* **14**, 1280 (2004).

〔3.26〕 A. Bonito Oliva, M. N. Biltcliffe, M. Cox, A. Day, S. Fanshawe, G. Harding, G. Howells, W. Joss, L. Ronayette, and R. Wotherspoon, "Preliminary results of final test of the GHMFL 40 T hybrid magnet," *IEEE Trans. Appl. Superconduc.* **15**, 1311 (2005).

〔3.27〕 K. Inoue, T. Takeuchi, T. Kiyoshi, K. Itoh, H. Wada, H. Maeda, T. Fujioka, S. Murase, Y. Wachi, S. Hanai, T. Sasaki, "Development of 40 tesla class hybrid magnet system," *IEEE Trans. Magn.* **28**, 493 (1992).

〔3.28〕 John R. Miller, "The NHMFL 45-T hybrid magnet system: past, present, and future," *IEEE Trans. Appl. Superconduc.* **13**, 1385 (2003).

〔3.29〕 M. Bird, S. Bole, I. Dixon, Y. Eyssa, B. Gao, and H. Schneider-Muntau, "The 45T hybrid insert: recent achievement," *Phys. B*, **639** (2001).

〔3.30〕 J. R. Miller, Y. M. Eyssa, S. D. Sayre and C. A. Luongo, "Analysis of observations during operation of the NHMFL 45-T hybrid magnet systems," *Cryogenics* **43**, 141 (2003).

〔3.31〕 J. R. Miller (Personal communication, 2003).

〔3.32〕 E. S. Bobrov (Personal communication, 2003).

〔3.33〕 Juan Bascunan, Emanuel Bobrov, Haigun Lee, and Yukikazu Iwasa, "A low- and high-temperature superconducting (LTS/HTS) NMR magnet: design and performance results," *IEEE Trans. Appl. Superconduc.* **13**, 1550 (2003).

［3.34］ Haigun Lee, Juan Bascuñán, and Yukikazu Iwasa, "A high－temperature superconducting（HTS）insert comprised of double pancakes for an NMR magnet," *IEEE Trans. Appl. Superconduc.* **13**, 1546（2003）.

［3.35］ J. Allinger, G. Danby, and J. Jackson, "High field superconducting magnets for accelerators and particle beams," *IEEE Trans. Magn.* **MAG－11**, 463（1975）.

［3.36］ A. D. McInturff, W. B. Sampson, K. E. Robins, P. F. Dahl, R. Damm, D. Kassner, J. Kaugerts, and C. Lasky, "ISABELLE ring magnets," *IEEE Trans. Magn.* **MAG－13**, 275（1977）.

［3.37］ W. B. Fowler, P. V. Livdahl, A. V. Tollestrup, B. F. Strauss, R. E. Peters, M. Kuchnir, R. H. Flora, P. Limon, C. Rode, H. Hinterberger, G. Biallas, K. Koepke, W. Hanson, and R. Borcker, "The technology of producing reliable superconducting dipoles at Fermilab," *IEEE Trans. Magn.* **MAG－13**, 275（1977）.

［3.38］ G. Ambrosio, N. Andreev, E. Barzi, P. Bauer, D. R. Chichili, K. Ewald, S. Feher, L. Imbasciati, V. V. Kashikhin, P. J. Limon, L. Litvinenko, I. Novitski, J. M. Rey, R. M. Scanlan, S. Yadav, R. Yamada, and A. V. Zlobin, "R&D for a single－layer Nb_3Sn common coil dipole using the react－and－wind fabrication technique," *IEEE Trans. Appl. Superconduc.* **12**, 39（2002）.

［3.39］ L. Rossi, "The LHC main dipoles and quadrupoles towards series production," *IEEE Trans. Appl. Superconduc.* **13**, 1221（2003）.

［3.40］ L. Bottura, D. Leroy, M. Modena, M. Pojer, P. Pugnat, L. Rossi, S. Sanfilippo, A. Siemko, J. Vlogaert, L. Walckiers, and C. Wyss, "Performance of the first LHC pre－series superconducting dipoles," *IEEE Trans. Appl. Superconduc.* **13**, 1235（2003）.

［3.41］ T Doi, H. Kimura, S. Sato, K. Kuroda, H. Ogata, M. Kudo, and U. Kawabe, "Superconducting saddle shaped magnets," *Cryogenics* **8**, 290（1968）.

［3.42］ J. L. Smith, Jr., J. L. Kirtley, Jr., P. Thullen, "Superconducting rotating machines," *IEEE Trans. Magn.* **MAG－11**, 128（1975）.

［3.43］ T. Ohara, H. Fukuda, T. Ogawa, K. Shimizu, R. Shobara, M. Ohi, A. Ueda, K. Itoh, and H. Taniguchi, "Development of 70MW class superconducting generators," *IEEE Trans. Magn.* **27**, 2232（1991）.

［3.44］ J. Kerby, A. V. Zlobin, R. Bossert, J. Brandt, J. Carson, D. Chichili, J. Dimarco, S. Feher, M. J. Lamm, P. J. Limon, A. Makarov, F. Nobrega, I. Novitski,

D. Orris, J. P. Ozelis, B. Robotham, G. Sabbi, P. Schlabach, J. B. Strait, M. Tartaglia, J. C. Tompkins, S. Caspi, A. D. McInturff, and R. Scanlan, "Design, development and test of 2m quadrupole model magnets for the LHC inner triplet," *IEEE Trans. Appl. Superconduc.* **9**, 689 (1999).

[3.45] T. Nakamoto, T. Orikasa, Y. Ajima, E. E. Burkhardt, T. Fujii, E. Hagashi, H. Hirano, T. Kanahara, N. Kimura, S. Murai, W. Odajima, T. Ogitsu, N. Ohuchi, O. Oosaki, T. Shintomi, K. Sugita, K. Tanaka, A. Terashima, K. Tsuchiya, and A. Yamamoto, "Fabrication and mechanical behavior of a prototype for the LHC low−beta quadrupole magnets," *IEEE Trans. Appl. Superconduc.* **12**, 174 (2002).

[3.46] R. Burgmer, D. Krischel, U. Klein, K. Knitsch, P. Schmidt, T. Trtschanoff, K. Schirm, M. Durante, J. M. Rifflet, and F. Simon, "Industrialization of LHC main quadrupole cold masses up to series production," *IEEE Trans. Appl. Superconduc.* **14**, 169 (2004).

[3.47] S. H. Minnich, T. A. Keim, M. V. K. Chari, B. B. Gamble, M. J. Jefferies, D. W. Jones, E. T. Laskaris, P. A. Rios, "Design studies of superconducting generators," *IEEE Trans. Magn.* **MAG−15**, 703 (1979).

[3.48] A. S. Ying, P. W. Eckels, D. C. Litz, W. G. Moore, "Mechanical and thermal design of the EPRI/Westinghouse 300 MVA superconducting generator," *IEEE Trans. Magn.* **MAG−17**, 894 (1981).

[3.49] W. Nick, G. Nerowski, H. −W. Neumüller, M. Frank, P. van Hasselt, J. Frauenhofer, and F. Steinmeyer, "380 kW synchronous machine with HTS rotor windings—development at Siemens and first test results," *Physica C: Superconductivity* **372−376**, 1470 (2002).

[3.50] Greg Snitchler, Bruce Gamble, and Swarn S. Kalsi, "The performance of a 5 MW high temperature superconductor ship propulsion motor," *IEEE Trans. Appl. Superconduc.* **15**, 2206 (2005).

[3.51] H. Ichikawa and H. Ogiwara, "Design considerations of superconducting magnets as a Maglev pad," *IEEE Trans. Magn.* **MAG−10**, 1099 (1974).

[3.52] Bruce Gamble, David Cope, and Eddie Leung, "Design of a superconducting magnet system for Maglev applications," *IEEE Trans. Appl. Superconduc.* **3**, 434 (1993).

[3.53] Kenji Tasaki, Kotaro Marukawa, Satoshi Hanai, Taizo Tosaka, Toru Kuriyama, Tomohisa Yamashita, Yasuto Yanase, Mutuhiko Yamaji, Hiroyuki Nako,

MotohiroIgarashi, Shigehisa Kusada, Kaoru Nemoto, Satoshi Hirano, Katsuyuki Kuwano, Takeshi Okutomi, and Motoaki Terai, "HTS magnet for Maglev applications (1) —coil characteristics," *IEEE Trans. Appl. Superconduc.* **16**, 2206 (2006).

[3.54] A. den Ouden, W. A. J. Wessel, G. A. Kirby, T. Taylor, N. Siegel, and H. H. J. ten Kate, "Progress in the development of an 88-mm bore 10 T Nb$_3$Sn dipole magnet," *IEEE Trans. Appl. Superconduc.* **11**, 2268 (2001).

[3.55] G. Ambrosio, N. Andreev, S. Caspi, K. Chow, V. V. Kashikhin, I. Terechkine, M. Wake, S. Yadav, R. Yamada, A. V. Zlobin, "Magnet design of the Fermilab 11 T Nb$_3$Sn short dipole model," *IEEE Trans. Appl. Superconduc.* **10**, 322 (2000).

[3.56] A. R. Hafalia, S. E. Bartlett, S. Caspi, L. Chiesa, D. R. Dietderich, P. Ferracin, M. Goli, S. A. Gourlay, C. R. Hannaford, H. Higley, A. F. Lietzke, N. Liggins, S. Mattafirri, A. D. McInturff, M. Nyman, G. L. Sabbi, R. M. Scanlan, and J. Swanson, "HD 1: design and fabrication of a 16 tesla Nb$_3$Sn dipole magnet" *IEEE Trans. Appl. Superconduc.* **14**, 283 (2004).

[3.57] J. E. C. Williams, L. J. Neuringer, E. S. Bobrov, R. Weggel, and W. G. Harrison, "Magnet system of the 500 MHz spectrometer at the FBNML: 1. Design and development of the magnet," *Rev. Sci. Instrum.* **52**, 649 (1981).

[3.58] Haigun Lee, Emanuel S. Bobrov, Juan Bascunan, Seung-yong Hahn and Yukikazu Iwasa, "An HTS insert for Phase 2 of a 3-phase 1-GHz LTS/HTS NMR magnet," *IEEE Trans. Appl. Superconduc.* **15**. 1299 (2005).

[3.59] Juan Bascunan, Wooseok Kim, Seungyong Hahn, Emanuel S. Bobrov, Haigun Lee, and Yukikazu Iwasa, "An LTS/HTS NMR magnet operated in the range 600-700 MHz," *IEEE Tran. Appl. Superconduc.* **17**, 1446 (2007).

[3.60] D. S. Easton, D. M. Kroeger, W. Specking, and C. C. Koch, "A prediction of the stress state in Nb$_3$Sn superconducting composites," *J. Appl. Phys.* **51**, 2748 (1980).

[3.61] J. W. Ekin, "Strain scaling law for flux pinning in practical superconductors. Part 1: Basic relationship and application to Nb$_3$Sn conductors," *Cryogenics* **20**, 611 (1980).

[3.62] J. W. Ekin, "Four-dimensional J-B-T-critical surface for superconductors," *J. Appl. Phys.* **54**, 303 (1983).

[3.63] S. L. Bray, J. W. Ekin, and C. C. Clickner, "Transverse compressive stress effects on the critical current of Bi2223/Ag tapes reinforced with pure Ag and oxidedispersion-strengthened Ag, *J. Appl. Phys.* **88**, 1178 (2000).

［3. 64］ J. W. Ekin, S. L. Bray, N. Cheggour, C. C. Clickner, S. R. Foltyn, P. N. Arendt, A. A. Polyanskii, D. C. Larbalestier and C. N. McCowan, "Transverse stress and fatigue effects in Y-Ba-Cu-O coated IBAD tapes," *IEEE Trans. Appl. Superconduc.* **11**, 3389 (2001).

第 4 章

低　　温

4.1　引言

低温对超导技术至关重要。超导技术对制冷技术的依赖一直是其能否广泛应用（如电力应用）的主要问题。然而，应该恰当地看待而不应**过分强调**低温技术的作用。单从低温技术的角度看，将超导磁体以最高允许温度运行更高效；但若超导磁体仅是某系统的一部分，则必须评估运行温度对整个系统的影响。超导磁体的最佳工作温度是多少？这个问题对超导磁体（特别是 HTS 磁体）的设计和操作来说非常现实且重要。例如，在产生同样磁场条件下，运行于 77 K 的 HTS 磁体无疑要比运行于 20 K 的磁体耗用更多超导材料；在制冷方面的节省可能不足以抵消超导材料成本的增加。

同样，**每个**超导系统都必须做绝热处理：最好的绝热方法是真空。当温度低于 20 K 时，氢会凝结，可"有效"绝热的真空可相对容易地在低温容器内实现。从"已抽空"的低温容器表面逸出的氢是容器内主要的传热介质。因此，对于**整个 HTS 磁体系统**而言，将磁体运行在 20 K 以下可能更具成本效益。如果我们选择足够高的运行温度——比如很多人更希望的 70 K 以上——制冷系统或许不再需要真空绝热，令其更接近**少侵扰**（less intrusive）。

本章简要讨论以下超导磁体的低温设计和运行问题：①超导磁体的 2 种冷却方式，"干式"和"湿式"；②冷源、热源和低温测量；③"湿式"磁体的制冷剂；④或对"干式"磁体有用的固体冷却剂。上述论题的更多细节将在"专题"部分有更深入的涉及和研究。

4.2　"湿式"磁体和"干式"磁体

　　直到 1990 年前后，所有超导磁体都是"湿式"运行的，即通过液态氦冷却。HTS 的发现，再加上低温制冷技术的进步，促进了从 20 世纪 90 年代初开始的"干式"（无冷却剂）制冷机冷却（cryocooled）LTS[4.1-4.11] 和 HTS[4.12-4.18] 磁体的开发。由于"干式"低温系统在运行、维护上更轻便且更易实现少侵扰，若磁体自身在正常运行条件下几乎无耗散（如交流损耗），在大多数应用中"干式"磁体是首选项。

超导磁体的冷却方式

　　如表 4.1 所示，超导磁体可采用 5 种冷却方式（4 种"湿式"和 1 种"干式"）的任一种。本节使用的低温稳定（cryostable）、绝热（adiabatic）、准稳定（quasi-stable）等术语在第 6 章会有更详细的讨论，但为便于读者定性的理解，此处从低温技术的角度简要讨论各种方法。

表 4.1　"湿式"和"干式"超导磁体的冷却方式

冷却方式	冷却——导体耦合情况	传热方式
浸泡冷却，低温稳定	好；全部导体	对流
浸泡冷却，绝热	基本不存在	（磁体绕组表面）传导
迫冷，低温稳定	好；全部导体	对流
迫冷，准稳定	边缘处间接	传导
制冷机冷却，准稳定	间接	传导

　　浸泡冷却低温稳定（Bath-Cooled Cryostable）　　20 世纪 80 年代以前建造的磁体基本都是浸泡冷却低温稳定的。这些磁体的一个关键低温特征是为了便于冷却剂渗入绕组的通孔设计，从而绕组各部分几乎都接触到液态冷却剂。下文将定性讨论的对流传热在这里很重要，第 6 章将给出部分数据。

　　浸泡冷却绝热（Bath-Cooled Adiabatic）　　为实现高性能，20 世纪 80 年代早期开发出浸泡冷却的绝热磁体。绝热磁体的绕组是实心的，几乎没有冷却剂浸入绕组中，从而绕组总电流密度明显高于浸泡制冷低温稳定的磁体。绕组仅通过其外表面而被冷却。

迫冷低温稳定（Force-Cooled Cryostable）　为确保冷却剂为单相（一般对浸泡冷却磁体不总是这样），同时加强了绕组导体本身的强度，20 世纪 70 年代早期开发出了用于磁体（特别是大型磁体）的所谓管内电缆（cable-in-conduit，CIC）导体，让冷却和绕组很好地耦合在一起。重要的传热数据是强迫对流，典型的传热数据将在第 6 章介绍。

迫冷准稳定（Force-Cooled Quasi-Stable）　为保持鲁棒性（robustness），绕组上不允许通孔。为实现比浸泡冷却绝热磁体更好的稳定性，制冷工质在绕组的边缘处而非导体内受迫通过绕组。和绝热绕组一样，超导体是传导冷却的。

制冷机冷却（Cryocooled）　磁体连接到制冷机，主要通过传导冷却绕组内部。第 6 章更详细讨论将指出，LTS 磁体运行于准稳态，而 HTS 磁体为稳态。讨论 4.7 将指出，**低温循环器**（cryocirculator）事实上比制冷机更适合作为"干式"磁体（特别是 LTS 磁体）的冷源。

4.3　低温问题：冷却、热、测量

有 3 个基本的低温问题与超导磁体技术有关：①冷源；②热源；③测量。本部分简要讨论这些问题，专题部分以及后续章节将对特定问题做更详细的讨论。

4.3.1　冷源

如表 4.1 总结的，超导磁体靠制冷剂或制冷机冷却到、并维持于运行温度。下面简要讨论制冷剂。对于制冷机，仅给出基本热力学关系（问题 4.1）和性能数据（讨论 4.1）。

4.3.2　热源

一般来说，在装有超导磁体的低温恒温器的冷环境中有 5 个主要热源：①低温恒温器两个壁面间的热辐射；②低温恒温器两个壁面间"抽空"空间的热对流；③磁体支撑件和低温恒温器构件的热传导；④电流引线的热传导和焦耳热；⑤磁体内的热耗散。专题部分将会论及热辐射、热对流和电流引线问题。磁体内的热耗散将在第 7 章讨论。

4.3.3　测量

通常在超导磁体运行中要测量的低温参数包括：①温度；②压力（低温恒温器真空度、制冷剂压力）；③制冷剂流量（迫冷"湿式"磁体）；④气体流量（"湿式"磁体的电流引线）。本书中的专题部分（讨论 4.13）仅简要讨论温度的测量。

4.4　液体制冷剂——用于"湿式"磁体

20 世纪 90 年代早期，可用于超导磁体运行的制冷剂仅有液氦（LHe）。液氮（LN$_2$）被某些液氦低温恒温器用来隔断热量，由于磁体要从室温冷却到 4.2 K，为减少液氦消耗，液氮也用于预冷磁体（讨论 4.2）。

大气压下饱和（沸腾）温度低于 100 K 的 6 种制冷剂是：氧（90.18 K）、氩（87.28 K）、氮（77.36 K）、氖（27.09 K）、氢（20.39 K）、氦（4.22 K）。对于"湿式"HTS 磁体和设备，制冷剂的最佳备选顺序为氮、氖、氢。对于"湿式"LTS 磁体或 LTS/HTS 混合磁体，例如 HTS 线圈和 LTS 线圈共同构成的高场 NMR 磁体，仍主要用液氦。下面将简要讨论氦、氢、氖、氮以及作为对照的水共 5 种液体的沸腾传热参数。

沸腾传热参数

"湿式"超导磁体——特别是浸泡冷却的低温稳定磁体——的冷却依赖于核态沸腾传热。由于核态沸腾传热的冷却是靠液体汽化实现的，故液体的单位体积汽化热 h_ℓ 是一个关键参数。这也意味着沸腾传热热流密度 g_q 和温度的关系（通常横纵轴均为对数坐标，如图 4.1 所示）对大多数液体都是相似的。这里，x 轴是浸泡在液体中的物体的表面温度 T 和液体饱和温度 T_s 之差：$T-T_s$（$=\Delta T$）。图中的其他关键参数为：q_{pk}，核态沸腾最大热流密度；ΔT_{pk}，是 q_{pk} 时对应的 ΔT；q_{fm}，最小膜态沸腾热流密度。表 4.2 给出了一个大气压下的 T_s 和 h_ℓ，以及氦、氢、氖、氮和作为对比的水的 q_{pk}，ΔT_{pk} 和 q_{fm} 的**典型值**。

根据表 4.2，可以得到如下结论：唯一适合 LTS 磁体的制冷剂液氦，汽化时吸收的能量密度最小，是效果最差的制冷剂。HTS 磁体最好以"干式"运行，但若它需要"湿式"运行，氢、氖、氮可覆盖多数 HTS 磁体的运行温区。燃料电池在电动汽车领域的应用促进了液氢（LH$_2$）技术（包括安全问题）的发展，它或许会用于液氢冷却的 HTS 磁体。

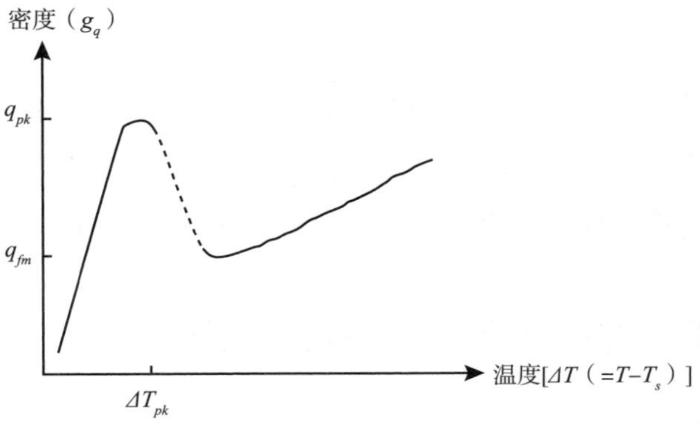

图 4.1　典型液体的沸腾热流密度与温度（表面温度和液体饱和温度 T_s 之差）的关系。

表 4.2　沸腾传热参数

液　体	$T_s\,[\mathrm{K}]$	$h_\ell\,[\mathrm{J/cm^3}]$	$q_{pk}\,[\mathrm{W/cm^2}]$	$\Delta T_{pk}\,[\mathrm{K}]$	$q_{fm}\,[\mathrm{W/cm^2}]$
氦	4.22	2.6	~1	~1	~0.3
氢	20.39	31.3	~10	~5	~0.5
氖	27.09	104	~15	~10	~1
氮	77.36	161	~25	~15	~2
水	373.15	2255	~100	~30	~10

4.5　固体制冷剂——用于"干式"磁体

如前文所述，对于小电流（特别是运行电流小于~1 kA 的）LTS 磁体，"干式"很可能会逐步替代"湿式"。若在不久的将来，如果 HTS（BSCCO、YBCO 和 $\mathrm{MgB_2}$）中的 1 种、2 种甚至全部 3 种发展成为成熟的"磁体级导体"，那"干式" HTS 磁体不仅会取代"干式" LTS 磁体，还将开拓出其他仅适用于 HTS 磁体的应用。

4.5.1　"湿式" LTS 磁体与"干式" HTS 磁体的关系——热容

"湿式" LTS 磁体经常被忽略的一个优势是其"冷体"（cold body）的大热容，它是由作为"湿式" LTS 磁体一部分的液氦提供的。液氦的焓密度在 4.2 K 时"高"达 $2.6\,\mathrm{J/cm^3}$——此处所谓的高，是和铜比：铜在 4.2~4.5 K 的焓密度仅约为 $0.0003\,\mathrm{J/cm^3}$，仅为液氦的 1/‰——在**大部分**情况下，可牢牢地将磁体 "铆" 定在运行温度。

"干式" 磁体同样需要有一个大热容以便 "铆" 住温度，固态制冷剂就是极好的备选。图 4.2 给出了多种固体制冷剂（固氖 SNe、固氮 SN_2、固氩 SAr）以及部分金属（铅 Pb、银 Ag、铜 Cu）的热容 C_p 和温度 T 的关系（没列入固氢是因为它在 13.96 K 时热容很低，仅约为 0.2 J/cm³K）。铅在低温设备中常被用作热容加强件；铜在 LTS 中被广为用作基底金属，银是 BSCCO 的基底金属。

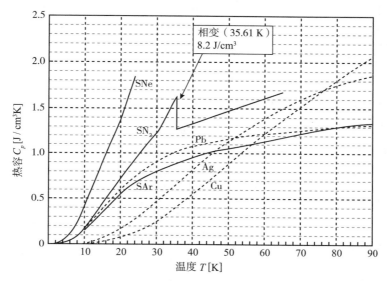

图 4.2　几种物质的热容 C_p 与温度 T 的关系。实线为 SNe、SN_2 和 SAr；虚线是 Pb、Ag 和 Cu。注意，SN_2 在 35.61 K 存在一个固-固相变，吸收能量密度 8.2 J/cm³。

4.5.2　固体制冷剂——氖、氮、氩

下面将简要讨论 3 种可能用于 "干式" HTS 磁体的固体制冷剂：氖、氮、氩。附录给出了它们的一些热力学性质。

固体制冷剂之所以是良好的浸渍材料主要是因为热容高；此外，固体制冷工质的热导率和机械性能在一些应用中也优于环氧。例如，在 10~15 K 温区内，相比环氧，固氮能令 HTS 绕组的温度均匀性更好；同时，固氮也使绕组更具鲁棒性。

固氮（SN_2）　固氮在 64.2 K 以下均为固态，价格不贵、重量很轻（约为铅密度的 $\frac{1}{10}$）且为电绝缘体，这让它成为运行温度在 64 K 以下的 "干式" HTS 磁体的有

效热容增强剂。例如，在 20~60 K 温区运行的 BSCCO 和 YBCO 磁体以及在 10~15 K 甚至 20~30 K 运行的 MgB_2 磁体。从图 4.2 可知，固氮在 35.61 K 存在一个固-固相变点，会额外吸收 8.2 J/cm^3 的能量。由于在临界点附近的热容约 1.5 J/cm^3K，额外吸收的 8.2 J/cm^3 能量等价于 5 K 多的温升，成为运行于该温区的 HTS 磁体的一个极好"热池"。

固氖（SNe）　图 4.2 中的热容数据表明它是 4~10 K 温区的最佳热容增强剂。然而，固氖单位体积费用是固氮的约 200 倍。在高于~10 K 时，对于大多数应用，固氮就足够用了。尽管也有其他物质，如 Er_3Ni，在 4~24 K 温区能提供更好的热容增强效果，但对磁体而言，固氖、固氮、固氩可能更合适。相比固氮，固氖除了价格高，冰点也相对较低（仅 24.6 K），这限制了固氖系统的运行温区。

固氩（SAr）　作为大气中含量最高的惰性气体，氩在价格上比氖至少便宜一个数量级，但仍比氮贵很多。固氩仅适用于运行温区在 64.2 K（固氮冰点）至 83.8 K（固氩冰点）之间的"干式"磁体。

在下面的专题中，首先研究若干"湿式"和"干式"磁体的低温论题。随后有一个对温度测量的简要讨论。最后，将以问题和讨论的形式扩展对电流引线的处理，所讨论的引线仅一种为"干式"，其余均为气冷式。这是因为大型磁体系统，特别是运行电流超过 1 kA 的，主要使用"湿式"LTS 磁体；而"湿式"LTS 磁体要用气冷电流引线。

4.6　专题

4.6.1　问题4.1：卡诺制冷机

因为超导电性在很低温度下才出现，所以需要制冷机来实现并维持低温环境。我们通过图 4.3 所示的卡诺制冷机（Carnot refrigerator）来研究最高效率的制冷的热力学循环。卡诺循环由 2 个可逆绝热过程和 2 个可逆等温过程组成，工质流体在 2 个热源之间工作，并以最高效率做功。尽管实际中不可能实现卡诺效率，但它给出了可能效率的上限。

a）在 T 与 S 的关系图上画出卡诺循环。使用图 4.3 中标出的记号。T_{op}：低温热源温度，一般等于磁体运行温度；S_{cl}：离开低温热源的工质的熵；T_{wm}：高温热源的温度；S_{wm}：进入高温热源的工质的熵。连个热源温度 T_{op} 和 T_{wm} 保持不变。

b）证明：对于理想卡诺制冷机，为了从热源 T_{op} 中提取热量 Q 并将其释放到 T_{wm} 中，需要的输入功 W_{ca} 为

$$W_{ca} = Q\left(\frac{T_{wm}}{T_{op}} - 1\right) \tag{4.1}$$

c）证明：高温热源为 $T_{wm} = 300$ K 的卡诺制冷机，在 $T_{op} = 4.2$ K 时，$\dfrac{W_{ca}}{Q} \simeq 70$；在 $T_{op} = 77$ K 时，$\dfrac{W_{ca}}{Q} \simeq 3$。

问题4.1的解答

a）卡诺制冷机工作于 2 个热源之间，从低温热源 T_{op} 中提取热量 Q，然后向高温热源 T_{wm} 释放热量 Q_{wm}。如图 4.3 所示，制冷机运行要求输入功 W_{ca}。

卡诺制冷循环由工质的 4 个可逆过程组成，如图 4.4 的 T 与 S 图所示：

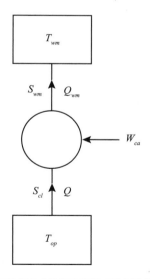

图4.3 工作于 2 个热源之间的卡诺制冷机。

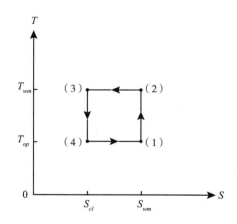

图4.4 卡诺制冷机的 T 与 S 的关系图。

- 等熵压缩，开始于状态 1（S_{wm}，T_{op}）；
- 等温压缩，开始于状态 2（S_{wm}，T_{wm}）；
- 等熵膨胀，开始于状态 3（S_{cl}，T_{wm}）；
- 等温膨胀，开始于状态 4（S_{cl}，T_{op}）。

b) 根据热力学第一定律，有：

$$Q_{wm} = Q + W_{ca} = 0 \tag{S1.1}$$

式中，W_{ca} 是制冷机的输入功，等于 T 与 S 的关系图上的闭合面积（当图 4.3 中的 W_{ca}、Q 以及 Q_{wm} 方向相反时，卡诺循环代表**理想**热机，T 与 S 的关系图上的闭合面积表示输出功）。因为每个过程都是可逆的，有 $Q = T_{op}(S_{wm} - S_{cl})$ 和 $Q_{wm} = T_{wm}(S_{wm} - S_{cl})$。因此：

$$S_{wm} - S_{cl} = \frac{Q}{T_{op}} \tag{S1.2a}$$

$$S_{wm} - S_{cl} = \frac{Q_{wm}}{T_{wm}} \tag{S1.2b}$$

令上面的两式相等，得：

$$\frac{Q}{T_{op}} = \frac{Q_{wm}}{T_{wm}} \tag{S1.3}$$

联立式（S1.1）和式（S1.3），得：

$$\frac{Q}{T_{op}} = \frac{Q + W_{ca}}{T_{wm}} \tag{S1.4}$$

解出式（S1.4）中的 W_{ca}，得：

$$W_{ca} = Q\left(\frac{T_{wm}}{T_{op}} - 1\right) \tag{4.1}$$

c) 4.2~300 K 温区：在 $T_{op} = 4.2$ K，$T_{wm} = 300$ K 时，从式（4.1）可得 $\frac{W_{ca}}{Q} \simeq 70$。即为获得 4.2 K 下的 1 W 冷量，制冷机需要 70 W 的输入功。实际制冷机的"性能"定义为比值 $\frac{W_{ca}}{Q}$（W_{cp} 是压缩功）随着 Q 增大而提高。小型机（$Q = 1$ W）为 ~10000，大型机（$Q \sim 100$ kW）为 ~300。下文讨论 4.1 将进一步论及。

77~300 K 温区：将 $T_{op} = 77$ K，$T_{wm} = 300$ K 代入式（4.1），可得 $\frac{W_{ca}}{Q} \simeq 3$。实际的

制冷机性能比在～50（小型机，1 W）到～10（大型机，～100 kW）之间。

4.6.2　讨论4.1：卡诺制冷机性能

我们从 2 个不同的角度简要看一下制冷机的性能：①单一额定制冷功率下的制冷机，运行于不同温度$\left(\dfrac{Q}{T_{op}}\right)$；②额定制冷功率和运行温度组合制冷机，运行于不同温度。

A. 特定温度下的特定制冷功率

图 4.5 给出的是特定制冷功率 $Q(\mathrm{W})$ 下的 $\dfrac{W_{cp}}{Q}$ 与 T_{op} 的关系曲线[4.19]。图中的$\otimes$符号表示卡诺循环。

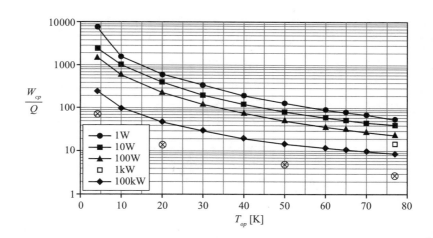

图 4.5　特定制冷功率 Q（W）下的 $\dfrac{W_{cp}}{Q}$ 与 T_{op} 的关系。$\otimes$表示选定温度下的卡诺循环对应值，计算时取 T_{wm} =300 K。

对一个设计运行温度 T_{op} =4.2 K 的 1 W 制冷机（实心圈），其 $\dfrac{W_{cp}}{Q}$ 是 7500；对运行温度 T_{op} =20 K 的 1 W 制冷机，$\dfrac{W_{cp}}{Q}$ 是 600。下面将讨论为何在特定温度 4.2 K 和 20 K 下优化的制冷机在不同温度 T_{op} 下的 $\dfrac{W_{cp}}{Q}$ 是不同的。

B. 在非设计温度下的运行

图 4.6 给出了一台二级制冷机（住友重工 RDK-408D2）的性能[*]数据，性能是作为一级和二级运行温度的函数给出的。它的标称最低二级运行温度是 4.2 K，此时制冷功率 $Q = 1$ W 需压缩功率 $W_{cp} = 7.5$ kW，即 $\frac{W_{cp}}{Q} = 7500$。数据给出了制冷机在同样的压缩功率下的二级功率与温度之比：从 3 K 时的 0 W（即 $\frac{W_{cp}}{Q} = \infty$）到 20 K 时的 15 W（即 $\frac{W_{cp}}{Q} = 500$）。图 4.5 表明，一个 $\frac{15\ \text{W}}{20\ \text{K}}$ 制冷机在 20 K 优化后的 $\frac{W_{cp}}{Q}$ 大约是 350。那些在给定二级温度为 ~20 K 时近乎水平的二级制冷线表明，在一级温度处于 25~60 K 区间时，二级制冷功率几乎与之无关。

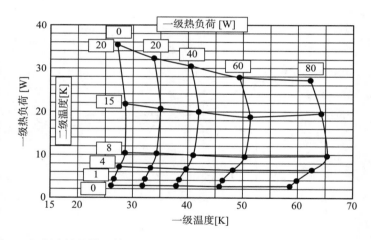

图 4.6　二级制冷机的性能数据。

由于制冷机的压缩功率 7.5 kW 与一二级热负荷无关，为了维持二级温度在所需水平，**总热负荷**，至少是二级的热负荷，必须与制冷功率**匹配**。例如，二级运行温度期望值是 20 K，一级运行条件为 $\frac{40\ \text{W}}{42\ \text{K}}$，如果二级的**实际**热负荷是 5 W，那必须给二级提供 10 W 的额外热负荷，这是因为二级在 20 K 提供了 15 W 制冷功率，如图 4.6 所示。这个额外的 10 W 热负荷一般由二级冷头上的加热器产生，显然它会导致系统效率的降低。

---

[*]　一、二级制冷功率。

4.6.3 讨论4.2:"湿式"磁体的冷却模式

单位体积的 LHe 在价格上比 LN_2 至少贵一个数量级,而其汽化潜热仅是 LN_2 的 $\sim\frac{1}{60}$。LHe 冷却的磁体通常采用两步冷却:①用 LN_2 将磁体冷到 77 K;②从低温容器中吹除 LN_2,然后立即使用 LHe 继续冷却。对大型磁体(>1 吨),步骤 2 中的 LN_2 将被减压至 0.14 atm 以降低其温度(同时也是磁体温度)到 64 K。

理想冷却模式

理想冷却模式下,磁体在一系列与冷氦气的无限小的理想热交换过程中冷却。在第 n 步中,温度为 T_n 的磁体被冷却至 $T_n-\Delta T$,ΔM_{he} 的液氦汽化并升温到 T_n。氦在温度 T_n 和室温之间的可用焓并未用于冷却磁体。如果 M_{he} 为将一个重为 M_{mg} 的磁体从 T_i 冷却至 4.2 K 所需的液氦质量,有:

$$\frac{M_{he}}{M_{mg}} = \int_{4.2\,K}^{T_i} \frac{c_{cu}(T)\,\mathrm{d}T}{h_{he}(T)-h_{he}(4.2\,K,\mathrm{liq.})} \tag{4.2}$$

式中,$c_{cu}(T)$ 是铜的比热(代表绕组的所有材料),$h_{he}(T)$ 是氦的比焓。

该冷却模式实际不可实现,但通过向磁体**下方**低温容器空间非常**慢**地引入液氦可以逼近理想模式。然而冷却速率也不能任意的慢,因为那会耗费太长的时间,且大量的液氦会被消耗到抵消低温容器的漏热上。

浸泡模式

冷却的一个极端模式是将初始温度为 T_i 的整个磁体浸泡到沸腾温度 4.2 K 的液氦中。在浸泡模式下,从 T_i 冷却磁体至 4.2 K,有 $\left[\dfrac{M_{he}}{M_{mg}}\right]_{dk}$:

$$\left[\frac{M_{he}}{M_{mg}}\right]_{dk} = \frac{\left[h_{cu}(T_i)-h_{cu}(4.2\,K)\right]}{h_L} \tag{4.3}$$

式中,$h_L[\mathrm{kJ/kg}]$ 是 LHe 在 4.2 K 的汽化比热。$h_{cu}(T_i)$ 和 $h_{cu}(4.2\,K)$ 分别是铜在 2 个温度下的比焓。

使用液氖 (liquid neon，简称 LNe) 或液氮 (liquid nitrogen, 简称 LN$_2$) 冷却

运行温度 $T_{op} \geqslant 10$ K 的制冷机冷却的 HTS 磁体，有时候要以比单独用制冷机更快的速度将磁体从室温冷却到 T_{op}。我们采取 2 个步骤满足本需求：①如果 $T_{op} < 27$ K，使用 LNe 以达到 27 K；如果 27 K $< T_{op} < 77$ K，就用 LN$_2$。②用制冷机冷却到 T_{op}。上述 2 种冷却模式下需要的 LNe 或 LN$_2$ 量可以由式（4.2）或者式（4.3）来计算，代入 Ne 或 N$_2$ 的焓值即可。

表 4.3 给出了分别在理想模式和浸泡模式下将 1000 kg 铜块从 T_i 冷却至 4.2 K 液氦（LHe）、27 K（LNe）、77 K（LN$_2$）所需的液体制冷剂（LHe，LNe，LN$_2$）体积（以"升"计），以及铜的比焓 $h_{p_{cu}}$。从表 4.3 我们可以清晰地看到，使用 LHe 冷却的磁体采用 LN$_2$ 预冷将极大地节省 LHe。显然，是制冷剂的体积汽化潜热的巨大差异——LHe 的 2.6 J/cm^3，LNe 的 104 J/cm^3，LN$_2$ 的 161 J/cm^3——决定了所需的体积量。

表 4.3　液体制冷工质（LHe，LNe，LN$_2$）在理想模式和浸泡模式下将 1000 kg 铜块从 T_i 分别冷却至 4.2 K(LHe)、27 K(LNe)、77 K(LN$_2$)的所需量

T_i [K]	$h_{p_{cu}}$ [kJ/kg]	所需 LHe 量[L]		所需 LNe 量[L]		所需 LN$_2$ 量[L]	
		理想模式 [式(4.2)]	浸泡模式 [式(4.3)]	理想模式 [式(4.2)]	浸泡模式 [式(4.3)]	理想模式 [式(4.2)]	浸泡模式 [式(4.3)]
300	79.6	800	30000	290	770	300	460
280	72.0	760	28000	270	700	270	420
240	56.9	670	22000	230	550	230	320
200	42.4	570	16000	190	410	170	230
180	35.3	520	14000	170	340	150	190
160	28.5	460	11000	140	280	120	140
140	22.1	390	8500	120	210	90	100
120	16.1	320	6200	90	160	60	66
100	10.6	240	4100	66	100	31	33
90	8.22	200	3200	53	78	17	17
77	5.90	150	2100	37	51	0	0
70	4.13	130	1600	29	39	—	—
60	2.58	90	1000	19	24	—	—
50	1.40	57	550	11	12	—	—
40	0.61	31	240	4.4	4.8	—	—
30	0.196	13	77	0.7	0.7	—	—
27	0.124	9.0	50	0	0	—	—

$T_i[\mathrm{K}]$	$h_{p_{cu}}[\mathrm{kJ/kg}]$	所需 LHe 量[L]		所需 LNe 量[L]		所需 LN$_2$ 量[L]	
		理想模式 [式(4.2)]	浸泡模式 [式(4.3)]	理想模式 [式(4.2)]	浸泡模式 [式(4.3)]	理想模式 [式(4.2)]	浸泡模式 [式(4.3)]
20	0.034	3.4	13	—	—	—	—
15	0.0107	1.3	4.0	—	—	—	—
10	0.0024	0.4	0.9	—	—	—	—

4.6.4　讨论4.3：制冷机冷却的 HTS 磁体

本节我们研究一个"干式"HTS 磁体，它由制冷机将其从初始温度 T_i 冷却至运行温度 T_{op}，总冷却时间为 τ_{cn}。所用制冷机的二级制冷功率 $Q_r(T)$ 与其温度 T 的关系见图4.7。可知，这台制冷机的制冷功率额定值是 10 W@ 10 K（它的一级用来冷却磁体周围的辐射屏）。

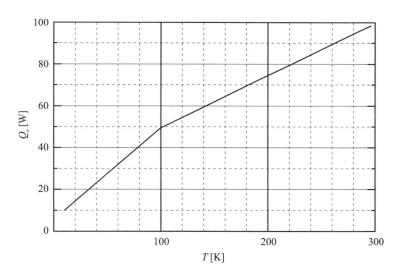

图 4.7　磁体制冷机的 $Q_r(T)$ 曲线。

为简化讨论，我们考虑一个仅由磁体和制冷机组成的绝热体，系统冷却期间无额外热输入。同时，我们假定磁体质量由铜 M_{cu} 代表。铜的热容 $C_{cu}[\mathrm{kJ/m^3}]$ 见附录Ⅲ，该图假定铜密度为常数，即 $\rho_{cu} = 8960\ \mathrm{kg/m^3}$。进一步，我们假定冷却速率足够缓慢，从而在整个冷却期间铜（磁体）的温度 T_{cu} 在整个绕组总是均匀的，并且总是等于制

冷机的温度 T，即 $T_{cu} = T$。

在这个包含制冷机和质量为 M_{cu} 的铜（磁体）的控制体上应用热力学第一定律，并注意 $T_{cu} = T$，我们有：

$$- Q_r(T) = \left(\frac{M_{cu}}{\rho_{cu}}\right) C_{cu}(T) \frac{dT}{dt} \tag{4.4}$$

式中，$Q_r(T)$ 的符号表示制冷机提供的是冷量：磁体（铜）正在冷却，即 $dT/dt < 0$。

表 4.4 列出了 $Q_r(T)$，$C_{cu}(T)$ 和 $\mathcal{K}(T) \equiv \dfrac{C_{cu}(T)}{Q_r(T)}$ 在特定温度下的数值。通过对式 (4.4) 积分，可得特定的 T_i，T_{op}，$Q_r(T)$，M_{cu} 组合下的 τ_{cn}：

表 4.4　$Q_r(T)$，$C_{cu}(T)$ 和 $\mathcal{K}(T) \equiv \dfrac{C_{cu}(T)}{Q_r(T)}$

$T[\mathrm{K}]$	$Q_r(T)[\mathrm{W}]$	$C_{cu}[\mathrm{J/(m^3 \cdot K)}]$	$\mathcal{K}(T)[\mathrm{s/(m^3 \cdot K)}]$
300	100	3.44×10⁶	3.44×10⁴
250	87	3.32×10⁶	3.82×10⁴
200	75	3.17×10⁶	4.23×10⁴
150	63	2.87×10⁶	4.56×10⁴
100	50	2.26×10⁶	4.52×10⁴
77	40	1.75×10⁶	4.38×10⁴
50	28	0.88×10⁶	3.14×10⁴
30	19	0.24×10⁶	1.26×10⁴
20	15	0.69×10⁶	0.46×10⁴
10	10	0.08×10⁶	0.08×10⁴

$$\tau_{cn} = \frac{M_{cu}}{\rho_{cu}} \int_{T_{op}}^{T_i} \frac{C_{cu}(T)}{Q_r(T)} dT = \frac{M_{cu}}{\rho_{cu}} \int_{T_{op}}^{T_i} \mathcal{K}(T) \, dT \tag{4.5a}$$

$$M_{cu} = \frac{\rho_{cu}\tau_{cn}}{\displaystyle\int_{T_{op}}^{T_i} \mathcal{K}(T) \, dT} \tag{4.5b}$$

在一些应用中，τ_{cn} 是主要的设计要求。可见，式 (4.5b) 限制了在 τ_{cn} 内可以冷却下来的铜的质量 $\tilde{M}_{cu}$（这里代表磁体质量）。对于给定的 T_i 和 T_{op} 组合，$\tilde{M}_{cu}$ 正比于 τ_{cn}。表 4.5 给出了以图 4.7 中给出的 $Q_r(T)$ 为基准的 T_i，T_{op} 和 τ_{cn} 组合下的 $\tilde{M}_{cu}$。这样，如果要求磁体在 4 h 内从 300 K 冷却至 30 K，那其质量不应超过 11.6 kg。

表 4.5 τ_{cn}，T_i，T_{op} 对应的 $\widetilde{M}_{cu}$，其中 $Q_r(T)$ 如图 4.7 所示

T_i [K]	T_{op} [K]	$\widetilde{M}_{cu}$ [kg]							
τ_{cn} [小时/天] →		1	2	4	12	1	2	10	20
300	77	3.4	6.8	13.6	41	82	164	820	1640*
	50	3.0	6.1	12.1	36	73	147	735	1470*
	30	2.9	5.8	11.6	35	70	140	700	1400*
	10	2.9	5.7	11.5	34	69	139	695	1390*
77	50	29	58	118	352	704	1410*	7040*	14100*
	30	20	40	80	242	484	968	4840*	9680*
	10	19	38	76	227	453	906	4530*	9060*

* 3 位有效数字。

表 4.5 的结果清晰地表明，对给定的 τ_{cn}，若将磁体冷却至 77 K，将可极大增加 $\widetilde{M}_{cu}$。表 4.3 可以用于估计实现这个过程的所需 LN_2 量。

4.6.5 讨论4.4：超流

图 4.8 是氦（He⁴）的相图，其中给出了 2 种流体形态：He Ⅰ 和 He Ⅱ[4.20]。因为 He Ⅱ 有独特的超高热导率（k）和低黏性（ν）性质，被称为超流氦。超流被认为是超导的比拟。从相图中可以看出，沸点为 4.22 K 的常规氦（He Ⅰ）通过简单的加压即可变为 He Ⅱ。当达到饱和压力 5 kPa（37.8 torr）后，液体在 2.18 K 变为超流态。

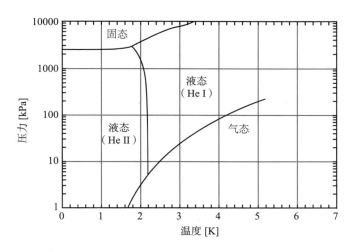

图 4.8 氦（He⁴）的相图。

2.18 K 被称为 λ 点，记为 T_λ。根据二流体模型，超流的比分在 T_λ 时为 0，随温度降低单调增加。通过对比 He Ⅱ 和常见物质的物性，我们可以看到超流氦非凡的热导率和黏性（表4.6）。

表4.6　He Ⅱ、He Ⅰ、铜、水、空气的热导率和黏性

物　　质	$k[\mathrm{W/(m \cdot K)}]$	$\nu[\mathrm{\mu Pa \cdot s}]$
He Ⅱ	约 100000*	0.01~0.1
He Ⅰ（4.2 K，液态）	0.02	约 3
铜（4.2 K）	约 400	—
水（293 K）	约 1	~1000
空气（293 K）	约 0.05	约 20

* 特定温差和热流下的"等效" k。

A. 传输性质

因为超流氦的超高热导率，它常被用作运行于约 1.8 K（$<T_\lambda$）超导磁体的制冷剂。（这里使用热导率的经典定义，即热导 $\propto$ 温差。但在 He Ⅱ 中，温差越小，等效热导率越大。等效热导率同样依赖于热通量。）He Ⅱ 的高热导率不允许液体中存在可引起汽化的温度梯度。这样，不像运行于 4.2 K 的 He Ⅰ 冷却磁体绕组，1.8 K 的 He Ⅱ 冷却的"无气泡"绕组不需要通孔。不过，这并不意味着 He Ⅱ 可以在窄通道内无限制地传输热流。类比于超导体的临界电流，He Ⅱ 存在临界热流密度。

邦·马丁、克劳德和塞弗特研究了 He Ⅱ 通过窄通道的热流密度[4.21]。图4.9 以参数 $X(T)$ 的形式给出了他们研究的结果：

$$X(T_{cl}) - X(T_{wm}) = q^{3.4}L \tag{4.6a}$$

式中，$T_{cl}[\mathrm{K}]$ 是冷端温度，$T_{wm}[\mathrm{K}]$ 是热端温度。$q[\mathrm{W/cm^2}]$ 是通过跨上述冷热两端通道 $L[\mathrm{cm}]$ 的热流密度。式（4.6）可用于通道自身没有向液体的有额外热输入的情况。正常运行时，$T_{cl}=T_b$，其中 T_b 是液池温度。T_{wm} 是线圈内部发热区域相邻液体的温度，它不允许超过 T_λ。当 $T_{wm}=T_\lambda$ 时，从图4.9 可看出，$X(T_{wm})=0$，可将式（4.6）简化为：

$$X(T_b) = q_c^{3.4}L \tag{4.6b}$$

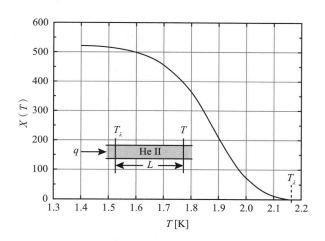

图 4.9 邦·马丁、克劳德和塞弗特得到的 $X(T)$。通道长 $L[cm]$，充满 1 atm 的超流氦，热流密度为 $q^{[4.21]}$。

在 $T_{wm}>T_\lambda$，发热区域表面的热流受限于 q_{pk}。如图 4.2 所示，He I 对应的值为 ~1 W/cm²。如果 $T_b<2$ K，在磁体的特征尺度小于 1 m 时，式（4.6b）的极限将超过 1 W/cm²。在设计通道配置和尺度时，我们必须确保运行热流密度 q_{op} 不能超过式（4.6b）给出的 q_c。

受热的通道

当热量在通道的整个长度 L 上是均匀的而不是像上文讨论的仅在热端的时候，式（4.6b）改为[4.22]：

$$X(T_b) = \frac{q_c^{3.4}}{4.4}L \tag{4.6c}$$

B. 热传递——卡皮查热阻

金属或其他热导材料与 He II 之间的热传递受到卡皮查热阻（Kapitza resistance）的限制。表面温度为 $T_{cd}[K]$ 的金属和温度为 $T_b[K]$ 液氦之间的热通量 $q_k[W/cm^2]$ 为：

$$q_k = a_k(T_{cd}^{n_k} - T_b^{n_k}) \tag{4.7}$$

表 4.7 给出了 a_k 和 n_k 的典型值。

表 4.7　卡皮查热阻近似值[*]

金属（表面）	$a_k[\mathrm{W/(cm^2 \cdot K^{n_k})}]$	n_k	金属（表面）	$a_k[\mathrm{W/(cm^2 \cdot K^{n_k})}]$	n_k
铝（抛光）	0.05	3.4	铜（表面涂焊料）	0.08	3.4
铜（抛光）	0.02	4.0	铜（表面涂漆）	0.07	2.1
铜（退火，抛光）	0.02	3.8	银（抛光）	0.06	3.0
铜（来样）	0.05	2.8			

* 基于参考文献[4.23,4.24]给出的数值。

4.6.6　讨论4.5：1.8 K 过冷低温容器

我们讨论一个浸泡于 1 atm/1.8 K 过冷超流氦池的超导磁体的低温容器。随着运行温度从 4.2 K 降到 1.8 K，磁体的性能显著提升，特别是浸泡冷却的 NbTi 磁体[4.25]，在以下方面都有了显著提高：①临界电流密度；②导体和制冷工质之间的传热。

图 4.10 给出了用于混合Ⅲ（Hybrid Ⅲ）磁体系统的过冷 1.8 K 低温容器的示意图[4.26,4.27]。位于容器外部的泵驱动液氦以质量流量 $\dot{m}_h$ 流动，它由位于磁体腔内的 1.8 K 汽化器决定。1.8 K/1 atm 磁体腔通过狭管路与位于其上的 4.2 K/1 atm 热库水力连接，狭管路一方面可维持磁体腔在 1 atm（过冷），另一个方面可降低从热源到磁体腔的液氦传导热。电流引线穿过 4.2 K 热库进入磁体腔，在 2 个液体腔建立电流连接。诸如支撑件等非直接与制冷循环有关的组件未在图 4.10 画出。

通过热库外部的点 1 的过滤后的 4.2 K/1 atm（760 torr）液氦由焦耳-汤姆逊（Joule-Thomson，J-T）过程热交换器冷却，然后流入 J-T 阀。该阀将液氦等焓的从 760 torr 减压至 12.3 torr——J-T 过程的更多问题将在讨论 4.6 涉及——形成 1.8 K/12.3 torr 的气液混合物。1.8 K 液体进入汽化器，将磁体腔内的 1 atm 液体冷却，就像瓶子里的水被加入的冰块冷却一样。1.8 K 气体离开汽化器，在它的返回路径上将 J-T 热交换器中流来的 4.2 K 液体冷却。

离开泵的时候，氦气得以纯化并存储在压力容器中。从 4.2 K 热库排出的氦气通过气冷电流引线，也被存储到容器中。来自容器的氦被液化然后转移至 500 L 存储杜瓦，在这里再不断地输送至 4.2 K 热库以维持库液位。显然，1.8 K 低温容器是一个闭环系统。

在正常运行条件下，汽化器内的 1.8 K/12.3 torr 超流氦保持液位近乎不变。磁体

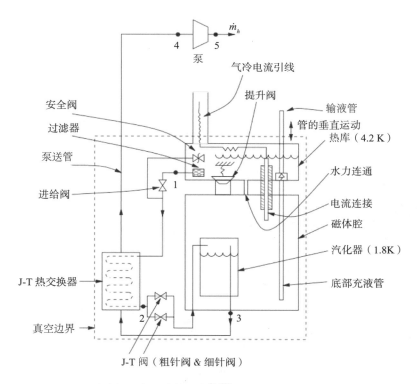

图 4.10　1.8 K 过冷低温容器结构示意[4.26]。

腔的总热负荷 $Q_{1.8}$ 由汽化器产生的冷量匹配。$Q_{1.8}$ 从容器腔通过汽化器壁面进入汽化器。

A. 1.8 K 的制冷功率

　　由汽化器提供的 1.8 K 的制冷功率 $Q_{1.8}$ 可从热力学第一定律导出，控制体为汽化器，如图 4.11 所示。$\dot{m}_h$ 是进出控制体的质量流量。在稳态条件下，总的热输入 Q_{in} 和总的热输出 Q_{out} 之差等于 $Q_{1.8}$，即：

$$Q_{out} - Q_{in} = Q_{1.8} \tag{4.8}$$

　　注意，$Q_{1.8}$ 还等于汽化器的制冷负荷。$Q_{1.8}$ 主要由以下组成：

　　• 磁体内的耗散——接头损耗和磁场变化时的交流损耗，这些损耗将在第 7 章讨论。

　　• 向磁体腔的热输入——热传导：通过支撑结构、在 4.2 K 热库和 1.8 K 腔体之间工作的电流引线；通过压力变换通道的超流传导；腔体表面的热辐射和残余气体对流。

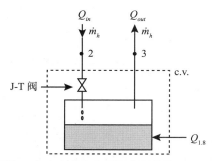

图 4.11　汽化器的热平衡。点 2 和点 3 在低温容器的位置见图 4.10。

控制体的热输出可由 $Q_{out} = \dot{m}_h h_3$ 给出，式中 h_3 是氦（气）在点 3 的焓。类似的，$Q_{in} = \dot{m}_h h_2$，式中 h_2 是氦（液）在点 2 的焓。在 $Q_{1.8}$ 中解出式（4.8），有：

$$Q_{1.8} = \dot{m}_h (h_3 - h_2) \tag{4.9}$$

点 1 处于 4.2 K，点 3 处于 1.8 K。为了在给定流量下最大化 $Q_{1.8}$，必须最大化式（4.9）中的 $(h_3 - h_2)$：点 2 的氦温度必须尽量接近 1.8 K。J-T 热交换器用 1.8 K/12.3 torr 气氦将流入的 4.2 K/760 torr 液氦冷却。

实例　用下列参数确定 $\dot{m}_h\,[\text{g/s}]$ 以令 $Q_{1.8} = 20$ W：$P_2 = 1$ atm；$T_2 = 3.0$ K；$P_3 = 12.3$ torr 以及 $T_3 = 1.8$ K。查附录 Ⅱ，知 h_3（1.8 K，12.3 torr；气）= 24.02 J/g，h_2（3.0 K，1 atm；液）= 5.64 J/g，解式（4.9），有：

$$Q_{1.8} = \dot{m}_h(24.02\ \text{J/g} - 5.64\ \text{J/g}) = 20\ \text{W}$$

解出上式，得 $\dot{m}_h = 1.09$ g/s，这相当于液氦流量为 31 L/h（4.2 K，1 atm）。除了这 31 L/h 的液氦需求量，还需将液氦供到热库以移除电流引线和其他源的热负荷。

B. 制冷泵功率需求

假设泵过程是等熵、氦气是理想气体，可以计算将氦以 $\dot{m}_h = 1$ g/s 的流量从点 4（12.3 torr/300 K）泵到点 5（760 torr）的最小输入功。等熵泵需要的功率为：

$$\mathbf{P}_s = \dot{m}_h \left(\frac{\gamma}{\gamma - 1}\right)(P_4 v_4)\left[\left(\frac{P_5}{P_4}\right)^{\frac{\gamma-1}{\gamma}} - 1\right] \tag{4.10}$$

式中，理想气体的 $\gamma = \dfrac{C_p}{C_v}$ 是 $\dfrac{5}{3}$；v_4 是点 4 的比体积，对 $\dfrac{300\ \text{K}}{12.3\ \text{torr}}$ 的氦，该值为 371 m^3/kg。

带入 $P_4 = 12.3$ torr $= 1.64 \times 10^3$ Pa，$\dfrac{P_5}{P_4} = 61.8$ 以及 $\dot{m}_h = 0.001$ kg/s，得到 $\mathbf{P}_s = 6400$ W。

注意：这是按理想气体得到的，实际泵功率大约是 20 kW。

管线压降　将点 3（运行压力）和点 4 之间的压降控制在 12.3 torr 以下十分重要。注意，P_4 越低——小于 12.3 torr 以保持 $P_3 = 12.3$ torr——对 $\mathbf{P}_s$ 的要求越高。就混合Ⅲ系统而言，低温容器外的泵系统包括一条内直径 15 cm、长 13 m、有 5 个 90° 弯、1 个开闭阀的管路，它在 ~2 g/s 流速下的总压降小于 1 torr。

同时，需要注意不要将污染物引入汽化器。污染物可能会在最狭窄的区域——比如 J-T 阀——冻结，从而堵住管路。在混合Ⅲ中，每一个 J-T 阀都配有一个加热器以融化冻结的污物。

C. 通过水力连通的漏热

对混合Ⅲ的低温容器，用以保持磁体腔内压力为 1 atm 的水力连通有效截面是 2.6 mm²。它用以连通热库中的氦和磁体腔的有效长度 L 是 10 cm。使用图 4.9 中给出的 Bon Mardion-Claudet-Seyfert 图，假设热库下部氦的温度为 T_λ，磁体腔的温度为 1.8 K。我们可以计算这个通道内的超流氦从 4.2 K 热库传入 1.8 K 磁体腔的热输入。

正如 4.4A 论及的，对于一个充满 1 atm 超流氦的狭通道，可使用式（4.6）。该式将通道长度 $L[\text{cm}]$、相应的传导热 $q\,\text{W/cm}^2$ 与 2 个末端温度的 $X(T)$ ——热端 T_{wm} 和冷端 T_{cl}——联系在一起。现有 $T_{wm} = T_\lambda$，$T_{cl} = 1.8$，$L = 10$ cm，从图 4.9 读出，$X(T_\lambda) = 0$，$X(1.8) = 360$。将上述值带入式（4.6），有 $q = 2.87$ W/cm²。通道的截面是 2.6 mm²，那么通过水力连通进入 1.8 K 磁体腔的总传导热输入为 ~75 mW。

热源的底部区域放置碳电阻以测量该区域的液体温度。测量表明这个热库底部的液体温度是 ~3 K（此类 1.8 K 低温容器的典型值），不过热库底部的液体温度应非常接近 $T_\lambda(= 2.18$ K)。因为 2.6 mm² 在磁体失超时不足以限制 1.8 K 磁体腔的压力升高，低温容器还设置一个 40 mm² 的提升阀（poppet）。正常运行时，由弹簧控制提升阀常闭，磁体腔内压力过高时打开。

D. 4.2 K 液体补液

混合Ⅲ的冷却模式的最后步骤之一是将磁体腔内的液氦从 4.2 K 冷至 1.8 K。冷量由源源不断地充入液氦汽化器提供，液氦从最初在热库中的 4.2 K 经 J-T 换热器冷却后进入汽化器，而后泵走。对一个 250 L 的磁体腔的需液量，我们可以估算出液氦从 4.2 K 冷至 1.8 K 磁体腔所需的补液量。

液氦密度在 1 atm、4.2 K 和 1.8 K 时分别为 125 kg/m³ 和 147 kg/m³。这样，对混合Ⅲ磁体，250 L 的腔体开始需要大约 31 kg 的 4.2 K 液氦，最终需要大约 37 kg 的 1.8 K 液氦。也就是说，必须向腔体补充大约 6 kg 的液氦。以 4.2 K 的体积计，相当于大约 50 L。

尽管水力连通 2.6 mm² 的截面足以提供在~2 小时冷却时间内传递上述额外质量液体，总流体通道截面 40 mm² 的提升阀在此过程保持开启，直到腔内液体温度达到 T_λ。

E.4.2 K 热库和1.8 K 腔之间的电流引线

电流引线必须从热库底部连接到 1.8 K 腔体内磁体的端部。习惯上常采用复合超导体做电流引线。在本应用中，常规金属（铜）的截面占比必须足够小，以减小金属从热库到腔体的热传导；同时又要足够大以令复合导体稳定。这里采用"干式"引线标准（讨论 4.15），因为引线两端在混合Ⅲ低温容器内本质上是热绝缘的，分隔了热库和 1.8 K 腔体的垂直间隙处于真空中。

我们可以证明，正常态载流为 I_t 的引线的稳态温度峰值出现在引线的热库端。通过选择引线复合超导体的电流分流温度（T_{cs}）远大于热库底部液氦温度 T_λ，我们可以确保电流引线的稳定运行（第 6 章将讨论 T_{cs}）。

正常态引线的稳态温度特性的表达式可以从式（4.52）得到（见讨论 4.15）：

$$T(z) = -\frac{\tilde{\rho}I_t^2}{2A^2\tilde{k}}z^2 + \left[\frac{(T_\ell - T_0)}{\ell} + \frac{\tilde{\rho}I_t^2\ell}{2A^2\tilde{k}}\right]z + T_0 \qquad (4.11)$$

式（4.11）中，复合导体的 $z=0$ 处位于 1.8 K 腔内，$z=\ell$ 在热库内。$\tilde{\rho}$ 和 $\tilde{k}$ 分别是复合导体中常规金属的电阻率和热导率。A 和 ℓ 分别是引线的截面积和引线冷 T_0（1.8 K）热 $T_\ell(\simeq T_\lambda)$ 两端间的长度。根据讨论 4.15，额定载流 $I_t = I_0$ 的"干式"引线满足以下关系：

$$\left(\frac{I_0\ell}{A}\right)_{dr} = \sqrt{\frac{2\tilde{k}(T_\ell - T_0)}{\tilde{\rho}}} \qquad (4.12)$$

联立上面两式，定义一个新的变量 $\xi \equiv \dfrac{z}{\ell}$，有：

$$T(\xi) = -(T_\ell - T_0)\xi^2 + 2(T_\ell - T_0)\xi + T_0 \qquad (4.13)$$

在 $\xi = 1$ 时，$\dfrac{\mathrm{d}T}{\mathrm{d}\xi} = 0$，对应最高温度。因为这个位置是在 $\xi = 1$ 处，即最高温度是 $T_\ell \simeq T_\lambda$。换句话说，即使引线由超导态进入正常态，如果引线满足式（4.12）给出的标准，那么传导冷却仍足以限制最高温度到 T_λ，不会超过引线超导时的热端温度。

4.6.7　讨论4.6：J-T 过程

气体通过受限通道（J-T 阀）绝热膨胀且无做功（等焓），会降低压力并改变温度，该过程称为焦耳-汤姆逊（Joule-Thomson，J-T）过程。温度的改变可以是正、负或是零，取决于气体性质、起始温度和始末压力。对于始末压力分别为 10 atm 和 1 atm 的氦气，如果初始温度小于 ~7.5 K，就能被液化。因为 J-T 过程不可逆，故其液化量总是比等熵膨胀产生的少。对于初始温度为 6 K，压力为 10 atm（液化器的典型值），下面的等焓关系可用来计算 4.2 K 和 1 atm 下的可液化氦量。

$$h_g(6\ \mathrm{K}, 10\ \mathrm{atm}) = x_\ell h_\ell(4.2\ \mathrm{K}, 1\ \mathrm{atm}) + (1-x_\ell)h_g(4.2\ \mathrm{K}, 1\ \mathrm{atm}) \qquad (4.14)$$

根据式（4.14）可得 $x_\ell = 0.47$。如果同样的气体等熵膨胀，类似式（4.14）焓关系的熵关系给出的数值是 $x_\ell = 0.85$。尽管 J-T 膨胀产液率低，但其机制比较简单，很多氦液化器的最后阶段都选择用它。

4.6.8　问题4.2：基于制冷机的"迷你"氦液化器

如本章开始提到的，随着制冷机的大量使用，多数的直流 LTS 或 HTS 磁体，都将可能采用由制冷机直接冷却的"干式"（无制冷剂）运行方式。多数的制冷机冷却磁体的制冷机/磁体是安装于同一低温容器内的，而有些应用的磁体和制冷机分别装在不同的低温容器中。图 4.12 给出了一个这样的系统，它是慢魔角旋转 NMR 磁体。在这样一个磁体中，主磁场与磁体轴线以夹角 54.73° 旋转（问题2.5）。如图 4.12 可见，磁体的主冷源可以由安装在距离磁体大约 1 m 外的固定制冷机提供。图中数字所代表的组件名称见图注。

简单来说，系统容许磁体/低温容器组合体（图 4.12 中的组件 2）旋转，来自"迷你"氦液化气的液氦流以流量 $\dot{m}_{he}$ 经旋转轴输送到磁体低温容器内。"迷你"液化器的主冷源为第二低温容器（图中14）内的制冷机。基于制冷机的迷你液化器的热力学过程是本问题的核心。

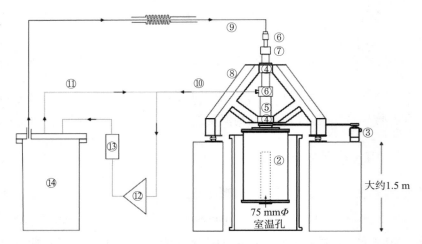

图 4.12　应用于慢魔角旋转 NMR 的超导磁体系统示意图，它采用了一个基于制冷机的"迷你"氦液化器冷却。运行于持续电流模式的超导磁体产生一个与旋转轴呈 54.73° 的磁场。来自"迷你"氦液化气的液氦流不断进入磁体/低温容器组合体内。①地磁补偿线圈（静止），②磁体/低温容器组合体，③驱动电机，④轴承，⑤旋转轴，⑥旋转连接，⑦滑环，⑧支撑三脚架，⑨液氦传输管，⑩氦回收管，⑪热氦回流管，⑫压缩器，⑬冷阱，⑭基于制冷机的"迷你"液化器。

图 4.13 给出了"迷你"液化器的细节，它由热–冷氦流（质量流量 $\dot{m}_{he}$，压力 10 atm）、冷–热氦流（$\dot{m}_v$，1 atm）和作为冷源的制冷机的一二级冷头组成。整个过程假设为理想的，即无压降、2 个流之间为无温差的理想热交换。

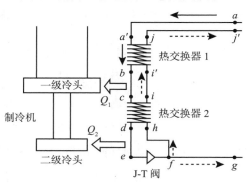

图 4.13　基于制冷机的"迷你"氦液化器示意图。

热–冷氦流　　图 4.13 中的实箭头。

点 a：　"迷你"液化器入口，来自冷阱（图 4.12 中的 13）：$T_a = 295$ K；$P_a = 10$ atm。

点 a'：　热交换器 1 入口：在热力学等同于点 a。

点 b：热交换器 1 出口（一级冷头入口）：T_b。

点 c：热交换器 2 入口（一级冷头出口）：T_c。点 b 和点 c 之间，一级冷头从氦流中带走热量 Q_1。

点 d：热交换器 2 出口（二级冷头入口）：T_d。

点 e：二级冷头出口（J-T 阀入口）：T_e。点 d 和点 e 之间，二级冷头从氦流中带走热量 Q_2。

点 f：J-T 阀出口：$T_f = 4.22$ K；$P_f = 1$ atm；$\dot{m}_v$；$\dot{m}_{\ell p}$（液化质量流量）。LHe 到点 g，由点线箭头标识。

冷−热氦流　　图 4.13 中的虚线箭头。

点 g：到 LHe 传输管（图 4.12 中的 9）：$T_g = 4.22$ K；$P_g = 1$ atm；$\dot{m}_\ell$。

点 h：热交换器 2 入口：$T_h = 4.22$ K；$P_h = 1$ atm；$\dot{m}_v$；$\dot{m}_{\ell r} = \dot{m}_{\ell p} - \dot{m}_\ell$（LHe 回流质量流量）。

点 i：热交换器 2 出口：$T_i = T_c$；$P_i = 1$ atm。

点 i'：热交换器 1 入口：热力学上等同于点 i。

点 j：热交换器 1 出口：$T_j = 295$ K；$P_j = 1$ atm。

点 j'：到热氦出管（图 4.12 中的 10）。

a）证明，采用 J-T 过程实现氦液化率 $\dot{m}_{\ell p} \simeq 0.202$ g/s 和 $\dot{m}_{he} = 1.0$ g/s，点 e 的温度 $T_e = 7$ K（$P_e = 10$ atm）。

b）在 $T_d = 8$ K（和 $P_d = 10$ atm）时，计算 7 K 时的制冷机二级冷头功率 Q_2。注意，$T_e = 7$ K（$P_e = 10$ atm）。

c）对 7 K 的二级制冷机，温度为 4.22 K 时它的 Q_2 是多少？

d）在 $T_b = 46$ K 和 $T_c = 30$ K（$P_b = P_c = 10$ atm）时，计算 30 K 时一级冷头的制冷功率 Q_1。

e）假设热交换器 2 是理想的，即对环境无热损耗、热−冷流（$\dot{m}_{he} = 1.0$ kg/s）和冷−热流（$\dot{m}_v$ 和 $\dot{m}_{\ell r}$）之间的热交换是理想的，证明 $\dot{m}_{\ell r} = 0.158$ g/s，从而 $\dot{m}_\ell = 0.044$ g/s。假设 $T_c = T_d = 30$ K。

f）同样证明 2 个流之间的热交换器 1 的理想热交换与 $\dot{m}_{\ell r} = 0.158$ g/s 保持一致。假设 $T_b = 46$ K，$T_{i'} = 30$ K，$T_{a'} = T_j = 295$ K。

g）应用式（4.10），计算压缩机（图 4.12 中的 12）为了驱动 $\dot{m}_{he} = 1.0$ kg/s 的热氦流从 $P_j = 1$ atm 到 $P_a = 10$ atm 所需的等熵功率。

问题4.2的解答

a）因为 J-T 过程焓不变，下面的焓相等关系成立：

$$h_{he}(7\ \text{K}, 10\ \text{atm}) = x_\ell h_\ell(4.22\ \text{K}, 1\ \text{atm}) + (1-x_\ell) h_v(4.22\ \text{K}, 1\ \text{atm}) \quad (\text{S2.1})$$

式中，氦在 7 K 和 10 atm 下的焓 $h_{he}(7\ \text{K}, 10\ \text{atm}) = 26.00\ \text{J/g}$；$x_\ell$ 是 4.22 K 和 1 atm 时的液体质量占比；液氦在 4.22 K 和 1 atm 时的焓 $h_\ell(4.22\ \text{K}, 1\ \text{atm}) = 9.71\ \text{J/g}$；气氦在 4.22 K 和 1 atm 时的焓 $h_v(4.22\ \text{K}, 1\ \text{atm}) = 30.13\ \text{J/g}$。解式（S2.1），有：

$$x_\ell = \frac{h_{he}(7\ \text{K}, 10\ \text{atm}) - h_v(4.22\ \text{K}, 1\ \text{atm})}{h_\ell(4.22\ \text{K}, 1\ \text{atm}) - h_v(4.22\ \text{K}, 1\ \text{atm})} = \frac{(26.00\ \text{J/g} - 30.13\ \text{J/g})}{(9.71\ \text{J/g} - 30.13\ \text{J/g})} = 0.202 \quad (\text{S2.2})$$

在 $\dot{m}_{he} = 1.0\ \text{g/s}$ 时，有 $x_\ell = 0.202$，$\dot{m}_{\ell p} = 0.202\ \text{g/s}$，$\dot{m}_v = 0.798\ \text{g/s}$。

b）在点 d 和点 e 之间应用下面的功率式：

$$\dot{m}_{he} h_{he}(8\ \text{K}, 10\ \text{atm}) = Q_2 + \dot{m}_{he} h_{he}(7\ \text{K}, 10\ \text{atm}) \quad (\text{S2.3})$$

从式（S2.3）中解出 Q_2，有：

$$Q_2 = \dot{m}_{he}[h_{he}(8\ \text{K}, 10\ \text{atm}) - h_{he}(7\ \text{K}, 10\ \text{atm})]$$
$$= (1\ \text{g/s})(33.44\ \text{J/g} - 26.00\ \text{J/g}) = 7.44\ \text{W}$$

c）图 4.6 给出的二级冷头的性能数据表明该制冷机在 4.2 K 时的制冷容量 1 W，在 7 K 时提供 4 W 冷量。于是，一台 7 K 时功率 7.44 W 的制冷机大概在 4.2 K 时可提供 2 W 的冷量。4.22 K 时具有冷量 ~2 W 的制冷机预期在 2010 年前后可商业化获得。

d）类似式（S2.3）的公式可以应用在点 b 和点 c 之间：

$$\dot{m}_{he} h_{he}(46\ \text{K}, 10\ \text{atm}) = Q_1 + \dot{m}_{he} h_{he}(30\ \text{K}, 10\ \text{atm}) \quad (\text{S2.4})$$

从式（S2.4）中，得到：

$$Q_1 = \dot{m}_{he}[h_{he}(46\ \text{K}, 10\ \text{atm}) - h_{he}(30\ \text{K}, 10\ \text{atm})]$$
$$= (1\ \text{g/s})(252\ \text{J/g} - 168\ \text{J/g}) \simeq 84\ \text{W}$$

图 4.6 给出的性能数据表明，即使一台制冷机在 4.22 K 时可以提高到 2 W，也无法

实现 $Q_1 \simeq 84$ W。这时要求一台具有增强二级制冷功率的制冷机。

e）从点 c 到点 d 的热−冷流的总焓减必须等于从点 h 到点 i 的冷−热流的总焓增：

$$\dot{m}_{he}[h_{he}(30\ \text{K}, 10\ \text{atm}) - h_{he}(8\ \text{K}, 10\ \text{atm})]$$

$$= (\dot{m}_v + \dot{m}_{\ell r})h_v(30\ \text{K}, 1\ \text{atm}) - [\dot{m}_v h_v(4.22\ \text{K}, 1\ \text{atm}) + \dot{m}_{\ell r}h_l(4.22\ \text{K}, 1\ \text{atm})] \quad (\text{S2.5})$$

从式（S2.5）中解出 $\dot{m}_{\ell r}$，有：

$$\dot{m}_{\ell r} = \frac{\{\dot{m}_{he}[h_{he}(30\ \text{K}, 10\ \text{atm}) - h_{he}(8\ \text{K}, 10\ \text{atm})] - \dot{m}_v[h_v(30\ \text{K}, 1\ \text{atm}) - h_v(4.22\ \text{K}, 1\ \text{atm})]\}}{h_v(30\ \text{K}, 1\ \text{atm}) - h_l(4.22\ \text{K}, 1\ \text{atm})}$$

$$= \frac{(1\ \text{g/s})(168.4\ \text{J/g} - 33.44\ \text{J/g}) - (0.798\ \text{g/s})(170.2\ \text{J/g} - 30.13\ \text{J/g})}{(170.2\ \text{J/g} - 9.71\ \text{J/g})} \simeq 0.144\ \text{g/s}$$

因为 $\dot{m}_\ell = \dot{m}_{\ell p} - \dot{m}_{\ell r}$，得到 $\dot{m}_\ell \simeq 0.202 - 0.144 = 0.058$ g/s，这对应液体体积流量 ~1.7 L/h 以及制冷功率 1.2 W。

f）从点 a' 到点 b 的热−冷流热损失等于从点 i' 到点 j 的冷−热流热增加：

$$\dot{m}_{he}[h_{he}(295\ \text{K}, 10\ \text{atm}) - h_{he}(46\ \text{K}, 10\ \text{atm})]$$

$$= (\dot{m}_v + \dot{m}_{\ell r})[h_v(295\ \text{K}, 1\ \text{atm}) - h_v(30\ \text{K}, 1\ \text{atm})] \quad (\text{S2.6})$$

式（S2.6）左侧：

$$\dot{m}_{he}[h_{he}(295\ \text{K}, 10\ \text{atm}) - h_{he}(46\ \text{K}, 10\ \text{atm})]$$

$$= (1\ \text{g/s})(1550.0\ \text{J/g} - 253.9\ \text{J/g}) \simeq 1296\ \text{W} \quad (\text{S2.7a})$$

同样式（S2.6）右侧：

$$(\dot{m}_v + \dot{m}_{\ell r})[h_{he}(295\ \text{K}, 1\ \text{atm}) - h_{he}(30\ \text{K}, 1\ \text{atm})]$$

$$\simeq (0.798\ \text{g/s} + 0.144\ \text{g/s})(1547.0\ \text{J/g} - 170.2\ \text{J/g})$$

$$\simeq 1297\ \text{W/s} \quad (\text{S2.7b})$$

事实上，式（S2.7a）和式（S2.7b）是相等的，舍入误差在约 0.1% 以内。

g）应用式（4.10），可以得到理想压缩机功率：

$$\mathbf{P}_s = \dot{m}_h\left(\frac{\gamma}{\gamma-1}\right)(P_j v_j)\left[\left(\frac{P_a}{P_j}\right)^{\frac{\gamma-1}{\gamma}} - 1\right] \quad (\text{S2.8})$$

式中，理想气体的 $\gamma = \dfrac{C_p}{C_v}$ 是 $\dfrac{5}{3}$；v_i 是压缩机入口在 $P_j = 1$ atm 时的比体积，对 295 K 的

氦，该值 $\simeq 6$ m³/kg。代入 $P_j = 1$ atm $\simeq 1 \times 10^5$ Pa，$\dfrac{P_a}{P_j} = 10$，$\dot{m}_h = 0.001$ kg/s，得到 $\mathbf{P}_s =$

2.3 kW。上面的计算是针对理想气体的，实际的泵功率大概要到 7 kW。

当然，**实际**的"迷你"氦液化器中，由于热交换的"非理想"以及热–冷流和冷–热流的压降，产液量必然小于理想液化器情况：$\dot{m}_{\ell p}$ 以及 $\dot{m}_{\ell}$ 最多仅能达到理想情况（上述计算的 0.20 2 g/s 和 0.058 g/s）的 $\dfrac{1}{2}$。

4.6.9　讨论4.7：制冷机与低温循环器的关系

本节讨论 2 种用于"干式"磁体（无制冷剂）的冷源。

制冷机　　当前，**所有的**"干式"（无制冷剂）LTS 或 HTS 磁体都是由制冷机冷却的。制冷机的冷头连接于作为磁体低温容器的一端。图 4.14 给出了制冷机制冷"干式"磁体的示意图：一级冷头连接于辐射屏，二级冷头连接于磁体腔。对于大型的"干式" LTS 磁体，满足 LTS 磁体的稳定性 $\left(\dfrac{\Delta T_{op}}{T_{op}} \simeq 0 \right)$ 是个挑战，其中，ΔT_{op} 是最冷点（二级冷头附近）和最热点（距二级冷头最远处）的温差。

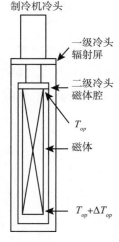

制冷机冷头

一级冷头
辐射屏

二级冷头
磁体腔

T_{op}

磁体

$T_{op} + \Delta T_{op}$

图 4.14　制冷机冷却的"干式"磁体示意图。

低温循环器　　在保持"干式"磁体温度均匀上，即 $\dfrac{\Delta T_{op}}{T_{op}} \simeq 0$，低温循环器优于制冷机。低温循环器如图 4.15 所示，二级制冷机的一二级均连接冷氦循环器。冷氦循环器以迫冷方式令冷的高压氦在绕在辐射屏表面或磁体腔壁面的冷却线圈内循环。低温循环器相比制冷机有 2 个优势：①它可实现对磁体腔壁面大部分区域的冷却，这样磁体**不论大小**，都可以满足 $\dfrac{\Delta T_{op}}{T_{op}} \simeq 0$ 的条件。尽管对 HTS 磁体，ΔT_{op} 可能很容易超过 1 K；②冷源和磁体低温容器通过柔性氦管连接，从而简单实现二者解耦。

低温循环器较早应用在混合Ⅲ磁体上[3.14]，用于保持低温容器的辐射屏为其运行温度，其中一个循环器保持一组辐射屏为 90 K，另一个循环器保持另一组用于 1.8 K 磁体恒温器的辐射屏在 20 K。

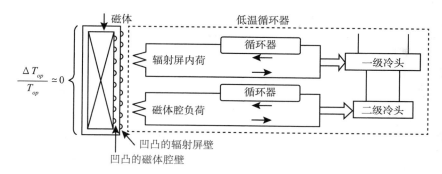

图 4.15　低温循环器冷却磁体示意图。

4.6.10　讨论4.8：辐射传热

本节我们以混合Ⅲ磁体为例，讨论由辐射传入低温容器的热。辐射传热的理论基础是斯特藩–玻尔兹曼（Stefan–Boltzmann）方程：

$$q_r = \epsilon_r \sigma T^4 \tag{4.15}$$

式中，q_r 是来自温度为 $T[\mathrm{K}]$ 的表面的辐射热流 $[\mathrm{W/m^2}]$。ϵ_r 是 T 下时的总发射系数。σ 是斯特藩–玻尔兹曼常数，为 $5.67 \times 10^{-8}\,\mathrm{W/(m^2 \cdot K^4)}$。实际计算低温容器的辐射热输入并不像上式给的这样直接，主要是确定辐射热量的 2 个表面的 ϵ_r 准确值很难。对于 2 块平行板，一板处于低温 T_{cl}，发射系数 ϵ_{cl}；另一板处于高温 T_{wm}，发射系数 ϵ_{wm}。有效总发射系数可由下式给出：

$$\epsilon_r = \frac{\epsilon_{cl}\epsilon_{wm}}{\epsilon_{cl} + \epsilon_{wm} - \epsilon_{cl}\epsilon_{wm}} \tag{4.16}$$

尽管理论上会区分平行板、圆柱、球等配置方式，但多数低温容器都可以用平行板公式来处理（非平行配置通常有不等面积的表面）。这是因为：①多数低温容器中，两板间隔通常远小于表面的尺度；②由这种几何近似引起的热辐射计算误差远小于表面发射系数计算的不确定性误差。于是，式（4.15）重写为：

$$q_r = \epsilon_r \sigma (T_{wm}^4 - T_{cl}^4) \tag{4.17}$$

表 4.8 给出了一些材料在 2 种特定温度 T_{cl} 和 T_{wm} 下的 ϵ_r 和 q_r 典型值。

表 4.8　辐射热通量的典型值[4.28]

材　料	$T_{wm} \to T_{cl}$ [K]	ϵ_r	q_r [mW/m^2]
铜，母材	20→4	0.03	0.3
	80→4	0.06	140
	300→80	0.12	55000
铜，机械抛光	20→4	0.01	0.1
	80→4	0.02	46
	300→80	0.06	27000
不锈钢，母材	20→4	0.06	0.54
	80→4	0.12	280
	300→80	0.34	155000
不锈钢，机械抛光	20→4	0.04	0.4
	80→4	0.07	162
	300→80	0.12	55000
不锈钢，电抛光	20→4	0.03	0.3
	804	0.06	140
	300→80	0.10	46000
铝，母材	20→4	0.04	0.4
	80→4	0.07	162
	300→80	0.49	224000
铝，机械抛光	20→4	0.03	0.3
	80→4	0.06	140
	300→80	0.10	46000
铝，电抛光	20→4	0.02	0.2
	80→4	0.03	70
	300→80	0.08	37000
超级绝热	20→4	≤10*	2†‡
	80→4	40*	40†
	300→80	60*	2500†

* 25mm 真空间隙内的层数。

† 测量值[4.19]。

‡ 在 4~20 K 温区，超级绝热层数并不是有效的——作为对比，电抛光铝的 q_r 是 0.2 mW/m^2。相比于 4~20 K 的辐射波长，在超级绝热的双面使用 250Å 厚度的涂层太厚了，可使用~100 μm 厚的铝箔替代电抛光铝表面。

实例　　这里计算混合Ⅲ磁体的 20 K 屏和 80 K 屏向 4.2 K 磁体腔的总热输入。磁体腔表面均为机械抛光的不锈钢，面积为：①面向 20 K 辐射屏的为 7.3 m^2；②面向 80 K 辐射屏的为 2.8 m^2。为简化计算，我们使用式（4.17）的平行板模型，并且认为冷、热 2 个面的面积相同。使用表 4.8 给出的机械抛光不锈钢表面对应的 q_r 值，有：

$$20\text{K 板输入腔体}: Q_r \simeq (0.4 \times 10^{-3} \text{ W/m}^2)(7.3 \text{ m}^2) \simeq 3 \text{ mW}$$

80K 板输入腔体：$Q_r \simeq (162 \times 10^{-3} \ \text{W/m}^2)(2.8 \ \text{m}^2) \simeq 454 \ \text{mW}$

还可以计算对着 300 K 表面的 80 K 辐射屏的热输入；对着 300 K 表面的 80 K 板的总面积是 11.7 m²。同样，假设平行板的形状相同，即对着 80 K 板的 300 K 板的总面积也是 11.7 m²。使用表 4.8 中机械抛光不锈钢表面的合适 q_r 值，有：

300 K 板对 80 K 板：$Q_r \simeq (55 \ \text{W/m}^2)(11.7 \ \text{m}^2) = 644 \ \text{W}$

A. 超级绝热层的效果

可以从表 4.8 看出，传入低温容器最大的辐射热负荷来自 80 K 屏，它从 300 K 表面接收热量。于是，习惯上在 80 K 和 300 K 表面间的真空空间（$<10^{-4}$torr）放置一定数量的 0.5 μm 铝涂层迈拉（Mylar）层，即超级绝热，加入 N_i 层超级绝热后，式（4.17）修改为：

$$q_r = \frac{\epsilon_r}{N_i + 1} \sigma (T_{wm}^4 - T_{cl}^4) \tag{4.18}$$

式（4.18）表明，仅仅一层超级绝热就可以将 q_r 降低 2 个量级。通常的规则是在 1 cm 间隙使用 10~20 层。同时，为了最小化固体导热路径，超级绝热层要么本身做起皱处理，要么就要在两层间垫间隔物（表 4.8 最后 3 行给出的是在 3 个温区内超级绝热层的 q_r **实测值**）。

B. 发射系数的实际考虑

辐射是一种电磁现象。发射系数 ϵ_r 随金属"表面"电阻而增加。即金属的发射系数和金属的表面电阻率受相同的因素影响。这样可以大致列出影响发射系数的经验法则：

- 同样的温区，铜的 ϵ_r 要比铝的小，铝的又比不锈钢的小。

- 同样的表面，ϵ_r 随温度降低而减小；铜的 ϵ_r 要比不锈钢的减小的更多。

- 相比于非导体材料，金属的 ϵ_r 对表面污染更敏感。污染包括氧化和合金等。

- 机械抛光有时候改善（降低）ϵ_r，但有时也会降低之。如果机械抛光能去除导体金属的表面氧化层，结果就是改善。如果是加工硬化导致金属电阻率增加，那结果就是降低。

4.6.11 讨论4.9：残余气体的对流传热

残余气体在低温容器的真空空间内传热。在 LTS 磁体的低温容器中，仅有的残余气体是氦。在运行于 20 K 以上的 HTS 磁体中，残余气体主要是氢以及容器结构材料（金属或非金属）表面放出气体。

A. 高压极限

当气体压力足够高时，它的平均自由程（λ_g）远小于低温容器中不同温度表面之间的典型距离（d）。在 $\lambda_g \ll d$ 条件下，根据动力学理论，气体热导率（k_g）仅正比于分子的平均速度（$\bar{v}$），而平均速度又随 $\sqrt{T}$ 变化。此处的关键点是：当 $\lambda_g \ll d$ 时，k_g 与气体压力 P_g 无关。

动力学理论还指出，$\lambda_g \propto \dfrac{\eta}{P_g}$，其中 η 是气体黏度。在 T = 300 K 和 P_g = 760 torr（1 atm）时，氦的 $\lambda_g \simeq 0.2$ μm，氢为 $\simeq 0.1$ μm。于是，条件 $\lambda_g \ll d$ 在高压极限下是明显得到满足的。不过，在真空压力 $P_g < \sim 10^{-4}$ torr 下，上述 2 种气体都不满足 $\lambda_g \ll d$ 条件。

B. 低压极限

在 P_g 为 $\sim 10^{-4}$ 或更小时，k_g 直接正比于 P_g。对由温度为 T_{cl} 的冷板和温度为 T_{wm} 的热板组成的平行板配置，压力 P_g 时的残余气体热流 q_r 如下式[4.28,4.29]：

$$q_g = \eta_g P_g (T_{wm} - T_{cl}) \tag{4.19}$$

η_g 不仅与温度 T_{cl} 和 T_{wm} 有关，还和适应系数有关；300 K 时，氦和氢都是 0.3；4.2 K 时，氦是 1；20 K 时，氢是 0.6。表4.9 给出了在 P_g = 10^{-5} torr（1.33 mPa）下，跨越温度为 T_{cl} 和 T_{wm} 的平行板的氦和氢的 η_g 与 q_g[4.29]。

表4.9　在 P_g = 10^{-5} torr 时残余 He 和 H₂ 的热导率

氦			氢		
$T_{wm} \to T_{cl}\,[K]$	$\eta_g\,[\text{W/m}^2\,\text{PaK}]$	$q_g\,[\text{mW/m}^2]$	$T_{wm} \to T_{cl}\,[K]$	$\eta_g\,[\text{W/m}^2\,\text{PaK}]$	$q_g\,[\text{mW/m}^2]$
20→4	1.27	27	—	—	—
80→4.2	0.85	86	80→20	2.20	176
300→4.2	0.64	251	300→20	1.32	494
300→80	0.44	129	300→80	1.02	298

实例 混合Ⅲ的磁体腔的主要表面积在 4.2 K(T_{cl}) 下近似为：对着 20 K（T_{wm}）辐射屏的是 7.3 m²，对着 80 K（T_{wm}）辐射屏的是 2.8m²。采用平行板近似，可以计算出真空空间压力为 10^{-5}torr 时，由残余氦气导致的总热输入。

温度为 4.2 K 的磁体腔表面，对着 20 K 辐射屏，在 $P_g = 10^{-5}$torr 下的 q_g 是 27 mW/m²（表 4.9）。于是，平行板假设下的表面积 7.3 m² 对应总热输入为 ~ 300 mW。类似的，温度为 4.2 K 的磁体腔表面，对着 80 K 辐射屏，从表 4.9 可知，q_g 是 86 mW/m²，对应 2.8 m² 下的总热输入 ~ 240 mW。这样，进入磁体腔的总热输入为 ~ 540 mW，这个值对本系统过大了，应当维持真空水平在 10^{-6}torr 才行。因此，将低温容器的真空最好维持在小于 $\sim 10^{-5}$ torr 非常重要。

4.6.12 讨论4.10：真空泵系统

图 4.16 给出的是超导磁体运行中使用的典型真空系统框图。低温容器真空口连接在涡轮分子泵上。分子泵在过去的十年内已开始取代曾广泛使用的扩散泵/冷阱系统。涡轮分子泵是唯一的可以无须冷阱即可运行于最低 10^{-10} torr 的纯机械真空泵。尽管涡轮分子泵一般自配机械泵，由于大多数磁体的低温容器真空空间都很大，所以一般都会再额外加一台机械泵，如图 4.16 所示。低温容器真空空间的抽真空流程是：先用机械泵将达到约 5 torr 真空，接下来启动涡轮泵（或扩散/冷阱），达到 $10^{-5} \sim 10^{-6}$ torr 真空。

真空计

低温容器常用的 2 种真空计（又称真空规）是：①热电偶真空计；②电离真空计。下面是 2 种类型的简要描述。

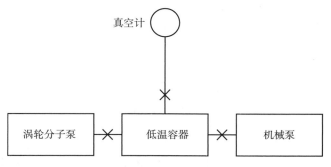

图 4.16　超导磁体运行中使用的典型真空泵系统框图。

热电偶真空计　　热电偶测真空的原理是上面讨论的低压极限下压力对气体热导率的依赖关系。热电偶安装于连接到待测真空空间的腔内，它的温度由加热器设定。气体提供随压力变化的冷却；热电偶电路的感应电流变化量度了真空压力。这种测量方法的应用区间是 $10^{-3} \sim 1$ torr，即机械泵覆盖的区间。

电离真空计　　电离真空计广泛应用于真空度在 $\sim 10^{-6}$ torr 到 10^{-4} torr 低温容器中。有 2 种类型：①热阴极型；②冷阴极型。

热阴极型：这种测量计由灯丝（热阴极）、阳极和负偏置粒子收集板组成，上述部件都放置在连接于待测真空空间的管内。灯丝运动到阳极的电子与气体分子碰撞，产生电离分子，这些分子被吸引到集电极板，测量电路测得相应的电流。由于分子被电子电离，离子电流还依赖于撞击分子的电子数量，因而精确的压力测量要求精细控制加热丝电流。用于混合Ⅲ低温容器的热电极真空计在磁体运行时是关闭的，以最小化"灯丝疲劳"。灯丝疲劳，是由灯丝供电电流（60 Hz）和磁体边缘场的洛伦兹相互作用引起的灯丝振荡运动导致的。

冷阴极型：也称为菲利普斯（Philips）或潘宁（Penning）真空计，它使用一个冷阴极和两个平行阳极，磁场施加于阳极板法向，每次开启（约 2 kV）一个。冷阴极产生的少量电子沿螺旋轨迹交替运动向两个板中的一个。这种配置有效地增加了少量电子和气体分子之间的碰撞概率。冷阴极型不会"污染"气体也不会在真空失效而损毁，但它的精度要比热阴极型差。

4.6.13　讨论4.11：制冷机冷却的固态制冷剂/磁体

A. 设计和运行概念

通常来说，超导磁体（LTS 或 HTS）在额定运行温度 T_{op} 和最高运行温度区间内应保持全超导并"稳定"运行。相比于 LTS，HTS 的临界温度 T_c 高得多，同等大小和场性能的 HTS 磁体的运行温区 ΔT_{op} 要比 LTS 大一个量级：对 HTS，典型 $\Delta T_{op} > 1$ K；而对 LTS，典型 $\Delta T_{op} < 1$ K（LTS 和 HTS 磁体的"温度裕度"概念将在第 6 章讨论）。

在弗朗西斯·比特磁体实验室（Francis Bitter Mangent Laboratory，FBML）发展起来的设计/运行概念认识到了 HTS 磁体的大 ΔT_{op}，并将它与固体制冷剂的大热容结合应用[4.30-4.32]。在这个设计/运行概念中，ΔT_{op} 不再被认为是 LTS 磁体允许的暂态偏离，而被看作磁体的**新机遇**。

　　将运行温区扩展（主要是 HTS，LTS 也并非不可能）与增强的热容的组合提供了新的运行方式。下面将给出一个例子，它在"传统"的设计/运行概念下——不管是不含固态制冷剂的"干式"，还是浸泡于制冷剂中的"湿式"，抑或制冷剂迫冷的方式——都是不可行的。值得注意的是，即使是固态剂冷却的磁体，主要冷源还是制冷机或者低温循环器（讨论 4.7）。这样的磁体通常安装于磁体腔内，腔内填充固体制冷剂。

应用于持续模式的磁体

　　这个设计/运行概念的一个应用是诸如 NMR 和 MRI 这种通常工作于持续模式的恒定磁场磁体。这些磁体的设计运行温区一般很大，而本概念能让这种磁体在特定设计时间内，甚至在主冷源关闭或从冷体脱开的情况下，都能维持恒定工作磁场。冷源可能是有意关闭的，例如创造无冷源振动的测量环境，又例如冷源维护或遭遇故障（如停电）。

B. 固体中的热扩散

　　在均匀各向同性固体（密度 ρ，热导率 k，比热 c_p）中，通过固体的热扩散率由它的热扩散系数 $D_{th}[\mathrm{m^2/s}]$ 描述，定义为：

$$D_{th} = \frac{k}{\rho c_p} \qquad (4.20)$$

　　某点的暂态热在固体中传导"达到"δ_{sd} 距离的时间尺度于是为：

$$\tau_{sd} = \frac{1}{D_{th}}\left(\frac{\delta_{sd}}{\pi}\right)^2 \qquad (4.21)$$

　　表 4.10 列出了固氖（SNe）、固氮（SN$_2$）、铜（Cu）在 4~60 K 区间 $\delta_{sd} = 10$ mm 时，D_{th} 和对应的 τ_{sd} 的**近似值**，数值基于 $\rho(T)$，$c_p(T)$ 和 $k(T)$ 数据确定[4.33~4.35]。在这个温区内，SN$_2$ 的热扩散系数比铜小 3~5 个量级——热更容易传入铜而不是固氮。例如，30 K 时，如表 4.10 所列，$\delta_{sd} = 10$ mm 时，对固氮有 $\tau_{sd} = 46$ s，而在铜中只需 1.3 ms。不过，SN$_2$ 单位体积可吸收的热量要比铜大得多。

表 4.10　固氖（SNe）、固氮（SN$_2$）和铜（Cu）在 4~60 K 温区的 D_{th} 和 τ_{sd}（δ_{sd} = 10 mm）近似值

温度	D_{th} [mm^2/s]			δ = 10 mm 时的 τ_{sd} [s]		
T[K]	SNe	SN$_2$	Cu	SNe	SN$_2$	Cu
5	35	157	0.36×10^6	0.29	0.06	27×10^{-6}
10	22	70	0.17×10^6	0.46	0.14	60×10^{-6}
20	0.27	0.58	0.29×10^5	38	17	0.3×10^{-3}
30	—	0.22	8000	—	46	1.3×10^{-3}
34 *	—	0.16	5000	—	63	2×10^{-3}
37 *	—	0.18	3500	—	56	3×10^{-3}
40	—	0.17	2800	—	60	4×10^{-3}
50	—	0.13	1200	—	78	8×10^{-3}
60	—	0.12	600	—	84	17×10^{-3}

* 第 4.5 节已指出，固氮在 35.61 K 经过一个固-固相变，D_{th} = 0。这是因为在此温度下，固氮的热容近乎无穷大。

缓慢加热

　　如果一定体积的固体制冷剂在合适的热扩散距离下所需吸收的热可以缓慢吸收，即所用时间比 τ_{sd} 多得多，那么整个固体将维持近乎温度均匀。实际上，如前文所述，固体制冷剂用于通常工作于持续模式的 MRI 和 NMR 是最佳的。下面的问题 4.3 将说明，对固体冷却的磁体，1~2 cm 的扩散距离需要几个小时的加热，整体固氮体积可以假定为均匀温度分布的。

暂态加热

　　在快速暂态条件下，仅固体制冷剂的一个小薄层——注意 $\delta_{sd} \propto \sqrt{\tau_{sd}}$ [式（4.21）]——可有效吸热，多余热量将引起磁体绕组温升。尽管可能发生热干烧（thermal dry-out）（下文会详细介绍），SN$_2$ 已经被证明，可在这个极限下有效抑制暂态加热下的 HTS 绕组样品的温升[4.36,4.37]。京都大学的研究小组证明了以他们命名的热干烧现象在暂态热源表面和固体介质表面的接触面上产生了很大的温差[4.38-4.40]。下面将讨论热干烧和一个克服这个现象的解决方法。

C. 热干烧

京都大学的中村及其合作者的试验展示了与 SN_2 接触的表面在大热流密度时，将发生热干烧[4.38-4.40]。例如，对 60 K 的固氮，热干烧开始的热流密度约为 1.5 W/cm^2。很明显，界面上的薄气膜是温度不连续的原因。

图 4.17 给出了过电流扰动下的 HTS 带材的温度和时间关系，各次扰动持续时长约为 600 s。实线对应超导带仅与固氮接触的运行方式；25.1 K 的水平点线给出的是超导带和固氮的初始温度。在接近 400 s 时，热流为 14.3 W/cm^2，对应温差（ΔT）超过 3 K，发生热失控。如果过电流继续，将导致超导体损毁。

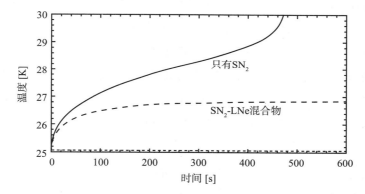

图 4.17　过电流扰动下的 HTS 带材的温度和时间关系。实线：仅由 SN_2 冷却；虚线：由 SN_2-LNe 混合冷却；点线：初始温度 25.1 K。

用固氮–液氖混合物抑制热干烧

京都大学研究小组证明固氮–液氖混合物——液氖约占总体积的约 1%——对抑制热干烧十分有效。当然，LNe 的使用收窄了运行温区，大气压下为 24.5～27.1 K。图 4.17 中的虚线对应超导带由 SN_2-LNe 混合冷却的典型运行情况。他们观察到，甚至在反复过流冲击后，超导带温度仍维持在由 LNe 锚定的 26.9 K。注意这里 $\Delta T<2$ K；更重要的是，至少在 600 s 内无热失控发生的迹象。（在上述 2 类测试中，"冷体"是由作为系统冷池的制冷机不间断冷却的。）

对液氮温区的应用，或许运行于 65～77 K 的固氩（SAr）和过冷液氮的混合物是一个提高固体制冷机固有的不良热接触性质的有效方法。氩的熔点是 83.8 K，沸点是 87.3 K。

4.6.14　问题4.3：固态制冷剂冷却的磁体

本节我们处理固体制冷机冷却的磁体。

a）使用图4.2给出的 C_p 与 T 关系图，画出 Cu、Pb、SNe、SN_2 的初始温度为4 K，终了温度为60 K（SNe 终了温度为25 K），在1 W 热输入下的 $T(t)$ 与单位体积（1 L）的关系。假定加热期间体积内温度分布均匀。

b）使用 a）给出的 SN_2 的 $T(t)$ 图-或者直接用图4.2-证明在恒定热输入0.25 W 条件下，需要约30小时才能将15 L 的 SN_2 从10 K 加热到14 K。忽略冷体中包括磁体本身在内的其他材料的热容，假定加热期间固氮内部温度分布均匀。

如讨论4.11论及，固态制冷剂冷却的磁体能运行在一个比 LTS 磁体典型的大约1 K（或更小）宽很多的温区是很有价值的。例如，对于一台 SN_2 冷却的持续电流模式运行的 HTS 磁体，典型运行模式是在标称温度10 K 下有冷源运行。当冷源因有意消除噪声或意外断电而关闭，从而和冷体解耦脱开后，磁体开始缓慢升温。磁体在温升 ΔT_{op} 内保持运行磁场——这个磁体的温升值为5 K。为了充分利用冷体中固体制冷剂可提供的巨大热容，要求系统设计为具有冷源关闭后冷体可自动与冷源热解耦的能力。

c）15 L 固氮置于冷体中，包围住外径896 mm（内径860 mm）、高300 mm 的磁体。假设固氮是圆柱形，内径 ≃896 mm，长300 mm，厚 Δr_{N2}。（由于冷体由足够厚的铜片构成，从磁体内径侧进入冷体的大部分热量是通过传导方式通过冷体壁进入到外壁面的。）计算15 L 固氮层厚度 Δr_{N2}，假定通过固氮进入冷体的热量都是沿径向的。证明，对应此厚度的热扩散时间约0.6 s，它远小于从10 K 到15 K 的加热时间。

d）证明 b）中这个充满固氮的冷体中如果改装固氖，15 L 这个体积可以**折半**。（因为 SN_2 的单位体积价格至少比 SNe 大概便宜了200倍，除非必须用氖，还是用氮更合适。）

e）证明将这15 L 固氮从15 K 加热到60 K 还需要大约80小时。在15~60 K 温区，假定向冷体的平均热输入是3.3 W。忽略磁体升温到一定程度引起失超，从而磁体中储存的磁能转化为热能。

f）在15 K 以上的加热过程中，当绕组的磁场最高处达到比如说20 K，磁体开始失超从而磁场下降。对于这个绕组体积为15000 cm^3，储能量75 kJ 的磁体，初始温度20 K，计算它的最终温度。假定在暂态过程中，全部磁能仅转化为绕组内的热能。假定绕组能量转换结束时温度是均匀的，绕组的焓可由铜来近似。注意，固氮从

15 K 升温至 60 K，吸收总热能~1 MJ，忽略 e 中的 75 kJ 热能是合理的。

尽管磁体除了短暂场衰减时以及随后的这段时间是温度均匀的，但因为绕组内的场不均匀，故失超并非在绕组内部同时发生。不过，场衰减预期仅持续几秒——这是基于实际 HTS 磁体的失超分析得到的。

g）证明，在恒定热输入为 10 W 时，同样的 HTS 磁体需要~3 h 从初始运行温度 30 K 升温至最终的 35 K。假定 b 中的其他假设都成立。

h）在温区为 35~40 K，恒定热输入同为 10 W 的条件下，重复 g，证明：同样是温升 5 K，固氮在 35.61 K 的额外相变焓将温升时间拉长翻倍。

固氮还可以用于**稳定**易于受到**暂态**扰动的 HTS 绕组。试验证实，与 Bi2223 超导带接触的一薄层（~0.5 mm）固氮确实能够抑制导体在恒定传输电流叠加过电流脉冲时趋向正常态的温升[4.36,4.37]。由于固氮的不良热扩散性质，在吸收暂态能量耗散时有效的仅有一个薄层（~0.5 mm）。

i）使用讨论 4.11 中的式（4.21），证明：初始温度 30 K，暂态恒定幅值（方波）加热，加热时长~0.1 s，热在固氮层中扩散距离是 0.4 mm。使用 30 K 时的值 $D_{th} = 2.4 \times 10^{-3}$ cm²/s（表 4.10 中，$D_{th} = 0.24$ mm²/s），尽管加热过程固氮层有升温。

j）对于 i 中的这个 0.1 s 暂态加热，证明加热至 35 K，4.2 W/cm² 的功率密度可被固氮层吸收。

k）当加热必须经过固氮的 35.61 K 固-固相变温度时，讨论受到暂态加热的固氮薄层的有效性。如表 4.10 的表下注所言，35.61 K 时固氮的 D_{th} 理论上是 0。

l）讨论磁体在其允许运行温度区间（这里是 10 K 到 15 K）的温升过程中，磁体的膨胀在何种程度上影响空间场的均匀性。

问题4.3的解答

a）图 4.18 给出了 1 L 体积 Cu、Pb、SNe 和 SN₂ 在恒定热输入 1 W 条件下，从初始温度 4.2 K 上升至终了温度 60 K（SNe 是 25 K）的 $T(t)$ 图——它还包括一条 4.2 K 水平点线，给出了蒸发 1 L 的 4.2 K 液氦所需时间。从该图可清晰看出，这些物质中，至少**以体积算**，4~25 K 区间的 SNe 和 25~60 K 区间的 SN₂ 是最好的热容增强剂。因为 SNe 的比密度（1.25 g/cm³@25 K）和 SN₂ 的比密度（1 g/cm³@25 K）要比 Pb（11.4 g/cm³）和 Cu（8.96 g/cm³）小一个量级，当在冷体中占有同样的额外体积时，这些热容增强剂物质在仅增加很小系统质量的情况下就能起到很好的效果。

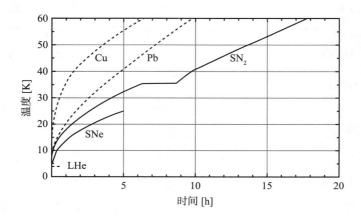

图 4.18　1 L 的 Cu、Pb、SNe 和 SN$_2$ 以恒定 1 W 加热，初始温度 4.2 K，终末温度 60 K（SNe 是 25 K）的 $T(t)$ 图。从 4.2 K 的水平点线可知，蒸发 1 L 液氦需要的时间是 ~0.7 h。

以 SN$_2$ 为例，整个加热（4.2 K ~ 60 K）过程需要 ~18 小时。所以，我们可以放心地说，假设在扩散距离为 ~10 cm 的 1 L 固体剂内的温度均匀分布是有效的。很明显，均匀温度分布假设对铜和铅是合理的。

b）从图 4.18 中我们知道，对于 1 L 的 SN$_2$，$T(t \simeq 400 \text{ s}) = 10$ K，$T(t \simeq 2{,}150 \text{ s}) = 15$ K。对 1 L 的 SN$_2$，在 1 W 的热输入下，从 10 K 加热到 15 K 的时间为：$[\Delta t(10 \text{ K} \rightarrow 15 \text{ K})]_{1\text{L}}^{1\text{ W}} \simeq 1{,}750 \text{ s} = 0.486$ h。在 0.25 W 的热输入下，15 L 的固氮从 10 K 到 15 K 的加热时间 $[\Delta t(10 \text{ K} \rightarrow 15 \text{ K})]_{15\text{ L}}^{0.25\text{ W}}$ 由下式给出：

$$[\Delta t(10 \text{ K} \rightarrow 15 \text{ K})]_{15\text{ L}}^{0.25\text{ W}} = \left(\frac{1 \text{ W}}{0.25 \text{ W}}\right)\left(\frac{15 \text{ L}}{1 \text{ L}}\right)[\Delta t(10 \text{ K} \rightarrow 15 \text{ K})]_{1\text{ L}}^{1\text{ W}}$$

$$\simeq (4)(5)(0.486 \text{ h}) = 29 \sim 30 \text{ h}$$

另一种解法：我们可以直接使用图 4.2，通过在 10 K 和 15 K 间对 SN$_2$ 应用 $\int C_p(T)\,dT$ 计算 $h(15 \text{ K}) - h(10 \text{ K})$ [J/cm^3]：

$$h(15 \text{ K}) - h(10 \text{ K}) \simeq \frac{C_p(10 \text{ K}) + C_p(15 \text{ K})}{2}(15 \text{ K} - 10 \text{ K})$$

$$\simeq \frac{(0.175 \text{ J/cm}^3\text{K} + 0.475 \text{ J/cm}^3\text{K})}{2}(5 \text{ K}) \simeq 1.625 \text{ J/cm}^3$$

于是，在 0.25 W 的热输入下，15 L 的固氮从 10 K 加热到 15 K 的时间 $[\Delta t(10\ \text{K} \to 15\ \text{K})]_{15\ \text{L}}^{0.25\ \text{W}}$ 可由下式给出：

$$[\Delta(10\ \text{K} \to 15\ \text{K})]_{15\ \text{L}}^{0.25\ \text{W}} = \frac{(15000\ \text{cm}^3)(1.625\ \text{J/cm}^3)}{(0.25\ \text{W})(3600\ \text{s/h})} \simeq 27.1\ \text{h} \sim 30\ \text{h}$$

c）直径 D，长度为 ℓ，壁厚 $\Delta r_{N2} \ll D$ 的圆柱体内的固氮体积 V_{N2} 为：

$$V_{N2} = \pi D \ell \Delta r_{N2} \qquad\qquad (\text{S3.1})$$

代入 $V_{N2} = 15000\ \text{cm}^3$，$D = 90\ \text{cm}$，$\ell = 30\ \text{cm}$，有：

$$\Delta r_{N2} = \frac{V_{N2}}{\pi D \ell} = \frac{(15000\ \text{cm}^3)}{\pi(90\ \text{cm})(30\ \text{cm})} = 1.8\ \text{cm}$$

令 $\Delta r_{N2} = 1.8\ \text{cm}$ 与式（4.21）中的 δ_{sd} 相等，代入 10~15 K 的大致平均值 $D_{th} \simeq 55 \times 10^{-2}\ \text{cm}^2/\text{s}$，解式（4.21），有：

$$\tau_{sd} = \frac{1}{D_{th}} \left(\frac{\delta_{sd}}{\pi} \right)^2 = \frac{1}{(55 \times 10^{-2}\ \text{cm}^2/\text{s})} \left(\frac{1.8\ \text{cm}}{\pi} \right)^2 \sim 0.6\ \text{s} \qquad (4.21)$$

扩散时间~0.6 s 远小于 30 小时的加热时间。于是，假设在 15 L 的固氮内温度均匀分布是合理的。

d）我们颠倒 b 中给出的 2 种方法的顺序。即使用图 4.2 中 SNe 的 $C_p(T)$ 数据，计算 SNe 的 $C_p(T)$ 曲线在 10~15 K 间与坐标轴围成的面积，有：

$$h(15\ \text{K}) - h(10\ \text{K}) \simeq \frac{C_p(10\ \text{K}) + C_p(15\ \text{K})}{2} (15\ \text{K} - 10\ \text{K})$$

$$\simeq \frac{[0.400\ \text{J/(cm}^3 \cdot \text{K)} + 0.875\ \text{J/(cm}^3 \cdot \text{K)}]}{2} (5\ \text{K}) \simeq 3.2\ \text{J/cm}^3$$

在 0.25 W 热输入下，15 L 固氦从 10 K 升温到 15 K 的加热时间与 b）相同，为 $[\Delta t(10\ \text{K} \to 15\ \text{K})]_{15\text{L}}^{0.25\ \text{W}} \simeq 27.1\ \text{h}$，所需固氦体积 $V_{Ne}(10\ \text{K} \to 15\ \text{K})$ 由下式给出：

$$V_{Ne}(10\ \text{K} \to 15\ \text{K}) = \frac{(27.1\ \text{h})(3600\ \text{s/h})(2.5\ \text{W})}{(3.2\ \text{J/cm}^3)(1000\ \text{cm}^3/\text{L})} \simeq 7.6\text{L} \sim \frac{1}{2} \times 15\text{L}$$

从图 4.18 我们看到，对 1 L 固氦，$T(t \simeq 0.33\ \text{h}) = 10\ \text{K}$ 和 $T(t \simeq 1.22\ \text{h}) = 15\ \text{K}$，从

而 $[\Delta t(10\text{ K} \to 15\text{ K})]\,^{1\,\text{W}}_{1\,\text{L}} \simeq 0.89\text{ h}$。对 1 L 的 SN_2，有：$[\Delta t(10\text{ K} \to 15\text{ K})]\,^{1\,\text{W}}_{1\,\text{L}} \simeq 0.486\text{ h}$。于是有：

$$V_{Ne}(10\text{ K} \to 15\text{ K}) = \frac{(0.486\text{ h})}{0.89\text{ h}}(15\text{ L}) \simeq 8.2\text{ L} \simeq \frac{1}{2} \times (15\text{ L})$$

e）从图 4.18 我们看到，对 1 L 的固氮，$T(t \simeq 0.6\text{ h}) = 15\text{ K}$ 和 $T(t \simeq 17.75\text{ h}) = 60\text{ K}$，或者 $[\Delta t(15\text{ K} \to 60\text{ K})]\,^{1\,\text{W}}_{1\text{L}} \simeq 17.15\text{ h}$。在平均热输入功率 3.3 W，固氮体积为 15 L 时，有：

$$[\Delta t(15\text{ K} \to 60\text{ K})]\,^{3.3\,\text{W}}_{15\,\text{L}} = \left(\frac{15\text{ L}}{1\text{ L}}\right)\left(\frac{1\text{ W}}{3.3\text{ W}}\right)[\Delta t(15\text{ K} \to 60\text{ K})]\,^{1\,\text{W}}_{1\text{L}}$$

$$\simeq (15)(0.303)(17.15\text{ h}) = 78 \sim 80\text{ h}$$

f）在这暂态过程中，能量以密度 5 J/cm³ $= \left[\dfrac{(75\text{ kJ})}{(15000\text{ cm}^3)}\right]$ 流入初始温度为 20 K 的铜。这样，可以由下式确定最终温度 T_f：

$$\int_{20\text{ K}}^{T_f} [C_p(T)]_{cu}\mathrm{d}T = 5\text{ J/cm}^3 \tag{S3.2}$$

根据图 4.2，发现 $T_f \simeq 40\text{ K}$ 满足（S3.2）。

g）使用图 4.2 中固氮的 $C_p(T)$ 数据，计算固氮的 $C_p(T)$ 曲线在 30~35 K 之间与坐标轴围成的面积，有：

$$h(35\text{ K}) - h(30\text{ K}) \simeq \frac{C_p(30\text{ K}) + C_p(35\text{ K})}{2}(35\text{ K} - 30\text{ K})$$

$$\simeq \frac{[1.24\text{ J/(cm}^3 \cdot \text{K)} + 1.55\text{ J/(cm}^3 \cdot \text{K)}]}{2}(5\text{ K}) \simeq 7.0\text{ J/cm}^3$$

于是有：

$$[\Delta t(30\text{ K} \to 35\text{ K})]\,^{10\,\text{W}}_{15\text{L}} = \frac{(15000\text{ cm}^3)(7.0\text{ J/cm}^3)}{(10\text{ W})(3600\text{ s/h})} \simeq 2.9 \sim 3\text{ h}$$

h）同样 g，多了 35.61 K 时的能量吸收值 $\Delta h(35.61\ K) = 8.2\text{ J/cm}^3$。同时，焓面积计算必须在 2 个温度区间进行：35~35.61 K 和 35.61~40 K。我们有：

$$h(40 \text{ K}) - h(35 \text{ K}) \simeq \frac{C_p(35 \text{ K}) + C_p(35.61 \text{ K})}{2}(35.61 \text{ K} - 35 \text{ K}) + \Delta h(35.61 \text{ K}) +$$

$$\frac{C_p(35.61 \text{ K}) + C_p(40 \text{ K})}{2}(40 \text{ K} - 35.61 \text{ K})$$

$$\simeq \frac{(1.60 \text{ J/cm}^3 + 1.62 \text{ J/cm}^3)}{2}(0.6 \text{ } K) + 8.2 \text{ J/cm}^3 +$$

$$\frac{(1.29 \text{ J/cm}^3 + 1.33 \text{ J/cm}^3)}{2} \tag{4.39}$$

$$\simeq 14.9 \text{ J/cm}^3$$

$$[\Delta t(30 \text{ K} \to 35 \text{ K})]^{10 \text{ W}}_{15 \text{L}} = \frac{(15000 \text{ cm}^3)(14.9 \text{ J/cm}^3)}{(10 \text{ W})(3600 \text{ s/h})} \simeq 6.2 \sim 6 \text{ h}$$

在相同的 5 K 温升下，35.61 K 时的额外焓贡献令升温时间翻倍（2.1 倍）。

i）在 $D_{th} = 2.4 \times 10^{-3} \text{ cm}^2/\text{s}$ 和 $\delta_{sd} = 0.04 \text{ cm}$ 时，式（4.21）用于计算 τ_{sd}。证明 τ_{sd} 实际是大约 0.1 s：

$$\tau_{sd} = \frac{1}{D_{th}}\left(\frac{\delta_{sd}}{\pi}\right)^2 \simeq 0.067 \text{ s} \sim 0.1 \text{ s} \tag{4.21}$$

j）在 30~35 K 温区，0.067 s 内可能注入 0.04 mm 厚的固氮层的最大功率密度 p_{sd} 可由下式计算：

$$p_{sd} = [h(35 \text{ K}) - h(30 \text{ K})]\frac{\delta_{sd}}{\tau_{sd}} = (7.0 \text{ J/cm}^3)\frac{(0.04 \text{ cm})}{(0.067 \text{ s})} = 4.2 \text{ W/cm}^2$$

k）如表 4.10 的表下注给出的，固氮在 35.61 K 下有 $D_{th} = 0$。这是因为 J/cm^3 的能量被固体吸收而未扩散。由于经历相变，固氮热容趋于无限大。不过，暂态试验结果[4.36,4.37]已经证明在跨越相变温度的很大范围内，固氮吸收暂态能量的效果不减。

l）因为绕组温升对磁体空间磁场均匀性的影响对 NMR 和 MRI 应用非常重要，我们将在讨论 4.12 中专门讨论。

4.6.15　讨论4.12：温升与场均匀性的关系

NMR 或 MRI 磁体的磁场空间均匀性是一个设计/运行关键问题。本节，我们将定量地计算在允许的升温范围内，运行温度的升高将在程度上影响磁场均匀性。这里，我们在 10~15 K 区间进行计算。

线性热膨胀系数 $\alpha(T)$ 定义为：

$$\alpha(T) = \frac{1}{L_0}\left(\frac{\partial L}{\partial T}\right)_P \tag{4.22}$$

式中，L_0 是初始长度。下标 P 表示等压过程。在低温下，$\alpha(T)$ 可由下式给出：

$$\alpha(T) = aT + bT^3 \tag{4.23}$$

基于铜在 $0 \leqslant T \leqslant 50$ K 内的实验得到的 $\alpha(T)$ 图，我们发现铜的 a 和 b 为：$a_{cu} = 5 \times 10^{-9} \mathrm{K}^{-2}$，$b_{cu} = 3 \times 10^{-11} \mathrm{K}^{-4}$。对于 10~15 K 之间的 $\Delta T_{op} = 5$ K，可以计算铜的 $\frac{\Delta L}{L_0}$。在 10~15 K 之间对式（4.23）积分，即可得 $\left(\frac{\Delta L}{L_{0\,cu}}\right)$。这里，选择铜来代表绕组材料。附录Ⅲ的表 A3.4 列出了一些金属和非金属的平均线性热膨胀数据。我们可以看到，这些材料在 20~80 K 之间的膨胀**百分比变化**在一个数量级。于是可以确定，选择铜来定量计算 $\frac{\Delta L}{L}$ 没问题：

$$\left(\frac{\Delta L}{L_0}\right)_{cu} = \int_{10\,\mathrm{K}}^{15\,\mathrm{K}} (5 \times 10^{-9} T + 3 \times 10^{-11} T^3)\, \mathrm{d}T = 0.62 \times 10^{-6} \tag{4.24}$$

此**线性**变化发生在三维上。若绕组在各向等量膨胀，将不会有损于均匀性。实际上，因为各绕组都是各向异性的，故磁场均匀性会退降，但在何种程度上退降则取决于介质的各向异性程度，所以，该膨胀量难于精确预测。

注意，**所有材料的** $\frac{\Delta L}{L_0}$ 不仅随 ΔT_{op} 变大而变大，而且随初始温度提高而变大。由于固体制冷剂冷却的 NMR 或 MRI 磁体潜在存在运行温度偏移下的磁场均匀性退降问题，故要小心地保持它们的初始运行温度在 ~20 K 以下，并保证 ΔT_{op} 不大于 10 K。

4.6.16 讨论4.13：低温测量

在图 1.6 中可以看出，温度在超导磁体的导体、低温、机械、保护和稳定性等关键设计/运行问题中举足轻重。于是，温度测量成为超导磁体运行和试验的一个不可或缺的条件。这是一个很大的课题，有专著[4.41] 或专门章节[4.42] 研究它。鲁宾（Rubin）通过近 500 多篇论文的钩沉，给出了一个 1982—1997 年有关低温下温度测量的透彻的进展综述[4.43]。这里，我们以简介或略深的程度讨论测温传感器，而非测温学。更进一步，我们仅讨论那些在超导磁体领域已**可用**并**常用**的温度传感器，不涉及仪器设备和校准技术——尽管在测温领域是重要课题。因为仅处理超导磁体和相关实验用的传感器，我们对测热传感器的讨论包括 2~300 K 温度范围。

A. 绝对温标 （Kelvin scale）

1854 年开尔文（Kelvin）提出将绝对零度作为热力学温标起点。1954 年，开尔文（kelvin，K）被定为热力学温度单位，定义为水的三相点温度（0.0100°C）的 $\dfrac{1}{273.16}$。这样，摄氏（Celsius）温标下水的冰点 0°C 对应 273.15 K。注意，K 本身就表示温标的单位，所以应该用 4.2 K 或 4.2 kelvins，而**不能**用 4.2° K 或 4.2 度 Kelvin。

B. 要求

如同任何传感器一样，对温度传感器有一系列要求，包括（序号不代表重要性，括号内为期望）：①信号水平（高）；②灵敏度（高）；③响应时间（快，检测暂态事件）；④尺寸（小）；⑤磁场效应（小）；⑥DC 偏置（零）；⑦成本（低）。其他期望的性能还包括可重复性、稳定性和线性。每一个传感器在小范围内对每一个变量都是线性函数，但在任意大范围内保持线性明显是不可能的。随着基于计算机的数据采集技术大规模使用，对线性的要求已不像过去那样高了。

C. 温度传感器类型

超导磁体及其相关实验中常用 3 种温度传感器：①二极管；②电阻器；③热电偶。气压温度计曾普遍使用，尤其是在实验室里，但现在已经罕用了。下面简要介绍上述 3 种温度传感器。

二极管　二极管等半导体器件的结电压在恒定电流正向偏置下随温度降低而增加。最广泛使用的二极管温度传感器是 Si 和 GaAlAs 结；未校准的和已校准的商业温度传感器均可购得。有的校准的比未校准的便宜约一半（一些 Si 二极管），有的则要比未校准的大概贵 4 倍。价格的差异主要是由传感器的运行温区决定的。

电阻器　2 种温度系数的电阻温度传感器均有使用：基于半导体的负系数型和基于金属的正系数型（一般来说，金属纯度高则传感器敏感性高，Ω/K）。

负温度系数传感器包括锗、碳电阻、碳玻璃（主要用于磁场中）和氧化钌。正温度系数传感器包括铂、铂合金和铑铁。氧氮化锆传感器，特别是湖岸低温电子学（Lake Shore Cryotronics）公司生产的名为瑟诺克斯（Cernox）产品，越来越流行。基于金属的传感器之中，纯铂的类最为突出，是高准确度要求下的必选；实际上，标准铂电阻温度传感器定义了氢三相点 13.8033 K 到 300 K 以上的国际温度标准（international temperature standard）。

温度谱　图 4.19 给出了跨越 100 pK 到 1 GK 的温度谱。我们看到，超导磁体运行跨过不到 2 个 log 尺度，1~100 K。

图 4.19　覆盖 19 个数量级的温度谱。

热电偶　广泛使用于对可容忍 5% 温度不确定性的低温应用（比如 20 K 下可容忍 1 K）。这主要是由于热电偶符合上面列出的多项要求——尺寸小、响应快——比二极管和电阻温度传感器要容易实现。另外，热电偶也是这 3 种中最便宜的。

D. 几种热传感器的信号水平和敏感性

表 4.11 给出了 6 种常用温度传感器在 2~300 K 区间几个代表温度下的信号水平（V）和灵敏度（$\frac{\delta V}{\delta T}$）的近似值。3 种类型，每种选 2 个：二极管[4.44]，电阻[4.44]，热电偶[4.45,4.46]。这里给出这些数值，一是为了说明信号水平和灵敏度在温度计之间是很不同的，二是作为选择适当传感器的"指南"。这些传感器的商业渠道通常提供准确的"典型"数据；各**校准**的传感器都提供它自己的特性数据。下面简要讨论表 4.11 中的各传感器，包括其磁场下的效应。

表 4.11　几种温度传感器的信号水平（V）和灵敏度$\left(\frac{\delta V}{\delta T}\right)$的近似值。

二极管[4.44]；电阻[4.44]；热电偶[4.45]

传感器		2 K	4 K	10 K	20 K	50 K	100 K	200 K	300 K
Si	$V[\text{V}]$	1.69	1.63	1.42	1.21	1.07	0.98	0.76	0.52
	$\frac{\delta V}{\delta T}[\text{mV/K}]$	−21	−33	−29	−18	−1.8	−2.0	−2.3	−2.4
GaAlAs	$V[\text{V}]$	5.5	5.1	4.1	2.7	1.5	1.4	1.1	0.9
	$\frac{\delta V}{\delta T}[\text{mV/K}]$	−210	−210	−145	−110	−30	−1.5	−2.6	−2.7
瑟诺克斯	$V[\text{mV}]$	12	14	17	28	13	20	33	20
	$\frac{\delta V}{\delta T}[\text{mV/K}]$	−10	−3.5	−1.5	−1.2	−0.24	−0.18	−0.18	−0.07
@ 电流	$[\mu\text{A}]$	1	3	10	30	30	100	300	300
铂	$V[\text{mV}]$	NA	NA	NA	2.4	10	31	77	114
	$\frac{\delta V}{\delta T}[\text{mV/K}]$	NA	NA	NA	0.086	0.35	0.41	0.39	0.38
@ 电流	$[\text{mA}]$	−	−	−	1	1	1	1	1
E 型	$V[\mu\text{V}]$	1.3	4.6	24.9	91	504	1775	5871	11445
	$\frac{\delta V}{\delta T}[\mu\text{V/K}]$	1.15	2.09	4.65	8.51	18.7	31.4	49.3	61
AuFe（0.07%）−Chromel	$V[\mu\text{V}]$	17.2	39.6	124.9	286.6	768.6	1647	3667	5864
	$\frac{\delta V}{\delta T}[\mu\text{V/K}]$	10	12.2	15.6	16.3	16.4	18.7	21.4	22.8

补充说明（含磁场效应）

二极管（Diode） 二极管温度传感器比如 Si 和 GaAlAs，在我们感兴趣的温区内具有最高的灵敏度。从表 4.11 中还可以推断出，传感器的 V(T) 曲线很线性，即在 50-300 K 区间，V 大体上随 T 线性减小。二极管另一个吸引人之处是，大多数应用都可接受 5% 的不确定性，仅依赖于制造商的标准校准曲线的未校准的传感器也是可以采用的。二极管仅有的负面问题是它不适合用于磁场中，特别是低于 60 K 的温区内[4.45]。

GaAlAs 相比 Si，GaAlAs 有 2 处重要不同：①$V(t)$ 具有更强的非线性；②对~5 T 以内的磁场不敏感。

瑟诺克斯（Cernox） 虽然不如二极管温度计灵敏，但仅次于 Si，因此瑟诺克斯被广泛使用。相比于 Si，它对磁场十分不敏感。瑟诺克斯的制造商湖岸低温电子学公司的数据[4.44] 表明，20 K 下该传感器在 20 T 内的 $\frac{\delta T}{T}$ 对磁场的不确定性小于 0.2%；误差随温度降低而增加，在 2 K 时达到~5%。

铂（Platinum） 铂传感器在温度~40 K 以上对磁场十分不敏感：例如，40 K 和 5 T 时，$\frac{\delta T}{T}$ 是 1.5%，80 K 和 5 T 时下降一个数量级[4.44]。

E 型热电偶 E 型和 Chromel-Au0.07%Fe 热电偶相比于其他 4 种传感器，信号水平和灵敏度都是最低的。以冰点（0°）为基准，E 型在 20 K 的偏置电压大概为 11 mV，其敏感度约为 10μ V/K。当测量在特定运行点附近的温度**变化**时，它的准确度有很大提升。同时，如果大概 5% 的温度不确定性可以接受，并且传感器用量很大，那 E 型热电偶是一个极好的选择。它的磁场敏感性是中等的，比如在 8 T 磁场下，20 K 时为 2%，45 K 时<1%[4.44]。

AuFe（0.07%）-Chromel 所有的热电偶中，Chromel-AuFe（0.07%）具有最高的灵敏度，最适合~20 K 之下的温度测量。不过，当 AuFe（0.07%）线有应变时，它的 $V(t)$ 值很容易偏离公开值[4.45]——必须小心处理。它对磁场的敏感性大致上要比 E 型热电偶高一个数量级。

电容式温度传感器

尽管上面的讨论未涉及电容式温度传感器，但因其（如钛酸锶传感器）对磁场依赖性很小也有所使用。另有几种其他类型的基于玻璃或塑料的传感器用于 1 K 以下的温度测量。

4.6.17　讨论4.14：气冷铜电流引线

浸泡于 4.2 K 液氦的超导磁体的气冷铜引线是低温系统的一个大热负荷。优化气冷铜引线的基本设计概念是令焦耳热和传导热大致相等，并通过引线注入的冷氦气带走热量。气冷引线的相关研究开始于 20 世纪 60 年代并一直持续到现在[4.47~4.52]。100 A~75 kA 的气冷引线现在已可商业化购得。最近，最大电流已达到 100 kA 水平[4.53]。这里，我们给出引线关键参数的解析表达式。

A. 功率密度方程

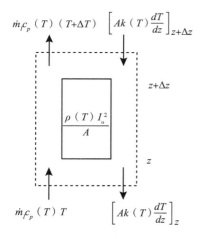

图 4.20 气冷引线上体积微元的热平衡。

图 4.20 所示的载有额定电流 I_0 的气冷引线的微元体积 $A\Delta z$ 内产生和流入的总功率 Q_{in} 为：

$$Q_{in} = \left[Ak(T)\frac{dT}{dz} \right]_{z+\Delta z} + \dot{m}_l c_p(T) T +$$
$$\frac{\rho(T)I_0^2}{A}\Delta z \tag{4.25}$$

式中，z 是引线轴向距离，$z = 0$ 位于引线的冷端。$k(T)$，A，$\rho(T)$ 分别是引线（一般是铜）的热导率、有效截面积、电阻率。$\dot{m}_l$ 和 $c_p(T)$ 分别是氦气的质量流量和比热。氦气和引线之间的热传递假定为理想的。T 是 z 处引线和氦的温度。流出微元体积 $A\Delta z$ 的总功率 Q_{out} 为：

$$Q_{out} = \left[Ak(T)\frac{dT}{dz} \right]_z + \dot{m}_l c_p(T)(T+\Delta T) \tag{4.26}$$

稳态条件下，有 $Q_{in} = Q_{out}$，于是：

$$\left[Ak(T)\frac{dT}{dz} \right]_{z+\Delta z} - \left[Ak(T)\frac{dT}{dz} \right]_z -$$
$$\dot{m}_l c_p(T)\Delta T + \frac{\rho(T)I_0^2}{A}\Delta z = 0 \tag{4.27}$$

让式（4.27）除以 Δz 并令 $\Delta z \to 0$，有：

$$\frac{d}{dz}\left[Ak(T)\frac{dT}{dz}\right] - \dot{m}_I c_p(T)\frac{dT}{dz} + \frac{\rho(T)I_0^2}{A} = 0 \qquad (4.28)$$

B. 冷端热输入和蒸发率

在大电流极限下，即 $\left|d\left[\dfrac{Ak(T)dT}{dz}\right]\dfrac{1}{dz}\right| \ll \dfrac{\rho(T)I_0^2}{A}$ 时，式（4.28）在 $z=0$ 处 $[T(0)=T_0]$ 可以简化为：

$$-\dot{m}_I c_{p0}\frac{dT}{dz}\bigg|_{z=0} + \frac{\rho_0 I_0^2}{A} \simeq 0 \qquad (4.29a)$$

式中，$c_{p0}=c_p(T_0)$，$\rho_0=\rho(T)$。由式（4.29），我们可解出 $\left(\dfrac{dT}{dz}\right)_{z=0}$：

$$\frac{dT}{dz}\bigg|_{z=0} \simeq \frac{\rho_0 I_0^2}{A\dot{m}_I c_{p0}} \qquad (4.29b)$$

因为 $z=0$ 处 Q_{I_0} 完全是热传导，代入 $k_0=k(T_0)$ 得：

$$Q_{I_0} = Ak(T_0)\frac{dT}{dz}\bigg|_{z=0} = \frac{k_0\rho_0 I_0^2}{\dot{m}_I c_{p0}} \qquad (4.30)$$

进入液体的功率 Q_{I_0} 以 $\dot{m}_I$ 的速率令液体汽化：

$$\dot{m}_I = \frac{Q_{I_0}}{h_L} \qquad (4.31a)$$

式中，h_L 是液氦的汽化潜热 [J/kg]。联立式（4.30）和式（4.31），解出 $\dot{m}_I$，得：

$$\dot{m}_I = I_0\sqrt{\frac{k_0\rho_0}{c_{p0}h_L}} \qquad (4.31b)$$

将式（4.31b）给出的 $\dot{m}_I$ 代入式（4.30），解出 $\dfrac{Q_{I_0}}{I_0}$，得：

$$\frac{Q_{I_0}}{I_0} = \sqrt{\frac{h_L k_0 \rho_0}{c_{p0}}} \tag{4.32a}$$

注意，Q_{I_0} 既不依赖于引线自下端（$z=0$）至顶端（$z=\ell$）的有效长度 ℓ，也不依赖于引线导体截面积 A。不过，它正比于引线额定电流 I_0。如果引线载流 $I < I_0$，冷端热输入将不再是 $\left(\dfrac{I}{I_0}\right) Q_{I_0}$。

在这个讨论中，气冷引线冷端温度 T_0，下面假定 $T_0 = 6$ K。然而，在**实际**气冷引线中，引线冷端（$z=0$）可能位于磁体顶部（和最低液位）以上——在一些情况下，要高出 25 cm 或更多。因为将液氦没过磁体常常是有益的。冷端在电气和热上连接到超导分流的铜延伸段，另一端（$z<0$）插入液体中。超导分流结构（通常是铜/NbTi 复合材料）载流 I_0 进入磁体；铜向液体传导热量 Q_{I_0}。铜必须有足够的截面积以传导 Q_{I_0}，甚至在其整个区段上无液氦时，也不应使 T_0 升高过大，只有这样超导分流结构才能以超导状态载流 I_0。

代入液氦的 $h_L = 20.7 \times 10^3$ J/kg 和 $c_{p0} \simeq 5.26 \times 10^3$ J/(kg·K)；铜的 $k_0 = 600$ W/(m·K) 和 $\rho_0 \simeq 2.5 \times 10^{-10} \Omega$·m，得：

$$\frac{Q_{I_0}}{I_0} \simeq \sqrt{\frac{(20.7 \times 10^3 \text{ J/kg})[600 \text{ W/(m·K)}](2.5 \times 10^{-10} \Omega \cdot \text{m})}{5.26 \times 10^3 \text{ J/(kg·K)}}}$$
$$= 7.7 \times 10^{-4} \text{ W/A} = 0.77 \text{ mW/A} \sim 1 \text{ mW/A} \tag{4.32b}$$

对于一根优化的气冷引线，1 mW/A 是估算进入液氦的热量的一个有用的经验值。对一根额定 10 kA 的引线，热负荷约为 10 W；一对约为 20 W。

C. **优化的电流引线参数**

式（4.28）的大电流近似为：

$$-\dot{m}_l c_p(T) \frac{\mathrm{d}T}{\mathrm{d}z} + \frac{\rho(T) I_0^2}{A} = 0 \tag{4.33}$$

对式（4.33），基于氦从 T_0 到 T_ℓ 温区的平均热容 $c_p(T) \simeq \bar{c}_p$，在合适的区间对两端积分，解出 $\dfrac{\mathrm{d}T}{\rho(T)}$：

$$\int_{T_0}^{T_\ell} \frac{\mathrm{d}T}{\rho(T)} = \int_0^\ell \frac{I_0^2 \mathrm{d}z}{A\dot{m}_I \tilde{c}_p} = \frac{I_0^2 \ell}{A\dot{m}_I \tilde{c}_p} \tag{4.34a}$$

对铜，积分 $\int_{T_0}^{T_\ell} \dfrac{\mathrm{d}T}{\rho(T)}$ 可由下式近似给出：

$$\int_{T_0}^{T_\ell} \frac{\mathrm{d}T}{\rho(T)} \simeq 1.2\times10^{11} \text{ K/}\Omega\cdot\text{m} \tag{4.34b}$$

上式中，$T_0 = 6$ K，$T_\ell = 273$ K。将式（4.31b）代入式（4.34），假定 $\tilde{c}_p \simeq c_{p0}$（这对氦是合理的），我们有：

$$\int_{T_0}^{T_\ell} \frac{\mathrm{d}T}{\rho(T)} \simeq \left(\frac{I_0^2 \ell}{Ac_{p0}}\right) \frac{1}{I_0} \sqrt{\frac{c_{p0} h_L}{k_0 \rho_0}} \tag{4.34c}$$

我们用额定电流 I_0、引线长度 ℓ 和截面积 A 表示优化电流引线参数比 $\left(\dfrac{I_0 \ell}{A}\right)_{ot} \equiv \zeta_0$，有：

$$\left(\frac{I_0 \ell}{A}\right)_{ot} \equiv \zeta_0 \simeq \left[\int_{T_0}^{T_\ell} \frac{\mathrm{d}T}{\rho(T)}\right] \sqrt{\frac{c_{p0} k_0 \rho_0}{h_L}} \tag{4.35a}$$

在上式中代入合适的数值，我们可以在数值上解出 ζ_0：

$$\zeta_0 \simeq (1.2\times10^{11} \text{k/}\Omega\cdot\text{m}) \sqrt{\frac{[5.26 \text{ J/(kg}\cdot\text{K})][600 \text{ W/(m}\cdot\text{K})](2.5\times10^{-10} \text{ }\Omega\cdot\text{m})}{20.7\times10^3 \text{ J/kg}}}$$

因此：

$$\left(\frac{I_0 \ell}{A}\right)_{ot} \simeq 2.3\times10^7 \text{ A/m} \tag{4.35b}$$

举例来说，对于 $I_0 = 6$ kA，$\ell = 38$ cm，是式（4.35b）给出：$A \simeq 1$ cm^2。

D. 静态热输入

优化的引线无电流时的液氦蒸发率称为静态蒸发率 $\dot{m}_0$——仅取决于传导到氦中

的热输入。将 $I_0 = 0$ 代入式（4.28），有：

$$A\tilde{k}\frac{\mathrm{d}^2 T}{\mathrm{d}z^2} - \dot{m}_0 \tilde{c}_p \frac{\mathrm{d}T}{\mathrm{d}z} = 0 \qquad (4.36)$$

式中，$\tilde{k}$ 和 $\tilde{c}_p$ 分别是氦在 T_0 至 T_ℓ 温度区间的平均热导率和平均比热。

$$\tilde{k} = \frac{1}{T_\ell - T_0}\int_{T_0}^{T_\ell} k(T)\,\mathrm{d}T \qquad (4.37)$$

表 4.18 给出了 4 种材料（G10，304 不锈钢，紫铜/黄铜）在 3 个低温应用常用温区的 $\tilde{k}$ 值：4~80 K、4~300 K、80~300 K。

给定边界条件 $T(z=0) = T_0$ 和 $A\tilde{k}(\frac{\mathrm{d}T}{\mathrm{d}z})_{z=0} = \dot{m}_0 h_L$，$T(z)$ 可以表示为：

$$T(z) = T_0 + \frac{h_L}{\tilde{c}_p}\left[\exp\left(\frac{\dot{m}_0 \tilde{c}_p z}{A\tilde{k}}\right) - 1\right] \qquad (4.38a)$$

因此：

$$T(\ell) \equiv T_\ell = T_0 + \frac{h_L}{\tilde{c}_p}\left[\exp\left(\frac{\dot{m}_0 \tilde{c}_p \ell}{A\tilde{k}}\right) - 1\right] \qquad (4.38b)$$

从式（4.38b）中解出 $\dfrac{\dot{m}_0 \tilde{c}_p \ell}{A\tilde{k}}$，有：

$$\frac{\dot{m}_0 \tilde{c}_p \ell}{A\tilde{k}} = \ln\left[\frac{\tilde{c}_p(T_\ell - T_0)}{h_L} + 1\right] \qquad (4.39a)$$

从式（4.39）我们可以解出 $\dot{m}_0$：

$$\dot{m}_0 = \frac{\tilde{k}}{\tilde{c}_p}\left(\frac{A}{\ell}\right)\ln\left[\frac{\tilde{c}_p(T_\ell - T_0)}{h_L} + 1\right] \qquad (4.39b)$$

联立式（4.39b）和 $Q_0 = \dot{m}_0 h_L$，我们有：

$$Q_0 = \frac{\tilde{k}h_L}{\tilde{c}_p}\left(\frac{A}{\ell}\right)\ln\left[\frac{\tilde{c}_p(T_\ell - T_0)}{h_L} + 1\right] \qquad (4.40a)$$

对于优化的引线，有 $\left(\dfrac{I_0\ell}{A}\right)_{ot}=\zeta_0$。因此：

$$Q_0=\frac{\tilde{k}h_L}{\tilde{c}_p}\left(\frac{I_0}{\zeta_0}\right)\ln\left[\frac{\tilde{c}_p(T_\ell-T_0)}{h_L}+1\right] \tag{4.40b}$$

对于优化的气冷铜引线，Q_0 和 Q_{I_0} 的比值可由下式给出：

$$\frac{Q_0}{Q_{I_0}}=\frac{\tilde{k}}{\tilde{c}_p\zeta_0}\sqrt{\frac{h_Lc_{p0}}{k_0p_0}}\ln\left[\frac{\tilde{c}_p(T_\ell-T_0)}{h_L}+1\right] \tag{4.41}$$

将 $\tilde{k}=660$ W/mK；$\tilde{c}_p\simeq5.2$ kJ/(kg·K)；$T_\ell=300$ K；$T_0=4$ K；$\zeta_0\simeq2.3\times10^7$ A/m 代入式（4.11），有：

$$\frac{Q_0}{Q_{I_0}}\simeq0.69 \tag{4.42}$$

即气冷引线的静态挥发率大致上是引线通过额定电流时挥发率的 70%。

E. 优化的电流引线的压降

载流为 I_0 时，整条铜引线上的压降 V_0 为：

$$V_0=\frac{I_0}{A}\int_0^\ell\rho_{cu}dz \tag{4.43a}$$

因为铜的电阻率 ρ_{cu} 依赖于温度。即随 z 变化，需在引线长度 ℓ 上作积分，式（4.43）可改写为：

$$V_0=\tilde{\rho}_{cu}\left(\frac{I_0\ell}{A}\right)_{ot}=\tilde{\rho}_{cu}\zeta_0 \tag{4.43b}$$

式中，

$$\tilde{\rho}_{cu}=\frac{1}{\ell}\int_0^\ell\rho_{cu}dz\simeq\frac{1}{T_\ell-T_0}\int_{T_0}^{T_\ell}\rho_{cu}(T)\,dT \tag{4.44}$$

式（4.44）假设电流引线上的温度梯度是线性的。与式（4.43b）和式（4.35b）联立，其中 $\tilde{\rho}_{cu}$ 的单位是 $\Omega\cdot$ m，我们得出：

$$V_0 \simeq 2.3 \times 10^7 \tilde{\rho}_{cu} \text{V} \tag{4.45}$$

即对任意额定电流，优化的引线的 V_{ot} 是相同的。

对铜，$\tilde{\rho}_{cu} \sim 2.5 \times 10^{-10}$ $\Omega \cdot$ m（$\sim$50 K 之下）并且在 $\sim$50 K 以上时与温度呈线性关系，273 K 时为 1.75×10^{-8} $\Omega \cdot$ m。根据式（4.44），我们有：$\tilde{\rho}_{cu} \simeq 0.4 \times 10^{-8}$ $\Omega \cdot$ m。优化的引线在其额定电流下的压降**与额定电流无关**。对铜引线，这个值约为 100 mV。这样，100 A 引线在载流为 100 A 时，或 10 kA 引线在载流为 10 kA 时，都有 $V_0 \sim 100$ mV。当热端被冷却——这在气冷引线中是很常见的——V_0 将小于 100 mV。这个结论在数量级上与 1$\sim$30 kA 的气冷铜引线的试验数据吻合很好[4.54]。

F. 流量停止时的加热

一旦发生冷却气体的流量停止，基于稳态解的优化引线设计方法就不再适用。如果引线在无冷却的情况下持续通过额定电流 I_0，可能发生流量停止熔毁（flow stoppage meltdown），通常发生于热端附近。关于优化的引线微元的时变能量方程 [W/m] 为：

$$AC_{cu}(T) \frac{\mathrm{d}T}{\mathrm{d}t} = \frac{\mathrm{d}}{\mathrm{d}z}\left[Ak(T) \frac{\mathrm{d}T}{\mathrm{d}z} \right] - \dot{m}_l c_p(T) \frac{\mathrm{d}T}{\mathrm{d}z} + \frac{\rho_{cu}(T)}{A} I_0^2 \tag{4.46}$$

式中，$C_{cu}(T)$ 是引线金属（铜）的单位体积热容。在无冷却（$\dot{m}_l = 0$）和传导项为 0（保守假设）时，式（4.46）变为：

$$AC_{cu}(T) \frac{\mathrm{d}T}{\mathrm{d}t} = \frac{\rho_{cu}(T)}{A} I_0^2 \tag{4.47}$$

优化的引线满足 $\left(\dfrac{I_0 \ell}{A} \right) = \zeta_0 = 2.3 \times 10^7$ A/m。于是：

$$C_{cu}(T) \frac{\mathrm{d}T}{\mathrm{d}t} = \frac{\rho_{cu}(T) \zeta_0^2}{\ell^2} \tag{4.48}$$

因为流量停止熔毁通常发生于热端附近，我们用 C_0（常数）替代 $C_{cu}(T)$，以及 $\rho_{cu}(T) = \rho_0 + \gamma_{cu} T (\rho_0$ 和 γ_{cu} 都是常数）：

$$\frac{\mathrm{d}T}{\mathrm{d}t} = \frac{\rho_0 \zeta_0^2}{C_0 \ell^2} + \frac{\gamma_{cu} \zeta_0^2}{C_0 \ell^2} T = \frac{\rho_0}{\gamma_{cu}} \tau_\ell + \frac{T}{\tau_\ell} \tag{4.49}$$

引线的热时间常数 τ_ℓ 由下式给出：

$$\tau_\ell = \frac{C_0 \ell^2}{\gamma_{cu}^2} \zeta_0 \tag{4.50}$$

式（4.49）的解为：

$$T(t) = K e^{\frac{t}{\tau_\ell}} - \frac{\rho_0}{\gamma_{cu}} \tag{4.51}$$

式中，K 是常数。式（4.51）表明，一旦流量停止，$T(t)$ 指数式升高，时间常为数 τ_ℓ。因为 τ_ℓ 正比于 ℓ^2，更长的优化引线达到金属熔化温度的时间也更长。因为 $\zeta_0 = (\frac{I_0 \ell}{A})$，我们还可以得出对同样额定电流的引线，粗的优化引线要比细的优化引线更能抗受流量停止故障。

举例来说，对于一条优化的长为 $\ell = 1$ m 的 10 kA 引线，其 $C_0 = 3.5 \times 10^6$ J/（m³·K），$\gamma_{cu} = 68 \times 10^{-12}$ Ω·m/K，$(\frac{I_0 \ell}{A}) \equiv \zeta_0 = 2.3 \times 10^7$ A/m，我们得出：

$$\tau_\ell = \frac{[3.5 \times 10^6 \text{ J/（m³·K）}](1\text{ m})^2}{(68 \times 10^{-12} \text{ Ω·m/K})(2.5 \times 10^7 \text{ A/m})^2} \sim 90 \text{ s}$$

注意，对优化的 10 kA、$\ell = 1.4$ m 引线，τ_ℓ 翻倍。

4.6.18　讨论4.15："干式"引线——常规金属和HTS

对"干式"超导磁体，电流引线通常也必须运行于真空环境。这里，我们讨论 2 类额定值为 I_0 的引线：①常规金属[4.55]；②在其可用温区的 HTS[4.56]。

A. 常规金属

单位引线长度上的稳态能量微分方程为：

$$A \bar{k} \frac{\mathrm{d}^2 T}{\mathrm{d}z^2} + \frac{\tilde{\rho} I_0^2}{A} = 0 \tag{4.52}$$

式中，A 是引线的有效截面积；$\tilde{k}$ 和 $\tilde{\rho}$ 分别是金属的平均热导率和电阻率。在 $T(z=0)=T_0$ 和 $T(z=\ell)=T_\ell$ 边界条件下解式（4.52），我们得到了式（4.11），其中的冷端热输入 Q_{I_0} 可由下式导出：

$$Q_{I_0} = A\tilde{k}\frac{dT}{dz}\Big|_{z=0} = \tilde{k}(T_\ell - T_0)\left(\frac{A}{\ell}\right) + \frac{\tilde{\rho}I_0^2}{2}\left(\frac{\ell}{A}\right) \tag{4.53}$$

将式（4.53）对 $\dfrac{\ell}{A}$ 微分，设 $\left(\dfrac{I_0\ell}{A}\right)_{dr}$ 为 0，我们可以得到以最小化 $\left[Q_{I_0}\right]_{dr}$ 为目标的

优化"干式"引线的 $\left(\dfrac{I_0\ell}{A}\right)_{dr}$（式 4.12）：

$$\left(\frac{I_0\ell}{A}\right)_{dr} = \sqrt{\frac{2\tilde{k}(T_\ell - T_0)}{\tilde{\rho}}} \tag{4.12}$$

由式（4.12）和式（4.53），我们得到 $\left[Q_{I_0}\right]_{dr}$ 的表达式：

$$\left[Q_{I_0}\right]_{dr} = I_0\sqrt{2\tilde{k}\tilde{\rho}(T_\ell - T_0)} \tag{4.54}$$

代入 $\tilde{k}=600$ W/(m·K) 和 $\tilde{\rho}=1\times10^{-8}$ Ω·m（铜在 80~300 K 间的平均值），式（4.54）给

出 $\dfrac{\left[Q_{I_0}\right]_{dr}}{I_0}\simeq45$ mW/A；对黄铜，式（4.54）给出 32 mW/A[4.19]。也就是说，对于传导冷却的引线，黄铜要优于紫铜。

B. HTS 延伸段

YBCO 发现之后，开始用 HTS 制作常规金属导线在冷端（小于 ~80 K）的"延伸段"[4.57,4.58]。HTS 延伸段传入温度为 T_0 的磁体环境的热 $\left[Q_{I_{hts}}\right]_{dr}$ 是**理想热传导**，由平均热导率 k_{hts}，截面积 A_{hts}，长度 ℓ_{hts} 和热端温度 $T_{w_{hts}}$ 确定：

$$\left[Q_{I_{hts}}\right]_{dr} = k_{hts}A_{hts}\frac{(T_{w_{hts}} - T_0)}{\ell_{hts}} \tag{4.55}$$

在一个实际的常规金属/HTS 引线中，常规金属的冷端热量[式（4.54）给出，$T_0\simeq T_{w_{hts}}$]，一般由制冷机的一级冷头带走；二级冷头用于维持磁体在 T_0。同时，不论是块材还是带材制成的 HTS 引线都必须有保护。Bi2223 带材电流引线的保护将在讨论

8.5 中涉及。除了这里考虑的 HTS 引线，还存在气冷型 HTS 引线，将在问题 4.4 ~ 4.6 中研究。

4.6.19　问题4.4：气冷 HTS 电流引线——全超导型（FSV）

气冷 HTS 电流引线与传导冷却 HTS 电流引线是最早实用化成功的 HTS 器件。这项工作自 1989 年起一直进行到现在[4.59-4.73]。HTS 引线的额定电流现在已达 60 kA[4.69] 和 70 kA[4.74]。

这里，我们研究气冷 HTS 电流引线，特别是超导带制成的那种。这种引线的 HTS 热端温度被铆定于 77~80 K，在该点以上，HTS 引线与气冷常规金属引线连接以接入室温终端。赫尔（Hull）将电流引线总共分为 11 类[4.60]，其中就有全超导型（fully-superconducting version，FSV）气冷引线，即在 4.2 K 到 77~80 K 的整个温区都运行于超导态的这一类。因为此类引线依赖于氢气的对流冷却，它主要适用于浸泡于液氢中的超导磁体。

图 4.21 给出了我们要研究的气冷 HTS 引线的基本配置。它由 N_{fs} 条有效长度为 ℓ 的 HTS 带并联组成。HTS 引线的额定电流为 I_0，冷端（$z=0$）温度 T_0，热端（$z=\ell$）温度 T_ℓ。经 HTS 引线传导 Q_{in} 热量进入液氢，产生氢气流量为 $\dot{m}_h$，这些氢气吸收引线长度 ℓ 内的全部热量。

在 T_ℓ 和室温之间，任何气冷 HTS 引线都必须与以相同额定电流 I_0 优化的气冷常规金属（通常是铜）引线耦合。HTS 引线的 Q_{in} 必然小于铜的对应值——Q_{in} 的减小是采用 HTS 引线的**唯一**理由——导致 HTS 部分产生的氢流量 $\dot{m}_h$ 对常规金属部分并不够用，所以，常规金属气冷引线的冷端还需要额外制冷剂，这在图 4.21 中可以看出。

氢气冷却 HTS 电流引线上一个微元的稳态时变能量方程：

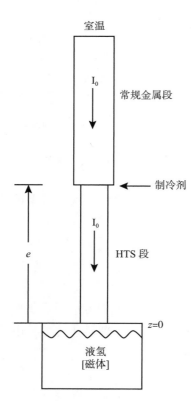

图 4.21　耦合于优化气冷常规金属的气冷 HTS 引线的基本配置。HTS 引线从 $z=0$ 处的 4.2 K 延伸至 $z=\ell$ 处的 77~80 K。在 $z=\ell$ 处，引入额外制冷剂。

$$\frac{d}{dz}\left[\left[A_m\right]_{fs}k_m(T)\frac{dT}{dz}\right]-\left[\dot{m}_h\right]_{fs}c_p(T)\frac{dT}{dz}=0 \quad (4.56)$$

这里假定引线和氦气间的传热是理想的，二者之间温差为 0。

式（4.56）中，$[A_m]_{fs}$ 是 FSV 引线 HTS 中常规基底金属——如 Bi2223 带的 Ag-Cu 的总截面积：$[A_m]_{fs} = N_{fs}a_m$，其中 a_m 是单超导带的基底截面积；N_{fs} 是并联 HTS 带材数量；$k_m(T)$ 是基底金属的热导率；$[\dot{m}_h]_{fs}$ 是氦流量；$c_p(T)$ 是氦的比热。为了线性化式（4.56），我们分别令 $k_m(T) = \tilde{k}$ 和 $c_p(T) = \tilde{c}_p$，即令 $k_m(T)$ 和 $c_p(T)$ 均取 $z = 0$ 处的 T_0 至 $z = \ell$ 处的 T_ℓ 温区的均值。于是：

$$[A_m]_{fs}\tilde{k}\frac{\mathrm{d}^2 T}{\mathrm{d}z^2} - [\tilde{m}_h]_{fs}\tilde{c}_p\frac{\mathrm{d}T}{\mathrm{d}z} = 0 \tag{4.57}$$

从式（4.57）解出 $T(z)$：

$$T(z) = T_0 + \left(\frac{T_\ell - T_0}{e^{[\alpha]_{fs}} - 1}\right)\left[e^{[\alpha]_{fs}(\frac{z}{\ell})} - 1\right] \tag{4.58}$$

式中，$[\alpha]_{fs}$ 是无量纲数，定义为：

$$[\alpha]_{fs} = \frac{[\dot{m}_h]_{fs}\tilde{c}_p\ell}{\tilde{k}[A_m]_{fs}} \tag{4.59}$$

a）证明，输入氦池（$z = 0$）的热量 $[Q_{in}]_{fs}$ 为：

$$[Q_{in}]_{fs} = \frac{\tilde{k}[A_m]_{fs}h_L}{\tilde{c}_p\ell}\ln\left[\frac{\tilde{c}_p(T_\ell - T_0)}{h_L} + 1\right] \tag{4.60}$$

式中，h_L 是氦的汽化潜热。注意，$[Q_{in}]_{fs}$ 并不和气冷铜引线一样，正比于电流（$Q_{I_0} \propto I_0$）；由于 $[A_m]_{fs} = N_{fs}a_m$，它正比于 N_{fs}。

b）证明，铜引线 $z = \ell$ 处传导到 FSV 引线的热量，即 $[Q_{in}]_{fs}$ 和 $[Q]_{fs}$ 之差，等于氦气在 $z = \ell(T_\ell)$ 和 $z = 0(T_0)$ 间的焓差：

$$[Q_\ell]_{fs} - [Q_{in}]_{fs} = [\dot{m}_h]_{fs}\tilde{c}_p(T_\ell - T_0) \tag{4.61}$$

问题4.4的解答

a）利用式（4.58），可以首先解出 $\left.\dfrac{\mathrm{d}T}{\mathrm{d}z}\right|_0$。然后，$[Q_{in}]_{fs}$ 为：

$$[Q_{in}]_{fs} = \tilde{k}[A_m]_{fs}\frac{dT}{dz}\bigg|_0 = [\dot{m}_h]_{fs}h_L \qquad (S4.1)$$

由式（4.58）计算 $\dfrac{dT}{dz}\bigg|_0$，将 $[\alpha]_{fs}$ 代入式（4.59），有：

$$\tilde{k}[A_m]_{fs}\frac{dT}{dz}\bigg|_0 = \tilde{k}[A_m]_{fs}\left(\frac{T_\ell - T_0}{e^{[\alpha]_{fs}} - 1}\right)\frac{[\alpha]_{fs}}{\ell}$$

$$= \left(\frac{T_\ell - T_0}{e^{[\alpha]_{fs}} - 1}\right)[\dot{m}_h]_{fs}\tilde{c}_p = [\dot{m}_h]_{fs}h_L \qquad (S4.2)$$

解出 $e^{[\alpha]_{fs}}$：

$$e^{[\alpha]_{fs}} = \frac{\tilde{c}_p(T_\ell - T_0)}{h_L} + 1 \qquad (S4.3a)$$

$$[\alpha]_{fs} = \ln\left[\frac{\tilde{c}_p(T_\ell - T_0)}{h_L} + 1\right] \qquad (S4.3b)$$

联立式（4.59）和式（S4.3b），有：

$$[\dot{m}_h]_{fs} = \frac{\tilde{k}[A_m]_{fs}}{\tilde{c}_p\ell}\ln\left[\frac{\tilde{c}_p(T_\ell - T_0)}{h_L} + 1\right] \qquad (S4.4)$$

将式（S4.4）代入式（S4.1），有：

$$[Q_{in}]_{fs} = \frac{\tilde{k}[A_m]_{fs}h_L}{\tilde{c}_p\ell}\ln\left[\frac{\tilde{c}_p(T_\ell - T_0)}{h_L} + 1\right] \qquad (4.60)$$

严格地说，式（4.60）仅在制冷剂连续补液进而液位保持不变的前提下成立。如果不是这样，$[\dot{m}_h]_{fs}h_L$ 需要一个校正系数 $(1-\dfrac{\rho_v}{\rho_\ell})^{[4.63]}$，其中 ρ_v 和 ρ_ℓ 分别是饱和时的气相和液相密度。4.2 K 时，密度比是 0.135：$(1-\dfrac{\rho_v}{\rho_\ell}) = 0.865$.

b）由上端 $z=\ell$ 处传导到引线中的热量 $[Q_\ell]_{fs}$ 为：

$$[Q_\ell]_{fs} = \tilde{k}[A_m]_{fs}\frac{dT}{dz}\bigg|_\ell = [\dot{m}_h]_{fs}\tilde{c}_p\left(\frac{T_\ell - T_0}{e^{[\alpha]_{fs}} - 1}\right)e^{[\alpha]_{fs}} \qquad (S4.5a)$$

$$= [\dot{m}_h]_{fs} h_L \left[\frac{\tilde{c}_p(T_\ell - T_0)}{h_L} + 1 \right]$$

$$= [\dot{m}_h]_{fs} \tilde{c}_p(T_\ell - T_0) + [\dot{m}_h]_{fs} h_L \qquad (S4.5b)$$

联立式（S4.1）和式（S4.5b），有：

$$[Q_\ell]_{fs} - [Q_{in}]_{fs} = [\dot{m}_h]_{fs} \tilde{c}_p(T_\ell - T_0) \qquad (4.61)$$

式（4.61）表明 3 个功率项平衡。即 $z=\ell$ 处进入引线的热量与 $z=0$ 处流出引线的热量差恰好等于氦气的热增加量。

4.6.20　问题4.5：气冷 HTS 引线——电流分流型

这里我们研究另一种气冷 HTS 电流引线，其高温端（T_ℓ）的一小段运行于所谓的"电流分流"模式[4.75-4.77]——电流分流将在第 6 章研究。本电流分流型（current-sharing version，CSV）气冷 HTS 引线的额定电流和问题 4.4 研究的 FSV 型相同。图 4.22 给出了引线所用超导体的线性化 $I_c(T)$ 图，其在 $T_0(z=0)$ 时临界电流 I_{c0}，在 $T_\ell(z=\ell)$ 时为 $I_{c\ell}$。水平点线图还给出了引线的额定传输电流 I_0。如图 4.22，在电流分流开始的温度 T_{cs} 时，$I_c(T_{cs})=I_0$。虚线给出了 I_0 分流到常规金属基底的部分。在 T_ℓ 时，超导体载流 $I_{c\ell}$，基底载流 $I_0 - I_{c\ell}$。在 HTS 引线中占比很小的基底产生焦耳热，必须用足够的流动的氦将之带走。

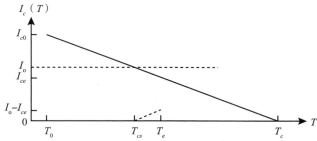

图 4.22　$I_c(T)$ 图（实线），在 HTS 温区内近似为线性。水平点线是引线的额定电流 I_0。虚线给出了在电流分流段通过基底的电流 $I_0 - I_c(T)$。

CSV 的优势

在**相同**的额定电流下，相比于 FSV 型，CSV 型引线使用较少（N_{cs}）**昂贵**的 HTS

带材（$N_{cs}<N_{fs}$）。并且，如问题 4.6 讨论的 6 kA 引线所给出的，CSV 引线的高温端附近尽管存在焦耳热，但其冷端的热输入要小于 FSV。

超导段分析　$(0 \leqslant z \leqslant \ell_{cs})$

分析这条 CSV 引线的超导部分。它位于温度为 T_0 的 $z=0$ 到温度为 T_{cs} 的 $z=\ell_{cs}$ 之间。由归一化 $z(\xi \equiv \dfrac{z}{\ell})$ 表示的温度 $T(\xi)$ 以及材料物性常数与式（4.58）类似。于是：

$$T(\xi) = \left(\frac{T_{cs}-T_0}{e^{[\alpha_\ell]_{cs}\xi_{cs}}-1} \right) \left(e^{[\alpha_\ell]_{cs}\xi} + \frac{e^{[\alpha_\ell]_{cs}\xi_{cs}}T_0 - T_{cs}}{T_{cs}-T_0} \right) \ (0 \leqslant z < \ell_{cs}) \tag{4.62}$$

由于 $[A_m]_{cs}=N_{cs}a_m$，$[\alpha_\ell]_{cs}$ 可由下式给出：

$$[\alpha_\ell]_{cs} \equiv \frac{[\dot{m}_h]_{cs}\tilde{c}_p\ell}{\tilde{k}[A_m]_{cs}} \tag{4.63}$$

a）证明：在式（4.62）中，$T(\xi=0)=T_0$，以及 $T(\xi=\xi_{cs})=T_{cs}$。

b）证明：CSV 引线的 $z=0$ 处的热输入 $[Q_{in}]_{cs}$ 由下式给出：

$$[Q_{in}]_{cs} = \frac{\tilde{k}[A_m]_{cs}h_L}{\tilde{c}_p\ell_{cs}} \ln\left[\frac{\tilde{c}_p(T_{cs}-T_0)}{h_L}+1\right] \tag{4.64}$$

我们将在问题 4.6 中看到，实践中做数值处理时，ℓ_{cs} 和 $T_{cs}-T_0$ 分别近似等于 FSV 中对应的 ℓ 和 $T_\ell-T_0$。于是，$[Q_{in}]_{cs}<[Q_{in}]_{fs}$ 主要源自 $[A_m]_{cs}<[A_m]_{fs}$。在推导式（4.64）过程中，同时证明 $[\alpha_\ell]_{cs}$ 由下式给出：

$$e^{[\alpha_\ell]_{cs}\xi_{cs}} = \frac{\tilde{c}_p(T_{cs}-T_0)}{h_L}+1 \tag{4.65a}$$

$$[\alpha_\ell]_{cs} = \frac{1}{\xi_{cs}}\ln\left[\frac{\tilde{c}_p(T_{cs}-T_0)}{h_L}+1\right] \tag{4.65b}$$

电流分流段分析　$(\ell_{cs} \leqslant z \leqslant \ell)$

在电流分流段是温度为 T_{cs} 的 $z=\ell_{cs}$ 处至温度为 T_ℓ 的 $z=\ell$ 处之间的区域。假定材料物性为常数，导体单位长度的能量方程为：

$$\tilde{k}[A_m]_{cs}\frac{\mathrm{d}^2 T}{\mathrm{d}z^2} - [\dot{m}_h]_{cs}\tilde{c}_p\frac{\mathrm{d}T}{\mathrm{d}z} + \frac{\tilde{\rho}_x I_0(I_0 - I_{c\ell})}{[A_m]_{cs}(T_\ell - T_{cs})}(T - T_{cs}) = 0 \tag{4.66}$$

$$(\ell_{cs} \leqslant z < \ell)$$

式中，第三项给出了电流分流模式的 CSV 引线在这个区段产生的焦耳热。$\tilde{\rho}_x$ 是这个区段内引线的平均电阻率（对温度平均）。考虑边界条件 $T(\ell_{cs}) = T_{cs}$ 和 $T(\ell) = T_\ell$，并用 ℓ 归一化 z，$\xi \equiv \dfrac{z}{\ell}$，我们得到在 $\xi_{cs} \leqslant \xi \leqslant 1$ 范围内：

$$T(\xi) = T_{cs} + \frac{(T_\ell - T_{cs})}{e^{\frac{[\alpha_\ell]_{cs}}{2}}\sin\beta_{cs}(1 - \xi_{cs})}e^{\frac{[\alpha_\ell]_{cs}}{2}\xi}\sin\beta_{cs}(\xi - \xi_{cs}) \tag{4.67}$$

式中，β_{cs} 也是无量纲数，由下式给出：

$$\beta_{cs} = \sqrt{\frac{\tilde{\rho}_x I_0(I_0 - I_{c\ell})\ell^2}{\tilde{k}[A_m]_{cs}^2(T_\ell - T_{cs})} - \frac{1}{4}\left(\frac{[\dot{m}_h]_{cs}\tilde{c}_p\ell}{\tilde{k}[A_m]_{cs}}\right)^2} \tag{4.68a}$$

联立式（4.68）和式（4.63），有：

$$\beta_{cs} = \sqrt{\frac{\tilde{\rho}_x I_0(I_0 - I_{c\ell})\ell^2}{\tilde{k}[A_m]_{cs}^2(T_\ell - T_{cs})} - \frac{1}{4}[\alpha_\ell]_{cs}^2} \tag{4.68b}$$

联立式（4.68b）和式（4.65b），我们有：

$$\beta_{cs} = \sqrt{\frac{\tilde{\rho}_x I_0(I_0 - I_{c\ell})\ell^2}{\tilde{k}[A_m]_{cs}^2(T_\ell - T_{cs})} - \frac{1}{4}\left\{\frac{1}{\xi_{cs}}\ln\left[\frac{\tilde{c}_p(T_{cs} - T_0)}{h_L} + 1\right]\right\}^2} \tag{4.68c}$$

c）令式（4.62）和式（4.67）分别给出的热传导相等，二者都有 $\xi_{cs} = \dfrac{\ell_{cs}}{\ell}$，证明 ξ_{cs} 可以写为：

$$[\alpha_\ell]_{cs}e^{\frac{[\alpha_\ell]_{cs}(1+\xi_{cs})}{2}} = \frac{\beta_{cs}}{\sin\beta_{cs}(1 - \xi_{cs})}\left[\frac{\tilde{c}_p(T_\ell - T_{cs})}{h_L}\right] \tag{4.69}$$

联立式（4.65a）、式（4.65b）和式（4.69），并注意：

$$e^{\frac{[\alpha_\ell]_{cs}}{2}} = \left[\frac{\tilde{c}_p(T_{cs}-T_0)}{h_L}+1\right]^{\frac{1}{(2\xi_{cs})}} \quad (4.70a)$$

$$e^{\frac{[\alpha_\ell]_{cs}\xi_{cs}}{2}} = \left[\frac{\tilde{c}_p(T_{cs}-T_0)}{h_L}+1\right]^{\frac{1}{2}} \quad (4.70b)$$

我们得到：

$$\frac{1}{\xi_{cs}}\left[\frac{h_L}{\tilde{c}_p(T_\ell-T_{cs})}\right]\ln\left[\frac{\tilde{c}_p(T_{cs}-T_0)}{h_L}+1\right]\left[\frac{\tilde{c}_p(T_{cs}-T_0)}{h_L}+1\right]^{\frac{1+\xi_{cs}}{2\xi_{cs}}} = \frac{\beta_{cs}}{\sin\beta_{cs}(1-\xi_{cs})} \quad (4.71)$$

对于一组 CSV 引线参数——$\tilde{\rho}_x$，$\tilde{k}$，$[A_m]_{cs}$，I_0，$I_{c\ell}$——式（4.71）中唯一不知道的参数是 ξ_{cs}。因为 β_{cs}［式（4.68c）］中唯一不知道的参数也是 ξ_{cs}，ξ_{cs} 必须同时满足式（4.68c）和式（4.71）。

d）证明在该 CSV 引线的整个超导段（$0 \leqslant z \leqslant \ell_{cs}$），以下 3 个功率项是平衡的：

$$[Q_{\ell_{cs}}]_{cs} - [Q_{in}]_{cs} = [\dot{m}_h]_{cs}\tilde{c}_p(T_{cs}-T_0) \quad (4.72)$$

式中，$[Q_{\ell_{cs}}]_{cs}$ 是在 $z=\ell_{cs}$ 进入超导段的传导热。

e）证明在电流分流段，4 个功率项——在 $z=\ell$ 处进入 CSV 引线的传导热 $[Q_\ell]_{cs}$；区域内产生的总焦耳热 Q_j；在 $z=\ell_{cs}$ 处流出引线的传导热 $[Q_{\ell_{cs}}]$；以及对流冷量 $\dot{m}_h\tilde{c}_p(T_\ell-T_{cs})$——是平衡的。

$$[Q_\ell]_{cs} + Q_j - [Q_{\ell_{cs}}]_{cs} = [\dot{m}_h]_{cs}\tilde{c}_p(T_\ell-T_{cs}) \quad (4.73)$$

f）证明：

$$[Q_\ell]_{cs} + Q_j - [Q_{\ell_{cs}}]_{cs} = [\dot{m}_h]_{cs}\tilde{c}_p(T_\ell-T_0) \quad (4.74)$$

即在整个 CSV 引线上，能量是平衡的。

问题4.5的解答

a）将 $\xi=0$ 代入式（4.62），有：

$$T(0) = \left(\frac{T_{cs} - T_0}{e^{[\alpha_1 \ell]_{cs} \xi_{cs}} - 1} \right) \left(1 + \frac{e^{[\alpha_1 \ell]_{cs} \xi_{cs}} T_0 - T_{cs}}{T_{cs} - T_0} \right)$$

$$= \left(\frac{T_{cs} - T_0}{e^{[\alpha_1 \ell]_{cs} \xi_{cs}} - 1} \right) \left[\frac{T_0 (e^{[\alpha_1 \ell]_{cs} \xi_{cs}} - 1)}{T_{cs} - T_0} \right] = T_0 \qquad (\text{S5.1})$$

同样，将 $\xi = \xi_{cs}$ 代入式 (4.62)，有：

$$T(\xi_{cs}) = \left(\frac{T_{cs} - T_0}{e^{[\alpha_\ell]_{cs} \xi_{cs}} - 1} \right) \left(e^{[\alpha_\ell]_{cs} \xi_{cs}} + \frac{e^{[\alpha_\ell]_{cs} \xi_{cs}} T_0 - T_{cs}}{T_{cs} - T_0} \right)$$

$$= \left(\frac{T_{cs} - T_0}{e^{[\alpha_\ell]_{cs} \xi_{cs}} - 1} \right) \left[\frac{T_{cs} (e^{[\alpha_\ell]_{cs} \xi_{cs}} - 1)}{T_{cs} - T_0} \right] = T_{cs} \qquad (\text{S5.2})$$

b）我们有：

$$[Q_{in}]_{cs} = \frac{\tilde{k} [A_m]_{cs} dT}{\ell} \bigg|_{\xi = 0} \qquad (\text{S5.3})$$

式中，$\dfrac{dT}{d\xi}$ 由式 (4.62) 给出的 $T(\xi)$ 计算。于是：

$$[Q_{in}]_{cs} = \frac{\tilde{k} [A_m]_{cs}}{\ell} \left(\frac{T_{cs} - T_0}{e^{[\alpha_\ell]_{cs} \xi_{cs}} - 1} \right) [\alpha_\ell]_{cs} = [\dot{m}_h]_{cs} h_L \qquad (\text{S5.4})$$

联立式 (4.63) 和式 (S5.4) 给出的 $[\alpha_\ell]_{cs}$ 我们得到：

$$e^{[\alpha_\ell]_{cs} \xi_{cs}} = \frac{\tilde{c}_p (T_{cs} - T_0)}{h_L} + 1 \qquad (4.65a)$$

$$[\alpha_\ell]_{cs} = \frac{1}{\xi_{cs}} \ln \left[\frac{\tilde{c}_p (T_{cs} - T_0)}{h_L} + 1 \right] \qquad (4.65b)$$

最后，联立式 (S5.3) 和式 (4.65b)，并注意 $\xi_{cs} \ell = \ell_{cs}$，我们有：

$$[Q_{in}]_{cs} = \frac{\tilde{k} [A_m]_{cs} h_L}{\tilde{c}_p \ell_{cs}} \ln \left[\frac{\tilde{c}_p (T_{cs} - T_0)}{h_L} + 1 \right] \qquad (4.64)$$

虽然式 (4.60) 给出的 FSV 的 $\ell_{cs} < \ell$，$[Q_{in}]_{cs} < [Q_{in}]_{fs}$，由于 $\dfrac{[A_m]_{cs}}{\ell_{cs}}$ 通常更小，

最多也就是 FSV 的 $\dfrac{[A_m]_{fs}}{\ell}$ 的 ~80%。同时注意，$T_{cs}-T_0<T_\ell-T_0$ 也是造成 $[Q_{in}]_{cs}$ $<[Q_{in}]_{fs}$ 的因素。

c）我们可以令式（4.62）导出的与式（4.67）导出的温度斜率相等，解出 ξ_{cs}。二者都有 $\xi_{cs}=\dfrac{\ell_{cs}}{\ell}$。

根据式（4.62）

$$\left.\frac{\mathrm{d}T}{\mathrm{d}\xi}\right|_{\ell_{cs}}=\frac{[\alpha_\ell]_{cs}e^{[\alpha_\ell]_{cs}\xi_{cs}}(T_{cs}-T_0)}{(e^{[\alpha_\ell]_{cs}\xi_{cs}}-1)} \tag{S5.5a}$$

根据式（4.67）

$$\left.\frac{\mathrm{d}T}{\mathrm{d}\xi}\right|_{\ell_{cs}}=\frac{\beta_{cs}e^{\frac{[\alpha_\ell]_{cs}\xi_{cs}}{2}}(T_\ell-T_{cs})}{e^{\frac{[\alpha_\ell]_{cs}}{2}}\sin\beta_{cs}(1-\xi_{cs})} \tag{S5.5b}$$

令式（S5.5a）和式（S5.5b）相等，有：

$$\frac{[\alpha_\ell]_{cs}e^{[\alpha_\ell]_{cs}\xi_{cs}}(T_{cs}-T_0)}{(e^{[\alpha_\ell]_{cs}\xi_{cs}}-1)}=\frac{\beta_{cs}e^{\frac{[\alpha_\ell]_{cs}\xi_{cs}}{2}}(T_\ell-T_{cs})}{e^{\frac{[\alpha_\ell]_{cs}}{2}}\sin\beta_{cs}(1-\xi_{cs})} \tag{S5.6}$$

式（S5.6）可以重新排列，并与式（4.70）联立得到式（4.71）。

d）从式（S5.5a），我们可以计算 $[Q_{\ell_{cs}}]_{cs}$：

$$[Q_{\ell_{cs}}]_{cs}=\frac{\tilde{k}[A_m]_{cs}}{\ell}\left.\frac{\mathrm{d}T}{\mathrm{d}\xi}\right|_{\ell_{cs}}=\tilde{k}[A_m]_{cs}\frac{[\alpha_\ell]_{cs}e^{[\alpha_\ell]_{cs}\xi_{cs}}(T_{cs}-T_0)}{\ell(e^{[\alpha_\ell]_{cs}\xi_{cs}}-1)} \tag{S5.7}$$

由式（4.63）中给出的 $[\alpha_\ell]_{cs}$ 以及式（4.70b）中得出的 $e^{[\alpha_\ell]_{cs}\xi_{cs}}$，我们可以得到：

$$[Q_{\ell_{cs}}]_{cs}=\tilde{k}[A_m]_{cs}\frac{[\dot{m}_h]_{cs}\tilde{c}_p\ell}{\tilde{k}[A_m]_{cs}}\times\frac{\left[\dfrac{\tilde{c}_p(T_{cs}-T_0)}{h_L}+1\right](T_{cs}-T_0)}{\ell\left[\dfrac{\tilde{c}_p(T_{cs}-T_0)}{h_L}\right]}$$

$$= [\dot{m}_h]_{cs} h_L \left[\frac{\tilde{c}_p (T_{cs} - T_0)}{h_L} + 1 \right] \tag{S5.8}$$

因为 $[Q_{in}]_{cs} = [\dot{m}_h]_{cs} h_L$，联立式（S5.8），有：

$$[Q_{\ell_{cs}}]_{cs} - [Q_{in}]_{cs} = [\dot{m}]_{cs} \tilde{c}_p (T_{cs} - T_0) \tag{4.72}$$

即在 CSV 引线的超导段，能量是平衡的。

e）在 $z = \ell$ 处传导至引线的热量 $[Q_\ell]_{cs}$ 可由式（4.67）计算：

$$[Q_\ell]_{cs} = \frac{\tilde{k}[A_m]_{cs}}{\ell} \frac{dT}{d\xi} \bigg|_\ell = \frac{\tilde{c}[A_m]_{cs}(T_\ell - T_{cs})}{\ell e^{[\alpha_\ell]_{cs}} \sin\beta_{cs}(1-\xi_{cs})} \times$$

$$e^{[\alpha_\ell]_{cs}} \left[\frac{1}{2} [\alpha_\ell]_{cs} \sin\beta_{cs}(1-\beta_{cs}) + \beta_{cs} \cos\beta_{cs}(1-\xi_{cs}) \right]$$

$$= \frac{\tilde{k}[A_m]_{cs}(T_\ell - T_{cs})}{\ell} \left[\frac{1}{2} [\alpha_\ell]_{cs} + \beta_{cs} \cot\beta_{cs}(1-\xi_{cs}) \right] \tag{S5.9}$$

在 $z = \ell_{cs}$ 处由引线传导出来的热量 $[Q_{\ell_{cs}}]_{cs}$ 可由式（S5.5b）计算：

$$[Q_{\ell_{cs}}]_{cs} = \frac{\tilde{k}[A_m]_{cs}}{\ell} \frac{dT}{d\xi} \bigg|_{\ell_{cs}} = \frac{\tilde{k}[A_m]_{cs}(T_\ell - T_{cs})}{\ell} \left[\beta_{cs} \frac{e^{\frac{[\alpha_\ell]_{cs}\xi_{cs}}{2}}}{e^{\frac{[\alpha_\ell]_{cs}}{2}} \sin\beta_{cs}(1-\xi_{cs})} \right] \tag{S5.10}$$

将式（4.67）给出的以 $\xi = \dfrac{z}{\ell}$ 表示的 $T(\xi)$ 代入式（4.66）左侧的最后一项，并对其在 $\xi = \xi_{cs}$ 和 $\xi = 1$ 间积分，可以得到 Q_j：

$$Q_j = \frac{\tilde{\rho}_x I_0 (I_0 - I_{c\ell}) \ell}{[A_m]_{cs} e^{\frac{[\alpha_\ell]_{cs}}{2}} \sin\beta_{cs}(1-\xi_{cs})} \int_{\xi_{cs}}^1 e^{\frac{[\alpha_\ell]_{cs}}{2}\xi} \sin\beta_{cs}(\xi - \xi_{cs}) \, d\xi \tag{S5.11}$$

令 $x = \xi - \xi_{cs}$，积分式（S5.11），得：

$$Q_j = \frac{4\tilde{\rho}_x I_0 (I_0 - I_{c\ell}) \ell e^{\frac{[\alpha_\ell]_{cs}\xi_{cs}}{2}}}{[A_m]_{cs} e^{\frac{[\alpha_\ell]_{cs}}{2}} \sin\beta_{cs}(1-\xi_{cs})([\alpha_\ell]_{cs}^2 + 4\beta_{cs}^2)} \times$$

$$\left| e^{\frac{[\alpha_\ell]_{cs}}{2}x} \left(\frac{[\alpha_\ell]_{cs}}{2} \sin\beta_{cs} x - \beta_{cs} \cos\beta_{cs} x \right) \right|_0^{1-\xi_{cs}} \tag{S5.12a}$$

$$= \frac{4\tilde{\rho}_x I_0 (I_0 - I_{c\ell})\ell}{[A_m]_{cs} e^{\frac{[\alpha_\ell]_{cs}}{2}} \sin\beta_{cs}(1-\xi_{cs})([\alpha_\ell]_{cs}^2 + 4\beta_{cs}^2)} \times$$

$$\left[\frac{[\alpha_\ell]_{cs}}{2} e^{\frac{[\alpha_\ell]_{cs}}{2}} \sin\beta_{cs}(1-\xi_{cs}) - \beta_{cs} e^{\frac{[\alpha_\ell]_{cs}}{2}} \cos\beta_{cs}(1-\xi_{cs}) + \beta_{cs} e^{\frac{[\alpha_\ell]_{cs}\xi_{cs}}{2}} \right] \quad \text{(S5.12b)}$$

从式（4.68b）我们可以推导出：

$$[\alpha_\ell]_{cs}^2 + 4[\beta_{cs}]_{cs}^2 = \frac{4\tilde{\rho}_x I_0 (I_0 - I_{c\ell})\ell^2}{\tilde{k}[A_m]_{cs}^2 (T_\ell - T_{cs})} \quad \text{(S5.13)}$$

联立式（S5.12b）和式（S5.13），我们有：

$$Q_j = \frac{\tilde{k}[A_m]_{cs}(T_\ell - T_{cs})}{\ell} \times$$

$$\left[\frac{1}{2}[\alpha_\ell]_{cs} - \beta_{cs}\cot\beta_{cs}(1-\xi_{cs}) + \beta_{cs} \frac{e^{\frac{[\alpha_\ell]_{cs}\xi_{cs}}{2}}}{e^{\frac{[\alpha_\ell]_{cs}}{2}}\sin\beta_{cs}(1-\xi_{cs})} \right] \quad \text{(S5.14)}$$

联立式（S5.9）、式（S5.10）和式（S5.14），有：

$$[Q_\ell]_{cs} + Q_j - [Q_{\ell_{cs}}]_{cs} = \frac{\tilde{k}[A_m]_{cs}(T_\ell - T_{cs})}{\ell}[\alpha_\ell]_{cs} \quad \text{(S5.15)}$$

根据式（S5.15）和式（4.63）：

$$[Q_\ell]_{cs} + Q_j - [Q_{\ell_{cs}}]_{cs} = [\dot{m}_h]_{cs}\tilde{c}_p(T_\ell - T_{cs}) \quad \text{(4.73)}$$

f) 加入式（4.72）和式（4.73），得：

$$[Q_\ell]_{cs} + Q_j - [Q_{in}]_{cs} = [\dot{m}_h]_{cs}\tilde{c}_p(T_\ell - T_0) \quad \text{(4.74)}$$

Ag-Au 合金的热导率和电导率数据

图 4.23 和图 4.24 分别给出了 Ag-Au 合金的热导率和电阻率[4.78-4.80]。尽管 Bi2223 中使用的"纯"银的电阻率很小，但它的热导率对电流引线很大。故折中考虑，电流引线专用的 Bi2223 带在制造时将纯 Ag 替换为 Ag-Au 合金。

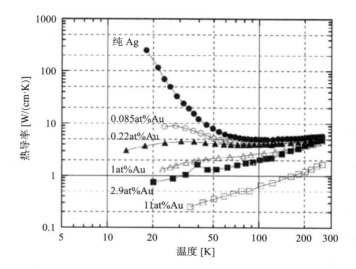

图 4.23　几种 Ag-Cu 合金的热导率随温度变化的数据。

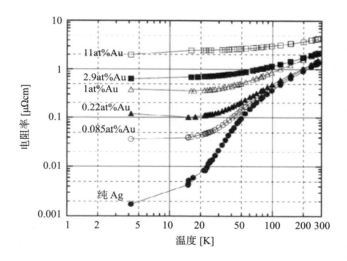

图 4.24　几种代表性的 Ag-Cu 合金的电导率随温度变化的数据。

4.6.21　讨论4.16：FSV 和 CSV 电流引线的保护

　　FSV 或 CSV 电流引线中 HTS 带材（问题 4.5 中的 Bi2223/Ag-Au）有较大的 i_c（T_ℓ）和较小的 a_m，当进入正常态时后，它产生的焦耳热相比于可用的对流冷却能力来说偏大，就算是短时的流量停止 2 种引线也都不能承受。为了防止此类故障事故，引线必须并联常规金属带。这样不仅减小了焦耳耗散，还提高了冷却表面积。

FSV　此时，FSV 引线的 $[Q_{in}]_{fs}$ 修改为 $[Q_{in}]_{fs}^n$：

$$[Q_{in}]_{fs}^n = \frac{[\widetilde{kA}]_{fs}^n h_L}{\tilde{c}_p \ell} \ln\left[\frac{\tilde{c}_p(T_\ell - T_0)}{h_L} + 1\right] \tag{4.75}$$

式中，

$$[\widetilde{kA}]_{fs}^n = \tilde{k}[A_m]_{fs} + \tilde{k}_n[A_n]_{fs} \tag{4.76}$$

式中，$\tilde{k}_n$ 和 $[A_n]_{fs}$ 分别是并联于 HTS 带材的常规金属带的热导率和总截面积。为了达到保护目的，进入液氦的热输入增加了，如式（4.60）指出的那样：$[Q_{in}]_{fs}^n > [Q_{in}]_{fs}$。式（4.59）给出的 $[\alpha]_{fs}$ 修改为：

$$[\alpha_\ell]_{fs}^n = \frac{[\dot{m}_h]_{fs}^n \tilde{c}_p \ell}{[\widetilde{kA}]_{fs}^n} \tag{4.77a}$$

$$= \ln\left[\frac{\tilde{c}_p(T_\ell - T_0)}{h_L} + 1\right] \tag{4.77b}$$

式中，$[\dot{m}_h]_{fs}^n$ 是并联了常规金属带的 FSV 引线的氦气流量。

$$[Q_\ell]_{cs} + Q_j - [Q_{in}]_{cs} = [\dot{m}_h]\tilde{c}_p(T_\ell - T_0) \tag{4.74}$$

CSV　对于 CSV 引线，式（4.64）给出的 $[Q_{in}]_{cs}$ 修改为 $[Q_{in}]_{cs}^n$：

$$[Q_{in}]_{cs}^n = \frac{[\widetilde{kA}]_{cs}^n h_L}{\tilde{c}_p \ell_{cs}} \ln\left[\frac{\tilde{c}_p(T_{cs} - T_0)}{h_L} + 1\right] \tag{4.78}$$

$$[\widetilde{kA}]_{cs}^n = \tilde{k}[A_m]_{cs} + \tilde{k}_n[A_n]_{cs} \tag{4.79}$$

式中，$[A_n]_{cs}$ 是 CSV 引线中使用的常规金属带的总截面积。不论 CSV 引线是否并联常规金属带，ℓ_{cs} 保持不变。另外，因为 $[A_m]_{fs}$ 和 $[A_m]_{cs}$ 不同，$[A_n]_{fs}$ 和 $[A_n]_{cs}$ 可能不同。$[\alpha]_{cs}$ 也不同：

$$[\alpha_\ell]_{cs}^n = \frac{[\dot{m}_h]_{cs}^n \tilde{c}_p \ell}{[\widetilde{kA}]_{cs}^n} \tag{4.80a}$$

$$= \frac{1}{\xi_{cs}} \ln\left[\frac{\tilde{c}_p(T_{cs} - T_0)}{h_L} + 1 \right] \tag{4.80b}$$

式中，$[\dot{m}_h]_{cs}^n$ 是氦气质量流量；$\xi_{cs}(\frac{\ell_c}{\ell})$ 是从 $z = 0$ 处电流分流段起开始有并联常规金属带的部分的无量纲长度。

对于 CSV 引线，β_{cs} 修改为：

$$\beta_{cs}^n = \sqrt{ \frac{\tilde{\rho}_x \tilde{\rho}_n I_0 (I_0 - I_{c\ell}) \ell^2}{[\widetilde{kA}]_{cs}^n [\widetilde{\rho A}]_{cs}^n (T_\ell - T_{cs})} - \frac{1}{4}([\alpha_\ell]_{cs}^n)^2 } \tag{4.81}$$

式中，

$$[\widetilde{pA}]_{cs}^n = \tilde{\rho}_x [A_n]_{cs} + \tilde{\rho}_n [A_m]_{cs} \tag{4.82}$$

式（4.71）可以改写为：

$$\frac{1}{\xi_{cs}} \left[\frac{h_L}{\tilde{c}_p(T_\ell - T_{cs})} \right] \ln\left[\frac{\tilde{c}_p(T_{cs} - T_0)}{h_L} + 1 \right] \left[\frac{\tilde{c}_p(T_{cs} - T_0)}{h_L} + 1 \right]^{\frac{1 + \xi_{cs}}{2\xi_{cs}}}$$

$$= \frac{\beta_{cs}^n}{\sin\beta_{cs}^n(1 - \xi_{cs})} \tag{4.83}$$

4.6.22 讨论4.17： HTS电流引线——铜延伸段

因为所有可用的 HTS 电流引线，都仅用在 $T_\ell \sim 80$ K 以下。HTS 引线，不论是否采用气冷，都必须连到常规金属引线后才能与室温端头连接。对气冷 HTS 电流引线，优化的铜引线是理性的选择。正如前面提及的，同样的 I_0 下，4.2 K 下任何 HTS 电流引线的 Q_{in} 都必然小于优化的气冷铜引线。也就是 HTS 引线所用的氦流量对铜引线是不够用的，必须在铜引线的冷端引入额外的制冷剂（图 4.21）。这里，HTS 段排出的氦气被移除，并不和引入到 ~80 K 的制冷剂混合。大致说，新引入的制冷剂有 2 个选择：①冷气体（氦或氮）；②在 77.3 K 沸腾的液氮。

A. 制冷剂流量

为了确定引入铜引线冷端的最小制冷剂流量，我们这里分析一根 ~80 ~ 300 K 温区内优化的气冷铜电流引线。对载流为 I_0、由流量为 $\dot{m}_{fl}$ 制冷剂冷却的铜引线，铜引线上的一个微元的稳态（$dT/dt=0$）功率方程（长度归一化 $\zeta \equiv \frac{z}{\ell_{cu}}$）：

$$\frac{\tilde{k}_{cu}A_{cu}}{\ell_{cu}^2}\frac{d^2T}{d\zeta^2} - \frac{\dot{m}_{fl}\tilde{c}_{fl}}{\ell_{cu}}\frac{dT}{d\zeta} + \frac{I_0^2\gamma_{cu}}{A_{cu}}(T-T_0) + \frac{I_0^2\rho_0}{A_{cu}} = 0 \tag{4.84}$$

式（4.84）中，$\tilde{k}_{cu}$ 和 $\tilde{c}_{fl}$ 分别是温度平均下的铜热导率和流体比热；γ_{cu} 和 ρ_0 分别是铜在冷端温度 T_0（这里是 77 K）下的电阻温度系数和电阻率。因为在 77~293 K 的大部分区间内，式（4.84）的等号左侧最后一项相比第 3 项是可以忽略的，式（4.84）可以简化为：

$$\frac{d^2T}{d\zeta^2} - \left(\frac{\dot{m}_{fl}\tilde{c}_{fl}\ell_{cu}}{\tilde{k}_{cu}A_{cu}}\right)\frac{dT}{d\zeta} + \left(\frac{I_0^2\gamma_{cu}\ell_{cu}^2}{\tilde{k}_{cu}A_{cu}^2}\right)(T-T_0) = 0 \tag{4.85}$$

代入 $T(\zeta=1) \equiv T_{\ell_{cu}}$，$T(0) \equiv T_0$，以及 $\theta(\zeta) \equiv T(\zeta)-T_0$，$\theta(\zeta)$ 可由下式给出：

$$\theta(\zeta) = \frac{T_{\ell_{cu}}-T_0}{e^{\alpha_{cu}}\sin\beta_{cu}}e^{\alpha_{cu}\zeta}\sin\beta_{cu}\zeta \tag{4.86}$$

式中，

$$\alpha_{cu} = \frac{\dot{m}_{fl}\tilde{c}_{fl}\ell_{cu}}{2\tilde{k}_{cu}A_{cu}} \tag{4.87a}$$

$$\beta_{cu} = \sqrt{\frac{I_0^2\gamma_{cu}\ell_{cu}^2}{\tilde{k}_{cu}A_{cu}^2} - \left(\frac{\dot{m}_{fl}\tilde{c}_{fl}\ell_{cu}}{2\tilde{k}_{cu}A_{cu}}\right)^2} \tag{4.87b}$$

$$= \sqrt{\frac{I_0^2\gamma_{cu}\ell_{cu}^2}{\tilde{k}_{cu}A_{cu}^2} - \alpha_{cu}^2} \tag{4.87c}$$

我们可以通过设置 $\left.\dfrac{d\theta}{d\zeta}\right|_{\zeta=1}=0$ 令 θ_{mx} 出现在 $\zeta=1$，得到：

$$\alpha_{cu}\sin\beta_{cu} + \beta_{cu}\cos\beta_{cu} = 0 \tag{4.88a}$$

$$\alpha_{cu} + \beta_{cu}\cot\beta_{cu} = 0 \tag{4.88b}$$

对于一组给定的引线参数，比如 A_{cu}，ℓ_{cu}，I_0，$\tilde{c}_{fl}$，γ_{cu}，有一组唯一的 α_{cu} 和 β_{cu}［进而，由式（4.87a）和式（4.87b），可知 $\dot{m}_{fl}$ 的值］满足是式（4.86）。注意 $\cot\beta_{cu}$ 必

须是负的，从而 θ_{mx} 必须大于 $\dfrac{\pi}{2}$，后文的问题 4.6D 中将继续研究。

B. 冷端热输入与功率平衡

冷端热输入 Q_0 为：

$$Q_0 = \frac{\tilde{k}_{cu}A_{cu}}{\ell_{cu}}\frac{\mathrm{d}\theta(\xi)}{\mathrm{d}\xi}\bigg|_0 = \frac{\tilde{k}_{cu}A_{cu}\theta_{\ell_{cu}}\beta_{cu}}{\ell_{cu}e^{\alpha_{cu}}\sin\beta_{cu}} \simeq 0 \tag{4.89}$$

因为 $e^{\alpha_{cu}}$ 很大，$Q_0 \simeq 0$。这实际上就是问题 4.6D 中研究的 6 kA 铜引线的情况。

热端传导热 $Q_{\ell_{cu}}$ 从定义上看是 0 式（4.88a）。从而，由于引线两端既没有热输入也没有热流出，制冷剂全部用于带走引线的焦耳热 Q_j：

$$Q_j = \frac{I_0^2\gamma_{cu}}{A_{cu}}\int_0^{\ell_{cu}}\theta(z)\,\mathrm{d}z = \frac{I_0^2\gamma_{cu}\ell_{cu}}{A_{cu}}\int_0^1\theta(\zeta)\,\mathrm{d}\zeta \tag{4.90}$$

联立式（4.86）和式（4.90），并引用式（4.87c），有：

$$Q_j = \frac{I_0^2\gamma_{cu}\ell_{cu}(T_{\ell_{cu}}-T_0)}{A_{cu}e^{\alpha_{cu}}\sin\beta_{cu}}\int_0^1 e^{\alpha_{cu}\zeta}\sin\beta_{cu}\zeta\,\mathrm{d}\zeta$$

$$= \frac{I_0^2\gamma_{cu}\ell_{cu}(T_{\ell_{cu}}-T_0)}{A_{cu}(\alpha_{cu}^2+\beta_{cu}^2)}(\alpha_{cu}-\beta_{cu}\cot\beta_{cu}) + （含有 e^{-\alpha_{cu}} 的项）$$

$$\simeq \frac{\tilde{k}_{cu}A_{cu}}{\ell_{cu}}(T_{\ell_{cu}}-T_0)(\alpha_{cu}-\beta_{cu}\cot\beta_{cu}) \tag{4.91a}$$

与式（4.88b）联立，式（4.91）成为：

$$Q_j = \frac{\tilde{k}_{cu}A_{cu}}{\ell_{cu}}(T_{\ell_{cu}}-T_0)(\alpha_{cu}+\alpha_{cu}) \tag{4.91b}$$

接下来，与式（4.87a）联立，式（4.91b）成为：

$$Q_j = \dot{m}_{fl}\tilde{c}_{fl}(T_{\ell_{cu}}-T_0) \tag{4.92}$$

式（4.92）表明，铜引线在整个长度上产生的焦耳热被引线冷端引入的液体冷却剂冷量平衡。

C. 液氮流量

当 77 K 液氮被以流量 $\dot{m}_{fl}$ 引入引线冷端，它的冷却功率为 $Q_{n2} = \dot{m}_{fl} h_{n2}$。其中，$h_{n2} = 199$ J/g，是液氮在 77 K 的气化潜热气冷铜引线运行于液氮环境中时，Q_{in} 由 $\dot{m}_h h_L$ 匹配。其中，$h_L = 20.7$ J/g 是氦的气化热；氦气的 $\dot{m}_h$ 足以保持整个引线的稳定。如前所述，因为 $Q_0 \simeq 0$，液氮的冷却功率 $\dot{m}_{fl} h_{n2}$ 无法匹配冷端需求。实际发生的是，$\dot{m}_{fl} h_{n2}$ 吸收铜引线底端部分（从冷端到 $\ell_{\ell q}$）产生的焦耳热。也就是说，冷端的 77 K 锚点从 $z=0$ 延伸到了 $z = \ell_{\ell q}$。由于引线是有电阻的，这个 77 K 的延伸段产生焦耳热 $Q_{j_{\ell q}}$，由 $\dot{m}_{fl} h_{n2}$ 匹配。注意式（4.84）等号左侧的最后一项式（4.85）中是忽略掉的，但在 77 K 情况下是不能忽略的。我们得到：

$$Q_{j_{\ell q}} = \frac{\rho_0 I_0^2 \ell_{\ell q}}{A_{cu}} = \dot{m}_{fl} h_{n2} \qquad (4.93)$$

式（4.93）中，$\ell_{\ell q}$ 和 $\dot{m}_{fl}$ 还是未知的。

考虑引线底端位于 77 K 的部分（$z = \ell_{\ell q}$ 长），引线的有效气冷长度缩短为（$\ell_{cu} - \ell_{\ell q}$，式（4.88b）于是成为：

$$\alpha'_{cu} + \beta'_{cu} \cot \beta'_{cu} = 0 \qquad (4.94)$$

式中，

$$\alpha'_{cu} = \frac{\dot{m}_{fl} \bar{c}_{fl} (\ell_{cu} - \ell_{\ell q})}{2 \tilde{k}_{cu} A_{cu}} \qquad (4.95a)$$

$$\beta'_{cu} = \sqrt{\frac{I_0^2 \gamma_{cu} (\ell_{cu} - \ell_{\ell q})^2}{\tilde{k}_{cu} A_{cu}^2} - (\alpha'_{cu})^2} \qquad (4.95b)$$

满足式（4.93）和式（4.94）的 $\dot{m}_{fl}$ 和 $\ell_{\ell q}$ 组合是唯一的。

4.6.23 问题4.6：6 kA 气冷 HTS 电流引线

在问题 4.6 中，我们将问题 4.4 和问题 4.5 中讨论的设计概念应用于 3 种 6 kA 的气冷 HTS 引线。问题 4.6A：FSV，无并联常规金属带。问题 4.6B：FSV，有 120 根并联常规金属带。问题 4.6C：CSV，有并联常规金属带。表 4.12 给出 Bi2223/Ag-Au 超导带的关键参数。表中，a_m 是单带 Ag-Au 基底的截面积：即 $[A_m]_{fs} = N_{fs} a_m$；

$I_c(T) = N_{fs}i_c(T_\ell)$；$I_c(T_0) = N_{fs}i_c(T_0)$。我们假定，各带的全部有效长度都置于 0.2 T 的垂直场中。$\tilde{k}$ 和 $\bar{\rho}_x$ 分别是 Ag-Au 在表 4.12 中所给的温度区间的平均热导率和平均电阻率。表 4.13 给出了黄铜带的关键参数。

表 4.12 Bi2223/Ag-Au 带材参数

参　　数		数　值	参　　数		数　值
宽度	[mm]	4.2	带材截面积	[mm²]	0.958
厚度	[mm]	0.228	$i_c(T_\ell)$（@77.3 K@$B_\perp$=0.2 T）	[A]	80*
Bi2223 填充（体积）	[%]	42	$i_c(T_0)$（@4.2 K@$B_\perp$=0.2 T）	[A]	455.5†
Au 比分	[wt%]	5.3	$\tilde{k}$ (4.2~77 K)	[W/(cm·K)]	0.327
Ag-Au 截面积，a_m	[mm²]	0.555	$\bar{\rho}_x$ (T_ℓ~77 K)	[μΩ·cm]	1.0

* 1μV/cm 判据。

† 4.2 K 时，$B_\perp$ = 0.2 T 的效应可以忽略。

表 4.13 常规金属（黄铜）带参数

参　　数		数　值	参　　数		数　值
单带宽度	[mm]	4.203	$[A_n]_{fs}$ 和 $[A_n]_{cs}$	[cm²]	1.735
单带厚度	[mm]	0.344	$\bar{k}_n$ (4.2~77 K)	[W/(cm·K)]	0.350
并联带数目		120	$\bar{\rho}_n$ (4.2~77 K)	[μΩ·cm]	2.25

问题4.6 A： FSV，无并联常规金属带

a）证明这根 6 kA 的气冷 FSV 引线，$N_{fs} = 75$。

b）证明若这根引线 $\ell = 20$ cm，有 $[Q_{in}]_{fs} = 0.0786$ W。这里，ℓ 一方面必须足够长，以确保与气体有良好的热交换。另一方面又要足够短，以限制 Bi2223/Ag-Au 带材的费用。

c）通过计算各功率项，验证式（4.61）可用于这根引线。

问题4.6A 的解答

a）因为 $I_0 = N_{fs}i_c(T_\ell)$，我们有：$N_{fs} = \dfrac{6000 \text{ A}}{80 \text{ A}} = 75$。

b）将 $\tilde{k} = 0.327$ W/(cm·K)；$[A_m]_{fs} = N_{fs}a_m = 0.416$ cm²；$h_L = 20.7$ J/g；$\tilde{c}_p = 5.28$ J/(g·K)（4.2~77 K 的平均值）；$T_\ell = 77.3$ K；$T_0 = 4.2$ K，以及 $\ell = 20$ cm 代入式（4.60），有：

$$[Q_{in}]_{fs} = \frac{\bar{k}[A_m]_{fs}h_L}{\tilde{c}_p \ell} \ln\left[\frac{\tilde{c}_p(T_\ell - T_0)}{h_L} + 1\right] \qquad (4.60)$$

$$= \frac{[0.327 \text{ W}/(\text{cm} \cdot \text{K})](0.461 \text{ cm}^2)(20.7 \text{ J}/\text{g})}{[5.28 \text{ J}/(\text{g} \cdot \text{K})](20 \text{ cm})} \times$$

$$\ln\left[\frac{[5.28 \text{ J}/(\text{g} \cdot \text{K})](77.3 \text{ K} - 4.2 \text{ K})}{(20.4 \text{ J}/\text{g})} + 1\right]$$

$$= 0.0798 \text{ W}$$

讨论4.14 A[式(4.32b)]已经研究得到，对气冷 6 kA 铜引线，有 $Q_{in} \simeq 6$ W；因此，大约 0.08 W 实质上是一个令人印象深刻的进步。

c）由 $[Q_{in}]_{fs} = 0.0798$ W，我们有 $[\dot{m}_h]_{fs} = \dfrac{[Q_{in}]_{fs}}{h_L} = 0.00385$ g/s。在 $z = \ell$ 处的热输入由式（S4.5b）的第 1 种形式给出：

$$[Q_\ell]_{fs} = [\dot{m}_h]_{fs}h_L\left[\frac{\tilde{c}_p(T_\ell - T_0)}{h_L} + 1\right]$$

$$= (0.00385 \text{g/s})(20.7 \text{ J}/\text{g})\left[\frac{[5.28 \text{ J}/(\text{g} \cdot \text{K})](77.3 \text{ K} - 4.2 \text{ K})}{(20.7 \text{ J}/\text{g})} + 1\right] = 1.566 \text{ W}$$

因此，$[Q_\ell]_{fs} - [Q_{in}]_{fs} = 1.486$ W，可视为等于 $[\dot{m}_h]_{fs}\tilde{c}_p(T_\ell - T_0) = 1.487$ W。

问题4.6B：　FSV，有并联常规金属带

这里我们研究一条并联 120 根常规金属带的 FSV 引线，类似问题 4.6 A，$[A_n]_{fs} = 1.735$ cm²（表 4.13）。截面为 1.735 cm² 的常规导体足以抵抗典型操作条件下可能发生的流量停止故障，但我们此处不证明。

a）使用式（4.75），计算 $[Q_{in}]_{fs}^n$。因为存在常规金属，$[A_n]_{fs} \gg [A_m]_{fs}$，$[Q_{in}]_{fs}^n \gg [Q_{in}]_{fs} = 0.0798$ W。

b）用数值方法验证：功率项在这条引线上也是平衡的。

问题4.6B 的解答

a）使用式（4.76）计算 $[\widetilde{kA}]_{fs}^n$。注意 $[A_m]_{fs} = 0.416$ cm²：

$$[\widetilde{kA}]_{fs}^n = [0.327 \text{ W}/(\text{cm} \cdot \text{K})](0.416 \text{ cm}^2) + [0.350 \text{ W}/(\text{cm} \cdot \text{K})](1.735 \text{ cm}^2)$$

$$= 0.136 \ \text{W·cm/K} + 0.607 \ \text{W·cm/K} = 0.743 \ \text{W·cm/K}$$

根据式（4.75），我们有：

$$[Q_{in}]_{fs}^n = \frac{[\widetilde{kA}]_{fs}^n h_L}{\tilde{c}_p \ell} \ln\left[\frac{\tilde{c}_p(T_\ell - T_0)}{h_L} + 1\right] \tag{4.75}$$

$$= \frac{(0.743 \ \text{W·cm/K})(20.7 \ \text{J/g})}{[5.28 \ \text{J/(g·K)}](20 \ \text{cm})} \times$$

$$\ln\left[\frac{[5.28 \ \text{J/(g·K)}](77.3 \ \text{K} - 4.2 \ \text{K})}{(20.7 \ \text{J/g})} + 1\right] = 0.4337 \ \text{W}$$

注意，尽管实际上 $[Q_{in}]_{fs}^n \gg [Q_{in}]_{fs}$，0.4337 W 仍然仅为相应的铜引线（约 6 W）的约 $\frac{1}{14}$。同时，根据式（4.35b），一根优化的气冷铜引线，额定电流 6 kA，有效长度 $\ell = 20$ cm，截面为 $A = 0.480 \ \text{cm}^2$，约为 $[A_n]_{fs} = 1.735 \ \text{cm}^2$ 的 30%。尽管 $[A_n]_{fs}$ 很大，$[Q_{in}]_{fs}^n$ 仍为 Q_{I_0} 的约 $\frac{1}{14}$，这主要是因为 $\tilde{k}_n \ll k_0$，其中，k_0 是铜在 4.2 K 附近的热导率：$[0.350 \ \text{W/(cm·K)}]$（$\tilde{k}_n$）对比 $[6 \ \text{W/(cm·K)}]$（k_0）。注意，在引线的这个部分（ℓ），没有焦耳热产生。

b）代入 $[Q_{in}]_{fs}^n = 0.4337$ W，得到 $[\dot{m}_h]_{fs}^n = \frac{[Q_{in}]_{fs}^n}{h_L} \simeq 0.021$ g/s。在 $z = \ell$ 处的热输入 $[Q_\ell]_{fs}^n$ 尽管未予推导，但类似式（S4.5b）。于是：

$$[Q_\ell]_{fs}^n = [\dot{m}_h]_{fs}^n h_L\left[\frac{\tilde{c}_p(T_\ell - T_0)}{h_L} + 1\right]$$

$$\simeq (0.021 \text{g/s})(20.7 \ \text{J/g})\left[\frac{[5.28 \ \text{J/(g·K)}](77.3 \ \text{K} - 4.2 \ \text{K})}{(20.7 \ \text{J/g})} + 1\right] = 8.540 \ \text{W}$$

于是有：$[Q_\ell]_{fs}^n - [Q_{in}]_{fs}^n = 8.106 \ \text{W} \simeq [\dot{m}_h]_{fs}^n \tilde{c}_p(T_\ell - T_0) = 8.105 \ \text{W}$。

问题4.6C： CSV，有并联常规金属带

这里，我们考虑一根 CSV 引线，其参数为 $N_{cs} = (\frac{2}{3})N_{fs} = 50$，并联了 120 根常规金属带。

a）证明这根 CSV 引线的 $T_{cs} = 69.3$ K。假设 $i_c(T)$ 是 T 的线性函数，且有

$i_c(T_0) = 445.5$ A，$i_c(T_\ell) = 80$ A，如表 4.12 所示。

b）对 $\ell = 20$ cm（与 FSV 情况同），确定如下 CSV 简单特例的 ξ_{cs}：

$$\sin \beta_{cs}^n (1 - \xi) = 1 \tag{4.96a}$$

$$\beta_{cs}^n (1 - \xi_{cs}) = \frac{\pi}{2} \tag{4.96b}$$

可以迭代地确定 ξ_{cs}。猜一个 ξ_{cs} 值，根据式（4.96b）计算 β_{cs}^n，将 ξ_{cs} 和 β_{cs}^n 代入式（4.83），检查其是否已经满足。因为假定了 $i_c(T)$ 是 T 的线性函数，ξ_{cs} 的一个合适的起始值可选 $0.9(\simeq \frac{69.3}{77.3})$。

c）验证 b）中得到的 β_{cs}^n 与式（4.81）计算得到的 β_{cs}^n 是一致的。

d）使用式（4.78），计算 $z=0$ 处输入液氦的热量 $[Q_{in}]_{cs}^n$。

e）用数值方法计算下面功率平衡方程中的每一项，证明功率是平衡的。

$$[Q_\ell]_{cs}^n + [Q_j]_{cs}^n - [Q_{in}]_{cs}^n = [\dot{m}_h]_{cs}^n \tilde{c}_p (T_\ell - T_0) \tag{4.97}$$

其中，$[Q_\ell]_{cs}^n$ 是引线 $z=\ell$ 处的热输入；$[Q_j]_{cs}^n$ 是电流分流区内的焦耳热；$[Q_{\ell_{cs}}]_{cs}$ 是引线 $z=\ell_{cs}$ 处的热输出。$[Q_\ell]_{cs}^n$ 和 $[Q_j]_{cs}^n$ 由式（S5.9）和式（S5.14）的变种给出：

$$[Q_\ell]_{cs}^n = \frac{[\widetilde{kA}]_{cs}^n (T_\ell - T_{cs})}{\ell} \left[\frac{1}{2} [\alpha_\ell]_{cs}^n + \beta_{cs}^n \cot \beta_{cs}^n (1 - \xi_{cs}) \right] \tag{4.98}$$

$$[Q_j]_{cs}^n = \frac{[\widetilde{kA}]_{cs}^n (T_\ell - T_{cs})}{\ell}$$

$$\left[\frac{1}{2} [\alpha_\ell]_{cs}^n - \beta_{cs}^n \cot \beta_{cs}^n (1 - \xi_{cs}) + \beta_{cs}^n \frac{e^{\frac{[\alpha_\ell]_{cs}^n \xi_{cs}}{2}}}{e^{\frac{[\alpha_\ell]_{cs}^n}{2}} \sin \beta_{cs}^n (1 - \xi_{cs})} \right] \tag{4.99}$$

因为这里 $\beta_{cs}^n (1 - \xi_{cs}) = \frac{\pi}{2}$，式（4.98）和式（4.99）简化为：

$$[Q_\ell]_{cs}^n = \frac{[\widetilde{kA}]_{cs}^n (T_\ell - T_{cs})}{\ell} \times \frac{1}{2} [\alpha_\ell]_{cs}^n \tag{4.100}$$

$$[Q_j]_{cs}^n = \frac{[\widetilde{kA}]_{cs}^n (T_\ell - T_{cs})}{\ell} \left[\frac{1}{2} [\alpha_\ell]_{cs}^n + \beta_{cs}^n e^{\frac{[\alpha_\ell]_{cs}^n (\xi_{cs} - 1)}{2}} \right] \tag{4.101}$$

问题4.6C 的解答

a）因为 $I_c(T_\ell) = N_{cs} i_c(T_\ell)$，其中 $N_{cs} = 50$，由表4.12，$i_c(T_\ell) = 80$ A，在 $T_\ell = 77.3$ K 时，我们有：$I_c(T_\ell) = 50 \times 80 = 4000$ A；类似地，在 $T_0 = 4.2$ K 时有 $I_c(T_0) = 22275$ A。于是，这种参数的 Bi2223/Ag-Au 带在 77.3 K 和 4.2 K 之间的 $I_c(T)$ 满足：

$$I_c(T) = 23325 - 250\,T\,[\text{A}] \tag{S6C.1}$$

式中，T 是绝对温度。此式给出 $T_c = 93.3$ K。由式（S6C.1），可以解出 $I_c(T_{cs}) = 6000$ A 下的 $T_{cs} = 69.3$ K。

b）如表4.14所示，$\xi_{cs} = 0.94505$，$\beta_{cs}^n = 28.586$。

表 4.14　ξ_{cs} 和 β_{cs}^{n*} 的确定

猜测值 ξ_{cs}	式（4.96b）给出的 β_{cs}^{n*}	式（4.83）左侧
0.9	15.708	32.3975
0.95	31.4159	28.2120
0.94	26.1799	28.9759
0.945	28.5599	28.5898
0.9451	28.6120	28.5821
0.94505	28.5859 ≈ 28.5860	

* $\sin\beta_{cs}^n\,(1-\xi_{cs}) = 1$ 和 β_{cs}^n 等于式（4.83）的等号左侧部分。

c）$[A_m]_{cs} = N_{cs} a_m = 50 \times 0.555$ mm$^2 = 0.2775$ cm^2（表4.12）；$[A_n]_{cs} = [A_n]_{fs} = 1.735$ cm^2（表4.13）。于是根据式（4.79）、式（4.82）和式（4.80b），有：

$$[\widetilde{kA}]_{cs}^n = \tilde{k}[A_m]_{cs} + \tilde{k}_n[A_n]_{cs} \tag{4.79}$$

$$= [0.327 \text{ W/(cm·K)}](0.2775 \text{ cm}^2) + [0.350 \text{ W/(cm·K)}](1.735 \text{ cm}^2)$$

$$= 0.698 \text{ W·cm/K}$$

$$[\widetilde{pA}]_{cs}^n = \tilde{\rho}_x[A_m]_{cs} + \tilde{\rho}_n[A_n]_{cs} \tag{4.82}$$

$$= (1 \text{ μΩ·cm})(1.735 \text{ cm}^2) + (2.25 \text{ μΩ·cm})(0.2775 \text{ cm}^2) = 2.359 \text{ μΩ·cm}^3$$

$$[\alpha_\ell]_{cs}^n = \frac{1}{\xi_{cs}^n}\ln\left[\frac{\tilde{c}_p(T_{cs}-T_0)}{h_L}+1\right] \tag{4.80b}$$

$$= \frac{1}{0.94505}\ln\left[\frac{[5.28 \text{ J/(g·K)}](69.3 \text{ K}-4.2 \text{ K})}{(20.7 \text{ J/g})}+1\right] = 3.035$$

于是，通过计算式（4.81），得到 $\dfrac{([\alpha_\ell]_{cs}^n)^2}{4}$：

$$\frac{1}{4}([\alpha_\ell]_{cs}^n)^2 = 2.303$$

将必要的值代入式（4.81），得到：

$$\beta_{cs}^n = \sqrt{\frac{\tilde{\rho}_x \tilde{\rho}_n I_0 (I_0 - I_{c\ell})\ell^2}{[\widetilde{kA}]_{cs}^n [\widetilde{\rho A}]_{cs}^n (T_\ell - T_{cs})} - \frac{1}{4}([\alpha_\ell]_{cs}^n)^2} \tag{4.81}$$

$$28.586 = \sqrt{\frac{(1\ \mu\Omega\cdot cm)(2.25\ \mu\Omega\cdot cm)(6\ kA)(6\ kA - 4\ kA)(20cm)^2}{(0.698\ W\cdot cm/K)(2.359\mu\Omega\cdot cm^3)(77.3\ K - 69.3\ K)} - 2.303}$$

$$\simeq \sqrt{817.58} = 28.593$$

d）由 $\xi_{cs} = 0.94505$ 和 $\ell = 20cm$，得 $\ell_{cs} = 18.9\ cm$。于是，这条 CSV 引线的电流分流段长为 1.1 cm，从 $z = 18.9\ cm$ 到 $z = 20\ cm$。由式（4.78）：

$$[Q_{in}]_{cs}^n = \frac{[\widetilde{kA}]_{cs}^n h_L}{\tilde{c}_p \ell_{cs}} \ln\left[\frac{\tilde{c}_p (T_{cs} - T_0)}{h_L} + 1\right] \tag{4.78}$$

$$= \frac{(0.698\ W\cdot cm/K)(20.7\ J/g)}{[5.28\ J/(g\cdot K)](18.9cm)} \ln\left[\frac{[5.28\ J/(g\cdot K)](69.3\ K - 4.2\ K)}{(20.7\ J/g)} + 1\right]$$

$$= 0.4153\ W$$

可见，$[Q_{in}]_{cs}^n = 0.4153\ W < [Q_{in}]_{fs}^n = 0.4296\ W$；$[Q_{in}]_{cs}^n$ 约为铜的 $\dfrac{1}{15}$。由 $[Q_{in}]_{cs}^n = 0.4153\ W$，可得 $[\dot{m}_h]_{cs}^n = 0.02006\ g/s$。

e）应用式（4.100）和式（4.101），我们有：

$$[Q_\ell]_{cs}^n = \frac{[\widetilde{kA}]_{cs}^n (T_\ell - T_{cs})}{\ell}\left(\frac{[\alpha_\ell]_{cs}^n}{2}\right)$$

$$= \frac{(0.698\ W\cdot cm/K)(77.3\ K - 69.3\ K)}{(20cm)}\left(\frac{3.035}{2}\right) = 0.4237\ W \tag{4.100}$$

$$[Q_j]_{cs}^n = \frac{[\widetilde{kA}]_{cs}^n (T_\ell - T_{cs})}{\ell}\left[\frac{[\alpha_\ell]_{cs}^n}{2} + \beta_{cs}^n e^{\frac{[\alpha_\ell]_{cs}^n (\xi_{cs} - 1)}{2}}\right]$$

$$= \frac{[\widetilde{kA}]_{cs}^n(T_\ell - T_{cs})}{\ell}\left[\left(\frac{3.035}{2}\right) + (28.586)e^{\frac{3.035(0.945-1)}{2}}\right] = 7.7658 \text{ W} \qquad (4.101)$$

由 $[\dot{m}_h]_{cs}^n\tilde{c}_p(T_\ell - T_0) = (0.02006 \text{ g/s})[5.28 \text{ J/(g·K)}]\ (77.3 \text{ K} - 4.2 \text{ K}) = 7.7743 \text{ W}$
和 $[Q_{in}]_{cs}^n = 0.4153 \text{ W}$，我们可以得到：

$$[Q_\ell]_{cs}^n + [Q_j]_{cs}^n - [Q_{in}]_{cs}^n = [\dot{m}_h]_{cs}^n\tilde{c}_p(T_\ell - T_0) \qquad (4.97)$$
$$0.4237 \text{ W} + 7.7658 - 0.4153 = 7.7742 \text{ W} \simeq 7.7743 \text{ W}$$

4.6.24　讨论4.18："最优" CSV 引线

根据问题 4.6C 的 e 部分对功率进行的数值计算，最大的功率项是 $[Q_j]_{cs}^n = 7.7659$ W，而 $[Q_{in}]_{cs}^n = 0.4153$ W 和 FSV 的 $[Q_{in}]_{fs}^n = 0.4337$ W 是非常接近的。

于是，由于 $[Q_j]_{cs}^n$ 值很大，CSV 引线的 $[Q_{in}]_{cs}^n$ 可以和 $[Q_{in}]_{fs}^n$ 具有可比性的唯一方法是令 $[Q_\ell]_{cs}^n \ll [Q_\ell]_{fs}^n$。这其实恰好就是问题 4.6B 中的 b 部分以及问题 4.6C 中的 e 部分的解中所得到：$[Q_\ell]_{fs}^n = 8.540$ W，$[Q_\ell]_{cs}^n = 0.4237$ W。这是怎么回事？答案可以从式（4.98）中得知：

$$[Q_\ell]_{cs}^n = \frac{[\widetilde{kA}]_{cs}^n(T_\ell - T_{cs})}{\ell}\left[\frac{1}{2}[\alpha_\ell]_{cs}^n + \beta_{cs}^n\cot\beta_{cs}^n(1 - \xi_{cs})\right] \qquad (4.98)$$

只要为式（4.98）等号右侧中括号内的项选择合适的 β_{cs}^n 和 ξ_{cs}，可以令 $[Q_\ell]_{cs}^n = 0$。对于 $\beta_{cs}^n(1 - \xi_{cs}) > \frac{\pi}{2}$，$\cot\beta_{cs}^n(1 - \xi_{cs}) < 0$，确实存在一组 β_{cs}^n 和 ξ_{cs} 不仅有 $[Q_\ell]_{cs}^n = 0$，还满足式（4.83）。这样的一组值实质上最小化了 $[Q_{in}]_{cs}^n$，给出了一条可满足保护条件的带有常规金属的"优化" CSV 引线。

问题4.6D：铜段 (80~300 K)

这里我们研究 6 kA 气冷铜电流引线，它耦合于问题 4.6B 的 FSV 引线或问题 4.6C 的 CSV 引线。我们将确定 3 种流量的值：①气氦；②气氮；③液氮。对液氮的情况，我们还将确定 $\ell_{\ell q}$ 的值。表 4.15 列出了 6 kA 气冷铜引线的关键参数。冷端（$z = 0$）温度 77.3 K，热端（$z = \ell_{cu}$）温度 293 K。

a）当进入 77. K 冷端（$z = 0$）的制冷剂是气氦时，确定 $\dot{m}_{fl}$。

b）根据式（4.89），证明冷端的热传导输入 Q_0 实际很小，可以忽略。

c）当进入 77. K 冷端（ $z=0$ ）的制冷剂是气氮时，确定 $\dot{m}_{fl}$ 。

d）当进入 77. K 冷端（ $z=0$ ）的制冷剂是液氮时，确定 $\dot{m}_{fl}$ ，同时确定 $\ell_{\ell q}$ 。

表 4.15　6 kA 气冷铜引线参数

参　数		数　值	参　数		数　值
运行区间（ $T_0 \sim T_{\ell_{cu}}$ ）	［K］	77.3~300	$\bar{c}_{fl}$ （77~300 K）：氮　［J/(g·K)］		5.28
有效面积， A_{cu}	［cm^2］	1.19	$\bar{c}_{fl}$ （77~300 K）：氮　［J/(g·K)］		1.04
有效长度， ℓ_{cu}	［cm］	38	h_{n2} （77.3 K）	［J/g］	199
制冷剂接触面积	［cm^2］	12650	ρ_0 （77 K）	［μΩ·cm］	0.22
$\bar{k}_{cu}$ （77~300 K）　［W/(cm·K)］		4	γ_{cu} （77~300 K）	［nΩ·cm/K］	7.01

问题4.6D 的解答

a）将表 4.15 中的参数值代入式（4.87c），我们有：

$$\beta_{cu} = \sqrt{\frac{I_0^2 \gamma_{cu} \ell_{cu}^2}{\tilde{k}_{cu} A_{cu}^2} - \alpha_{cu}^2} = \sqrt{\frac{(6\ \mathrm{kA})^2 (7.01\ \mathrm{n\Omega \cdot cm/K})(38\ \mathrm{cm})^2}{[4\ \mathrm{W/(cm \cdot K)}](1.19\ \mathrm{cm}^2)} - \alpha_{cu}^2} = \sqrt{64.333 - \alpha_{cu}^2}$$

$$(\text{S6D. 1})$$

存在一组 β_{cu} 和 α_{cu} 同时满足式（4.88b）和式（S6. D. 1）。这两式可以迭代求解，表 4.16 给出了迭代结果。从表 4.16，我们得到 $\beta_{cu} = 2.786750 \simeq 2.786885$ ，于是 $\alpha_{cu} = 7.521055$ 。从式（4.87a）解出 $\dot{m}_{fl}$ ：

表 4.16　 β_{cu} 和 α_{cu} 的确定

式（4.88b）			式（4.88b）	式（4.87c）
β_{cu} 度	$-\cot\beta_{cu}$	β_{cu}	α_{cu}	β_{cu}
150	1.732051	2.617994	4.534498	6.615990
160	2.747477	2.792527	7.692404	2.338207
159	2.605089	2.775074	7.229314	3.474194
159.5	2.674621	2.783800	7.445612	2.982594
159.6	2.688919	2.785545	7.490106	2.869026
159.7	2.703351	2.787291	7.535026	2.748887
159.65	2.696118	2.786418	7.512513	2.809832
159.67	2.699007	2.786767	7.521505	2.785671
159.669	2.698863	2.786750	7.521055	2.786885

$$\dot{m}_{fl} = \frac{2\alpha_{cu}\tilde{k}_{cu}A_{cu}}{\bar{c}_{fl}\ell_{cu}} = \frac{2(7.521)\left[4\ \text{W}/(\text{cm}\cdot\text{K})\right](1.19\ \text{cm}^2)}{\left[5.28\ \text{J}/(\text{g}\cdot\text{K})\right](38\text{cm})} = 0.357\text{g/s} \quad (\text{S6D.2})$$

这里算得的氦流量 0.357 g/s 非常接近 AMI6 kA 气冷铜引线的液氦蒸发量 $\dot{m}_h$，即 Q_{in} 约 7.2 W：$\dot{m}_h$ 约 0.35 g/s（~7.2 W/20.4 J/g）。77.3 ~ 293 K 间的总冷却功率由 $\dot{m}_{fl}\bar{c}_{fl}$ $(T_{\ell_{cu}} - T_0)$ 给出，为 407 W。

b）代入 $e^{\alpha_{cu}} = 1846$，$\sin(159.669°) = 0.3474$，$\theta_{\ell_{cu}} = 293 - 77 = 216$ K，以及其他参数到式（4.89），有：

$$Q_0 = \frac{\tilde{k}_{cu}A_{cu}}{\ell_{cu}}\frac{\mathrm{d}\theta(\zeta)}{\mathrm{d}\zeta}\bigg|_0 = \frac{\tilde{k}_{cu}A_{cu}\theta_{\ell_{cu}}\beta_{cu}}{\ell_{cu}e^{\alpha_{cu}}\sin\beta_{cu}} \simeq 0 \tag{4.89}$$

$$= \frac{\left[4\ \text{W}/(\text{cm}\cdot\text{K})\right](1.19\ \text{cm}^2)(216\ \text{K})(2.787)}{(38\text{cm})(1846)(0.3474)} \simeq 0.118\ \text{W} \simeq 0$$

c）在 a 中确定的 β_{cu} 和 α_{cu} 同样适用于气氮情况。二者唯一的不同是比热：气氮的是 1.04 J/(g·K)。于是：$\dot{m}_{fl} = 1.812$ g/s。

d）这里我们来确定满足式（4.93）、式（4.94）和式（4.95）在给定参数值 ρ_0，γ_{cu}，I_0，$\tilde{k}_{cu}$，A_{cu} 下的 $\ell_{\ell q}$。用迭代的方法确定 $\ell_{\ell q}$ 是最简单的，我们按如下步骤进行。

步骤 1：猜 $\ell_{\ell q}$（表 4.17 的第 1 列）。

步骤 2：由式（4.93）计算 $\dot{m}_{fl}$（第 2 列）。

步骤 3：将 $\ell_{\ell q}$ 和 $\dot{m}_{fl}$ 代入式（4.95a），计算 α'_{cu}（第 3 列）。

步骤 4：将 α'_{cu} 代入式（4.95b），计算 β'_{cu}（第 4 列）。

步骤 5：用角度制表示 β'_{cu}（第 5 列）：它必须在 90° 到 180° 之间。

步骤 6：计算 $\cot\beta'_{cu}$（第 6 列）。

步骤 7：使用式（4.94）计算 α'_{cu}（第 7 列）。

如果步骤 7 计算的 α'_{cu} 与步骤 3 计算值基本相等，迭代完成；即迭代开始猜的 $\ell_{\ell q}$ 是正确的。表 4.17 给出了上述迭代的结果，$\ell_{\ell q} = 26.98$ cm（$\simeq 27$ cm）和 $\dot{m}_{fl} = 0.902$ g/s 是我们的期望值。

铜引线的底端有了液氮，具体说是总长 $\simeq 27$ cm 的部分浸入液氮和气氮混合物中，这一段的温度是 77.3 K。从 $z \simeq 27$ cm 到 $z = 38$ cm 的部分是由气氮流冷却的，它的温度从 $z \simeq 27$ cm 的 77.3 K 升高到 $z = 38$ cm 的 293 K。

与 c 中 77.3 K 气氮的 $\dot{m}_{fl} = 1.812$ g/s 相比，液氮流量仅需一半左右。这是因为液氮在 77.3 K 汽化时可吸收大量热量（199 J/g），相当于气氮温升将近 200 K $[\tilde{c}_{fl} = 1.04 \text{ J}/(\text{g} \cdot \text{K})]$ 的吸热量。如果引入铜引线的制冷剂是 77.3 K 的氮，c 部分和 d 部分的结果表明 77.3 K 的液氮更好。

表 4.17 $\ell_{\ell q}$, β'_{cu} 和 α'_{cu} 的确定

式 (4.93)		式 (4.95a)	式 (4.95b)		式 (4.94)	
$\ell_{\ell q}$ [cm]	$\dot{m}_{fl}$ [g/s]	α'_{cu}	β'_{cu}	β'_{cu} [度]	$-\cot \beta'_{cu}$	α'_{cu}
10	0.3334453	1.023033	5.82035	333.5	—	
20	0.668891	1.315298	3.564382	204.2	—	
26	0.869558	1.139925	2.261869	129.595532	0.827141	1.870884
27	0.903002	1.085120	2.052632	117.607165	0.522947	1.073417
26.9	0.898304	1.089288	2.074294	118.848308	0.550853	1.142631
26.98	0.902334	1.086289	2.056789	117.845335	0.528252	1.086503
26.9805	0.902350	1.086259	2.056686	117.839402	0.528119	1.086175
26.9802	0.902340	1.086277	2.056748	117.842976	0.528199	1.086373
26.9804	0.902347	1.086265	2.056706	117.840594	0.528146	1.086241

4.6.25　问题4.7：气冷黄铜电流引线

浸泡于液氦中运行的超导磁体的气冷电流引线可以整体是铜（讨论 4.14）；或者冷端下部整体是超导（问题 4.4~4.6），通过相同额定电流的铜引线延伸到室温端子。

在一些应用中，电流引线仅偶尔通过额定电流，甚至在磁体生命周期内都很少通过额定电流[4.81-4.84]。偶尔使用的例子包括低占空比周期通电的磁体，每次通电仅工作一小段时间。当小电流运行总时间远超过额定电流运行时间时，可以显著降低具有 $\dfrac{Q_0}{Q_{I_0}}$ [式(4.42)] 的气冷铜引线的氦气消耗，甚至可达到~0.6。

因为 $Q_0 \propto \tilde{k}$ [式(4.40)]，如此低 Q_0 的引线应该用合金（比如黄铜）而不是纯铜。显然，这种合金引线的焦耳热会明显大于铜。因为氦气流量大致保持一致，为了保持有效，合金引线必须运行在过电流模式。这种过电流模式的引线的热行为是设计和运行的重要问题[4.85]。

对下面的问题，黄铜的物性按如下取值：热导率 $[k_0]_{br} = 22$ W/mK，电阻率 $[\rho_0]_{br} =$

21 nΩ · m，上述都是在 T_0 时的值。另有 $\int_{T_0}^{T_\ell} \dfrac{\mathrm{d}T}{\rho_{br}(T)} = 0.97 \times 10^{10}$ K/Ω · m[4.86]。

a）证明黄铜引线的 $\dfrac{I_0\ell}{A}$ 为 [如式（4.35b），紫铜近似为 2.3×10^7 A/m]：

$$\left[\frac{I_0\ell}{A}\right]_{br} \equiv [\zeta_0]_{br} \simeq 0.35 \times 10^7 \text{ A/m} \tag{4.102}$$

即具有相同 ℓ 和 A 的黄铜引线，其最优额定电流约为紫铜的 $\dfrac{1}{7}$。

b）证明冷端热输入和额定电流之比 $\left[\dfrac{Q_{I_0}}{I_0}\right]$ 由下式给出：

$$\left[\frac{Q_{I_0}}{I_0}\right]_{br} \simeq 1.25 \text{ mW/A} \tag{4.103}$$

紫铜的这个比值是 0.77 mW/A[式（4.32b）]。在 4.2 K 时，黄铜引线的电阻率尽管是紫铜的约 100 倍，但 $\left[\dfrac{Q_{I_0}}{I_0}\right]$ 仅比紫铜大约 60%。

c）证明无电流时冷端热输入和引线通过 I_0 电流时的热输入之比由下式得出：

$$\left[\frac{Q_0}{Q_{I_0}}\right]_{br} \simeq 0.21 \tag{4.104}$$

计算中，使用 $\tilde{k}_{br} = 55$ W/(m · K)；$\bar{c}_p = 5.2$ kJ/(kg · K)；$c_{p0} = 6.0$ kJ/(kg · K)。

过流模式

如前文所述，黄铜引线适合于低占空比应用。考虑一根过流模式的黄铜引线，载有大于标称额定电流的**恒定**电流：$I > I_0$。能量方程可以写为：

$$AC_{br}(T)\frac{\mathrm{d}T}{\mathrm{d}t} = \frac{\mathrm{d}}{\mathrm{d}z}\left[Ak_{br}(T)\frac{\mathrm{d}T}{\mathrm{d}z}\right] - \dot{m}_{br}(I)c_p(T)\frac{\mathrm{d}T}{\mathrm{d}z} + \frac{\rho_{br}(T)}{A}I^2 \tag{4.105}$$

式中，$C_{br}(T)$，$k_{br}(T)$，$\rho_{br}(T)$ 分别是黄铜的热容、热导率和电阻率，均依赖于温度。$\dot{m}_{br}(I)$ 是气流量，依赖于电流。对于优化的黄铜引线，若稳态（$\dfrac{\mathrm{d}T}{\mathrm{d}t} = 0$）下 $I > I_0$：引

线微元温度尽管与 z 有关，但不随时间变化。

为在 $I>I_0$ 时解出式（4.105），我们做如下假设。

假设 1：整根引线视为单一实体，平均温度为 $\tilde{T}$，并假定平均温度等于中点（$z=\dfrac{\ell}{2}$）温度。$C_{br}(T)$ 和 $c_p(T)$ 也假定为常数，分别等于 $\tilde{C}_{br}$ 和 $\tilde{c}_p$。

假设 2：式（4.105）中的 $\dfrac{\mathrm{d}T}{\mathrm{d}z}$ 假定为常数，$\dfrac{\tilde{T}}{\left(\dfrac{\ell}{2}\right)}=\dfrac{2\tilde{T}}{\ell}$。

假设 3：对 $I>I_0$，$\dot{m}_{br}(I)=\nu_{br}I[1+\eta_{br}(I-I_0)]$，其中 ν_{br} 和 η_{br} 都是常数。

假设 4：$\rho_{br}(T)=[\rho_0]_{br}+\gamma_{br}(\tilde{T}-\tilde{T}_0)$，其中 $\tilde{T}_0$ 是中点温度的初始值（$I=I_0$ 时）；对黄铜，$[\rho_0]_{br}=21\ \mathrm{n\Omega\cdot m}$，$\gamma_{br}=74\mathrm{p\Omega\cdot m/K}$[4.86]。

在这些假设下，式（4.105）变为：

$$A\tilde{C}_{br}\frac{\mathrm{d}\tilde{T}(t)}{\mathrm{d}t}=-\nu_{br}I[1+\eta_{br}(I-I_0)]\tilde{c}_p\frac{\tilde{T}(t)}{\left(\dfrac{\ell}{2}\right)}+$$

$$\frac{[\rho_0]_{br}}{A}I^2+\frac{\gamma_{br}}{A}[\tilde{T}(t)-\tilde{T}_0]I^2 \tag{4.106}$$

将 $\theta(T)=\tilde{T}(t)-\tilde{T}_0$ 代入式（4.106），我们有 $\dfrac{\mathrm{d}\theta(t)}{\mathrm{d}t}$，并可解出 $\theta(t)$：

$$\frac{\mathrm{d}\theta(t)}{\mathrm{d}t}=\frac{1}{A^2\ell\tilde{C}_{br}}\left(\left\{2\nu_{br}\tilde{c}_pAI[1+\eta_{br}(I-I_0)]-\gamma_{br}\ell I^2\right\}\theta(t)+\right.$$

$$\left.\left\{2\nu_{br}\tilde{c}_pA\tilde{T}_0I[1+\eta_{br}(I-I_0)]-[\rho_0]_{br}\ell I^2\right\}\right) \tag{4.107a}$$

$$\theta(t)=\Delta\theta(I)[1-e^{-\frac{t}{\tau_j(I)}}] \tag{4.107b}$$

$\Delta\theta(I)$ 和 $\tau_j(I)$ 都是依赖于电流的常数，分别是温升和响应时间。响应时间假定为要比建立 $I>I_0$ 的时间要长得多。解出 2 个量：

$$\Delta\theta(I)=\frac{[\rho_0]_{br}\ell I^2-2\nu_{br}\tilde{c}_pA\tilde{T}_0I[1+\eta_{br}(I-I_0)]}{2\nu_{br}\tilde{c}_pAI[1+\eta_{br}(I-I_0)]-\gamma_{br}\ell I^2} \tag{4.108a}$$

$$\tau_j(I)=\frac{A^2\tilde{C}_{br}\ell}{2\nu_{br}\tilde{c}_pAI[1+\eta_{br}(I-I_0)]-\gamma_{br}\ell I^2} \tag{4.108b}$$

d）证明 ν_{br} 为：

$$\nu_{br} = \frac{[\rho_0]_{br}\ell I_0}{2\tilde{c}_p A \tilde{T}_0} \tag{4.109}$$

e）证明，在过电流区间，热输入 $[Q_I]_{br}$ 由下式给出：

$$[Q_I]_{br} = h_L \nu_{br} I [1 + \eta_{br}(I - I_0)] \tag{4.110}$$

f）证明式（4.102）给出的 $\left[\dfrac{I_0\ell}{A}\right]_{br}$ 也可以由下式给出：

$$\left[\frac{I_0\ell}{A}\right]_{br} = \frac{2\tilde{c}_p \tilde{T}_0}{[\rho_0]_{br}} \sqrt{\frac{[k_0]_{br}[\rho_0]_{br}}{h_L c_{p0}}} \tag{4.111}$$

式中，c_{p0} 是冷端温度对应的氦比热。

g）整个引线上的压降 $V_{br}(t)$ 为：

$$V_{br}(t) = V_0(\tilde{T}_0) + \Delta V(I)\left(1 - e^{-\frac{t}{\tau_j(I)}}\right) \tag{4.112}$$

式中，$V_0(\tilde{T}_0)$ 是载流为 I_0 时的稳态引线电压。证明 $\Delta V(I)$ 在 I 下为常数：

$$\Delta V(I) = \frac{\gamma_{br}\ell}{A}\left\{\frac{[\rho_0]_{br}\ell I^2 - 2\nu_{br}\tilde{c}_p A\tilde{T}_0 I[1 + \eta_{br}(I - I_0)]}{2\nu_{br}\tilde{c}_p AI[1 + \eta_{br}(I - I_0)] - \gamma_{br}\ell I^2}\right\}I \tag{4.113}$$

h）考虑一条额定电流 25 kA 的黄铜引线，工作于周期模式：通过 5 分钟的 75 kA（$=3\times I_0$）过电流，而后 30 分钟无电流。40 A 黄铜引线的实验结果[4.87] 清楚地表明，该引线可以在过流高达 200 A（$=5\times I_0$）时稳定持续运行——实验中，给定 I 下的过流持续 500 s。

确定气冷铜引线的 I_0。当连续运行于 I_0 时，冷端热输入和上述运行模式下的 25 kA 黄铜引线相同。使用试验[4.87] 获得的 $\nu_{br} = 6.13\times10^{-8}$ kg/sA 以及 $\eta_{br} = 2.2\times10^{-5}$ A^{-1} [（根据 $I_0 = 40$ A 时得到的实验值 $\eta_{br} = 0.0138$ A^{-1}），放大到 25 kA]。对于铜引线，使用 $\dfrac{Q_{I_0}}{I_0} = 1$ mW/A。

问题4.7的解答

a）根据式（4.35），黄铜引线的 $\left[\dfrac{I_0 \ell}{A}\right]_{br}$ 为：

$$\left[\frac{I_0 \ell}{A}\right]_{br} = \sqrt{\frac{c_{p0}[k_0]_{br}[\rho_0]_{br}}{h_L}} \int_{T_0}^{T_\ell} \frac{\mathrm{d}T}{\rho_{br}(T)} \tag{S7.1}$$

向式（S7.1）中代入 $c_{p0} = 6.0 \ \mathrm{kJ/(kg \cdot K)}$ 和其他物理性质值，有：

$$\left[\frac{I_0 \ell}{A}\right]_{br} = \sqrt{\frac{[6.0 \ \mathrm{kJ/(kg \cdot K)}][22 \ \mathrm{W/(m \cdot K)}](21 \ \mathrm{n\Omega \cdot m})}{(20.7 \ \mathrm{KJ/kg})}}(0.97 \times 10^{10} \ \mathrm{K/\Omega \cdot m})$$

因此：

$$\left[\frac{I_0 \ell}{A}\right]_{br} \equiv [\zeta_0]_{br} \simeq 0.35 \times 10^7 \ \mathrm{A/m} \tag{4.102}$$

b）由铜引线的式（4.32a），我们得到：

$$\left[\frac{Q_{I_0}}{I_0}\right]_{br} = \sqrt{\frac{h_L[k_0]_{br}[\rho_0]_{br}}{c_{p0}}} = \sqrt{\frac{(20.4 \ \mathrm{kJ/kg})[22 \ \mathrm{(W/m \cdot K)}](21 \ \mathrm{n\Omega \cdot m})}{[6.0 \ \mathrm{kJ/(kg \cdot K)}]}} \tag{S7.2}$$

于是：

$$\left[\frac{Q_{I_0}}{I_0}\right]_{br} \simeq 1.25 \ \mathrm{mW/A} \tag{4.103}$$

c）由式（4.41），代入 $\tilde{k}_{br} = 55 \ \mathrm{W/(m \cdot K)}$（表 4.18）和其他值，包括 $\ln\left[\dfrac{\bar{c}_p(T_\ell - T_0)}{h_L} + 1\right] \simeq 4.32$，有：

$$\left[\frac{Q_0}{Q_{I_0}}\right]_{br} = \frac{\tilde{k}_{br}}{\bar{c}_p[\zeta_0]_{br}} \sqrt{\frac{h_L c_{p0}}{[k_0]_{br}[\rho_0]_{br}}} \times \ln\left[\frac{\bar{c}_p(T_\ell - T_0)}{h_L} + 1\right] \tag{S7.3}$$

$$\simeq \frac{[55 \ \mathrm{W/(m \cdot K)}]}{[5.2 \ \mathrm{kJ/(kg \cdot K)}](0.36 \times 10^7 \mathrm{A/m})} \sqrt{\frac{(20.7 \ \mathrm{kJ/kg})[6.0 \ \mathrm{kJ/(kg \cdot K)}]}{[22 \ \mathrm{W/(m \cdot K)}](21 \ \mathrm{n\Omega \cdot m})}} \times 4.32$$

因此,

$$\left[\frac{Q_0}{Q_{I_0}}\right]_{br} \simeq 0.21 \tag{4.104}$$

d) 因为 $\Delta\theta(I_0)=0$ (没有过流), 根据式 (4.107a), 有:

$$[\rho_0]_{br}\ell I_0^2 - 2\nu_{br}\tilde{c}_p A \tilde{T}_0 I_0 = 0 \tag{S7.4}$$

从式 (S7.4) 得:

$$\nu_{br} = \frac{[\rho_0]_{br}\ell I_0}{2\tilde{c}_p A \tilde{T}_0} \tag{4.109}$$

e) 由 $[Q_{I_0}]_{br}=\dot{m}_{br}h_L$ 和 $\dot{m}_{br}(I)=\nu_{br}I[1+\eta_{br}(I-I_0)]$ (假设3):

$$[Q_{I_0}]_{br} = h_L \nu_{br} I[1+\eta_{br}(I-I_0)] \tag{4.110}$$

f) 由式 (4.109) 中的 $\left[\frac{I_0\ell}{A}\right]_{br}$ 和式 (4.110) 在 $I=I_0$ 下的 $[Q_{I_0}]_{br}$:

$$\left[\frac{I_0\ell}{A}\right]_{br} = \nu_{br}\frac{2\tilde{c}_p\tilde{T}_0}{[\rho_0]_{br}} \tag{S7.5a}$$

$$[Q_{I_0}]_{br} = h_L \nu_{br} I_0 \tag{S7.5b}$$

联立式 (S7.5a) 和式 (S7.5b), 我们有:

$$\left[\frac{I_0\ell}{A}\right]_{br} = \left[\frac{Q_{I_0}}{I_0}\right]_{br}\frac{2\tilde{c}_p\tilde{T}_0}{h_L[\rho_0]_{br}} \tag{S7.6}$$

将式 (S7.2) 中的 $\left[\frac{Q_{I_0}}{I_0}\right]_{br}$ 代入式 (S7.6), 有:

$$\left[\frac{I_0\ell}{A}\right]_{br} = \frac{2\tilde{c}_p\tilde{T}_0}{[\rho_0]_{br}}\sqrt{\frac{[k_0]_{br}[\rho_0]_{br}}{h_L c_{p0}}} \tag{4.111}$$

我们可以确定式 (4.111) 中唯一未知的参数 $\tilde{T}_0$ 的值:

$$\tilde{T}_0 = \frac{[\rho_0]_{br}}{2\bar{c}_p}\left[\frac{I_0\ell}{A}\right]_{br}\sqrt{\frac{h_L c_{p0}}{[k_0]_{br}[\rho_0]_{br}}} \tag{S7.7}$$

$$= \frac{(21\ \mathrm{n\Omega\cdot m})}{2[5.19\ \mathrm{kJ/(kg\cdot K)}]}(0.358\times10^7\ \mathrm{A/m})\sqrt{\frac{(20.7\ \mathrm{kJ/kg})[6.0\ \mathrm{kJ/(kg\cdot K)}]}{[22\ \mathrm{W/(m\cdot K)}](21\ \mathrm{n\Omega\cdot m})}} \simeq 120\ \mathrm{K}$$

120 K 是非常合理的。这是因为在 I_0 时，$\tilde{T}_0$ 被假定为整条引线的稳态平均温度，即冷端约 4 K，热端约 293 K，其线性平均值为 149 K。

g）给定过流水平 I 下，由于黄铜的电阻率增加 $\Delta\rho_{br}(I)$，引线电压升高 $\Delta V(I)$；而电阻率的增加又是由引线温度升高 $\Delta\theta(I)$ 引起的，于是：

$$\Delta V(I) = \frac{\ell \Delta\rho_{br}(I)}{A}I = \frac{\gamma_{br}\ell\Delta\theta(I)}{A}I \tag{S7.8}$$

将式（4.108a）中给出的 $\Delta\theta(I)$ 代入，有：

$$\Delta V(I) = \frac{\gamma_{br}\ell}{A}\left\{\frac{[\rho_0]_{br}\ell I^2 - 2\nu_{br}\bar{c}_p A\ \tilde{T}_0 I[1+\eta_{br}(I-I_0)]}{2\nu_{br}\bar{c}_p AI[1+\eta_{br}(I-I_0)] - \gamma_{br}\ell T^2}\right\}I \tag{4.113}$$

h）对于一条 25 kA 气冷黄铜引线，过电流 $I = 75$ kA。将 $h_L = 20.7$ kJ/kg；$\nu_{br} = 6.13\times10^{-8}$ kg/sA；$\eta_{br} = 2.2\times10^{-5}$ A^{-1}；$I_0 = 25$ kA 代入式（4.110），我们有：

$$[Q_{I_0}]_{br} = h_L\nu_{br}I[1+\eta_{br}(I-I_0)]$$

$$= (20.7\ \mathrm{kJ/kg})(6.13\times10^{-8}\ \mathrm{kg/sA})(75\ \mathrm{kA})\times$$

$$[1+(2.2\times10^{-5}\ \mathrm{A^{-1}})(75\ \mathrm{kA}-25\ \mathrm{kA})]$$

$$\simeq 200\ \mathrm{W} \tag{4.110}$$

根据式（4.103），在 $I_0 = 25$ kA 时有 $[Q_{I_0}]_{br} = 31.5$ W。这条黄铜引线在无载流时，由式（4.104）可得 $[Q_0]_{br} \simeq 0.21[Q_{I_0}]_{br} \simeq 6.6$ W。于是，75 kA 持续 300 s 加上 25 kA 持续 1800 s 注入冷池中的总能量 E_{br} 为：

$$E_{br} \simeq (300\ \mathrm{s})(200\ \mathrm{W}) + (1800\ \mathrm{s})(6.6\ \mathrm{W}) \simeq 72\ \mathrm{kJ} \tag{S7.10}$$

在这个 2100 s 的周期内，铜引线需要冷端热输入 33.8 W 冷量以匹配总能量 $E_{br} = 72$ kJ。对于持续运行于 I_0 的气冷铜引线，等价于额定电流 ~35 kA（<75 kA）。尽管气冷**紫铜**引线在过流模式下尚无更多细节研究，我们仍可断定，紫铜引线也可以在一

定的过流水平 $\dfrac{I}{I_0}$ 内安全运行。

气冷黄铜引线的实验结果

这里我们给出一对气冷黄铜引线的实验结果[4.87]。各引线有相同的有效长度（$\ell = 54$ cm）、横截面积（$A = 0.0613$ cm^2），这和额定 280 A 的优化气冷铜引线是一致的。由式（4.102）可知，此黄铜引线额定值 $[I_0]_{br}$ 应为：

$$[I_0]_{br} = \frac{[\zeta_0]_{br}}{\zeta_0} I_0 \simeq \frac{(0.35 \times 10^7 \text{ A/m})}{(2.3 \times 10^7 \text{ A/m})} (280 \text{ A}) \sim 40 \text{ A}$$

图 4.25 给出了该黄铜引线通过电流 0 一直到额定电流 40 A 以及 40 A 到 90 A（过流态）测到的热输入与电流 I 的关系曲线。如我们所料，约在 40 A 前，热输入与 I 成线性关系；超过 40 A 后，结果与式（4.110）给出的实线吻合度很好。

图 4.26 给出了 3 个过电流水平 130 A、150 A 和 203 A 下的 $\Delta V(I)$ 与 t 的关系曲线。实线是实验值，点线是基于 4.113 的理论分析值。203 A 的曲线表明在这个过流水平（$I \sim 5 \times I_0$），引线最终（~ 400 s 后）进入不稳定（过热）区域。结果指出，运行于 ~ 4 倍额定电流的过流水平之下是能够保证安全的。

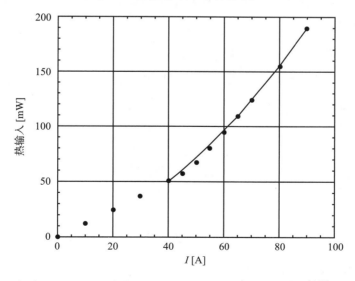

图 4.25　额定 $I_0 = 40$ A 气冷黄铜引线测到的热输入与 I 的关系[4.87]。实线：基于 4.110 的分析值，其中 $\nu_{br} = 6.13 \times 10^{-8}$ kg/sA；$\eta_{br} = 0.0138$ A^{-1}。

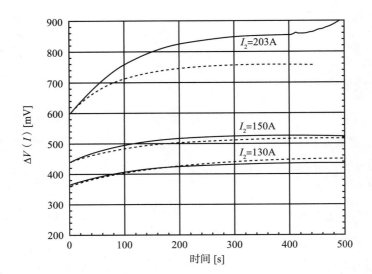

图 4.26　过电流水平 130 A、150 A 和 203 A 下的 $\Delta V(I)$ 与 t 的关系曲线[4.87]。实线：实验值；点线：式（4.108b）和式（4.113）的分析值，其中 $A = 0.0613 \text{ cm}^2$；$\ell = 54$ cm；$c_{p0} = 5.19$ J/(g·K)；$b = 7.4$ nΩ·cm/K。

4.6.26　讨论4.19：气冷支撑棒

低温容器内的结构支撑向低温环境带来传导热负荷。就像讨论 4.14 中的气冷铜电流引线一样，对于跨越 2 个温度、有效长度（冷端 T_0，热端 T_ℓ）为 ℓ、横截面为 A 的支撑棒也可以用氦气来冷却，从而极大降低传导热损耗。

假设棒材料的热导率是温度无关的 $\tilde{k}$，氦和棒之间的传热是理想的。我们可以证明棒在**无氦冷却**时从 T_ℓ 到 T_0 的传导热输入 $Q_{\overline{vp}}$ 与**有氦冷却**的热输入 Q_{vp} 之比为：

$$\frac{Q_{\overline{vp}}}{Q_{vp}} = \frac{c_{p0}(T_\ell - T_0)}{h_L \ln\left[\dfrac{c_{p0}(T_\ell - T_0)}{h_L} + 1\right]} \tag{4.114}$$

我们发现，$\dfrac{Q_{\overline{vp}}}{Q_{vp}}$ 与棒的尺寸和热导率无关。代入 $c_{p0} = 6.0$ J/(g·K)，$h_L = 20.4$ J/g，$T_0 = 4$ K，$T_\ell = 300$ K，式（4.114）得出：

$$\frac{Q_{\overline{vp}}}{Q_{vp}} = \frac{[6.0 \text{ J}/(\text{g·K})](296 \text{ K})}{(20.4 \text{ J/g})\ln(88)} = 19.4 \sim 20$$

即可以通过有效利用冷氦气，能够很大程度地降低通过结构件进入的传导热。

4.6.27　讨论4.20：低温下的结构材料

低温应用的结构材料必须承受大的应力，同时在大温区内仅传递很少的热。一个可以用于检验材料是否适合低温应用的性质是 $\dfrac{\tilde{k}}{\sigma_U}$，这是平均热导率（特定温度区间）和极限拉伸强度的比值。$Q_{\overline{vp}}$ 和 Q_{vp} 都正比于 $\tilde{k}$。

表 4.18 给出了 G10、304 不锈钢、黄铜、紫铜的相关参数值，以衡量它们是否适合作为低温应用的结构材料；列入紫铜是为了表明它不适合。基于 $\dfrac{\tilde{k}}{\sigma_U}$，G10 要比不锈钢好，但不锈钢更容易焊接。

表 4.18　G10、304 不锈钢、黄铜、紫铜的"结构数据"

材　料	$\bar{k}[\mathrm{W/(m\cdot K)}]$			$\sigma_U[\mathrm{MPa}]$	$\bar{k}/\sigma_U$ 近似值$[\mathrm{m^2/Ks}]$
	4~80 K	4~300 K	80~300 K	295 K	（80~300 K）
G10	0.25	0.50	0.56	280	2×10^{-9}
304 不锈钢	4.5	11	13	1300	10×10^{-9}
黄铜	24	55	65	400	2×10^{-7}
紫铜	1300	660	460	250	2×10^{-6}

参考文献

［4.1］ E. Trifon Laskaris, Kenneth G. Herd and Bijan Dorri, "A compact 0.8 T superconducting MRI magnet," *Cryogenics* **34**, 635（1994）.

［4.2］ Toru Kuriyama, Masami Urata, Takashi Yazawa, Kazutaka Yamamoto, Yasumi Ohtani, Kei Koyanagi, Tamaki Masegi, Yutaka Yamada, Shunji Nomura, Hideaki Maeda, Hideki Nakagome and Osamu Horigami, "Cryocooler directly cooled 6 T NbTi superconducting magnet system with 180 mm room temperature bore," *Cryogenics* **34**, 643（1994）.

［4.3］ Lisa Cowey, Peter Cetnik, Kevin Timums, Peter Daniels, John Mellors and Ian Mc-Dougall, "Cryogen free Nb$_3$Sn magnet, operated at 9.5 K with high Tc BiSrCaCuO（2212）current leads," *IEEE Trans. Appl. Superconduc.* **5**, 825（1995）.

［4.4］ Weijun Shen, M. Coffey, W. McGhee, "Development of 9. 5 T NbTi cryogen-free magnet," *IEEE Trans. Appl. Superconduc.* **11**, 2619（2001）.

［4.5］ C. H. Chang, F. Z. Hsiao, C. S. Hwang, M. H. Huang, and C. T. Chen, "Design of a 7. 5 T superconducting quadrupole magnet for magnetic circular dichroism experiments," *IEEE Trans. Appl. Superconduc.* **12**, 718（2002）.

［4.6］ Achim Hobl, Detlef Krischel, Michael Poier, Ruediger Albrecht, Ralf Bussjaeger, and Uwe Konopka, "Design, manufacture, and test of a large bore cryogen-free magnet," *IEEE Trans. Appl. Superconduc.* **13**, 1569（2003）.

［4.7］ R. Hirose, S. Hayashi, S. Fukumizu, Y. Muroo, H. Miyata, Y. Okui, A. Itoki, T. Kamikado, O. Ozaki, Y. Nunoya, and K. Okuno, "Development of 15 T cryogenfree superconducting magnets," *IEEE Trans. Appl. Superconduc.* **16**, 953（2006）.

［4.8］ Yingming Dai, Luguang Yan, Baozhi Zhao, Shousen Song, Yuanzhong Lei, and QuiliangWang, "Tests on a 6 T conduction-cooled superconducting magnet," *IEEE Trans. Appl. Superconduc.* **16**, 961（2006）.

［4.9］ M. A. Daugherty, J. Y. Coulter, W. L. Hults, D. E. Daney, D. D. Hill, D. E. McMurry, M. C. Martinez, I. G. Phillips, J. O. Willis, H. J. Boenig, F. C. Prenger, A. J. Rodenbushand S. Young "HTS high gradient magnetic separation system," *IEEE Trans. Appl. Superconduc.* **7**, 650（1997）.

［4.10］ K. Watanabe, S. Awaji, K. Takahashi, G. Nishijima, M. Motokawa, Y. Sasaki, Y. Ishikawa, K. Jikihara, J. Sakuraba, "Construction of the cryogen-free 23 T hybrid magnet," *IEEE Trans. Appl. Superconduc.* **12**, 678（2002）.

［4.11］ J. Good and R. Mitchell, "A desktop cryogen free magnet for NMR and ESR," *IEEE Trans. Appl. Superconduc.* **16**, 1328（2006）.

［4.12］ G. Snitchler, S. S. Kalsi, M. Manlief, R. E. Schwall, A. Sidi - Yekhlef, S. Ige and R. Medeiros, "High-field warm-bore HTS conduction cooled magnet," *IEEE Trans. Appl. Superconduc.* **9**, 553（1999）.

［4.13］ K. Sato, T. Kato, K. Ohkura, S. Kobayashi, K. Fujino, K. Ohmatsu and K. Hayashi, "Performance of all high-Tc superconducting magnets generating 4 T and 7 T at 20 K," *Supercond. Sci. Technol.* **13**, 18（2000）.

［4.14］ Hitoshi Kitaguchi, Hiroaki Kumakura, Kazumasa Togano, Michiya Okada, Katsunori Azuma, Hiroshi Morita, Jun-ichi Sato, "Cryocooled Bi2212/Ag solenoid magnet system generating 8 T in 50 mm room temperature bore; design and preliminary test," *IEEE Trans. Appl. Superconduc.* **10**, 495 (2000).

［4.15］ R. Musenich, P. Fabbricatore, S. Farinon, C. Ferdeghini, G. Grasso, M. Greco, A. Malagoli, R. Marabotto, M. Modica, D. Nardelli, A. S. Siri, M. Tassisto, and A. Tumino, "Behavior of MgB$_2$ react & wind coils above 10 K," *IEEE Trans. Appl. Superconduc.* **15**, 1452 (2005).

［4.16］ L'ubomKopera, Pavol Kovac, and Tibor Melisek, "Compact design of cryogenfree HTS magnet for laboratory use," *IEEE Trans. Appl. Superconduc.* **16**, 1415 (2006).

［4.17］ Richard McMahon, Stephen Harrison, Steve Milward, John Ross, Robin Stafford Allen, Claude Bieth, Sa˝id Kantas, and Gerry Rodrigues, "Design and manufacture of high temperature superconducting magnets for an electron cyclotron resonance ion source," *IEEE Trans. Appl. Superconduc.* **14**, 608 (2004).

［4.18］ Kaoru Nemoto, Motoaki Terai, Motohiro Igarashi, Takeshi Okutomi, Satoshi Hirano, Katsuyuki Kuwano, Shigehisa Kusada, Tomohisa Yamashita, Yasuto Yanse, Toru Kuriyama, Taizo Tosaka, Kenji Tasaki, Kotaro Marukawa, Satoshi Hanai, Mutsuhiko Yamaji, and Hiroyuki Nakao, "HTS magnet for Maglev applications (2) —magnet structure and performance," *IEEE Trans. Appl. Superconduc.* **16**, 1104 (2006).

［4.19］ Juan Bascunan (Personal communication, 2002).

［4.20］ Luca Bottura (Personal communication, 2004).

［4.21］ G. Bon Mardion, G. Claudet, and P. Seyfert, "Practical data on steady state heat transport in superfluid helium at atmospheric pressure," *Cryogenics* **29**, 45 (1979).

［4.22］ Steven W. Van Sciver (personal communication, 1993).

［4.23］ G. Claudet, C. Mwueia, J. Parain, and B. Turck, "Superfluid helium for stabilizing superconductors against local disturbances," *IEEE Trans. Magn.* **MAG−15**, 340 (1979).

［4.24］ Steven W. Van Sciver, *Helium Cryogenics*, (Plenum Press, New York, 1986), 182.

［4.25］ See, for example, C. Taylor, R. Althaus, S. Caspi, W. Gilbert, W. Hassenzahl, R. Meuser, J. Reschen, R. Warren, "Design of epoxy−free superconducting dipole magnets and performance in both helium I and pressurized helium II," *IEEE Trans. Magn.* **MAG−17**, 1571 (1981).

［4.26］ M. J. Leupold and Y. Iwasa, "A subcooled superfluid helium cryostat for a hybrid magnet system," *Cryogenics* **26**, 579 （1986）.

［4.27］ Isaac Asimov, *Asimov's Biographical Encyclopedia of Science and Technology* （Doubleday, New York, 1964）.

［4.28］ Takashi Noguchi, "Vacuum insulation for a cryostat," *Cryogenic Engineering* （*in Japanese*） **28**, 355 （1993）.

［4.29］ Randall F. Barron, *Cryogenic Systems* 2nd Ed., （Clarendon University Press, Oxford, 1985）.

［4.30］ Yukikazu Iwasa, "A 'permanent' HTS magnet system: key design & operational issues," *Advances in Superconductivity* **X** （Springer-Verlag, Tokyo, 1998）, 1377.

［4.31］ Benjamin J. Haid, "*A 'permanent' high-temperature superconducting magnet operated in thermal communication with a mass of solid nitrogen*," Ph. D. thesis, Department of Mechanical Engineering, M. I. T., Cambridge, MA （June, 2001）.

［4.32］ Benjamin J. Haid, Haigun Lee, Yukikazu Iwasa, Sang-Soo Oh, Young-Kil Kwon, and Kang-Sik Ryu, "Design analysis of a solid heat capacitor cooled 'Permanent' high-temperature superconducting magnet system," *Cryogenics* **42**, 617 （2002）.

［4.33］ L. A. Koloskova, I. N. Krupskii, V. G. Manzhelii, and B. Ya. Gorodilov, "Thermal conductivity of solid nitrogen and carbon monoxide," *Sov. Phys. Solid State* **15**, 1278 （1973）.

［4.34］ T. A. Scott, "Solid and liquid nitrogen," *Physics Reports* （*Section C of Physics Letters* **27**, 89 （1976）.

［4.35］ V. A. Rabinovich, A. A. Vasserman, V. I. Nedostup, L. S. Veksler, *Thermophysical Properties of Neon, Argon, Krypton, and Xenon* （Hemisphere Publishing Corp., New York, 1988）.

［4.36］ Akira Sugawara, Hisashi Isogami, Benjamin J. Haid, and Yukikazu Iwasa, "Beneficial effects of solid nitrogen on a BSCCO-2223/Ag composite subjected to local heating," *Physica C*, 1443 （2002）.

［4.37］ Hisashi Isogami, Benjamin Haid, and Yukikazu Iwasa, "Thermal behavior of a solid nitrogen impregnated high-temperature superconducting pancake test coil under transient heating," *IEEE Trans. Appl. Superconduc.* **11**, 1852 （2001）.

［4.38］ T. Nakamura, I. Muta, K. Okude, A. Fujio, and T. Hoshino, "Solidification of nitrogen refrigerant and its effect on thermal stability of HTSC tape," *Physica C*, **372–376**, 1434（2002）.

［4.39］ T. Nakamura, K. Higashikawa, I. Muta, A. Fujio, K. Okude, and T. Hoshino, "Improvement of dissipative property in HTS coil impregnated with solid nitrogen," *Physica C* **386**, 415（2003）.

［4.40］ T. Nakamura, K. Higashikawa, I. Muta, and T. Hoshino, "Performance of conduction-cooled HTS tape with the aid of solid nitrogen-liquid neon mixture," *Physica C* **412–414**, 1221（2004）.

［4.41］ Frank Pobell, *Matter and Methods at Low Temperature*, 2nd Ed.（Springer Verlag, New York, 1996）.

［4.42］ Jack W. Ekin, *Experimental Techniques for Low Temperature Measurements*（Oxford University Press, Oxford, 2006）.

［4.43］ L. G. Rubin, "Cryogenic thermometry: a review of progress since 1982," *Cryogenics* **37**, 341（1997）.

［4.44］ Temperature Measurement and Control（Lake Shore Cryotronics, Inc., Westerville, OH 43082–8888）.

［4.45］ G. W. Burns, M. G. Scroger, G. F. Strouse, M. C. Croarkin, and W. F. Guthrie, "Temperature-Electromotive Force Reference Functions and Tables for the Letter-Designated Thermocouple Types Based on the ITS–90"（NIST Monograph 175, 1993）.

［4.46］ Linus Pauling, *College Chemistry*, 2nd Ed.（W. H. Freeman, San Francisco, 1955）.

［4.47］ J. E. C. Williams, "Counterflow current leads for cryogenic applications," *Cryogenics* **3**, 234（1963）.

［4.48］ V. E. Keilin and E. Y. Klimenko, "Investigation into high current leads in liquid helium application," *Cryogenics* **6**, 222（1966）.

［4.49］ K. R. Efferson, "Helium vapor cooled current leads," *Rev. Sci. Instru.* **38**, 1776（1967）.

［4.50］ Yu. L. Buyanov, A. B. Fradkov and I. Yu. Shebalin, "A review of current leads for cryogenic devices," *Cryogenics* **15**, 193（1975）.

［4.51］ H. Katheder, L. Schappals, "Design and test of a 10 kA gas-cooled current-lead for superconducting magnets," *IEEE Trans. Magn.* **17**, 2071（1981）.

［4.52］ Ho-Myung Chang, Jung Joo Byun, Hong-Beom Jin, "Effect of convection heat transfer on the design of vapor-cooled current leads," *Cryogenics* **46**, 324 (2006).

［4.53］ Yuenian Huang, G. William Foster, Seog-Whan Kim, Peter O. Mazur, Andrew Oleck, Henryk Piekarz, Roger Rabehl, and Masayoshi Wake, "The development of 100 kA current leads for a superconducting transmission line magnet," *IEEE Trans. Appl. Superconduc.* **16**, 457 (2006).

［4.54］ E. Tada, Y. Takahashi, T. Ando and S. Shimamoto, "Experiences on high current leads for superconducting magnets; seven types from 1 kA to 30 kA," *Cryogenics* **24**, 200 (1984).

［4.55］ Richard McFee, "Optimum input leads for cryogenic apparatus," *Rev. Sci. Instr.* **30**, 98 (1959).

［4.56］ Ho-Myung Chang and Steven W. Van Sciver, "Thermodynamic optimization of conduction-cooled HTS current leads," *Cryogenics* **38**, 729 (1998).

［4.57］ D. U. Gubser, M. M. Miller, L. Toth, R. Rayne, S. Lawrence, N. McN. Alford, and T. W. Button, "Superconducting current leads of YBCO and Pb-BSCCO," *IEEE Trans. Magn.* **27**, 1854 (1991).

［4.58］ B. Dorri, K. Herd, E. T. Laskaris, J. E. Tkaczyk, and K. W. Lay, "High temperature superconducting current leads for cryogenic applications in moderate magnetic fields," *IEEE Trans. Magn.* **27**, 1858 (1991).

［4.59］ A. Matrone, G. Rosatelli, R. Vaccarone, "Current leads with high Tc superconductor bus bars," *IEEE Trans. Magn.* **25**, 1742 (1989).

［4.60］ J. R. Hull, "High temperature superconducting current leads for cryogenic apparatus," *Cryogenics* **29**, 1116 (1989).

［4.61］ F. Grivon, A. Leriche, C. Cottevieille, J. C. Kermarrec, A. Petitbon, A. F' evrier, "YBaCuO current lead for liquid helium temperature applications," *IEEE Trans. Magn.* **27**, 1866 (1991).

［4.62］ J. L. Wu, J. T. Dederer, P. W. Eckels, S. K. Singh, J. R. Hull, R. B. Poepple, C. AYoungdahl, J. P. Singh, M. T. Lanagan, and U. Balachandran, "Design and testing of a hightemperature superconducting current lead," *IEEE Trans. Mag.* **27**, 1861 (1991).

［4.63］ Y. S. Cha, R. C. Niemann, and J. R. Hull, "Thermodynamic analysis of helium boiloff experiments with pressure variations," *Cryogenics* **33**, 675 (1993).

［4.64］ K. Ueda, T. Bohno, K. Takita, K. Mukae, T. Uede, I. Itoh, M. Mimura, N. Uno, T. Tanaka, "Design and testing of a pair of current leads using bismuth compound," *IEEE Trans. Appl. Superconduc.* **3**, 400 (1993).

［4.65］ P. F. Herrmann, C. Albrecht, J. Bock, C. Cottevieille, S. Elschner, W. Herkert, M. - O. Lafon, H. Lauvray, A. Leriche, W. Nick, E. Preisler, H. Salzburger, J. - W. Tourre, T. Verhaege, "European project for the development of high Tc current leads," *IEEE Trans. Appl. Superconduc.* **3**, 876 (1993).

［4.66］ Y. Yamada, T. Yanagiya, T. Hasebe, K. Jikihara, M. Ishizuka, S. Yasuhara, M. Ishihara, "Superconducting current leads of Bi - based oxide," *IEEE Trans. Appl. Superconduc.* **3**, 923 (1993).

［4.67］ R. Wesche and A. M. Fuchs, "Design of superconducting current leads," *Cryogenics* **34**, 145 (1994).

［4.68］ B. Zeimetz, S. X. Dou, H. K. Liu, "Vapour cooled high current leads utilizing Bi2223/Ag tapes," *Supercond. Sci. Technol.* **11**, 1091 (1998).

［4.69］ Q. L. Wang, D. Y. Jeong, S. S. Oh, H. J. Kim, J. W. Cho and K. C. Seong, "Design of Bi - based superconducting current lead for SMES," *IEEE Trans. Appl. Superconduc.* **9**, 499 (1999).

［4.70］ A. Ballarino, "High temperature superconducting current leads for the large hadron collider," *IEEE Trans. Appl. Superconduc.* **9**, 523 (1999).

［4.71］ Andrew V. Gavrilin, Victor E. Keilin, Ivan A. Kovalev, Sergei L. Kruglov, Vladimir I. Shcherbakov, Igor I. Akimov, Dmitry K. Rokov, and Alexander K. Shikov, "Optimized HTS current leads," *IEEE Trans. Appl. Superconduc.* **9**, 531 (1999).

［4.72］ Darren M Spiller, C Beduz, M K Al-Mosawi, C M Friend, P Thacker and A Ballarino, "Design optimization of 600 A - 13 kA current leads for the Large Hadron Collider project at CERN," *Supercond. Sci. Technol.* **14**, 168 (2001).

［4.73］ T. Isono, K. Kawano, K. Hamada, K. Matsui, Y. Nunoya, E. Hara, T. Kato, T. Ando, K. Okuno, T. Bohno, A. Tomioka, Y. Sanuki, K. Sakaki, M. Konno and T. Uede, "Test results of 60-kA HTS current lead for fusion application," *Physica C: Superconductivity* **392−396**, 1219 (2003).

［4.74］ R. Heller, W. H. Fietz, R. Lietzow, V. L. Tanna, A. Vostner, R. Wesche, G. R. Zahn, "70 kA high temperature superconductor current lead operation at 80 K,"

IEEE Trans. Appl. Superconduc. **16**, 823 (2006).

［4.75］ Yukikazu Iwasa and Haigun Lee, "High-temperature superconducting current lead incorporating operation in the current-sharing mode," *Cryogenics* **40**, 209 (2000).

［4.76］ Haigun Lee, Paul Arakawa, Kenneth R. Efferson, Robert Fielden, and Yukikazu Iwasa, "AMI-MIT 1-kA leads with high-temperature superconducting sections—design concept and key parameters," *IEEE Trans. Appl. Superconduc.* **11**, 2539 (2001).

［4.77］ M. Lakrimi, J. Brown, P. Cetnik, M. Wilkinson, D. Clapton, R. Fair, K. Smith, and P. Noonan, "Low boil-off HTS current lead," *IEEE Trans. Appl. Superconduc.* **17**, 2270 (2007).

［4.78］ H. Fujishiro, M. Ikebe, K. Noto, T. Sasaoka, and K. Nomura, "Thermal and electrical properties of Ag – Au and Ag – Cu alloy tapes for metal stabilizers of oxide superconductors," *Cryogenics* **33**, 1086 (1993). Additional data by H. Fujishiro (Iwate University) —private communication (2004).

［4.79］ Helen Miles Davis, *The Chemical Elements* (Ballantine Books, New York, 1964).

［4.80］ K. Mendelssohn, *The Quest for Absolute Zero* (World University Library, New York, 1966).

［4.81］ M. N. Wilson and G. J. Homer, "Low loss heavy current leads for intermittent use," *Cryogenics* **13**, 672 (1973).

［4.82］ Yu. L. Buyanov and I. Yu. Shebalin, "Current leads to a cryostat working under short-term load conditions," *Cryogenics* **15**, 611 (1975).

［4.83］ R. F. Berg and G. G. Ihas, "Simple 100 A current leads for low duty cycle use," *Cryogenics* **23**, 437 (1983).

［4.84］ Sangkwon Jeong and Schwan In, "Investigation on vapor-cooled current leads operating in a pulse mode," *Cryogenics* **44**, 241 (2004).

［4.85］ Andrew V. Gavrilin, Victor E. Keilin, "Overload current leads," *MT* – 15 *proceedings* (Beijing, China: Science Press), 1254 (1998).

［4.86］ A. F. Clark, G. E. Childs, and G. H. Wallace, "Electrical resistivity of some engineering alloys at low temperatures," *Cryogenics* **10**, 295 (1970).

［4.87］ Haigun Lee, Paul Arakawa, Kenneth Efferson, and Yukikazu Iwasa, "Helium vaporcooled brass current leads: experimental and analytical results," *Cryogenics* **41**, 485

第 5 章

磁　化

5.1　引言

本章我们使用比恩（Bean）于 1962 年提出的磁化唯象理论来研究第 II 类超导体的磁化[5.1]。第 1 章指出，在大部分超导磁体应用所关心的磁场范围（>~0.5 T）内，第 II 类超导体处于混合态，即在超导态的"海"中存在正常态的"岛"。当第 II 类超导体处于时变磁场下或传输时变电流时，这些"岛"中将产生损耗，体现为磁通跳跃（一种暂态现象）或交流损耗。适用于 LTS 和 HTS 的所谓**比恩临界态模型**（Bean's Critical state model），以闭式表达式成功阐明了消除磁通跳跃和最小化交流损耗的必要条件。

现今，已经有了几乎可以完全消除 LTS 线/缆磁通跳跃的成熟制造方法。我们在本章将学习到，磁通跳跃在 HTS 中并不像在 LTS 中那么重要。既然磁化仅有助于消除磁通跳跃，那在 HTS 应用中可将其视为次要问题。不过，磁化在 LTS 和 HTS 的交流损耗中也起到重要作用，所以我们用一章的篇幅来研究它。交流损耗将在第 7 章更详细的讨论。

5.2　第 II 类超导体的比恩理论

5.2.1　无传输电流

和很多成功的理论一样，比恩模型基于一些假设，用简单的数学推导出了与实验结果有很好一致性的闭式表达式[5.2-5.5]。在比恩模型中，超导体有最简单的几何结构：一个超导体平板，x 向宽为 $2a$，y 和 z 向无限长。磁场（H,B,M）指向 y 向，而电流（I,J）沿 z 向。比恩模型假定 $J=J_c$（临界电流密度）且不依赖于磁场和温度。

因此，磁场本构关系可以简化为：

$$M = \frac{B}{\mu_0} - H \tag{5.1}$$

根据比恩模型，磁感应强度 B 在硬超导体表面薄层内不为 0，而是等于超导体的体平均 $\mu_0 H_s$。其中，H_s 是超导体内的磁场。

无限高（y 向）、无限深（z 向）、$2a$ 宽（x 向）第 II 类超导体平板如图 5.1 所示。平板原始状态未暴露于磁场。令外磁场 H_e 平行于板施加，板内将产生 $H_s(x)$。根据安培定律 $\mathbf{\nabla} \times H = J = J_c$，我们可得超导体内的磁场 $H_s(x)$：

$$H_s(x) = 0, \quad (x^* \leqslant x \leqslant x^+) \tag{5.2a}$$

$$H_s(x) = H_e - J_c x, \quad (0 \leqslant x \leqslant x^*) \tag{5.2b}$$

$$H_s(x) = H_e + J_c(x - 2a), \quad (x^+ \leqslant x \leqslant 2a) \tag{5.2c}$$

注意，$H_s(x)$ 的斜率等于 J_c，当 J_c 大于 0 时（z 向，朝向纸面外）大于 0，J_c 小于 0 时小于 0。x^*（和 $2a-x^+$）给出磁场在板内的穿透程度，表示为：

$$x^* = \frac{H_e}{J_c} \tag{5.3a}$$

在 $H_e = H_p \equiv J_c a$ 时，$x^* = x^+ = a$，整个板处于临界态。H_p 是所谓的穿透磁场（penetration field），定义为：

$$H_p \equiv J_c a \tag{5.3b}$$

板内的平均磁感应强度由下式给出：

$$\tilde{B}_s = \frac{\mu_0}{2a} \int_0^{2a} H_s(x)\, dx = \frac{\mu_0}{2a} \times (\text{图 5.1 中阴影面积}) \tag{5.4a}$$

$$= 2 \times \frac{\mu_0}{2a} \times \frac{H_e x^*}{2} = \frac{\mu_0 H_e^2}{2a J_c} \tag{5.4b}$$

$$= \frac{\mu_0 H_e^2}{2 H_p} \tag{5.4c}$$

根据定义 $M = \dfrac{\tilde{B}_s}{\mu_0} - H_e$，可得

$$- M = H_e - \frac{H_e^2}{2H_p},\,(\,0 \leqslant H_e \leqslant H_p\,) \tag{5.5}$$

超导体是抗磁性的，它的磁化强度是$-M$。

随着外场的进一步增加，磁场将最终穿透整个板（$H_e \geqslant H_p$），根据 $\tilde{B}_s = H_e - \dfrac{H_p}{2}$，有：

$$- M = \frac{1}{2}H_p = \frac{1}{2}J_c a,\,(\,H_e \geqslant H_p\,) \tag{5.6}$$

图 5.1 中的虚线对应 $H_e = H_p$ 的情况。

图 5.2 中的点线表示的是 $H_s(x)$ 在 $H_e = H_m > 2H_p$ 时的情况。其中，H_m 是外施磁场序列的最大值。

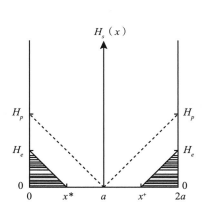

图 5.1　置于外磁场中的第Ⅱ类超
导体平板。

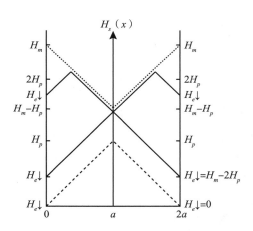

图 5.2　退场过程中的 $H_s(x)$：$H_e \downarrow =$
$H_m \rightarrow 0$。

随着 H_e 从 H_m 减至 0，$H_s(x)$ 如图 5.2 中的实线所示变化。当 $H_e = H_m - 2H_p$ 时，$-M$ 成为 $-\dfrac{H_p}{2}$。可以看到，外场从 H_m 到 $H_e \downarrow = 0$ 的退场过程中，$-M(H_e)$ 由下式给出：

$$- M(H_e) = \frac{1}{2}H_p - (H_m - H_e) + \frac{(H_m - H_e)^2}{4H_p} \qquad (H_e \downarrow = H_m \rightarrow H_m - 2H_p) \tag{5.7a}$$

$$= -\frac{1}{2}H_p \qquad (H_e \downarrow = H_m - 2H_p \rightarrow 0) \tag{5.7b}$$

注意，当外场施于原始状态板时，$-M$ 是 H_e 的二次函数。而在 H_e 退回至 0 时，$-M(H_e)=-\dfrac{H_p}{2}$。剩余磁化如图 5.2 中的虚线所示。可知，第Ⅱ类超导体一旦被置于磁场，就会因此被磁化。剩余磁化不能通过外施磁场的方法去除。一种去除它的方法是加热超导体至临界温度 T_c 以上。

图 5.3 给出了磁场从 0 增至 $H_m = H_{c2}$ 又退回至 0 的完整正向磁场序列图。其中，H_{c2} 是超导体的上临界场。实线是基于由比恩的关于 J_c 不依赖磁场的假设而导出的式（5.5）~式（5.7）确定的。虚线是根据实际情况做的定性修正[5.2-5.5]，反映了 J_c 随磁场衰减、在 H_{c2} 时为 0 的事实。注意，磁化是回滞的，其幅值在 $H_p<H_e<H_m-2H_p$ 范围内，有 $\Delta M=-M(H_e\uparrow)+M(H_e\downarrow)$，$H_p=J_c a$。因此，可以通过磁化的测量获得 $J_e(H_e)$ 数据（见讨论 5.4）。

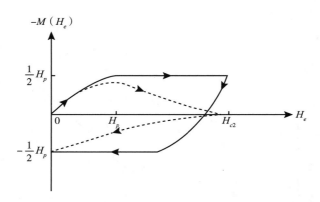

图 5.3　某硬超导体平板在外磁场（$0\rightarrow H_{c2}\rightarrow 0$）下的磁化和外场关系。其中，实线表示 J_c=常量。虚线定性表示了电流随磁场下降的事实，在 H_{c2} 时 J_c=0。

图 5.4 显示了如图 5.1 所示磁场序列所对应的板内电流分布。注意 $J_c=\dfrac{H_p}{2a}$。y 向的**单位长度净电流** ［A/m］沿板的 z 向流动，由下式给出：

$$I = \int_0^{2a} J(x)\,\mathrm{d}x = 0 \tag{5.8}$$

如我们所期望的那样，在没有传输电流时，应有 $I=0$。

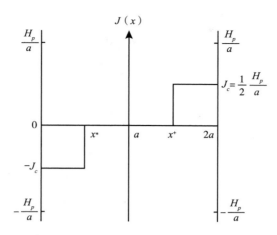

图 5.4   在图 5.1 给出的磁场 $H_s(x)$ 下的 $J(x)$。

5.2.2   传输电流对磁化的效应

当有传输电流 $I_t(y$ 向**单位长度**) 在板中沿 $+z$ 方向（流出纸面）时，我们看到在 $x = 2a$ 处磁场有一个 $\dfrac{I_t}{2}$ 的增加，在 $x = 0$ 处有一个 $\dfrac{I_t}{2}$ 的减少。

因为板内的屏蔽电流是从表面逐渐进入内部的，板内的场分布 $H_s(x)$ 如图 5.5 所示。图中的 x^* 和 x^+ 由下式给出：

$$-\frac{1}{2}I_t + J_c x^* = 0 \tag{5.9a}$$

$$J_c(x^+ - 2a) + \frac{1}{2}I_t = 0 \tag{5.9b}$$

$$x^* = \frac{I_t}{2J_c} \quad , \quad x^+ = 2a - \frac{I_t}{2J_c} \tag{5.9c}$$

图 5.6 给出了板内的电流分布 $J(x)$。沿着板宽度方向积分，我们可以得到板内的净电流就是 I_t：

$$I = \int_0^{2a} J(x)\,\mathrm{d}x = J_c x^* + J_c(2a - x^+) \tag{5.10a}$$

$$= \frac{1}{2I_t} + \frac{1}{2I_t} = I_t \tag{5.10b}$$

即板内的净电流就是外施电流。注意，若外磁场 $H_e \vec{i}_y$ 在 I_t 通入**后**施加，基本不会改变电流的分布（图 5.5 和图 5.6）；但若外磁场**先**于电流施加，则 $H_s(x)$ 和 $J(x)$ 分布会不同。讨论 5.1 中将详细研究传输电流对磁化的影响。

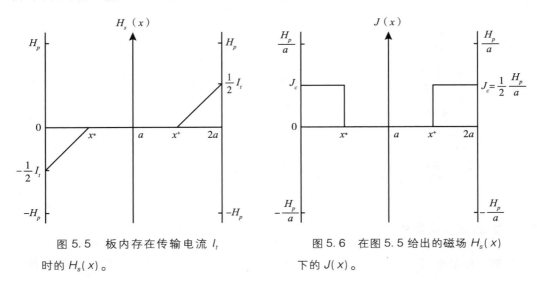

图 5.5　板内存在传输电流 I_t 时的 $H_s(x)$。

图 5.6　在图 5.5 给出的磁场 $H_s(x)$ 下的 $J(x)$。

5.3　测量技术

这里我们讨论最常使用的测量磁化的技术。图 5.7 给出了本项技术的关键组件[5.6]：①初级探测线圈；②次级探测线圈；③平衡分压器。图中虽未画出但也同等重要的是积分器，它将电桥输出电压 V_{bg} 转换为正比于 $M(H_e)$ 的电压信号。测试样品置于初级探测线圈内。当初级探测线圈和次级探测线圈置于基本均匀的时变外磁场 $H_e(t)$ 中时，2 个线圈的端子上的感应电压为 $V_{pc}(t)$ 和 $V_{sc}(t)$：

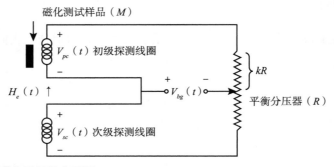

图 5.7　磁化测量技术原理。

$$V_{pt}(t) = \mu_0 N_{pc} A_{pc} \left[\frac{\mathrm{d}M}{\mathrm{d}t} + \left(\frac{\mathrm{d}\tilde{H}_e}{\mathrm{d}t} \right)_{pc} \right] \qquad (5.11a)$$

$$V_{sc}(t) = \mu_0 N_{sc} A_{sc} \left(\frac{\mathrm{d}\tilde{H}_e}{\mathrm{d}t} \right)_{sc} \qquad (5.11b)$$

下标 pc 和 sc 分别表示初级线圈（primary coil）和次级线圈（second coil）。N 是线圈的匝数，A 是每一匝线圈耦合 $H_e(t)$ 的有效面积，$\tilde{H}_e$ 是磁场在各线圈内的空间平均值。

电桥输出电压 V_{bg} 为：

$$V_{bg}(t) = (k-1)V_{pt}(t) + kV_{sc}(t) \qquad (5.12)$$

其中，k 是一个介于 0~1 的常数，表示分压电阻（R）在初级线圈侧的分压（图 5.7）。联立式（5.11）和式（5.12）两式，可得：

$$V_{bg}(t) = (k-1)\mu_0 N_{pc} A_{pc} \frac{\mathrm{d}M}{\mathrm{d}t} + (k-1)\mu_0 N_{pc} A_{pc} \left(\frac{\mathrm{d}\tilde{H}_e}{\mathrm{d}t} \right)_{pc} + k\mu_0 N_{sc} A_{sc} \left(\frac{\mathrm{d}\tilde{H}_e}{\mathrm{d}t} \right)_{sc} \quad (5.13)$$

通过调节分压系数 k，可以满足下面的条件，令 $V_{bg}(t)$ 正比于 $\dfrac{\mathrm{d}M}{\mathrm{d}t}$：

$$(k-1)\mu_0 N_{pc} A_{pc} \left(\frac{\mathrm{d}\tilde{H}_e}{\mathrm{d}t} \right)_{pc} + k\mu_0 N_{sc} A_{sc} \left(\frac{\mathrm{d}\tilde{H}_e}{\mathrm{d}t} \right)_{sc} = 0 \qquad (5.14a)$$

$$V_{bg}(t) = (k-1)\mu_0 N_{pc} A_{pc} \frac{\mathrm{d}M}{\mathrm{d}t} \qquad (5.14b)$$

尽管在实际中式（5.14a）所需要的条件在很大频率范围内不总是能满足，但式（5.14b）对多数情况都是有效的近似。一般 k 接近 0.5。$V_{bg}(t)$ 馈入积分器，其输出 $V_{mz}(t)$ 正比于 M。特别的，如果样品是原始状态（$M=0$），磁场 $H_e(t)$ 从 0（$t=0$）增至（$H_e\uparrow$）$H_e(t=t_1)$，我们有：

$$V_{mz}(H_e\uparrow) = \frac{1}{\tau_{it}} \int_0^{t_1} V_{bg}(t)\,\mathrm{d}t = \frac{(k-1)\mu_0 N_{pc} A_{pc}}{\tau_{it}} M(H_e) \qquad (5.15)$$

式中，τ_{it} 是积分器有效时间常数。如果 $H_e > H_p$，有 $M(H_e) = \dfrac{-H_p}{2} = \dfrac{-J_c a}{2}$［式（5.6）］，

则上式简化为：

$$V_{mz}(H_e\uparrow > H_p) = -f_m\frac{(k-1)\mu_0 N_{pc}A_{pc}}{\tau_{it}}\left(\frac{J_c a}{2}\right) \tag{5.16a}$$

因数 f_m 是样品磁性材料所占体积与样品总体积之比。之所以需要这个因数是因为待磁化测试的样品一般不是全部由磁性材料组成。比如多丝导体，样品除了超导丝，还存在基底金属和其他非磁性材料，如绝缘体。如果外场按 $0\to H_m > H_p\to H_e\downarrow$ $< H_m - 2H_p$ 顺序，我们有：

$$V_{mz}(H_e\downarrow < H_m - 2H_p) = f_m\frac{(k-1)\mu_0 N_{pc}A_{pc}}{\tau_{it}}\left(\frac{J_c a}{2}\right) \tag{5.16b}$$

于是，$\Delta V_{mz} = V_{mz}(H_e\uparrow > H_p) - V_{mz}(H_e\downarrow < H_m - 2H_p)$ 正比于在 H_e 处磁化曲线的"宽度"：

$$\Delta V_{mz} = -f_m\frac{(k-1)\mu_0 N_{pc}A_{pc}}{\tau_{it}}J_c a \tag{5.16c}$$

由上式可看出，ΔV_{mz} 直接正比于 J_c 和 a。

图 5.8 给出的是 MgB_2 在 10 K、20 K、30 K 时，磁场按 $0\to1.7\ T\to0\to-1.7\ T\to0$[5.7] 施加时的磁化与磁场的关系。注意，不像图 5.3 给出的是 $-M(H_e)$ 不同，本图还有 $+M(H_e)$。因为图线在 x 轴（磁场）并不偏斜，我们可以认为本测试中初次、二次线圈已取得了很好的平衡。

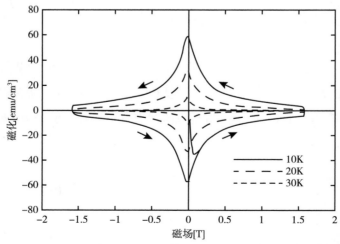

图 5.8　MgB_2 在 10 K、20 K、30 K 3 种温度下的磁化和磁场关系[5.7]。

磁化的回滞特性清晰印证了 MgB_2 是第 II 类超导体的事实。它的抗磁性在各图线的第一部分（磁场从 0 T 增至 1.7 T 时）明显可见。

从比恩模型可知，$H_p = J_c a$，即磁化直接正比于 J_c。然而，实际上 J_c 不仅是磁场还是温度的减函数。图 5.8 中明显可见对 J_c 和温度 T 的依赖。图中的 M 的单位是 emu/cm^3，非 SI 单位。讨论 5.1 中，我们将以图 5.8 数据为基础，应用比恩模型计算这种材料在 10 K 和零场下的 J_c。

5.4 专题

5.4.1 讨论5.1：有传输电流时的磁化

如先前文所述，传输电流存在下的磁化依赖于外场和传输电流施加的顺序。这里我们考虑 3 种情况：①先加磁场后加传输电流；②先通电流后加磁场；③磁场和电流交替施加。

A. 先加磁场后加传输电流

图 5.9 给出了厚度为 $2a$ 的比恩板在施加如下特定磁场-电流序列后内部磁场 $H_s(x)$ 的特征。

1. $H_{s1}(x)$，有 $H_e = 2.5H_p$，无传输电流，如图 5.9 的点线。

2. $H_{s2}(x)$，通过传输电流 $I_t = J_c a = \dfrac{I_c}{2}$ 后，施加恒定外场，如图 5.9 的实线。其中，$J_c a = H_p$。

3. $H_{s3}(x)$，传输电流进一步增加到 $2J_c a = I_c$ 后，磁场 $H_e = 2.5H_p$，最终 $H_{s3}(0) = 1.5H_p$ 以及 $H_{s3}(2a) = 3.5H_p$，如图 5.9 的虚线。

$H_{s1}(x)$ 和 $H_{s3}(x)$ 是很直接的。$H_{s2}(x)$ 由 3 个分段函数 $H_{s2_1}(x)$，$H_{s2_2}(x)$，$H_{s2_3}(x)$ 组成：

$$H_{s2_1}(x) = 2H_p + J_c x = 2J_c a + J_c x \qquad (0 \leq x \leq x^*)$$

$$H_{s2_2}(x) = 2.5H_p - J_c x = 2.5J_c a - J_c x \qquad (x^* \leq x \leq x^+)$$

$$H_{s2_3}(s) = H_p + J_c x = J_c a + J_c x \qquad (x^+ \leq x \leq 2a)$$

式中，x^* 和 x^+ 由 $H_{s1}(x)$ 和 $H_{s2}(x)$ 的 2 个拐点给出。即 $H_{s1}(x^*) = H_{s2_1}(x^*)$，$H_{s1}(x^+) = H_{s2_3}(x^+)$：$x^* = 0.25a$，$x^+ = 0.75a$。

图 5.10 所示，在 I_t 存在时 $H_s(x)$ 作为 $H_{s2_1}(x)$，$H_{s2_2}(x)$ 和 $H_{s2_3}(x)$ 的分段函数（实线）的一般情况。如 5.2.2 所述，$I_t(z$ 轴）是 y 轴单位长度的传输电流。这里，我们定义一个无量纲传输电流 $i \equiv \dfrac{I_t}{I_c}$，其中 $I_c = 2aJ_c$。对于 $\int H_s(x)\mathrm{d}x$ 积分，图 5.10 中的板分成 3 个面积 A_1，A_2，A_3，分界线即图中的竖直虚线。注意，$I_t = iI_c = 2iaJ_c = 2iH_p$。

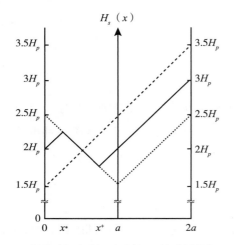

图 5.9　在 $H_e = 2.5H_p$ 下的磁场特征。首先，$I_t = 0$（点线），然后 $I_t = J_c a = \dfrac{I_c}{2}$（实线），最后 $I_t = 2J_c a = I_c$（虚线）。

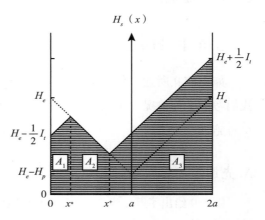

图 5.10　有传输电流（实线）时，用于磁化计算的磁场特性。竖直点线将磁场分开 3 个区域：A_1，A_2 和 A_3。

面积 A_1（$0 \leqslant x \leqslant x^*$）中的磁场 $H_{s2_1}(x)$、面积 A_2（$x^* \leqslant x \leqslant x^+$）中的磁场 $H_{s2_2}(x)$、面积 A_3（$x^+ \leqslant x \leqslant 2a$）中的磁场 $H_{s2_3}(x)$ 分别为：

$$H_{s2_1}(x) = \left(H_e - \frac{1}{2}I_t\right) + J_c x \qquad (0 \leqslant x \leqslant x^*)$$

$$H_{s2_2}(x) = H_e - J_c x \qquad (x^* \leqslant x \leqslant x^+)$$

$$H_{s2_3}(x) = \left(H_e + \frac{1}{2}I_t\right) + J_c(x - 2a) \qquad (x^+ \leqslant x \leqslant 2a)$$

我们解出 x^* 和 x^+，确定 $H_{s2_2}(x^*)$ 和 $H_{s2_2}(x^+)$：

$$H_{s2_1}(x^*) = H_{s2_2}(x^*)$$

$$H_e - H_p i + J_c x^* = H_e - J_c x^* \Rightarrow x^* = \frac{H_p}{2J_c} i = \frac{1}{2} ai$$

$$H_{s2_2}(x^*) = H_e - \frac{1}{2} a J_c i = H_e - \frac{1}{2} H_p i$$

以及

$$H_{s2_2}(x^+) = H_{s2_3}(x^+)$$

$$H_e - J_c x^+ = H_e + H_p i + J_c(x+-2a)$$

$$\Rightarrow x+ = a\left(1 - \frac{1}{2} i\right)$$

$$H_{s2_2}(x^+) = H_e - H_p + \frac{1}{2} H_p i$$

M 正比于如图 5.10 所示的阴影面积大小，总阴影面积是 3 个部分面积 A_1，A_2 及 A_3 之和。各梯形的面积为它的"$\dfrac{\text{底边} \times (\text{高 1} + \text{高 2})}{2}$"。

$$A_1 = \frac{1}{2} x^* \left[H_{s1}(0) + H_{s2}(x^*) \right]$$

$$= \frac{1}{4} ai \left[(H_e - H_p i) + \left(H_e - \frac{1}{2} H_p i \right) \right]$$

$$= \frac{1}{4} ai \left(2H_e - \frac{3}{2} H_p i \right)$$

$$= a\left(\frac{1}{2} H_e i - \frac{3}{8} H_p i^2 \right)$$

$$A_2 = \frac{1}{2} (x^+ - x^*) \left[H_{s2}(x^*) + H_{s2}(x^+) \right]$$

$$= \frac{1}{2} (a - ai) \left(H_e - \frac{1}{2} H_p i + H_e - H_p + \frac{1}{2} H_p i \right)$$

$$= \frac{1}{2} a(1 - i)(2H_e - H_p)$$

$$= a\left(H_e - H_e i - \frac{1}{2} H_p + \frac{1}{2} H_p i \right)$$

$$A_3 = \frac{1}{2}(2a - x^+)\left[H_{s2}(x^+) + H_{s3}(2a)\right]$$

$$= \frac{1}{2}\left(a + \frac{1}{2}ai\right)\left(H_e - H_p + \frac{1}{2}H_p i + H_e + H_p i\right)$$

$$= a\left(1 + \frac{1}{2}i\right)\left(H_e - \frac{1}{2}H_p + \frac{3}{4}H_p i\right)$$

$$= a\left(H_e + \frac{1}{2}H_e i - \frac{1}{2}H_p - \frac{1}{4}H_p i + \frac{3}{4}H_p i + \frac{3}{8}H_p i^2\right)$$

组合这 3 个面积，可以计算出阴影面积：

$$阴影面积 = A_1 + A_2 + A_3$$

$$= a\left(\frac{1}{2}H_e i - \frac{3}{8}H_p i^2 + H_e - H_e i - \frac{1}{2}H_p + \frac{1}{2}H_p i + \right.$$

$$\left. H_e + \frac{1}{2}H_e i - \frac{1}{2}H_p - \frac{1}{4}H_p i + \frac{3}{4}H_p i + \frac{3}{8}H_p i^2\right) \quad (5.17\text{a})$$

$$= a(2H_e - H_p + H_p i) \quad (5.17\text{b})$$

一旦阴影面积已知，M 可快速算出：

$$-M(i) = H_e - \frac{1}{2a} \times (阴影面积)$$

$$= H_e - H_e + \frac{1}{2}H_p - \frac{1}{2}H_p i$$

$$= \frac{1}{2}H_p(1 - i)$$

$$= -M(0)f_1(i)$$

式中，$f_1(i) = 1 - i$。$-M(i)$ 线性随 i 增大而减小，当 $i = 1$ 时为 0。

B. 先通电流后加磁场

这里向板加外部磁场和传输电流顺序是反过来的。特别的，传输电流 $J_c a = \left(\dfrac{I_c}{2}\right)\vec{i_z}$（纸面向外）是在板原始状态通入的。而后，保持 I_t 恒定，在 +y 向施加幅值为 $2H_p$ 的外场。

在图 5.11 中，点线表示传输电流 $J_c a\left(=\dfrac{H_p}{2}\right)$ 施加后、$H_e(=2H_p)$ 施加前的

$H_s(x)$；实线表示 $H_e(=2H_p)$ 施加后的 $H_s(x)$。2 种情况下，板中的净电流都是 $J_c a$。

开始，$H_e=0$：

$$I_t = \int_0^{2a} J(x)\,\mathrm{d}x = J_c(0.5a) + J_c(2a-1.5a)$$

$$= J_c a$$

当 $H_e=2H_p$，时：

$$I_t = \int_0^{2a} J(x)\,\mathrm{d}x = -J_c(0.5a) + J_c(2a-0.5a)$$

$$= J_c a$$

为了确定任意电流（$I<I_c$）下板内的磁化一般情况，必须先找到 x^*（图 5.12），它可由区域 I 内（$0 \le x \le x^*$）的实线 $H_{s1}(x)$ 和区域 II 内（$x^* \le x \le 2a$）的 $H_{s2}(x)$ 确定。

$$H_{s1}(x) = (H_e-H_pi) - J_c x \qquad (0 \le x \le x^*)$$

$$H_{s2}(x) = (H_e+H_pi) + J_c(x-2a) \quad (x^* \le x \le 2a)$$

因为 $H_{s1}(x^*) = H_{s2}(x^*)$，我们从上式解出 x^*：

$$x^* = a-ai = a(1-i)$$

确定了 x^* 后，可以计算 $H_{s1}(x^*)$：

$$H_{s1}(x^*) = H_e-H_pi-J_ca(1-i) = H_e-H_p$$

接下来我们可以计算阴影下的面积，即如图 5.12 中所示的由竖直线分开的 A_1 和 A_2 两部分之和：

$$A_1 = \frac{1}{2}a(1-i)(H_e-H_pi+H_e-H_p)$$

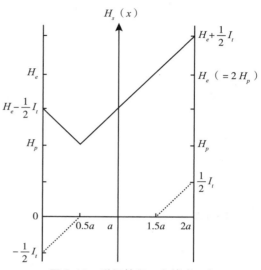

图 5.11　磁场特征：点线表示仅有电流，实线表示有磁场和电流。

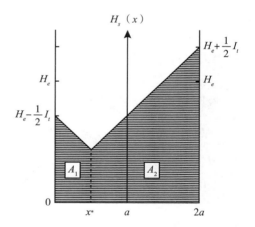

图 5.12　同时有传输电流和磁场时，用于计算磁化的磁场特性。竖直点线分出 A_1 和 A_2 2 个区域。

$$= a(1-i)\left(H_e - \frac{1}{2}H_p - \frac{1}{2}H_p i\right)$$

$$= a\left(H_e - H_e i - \frac{1}{2}H_p + \frac{1}{2}H_p i^2\right)$$

$$A_2 = \frac{1}{2}(2a - a + ai)(H_e + H_p i + H_e - H_p)$$

$$= a(1+i)\left(H_e - \frac{1}{2}H_p + \frac{1}{2}H_p i\right)$$

$$= a\left(H_e + H_e i - \frac{1}{2}H_p + \frac{1}{2}H_p i^2\right)$$

$$阴影面积 = A_1 + A_2 = a(2H_e - H_p + H_p i^2)$$

得到阴影面积后，即可得到 M：

$$-M(i) = H_e - \frac{1}{2}(2H_e - H_p + H_p i^2)$$

$$= \frac{1}{2}H_p(1 - i^2) \tag{5.18a}$$

$$= -M(0)f_2(i) \tag{5.18b}$$

式中，$f_2(i) = 1 - i^2$。磁化是电流 i 的二次函数。

C. 磁场和电流交替施加

最后，我们可以考虑按照以下序列施加磁场和传输电流时的平板的 $H_s(x)$ 和 $-M(i)$。

①从原始状态板开始，最初 I_t 为 0，在 $+y$ 向施加外场 $H_e = 2H_p$。

②在 H_e 保持 $2H_p$ 时，向板内通入 z 向（纸面向外）传输电流 $I_t = 2H_p i$，其中 $i = \dfrac{I_t}{I_c}$。

③维持 $H_e = 2H_p$，将 I_t 减至 0。

④I_t 反向，向板内通入 $-z$ 向（纸面向内）传输电流 $|2H_p i|$。

⑤I_t 再次减至 0；H_e 保持 $2H_p$ 不变。

图 5.13 给出了第 5 步之后的磁场 $H_s(x)$ 特性，它由 5 段实线组成，第 2 段和第 3 段对计算 $M(i)$ 有用，分别为：

$$H_{s2}(x) = H_e + H_p i - J_c x \qquad (x^* \leqslant x \leqslant a)$$

$$H_{s3}(x) = H_e + H_p i + J_c(x - 2a) \qquad (a \leqslant x \leqslant a^+)$$

式中，x^* 和 x^+ 可由 $H_{s2}(x^*) = H_{s3}(x^+) = H_e$ 解出。因此：

$$H_{s2}(x^*) = H_e \Rightarrow H_e + H_p i - J_c x^*$$

$$x^* = \frac{H_p i}{J_c} = ai$$

$$H_{s3}(x^+) = H_e \Rightarrow H_e + H_p i + J_c(x^+ - 2a)$$

$$x^+ = 2a - \frac{H_p}{J_c} i = 2a - ai$$

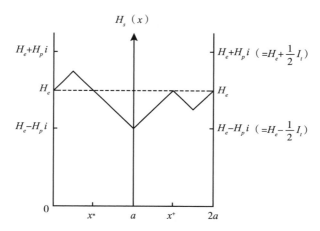

图 5.13　第 5 步之后的磁场特征。

　　磁化可由图 5.14 给出的相应的面积计算得到。其中，板从左到右被分为 4 个白色面积，分别记为 A_1（长方形）、A_2（梯形）、A_3（梯形）和 A_4（长方形-三角形）。图中，底和高分别为：

$$底 = x^+ - x^* = (2a - ai) - ai = 2a(1 - i)$$

$$高 = H_e - H_{s2}(a) = H_e - (H_e + H_p i - J_c a)$$

$$= J_c a - H_p i = H_p(1 - i)$$

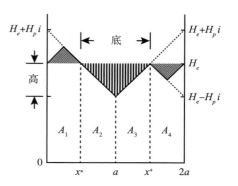

图 5.14　用以计算磁化的
磁场特征（第 5 步之后）。

图 5.14 中的 2 个"点"填充的面积大小相等但符号相反，因此计算积分的时候可以抵消。所以，A_1、A_2、A_3 和 A_4 面积之和为：

$$\sum_{j=1}^{4} A_j = 2aH_e - \text{"竖线"填充区域}$$

"交叉"填充区域 $= \frac{1}{2}$ （底）×（高），因此：

$$\sum_{j=1}^{4} A_j = 2aH_e - \frac{1}{2} 2a(1-i)H_p(1-i) = 2aH_e - aH_p(1-i)^2$$

从而，磁化-$M(i)$ 可如下得出：

$$-M(i) = H_e - \frac{1}{2a}\left[2aH_e - aH_p(1-i)^2 \right] = \frac{1}{2}H_p(1-i)^2 \tag{5.19a}$$

$$-M(i) = -M(0)(1-i)^2 - M(0)f_3(i) \tag{5.19b}$$

式中，$f_3(i) = (1-i)^2$。

磁化函数的汇总

图 5.15 给出 3 个归一化励磁函数 $f_1(i)$，$f_2(i)$ 和 $f_3(i)$。其中，$i = \frac{I_t}{I_c}$。很有意思的是，传输电流和外部磁场施加的不同顺序会影响 $M(i)$。这些 $f(i)$ 函数已得到实验验证[5.3,5.4]，故而比恩模型在提出后很快就被人们接受了。

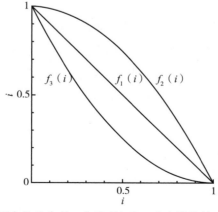

图 5.15 讨论 5.1 研究的 3 个归一化励磁与归一化电流的关系。

5.4.2 讨论5.2: 超导量子干涉仪用于磁化测量

超导量子干涉仪（superconducting quantum interference device，SQUID）是基于约瑟夫森效应（Josephson effect）的一种电子器件，可以极高的分辨率[单个磁通量子，即 $2.0 \times 10^{-15} \mathrm{Wb}(\mathrm{Tm}^2)$]测量磁场的变化。

典型的 SQUID 磁化测量过程：恒温的测试样品置于均匀磁场中。测试样品在均匀场中前后移动，每一个周期内它切割分别位于测试样品两端的测试线圈。测试线圈中的感应电流产生的磁场由 SQUID 检测；反过来说，这就是测试样品的磁化。因为 SQUID 在低场环境下运行得最好（不高于 ~0.01 T），通常要将它与测试样品所处的高场环境屏蔽。

5.4.3 讨论5.3: 比恩细丝的磁化

第1部分: 磁场平行于细丝的轴

将一根直径 d_f、无限长的超导细丝，置于平行于细丝轴（z）的外磁场 $H_e \vec{i}_z$ 中，采用与比恩相同的假设来推导磁化表达式。对置于 $H_e \vec{i}_z$ 中的无限长细丝，应用安培定律：

$$\frac{\mathrm{d}H_z}{\mathrm{d}r}\vec{i}_\theta = -J_c\vec{i}_\theta \tag{5.20}$$

上式表明，细丝内的轴向（z）磁场 $H_s(r)$ 是 r 的线性函数，斜率为 J_c。

A. 初始态

在 $H_e \leqslant H_p$ 时（H_p 是临界态磁场），细丝内的磁场 $H_s(r)$ 从 $r=0$ 到 $r^* = \left(\dfrac{d_f}{2} - \dfrac{H_e}{J_c}\right)$ 之间为 0，并从 r^* 到 $\dfrac{d_f}{2}$ 以 $J_c r$ 规律变化：

$$H_s(r) = H_e \frac{r - r^*}{\dfrac{d_f}{2} - r^*} \qquad (r \geqslant r^*) \tag{5.21}$$

注意在 $H_e = H_p$ 时，$r^* = 0$。其中，H_p 是临界态磁场，满足：

$$H_p = \frac{1}{2} J_c d_f \qquad (5.22)$$

使用式（5.4）那里类似的步骤，我们可以计算细丝内的平均磁感应 $\bar{B}_s$：

$$\bar{B}_s = \frac{4\mu_0}{\pi d_f^2} \int_{r^*}^{\frac{d_f}{2}} H_e \frac{r - r^*}{\frac{d_f}{2} - r^*} (2\pi r) \, dr$$

$$= \frac{8\mu_0 H_e}{d_f^2 \left(\frac{d_f}{2} - r^*\right)} \left(\frac{1}{24} d_f^3 - \frac{1}{8} d_f^2 r^* + \frac{1}{6} r^{*3}\right) \qquad (5.23)$$

这里的"面积"积分无法用几何方法得到，只能以数学的方法进行。向式（5.23）中代入 $r^* = \frac{d_f}{2} - \frac{H_e}{J_c}$，并注意 $H_p = \frac{J_c d_f}{2}$，有：

$$\frac{\bar{B}_s}{\mu_0} = \frac{2H_e^2}{d_f J_c} - \frac{4H_e^3}{3(d_f J_c)^2} = \frac{H_e^2}{H_p} - \frac{H_e^3}{3H_p^2} \qquad (5.24)$$

根据 $M = \frac{\bar{B}_s}{\mu_0} - H_e$，我们有：

$$-M = H_e - \frac{H_e^2}{H_p} + \frac{H_e^3}{3H_p^2} \quad (0 \leqslant H_e \leqslant H_p) \qquad (5.25)$$

可见，式（5.25）与板对应的式（5.5）类似，但也存在明显的不同。

B. 临界态及以上

在 $H_e \geqslant H_p$ 时，细丝为临界态，其磁化是定值，可由式（5.25）令 $H_e = H_p$ 得到：

$$-M = \frac{1}{3} H_p = \frac{1}{3}\left(\frac{J_c d_f}{2}\right) \quad (H_e \geqslant H_p) \qquad (5.26)$$

细丝的"磁化因子"是 $\frac{1}{3}$；板是 $\frac{1}{2}$[式（5.6）]。

第2部分：磁场垂直于细丝轴

当外施场与直径为 d_f 的细丝的轴垂直时，细丝内部的电流分布在 $H_e \le H_p$（临界场）时较为复杂。$H_e \ge H_p$ 时，总感应电流为 $\dfrac{J_c \pi d^2 f}{8}$，沿 $+z$ 向流动；$-z$ 向感应电流幅值相等。图 5.16 给出几种电流分布：（a）$2a$ 厚的比恩板；（b）直径为 d_f 的细丝。

我们可以通过对单位体积的磁矩 $\mathbf{m_A}$ 积分得到磁化 M。这里，我们推导宽度为 $2a$ 的比恩板和直径为 d_f 的细丝的临界态磁化表达式。

A. 比恩板

对处于临界态的比恩板，z 向和 y 向的单位长度磁矩 $\mathbf{m_A}$ 由图 5.16a 中的 $J_c(x)$ 给出，为：

$$\mathbf{m_A} = \int_0^a 2x J_c(x)\,\mathrm{d}x = J_c a^2 \tag{5.27a}$$

z 向和 y 向单位长度对应的体积为 $2a$。因此：

$$M = \frac{\mathbf{m_A}}{2a} = \frac{1}{2} J_c a \tag{5.27b}$$

式（5.27b）给出的 M 除了符号，和式（5.6）一致。

B. 细丝

对直径为 d_f 的细丝，z 向单位长度的磁矩 $\mathbf{m_A}$ 由图 5.16b 的 $J_c(x,y)$ 给出，为：

$$\mathbf{m_A} = \int_{-\frac{d_f}{2}}^{\frac{d_f}{2}} \int_0^{\sqrt{\left(\frac{d_f}{2}\right)^2 - y^2}} 2x J_c(x,y)\,\mathrm{d}x\mathrm{d}y = \frac{1}{6} J_c d_f^2 \tag{5.28}$$

z 向单位长度导体对应体积为 $\dfrac{\pi d_f^2}{4}$。于是：

$$M = \frac{4\mathbf{m_A}}{\pi d_f^2} = \left(\frac{4}{3\pi}\right) J_c\left(\frac{d_f}{2}\right) \simeq 0.424 J_c\left(\frac{d_f}{2}\right) \sim 0.5 J_c a \tag{5.29a}$$

$$H_p = \left(\frac{8}{3\pi}\right) J_c\left(\frac{d_f}{2}\right) \tag{5.29b}$$

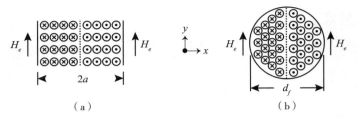

图 5.16　感应电流分布。(a) 宽 $2a$ 的比恩板。(b) 直径为 d_f 的无限长细丝。二者均置于 y 向的外场 H_e 中。

这个结果和厚度为 d_f 的比恩板几乎相同（$\frac{8}{3\pi} \sim 1$）。

5.4.4　讨论5.4：由磁化求临界电流密度

我们在此示例如何从由磁化 M 数据推导出临界电流密度（J_c）。当超导体样本太短以至于标准电压与电流的关系的测量技术不易实施时，这种从 M 数据中提取 J_c 的方法非常有用。在 HTS 发展早期，测试样品因太小而不能进行 $V(I)$ 测量，上面讨论的比恩模型就异常有用了。

在 $V(I)$ 测量中，样品必须够长以便：①产生极小但可检测的电场，该电场定义了超导−正常转变，典型判据为 $0.1 \sim 1~\mu V/cm$；②保持测试样品两端的引线接触电阻足够低以防止端部过热可能导致的过早正常转变。试样通常应至少长 10 mm，某些特殊情况下可以短至 5 mm——不能更短了。最短长度在很大程度上取决于临界电流水平。

图 5.8 给出了 10 K、20 K 和 30 K 下的铜/MgB$_2$ 复合线短样[5.7]（15 mm 长，等效直径 1.038 mm；MgB$_2$ 直径为 0.531 mm）的磁化与外施磁场关系曲线。这里，磁化的单位为 emu/cm^3。外场沿导线轴向，与讨论 5.3 第 1 部分条件相同。比如，为计算超导体在零场、10 K 下的 J_c，将导线视为直径 0.531 mm 的无限长比恩圆棒。我们通过乘以系数 1000 将 emu/cm^3 转换为 SI 单位 A/m（附录）。

由图 5.8 可知，在零场和 10 K 时，磁化强度为 60 emu/cm^3（或 60 kA/m）。为了将其转换为仅对应于 MgB$_2$ 的体积的 M，必须将 60 kA/m 乘以 $\left(\frac{1.038}{0.531}\right)^2 = 4.0$。在 $M = 240~kA/m$，$d_f = 5.31 \times 10^{-4}$ m 下解式（5.26），有：

$$J_c(0\text{ T};10\text{ K}) = \frac{6M(0\text{ T};10\text{ K})}{d_f} = \frac{6(240\times10^3\text{ A/m})}{(0.531\times10^{-3}\text{m})} = 2.7\times10^9\text{ A/m}^2$$

5.4.5　问题5.1：磁化测量

该问题将 5.4 中讨论的磁化测量技术应用于混合Ⅲ超导磁体中使用的 4 种超导体之一，以确认其不会有磁通跳跃。无磁通跳跃是非低温稳定磁体的必要条件之一，将在第 6 章详细讨论。

表 5.1 列出了超导体的规格，这是一种裸 NbTi 复合带，尺寸为 9.2 mm 宽，2.6 mm 厚。表格中的参数并非都与此问题相关，如扭绞节距等。

表 5.1　混合Ⅲ磁体 NbTi 导体规格

宽度，a	[mm]	9.2	Cu/Sc 比例，$\gamma_{\frac{c}{s}}$		3.0
厚度，b	[mm]	2.6	T_c @ 10 T	[T]	4.7
细丝直径（计算值）	[μm]	100	I_c @ 1.8 K，10 T	[A]	6000
扭绞节距，ℓ_p	[mm]	100	J_c @ 4.2 K，5 T	[GA/m²]	2.0
绝缘	—				—

测试样品是由 52（13×4）个 100 mm 长的带材组成的 38 mm×38 mm 截面的实心方形，如图 5.17 所示。各裸带用薄带进行电绝缘。在图 5.17（a）所示的方向上，各带的窄面置于外磁场 B_e 中；在图 5.17（b）所示的方向上，各带的宽面置于外场 B_e 中。将测试样品组合体放置在包含一个初级探测线圈和 2 个次级探测线圈的线圈组内（矩形温孔截面 107 mm×42 mm），如图 5.17（c）所示。测试组合体的中平面与初级探测线圈的中平面重合，探测线圈中平面与产生 B_e 的外部磁体的中平面重合。初级线圈和次级线圈的中平面距为 70 mm。初级线圈在它中平面对称的轴向两侧总计 40 mm 的距离内绕 500 匝细铜线。各次级探测线圈有 280 匝，以它们中平面对称的轴向延伸 20 mm。各探测线圈匝密度在轴向均匀。

如图 5.17（a）取向的测试样品温度为 4.2 K，外部磁场 B_e 以 0.05 T/s 的速率在 0~5 T 间扫描，可获得类似图 8.5 的 $-M$（以 V_{mz} 给出）与 B_e 的关系图。$+V_{mz}$ 是积分器输出，与样品励磁的负值 $-M$ 成正比。有效积分时间 $\tau_{it}=1$ s，平衡调压器的常数 $k=0.5$。假设电压漂移可忽略不计。

a) **估计** $B_e\sim2.5$ T（图 5.8 所示磁化图线"宽度"，以电压 V 给出）下的 ΔV_{mz}。

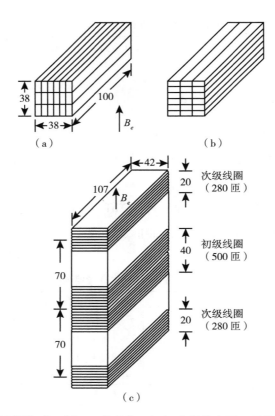

图 5.17　磁化测量细节，以 mm 为单位。（a）各带的窄面置于外场 B_e。（b）各带宽面置于外场 B_e。（c）探测线圈设置。

注意，$\tau_{it} = 1$ s，$k = 0.5$。假设 $d_f = 2a$，其中 d_f 是细丝直径，$2a$ 比恩是板宽度。

b）1.8 K 测量是通过将低温容器中液氦压力降低到 12.6 torr 实现的。控制低温容器压力的技术人员发现，当样品取向如图 5.17（b）时，相比于图 5.17（a）的情况，液氦蒸发率增加，压力控制更加困难。他的观察是否合理？试解释。

c）探测线圈检测到的外场 B_e 的 z 分量在整个径向空间可近似表示为：

$$B_e(z) \simeq B_e(0)\left[1 - c\left(\frac{z}{z_0}\right)^2\right] \tag{5.30}$$

其中，$z_0 = 75$ mm。基于已有信息，计算 c 值。

问题5.1的解答

a）式（5.13）表明探测线圈需要平衡；否则，正比于外施磁场的那一项也会对视在磁化有贡献。既然由图 5.8 给出的 $-M(H)$ 图线没有上翘，可见探测线圈已经获得平衡。由式（5.14b）有：

$$V_{bg}(t) = (k-1)\mu_0 N_{pc} A_{pc} \frac{\mathrm{d}M}{\mathrm{d}t} \qquad (5.14b)$$

由式（5.16c）得：

$$\Delta V_{mz} = -f_m \frac{(k-1)\mu_0 N_{pc} A_{pc}}{\tau_{it}} J_c a \qquad (5.16c)$$

我们有：$k = 0.5$；$\tau_{it} = 1$ s；$N_{pc} = 500$；$A_{pc} = $（13）（0.1 m2.6×$10^{-3}$m）= 3.38×$10^{-3}$m^2 [（0.1 m）×（38×$10^{-3}$m）= 3.8×$10^{-3}$m^2 也可接受]；$f_m = \dfrac{\text{NbTi 体积}}{\text{复合导体总体积}} = \dfrac{1}{(\gamma\frac{c}{s}+1)} = 0.25$。

J_c 的计算（4.2 K，2.5 T）

从表 5.1 可知，4.2 K 和 5 T 时，J_c 为 2.0×10^9 A/m^2。在给定温度下，基于式（1.3）获得 $J_c(B_e)$ 的近似值是业界普遍接受的：

$$J_c = \frac{J_0 B_0}{B_e + B_0} \qquad (\text{S1.1})$$

式中，对 NbTi，$B_0 \sim 0.3$ T。J_0 是零场临界电流密度——通常很难测量。于是，由 5 T 下的 J_c 和 $B_0 = 0.3$ T，可以得到 $J_0 B_0$：

$$2.0×10^9 \text{ A/m}^2 = \frac{J_0 B_0}{5 \text{ T} + 0.3 \text{ T}} \Rightarrow J_0 B_0 = 10.6×10^9 \text{ AT/m}^2$$

一旦获得了 $J_0 B_0$，可以解出 2.5 T 下的 J_c：

$$J_c(2.5 \text{ T}) = \frac{10.6×10^9 \text{ AT/m}^2}{2.8 \text{ T}} = 3.8×10^9 \text{ A/m}^2$$

向式（5.16c）代入合适的值，有：

$$\Delta V_{mz} = -0.25 \frac{(-0.5)(4\pi×10^{-7}\text{H/m})(500)(3.38×10^{-3}\text{m}^2)}{1 \text{ s}} ×$$

$$(3.8 \times 10^9 \text{ A/m}^2)(50 \times 1^{-6}\text{m})$$

$$\simeq 50 \text{ mV}$$

因为带材是由圆导体通过辊轮挤压得到的，细丝直径在平行于 B_e 的方向实际上略小于等价圆截面半径，即上文用于计算 ΔV_{mz} 的 a = 50 μm。如果代入的半径小于 50 μm，ΔV_{mz} 将小于 50 mV。

b）NbTi 细丝形状的各向异性导致图 5.17（b）取向下的磁化大于图 5.17（a）取向下的磁化——因"有效" a 更大。于是，会有更大的磁化损耗。

如果细丝的纵横比和导体一样，图 5.17（b）取向下的涡流损耗将正比于 $(a\dot{H}_e)^2$，图 5.17（a）取向下的涡流会正比于 $(b\dot{H}_e)^2$——回看问题 2.8。于是，图 5.17（b）的涡流损耗要比图 5.17（a）情况下大 $\left(\dfrac{9.2}{2.6}\right)^2 = 12.5$ 倍。

更高的磁化损耗和涡流损耗为液氦带来的更多的热负荷，导致更高的液氦蒸发率。因此，技术员的观察是有意义的。

c）探测线圈平衡时，得：

$$N_{pc}A_{pc}\left(\frac{\text{d}\bar{B}_e}{\text{d}t}\right)_{pc} = N_{sc}A_{sc}\left(\frac{\text{d}\bar{B}_e}{\text{d}t}\right)_{sc} \tag{S1.2}$$

因为 $A_{pc}=A_{sc}$，我们有：$N_{pc}[\tilde{B}_e]_{pc}=N_{sc}[\tilde{B}_e]_{sc}$。根据对称性，我们仅考虑上半部分（下面的问题中省去了单位 mm）：

$$[\tilde{B}_e]_{pc} = \frac{B_e(0)}{20}\int_0^{20}\left[1-c\left(\frac{z}{z_0}\right)^2\right]\text{d}z \tag{S1.3a}$$

$$[\tilde{B}_e]_{sc} = \frac{B_e(0)}{20}\int_{60}^{80}\left[1-c\left(\frac{z}{z_0}\right)^2\right]\text{d}z \tag{S1.3b}$$

$N_{pc}[\tilde{B}_e]_{pc}=N_{sc}[\tilde{B}_e]_{sc}$ 等式给出：

$$\frac{250}{20}\int_0^{20}\left[1-c\left(\frac{z}{z_0}\right)^2\right]\text{d}z = \frac{280}{20}\int_{60}^{80}\left[1-c\left(\frac{z}{z_0^2}\right)\right]\text{d}z \tag{S1.4}$$

$$250\left[20-\frac{c}{3}\frac{(20)^3}{(75)^2}\right]\text{d}z = 280\left[80-\frac{c}{3}\frac{(80)^3}{(75)^2}-60+\frac{c}{3}\frac{(60)^3}{(75)^2}\right]$$

$$5000-118.5c = 22400-8495.4c-16800+3584c$$

$$c \simeq \frac{600}{4793} \simeq 0.125$$

5.4.6　讨论5.5：磁扩散和热扩散

在进入问题5.2研究磁通跳跃判据之前，我们先推导用以确定2种扩散的基本方程：磁扩散系数 D_{mg} 和热扩散系数 D_{th}。2种扩散的相对大小在正常金属中（$D_{th} \gg D_{mg}$）和第Ⅱ类超导体中（$D_{th} \ll D_{mg}$）很不同。第Ⅱ类超导体的 $D_{th} \gg D_{mg}$ 条件保证了磁通进入超导体为绝热过程，并可由此导出磁通跳跃判据——这将在问题5.2中研究。

为了推导磁扩散方程，要用到微分形式的安培定律和法拉第定律：

$$\nabla \times \vec{H} = \vec{J}_f \tag{2.5}$$

$$\nabla \times \vec{E} = -\frac{\partial \vec{B}}{\partial t} \tag{2.8}$$

对平板（宽度 $2a$）几何形状，上面的方程改写为：

$$\frac{\partial H_y}{\partial x} = J_z = \frac{E_z}{\rho_e} \tag{5.31}$$

$$\frac{\partial E_z}{\partial x} = \frac{\partial B_y}{\partial t} = \mu_0 \frac{\partial H_y}{\partial t} \tag{5.32}$$

其中，ρ_e 是材料的电阻率。根据式（5.31）和式（5.32），我们有：

$$\rho_e \frac{\partial^2 H_y}{\partial x^2} = \mu_0 \frac{\partial H_y}{\partial t}$$

$$\frac{\rho_e}{\mu_0} \frac{\partial^2 H_y}{\partial x^2} \equiv D_{mg} \frac{\partial^2 H_y}{\partial x^2} = \frac{\partial H_y}{\partial t} \tag{5.33}$$

式（5.33）即磁扩散方程，其中：

$$D_{mg} = \frac{\rho_e}{\mu_0} \tag{5.34}$$

同样，热物性为常数的一维热扩散方程为：

$$k \frac{\partial^2 T}{\partial x^2} = C \frac{\partial T}{\partial t} \tag{5.35a}$$

其中，k 和 C 分别是材料的热导率和热容。式（5.35a）两侧分别除以 C，有：

$$\frac{k}{C}\frac{\partial^2 T}{\partial x^2} \equiv D_{th}\frac{\partial^2 T}{\partial x^2} = \frac{\partial T}{\partial t} \qquad (5.35b)$$

式（5.35b）即热扩散方程，其中：

$$D_{th} = \frac{k}{C} \qquad (5.36)$$

注意式（5.36）和式（4.20）是等价的，因为 $C = \rho c_p$。

表 5.2 列出了不锈钢和铜在 4 K 和 80 K 时的电物性、热物性以及相应的扩散系数的**近似值**。从表 5.2 中我们可以清楚地看到，不锈钢（用于近似正常态超导体）和铜在磁扩散与热扩散上是相反的。具体而言，磁场的变化在不锈钢中传播快，而温度梯度的传播相对较慢。因此，在磁场变化期间，锈钢中将产生很不均匀的温度分布。物理上看，这意味着在第 II 类超导体中的磁场加热本质上是绝热的。在铜中，情况正好相反：磁场扩散非常缓慢，而温度的任何不均匀性都很快被"抹平"。因此，与第 II 类超导体紧密接触的铜可减轻第 II 类超导体因磁场变化引起的不稳定。这种考虑是 20 世纪 60~70 年代发展起来的稳定性标准之一，动态稳定性的本质[5.8]，同样也适用于 20 世纪 80 年代后期发展起来的 HTS[5.9]。

表 5.2　不锈钢和紫铜在 4 K 和 80 K 时的扩散系数（近似值）

金　属		ρ_e [n$\Omega \cdot$m]	k [W/(m·K)]	C [J/(m³·K)]	扩散系数 [m²/s]	
					D_{mg}	D_{th}
不锈钢	@ 4 K	500	0.2	3×10^3	0.4	7×10^{-5}
	@ 80 K	500	8.0	1.5×10^6	0.4	5×10^{-6}
紫铜	@ 4 K	0.2	400	800	1.6×10^{-4}	0.5
	@ 80 K	2.0	600	1.8×10^6	1.6×10^{-3}	3×10^{-4}

5.4.7　问题5.2：磁通跳跃判据

本小节问题研究导体会产生磁通跳跃的临界尺寸。20 世纪 60 年代早期，第一台具有工程意义的超导磁体不稳定的主要来源就曾是磁通跳跃[5.10]。磁通跳跃是允许磁场穿透其内部的第 II 类超导体所特有的热不稳定性。导体表面上的时变磁场 $\dot{H}_e$ 在导

体内感应出电场 $\vec{E}$，电场与超导电流（密度 J_c）的相互作用（$\vec{E} \cdot \vec{J}_c$）会加热超导体。由于 J_c 随温度升高而降低，磁场（磁通量）会更大程度进入超导体，产生更多热量，这又进一步降低 J_c。场穿透和温升交叠直到超导体失去超导性。这种热失控事件称为磁通跳跃。

a）使用比恩模型，计算平板正半部分（$0 \leqslant x \leqslant a$）的 $\vec{E} \cdot \vec{J}_c$，证明在临界电流密度 J_c 突然**减掉** $|\Delta J_c|$ 后，板内部耗散能量密度 $e_\phi [\mathrm{J/m^3}]$ 为：

$$e_\phi = \frac{\mu_0 J_c |\Delta J_c| a^2}{3} \tag{5.37}$$

注意，表面（$\pm a$）暴露于外场 $H_e \vec{i}_y$ 中的整个平板都处于临界态。

b）通过计算流入板 $x = a$ 处的坡印亭能流，并令之与板的正半部分所储存和耗散的总能量 $\mathcal{E}_\phi$ 相等，导出式（5.37）。

c）为了将 ΔJ_c 与导体的等效温升联系起来，我们可以假设 $J_c(T)$ 与温度为线性关系：

$$J_c(T) = J_{c0}\left(\frac{T_c - T}{T_c - T_{op}}\right) \tag{5.38}$$

其中，J_{c0} 是运行温度 T_{op} 下的临界电流密度。T_c 是给定磁场 B_0 下的临界温度。根据式（5.38），式（5.37）中的 ΔJ_c 可以与等效温升 ΔT 联系起来：

$$\Delta J_c = -J_{c0}\left(\frac{\Delta T}{T_c - T_{op}}\right) \tag{5.39}$$

现在，通过要求 $\Delta T_s = \dfrac{e_\phi}{\tilde{C}_s} \leqslant \Delta T$，说明热稳定性要求板的临界宽度 a_c 为下式。其中，$\tilde{C}_s$ 是超导体在温度 T_{op} 和 T_c 之间的平均热容 $[\mathrm{J/m^3 K}]$：

$$a_c = \sqrt{\frac{3\tilde{C}_s(T_c - T_{op})}{\mu_0 J_{c0}^2}} \tag{5.40}$$

问题5.2的解答

a）因为平板关于 $x = 0$ 对称，我们仅考虑 $x = 0$ 和 $x = a$ 间平板的一半。如图 5.18

所示，实线对应 $H_{s1}(x)$，它给出了在 $J=J_c$ 时板内的初始场分布。点线对应板载流为 $J_c-|\Delta J_c|$ 时的 $H_{s2}(x)$。注意 2 种情况下表面磁场均为 H_e。于是有：

$$H_{s1}(x) = H_e + J_c(x-a) \tag{S2.1a}$$

$$H_{s2}(x) = H_e + (J_c-|\Delta J_c|)(x-a) \tag{S2.1b}$$

因为板内有磁场的变化，将产生电场 $\vec{E}$。根据法拉第定律，有：

$$\oint_C \vec{E} \cdot \mathrm{d}\vec{s} = -\mu_0 \int_S \frac{\Delta H_s(x)\vec{\imath}_y \cdot \mathrm{d}\vec{A}}{\Delta t} \tag{S2.2}$$

根据对称性，我们有 $\vec{E}(x=0)=0$，$\vec{E}$ 指向 z 向。$\Delta H_s(x)$ 由下式给出：

$$\Delta H_s(x) = H_{s2}(x) - H_{s1}(x) = |\Delta J_c|(a-x) \tag{S2.3}$$

联立式（S2.2）和式（S2.3），有：

$$E_z(x) = \mu_0 \frac{|\Delta J_c|}{\Delta t} \int_0^x (a-x)\mathrm{d}x = \mu_0 \frac{|\Delta J_c|}{\Delta t}\left(ax - \frac{x^2}{2}\right) \tag{S2.4}$$

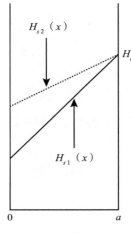

图 5.18　磁场特征。

耗散能量密度 $p(x)$ 为 $E_z(x)J_c$；板内能量耗散的单位长度能量密度或 y-z 平面上的单位表面积能量密度 $\mathcal{E}_\phi[\mathrm{J/m^2}]$ 为：

$$\mathcal{E}_\phi = \int_0^a p(x)\Delta t\mathrm{d}x = \mu_0 J_c|\Delta J_c|\int_0^a\left(ax-\frac{x^2}{2}\right)\mathrm{d}x = \frac{\mu_0 J_c|\Delta J_c|a^3}{3} \tag{S2.5}$$

平均耗散能量密度 e_ϕ 由 $\dfrac{\mathcal{E}_\phi}{a}$ 给出：

$$e_\phi = \frac{\mu_0 J_c|\Delta J_c|a^2}{3} \tag{5.37}$$

b）y-z 平面上在 $x=a$ 处进入板（$-x$ 方向）的坡印亭能流等于板内储存的磁能 ΔE_m 的变化量和板内耗散能量密度 $\mathcal{E}_\phi$ 之和：

$$\int S_x(a)\mathrm{d}t = \Delta E_m + \mathcal{E}_\phi \tag{S2.6}$$

通过在 $x=a$ 处计算 $\vec{S}=\vec{E}\times\vec{H}$ 可以确定 $\vec{S}$ 的方向。在 $x=a$ 处，$\vec{H}=H_e\vec{i}_y$；由式（S2.4）得到的 $E_z(x)$，可得：

$$E_z(a)=\mu_0\frac{|\Delta J_c|a^2}{2\Delta t} \tag{S2.7}$$

于是：

$$\vec{S}(a)=\mu_0\frac{|\Delta J_c|a^2}{2\Delta t}\vec{i}_z\times H_e\vec{i}_y=-\mu_0\frac{H_e|\Delta J_c|a^2}{2\Delta t}\vec{i}_x \tag{S2.8}$$

如我们的预料，$\vec{S}(a)$ 指向 $-x$ 向，即能流流入板内。因此：

$$\int S_x(a)\,\mathrm{d}t=\mu_0\frac{H_e|\Delta J_c|a^2}{2} \tag{S2.9}$$

板内磁能通量的差值 ΔE_m 为：

$$\Delta E_m=\frac{\mu_0}{2}\int_0^a\left[H_{s2}^2(x)-H_{s1}^2(x)\right]\,\mathrm{d}x \tag{S2.10}$$

$$=\frac{\mu_0}{2}\int_0^a\left\{\left[H_e+(J_c-|\Delta J_c|)(x-a)\right]^2-\left[H_e+J_c(x-a)\right]^2\right\}\,\mathrm{d}x$$

$$=\frac{\mu_0}{2}\int_0^a\left[-2H_e|\Delta J_c|(x-a)-2J_c|\Delta J_c|(x-a)^2+|\Delta J_c|^2(x-a)^2\right]\,\mathrm{d}x$$

忽略上面积分中的 $|\Delta J_c|^2$ 项，有：

$$\Delta E_m=\mu_0\left(\frac{H_e|\Delta J_c|a^2}{2}-\frac{J_c|\Delta J_c|a^3}{3}\right) \tag{S2.11}$$

从式（S2.6），我们有：

$$\mathcal{E}_\phi=\int S_x(a)\,\mathrm{d}t-\Delta E_m \tag{S2.12}$$

联立式（S2.9）、式（S2.11）和式（S2.12），我们得到：

$$\mathcal{E}_\phi=\mu_0\frac{H_e|\Delta J_c|a^2}{2}-\mu_0\left(\frac{H_e|\Delta J_c|a^2}{2}-\frac{J_c|\Delta J_c|a^3}{3}\right)=\mu_0\frac{J_c|\Delta J_c|a^3}{3} \tag{S2.13}$$

式（S2.13）直接可以导出式（5.37）：

$$e_\phi = \frac{\mathcal{E}_\phi}{a} = \frac{\mu_0 J_c |\Delta J_c| a^2}{3} \qquad (5.37)$$

c）式（5.38）已得出，$J_c(T)$ 是随温度增加而减小的。于是，我们有：

$$\Delta J_c = -J_{c0}\left(\frac{\Delta T}{T_c - T_{op}}\right) \qquad (5.39)$$

由式（5.39），得：

$$|\Delta J_c| = \frac{J_{c0}\Delta T}{T_c - T_{op}} \qquad (S2.14)$$

在式（5.37）中，使用 J_{c0} 代替 J_c，并与式（S2.14）联立，得到：

$$e_\phi = \frac{\mu_0 J_{c0}^2 \Delta T a^2}{3(T_c - T_{op})} \qquad (S2.15)$$

注意，e_ϕ 不仅正比于 ΔT，而且正比于 a^2（更重要）。在绝热条件下，耗散能量密度 e_ϕ 引起超导体温度升高 ΔT_s：

$$\Delta T_s = \frac{e_\phi}{\bar{C}_s} > 0 \qquad (S2.16)$$

其中，$\bar{C}_s$ 是超导体在温度 T_{op} 到 T_c 之间的平均热容。联立式（S2.15）和式（S2.16），热稳定要求 $\Delta T_s < \Delta T$，于是有：

$$\frac{\Delta T_s}{\Delta T} < \frac{\mu_0 J_{c0}^2 a^2}{3\bar{C}_s(T_c - T_{op})} \qquad (S2.17)$$

对于给定的超导材料和运行温度，a 是用于满足式（S2.17）唯一的可变磁体参数。即热稳定性只有在平板半宽度 a 小于临界尺寸 a_c 时才能满足：

$$a_c = \sqrt{\frac{3\bar{C}_s(T_c - T_{op})}{\mu_0 J_{c0}^2}} \qquad (5.40)$$

式（5.40）被用于计算运行于 4.2 K 的 NbTi 和运行于 77.3 K 的 YBCO 的 a_c 近似值。表 5.3 列出了上述 2 种超导体与式（5.40）有关的近似参数。

得到如下结论：NbTi 圆形细丝，$a_c = 140~\mu m$ 意味着临界直径约 300 μm [式(5.29)]。对涂层 YBCO 带材，临界宽度为 8 mm。

表 5.3　式（5.40）在 NbTi 和 YBCO 材料的应用

超导体	$T_{op}[\mathrm{K}]$	$T_c[\mathrm{K}]$	$J_{c0}[\mathrm{A/m^2}]$	$\tilde{C}_s[\mathrm{J/(m^3 \cdot K)}]$	$a_c[\mathrm{mm}]$
NbTi	4.2	9.8	2×10^9	6×10^3	0.14
YBCO	77.3	93	2×10^9	2×10^6	4

5.4.8　问题5.3：磁通跳跃

图 5.19 所示的磁化与磁场的关系曲线是 NbZr 单丝（$\phi = 0.5$ mm）在 4.2 K 无传输电流的条件下获得的。20 世纪 60 年代早期，NbZr 合金超导体比 NbTi 更早得到应用。20 世纪 60 年代中期复合超导体成为磁体级超导体的标准形式后，NbTi 因其和铜更容易共处理而取代了 NbZr。图中的纵轴（磁化）和横轴（磁场）使用的都不是 SI 单位。使用比恩模型，将直径为 d_f 的金属丝视为厚度为 $2a$ 的板。

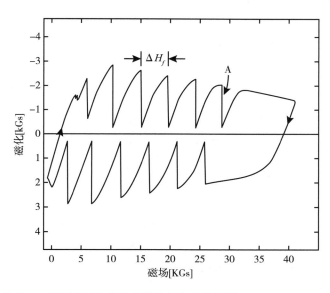

图 5.19　0.5 mm 直径 NbZr 单丝的磁化与外场的关系。

a）证明曲线给出的磁场区间 ΔH_f 与测到的磁化幅值一致。

b）估算图 5.19 中标 A 处的磁通跳跃引起的耗散能量密度 $e_\phi [\text{J/m}^3]$。证明 e_ϕ 可由下式给出：

$$e_\phi = \frac{(\mu_0 H_p)^2}{6\mu_0} \qquad (5.41)$$

c）估计磁通跳跃 A 引起的温升。假设 NbZr 热容与温度无关，为 6 $\text{kJ/m}^3\text{K}$。

问题5.3的解答

a）根据比恩模型，磁通跳跃可在任意 H_p 下发生。显然，有 $H_p = \Delta H_f$，其中，ΔH_f 如图 5.19 所示。同时，平板的完全磁化时 $\frac{H_p}{2}$。

从图 5.19 可知，$\Delta H_f \simeq 5000$ Gs，$\mu_0 \Delta H_f = 0.5$ T。图中还给出，$\frac{H_p}{2} \simeq 2500$ Gs，是 ΔH_f 的一半。它们是一致的。

b）我们可以使用坡印亭能量平衡 $e_s = e_\phi + \Delta e_m$ 推导出磁通跳跃能量密度 e_ϕ，其中，e_s 是在 $x = a$ 处进入超导体的坡印亭能量密度，Δe_m 是储存的能量密度的变化量。我们仅考虑 $0 \leqslant x \leqslant a$ 这部分。板内的 $\Delta H(x)$ 为：

$$\Delta H(x) = H_p \frac{(a-x)}{a} \qquad (S3.1)$$

由式（S3.1），可得：

$$E(x) = \mu_0 \frac{H_p}{\Delta t} \int_0^x \frac{a-x}{a} dx = \frac{\mu_0 H_p}{a\Delta t}\left(ax - \frac{x^2}{2}\right) \qquad (S3.2)$$

这样，在 $x = a$ 处 $\vec{S}$ 为：

$$\vec{S}(a) = -\frac{\mu_0}{2\Delta t} H_p a H_e \vec{\imath}_x \qquad (S3.3)$$

$\vec{M}(a)$ 指向板，坡印亭能量密度由下式给出：

$$e_s = \frac{\int S_x(a)\,\mathrm{d}t}{a} = \frac{\mu_0}{2} H_p H_e \qquad (S3.4)$$

磁通跳跃（e_{m2}）后储存的磁能密度为$\dfrac{\mu_0 H_e^2}{2}$。磁通跳跃前储存的磁能密度 e_{m1} 为：

$$e_{m1} = \frac{\mu_0}{2a}\int_0^a \left[\, H_e + J_c(x-a)\,\right]^2 \mathrm{d}x \tag{S3.5}$$

积分展开，

$$e_{m1} = \frac{\mu_0}{2a}\left(H_e^2 a - H_e J_c a^2 + \frac{J_c^2 a^3}{3}\right) = \frac{\mu_0}{2}H_e^2 - \frac{\mu_0}{2}H_e H_p + \frac{\mu_0}{6}H_p^2 \tag{S3.6}$$

$$\Delta e_m = e_{m2} - e_{m1} = \frac{\mu_0}{2}H_e H_p - \frac{\mu_0}{6}H_p^2 \tag{S3.7}$$

因为 $e_\phi = e_s - \Delta e_m$，我们得出：

$$e_\phi = \frac{\mu_0}{2}H_p H_e - \frac{\mu_0}{2}H_e H_p + \frac{\mu_0}{6}H_p^2 = \frac{\mu_0}{6}H_p^2 \tag{S3.8}$$

式（S3.8）可以写为：

$$e_\phi = \frac{(\mu_0 H_p)^2}{6\mu_0} \tag{5.41}$$

将 $\mu_0 H_p = 0.5$ T 代入式（5.41）：

$$e_\phi \simeq \frac{(0.5\ \text{T})^2}{(6)(4\pi \times 10^{-7}\text{H/m})} \simeq 33 \times 10^3\ \text{J/m}^3$$

c）$e_\phi = C_s \Delta T_s$；$33 \times 10^3 = 6 \times 10^3 \Delta T_s$。解得：$\Delta T_s = 5.5$ K。这足以令超导体进入正常态了。

5.4.9　问题5.4：导线扭绞

如问题 5.2 中所讨论的，为了避免磁通跳跃，要求导体直径要小于 $2a_c$，NbTi 为 $\sim 250\ \mu\text{m}$。NbTi 线的典型 J_{c0} 是 2×10^9 A/m²（4.2 K 和 5 T），250 μm 直径的线的临界电流仅 ~ 100 A——使用单线在大多数磁体应用中都是不够的。20 世纪 60 年代末提出了在常规基底中加入多根超导细线制造导体的思想：每一根线足够细以避免产生磁通跳。这种方法当时就造出来临界电流高达 1000 A 的导体，现在已经有 50 kA 的了。

在早期（约 1969 年）的"多丝"导体中，导线未扭绞。尽管每根细丝足够小以满足尺寸标准（式 5.40），但细丝之间的耦合会导致导线整体的磁通跳跃。问题 5.5 涉及此类导体。20 世纪 60 年代后期，威尔逊等在卢瑟福实验室进行的多丝导体的分析和实验研究开启了多丝导体新时代[5.11]。

简单地说，细丝嵌入导电金属（例如铜）后再置于时变磁场时，根据法拉第定律，细丝之间是电耦合的。它们形成单一实体，其有效导体直径几乎与整个导体直径一样大。因此，孤立细丝的磁通跳跃标准的基本前提在无扭绞多丝导体这里并不成立。为了消除多丝导体中的磁通跳跃，必须对细丝去耦。细丝扭绞，或者更理想地将长丝（或多股导体的股线）换位，可以实现细丝去耦。

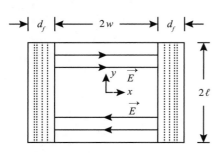

图 5.20　2 个比恩板间夹正常金属板的三明治样式的二维导体。

考虑由两个宽为 d_f 的比恩板组成的二维导体模型，两板由宽为 $2w$、电阻率为 ρ_{cu} 的铜板隔开。图 5.20 给出了从 z 轴向下看的导体形状。我们注意，与在 y 和 z 方向都无限延伸的一维比恩板不同，该导体在 y 向长 2ℓ。

假设导体置于指向 z 向的空间均匀时变磁场 $\dot{H}_{0z}\vec{i}_z$ 中。

a）证明铜板内的 x 向电场 E_{1x} 按下式随 y 变化：

$$E_{1x} = \mu_0 \dot{H}_{0z} y \tag{5.42}$$

假设超导板中电场为 0——严格说，并不是 0，但远小于铜，故将电场近似为 0 是合理的。同时假设场是准静态的。在这些假设下，很明显，式（5.42）给出的铜中的电场仅有 x 分量。

b）证明在一半导体长度上（从 $y=0$ 到 $y=\ell$），从一个超导板经过铜（z 向单位导体深度）流向另一个超导板的净电流 $I_{cp}[\mathrm{A/m}]$ 为：

$$I_{cp} = \int_0^\ell J_{cu}\mathrm{d}y = \frac{\mu_0 \dot{H}_{0z}}{\rho_{cu}}\int_0^\ell y\mathrm{d}y = \frac{\mu_0 \dot{H}_{0z}\ell^2}{2\rho_{cu}} \tag{5.43}$$

c）在临界长度 ℓ_c 时，式（5.43）给出的净电流等于板（单位导体深度）的临界电流 $J_c d_f$。证明临界长度 ℓ_c 为：

$$\ell_c = \sqrt{\frac{2\rho_{cu}J_c d_f}{\mu_0 \dot{H}_{0z}}} \tag{5.44}$$

d）应用于 60 Hz 的多丝超导体的丝径 d_f 必须极小，在 $0.1 \sim 0.5$ μm 之间，这比可见光的波长（~ 0.7 μm）都小。要求这么小的尺寸是为了各细丝在时变磁场下产生的磁滞能量"可控"。（第 6 章将说明，在磁场一个周期内产生的磁滞损耗正比于丝径。）

计算一个典型的亚微米（submicron）超导体的 ℓ_c，其参数为：$\rho_m = 30$ nΩ·m；$J_c = 2$ GA/m^2；$d_f = 0.2$ μm；$\mu_0 \dot{H}_{0z} = 2$ kT/s（等价于 60 Hz、幅值 5 T 的正弦磁场激励）。ρ_m 是基底（通常是铜-镍合金）的电阻率。

e）计算临界电流为 100 A 的 0.2 μm 细丝所要求的亚微米丝的数量。与 d 中使用相同的参数值。

问题5.4的解答

a）根据法拉第定律，在准静态假设下，有：

$$\frac{\partial E_{1y}}{\partial x} - \frac{\partial E_{1x}}{\partial y} = -\mu_0 \dot{H}_{0z} \tag{S4.1}$$

因为在超导板中 $\vec{E}$ 为 0，即在 $x = \pm w$ 时有 $E_y = 0$。这会迫使在铜板内处 $E_{1y} = 0$。所以：

$$E_{1x} = \mu_0 \dot{H}_{0z} y \tag{5.42}$$

b）电场 E 已知后，铜板中的电流密度 J_{cu} 由下式给出：$J_{cu} = \dfrac{E_{1x}}{\rho_{cu}}$。在导体长度的一半上，从一个超导板经铜板流入另一个超导板的净电流为：

$$I_{cp} = \int_0^\ell J_{cu} \mathrm{d}y = \frac{\mu_0 \dot{H}_{0z}}{\rho_{cu}} \int_0^\ell y \mathrm{d}y = \frac{\mu_0 \dot{H}_{0z} \ell^2}{2\rho_{cu}} \tag{5.43}$$

c）令式（5.43）给出的 I_{cp} 与 $J_c d_f$ 相等，解出 ℓ_c：

$$\ell_c = \sqrt{\frac{2\rho_{cu}J_c d_f}{\mu_0 \dot{H}_{0z}}} \tag{5.44}$$

d）向式（5.44）中代入合适的值，有：

$$\ell_c = 110 \ \mu m$$

在典型的亚微米丝中，扭绞节距为~100 μm。这意味着出于机械性要求，细丝直径应该~1 μm。实际上，一个类似磁通跳跃标准的热-磁稳定性标准要求它甚至要比~1 μm 还细。原因是为了降低耦合损耗，细丝使用了 CuNi 合金作为基底材料，导致磁扩散时间常数小于热扩散时间常数。

e）多丝导体的临界电流（I_c），临界电流密度（J_c），细丝数量（N_f）和直径（d_f）通过下式联系在一起：

$$I_c = N_f \frac{\pi d_f^2}{4} J_c \qquad (S4.2)$$

向式（S4.2）代入合适的参数，解出 N_f：

$$N_f = \frac{4I_c}{\pi d_f^2 J_c} = \frac{4(100 \ A)}{\pi (0.2 \times 10^{-6} m)^2 (2 \times 10^9 \ A/m^2)} = 1.6 \times 10^6$$

亚微米丝的细丝数量接近 1000 万。

5.4.10　问题5.5：导体励磁

本小节的问题是展示细丝尺寸不同和扭绞对磁化的影响。20 世纪 60 年代末，有学者对 3 种相同体积的 NbTi 复合导体开展磁化测量[5.12]。导体 1、导体 2、导体 3 分别是：扭绞的多丝导体，节距 ℓ_{p1}；扭绞的多丝导体，节距 $\ell_{p2} > \ell_{p1}$；单丝。

图 5.21 给出的 3 种 NbTi 导体的磁化曲线，标签分别为 A、B 和 C。各导体置于图中用箭头标识的磁场脉冲中。曲线 A、B 和 C 不一定分别对应导体 1，导体 2 和导体 3。注意，曲线 B（B_1, B_2, B_3）指示了磁场扫描速率的影响；曲线 C 与磁场扫描速率无关；曲线 A 也与磁场扫描速率无关，但显示了磁场脉冲引起的"部分"磁通跳跃。

a）指出各曲线分别对应的导体。

b）估算单丝导体与多丝导体的直径比。

c）估算 ℓ_{p2}。导体 1 和导体 2 的 $J_c d_f = 4 \times 10^4 \ A/m$。同时评价 ℓ_{p1}。

问题5.5的解答

a）曲线 A 和 C 与磁场扫描速率无关，对应的磁化强度-可以反映出细丝直径 A

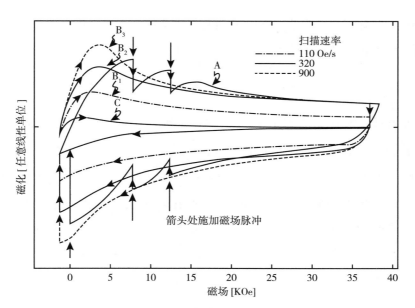

图 5.21　导体 1、导体 2、导体 3 的磁化曲线。

比 C 更大。因此，可以得出，曲线 A 对应导体 3（单丝），曲线 C 对应导体 1（ℓ_{p1}）。剩下的曲线 B 为导体 2（ℓ_{p2}）。各导体有相同体积的 NbTi 超导体，于是，测到的磁化应该直接正比于细丝直径。

b）导体 3 的磁化宽度 $M(H_e\uparrow) - M(H_e\downarrow)$，曲线 A 与导体 1 的曲线 C 之比在 $\mu_0 H_e$ 大约小于 1 T 时，比值约为 10。因此，我们的结论是：细丝直径比的值约为 10。

c）因为在 $\mu_0\dot{H}_{0z} = 0.09$ T/s 的磁场扫描速率下，导体 2 的磁化曲线 B_3 与导体 3 的磁化曲线 A 近似相等，于是，我们得到这个磁场扫描速率对应导体 2 的细丝临界节距 ℓ_{p2}。于是，由式（5.44）得：

$$\ell_{p2} = 2\sqrt{\frac{2\rho_{cu}J_c d_f}{\mu_0 \dot{H}_{0z}}} \tag{S5.1}$$

代入 $\rho_{cu} = 2\times10^{-10}$ Ω·m；$J_c d_f = 4\times10^4$ A/m；$\mu_0\dot{H}_{0z} = 0.09$ T/s，得：

$$\ell_{p2} = 2\sqrt{\frac{(2)(2\times10^{10}\ \Omega\cdot m)(4\times10^4\ A/m)}{0.09\ T/s}} = 2.7\times10^{-2}m = 27\ mm$$

这个值与实际扭绞节距值 10 mm 很接近。因为导体 1 在扫描速率 0.032 T/s 下的磁化显著小于导体 2 在同等磁场扫描速率下的值，我们得到 ℓ_{p1} 明显小于 ℓ_{p2}。

5.4.11　讨论5.6：扭绞

用以推导式（5.44）的条件 $I_{cp}=J_c d_f$ 的一个重要内涵是：2 个超导板在电气上是耦合的。换言之，如果导体长度远小于 $2\ell_c$，两导体将解耦。实际上，哪怕各板长度远长于 $2\ell_c$，只要它们以小于 $2\ell_c$ 的节距换位，也能解耦。在多丝导体中，我们通过以 $\ell_p\ll 2\ell_c$ 的节距扭绞细丝实现部分解耦；$2\ell_c$ 在 $\dot{H}_{0z}$ 大的时候必须足够小。注意，扭绞导体中的各细丝总保持一个与轴固定的径向距离。在换位股线的电缆中，可以实现更彻底的解耦。因为在换股时，各股线以换位节距沿电缆螺旋延伸，会占据电缆径向上的每一个位置。

5.4.12　讨论5.7：　HTS中的磁通跳跃

A. 完全磁通跳跃的尺寸判据

LTS 的导体尺寸标准［式（5.40）］最初是在 $\dfrac{\Delta e_\phi}{\Delta T}=C_s$ 极限下得到的，其中，C_s 单位体积的导体热容，假定为常数。因为 LTS 在一个完全的磁通跳跃下，温度漂移（T_c-T_{op}）很小，有尺寸判据足够了。

在**绝热**情况下抑制磁通跳跃的一般条件是超导体的磁能必须小于其热能密度。在**绝热**情况下，除非 T_{op} 下的**初始**磁能密度 $e_\phi(T_{op})$ 超过超导体从 T_{op} 加热到 T_c 所需的热能，否则磁通跳跃不会发展**完全**。

$$e_\phi(T_{op}) \geqslant h_s(T_c) - h_s(T_{op}) \tag{5.45}$$

式中，$h_s(T_c)$ 和 $h_s(T_{op})$ 分别是在 T_c 和 T_{op} 时超导体的焓。因为 $e_\phi(T_{op})=\dfrac{[\mu_0 H_p(T_{op})]^2}{6\mu_0}$，对比恩板有 $H_p(T_{op})=aJ_c(T_{op})$，所以，为了抑制**完全**磁通跳跃，导体尺寸判据应为：

$$a_c=\sqrt{\frac{6[h_s(T_c)-h_s(T_{op})]}{\mu_0 J_c^2(T_{op})}} \tag{5.46}$$

对比这 2 个尺寸判据[式(5.40)和式(5.46)]我们可以得出：在绝热情况下，如果导体尺寸大于式（5.40）给出的值，可能会发生磁通跳跃；但如果其尺寸不超过式（5.46）给出的值，它仅会发生"部分"磁通跳跃。也就是说，如果超导体尺寸超过了式（5.40）判据但没超过式（5.46）判据，或过程非绝热，磁通跳跃仅会在超导体的"部分"内发生。严格来说，图 5.19 所示的这些磁通跳跃都不是完全的，最可能的原因是过程非完全绝热。

B. HTS 中的磁通跳跃

因为 HTS 的 T_c 约 100 K，在绝热情况下，式（5.45）给出的能量情况不太可能满足。**HTS 中不太可能出现磁通跳跃**。

例如，对于 YBCO，T_{op} = 77 K，T_c = 93 K（零场零电流），焓差 $\simeq$ 20 MJ/m^3（铜焓差的 60%——由 2 种材料在 120 K 时的 C_p 差计算），又有 $J_c(T_{op})$ = 10^{10} A/m^2，根据式（5.46）计算得：$a_c \simeq 1$ mm（直径约 2 mm）。注意，2 mm 直径的 YBCO 对应比恩磁化强度 $\mu_0 M = \mu_0 a J_c(T_{op})$ 约 2 T。

HTS 的部分磁通跳跃（罕见），甚至完全跳跃在 Bi2212 薄晶体中（$2a$ = 4.2 mm，y 轴长 0.2 mm，相比比恩板的 ∞ 是薄的）[5.13] 和包括 YBCO 在内的第 Ⅱ 类超导体薄膜（约 100μm）[5.14] 中都被观察到过。然而，**实际**的磁体级超导体（包括 HTS）必须满足多方面约束（如有限的交流损耗）。交流损耗相比其他条件提出了更严格的尺寸要求。磁通跳跃或许是 HTS 磁体中要求最不严格的了。

参考文献

［5.1］ C. P. Bean，"Magnetization of hard superconductors," *Phys. Rev. Lett.* 8，250（1962）．

［5.2］ Y. B. Kim，C. F. Hempstead，and A. R. Strnad，"Magnetization and critical supercurrents," *Phys. Rev.* 129，528（1963）．

［5.3］ M. A. R. LeBlanc，"Influence of transport current on the magnetization of a hard superconductor," *Phys. Rev. Lett.* 11，149（1963）．

［5.4］ Ko Yasukochi，Takeshi Ogasawara，Nobumitsu Usui，and Shintaro Ushio，"Magnetic behavior and effect of transport current on it in superconducting NbZr wire,"

J. Phys. Soc. Jpn. 19, 1649（1964）. 以及 Ko Yasukochi, Takeshi Ogasawara, Nobumitsu Usui, Hisayasu Kobayashi, and Shintaro Ushio, "Effect of external current on the magnetization of non-ideal Type II superconductors," *J. Phys. Soc. Jpn.* 21, 89（1966）.

［5.5］H. T. Coffey, "Distribution of magnetic fields and currents in Type II superconductors," *Cryogenics* 7, 73（1967）.

［5.6］W. A. Fietz, "Electronic integration technique for measuring magnetization of hystereticsuperconducting materials," *Rev. Sci. Instr.* 36, 1621（1965）.

［5.7］图 5.8 由 Mohit Bhatia（Ohio State University）根据下面的工作改编：M. D. Sumption, E. W. Collings, E. Lee, X. L. Wang, S. Soltanina, S. X. Dou, M. T. Tomsic, "Real and apparent loss suppression in MgB_2 superconducting composite," *Physica C*, 98（2002）.

［5.8］H. R. Hart, Jr., "Magnetic instabilities and solenoid performance：Applications of the critical state model," *Proc. 1968 Summer Study on Superconducting Devices and Accelerators*,（Brookhaven National Laboratory, Upton, NY, 1969）, 571.

［5.9］T. Ogasawara, "Conductor design issues for oxide superconductors. Part 2：exemplification of stable conductors," *Cryogenics* 29, 6（1989）.

［5.10］See, for example, M. S. Lubell, B. S. Chandrasekhar, and G. T. Mallick, "Degradation and flux jumping in solenoids of heat-treated Nb-25% Zr wire," *Appl. Phys. Lett.* 3, 79（1963）.

［5.11］Superconducting Applications Group（Rutherford Laboratory）, "Experimental and theoretical studies of filamentary superconducting composites," *J. Phys. D* 3, 1517（1970）.

［5.12］Y. Iwasa, "Magnetization of single-core, multi-strand, and twisted multi-strand superconducting composite wires," *Appl. Phys. Lett.* 14, 200（1969）.

［5.13］A. Nabialek, M. Niewczas, H. Dabkowska, A. Dabkowski, J. P. Castellan, and B. D. Gaulin, "Magnetic flux jumps in textured Bi2Sr2CaCu2O8+δ," *Phys. Rev. B* 67, 024518（2003）.

［5.14］Igor S. Aranson, Alex Guerevich, Marco S. Welling, Rinke J. Wijngaarden, Vitalii K. Vlasko-Vlasov, Valerii M. Vinokur, and Ulrich Welp, "Dendritic flux avalanches and nonlocal electrodynamics in thin superconducting films," *Phys. Rev. Lett.* 94, 037002（2005）.

第 6 章

稳 定 性

6.1 引言

可靠性是所有器件都必须要满足的主要要求之一，超导磁体当然也不例外。从历史角度看，保障可靠性曾是超导磁体技术中最困难、也是最具挑战性的问题之一。如图 1.5 所示，超导电性存在于由电流密度 J、磁场 H 和温度 T，3 个参数为边界的相空间内。从第 3 章可知，设计人员在正常运行条件下是可以很好地限定并控制电流密度和磁场。甚至在某些复杂的故障模式条件下，例如混合磁体或嵌套多线圈磁体中含多个螺管，电流密度和磁场也是可控的：磁体设计者能牢牢掌控这 2 个参数。而温度就不同了，温度是这 3 个参数中最难控的。相对于运行点的温度偏移在时间上难以预测，在线圈内部空间中就更难控制了。储存在磁体内的磁能和机械能很容易转化为热能，引起线圈内部某些位置的导体温度上升到其临界值之上。实际上，几乎所有的超导磁体稳定性问题都可追溯到磁体设计者无法控制绕组温度保持在运行点这一事实。

本章我们考虑：①超导绕组内控制温度的基本物理问题；②绕组内不可预测温升发生的可能性及稳定性评估方法。第 7 和第 8 章同样讨论不同条件下的绕组温升：第 7 章讨论温升的原因或来源；第 8 章讨论磁体不可预测温升的保护方法。需要指出的是，LTS 磁体和 HTS 磁体的稳定性问题截然不同。

LTS 与 HTS 对比

如图 1.6 所示，稳定性的实现难度和代价随运行温度的提高而降低。在下面的讨论中，我们将比较 HTS 磁体和 LTS 磁体的稳定裕度（stability margins），并证明 HTS 磁体实际是非常稳定的。即**任何** HTS 磁体都能在不发生提前失超（premature quench）的情况下达到其运行电流。不过，提前失超这种事件却仍考验着高性能（high performance）LTS 磁体，即绝热和高电流密度。

这意味着稳定性对于 HTS 磁体来说，并不像在 LTS 磁体中那样是设计和运行的问题，但其仍然是一个关键问题[6.1-6.8]。

6.2 稳定性理论和标准

我们通过单位超导体体积的功率密度方程，讨论载有额定电流 I_{op} 的磁体的热稳定性。温度 T 满足的控制方程为：

$$C_{cd}(T)\,\frac{\partial T}{\partial t} = \nabla \cdot [\,k_{cd}(T)\,\nabla T\,] + \rho_{cd}(T)J_{cd_0}^2(t) + g_d(t) - \left(\frac{f_p \mathcal{P}_D}{A_{cd}}\right)g_q(T) \quad (6.1)$$

式中，等式左侧表示导体热能密度的时间变化，其中 $C_{cd}(T)$ 是导体单位体积的热容。这个公式是 1964 年斯特科利（Stekly）开发出复合超导体（即由超导体和常规金属基底组成的超导体）后提出的。对于完全稳态稳定性（complete steady-state stability），左侧项必须一直为 0；但在实际中，对大多数线圈（甚至绝热线圈）在运行温度 T_{op} 附近很小的温度偏移 ΔT_{op} 都是被允许的。如前文所述，因为 HTS 磁体允许 ΔT_{op} 通常远大于 LTS 磁体，故稳定性对 HTS 磁体来说几乎不成问题。下面将更详细的阐述这一点。

等号右侧的各项均为单位体积值。第 1 项是通过传导进入复合导体的热，其中，$k_{cd}(T)$ 是复合导体的热导率。第 2 项是焦耳热，其中，$\rho_{cd}(T)$ 是复合导体的电阻率（在超导态为 0），$J_{cd_0}(t)$ 是运行电流 $I_{op}(t)$ 下的依赖于时间的电流密度。$g_d(t)$ 刻画了主要由磁场和机械效应产生的非焦耳热。最后一项表示对复合导体的冷却，其中 f_p 是与制冷剂接触的湿润周长 $\mathcal{P}_D$ 比分，A_{cd} 是复合导体的截面积，$g_d(T)$ 是与制冷剂之间的对流热流。

稳定性（第 8 章将要讨论保护措施等内容）理论和概念的发展史就是对式（6.1）简化求解的历史。表 6.1 列出了由式（6.1）在特定工况下导出的概念。表中，标为 0 的参数表示它在式中可以忽略或者不予考虑。√表示要予以考虑。在讨论式（6.1）的每一项之前，我们先简要讨论表 6.1 中列出的概念。

表 6.1 功率密度式（6.1）的衍生概念

$C_{cd}(T)\left(\dfrac{\partial T}{\partial t}\right)$	$\nabla \cdot [\,k_{cd}(T)\,\nabla T\,]$	$\rho_{cd}(T)J_{cd}^2(t)$	$g_d(t)$	$g_q(T)$	概　　念
√	0	0	√	0	磁通跳跃
0	0	√	0	√	低温稳定性

$C_{cd}(T)\left(\dfrac{\partial T}{\partial t}\right)$	$\nabla\cdot[k_{cd}(T)\nabla T]$	$\rho_{cd}(T)J_{cd}^2(t)$	$g_d(t)$	$g_q(T)$	概　　念
√	√	√	0	√	动态稳定性
0	√	√	0	√	等面积
0	√	√	0	0	MPZ*
√	0	√	0	0	保护
√	√	√	0	0	绝热 NZP†

＊最小传播区，Minimum propagating zone。

†正常区传播，Normal zone propagation。

6.2.1　式 (6.1)涉及的概念

下面简要讨论式（6.1）涉及的及表 6.1 列出的概念。

磁通跳跃　　第 5 章已得到了消除会影响 LTS 磁体的大部分磁通跳跃的准则。

低温稳定性　　20 世纪 60 年代中期，低温稳定性的基本概念作为可实现磁体可靠运行的工程方案被提出的[6.9]。在一个低温稳定的复合导体中，超导体与高导电金属基底共处理[6.10]，导体的大部分表面与制冷剂接触以保证"局域"冷却。如表 6.1 所给出的，除焦耳热项和冷却项外，其他项可忽略。20 世纪 70 年代建成的很多成功运行的磁体都是低温稳定的[6.11,6.12]；现在，它主要应用于大型 LTS 磁体。之后我们将了解到，它并不用于 HTS 磁体。低温稳定的概念将在本章专题中进一步研究。

动态稳定性　　第 5 章研究过，当第 Ⅱ 类超导体在磁扩散远大于热扩散时，若导体尺寸（例如带材）不足以抑制它，则将发生磁通跳跃。通过将超导体和高热导材料（例如铜）复合，就可以平衡这 2 种扩散效应，从而实现无磁通跳跃的稳定运行。LTS 带材如今已很少使用，其磁通跳跃也和 HTS 带材不一样（讨论 5.7）。所以，后文将不再讨论这个准则。

等面积　　等面积判据是低温稳定性的特例。此时，考虑了式（6.1）的热传导项 $\Delta\cdot[k_{cd}(T)\Delta T]$，从而可以提高低温稳定磁体的总体电流密度。本判据将在专题中进一步讨论。

MPZ　　最小传播区概念考虑在绕组中存在局域扰动 $g_d(t)$ 对线圈性能的影响[6.13]。MPZ 概念表明，在绕组中存在一个小的正常态区域时，磁体仍可能保持超导态。当然前提是正常态区域体积小于 MPZ 理论定义的临界尺度。威尔逊（Wilson）在 20 世纪 70 年代末首先注意到了 MPZ 在绝热磁体中的重要性[1.27]。然后，它成为分析绝热磁体稳定性不可或缺的概念。MPZ 概念将在专题中进一步研究。

不稳定情况　　表 6.1 中最后 2 种情况涉及绕组的非稳态热行为。第 8 章将讨论。

6.2.2　热能

长期稳定性要求 $\frac{\partial T}{\partial t} \simeq 0$。对于给定的热输入，它反比于 $C_{cd}(T)$，在超导磁体的可能运行温区（2~90 K）内有数量级的变化。表 6.2 给出了第 4 章讨论过的各冷却方式下超导磁体的绕组材料 NbTi（LTS）、MgB_2（HTS）、YBCO（HTS）以及绕组附属材料在相应温区内的近似热容。

表中，NbTi、MgB_2 和 YBCO 的运行温区分别设定为 2~10 K、2~30 K、2~90 K。对稳定性影响最大的材料是铜（用以代表正常电导的基底金属，其他还包括铝和银）和超导体。铜在 10~20 K 区间（MgB_2 的区间类似）的 $C_p(T)$ 比在 2~4 K（NbTi）区间大几个量级，在 50~90 K（YBCO）区间又高出几个量级。这十分明确地告诉我们：就稳定性而言，对磁体工程师的挑战最小的是 YBCO，其次是 MgB_2。我们可以说，稳定性只对 LTS 磁体有实际意义。

表 6.2　超导磁体中各材料的热容

超导体 运行温区	⇐NbTi (T_c = 9.8 K) ⇒						
	⇐MgB_2 (T_c = 39 K) ⇒						
	⇐YBCO (T_c = 93 K) ⇒						
	$C_p(T)$ [J/(cm³ · K)]						
材料	2 K	4 K	10 K	20 K	30 K	50 K	90 K
铜	0.0025	0.00089	0.0076	0.067	0.236	0.857	2.07
NbTi	0.00018	0.0014	0.022	—	—	—	—
MgB_2	0.000040	0.00032	0.00181	0.0081	0.0242	—	—
YBCO	0.000086	0.007			0.120	0.454	1.12
不锈钢	0.0014	0.003	0.01	0.04	0.1	0.4	1.5
环氧	0.00008	0.00066	0.014	0.080			
氦@3 atm	—	0.47*	0.095*	—	—	—	—
固氖	0.003	0.027	0.42	1.39			
固氮	0.007	0.031	0.17	0.71	1.21	1.51	—

* 液态（4 K）和气态（10 K）。

6.2.3 热传导

低温稳定性不考虑热传导项。而在绝热 LTS 磁体中，热传导项对确定 MPZ 大小有重要作用，MPZ 大小反过来又决定了绝热绕组所被允许的"局域化"扰动。本章专题中，我们将发现该项还决定了制冷机冷却的绝热磁体为限制最大温升可承受的稳态耗散能量密度（例如交流损耗）水平。表 6.3 与表 6.2 类似，给出了热导率 $k(T)$ 的近似值。

表 6.3　超导磁体中各材料的热导率，铜和不锈钢的电阻率

超导体 运行温区	$\Leftarrow$NbTi($T_c = 9.8$ K)$\Rightarrow$						
	$\Leftarrow$MgB$_2$($T_c = 39$ K)$\Rightarrow$						
	$\Leftarrow$YBCO($T_c = 93$ K)$\Rightarrow$						
	$k(T)$ [W/(cm·K)]						
材料	2 K	4 K	10 K	20 K	30 K	50 K	90 K
铜	2	4.2	8.5	15	15	9	5
NbTi	0.0006	0.0017	0.0057	—			
MgB$_2$			0.024	0.068	0.110	—	
YBCO	0.020	0.080	0.120	0.225	0.250	0.240	0.125
不锈钢	0.0001	0.0027	0.009	0.02	0.035	0.057	0.088
环氧	0.0001	0.0003	0.0012	0.0027	0.004	0.006	0.007
氦@3 atm	0.00017*	0.0002	0.00018	—	—	—	—
固氖	0.030	0.038	0.0095	0.004	—	—	—
固氮	0.09	0.057	0.016	0.0042	0.003	0.002	—
材料	$\rho(T)$ [$\mu\Omega \cdot$ cm]						
铜（$RRR = 100$）	0.0015	0.0015	0.015	0.017	0.02	0.07	0.3
不锈钢（316）	54	54	54	54	55	56	57

* 2.5 K 时的值。

表中各材料的热导率并不像热容一样随温度剧烈变化。铜的热导率比其他材料好很多，这让它成为 LTS 和 HTS 绕组稳定（本章内容）和保护（第 8 章内容）的首选材料。第 7 章中所述，由于铜绕组在时变电磁场下存在的涡流焦耳热可能造成运行上的困难，所以复合超导体常通过复杂的配置以避免或减少此种影响。

6.2.4 焦耳热

正常运行条件下，超导磁体的焦耳热项是 0。第 Ⅱ 类超导体（除了 Ni）基本都是

合金或化合物，其正常态电阻率一般远大于铜等基底金属的电阻率。这一点已在讨论 5.5 中（磁扩散和热扩散）研究了。斯特科利稳定性理论的一个要点是：在超导体失超后用常规金属提供一个高导电旁路（另一个是提供足够的冷量以移除该过程产生的焦耳热）。表 6.3 同时列出了铜和不锈钢的电阻率 $\rho(T)$ ——可用于近似正常态的超导体。但当必须考虑临界电流附近的磁通流动效应时，上述近似不可用，在后文的专题中讨论。

6.2.5 扰动谱

式（6.1）中的 $g_d(t)$ 项代表绕组内焦耳热之外可引起温升的所谓扰动或热流密度。扰动可同时从时间和空间的角度刻画，时间上可以是暂态的（由能量给出）也可以是连续的（由功率给出）；空间上可以是局域的（能量或功率）也可以是全局的（能量密度或功率密度）。导体的突然滑移——导线运动——是一个暂态、局域扰动的好例子，用滑移向绕组内释放的总能量可以很好地对其定量描述。或许最好的连续、全局扰动的实例是交流损耗，它持续将能量释放到交流电气设备的绕组中。专题将研究一个处于连续、全局热流密度的绝热绕组的设计问题。

图 6.1 给出了多年来总结出的 LTS 磁体的 6 种主要扰动源的扰动谱[6.14]。这些源中，磁通跳跃、导线运动和交流损耗是"内秉的"（intrinsic），因为它们产生于绕组之内；漏热与绕组和外部的耦合有关；簇射粒子（particle showers）和原子核热能与特定的器件有关，在多数磁体中可忽略。

例如第 5 章讨论的磁通跳跃被认为是 LTS/HTS 中的良性现象。导线运动和其他机械事件**仍**会影响**绝热 LTS** 磁体。但甚至绝热 HTS 磁体也通常不受这些扰动的影响。因为第 Ⅱ 类超导体在时变电磁场下有损耗，这令 LTS 磁体和 HTS 磁体在交流损耗下同样脆弱。毫无疑问，HTS 能否在电力上广泛应用的关键就取决于对交流损耗的降低成效。

6.2.6 稳定裕度与扰动能量

所谓的稳定裕度或简单的能量裕度是绝热超导磁体特别有用的设计参数。它是指冷却的或绝热的复合导体载有运行电流 $I_{op}(I_t)$ 时，在能维持**完全**超导条件下，所能吸收的最大能量密度 Δe_h。若无冷量可抵消 Δe_h，复合导体将被加热而温升至其运行温度 T_{op} 以上。当它继续加热到"电流分流"温度 T_{cs}（与 I_{op} 有关）后，失超发生。

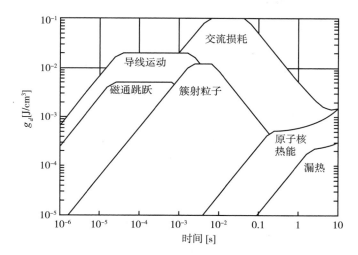

图 6.1　LTS 磁体的 $g_d(t)$ 谱[6.14]。

图 6.2 给出了第 II 类超导体临界电流与温度的关系 $I_c(T)$，其中定义了 $T_{cs}(I_{op})$。这里的 $I_c(T)$ 近似是一条直线，连接了 T_{op} 下的临界电流 $I_c(T_{op}) \equiv I_{c0}$ 以及 $I_c(T_c) = 0$。实心圆定义 $T_{cs}(I_{op})$ 为 $I_c(T)$ 线和 I_{op} 对应横虚线的交点。$T_{cs}(I_{op})$ 是载有 I_{op} 的复合导体（甚至在**绝热条件下**）可维持完全超导的最高温度。超过 $T_{cs}(I_{op})$，基底常规金属开始"分流"电流，产生焦耳热。在绝热绕组中，从 $T_{cs}(I_{op})$ 到临界温度 T_c 的转变差不多是瞬时的，在温度等于或大于 T_c 时，差不多全部电流都从基底通过。图中还定义了 $[\Delta T_{op}(I_{op})]_{st} = T_{cs}(I_{op}) - T_{op}$，即复合导体在高于 T_{op} 时还能保持完全超导所允许的温度偏移上限。有时候使用"温度裕度" $[\Delta T_{op}(I_{op})]_{st}$ 而不是 Δe_h 来定量表示稳定性的程度。在**绝热条件下**，Δe_h 表示为：

$$\Delta e_h = \int_{T_{op}}^{T_{cs}(I_{op})} C_{cd}(T)\,\mathrm{d}(T) = \int_{T_{op}}^{T_{op} + [\Delta T_{op}(I_{op})]_{st}} C_{cd}(T)\,\mathrm{d}(T) \tag{6.2}$$

注意，Δe_h 不仅依赖于 $C_{cd}(T)$、T_{op} 和 $T_{cs}(I_{op})$ 或 $[\Delta T_{op}(I_{op})]_{st}$，还依赖于与 I_{c0} 有关的 I_{op}（定义：$i_{op} \equiv \dfrac{I_{op}}{I_{c0}}$）。特别对于图 6.2 这样对 $I_c(T)$ 的简单直线近似，$[\Delta T_{op}(I_{op})]_{st}$ 为：

$$[\Delta T_{op}(I_{op})]_{st} = (T_c - T_{op})(1 - i_{op}) \tag{6.3}$$

由式（6.3）可知，绝热磁体的电流分流温度必定大于其运行温度（$T_{cs} > T_{op}$）。因为

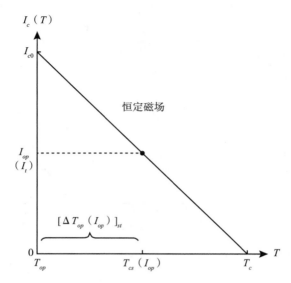

图 6.2 某第 Ⅱ 类超导体的 $I_c(T)$ 直线近似。

I_{c0} 与磁场有关，而磁场在绕组中是变化的，故它的 $I_{op}(I_t)$ 在绕组中应低于导体的最小 I_{c0}。

表 6.4 列出了几个 LTS 和 HTS 磁体典型的 T_{op} 和 ΔT_{op} 值及其对应的 Δe_h 值。

表 6.4 LTS 和 HTS 相关几个典型 T_{op}，ΔT_{op} 和 Δe_h 的值

LTS			HTS		
$T_{op}[K]$	$[\Delta T_{op}(I_{op})]_{st}[K]$	$\Delta e_h[J/cm^3]$	$T_{op}[K]$	$[\Delta T_{op}(I_{op})]_{st}[K]$	$\Delta e_h[J/cm^3]$
2.5	0.3	1.2×10^{-4}	4.2	25	1.6
4.2.	0.5	0.6×10^{-3}	10	20	1.8
4.2	2	4.3×10^{-3}	30	10	3.7
10	1	9×10^{-3}	70	5	8.1

LTS 对比表 6.4 中给出的能量裕度与图 6.1 中给出的扰动能量密度，可以明显地看到，LTS 磁体非常容易因扰动而失超，失超对应的能量密度由式（6.1）中的 $g_d(t)$ 表示。多年来已开发了抑制导线运动、磁通跳跃等扰动的技术，还发展了最小化**大部分**"直流" LTS 绝热磁体交流损耗以使其在**大部分**时间能稳定运行的技术。最小化或消除机械扰动（例如导线运动）的技术仅对 LTS 磁体比较重要，将会在第 7 章简单讨论。

HTS　　除了交流损耗，HTS 磁体的扰动能量谱如图 6.1 所示。由表 6.4 的 Δe_h 可知，HTS 磁体至少在直流条件下是**绝对**稳定的：直流 HTS 磁体**都**应设计为绝热运行。

6.2.7　冷却

如第 4 章所述，尽管超导磁体的运行都需要冷却，但仅浸泡低温稳定磁体需要**在绕组内**用制冷剂冷却。此时，式（6.1）中的 $-g_q(T)$ 项仅用于表示绕组内的冷却；绕组外（字面意义上的外部）的冷却，是每一个超导体都要求的，式（6.1）没有体现。前面我们已看到，HTS 磁体能够——实际上也总是——绝热运行。多数 HTS 磁体运行于 ~20 K 以上，仅那些因耦合 LTS 磁体而运行于液氦温区的除外。所以，液氦的传热数据对 HTS 磁体设计不再像在浸泡低温稳定 LTS 磁体中那样重要，甚至液氦的传热数据对 HTS 磁体也不很重要。这是因为绝热运行时，绕组中根本没有液氦。

博图拉（Bottura）总结了氦在不同冷却范围的传热系数 h_q 与 ΔT 的关系，如图 6.3 所示[6.14]。这里的 ΔT 若无特别说明，是加热表面和 4.2 K 氦之间的温差。图中包括：①核态沸腾和膜态沸腾，包括核态沸腾峰值点 $h_{pk} = 1.23$ W/（cm$^2 \cdot$ K）；②暂态核沸腾；③1.8 K（超流）和 4.2 K 下的卡皮查（Kapitza）；④3.5 atm 和 4.5 K 条件下，10^4 和 10^5 2 个雷诺数下的迫流。这些图线中，包含峰值点的核态沸腾线是从浸泡低温稳定磁体得到的，1.8 K 的卡皮查线用于超流氦冷却的低温稳定磁体，迫流线是针对由 CIC 导体绕成的低温稳定磁体。

6.3　电流密度

计算磁体产生的磁场所需的一个关键参数是总体电流密度 λJ[式（3.108）]，它定义为总安匝数 NI 除以磁体绕组包括载流导体部分和非载流部分的总截面积。图 6.4（a）给出了复合导体的截面组成，图 6.4（b）定义了整个绕组的组成。2 个图给出了用以表示各组分的常用符号。

6.3.1　截面积

如图 6.4 所示，超导磁体的绕组中存在至少 7 个截面积用于定义不同的电流密度：图 6.4a 中对复合导体有 A_{sc}，A_m 和 $A_{\overline{m}}$；图 6.4b 中对全绕组有 A_{cd}，A_S，A_{in} 和 A_q。$A_{\overline{m}}$ 指非基底金属，在 NbTi 等合金中是 0，但在 Nb$_3$Sn 和 YBCO 等导体中不可忽略。注意，

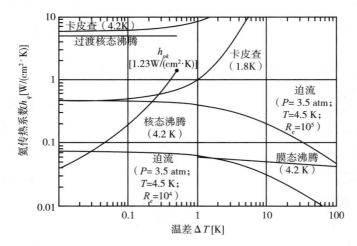

图 6.3　氦传热系数 h_q 与 ΔT 的关系[6.14]。

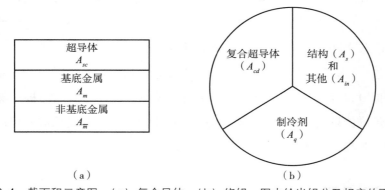

（a）　　　　　　　　　　　（b）

图 6.4　截面积示意图。（a）复合导体。（b）绕组。图中给出组分及相应的面积符号。

其他材料如绝缘等的截面并未包括到复合导体总截面中。A_S 通常是金属加强材料的截面，A_{in} 是绝缘和有机填充材料（如环氧等）的截面。除了下面将讨论的 CIC 导体，A_S 和 A_{in} 通常可以统一归为结构件。复合导体和全绕组的总的截面分别为：

$$A_{cd} = A_{cs} + A_m + A_{\overline{m}} \tag{6.4a}$$

$$A_{wd} = A_{cd} + A_S + A_{in} + A_q \tag{6.4b}$$

6.3.2　复合超导体

下面将定义并描述复合超导体的 3 个常用电流密度。

超导体临界电流密度

超导体临界电流密度 J_c 由超导体在一定温度和磁场下的临界电流 I_c 除以截面 A_{sc}（对 NbTi 和 YBCO 这种 A_{sc} 可以明确量化的材料）或者 $A_{sc}+A_{\overline{m}}$（对 Nb$_3$SN 这种非基底金属是整体一部分的材料）得到。那么：

$$J_c \equiv \frac{I_c}{A_{sc}} \tag{6.5a}$$

$$J_c \equiv \frac{I_c}{A_{sc} + A_{\overline{m}}} \tag{6.5b}$$

在材料的发展阶段（表 1.4 中的阶段 1），J_c，特别是 $J_c \equiv \dfrac{I_c}{A_{sc}}$，加上 H_{c2} 和 T_c 是用来描述超导体性能最合适、最有用的参数。

工程（导体）临界和运行电流密度

工程（导体）临界和运行电流密度 $J_e(J_{cd})$ 考虑了工艺和磁体需求。$A_{\overline{m}}$ 和 A_m 都是**磁体级超导体**的关键参数：

$$J_e = J_{cd} \equiv \frac{I_c}{A_{cd}} = \frac{I_c}{A_{sc} + A_m + A_{\overline{m}}} \tag{6.6}$$

在 CIC 导体（讨论 6.6）中，结构 A_s 和制冷剂 A_q 的截面也是导体的组成部分，所以也常被包含到 A_{cd} 中去。当导体在其运行电流 I_{op} 时，我们还可以定义工程（导体）运行电流密度：$J_{e_0} = J_{cd_0} \equiv \dfrac{I_{op}}{A_{cd}}$。$J_{cd_0}(t)$ 表示 $I_{op}(t)$ 可随时间变化。

基底电流密度

基底电流密度 J_m 是与复合导体绕成的磁体的稳定性和保护有关的一个重要参数。J_m 定义为通过基底的电流 I_m 除以其截面积 A_m：

$$J_m \equiv \frac{I_m}{A_m} \text{ 或 } J_m(t) \equiv \frac{I_m(t)}{A_m} \tag{6.7a}$$

其中，I_m 是运行（传输）电流 I_{op}（I_t）的一部分或全部，取决于超导体是否为超导态：

$$I_{op} = I_t = I_m + I_s \text{ 或 } I_{op}(t) = I_t(t) = I_m(t) + I_s(t) \tag{6.7b}$$

式中，I_s 是通过超导体的电流。因为最相关的基底电流就是正常运行电流 I_{op}，所以当 $I_s = 0$ 时，常用另一个与 I_{op} 有关的基底电流密度：

$$J_{m_0} \equiv \frac{I_{op}}{A_m} \text{ 或 } J_{m_0}(t) \equiv \frac{I_{op}(t)}{A_m} \tag{6.7c}$$

6.3.3 绕组中的电流密度

由第 3 章的研究及上面的简要概述，我们知道磁体产生的磁场直接正比于磁体绕组的总体电流密度。可以使用 2 个电流定义全电流，一个是表示任意电流的 I，另一个是表示磁体运行电流的 I_{op}：

$$\lambda J \equiv \frac{I}{A_{wd}} \tag{6.8a}$$

$$\lambda J_{op} \equiv \frac{I_{op}}{A_{wd}} \text{ 或 } \lambda J_{op}(t) \equiv \frac{I_{op}(t)}{A_{wd}} \tag{6.8b}$$

这里讨论的所有电流密度中，是 λJ_{op} 决定了磁体产生的磁场，故其直接影响磁体费用。因此，磁体若想在市场中有竞争力，λJ_{op} 必须尽可能大，当然也需要考虑具体的磁体设计、运行需要（第 3 章中，简单起见，λJ_{op} 由 λJ 取代）。

CIC 导体的电流密度

CIC 导体主要用于大型和高场磁体（将在讨论 6.6 详细描述）。因为在 CIC 中导体和绕组是结合在一起的，我们特别定义了一个导体电流密度 J_{cic_0}，用来描述运行电流 I_{op} 下的 CIC 导体：

$$J_{cic_0} \equiv \frac{I_{op}}{A_{cic}} \text{ 或 } J_{cic_0} \equiv \frac{I_{op}(t)}{A_{cic}} \tag{6.9a}$$

$$A_{cic} \equiv A_{cd} + A_S + A_q \tag{6.9b}$$

6.4 专题

6.4.1 讨论6.1：低温稳定性——电路模型

此处讨论低温稳定性的理论。我们采用电路模型来研究由超导体（通常由很多单丝构成）和铜基底组成的复合导体的行为。

图 6.5(a)给出了超导体的理想 R_s 和 I 关系。其中，R_s 是超导体的电阻——该图可用于多数 LTS，但对多数 HTS 并不适用。此处所谓的理想，是指在 $I_s < I_c$ 时，$R_s = 0$。其中，I_c 是超导体的临界电流；在 $I_s > I_c$ 时，$R_s = R_n$。其中，R_n 是超导体在正常态的电阻；在 $I_s = I_c$ 时，$0 \leq R_s \leq R_n$。即它满足电路条件。图 6.5(b)给出了在温度 T 下载有传输电流 I_t 的复合超导的电路模型。I_s 是通过超导体的电流，R_m 是通过基底金属的电阻。一般有 $R_m \ll R_n$。

$I_t \leq I_c$ 区　　此时，超导体载有全部传输电流，$I_s = I_t \leq I_c$。由图 6.5a 有 $R_s = 0$；由图 6.5b 有 $V_{cd} = 0$。其中，V_{cd} 是复合导体上的电压。总焦耳热 G_j 为 0。

$I_t > I_c$ 区　　当 $I_t > I_c$，由于 $R_m \ll R_n$，超过 I_c 的电流将几乎全部流过铜基底。即有 $I_m \simeq I_t - I_c$ 以及 $I_s \simeq I_c$。其中，I_m 是通过基底的电流。于是：

$$V_{cd} = R_m I_m \simeq R_m (I_t - I_c) \tag{6.10a}$$

$$G_j = V_{cd} I_t \tag{6.10b}$$

联立式（6.10a）和式（6.10b），有：

$$G_j \simeq R_m I_t (I_t - I_c) \tag{6.11}$$

我们注意到，只要 R_m 和 I_c 与温度无关，那 G_j 与温度也无关。基底金属（如铜）的电阻在 4~30 K 温区内几乎不随温度变化（附录章节），所以，在 LTS 磁体的稳定性分析时总假定 R_m 为常数。

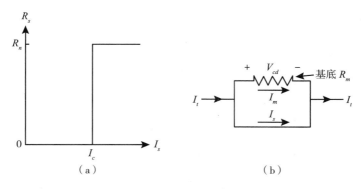

图 6.5　（a）超导细丝 R_s 和 I_s 的关系。（b）复合导体的电路模型。

6.4.2 问题6.1: 低温稳定性——温度依赖

下面我们考察复合导体单位长度总焦耳热 G_j 对温度的依赖关系［讨论6.1中的式（6.11）］。图6.6（与图6.2相同）给出了常用于近似表示超导体在恒定磁场下 $I_c(T)$ 特性的 I_c 与 T 的关系［式（5.38）给出了对临界电流密度的相同线性近似］。注意 $I_c(T_{op}) = I_{c0}$，$I_c(T_c) = 0$。当温度变化时，通过复合导体的净传输电流 I_t 仍保持不变。电流分流温度 T_{cs} 如图6.6所示，由 $I_t = I_c(T_{cs})$ 给出。

a）超导体的 $I_c(T)$ 由下式近似：

$$I_c(T) = I_{c0}\left(\frac{T_c - T}{T_c - T_{op}}\right) \quad (T_{op} \leqslant T \leqslant T_c) \tag{6.12}$$

假定 R_m 与温度无关，证明 G_j 有如下的温度依赖关系：

$$G_j(T) = 0 \qquad\qquad (T_{op} \leqslant T \leqslant T_{cs}) \tag{6.13a}$$

$$G_j(T) = R_m I_t^2 \left(\frac{T - T_{cs}}{T_c - T_{cs}}\right) \qquad (T_{cs} \leqslant T \leqslant T_c) \tag{6.13b}$$

$$G_j(T) = R_m I_t^2 \qquad\qquad (T \geqslant T_c) \tag{6.13c}$$

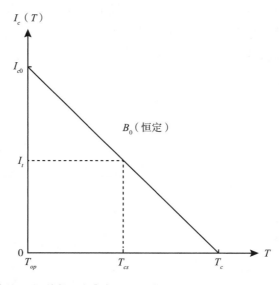

图6.6 超导体的 $I_c(T)$ 线性近似［式（6.12）］。

b）画出温度从 T_{op} 到 $T > T_c$ 范围内式（6.13）的图像。

c）对式（6.13b）给出的 G_j 进行物理解释。

d）定性的讨论式（6.13b）在 30 K 以上必须如何修正。30 K 之上，R_m 将依赖于温度，为 $R_m(T)$。这是复合 HTS 的情况。

问题6.1的解答

a）因为 $T_{op} \leq T \leq T_{cs}$ 时，有 $I_c(T) > I_t$，有：

$$G_j(T) = 0 \quad (T_{op} \leq T \leq T_{cs}) \tag{6.13a}$$

将式（6.12）给出的 $I_c(T)$ 代入式（6.11）给出的 G_j 中，有：

$$G_j(T) = R_m I_t \left[I_t - I_{c0} \left(\frac{T_c - T}{T_c - T_{op}} \right) \right] \quad (T_{cs} \leq T \leq T_c) \tag{S1.1}$$

令 $I_t = I_c(T_{cs})$，并将之代入式（6.12），可以解出 I_{c0}：

$$I_{c0} = I_t \left(\frac{T_c - T_{op}}{T_c - T_{cs}} \right) \tag{S1.2}$$

式中，$I_{c0} \equiv I_c(T_{op})$。联立式（S1.1）和式（S1.2），有：

$$G_j(T) = R_m I_t^2 \left(\frac{T - T_{cs}}{T_c - T_{cs}} \right) \quad (T_{cs} \leq T \leq T_c) \tag{6.13b}$$

$$G_j(T) = R_m I_t^2 \quad (T \geq T_c) \tag{6.13c}$$

b）如图 6.7 所示。

c）显然，只要 $I_t < I_c(T)$，电流只通过超导体，$V_{cd} = 0$，故 $G_j(T) = 0$。在电流分流温度 T_{cs} 处，当 $I_t = I_c$ 时，超导体载有其为超导态的最大可能电流；当温度高于 T_{cs}，电流开始向铜基底分流，在复合导体内产生焦耳热。随 T 升高，该分流持续增加；直到 T_c 时，几乎全部传输电流都被转移至基底中。当然其前提是 $R_m \ll R_n$，而它通常是合理的。由于 R_m 是常数，G_j 在温度 T_{cs} 和 T_c 间随 T 的变化是**线性**的，在超过 T_c 后为**常数**。R_m 是常数这个假设对多数基底金属（例如铜）在 T_{op} 小于 30 K 时都是有效的。

d）如果 $T_{op} > \sim 30$ K，R_m 的常数假设就不合理了。即对大部分 HTS 磁体，应将

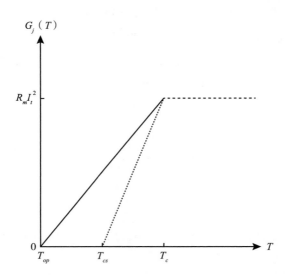

图 6.7　复合导体的 $G_j(T)$ 图，其中 R_m 为常数。

R_m 视为温度依赖的 $R_m(T)$。式（6.13b）和式（6.13c）相应改写为：

$$T_{cs} \leqslant T \leqslant T_c : G_j(T) = R_m(T) I_t^2 \left(\frac{T - T_{cs}}{T_c - T_{cs}} \right) \tag{6.14a}$$

$$T \geqslant T_c : G_j(T) = R_m(T) I_t^2 \tag{6.14b}$$

6.4.3　讨论6.2：斯特科利低温稳定性判据

在 6.2.1 节提到的所谓斯特科利低温稳定性判据，实质是进入通透良好的绕组内的制冷剂的冷却和复合导体产生的焦耳热的平衡。式（6.1）简写为：

$$C_{cd}(T) \frac{\partial T}{\partial t} = \nabla \cdot [k_{cd}(T) \nabla T] + \rho_{cd}(T) J_{cd}^2(t) +$$

$$g_d(t) - \left(\frac{f_p \mathcal{P}_D}{A_{cd}} \right) g_q(T) \tag{6.15}$$

$$C_{cd}(T) \frac{\partial T}{\partial t} \approx \nabla \cdot [k_{cd}(T) \nabla T] \approx g_d(t) \approx 0$$

式中，$\mathcal{P}_D$ 是导体总周长；常数 f_p 是接触制冷剂的 $\mathcal{P}_D$ 部分。斯特科利通过选择 $I_t = I_{c0}$（令 I_t 等于超导体在 T_{op} 下的临界电流）发展了他的理论。注意，I_t 还表示运行电流

I_{op}。选择 $I_t = I_{op} = I_{c_0}$ 使得 $T_{cs} = T_{op}$,式(6.13b)改写为:

$$G_j(T) = R_m I_{c0}^2 \left(\frac{T - T_{op}}{T_c - T_{op}} \right) \qquad (T_{op} \leqslant T \leqslant T_c) \qquad (6.16a)$$

$$\rho_{cd} J_{cd}^2(t) = \frac{\rho_m I_{c0}^2}{A_{cd} A_m} \left(\frac{T - T_{op}}{T_c - T_{op}} \right) \qquad (T_{op} \leqslant T \leqslant T_c) \qquad (6.16b)$$

从历史角度上看,斯特科利选择 $I_t = I_{c0}$ 发展他的判据并不是为了研究超导磁体的稳定性,而是为了解释在 $V\text{-}I$ 测试中超导体样品电流超过 I_{c0} 后的分流现象。目前,**每一个** LTS 磁体的运行电流都选择小于 I_{c0}。对于 HTS 磁体,稳定性不是重要的设计问题;但与 LTS 测试样品类似,同样也存在分流的问题。$V\text{-}I$ 相关特性的稳定性问题将在问题 6.5 中讨论。

斯特科利将冷却假定为与温度呈线性关系:

$$g_q(T) = h_q(T - T_b) \simeq h_q(T - T_{op}) \qquad (6.17)$$

式中,T 是导体的表面温度。T_b 是冷池(制冷剂)的温度,假定与运行温度相等:$T_b \simeq T_{op}$。

由式(6.15),斯特科利低温稳定性判据要求 $\left(\dfrac{f_p \mathcal{P}_D}{A_{cd}} \right) g_q(T) \geqslant \rho_{cd}(T) J_{cd}^2(t)$。根据式(6.16b)和式(6.17),有:

$$\frac{f_p \mathcal{P}_D h_q(T - T_{op})}{A_{cd}} \geqslant \frac{\rho_m I_{c0}^2}{A_{cd} A_m} \left(\frac{T - T_{op}}{T_c - T_{op}} \right)$$

$$\frac{\rho_m I_{c0}^2}{f_p \mathcal{P}_D A_m h_q(T_c - T_{op})} \leqslant 1 \qquad (6.18)$$

斯特科利稳定性参数 α_{sk} 由下式给出:

$$\alpha_{sk} = \frac{\rho_m I_{c0}^2}{f_p \mathcal{P}_D A_m h_q(T_c - T_{op})} \qquad (6.19)$$

注意,无量纲参数 α_{sk} 表示的是焦耳热密度和冷却功率之比。于是,当 $\alpha_{sk} \leqslant 1$ 时(冷量充足),运行是稳定的;当 $\alpha_{sk} > 1$ 时(冷量不足),不稳定。

按照斯特科利稳定性判据,20 世纪 60~70 年代建造和**可靠**运行的大部分大型磁体都是低温稳定的。式（6.19）表明 $\alpha_{sk} \propto \dfrac{1}{A_m}$，即对给定的冷却条件，稳定性（或可靠性）与 A_m 直接相关，或相反：

$$A_m = \frac{\rho_m I_{c0}^2}{\alpha_{sk} f_p \mathcal{P}_D h_q (T_c - T_{op})} \tag{6.20}$$

为了在给定冷却条件下实现更强的稳定性，在浸泡冷却的低温稳定磁体中，十分有必要增加 A_m。复合导体在运行电流下的电流密度 J_{op} 为：

$$J_{op} = \frac{I_{op}}{A_{sc} + A_m + A_{\overline{m}}} \tag{6.6}$$

$$= \left(\frac{\gamma_{\frac{m}{s}}}{\gamma_{\frac{m}{s}} + 1} \right) J_{m_0} \tag{6.21a}$$

式中，面积比 $\gamma_{\frac{m}{s}}$ 定义为：

$$\gamma_{\frac{m}{s}} \equiv \frac{A_m}{A_{sc} + A_{\overline{m}}} \tag{6.21b}$$

在 NbTi 中（$A_{\overline{m}} = 0$），$\gamma_{\frac{m}{s}}$ 被称为基底-超导比，在 Nb_3Sn 中（$A_{\overline{m}} \neq 0$）称为基底-非基底比。当 $\gamma_{\frac{m}{s}} \gg 1$ 时，有 $J_{op} \simeq J_{m_0}$。

在这些早期的大型磁体中，有限考虑的无疑是稳定性而非效率。这种哲学一直持续至今，特别是大型磁体。但它还有另一个可能比稳定性更重要的问题：大电磁力。大型低温稳定 LTS 磁体要求的加强部分 A_s 比基底金属 A_m 对绕组的总体电流密度影响更大。

表 6.5 列出了 2 个低温稳定 LTS 磁体（一个是 20 世纪 60 年代末的气泡室 NbTi 磁体[6.12]，一个是近期的 CICNb₃Sn 磁体[3.24]）的电流参数——I_c，I_{op}，$\gamma_{\frac{m}{s}}$，$J_c \left(= \dfrac{I_c}{A_{sc}} \right)$，$J_e \left(= \dfrac{I_c}{A_{cd}} \right)$，$J_{m_0} \left(= \dfrac{I_{op}}{A_m} \right)$，$\lambda J_{op} \left(= \dfrac{I_{op}}{A_{wd}} \right)$。相比于 NbTi 磁体，$Nb_3Sn$ 磁体的 $\gamma_{\frac{m}{s}}$ 更小，这意味着它的 λJ_{op} 更好。这个性能的提高，部分是来自近四十年来随着建造**实际**磁体对稳定性和保护问题逐步深入的理解，部分来自这种仅用于研究的订制型磁体费用降低的压力。

表 6.5　低温稳定磁体的电流参数

复 合 导 体	$\gamma_{\frac{m}{s}}$	$I_c\,[\mathrm{kA}]$	$I_{op}\,[\mathrm{kA}]$	$J_c\,[\mathrm{MA/m^2}]$	$J_e\,[\mathrm{MA/m^2}]$	$J_{m_0}\,[\mathrm{MA/m^2}]$	$\lambda J_{op}\,[\mathrm{MA/m^2}]$
NbTi *	24	$4.0^{a)}$	2.2	800	32.0	18.3	7.8
$Nb_3Sn^{†}$	21.5	$15.8^{b)}$	10.0	$627^{c)}$	74.4	184	39.2

* 气泡室磁体[6.12]。$B = 2.5\ \mathrm{T}$, $T_{op} = 4.2\ \mathrm{K}$。

a)：测量值 （3.0 kA 规格）。

† NHMFL 45 T 混合磁体[3.24]。线圈 A （CIC Nb_3Sn, 见讨论 6.6）, $B = 15.7\ \mathrm{T}$, $T_{op} = 1.8\ \mathrm{K}$。

b)：由测量值外插得到。

c)：这里 $J_c = \dfrac{I_c}{(A_{sc} + A_{\overline{m}})}$ 而不是 $J_c = \dfrac{I_c}{A_{sc}}$。

6.4.4　讨论6.3: 复合超导体

可用的磁体级超导体通常有两类，一类是单体，另一类是组合。

A. 单体

超导体和正常金属通过简单合金工艺形成单个的实体。视觉上看，除了通过导体截面上，不能分辨出单个组成分的存在。多数圆线复合导体都是单体。然而，$\gamma_{\frac{m}{s}}$ 值大于 10 时，合金过程中很难不折断细丝而生成单体超导体，特别是那些细丝直径小于 $100\mu m$ 的尤其困难。

B. 组合

组合的导体由 $\gamma_{\frac{m}{s}}$ 接近 1 的单体超导体和正常金属稳定的部分组成，金属稳定通常是焊在处理后的单体上。因此，稳定组分的机械性能不受到单体处理的影响，从而更容易满足导体的要求。CIC 导体就是一种组合型导体。

6.4.5　问题6.2: 低温稳定性——非线性冷却曲线

讨论 6.2 推导的参数 α_{sk} 假定了传热系数 h_q 与温度无关。在现实中，冷却曲线，甚至低温稳定磁体通常运行的核态沸腾传热区都存在强烈的非线性关系，一个例子如图 4.1 所示。则在低温稳定性判据的推导中，直接加入热流曲线 $q(T)$ [$\mathrm{W/cm^2}$ 或 $\mathrm{W/m^2}$] 会更准确。

a）证明 I_{op} 时，基底电流密度 $[J_{m_0}]_{sk}$ 满足考虑了热流密度曲线 $q(T)$ 的斯特科利低温稳定性判据：

$$[J_{m_0}]_{sk} = \sqrt{\frac{f_p P_D q_{fm}}{\rho_m A_m}} \tag{6.22}$$

式中，q_{fm} 是在膜态沸腾区最小的热流密度。

b）在 $I_{op} = I_{c0}$ 时，在同一个图中定性画出 $q(T)$ 曲线和尺度一致的产热曲线，并在图中指出稳定运行的区域。其中，I_{c0} 是超导体在 T_{op} 时的 I_c。

c）在 b 中的同一个图上推广 b 到 $I_{op} < I_{c0}$ 的情况。证明，在这个条件下电流分流温区的 $g_j(T_c)$ 和 $\dfrac{\mathrm{d}\hat{g}_j(T)}{\mathrm{d}T}$ 小于 $I_{op} = I_{c0}$ 条件下的对应值。

问题6.2的解答

a）在应用低温稳定性的大部分问题中，我们必须假定超导体可能运行在完全正常态。之后选择膜态沸腾区的最小热流（表4.2中的 q_{fm}）是最安全的。于是：

$$\frac{\rho_m I_{c0}^2}{A_m} = f_p \mathcal{P}_D q_{fm} \tag{S2.1}$$

解出 $[J_{m_0}]_{sk}$，得：

$$[J_{m_0}]_{sk} = \sqrt{\frac{f_p \mathcal{P}_D q_{fm}}{\rho_m A_m}} \tag{6.22}$$

b）图6.8所示为液氦 $q(T)$ 典型曲线。图中同时还画出了 $\hat{g}_j(T) \equiv \left(\dfrac{A_{cd}}{f_p \mathcal{P}_D}\right) g_j(T)$ $[\mathrm{W/m^2}]$ 曲线。通过选择合适的参数，令 $\hat{g}_j(T) \equiv \left(\dfrac{A_{cd}}{f_p \mathcal{P}_D}\right) g_j(T)$ 略小于 q_{fm}。

c）图6.8中的虚线表示 $I_t < I_{c0}$ 的情况。在 $T_{op} \leqslant T \leqslant T_{cs}$ 温区，导体是完全超导的。因为 $G_j(T_{op}) = R_m I_t^2$，很明显，它在 $I_t < I_{c0}$ 时更小。根据问题6.2中的式（S1.2）：

$$I_t = I_{c0}\left(\frac{T_c - T_{op}}{T_c - T_{cs}}\right) \tag{S1.2}$$

联立式（S1.2）和式（6.13b），有：

$$g_j(T) = \left(\frac{A_{cd}}{f_p \mathcal{P}_D}\right) R_m I_t^2 = \left(\frac{A_{cd}}{f_p \mathcal{P}_D}\right) R_m I_{c0}^2 \frac{(T_c - T_{cs})^2 (T - T_{cs})}{(T_c - T_{op})^3}$$

$$\frac{\mathrm{d}g_j(T)}{\mathrm{d}T} = \left(\frac{A_{cd}}{f_p \mathcal{P}_D}\right) R_m I_{c0}^2 \frac{(T_c - T_{cs})^2}{(T_c - T_{op})^3}$$

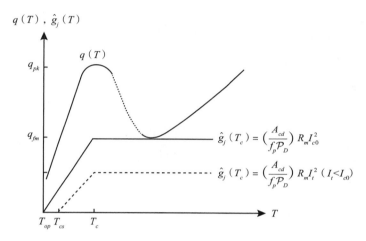

图 6.8 $q(T)$ 定性图，$I_{op} = I_{c0}$（实线）和 $I_{op} < I_{c0}$（虚线）2 种情况下的 $\hat{g}_j(T)$ 图。

则 $G_j(T_c)$ 在 $I_t = I_{c0}(T_{cs} = T_{op})$ 时就要大于 $I_t < I_{c0}(T_{cs} > T_{op})$ 对应的值了。

6.4.6　讨论6.4：等面积判据

马多克、詹姆斯和诺里斯的等面积判据[6.15] 是低温稳定性判据的变体，它保留了式（6.1）中的热传导项$\mathbf{\nabla} \cdot [k_{cd}(T)\mathbf{\nabla} T]$。因此，等面积判据仅成立于焦耳热没有在绕组内全局扩散的条件下。在斯特科利低温稳定性判据中，焦耳热是**局域**的，且完全被冷却项 $g_q(T)$ 平衡掉；而在等面积判据中，导体轴向的热传导辅助局部的冷却一并用于将焦耳热带走。由于该判据用于浸泡冷却低温稳定磁体，它主要在液氦冷却的 LTS 磁体中应用。等面积判据要求满足下面的条件：

$$\int_{T_{op}}^{T_{eq}} \left[g_q(T) - \left(\frac{A_{cd}}{f_p \mathcal{P}_D}\right) g_j(T) \right] \mathrm{d}T = \int_{T_{op}}^{T_{eq}} [g_q(T) - \hat{g}_j(T)] \, \mathrm{d}T = 0 \qquad (6.23)$$

式中，T_{eq} 是比 T_{op} 高的一个温度，在该温度下有 $g_q(T) = \hat{q}_j(T)$。$g_q(T)$ 是对流热流 $[\mathrm{W/m^2}]$；$g_i(T)$ 是焦耳热密度，可由式（6.13）的 G_j 经代入 $T_{cs} = T_{op}$ ［在 $T_{cs} > T_{op}$ 时，使用式（6.14）］和 $J_{m_0} = \dfrac{I_{op}}{A_m}$ 得：

$$g_j(T) = \rho_m(T) J_{m_0}^2 \left(\frac{T - T_{op}}{T_c - T_{op}} \right) \qquad (T_{op} \leqslant T \leqslant T_c) \qquad (6.24\mathrm{a})$$

$$g_j(T) = \rho_m(T) J_{m_0}^2 \qquad\qquad (T \geqslant T_c) \qquad (6.24\mathrm{b})$$

图 6.9 给出了一个满足等面积判据的 $\hat{q}_j(T)$ 曲线的实例。本例中，式（6.23）通过令图 6.9 中 2 个交叉线区域相等而满足，其中一个区域由 $\hat{g}_J(T)$ 曲线和 $g_q(T) > \hat{g}_J(T)$ 的部分围成；另一个区域由 $g_q(T)$ 曲线和 $\hat{g}_J(T) > g_q(T)$ 的部分围成。从物理角度上看，在温度约为 T_c 至 T_{eq} 这一"较热"区域中，"多出"的热被传导至温度为 T_{op} 至约为 T_c 的"较冷"区域，较冷区域提供了"多出"的冷量。从图 6.9 可明显地看出，满足等面积判据的复合超导体的焦耳热曲线 $\hat{g}_j(T \geqslant T_c)$ 比斯特科利低温稳定性判据给出的更高。

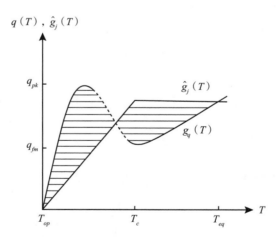

图 6.9　满足等面积判据的 $\hat{q}_j(T)$ 曲线的例子。由 $\hat{g}_J(T)$ 曲线和 $g_q(T) > \hat{g}_J(T)$ 的部分围成的区域面积等于由 $g_q(T)$ 曲线和 $\hat{g}_J(T) > g_q(T)$ 的部分围成的面积。

威尔逊将这个一维等面积判据扩展到二维等面积判据[6.16]。二维判据已在薄饼测试的线圈实验中被验证。

6.4.7 讨论6.5: 超导体指数——n

超导体的实际或理想电压-电流特征可由下面的唯象关系刻画:

$$V_s = V_c \left(\frac{I_s}{I_c} \right)^n \tag{6.25a}$$

式中, V_s 和 I_s 分别是超导体的电压(轴向单位长度)和电流; I_c 是特定判据电压 V_c 下的临界电流; n 是超导体的**指数**。式(6.25a)也可由超导体的电场 E_s 和电流密度 J_s 表达:

$$E_s = E_c \left(\frac{J_s}{J_c} \right)^n \tag{6.25b}$$

很明显, E_c 代表一个特定的临界电场, HTS 通常是 $1 \times 10^{-4} V/m$, 而 LTS 一般要小 $1 \sim 2$ 个数量级。

如讨论 6.1 中将假设的, 理想超导体在 I_c 下的零点阻, 可用 $n = \infty$ 刻画。实用的和潜在的磁体级超导体, 如 NbTi、Nb$_3$Sn 等 LTS 的 n 值通常在 ~ 30 至 ~ 80; Bi2223、Bi2212 和涂层 YBCO 等 HTS 的 n 值在 ~ 10 至 ~ 40。

前文所述的式(6.25a)或式(6.25b)是唯象的, 可以基于实验 V_s 与 I_s 关系数据得到; n 是通过在 I_s 附近拟合 V_s 和 I_s 数据计算获得。预测 n 值没有任何理论基础, 尽管低质量超导体(例如不均匀的丝径)可能是低 n 值的原因[6.17]。因为测量低于大约 $0.8I_c$ 下的 V_s (纳伏或更小)存在实际上的困难, 检验式(6.25a)在大约 $0.8I_c$ 下的有效性也就很难实现[6.18]。HTS 的指数问题的研究[6.19] 结果已用于 YBCO 线圈的设计[6.20]。

图 6.10 给出了基于式(6.25a)在 $n_1 = 5$, $n_2 = 50$, $n_3 = \infty$ 3 个指数下的 V_s 与 I_s 的关系图以及判据电压下的对应的临界电流。可见, 图 6.5 的 R_s 与 I_s 的关系对应理想超导体 $(n = \infty)$。

6.4.8 问题6.3: 复合导体 (n)——电路模型

复合导体的超导特性可由式(6.25a)表示, 图 6.5(b)的等效模型经修正后如图 6.11 所示。模型的一个支路由一个理想电压源(无内阻) V_s 和一个微分电阻 $\left(R_{dif} \equiv \frac{\partial V_s}{\partial I_s} \right)$ 串联组成, 其中, V_s 是跨越超导体的电压。基底电阻 R_m 与超导支路并联。

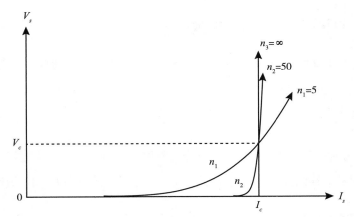

图 6.10　在 n_1 =5，n_2 =50，n_3 =∞ 等，3 个指数下的 V_s 与 I_s 对比关系图以及判据电压下的临界电流。

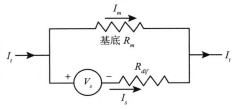

图 6.11　满足式（6.25a）所给 V_s 与 I_s 特性的复合超导体的关系等效电路模型，旁路为基底电阻 R_m。超导体由理想电压源和微分电阻串联而成。

a）证明，在 $R_c \equiv \dfrac{V_c}{I_c}$ 时，$R_s \equiv \dfrac{V_s}{I_s}$ 和 R_{dif} 为：

$$R_s = R_c \left(\frac{I_s}{I_c} \right)^{(n-1)} \qquad (6.26a)$$

$$R_{dif} = nR_c \left(\frac{I_s}{I_c} \right)^{(n-1)} \qquad (6.26b)$$

可见，$R_{dif}=nR_s$。对于 n =1 的超导体，其 V-I 曲线类似常规电阻，此时有 $R_s=R_c=R_{dif}$。

b）对一条长 10 cm、宽 1 cm 的复合超导体，在 77.3 K 时 I_c = 100 A，V_c = 10 μV，n =15，基底电阻 R_m = 0.3 mΩ。为了简单起见，假设复合导体由饱和液氮冷却，总保持在 77.3 K。计算：①I_m 和 I_s；②跨越 10 cm 长复合导体的总电压；③复合导体内的总焦耳热；④冷却表面为 10 cm^2（10 cm×1 cm）的焦耳热流；⑤在传输电流 I_t 为 90 A、100 A、120 A、150 A、300 A 和 500 A 时的 R_{dif}。

c）讨论 77.3 K 恒温这一假设，定性讨论如果复合导体的温度随着焦耳热增加而升高，结果应如何修正呢？

d）令 $n=30$，重复 b）。

e）令 $n=60$，重复 b）。

问题6.3的解答

a）根据 R_s 的定义，并使用式（6.25a），有：

$$R_s = \frac{V_s}{I_s} = \frac{V_c}{I_s}\left(\frac{I_s}{I_c}\right)^n = \frac{V_c}{I_c}\left(\frac{I_s}{I_c}\right)^{(n-1)} \tag{S3.1}$$

代入 $R_c = \frac{V_c}{I_c}$，式（S3.1）成为：

$$R_s = R_c\left(\frac{I_s}{I_c}\right)^{(n-1)} \tag{6.26a}$$

R_{dif} 表示超导体在 I_s 时的微分电阻，于是：

$$R_{dif} = \frac{\partial V_s}{\partial I_s} = \frac{nV_c}{I_c}\left(\frac{I_s}{I_c}\right)^{(n-1)} \tag{S3.2}$$

$$R_{dif} = nR_c\left(\frac{I_s}{I_c}\right)^{(n-1)} \tag{6.26b}$$

式（S3.2）中取偏微分是因为在实际条件下 I_c 依赖于温度，即 $I_c(T)$。在 $I_s > I_c$ 时，必须考虑温度的影响。上述电流范围内，这里的复合导体会被加热，至 77.3 K 以上。

b）电路必须满足下面的电流电压方程：

$$I_t = I_m + I_s \tag{S3.3a}$$

$$V_m = R_m I_m = V_s = V_c\left(\frac{I_s}{I_c}\right)^n \tag{S3.3b}$$

作为例证，我们要计算 $I_t = 90$ A 时的 I_m。由式（S3.3a），得 $I_s = 90\,\text{A} - I_m$。将之代入式（S3.3b），有：

$$3 \times 10^{-4}\Omega \times I_m[\text{A}] = 10^{-5}\text{V}\left(\frac{90\text{A} - I_m[\text{A}]}{100\text{A}}\right)^{15} \tag{S3.3c}$$

从式（S3.3c）知，$I_m = 0.00686$ A，故 $I_s = 89.99314$ A。

复合导体中的总热耗散功率 P_{cd} 为：

$$P_{cd} = R_m I_m I_t = V_s I_t \tag{S3.4}$$

焦耳热流 g_{jcd} 可简单地由 P_{cd} 除以复合导体的总冷却面积得到，这里的值是 $10\ \text{cm}^2$。表 6.6 给出了 b）的解。

表 6.6　总结问题 b）的解（$n = 15$）

I_t[A]	I_m[A]	I_s[A]	$R_m I_m$[V]	P_{cd}[W]	g_{jcd}[W/cm^2]	R_{dif}[Ω]
90	0.00686	89.99314	2.06×10^{-6}	185×10^{-6}	18.5×10^{-6}	0.343×10^{-6}
100	0.0332	99.967	9.95×10^{-6}	995×10^{-6}	99.5×10^{-6}	1.49×10^{-6}
120	0.483	119.517	145×10^{-6}	17.4×10^{-3}	1.74×10^{-3}	18.2×10^{-6}
150	7.07	142.93	2.12×10^{-3}	318×10^{-3}	31.8×10^{-3}	223×10^{-6}
300	126.75	173.25	38.0×10^{-3}	11.4	1.14	3.29×10^{-3}
500	315.88	184.12	94.8×10^{-3}	47.4	4.74	7.72×10^{-3}

c）即使复合导体被沸腾液氮很好地冷却，它的温度也必然升高，否则将焦耳热无法传递给制冷剂。液氮沸腾温度为 77.3 K。随热流密度增加，导体温升在核态沸腾区域可高达~10 K。式（6.25）中最明显的依赖温度的参数是 I_c，它随温度增加而降低。LTS 和 HTS 的 n 值对温度的依赖关系很少见有文献报道，在分析中我们假定它为常数。在等效电路中，如果是纯金属基底，R_m 在低温区可视为常数，但在温度超过大约 30 K 后可认为它随温度线性增大。I_c 可认为随温度 T 增加而线性减小。于是，$\left(\dfrac{I_s}{I_c}\right)^n$ 项随温度（进而焦耳热）提高快速增大。接下来，在问题 6.4 中，我们将分析 I_c，R_m 也依赖于温度的情况。

d）$n = 30$ 的结果汇总见表 6.7。

e）$n = 60$ 的结果汇总见表 6.7。

表 6.7　问题 d）和 e）的解汇总

I_t[A]	I_m[A]	I_s[A]	$R_m I_m$	P_{cd}[W]	g_{jcd}[W/cm^2]	R_{dif}[Ω]
			$n=30$			
90	0.00141	89.9986	0.424×10^{-6}	38.1×10^{-6}	3.81×10^{-6}	0.127×10^{-6}
100	0.0330	99.967	9.90×10^{-6}	990×10^{-6}	99.0×10^{-6}	2.97×10^{-6}
120	3.37	116.63	1.01×10^{-3}	121×10^{-3}	12.1×10^{-3}	260×10^{-6}

$I_t[A]$	$I_m[A]$	$I_s[A]$	$R_m I_m$	$P_{cd}[W]$	$g_{jcd}[W/cm^2]$	$R_{dif}[\Omega]$
			$n=30$			
150	25.27	124.73	7.58×10^{-3}	1.14	114×10^{-3}	1.82×10^{-3}
300	167.16	132.8	50.1×10^{-3}	15.0	1.50	11.32×10^{-3}
500	363.67	163.33	109×10^{-3}	54.6	5.46	24.0×10^{-3}
			$n=60$			
90	0.00006	89.99994	0.018×10^{-6}	1.60×10^{-6}	0.162×10^{-6}	0.012×10^{-6}
100	0.0327	99.9673	9.81×10^{-6}	981×10^{-6}	98.1×10^{-6}	5.89×10^{-6}
120	10.02	109.98	3.01×10^{-3}	361×10^{-6}	36.1×10^{-3}	1.64×10^{-3}
150	37.57	112.43	11.3×10^{-3}	1.69	169×10^{-3}	6.02×10^{-3}
300	184.55	115.45	55.4×10^{-3}	16.6	1.66	28.8×10^{-3}
500	383.14	116.86	114.9×10^{-3}	57.5	5.75	59.0×10^{-3}

注意，在 $I_t > I_c = 100$ A 时，n 值越小，I_m，$R_m I_m = V_s(I_s)$，P_{cd}，g_{jcd}，R_{dif} 也越小；在 $I_t < 100$ A 时，相反的结论成立。这是很实际的问题。例如，$I_t = 150$ A 时，$n = 15$ 的复合导体的 $R_m I_m = 2.12$ mV；而 $n = 60$ 的复合导体这个值时 11.3 mV。就检测电阻性电压而言，显然 $n = 60$ 的导体要优于 $n = 15$ 的。

6.4.9　问题6.4：电流脉冲下的复合 YBCO

此处，我们考虑一个由 77 K 的沸腾液氮冷却的 10 mm 宽 YBCO 复合超导带样品，样品截面如图 6.12（a）所示。导体的一面由 G10 带绝缘，另一面在银层外焊了铜带，总的 Cu/Ag 层厚度为 55 μm。铜层表面与沸腾液氮接触。传输电流为 $I_t(t)$ 通过复合导体，如图 6.12（b）中的虚线所示。它从 100 A 开始，快速升至 300 A，保持 0.31 s 后回到 100 A。导体上跨距为 5 cm 的电压 $V_{cd}(t)$ 为图 6.12（b）中实线。

尽管实际 HTS 磁体很可能绝热运行，但测量 V_s 与 I_s 等关系时，将样品置于冷却良好的恒温环境内更好。对于 HTS，将之浸泡于液体制冷剂中即可轻松实现。

对本 YBCO 带材，可采用如下温度依赖关系对 5 cm 样品建模：

$$R_m(T) = 0.190 + 1.530\left(\frac{T-77}{293-77}\right) \qquad [m\Omega] \qquad (6.27a)$$

$$I_c(T) = 100\left(\frac{93-T}{93-77}\right) \qquad [A] \qquad (6.27b)$$

$$V_s(T) = 5\left[\frac{I_s(T)}{I_c(T)}\right]^{10} \qquad [\mu V] \qquad (6.27c)$$

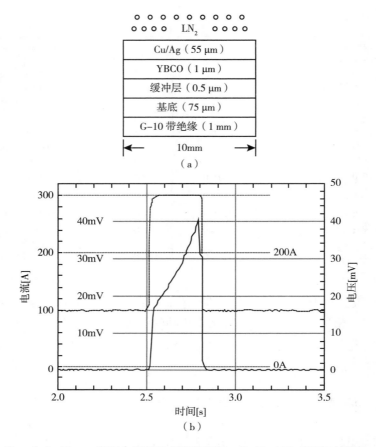

图 6.12　（a）10 mm 宽复合 YBCO 样品截面图，Cu/Ag 面与沸腾液氮接触。（b）施加过流脉冲后记录的传输电流（虚线）和电压（实线）随时间变化的图线。

式中，T 的单位是 K。式（6.27a）在 77~293 K 内有效；式（6.27b）和式（6.27c）仅在约 77~93 K 内有效。

a）根据图 6.12b，在电流脉冲的初始部分（$t \simeq 2.54$ s 和 $I_t = 290$ A），仍假设导体保持在 77 K 是合理的。我们有 $V_{cd}(t = 2.54$ s$) \simeq 18$ mV。通过满足图 6.11 所示的电路模型中电压和电流的要求，计算 I_s、I_m、V_{cd}。此处计算得到的 V_{cd} 等于实测值 18 mV 吗？

b）在实测到的 $V_{cd}(= V_s = R_m I_m)$，I_s，n 参数中，最不准确的是 n。证明，式（6.27c）中代入 $n = 12.24$ 可给出 a）中的 $V_{cd} = 18$ mV。

c）在脉冲期间，$V_{cd}(t)$ 持续增加，达到峰值 40 mV——在脉冲结束前 $V_{cd}(t)$ 的跌落应该是由冷却的突然改善造成的。计算：当 $V_{cd}(t = 2.79$ s$) = 40$ mV 时，复合导

体表面的热流密度 $p_{cd}[\text{W/cm}^2]$。

d）假设 Cu-Ag 层和 YBCO 层温度相同，计算 $V_{cd}=40\text{ mV}(t=2.79\text{ s})$ 时的温度。n 取 12.24。

问题6.4的解答

a）电路必须同时满足电流和电压的要求：

$$I_t = I_s + I_m \tag{S4.1a}$$

$$R_m I_m = V_s(I_s) \tag{S4.1b}$$

代入合适的值，有：

$$I_s = (290\text{ A}) - I_m \tag{S4.2a}$$

$$(0.19 \times 10^{-3}\Omega)I_m = (5 \times 10^{-6}\text{V})\left(\frac{290\text{A} - I_m}{100\text{ A}}\right)^{10} \tag{S4.2b}$$

由式（S4.2b）解出 I_m，得到：$I_m=70\text{ A}$。一旦知道了 I_m，则 I_s 和 V_{cd} 容易计算；$I_s=220\text{ A}$；$V_{cd}=13.3\text{ mV}$。即计算值与测量值 18 mV 并不一致。

b）在 77 K 时，我们得到 $R_m=0.19\text{ m}\Omega$。于是，可根据 $R_m I_m=18\text{ mV}$ 解得 I_m：$I_m=94.74\text{ A}$。因此，$I_s=290\text{ A}-94.74\text{ A}=195.26\text{ A}$。将这些值代入式（6.2c），并用未知的 n 代替 10，有：

$$(18 \times 10^{-3}\text{V}) = (5 \times 10^{-6}\text{V})\left(\frac{195.26\text{ A}}{100\text{ A}}\right)^n \tag{S4.3}$$

解得 $n=12.24$。考虑到 n 是从 V_s 与 I_s 的测量数据中导出的，计算值和测量值之间的**明显**的~20%的误差并非毫无道理。然而，由于 n 是指数，它很小的误差会引起其他参数很大的误差。

c）这段 5 cm 长复合导体的总耗散功率 $P_{cd}=V_{cd}I_t$。因此，$P_{cd}=40\text{ mV}\times300\text{ A}=12\text{ W}$。因为接触液氮的总基底面积是 5 cm²（边缘面积忽略），故热流密度 $p_{cd}=2.4\text{ W/cm}^2$。该值小于液氮核态沸腾的峰值热流密度~10 W/cm²。

d）除了 T 不再是 77 K，电路要求与 a）相同。已知的唯一参数为 $V_{cd}=40\text{ mV}$。于是，对基底有：

$$V_{cd} = 40 \times 10^{-3} \text{V} = R_m(T) I_m \tag{S4.4}$$

联立式（S4.4）和式（6.27a），解出 I_m，有：

$$40 \times 10^{-3} = \left\{ \left[0.190 + 1.530 \left(\frac{T-77}{293-77} \right) \right] \times 10^{-3} \Omega \right\} I_m(T) \tag{S4.5a}$$

$$I_m(T) = \frac{40 \times 10^{-3} \text{V}}{\left[0.190 + 1.530 \left(\frac{T-77}{293-77} \right) \right] \times 10^{-3} \Omega} \tag{S4.5b}$$

$$= \frac{40}{\left[0.190 + 1.530 \left(\frac{T-77}{293-77} \right) \right]} \text{A} \tag{S4.5c}$$

超导面具有同样的 V_{cd}，于是：

$$40 \times 10^{-3} \text{V} = (5 \times 10^{-6} \text{V}) \left[\frac{300 \text{ A} - I_m(T)}{I_c(T)} \right]^{12.24} \tag{S4.6}$$

根据由式（S4.5c）和式（6.27b）分别给出的 $I_m(T)$ 和 $I_c(T)$，有：

$$40 \times 10^{-3} V = (5 \times 10^{-6} V) \left[\frac{300 \text{ A} - \dfrac{40 \text{ A}}{\left[0.190 + 1.530 \left(\frac{T-77}{293-77} \right) \right]}}{(100 \text{ A}) \left(\frac{93-T}{93-77} \right)} \right]^{12.24} \tag{S4.7}$$

式（S4.7）可以简化写为如下关于 T 的代数式：

$$8000 = \left[\frac{16(406200T - 28027799)}{(93-T)(135400T - 6793895)} \right]^{12.24} \tag{S4.8}$$

解得 $T = 83.125$ K。这表明超导体表面和 77.3 K 沸腾液氮之间存在约 6 K 的温差 [在式（6.27a）和式（6.27b）以及随后的式子中，液氮温度设定为 77 K]，液氮肯定是处于核态沸腾区的。图 6.13 给出了 77.3 K 沸腾液氮的热流数据。对应式（6.4c）和 6.4 节 c）和 d）的数据点在图中以实心点标出。

6.4.10 讨论6.6：CIC 导体

20 世纪 70 年代初，赫尼希和蒙哥马利在思考稳定性并寻找可替代浸泡冷却方案

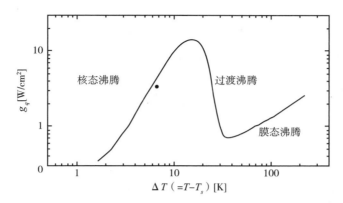

图 6.13 77.3 K 沸腾液氮的典型热流密度数据。对应 6.4 节 c）和 6.4 节 d）的数据点在图中以实心点标出。

的时候，提出了 CIC 导体的概念[6.21]。实际上，20 世纪 60 年代中期莫尔普戈就提出了以迫冷取代浸泡冷却超导磁体的思路[6.22]，即一种类似电阻磁体中所用水冷铜线的带冷却孔的超导体结构。在传热方面，CIC 导体优于单孔导体，因为它可提供比单孔导体内壁大得多的冷却面积。因此，其想法是将超导股线包裹在一个密闭管中，超临界氦气迫流通过，保证低温制冷剂几乎完全渗透整个导线。图 6.14 是 CIC 导体的示意图。基于这种基本 CIC 电缆设计概念，现已发展出**多个**变种。

在 CIC 初步发展应用后，它的第 2 个有利特征（最初被忽略了）才被认识到：内秉的加强。大型（绕组内径大于 1 m）和高场（大于 10 T）的磁体几乎毫不例外的全部使用 CIC 导体。大型、高场磁体通常是昂贵的。有时它经常仅作为一个更大更昂贵设备（比如聚变反应堆）的部件。所以，磁体必须**绝对**稳定。一个稳定的磁体必须保证绕组的所有导体都得到良好的冷却，CIC 导体因其特有的配置，自然地可同时满足稳定性和强度要求。

A. 功率密度方程

复合导体的基本功率密度方程除了使用了更为具体的冷却项，其他项与式（6.1）相同：

$$C_{cd}(T)\,\frac{\partial T}{\partial t} = \nabla \cdot [k_{cd}(T)\,\nabla T] + \rho_{cd}(T)J_{cd_0}^2(t) +$$

$$g_d(t) - \left(\frac{f_p \mathcal{P}_D}{A_{cd}}\right) h_{he}(T - T_{he}) \qquad (6.28\text{a})$$

式中，h_{he} 和 T_{he} 分别是传热系数和通过管道的迫流氦温度。当前，CIC 导体都是基于由氦冷却和 LTS 的。所以，上式中使用 h_{he} 和 T_{he}。关于 T_{he} 的功率密度为：

$$C_{he}(T_{he})\frac{\partial T_{he}}{\partial t} = \left(\frac{f_p \mathcal{P}_D}{A_{cd}}\right)h_{he}(T - T_{he}) \qquad (6.28b)$$

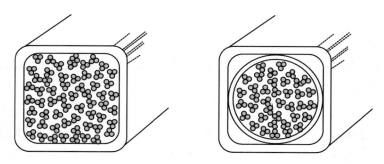

图 6.14　CIC 导体示例。

B. CIC 导体的组成

从图 6.14 可知，CIC 导体包括：①电缆；②氦；③铠甲。下面简要描述了这 3 个部分。

电缆　　电缆一般由多股复合导体组成，单股直径约 1 mm 或更小，包含 10～100 μm 直径的 NbTi 或 Nb₃Sn 细丝。通常用超导细丝同直径的铜丝取代部分超导细丝以增强基底金属截面积和/或减少电缆费用。通常 3 股或 7 股"绑扎"（bundle）形成"基本电缆"。在图 6.14 中可以看到，基本缆由 3 股构成。典型的 CIC 导体的截面至少为 1 或 2 cm²——用于聚变磁体的可能超过 5 cm²——故而其运行电流 I_{op} 可以很大，少则 10 kA，大则可达 100 kA。为了实现高 I_{op}，将继续进行上述绑扎过程，通常做法是将 3、5、7 组基本缆进一步绑成所谓"二阶缆"以至于更高阶电缆，直到满足要求。

表 6.6 列出了 3 种 CIC 导体：45 T NHMFL 混合磁体的线圈 A 和 C 所用导体以及 ITER 环形场线圈设计的一种建议 CIC 导体。45 T 混合磁体在运行，ITER 线圈尚处于设计阶段—尽管已有多种原型机在运行。表 6.8 的第 1 部分列出了这些线圈所用电缆的参数。

表 6.8 CIC 导体实例

CIC 导体线圈	45 T 混合磁体		ITER
参　数	线圈 A	线圈 C	TF 线圈
标称 I_{op} [kA]	10		50
总截面积（A_{cic}）[mm²]	209.94	196.29	2601
基本电缆的丝数量	6Nb₃sn/Cu+1Cu	3NbTi/Cu	6Nb₃sn/Cu
丝直径，d_{st} [mm]	0.433	0.810	0.810
电缆模式	7×3×5×5	3×3×3×5	3×（4³）×6
总丝数目，N_{st}	525	135	1152
导体截面，A_{cd} [mm²]	79.44 *	70.49 *	593.6
$A_{sc}+A_{\overline{m}}$ [mm²]	25.19	11.25	94.74
A_m [mm²]	54.25	59.14	498.05
$\dfrac{A_{cd}}{A_{cic}}$	0.38	0.36	0.23
氦	超流†		超临界
标称 P_{op} [atm]	1		5
标称 T_{op} [K]	1.8		4.5
标称流量 [g/s]	非迫流；自然对流		10
D_{hy} ‡ [mm]	227.3	109.4	933.1
流体面积†† （A_q）[mm²]	50.30	36.50	276
$\dfrac{A_q}{A_{cic}}$	0.24	0.19	0.106
铠甲材料	不锈钢‡‡		因科洛伊合金
面积（A_S）[mm²]	80.20	89.30	1466.9
高度×宽度 [mm × mm]	16.22×13.71	15.85×13.74	51×51
壁厚 [mm]	1.64	2.00	2.86
外部圆角半径 [mm]	3.40	4.77	—
$\dfrac{A_S}{A_{cic}}$	0.38	0.45	0.56

* 由于成缆过程，该值大于由 $N_{st}\left(\dfrac{\pi d_{st}^2}{4}\right)$ 给出的截面积。

† 冷却至 4.5 K 的过程为迫流。

‡ 计算湿润周长，由 $N_{st}d_{st}$ 给出。

†† 通常表示为空隙占比：$\dfrac{A_q}{(A_{cd}+A_q)}$。

‡‡ 线圈 A：改良 316 LN（低碳/高氮）；线圈 C：双饼近末端处，316 L；双饼近中心处，标准 316 LN。

氦 超临界态（压力超过其临界压力 227.5 kPa/2.25 atm）的氦以迫冷方式通过额定压力 P_{op} 约为 3~5 atm 的绕组。运行温度 T_{op} 通常由氦维持在其临界温度 5.2 K 之下，循环氦进入绕组前的典型温度为 4.3~4.5 K。45 T 混合磁体中的氦在额定温度 $T_{op}=1.8$ K 和额定压力 $P_{op}=1$ atm 下被过冷到超流态。超流氦的独特性质（高热导率、低黏度）可让该系统简单地依赖自然对流而不是迫流来将损耗产生的热转移到绕组外的热交换器。3 个线圈的氦参数在表 6.8 的中间部分。

迫流氦的换热系数 h_{he} [W/(cm^2·K)] 是根据所谓的迪图斯-贝尔特-贾拉塔诺-亚斯金（Dittus-Boelter-Giarratano-Yaskin）关系[6.23] 确定的：

$$h_{he} = 0.0259 \left(\frac{k_{he}}{D_{hy}}\right) \mathrm{Re}^{0.8} \mathrm{Pr}^{0.4} \left(\frac{T_{he}}{T_{cd}}\right)^{-0.716} \quad (6.29)$$

式中，k_{he}、Re、Pr 分别是氦的热导率、雷诺数和普朗特数；D_{hy} 是水力直径；T_{cd} 是导体温度。在 3.5 atm 和 4.5 K 下对应 Re $=10^4$ 和 Re $=10^5$ 的传热热流 g_q 值见图 6.3。

铠甲 捆扎后的电缆股线装入铠甲内，铠甲提供了制冷剂流动的空间。制冷剂通常是迫流超临界氦；若是超流氦也可以不采用迫流，就如 45 T 混合磁体那样。Nb$_3$Sn 丝是脆性的，应变不能超过大约 0.3%，Nb$_3$Sn 必须在未反应的股丝装到铠甲内并绕成线圈后才能进行最后的热处理。20 世纪 80 年代被选为优选铠甲材料的是一种铁镍铬合金（Incoloy 908），但近来大部分铠甲都用 316 LN 不锈钢了——LN 表示低碳高氮。

C. 稳定性

自 20 世纪 70 年代初起，CIC 导体的稳定性就引起了很大的注意。早期的一个重要结果是在 1977 年观察到了 CIC 导体在没有制冷剂净流入的情况下的"失超恢复"[6.24]。显然，被加热区的热能导致局部的制冷剂高速流动为失超恢复提供了必要的冷量。

CIC 导体稳定性研究的一个重要早期里程碑是 1979 年勒厄、米勒和德雷斯纳发现的特定运行工况下可能存在多值稳定性裕度[6.25]。这里，能量裕度 Δe_h 定义为最大耗散能量密度脉冲（单位丝体积）与导体仍能保持超导态的允许最大传输电流之比。图 6.15 给出了恒定运行温度、磁场、制冷剂流量下的典型 Δe_h 与 $\dfrac{I_t}{I_{c0}}$ 关系。这里

的 I_t 是传输电流，I_{c0}（T_{op}，B_0）是临界电流。具有多值稳定裕度的"双重稳定性"区域发生于 $\dfrac{I_t}{I_{c0}} \sim 0.5$ 附近。该区域左侧部分称为良好冷却区，右侧部分称为不良冷却区[6.26]。

为了**确保**大型超导磁体（如聚变磁体）的稳定运行要求，ITER 磁体被设计运行于良好冷却区域，即 I_t 小于 I_{lim}。I_{lim} 为：

$$I_{lim} = \sqrt{\dfrac{A_m f_p \mathcal{P}_D h_{he}(T_c - T_{op})}{\rho_m}} \tag{6.30}$$

注意，I_{lim} 满足斯特科利判据。在式（6.19）中，在 $\alpha_{sk} = 1$ 时，$I_{lim} = I_{c0}$。

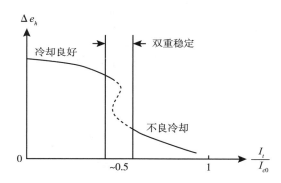

图 6.15 CIC 导体的一般能量裕度与归一化传输电流的关系[6.25]。

D. 其他事项

交流损耗   因为聚变超导磁体处于时变磁场中，CIC 导体内部存在交流损耗。如何处理交流损耗是 CIC 导体设计的一个主要课题[6.27-6.50]。交流损耗将在第 7 章讨论。

接头   CIC 导体接头要同时处理载流的超导丝和承载制冷剂的铠甲。所以，相比于无铠甲约束的导体更难做接头。已发展了多种技术来处理该问题[6.51-6.57]。

升流速率极限   由电缆化股线构成的 CIC 导体有时候会遇到一种称为升流速率极限（ramp-rate limitation）的现象。该现象是一种不稳定性形式，会令导体在电流小于设计运行电流时失超。这个不稳定现象仅在导体升流速率超过临界速率或载有恒定电流的导体置于快速变化背景场时出现。显然，导体内超导丝的电流不平衡主要是源于其各自感和电阻的不平衡。在过去的十几年，该问题已得到较为深入的研究[6.58-6.62]。升流速率极限不会在运行电流比 I_{lim} 小的电缆中发生——这或许是大型磁体运行电流以 I_{lim} 为限，非常保守的另一个原因。

6.4.11 问题6.5：冷却后的复合导体 V-I 曲线

本问题考察浸泡于 4.2 K 液氦中的复合超导体的 V-I 特性。我们将在 3 种不同冷却条件下产生 V-I 曲线。导体参数如下：T_{op} = 4.2 K 下的临界电流 I_{c0} = 1000 A；基底金属电阻率 ρ_m = 4×10^{-10} Ω·m；基底总截面积 A_m = 2×10^{-5} m^2；总导体周长 P_{cd} = 2×10^{-2} m，接触液氦部分为 $f_p P_{cd}$；传热系数 h_q = 10^4 W/(m^2·K)。V 由带材上跨距为 ℓ = 0.1m 的引线测得。为了推导 V-I 关系，假定 $I_c(T)$ 由式（6.12）给出。

a）在 $I < I_{c0}$ 时，我们有 $V = 0$V。$I \geqslant I_{c0}$ 时，证明 V 可由下式给出：

$$V = \frac{R_m(I - I_{c0})}{1 - \dfrac{R_m I I_{c0}}{f_p P_{cd} \ell h_q (T_c - T_{op})}} \qquad (6.31)$$

式中，$R_m = \dfrac{\rho_m \ell}{A_m}$。假设导体处于热平衡态，即 $T_{op} + \Delta T$ 的导体的电阻热耗散被冷量平衡。$I_m = I - I_s$。其中，I_m 是基底电流，I_s 是超导体在 $T = T_{op} + \Delta T$ 时的电流，如式（6.12）所给出的。

b）通过定义 2 个无量纲参数 $v \equiv \dfrac{V}{R_m I_{c0}}$，$i \equiv \dfrac{I}{I_{c0}}$，加上斯特科利参数 α_{sk} 式（6.19），证明无量纲电压可由下式给出：

$$v(i) = \frac{i - 1}{1 - \alpha_{sk} i} \qquad (6.32)$$

c）**条件 1**　$f_p = 1$（$\alpha_{sk} = 0.1$）。在 $T_c = 5.2$ K（$T_{op} = 4.2$ K）时，计算 $i = 1$，1.1，1.5，2 时的 v。

d）**条件 2**　$f_p = 0.1$（$\alpha_{sk} = 1$）。证明在 $i = 1$ 时，不能确定 v。

e）**条件 3**　$f_p = 0.05$（$\alpha_{sk} = 2$）。这时表面区域近乎与液氦隔离，导体将不稳定。斯特科利在他的实验中使用**实际**电源观察到：电源电流在回到初始电流和相应的电压（$v = i$ 线）前，突然从设计值跌落，与正的负载电压匹配[6.63]。由式（6.31）导出的 6.32 基于 $i < 1$ 时 $v = 0$ 这一前提，在 $i > 1$ 稳态条件下不成立。你可以使用这个式

子找到当 $i=1$，0.9，0.8，0.75，0.707 时的 v 值。

f）画出上面研究的 3 种条件下的 v（i）图。用实线画出 $v=i$。在 3 种条件上分别标上对应的 α_{sk} 值。

问题6.5的解答

a）在 $I>I_{c0}$ 时，电势引线之间的 V 由 R_m（$I-I_s$）给出。其中，I_s 是超导体中的电流，即 $I_s=I_c$（T）。复合导体中的焦耳热 G_j（$T_{op}+\Delta T$）于是可写为：

$$G_j(T_{op}+\Delta T)=VI=R_m\left\{I-I_{c0}\left[\frac{T_c-(T_{op}+\Delta T)}{T_c-T_{op}}\right]\right\}I$$

$$=R_mI\left[(I-I_{c0})+\frac{I_{c0}\Delta T}{T_c-T_{op}}\right] \tag{S5.1}$$

G_j（$T_{op}+\Delta T$）由 $f_pP_{cd}\ell h_q$（T_c-T_{op}）$=f_pP_{cd}\ell h_q\Delta T$ 给出的冷量匹配抵消。令 2 个功率相等，解出 ΔT，有：

$$\Delta T=\frac{R_mI(I-I_{c0})(T-T_{op})}{f_pP_{cd}\ell h_q(T_c-T_{op})-R_mI_{c0}I} \tag{S5.2}$$

联立式（S5.1）和式（S5.2），解出 V：

$$V=R_m\left\{(I-I_{c0})+\frac{I_{c0}}{T_c-T_{op}}\left[\frac{R_mI(I-I_{c0})(T_c-T_{op})}{f_pP_{cd}\ell h_q(T_c-T_{op})-R_mI_{c0}I}\right]\right\} \tag{S5.3a}$$

$$V=R_m(I-I_{c0})+\frac{R_m^2I_{c0}(I-I_{c0})}{f_pP_{cd}\ell h_q(T_c-T_{op})-R_mI_{c0}I} \tag{S5.3b}$$

由式（S5.3b），我们得出：

$$V=\frac{R_m(I-I_{c0})}{1-\dfrac{R_mII_{c0}}{f_pP_{cd}\ell h_q(T_c-T_{op})}} \tag{6.31}$$

b）在［式（6.19）］中，用 $\dfrac{R_m}{\ell}$ 替代 $\dfrac{\rho_m}{A_m}$，代入式（6.31），我们得到：

$$V=\frac{R_m(I-I_{c0})}{1-\alpha_{sk}\left(\dfrac{I}{I_{c0}}\right)} \tag{S5.4}$$

据上式可得：

$$v(i) = \frac{i-1}{1-\alpha_{sk}i} \qquad (6.32)$$

c）$R_m = \dfrac{\rho_m\ell}{A_m} = 2\times10^{-6}\,\Omega$。代入 $f_p = 1$，有：

$$
\begin{aligned}
\alpha_{sk} &= \frac{\rho_m I_{c0}^2}{f_p P_{cd} A_m h_q (T_c - T_{op})}\\
&= \frac{(4\times10^{-10}\ \Omega\cdot m)(100\ A)^2}{(1)(2\times10^{-2}m)(2\times10^{-5}m^2)(10^4\ W/m^2K)(5.2\ K - 4.2\ K)} = 0.1
\end{aligned}
$$

于是，式（6.32）表示为：

$$v(i) = \frac{10(i-1)}{10-i} \qquad (S5.5)$$

部分 i 值下的 $v(i)$ 值如表 6.9、表 6.10 所示。

表 6.9 $\alpha_{sk}=1$ 时的 v 与 i 的关系

i	1	1.1	1.5	2
v	0	0.11	0.59	1.25

表 6.10 $\alpha_{sk}=2$ 时的 v 与 i 的关系（这不是稳态条件）

i	1	0.9	0.8	0.75	0.725	0.707	≤0.707
v	0	0.125	0.333	0.5	0.611	0.707	0

d）当 $f_p = 0.1$ 时，α_{sk} 变为 1。对 $i<1$，根据定义，$v=0$。对 $v>1$，由式（6.32），$v(i) = i$。在 $i=1$ 时，$v(i)$ 不能确定。从物理意义上看，如讨论 6.1 所指出的，这意味着 v 可以是 $i=1$ 竖线上的任意点。注意，在 $i=1$（$I=I_{c0}$）时，根据式（6.31），$V=0$。

e）这里，$f_p = 0.05$，$\alpha_{sk} = 2$，我们可使用式（6.32）计算 $v(i)$。如前文所述，斯特科利观察到[6.63] $v(i)$ 在 $i=0.707$（此时计算的）和 $i=1$ 之间的双值，即 i 从 0 增长到 1 过程中 $v=0$，在 $i=1$ 点时 v 突然出现，迫使 i 跌落（因为电源电压在电流 $i=0$

到 $i=1$ 之间时很小，无法维持 $i=1$ 的电流）。如图 6.16 所示，首先，v 在 $i=1$ 至 $i=$ 0.707 （称为 α_{sk} 下的归一化"恢复"电流）之间，沿着标记为 $\alpha_{sk}=2$ 的曲线移动。然后，随着 i 减小到 0.707 之下，v 回到 0。

f）如图 6.16 所示。

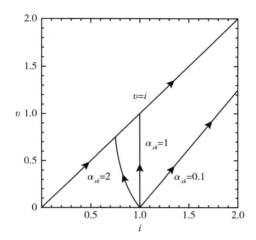

图 6.16　$\alpha_{sk}=0.1$，1，2 下的归一化电压与归一化电流的关系轨迹。

6.4.12　问题6.6：混合Ⅲ超导磁体的稳定性分析

本问题处理混合Ⅲ磁体 NbTi 线圈的低温稳定性，其导体规格见问题5.1的表5.1（混合Ⅲ磁体的 NbTi 线圈实际上使用了 2 种级别的 NbTi 导体，这里简化为一个级别）。

NbTi 线圈由 32 个双饼线圈组成，总绕组高度 640 mm。各饼内径为 658 mm，外径 907 mm。图 6.17 给出了绕组的重要细节。由图可见，各匝之间被薄绝缘带隔开，双饼线圈的 2 个饼用浸渍环氧的 0.5mm 薄绝缘片隔开。相邻双饼之间的径向有 1 mm 厚的绝缘垫片，垫片从内径位置开始向外延伸，隔开双饼以提供冷却通道。绝缘垫片平均占据了暴露于液氦中的表面积的 60%。在双饼中，氦均仅浸润上饼上表面（40%）和下饼下表面。因为液氦在 1.8 K 是超流态，不会出现可能影响下饼下表面冷却的氦气泡。

NbTi 线圈（和 Nb₃Sn 线圈）被设计浸泡于 1 atm 的过冷 1.8 K 的超流液氦池中。假设冷却的主要影响因素是卡皮查热阻，应使用式（4.7）给出的 q_k 刻画冷却：

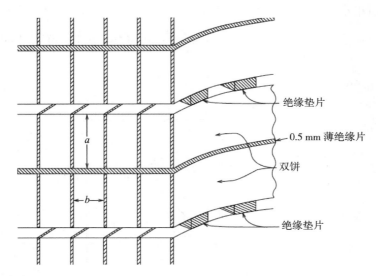

图 6.17 NbTi 双饼的绕组细节。

$$q_k = a_k(T_{cd}^{n_k} - T_b^{n_k}) \qquad (4.7)$$

式中，$T_{ck}[\text{K}]$ 是导体温度（实际是导体表面的温度，即基底金属铜的温度），T_b 是液氦池温度。可以取 $a_k = 0.02\ \text{W}/(\text{cm}^2 \cdot \text{K}^4)$，$n_k = 4.0$（表 4.7）。在运行温度 $T_{op} = 1.8\ \text{K}$（$T_{op} = T_b$）时，线圈传输电流 $I_{op} = 2100\ \text{A}$，外场最大约 10 T。表 5.1 给出了有用的数据。

a）为这个导体作一个合适的 $I_c(T)$ 图，磁场为 10 T，涵盖额定运行温度 1.8 K 至临界温度 4.1 K。据图确定传输电流 $I_t = 2100\ \text{A}$ 下的电流分流温度 T_{cs} 并在图中标出。

b）磁场 10 T，温度 $T_{op} = T_b = 1.8\ \text{K}$，$I_{op} = 2100\ \text{A}$ 时，画出冷却和产热的功率密度与温度的关系图。据图阐述饼式线圈是否稳定，如果稳定，是基于何种判据？如果不稳定，解释原因。回答这个问题可以假定：①上面给出的 $q(T)$ 在问题涉及的全温区都是合理的；②各饼内产生的热量可通过 1 mm 高的径向通道自由传出。

c）在 FBNML 之前建造的混合磁体的饼式线圈中，每一匝之间都有薄的（0.4 mm）间隔片令绕组"通透"，从而低温稳定。在混合Ⅲ项目的早期阶段，我们认真地考虑了匝间冷却间隔片的设计，但最终采用了无隔离片的方案，这是因为匝间间隔片降低了绕组径向的刚性。假定混合Ⅲ饼式线圈存在匝间冷却通道，另起一图简要画出产热和冷却的功率密度与温度的关系，条件仍为磁场 10 T，温度 $T_{op} = T_b = 1.8\ \text{K}$，

I_{op} = 2100 A。这种条件下，假定 50% 的总导体周长直接与液氦接触同样，根据图，讨论饼式线圈的稳定性。

问题6.6的解答

a）图 6.18 给出了该导体的 $I_c(T)$ 图，该图通过连接 2 个点而成：一点为 1.8 K 和 10 T 下的 6000 A（表 5.1），另一点为 4.7 K 和 10 T 下的 0 A（表 5.1 和图 6.18）。电流分流温度由 2100 A = $I_c(T_{cs})$ 得出，为 3.7 K。

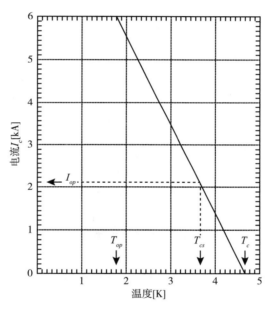

图 6.18　混合 Ⅲ 磁体 NbTi 导体在 10 T 下的 I_c 与 T 的关系图（实线）。线在 I_c =0 的截距给出温度为 T_c =4.7 K。I_t =2100 A 是图中虚线，与实线交点对应 T_{cs} =3.7 K。

b）计算 $T \geqslant T_c$ =4.7 K 时有效的正常态下 $\hat{g}_j$。和 $g_j(T_c) = \dfrac{\rho_m I_{op}^2}{A_m A_{cd}}$ 不同，$\hat{g}_j$ 是正常态的产热热流密度（与液氦接触的导体单位面积）。即 $\hat{g}_j(T_c) = \left(\dfrac{A_{cd}}{f_p P_{cd}}\right) g_j(T)$。其中 $f_p P_{cd}$ 是导体周长与液氦接触的部分。A_{cd} 和 A_m 分别是全部导体和基底金属的截面积。我们已知 $A_{cd} = ab$。其中 a，b 分别是全部导体的宽和厚；$A_m = \dfrac{ab\gamma_{\frac{c}{s}}}{(\gamma_{\frac{c}{s}}+1)}$。其中，$\gamma_{\frac{c}{s}}$ 是铜–超导体

比。于是我们有：$\hat{g}_j(T_c) = \rho_m I_{op}^2 \dfrac{\left(\frac{\gamma_c}{s}+1\right)}{\frac{\gamma_c}{s}abf_pP_{cd}}$。

代入 $I_t = 2100$ A，$\rho_m = 4.5\times10^{-10}$ Ω·m，$a = 9.2\times10^{-3}$ m，$b = 2.6\times10^{-3}$ m，$\frac{\gamma_c}{s} = 3$，$f_pP_{cd} = $（0.4）（$2.6\times10^{-3}$ m）$ = 1.04\times10^{-3}$ m，我们有：$\hat{g}_j = 1.06\times10^5$ W/m²。

$\hat{g}_j(T)$ 在 1.8 K≤T≤T_{cs}（3.7 K）区间为 0；从 T_{cs} 开始，它线性随 T 增长直到临界值 T_c（4.7 K），临界点有 $\hat{g}_j(T_c) = 1.06\times10^5$ W/m²。

图 6.19 给出了 $\hat{g}_j(T)$ 和 $q(T)$ 图。图中可清晰看到，饼式线圈几乎是低温稳定的，它当然的满足等面积判据。

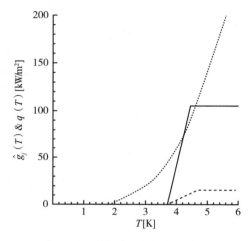

图 6.19 实线 $\hat{g}_j(T)$ 和点线 $q(T)$；问题 c）对应的虚线 $\hat{g}_j(T)$。

c）$g_j(T)$ 和 $q(T)$ 都和 b）中计算的一样。本例相比没有间隔层的绕组，单位导体长度与液氦接触的面积当然更大一些。在本例中，$f_pP_{cd} = $（0.5）×（$23.6\times10^{-3}$ m）$ = 11.8\times10^{-3}$ m，$\hat{g}_j(T_c) = 9.34$ kW/m²。

图 6.19 中的虚线给出了 $\hat{g}_j(T)$ 图。用于前一个案例的 $q(T)$ 仍然有效。从图上看，显然饼式线圈是低温稳定的。

6.4.13 讨论6.7：低温稳定与准绝热磁体

问题 6.6 指出，混合Ⅲ磁体的双饼在匝间没有冷却通道。采用这种准绝热（quasi-adiabatic，QA）双饼的决策初衷是为了减小应力。使用准绝热这一术语，是因为我们曾经认为 NbTi 线圈在没有冷却通道时不是低温稳定的，而是近似于绝热条件下的性能——后来，将上述稳定性分析作为一个习题交给学生去做，结果发现线圈是稳定的。1986 年 FBML 的一个内部研究（未公开发表）检验了机械扰动对线圈运行的影响，表明 NbTi 线圈在准绝热条件下将有，也肯定会有，令人满意的性能。

如图 6.20 所示，一个 NbTi 导体制成的高场（HF）和低场（LF）低温稳定线圈和准绝热（QA）线圈的箍应力 σ_h 与线圈半径 r 关系的例子[3,14]。对低温稳定绕组，因为有结构上"软"的匝间间隔带，σ_h 与 r 的关系与局部应力（$r \times J \times B_z$）一致。（HF-LF 转换中的应力跳跃是因为导体截面的减小。）QA 绕组因为在径向更有刚性（无间隔垫片），靠内侧匝的径向膨胀由靠外侧的线匝支撑，减小了靠内侧匝的应力。净结果就是应力分布更加均匀。（分析中，假定了每部分的导体截面相同。）本方案另一个同等重要的效果是 NbTi 线圈总尺度的实质性减小，外径从 1.06 m 减小到约 0.9 m。

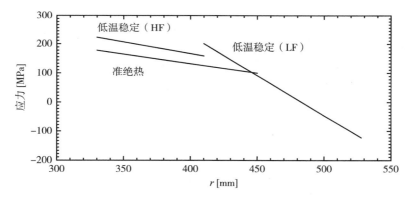

图 6.20　低温稳定和准绝热绕组的箍应力与半径的关系。

6.4.14　讨论6.8：最小传播区的概念

正如 6.2.1 中简要说明的那样，最小传播区（MPZ）的概念在促进我们对发生于磁体绕组内部、影响几乎每一类磁体（绝热的和冷却的）性能的"扰动"的理解方面，发挥了关键作用[1,27,6.14]。这个概念显示了可降低 LTS 磁体的性能的扰动的微小性[6.64,6.65]。

考虑一个径向范围无限大的各向同性绕组（图 6.21）运行电流 I_{op}，其中一个球形区域 1（$r \leqslant R_{mz}$）是完全正常态，焦耳热密度为 $\rho_m J_m^2$，其中，ρ_m 是基底金属与温度无关的电阻率，$J_m = \dfrac{I_{op}}{A_m}$。区域 2（$r \geqslant R_{mz}$）是超导态。远离 R_{mz} 的区域，绕组温度是 T_{op}。假定绕组的热导率 k_{wd} 均匀且与温度无关，在时不变和绝热条件下，除了焦耳热无其他耗散。即在式（6.1）中，$C_{cd}\dfrac{\partial T}{\partial t}=0$，$g_d(t)=0$，$g_q(T)=0$。我们可以导出 R_{mz} 的表达式：

$$R_{mz}=\sqrt{\frac{3k_{wd}(T_c-T_{op})}{\rho_m J_m^2}} \tag{6.33}$$

代入运行于液氦温度的 LTS 磁体 k_{wd}、T_c、T_{op}、$\rho_m J_m$ 的典型值，可得 R_{mz} 为 0.1～10 mm。（如果 k_{wd} 各向异性，但和实际线圈一样为正交，那么 MPZ 的形状将变为椭球而不再是圆球。）相比于绕组体积，MPZ 体积很小。即使在绝热线圈中也可以允许很小的 $g_d(t)$，只要其范围被限制到 R_{mz} 之下。

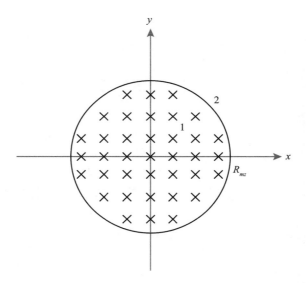

图 6.21　各向同性绕组，绕组在区域 1（$r\leqslant R_{mz}$）产生焦耳热，在区域 2（$r\geqslant R_{mz}$）为超导态。

尽管式（6.33）中的（T_c-T_{op}）在 HTS 中要比 LTS 中高一个数量级，但因 ρ_m 随 T_{op} 增大而 k_{wd} 保持相对不变，在 77.3 K 的 HTS 磁体中的 MPZ 大小差不多和运行于 $T_{op}=4.2$ K 的 LTS 磁体中一样大。一个随运行温度显著增加的参数是线圈材料的焓密度。这样，如本章开始所述的那样，由导线运动、环氧开裂等机械事件产生的扰动能量几乎不可能让 HTS 磁体突破其临界温度。LTS 磁体中的这类机械扰动尽管自 20 世纪 80 年代后就罕有发生，但仍是影响高能物理加速器、NMR、MRI 磁体的性能的因素。

6.4.15　问题6.7：绝热绕组中的能量耗散密度

假设有一个无限长的螺管线圈，内径 $2a_1$，外径 $2a_2$，由制冷机冷却，磁体边界（即绕组内、外径处）保持运行温度 T_{op}，绕组内部有一个均匀分布的耗散。这个模型近似表示了制冷机磁体的环氧浸渍绕组内存在交流损耗的情况。在稳态条件下，绕组温度 $T(r)$ 与时间无关，复合导体完全超导，无焦耳损耗。热各向同性绕组的功率密度可应用极为简单的式（6.1）：

$$0 = \nabla \cdot \left[k_{wd}(T) \, \nabla T \right] + g_d(t) \tag{6.34}$$

式中，$k_{wd}(T)$ 是绕组的"平均"热导率。

a）证明：在 $k_{wd}(T) = k_{wd}$ 为常数条件下，在空间均匀且恒定的热耗散密度 $g_d(t) = g_d$ 作用下，绕组温度 $T(\rho)$ （$1 \leqslant \rho \leqslant \alpha$ 可写为下式。其中，$\rho \equiv \dfrac{r}{a_1}$）。

$$T(\rho) = \frac{a_1^2 g_d}{4 k_{wd}} \left[(1 - \rho^2) + \left(\frac{\alpha^2 - 1}{\ln \alpha} \right) \ln \rho \right] + T_{op} \tag{6.35}$$

b）证明绕组最高温度 T_{mx} 出现在 ρ_{mx} 处：

$$\rho_{mx} = \sqrt{\frac{\alpha^2 - 1}{2\ln \alpha}} \tag{6.36}$$

c）证明临界耗散密度 g_{dc} 为下式。定义临界耗散密度对应绕组内最大温升，$\Delta T_{mx} \equiv T_{mx} - T_{op}$。

$$g_{dc} = \frac{4 k_{wd} \Delta T_{mx}}{a_1^2 \left\{ 1 + \dfrac{\alpha^2 - 1}{2\ln \alpha} \left[\ln \left(\dfrac{\alpha^2 - 1}{2\ln \alpha} \right) - 1 \right] \right\}} \tag{6.37a}$$

可见，g_{dc} 正比于 $\Delta T_{mx} \equiv T_{mx} - T_{op}$。

我们可将式（6.37）写为：

$$g_{dc} = \left(\frac{k_{wd} \Delta T_{mx}}{a_1^2} \right) \gamma_{dc}(\alpha) \tag{6.37b}$$

式中，无量纲参数 $\gamma_{dc}(\alpha)$ 为：

$$\gamma_{dc}(\alpha) \equiv \frac{4}{1 + \dfrac{\alpha^2 - 1}{2\ln\alpha}\left[\ln\left(\dfrac{\alpha^2 - 1}{2\ln\alpha}\right) - 1\right]} \tag{6.37c}$$

d）绘制出式（6.37c）给出的 $\gamma_{dc}(\alpha)$ 图，α 取值在 1.25~5 区间。

问题6.7的解答

a）假设 $k_{wd}(T)$ 为常数 k_{wd}，式（6.34）在二维圆柱坐标中可写为：

$$\frac{k_{wd}}{r}\frac{\mathrm{d}}{\mathrm{d}r}\left(r\frac{\mathrm{d}T}{\mathrm{d}r}\right) + g_d = 0 \tag{S7.1a}$$

代入 $\rho \equiv \dfrac{r}{a_1}$，有：

$$\frac{k_{wd}}{\rho}\frac{\mathrm{d}}{\mathrm{d}\rho}\left(\rho\frac{\mathrm{d}T}{\mathrm{d}\rho}\right) + g_d a_1^2 = 0 \tag{S7.1b}$$

将上式对 ρ 积分 2 次，有：

$$T(\rho) = -\frac{g_d a_1^2}{4k_{wd}}\rho^2 + A\ln\rho + B \tag{S7.2}$$

加入边界条件 $T(1) = T_{op}$ 和 $T(\alpha) = T_{op}$，有：

$$T(\rho) = \frac{a_1^2 g_d}{4k_{wd}}\left[(1 - \rho^2) + \left(\frac{\alpha^2 - 1}{\ln\alpha}\right)\ln\rho\right] + T_{op} \tag{6.35}$$

b）将式（6.35）对 ρ 微分，并令结果等于 0，有：

$$\frac{\mathrm{d}T}{\mathrm{d}\rho} = \frac{a_1^2 g_d}{4k_{wd}}\left[-2\rho + \left(\frac{\alpha^2 - 1}{\ln\alpha}\right)\frac{1}{\rho}\right] = 0 \tag{S7.3}$$

解出 ρ，有：

$$\rho_{mx} = \sqrt{\frac{\alpha^2 - 1}{2\ln\alpha}} \tag{6.36}$$

c）在 $\rho = \rho_{mx}$，$T(\rho_{mx}) = T_{mx}$ 时，根据式（6.35），有：

$$T(\rho_{mx}) \equiv T_{mx} = \frac{a_1^2 g_d}{4k_{wd}}\left[(1 - \rho_{mx}^2) + \left(\frac{\alpha^2 - 1}{\ln\alpha}\right)\ln\rho_{mx}\right] + T_{op} \qquad (S7.4)$$

注意在 T_{mx} 时，$\Delta T_{mx} = T_{mx} - T_{op}$ 和 $g_d = g_{d_c}$。联立式（6.36）和式（S7.4），有：

$$\Delta T_{mx} = \frac{g_{d_c} a_1^2}{4k_{wd}}\left\{1 + \frac{\alpha^2 - 1}{2\ln\alpha}\left[\ln\left(\frac{\alpha^2 - 1}{2\ln\alpha}\right) - 1\right]\right\} \qquad (S7.5)$$

解出 g_{dc}：

$$g_{dc} = \frac{4k_{wd}\Delta T_{mx}}{a_1^2\left\{1 + \frac{\alpha^2 - 1}{2\ln\alpha}\left[\ln\left(\frac{\alpha^2 - 1}{2\ln\alpha}\right) - 1\right]\right\}} \qquad (6.37a)$$

d）图 6.22 给出了 α 在 1.25~5 区间的 $\gamma_{dc}(\alpha)$。

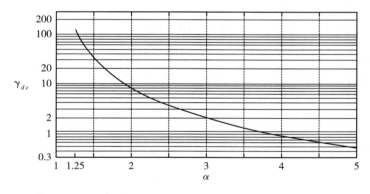

图 6.22　α 在 1.25~5 区间的 $\gamma_{dc(\alpha)}$。

实例　考虑几个可以近似实际情况的例子。

例 1　这里我们考虑 $\alpha = 2$；$a_1 = 10$ cm；$k_{wd} = 0.01$ W/(cm · K)（由金属和绝缘组成的 ~30 K "典型" 绕组）；$\Delta T_{mx} = 3$ K。γ_{dc}（2）= 7.9，应用式（6.37b），有：

$$g_{dc} = \left(\frac{k_{wd}\Delta T_{mx}}{a_1^2}\right)\gamma_{dc}(\alpha) = \frac{[0.01 \text{ W/(cm · K)}](3 \text{ K})}{(10 \text{ cm})^2} \qquad (7.9)$$

$$\simeq 2.4 \times 10^3 \text{ W/m}^3 \qquad (6.37b)$$

该 $a_1 = 10$ cm 和 $a_2 = 20$ cm 的轴向无限长 HTS 螺管线圈温度维持在 ~30 K，通过内外壁传导冷却，线圈内有交流损耗类的均匀损耗。如果温度裕度 ΔT_{mx} 至少为 3 K，不破坏其超导性的耗散能量密度最高为 2.4 kW/m^3。若温度裕度 ΔT_{mx} 提高，耗散能量密度上限可进一步提高。当然，尽管 HTS 磁体可以在耗散密度 2.4 kW/m^3 下保持全超导，但系统制冷系统负荷会变得很重。

我们在第 7 章将会讨论到，一个宽 w、厚 δ 的 HTS 带，置于**平行**于带材宽度方向（图 7.1d）的周期磁场（幅值 H_m）中，其磁损耗能量密度为 $e_{hy} \simeq \mu_0 J_c \delta H_m$ 式（7.29d）。其中，J_c 是超导体的临界电流密度。对 YBCO 带材，在 30 K 和 2 T 时，$J_c \simeq 2 \times 10^9$ A/m^2，$\delta \simeq 1 \times 10^{-6}$ m。这样，在 $\mu_0 H_m = B_m = 2$ T，我们有 $e_{hy} = 4$ kJ/m^3。这个耗散能量密度折算到 60 Hz，为 240 kW/m^3，是上面计算确定的最大允许水平的 100 倍！为了限制磁滞损耗能量密度不超过 2.4 kW/m^3，在相同的 J_c 下，B_m 必须小于 0.02 T。注意，这里考虑的是**平行**于带材的磁场。

例 2　此处我们考虑一个更薄的螺管：$\alpha = 1.25$，其他参数相同。代入 γ_{d_c}（1.25）$\simeq 128$，我们有 $g_{dc} \simeq 38$ kW/m^3。

例 3　考虑一个更厚的螺管，例如 $\alpha = 4$。$\gamma_{dc}(4) \simeq 0.85$，有：$g_{d_c} \simeq 260$ W/m^3。这个临界耗散密度对 HTS 带材来说太低——60 Hz 下 0.01 T 的磁场即导致 1200 W/m^3 的能量密度！我们可以通过以下方式增加 g_{dc}：增强 k_{wd}，将绕组分为薄壁线圈让各薄壁线圈的内外壁都获得冷却。

参考文献

［6.1］E. W. Collings, "Design considerations for high Tc ceramic superconductors," *Cryogenics* **28**, 724（1988）.

［6.2］Y. Iwasa, "Design and operational issues for 77-K superconducting magnets," *IEEE Trans. Mag.* **MAG-24**, 1211（1988）.

［6.3］L. Ogasawara, "Conductor design issues for oxide superconductors Part Ⅰ: criteria of magnetic stability," *Cryogenics* **29**, 3（1989）.

［6.4］L. Dresner, "Stability and protection of Ag/BSCCO magnets operated in the 20-40 K range," *Cryogenics* **33**, 900（1993）.

［6.5］L. Y. Xiao, S. Han, L. Z. Lin, and H. M. Wen, "Stability study on composite conductors for HTSC superconducting magnets," *Cryogenics* **34**, 785 (1994).

[6.6] J. W. Lue, L. Dresner, S. W. Schwenterly, D. Aized, J. M. Campbell, and R. E. Schwall, "Stability measurements on a 1 − T high temperature superconducting magnet," *IEEE Appl. Superconduc.* **5**, 230 (1995).

[6.7] Yu. A. Ilyin, V. S. Vysotsky, T. Kiss, M. Takeo, H. Okamoto and F. Irie, "Stability and quench development study in small HTS magnet," *Cryogenics* **41**, 665 (2001).

[6.8] T. Obana, K. Tasaki, T. Kuriyama, and T. Okamura, "Thermal stability analysis of conduction-cooled HTS coil," *Cryogenics* **43**, 603 (2003).

[6.9] A. R. Kantrowitz and Z. J. J. Stekly, "A new principle for the construction of stabilized superconducting coils," Appl. Phys. Lett. 6, 56 (1965). Also see, Z. J. J. Stekly, R. Thome, and B. Strauss, "Principles of stability in cooled superconducting magnets," *J. Appl. Phys.* **40**, 2238 (1969).

[6.10] J. Wong, D. F. Fairbanks, R. N. Randall, and W. L. Larson, "Fully stabilized superconducting strip for the Argonne and Brookhaven bubble chambers," *J. Appl. Phys.* **39**, 2518 (1968).

[6.11] G. Bogner, C. Albrecht, R. Maier, and P. Parsch, "Experiments on copper- and aluminumstabilized Nb − Ti superconductors in view of their application in large magnets," *Proc. 2nd Int' l Cryo. Eng. Conf.* (Iliffe Science and Technology Publication, Surrey, 1968), 175.

[6.12] J. R. Purcell, "The 1. 8 tesla, 4. 8m i. d. bubble chamber magnet," *Proc. 1968 Summer Study on Superconducting Devices and Accelerators* (Brookhaven National Laboratory, Upton New York, 1969), 765.

[6.13] A. P. Martinelli and S. L. Wipf, "Investigation of cryogenic stability and reliability of operation of Nb_3Sn coils in helium gas environment," *Proc. Appl. Superconduc. Conf.* (IEEE Pub. 72CHO682-5-TABSC), 331 (1977).

[6.14] L. Bottura [Private communication, 2004].

[6.15] B. J. Maddock, G. B. James, and W. T. Norris, "Superconductive composites: heat transfer and steady state stabilization," *Cryogenics* **9**, 261 (1969).

[6.16] M. N. Wilson and Y. Iwasa, "Stability of superconductors against localized disturbances of limited magnitude," *Cryogenics* **18**, 17 (1978).

[6.17] J. E. C. Williams, E. S. Bobrov, Y. Iwasa, W. F. B. Punchard, J. Wrenn,

A. Zhukovsky, "NMR magnet technology at MIT," *IEEE Trans. Magn.* **28**, 627 (1992).

[6.18] Y. Iwasa and V. Y. Adzovie, "The index number (n) below 'critical' current in Nb–Ti superconductors," *IEEE Trans. Appl. Superconduc.* **5**, 3437 (1995).

[6.19] K. Yamafuji and T. Kiss, "Current–voltage characteristics near the glass–liquid transition in high–Tc superconductors," *Physica C* **290**, 9 (1997).

[6.20] Kohei Higashikawa, Taketsune Nakamura, Koji Shikimachi, Naoki Hirano, Shigeo Nagaya, Takenobu Kiss, and Masayoshi Inoue, "Conceptual design of HTS coil for SMES using YBCO coated conductor," *IEEE Trans. Appl. Superconduc.* **17**, 1990 (2007).

[6.21] Mitchell O. Hoenig and D. Bruce Montgomery, "Dense supercritical – helium cooled superconductors for large high field stabilized magnets," *IEEE Trans. Magn.* **MAG – 11**, 569 (1975).

[6.22] M. Morpurgo, "A large superconducting dipole cooled by forced circulation of two phase helium," *Cryogenics* **19**, 411 (1979).

[6.23] P. J. Giarratano, V. D. Arp and R. V. Smith, "Forced convection heat transfer to supercritical helium," *Cryogenics* **11**, 385 (1971).

[6.24] Y. Iwasa, M. O. Hoenig, and D. B. Montgomery, "Cryostability of a small superconducting coil wound with cabled hollow conductor," *IEEE Trans. Magn.* **MAG–13**, 678 (1977).

[6.25] J. W. Lue, J. R. Miller, and L. Dresner, "Stability of cable – in – conduit superconductors," *J. Appl. Phys.* **51**, 772 (1980).

[6.26] L. Bottura, "Stability, protection and ac loss of cable–in–conduit conductors-adesigner's approach," *Fusion Eng. and Design* **20**, 351 (1993).

[6.27] J. V. Minervini, M. M. Steeves, and M. O. Hoenig, "Calorimetric measurement of AC loss in ICCS conductors subjected to pulsed magnetic fields," *IEEE Trans. Magn.* **MAG–23**, 1363 (1980).

[6.28] T. Ando, K. Okuno, H. Nakajima, K. Yoshida, T. Hiyama, H. Tsuji, Y. Takahashi, M. Nishi, E. Tada, K. Koizumi, T. Kato, M. Sugimoto, T. Isono, K. Kawano, M. Konno, J. Yoshida, H. Ishida, E. Kawagoe, Y. Kamiyauchi, Y. Matsuzaki, H. Shirakata, S. Shimamoto, "Experimental results of the Nb₃Sn demo poloidal coil (DPC–EX)," *IEEE Trans. Magn.* **27** 2060 (1991).

[6.29] G. B. J. Mulder, H. H. J. ten Kate, A. Nijhuis and L. J. M. van de Klundert,

"A newtest setup to measure the AC losses of the conductors for NET," *IEEE Trans. Magn.* **27**, 2190 (1991).

［6.30］R. Bruzzese, S. Chiarelli, P. Gislon, and M. Spadoni, and S. Zannella, "Critical currents and AC losses on subsize cables of the NET−EM/LMI 40−kA Nb$_3$Sn cablein−conduit conductor prototype," *IEEE Trans. Magn.* **27**, 2198 (1991).

［6.31］D. Ciazynski, J. L. Duchateau, B. Turck, "Theoretical and experimental approach to AC losses in a 40 kA cable for NET," *IEEE Trans. Magn.* **27**, 2194 (1991).

［6.32］P. Bruzzone, L. Bottura, J. Eikelboom, A. J. M. Roovers, "Critical currents and AC losses on subsize cables of the NET−EM/LMI 40−kA Nb$_3$Sn cable−in−conduit conductor prototype," *IEEE Trans. Magn.* **27**, 2198 (1991).

［6.33］S. A. Egorov, A. Yu. Koretskij and E. R. Zapretilina, "Interstrand coupling AC losses in multistage cable−in−conduit superconductors," *Cryogenics* **32**, 439 (1992).

［6.34］Naoyuki Amemiya, Takayuki Kikuchi, Tadayoshi Hanafusa and Osami Tsukamoto, "Stability and AC loss of superconducting cables—Analysis of current imbalance and inter−strand coupling losses," *Cryogenics* **34**, 559 (1994).

［6.35］B. J. P. Baudouy, K. Bartholomew, J. Miller and S. W. Van Sciver, "AC loss measurement of the 45−T hybrid/CIC conductor," *IEEE Trans. Appl. Superconduc.* **5**, 668 (1995).

［6.36］B. Blau, I. Rohleder, G. Vecsey, "AC behaviour of full size, fusion dedicated cablein−conduit conductors in SULTAN Ⅲ under applied pulsed field," *IEEE Trans. Appl. Superconduc.* **5**, 697 (1995).

［6.37］Arend Nijhuis, Herman H. J. ten Kate, Pierluigi Bruzzone and Luca Bottura, "First results of a parametric study on coupling loss in subsize NET/ITER Nb$_3$Sn cabled specimen," *IEEE Trans. Appl. Superconduc.* **5**, 992 (1995).

［6.38］M. Ono, S. Hanawa, Y. Wachi, T. Hamajima, M. Yamaguchi, "Influence of coupling current among superconducting strands on stability of cable−in−conduit conductor," *IEEE Trans. Magn.* **32**, 2842 (1996).

［6.39］K. Kwasnitza and St. Clerc, "Coupling current loss reduction in cable−in−conduit superconductors by thick chromium oxide coating," *Cryogenics* **38**, 305 (1998).

［6.40］Toshiyuki Mito, Kazuya Takahata, Akifumi Iwamoto, Ryuji Maekawa, Nagato Yanagi, Takashi Satow, Osamu Motojima, Junya Yamamoto, EXSIV Group, Fumio

Sumiyoshi, Shuma Kawabata and Naoki Hirano, "Extra AC losses for a CICC coil due to the non-uniform current distribution in the cable," *Cryogenics* **38**, 551 (1998).

［6.41］ P. D. Weng, Y. F. Bi, Z. M. Chen, B. Z. Li and J. Fang, "HT-7U TF and PF conductor design," *Cryogenics* **40**, 531 (2000).

［6.42］ Soren Prestemon, Stacy Sayre, Cesar Luongo and John Miller, "Quench simulation of a CICC model coil subjected to longitudinal and transverse field pulses," *Cryogenics* **40**, 511 (2000).

［6.43］ Kazutaka Seo, Katuhiko Fukuhara and Mitsuru Hasegawa, "Analyses for interstrand coupling loss in multi-strand superconducting cable with distributed resistance between strands," *Cryogenics* **41**, 511 (2001).

［6.44］ Yoshikazu Takahashi, Kunihiro Matsui, Kenji Nishi, Norikiyo Koizumi, Yoshihiko Nunoya, Takaaki Isono, Toshinari Ando, Hiroshi Tsuji, Satoru Murase, and Susumu Shimamoto, "AC loss measurement of 46 kA - 13T Nb_3Sn conductor for ITER," *IEEE Trans. Appl. Superconduc.* **11**, 1546 (2001).

［6.45］ Qiuliang Wang, Cheon Seong Yoon, Sungkeun Baang, Myungkyu Kim, Hyunki Park, Yongjin Kim, Sangil Lee and Keeman Kim, "AC losses and heat removal in three-dimensional winding pack of Samsung superconducting test facility under pulsed magnetic field operation," *Cryogenics* **41**, 253 (2001).

［6.46］ S. Egorov, I. Rodin, A. Lancetov, A. Bursikov, M. Astrov, S. Fedotova, Ch. Weber, and J. Kaugerts, "AC loss and interstrand resistance measurement for NbTi cablein-conduit conductor," *IEEE Trans. Appl. Superconduc.* **12**, 1607 (2002).

［6.47］ A. Nijhuis, Yu. Ilyin, W. Abbas, B. ten Haken and H. H. J. ten Kate, "Change of interstrand contact resistance and coupling loss in various prototype ITER NbTi conductors with transverse loading in the Twente Cryogenic Cable Press up to 40000 cycles," *Cryogenics* **44**, 319 (2004).

［6.48］ S. Lee, Y. Chu, W. H. Chung, S. J. Lee, S. M. Choi, S. H. Park, H. Yonekawa, S. H. Baek, J. S. Kim, K. W. Cho, K. R. Park, B. S. Lim, Y. K. Oh, K. Kim, J. S. Bak, and G. S. Lee, "AC loss characteristics of the KSTAR CSMC estimated by pulse test," *IEEE Trans. Appl. Superconduc.* **16**, 771 (2006).

［6.49］ Y. Yagai, H. Sato, M. Tsuda, T. Hamajima, Y. Nunoya, Y. Takahashi, and K. Okuno, "Irregular loops with long time constants in CIC conductor," *IEEE Trans. Appl.*

Superconduc. **16**, 835 (2006).

［6.50］P. Bruzzone, B. Stepanov, R. Wesche, A. Portone, E. Salpietro, A. Vostner, and A. della Corte, "Test results of a small size CICC with advanced Nb_3Sn strands," *IEEE Trans. Appl. Superconduc.* **16**, 894 (2006).

［6.51］R. D. Blaugher, M. A. Janocko, P. W. Eckels, A. Patterson, J. Buttyan and E. J. Sestak, "Experimental test and evaluation of the Nb_3Sn joint and header region," *IEEE Trans. Magn.* **MAG-17**, 467 (1981).

［6.52］M. M. Steeves and M. O. Hoenig, "Lap joint resistance of Nb_3Sn cable terminations for the ICCS-HFTF 12 tesla coil program," *IEEE Trans. Magn.* **MAG-19**, 378 (1983).

［6.53］A. Bonito Oliva, P. Fabbricatore, A. Martin, R. Museich, S. Patrone, R. Penco, N. Valle, "Development and tests of electrical joints and terminations for CICC Nb_3Sn, 12 tesla solenoid," *IEEE Trans. Appl. Superconduc.* **3**, 468 (1993).

［6.54］D. Ciazynski, B. Bertrand, P. Decool, A. Martinez, L. Bottura, "Results of the European study on conductor joints for ITER coils," *IEEE Trans. Magn.* **32**, 2332 (1996).

［6.55］P. Bruzzone, N. Mitchell, D. Ciazynski, Y. Takahashi, B. Smith, M. Zgekamskij, "Design and R&D results of the joints for the ITER conductor," *IEEE Trans. Appl. Superconduc.* **7**, 461 (1997).

［6.56］Philip C. Michael, Chen - Yu Gung, Raghavan Jayakumar, and Joseph V. Minervini, "Qualification of joints for the inner module of the ITER CS model coil," *IEEE Trans. Appl. Superconduc.* **9**, 201 (1999).

［6.57］M. M. Steves, M. Takayasu, T. A. Painter, M. O. Hoenig, T. Kato, K. Okuno, H. Nakajima, and H. Tsuji, "Test results from the Nb_3Sn US-demonstration poloidal coil," *Adv. Cryo. Engr.* **37A**, 345 (1992).

［6.58］L. Krempasky and C. Schmidt, "Theory of 'supercurrents' and their influence on field quality and stability of superconducting magnets," *J. Appl. Phys.* **78** 5800 (1995).

［6.59］S. Jeong, J. H. Schultz, M. Takayasu, V. Vysotsky, P. C. Michael, W. Warnes, and S. Shen, "Ramp - rate limitation experiments using a hybrid superconducting cable," *Cryogenics* **36**, 623 (1996).

［6.60］Vitaly S. Vysotsky, Makoto Takayasu, Sangkwon Jeong, Philip C. Michael, Joel H. Schultz, and Joseph V. Minervini, "Measurements of current distribution in a 12-

strand Nb$_3$Sn cable-in-conduit conductor," *Cryogenics* **37**, 431 (1997).

[6.61] N. Amemiya, "Overview of current distribution and re - distribution in superconducting cables and their influence on stability," *Cryogenics* **38**, 545 (1998).

[6.62] Sangkwon Jeong, Seokho Kim and Tae Kuk Ko, "Experimental investigation to overcome the ramp-rate limitation of CICC superconducting magnet," *IEEE Trans. Applied Superconduc.* **11**, 1689 (2001).

[6.63] Z. J. J. Stekly, "Behavior of superconducting coil subjected to steady local heating within the windings," *J. Appl. Phys.* **37**, 324 (1966).

[6.64] A. Vl. Gurevich and R. G Mints, "Self - heating in normal metals and superconductors," *Rev. Mod. Phys.* **59**, 117 (1987).

[6.65] Michael J. Superczynski, "Heat pulses required to quench a potted superconducting magnet," *IEEE Trans. Magn.* **MAG-15**, 325 (1979).

第 7 章
交流损耗和其他损耗

7.1 引言

虽然超导体完美的导电性不断地吸引着科学家、工程师和企业家，但是适合做磁体的第Ⅱ类超导体，因运行于**混合**态，确存在磁滞损耗，并且在时变磁场和/或时变电流存在的条件下是**固有**的。当第Ⅱ类超导体被处理成细丝和正常金属基底组成复合导体后，又会出现另一种磁场损耗。这些磁场损耗常统称为交流损耗（AC losses）。另外，磁体还有其他损耗，损耗源包括：①导体接头；②洛伦兹力导致的导体、线圈移动而引发的摩擦热；③洛伦兹力导致的线圈浸渍开裂也引起损耗。在聚变磁体中还存在另一种损耗：中子辐射。不过此处我们不予讨论。

在第 6 章的式（6.1）中用 g_d 表示的耗散功率密度涵盖了除焦耳热外的所有损耗。通常，它的数值相比于焦耳热密度 $\rho_{cd}(T)J_{cd_0}^2(t)$ 是很小的。它虽幅值小，但在**绝热超导磁体**（特别是 LTS 磁体）中有关键作用，因为 LTS 磁体的稳态耗散基线应该是 0 或接近 0。另一方面，正如第 6 章所述，绝热 HTS 磁体绕组在内部存在很大热耗散密度时仍能保持超导，尽管需要很大制冷负荷——示例中高达 ~400 kW/m³。作为对比，水冷磁体的耗散密度基线可能是几十个 GW/m³，焦耳热之外的其他耗散都可以忽略。

我们将在本章讨论和研究 3 种类型的扰动项 g_d：①磁场相关的（交流损耗）；②电气相关的（接头电阻）；③机械相关的（摩擦和环氧开裂）。现已证实交流损耗对 LTS 磁体具有严重危害：只有绕组"局域"的被液氦冷却的（即低温稳定）LTS 磁体才能承受住交流损耗，这限制了它的使用范围（例如研究、聚变），基本上无缘商业应用，因为商业应用重视效率，绝热绕组更具有优势。绝热 LTS 磁体仅在那些交流损耗容易被降低的应用（直流应用，如 NMR 和 MRI）是可用的且成功了。现在，随着交流损耗的可控和机械扰动的改善，**大部分**绝热 LTS——NMR/MRI 磁体都能成功运行。值得一提的是，如图 6.1 给出的扰动谱，HTS 磁体**除**交流损耗外并无"不可约束"的扰动。所以，第 7 章主要的讨论集中于交流损耗。接头损耗和机械扰动被视为"其他损耗"。

7.2 交流损耗

根据本书的基本理念，我们只考虑那些可用解析表达式**粗略**计算的交流损耗，本章仅介绍和研究几个简单案例。复杂的"现实世界"的案例，或者简化为可解析的模型——**任一**问题的推荐方法，或者在最初的阶段就直接用程序求解——不吸引人且缺少启发性的做法。

多丝复合导体中或股线的交流损耗能量密度［J/m³］可分为 3 类：①磁滞损耗，e_{hy}；②耦合损耗，e_{cp}；③涡流损耗，e_{ed}。交流损耗由随时间变化的磁场和（或）传输电流产生，这里我们仅考虑几种特定的磁场-电流激励。

置于某种磁场-电流激励中的导体，其交流损耗一般取决于：①导体截面形状——此处考虑比恩板、圆柱、带；②磁场相对于导体轴向的取向——长度方向，即平行于宽面（如果有的话），或者垂直于它。

磁体绕组内的交流损耗增加了系统制冷负荷。由于 HTS 磁体运行温度远高于 4.2 K，少量的交流损耗是允许的。交流超导磁体若想要有对室温磁体形成竞争优势，其总交流损耗**乘以**运行温度下压缩机输入功率与热负荷的比值 $\dfrac{W_{cp}}{Q}$ 必须要小于运行于室温的同类产品。如图 4.5，我们看到，4.2 K 时，$\dfrac{W_{cp}}{Q}$ 的取值范围是 250~8000；77 K 时值是 10~50。该比值若想让交流超导磁体在市场取得成功，这一项任务十分艰巨。

交流损耗研究始自 20 世纪 60 年代末第 Ⅱ 类超导体用于磁体，并一直持续到现在。研究基础已在 20 世纪 70 年代到 80 年代初建立[1.27,7.1~7.16]。下文将在合适的地方引用最新的论文（包括 HTS 相关的）。

超导体相对外磁场的取向

如上文所述，计算交流损耗考虑的超导体截面包括：比恩板、圆（代表圆线）和长方形（代表带材）。图 7.1 给出了这些导体置于**空间均匀**的时变磁场 $H_e(t)$ 中的情形。a）：宽为 $2a$ 的比恩板；b）和 c）：直径为 d_f 的圆线；d）和 e）：宽 w 厚 δ 的带材。注意外场 $H_e(t)$ 可能是圆线或带材 3 种取向的任一个：圆线长度方向，为 $H_{e\parallel}(t)$；带材平行方向，为 $H_{e\parallel}(t)$；圆线和带材垂直方向，为 $H_{e\perp}(t)$。对仅能做成带材的 Bi2223 和 YBCO 导体，其中交流损耗是一个严重的问题。

传输电流仅在超导体的轴向通过，其上限是超导体的临界电流 I_c。对比恩板，I_c 是磁场方向单位长度的值——比恩板在场方向（y 轴）和电流传输方向（z 轴）是无限长的，在 x 方向的宽度为 $2a$。

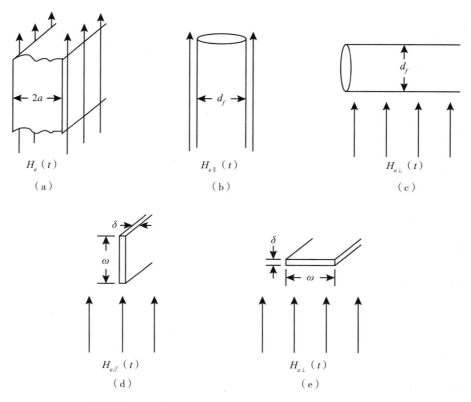

图 7.1　置于空间均匀、时变磁场 $H_e(t)$ 中的超导体。磁场方向用箭头表示。（a）宽为 $2a$ 的比恩板；（b）和（c）直径为 d_f 的圆线。（d）和（e）宽 w 厚 δ 的带材。

时变磁场

为计算交流损耗，大部分情况下我们通常用以下变量描述时变磁场或电流：磁场最大幅值 H_m（电流最大幅值 I_m）、频率 f 或周期 τ_m——如果涉及不止一个频率，则 f 取主要频率。"现实世界"的交流损耗是如此的复杂，以致使用程序也不可能准确地仿真问题，更遑论高准确度的计算了。所以，建模为单一频率或周期的时间函数足够了——尤其是**粗略**估算的时候。

交流损耗能量密度表

交流损耗能量密度的闭式解析解总结，将在随后的专题中逐一呈现。表达式仅对图 7.1 给出的超导体配置和磁场取向有效。本章将推导比恩板（图 7.1a）相关的解析式。

7.2.1　磁滞损耗

如第 2 章所述，单位体积内的热耗散可以视为坡印廷矢量 $\vec{M}$ 流［式（2.20）］。忽略电能项，式（2.20）的积分形式为：

$$\int\left[-\int_{\mathcal{S}}\vec{E}\times\vec{H}\cdot\mathrm{d}\,\vec{\mathcal{A}}\right]\mathrm{d}t=\int_{\mathcal{V}}\left[\int\vec{E}\cdot\vec{J}\ \mathrm{d}t+\frac{1}{2}\mu_0H^2+\mu_0H\int\vec{H}\ \cdot\mathrm{d}\vec{M}\right]\mathrm{d}\mathcal{V} \tag{7.1}$$

但如第 5 章所论及的，比恩在关于第 II 类超导体磁场行为的纯**唯象**（临界态）模型中使用了 $\vec{B}=\mu_0(\vec{H}+\vec{M})$。其中，$B$ 是基于超导体内**磁场**分布 H_s **计算**得到的"平均"磁感应强度 B_s，即 $B_s(x)=\mu_0H_s$。因为比恩板仅在一个维度（x）有限，$H_s(x)$ 和板内感应的超导电流密度 J_c（在比恩模型中依赖于磁场）仅在 x 方向变化。J_c 是由电场 $\vec{E}$ 建立起来的，而 $\vec{E}$ 又是由 $\dfrac{\mathrm{d}\,\vec{B}(t)}{\mathrm{d}t}$ 感应出来的。在比恩板中，$\dfrac{\mathrm{d}\,\vec{B}(t)}{\mathrm{d}t}$ 等于均匀外场的时间变化率，即 $\dfrac{\mu_0\mathrm{d}\,\vec{H}_e(t)}{\mathrm{d}t}$。

比恩板的磁滞损耗

所以，在比恩的第 II 类超导体临界态模型中，$\vec{M}$ 实际由 $\vec{H}_{sx}$ 表示，而 $\vec{H}_{sx}$ 又由 $\vec{J}_c$ 表示。相应的，宽度为 $2a$ 的比恩板方程改为：

$$\int\left[-\int_{\mathcal{S}}\vec{E}(x)\times\vec{H}_e\cdot\mathrm{d}\,\vec{\mathcal{A}}\right]\mathrm{d}t=\int_0^{2a}\left[\int\vec{E}(x)\cdot\vec{J}_c(x)\mathrm{d}t+\frac{1}{2}\mu_0H_s^2(x)\right]\mathrm{d}x \tag{7.2}$$

式中，积分限为从 $x=0$ 到 $x=2a$（或从 $x=-a$ 到 $x=a$）。因为 $\vec{J}_c(x)$ 是由 $\vec{E}(x)$ 感应出的，所以它平行于 E 场。式（7.2）中的 $\int E(x)\cdot J_c(x)\mathrm{d}t$ 项表示的损耗称为磁滞损

耗。比恩板的磁滞损耗能量密度［W/m³］为：

$$e_{hy} = \frac{1}{2a} \int_0^{2a} \left[\int J_c E(x) \, \mathrm{d}t \right] \mathrm{d}x \tag{7.3a}$$

联立（7.3）和式（7.2），可得另一种表达式：

$$e_{hy} = \frac{1}{2a} \left\{ \iint \left[-\int_S \vec{E}(x) \times \vec{H}_e \cdot \mathrm{d} \, \vec{\mathcal{A}} \right] \mathrm{d}t - \frac{1}{2} \mu_0 \int_0^{2a} H_s^2(x) \, \mathrm{d}x \right\} \tag{7.3b}$$

式（7.3b）表示板中的磁滞损耗能量密度等于进入板的总坡印亭能量密度减去板内的磁能密度。

当外场 $\vec{H}_e$ 经过一个完整的周期，初始和终了磁场强度 $\vec{H}_{e_i}$、$\vec{H}_{e_f}$ 相等，初始和终了磁化强度 $\vec{M}(\vec{H}_{e_i})$ 和 $\vec{M}(\vec{H}_{e_f})$ 相等。e_{hy} 于是还可表示为：

$$e_{hy} = \mu_0 \oint \vec{H}_e \mathrm{d} \vec{M}_e (\vec{H}_e) \tag{7.4a}$$

上式的代数形式表现为：

$$e_{hy} = -\mu_0 \oint M(H_e) \mathrm{d}H_e \tag{7.4b}$$

式（7.4b）中去掉了矢量符号，这是因为矢量 H_e 和 M 均仅有一个方向，即 y 向。

外磁场时间序列下的比恩板

问题 7.1~7.4 和讨论 7.1~7.2 将研究比恩板置于时间序列不同的外磁场 $H_e(t)$ 下的磁滞能量密度。情况 1~6 和情况 1i~6i 分别为板中无直流传输电流和有直流传输电流的情况。

$$H_e(t) = 1:0^*（原始状态）\to 2:H_m \to 3:0 \to 4:-H_m \to$$
$$5:0 \to 6:H_m \to 7:0 \to 8:-H_m \to 9:0 \tag{7.5}$$

下面简要介绍式（7.5）中几种情况对应的 $H_e(t)$ 时间序列：

情况 1　1~2 $H_e(t)$ 从 0^* 增加至 H_m，其中 0^* 表示板为原始状态，板中无超导电流密度 J_c。

情况 2　2~3 这是情况 1 之后的场下降序列：$H_e(t) = H_m \to 0$。

情况 3　　1~3 这是情况 1 和情况 2 的组合：$H_e(t) = 0^* \to H_m \to 0$。

情况 4　　5~6 类似情况 1，但板已通过电流。

情况 5　　6~7 类似情况 2，但它紧随情况 4：$H_e(t) = H_m \to 0$。

情况 6　　5~9 开始于非原始状态的板，$H_e(t)$ 经过 1 个完整周期。

情况 1i~ 情况 6i　　除了一直通有直流传输电流，和对应的情况 1~情况 6 一样。

情况 1、情况 2、情况 4 的 $H_s(x)$ 分别如图 7.2~图 7.4 所示。没有传输电流时，宽为 $2a$ 的板的磁场行为关于中点（$x = a$）对称，所以 $H_s(x)$ 图仅给出 $0 \leqslant x \leqslant a$ 部分。情况 1i~6i 对应的 $H_s(t)$ 图之后会给出。

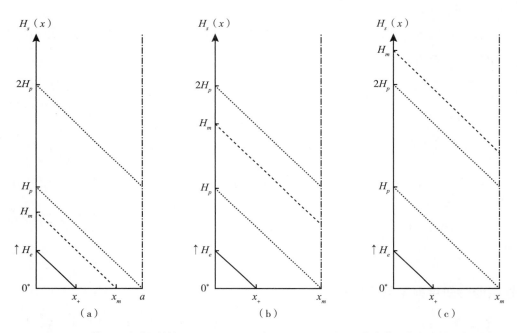

图 7.2　情况 1 的磁场特性。$H_e = 0^* \to H_m$，在 $0^* < H_e < H_m$ 时，图中实线；在 $H_e = H_m$ 时，图中粗虚线：（a）"弱"磁场（$H_m \leqslant H_p$）；（b）"中"磁场（$H_p \leqslant H_m \leqslant 2H_p$）；（c）"强"磁场（$H_m \geqslant 2H_p$）。$\uparrow H_e$ 表示 H_e 增加。每个图中，$x_+ = \dfrac{H_e}{J_c}$，$x_m = \dfrac{H_m}{J_c}$，在（b）和（c）中，$x_m = a$。

7.2.2　多丝复合导体中的耦合损耗

耦合损耗是多丝导体中焦耳热耗散的另一种形式，它来自时变外场在细丝中感应出的丝间（耦合）电流。因为耦合电流通过有电阻的基底金属，它随时间衰减。为了简单起见，可用具有一个单一"耦合"时间常数 τ_{cp} 的指数模型来描述。显然，τ_{cp} 越大，

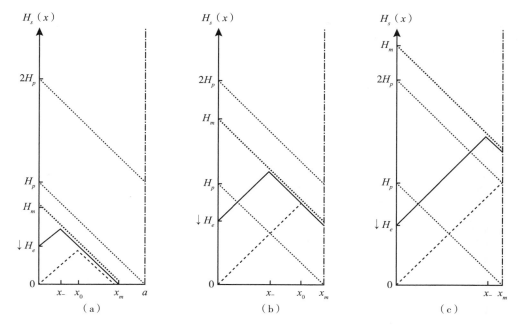

图 7.3 情况 2 的磁场特性。$H_e = H_m \rightarrow 0$：↓H_e（箭头表示磁场下降）在 H_m 和 0 之间，图中实线；当 H_e 返回 0，图中粗虚线。(a)"弱"磁场（$H_m \leqslant H_p$）。(b)"中"磁场（$H_p \leqslant H_m \leqslant 2H_p$）。(c)"强"磁场（$H_m \geqslant 2H_p$）。每个图中，粗点线表示情况 2 起始磁场 H_m 时的场特性。$x_- = \dfrac{(H_m - H_e)}{2J_c}$，$x_0 = \dfrac{H_m}{2J_c}$，在（c）中，$x_0 = x_m = a$。

耦合电流在基底金属中流通的时间越长，引起的耦合损耗能量密度 e_{cp} 越大。τ_{cp} 是耦合电流路径中电感 L 和电阻 R 的比值，随着扭绞节距 ℓ_p 的紧凑性增加而减小，随基底金属电阻率增加而减少。图 7.5 给出了 2 根复合导体的示意图。多丝导体的复杂几何（例如换位丝就是复杂性的一个来源）使得基于比恩板的分析模型几乎不可能。

耦合时间常数

e_{cp} 的关键参数是耦合时间常数 τ_{cp}，它定义为多丝导体置于外时变场引起的丝间耦合电流的衰减时间常数。在实际应用中除电流衰减函数这个主要常数以外，还包括很多其他的时间常数。然而实验仅能确定这一个主要的常数，所以它为大部分唯象方法所采用。τ_{cp} 由下式得出：

$$\tau_{cp} = \frac{\mu_0 \ell_p^2}{8\pi^2 \rho_{ef}} \tag{7.6}$$

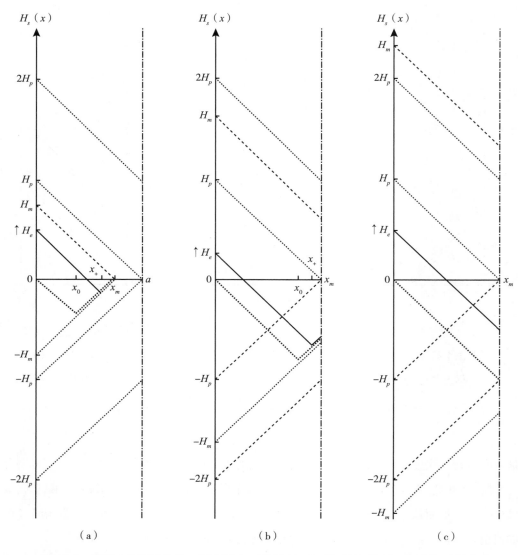

图 7.4　情况 4 的磁场特性。每个图中，磁场 H_e 从 $-H_m$ 返回到 $H_e=0$ 开始（粗方点线），即在情况 4 的起始点，板非原始状态。$\uparrow H_e$（箭头表示磁场增加），在 0 到 H_m 之间，图中实线；在 $H_e=H_m$ 时，图中粗虚线。（a）"弱"磁场（$H_m \leqslant H_p$）。（b）"中"磁场（$H_p \leqslant H_m \leqslant 2H_p$）。（c）"强"磁场（$H_m \geqslant 2H_p$）。注意，$x_0=\dfrac{H_m}{2J_c}$，$x_+=\dfrac{(H_m+H_e)}{2J_c}$，在（b）中，$x_m=a$，在（c）中，$x_m=x_0=x_+=a$。

式中，ℓ_p 是超导丝的扭绞节距，ρ_{ef} 是丝间电流相关的基底金属有效电阻率。如前文所述，因为时间常数 τ_{cp} 越大，能量耗散 e_{cp} 越大。正如威尔逊[1.27] 指出的，e_{cp} 可以

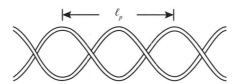

图 7.5　多丝复合导体的两丝扭绞模型，使用式（7.6）定义扭绞节距 ℓ_p。

视为在复合导体内总磁能密度 $\dfrac{\mu_0 H_m^2}{2}$ 的**一部分**，当 $\tau_{cp} \to 0$ 时有 $e_{cp} \to 0$。有用的 e_{cp} 包括了多丝导体在 4 种外部磁场时间函数下的 e_{cp}：①正弦；②指数；③三角；④梯形。这些函数的关键时间参数定义见图 7.18。

有效基底电阻

我们将简要讨论式（7.6）中的电阻率 ρ_{ef}，它代表**垂直**于导体丝轴向的电流对应的基底有效电阻率。卡尔（Carr）提出了 2 个模型[7.17,7.18]：

$$\rho_{ef_0} = \frac{1-\lambda_f}{1+\lambda_f}\rho_m \tag{7.7a}$$

$$\rho_{ef_\infty} = \frac{1+\lambda_f}{1-\lambda_f}\rho_m \tag{7.7b}$$

式中，λ_f 是超导丝在复合导体中的体积分数，ρ_m 是基底的电阻率。

式（7.7a）和式（7.7b）分别基于图 7.6 中的 2 个极限电流分布。

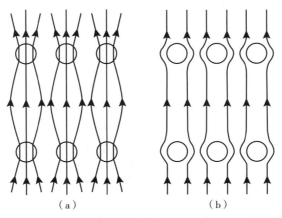

（a）　　　　　　　　　　（b）

图 7.6　多丝导体中垂直于导体轴的电流分布。（a）超导丝和基底之间的接触电阻为 0-式（7.7a）。（b）接触电阻无限大—式（7.7b）。

（a）中细丝表面的接触电阻值为 0，电流被拉入细丝中，令电流通路的"视在"截面变大、距离变小，故得到式（7.7a）；（b）中恰好相反。2 个表达式都未经严格分析和试验的检验。实践中，式（7.7a）和式（7.7b）分别应用于 Nb_3Sn 和 NbTi 复合超导体。

7.2.3　涡流损耗

涡流损耗的基本问题已在问题 2.7 中讨论。圆线（图 7.1b 和图 7.1c）和带材（图 7.1d 和图 7.1e）低频极限下的能量密度 e_{ed} 公式。

7.3　其他损耗

还有 2 个耗散来源：①分段/接头电阻；②机械扰动。"干式"磁体（无论 LTS 还是 HTS）的接头电阻的损耗显然必须尽最大可能降低，因为它直接增加了制冷机的热负荷。很明显，这对持续电流模式的磁体不是问题，因为该模式要求接头电阻在 p Ω 量级，近乎为 0。机械扰动——线圈内发生的导体运动或环氧浸渍线圈的环氧开裂——仅对绝热 LTS 磁体重要。对冷却良好的 LTS 磁体，最大的损耗源是复合导体本身的焦耳热，机械扰动可被完全忽略。如第 6 章所述，HTS 磁体出于一个不同的原因，不论是冷却良好的或绝热的，都不受这些机械扰动的影响。

7.3.1　接头电阻

仅在以下情况下电阻接头才成为设计问题：①必须约束在受限空间内或遵从特定配置；②位于线圈内部比较深的地方，那里的冷却有限甚至为零"局域"冷却；③必须承受住较大的力；④大量的接头电阻，其累积损耗会对系统的制冷能力产生影响。⑤不与制冷剂直接接触，如在制冷机冷却磁体中那样。

大致来讲，接头分 2 类：搭接和对接。在大部分应用中，搭接比对接好，原因有 3 个：①制作搭接更容易；②通过简单地增加搭接长度可以任意地降低接头电阻；③通常比对接接头更容易满足强度要求。这里我们讨论搭接。

搭接接头

如图 7.7 所示，"握手式"搭接是最广泛使用的接头方法，甚至在线圈内也非常

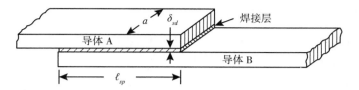

图 7.7　"握手式"搭接接头。焊接层长 ℓ_{sp}、宽 a、厚 δ_{sd}。

适用。导体 A 和导体 B 之间的接头以搭接长度 ℓ_{sp}、宽度 a 和厚度 δ_{sd} 经焊接而形成电气连接。电阻率为 ρ_{sd} 的焊料层的电阻 R_{sd} 可由下式得出：

$$R_{sd} = \frac{\rho_{sd}\delta_{sd}}{a\ell_{sp}} \tag{7.8}$$

通常，a 等于搭接导体的宽度。

接触电阻

接头电阻 R_{sp} 是以下 3 个部分之和：

$$R_{sp} = R_{cA} + R_{sd} + R_{cB} \tag{7.9a}$$

$$= \frac{R_{ct}}{A_{ct}} \tag{7.9b}$$

式中，R_{cA} 是导体 A 和焊接层之间的接触电阻，R_{cB} 是导体 B 和焊接层之间的接触电阻。R_{ct} 是接触电阻，单位为 $[\Omega \cdot m^2]$，$A_{ct} = a\ell_{sp}$ 是接触面积。如果焊接剂浸润了各导体的表面，则假设 $R_{cA} \simeq R_{cB} \simeq 0$ 是合理的，至少 $R_{cA} \simeq R_{cB} \ll R_{sd}$ 是合理的：

$$R_{sp} = \frac{R_{ct}}{A_{ct}} \simeq R_{sd} \tag{7.9c}$$

通过令 ℓ_{sp} 足够长，R_{sp} 可以任意小。联立式（7.8）和式（7.9c），有：

$$R_{ct} \simeq \rho_{sd}\delta_{sd} \tag{7.10}$$

可见，选择低电阻率焊料能获得小 R_{ct}；减小 δ_{sd} 也同样重要，其厚度一定不要超过 $10 \sim 50~\mu m$。实际上，假如使用超导焊料，若这种接头工作在低场区且有足够的电流通路截面 $a\ell_{sp}$，则 R_{ct} 为 0。

利用超导焊料，可以制作 pΩ 数量级的超导接头。这种接头必须工作于低场（≤1T）

和深冷（≤9 K）环境，且要有足够的接触面积以保证在通过工作电流时为超导。

表7.1列出了特定锡铅焊料的 R_{ct} 值。R_{ct} 是磁场依赖的，随 B 线性增加。一些数据中可见 0 T 和 1 T 之间的非线性。这些数据仅作为一般性的指引。大型磁体项目的接头电阻是一个重要的设计问题，明智的做法是根据实测值来确定。

表7.1　4.2 K 的焊接接触电阻

焊　料	$R_{ct}[\,p\Omega \cdot m^2\,]$			
	0 T	**1 T**	**2 T**	**9 T**
60 Sn~40 Pb	3.0*	3.3*	3.6*	5.5*
（第2套数据）	1.1*	1.6*	2.0*	5.3*
50 Sn~50 Pb	0.8	1.5*	1.7*	2.9*
（第2套数据）	1.8	3.3*	3.7*	6.8*
50 Sn~50 Pb[7.19]	$\rho_{sd}=5.90\,(1+0.0081B)$ n$\Omega \cdot$ m（B 的单位 ［T］）			
60 Sn~40 Pb[7.19]	$\rho_{sd}=5.40\,(1+0.0089B)$			
USW†[7.20]	0.45（$B=0$ T）			
60 Sn~40 Pb‡	$\dfrac{R_{sd}(B)}{R_{sd}(0)}=1+0.57B$（$B$ 的单位 ［T］）			

＊ 在该范围内随 B 线性变化。

† 2 个铜表面之间的超声焊接。

‡ 2 个 CIC 导体之间的接头电阻。

表7.2列出了藤代[7.21]给出的铟和6种"常用"铟-铅-锡合金焊料的零场电阻率与温度关系的数据。其中，T_{sl} 和 T_{lq} 分别是凝固温度和液化温度（其温差越小，焊接越容易；当 $T_{sl}=T_{lq}$ 时，合金具有明确的熔点）。如表所示，这些常见焊料合金可在 4.2 K 以上超导；T_c 是零场临界温度[4.41,4.42,7.20]。

表7.2　几种温度下常用焊料合金的电阻率[7.21]

焊料合金	特征温度			电阻率 ［n$\Omega \cdot$ m］（Cu：18n$\Omega \cdot$ m@293 K）							
	T_{sl}［℃］	T_{lq}［℃］	T_c［K］	**4.2 K**	**10 K**	**20 K**	**50 K**	**77 K**	**100 K**	**200 K**	**293 K**
100 In	157	157	3.41	0.3	0.3	1.6	9.3	17	23	54	87
50 In~50 Pd	184	210	6.35	0	162	164	175	187	196	236	290
52 In~48 Sn	118	118	~7.5	0	62	63	71	79	87	123	169
63 Sn~37 Pb	183	183	~7	0	4.0	6.5	24	36	48	105	162
60 Sn~40 Pb	183	191	~7.1	0	2.8	4.5	18	33	44	99	152
50 Sn~50 Pb	183	212	~7.1	0	8.3	11	26	42	54	112	169
40 Sn~60 Pb	183	238	~7.1	0	9.5	13	27	44	57	118	177

机械接触开关

对于某些应用，使用机械接触开关比使用热激活持续电流开关（persistent current switch，PCS）更有利。铜（或镀铟铜）表面之间的机械接触电阻虽然很小，但在 4.2 K 时不超导[7.22]。最近，佐和（Sawa）等人研究了利用工作在 77 K 的 HTS 块之间的机械接触构建机械接触开关的方法[7.23,7.24]。表面涂有**超导**焊料的 HTS 块尽管在 77 K 不超导，但在低于 10 K 下应用时可实现超导块间**超导**接触，成为**超导**机械接触开关。

7.3.2 机械扰动

20 世纪 70 年代之前的大部分磁体（当然全都是 LTS）都是根据斯特科利稳定判据建造的：良好（局域）冷却的，进而是低 λJ_{op} 的，从而机械扰动不是大问题——绕组设计主要处理比较大的焦耳热。只有当磁体必须在高 λJ_{op}（$\geqslant 100$ A/mm²）下运行时——如在高能物理粒子加速器的二极和四极磁体以及"商业化的" NMR 和 MRI 磁体——机械扰动才成为关键的设计问题。提高 λJ_{op} 的一个显而易见的方法是去掉制冷剂占用的空间，并用可产生场的导体或承受力的材料取代。这个思路催生了绝热 LTS 磁体。这些磁体容易在较小的 g_d 下失超。20 世纪 80 年代中期，使用声发射（acoustic emission，AE）技术确认，以导体运动或浸渍填充材料开裂为主的机械扰动事件几乎是所有绝热 LTS 磁体"过早失超"的原因。

由于无制冷剂冷却，绝热磁体容易提早失超；有时电流在远低于其预期工作电流时就失超了。幸运的是，这些机械事件通常遵循声发射技术中的所谓"凯泽效应"（Kaiser effect）。该效应描述了在一系列负荷循环中观察到的机械行为，导体运动和环氧破裂等机械扰动仅在引起事件的负荷超过任何先前加载顺序中达到的最大水平时才出现。因此，易过早失超的绝热磁体通过"锻炼"可逐渐改善其性能，使其最终可实现预期工作电流。显然，绝热磁体优化设计的目的是想让它在第一次锻炼时就达到工作电流，但如此优良的效果仅**偶尔**会遇到，例如 750 MHz（17.6 T）NMR 磁体[7.25]。

自 20 世纪 80 年代中期以来，相继提出了多种应对这些机械扰动的措施。如前文所述，现今的**大部分**绝热 LTS 磁体在**大部分**时间都摆脱了此类具有威胁性的事件。下面简要描述导体运动和填充材料破裂以及对这些机械扰动的应对措施。

导体运动及其应对

即使导体以完美有序方式"密"绕，例如绕成密实六边形，导体在洛伦兹力的作用下克服摩擦力移动时，绕组仍然会松散。我们可以估计在典型运行条件下，绝热驱动单位体积导体到正常态所需的摩擦位移的量，并表明这个位移确实是有可能发生的。例如，某导体位于 $r=0.2$ m，置于 5 T 的 z 向场 B_z 中，在 θ 方向上载流密度（在导体横截面上）$J_\theta=200\times10^6$ A/m²，受到 r 向洛伦兹力密度 $f_{L_r}=J_\theta B_z=2\times10^8$ N/m³。假设导体在 f_{L_r} 及摩擦力作用下滑移距离 Δr_f。这个运动在单位体积导体上的摩擦能量密度 e_f 可由下式得出：

$$e_f=\mu_f f_{L_r}\Delta r_f \tag{7.11}$$

式中，μ_f 是摩擦系数。代入 $\mu_f=0.3$ 和 $e_f=1300$ J/m³（铜在 4.2 K 和 5.2 K 之间的焓差），以及 $f_{L_r}=2\times10^8$ N/m³，在式（7.11）中解出 Δr_f：

$$\Delta r_f=\frac{e_f}{\mu_f f_{L_r}}=\frac{(1300\text{ J/m}^3)}{(0.3)(2\times10^8\text{ N/m}^3)}\simeq20\times10^{-6}\text{m}=20\ \mu\text{m}$$

即使在密实的绕组中，滑移这么小的距离也几乎不可避免。一系列实验[7.26~7.31]都观察到，小至约 10 μm 的滑移足以引发失超。

对微小滑移的应对措施是用绝缘材料浸渍绕组。绝缘材料通常以流体填充空隙，随后在一定条件下固化。浸渍将整个绕组变成一个整体结构。现在的几乎每个绝热 LTS 磁体都浸渍有石蜡、环氧树脂等填充材料，有些还掺杂其他粉末以获得机械"强化"和/或导热性提高。

填充材料开裂及其应对

尽管浸渍绕组可避免导体运动，但仍存在 2 个问题。首先，在洛伦兹力作用下，整个线绕组——在螺线管磁体中——有沿半径向外散开的趋势。除非绕组被牢固地固定在骨架上以防止这种变形，否则在线圈和骨架的界面上会存在运动。这种运动产生的热可导致过早失超。借助于黏合到绕组内表面的低导热薄片，可避免导体产生此类摩擦热[7.32]。其次，如果绕组牢固地贴合在骨架上，绕组中可能产生大应力，导致浸渍材料开裂，成为热扰动的另一个源。

在浸渍绕组中，2 种方法可以防止由填充材料开裂引起的过早失超：①最小化开裂引起的能量；②完全消除开裂事件。尽管已有在低温下测量开裂引起的能量的尝试[7.33,7.34]，但我们对破裂机制的理解还不够深入，所以这种方法暂时无用。

第 2 种应对措施取得了很大进展，发展出包括①在缠绕过程中对导体进行分级预应力[7.35]；②允许绕组相对骨架"浮动"[7.35,7.36] 等在内的多种技术。梅达（Maeda）将这种浮动线圈概念推向极致，并成功实现良好性能的"无骨架"螺线管[7.37]。现今大部分浸渍绕组都设计为相对骨架"浮动"，使运行在 4.2 K 或更低温度的绝热 LTS 磁体可实现其运行电流。可能第一次尝试不行，但通常在经过几次"锻炼"失超后就行了。

7.4　声发射技术

7.4.1　机械事件探测——LTS 磁体

通常当超导磁体受到（或卸掉）磁场应力时，时变应变在超导磁体中产生 AE（声发射）信号。本技术始于 20 世纪 70 年代后期[7.38-7.40]，成熟于 20 世纪 80 年代。影响高性能 LTS 磁体的导体运动和环氧树脂破裂两大机械事件，都可用 AE 技术检出[7.41-7.54]。在超导磁体中最有效的 AE 应用是布雷克纳（Brechna）和图罗夫斯基（Turowski）在 1978 年首次报道的 AE/电压技术[7.40]。突然的导体运动事件产生 AE 信号，信号在绕组内以 2~5 km/s 的典型速度传播，同时在磁体引线端子上感应出电压脉冲。在失超时同时检到 AE 和电压信号表明该失超是由导体运动引起的。存在磁场时，根据法拉第定律，一小段导体位置的突然移动将在线圈端子上产生电压脉冲。AE 技术还可用于证明伴随 AE 信号而非电压尖峰的失超事件最可能是由其他机械事件（如环氧树脂开裂）引起。图 7.8 显示了 Nb_3Sn 线圈的过早失超，可见在电阻性失超电压出现之前的电脉冲伴随有 AE 信号，强烈提示这种过早失超是由导体运动触发的[7.54]。

7.4.2　应用于 HTS 磁体

除了磁场力，超导磁体中还有另一个重要的时变应变源，就是时变的**非均匀**温度分布。当磁体冷却（或加热）时也会产生 AE 信号。在 LTS 磁体中实际观察到，随时间变化的非均匀温度分布是产生 AE 信号的主要源[7.55,7.56]。图 7.9 显示了某二极磁体

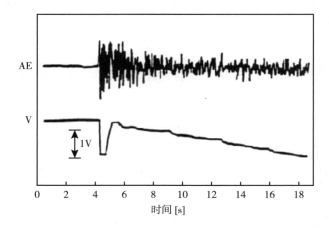

图 7.8　Nb₃Sn 线圈过早失超时的 AE 和电压信号[7.57]。

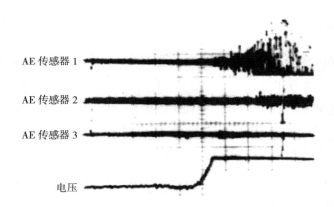

图 7.9　一个在其临界电流的超导磁体自然失超时的 AE 信号和电压的波形图（时间
刻度：2 ms/div）。

达到其临界电流过程的一个波形记录[7.57]。因为失超是自然的，所以在失超开始时没
有触发 AE 信号。然而，如 SENSOR 1 所记录的，在失超开始后约 5 ms 出现 AE 信号。
AE 信号很可能是由失超产生的**不均匀温度**分布引起的，虽然自然触发，但它应位于
高场区。

　　AE 信号可以作为电压信号的补充，用于检测 HTS 磁体的过热。HTS 线圈的电阻电
压由于其小指数（*n* 值）而不会像 LTS 那样急剧上升，这个补充尤其有用。沃兹尼等人
记录了大量 YBCO 块材样品在超导/正常态转变中因温升产生的 AE 信号[7.58]，新井

（Arai）在用 Bi2223 缠绕的实验饼式线圈检测到了由热引发的 AE 信号[7.59]。让 AE 信号成为电压信号有益补充以保护 HTS 磁体的努力仍在持续进行[7.60]。

7.5 专题

7.5.1 问题7.1：磁滞能量密度——在"弱"磁场序列下的原始状态比恩板

假设一个宽 $2a$ 的原始状态比恩板，置于情况 1［式（7.5）］所述的增大磁场序列中：$H_e = 0^* \rightarrow H_m \leqslant H_p$（"弱"磁场）。其中，$0^*$ 表示比恩板是原始状态的，$H_p = J_c a$。而后，将之置于如情况 2 所述的减小磁场序列中：$H_e = H_m \rightarrow 0$。情况 3 的磁场序列就是情况 1 后紧随情况 2。情况 1 的 $-M(H_e)$ 如式（5.5），情况 2 相应的式子被修正为式（5.7）：

$$-M(H_e) = H_e - \frac{H_e^2}{2H_p} \quad (H_e = 0^* \rightarrow H_m \leqslant H_p) \tag{5.5}$$

$$-M(H_e) = H_e + \frac{H_e^2 - 2H_m H_e - H_m^2}{4H_p} \quad (H_e = H_m \rightarrow 0) \tag{7.12}$$

图 7.10 显示了上面式（5.5）和式（7.12）给出的 $-M(H_e)$。

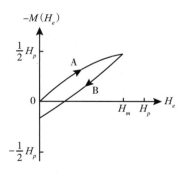

图 7.10 "弱"磁场激励（$H_m \leqslant H_p$）下的 $-M(H_e)$。情况 1：曲线 A。情况 2：曲线 B。情况 3：曲线 A 和 B。曲线 A 开始于原点，表示原始状态的比恩板。

a）对半板（$0 \leqslant x \leqslant a$）应用式（7.3a），证明在情况 1 的 $H_e = 0^* \rightarrow H_m$ 下，e_{hy} 为：

$$e_{hy} = \frac{\mu_0 H_m^3}{6H_p} \quad (0 \leqslant H_m \leqslant H_p) \tag{7.13a}$$

b）类似地，对半板（$0 \leqslant x \leqslant a$）应用式（7.3a），证明在情况 2 的 $H_e = H_m \rightarrow 0$ 下，e_{hy} 为：

$$e_{hy} = \frac{\mu_0 H_m^3}{24H_p} \quad (0 \leqslant H_m \leqslant H_p) \tag{7.14a}$$

c）应用式（7.3b），证明在情况 3 的 $H_e = 0^* \rightarrow H_m \rightarrow 0$ 下，e_{hy} 为式（7.13）和式（7.14）之和：

$$e_{hy} = \frac{5\mu_0 H_m^3}{24H_p} \quad (0 \leqslant H_m \leqslant H_p) \tag{7.15a}$$

问题7.1的解答

a）在增长磁场序列 $H_e = 0^* \rightarrow H_m$ 下，找到外场增加过程中的 $E_z(x)\,\mathrm{d}t$ 的表达式。板内的 $H_s(x)$ 如图 7.2a 中的实线所示。板内的 $x = 0$ 和 $x = x_+ (= \frac{H_e}{J_c})$ 之间，因磁场变化 $\frac{\mathrm{d}H_e}{\mathrm{d}t}$ 引起的 $E_z(x)$ 为：

$$E_z(x) = \mu_0 \frac{\mathrm{d}H_e}{\mathrm{d}t}(x_+ - x) \tag{S1.1a}$$

$$E_z(x)\,\mathrm{d}t = \mu_0 (x_+ - x)\,\mathrm{d}H_e \tag{S1.1b}$$

对前半板应用式（7.3a）和式（S1.1b），有：

$$e_{hy} = \frac{1}{a} \int_0^a \left[\int J_c E(x)\,\mathrm{d}t \right] \mathrm{d}x \tag{S1.2a}$$

$$= \frac{\mu_0 J_c}{a} \int_0^{H_m} \left[\int_0^{x_+} (x_+ - x)\,\mathrm{d}x \right] \mathrm{d}H_e \tag{S1.2b}$$

在式（S1.2b）中，因为 x_+ 依赖于 H_e，积分顺序与式（S1.2a）相反。式（S1.2b）成为：

$$e_{hy} = \frac{\mu_0 J_c}{a} \int_0^{H_m} \left(x_+^2 - \frac{x_+^2}{2} \right) dH_e \tag{S1.2c}$$

$$= \frac{\mu_0 J_c}{a} \int_0^{H_m} \frac{H_e^2}{2J_c^2} dH_e = \frac{\mu_0 H_m^3}{6aJ_c} \tag{S1.2d}$$

$$e_{hy} = \frac{\mu_0 H_m^3}{6H_p} \quad (0 \leqslant H_m \leqslant H_p) \tag{7.13a}$$

可见，$e_{hy} \propto H_m^3$。即在"弱"磁场下，e_{hy} 随 H_m 的三次幂增加，这已被很多实验所验证。

b) 在减小的磁场序列 $H_e = H_m \to 0$ 中，$E_z(x)\mathrm{d}t$ 由下式给出：

$$E_z(x)\mathrm{d}t = \mu_0 (x - x_-)\mathrm{d}H_e \tag{S1.3}$$

式中，$x_- = \dfrac{(H_m - H_e)}{2J_c}$，如图 7.3a 所示。所以，$e_{hy}$ 为：

$$e_{hy} = \frac{\mu_0 J_c}{a} \int_{H_m}^0 \left[\int_0^{x_-} (x - x_-) \mathrm{d}x \right] \mathrm{d}H_e = \frac{\mu_0 J_c}{a} \int_{H_m}^0 \left(\frac{x_-^2}{2} - x_-^2 \right) \mathrm{d}H_e \tag{S1.4}$$

$$= -\frac{\mu_0 J_c}{a} \int_{H_m}^0 \frac{(H_m - H_e)^2}{8J_c^2} \mathrm{d}H_e = \frac{\mu_0 H_m^3}{24aJ_c}$$

$$e_{hy} = \frac{\mu_0 H_m^3}{24H_p} \quad (0 \leqslant H_m \leqslant H_p) \tag{7.14a}$$

在减小的磁场序列中，e_{hy} 是增长磁场序列的 $\dfrac{1}{4}$。这在图 7.2（a）和图 7.3（a）中明显可见。原因是情况 1 中 E_z 是在 $x = 0$ 和 $x_m = \dfrac{H_m}{J_c}$ 之间感应出的，而情况 2 对应的是在 $x = 0$ 和 $x_0 = \dfrac{H_m}{2J_c}$ 之间感应出的。此时，仍有 $e_{hy} \propto H_m^3$。

c) 板中的 E 场如其下标 z，是指向 z 的。特别是当 $H_e(t)$ 指向 $+y$ 向时，E 指向 $-z$ 向。在板表面（$x = 0$），坡印亭矢量 $\vec{M}$ 指向 $+x$。在第 1 个序列 $H_e = 0^+ \to H_m$ 下，能量从外部空间进入板内，被储存和耗散。第 1 个序列中的 $E_z(0)$ 由式（S1.1b）给出 $x_+ = \dfrac{H_e}{J_c}$：

$$E_z(0) = \mu_0 \frac{H_e}{J_c} \left(\frac{\mathrm{d}H_e}{\mathrm{d}t} \right) \tag{S1.5a}$$

式（7.3b）的右侧第 1 项是情况 1 的坡印亭能量密度 e_{py1}，可以写成：

$$e_{py1} \equiv \frac{1}{a} \int \left[- \int_{\mathcal{S}} \vec{E}(x) \times \vec{H}_e \cdot d \vec{\mathcal{A}} \right] dt = \frac{\mu_0}{aJ_c} \int_0^{H_m} H_e^2 dH_e = \frac{\mu_0 H_m^3}{3H_p} \qquad (S1.6a)$$

情况 2 中，$E_z(0)$ 由式（S1.3）给出，此时 $x_- = \dfrac{(H_m - H_e)}{2J_c}$：

$$E_z(0) = - \mu_0 \left(\frac{H_m - H_e}{2J_c} \right) \frac{dH_e}{dt} \qquad (S1.5b)$$

于是，情况 2 的坡印亭能量密度 e_{py2} 为：

$$e_{py2} = \frac{\mu_0}{2aJ_c} \int_{H_m}^0 (H_m - H_e) H_e dH_e = - \frac{\mu_0 H_m^3}{12H_p} \qquad (S1.6b)$$

式（S1.6b）中的负号表示 e_{py2} 向源回流。在整个序列 $H_e = 0^* \rightarrow H_m \rightarrow 0$（情况 3）结束的时候，由式（7.12）可知，$-M(0) = \dfrac{H_m^2}{-4H_p}$：板通过 $H_s(x)$ 储存的磁场（或磁化）能量密度 e_{m_f} 为（此时，$x_0 = \dfrac{H_m}{2J_c}$）：

$$H_s(x) = J_c x \qquad (0 \leqslant x \leqslant x_0) \qquad (S1.7a)$$

$$H_s(x) = H_m - J_c x \qquad (x_0 \leqslant x \leqslant \frac{H_m}{J_c}) \qquad (S1.7b)$$

使用式（S1.7a）和式（S1.7b）可计算 e_{m_f}：

$$e_{m_f} = \frac{\mu_0}{2a} \int_0^a H_s^2(x) dx = \frac{\mu_0}{2a} \left(2 \times \int_0^{\frac{H_m}{2J_c}} J_c^2 x^2 dx \right) = \frac{\mu_0 H_m^3}{24H_p} \qquad (S1.8)$$

联立式（7.3b）、式（S1.6a）、式（S1.6b）、式（S1.8），得到情况 3 的 e_{hy}：

$$e_{hy} = e_{py1} + e_{py2} - e_{m_f}$$

$$= \frac{\mu_0 H_m^3}{3H_p} - \frac{\mu_0 H_m^3}{12H_p} - \frac{\mu_0 H_m^3}{24H_p}$$

$$= \frac{5\mu_0 H_m^3}{24H_p} \quad (0 \leqslant H_m \leqslant H_p) \qquad (7.15a)$$

能流 这里我们检视一下在各磁场序列过程中从源到板的能流。每一个过程的能量密度都必须平衡：

$$e_{py} = e_{hy} + e_{m_f} - e_{m_i} \tag{S1.9}$$

式中，e_{m_f} 和 e_{m_i} 分别是终了和初始时板中的磁场能量密度。本质上，式（S1.9）和式（7.2）是一样的。

在第 1 个序列中，$e_{py} = e_{py1}$［式（S1.6a）］，e_{hy}［式（7.13a）］，$e_{m_i} = 0$（因为板为原始状态）和 $e_{m_{f1}}$ 可以由 $H_s(x) = H_m - J_c x$ 计算：

$$e_{m_{f_1}} = \frac{\mu_0}{2a}\int_0^a H_s^2(x)\,\mathrm{d}x = \frac{\mu_0}{2a}\left[\int_0^{\frac{H_m}{J_c}}(H_m - J_c x)^2\,\mathrm{d}x\right] = \frac{\mu_0 H_m^3}{6H_p} \tag{S1.10}$$

将式（7.13）和式（S1.10）代入式（S1.9）的右侧，有：

$$e_{py1} = \frac{\mu_0 H_m^3}{6H_p} + \frac{\mu_0 H_m^3}{6H_p} = \frac{\mu_0 H_m^3}{3H_p} \tag{S1.11a}$$

式（S1.11a）中的 e_{py1} 和式（S1.6a）中的是一致的，表明在第 1 个过程中能量密度流是平衡的。

我们还可以检视第 2 个过程 $H_e = H_m \to 0$ 中的能量平衡。这个过程中，式（S1.9）右侧需要出现的能量密度是：e_{hy}［式（7.14）］，e_{m_f}［式（S1.8）］和 $e_{m_i} = e_{m_{f1}}$［式（S1.10）］：

$$e_{py2} = \frac{\mu_0 H_m^3}{24H_p} + \frac{\mu_0 H_m^3}{24H_p} - \frac{\mu_0 H_m^3}{6H_p} = \frac{\mu_0 H_m^3}{12H_p} \tag{S1.11b}$$

式（S1.11b）中的 e_{py2} 等于式（S1.6b）中的 e_{py2}。表明在第 2 个过程中式（S1.9）的能量平衡是成立的。如前所述，负号表明在第 2 个过程中存在由板**返回源**的净能量流：这个能流密度加上磁滞能量流密度等于板中储存磁能的净减少量。

7.5.2 问题7.2：磁滞能量密度——在"中"磁场时间序列下的原始状态比恩板

这里我们研究在"中"磁场 $H_p \leq H_m \leq 2H_p = 2J_c a$ 激励下的情况 1~3。在增大磁场

$H_e = 0^* \rightarrow H_m$ 序列中（情况 1 和 3），e_{hy} 在 $H_m \geqslant H_p$ 时与 H_m 无关——当然，这是因为比恩临界态模型中的 J_c 也与磁场无关。增大磁场序列和减小磁场序列中的 $-M(H_e)$ 函数为：

$$-M(H_e) = H_e - \frac{H_e^2}{2H_p} \qquad\qquad (H_e = 0^* \rightarrow H_p)\,(5.5)$$

$$= \frac{1}{2}H_p \qquad\qquad (H_e = H_p \rightarrow H_m)\,(5.6)$$

$$-M(H_e) = \frac{1}{2}H_p - (H_m - H_e) + \frac{(H_m - H_e)^2}{4H_p} \qquad (H_e = H_m \rightarrow 0)\,(5.7\text{a})$$

图 7.11 显示出了式（5.5）、式（5.6）和式（5.7a）给出的 $-M(H_e)$。

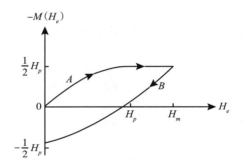

图 7.11　"中"磁场激励下的 $-M(H_e)$。情况 1：曲线 A。情况 2：曲线 B。情况 3：曲线 A 和曲线 B。注意，$H_p \leqslant H_m \leqslant 2H_p = 2J_c a$。

a) 对半板（$0 \leqslant x \leqslant a$）应用式（7.3a），证明情况 1 下的 e_{hy} 为：

$$e_{hy} = \frac{1}{2}\mu_0 H_p H_m \left(1 - \frac{2H_p}{3H_m}\right) \quad (H_p \leqslant H_m \leqslant 2H_p) \qquad (7.13\text{b})$$

b) 对于情况 2，解释为什么 e_{hy} 仍可以由式（7.14）解答。

c) 使用式（7.3b），证明情况 3 下的 e_{hy} 是式（7.13b）和式（7.14）之和，可写为：

$$e_{hy} = \frac{1}{2}\mu_0 H_p H_m \left[1 - \frac{2H_p}{3H_m} + \frac{1}{12}\left(\frac{H_m}{H_p}\right)^2\right] \quad (H_p \leqslant H_m \leqslant 2H_p) \qquad (7.15\text{b})$$

d) 证明在 $H_m = H_p$ 时，式（7.15）和式（7.15b）得出同样的 e_{hy}。

问题7.2的解答

a）情况 1 的前半部分，$H_e = 0^* \rightarrow H_p$，我们通过向式（7.13）中代入 $H_m = H_p$ 获得磁滞能量密度 $e_{hy1'}$：

$$e_{hy1'} = \frac{1}{6}\mu_0 H_p^2 \quad (H_e = 0 \rightarrow H_p) \tag{S2.1}$$

对情况 1 的后半部分，$H_e = H_p \rightarrow H_m$，磁场穿透整个板（考虑对称性，我们仅取其中的一半，即 $x = 0$ 到 $x = a$ 的部分），如图 7.2b 的虚线所示。$\dfrac{\mathrm{d}H_e}{\mathrm{d}t}$ 感应出的 $E_z(x)$ 为：

$$E_z(x) = \mu_0 \frac{\mathrm{d}H_e}{\mathrm{d}t}(a-x) \tag{S2.2}$$

将式（7.3a）和式（S2.2）应用到半板（$0 \leqslant x \leqslant a$）上，有：

$$e_{hy1''} = \frac{1}{a}\int_0^a \left[\int J_c E(x)\,\mathrm{d}t\right]\mathrm{d}x = \frac{\mu_0 J_c}{a}\int_0^a \left[\int_{H_p}^{H_m}(a-x)\,\mathrm{d}H_e\right]\mathrm{d}x \tag{S2.3a}$$

$$e_{hy1''} = \mu_0 J_c(H_m - H_p)\int_0^a \frac{a-x}{a}\,\mathrm{d}x = \frac{1}{2}\mu_0 H_p(H_m - H_p) \tag{S2.3b}$$

将式（S2.1）和式（S2.3b）相加，得到情况 1 的 e_{hy}：

$$\begin{aligned}
e_{hy} &= \frac{1}{6}\mu_0 H_p^2 + \frac{1}{2}\mu_0 H_p(H_p - H_m) \\
&= \frac{1}{2}\mu_0 H_p H_m - \frac{1}{3}\mu_0 H_p^2 \\
&= \frac{1}{2}\mu_0 H_p H_m\left(1 - \frac{2H_p}{3H_m}\right) \quad (H_p \leqslant H_m \leqslant 2H_p)
\end{aligned} \tag{7.13b}$$

b）情况 2 序列 $H_e = H_m \rightarrow 0$，在 $0 < h_e < H_m$ 时的 H_s 见图 7.3b 中的实线，本质上和图 7.3a 中的实线是一致的——2 个都是板从 $x = 0$ 到 $x = x_0$ 间的值。所以，这个场序列下的 $E_z(x)\mathrm{d}t$ 和式（S1.3）一致，最终给出和式（7.14）一样的 e_{hy}。

c）在本序列的前半部分，坡印亭能量密度 $e_{py1'}$ 是式（S1.6a）在 $H_m = H_p$ 时得到的：

$$e_{py1'} = \frac{1}{3}\mu_0 H_p^2 \tag{S2.4a}$$

在后半部分，$H_e = H_p \rightarrow H_m$ 时，$E_z(0)$ 由式（S2.2）得出：

$$E_z(0) = \mu_0 a \frac{\mathrm{d}H_e}{\mathrm{d}t} \tag{S2.5}$$

式（7.3b）等号右侧的第 1 部分坡印亭能量密度 $e_{py1''}$ 于是可以写成：

$$e_{py1''} \equiv \frac{1}{a} \int \left[-\int_S \vec{E}(x) \times \vec{H}_e \cdot \mathrm{d} \vec{\mathcal{A}} \right] \mathrm{d}t = \mu_0 \int_{H_p}^{H_m} H_e \mathrm{d}H_e = \frac{1}{2}\mu_0 (H_m^2 - H_p^2) \tag{S2.4b}$$

在第 2 个场序列 $H_e = H_m \rightarrow 0$ 时，$E_z(0)$ 和式（S1.5b）给出的相同；对应的坡印亭能量密度 e_{py2} 于是可由式（S1.6b）给出：

$$e_{py2} = -\frac{\mu_0 H_m^3}{12 H_p} \tag{S1.6b}$$

同样，负号表明 e_{py2} 是返回电源的。在整个序列过程（情况 3）最后，可从图 7.11 推断出，通过 $H_s(x)$ 而储存在板内的磁场（磁化）能量密度 e_{m_f} 可由式（S1.7）给出 $\left(x_0 = \frac{H_m}{2J_c} \right)$。使用式（S1.7）可以计算 e_{m_f}。和式 S1.8 的积分从 $x = 0$ 到 $x = x_0 = \frac{H_m}{2J_c}$ 不同，此处的积分必须在 $x = 0 \rightarrow x_0$ 和 $x_0 \rightarrow a$ 2 个区间（图 7.3b）分别进行：

$$e_{m_f} = \frac{\mu_0}{2a} \int_0^a H_s^2(x)\,\mathrm{d}x = \frac{\mu_0}{2a} \left[\int_0^{\frac{H_m}{2J_c}} J_c^2 x^2\,\mathrm{d}x + \int_{\frac{H_m}{2J_c}}^a (H_m - J_c x)^2\,\mathrm{d}x \right]$$

$$e_{m_f} = \frac{1}{2}\mu_0 H_m^2 - \frac{\mu_0 H_m^3}{8 H_p} - \frac{1}{2}\mu_0 H_m H_p + \frac{1}{6}\mu_0 H_p^2 \tag{S2.7}$$

联立式（7.3b）、式（S2.4a）、式（S2.4b）、式（S1.6b）和式（S2.7），我们得到情况 3 下的 e_{hy}：

$$e_{hy} = e_{py1'} + e_{py1''} + e_{py2} - e_{m_f}$$

$$= \frac{1}{3}\mu_0 H_p^2 + \frac{1}{2}\mu_0 (H_m^2 - H_p^2) - \frac{\mu_0 H_m^3}{12 H_p} - \left(\frac{1}{2}\mu_0 H_m^2 - \frac{\mu_0 H_m^3}{8 H_p} - \frac{1}{2}\mu_0 H_m H_p + \frac{1}{6}\mu_0 H_p^2 \right)$$

$$= -\frac{1}{3}\mu_0 H_p^2 + \frac{\mu_0 H_m^3}{24H_p} + \frac{1}{2}\mu_0 H_p H_m \tag{S2.8}$$

式（S2.8）等价于式（7.15b）：

$$e_{hy} = \frac{1}{2}\mu_0 H_p H_m \left[1 - \frac{2H_p}{3H_m} + \frac{1}{12}\left(\frac{H_m}{H_p}\right)^2\right] \quad (H_p \leqslant H_m \leqslant 2H_p) \tag{7.15b}$$

d）在 $H_m = H_p$ 时，e_{hy} 可以写为式（7.15），也可以写成式（7.15b）：

$$e_{hy} = \frac{5\mu_0 H_m^3}{24H_p} = \frac{5}{24}\mu_0 H_p^2 \quad (H_m \leqslant H_p) \tag{7.15a}$$

$$e_{hy} = \frac{1}{2}\mu_0 H_p H_m \left[1 - \frac{2H_p}{3H_m} + \frac{1}{12}\left(\frac{H_m}{H_p}\right)^2\right] \quad (H_p \leqslant H_m \leqslant 2H_p) \tag{7.15b}$$

$$= \frac{1}{2}\mu_0 H_p^2 \left[1 - \frac{2}{3} + \frac{1}{12}\right] = \frac{5}{24}\mu_0 H_p^2$$

7.5.3 问题7.3：磁滞能量密度——在"强"磁场时间序列下的原始状态比恩板

"强"磁场（$H_m \geqslant 2H_p = 2J_c a$）激时下，在增大磁场时间序列 $H_e = 0^* \to H_m$ 下的磁化曲线基本上与问题 7.2 中研究的"中"磁场激励下的磁化曲线相同。因此，在情况 1 和 3 的增大磁场序列中的 e_{hy} 由式（7.13b）给出。

情况 2 的 $-M(H_e)$ 由式（5.7a）给出第 1 部分 $H_e = H_m \to (H_m - 2H_p)$；式（5.7b）则给出第 2 部分 $H_e = (H_m - 2H_p) \to 0$。图 7.12 给出了整个磁场范围内的 $-M(H_e)$。

a）证明在情况 2 的第 1 部分 $H_e = H_m \to (H_m - 2H_p)$ 下的磁滞能量密度 $e_{hy2'}$ 为：

$$e_{hy2'} = \frac{1}{3}\mu_0 H_p^2 \tag{7.16a}$$

b）证明在情况 2 的第 2 部分 $H_e = (H_m - 2H_p) \to 0$ 下的磁滞能量密度 $e_{hy2''}$ 为：

$$e_{hy2''} = \frac{1}{2}\mu_0 H_p H_m \left(1 - \frac{2H_p}{H_m}\right) \tag{7.16b}$$

c）证明情况 2 在 $H_e = H_m \to 0$ 过程中，e_{hy} 为：

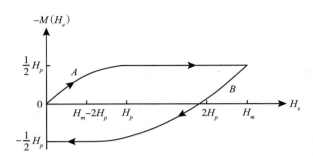

图 7.12　"强"磁场激励下的$-M$（H_e）。情况 1：曲线 A。情况 2：曲线 B。情况 3：曲线 A 和曲线 B。注意，$H_m \geqslant 2H_p = 2J_c a$。

$$e_{hy} = \frac{1}{2}\mu_0 H_p H_m \left(1 - \frac{4H_p}{3H_m}\right) \quad (H_m \geqslant 2H_p) \tag{7.14b}$$

d）证明情况 3 在 $H_e = 0^* \rightarrow H_m \rightarrow 0$ 过程中，e_{hy} 为：

$$e_{hy} = \mu_0 H_p H_m \left(1 - \frac{H_p}{H_m}\right) \quad (H_m \geqslant 2H_p) \tag{7.15c}$$

e）证明式（7.15b）和式（7.15c）在 $H_m = 2H_p$ 时是自洽的。

问题7.3的解答

a）如在"弱"磁场序列下一样，$E_z(x)$ 由式（S1.3）给出，其中 $x_- = \dfrac{(H_m - H_e)}{2J_c}$。这样，$e_{hy2'}$ 可由式（S1.4）给出，除了场范围是从 H_m 到 $H_m - 2H_p$：

$$e_{hy2'} = \frac{\mu_0 J_c}{a}\int_{H_m}^{H_m - 2H_p}\left[\int_0^{x_-}(x - x_-)\,dx\right]dH_e = -\frac{\mu_0 J_c}{a}\int_{H_m}^{H_m - 2H_p}x_-^2\,dH_e$$

$$= -\frac{\mu_0}{8H_p}\int_{H_m}^{H_m - 2H_p}(H_m - H_e)^2\,dH_e = -\frac{\mu_0}{8H_p}\int_{H_m}^{H_m - 2H_p}(H_m^2 - 2H_m H_e + H_e^2)\,dH_e$$

$$e_{hy2'} = \frac{1}{3}\mu_0 H_p^2 \tag{7.16a}$$

b）在 $x_- = a$ 时，式（S1.3）给出 $E_z(x)$，式（S1.4）给出 $e_{hy2''}$：

$$e_{hy2''} = \frac{\mu_0 J_c}{a}\int_{H_m - 2H_p}^0\left[\int_0^a(x - a)\,dx\right]dH_e = -\frac{\mu_0 J_c}{2a}\int_{H_m - 2H_p}^0 a^2\,dH_e$$

$$e_{hy2''} = \frac{1}{2}\mu_0 H_p H_m \left(1 - \frac{2H_p}{H_m}\right) \tag{7.16b}$$

c) 将 $e_{hy2'}$ 和 $e_{hy2''}$ 相加:

$$e_{hy} = e_{hy2'} + e_{hy2''} = \frac{1}{3}\mu_0 H_p^2 + \frac{1}{2}\mu_0 H_p H_m \left(1 - \frac{2H_p}{H_m}\right)$$

$$e_{hy} = \frac{1}{2}\mu_0 H_p H_m \left(1 - \frac{4H_p}{3H_m}\right) \quad (H_m \geqslant 2H_p) \tag{7.14b}$$

d) 简单地将式 (7.13b) ($H_e = 0 \rightarrow H_m$ 下的 e_{hy}) 和式 (7.14b) 相加:

$$e_{hy} = \frac{1}{2}\mu_0 H_p H_m \left(1 - \frac{2H_p}{3H_m}\right) + \frac{1}{2}\mu_0 H_p H_m \left(1 - \frac{4H_p}{3H_m}\right)$$

$$e_{hy} = \mu_0 H_p H_m \left(1 - \frac{H_p}{H_m}\right) \quad (H_m \geqslant 2H_p) \tag{7.15c}$$

e) 在 $H_m = 2H_p$ 时, 式 (7.15b) 和式 (7.15c) 均可给出 e_{hy}:

$$e_{hy} = \frac{1}{2}\mu_0 H_p H_m \left[1 - \frac{2H_p}{3H_m} + \frac{1}{12}\left(\frac{H_m}{H_p}\right)^2\right]$$

$$= \mu_0 H_p^2 \left(1 - \frac{1}{3} + \frac{4}{12}\right) = \mu_0 H_p^2 \tag{7.15b}$$

$$e_{hy} = \mu_0 H_p H_m \left(1 - \frac{H_p}{H_m}\right) = 2\mu_0 H_p^2 \left(1 - \frac{1}{2}\right) = \mu_0 H_p^2 \tag{7.15c}$$

7.5.4 讨论7.1: 磁滞能量密度——磁化的比恩板 (情况4~6)

一旦置于外场中, 原始状态的比恩板即便在磁场已降至 0, 仍有磁化——见图 7.4 (a)、图 7.4 (b) 和图 7.4 (c) 中的方点线。

对一个在情况 4 的 $H_e = 0 \rightarrow H_m$ 条件下的磁化比恩板, $-M(H_e)$ 为:

"弱" 磁场 ($H_e = 0 \rightarrow H_m$)

$$-M(H_e) = H_e - \frac{H_e^2 + 2H_m H_e - H_m^2}{4H_p} \tag{7.17a}$$

"中"磁场（$H_e = 0 \rightarrow 2H_p - H_m$）

$$-M(H_e) = -\frac{1}{2}H_p + (H_m + H_e) - \frac{(H_m + H_e)^2}{4H_p} \tag{7.17b}$$

"中"磁场（$H_e = 2H_p - H_m \rightarrow H_m$）和**"强"磁场**（$H_e = 0 \rightarrow H_m$）

$$-M(H_e) = \frac{1}{2}H_p \tag{5.6}$$

同样，对于情况 5 的 $H_e = H_m \rightarrow 0$ 磁场序列，$-M(H_e)$ 为下面的函数中的一个：

"弱"磁场（$H_e = H_m \rightarrow 0$）

$$-M(H_e) = H_e + \frac{H_e^2 + 2H_m H_e - H_m^2}{4H_p} \tag{7.18}$$

"中"磁场（$H_e = H_m \rightarrow 0$）和**"强"磁场**（$H_e = H_m \rightarrow H_m - 2H_p$）

$$-M(H_e) = \frac{1}{2}H_p - (H_m - H_e) + \frac{(H_m - H_e)^2}{4H_p} \tag{5.7a}$$

"强"磁场（$H_e = H_m - 2H_p \rightarrow 0$）

$$-M(H_e) = -\frac{1}{2}H_p \tag{5.7b}$$

图 7.13 给出了磁场在 $-H_m$ 到 H_m 范围内的 $-M(H_e)$。点画线、虚线和实线分别对应情况 6 中的"弱""中"和"强"磁场。

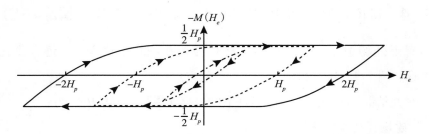

图 7.13 $-H_m$ 到 H_m 范围内的 $-M$ (H_e) 图。点画线、虚线和实线分别对应情况 6 中的"弱""中"和"强"磁场。

情况 4 "弱" 磁场　　使用问题 7.1 中的方法，其中 $E_z(x)\,\mathrm{d}t$ 由式（S1.1b）给出：

$$E_z(x)\,\mathrm{d}t = \mu_0 H(x_+ - x)\,\mathrm{d}H_e \tag{S1.1b}$$

如图 7.4 的图注所指出的，有 $x_+ = \dfrac{(H_m + H_e)}{2J_c}$，而不是 $x_+ = \dfrac{H_e}{J_c}$（问题 7.1）。式（S1.1b）可以导出式（S1.2c）：

$$e_{hy} = \frac{\mu_0 J_c}{a}\int_0^{H_m}\left(x_+^2 - \frac{x_+^2}{2}\right)\mathrm{d}H_e \tag{S1.2c}$$

然后，将 $x_+ = \dfrac{(H_m + H_e)}{2J_c}$ 代入式（S1.2c），有：

$$e_{hy} = \frac{\mu_0 J_c}{2a}\int_0^{H_m}\left(\frac{H_m + H_e}{2J_c}\right)^2 \mathrm{d}H_e = \frac{\mu_0}{8H_p}\int_0^{H_m}(H_m^2 + 2H_m H_e + H_e^2)\,\mathrm{d}H_e$$

$$e_{hy} = \frac{7\mu_0 H_m^3}{24H_p}\quad (0 \leqslant H_m \leqslant H_p) \tag{7.19a}$$

情况 4 "中" 磁场　　在图 7.6b 中可以看出，当 H_e 达到 $H_e + H_m = 2H_p$（即 $H_e = 2H_p - H_m$，记住此处 $H_p \leqslant H_m \leqslant 2H_p$），通过板（从 $x = 0$ 到 $x = a$）的 $H_s = H_e - J_c x$。

$E_z(x)$ 可由问题 7.2 解中的式（S2.2）给出：

$$E_z(x) = \mu_0 \frac{\mathrm{d}H_e}{\mathrm{d}t}(a - x) \tag{S2.2}$$

一直到 $H_e = 2H_p - H_m$，根据图 7.4b，H_e 仅穿透到 x_+。这样，e_{hy} 必须在 $H_e = 0 \to 2H_p - H_m$ 和 $H_e = 2H_p - H_m \to H_m$ 2 个磁场范围内计算。分别使用式（S1.1b）和式（S2.2）给出的 $E_z(x)\,\mathrm{d}t$：

$$e_{hy} = \frac{\mu_0 J_c}{2a}\left[\int_0^{2H_p - H_m}\left(\frac{H_m + H_e}{2J_c}\right)^2\mathrm{d}H_e + \int_{2H_p - H_m}^{H_m}a^2\,\mathrm{d}H_e\right]$$

$$= \frac{\mu_0}{8H_p}\int_0^{2H_p - H_m}(H_m^2 + 2H_m H_e + H_e^2)\,\mathrm{d}H_e + \frac{1}{2}\mu_0 H_p\int_{2H_p - H_m}^{H_m}\mathrm{d}H_e$$

$$= \left(\frac{1}{3}\mu_0 H_p^2 - \frac{\mu_0 H_m^3}{24H_p}\right) + (\mu_0 H_p H_m - \mu_0 H_p^2)$$

于是，

$$e_{hy} = \mu_0 H_p H_m \left[1 - \frac{2H_p}{3H_m} - \frac{1}{24}\left(\frac{H_m}{H_p}\right)^2 \right] \qquad (H_p \leqslant H_m \leqslant 2H_p) \qquad (7.19b)$$

显然，式（7.19a）和式（7.19b）在 $H_m = H_p$ 时自洽：$e_{hy} = \dfrac{7\mu_0 H_p^2}{24}$。

情况 4 "强" 磁场 从图 7.4c 可推断出，整个磁场在整个时间序列中都完全穿透板。于是：

$$e_{hy} = \frac{\mu_0 J_c}{2a}\left(\int_0^{H_m} a^2 \mathrm{d}H_e \right) = \frac{1}{2}\mu_0 H_p \int_0^{H_m} \mathrm{d}H_e$$

$$e_{hy} = \frac{1}{2}\mu_0 H_p H_m \quad (H_m \geqslant 2H_p) \qquad (7.19c)$$

同样，式（7.19b）和式（7.19c）在 $H_m = 2H_p$ 时给出同样的结果：$e_{hy} = \mu_0 H_p^2$。

情况 5 对比情况 2 下的图 7.4 和图 7.3，我们发现情况 5 下的 $H_s(x)$ 在 "弱" "中" "强" 磁场时和情况 2 对应的 $H_s(x)$ 是一致的。所以，情况 5 的 3 种不同磁场条件下的 e_{hy} 与情况 2 对应相同。

情况 6 "弱" 磁场 e_{hy} 显然是对情况 2 中 "弱" 磁场条件成立的式（7.19）和式（7.14）之和的 2 倍。于是，我们有：

$$e_{hy} = 2 \times \left(\frac{7\mu_0 H_m^3}{24H_p} + \frac{\mu_0 H_m^3}{24H_p} \right)$$

$$e_{hy} = \frac{2\mu_0 H_m^3}{3H_p} \qquad (0 \leqslant H_m \leqslant H_p) \qquad (7.20a)$$

因为磁场经过一个完整的周期，我们可以应用式（7.4b），从式（7.20a）推导 e_{hy}。因为 $-M(H_e)$ 是反对称的，$-H_m$ 到 H_m 的积分等于从 0 到 H_m 的积分的两倍：

$$e_{hy} = \mu_0 \oint -M(H_e)\mathrm{d}H_e$$

$$= 2\mu_0 \int_0^{H_m} -M(H_e)\mathrm{d}H_e$$

$$= 2\mu_0 \int_0^{H_m} \left\{ -\left[M(H_e)\right]_{H_e=0\to H_m} + \left[M(H_e)\right]_{H_e=H_m\to 0} \right\} \mathrm{d}H_e \qquad (7.21)$$

将式 (7. 17a) 和式 (7. 18) 代入式 (7. 21)，有：

$$e_{hy} = 2\mu_0 \int_0^{H_m} \left[\left(H_e - \frac{H_e^2 + 2H_m H_e - H_m^2}{4H_p} \right) - \left(H_e + \frac{H_e^2 - 2H_m H_e - H_m^2}{4H_p} \right) \right] dH_e$$

$$= 2\mu_0 \int_0^{H_m} \left(-\frac{H_e^2}{2H_p} + \frac{H_m^2}{2H_p} \right) dH_e = 2\mu_0 \left(-\frac{H_m^3}{6H_p} + \frac{H_m^3}{2H_p} \right)$$

所以，

$$e_{hy} = \frac{2\mu_0 H_m^3}{3H_p} \quad (0 \leqslant H_m \leqslant H_p) \tag{7.20a}$$

情况 6 "中" 磁场   类似地，e_{hy} 为对情况 4 成立的式 (7.19b) 和对情况 2 （和情况 5）成立的式 (7.14a) 对应的 e_{hy} 之和的 2 倍：

$$e_{hy} = 2 \times \left\{ \mu_0 H_p H_m \left[1 - \frac{2H_p}{3H_m} - \frac{1}{24} \left(\frac{H_m}{H_p} \right)^2 \right] + \frac{\mu_0 H_m^3}{24H_p} \right\}$$

$$e_{hy} = 2\mu_0 H_p H_m \left(1 - \frac{2H_p}{3H_m} \right) \quad (H_p \leqslant H_m \leqslant 2H_p) \tag{7.20b}$$

我们可以由与式 (7.4a) 等价的式 (7.21) 推导出上式：

$$e_{hy} = -2\mu_0 \int_0^{H_m} \left\{ [M(H_e)]_{H_e = 0 \to H_m} - [M(H_e)]_{H_e = H_m \to 0} \right\} dH_e \tag{7.21}$$

$-M(H_e)$ 在 $H_e = 0 \to 2H_p - H_m$ 时由式 (7.17b) 给出，在 $H_e = 2H_p - H_m \to H_m$ 时由式 (5.6) 给出。所以，式 (7.21) 的积分包括 2 个部分。将式 (7.17b)、式 (5.6) 和式 (5.7a) 代入式 (7.21)，有：

$$e_{hy} = 2\mu_0 \left\{ \int_0^{2H_p - H_m} \left[-\frac{1}{2} H_p + (H_m + H_e) - \frac{(H_m + H_e)^2}{4H_p} \right] dH_e + \right.$$

$$\left. \int_{2H_p - H_m}^{H_m} \frac{1}{2} H_p dH_e - \int_0^{H_m} \left[\frac{1}{2} H_p - (H_m - H_e) + \frac{(H_m - H_e)^2}{4H_p} \right] \right\} dH_e$$

$$= 2\mu_0 \left\{ \int_0^{2H_p - H_m} \left[-\frac{1}{2} H_p + H_m + H_e - \frac{H_m^2}{4H_p} - \frac{H_m H_e}{2H_p} - \frac{H_e^2}{4H_p} \right] dH_e + \right.$$

$$\left. H_p(H_m - H_p) - \int_0^{H_m} \left[\frac{1}{2} H_p - H_m + H_e + \frac{H_m^2}{4H_p} - \frac{H_m H_e}{2H_p} + \frac{H_e^2}{4H_p} \right] \right\} dH_e$$

$$= 2\mu_0 \left[\left(\frac{1}{3}H_p^3 + \frac{1}{2}H_pH_m - \frac{1}{2}H_m^2 + \frac{H_m^3}{12H_p} \right) + H_p(H_m - H_p) - \left(\frac{1}{2}H_pH_m - \frac{1}{2}H_m^2 + \frac{H_m^3}{12H_p} \right) \right]$$

$$= 2\mu_0 \left(-\frac{2}{3}H_p^2 + H_pH_m \right)$$

于是，

$$e_{hy} = 2\mu_0 H_p H_m \left(1 - \frac{2H_p}{3H_m} \right) \qquad (H_p \leqslant H_m \leqslant 2H_p) \tag{7.20b}$$

情况 6 "强" 磁场　这里同样，e_{hy} 是为对情况 4 成立的式（7.19c）和对情况 2（和情况 5）成立的式（7.14b）对应的 e_{hy} 之和的 2 倍：

$$e_{hy} = 2 \times \left[\frac{1}{2}\mu_0 H_p H_m + \frac{1}{2}\mu_0 H_p H_m \left(1 - \frac{4H_p}{3H_m} \right) \right]$$

$$e_{hy} = 2\mu_0 H_p H_m \left(1 - \frac{2H_p}{3H_m} \right) \qquad (H_m \geqslant 2H_p) \tag{7.20c}$$

式（7.20c）也可以由式（7.21）导出。式（5.6）给出的是对增长序列（情况 4）的整个磁场范围对应的 $-M(H_e)$。在减小场序列（情况 5）中，式（5.7a）给出的是 $H_e = H_m \rightarrow H_m - 2H_p$ 范围的 $-M(H_e)$，式（5.7b）给出的是 $H_e = H_m - 2H_p \rightarrow 0$ 范围的。这样，式（7.21）的积分包括 3 个部分：

$$e_{hy} = 2\mu_0 \int_0^{H_m} \left\{ -\left[M(H_e) \right]_{H_e = 0 \rightarrow H_m} + \left[M(H_e) \right]_{H_e = H_m \rightarrow 0} \right\} dH_e \tag{7.21}$$

$$= 2\mu_0 \left\{ \int_0^{H_m} \frac{1}{2}H_p \, dH_e - \int_{H_m-2H_p}^{H_m} \left[\frac{1}{2}H_p - (H_m - H_e) + \frac{(H_m - H_e)^2}{4H_p} \right] - \int_0^{H_m-2H_p} \left(-\frac{1}{2}H_p \right) \right\} dH_e$$

$$= 2\mu_0 \left[H_p(H_m - H_p) + \int_{H_m-2H_p}^{H_m} \left(-\frac{1}{2}H_p + H_m - \frac{H_m^2}{4H_p} - H_e + \frac{H_mH_e}{2H_p} - \frac{H_e^2}{4H_p} \right) dH_e \right]$$

$$= 2\mu_0 \left[H_p(H_m - H_p) + \frac{1}{3}H_p^2 \right]$$

$$e_{hy} = 2\mu_0 H_p H_m \left(1 - \frac{2H_p}{3H_m} \right) \qquad (H_m \geqslant 2H_p) \tag{7.20c}$$

注意，$H_m \gg H_p$ 时（一般来说，大部分应用满足该条件），e_{hy} 正比于 H_m。因为 $H_p = J_c a$，e_{hy} 也随 J_c 和 a 增长：

$$e_{hy} = 2\mu_0 H_p H_m \quad (H_m \gg H_p) \tag{7.20d}$$

$$= 2\mu_0 J_c a H_m \quad (H_m \gg H_p) \tag{7.20e}$$

7.5.5 讨论7.2：载直流电流的比恩板

当传输电流 I_t 在 $2a$ 宽度的比恩板中沿 z 方向均匀分布流动时，板内的 y 向磁场分布 $H_s(x)$ 不再关于板的中点镜像对称，如第 5 章的图 5.5。注意 I_t 是 y 方向上单位长度的电流，单位为安/米［A/m］。将 i 定义为归一化传输电流：$i = \dfrac{I_t}{I_c}$，其中，$I_c = 2aJ_c$［A/m］。我们将研究置于外场 $H_e(t)$ 的载流比恩板中的 $H_s(x)$ 的分布。

情况1i 和2i

我们从情况 1i 和情况 2i 的时间序列开始——由式（7.5）给出。情况 1i 和 2i 中所选实例的 $H_x(t)$ 如图 7.14（a）~（d）所示。在各图中，点线和虚线分别对应于每个场序列的开始（$H_e = 0$）和结束（$H_e = H_m$）时的 $H_s(x)$。注意，图（a）和（b）中的点线是在 I_t 通过原始状态板后施加的磁场 $H_s(x)$；浅虚线是在**没有**传输电流的情况时，在 $H_e(t) = H_p$ 和 $H_e(t) = 2H_p$ 时的 $H_s(x)$。图（a）~（d）用于情况 1i 和 2i；图（a）和（b）是 $H_m < H_p(1-i)$ 下的，而图（c）和（d）是 $H_m > H_p(1-i)$ 下的。（c）和（d）中的点划线是 $H_m = H_p(1-i) \equiv H_m^*$ 时，对应于每个序列**结束**时的 $H_s(x)$。

情况4i 和5i——"弱"磁场激励

我们现在考察情况 4i 和情况 5i 的 $H_s(x)$。如图 7.15 所示，外磁场 $H_e(t)$ 的最大幅值 H_m 是"弱"的，具体来说，$H_m \leqslant H_p(1-i)$。从图中可以看出，因为场分布相对于板的中点不对称，所以之后当计算磁滞能量密度时，水平距离是可以从左端 $x = 0$（x 轴）也可以从右端 $\xi = 0$（ξ 轴，即 $x = 2a$）测量——2 种方法下，场分布均记为 $H_x(x)$。图（a）用于外场增加（$\uparrow H_e$）序列的情况 4i，即在场序列 $H_e(t) = -H_m \to 0$ 之后又有 $H_e(t) = 0 \to H_m$；图（b）用于外场减小（$\downarrow H_e$）序列的情况 5i，即 $H_e(t) = H_m \to 0$。在每个图中，点线和虚线分别对应于在场序列的开始和结束时的 $H_s(x)$；实线是 $H_s(x)$ 在 $0 < \uparrow H_e < H_m$（情况 4i）或 $H_m > \downarrow H_e > 0$（情况 5i）。

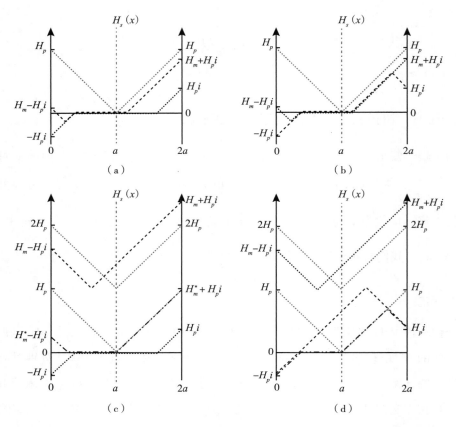

图 7.14　宽为 $2a$，载有直流 $I(t) = 2iH_p$ 的比恩板，置于情况 1i 和情况 2i 的磁场中时的 $H_s(x)$ 分布图。其中，H_m 是最大外场。在各图中，点线和虚线分别对应于每个场序列的开始和结束时的 $H_s(x)$。图（a）和（b）中分别是情况 1i 和 2i 在 $H_m < H_p(1-i)$ 条件下的磁场，图（c）和（d）分别是情况 1i 和 2i 在 $H_m > H_p(1-i)$ 条件下的磁场。（c）和（d）中的点划线是 $H_m = H_p(1-i) \equiv H_m^*$ 时，对应于每个序列结束时的 $H_s(x)$。

情况4i 和5i——"强"磁场激励

接下来，我们考察情况 4i 和情况 5i 在 H_m 是"强"磁场，即 $H_m \geq 2H_p(1-i)$ 时的 $H_s(x)$。同样，x 轴和 ξ 轴都会使用。在各图中，点线和虚线分别对应于场序列的开始和结束时的 $H_s(x)$。图 7.15（a）是在场序列 $H_e(t) = -H_m \to 0$ **之后**的情况 4i。从一开始，场即从两侧完全穿透板，$H_m > H_p(1-i)$。这里，x 轴上有 $\ell^* = a(1-i)$，ξ 轴上的有 $\ell^* = a(1+a)$。实线为 $0 < \uparrow H_e < H_m$ 时的 $H_s(x)$，该场分布在 $0 \leq H_e \leq H_m$ 时保持不变。

图7.15（b）用于情况 5i，该减小磁场序列的 $\downarrow H_e$ 不会完全穿透板，直到从 H_m 减小到 H_m^*。其中，$H_m^* = H_m - 2H_p(1-i)$ 给出。$\downarrow H_e = H_m^*$ 时的 $H_s(x)$ 用线-点-点表示；$H_s(0) = H_m^* - H_p i$，$H_s(\xi=0) = H_m^* + H_p i$；图中的点划线对应于 $H_m^* \leqslant H_e \leqslant H_m$ 的 $H_s(x)$。

在 $\downarrow H_e^* \equiv H_e \leqslant H_m^*$ 时，场完全穿透，实线对应于场序列其余部分的 $\downarrow H_e^*$。这里，从图7.15（b）可以推断，x 轴上 $\ell^* = a(1+i)$，ξ 轴上 $\ell^* = a(1-i)$。

注意，情况 5i 中在完全穿透时 $H_s(x)$ 是情况 4i 的镜像。

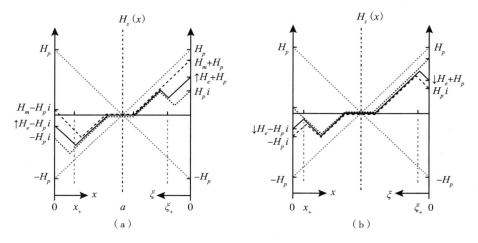

图7.15　情况 4i 和 5i 的 $H_s(x)$ 图，其中 $H_m \leqslant 2H_p(1-i)$。（a）用于情况 4i，场序列 $H_e(t) = -H_m \rightarrow 0$ 之后又有 $H_e(t) = 0 \rightarrow H_m$。（b）用于情况 5i，即 $H_e(t) = H_m \rightarrow 0$。在每个图中，点线和虚线分别对应于在场序列的开始和结束时的 $H_s(x)$。实线是 $H_s(x)$ 在 $0 < \uparrow H_e < H_m$（情况 4i）或 $H_m > \downarrow H_e > 0$（情况 5i）。水平距离是可从板左端测量，为 x。也可以从右端测量，为 ξ。

7.5.6　问题7.4：磁滞能量密度——载直流的比恩板(情况4i~6i)

在这里，我们研究载有直流 I_t（沿 y 方向单位长度）比恩板置于 y 向均匀磁场 $H_e(t)$ 下，经历情况 4i 至情况 6i 的时间序列，产生的磁滞耗散。如图7.16 所示，I_t 也可以表示为 $H_p i$，其中，$i \equiv \dfrac{I_t}{I_c}$。使用式（7.3a）中的 $J_c E(x)\mathrm{d}t$ 方法导出下面的 e_{hy} 表达式。

a）证明情况 4i 序列 $H_e = 0 \rightarrow H_m$ 下，小磁场 [即 $H_m \leqslant H_p(1-i)$] 偏置产生的磁

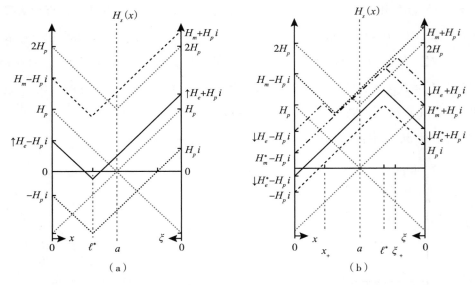

图 7.16　情况 4i 和情况 5i 的 $H_s(x)$ 图，其中 $H_m \geqslant 2H_p(1-i)$。图（a）为情况 4i，在 $H_e(t) = -H_m \to 0$ 之后，又有 $H_e(t) = 0 \to H_m$。图（b）为情况 5i，即 $H_e(t) = H_m \to 0$。各图中，点线和虚线分别对应场序列开始和结束时的 $H_s(x)$。注意，情况 5i 中，磁场从 H_m 到 $H_m* \equiv H_m - 2H_p(1-i)$ 的过程中，没有完全穿透；在磁场后续的下降序列中，完全穿透。

滞能量密度为：

$$e_{hy} = \frac{7\mu_0 H_m^3}{24H_p} \quad [0 \leqslant H_m \leqslant H_p(1-i)] \tag{7.22a}$$

b）证明情况 5i 序列 $H_e = H_m \to 0$ 下，小磁场 [即 $H_m \leqslant H_p(1-i)$] 偏置产生的磁滞能量密度为：

$$e_{hy} = \frac{\mu_0 H_m^3}{24H_p} \quad [0 \leqslant H_m \leqslant H_p(1-i)] \tag{7.22b}$$

c）证明情况 6i 序列 $H_e = 0 \to H_m \to 0 \to -H_m \to 0$ 下，"小" 磁场 [$H_m \leqslant H_p(1-i)$] 偏置产生的磁滞能量密度为：

$$e_{hy} = \frac{2\mu_0 H_m^3}{3H_p} \quad [0 \leqslant H_m \leqslant H_p(1-i)] \tag{7.22c}$$

注意式（7.22c）给出的 e_{hy} 和式（7.20a）给出的无载流板情况下的是一致的：在小磁场偏置下，传输电流对磁滞损耗没影响。

d）证明情况 4i 序列 $H_e=0 \to H_m$ 下，在大磁场 $[H_m \geqslant 2H_p(1-i)]$ 偏置下的磁滞能量密度为：

$$e_{hy} = \frac{1}{2}\mu_0 H_p H_m(1+i^2) \quad [H_m \geqslant 2H_p(1-i)] \tag{7.23a}$$

e）证明情况 5i 序列 $H_e=H_m \to 0$ 下，在大磁场 $[H_m \geqslant 2H_p(1-i)]$ 偏置下的磁滞能量密度为：

$$e_{hy} = \frac{1}{2}\mu_0 H_p H_m(1+i^2) - \frac{2}{3}\mu_0 H_p^2(1-i^3) \quad [H_m \geqslant 2H_p(1-i)] \tag{7.23b}$$

f）证明情况 6i 序列 $H_e=0 \to H_m \to 0 \to -H_m \to 0$ 下，在大磁场 $[H_m \geqslant 2H_p(1-i)]$ 偏置下的磁滞能量密度为：

$$e_{hy} = 2\mu_0 H_p H_m(1+i^2) - \frac{4}{3}\mu_0 H_p^2(1-i^3) \quad [H_m \geqslant 2H_p(1-i)] \tag{7.23c}$$

g）证明式（7.23c）在 $i=0$ 时退化为板内无传输电流的式（7.20c）。

问题7.4的解答

a）推导板的"x"侧的磁滞能量密度 e_{hyx}。$H_s(0)= \uparrow H_e-H_p i$，如图 7.15（a）所示。在板内的 $x=0$ 和 $x=x_+$ 之间，有 $x_+ = \dfrac{(H_m+H_e)}{2J_c}$。由 $\dfrac{dH_e}{dt}$ 感应出的 $E_z(x)$ 可写为：

$$E_z(x) = \mu_0 \frac{dH_e}{dt}(x_+ - x) \tag{S4.1a}$$

$$E_z(x)\,dt = \mu_0(x_+ - x)\,dH_e \tag{S4.1b}$$

联立式（S4.1b）和式（7.3a），我们得到半板（$0 \leqslant x \leqslant a$）的磁滞能量密度表达式：

$$e_{hyx} = \frac{1}{2a}\int_0^a \left[\int J_c E(x)\,dt \right] dx \tag{7.3a}$$

$$= \frac{\mu_0 J_c}{2a} \int_0^{H_m} \left[\int_0^{x_+} (x_+ - x)\, \mathrm{d}x \right] \mathrm{d}H_e \qquad (S4.2a)$$

向式（4.2a）代入 $x_+ = \dfrac{(H_m + H_e)}{2J_c}$，积分得：

$$e_{hyx} = \frac{7\mu_0 H_m^3}{48 H_p} \qquad (S4.2b)$$

接下来，推导板的"ξ"侧磁滞能量密度 $e_{hy\xi}$。$H_s(0) = \uparrow H_e + H_p i$，如图 7.15a 所示。由于 $\xi_+ = \dfrac{(H_m + H_e)}{2J_c}$，明显有 $e_{hy\xi} = e_{hyx}$，因此 $e_{hy} = 2e_{eyx}$。从而：

$$e_{hy} = \frac{7\mu_0 H_m^3}{24 H_p} \quad [\, 0 \leqslant H_m \leqslant H_p(1-i) \,] \qquad (7.22a)$$

b）考虑板的 x 侧。类似式（S4.2a），e_{hyx} 为：

$$e_{hyx} = \frac{\mu_0 J_c}{2a} \int_{H_m}^0 \left[\int_0^{x_+} (x - x_+)\, \mathrm{d}x \right] \mathrm{d}H_e \qquad (S4.3a)$$

其中，在这个减小磁场序列中，$x_+ = \dfrac{(H_m - H_e)}{2J_c}$。从而：

$$e_{hyx} = -\frac{\mu_0 J_c}{2a} \int_{H_m}^0 x_+^2\, \mathrm{d}H_e = -\frac{\mu_0}{16 H_p} \int_{H_m}^0 (H_m - H_e)^2 \mathrm{d}H_e \qquad (S4.3b)$$

$$= \frac{\mu_0 H_m^3}{48 H_p} \qquad (S4.3c)$$

同样，板的 ξ 侧和 x 侧的磁滞能量密度相同。因此，这个情况下的 e_{hy} 是式（S4.3c）给出的 e_{hyx} 的 2 倍：

$$e_{hy} = \frac{\mu_0 H_m^3}{24 H_p} \quad [\, 0 \leqslant H_m \leqslant H_p(1-i) \,] \qquad (7.22b)$$

c）情况 6i 的磁场序列包括 $H_e(t) = 0 \rightarrow -H_m$ 和 $H_e(t) = -H_m \rightarrow 0$，其 e_{hy} 是情况 4i 和情况 5i 之和的 2 倍：

$$e_{hy} = 2 \times \left(\frac{7\mu_0 H_m^3}{24 H_p} + \frac{\mu_0 H_m^3}{24 H_p} \right) \tag{S4.4}$$

由式（S4.4）有：

$$e_{hy} = \frac{2\mu_0 H_m^3}{3 H_p} \quad \left[0 \leqslant H_m \leqslant H_p(1-i) \right] \tag{7.22c}$$

如前文所述，在"小"的磁场偏移 $\left[H_m \leqslant H_p(1-i) \right]$ 下，e_{hy} 与板内的传输电流无关。

d）首先考虑板内的 x 侧。与式（S4.2a）类似，有：

$$e_{hyx} = \frac{\mu_0 J_c}{2a} \int_0^{H_m} \left[\int_0^{\ell^*} (\ell^* - x) \, dx \right] dH_e \tag{S4.5a}$$

其中，从 $x = 0$ 测量，$\ell^* = a(1-i)$。于是：

$$e_{hyx} = \frac{\mu_0 J_c a^2 (1-i)^2}{4a} \int_0^{H_m} dH_e = \frac{1}{4} \mu_0 H_p H_m (1-i)^2 \tag{S4.5b}$$

其次，考虑 ξ 侧。类似式（S4.2a），有：

$$e_{hy\xi} = \frac{\mu_0 J_c}{2a} \int_0^{H_m} \left[\int_0^{\ell^*} (\ell^* - \xi) \, d\xi \right] dH_e \tag{S4.6a}$$

其中，由 $\xi = 0$，$\ell^* = a(1+i)$ 考量。于是：

$$e_{hy\xi} = \frac{\mu_0 J_c a^2 (1+i)^2}{4a} \int_0^{H_m} dH_e = \frac{1}{4} \mu_0 H_p H_m (1+i)^2 \tag{S4.6b}$$

因为 $e_{hy} = e_{hyx} + e_{hy\xi}$，联立式（S4.5b）和式（S4.6b），有：

$$e_{hy} = \frac{1}{2} \mu_0 H_p H_m (1+i^2) \quad \left[H_m \geqslant 2H_p(1-i) \right] \tag{7.23a}$$

e）对情况 5i 这样的减小磁场序列，考虑 H_m 到 $H_m^* \equiv H_m - 2H_p(1-i)$ 区间。考虑板的 x 侧，有：

$$e_{hyx} = \frac{\mu_0 J_c}{2a} \int_{H_m}^{H_m^*} \left[\int_0^{x_+} (x - x_+) \, dx \right] dH_e \tag{S4.7a}$$

式中，$x_+ = \dfrac{(H_m - H_e)}{2J_c}$。于是：

$$e_{hyx} = \frac{\mu_0 J_c}{2a} \int_{H_m^*}^{H_m} \left(\frac{H_m - H_e}{2J_c} \right)^2 \mathrm{d}H_e$$

$$= \frac{\mu_0}{16H_p} \left. \left(H_m^2 H_e - H_m H_e^2 + \frac{1}{3} H_e^3 \right) \right|_{H_m - 2H_p(1-i)}^{H_m} \qquad (\mathrm{S4.7b})$$

$$= \frac{1}{6} \mu_0 H_p^2 (1-i)^3$$

从图 7.16（a）可以清晰看出 $e_{eyx} = e_{hy\xi}$，于是在 $H_e = H_m \to H_m - 2H_p(1-i)$ 序列下，e_{hy} 为：

$$e_{hy} = \frac{1}{3} \mu_0 H_p^2 (1-i)^3 \qquad (\mathrm{S4.7c})$$

接下来，考虑序列 $H_e = H_m^* \to 0$，在 x 侧，有：

$$e_{hyx} = \frac{\mu_0 J_c}{2a} \int_{H_m^*}^0 \left[\int_0^{x_+} (x - x_+) \, \mathrm{d}x \right] \mathrm{d}H_e = -\frac{\mu_0 H_p (1+i)^2}{4} \int_{H_m^*}^0 \mathrm{d}H_e$$

$$= \frac{1}{4} \mu_0 H_p (1+i)^2 \left[H_m - 2H_p(1-i) \right]$$

$$= \frac{1}{4} \mu_0 H_p H_m (1+i)^2 - \frac{1}{2} \mu_0 H_p^2 (1+i)^2 (1-i) \qquad (\mathrm{S4.8a})$$

在 ξ 侧，我们发现 $e_{hy\xi}$ 非常类似式（S4.8a）：

$$e_{hy\xi} = \frac{1}{4} \mu_0 H_p H_m (1-i)^2 - \frac{1}{2} \mu_0 H_p^2 (1-i)^3 \qquad (\mathrm{S4.8b})$$

在 $H_m - 2H_p(1-i)$ 到 0 的区间，我们有 $e_{hy} = e_{hyx} + e_{hy\xi}$。联立式（S4.8a）和式（S4.8b），有：

$$e_{hy} = \frac{1}{2} \mu_0 H_p H_m (1+i^2) - \mu_0 H_p^2 (1-i)(1+i^2) \qquad (\mathrm{S4.8c})$$

情况 5i 的 e_{hy} 是式（S4.7c）和式（S4.8c）给出的能量之和：

$$e_{hy} = \frac{1}{2}\mu_0 H_p H_m (1+i^2) - \frac{2}{3}\mu_0 H_p^2 (1-i^3) \quad [H_m \geqslant H_p(1-i)] \tag{7.23b}$$

f）情况 6i$[H_m \geqslant H_p(1-i)]$ 的 e_{hy} 是情况 4i 和情况 5i 给出的 e_{hy} 之和的 **2 倍**，包括 $H_e(t) = 0 \rightarrow -H_m$ 和 $H_e(t) = -H_m \rightarrow 0$ 2 个序列：

$$e_{hy} = 2 \times \left[\frac{1}{2}\mu_0 H_p H_m (1+i^2) + \frac{1}{2}\mu_0 H_p H_m (1+i^2) - \frac{2}{3}\mu_0 H_p^2 (1-i^3) \right] \tag{S4.9}$$

由式（S4.9）可得：

$$e_{hy} = 2\mu_0 H_p H_m (1+i^2) - \frac{4}{3}\mu_0 H_p^2 (1-i^3) \quad [H_m \geqslant H_p(1-i)] \tag{7.23c}$$

g）将 $i=0$ 代入式（7.23c），有：

$$e_{hy} = 2\mu_0 H_p H_m - \frac{4}{3}\mu_0 H_p^2 \tag{S4.10}$$

注意，式（S4.10）和式（7.20b）是相等的：

$$e_{hy} = 2\mu_0 H_p H_m \left(1 - \frac{2H_p}{3H_m} \right) \tag{7.20b}$$

7.5.7　问题7.5：自场磁滞能量密度——比恩板

当比恩板通过周期交流电流 $I(t)$ 时，由于传输电流在板表面产生周期交变磁场（外部）$H_e(t)$，故耗散能量。单位体积的这种能量耗散称为自场磁滞能量密度 e_{sf}。电流——时间序列如下：

$$I(t) = 0^*（原始状态） \rightarrow I_m \rightarrow 0 \rightarrow -I_m \rightarrow \underbrace{\overbrace{0 \rightarrow I_m \rightarrow 0}^{情况1} \rightarrow -I_m \rightarrow 0}_{情况3} \tag{7.25}$$

式（7.25）中，I_m 是周期交变电流的幅值。情况 1、情况 2、情况 3 条件下，比恩均非原始状态。情况 3 是 $0 \rightarrow I_m \rightarrow 0 \rightarrow -I_m \rightarrow 0$。图 7.17 给出了宽为 $2a$ 的比恩板的 $H_s(x)$ 图。图 7.17（a）和图 7.17（b）分别对应情况 1sf［电流序列为 $i(t) = 0 \rightarrow i_m$］

和 2sf[电流序列为 $i(t)=i_m \to 0$]，其中，$i \equiv \dfrac{I}{I_c} \leq i_m \equiv \dfrac{I_m}{I_c} \leq 1$。如图 7.17 所示，$H_s(x)$ 关于板中点反对称。为了推导 e_{hy}，我们可仅考虑板从 $x=0$ 到 $x=a$ 的一半。

a）应用式（7.3a），证明情况 1 的 e_{sf} 为：

$$e_{sf} = \frac{7}{24} \mu_0 H_p^2 i_m^3 \tag{7.26a}$$

b）应用式（7.3a），证明情况 2 的 e_{sf} 为：

$$e_{sf} = \frac{1}{24} \mu_0 H_p^2 i_m^3 \tag{7.26b}$$

c）应用式（7.3a），证明情况 3 的 e_{sf} 为：

$$e_{sf} = \frac{2}{3} \mu_0 H_p^2 i_m^3 \tag{7.26c}$$

d）从式（7.20a）推导出式（7.26c），e_{hy} 对情况 6（"弱"磁场）成立。

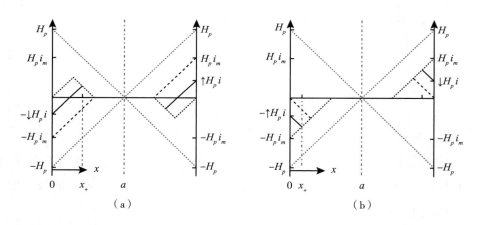

图 7.17　情况 1 和情况 2 下的 $H_s(x)$ 图。其中，$i \equiv \dfrac{I}{I_c} \leq i_m \equiv \dfrac{I_m}{I_c} \leq 1$。（a）对应情况 1sf。（b）对应情况 2sf。各图中，点线和虚线分别对应电流序列开始和结束时的 $H_s(x)$。

问题7.5的解答

a）对情况 1，应用式（7.3a）到 $0 \leq x \leq a$ 半板，随着传输电流从 0 增长到 i_m，

$x=0$ 处的自场 H_{sf} 从 0 减小到 $-H_p i_m$：

$$e_{sfx} = \frac{\mu_0 J_c}{2a} \int_0^{-H_p i_m} \left[\int_0^{x_+} (x-x_+) \, dx \right] dH_{sf} \tag{S5.1a}$$

$$= \frac{\mu_0 J_c}{4a} \int_0^{-H_p i_m} (-x_+^2) \, dH_{sf} \tag{S5.1b}$$

将 $H_{sf} = -H_p i$ 代入式（S5.1b），并考虑到 $x_+ = \dfrac{H_p(i_m+i)}{2J_c}$，得：

$$e_{sfx} = \frac{\mu_0 H_p^2}{16} \int_0^{i_m} (i_m^2 + 2i_m i + i^2) \, di \tag{S5.2a}$$

$$= \frac{7}{48} \mu_0 H_p^2 i_m^3 \tag{S5.2b}$$

因为板的另一半（$a \leqslant x \leqslant 2a$）有等量的耗散能量密度，情况 1 的 e_{sf} 是 e_{sfx} 的 2 倍：

$$e_{sf} = \frac{7}{24} \mu_0 H_p^2 i_m^3 \tag{7.26a}$$

b）与情况 1 类似，情况 2 有 $x_+ = \dfrac{H_p(i_m-i)}{2J_c}$，于是：

$$e_{sfx} = \frac{\mu_0 J_c}{2a} \int_{-H_p i_m}^0 \left[\int_0^{x_+} (x_+ - x) \, dx \right] dH_{sf} \tag{S5.3a}$$

$$= \frac{\mu_0 H_p^2}{16} \int_{i_m}^0 (i_m^2 - 2i_m i + i^2) \, di \tag{S5.3b}$$

$$= \frac{1}{48} \mu_0 H_p^2 i_m^3 \tag{S5.3c}$$

这样，情况 2 的 e_{sf} 是式（S5.3c）给出的 e_{sfx} 的 2 倍：

$$e_{sf} = \frac{1}{24} \mu_0 H_p^2 i_m^3 \tag{7.26b}$$

c）对情况 3，因为其涵盖了 $i(t) = 0 \rightarrow i_m \rightarrow 0 \rightarrow -i_m \rightarrow 0$ 完整周期，e_{hy} 应是情况 1 和情况 2 之和的 2 倍：

$$e_{sf} = 2 \times \left(\frac{7}{24} \mu_0 H_p^2 i_m^3 + \frac{1}{24} \mu_0 H_p^2 i_m^3 \right) \qquad (S5.4)$$

式（S5.4）可简化为：

$$e_{sf} = \frac{2}{3} \mu_0 H_p^2 i_m^3 \qquad (7.26c)$$

d）就磁滞能量密度计算而言，图 7.17 所示的场特征和对应情况 4（"弱"磁场）的图 7.4a 所示场特征是一致的，只需将图 7.17 中的 $H_p i_m$ 替换为 H_m。于是：

$$e_{hy} = \frac{2\mu_0 H_m^3}{3H_p} = \frac{2\mu_0 (H_p i_m)^3}{3H_p} \qquad (7.20a)$$

$$= \frac{2}{3} \mu_0 H_p^2 i_m^3 \qquad (7.26c)$$

7.5.8 交流损耗公式的汇总

下面总结了问题 7.1~7.5，讨论 7.1 和 7.2 所涉及的宽为 $2a$ 的比恩板图 7.1（a）以及圆形截面导体［图 7.1（b）和 7.1（c）］、带材［图 7.1（d）和 7.1（e）］的交流损耗计算公式、用于耦合和涡流能量密度计算的 $H_e(t)$ 函数。斜体编号对应的公式来自其他人的工作[1.27,7.3,7.5,7.13,7.15]。

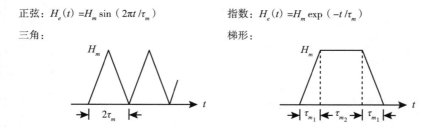

图 7.18　用于耦合和涡流能量密度计算的 $H_e(t)$ 函数。

宽为 *2a* 的比恩板的磁滞能量密度 e_{hy}［J/m^3］：无传输电流

磁场序列（前面的数字表示状态）：

$$H_e(t) = \overbrace{0^*(原始状态) \rightarrow \underbrace{\overbrace{H_m \rightarrow 0}^{情况1}}_{情况2} \rightarrow -H_m \rightarrow 0}^{} \rightarrow \underbrace{\overbrace{H_m \rightarrow 0}^{情况4} \rightarrow -H_m \rightarrow 0}_{情况5}}_{情况6} \tag{7.5}$$

情况 1:

$$e_{hy} = \frac{\mu_0 H_m^3}{6H_p} \quad (0 \leqslant H_m \leqslant H_p) \tag{7.13a}$$

$$e_{hy} = \frac{1}{2}\mu_0 H_p H_m \left(1 - \frac{2H_p}{3H_m}\right) \quad (H_m \geqslant H_p) \tag{7.13b}$$

情况 2 和情况 5:

$$e_{hy} = \frac{\mu_0 H_m^3}{24H_p} \quad (0 \leqslant H_m \leqslant H_p) \tag{7.14a}$$

$$e_{hy} = \frac{1}{2}\mu_0 H_p H_m \left(1 - \frac{4H_p}{3H_m}\right) \quad (H_m \geqslant 2H_p) \tag{7.14b}$$

情况 3:

$$e_{hy} = \frac{5\mu_0 H_m^3}{24H_p} \quad (0 \leqslant H_m \leqslant H_p) \tag{7.15a}$$

$$e_{hy} = \frac{1}{2}\mu_0 H_p H_m \left[1 - \frac{2H_p}{3H_m} + \frac{1}{12}\left(\frac{H_m}{H_p}\right)^2\right] \quad (H_p \leqslant H_m \leqslant 2H_p) \tag{7.15b}$$

$$e_{hy} = \mu_0 H_p H_m \left(1 - \frac{H_p}{H_m}\right) \quad (H_m \geqslant 2H_p) \tag{7.15c}$$

情况 4:

$$e_{hy} = \frac{7\mu_0 H_m^3}{24H_p} \quad (0 \leqslant H_m \leqslant H_p) \tag{7.19a}$$

$$e_{hy} = \mu_0 H_p H_m \left[1 - \frac{2H_p}{3H_m} - \frac{1}{24}\left(\frac{H_m}{H_p}\right)^2\right] \quad (H_p \leqslant H_m \leqslant 2H_p) \tag{7.19b}$$

$$e_{hy} = \frac{1}{2}\mu_0 H_p H_m \quad (H_m \geqslant 2H_p) \tag{7.19c}$$

情况 6：

$$e_{hy} = \frac{2\mu_0 H_m^3}{3H_p} \quad (0 \leqslant H_m \leqslant H_p) \tag{7.20a}$$

$$e_{hy} = 2\mu_0 H_p H_m \left(1 - \frac{2H_p}{3H_m}\right) \quad (H_p \leqslant H_m \leqslant 2H_p) \tag{7.20b}$$

$$e_{hy} = 2\mu_0 H_p H_m \left(1 - \frac{2H_p}{3H_m}\right) \quad (H_m \geqslant 2H_p) \tag{7.20c}$$

$$e_{hy} = 2\mu_0 H_p H_m \quad (H_m \gg H_p) \tag{7.20d}$$

$$e_{hy} = 2\mu_0 J_c a H_m \quad (H_m \gg H_p) \tag{7.20e}$$

宽为2a 的比恩板的磁滞能量密度 e_{hy} $[\mathrm{J/m^3}]$：有直流传输电流 $I_t\left(i = \dfrac{I_t}{I_c}\right)$

完整的磁场序列仍为式（7.5）。

$$H_e(t) = \underbrace{\underbrace{0^*(\text{原始状态}) \to \overbrace{H_m \to 0}^{\text{情况1i}}}_{\text{情况3i}} \to -H_m}_{\text{情况2i}} \to \underbrace{0 \to \overbrace{H_m \to 0}^{\text{情况4i}} \to -H_m}_{\text{情况6i}} \to 0 \tag{7.5}$$

情况 1i 和情况 3i：

仅研究了情况 1i 和情况 2i 的 $H_s(x)$ 特征，如图 7.14 和图 7.15 所示。

情况 4i：

$$e_{hy} = \frac{7\mu_0 H_m^3}{24H_p} \quad [0 \leqslant H_m \leqslant H_p(1-i)] \tag{7.22a}$$

$$e_{hy} = \frac{1}{2}\mu_0 H_p H_m(1+i^2) \quad [H_m \geqslant 2H_p(1-i)] \tag{7.23a}$$

情况 5i：

$$e_{hy} = \frac{\mu_0 H_m^3}{24H_p} \quad [0 \leqslant H_m \leqslant H_p(1-i)] \tag{7.22b}$$

$$e_{hy} = \frac{1}{2}\mu_0 H_p H_m(1+i^2) - \frac{2}{3}\mu_0 H_p^2(1-i^3) \quad [H_m \geqslant 2H_p(1-i)] \tag{7.23b}$$

情况 6i：

$$e_{hy} = \frac{2\mu_0 H_m^3}{3 H_p} \quad \left[0 \leqslant H_m \leqslant H_p(1-i) \right] \tag{7.22c}$$

$$e_{hy} = 2\mu_0 H_p H_m(1+i^2) - \frac{4}{3}\mu_0 H_p^2(1-i^3) \quad \left[H_m \geqslant 2H_p(1-i) \right] \tag{7.23c}$$

宽为 *2a* 的比恩板的自场磁滞能量密度 e_{sf} $\left[\text{J/m}^3 \right]$

完整的磁场序列如式（7.25）所给。其中，$i_m = \dfrac{I_m}{I_c}$。

$$I_t(t) = 0^* (原始状态) \rightarrow I_m \rightarrow 0 \rightarrow -I_m \rightarrow \overbrace{0 \rightarrow I_m}^{\text{情况1sf}} \underbrace{\rightarrow 0}_{\text{情况2sf}} \rightarrow -I_m \rightarrow 0 \tag{7.25}$$
$$\underbrace{}_{\text{情况3sf}}$$

$$im = \frac{I_m}{I_c}$$

情况 1sf：

$$e_{sf} = \frac{7}{24}\mu_0 H_p^2 i_m^3 \tag{7.26a}$$

情况 2sf：

$$e_{sf} = \frac{1}{24}\mu_0 H_p^2 i_m^3 \tag{7.26b}$$

情况 3sf：

$$e_{sf} = \frac{2}{3}\mu_0 H_p^2 i_m^3 \tag{7.26c}$$

直径 d_f 的圆线[1.27,7.14]、宽 *w* 厚 *δ* 的扁带[1.27,7.13]的磁滞能量密度 e_{hy} $\left[\text{J/m}^3 \right]$：无传输电流

磁场序列如下：

$$H_{e\parallel}\ (t)\ \text{或}\ H_{e\perp}\ (t) = \underbrace{\text{原始状态}\ 0^* \to H_m \to 0 \to -H_m \to 0}_{\text{历史序列}} \to \underbrace{H_m \to 0 \to -H_m \to 0}_{\text{损耗周期}}$$

圆线：磁场平行于线的轴向[图 7.1(b)]，其中 $H_p \equiv J_c(\dfrac{d_f}{2})$:

$$e_{hy} = \frac{4}{3}\frac{\mu_0 H_m^3}{H_p} - \frac{2}{3}\frac{\mu_0 H_m^4}{H_p^2} \qquad (0 \leqslant H_m \leqslant H_p) \qquad\qquad (7.27\text{a})$$

$$e_{hy} = \frac{4}{3}\mu_0 H_p H_m - \frac{2}{3}\mu_0 H_p^2 \qquad (H_m \geqslant H_p) \qquad\qquad (7.27\text{b})$$

$$e_{hy} \simeq \frac{4}{3}\mu_0 H_p H_m \qquad\qquad\quad (H_m \gg H_p) \qquad\qquad (7.27\text{c})$$

圆线：磁场垂直于线的轴向图 7.1（c），其中 $H_p \equiv J_c(\dfrac{4d_f}{3\pi})$:

$$e_{hy} = \frac{8}{3}\frac{\mu_0 H_m^3}{H_p} - \frac{4}{3}\frac{\mu_0 H_m^4}{H_p^2} \qquad (0 \leqslant H_m \leqslant H_p) \qquad\qquad (7.28\text{a})$$

$$e_{hy} = \frac{8}{3}\mu_0 H_p H_m - \frac{4}{3}\mu_0 H_p^2 \qquad (H_m \geqslant H_p) \qquad\qquad (7.28\text{b})$$

$$e_{hy} = \frac{8}{3}\mu_0 H_p H_m \qquad\qquad\quad (H_m \gg H_p) \qquad\qquad (7.28\text{c})$$

扁带：磁场平行于带材表面 [图 7.1（d），与比恩板的情况 1 一致]，其中 $H_p \equiv J_c\left(\dfrac{\delta}{2}\right)$:

$$e_{hy} = \frac{2}{3}\frac{\mu_0 H_m^3}{H_p} \qquad\qquad (0 \leqslant H_m \leqslant H_p) \qquad\qquad (7.29\text{a})$$

$$e_{hy} = 2\mu_0 H_p H_m (1 - \frac{2H_p}{3H_m}) \qquad (H_m \geqslant H_p) \qquad\qquad (7.29\text{b})$$

$$e_{hy} \simeq 2\mu_0 H_p H_m \qquad (H_m \gg H_p) \qquad\qquad (7.29\text{c})$$

$$e_{hy} \simeq \mu_0 J_c \delta H_m \qquad (H_m \gg H_p) \qquad\qquad (7.29\text{d})$$

扁带：磁场垂直于带材表面（图 7.1e），其中 $H_p \equiv J_c\left(\dfrac{w}{2}\right)$:

$$e_{hy} = \mu_0 H_m H_p\left(\frac{w}{\delta}\right)\left[\frac{2}{\theta}\ln(\cosh\theta) - \tanh\theta\right] \qquad (\theta \equiv \frac{H_m}{H_p}) \qquad (7.30\text{a})$$

$$e_{hy} = \frac{1}{6}\mu_0 H_m H_p \left(\frac{w}{\delta}\right)\theta^3 \simeq \frac{1}{6}\mu_0 H_m^2 \left(\frac{H_m}{H_p}\right)^2 \left(\frac{w}{\delta}\right) \qquad (0 \leqslant H_m \ll H_p) \qquad (7.30b)$$

$$= \mu_0 H_p \left(\frac{w}{\delta}\right)(H_m - 2H_p\ln 2) \simeq \mu_0 H_m H_p \left(\frac{w}{\delta}\right) \qquad (H_m \gg H_p) \qquad (7.30c)$$

圆线和扁带的自场磁滞能量密度 e_{sf} [J/m^3] [1.27, 7.14]

磁场序列如下，并定义 $i_m \equiv \dfrac{I_m}{I_c}$。

$$I_t(t) = \underbrace{\text{原始状态}\ 0^* \to I_m \to 0 \to -I_m \to 0}_{\text{历史序列}} \underbrace{\to I_m \to 0 \to -I_m \to 0}_{\text{损耗周期}} \left(i_m \equiv \frac{I_m}{I_c}\right)$$

圆线 [直径 d_f，图 7.1 (b) 和图 7.1 (c)]：

$$e_{sf} = \frac{\mu_0 I_c J_c}{\pi}\left[i_m - \frac{1}{2}i_m^2 + (1 - i_m)\ln(1 - i_m)\right] \qquad (7.31a)$$

$$\simeq \frac{\mu_0 I_c J_c}{\pi}\left(\frac{i_m^3}{6} + \frac{i_m^4}{12}\right) \simeq \frac{\mu_0 J_c I_m^3}{6\pi I_c^2} \propto \frac{I_m^3}{J_c d_f^4} \qquad (0 \leqslant i_m \ll 1) \qquad (7.31b)$$

扁带[宽 w 厚 δ，图 7.1(d) 和图 7.1(e)]：

$$e_{sf} = \frac{\mu_0 I_c J_c}{\pi}\left[(1 - i_m)\ln(1 - i_m) + (1 + i_m)\ln(1 - i_m) - i_m^2\right] \qquad (7.32a)$$

$$\simeq \frac{\mu_0 I_c J_c}{\pi}\left(\frac{i_m^4}{6} + \frac{i_m^6}{15}\right) \simeq \frac{\mu_0 I_c J_c}{\pi}\left(\frac{i_m^4}{6}\right) \propto \frac{I_m^4}{J_c^2 w^3 \delta^3} \qquad (0 \leqslant i_m \ll 1) \qquad (7.32b)$$

磁场序列如下。

$$I_t(t) = \underbrace{\text{原始状态}\ 0^* \to I_m \to 0}_{\text{历史序列}} \underbrace{\to I_m \to 0}_{\text{损耗周期}}$$

圆线 [直径 d_f，图 7.1 (b) 和图 7.1 (c)]：

$$e_{sf} = \frac{\mu_0 I_c J_c}{\pi}\left[4i_m - i_m^2 + 4(2 - i_m)\ln\left(\frac{2 - i_m}{2}\right)\right] \qquad (7.33a)$$

$$\simeq \frac{\mu_0 I_c J_c}{\pi}\left(\frac{i_m^3}{6} + \frac{i_m^4}{24}\right) \simeq \frac{\mu_0 J_c I_m^3}{6\pi I_c^2} \propto \frac{I_m^3}{J_c d_f^4} \qquad (0 \leqslant i_m \ll 1) \qquad (7.33b)$$

宽为2a 的比恩板在正弦电流和磁场下的磁滞能量密度e_{ih} $[\,\mathrm{J/m^3}\,]$ [7.5]

正弦电流为：$I_t(t) = I_m \sin(2\pi f t)$；正弦磁场为：$H_e(t) = H_m \sin(2\pi f t)$。

$$e_{ih} = 2\mu_0 H_p^2 \left(\frac{H_p^2 i_m^3}{2H_m^2} + i_m \right) \quad (0 \leqslant H_m \leqslant H_p) \tag{7.34a}$$

$$\simeq \frac{\mu_0 H_p^4}{H_m^2} i_m^3 \propto \frac{I_m^3 I_c}{H_m^2} \quad (0 \leqslant H_m \ll H_p) \tag{7.34b}$$

$$e_{ih} = 2\mu_0 H_p^2 \left(\frac{H_m}{3H_p} + \frac{H_p i_m^2}{H_m} \right) \quad (0 \leqslant H_m \leqslant H_p) \tag{7.35a}$$

$$e_{ih} = 2\mu_0 H_p^2 \left[\frac{H_p(3 + i_m^2)}{3H_m} - \frac{2H_p^2(1 - i_m^3)}{3H_m^2} + \frac{6H_p^3 i_m^2(1 - i_m)^2}{3H_m^2(H_m - H_p i_m)} + \right.$$
$$\left. \frac{6H_p^3 i_m^2(1 - i_m)^2}{3H_m^2(H_m - H_p i_m)} - \frac{4H_p^4 i_m^2(1 - i_m)^3}{3H_m^2(H_m - H_p i_m)^2} \right] \quad (H_m \geqslant H_p) \tag{7.35b}$$

$$\simeq \frac{2\mu_0 H_p^3}{3H_m}(3 + i_m^2) \propto \frac{I_c^3}{H_m}(3 + i_m^2) \quad (H_m \gg H_p) \tag{7.35c}$$

一个周期的耦合损耗能量密度e_{cp} $[\,\mathrm{J/m^3}\,]$，**圆线外径**D_{mf}

$$e_{cp} = 2\mu_0 H_m^2 \left[1 + \frac{1}{4}\left(\frac{\pi D_{mf}}{\ell_p}\right)^2 \right] \Gamma \tag{7.36}$$

正弦：

$$\Gamma = \frac{2\pi^2 \tau_m \tau_{cp}}{\tau_m^2 + 4\pi^2 \tau_{cp}^2} \tag{7.37a}$$

$$\Gamma \simeq \frac{\tau_m}{2\tau_{cp}} \quad (\tau_m \ll \tau_{cp}) \tag{7.37b}$$

$$\Gamma \simeq \frac{2\pi^2 \tau_{cp}}{\tau_m} \quad (\tau_m \gg \tau_{cp}) \tag{7.37c}$$

指数：

$$\Gamma = \frac{\tau_{cp}}{2(\tau_m + \tau_{cp})}) \tag{7.38}$$

三角：

$$\Gamma = \frac{2\tau_{cp}}{\tau_m}\left[1 - \frac{2\tau_{cp}}{\tau_m}\tanh\left(\frac{\tau_m}{2\tau_{cp}}\right)\right] \tag{7.39a}$$

$$\Gamma \simeq \frac{\tau_m}{4\tau_{cp}} \quad (\tau_m \ll \tau_{cp}) \tag{7.39b}$$

$$\Gamma \simeq \frac{2\tau_{cp}}{\tau_m} \quad (\tau_m \gg \tau_{cp}) \tag{7.39c}$$

梯形：

$$\Gamma = \frac{\tau_{cp}}{\tau_{m_1}}\left\{2 + \frac{\tau_{cp}}{\tau_{m_1}}\left[1 - e^{-\frac{\tau_{m_1}}{\tau_{cp}}}\right]\left[e^{-\frac{(\tau_{m_1}+\tau_{m_2})}{\tau_{cp}}} - e^{-\frac{\tau_{m_2}}{\tau_{cp}}} - 2\right]\right\} \tag{7.40a}$$

$$\Gamma \simeq 1 - e^{-\frac{\tau_{m_2}}{\tau_{cp}}} \quad (\tau_{m_1} \ll \tau_{cp}) \tag{7.40b}$$

$$\Gamma \simeq \frac{2\tau_{cp}}{\tau_{m_1}} \quad (\tau_{m_1} \gg \tau_{cp}) \tag{7.40c}$$

梯形，周期为 2（$\tau_{m1}+\tau_{m2}$）：

$$\Gamma = \frac{2\tau_{cp}}{\tau_{m_1}}\left\{1 - \frac{\left(1 + e^{-\frac{\tau_{m_2}}{\tau_{cp}}}\right)\left(1 - e^{\frac{\tau_{m_1}}{\tau_{cp}}}\right)}{\frac{\tau_{m_1}}{\tau_{cp}}\left[1 + e^{-\frac{(\tau_{m_1}+\tau_{m_2})}{\tau_{cp}}}\right]}\right\} \tag{7.41a}$$

$$\Gamma \simeq 1 - \frac{\tau_{m_1}}{3\tau_{cp}} \quad \left(\begin{array}{c}\tau_{m_1} \ll \tau_{cp} \\ \tau_{m_2} \gg \tau_{cp}\end{array}\right) \tag{7.41b}$$

$$\Gamma \simeq \frac{2\tau_{cp}}{\tau_{m_1}} \quad \left(\begin{array}{c}\tau_{m_1} \gg \tau_{cp} \\ \tau_{m_2} \ll \tau_{cp}\end{array}\right) \tag{7.41c}$$

涡流损耗能量密度e_{ed} 和 $<e_{ed}>^*$ [J/m^3] （时间平均）

圆线（直径 d）：在 $\vec{H}_e(t) = \vec{H}_{m\parallel}\sin\left(\frac{2\pi t}{\tau_m}\right)$ 或 $\vec{H}_e(t) = \vec{H}_{m\perp}\sin\left(\frac{2\pi t}{\tau_m}\right)$ 条件下

$$< e_{ed} > = \frac{\pi^2 d^2 (\mu_0 H_{m\parallel})^2}{4\rho_m \tau_m} \qquad (7.42a)$$

$$< e_{ed} > = \frac{\pi^2 d^2 (\mu_0 H_{e\perp})^2}{12\rho_m \tau_m} \qquad (7.42b)$$

带材［宽 w、厚 δ，如图 7.1（d）和图 7.1（e）］：$\lambda \mathcal{H}_m \equiv \sqrt{(\delta H_{m\parallel})^2 + (w H_{m\perp})^2}$

正弦：

$$< e_{ed} > = \frac{4\pi^2 (\mu_0 \lambda \mathcal{H}_m)^2}{24\rho_m \tau_m} \qquad (7.43a)$$

指数：

$$e_{ed} = \frac{(\mu_0 \lambda \mathcal{H}_m)^2}{24\rho_m \tau_m} \qquad (7.43b)$$

三角（时间平均）和梯形：

$$e_{ed} = \frac{(\mu_0 \lambda \mathcal{H}_m)^2}{12\rho_m \tau_m} \qquad (7.43c)$$

7.5.9　讨论7.3：磁体整体的交流损耗

上一节所总结的交流损耗能量密度闭式解仅适用于最简单的超导体配置和工作条件。首先，超导体是一个**孤立**的比恩板且其 J_c 与磁场无关。其次，外场**均匀**且指向特定方向，即平行于比恩板的表面。最后，如果存在传输电流，也考虑最简单的条件，即当施加磁场时已经存在直流电流。

使用闭式分析表达式无法**准确**计算整个磁体的交流损耗。如果非要知道磁体的总交流损耗（例如评估系统制冷负荷时），最好采用数值方法计算空间相关的"局部"交流损耗，然后相加。对交流损耗的**粗估**，例如问题 7.7 s 涉及的混合Ⅲ，可以用上文总结的公式——尽管实际导体配置和场/电流条件远比用于推导这些公式的条件复杂得多。在同时存在时变磁场和传输电流时，实际上这些公式并不适用。不管是短样还是线圈，最可靠的都是实测和数值分析相结合的方法[7.1, 7.2, 7.4, 7.61~7.85]。

不过应该注意的是，现在和将来在运行的绝大多数超导磁体都是绝热的。绝热磁体，不论 LTS 还是 HTS，只允许有限的交流损耗，限度为通过热传导可以将绕组内产生的热量移出，保证最大温升**不超过** $\left[\Delta T_{op}(I_{op})\right]_{st}$（温度裕度）。HTS 磁体的温度裕度通常比 LTS 的大。为了估计该峰值温度，计算绕组中可能出现最大值的一小块区域一般就够了。对于这种无需高精度的计算，可以应用上面所总结的公式。

7.5.10　讨论7.4：交流损耗的测量技术

如上文所述，**准确**计算真实超导体短样及磁体的交流损耗几乎是不可能的，唯一的办法是测量[7.61~7.103]。有 3 种测量交流损耗的基本方法：①磁测法；②量热法；③电测法。磁测法仅适用于不带传输电流的短样[式(7.4b)]的磁滞损耗（问题 7.6）。量热法将测试样品（短导体或甚至整个线圈）浸到制冷剂中（通常 LTS 为液氦；HTS 为液氮），外施周期磁场和/或传输电流，通过制冷剂的蒸发速率可推导交流损耗。在该方法的一个实施方式是用交流损耗引起的轻微温升确定损耗。电测法在测试样品中通过时变传输电流 $I_t(t)$ 时，测量时域积分 $\int V(t)I_t(t)dt$。其中，$V(t)$ 是测试样品上的电压。实践中，测量 $V(t)$ 时必须非常谨慎地设置电压抽头[7.98]。

图 7.19 给出了基于原始图[7.87]的用于测量超导测试线圈总交流耗散的量热装置的截面图。实施方案为校准加热器放置在带有测试线圈的量热计外壳内，测试线圈通过交流或直流传输电流，比特磁体提供时变外场。通过控制校准加热器保持气体蒸发率是恒定的，并用气体流量计测量。校准加热器功率的变化反映了测试线圈的**总交流损耗**。为了稳定低温恒温器的压力，在测量过程中不补充液氦。从测试线圈和校准加热器流出的氦气通过通道导出，在室温环境下用气体流量计测量。量热仪外壳底部有一组孔用以补充液氦，使容器保持充满液氦，并维持低温恒温器的压力。

实例　这个超导测试线圈的总交流损耗是 $100\sim 500$ mW[7.87,7.88]。温度为 4.22 K 时，液氦的汽化潜热为 $h_L = 20.9$ kJ/kg。即 4.22 K 的 100 mW 损耗对应汽化流量 4.8 mg/s 或液体体积蒸发率 0.038 cm³/s（密度为 1.25g/cm³）。因为在大气压力下氦会膨胀，从 4.22 K 的液体到 273 K 的气体，膨胀倍数为 700（附录章节），气体流量计测到的体积流量应为 28.6 cm³/s 或 1596SCCM［standard（1atm，0℃）cubic centimeter per minute，标方/分钟］。

7.5.11　讨论7.5：管内电缆导体中的交流损耗

与超导丝嵌入导电基底中的复合导体不同，管内电缆导体因其股线可以电磁解耦而适用于交流应用。［基于同样的考虑，卢瑟福电缆（Rutherford cable）因为股线装

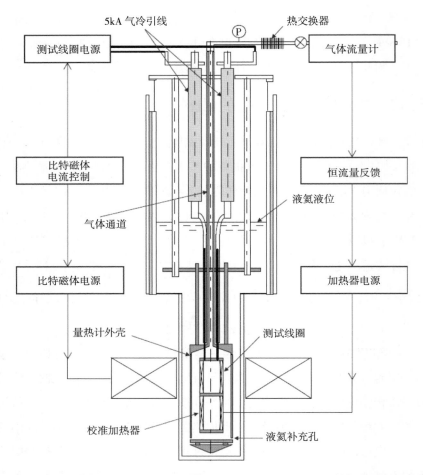

图 7.19　基于原始图[7.87] 的量热法测量交流损耗装置剖面图。超导测试线圈置于时变磁场中，通过交流或直流电流，使用本装置测得线圈的交流损耗。

在高强度钢带上，同样可以去耦。]

与所有交流适用的股线一样，CIC 导体的每股中的超导丝换位，并且各细丝又被薄的"电阻"金属（通常为 Nb 或 Cu–Ni）隔离，从而最小化时变电流/磁场感应出的耦合电流。隔离电阻越大，"有效比恩板厚度"和丝间耦合时间常数 τ_{cp} 式(7.6)就越小，这分别意味着更小的磁滞能量损耗密度 e_{hy} 和更小的耦合能量损耗密度 e_{cp}。

有效基底电阻率 ρ_{ef} 式(7.7)决定了**丝间**（inter-filament）耦合时间常数。类似地，**股间**（inter-strand）电阻率决定了**股间**耦合时间常数，反过来股间耦合时间常数又决定了股间耦合能量损耗密度。对于 CIC 导体，股间电阻率（或电阻）和耦合时间常数都需要测量才能得到[7.104–7.107]。

7.5.12　讨论7.6：　HTS 中的交流损耗

值得强调的是，HTS 中交流损耗的机制与 LTS 并无二致。因此，为了使交流损耗最小化，必须：①最小化 HTS 的尺寸（磁滞损耗）；②超导细丝电磁去耦（耦合损耗）；③在超导体中增加少量导电基底（涡流损耗）。此外，还有其他要求。

带材是对减小磁滞损耗效果最差的导体型式，因此 Bi2223，YBCO 和 MgB$_2$（也可做成圆线）不适用于某些交流应用。尽管 Bi2223 和 MgB$_2$ 带材包含许多"迷你"微带以减小它们的有效尺寸（比恩板的 $2a$），但由于它们没有扭绞和换位，交流损耗仍是一个关键问题。有人针对 YBCO 提出了减小有效尺寸并使微带解耦的导体设计，但可能难以经济地实现[7.108-7.113]。对于一些交流应用，Bi2212 和 MgB$_2$ 这种 HTS 线可能更好。

7.5.13　问题7.6：　Nb$_3$Sn 中的磁滞损耗

本题我们讨论一种用于聚变项目的 Nb$_3$Sn 导体。图 7.20 给出了裸直径为 1.0 mm、0.8 mm、0.6 mm、0.4 mm、0.3 mm 的 Nb$_3$Sn/Cu 复合导体在 4.2 K 下测到的 $\mu_0 M$ 与 $\mu_0 H$ 的关系图[7.114]。

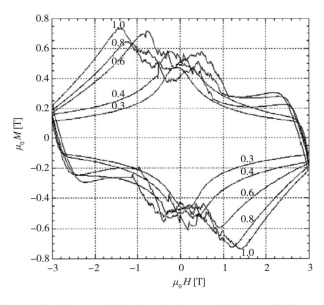

图 7.20　净直径为 1.0 mm、0.8 mm、0.6 mm、0.4 mm、0.3 mm 的 Nb$_3$Sn/Cu 复合导体在 4.2 K 下测到的 $\mu_0 M$ 与 $\mu_0 H$ 的关系图[7.114]。

a）φ0.3mm 线（图 7.20 中的 0.3 标签）在 3 T 和 4.2 K 下的临界电流密度为 J_c（3 T，4.2 K）= $0.72×10^{10}$ A/m²。证明，在 ±10% 不确定度下，0 T 时的临界电流 J_c（0 T，4.2 K）= $2.8×10^{10}$ A/m²。对 Nb₃Sn 导体，常假设 $J_c = J_{noncu}$，即截面非铜部分对应的临界电流密度。

b）假定线中的细丝都是圆截面，计算 0.3mm 线的**有效**丝径 d_{eff}。可令 d_{eff} 等于比恩板的宽度 $2a$。

c）直径为 0.8 mm、0.6 mm、0.4 mm、0.3 mm 的导线可以由 1.0 mm 的导线拉拔而成，故其细丝数目一样。请定性地解释一下，如果你愿意的话，也可以定量地解释一下图 7.20 所示的这些磁化曲线的 2 个重要区别。

d）在一个 −3~3 T 的完整磁场周期内，计算 φ0.3mm 线的磁滞能量损耗密度 e_{hy} [J/m³]。假定 $B_p ≪ 3$ T。

问题7.6的解答

a）如图 5.3 所示的无磁通跳跃 $M(\mu_0 H, T)$ 曲线所围区域正比于 $J_c(\mu_0 H, T)$。由图 7.20 中 φ0.3 mm 线的对应曲线可知，$|\mu_0 M(0\ T, 4.2\ K)| \simeq 0.47$ T，$|\mu_0 M(3\ T, 4.2\ K)| \simeq 0.12$ T。于是：

$$J_c(0\ T,4.2\ K) = J_c(3\ T,4.2\ K) \times \left| \frac{M(0\ T,4.2\ K)}{M(3\ T,4.2\ K)} \right|$$

$$\simeq J_c(3\ T,4.2\ K) \times \frac{(0.47\ T)}{(0.12\ T)} \simeq J_c(3\ T,4.2\ K) \times 3.92$$

$$\simeq 2.8×10^{10}\ A/m^2$$

b）根据比恩模型，在 $H \geq H_p = J_c a$ 时，$M(H) = \dfrac{H_p}{2}$，使用 $a = \dfrac{d_{eff}}{2}$，有：

$$M(H) = \frac{1}{2}H_p = \frac{1}{2}\left(\frac{d_{eff}}{2}\right)J_c(H)$$

根据图 7.20 和问题 a），我们分别有 $\mu_0 M(0\ T) \simeq 0.47$ T 和 $J_c(0\ T) \simeq 2.8×10^{10}$ A/m²。从而：

$$d_{eff} = \frac{4\mu_0 M(0\ T)}{\mu_0 J_c(0\ T)} \simeq \frac{4(470×10^{-3}\ T)}{(4\pi×10^{-7}\ H/m)(2.8×10^{10}\ A/m^2)} = 53\ \mu m$$

可见，当 $M(H)$ 和 $J_c(H)$ 均已知时，任意 H 值下的 d_{eff} 都可以计算。

c）观察在 $\mu_0 H = -2$ T 时的正向磁化，可见其幅值几乎在整个导线尺度上成立 $\propto d_{eff} J_c$。这表明 d_{eff} 随导线直径减小而减小——尽管可能不完全成正比。比恩板的临界尺度 a_c 为由式（5.40）给出：

$$a_c = \sqrt{\frac{3\tilde{C}_s(T_c - T_{op})}{\mu_0 J_{c0}^2}} \qquad (5.40)$$

为了避免磁通跳跃，aJ_c 必须满足：

$$aJ_{c0} \leqslant \sqrt{\frac{3\tilde{C}_s(T_c - T_{op})}{\mu_0}} \qquad (S6.1)$$

当磁场处于 -1.5 T $\leqslant \mu_0 H \leqslant 1.5$ T 的区间范围时，这些导线中除了 0.3 mm 线都存在部分磁通跳跃。或者说，除了 0.3 mm 导线，其他线都不满足式（S6.1）给出的磁通跳跃判据。

7.5.14　问题7.7：混合Ⅲ超导磁体中的交流损耗

该问题研究混合Ⅲ超导磁体（SCM）的交流损耗，它运行的典型顺序如下：

第 1 步　SCM 在 1200 s 内从 0 A 励磁到 800 A。该励磁速率对应位于磁体中平面最内侧绕组半径处的场扫描速率 4 mT/s。此过程显然会发生显著的损耗，引起制冷剂温升约 0.1 K，即从 1.70 K 升高到 1.80 K。

第 2 步　SCM 在 900 s 内从 800 A 励磁到 1800 A。该过程未观察到可测量温升。

第 3 步　在励磁的最后一个阶段，SCM 在 600 s 内从 1800 A 励磁到 2100 A。同样，温升可忽略不计。此时，SCM 在中心产生 12.3 T 磁场。

第 4 步　当 SCM 保持在 2100 A 时，内插磁体以恒定速率励磁-去磁，产生 0 T 和 22.7 T 之间的磁场。同样，在该励磁-去磁过程未观察到可测量的温升。

应急　在插入磁体故障时，"跳开"插入磁体迫使其磁场在约 0.3 s 内从 22.7 T 衰减到 0 T。由于这种紧急情况下 SCM 将会出现很大的交流损耗，SCM 会自动"退出"，导致其电流在 ~10 s 时从 2100 A 下降到 0 T。

如上所述，交流损耗仅在步骤 1 中重要。由于在**应急**期间插入磁体的边缘场迅速减小，SCM（具体的，是 NbTi 线圈）被迫转入正常态，令 SCM 退出运行。表 7.3 给出了混合Ⅲ磁体相关的导体参数。

表 7.3　相关的导体参数

参　　数			Nb$_3$Sn†	NbTi†	参数			Nb$_3$Sn†	NbTi†
总宽　$\frac{a}{b}$，厚		[mm]	9.5 4.5	9.2 2.6	导体长度，ℓ_{cd}		[m]	1700	8100
细丝直径，d_f		[μm]	50	75	J_c@0~5 T，1.8 K		[GA/m^2]	5	3
扭绞节距，ℓ_p		[mm]	100	100	$B_p = \mu_0 H_p = \dfrac{\mu_0 J_c d_f}{2}$@1.8 K		[T]	0.16	0.14
细丝数目#，N_f		[ ]	1000	2500	ρ_m@0~8 T，1.8 K		[nΩ·m]	0.5	0.5

† 本问题中，各线圈都使用同一类导体近似表示。

a）磁体电流从 0 A 增加到 800 A 后，对应产生 4.8 T 的中心磁场，证明温度增加为 ~0.1 K（在 1 atm 时，从 1.70 K 到 1.80 K）。为了计算 Nb$_3$Sn 和 NbTi 线圈（分别为线圈 1 和线圈 2）的磁滞损耗，假设线圈 1 中的**全部** Nb$_3$Sn 导体置于从 0 增加到 3.8 T（B_{m1}）的磁场中，线圈 2 中的 NbTi 导体置于从 0 增加 2.4 T（B_{m2}）的磁场中。如讨论 4.5 所给出的，磁体腔内有 250 L 超流液氦，该 1.8 K 的氦由 20 W 的制冷量冷却。

b）证明每个双饼中的狭窄冷却通道足以将双饼中产生的交流损耗传输到内径和外径处的环形空间。NbTi 线圈中有 32 个双饼，各双饼的冷却通道高 1 mm，占双饼表面积 ~40%（图 6.17）。双饼内径和外径分别为 658 mm 和 907 mm。

c）在**应急**期间，各线圈都会受到快速减小的插入磁体边缘场的影响。对于磁体中平面最内匝处（坐标为：$r = 329$ mm，$z = 0$ mm）的 NbTi 导体，$\delta|B_e|$ 在 0.3 s 期间内大约到 1 T 或 $\Delta|\dot{B}_e|$ 3 T/s。证明位于磁体中平面最内半径的单位体积（包括导体及其相邻的液氦）的平均温度将超过 T_λ。在应用公式（实际上是根据多丝**圆导线**外直径 D_{mf} 得到的）时，假设 $D_{mf} = b = 2.60$ mm。

混合Ⅲ低温容器的爆破片和扩散器

如第 3 章所述，混合磁体的主要故障往往由内插磁体烧坏触发。为了应对内插磁体烧坏事件——所谓应急事件，混合Ⅲ超导磁体设计具有快速放电能力（这种快速放电模式将在第 8 章进一步讨论）。

快速放电将引起低温容器的压力迅速升高。混合Ⅲ低温容器配有"爆破片"以将低温容器的压力限制到 1 atm。一个 40 μm 厚、有效直径 70 mm 的铝箔盘安装在真空接头上（图 7.21）。当在低温容器压力超过 1 atm，箔片破裂，从而令低温容器的压

力下降。如图所示，扩散器安装在爆破片出口处，使排出气
体的出口压力损失最小化。

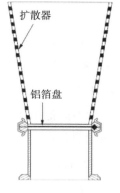

图 7.21 混合 Ⅲ
低温容器的爆破盘
（带扩散器）布置
方式。

问题7.7的解答

a）第 1 步中的主要耗散是磁滞损耗。我们计算 Nb_3Sn 线圈的 E_{hy1} 和 NbTi 线圈的 E_{hy2}。虽然存在高达 800 A 的传输电流，但我们使用式（7.28c）（$H_m \gg H_p$）来计算每个线圈：

$$e_{hy} \simeq \frac{8}{3}\mu_0 H_p H_m \qquad (7.28c)$$

$$\simeq \frac{8 B_p B_m}{3\mu_0} \qquad (S7.1)$$

其中，$B_p = \mu_0 H_p$，$B_m = \mu_0 H_m$。Nb_3Sn 线圈的总能量耗散 E_{hy1} 和 NbTi 线圈的总能量耗散 E_{hy2} 为：

$$E_{hy1} = V_{f1} e_{hy} \qquad (S7.1a)$$

$$E_{hy2} = V_{f2} e_{hy} \qquad (S7.1b)$$

其中，V_{f1}，V_{f2} 分别是 Nb_3Sn 线圈和 NbTi 线圈的中的细丝总体积，分别是：

$$V_{f1} = N_{f1} \ell_{cd1} \left(\frac{\pi d_{f1}^2}{4} \right) \qquad (S7.2a)$$

$$V_{f2} = N_{f2} \ell_{cd2} \left(\frac{\pi d_{f2}^2}{4} \right) \qquad (S7.2b)$$

式中，N_f，ℓ_{cd}，d_f 分别是导体中细丝总数、导体总长度和细丝直径。下标 1 和 2 分别表示 Nb_3Sn 和 NbTi 线圈。

将合适的值代入式（S7.2a）和式（S7.2b），加上 $B_{m1} = 4.3$ T 以及 $B_{m2} = 1.8$ T，我们得到：

$$E_{hy1} = （1000）\times （1700 \mathrm{m}）\frac{\pi(50 \times 10^{-6}\mathrm{m})^2}{4} \times \left(\frac{8}{3} \right) \times \frac{(0.16\ \mathrm{T}) \times (4.3\ \mathrm{T})}{(4\pi \times 10^{-7}\mathrm{H/m})}$$

$$= (3.3 \times 10^{-3}\ \mathrm{m}^3)(1.46 \times 10^6\ \mathrm{J/m}^3) \simeq 4.9\ \mathrm{kJ} \qquad (S7.3a)$$

$$E_{hy1} = （2500）\times （8100 \mathrm{m}）\frac{\pi(75 \times 10^{-6}\mathrm{m})^2}{4} \times \left(\frac{8}{3} \right) \times \frac{(0.14\ \mathrm{T}) \times (1.8\ \mathrm{T})}{(4\pi \times 10^{-7}\mathrm{H/m})}$$

$$= (89.4 \times 10^{-3} \mathrm{m}^3)(0.53 \times 10^6 \mathrm{J/m}^3) \simeq 48 \mathrm{~kJ} \tag{S7.3b}$$

所以，进入液体的总磁滞损耗约 53 kJ。

250 L 液氦在温度 1.70 K 时的质量为 37 kg。1 atm 下，1.70 K 氦的焓为 1280J/kg，1.80 K 氦的焓为 1530J/kg（附录Ⅱ），或者说，净焓变为 250J/kg。总质量为 37 kg 时，制冷剂池温从 1.70 K 升至 1.80 K 需要净能量输入大约 10 kJ。在 1200 s 内，20 W 的制冷机可从液体中移除大约 25 kJ 能量，而液体从 1.7 K 升至 1.8 K 需要大约 35 kJ 的总能量。我们计算的损耗大约 53 kJ 大约高估了 2 倍。考虑到上述分析本就是为了给出一个概数，这个结果也不算太差。结果确切的表明，磁滞损耗是耗散的主要来源。

b）NbTi 线圈的总磁滞能量耗散大约 30 kJ（如上修正，为大约 48 kJ 的五分之八）在 1200 s 内释放，即总磁滞耗散功率大约 25 W。对线圈 2 中 32 个双饼中的单个饼，功率约为 0.8 W。在最保守的条件下，每个双饼的通道横截面约为 4 cm²（最内径 658 mm 对应的周长乘以通道高度 0.5 mm 的 40%。其中，1 mm 高的通道是属于上下 2 个饼的），对应热通量约为 0.2 W/cm²。由于热量在径向可以向内也可向外流动，因此通道长度的适当值是外径和内径差值的四分之一或大约为 6 cm。

因为耗散发生在整个通道长度内，可以使用式（4.6c），即：

$$X(T_b) = \frac{q_c^{3.4}}{4.4} L \tag{4.6c}$$

由图 4.9 知，我们有 $X(T_b = 1.8 \mathrm{~K}) = 350$。代入 $L = 6$ cm，在式（4.6c）中解出 $q_c = 5.1 \mathrm{W/cm}^2$，它比最低要求值~0.2 W/cm² 大很多。也就是说，通道完全可以在从 0~800 A 励磁过程中将磁滞损耗带走。实际的运行也验证了这个结论。

c）在快速变化的磁场下，最重要的损耗是耦合损耗 e_{cp} 和涡流损耗（e_{ed}）。这里我们仅考虑 e_{cp}，因为即使在没有涡流的情况下，仅它就足以令单位体积导体-氦升组合体温至 T_λ。

计算 NbTi 导体的耦合时间常数：

$$\tau_{cp} = \frac{\mu_0 \ell_p^2}{8\pi^2 \rho_{ef}} \tag{7.6}$$

对 NbTi 复合导体，常使用式（7.7b）给出的 ρ_{ef}。以铜-超导比 $\gamma_{\frac{c}{s}}$ 表示的 ρ_{ef} 为：

$$\rho_{ef} = \frac{1+\lambda_f}{1-\lambda_f}\rho_m \tag{7.7b}$$

$$= \frac{\gamma_{\frac{c}{s}}+2}{\gamma_{\frac{c}{s}}}\rho_m \tag{S7.4}$$

向式（7.6）中带入 $\gamma_{\frac{c}{s}}=2.2$（根据表 7.3 中给出的导体参数计算得到）以及其他合适的值，有 $\tau_{cp}\simeq 0.17\sim 0.2$ s，它和内插磁体放电时间 $\tau_m=0.3$ s 有可比性。

应用式（7.36）和式（7.39a）（三角），将因子 $\frac{1}{2}$（仅放电）和 $H_m=\frac{B_m}{\mu_0}$ 以及 $D_{mf}=b$ 代入式（7.36），有：

$$e_{cp} = \frac{1}{2}\times 2\frac{B_m^2}{\mu_0}\left[1+\frac{1}{4}\left(\frac{\pi b}{\ell_p}\right)^2\right]\times\frac{2\tau_{cp}}{\tau_m}\left[1-\frac{2\tau_{cp}}{\tau_m}\tanh\left(\frac{\tau_m}{2\tau_{cp}}\right)\right] \tag{S7.5a}$$

$$= \frac{2B_m^2\tau_{cp}}{\mu_0\tau_m}\left[1+\frac{1}{4}\left(\frac{\pi b}{\ell_p}\right)^2\right]\left[1-\frac{2\tau_{cp}}{\tau_m}\tanh\left(\frac{\tau_m}{2\tau_{cp}}\right)\right] \tag{S7.5b}$$

向式（S7.5b）代入合适的值，有：

$$e_{cp} \simeq \frac{2(1\text{ T})^2(0.2\text{ s})}{(4\pi\times 10^{-7}\text{H/m})(0.3\text{ s})}\times\left\{1+\frac{1}{4}\left[\frac{\pi(2.6\times 10^{-3}\text{m})}{0.1\text{m}}\right]^2\right\}$$

$$\left\{1-\frac{2(0.2\text{ s})}{(0.3\text{ s})}\tanh\left[\frac{(0.3\text{ s})}{2(0.2\text{ s})}\right]\right\}$$

$$\simeq (1.05\times 10^6\text{ J/m}^3)(1)(0.15)\sim 0.16\times 10^6\text{ J/m}^3$$

考虑单位长度为 1 cm 的导体。由于其横截面为 0.92 cm×0.26 cm=0.24 cm²，故体积 $V_{cd}=0.24$ cm³。在该导体长度上，氦在 2.6 mm 宽的导体上占据 0.4 cm 长度（40%填充）和 0.5 mm 通道深度（1 mm 深的通道由顶部和底部的相邻两饼导体共享）。因此，对于单位导体长度，氦占据的体积 $V_{he}=5.2\times 10^{-3}$ cm³。所以，单位导体长度上的总耗散能量 E_{cp} 将由下式给出：

$$E_{cp} = e_{cp}V_{cd}\sim(0.16\text{ J/cm}^3)\times(0.24\text{ cm}^3)\sim 38\text{ mJ} \tag{S7.9}$$

将单位导体（和相应的液氦）从 1.8 K 加热至 T_λ 所需总热能 ΔE_{th}：

$$E_{th}\left[h_{cu}(T_\lambda)-h_{cu}(1.8\text{ K})\right]V_{cd}+\left[h_{he}(T_\lambda)-h_{he}(1.8\text{ K})\right]V_{cd} \tag{S7.10}$$

向式（S7.10）中代入 $\Delta h_{cu} \simeq 0.1$ mJ/cm^3 和 $\Delta h_{he} \simeq 290$ mJ/cm^3，有：

$$E_{th} = (0.1 \text{ mJ/cm}^3)(0.24 \text{ cm}^3) + (290 \text{ mJ/cm}^3)(5.2 \times 10^{-3} \text{ cm}^3) \sim 2 \text{ mJ} \quad (S7.11)$$

因为 $E_{cp} \gg E_{th}$，围绕单位导体的所有液氦都将被加热超过 T_λ，使导体不能恢复至超导态。

7.5.15 讨论7.7：混合Ⅲ内 NbTi 线圈中的接头耗散

混合Ⅲ磁体的 NbTi 线圈由 32 个双饼组成，每一个都是由 2 种等级的 9.2 mm 宽 NbTi 复合带绕成的。各单饼中，高场（HF）级导体和低场（LF）级导体在 $r=378$ mm 处以"握手"形式接头。即一个双饼中有 2 个这样的接头。此外，各双饼的 $r=455$ mm 处还有另一个接头，用以连接 2 个相邻的双饼。这样，混合Ⅲ磁体在 $r=378$ mm 处总共有 64 个接头，在 $r=455$ mm 处有 32 个接头。保守估计，我们选择 50 Sn——50 Pb 中 R_{ct} 的较高值（表 7.1 的第 2 套数据）：在 1 T 时 $R_{ct}=3.3 \times 10^{-12} \Omega \cdot$ m，在 3 T 时为 $4.1 \times 10^{-12} \Omega \cdot$ m。

A. 接头电阻

应用式（7.9b），计算 $r=378$ mm 处的电阻 R_{sp1}：

$$R_{sp} = \frac{R_{ct}}{A_{ct}} \quad (7.9b)$$

$$R_{sp1} = \frac{R_{ct}}{a\ell_{sp1}}$$

式中，$a\ell_{sp1}=A_{ct}$，a 是导体宽度，ℓ_{sp} 是接头搭接长度，为 $\frac{\pi r_{sp1}}{2}$，其中，r_{sp1} 为接头位置对应的绕组半径。代入 $R_{ct}=4.1 \times 10^{-12} \Omega \cdot$ m^2，$a=9.2 \times 10^{-3}$ m，$\frac{\pi}{2}=1.57$，$r_{sp1}=0.378$ m，有：

$$R_{sp1} = \frac{(4.1 \times 10^{-12} \Omega \cdot \text{m}^2)}{(9.2 \times 10^{-3} \text{m})(1.57 \times 0.378 \text{m})} = 0.75 \text{n}\Omega$$

类似地，在 $r=455$ mm 处的接头电阻：

$$R_{sp2} = \frac{(3.3 \times 10^{-12} \Omega \cdot \text{m}^2)}{(9.2 \times 10^{-3} \text{m})(1.57 \times 0.455 \text{m})} = 0.50 \text{n}\Omega$$

总的接头电阻于是为：

$$R_{sp} = 64R_{sp1} + 32R_{sp2} = 48\text{n}\Omega + 16\text{n}\Omega = 64\text{n}\Omega$$

B. 总接头损耗

在 $I_{op} = 2100$ A 时，总接头损耗 P_{sp} 为：

$$P_{sp} = R_{sp}I_{op}^2 = (64 \times 10^{-9}\Omega)(2.1 \times 10^3 \text{ A})^2 = 0.28 \text{ W} \tag{S8.5}$$

在 2100 A 时不足 1 W 的接头损耗与混合 Ⅲ 运行获得的数据一致。系统无传输电流时可达到的最低温度为 1.65 K，在 2100 A 时也是如此。也就是说，与 1.65 K 时的静态制冷负荷相比（讨论 4.4 的结果：1.8 K 下略小于 20 W），接头损耗可忽略不计。

7.5.16   讨论7.8：持续电流模式与指数

这里我们讨论 NMR 和 MRI 等持续电流模式磁体运行有关的关键问题。通过超导磁体可以产生的一个远大于**永磁体**可能产生的恒定磁场无疑是超导电性的独特特征之一。商业化的 NMR 和 MRI 超导磁体的持续增长清楚地反映了这一点。

然而，**真实的**持续模式磁体也会有一个很小但**非零**的电阻，导致磁场衰减。一般此类磁体允许的场衰减率不大于约 0.01ppm/h（每小时百万分之零点零一）。该衰减率对应的时间常数为 10^8 小时或约 1 万年。对于电感为 360H 的磁体，衰减率为 0.01ppm/h 意味着总电阻为 $10^{-9}\Omega$（1nΩ）。

A. 电路和运行

电路   图 7.22 显示给出了持续模式磁体的电路模型的基本元件。其中，L 代表磁体。实际的持续模式 NMR 磁体（如问题 8.6）中，电路中包含很多电感，代表磁体中的一个个线圈，各线圈都有一个旁路电阻。r 是总电路电阻，理想情况下 r = 0；但如上文所述，实际磁体中并不为 0。如图所示，持续电流开关（PCS）与磁体的端子并联，图中用黑点标识。这些接头理想情况下应当是超导的；如果是不超导，则端子接头电阻成为 r 的一部分。2 个极性相反的功率二极管将持续电流开关旁路，从而保护其在磁体失超时不受损害[7.115]。当工作在 4.2 K 时，功率二极管的"正向"阈值电压从室温下的约 10V 降低到 ≤1V，使电路中的正向二极管可在磁体励磁电压低于 10V 时有效地关闭。对运行温度高于 4.2 K 的持续模式 HTS 磁体，这个阈值电压也很小。但是，工作温度更高时，PCS 也可以在没有二极管保护的情况下承受磁体失超冲击。

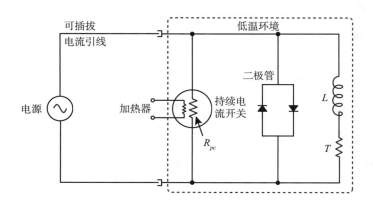

图 7.22　持续模式超导体的基本电路模型。

运行　　当 PCS 闭合（且超导态，即 $R_{pc}=0$）时，磁体端子被短接，不能对磁体励磁（问题 1.2）。为了可以使用"可插拔"电流引线对磁体励磁，PCS 必须用加热器变为电阻性的（即 $R_{cp}\neq 0$）。图中的虚线包围的元件位于低温运行环境内。

当达到工作电流后，关闭加热器，PCS 变为超导态。电路现在完全（如果 $r=0$）或接近（如果 $r\approx 0$）超导，供电电流可以减小到 0——磁体因被 PCS 短路而与外部电源实现了隔离。为了最小化从无电流的引线传导至冷环境的热，电流引线通常在磁体端子处断开连接。在某些情况下，引线从低温容器中完全拆除。

B. PCS 设计

PCS 的设计有 3 个问题：①正常态电阻；②稳定性和保护；③绝热。

正常态电阻

理想情况下，开关的正常态电阻应无限大。实际中，它应足够大以使通过电阻性开关的电流 I_{pc} 不超过磁体运行电流 I_{op} 的约 10%。当磁体由很多线圈组成时，各线圈均由一个电阻器旁路，如图 8.27 所示。因为 $I_{pc}=\dfrac{V_{ch}}{R_{pc}}$，$R_{pc}$ 必须比旁路电阻之和大。其中，V_{ch} 是磁体端子上施加的励磁电压。除加热器损耗外，还存在由 R_{pc} 和 I_{pc} 确定的开关损耗 $R_{pc}I_{pc}^2 = \dfrac{V_{ch}^2}{R_{pc}}$。于是对 PCS 有两个要求：① $\dfrac{V_{ch}}{R_{pc}} < \sim 0.1 I_{op}$（或 R_{pc} 应等于或大于多线圈磁体中旁路电阻之和）；② $\dfrac{V_{ch}^2}{R_{pc}}$ 最好不大于 1 W，或在任何情况下都不超过几瓦。

实践中，由 NbTi/Cu 复合导线做成的 LTS 开关并不好用，主要因为在磁体运行的低温环境下铜的导电性太好。最常使用的是一种特殊的 NbTi 与 Cu-Ni 合金基底组成的复合导线。在 4.2 K 时，Cu-Ni 的电阻率是铜的 1000 倍以上（附录Ⅳ）。类似的，由 Bi2223/Ag 制作的 HTS 开关也不实用，因为纯银也是导电性太好了，达不到 R_{pc} 的要求。PCS 中使用 Ag-Au 合金代替纯银。根据图 4.24 中的数据，30 K 时，纯银的电阻率比 Ag-2.9at%Au（Ag-5wt%Au）。

稳定性和保护　因为 PCS 通常位于磁体的低场区域，所以开关用的超导体的温度裕度，即使没有"严重过大"，也比绕组中的超导体的温度裕度大。为了保护它，采用"反向"二极管旁路电阻性的 PCS（图 7.22）。在各线圈均有分流电阻的多线圈磁体中，开关可以在磁体失超期间保持超导。如果开关损坏，简单更换即可，就像换坏灯泡一样。开关差不多是多线圈磁体中最便宜的部件了。

绝热　进入开关以保持其电阻性的加热对低温容器来说，是热负荷。开关与冷环境绝热越好，制冷热负荷就越小。

C. 指数损耗

例如式（6.25b），对磁体级超导体，电场和电流密度近似有：

$$E_s = E_c \left(\frac{J_s}{J_c} \right)^n \tag{6.25b}$$

考虑一个用指数为 n 的超导体绕制的持续模式超导磁体。最大磁场出现在绕组最内侧半径处的中平面附近，距离最大点越远磁场越小，从而导体的 J_c 会增加。即 $\dfrac{J_{op}}{J_c}$ 随远离最大场区域距离而减小。因此，只需在最大场区域考虑指数电压。设 ℓ_{mx} 为该区域的总导体长度。

通过在导体长度 ℓ_{mx} 上积分 E，我们得到 I_{op} 时的总指数感应电压 V_n 为：

$$V_n = E\ell_{mx} = E_c\left(\frac{I_{op}}{I_c}\right)^n \ell_{mx} \tag{7.44}$$

电阻性电压导致电感为 L_m 的磁体的电流衰减：

$$\frac{\mathrm{d}I_{op}}{\mathrm{d}t} = -\frac{V_n}{L_m} = -\frac{E_c}{L_m}\left(\frac{I_{op}}{I_c}\right)^n \ell_{mx} \tag{7.45}$$

因为 I_{op} 和 H_0 成比例，有：

$$\frac{\mathrm{d}H}{\mathrm{d}t} \equiv -\left(\frac{\Delta H}{\tau_p}\right) \propto -\frac{E_c}{L_m}\left(\frac{I_{op}}{I_c}\right)^n \ell_{mx}$$

$$\left(\frac{\Delta H}{H_0\tau_p}\right) = \frac{E_c}{L_m I_{op}}\left(\frac{I_{op}}{I_c}\right)^n \ell_{mx} \tag{7.46}$$

从式（7.46）解出 $\dfrac{I_{op}}{I_c}$，有：

$$\frac{I_{op}}{I_c} \leqslant \left[\frac{L_m I_{op}}{E_c \ell_{mx}}\left(\frac{\Delta H}{H_0\tau_p}\right)\right]^{\frac{1}{n}} \tag{7.47a}$$

向式（7.47a）中代入 $\left(\dfrac{\Delta H}{H_0\tau_p}\right) = 10^{-8}/\mathrm{hr} = 2.78\times10^{-12}/\mathrm{s}$ 和其他参数值，有：

$$\frac{I_{op}}{I_c} = \left[\frac{(300\ \mathrm{A})(100\mathrm{H})}{(10^{-7}\mathrm{V/cm})(10^5\ \mathrm{cm})}(2.78\times10^{-12}/\mathrm{s})\right]^{\frac{1}{n}} \tag{7.47b}$$

根据式（7.47b），我们有：$n=10$ 时 $\dfrac{I_{op}}{I_c}=0.31$；$n=20$ 时 $\dfrac{I_{op}}{I_c}=0.56$；$n=30$ 时 $\dfrac{I_{op}}{I_c}=0.68$；$n=50$ 时 $\dfrac{I_{op}}{I_c}=0.79$。

这些数值表明对一个 $n=10$ 的超导体，I_{op} 必须保持在 I_c 的 31% 以下——导体利用率相当低。$n=50$ 的超导体，I_{op} 可增至 I_c 的 79%。近期的实验研究[6.18] 表明，由 V–I 图中电流大于等于 I_c 相关数据确定的 n 值并非常量，在低于 I_c 的电流下，随电流增加而变大。在一个试验导体中发现，n 从 I_c 时的值约为 30，增加至 $\dfrac{I}{I_c}$ 下的值约为 145。也就是说，只要 I_{op} 选择的不是特别接近 I_c，甚至在 I_c 时 n 的值接近 20 时导体也可以用于持续模式超导磁体。

使存在**小电阻**的 NMR 磁体在持续模式下高效运行的新技术已经开发出来。这些技术包括：周期性注入定量的且可控磁通的 "数字磁通注入器"（digital flux injector）[7.116-7.121]，磁通泵[7.122-7.124] 和电流源控制[7.125]。向 NMR 磁体泵入微安（mA）电流的数字磁通注入器是磁通泵的**逆**过程，磁通泵最初被认为可用于向磁体电路泵入千安（kA）级电流。

D. 指数的实验确定

广为使用的确定超导体指数 n 的方法是测得超导体如图 7.23 所示的 V 与 I 的关系图。于是：

$$n = \frac{\ln\left(\dfrac{V_2}{V_1}\right)}{\ln\left(\dfrac{I_2}{I_1}\right)} \qquad (7.48)$$

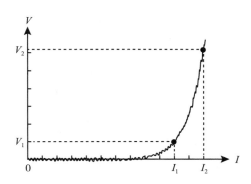

图 7.23　确定指数的典型 V 与 I 的关系曲线。

参考文献

[7.1] Donald J. Hanrahan, *A Theoretical and Experimental Study of the AC Losses of a High Field Superconductor and the Implications for Power Applications* (Naval Research Laboratory, Washington DC, 1969).

[7.2] J. J. Rabbers, *AC Loss in Superconducting Tapes and Coils* (Doctoral Thesis,

University of Twente, 1970).

[7.3] W. T. Norris, "Calculation of hysteresis losses in hard superconductors carrying ac: isolated conductors and edge of thin sheets," *J. Phys. D* **3**, 489 (1970).

[7.4] G. Ries and H. Brechna, *AC Losses in Superconducting Pulsed Magnets* (KFK Report 1372, Gesellschaft fur Kernforschung m. b. H. Karlsruhe, 1972).

[7.5] Marijin Pieter Oomen, *AC Loss in Superconducting Tapes and Cables* (Doctoral Thesis, University of Twente, 1972).

[7.6] W. J. Carr, Jr., "ac loss in a twisted filamentary superconducting wire. Ⅱ," *J. Appl. Phys.* **45**, 935 (1974).

[7.7] K. Kwasnitza, "Scaling law for the ac losses of multifilament superconductors," *Cryogenics* **17**, 616 (1977).

[7.8] F. Sumiyoshi, F. Irie and K. Yoshida, "Magnetic field dependence of ac losses in multi-filamentary superconducting wires," *Cryogenics* **18,** 209 (1978).

[7.9] J. D. Thompson, M. P. Maley, John R. Clem, "Hysteretic losses of a type Ⅱ superconductor in parallel ac and dc magnetic fields of comparable magnitude," *J. Appl. Phys.* **50**, 3531 (1979).

[7.10] J. P. Soubeyrand and B. Turck, "Losses in superconducting composite under high rate pulsed transverse field," *IEEE Trans. Magn.* **MAG-15**, 248 (1979).

[7.11] T. Ogasawara, Y. Takahashi, K. Kanbara, Y. Kubota, K. Yasohama and K. Yasukochi, "Alternating field losses in superconducting wires carrying dc transport currents. Part 1: single core conductors," *Cryogenics* **19,** 736 (1979).

[7.12] T. Ogasawara, Y. Takahashi, K. Kanbara, Y. Kubota, K. Yasohama and K. Yasukochi, "Alternating field losses in superconducting wires carrying dc transport currents. Part 2: multifilamentary composite conductors," *Cryogenics* **21**, 97 (1981).

[7.13] I. Hl'asnik, "Review on AC losses in superconductors," *IEEE Trans. Magn.* **MAG-17**, 2261 (1981).

[7.14] E. H. Brandt and M. Indenbom, "Type-Ⅱ superconductor strip with current in a perpendicular magnetic field," *Phys. Rev.* **48**, 12893 (1993).

[7.15] John R. Clem and Alvaro Sanchez, "Hysteretic ac losses and susceptibility of thin superconducting disks," *Phys. Rev. B* **50**, 9355 (1993).

[7.16] Kazuo Funaki and Fumio Sumiyoshi, ("*Multifilaments and Conductors*" in

Japanese) (ISBN: 4782857527, 1995).

[7. 17] W. J. Carr, Jr., *AC Loss and Macroscopic Theory of Superconductors* 2nd Ed. (Taylor & Francis, London, 2001).

[7. 18] W. J. Carr, Jr., "Conductivity, permeability, and dielectric constant in a multifilament superconductor," *J. Appl. Phys.* **46,** 4043 (1975).

[7. 19] R. W. Fast, W. W. Craddock, M. Kobayashi, and M. T. Mruzek, "Electrical and mechanical properties of lead/tin solders and splices for superconducting cables," *Cryogenics* **28,** 7 (1988).

[7. 20] J. W. Hafstrom, D. H. Killpatrick, R. C. Niemann, J. R. Purcell, and H. R. Thresh, "Joining NbTi superconductors by ultrasonic welding," *IEEE Trans. Magn.* **MAG460** 13, 94 (1977).

[7. 21] Hiroyuki Fujishiro (unpublished data, 2006).

[7. 22] Jean-Marie Noterdaeme, "*Demountable resistive joint design for high current superconductors,*" (M. S. Thesis, MIT Dept. Nuclear Engineering, May 1978).

[7. 23] K. Sawa, M. Suzuki, M. Tomita and M. Murakami, "A fundamental behavior on mechanical contacts of YBCO bulks," *Physica C: Superconduc.* **378,** 803 (2002).

[7. 24] Hiroyuki Fujita, Katsuya Fukuda, Koichiro Sawa, Masaru Tomita, Masato Murakami, Naomichi Sakai, Izumi Hirabayashi, "Contact resistance characteristics of high temperature superconducting bulk – Part V," *Proc. 52nd IEEE Holm Conf. Electrical Contacts*, 124 (2006).

[7. 25] Y. Kawate, R. Ogawa, and R. Hirose (personal communication, 1994).

[7. 26] R. S. Kensley and Y. Iwasa, "Frictional properties of metal insulator surfaces at cryogenic temperatures," *Cryogenics* **20,** 25 (1980).

[7. 27] R. S. Kensley, H. Maeda, and Y. Iwasa, "Transient slip behavior of metal/insulator pairs at 4. 2 K," *Cryogenics* **21,** 479 (1981).

[7. 28] H. Maeda, O. Tsukamoto, and Y. Iwasa, "The mechanism of friction motion and its effect at 4. 2 K in superconducting magnet winding models," *Cryogenics* **22,** 287 (1982).

[7. 29] A. Iwabuchi and T. Honda, "Temperature rise due to frictional sliding of SUS316 vs SUS316L and SUS316 vs polyimide at 4 K," *Proc. 11th Int. Conf. Magnet Tech.* (*MT11*) (Elsevier Applied Science, London), 686 (1990).

［7.30］P. C. Michael, E. Rabinowicz, and Y. Iwasa, "Friction and wear of polymeric materials at 293, 77, and 4.2 K," *Cryogenics* **31**, 695 (1991).

［7.31］T. Takao and O. Tsukamoto, "Stability against the frictional motion of conductor in superconducting windings," *IEEE Trans. Magn.* **27**, 2147 (1991).

［7.32］Y. Iwasa, J. F. Maguire, and J. E. C. Williams, "The effect on stability of frictional decoupling for a composite superconductor," *Proc. 8th Symp. on Engr. Problems of Fusion Research*, (IEEE Publication 79CH1441-5, 1979), 1407.

［7.33］Y. Yasaka and Y. Iwasa, "Stress-induced epoxy cracking energy release at 4.2 K in epoxy-coated superconducting wires," *Cryogenics* **24**, 423 (1984).

［7.34］S. Fuchino and Y. Iwasa, "A cryomechanics technique to measure dissipative energies of 10 nJ," *Exp. Mech.* **30**, 356 (1990).

［7.35］E. S. Bobrov and J. E. C. Williams, "Direct optimization of the winding process for superconducting solenoid magnets (linear programming approach)," *IEEE Trans. Magn.* **MAG-17**, 447 (1981).

［7.36］E. S. Bobrov, J. E. C. Williams, and Y. Iwasa, "Experimental and theoretical investigation of mechanical disturbances in epoxy-impregnated superconducting coils. 2. Shear stress-induced epoxy fracture as the principal source of premature quenches and training—theoretical analysis," *Cryogenics* **25**, 307 (1985).

［7.37］H. Maeda, M. Urata, H. Ogiwara, S. Miyake, N. Aoki, M. Sugimoto, and J. Tani, "Stabilization for wind and react Nb$_3$Sn high field insert coil," *Proc. 11th Int. Conf. Magnet Tech.* (*MT-11*) (Elsevier Applied Science, London, 1990), 1114.

［7.38］H. Nomura, K. Takahisa, K. Koyama, and T. Sakai, "Acoustic emission from superconducting magnets," *Cryogenics* **17**, 471 (1977).

［7.39］Curt Schmidt and Gabriel Pasztor, "Superconductors under dynamic mechanical stress," *IEEE Trans. Magn.* **MAG-13**, 116 (1977).

［7.40］H. Brechna and P. Turowski, "Training and degradation phenomena in superconducting magnets," *Proc. 6th Int. Conf. Magnet Tech.* (*MT-6*) (ALFA, Bratislava, Czechoslovakia, 1978), 597.

［7.41］O. Tsukamoto, J. F. Maguire, E. S. Bobrov, and Y. Iwasa, "Identification of quench origins in a superconductor with acoustic emission and voltage measurements," *Appl. Phys. Lett.* **39**, 172 (1981).

[7.42] O. Tsukamoto and Y. Iwasa, "Sources of acoustic emission in superconducting magnets," *J. Appl. Phys.* **54**, 997 (1983).

[7.43] S. Caspi and W. V. Hassenzahl, "Source, origin and propagation of quenches measured in superconducting dipole magnets," *IEEE Trans. Magn.* **MAG-19**, 692 (1983).

[7.44] Markus Pappe, "Discussion of acoustic emission of a superconducting solenoid," *IEEE Trans. Magn.* **MAG-19,** 1086 (1983).

[7.45] H. Iwasaki, S. Nijishima, and T. Okada, "Application of acoustic emission method to the monitoring system of superconducting magnet," *Proc. 9th Int. Conf. Magnet Tech. (MT-9)* (Swiss Institute for Nuclear Research, Villigen, 1985), 830 (1985).

[7.46] Y. Iwasa, E. S. Bobrov, O. Tsukamoto, T. Takaghi, and H. Fujita, "Experimental and theoretical investigation of mechanical disturbances in epoxy-impregnated superconducting coils. 3. Fracture-induced premature quenches," *Cryogenics* **25**, 317 (1985).

[7.47] K. Yoshida, M. Nishi, H. Tsuji, Y. Hattori, and S. Shimamoto, "Acoustic emission measurement on large coils at JAERI," *Adv. Cryogenic Eng. 31*, 277 (1986).

[7.48] O. O. Ige, A. D. McInturff, and Y. Iwasa, "Acoustic emission monitoring results from a Fermi dipole," *Cryogenics* **26,** 131 (1986).

[7.49] J. Chikaba, F. Irie, K. Funaki, M. Takeo, and K. Yamafuji, "Instabilities due to mechanical strain energy in superconducting magnets," *IEEE Trans. Magn.* **MAG-23,** 1600 (1987).

[7.50] K. Ikizawa, N. Takasu, Y. Murayama, K. Seo, S. Nishijima, K. Katagiri, and T. Okada, "Instability of superconducting racetrack magnets," *IEEE Trans. Magn.* **27**, 2128 (1991).

[7.51] T. Ogitsu, K. Tsuchiya, and A. Devred, "Investigation of wire motion in superconducting magnets," *IEEE Trans. Magn.* **27,** 2132 (1991).

[7.52] Kazuaki Arai, Hiroshi Yamaguchi, Katsuyuki Kaiho, Hiroshi Fuji, Nobuyuki Sadakata, and Takashi Saitoh, "Acoustic emission occurrence induced from a NbTi superconducting coil under alternating current operation," *IEEE Trans. Appl. Superconduc.* **9**, 4648 (1999).

[7.53] A. Ninomiya, K. Arai, K. Takano, T. Ishigohka, K. Kaiho, H. Nakajima, H. Tsuji, K. Okuno, N. Martovetsky, and I. Rodin, "Diagnosis of ITER's large scale superconducting coils using acoustic emission techniques," *IEEE Trans. Appl. Superconduc.* **13**, 1408 (2003).

［7.54］H. Maeda, A. Sato, M. Koizumi, M. Urata, S. Murase, I. Takano, N. Aoki, M. Ishihara, E. Suzuki, "Application of acoustic emission technique to a multi-filamentary 15.1 tesla superconducting magnet system," *Adv. Cryogenic Eng.* **31**, 293 (1986).

［7.55］T. Ishigohka, O. Tsukamoto, and Y. Iwasa, "Method to detect a temperature rise in superconducting coils with piezoelectric sensors," *Appl. Phys. Lett.* **43**, 317 (1983).

［7.56］O. Tsukamoto and Y. Iwasa, "Correlation of acoustic emission with normal zone occurrence in epoxy-impregnated windings: an application of acoustic emission diagnostic technique to pulse superconducting magnets," *Appl. Phys. Lett.* **44**, 922 (1984).

［7.57］Oluwasegun Olubunmi Ige, "*Mechanical disturbances in high-performance superconducting dipoles*," (Ph. D. Thesis, MIT Dept. Mechanical Engineering, 1989).

［7.58］L. Wo'zny, P. Lubicki, and B. Mazurek, "Acoustic emission from high Tc superconductors during current flow," *Cryogenics* **33,** 825 (1993).

［7.59］Kazuaki Arai and Yukikazu Iwasa, "Heating-induced acoustic emission in an adiabatic high-temperature superconducting winding," *Cryogenics* **37**, 473 (1997).

［7.60］Haigun Lee, Ho Min Kim, Joseph Jankowski, Yukikazu Iwasa, "Detection of 'hot spots' in HTS coils and test samples with acoustic emission signals," *IEEE Trans. Appl. Superconduc.* **14**, 1298 (2004).

［7.61］P. F. Dahl, G. H. Morgan, and W. B. Sampson, "Loss measurements on twisted multifilamentary superconducting wires," *J. Appl. Phys.* **40**, 2083 (1969).

［7.62］K. Kwasnitza and I. Horvath, "Measurement of ac losses in multifilament superconducting wires at frequencies between 1 and 100 Hz," *Cryogenics* **14**, 71 (1974).

［7.63］W. David Lee, J. Thomas Broach, "60 Hz AC losses in superconducting solenoids," *IEEE Trans. Magn.* **MAG-13,** 542 (1977).

［7.64］W. J. Carr, Jr., Ben Clawson, and Wayne Vogen, "AC losses in superconducting solenoids," *IEEE Trans. Magn.* **MAG-14,** 617 (1978).

［7.65］M. S. Walker, J. G. Declerq, B. A. Zeitlin, J. D. Scudiere, M. J. Ross, M. A. Janocko, S. K. Singh, E. A. Ibrahim, P. W. Eckels, J. D. Rogers, and J. J. Wollan, "Superconductor design and loss analysis for a 20MJ induction heating coil," *IEEE Trans. Magn.* **MAG-17**, 908 (1981).

［7.66］D. Ito, Y. Nakayama, and T. Ogasawara, "Losses in superconducting magnets under fast ramp rate operation," *IEEE Trans. Magn.* **MAG-17,** 971 (1981).

［7.67］K. Kwasnitza and I. Horvath, "AC loss behaviour of the high-current NbTi superconductor for the Swiss LCT fusion coil," *IEEE Trans. Magn.* **MAG-17,** 2278 (1981).

［7.68］Kunishige Kuroda, "ac losses of superconducting solenoidal coils," *J. Appl. Phys.* **53,** 578 (1982).

［7.69］A. Lacaze, Y. Laumond, J. P. Tavergnier, A. Fevrier, T. Verhaege, B. Dalle, A. Ansart, "Coils performances of superconducting cables for 50/60 Hz applications," *IEEE Trans. Magn.* **27,** 2178 (1991).

［7.70］T. Ando, Y. Takahashi, K. Okuno, H. Tsuji, T. Hiyama, M. Nishi, E. Tada, K. Yoshida, K. Koizumi, H. Nakajima, T. Kato, M. Sugimoto, T. Isono, K. Kawano, M. Konno, J. Yoshida, H. Ishida, E. Kawagoe, Y. Kamiyauchi and S. Shimamoto, "AC loss results of the Nb_3Sn Demo Poloidal Coil (DPC-EX)," *IEEE Trans. Magn.* **28,** 206 (1992).

［7.71］F. Sumiyoshi, S. Kawabata, Y. Kanai, T. Kawashima, T. Mito, K. Takahata and J. Yamamoto, "Losses in cable-in-conduit superconductors used for the poloidal coil system of the Large Helical Device," *IEEE Trans. Appl. Superconduc.* **3,** 476 (1993).

［7.72］J. P. Ozelis, S. Delchamps, S. Gourlay, T. Jaffery, W. Kinney, W. Koska, M. Kuchnir, M. J. Lamm, P. O. Mazur, D. Orris, J. Strait, M. Wake, J. Dimarco, J. Kuzminski, and H. Zheng, "AC loss measurements of model and full size 50 mm SSC collider dipole magnets at Fermilab," *IEEE Trans. Appl. Superconduc.* **3,** 678 (1993).

［7.73］Z. Ang, I. Bejar, L. Bottura, D. Richter, M. Sheahan, L. Walckiers, R. Wolf, "Measurement of AC loss and magnetic field during ramps in the LHC model dipoles," *IEEE Trans. Appl. Superconduc.* **9,** 742 (1999).

［7.74］T. Honjo, T. Hasegawa, K. Kaiho, H. Yamaguchi, K. Arai, M. Yamaguchi, S. Fukui, K. Kato and K. Itagaki, "AC losses of HTS coils carrying transport current," *IEEE Trans. Appl. Superconduc.* **9,** 829 (1999).

［7.75］T. Hamajima, S. Hanai, Y. Wachi, M. Kyoto, M. Shimada, M. Ono, K. Shimada, L. Kushida, M. Tezuka, N. Martovetsky, J. Zbasnik, J. Moller, Y. Takahashi, K. Matsui, T. Isono, M. Yamamoto, I. Takano, T. Himeno, N. Hirano, K. Shinoda,

T. Satow，"AC loss performance of the 100 kWh SMES model coil," *IEEE Trans. Appl. Superconduc.* **10**，812（2000）.

［7.76］Charles E. Oberly，Larry Long，Gregory L. Rhoads and W. James Carr Jr.，"AC loss analysis for superconducting generator armatures wound with subdivided YBa–Cu–O coated tape," *Cryogenics* **41**，117（2001）.

［7.77］Masataka Iwakuma，Kazuo Funaki，Kazuhiro Kajikawa，Hideki Tanaka，Takaaki Bohno，Akira Tomioka，Hisao Yamada，Shinichi Nose，Masayuki Konno，Yujiro Yagi，Hiroshi Maruyama，Takenori Ogata，Shigeru Yoshida，Kouichi Ohashi，Katsuya Tsutsumi and Kazuo Honda，"AC loss properties of a 1 MVA single-phase HTS power transformer," *IEEE Trans. Appl. Superconduc.* **11**，1482（2001）.

［7.78］Emmanuel Vinot，Guillaume Donnier-Valentin，Pascal Tixador，and G'erard Meunier，"AC losses in superconducting solenoids," *IEEE Trans. Appl. Superconduc.* **12**，1790（2002）.

［7.79］B. P'eerez，A. 'Alvarez，P. Su'arez，D. C'aceres，J. M. Ceballos，X. Obradors，X. Granados，and R. Bosch，"AC losses in a toroidal superconducting transformer," *IEEE Trans. Appl. Superconduc.* **13**，2341（2003）.

［7.80］K. Tasaki，M. Ono，and T. Kuriyama，"Study on AC losses of a conductive cooled HTS coil," *IEEE Trans. Appl. Superconduc.* **13**，1565（2003）.

［7.81］M. N. Wilson，M. Anerella，G. Ganetis，A. K. Ghosh，P. Joshi，A. Marone，C. Muehle，C. Muratore，J. Schmalzle，R. Soika，R. Thomas，P. Wanderer，J. Kaugerts，G. Moritz，and W. V. Hassenzahl，"Measured and calculated losses in model dipole for GSI's heavy ion synchrotron," *IEEE Trans. Appl. Superconduc.* **14**，306（2004）.

［7.82］Kenji Tasaki，Toru Kuriyama，Shunji Nomura，Yukihiro Sumiyoshi，Hidemi Hayashi，Hironobu Kimura，Masataka Iwakuma，and Kazuo Funaki，"AC operating test results for a conduction-cooled HTS coil," *IEEE Trans. Appl. Superconduc.* **14，**731（2004）.

［7.83］Hirofumi Kasahara，Fumio Sumiyoshi，Akifumi Kawagoe，Kazuto Kubota，and Shirabe Akita，"AC losses in long Bi2223 tapes wound into a solenoidal-coil," *IEEE Trans. Appl. Superconduc.* **14**，1078（2004）.

［7.84］Jong-Tae Kim，Woo-Seok Kim，Sung-Hoon Kim，Kyeong-Dal Choi，Jin-Ho Han，Gye-Won Hong，and Song-Yop Hahn，"Analysis of AC losses in HTS pancake windings for transformer according to the operating temperature," *IEEE Trans. Magn.* **41**, 1888 (2005).

[7.85] Myung-Jin Park, Sang-Yeop Kwak, Woo-Seok Kim, Seoung-Wook Lee, Ji-Kwang Lee, Jin-Ho Han, Kyeong-Dal Choi, Hyun-Kyo Jung, Ki-Chul Seong, and Song-yop Hahn, "AC Loss and Thermal Stability of HTS Model Coils for a 600 kJ SMES," *IEEE Trans. Appl. Superconduc.* **17**, 2418 (2007).

[7.86] A. J. M. Roovers, W. Uijttewaal, H. H. J. ten Kate, B. ten Haken and L. J. M. van de Klundert, "A loss measurement system in a test facility for high-current superconducting cables and wires," *IEEE Trans. Magn.* **24**, 1174 (1988).

[7.87] M. Takayasu, C. Y. Gung, M. M. Steeves, B. Oliver, D. Reisner and M. O. Hoenig, "Calorimetric measurement of AC loss in Nb_3Sn superconductors," *Proc. 11th Int. Conf. Magnet Tech. (MT-11)*, 1033 (1990).

[7.88] C. Y. Gung, M. Takayasu, M. M. Steeves, and M. O. Hoenig, "AC loss measurements of Nb_3Sn wire carrying transport current," *IEEE Trans. Magn.* **27**, 2162 (1991).

[7.89] E. N. Aksenova and P. V. Aksenova, "New equipment for calorimetric measurement of AC losses in superconducting samples," *Cryogenics* **32**, 223 (1992).

[7.90] S. Fleshler, L. T. Cronis, G. E. Conway, A. P. Malozemoff, T. Pe, J. McDonald, J. R. Clem, G. Vellego, P. Metra, "Measurement of the AC power loss of (Bi, Pb) 2Sr2Ca2Cu3Ox composite tapes using the transport technique," *Appl. Phys. Lett.* **67**, 3189 (1995).

[7.91] S. Fukui, O. Tsukamoto, N. Amemiya, I. Hl'asnik, "Dependence of self field AC losses in AC multifilamentary composites on phase of external AC magnetic field," *IEEE Trans. Appl. Superconduc.* **5**, 733 (1995).

[7.92] Herv'e Daffix, Pascal Tixador, "Electrical AC loss measurements in superconducting coils," *IEEE Trans. Appl. Superconduc.* **7**, 286 (1997).

[7.93] G. Snitchler, J. Campbell, D. Aized, A. Sidi-Yekhlef, S. Fleshler, S. Kalsi, and R. Schwall, "Long length calorimetric measurement of AC losses of Bi2223 with external field oriented perpendicular to the tape width," *Appl. Superconduc.* **7**, 290 (1997).

[7.94] D. E. Daney, H. J. Boenig, M. P. Maley, D. E. McMurry, and B. G. DeBlanc, "Ac loss calorimeter for three-phase cable," *IEEE Trans. Appl. Superconduc.* **7**, 310

（1997）．

［7.95］S. P. Ashworth and M. Suenaga，"Measurement of ac losses in superconductors due to ac transport currents in applied ac magnetic fields," *Physica C：Superconduc.* **313**, 175（1999）．

［7.96］Kazuhiro Kajikawa, Masataka Iwakuma, Kazuo Funaki, Mitsuo Wada and Atsushi Takenaka，"Influences of geometrical configuration on AC loss measurement with pickup-coil method," *IEEE Trans. Appl. Superconduc.* **9**, 746（1999）．

［7.97］Curt Schmidt，"Calorimetric ac-loss measurement of high Tc-tapes at 77 K, a new measuring technique," *Cryogenics* **40**, 137（2000）．

［7.98］ O. Tsukamoto, J. Ogawa, M. Ciszek, D. Miyagi, I. Okazaki, Y. Niidome and S. Fukui，"Origins of errors in AC transport current loss measurements of HTS tapes and methods to suppress errors," *IEEE Trans. Appl. Superconduc.* **11**, 2208（2001）．

［7.99］ Michael Staines, Stephan Rupp, David Caplin, Dingan Yu, and Steven Fleshler，"Calibration of Hall sensor AC loss measurements," *IEEE Trans. Appl. Superconduc.* **11**, 2224（2001）．

［7.100］S. W. Schwenterly, A. Demko, J. W. Lue, M. S. Walker, C. T. Reis, D. W. Hazelton, Xin Shi, and M. T. Gardner，"AC loss measurements with a cryocooled sample," *IEEE Trans. Appl. Superconduc.* **11**, 4027（2001）．

［7.101］R. J. Soulen, Jr., M. S. Osofsky, M. Patten, and T. Datta，"A new technique for the measurement of AC loss in second-generation HTS tapes," *IEEE Trans. Appl. Superconduc.* **12**, 1607（2002）．

［7.102］Jeffrey O. Willis, Martin P. Maley, Heinrich J. Boenig, Giacomo Coletta, Renata Mele, and Marco Nassi，"AC losses in prototype multistrand conductors for warm dielectric cable designs," *IEEE Trans. Appl. Superconduc.* **13**, 1960（2003）．

［7.103］IEC61788−8 Superconductivity−Part 8：AC loss measurements—Total AC loss measurement of Cu/NbTi composite superconducting wires exposed to a transverse alternating magnetic field by a pickup coil method, First edition, April 2003.

［7.104］Arend Nijhuis, Herman H. J. ten Kate, Pierluigi Bruzzone, Luca Bottura，"Parametric study on coupling loss in subsize ITER Nb_3Sn cabled specimen," *IEEE Trans. Magn.* **4**. 2743（1996）．

［7.105］Arend Nijhuis, Herman H. J. ten Kate, Victor Pantsyrny, Alexander K. Shikov,

Marco Santini, "Interstrand contact resistance and AC loss of a 48-strands Nb3 Sn CIC conductor with a Cr/Cr-oxide coating," *IEEE Trans. Appl. Superconduc.* **10**, 1090 (2000).

[7.106] S. Egorov, I. Rodin, A. Lancetov, A. Bursikov, M. Astrov, S. Fedotova, Ch. Weber, and J. Kaugerts, "AC loss and interstrand resistance measurement for NbTi cablein-conduit conductor," *IEEE Trans. Appl. Superconduc.* **12**, 1607 (2002).

[7.107] Takataro Hamajima, Naoyuki Harada, Takashi Satow, Hiroshi Shimamura, Kazuya Takahata, and Makoto Tsuda, "Long time constants of irregular AC coupling losses in a large superconducting coil," *IEEE Trans. Appl. Superconduc.* **12**, 1616 (2002).

[7.108] H. Eckelmann, M. Quilitz, C. Schmidt, W. Goldacker, M. Oomen, M. Leghissa, "AC losses in multifilamentary low AC loss Bi2223 tapes with novel interfilamentary resistive carbonate barriers," *IEEE Trans. Appl. Superconduc.* **9**, 762 (1999).

[7.109] Naoyuki Amemiya, Keiji Yoda, Satoshi Kasai, Zhenan Jiang, George A. Levin, Paul N. Barnes, and Charles E. Oberly, "AC loss characteristics of multifilamentary YBCO coated conductors," *IEEE Trans. Appl. Superconduc.* **15**, 1637 (2005).

[7.110] Mike D. Sumption, Paul N. Barnes, and Edward W. Collings, "AC losses of coated conductors in perpendicular fields and concepts for twisting," *IEEE Trans. Appl. Superconduc.* **15**, 2815 (2005).

[7.111] M. Majoros, B. A. Glowacki, A. M. Campbell, G. A. Levin, P. N. Barnes, and M. Polak, "AC losses in striated YBCO coated conductors," *IEEE Trans. Appl. Superconduc.* **15**, 2819 (2005).

[7.112] Osami Tsukamoto, Naoki Sekine, Marian Ciszek, and Jun Ogawa, "A method to reduce magnetization losses in assembled conductors made of YBCO coated conductors," *IEEE Trans. Appl. Superconduc.* **15**, 2823 (2005).

[7.113] K. Osamura, N. Wada, T. Ogawa, and F. Nakao, "Formation of submicron-thick oxide barrier for reducing AC loss in multifilamentary Bi2223 tape," *IEEE Trans. Appl. Superconduc.* **15**, 2875 (2005).

[7.114] Kunihiko Egawa (personal communication, 2003).

[7.115] Shunji Yamamoto, Tadatoshi Yamada and Masatoshi Iwamoto, "Quench protection of persistent current switches using diodes in cryogenic temperature," *19thAnnual IEEE Power Electronics Specialists Conf.* 1, 321 (1988).

[7.116] Yukikazu Iwasa, "Microampere flux pumps for superconducting NMR magnets

Part 1: Basic concept and microtesla flux measurement," *Cryogenics* **41**, 384 (2001).

[7.117] S. Jeong, H. Lee, and Y. Iwasa, "Superconducting flux pump for high temperature superconducting insert coils of NMR magnets," *Adv. Cryo. Engr.* **47**, 441 (2002).

[7.118] Haigun Lee, Homin Kim, and Yukikazu Iwasa, "A flux pump for NMR magnets," *IEEE Trans. Appl. Superconduc.* **13**, 1640 (2003).

[7.119] Rocky Mai, Seung-yong Hahn, Haigun Lee, Juan Bascuñán, and Yukikazu Iwasa, "A digital flux injector for NMR Magnets," *IEEE Trans. Appl. Superconduc.* **15**, 2348 (2005).

[7.120] M. Lakrimi, P. Bircher, G. Dunbar, and P. Noonan, "Flux injector for NMR magnets," *IEEE Trans. Appl. Superconduc.* **17**, 1438 (2007).

[7.121] Weijun Yao, Woo-Seok Kim, Seungyong Hahn, J. Bascuñán, Hai–Gun Lee, and Yukikazu Iwasa, "A digital flux injector operated with a 317–MHz NMR magnet," *IEEE Trans. Appl. Superconduc.* **17**, 1450 (2007).

[7.122] Yoondo Chung, Itsuya Muta, Tsutomu Hoshino, and Taketsune Nakamura, "Performance of a linear type magnetic flux pump for compensating a little decremented persistent current of HTS magnets," *IEEE Trans. Appl. Superconduc.* **14**, 1723 (2004).

[7.123] Marijin Oomen, Martino Leghissa, Guenter Ries, Norbert Proelss, Heinz–Werner Neumueller, Florian Steinmeyer, Markus Vester, and Frank Daview, "HTS flux pump for cryogen-free HTS magnets," *IEEE Trans. Appl. Superconduc.* **15**, 1465 (2005).

[7.124] Yoondo Chung, Tsutomu Hoshino, and Taketsune Nakamura, "Current pumping performance of linear-type magnetic flux pump with use of feedback control circuit system," *IEEE Trans. Appl. Superconduc.* **16**, 1638 (2006).

[7.125] W. Denis Markiewicz, "Current injection for field decay compensation in NMR spectrometer magnets," *IEEE Trans. Appl. Superconduc.* **12**, 1886 (2002).

第 8 章

保　护

8.1　引言

保护问题是五大关键设计和运行问题之一——其他 4 个是稳定性、机械完整性、低温和导体。如图 1.6 所定性给出的，磁体保护的难度或成本随运行温度提高而增加，而稳定性的实现难度或成本随温度增加而降低。如第 6 章所述，HTS 磁体的稳定性很好，而它的保护则可能成为一个真正的挑战。关于 HTS 磁体保护，最常被问到的问题是：既然 HTS 磁体如此稳定，为何要担心它的保护问题？答案归结为 HTS 设备成本及其保护成本二者的权重，以及发生需要保护的系统故障的概率。对"固有稳定"的 HTS 磁体，保护还是不保护，是一个问题。这个问题将在讨论 8.7 中再次提及。

我们聚焦于磁体绕组的保护，其他部分——机械、电和低温相关——的保护略过不谈。本章包括的问题有：①过热；②应力（热和机械）；③内部高电压；④保护技术。专题部分还涉及其他相关问题。保护历来是超导磁体的一个关键主题，20 世纪 60 年代以来，一些问题已经得到解决[1.27,8.1-8.6]并且不断更新[8.7-8.11]；引用的参考文献将在适当的地方列出。

8.1.1　热能密度与磁能密度

若磁体绕组没有得到保护，存储于绕组中的大部分磁能就要由绕组的一小部分热点吸收掉。在这种条件下，该部分将会严重过热，引发永久性损坏。不过，将磁体中单位绕组体积熔化所需的热能密度要比磁体存储的磁能密度大不少。

我们用铜代表绕组。将焓密度为 $h_{cu}(T)$ 的铜从 4 K（或 80 K）绝热加热到其熔点 1356 K，加热能量全部来自绕组体积内部存储的磁能，所需初始磁场 B_0 高达 150 T。

$$\frac{B_0^2}{2\mu_0} = h_{cu}(1356 \text{ K}) - h_{cu}(4 \text{ K 或 } 80 \text{ K}) \simeq 5.2 \times 10^9 \text{ J/m}^3 \tag{8.1}$$

$$B_0 \simeq \sqrt{2(4\pi \times 10^{-7} \text{ H/m})(5.2 \times 10^9 \text{ J/m}^3)} \simeq 115 \text{ T}$$

即使不很大的磁体（如 3 T）也会因过热而永久损坏，这表明灾难性的能量集中可能发生于**实际磁体**中。如果仅将**局域**磁能密度**局域**的转换为热，使用式（8.1）的焓密度方法计算磁场能量密度，得到~25 T 的磁场下，温度低于 200 K；大于~25 T 的情况，参见下一节中的实例。

8.1.2 热点和热点温度

磁体失超通常开始于一个很小的绕组体积内（所谓热点）。如上文所述，磁体的全部储存能量将在该热点处耗散，导致磁体的永久性损坏。

这里我们研究存储在螺管中的全部磁能 E_m 在热点中的绝热吸收，研究热点的最终温度 T_f。磁体保护的目标是将 T_f 限制在大约 200 K 以下，绝不允许高于 300 K。自感为 L 的螺管通过电流 I，储存的磁能 E_m 由下式给出：

$$E_m = \frac{1}{2}LI^2 \tag{3.79}$$

式（3.81）给出了总匝数为 N 的螺管线圈 (a_1, α, β) 的电感 L：

$$L = \mu_0 a_1 \mathcal{L}(\alpha, \beta) N^2 \tag{3.81}$$

图 3.14 给出了仅依赖于绕组参数 α 和 β 的 $\mathcal{L}(\alpha, \beta)$。轴向中心场 B_0 为：

$$B_0 = \frac{\mu_0 NI}{2a_1(\alpha - 1)\beta} F(\alpha, \beta) \tag{8.2}$$

其中，$F(\alpha, \beta)$ 为：

$$F(\alpha, \beta) = \beta \ln\left(\frac{\alpha + \sqrt{\alpha^2 + \beta^2}}{1 + \sqrt{1 + \beta^2}}\right) \tag{3.13b}$$

由式（8.2），我们可以用 a_1，α，β，B_0 来表示 NI：

$$NI = \frac{2a_1(\alpha - 1)\beta B_0}{\mu_0 F(\alpha, \beta)} \tag{8.3}$$

因此，对参数为 α 和 β 的螺管的磁场能量密度 E_m 与 B_0 有关：

$$E_m = \frac{4a_1^3(\alpha-1)^2\beta^2\mathcal{L}(\alpha,\beta)}{F^2(\alpha,\beta)}\left(\frac{B_0^2}{2\mu_0}\right) \tag{8.4}$$

总绕组体积 V_w 由下式给出：

$$V_w = 2\pi a_1^3(\alpha^2-1)\beta \tag{8.5}$$

注意，V_m 包括导体和非导体，是所有绕组材料的总体积。总的热点（电阻区域）体积 V_r 为：

$$V_r = f_r V_w = f_r 2\pi a_1^3(\alpha^2-1)\beta \tag{8.6}$$

其中 f_r 是热点与绕组的体积比。如果磁体总磁能 E_m 全部绝热的转化为热点的热能，热点的平均热能密度 e_{mr} 为：

$$e_{mr} = \frac{E_m}{V_r} = \frac{2(\alpha-1)\beta\mathcal{L}(\alpha,\beta)}{f_r\pi(\alpha+1)F^2(\alpha,\beta)}\left(\frac{B_0^2}{2\mu_0}\right) \tag{8.7}$$

注意，e_{mr} 不依赖于磁体体积，而是依赖于 f_r，α，β 和 B_0。不过，**实际**中用来限制温度 T_f 所需的热点体积随绕组体积增大而增加。在螺管磁体中以最小化热点体积实现 $T_f \leqslant 200\ \text{K}$ 的要求，是关于保护的关键问题，下文的实例中将讨论。

实例　表 8.1 给出了初始绕组温度 T_i 为 4 K 和 80 K 的螺管线圈（$\alpha=1.5$，$\beta=2.0$）在磁场 $B_0=1.5\sim30\ \text{T}$ 范围下，为限制最高热点温度 T_f 为 200 K 和 300 K 所要求的热点体积分数 $f_r\%$。这里，假定绕组材料全部是铜（密度为 8.96 g/cm³），T_f 由 $e_{mr}=h_{cu}(T_f)-h_{cu}(T_i)$ 算出，其中 e_{mr} 如式（8.7）所给。该表指出，一个产生 1.5 T 磁场的螺管（$\alpha=1.5$，$\beta=2.0$），为了限制 T_f 为 200 K 或 300 K，所需的热点只占绕组的很小一部分体积（<1%）。实现 $T_f \leqslant 200\ \text{K}$ 只需很小体积分数这一事实对检测-激活加热器（detect-and-activate-the-heater）这种主动保护很有现实意义：大部分螺管线圈（详见章节 8.8.4）都要在绕组内部放置一个很**笨重**的保护加热器，将只占绕组很小比分的绕组转化（并扩大）为热点。但从表 8.1 明显可见，尽管螺管 B_0 约在 25 T 时有 $f_r \leqslant 1$；但对 $B_0 \geqslant 30\ \text{T}$，$f_r$ 将超过 1（100%），即储能的一部分必须在螺管外耗散，例如进入保护电阻（详见章节 8.8.3）。

表 8.1　磁场 B_0 为 1.5~30 T 的螺管的热点体积分数 f_r 与热点温度 T_f 的数据

B_0 [T]	$f_i=1$（100%） e_{mr} [J/cm³]	$T_i=4$ K		$T_i=80$ K	
		$T_f=200$ K	$T_f=300$ K	$T_f=200$ K	$T_f=300$ K
		f_r（%）		f_r（%）	
1.5	1.02	0.27	0.14	0.31	0.15
3.0	4.06	1.1	0.57	1.2	0.62
6.0	16.2	4.3	2.3	5.0	2.5
12	65.0	17	9.1	20	9.9
20	180	48	25	55	27
25	282	74	40	87	43
30	406	107	57	125	62

8.1.3　绕组材料的温度数据

表 8.2 列出了 LTS 和 HTS 磁体用到的几种绕组材料的"允许"热点温度 T_f 极限的值，下面作简要讨论。

低于 200 K　普遍认为在电阻区哪怕仅局限于绕组体积的很小一部分，也被允许加热到 200 K。因为在绕组中部分区域为 200 K，其余保持初始温度 4.2 K 的条件下，热微分应变小于 0.1%，这对大部分磁体级超导体是安全的。

320 K　即 47℃，铟合金的最低熔点。

335 K　Cu 加强 YBCO（$I_c=161$ A@77.3 K）在经过 1.23 kA@60 ms 的电流脉冲加热后，I_c 无退化[8.12]。

370 K　与上一项相同的样品，经过 1.36 kA@60 ms 的电流脉冲加热后，I_c 轻微退化（161 A→157 A）[8.12]。

380 K　超过这个温度，绕组中常用的有机材料 Formvar 绝缘和 Stycast 2850 会失效。

400 K 和 430 K　约 400 K，石蜡（paraffin）熔化；430 K，铟熔化。

456 K　即 183℃，磁体中广泛使用的焊料 63Sn-37Pb 熔化。

720 K　Bi2223-Ag 测试样品（$I_c=119$A@77.3 K）经过 450A@320 ms 的电流脉冲加热后，I_c 无退化[8.12]。

800 K　同样的 Bi2223-Ag 带测试样品，经过 450A@330 ms 的脉冲电流加热后，I_c 明显退化（Ic119A→50 A）[8.12]。

表 8.2　几种材料允许的 T_f 极限

T [K]	评　　　论
≤200	LTS 和 HTS 绕组都可接受
320	铟系列焊料的最低熔点
335	Cu 加强 YBCO：I_c 无退化[8.12]
370	Cu 加强 YBCO：I_c 轻微退化[8.12]
380	Formvar 和 Stycast 2850 的极限
400	石蜡熔化
430	铟熔化
493	50Sn-50Pb 焊料熔化
720	Bi2223-Ag：I_c 无退化[8.12]
800	Bi2223-Ag：I_c 退化[8.12]

8.1.4　安全、有风险、高度风险的 T_f 区间

我们可以将上述绕组温度分为 3 个 T_f 区间：①安全；②有风险；③高风险。

安全　对正常区域来说 T_f 低于 200 K 是安全的上限。注意，LTS 和 HTS 绕组在本区间没有本质差异。然而在某些应用中，回到正常的工作温度的恢复时间很重要，可取的取值区间为较小的 T_f。

有风险　200~300 K 的范围是需要"警惕的"。T_f 保持在该区间，仅存在热应力风险，暂时没有出现过绕组材料被加热到高度危险的状态并因此受损的问题。

高风险　无论是 LTS 还是 HTS 绕组，T_f 高于 300 K 都处于高风险。

8.1.5　温度引起的应力

过热除了引起绕组的热损伤，还可能因引起应变令绕组发生机械性损伤。表 8.3 给出了几种磁体绕组材料以 293 K 为基准的线性热膨胀（事实上是收缩）数据，$\dfrac{[L(T)-L(293\text{ K})]}{L(293\text{ K})}$。考虑一个饼式线圈，并假设线圈的内半部分加热到 140 K，而外半部分保持在 80 K。表 8.3 中的数据表明，在外半部分最内层引起的拉伸应变不超过约 0.1%，这应该是安全的。如果线圈的内半部分被加热到 300 K，而外半部分保持在 80 K，那么引起的应变可能超过 0.2%，达到了 Nb_3Sn 和 HTS 的危险水平。即使在加热过程中保持温度**均匀**，由于磁体绕组由不同热膨胀系数的材料组成如表 8.3 所示，均匀加热仍会在超导体中引起过应力（overstraining）。所以通常将 T_f 保持在 200 K 以下是最安全的。

表 8.3　平均线性热膨胀数据—$\dfrac{[L(T)-L(293\text{ K})]}{L(293\text{ K})}$，单位为 10^{-3}

材　　料	$\dfrac{[L(T)-L(293\text{ K})]}{L(293\text{ K})}$，单位为 10^{-3}
铜	−3.00（80 K）；−2.34（140 K）
镍	−2.11（80 K）；−1.71（140 K）
银	−3.60（80 K）；−2.7（140 K）
Sn50−Pb50 焊料	−4.98（80 K）；−3.65（140 K）
不锈钢 304	−2.81（80 K）；−2.22（140 K）
环氧	−10（80 K）；−9（140 K）
Nb$_3$Sn	−1.41（80 K）；−1.02（140 K）
NbTi	−1.67（80 K）；−1.24（140 K）
Bi2223，a−b 面	−1.37（80 K）；−1.11（140 K）[8.13]
Bi2223−Ag（带）* 轴向/宽度向	分别，−2.4±0.3（77 K）[8.14,8.15]
Bi2223−Ag（3−ply 带）† 轴向/宽度向	分别，−2.8±0.3（77 K）[8.14,8.15]
YBCO	−2.23（80 K）；−1.82（140 K）[8.16]

* 4.1 mm 宽带。

† 4.8 mm 宽带，Bi2223−Ag 两面均有不锈钢带加强。

8.2　绝热加热

　　超导磁体永久性损坏的主要形式之一是其复合导体的过度加热（过热）。严重的过热能使复合导体熔化或在绕组中产生的温度梯度，进而在超导体内形成过应力，永久性令 J_c 性能退降。20 世纪 60 年代以来，过热问题得到了实验和分析的研究。

　　如上文所述，即使磁体与其电源隔离，以持续模式运行，超导磁体中的过热仍可能因磁体中存储的总磁能在绕组的小体积内耗散而发生。一个带有电源的磁体进入正常态后，过热也可能因电源的电阻性加热而发生，这种加热可以是局域的，也可能是全部，包括整个绕组。忽略式（6.1）中的热传导、扰动、冷却项，我们来分析单位体积复合导体的绝热加热：

$$C_{cd}(T)\,\frac{\mathrm{d}T}{\mathrm{d}t} \simeq \rho_{cd}(T)J_{cd0}^2(t) \tag{8.8a}$$

$$\simeq \rho_m(T)J_{cd0}^2(t) \tag{8.8b}$$

　　如图 6.5 的电路模型或式（6.25）的 $n=\infty$，式（8.8b）中导体的电阻率 ρ_{cd} 与基底电阻率 ρ_m 近似。

8.2.1　恒电流模式下的绝热加热

研究了恒电流模式的绝热加热图如图 8.1 所示：超导磁体（电感 L）内的电阻性区域 $r(T)$ 与提供磁体运行电流 I_{op} 的恒流源相连。假设电阻性区域如式（8.8b）载有**全部**电流，**单位导体长度**的功率密度方程为：

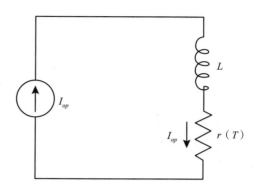

图 8.1　超导磁体的电路模型：电感为 L，有依赖于温度的正常区电阻 $r(T)$，连接到恒流 I_{op} 源。

$$A_{cd}C_{cd}(T)\frac{\mathrm{d}T}{\mathrm{d}t}=\frac{\rho_m(T)}{A_m}I_{op}^2(t) \quad （8.9a）$$

将 $\dfrac{I_{op}}{A_m}=J_{m0}$〔式（6.7c）〕以及 $C_{sc}(T)\simeq C_{\underline{m}}$

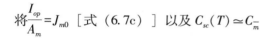

$(T)\simeq C_m(T)$，$\dfrac{A_m}{A_{cd}}=\dfrac{\gamma_{\frac{m}{s}}}{(\gamma_{\frac{m}{s}}+1)}$ 带入，我们得式（8.9b）。其中，$\gamma_{\frac{m}{s}}\equiv\dfrac{A_m}{(A_{sc}+A_{\underline{m}})}$（式6.21b）。

$$C_m(T)\frac{\mathrm{d}T}{\mathrm{d}t}=\left(\frac{A_m}{A_{cd}}\right)\rho_m(T)J_{m0}^2=\left(\frac{\gamma_{\frac{m}{s}}}{1+\gamma_{\frac{m}{s}}}\right)\rho_m(T)J_{m0}^2 \tag{8.9b}$$

整理式（8.9b），在初始值（$t=0$ 时，$T=T_i$）和最终值（$t=\tau_{ah}$ 时，$T=T_f$）区间积分，有：

$$\int_{T_i}^{T_f}\frac{C_m(T)}{\rho_m(T)}\mathrm{d}T=\left(\frac{A_m}{A_{cd}}\right)J_{m0}^2\tau_{ah} \tag{8.9c}$$

$$=\left(\frac{\gamma_{\frac{m}{s}}}{1+\gamma_{\frac{m}{s}}}\right)J_{m0}^2\tau_{ah} \tag{8.9d}$$

上式左侧的温度积分单调的依赖于 T。我们定义 $Z(T_f,T_i)$ 函数：

$$Z(T_f,T_i)\equiv\int_{T_i}^{T_f}\frac{C_m(T)}{\rho_m(T)}\mathrm{d}T \tag{8.10a}$$

"合金"基底金属的 $\rho_m(T)$ 足够恒定，可用温度区间平均值 $\bar{\rho}_m$ 近似，式（8.10a）可以简化为：

$$Z(T_f, T_i) \simeq \frac{1}{\tilde{\rho}_m} \int_{T_i}^{T_f} C_m(T_f) \, \mathrm{d}T = \frac{H_m(T_f) - H_m(T_i)}{\tilde{\rho}_m} \tag{8.10b}$$

其中，$H_m(T)$ 是基底金属的单位体积焓。

图 8.2 给出了银（0℃ 和 4 K 的剩余电阻率分别为 1000 和 100）、铜（200；100；50）、铝（级别为 1100）和黄铜（70Cu−30Zn）的 $Z(T, 0)$。虚线（不易看出）是 $\tilde{\rho}_m = 5.5 \times 10^{-8} \Omega \cdot \mathrm{m}$ 的黄铜［式（8.10b）］。对任意的 T_i 和 T_f 组合，有：

$$Z(T_f, T_i) = Z(T_f, 0) - Z(T_i, 0) = Z(T_f) - Z(T_i) \tag{8.11}$$

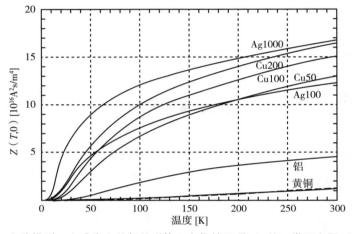

图 8.2　电路模型。电感为 L 的超导磁体，有依赖于 $T(t)$ 的正常区电阻 $r(t)$。

对任意的 T_i，T_f 组合，加热时长 $\tau_{ah}^i(T_f, T_i)$ 由下式给出。其中，角标 i 表示**恒电流**（J_{m0}）加热。

$$\tau_{ah}^i(T_f, T_i) = \left(\frac{1 + \gamma_{\frac{m}{s}}}{\gamma_{\frac{m}{s}}} \right) \frac{Z(T_f, T_i)}{J_{m0}^2} \tag{8.12a}$$

类似地，对任意的 T_i，T_f 组合，**恒电流**加热时长 τ_{ah} 对应一个基底电流密度 $J_{m0}^i(T_f, T_i)$：

$$J_{m0}^i(T_f, T_i) = \sqrt{\left(\frac{1 + \gamma_{\frac{m}{s}}}{\gamma_{\frac{m}{s}}} \right) \frac{Z(T_f, T_i)}{\tau_{ah}}} \tag{8.12b}$$

因为在 300 K 以上，$C_m(T)$ 存在渐近上限，而 $\rho_m(T)$ 却继续随 T 增长；被积函数 $\dfrac{C_m(T)}{\rho_m(T)}$ 随 T 减小。$Z(T_f, T_i)$ 的很小增量会引起绕组 T_f 的剧烈增加，大部分会损坏绕组。所以，务必保持 T_f 不大于 200 K。

8.2.2　电流放电模式下的绝热加热

本节我们研究超导磁体（L）中正常电阻区域 $r(t)$（或 $r(T)$）在电流放电（current discharge）模式下的绝热加热，这种模式在超导磁体保护中经常遇到。实际的例子在后面的专题中给出。

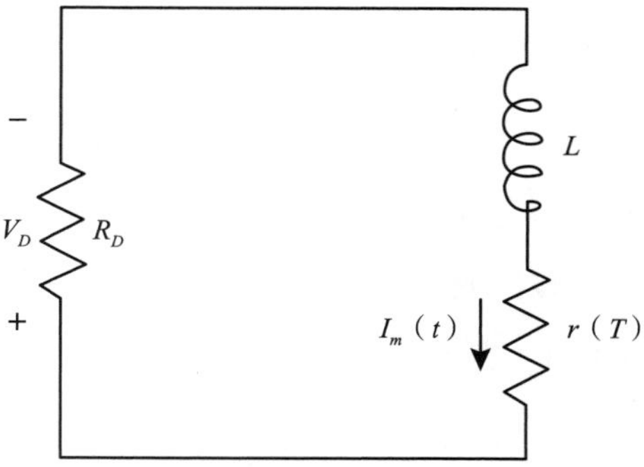

磁体最初（$t = 0$）运行电流 I_{op}，并联一个放电电阻（R_D）。图 8.3 给出了电路图，其中，$I_m(t)$ 是与时间有关的基底金属电流。$V_D \equiv R_d I_m(0) = R_d I_{op}$）是 $t = 0$ 时刻放电电阻上的放电电压。

图 8.3　超导磁体的电路模型。电感为 L，有依赖于 $T(t)$ 的正常区电阻 $r(t)$，在放电模式下绝热加热，放电电阻 R_D 跨接于磁体端子。$V_D \equiv R_d I_m(0)$ 是 $t = 0$ 时刻 R_D 上的放电电压。

式（8.9a）和式（8.9b）中关于绝热加热的假设相同，但 $J_{m0} = \dfrac{I_{op}}{A_m}$（常数）由 $J_m(t) \equiv \dfrac{I_m(t)}{A_m}$ 代替。我们有：

$$C_m(T)\frac{\mathrm{d}T}{\mathrm{d}t} = \left(\frac{A_m}{A_{cd}}\right)\rho_m(T)J_m^2(t) \tag{8.13}$$

关于 $I_m(t)$ 的电路方程为：

$$L\frac{\mathrm{d}I_m(t)}{\mathrm{d}t} + \left[R_D + r(t)\right]I_m(t) = 0 \tag{8.14}$$

大部分情况下 $R_D \gg r(t)$ 成立。在式 8.14 中解出 $I_m(t)$。考虑到 $\tau_{dg} = \dfrac{L}{R_D}$，可得 $J_m(t)$：

$$J_m(t) = J_{m0}e^{-\frac{t}{\tau_{dg}}} \tag{8.15}$$

式中，$J_{m0} \equiv J_m(t = 0)$。联立式（8.13）和式（8.15），使用 $Z(T_f, T_i)$ 的定

义，有：

$$Z(T_f, T_i) = \left(\frac{A_m}{A_{cd}}\right) \int_0^\infty J_{m0}^2 e^{-\frac{2t}{\tau_{dg}}} \mathrm{d}t = \left(\frac{A_m}{A_{cd}}\right) J_{m0}^2 \times \frac{1}{2}\tau_{dg} \tag{8.16a}$$

$$= \left(\frac{A_m}{A_{cd}}\right) J_{m0}^2 \left(\frac{L}{2R_D}\right) \tag{8.16b}$$

$$= \left(\frac{\gamma_{\frac{m}{s}}}{1 + \gamma_{\frac{m}{s}}}\right) J_{m0}^2 \left(\frac{L}{2R_D}\right) \tag{8.16c}$$

磁体电感 L 和放电电阻 R_D 可以分别由磁体初始存储磁能 E_m 和 R_D 上的初始放电电压 V_D 表示。即：

$$L = \frac{2E_m}{I_{op}^2} \tag{8.17a}$$

$$R_D = \frac{V_D}{I_{op}} \tag{8.17b}$$

联立式（8.16b）、式（8.17a）和式（8.17b），得到：

$$Z(T_f, T_i) = \left(\frac{A_m}{A_{cd}}\right) \frac{J_{m0}^2 E_m}{V_D I_{op}} \tag{8.18a}$$

该式表明，T_f 在大 J_{m0} 和/或 E_m 组合，小 V_D 和/或 I_{op} 的组合下较大。我们可以考虑将比值 $\dfrac{E_m}{V_D I_{op}}$ 作为有效放电时间，其中，$V_D I_{op}$ 是有效放电功率。由 $J_{m0} = \dfrac{I_{op}}{A_m}$，我们将式（8.18a）简化为：

$$Z(T_f, T_i) = \frac{J_{m0}^2 E_m}{A_{cd} V_D} \tag{8.18b}$$

在放电模式下，对任意绕组温度极限 T_f，存在一个最大的基底电流密度 J_{m0}^D：

$$J_{m0}^D = \frac{A_{cd} V_D Z(T_f, T_i)}{E_m} \tag{8.19}$$

式（8.19）给出了完全不同于低温稳定性判据［式（6.22）］的 J_{m0} 判据。

8.2.3　引线短接磁体的绝热加热

假设一个电感为 L 的磁体，端子短接。在 $t=0$ 时刻绕组中出现了一小块正常区域，电流 $I_m(t)$ 在电阻为 $r(T)$ 的正常区基底金属流动，电路模型如图 8.4 所示。

基底金属电流 $I_m(t)$ 的控制方程为：

$$L\frac{dI_m(t)}{dt} + r(T)I_m(t) = 0 \qquad (8.20)$$

温度依赖的 $r(T)$ 显然随时间增加，有 2 个原因：①磁能被转化为热能，正常态区域温度升高；②正常态区域自身在绕组内扩大。为了便于分析，使用**最简单**的假设：正常态区域电阻为常数，$r(T) = R_{nz}$：

$$R_{nz} = \frac{\rho_m(T_f)\ell_{nz}}{4A_m} \qquad (8.21)$$

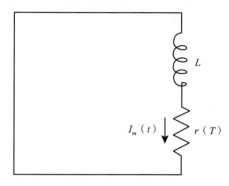

图 8.4　超导磁体的电路模型。电感为 L，端子短接，有依赖于温度的正常态区域电阻 $r(T)$，绝热加热。正常态区域的电流为 $I_m(t)$。

式中，$\rho_m(T_f)$ 是正常态最终温度下的基底电阻率；ℓ_{nz} 是电流衰减到零时处于电阻态的总导体长度。分母中的 4 来源于正常态区域温度 T_i 和 T_f 在空间（因子 2）和时间（因子约为 2）上的“平均”。式（8.21）同时假定了 $\rho_m(T_f) \gg \rho_m(T_i)$，该假设在一些特定的 T_i 和 T_f 组合下可能不成立，但这个简化引入的不确定性相比式（8.21）给出的基本假设引起的不确定性要小。在 R_{nz} 为常数时，$J_m(t) = \dfrac{I_m(t)}{A_m}$，由 $J_m(t=0) = \dfrac{I_{op}}{A_m} = J_{m0}$，得：

$$J_m(t) = J_{m0}e^{-\frac{t}{\left(\frac{L}{R_{nz}}\right)}} \qquad (8.22)$$

在绝热加热时，有：

$$Z(T_f, T_i) = \left(\frac{A_m}{A_{cd}}\right)\int_0^\infty J_{m0}^2 e^{-\frac{2t}{\left(\frac{L}{R_{nz}}\right)}}\, dt \qquad (8.23a)$$

$$Z(T_f, T_i) = \frac{1}{2}\left(\frac{A_m}{A_{cd}}\right)J_{m0}^2\left(\frac{L}{R_{nz}}\right) \qquad (8.23b)$$

$$= \frac{1}{2}\left(\frac{A_m}{A_{cd}}\right)J_{m0}^2\tau_{dg} \tag{8.23c}$$

式中，$\tau_{dg}=\dfrac{L}{R_{nz}}$是有效放电时间常数。对一个参数为 a_1，α，总匝数为 N 的螺管线圈，转入正常态的总复合导体长度 ℓ_{nz} 为：

$$\ell_{nz} = f_r \pi\, a_1(\alpha+1)N \tag{8.24}$$

式中，f_r 是处于电阻态的绕组体积分数，与式（8.6）定义相同。联立式（8.21）和式（8.24），有：

$$R_{nz} = f_r\frac{\rho_m(T_f)\pi a_1(\alpha+1)N}{4A_m} \tag{8.25}$$

我们可以用 L 和其他磁体参数式（3.81）表示 N：

$$N = \sqrt{\frac{L}{\mu_0\, a_1\mathcal{L}(\alpha,\beta)}} \tag{8.26}$$

于是，R_{nz} 可写为：

$$R_{nz} = f_r\frac{\pi(\alpha+1)\rho_m(T_f)}{4A_m}\sqrt{\frac{a_1 L}{\mu_0\mathcal{L}(\alpha,\beta)}} \tag{8.27}$$

这样，可得放电时间常数 τ_{dg}：

$$\tau_{dg} = \frac{L}{R_{nz}} = \frac{4A_m}{f_r\pi(\alpha+1)\rho_m(T_f)}\sqrt{\frac{\mu_o\mathcal{L}(\alpha,\beta)L}{a_1}} \tag{8.28a}$$

我们知道，$J_{m0}=\dfrac{I_{op}}{A_m}$，$L=\dfrac{2E_m}{I_{op}^2}$，其中，$E_m$ 是磁体的初始储能。于是我们可以将式（8.28a）写为：

$$\tau_{dg} = \frac{4}{f_r\pi(\alpha+1)\rho_m(T_f)J_{m0}}\sqrt{\frac{2\mu_0\mathcal{L}(\alpha,\beta)E_m}{a_1}} \tag{8.28b}$$

联立式（8.23c）和式（8.28b），有：

$$\rho_m(T_f)Z(T_f,T_i) = \left(\frac{A_m}{A_{cd}}\right)\frac{2J_{m0}}{f_r\pi(\alpha+1)}\sqrt{\frac{2\mu_0\mathcal{L}(\alpha,\beta)E_m}{a_1}} \tag{8.29}$$

从式（8.29）中可解出 T_f。如 8.1.2 节所提及的 T_f 关键依赖于 f_r，而 f_r 通常是未知的。对于 8.1.2 节中的实例，为了在 $B_0 \geqslant 5$T 时确保 T_f 低于 200 K，f_r 至少 ~ 0.1。HTS 磁体的正常区传播（NZP）速度很慢，很难满足该条件。8.4 节会继续讨论。

尽管 f_r 是未知的，但对一个给定的 T_f 和 T_i 组合，存在一个最大基底电流密度 $J_{m_0}^{sh}$，在此电流下可限制短接磁体的过热：

$$J_{m_0}^{sh} = \frac{1}{2}\left(\frac{A_{cd}}{A_m}\right)f_r\pi(\alpha+1)\rho_m(T_f)Z(T_f,T_i)\sqrt{\frac{a_1}{2\mu_0\mathcal{L}(\alpha,\beta)E_m}} \tag{8.30a}$$

如我们所料，$J_{m_0}^{sh}$ 在大 f_r 和 T_f，小 E_m 组合下为增函数。因为 $E_m = \mu_0 a_1\mathcal{L}(\alpha,\beta)N^2\dfrac{I_{op}^2}{2}$，$J_{m_0}^{sh}(T_f,T_i)$ 又可以写为：

$$J_{m0}^{sh}(T_f,T_i) = \frac{1}{2}\left(\frac{A_{cd}}{A_m}\right)\frac{f_r\pi(\alpha+1)\rho_m(T_f)Z(T_f,T_i)}{\mu_0\mathcal{L}(\alpha,\beta)NI_{op}} \tag{8.30b}$$

式（8.30b）表明，安匝数比较大的螺管线圈必须在 $J_{m_0}^{sh}$ 数值小的情况下运行。

8.2.4　恒定电压模式下的绝热加热

最后，我们考虑一个导体总长度为 ℓ_{cd} 的全部绕组都是电阻性的超导磁体，电阻为 $R_m(T)$，连接于恒压源，整个绕组的温度均为 $T(t)$，如图 8.5 所示。考虑到 $R_m(T) = \dfrac{\rho_m(T)\ell_{cd}}{A_m}$，类似式（8.9a）的功率密度方程：

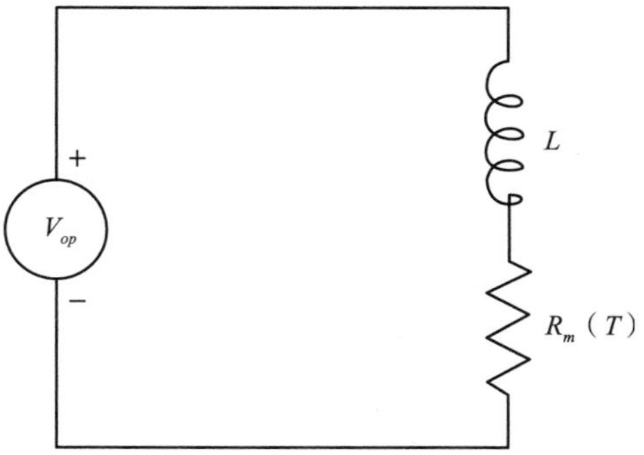

图8.5　超导磁体的电路模型。电感为 L，全部绕组处于正常态，电阻为 $R_m(T)$，运行在恒压（V_{op}）加热模式。

$$A_{cd}\ell_{cd}C_{cd}(T)\frac{dT}{dt} = \frac{V_{op}^2}{R_m(T)} = \frac{V_{op}^2 A_m}{\rho_m(T)\ell_{cd}}$$

$$C_m(T)\frac{dT}{dt} \simeq \left(\frac{A_m}{A_{cd}}\right)\frac{V_{op}^2}{\rho_m(T)\ell_{cd}^2} \tag{8.31a}$$

我们可以将式（8.31a）表达为式（8.9c）：

$$\int_{T_i}^{T_f} C_m(T)\rho_m(T)\,\mathrm{d}T = \left(\frac{A_m}{A_{cd}}\right)\frac{V_{op}^2}{\ell_{cd}^2}\tau_{ah} \tag{8.31b}$$

式中，τ_{ah} 是在恒压模式下的加热时间。根据 $Z(T_f, T_i)$，我们可以定义函数 $Y(T_f, T_i)$：

$$Y(T_f, T_i) \equiv \int_{T_i}^{T_f} C_m(T)\rho_m(T)\,\mathrm{d}T \tag{8.32a}$$

对合金基底金属，上式可以做类似式（8.10b）的简化形式：

$$Y(T_f, T_i) \simeq \tilde{\rho}_m \big[H_m(T_f) - H_m(T_i) \big] \tag{8.32b}$$

与 $Z(T_f, T_i)$ 类似，$Y(T_f, T_i)$ 也可以写成：

$$Y(T_f, T_i) = Y(T_f) - Y(T_i) \tag{8.32c}$$

图 8.6 给出了与图 8.2 中的 $Z(T, 0)$ 为同一种金属的 $Y(T, 0)$ 图。一般来说，大约在 50K 以下，金属纯度对 ρ_m 影响很大，从而对 $Z(T, 0)$ 影响很大。而在 $T >$ 约 100K 时，金属纯度对 $Y(T, 0)$ 影响很小。类似式（8.9c），从式（8.31b）可导出：

$$Y(T_f, T_i) = \left(\frac{A_m}{A_{cd}}\right)\frac{V_{op}^2 \tau_{ah}}{\ell_{cd}^2} \tag{8.33}$$

注意螺管线圈在 $f_r = 1$ 的 ℓ_{cd} 已由式（8.24）给出，使用式（8.26），得：

$$\ell_{cd} = \pi(\alpha + 1)\sqrt{\frac{a_1 L}{\mu_0 \mathcal{L}(\alpha, \beta)}} \tag{8.34}$$

将式（8.34）中的 ℓ_{cd} 代入式（8.33），有：

$$Y(T_f, T_i) = \left(\frac{A_m}{A_{cd}}\right)\frac{\mu_0 \mathcal{L}(\alpha, \beta) V_{op}^2 \tau_{ah}}{\pi^2 (\alpha + 1)^2 a_1 L} \tag{8.35}$$

对任意 T_f 和 T_i 组合，在**恒压加热模式**下，存在一个加热时间极限 τ_{ah}^v：

$$\tau_{ah}^v = \left(\frac{A_{cd}}{A_m}\right)\frac{\pi^2 (\alpha + 1)^2 a_1 L}{\mu_0 \mathcal{L}(\alpha, \beta)}\left[\frac{Y(T_f, T_i)}{V_{op}^2}\right] \tag{8.36}$$

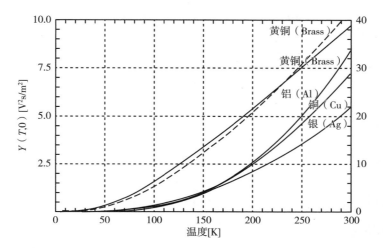

图 8.6　$Y(T,0)$ 图。左侧纵轴刻度是 Ag(100~1000)、Cu(50~200)、Al(1100)，右侧纵轴刻度是黄铜（Cu70-Zn30）——虚线也是黄铜［式（8.32b），（$\rho_m = 5.5 \times 10^{-8}$ Ω·m）］。特别是温度超过大约 100 K 后，$Y(T,0)$ 几乎与 Ag 和 Cu 的纯度无关。

由于 $\rho_m(T)$ 随温度 T 增加，$Y(T,0)$ 在 T 超过 300 K 之后继续增加。因为超导磁体处于正常态的总电阻 $R_m(T)$ 正比于 $\rho_m(T)\ell_{cd}$，通过磁体的加热电流由 $\dfrac{V_{op}}{R_m(T)}$ 给出，它随 T 增加而减小。这意味着 τ_{ah}^v 比 T_f 增加的更快。即恒压加热模式比恒流模式更不容易热失控。因此，就加热超导磁体而言，恒压模式要比恒流模式更安全。本问题将在问题 8.1 中进一步讨论。

8.3　高电压

大部分超导磁体之所以吸引人的特征是励磁仅需低电压，一般 ~10V；对于产生相同场强的常规金属磁体，该值 >100V。磁体运行包括 3 个时间区间：①充电励磁；②给定磁场静态运行；③放电。不幸的是，这种低电压通常仅在前 2 个区间可以保证，区间 3 仍可能遇到非常高的电压，特别是它处于故障模式的时候。当然，由于磁体失超，区间 1 和区间 2 可能会突然转入区间 3。由于超导磁体是电感器件，其端电压由下式给出：

$$V = L \frac{\mathrm{d}I}{\mathrm{d}t} \tag{8.37a}$$

注意 $L = \dfrac{2E_m}{I_0^2}$，其中，I_0 是区间 3 开始时的磁体电流。因为在这个区间，磁体电流下降 ΔI 通常等于 I_0，我们可以将式（8.37a）改写为：

$$V = \frac{2E_m}{I_0^2}\left(\frac{\Delta I}{\Delta t}\right) \approx \frac{2E_m}{I_0 \Delta t} \qquad (8.37b)$$

保护对 E_m 超过 ~100 kJ 的磁体才变得非常关键。储能量小于这个级别的磁体是无关紧要的，至少不存在严重的困难。如果我们设定实际超导磁体的危险电压是 1 kV，那么根据式（8.37b），在 $E_m = 100$ kJ 时，任意小于 200 As 的 $I_0\Delta t$ 组合都会产生高于 1 kV 的电压，将足以引起磁体严重破坏。一个实例：运行于 $I_0 = 1$ kA 的 100 kJ 磁体，放电时间尺度上以 ~200 ms，将产生 1 kV 的高压。若储能量更大，则问题会更严重[8.17]。

我们还可根据式（8.37b），电流引线须承受放电高压。阿尼先科、黑勒等[8.18] 和格霍尔德[8.19] 已开发出可以承受高压的电流引线。

8.3.1　电弧环境

设计者可选择的超导绕组工作环境包括：①真空或非真空；②液体或气体；③氦或氮。在防止电弧方面，只要不是在帕邢压力附近（见下文），真空优于非真空，液体优于气体，氮优于氦。不过，放电可能会破坏设计者选择的环境。故障引起的绕组加热会破坏设计条件：①它可能加速系统排气，使系统维持高真空变得困难；②它可能将局部环境从液体变为气体。

自 20 世纪 70 年代初起，人们开始汇总制冷剂的绝缘击穿数据[8.20,8.21]。格霍尔德给出了氮和氦的击穿数据[8.22]。在超导磁体中，存在很多影响电弧的设计条件，尚无普适的明确数据。舒尔茨简明地探讨了这个大问题，给出了不少图表和数据[1.28,8.11]。

8.3.2　帕邢电压试验

表 8.4 给出了室温气体的最小电弧放电电压 V_{mn} 以及对应的 Pd 数据。P 是气体压力，d 是施加电压 V_{mn} 时的电极距离。注意双原子分子的 V_{mn} 要比惰性气体的高。

表 8.4　最小电弧电压 V_{mn} 和室温气体在该电压下的 Pd 数据 [8.23]

气　体	V_{mn} [V]	$Pd@V_{mn}$ 时 [torr mm]
Air	327	5.67
Ar	137	9
H_2	273	11.5
He	156	40
N_2	251	6.7

　　帕邢电压试验是放电电压超过 1kV 的超导磁体的例行试验。试验时，将电流引线和测量接线连接于高压发生装置，将低温容器抽空至某压力（如 $P \sim 10^{-3}$ torr）。如果在电压升高至 V_{mn} 期间没有观察到泄漏电流，则在下一个压力水平下（从 $P \sim 10^{-2}$ torr 到大气压）重复上述试验。系统在进行更复杂的高压测试前，必须通过上述简单试验。

8.3.3　失超磁体内的电压峰值

　　我们使用一个简单的模型，并引入额外的简化假设，研究失超磁体在其端子短接时的内部电压峰值 [1.27,8.24~8.25]。在以下 2 种超导磁体模式下，很可能出现短时端子短接工况：①连接于恒压源的磁体在区间 1，磁体电流增加至进入区间 2 时；②区间 2 的磁体被持续模式开关旁路时。任一模式下，当故障迫使（主动保护）或自动（被动保护）地令超导磁体进入区间 3 时，端子不能再被视为短接。不过此时，特别是当磁体为主动保护时，因为执行延迟，损坏可能已经发生。

内部电压分布

　　在一个带旁路电阻的磁体中，正常区域正在扩散时的内部电压分布与绕组内的正常区分布有关。图 8.7 给出了磁体内的电压分布。其中，绕组从接地端子绕向另一个接地端子。单位导体长度的电感假定为常数。在图 8.7（a）中，从一个端子计，10%（$f_r = 0.1$）的绕组已进入电阻态。在图 8.7（b）中是 20%，图 8.7（c）中是 50%，图 8.7（d）中是 100%。

　　在图 8.7 的各电压分布中，实线表示电阻电压；短虚线表示感性电压；长虚线表示总内部电压，是电阻电压和电感电压之和。各图中，磁体电流保持恒定，为 I_{op}。实际中，电流随时间减小。这个减小的影响在后面将会考虑。

　　最高电阻电压 $[V_r]_{mx}$ 发生在磁体的一个端子上。因为端子是接地的，它恰好与等值

的感性电压 $[V_r]_{mx} = R_{nx}I_{op}$ 一致。其中，R_{nx} 是总的正常态电阻，如式（8.25）所给。

从图 8.7 中可得最大**内部**电压为：

$$[V_{in}]_{mx} = f_r(1 - f_r)R_{nz}I_{op} \tag{8.38}$$

其中，f_r 的意义在式（8.6）已指出，是进入电阻态的绕组体积分数。注意磁体电流维持 I_{op}。式（8.38）表明，在 $f_r \to 0$ 或 $f_r \to 1$ 时有 $[V_{in}]_{mx} \to 0$；还表明 $[V_{in}]_{mx}$ 的峰值出现在 $f_r = 0.5$。

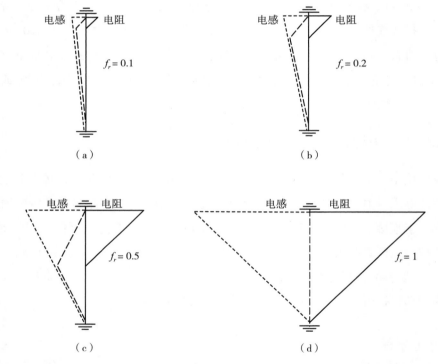

图 8.7　恒流模式、双端子接地、正在失超的磁体内不同正常区大小对应的电压分布。在电阻区内，导体电阻率假定为常数。（a）10%（$f_r = 0.1$）的绕组处于电阻态。（b）20%（$f_r = 0.2$）。（c）50%（$f_r = 0.5$）。（d）100%（$f_r = 1$）。实线代表电阻电压，短虚线代表电感电压，长虚线代表总内部电压，即电阻性和电感性电压之和。

联立式（8.25）和式（8.38），有：

$$[V_{in}]_{mx} = f_r(1 - f_r)\frac{\pi(\alpha + 1)\rho_m(T_f)a_1}{4A_m}NI_{op} \tag{8.39}$$

基底电流密度的电压判据

最大内部电压出现的条件为：①电流仍维持 I_{op}，正常区扩散到占绕组的 50%，②或初始时绕组即有 50% 进入正常态。

我们可得带旁路螺管磁体内部感应电压判据，在此基底电流密度 $J_{m_0}^V$ 下，感应电压不超过击穿值 V_{bk}。联立式（8.39）和式（8.3），我们有：

$$J_{m_0}^V = \frac{2}{f_r(1-f_r)} \left[\frac{F(\alpha,\beta)}{\pi(\alpha^2-1)\beta} \right] \left[\frac{\mu_0 V_{bk} I_{op}}{a_1^2 \rho_m(T_f) B_0} \right] \tag{8.40a}$$

类似地，我们可以得到一个直接依赖 E_m 的表达式：

$$J_{m0}^V = \frac{2}{f_r(1-f_r)} \left[\frac{\sqrt{\mathcal{L}(\alpha,\beta)}}{\pi(\alpha+1)} \right] \left[\frac{V_{bk} I_{op}}{\rho_m(T_f)} \sqrt{\frac{2\mu_0}{a_1 E_m}} \right] \tag{8.40b}$$

可见，J_{m0}^V 随 V_{bk} 和 I_{op} 之乘积增大而增大。最重要的结论是：$J_{m_0}^V$ 随正常态金属的**电导率**增大而增大。较大的 V_{bk} 意味着较大的 $J_{m_0}^V$，但是，I_{op} 下的绕组电流密度 $\lambda\ J_{op}$（6.3.3 节）会变小，因为需要更强的绝缘。

8.4　正常区传播

就保护问题来说，大部分实际大小的 LTS 磁体都必须使用某种主动保护技术，其中的一些将在后面讨论。然而因为任何主动保护技术在非恢复正常区的检测和降流操作之间都存在不可避免的延迟，所以，我们要让磁体正常区传播（NZP）速度加快，扩大其 f_r，进而限制 e_{mr}［式（8.7）］，加强 J_m^{sh}［式（8.30）］和 J_{m0}^V［式（8.40）］。一个具有快 NZP 速度（3 个方向）的磁体可以成为自保护的，自保护磁体的更多细节后文将讨论。因为 NZP 速度在 HTS 绕组中通常比在 LTS 绕组中慢很多，所以自保护 HTS 磁体几乎不可能实现：所有的 HTS 磁体都要主动保护。

8.4.1　轴向 NZP 速度

作为高性能（绝热）磁体保护的一个重要参数，自 20 世纪 60 年代以来，LTS 和 HTS 样品、模型绕组和磁体在绝热、准绝热、冷却条件下的长度方向（沿着导体轴向）

的 NZP 速度 U_ℓ 得到了全面的研究[8.1,8.2,8.25-8.75]。在那些绝热或准绝热的绕组中，NZP 不是仅沿导体轴向，而是三维扩散的：$U_t \propto U_\ell$。其中，U_t 是"横向"传播速度。

绝热条件下的 NZP

图 8.8 给出了一个绝热条件下载流为 I 的导体，正常-超导边界在 $x=0$ 处，边界以恒定速度 U_ℓ 沿 $+x$ 方向移动。正常态超导体的功率密度方程由不含扰动和冷却项的式（6.1）的一维（x）形式给出：

$$C_n(T)\frac{\partial T_n}{\partial t} = \frac{\partial}{\partial x}\left[k_n(T)\frac{\partial T_n}{\partial x}\right] + \rho_n(T)J^2 \qquad (8.41a)$$

其中，$C_n(T)$，$k_n(T)$ 和 $\rho_n(T)$ 分别是超导体在正常态的热容、热导率和电阻率。

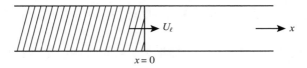

图 8.8 一维正常-超导边界（$x=0$）以恒定速度 U_ℓ 沿长度方向（轴向）移动。阴影部分（$x<0$）为正常态区域，右侧为超导区域。

类似地，超导区域在绝热条件下的 x 方向的功率密度方程为：

$$C_s(T)\frac{\partial T_s}{\partial t} = \frac{\partial}{\partial x}\left[k_s(T)\frac{\partial T_s}{\partial x}\right] \qquad (8.41b)$$

其中，$C_s(T)$，$k_s(T)$ 是超导态的热容和热导率。当正常-超导边界在 $+x$ 方向以恒定速度 U_ℓ 移动时，我们可以将 x 坐标变换为 z 坐标：$z = x - U_\ell t$。$\dfrac{\partial T_n}{\partial t}$ 可以写为：

$$\frac{\partial T_n}{\partial t} = \frac{\partial T}{\partial z}\frac{\partial z}{\partial t} = -U_\ell\frac{\mathrm{d}T}{\mathrm{d}z} \qquad (8.42)$$

于是，我们可以把式（8.41）写成：

$$-C_n(T)U_\ell\frac{\mathrm{d}T_n}{\mathrm{d}z} = \frac{\mathrm{d}}{\mathrm{d}z}\left[k_n(T)\frac{\mathrm{d}T_n}{\mathrm{d}z}\right] + \rho_n(T)J^2 \qquad (8.43a)$$

$$-C_s(T)U_\ell\frac{\mathrm{d}T_s}{\mathrm{d}z} = \frac{\mathrm{d}}{\mathrm{d}z}\left[k_s(T)\frac{\mathrm{d}T_s}{\mathrm{d}z}\right] \qquad (8.43b)$$

整理式（8.43a）和式（8.43b），得到超导体在超导区（$z>0$）和正常区（$z<0$）分别的能量密度方程：

$$(z < 0) \quad \frac{\mathrm{d}}{\mathrm{d}z}\left[k_n(T)\frac{\mathrm{d}T_n}{\mathrm{d}z}\right] + C_n(T)U_\ell\frac{\mathrm{d}T_n}{\mathrm{d}z} + \rho_n(T)J^2 = 0 \qquad (8.44a)$$

$$(z > 0) \quad \frac{\mathrm{d}}{\mathrm{d}z}\left[k_s(T)\frac{\mathrm{d}T_s}{\mathrm{d}z}\right] + C_s(T)U_\ell\frac{\mathrm{d}T_s}{\mathrm{d}z} = 0 \qquad (8.44b)$$

令 $C_n(T)$，$k_n(T)$，$C_s(T)$ 和 $k_s(T)$ 均为常数，分别记为 C_n，k_n，C_s 和 k_s。假设 $\frac{\mathrm{d}^2 T_n}{\mathrm{d}z^2} \simeq 0$，式（8.44）可以重写为：

$$(z < 0) \quad C_n U_\ell\frac{\mathrm{d}T_n}{\mathrm{d}z} + \rho_n J^2 = 0 \qquad (8.45a)$$

$$(z > 0) \quad k_s\frac{\mathrm{d}^2 T_s}{\mathrm{d}z^2} + C_s U_\ell\frac{\mathrm{d}T_s}{\mathrm{d}z} = 0 \qquad (8.45b)$$

从式（8.45b）中可直接解出 $T_s(z)$：

$$T_s(z) = Ae^{-cz} + T_{op} \qquad (8.46a)$$

式中，T_{op} 是远离 $z=0(z\gg0)$ 处的运行温度，$c=\dfrac{C_s U_\ell}{k_s}$。我们还知道 $z=0$ 时由 $T_s = T_t$，其中，T_t 是载流为 I 的超导体的**转变温度**。于是：

$$T_s(z) = (T_t - T_{op})\exp\left(-\frac{C_s U_\ell}{k_s}z\right) + T_{op} \qquad (8.46b)$$

另一个边界条件是各区域的 $k\left(\dfrac{\mathrm{d}T}{\mathrm{d}z}\right)$ 应该在 $z=0$ 处相等——热流必须在边界上连续：

$$k_n\frac{\mathrm{d}T_n}{\mathrm{d}z}\bigg|_0 = k_s\frac{\mathrm{d}T_s}{\mathrm{d}z}\bigg|_0 \qquad (8.47a)$$

联立式（8.45a）、式（8.46b）和式（8.47a），有：

$$-\frac{k_n \rho_n J^2}{C_n U_\ell} = - C_s U_\ell (T_t - T_{op}) \tag{8.47b}$$

在式（8.47b）中解出 U_ℓ，有：

$$U_\ell = J \sqrt{\frac{\rho_n k_n}{C_n C_s (T_t - T_{op})}} \tag{8.48}$$

式（8.48）的要点包括：U_ℓ 直接正比于电流密度 J 而反比于 2 个区域热容的"几何"平均 $\sqrt{C_n C_s}$。式（8.48）给出的 U_ℓ 对绝热条件下的裸超导体有效。由于材料物性是温度依赖的，使用 U_ℓ 的精确表达式没什么必要。不过出于完整性，我们给出下面的精确表达式[8.47]：

$$U_\ell = J \sqrt{\frac{\rho_n(T_t) k_n(T_t)}{\left[C_n(T_t) - \dfrac{1}{k_n(T_t)} \dfrac{dk_n}{dT}\bigg|_{T_t} \displaystyle\int_{T_{op}}^{T_t} C_s(T)\,dT\right] \displaystyle\int_{T_{op}}^{T_t} C_s(T)\,dT}} \tag{8.49}$$

式（8.49）给出的 U_ℓ 值与 YBCO 带材短样在 45~77K 的实测值一致[8.66]。

取材料物性为常数，我们发现式（8.49）退化为式（8.48）。在 $C_n = C_s = C_0$ 时，式（8.48）可以写为：

$$U_\ell = \frac{J}{C_0} \sqrt{\frac{\rho_n k_n}{(T_t - T_{op})}} \tag{8.50a}$$

在 $\dfrac{(T_t - T_{op})}{T_{op}} \ll 1$ 时（一个通常 LTS 可以满足而 HTS 不能满足的条件），我们可以修正式（8.50a），让它包含温度依赖的 C_0，ρ_n 和 k_n：

$$U_\ell = \frac{J}{C_0(\tilde{T})} \sqrt{\frac{\rho_n(\tilde{T}) k_n(\tilde{T})}{(T_t - T_{op})}} \tag{8.50b}$$

式中，$\tilde{T} = \dfrac{(T_t + T_{op})}{2}$。式（8.48）至式（8.50）对没有基底金属的超导体成立。实际中，磁体级超导体都是复合导体，我们可以用基底金属材料的物性近似上述材料属性。

复合超导体

一种复合超导体，基底金属的截面为 A_m，在 $\dfrac{(T_t - T_{op})}{T_{op}} \ll 1$ 时（同样，只适用于

LTS），物性与温度有关，利用 $\tilde{T} = \dfrac{(T_t + T_{op})}{2}$，将式（8.50b）推广为：

$$U_\ell = \frac{J_m}{C_{cd}(\tilde{T})} \sqrt{\frac{\rho_m(\tilde{T}) k_m(\tilde{T})}{T_t - T_{op}}} \qquad (8.51a)$$

式中，$C_{cd}(\tilde{T})$ 是导体在 T_{op} 和 T_t 之间的体积平均热容，J_m 是基底金属截面上的电流密度。因为 ρ_m（基底金属电阻率）远小于 ρ_n，k_m（基底金属热导率）远大于 k_n，式（8.51a）中使用 $k_m(\tilde{T})$ 和 $\rho_m(\tilde{T})$ 是非常合适的。在式（8.51a）中，乔希（Joshi）建议转变温度 $T_t \equiv \dfrac{(T_{cs} + T_c)}{2}$ [8.45] 或简单的 $T_t = T_{cs}$。试验数据很难验证其中的微小差异。基于和式 8.9b 相同的近似方法，我们使用 $C_{cd}(\tilde{T}) \simeq C_m(\tilde{T})$，有：

$$U_\ell \simeq \frac{J_m}{C_m(\tilde{T})} \sqrt{\frac{\rho_m(\tilde{T}) k_m(\tilde{T})}{T_t - T_{op}}} \qquad (8.51b)$$

式（8.48~8.51）的一般适用性已被大量 LTS 和 HTS 磁体实验所证实。

长度方向 NZP 速度的实验确定

确定 U_ℓ 的基本实验装置很简单。如图 8.9 所示，一般在一个长直样品上，测量很多短距离（10~20 cm）的"局部"电压信号。在一些实验中，还监测局部的温度。如果测试样品处于磁体室温孔中，样品更倾向于使用环形、螺旋形而非长直的。测试样品载流 I 时，用加热器等装置制造一个局部失超区域，失超过程用电压信号 V_1，V_2，V_3 以及 $V_\Sigma = V_1 + V_2 + V_3$ 监测。明显，U_ℓ 可以从相邻电压（和/或温度）信号间距及其达到时间计算确定。图 8.9（b）给出了一段 10 cm 长 Nb$_3$Sn 带的 V_1，V_2，V_3 以及 $V_\Sigma = V_1 + V_2 + V_3$ 的记录波形[8.55]。

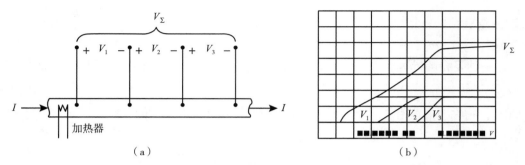

图 8.9　（a）测量长度方向 NZP 速度的实验装置示意图；（b）NZP 事件的电压记录波形图[8.55]。

使用类似 LTS 测试所用的技术，20 世纪初成功测量了 HTS 样品。这里，不涉及实验设置的任何细节，我们在图 8.10 给出电压［图 8.10（a~c）］和温度［图 8.10（d）］的四组记录波形，据此可以确定 YBCO 带材 NZP 速度：a）、b）和 c）是测试样品长度分别为 20 cm[8.65]、15 cm[8.70] 和 18 cm[8.74] 情况下的 $V(t)$ 曲线。在 20 cm 长的 YBCO 带材中，初始温度为 50 K 的样品的局部正常区域的产生依赖于在 20 cm 长度范围内的临界电流**非均匀**分布。72A 的过流脉冲［图 8.10（a）和 8.10（d）］触发了区域 5 的失超（相应的，V_5 和 T_5），导致恒定电流为 30 A 的 NZP［图 8.10（a）］；a）中的 $V(t)$ 的时间刻度和 d）中 $T(t)$ 的时间刻度是一致的；b）中的 $V(t)$ 曲线是 15 cm 长带材在 60 K 下的；c）中的是 18 cm 的带材在 70 K 下的。测到的 NZP 速度在 2~10 mm/s，总结如表 8.5。

表 8.5　LTS 和 HTS（裸材和复合体）的几组实测 U_ℓ 值

超导体	环　境	T_{op}［K］	B_{ex}［T］	J［A/mm^2］	U_ℓ［mm/s］
NbZr[8.26] （单丝；无金属基底）	液氦	4.2	0	100*	933
				1000*	9330
			6	100*	5345
		8.8	0	100*	1215
NbTi[8.36] （多丝复合导体）	液氦	4.2	0	420†	"恢复"
				840†	6800
			4	420†	4660
				840†	18600
Nb$_3$Sn[8.39] （多丝复合导体）	绝热	4.2	0	630†	1830
			6	315†	1490
				630†	3720

续表

超导体	环 境	T_{op} [K]	B_{ex} [T]	J [A/mm²]	U_ℓ [mm/s]
Nb₃Sn[8.55] （带材）	准绝热	12	5	700†	510
		5.5	0	470†	525
Bi2223-Ag[8.55]	准绝热	40	0	230†	2
YBCO[8.64,8.69,8.73] （涂层）	绝热	46	0	10~15†	2~8
		77		3~15†	3~10
				65†	2.5
				115†	9
		40		115†	38
MgB₂[8.70] （单丝；铁基底）	准绝热	4.2	4	26†	无 NPZ
				78†	930
				212†	6000

* I/导体截面。

† I/基底金属截面。

表 8.5 列出了几种 LTS 和 HTS 的 U_ℓ 测量值。尽管由液氦冷却，因为没有基底金属 [斯特科利（Stekly）时代之前的超导体]，正常态焦耳热完全超过了冷量，NbZr 单丝[8.26] 的 $U_\ell \propto J$。这些数据表明，HTS（Bi2223-Ag；YBCO）的 NZP 速度比 LTS 小 2~4 个数量级。NbTi 的 "恢复"[8.36] 将在 8.4.2 节讨论。因为没有用高导电基底金属，铁基底 MgB₂[8.70] 的 NZP 速度和 LTS 有可比性。在总导体电流密度 J_{cd} 为 26 A/mm² 或更低时，不会发生 NZP：因其指数很小（ $n \simeq 15$ ），正常态超导体不能产生足够的焦耳热。类似地无 NZP 行为在 Bi2223-Ag 带[8.55] 和 YBCO 带[8.64,8.69,8.73] 中都观察到了（图 8.10）。

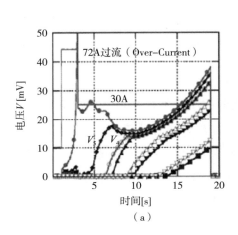

（ a ）

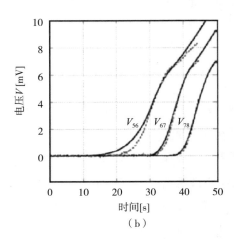

（ b ）

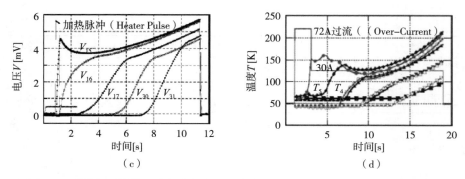

图 8.10　YBCO 测试样品在长度方向的 NZP 信号。（a），（b）和（c）是测试样品长度分别为 20cm[8.65]，15cm[8.70] 和 18cm[8.74] 情况下的 $V(t)$ 曲线。（d）中的 $T(t)$ 曲线对应于（a）中的 $V(t)$ 曲线。除了信号曲线，各图的标注方式都做了修改。

8.4.2　冷却条件下的 NZP

尽管在冷却（cooled）磁体中的 NZP 保护不及绝热磁体中那么重要，但有冷却条件的 NZP 也得以广泛研究。从表 8.5 中的 NbTi 复合导体数据中可看到，实际上存在一个"恢复"电流：低于该电流，正常态会缩小而不是扩大。

8.4.3　横向（匝间）速度

现在将我们的关注点转向超导带材的横向（匝间）NZP 速度 U_t。Nb_3Sn 带材曾一度很流行，但现在已不再用。现在最广泛使用的复合超导带材是 HTS 的 Bi2223-Ag 和 YBCO，二者用于绕饼式线圈。此类 HTS 磁体的绕组尽管由制冷剂或制冷机冷却，但本质上是绝热的。U_ℓ 的绝热分析可以用于导出 U_t[8.57]：

$$U_t = U_\ell \sqrt{\frac{1}{2}\left(\frac{\delta_{cd}}{\delta_i}\right)\left[\frac{k_i(\tilde{T})}{k_m(\tilde{T})}\right]} \tag{8.52}$$

式中，$k_i(\tilde{T})$ 是相邻的厚度为 δ_{cd} 超导带之间的厚度为 δ_i 的绝缘层的温度平均热导率。在式（8.52）中，一般有 $\delta_{cd}>\delta_i$，倍数通常在 3～10。$k_m \gg k_i$，倍数在 1000 或更大，甚至在 77K 时也是如此。所以，U_t 至少比 U_ℓ 小 1～2 个数量级。Bi2223-Ag 和 YBCO 模型线圈的测试表明，U_t 至少比 U_ℓ 小 1 个数量级。因为有高导电基底的 HTS 的 U_ℓ 仅有 1～10 mm/s，则 U_t 更小。下面的讨论表明，在二维和三维绕组中，接触热阻能进一步减小有效 U_t。

接触热阻

因为 $U_t \propto \sqrt{k_i}$，故使用高热导材料做匝间绝缘可以提高 U_t。一种满足条件的材料是钻石，钻石的体热导率在液氮温区是铜的 $10 \sim 100$ 倍[8.54]。不过，式（8.52）没有考虑导体和绝缘体之间的接触热阻。实际上，由绝缘垫片隔开的相邻导体之间存在 2 个接触热阻 $R_{th_{ct}^1}$ 和 $R_{th_{ct}^2}$。于是，式（8.52）中的 k_i 应被 k_i' 替换：

$$\frac{1}{k_i'} = \frac{1}{k_i} + R_{th_{ct}^1} + R_{th_{ct}^2} \tag{8.53}$$

使用式（8.53）中的 k_i' 代入式（8.52），得：

$$U_t = U_\ell \sqrt{\frac{1}{2}\left(\frac{\delta_{cd}}{\delta_i}\right) \frac{k_i}{k_m[1 + k_i(R_{th_{ct}^1} + R_{th_{ct}^2})]}} \tag{8.54}$$

式（8.54）表明当接触热阻是主要项，即 $k_i(R_{th_{ct}^1} + R_{th_{ct}^2}) \gg 1$ 时，式（8.54）中的 k_i 可以消去，从而绝缘体的热导率与 U_t 无关。于是在该条件下：

$$U_t = U_\ell \sqrt{\frac{1}{2}\left(\frac{\delta_{cd}}{\delta_i}\right) \frac{1}{k_m(R_{th_{ct}^1} + R_{th_{ct}^2})}} \tag{8.55}$$

用 $250\ \mu m$ 绝缘层的 Bi2223-Ag 超导带的 U_t 实测值基本证实了式（8.55）的正确性。同样的结果也在用诺梅克斯（Nomex）和迈拉（Mylar）做绝缘层的 YBCO 带材中观察到了[8.74,8.75]。

实验结果

尽管 LTS 和 HTS 都满足 $U_t \ll U_\ell$ 条件，但在大部分 LTS 绕组中，NZP 的主要方向是横向，这是因为大部分绕组的导体长度 ℓ_{cd} 远大于绕组尺度（例如螺管的 $a_2 - a_1$）：在 LTS 和 HTS 绕组中，$\frac{(a_2 - a_1)}{U_t} \ll \frac{\ell_{cd}}{2U_\ell}$ 条件通常是满足的。不过，如 8.6 节将深入讨论的，这个条件并不能保证 LTS 和 HTS 磁体保护的有效。

图 8.11 给出了 4 组 YBCO 样品在 77K 下的横向 NZP 信号：（a）对 2 个用 $38\ \mu m$ 厚 Nomex 绝缘的绕组模型测到的 $V(t)$ 曲线——实线是"干"隔层，虚线是浸渍过的

隔层[8.75]。（b）同一个浸渍绕组的 $V(t)$ 曲线，测量曲线是实线，与（a）中的虚线相同；虚线是 $R_{th_{ct}^1} = R_{th_{ct}^2} = 0$ 条件下的仿真曲线；（c）和（d）分别是对环氧浸渍模型饼式线圈的 $V(t)$ 和 $T(t)$ 的预测曲线。线圈内径 100 mm、外径 120 mm，共 10 层，传输电流在 $t = 20$ s 时切断[8.76]。

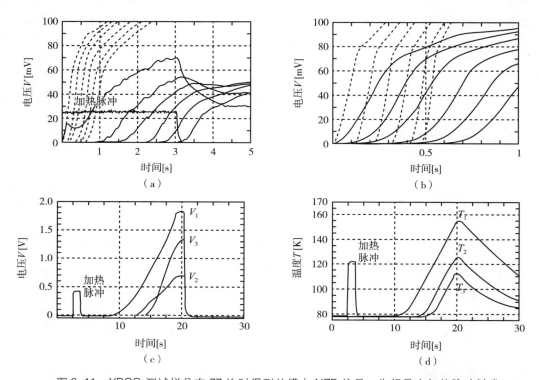

图 8.11　YBCO 测试样品在 77 K 时得到的横向 NZP 信号，失超是由加热脉冲触发的。（a）对 2 个用 38μm 厚 Nomex 绝缘的绕组模型测到的 $V(t)$ 曲线——实线是"干"隔层，虚线是浸渍过的隔层。（b）同一个浸渍绕组的实测曲线，测量曲线是实线，仿真曲线是虚线[8.75]。（c）和（d）分别是环氧浸渍模型饼式线圈的 $V(t)$ 和 $T(t)$[8.76]。

数据给出的 U_t 在 0.1～1 mm/s 范围，至少比 U_ℓ 小 1 个数量级。在干绕组[8.75]中，测到的 U_t 在接触压力为 10 MPa 时约为 0.1 mm/s；在接触压力 25 MPa 时约为 0.2 mm/s；在环氧树脂浸渍的绕组中，横向速度约为 1 mm/s。

8.4.4　热流体动力学反馈失超

对迫流氦冷却的 CIC 导体，在局部正常区传播速度比迫流氦快时，会出现热流体动力学反馈失超（thermal-hydraulic quenchback，THQB）现象。卢翁戈（Luongo）

等$^{[8.76-8.78,1.23]}$ 最初将之视为与 CIC 导体失超引起的其他现象（内部压力升高、导体末端氦排除等）有关系的一种现象，该现象通常发生于 CIC 导体运行在基底电流密度 J_m 接近导体临界电流的时候。在讨论 6.6 中将看到，因为在聚变磁体中-CIC 导体最重要的大型应用——CIC 导体设计运行在小于 I_{lim} 式（6.30）的"良好冷却"区间，THQB 应该不会成为严重的保护问题。

8.4.5 交流损耗辅助的 NZP

我们将焦耳损耗视为绝热绕组中 NZP$^{[8.79]}$ 的唯一源。当不可恢复正常区产生并进入故障模式后，磁体电流随时间减小，进而在绕组中产生时变磁场 $\dfrac{\mathrm{d}B}{\mathrm{d}t}$ ——问题 8.6 中研究的一个 NMR 磁体中，电流减小速度约 100 A/s，时变磁场的存在导致交流损耗的产生，即式（6.1）中，$g_d(t)\neq0$。在缺少"局部"冷却的时候，$\dfrac{\mathrm{d}B}{\mathrm{d}t}$ 诱导的 $g_d(t)$ 导致在绕组中 $\Delta T_{op}>0$。$g_d(t)$ 越大，$\Delta T_{op}>0$ 越大。如 6.2.6 节所述，绝热绕组能承受一个极限 ΔT_{op}。具体的，最高为温度裕度极限 $[\Delta T_{op}]_{mx}$。由于 $g_d(t)$ 的存在，一些 NMR 磁体必须以很慢的速率励磁，某些时候可能需要一个星期才达到运行电流，以确保满足绝热稳定性条件 $\Delta T_{op}<[\Delta T_{op}]_{mx}$。

存在 $\dfrac{\mathrm{d}B}{\mathrm{d}t}$ 诱导加热令 U_ℓ 和 U_t 的视在值明显大于仅有焦耳热作为驱动力的 NZP。

当快速扩大正常区并将电流快速降低是很重要的时候，可以**设计**用 $\dfrac{\mathrm{d}B}{\mathrm{d}t}$ 诱导加热来加速故障事件下的 NZP$^{[8.79-8.81]}$。为了保护，一些 NMR 和 MRI 磁体还使用特殊选定的长绞合节距多丝导体来**提高**耦合损耗。

在更大的电流减小率下，比如大约 0.01~1 MA（尽管明显不可能在大电感 MRI 和 NMR 磁体中出现，但在电阻性设备比如限流器中会遇到），维索茨基（Vysotsky）发现了接近 1km/s 的快速 NZP$^{[8.82]}$。这种快速电流变化下的失超是全局的，而不是从局部开始传播的。

8.5 计算机仿真

考虑绝热磁体（特别是多线圈系统）失超过程的耦合特点，借助计算机进行失超分析是最好的选择。自威尔逊在 1968 年的工作$^{[8.83]}$ 后，失超仿真工作（一些还引入了实验结果）持续进行[1.5-1.23,8.84-8.100]，一些工作是专门针对 HTS 磁体。

这里我们简要描述 FBNML 涉及的绝热、螺管绕组的失超仿真程序，该程序的最初工作是威廉在 1985 年做的[8.101]。FBNML 程序假定绕组内控制正常区域传播的复杂热扩散过程可以简化为用一个单一参数横向传播速度 U_t 描述，该参数依赖于磁场、温度和基底电流密度。将磁体的热学物性的复杂效应归结为 U_t 极大地简化了程序但并没有牺牲很大的准确性[8.45,8.101]。如 8.4.3 节讨论的，U_t 与长度方向的传播速度 U_ℓ 有关。于是，U_t 在绕组内既与时间有关也与位置有关。

图 8.12 展示了绝热螺管磁体内的失超传播示意图。图中的绕组使用圆线，六边形密排绕制并浸渍了环氧，失超开始于绕组中平面的最内半径处。因为下面的条件对大部分磁体都成立，横向传播速度 U_t 确定的匝间转变时间通常小于由长度方向传播速度 U_ℓ 确定的周向转变时间：

$$\frac{d_{cd}}{U_t} \ll \frac{2\pi a_1}{U_\ell} \qquad (8.56)$$

式中，a_1 是最内层绕组半径，d_{cd} 是导体直径。

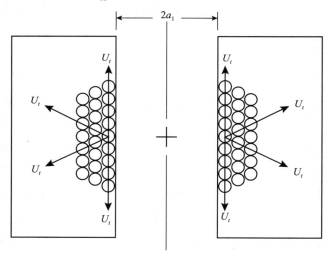

图 8.12　绝热螺管磁体中的失超。

8.6　自保护磁体

如果超导磁体在过热时无须依赖于外部干预即可将正常区域快速扩展到整个绕

组，就称为**自保护（self-protecting）**的。8.1.2 节指出，大部分绝热磁体为了保证最高温度低于~200 K，至少需要~10%的绕组体积来吸收磁能。该过程发展的快慢可以用 NZP 速度来衡量。下面的定性分析将表明，自保护磁体必须有快的 NZP 速度且尺寸小。后面的讨论也会指出，磁体哪怕可以对过热自保护，也不一定能对过应力自保护。

限制尺寸

由 8.1.2 节的表 8.1 可见，磁体的初始储能如果完全耗散为绕组中的热量，为了保证 T_f 在~200 K 以下，在电流衰减时间 τ_{dg} 内，绕组体积分数 f_r 至少有~0.1 必须转化为正常态，以吸收能量。

如果在磁体的最内半径 a_1 处产生一个小正常区，我们需要满足磁体绕组尺寸 $a_1(\alpha-1)$ 的理想要求，以确保 f_r 能够实现自保护。条件如下：

$$\frac{a_1(\alpha-1)}{U_t} < \tau_{dg} \tag{8.57}$$

式（8.57）表明，整个径向的传播时间 $\frac{a_1(\alpha-1)}{U_t}$ 必须小于 τ_{dg}。实际上，如前所述，一个不太大的绕组体积分数就可能足以保持 T_f 约在 200 K 之下。这里的"尺寸数量级"讨论，我们使用了式（8.57）给出的理想条件。

恒流加热下的尺寸限制

在绝热、恒流加热模式（8.2.1 节）下，我们有 $\tau_{dg}=\tau_{ah}^i(T_f, T_i)$。其中，$\tau_{ah}^i(T_f, T_i)$ 由式（8.12a）给出，是绝热恒流（J_{m0}）加热下的最长时长。联立式（8.57）和（8.12a），有：

$$\frac{a_1(\alpha-1)}{U_t} = \frac{Z(T_f,T_i)}{J_{m0}^2} \tag{8.58}$$

联立式（8.51b）、式（8.52）和式（8.58），并令 $J_m=J_{m0}$，我们得绝热恒流加热条件下的自保护磁体的绕组尺寸极限 $[a_1(\alpha-1)]_{ah}^i$：

$$[a_1(\alpha-1)]_{ah}^i = \frac{Z(T_f,T_i)}{J_{m0}C_m(\tilde{T})}\sqrt{\frac{\rho_m(\tilde{T})k_i(\tilde{T})\delta_{cd}}{2\delta_i(T_t-T_{op})}} \tag{8.59}$$

式（8.59）表明，允许的磁体尺寸随 J_{m0} 和 $C_m(\widetilde{T})$ 增大而减小，随 $Z(T_f, T_i)$ 而增大；还表明，尺寸极限随 $\rho_m(\widetilde{T})$ 和 $k_i(\widetilde{T})$ 增大而增大，随 $(T_t - T_{op})$ 增大而缩小。对 $C_m(\widetilde{T})$ 和 $(T_t - T_{op})$ 的依赖性意味着对同样的 J_{m0} 和 T_f，自保护 HTS 磁体如果要实际应用的话，必须要比 LTS 磁体更为紧凑。

端子短接磁体的尺寸限制

从保护的角度看，让端子短接磁体可以自保护是很有价值的。实际上，大部分 NMR 和 MRI 磁体都被设计为自保护的。自保护不一定用 NZP 扩散正常区，也可以用交流损耗和连接于磁体端子的二极管和电阻器（后面会讨论）。

这里，我们考虑端子短接磁体仅靠 NZP 即可实现自保护的尺寸极限：磁体在端子短接下的绝热加热见 8.2.3 节的讨论。这种条件下，$\tau_{dg} = \dfrac{R_{nz}}{L}$。其中，$R_{nz}$ 由式（8.27）或式（8.25）给出。联立式（8.57）和式（8.27），使用式（8.52）和式（8.51b）给出的 U_t，解得端子短接自保护磁体在绝热加热时的绕组尺寸限制 $[a_1(\alpha-1)]_{ah}^{sh}$：

$$[a_1(\alpha - 1)]_{ah}^{sh} = U_t\left(\frac{L}{R_{nz}}\right) \tag{8.60a}$$

$$= \frac{J_{m0}}{C_m(\widetilde{T})}\sqrt{\frac{\rho_m(\widetilde{T})k_i(\widetilde{T})\delta_{cd}}{2\delta_i(T_t - T_{op})}}\left(\frac{L}{R_{nz}}\right) \tag{8.60b}$$

$$= \frac{J_{m0}}{C_m(\widetilde{T})}\sqrt{\frac{\rho_m(\widetilde{T})k_i(\widetilde{T})\delta_{cd}}{2\delta_i(T_t - T_{op})}} \times \frac{4A_m}{f_r\pi(\alpha + 1)\rho_m(T_f)}\sqrt{\frac{\mu_0\mathcal{L}(\alpha,\beta)L}{a_1}} \tag{8.60c}$$

或者，用 E_m 表示：

$$[a_1(\alpha - 1)]_{ah}^{sh} = \frac{1}{C_m(\widetilde{T})}\sqrt{\frac{\rho_m(\widetilde{T})k_i(\widetilde{T})\delta_{cd}}{2\delta_i(T_t - T_{op})}} \times \frac{4}{f_r\pi(\alpha + 1)\rho_m(T_f)}\sqrt{\frac{2\mu_0\mathcal{L}(\alpha,\beta)E_m}{a_1}} \tag{8.60d}$$

如上面处理的恒流加热模式一样，因为 $C_m(\widetilde{T})$ 和 $(T_t - T_{op})$ 出现在式（8.60c）和式（8.60d）的分母中，在同样的运行参数下，自保护 HTS 磁体必须要比运行于液氦温度的 LTS 磁体尺寸更小。

8.7 孤立磁体的被动保护

被动保护技术通常用于持续电流模式超导磁体，如 NMR 和 MRI。和 8.8 节所讨论的主动保护技术不同，被动保护通常不依赖于低温容器外部的设备。

图 8.13 给出了持续模式磁体的电路模型。其中，磁体由 2 个串联的电感表示。这是对通常有很多嵌套线圈的实际磁体的最简单建模模型。磁体被 PCS 旁路，在加热电流

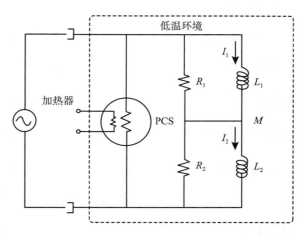

图 8.13 孤立的持续模式双线圈磁体的电路模型。

存在时开关状态为正常态，在加热器关闭后为超导态（本电路不包括保护 PCS 的二极管，含二极管的更完整电路见图 7.22。包含保护二极管的持续模式电路运行的基本特征已在讨论 7.8 中描述）。模型中的各线圈均有旁路电阻（R_1 或 R_2），作为孤立磁体保护的关键元件。

在这个简单系统中，2 个线圈的自感是同样的：$L_1 = L_2 = L$。互感为 $M = k\sqrt{L_1 L_2} = kL$。其中，k 是耦合系数。同时还有 $R_1 = R_2 = R$。起始，各线圈载有恒定传输电流 I_0。时刻 $t = 0$，线圈 1 内形成了小正常区，由一个定值小电阻表示。

系统的总磁能为：$E_m = (L+M) I_0^2$。定义 $\zeta = \dfrac{r}{R}$，电阻 r 上耗散的总磁能与系统总磁能之比 $\dfrac{E_r}{E_m}$ 为：

$$\frac{E_r}{E_m} = \frac{0.5\zeta(1 - k) + (1 + k)}{\zeta + (1 + k)} \tag{8.61}$$

大部分高性能线圈都能满足 $r \gg R(1+k)$ 条件，此时给出的 $I_1(t)$ 和 $I_2(t)$ 为：

$$\frac{I_1(t)}{I_0} = \frac{R(1 + k)^2}{2r}\exp\left(-\frac{Rt}{2L}\right)\left[1 - \frac{R(1 + k)^2}{2r}\right]\exp\left[-\frac{rt}{(1 - k^2)L}\right] \tag{8.62a}$$

$$\frac{I_2(t)}{I_0} = (1 + k)\exp\left(-\frac{Rt}{2L}\right) - k\exp\left[-\frac{rt}{(1 - k^2)L}\right] \tag{8.62b}$$

由式（8.62），我们可以得到如下结论：

- 式（8.61）表明，当 $r\to 0$ 时，$\dfrac{E_r}{E_m}\to 1$。为了将能量转移到唯一可用于吸收耗散能量的元件-旁路电阻，必须在旁路电阻上形成电压。如果正常区域电阻 r 很小，旁路电阻 R_1 上的电压也很小。当 $r\to 0$ 时，各旁路电阻上仅有无限小的电压，而**全部**磁能在正常区耗散，从而有 $\dfrac{E_r}{E_m}\to 1$。幸好，这种情况不会发生于绝热绕组，因为在绝热绕组中一旦形成正常态区域，r 会迅速变大，为旁路电阻提供足够的电压。

- 式（8.61）还表明，当 $r\to\infty$ 时，$\dfrac{E_r}{E_m}\to 0.5(1-k)$。如果 $k=1$，则有 $\dfrac{E_r}{E_m}=0$。在这个条件下，旁路电阻上出现很高的电压，能量大部分耗散于旁路电阻上。如果2个线圈耦合很好（$k\to 1$），储存于线圈1的能量可转移到线圈2，被线圈2的旁路电阻耗散。注意，因为2个旁路电阻电压之和必须为0，故2个旁路电阻中必然流过**等值**（但反向）的电流。2个电阻的耗散相同。即若 $R_1=R_2$，2个旁路电阻耗散相同的能量。

- 式（8.62b）给出，在 $\dfrac{r}{R}\gg\dfrac{(1-k^2)}{2}$ 时，仍处于超导态的线圈2的电流 $I_2(t)$ 开始增加。线圈1中出现的 r 迫使电流通过旁路电阻 R_1。因为磁体端子间电压必须为0——PCS是超导态——在旁路电阻 $R_2(=R_1)$ 中必须流过一个相等但反向的电流。各旁路电阻中的电流最终会进入线圈2，导致 $I_2(t)$ 增加，$I_1(t)$ 则减少相同的电流，保持磁体中磁通不变。

- $I_2(t)$ 一直增加到达到超导体在线圈中平面处最内层绕组半径处的临界电流，**导致**线圈2失超，促进正常区的快速扩展。该过程将在下一个问题中进一步考察，届时我们将更细致地研究一个真实的线圈工况。

- 有利于触发失超的 $I_2(t)$ 大幅度增加可能带来问题。如上所述，磁通保持基本不变，则绕组中应力将大幅提高。这意味着使用旁路电阻保护的线圈，必须具有承受失超中可能出现的最大应力的能力。失超过程中的一个重要参数是 $I_2(t)\times B_2(t)$。

双线圈磁体

这里研究一个如图 8.14 所示的双线圈磁体实例。2个串联的线圈均由带绝缘的 NbTi 导线绕成（密排六边形），各线圈分别并联 0.5Ω 旁路电阻。电源建模为最高电压 10 V 的恒流源。

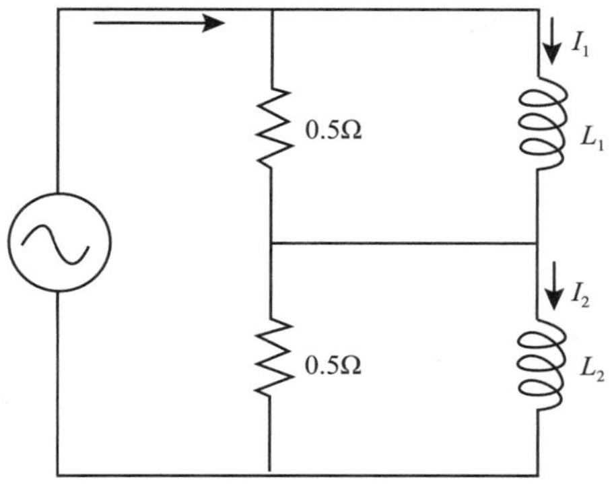

图 8.14　双线圈磁体电路模型。

分析中，我们假设正常区传播主要由横向热传导决定。正常区扩展是三维的——轴向和径向。尽管 $U_\ell \gg U_t$，因为 $2\pi\, a_{1_1} U_\ell \ll d_1 U_t$（其中，$a_{1_1}$ 和 d_1 分别是线圈 1 的绕组内半径和导体直径），但横向传播在两部分都是主要的。

表 8.6 给出了线圈相关参数。总电感是 1.52H。因为线圈 2 是直接绕在线圈 1 上，双线圈界面上的热接触良好：整个线圈可以视为均一的热组件（如表 8.6 所给，2 个线圈的导线直径不同，于是 NZP 速度不同）。

线圈 1 的中平面最内直径处放置一个用于制造失超的加热器。于是，我们可以假设正常区开始于线圈 1 中平面上最内直径的圆周上，如图 8.12 那样扩展。

表 8.6　线圈参数

参　数	线圈 1	线圈 2
绕组内直径［mm］	76	112
绕组外直径［mm］	112	134
绕组长度［mm］	71	71
自感［H］	0.20	0.72
互感［H］	0.30	
线直径［mm］	0.90	0.70
线长度，ℓ_d［m］	530	1010
Cu/NbTi 比例	2	3

图 8.15 给出了加热器强制失超的电流、电压随时间变化的曲线。该磁体初始电流 100A，电源电压极限为 10 V。电流和电压图都包含四条线：实线（实验）和虚线（仿真）。电流和电压曲线中，标 1 的表示线圈 1，标 2 的表示线圈 2。在回答下列问题时，可以忽略仿真曲线。

● 从图 8.15 曲线中，可以得到如下结论：

①因为线圈 1 最先出现失超，I_1 下降。

②I_2 开始上升以保持磁通不变。

③I_1 和 I_2 的行为也反映在 V_1，V_2 上。因为 ΔI_1 不通过线圈 1，而是通过 R_1，V_1 升高。

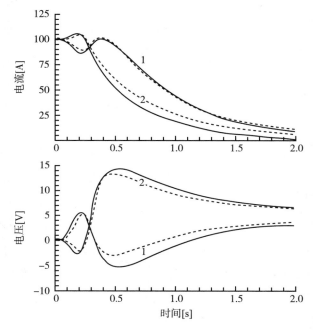

图 8.15　线圈 1（标号 1）和线圈 2（标号 2）的电流电压的时间曲线：实验值为实线，仿真值是虚线。电流 100 A 时出现失超[8.45]。

④为保持端子电压为 0（至少在初始时），V_2 变为负的。这些初始响应与问题 8.9 的结果一致。最终 V_1+V_2 爬升至电源极限 10 V。

⑤在 $t\sim0.2$ s，V_2 开始爬升，明确表明正常区域已经进入线圈 2。

⑥I_2 因此开始下降，I_1 升高，试图保持磁通不变。

⑦在 $t\sim0.4$ s，V_1+V_2 达到 10 V，I_1 必须开始下降。

⑧在 $t>0.4$ s 后，$V_1+V_2=10$ V。

• 磁体中耗散的总能量 E_d 可由下式给出：

$$E_d = E_m + E_s - E_{R1} - E_{R2} \tag{8.63}$$

式中，E_m 是磁体初始的总储能量，E_s 是 $t=0$ 到 $t=2$ s 时间内电源提供的能量，E_{R1} 和 E_{R2} 分别是耗散于 R_1 和 R_1 的能量。E_m 为 7600 J$[= (0.5)\times(1.52$ H$)\times(100$ A$)^2]$。E_s 由 $V_s(t)I_s(t)$ 在 $0\leqslant t\leqslant2$ s 区间的积分得到。$V_s(t)$ 和 $I_s(t)$ 分别是电源的电压和电流。电源在 $0\leqslant t\leqslant0.4$ s 时段内可以建模为 100 A 的恒流源；$t\geqslant0.4$ s 后，可以建模为 10 V 的恒压源。在 $0\leqslant t\leqslant0.4$ s，我们有 $V_s(t)=V_1(t)+V_2(t)$，在 $t\geqslant0.4$ s，有 $I_s(t)=$

$\dfrac{I_1(t) + V_1(t)}{R_1}$。（涉及更多线圈的类似关系的证明见问题 8.11）

使用图 8.15 中的曲线，我们计算 E_s，E_{R1} 和 E_{R2}：

$$E_s = (100\ \text{A}) \int_0^{0.4\text{s}} \left[V_1(t) + V_2(t) \right] dt + (10\ \text{V}) \int_{0.4\text{s}}^{2\text{s}} \left[I_1(t) + \frac{V_1(t)}{R_1} \right] dt$$

$$\simeq 200\ \text{J} + 650\ \text{J} \simeq 850\ \text{J}$$

$$E_{R1} = \frac{1}{R_1} \int_0^{2\text{s}} V_1(t)^2 dt \simeq 50\ \text{J} \qquad E_{R2} = \frac{1}{R_2} \int_0^{2\text{s}} V_2(t)^2 dt \simeq 300\ \text{J}$$

于是，磁体中耗散的总磁能约为 5500 J。

- 因为 $U_t \propto U_\ell \propto I_t$，若 $I_0 = 50\ \text{A}$，正常区将在接近 0.4 s 或更晚达到线圈 2。B 减半或 T_c 提高能使达到时间比 0.4 s 更晚。因为旁路电压降低一半，端子电压达到 10 V 所需的时间会更长：长过 0.4 s，或许大约长达 0.8 s。

- 总绕组体积（导体和环氧填充物）是 694 cm³。假设全绕组的热容 C_{wd} 以铜代表，有：

$$V_{cd} \left[h_{cu}(T_f) - h_{cu}(T_{op}) \right] \simeq (694\ \text{cm}^3) \left[h_{cu}(T_f) \right] = 5500\ \text{J}$$

其中，V_{cd} 是绕组体积，h_{cu} 是铜的体积焓。$T_f > T_{op} = 4.2\ \text{K}$ 时，$h_{cu}(T_f) \gg h_{cu}(T_{op})$。从附录图中，我们找到 $T_f \simeq 50\ \text{K}$，与仿真数据 47 K（图 8.16）大致吻合。

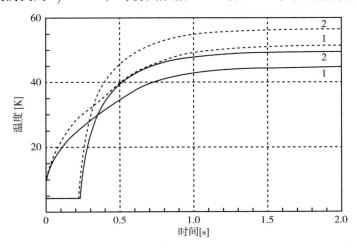

图 8.16　线圈 1 和线圈 2 的空间平均温度与时间的关系。实线：NbTi/Cu；点线：NbTi/Ac[8.45]。

• 使用铝替换铜，附录图给出 $T_f = 75$ K。仿真数据给出的温度是 57 K。

图 8.16 给出了磁体的线圈 1 和线圈 2 的空间平均温度。实线对应的是 NbTi/Cu 线，虚线对应的是 NbTi/Al 线[8.46]。

8.8　主动保护

8.8.1　过热

除一些电力应用外，大部分超导磁体都是以磁场储存大量能量的低电压设备。所以，保护一般意味着确保磁储能不被转换为局部绕组的热；反过来，又通常意味着确保能量吸收区域的最高温度不超过安全水平，比如小于 200 K。

如前论及，自保护磁体通过足够大的 NZP 速度让绕组在能量转换时间尺度内使能量吸收区域扩大到绕组的大部分区域来实现上述保护目标。但是，自保护磁体存在尺寸限制，甚至具有很快 NZP 速度的 LTS 高性能磁体也是如此。因为 NZP 速度很低，HTS 磁体不能自保护。

如 8.1 节所述，磁体保护的一个重要目标就是限制绕组最大温度 T_f 不超过 200 K。自保护磁体通过自身实现上述目标，无须特别对系统进行主动的额外干预。我们可以将这种自保护磁体称为是**被动**保护的。

主动保护的基本方法是：①将储能 E_m 的大部分转移到绕组外部；或②将能量分配到绕组的大部分区域（$f_r \geqslant$ 约 0.1）中。2 种方法都可以实现 $T_f < 200$ K 的目标，这可以从式（8.7）看出：

$$e_{mr} \equiv \frac{E_m}{V_r} = \frac{2(\alpha - 1)\beta\mathcal{L}(\alpha,\beta)}{f_r\pi(\alpha + 1)F^2(\alpha,\beta)}\left(\frac{B_0^2}{2\mu_0}\right) \tag{8.7}$$

方法①中，尽管 f_r 很小，但绕组中转换为热的有效磁能 E_m 是减小的；方法②中，有效磁能 E_m 与初始储能相同，但 f_r 增加了。2 种方法都能降低 e_{mr}。

8.8.2　多线圈磁体中的过应力

后面会论及，应用于相互耦合的多线圈磁体的保护，还有另一个重要的保护目标。这种磁体中的失超导致的一个线圈的电流减少可能会在另一个线圈中感应出很大的电流，进而导致线圈中的应力超过极限，损坏线圈（这种电流引起的过应力不同于温度引起的过应力）。

我们在双线圈磁体中已经看到了这一点。如式（8.62b）给出的，$\dfrac{I_2(t)}{I_0}$（线圈 2 中的电流。线圈 1 进入正常态后线圈 2 仍保持超导）开始升高至超过 I_0，这可能导致线圈 2 中导体的过应力——$I_2(t)$ 的升高还可以从图 8.15 双线圈磁体系统的电流曲线看出。本部分将讨论可最小化该电流升高的一种主动保护技术。

8.8.3　主动保护技术：检测–释能

所谓的检测–释能（detect and dump）技术在大型磁体系统中使用广泛。该技术最初由马多克和詹姆斯于 1968 年提出[8.3]，基本思路是将储能的大部分转移到连接于磁体端子的释能电阻器中，从而起到保护磁体的作用。哪怕对于很大的 E_m，f_r 仍可保持很小。图 8.17 给出了检测–释能技术的基本电路。磁体由电感 L 代表；释能电阻由 R_D 代表，通常位于低温容器之外，与磁体端子相连。当不可恢复正常区［由 $r(t)$ 表示］在磁体中出现时，开关 S 打开。在运行电流 I_{op} 下储能 E_m 为 $\dfrac{LI_{op}^2}{2}$。一旦开关 S 打开，电路就和 8.2.2 节中的图 8.3 一致了，其中的一些和本技术相关的要点我们已经讨论。

由于可能形成危害的大部分能量耗散于磁体外部，绕组内的正常区被加热的时间（电流减低至 0，加热结束）得以缩短。这样限制 T_f 到一个安全水平是可能的：电流降低的越快，热点的温度越低。不过，为了实现快速放电，磁体端子必须要承受高电压。于是，磁体设计者需要同时限制温度 T_f 和端子放电电压 V_D：二者的要求在很多情况下是竞争性的。T_f［以 $Z(T_f, T_i)$ 形式］和 V_D（以及其他参数）的关系已在 8.2.2 节讨论，由式（8.18b）表示：

$$Z(T_f, T_i) = \frac{J_{m0} E_m}{A_{cd} V_D} \tag{8.18b}$$

其中，J_{m0} 是运行电流 I_{op} 下的基底电流密度。

上述内容可归结为运行电流下基底金属电流密度 $J_{m_0}^D$ 的一个过热判据：

$$J_{m_0}^D = \frac{A_{cd} Z(T_f, T_i) V_D}{E_m} \tag{8.19}$$

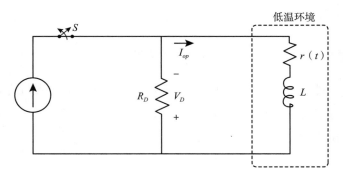

图 8.17　检测–释能主动保护的磁体电路模型。

这种主动保护技术要求 2 个相继的执行动作：①非恢复正常区（可能很小）检测；②打开开关 S，迫使磁体通过释能电阻放电。本技术的缺点是上述 2 个动作都可能不可靠。正常区的检测并不简单，这是因为检测通常在磁体充电过程中存在高电压时进行，而不是在它已充电到 I_{op} 时的准静态下进行。此种保护技术的失超电压检测方法将在后面讨论。

提高 $J_{m_0}^D$ 的方法　式（8.19）指出，在给定的 $\gamma_{\frac{m}{s}}$，T_f 和 E_m 下，提高 $J_{m_0}^D$ 的方法有 2 种：提高 A_{cd} 和/或 V_D。A_{cd} 的提高引起 I_{op} 提高。从图 8.2 可知，在所给出的基底金属中，Ag1000 的 $Z(T_f, T_i)$ 最大。为了提高 $J_{m_0}^D$，相比于铝和黄铜，青铜和银作为基底金属更合适。

提高 A_{cd}（并提高 I_{op}）：

对于这个方法，需要评估以下结果：

1. 给定 kA–m 的下，大型导体通常比小型导体更贵。

2. 大电流引线会导致更多热量进入低温容器。

3. 电流引线和母线系统的大 $\vec{B} \times \vec{I}$ 力。

4. 在给定功率 VI 下，大电流电源通常比小电流电源更贵。

提高 V_D：

这明显会增加液氮浸泡磁体放电的可能性，特别是当 V_D 超过约 700 V 的时候。

放电电压：V_D　在给定的 $Z(T_f, T_i)$ 下，从式（8.18）可以看到，有 5 个设计参数：J_{m0}、E_m、$\gamma_{\frac{m}{s}}$、V_D 和 I_{op}。于是：

$$V_D = \frac{J_{m_o} E_m}{A_{cd} Z(T_f, T_i)} \tag{8.65}$$

上式表明，V_D 随 E_m 和 J_{m0} 线性增加，随 A_{cd}（进而 I_{op}）和 $Z(T_f, T_i)$ 成反比减小。

开断延迟　式（8.18）和式（8.19）都假设了不可恢复区产生后放电立即开始。实际上，正常区产生和电流放电开始之间存在一个延迟 τ_{dl}，它是正常区检测延迟和开断实际打开的电路延迟之和。在延迟期间，电流保持初始值 I_{op}。所以，为了用 $Z(T_f, T_i)$ 计算 T_f，我们应该在式（8.12a）中用延迟 τ_{dl} 取代 $\tau_{ah}^i(T_f, T_i)$，并与式（8.16a）合并：

$$Z(T_f, T_i) = \left(\frac{A_m}{A_{cd}}\right)\left(J_{m0}^2 \tau_{dl} + \frac{1}{2}J_{m0}^2 \tau_{dg}\right) \tag{8.66a}$$

$$= \left(\frac{A_m}{A_{cd}}\right)\left(\tau_{dl} + \frac{1}{2}\tau_{dg}\right)J_{m0}^2 \tag{8.66b}$$

8.8.4　主动保护技术：检测-激活加热器

检测-激活加热器（detect and activate the heater）技术广泛用于大型磁体[8.102-8.110]。在检测磁体电阻区的时候，绝大部分——至少很大部分仍处于超导态的绕组由植于绕组中的保护加热器加热而被迫进入正常态，强迫增加 f_r。如表 8.1 所给，对大部分磁体，$T_f<200$ K 的目标在 $f_r<0.1$ 下可以实现，此时在绕组中安装一个保护加热器要比在 f_r 接近 1 的情况下更轻便。同时看到，保护加热器可以安装在绕组中**方便**的位置，与失超点或其初始大小**没关系**[8.75,8.111]。这种可将保护加热器安装于方便位置的概念在讨论 8.6 中深入讨论。

被动激活加热器

图 8.18 给出了带有被动激活加热器保护的双线圈持续模式（孤立）磁体的电路图。该电路是持续模式 NMR 磁体[8.101] 的简化版，实际 NMR 磁体由嵌套线圈组成，各线圈均有旁路电阻。这里为了简化，电路仅画出了一个旁路电阻 R_s。在这个双线圈版本中，线圈 2（插入线圈 1 中）上绕制了加热丝（线圈 2 加热器）。在正常运行条件下，线圈 1 中有 $r(t)=0$：$I_2=I_{op}$；$I_h=0$；$V_h=0$。其中，I_h 是线圈 2 加热器的电流。当线圈 1 失超后，$r(t)\neq0$，PCS-H 加热器上出现电压 V_h，PCS-H 成为电阻性而"打开"。在点 A 处，磁体电流 I_{op} 的大部分转移至线

圈 2 的加热器中，$I_h > 0$（成立 $I_2 + I_h = I_{op}$），它在线圈 2 的最外层产生正常态区域。

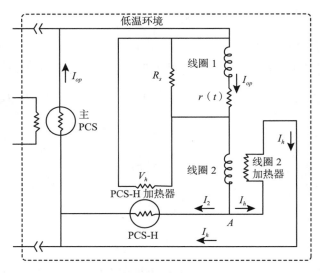

图 8.18　带有被动激活加热器保护的磁体电路图。

这种检测–激活加热器保护的**被动**版本是适合持续模式磁体的，因为不可能不要求基于电压的失超监测。检测–激活加热器技术有多种变体版本。

8.8.5　失超电压检测技术——基本电桥电路

主动保护执行的一个关键环节是**不可恢复**失超的检测。主动保护通常强迫磁体放电，中断磁体运行：必须避免**假警报**放电！在充满"噪声"的实际环境中检测"真实的"失超电压充满挑战[8.112,8.113]。

图 8.19 给出了包括 2 个线圈的基本电桥电路，线圈 1 和线圈 2 串联。实际中的 2 个线圈也可能是分为 2 个部分的同一个线圈。L_1 和 L_2 分别是线圈 1 和线圈 2 的自感（本模型中，由于双线圈串联，双线圈间的互感可以归并到自感中去）。r 表示线圈 1 失超产生的小正常区域。R_1 和 R_2 是电桥电阻，$V_{out}(t)$ 表示电桥输出。

下面的分析中，我们假设包括 r 在内的所有的电路元件均为常值。同时，我们假设 R_1 和 R_2 足够大，无负载效。

在 R_1 和 R_2 很大时，双线圈的总电压 $V_{cl}(t)$ 由下式给出：

$$V_{cl}(t) = L_1 \frac{\mathrm{d}I(t)}{\mathrm{d}t} + rI(t) + L_2 \frac{\mathrm{d}I(t)}{\mathrm{d}t} \tag{8.67a}$$

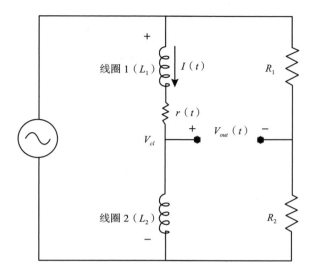

图 8.19　电桥电压检测技术。

同样条件下，通过 R_1 和 R_2 的电流 $i_R(t)$ 由下式给出：

$$i_R(t) = \frac{V_{cl}(t)}{R_1 + R_2} \tag{8.67b}$$

根据图 8.19，有：

$$V_{out}(t) = L_1 \frac{\mathrm{d}I(t)}{\mathrm{d}t} + rI(t) - R_1 i_R(t) \tag{8.67c}$$

联立上面 3 个式子，有：

$$V_{out}(t) = L_1 \frac{\mathrm{d}I(t)}{\mathrm{d}t} + rI(t) - \frac{R_1}{R_1 + R_2}\Big[L_1 \frac{\mathrm{d}I(t)}{\mathrm{d}t} + rI(t) + L_2 \frac{\mathrm{d}I(t)}{\mathrm{d}t}\Big]$$

$$= \Big(\frac{R_2}{R_1 + R_2}\Big) L_1 \frac{\mathrm{d}I(t)}{\mathrm{d}t} - \Big(\frac{R_1}{R_1 + R_2}\Big) L_2 \frac{\mathrm{d}I(t)}{\mathrm{d}t} + \Big(\frac{R_2}{R_1 + R_2}\Big) rI(t) \quad (8.68)$$

为了使 $V_{out}(t)$ 只与 $rI(t)$ 成正比，式（8.68）等号右侧前两项之和必须为 0：

$$\Big(\frac{R_2}{R_1 + R_2}\Big) L_1 \frac{\mathrm{d}I(t)}{\mathrm{d}t} - \Big(\frac{R_1}{R_1 + R_2}\Big) L_2 \frac{\mathrm{d}I(t)}{\mathrm{d}t} = 0 \tag{8.69}$$

简化式（8.69）得到条件：$R_2L_1 = R_1L_2$。式（8.68）右侧消去前两项，成为：

$$V_{out}(t) = \left(\frac{R_2}{R_1 + R_2} \right) rI(t) \tag{8.70}$$

我们在讨论 8.1 中将看到，实际混合磁体中的条件远非理想情况：**实际**磁体中通常很难实现与 $I(t)$ 和 $\dfrac{dI}{dt}$ 无关的 $R_2L_1 = R_1L_2$。

专题中，上面论及的部分问题将会进一步深入研究，有些会给出更细致的结论。

8.9 专题

8.9.1 问题8.1：大型超导磁体的回温

在超导磁体的测试过程中，常遇到将之从低温（如 4.2 K）到室温的回温问题。如果浸泡于制冷剂的磁体很小，我们可以简单地排空低温容器中的制冷剂，无值守地等上几个小时到一天，磁体即可回到室温。

本问题中，我们讨论 2 种用于大型磁体的回温方法。首先考虑一个在 4.2 K 液氦中运行的磁体，其次考虑一个在 77 K 液氮中运行的磁体。对液氦浸泡的大型磁体，一种常用的方法是将磁体端子接到电源上对磁体加热。这里，考虑 2 种电源：①恒流源（8.2.1 节）；②恒压源（8.2.4 节）。

回温过程可以用下面任一微分方程描述，其中 T 是磁体温度。

$$V_{cd}C_{cd}(T)\frac{dT}{dt} = \frac{\rho_m(T)\ell_{cd}}{A_m}I_0^2 \qquad （恒流源） \tag{8.71a}$$

$$= \frac{A_m}{\rho_m(T)\ell_{cd}}V_0^2 \qquad （恒压源） \tag{8.71b}$$

式中，V_{cd} 是磁体的导体总体积，这里假设热能仅存储于导体中。$C_{cd}(T)$ 是导体热容，这里假设等于铜的热容，$C_{cd}(T) = C_{cu}(T)$。$\rho_m(T)$ 是铜的电阻率，$\rho_m(T) = \rho_{cu}(T)$。ℓ_{cd} 是磁体中导体总长度。A_m 是铜的横截面积。I_0 是恒流源的电流。V_0 是恒压源的电压。

假设磁体在 2 种加热模式下都不存在其他热量来源（有时候，可以破坏低温容器的真空以加速回温过程，但这种操作一般不推荐，因为它会导致容器表面结霜。CIC 磁体可以通过在绕组内循环热氦气加快回温过程）。

对这个磁体：$V_{cd} = 0.4$ m^3；$\ell_{cd} = 10^4$ m；$A_m = 1.5 \times 10^{-5}$ m^2（大部分使用分级导体的磁体中，A_m 并不像这里假设的这样在整个绕组内为定值）。

a）计算用恒流 $I_0 = 25$ A 加热时，从 10 K 回温到 300 K 的近似（小于 ±20% 不确定性）时间。

b）计算用恒压 $V_0 = 25$ V 加热时，从 10 K 回温到 300 K 的近似（小于 ±20% 不确定性）时间。

c）讨论一个实际的案例。出于**实际电源**的限制，在整个回温区间，既不恒流也不恒压。

d）重复 a），初始温度为 80 K。

e）重复 b），初始温度为 80 K。

问题8.1的解答

a）我们可以使用式（8.71a）来计算在恒流加热条件下从 10 K 到 300 K 的回温时间 $\Delta t_w^I \Big|_{10\,\text{K}}^{300\,\text{K}}$：

$$\Delta t_w^I \Big|_{10\,\text{K}}^{300\,\text{K}} = \frac{V_{cd} A_m}{\ell_{cd} I_0^2} \int_{10\,\text{K}}^{300\,\text{K}} \frac{C_{cu}(T)}{\rho_{cu}(T)} \mathrm{d}T = \frac{V_{cd} A_m}{\ell_{cd} I_0^2} Z(T_f = 300\,\text{K}, T_i = 10\,\text{K}) \quad (\text{S1.1})$$

对 RRR = 100 的铜，图 8.2 给出的 $Z(T_f, T_i) = Z(T_f = 300\,\text{K}, T_i = 10\,\text{K}) = 15.1 \times 10^{16} \text{A}^2 \text{ s/m}^4$。解出 $\Delta t_w^I \Big|_{10\,\text{K}}^{300\,\text{K}}$，有：

$$\Delta t_w^I \Big|_{10\text{K}}^{300\text{K}} = \frac{(0.4 \text{ m}^3)(1.5 \times 10^{-5} \text{ m}^2)(15.1 \times 10^{16} \text{A}^2 \text{ s/m}^4)}{(1 \times 10^4 \text{ m})(25 \text{ A})^2}$$

$$\simeq 1.45 \times 10^5 \text{ s} \simeq 40 \text{ h} \simeq 1\frac{2}{3}\text{d} \quad (\text{S1.2})$$

在恒流 25 A 下，磁体从 10 K 到 300 K 的回温时间略小于 2 天。

b）我们可以使用式（8.71b）计算在恒压加热条件下从 10 K 到 300 K 的回温时间 $\Delta t_w^V \Big|_{10\,\text{K}}^{300\,\text{K}}$：

$$\Delta t_w^V \Big|_{10\,\text{K}}^{300\,\text{K}} = \frac{V_{cd}\ell_{cd}}{A_m V_0^2} \int_{10\,\text{K}}^{300\,\text{K}} C_{cu}(T)\rho_{cu}(T)\,\mathrm{d}T = \frac{V_{cd}\ell_{cd}}{A_m V_0^2} Y(T_f = 300\,\text{K}, T_i = 10\,\text{K}) \quad (\text{S1.3})$$

对 RRR = 100 的铜，图 8.6 给出的 $Y(T_f, T_i) = Y(T_f = 300\,\text{K}, T_i = 10\,\text{K}) = 7.25\ \text{V}^2\text{s/m}^2$。解出 $\Delta t_w^V \big|_{10\,\text{K}}^{300\,\text{K}}$，有：

$$\Delta t_w^V \Big|_{10\,\text{K}}^{300\,\text{K}} = \frac{(0.4\ \text{m}^3)(1 \times 10^4\ \text{m})(7.25\ \text{V}^2\text{s/m}^2)}{(1.5 \times 10^{-5}\ \text{m}^2)(25\ \text{V})^2}$$

$$= 3.1 \times 10^6\ \text{s} \simeq 860\ \text{h} \simeq 36\ \text{d} \quad (\text{S1.4})$$

在恒压 25 V 下，磁体从 10 K 到 300 K 的回温时间大约是 36 天。

可算得，10 K 时磁体的电阻为 0.32 Ω；300 K 时为 17.2 Ω。这意味着在 25 A 的电流源下，电压和相应的功率分别为：10 K 时为 8 V 和 200 W；300 K 时为 430 V 和约 11 kW。类似地，在 25 V 电压源下，电流和相应的功率分别为：10 K 时为 78 A 和约 2 kW；300 K 时约为 1.5 A 和 35 W。

大部分恒流源不能提供无限的电压。同样，大部分恒压源也不能提供无限的电流。因此，25 A 模式的实际回温时间要长于上面计算得到的大约 2 天；25 V 模式要大于 36 天。

c）一般来说，多数电源既允许恒流模式也允许恒压模式。不过，恒流模式有电压极限，恒压模式有电流极限。假定本例所用电源的电压极限是 100 V，电流极限是 100 A，即电源功率 10 kW，匹配阻抗 1 Ω。因为磁体电阻从 10 K 的 0.32 Ω 变到 300 K 时的 17.2 Ω，该电源不可能在整个回温时间提供它的最大功率 10 kW。

实现最快的回温时间的方法为：将初始电流设置为 100 A（V = 1.6 V），在磁体电阻达到 1 Ω 前一直以 100 A 模式加热磁体；然后切换至 100 V 模式，将磁体一直加热到 300 K。

10~50 K　电阻达到 1 Ω 的温度是 50 K（附录图 A4.1）。于是，在 100 A 模式下的该段回温时间 $\Delta t_w^I \big|_{10\,\text{K}}^{50\,\text{K}}$ ［带入 $Z(T_f = 50\,\text{K}, T_i = 10\,\text{K}) = 4.5 \times 10^{16}\ \text{A}^2\text{s/m}^4$］为：

$$\Delta t_w^I \Big|_{10\,\text{K}}^{50\,\text{K}} = \frac{(0.4\,\text{m}^3)(1.5 \times 10^{-5}\ \text{m}^2)(4.5 \times 10^{16}\ \text{A}^2\text{s/m}^4)}{(1 \times 10^4\ \text{m})(100\ \text{A})^2}$$

$$\simeq 2.7 \times 10^3\ \text{s} = 45\ \text{min} \quad (\text{S1.5})$$

50~300 K　从 50 K 直到 300 K，都用 100 V 模式加热。由于 $Y(300\,\text{K}, 50\,\text{K}) = 7.25\ \text{J}\Omega/\text{m}^2$，该模式相应的加热时间 $\Delta t_w^V \big|_{50\,\text{K}}^{300\,\text{K}}$ 为：

$$\Delta t_w^V \Big|_{50\,K}^{300\,K} = \frac{(0.4\ m^3)(1 \times 10^4\ m)(7.25\ J\Omega/m^2)}{(1.5 \times 10^{-5}\ m^2)(100\ V)^2} = 1.93 \times 10^5\ s = 54\ h \quad (S1.6)$$

在上述组合模式下，总回温时间约 55 h。由于随着磁体的回温恒压模式提供的能量会越来越少，此种模式要比恒流模式更安全（尽管通常也更慢）。

d）从热学角度看，如果我们认为磁体由基底金属表示，LTS 磁体和 HTS 磁体除 T_i 不同外，二者没区别。使用 $T_i = 80\ K$ 和 $Z(300\ K, 80\ K) = 7.7 \times 10^{16}\ A^2 s/m^4$，代入式（S1.1），有：

$$\Delta t_w^I \Big|_{80\,K}^{300\,K} \simeq 0.7 \times 10^5\ s \sim 20\ h \quad (S1.7)$$

e）使用 $T_i = 80\ K$ 和 $Y(300\ K, 80\ K) = 7\ A^2 s/m^2$ 代入 S1.4，有：

$$\Delta t_w^I \Big|_{80\,K}^{300\,K} \simeq 3 \times 10^6\ s \simeq 830\ h \simeq 35\ d \quad (S1.8)$$

由于在 10 K 和 80 K 之间存储的热量不多，恒压模式下的该区段回温时间在 $T_i = 10\ K$ 和 $T_i = 80\ K$ 下是几乎相同的。

8.9.2　问题8.2：　6 kA 气冷 HTS 引线的保护

本问题处理问题 4.6B 中研究过的 6 kA 气冷 HTS 电流引线的保护。当时我们说过，"……该引线有 1.735 cm² 的截面，足够应对可能发生的流体停止事件……"

考虑以下故障情景：一对这样的气冷引线连接于电感为 L、运行在 4.2 K 液氦环境的超导磁体。故障时（其中一根电流引线的流体停止），磁体将通过释能电阻 R_D 放电。其中，释能电阻连接于磁体气冷电流引线的室温端。即磁体和电流引线系统被检测–释能技术保护。这里有 2 个重要的时间过程：①从检测到故障到打开初始电流为 $I_{op} = 6\ kA$ 的磁体开关以启动放电；②放电本身。第 1 个过程存在延时 τ_{dl}，第 2 个过程放电时间常数为 $\tau_{dg} = \dfrac{L}{R_D}$。

a）某流体停止故障，有 $\tau_{dl} = 5\ s$ 和 $\tau_{dg} = 15\ s$，证明 $A_m = 1.735\ cm^2$ 的截面可限制这根 6 kA 引线的 T_f 到 180 K。在问题 4.6B 中表示引线截面的符号 $[A_n]_{fs}$ 和 $[A_n]_{cs}$ 用于表示复合导体中基底金属的截面积 A_m。假设流体停止后，电流全部通过基底金属，焦耳热加热是绝热的。同时假设 $T_i = 80\ K$，$\gamma \frac{m}{s} = 2$。

b）若 $T_f = 300\ K$，计算对应的最大延时 τ_{dl}。和绕组内的情况不同，这里假设 T_f 超过 200 K 也能安全。

问题8.2的解答

a）类似8.8.3节所讨论的带有开关延迟的检测−释能保护技术，基底金属的焦耳热包括2种模式：①τ_{dl} 期间的恒流模式；②时间常数为 τ_{dg} 的电流放电。于是，使用式8.66b，有：

$$Z(T_f, T_i) = \left(\frac{A_m}{A_{cd}}\right)\left(\tau_{dl} + \frac{1}{2}\tau_{dg}\right)J_{m0}^2 \qquad (8.65b)$$

代入$\dfrac{A_m}{A_{cd}} = \dfrac{\frac{\gamma_m}{s}}{\left(\frac{\gamma_m}{s}+1\right)}$，有：

$$Z(T_f, T_i) = \left(\frac{\frac{\gamma_m}{s}}{1+\frac{\gamma_m}{s}}\right)\left(\tau_{dl} + \frac{1}{2}\tau_{dg}\right)J_{m0}^2 \qquad (S2.1)$$

将 $\tau_{dl} = 5$ s，$\tau_{dg} = 15$ s，$J_{m0} = \dfrac{(6000\ \text{A})}{(1.735\times10^{-4}\ \text{m}^2)} = 3.46\times10^7$ A/m^2 和 $\frac{\gamma_m}{s} = 2$ 代入 S2.1，$Z(T_f, T_i)$ 成为：

$$Z(T_f, T_i) = (12.5\ \text{s})\left(\frac{2}{3}\right)(3.46\times10^7\ \text{A/m}^2)^2 \simeq 1\times10^{16}\ \text{A}^2\,\text{s/m}^4$$

从图8.2，我们找到黄铜的 $Z(T_f, 80\ \text{K}) = 1\times10^{16}$ A^{2}s/m^4 对应 250 K，在该 6 kA 的 HTS 电流引线安全极限内。

b）代入黄铜的 $Z(300\ \text{K}, 80\ \text{K}) \simeq 1.1\times10^{16}$ A^2/m^4 代入式（S2.1），解出 τ_{dl}：$\tau_{dl} + \dfrac{\tau_{dg}}{2} \simeq 14$ s，从而 $\tau_{dl} \simeq 6.5$ s。

8.9.3 问题8.3：低温稳定 NbTi 磁体的保护

考虑一个由 NbTi 复合带绕成的低温稳定磁体，$a = 10$ mm，$b = 3$ mm，$\frac{\gamma_m}{s} = 4$（铜基底 RRR = 50）。在$f_p = 0.5$ 和 $q_{fm} = 0.36$ W/cm^2。式6.22给出了 I_{op} 下的可满足 Stekly 低温稳定性判据的基底金属电流密度：$[J_{m0}]_{Sk} = 6.25\times10^7$ A/m^2。

磁体由检测−释能法保护。

a）证明 $I_{op} = 1500$ A，然后计算 $E_m = 10$ MJ 和 $T_f = 100$ K 下的 V_D。为了使得磁体

在释能后能更容易回冷到 4.2 K，T_f 有时候被设定为远远低于过应力温度极限 200 K（如本例）。这里 $J_{m_0}^D = [J_{m0}]_{Sk}$。

b）在 $E_m = 100$ MJ 和 $T_f = 100$ K 时，重复 a 中 V_D 的计算。

问题8.3的解答

a）$I_{op} = [J_{m0}]_{Sk} A_m$，其中，$A_m = \dfrac{(a \times b) \gamma_{\frac{m}{s}}}{(1 + \gamma_{\frac{m}{s}})}$ 为复合导体中基底金属的截面积。我们

可以算得：

$$I_{op} = (6.25 \times 10^7 \text{ A/m}^2) \frac{(10 \times 10^{-3} \text{ m})(3 \times 10^{-3} \text{ m}) \times 4}{(1 + 4)} = 1500 \text{ A}$$

由式（8.19）解出 V_D：

$$V_D = \frac{J_{m0} E_m}{A_{cd} Z(T_f, T_i)} \tag{8.72}$$

代入 $J_{m_0}^D = [J_{m0}]_{Sk} = J_{m0}, E_m = 10 \times 10^6$ J，$A_{cd} = (10 \times 10^{-3})(3 \times 10^{-3}) = 3 \times 10^{-5}$ m^2 以及 $Z(100 \text{ K}, 4.2 \text{ K}) = 6.7 \times 10^{16}$ A^{2}s/m^4 到式 8.72 中，有：

$$V_D = \frac{(6.25 \times 10^7 \text{ A/m}^2)^2 (10 \times 10^6 \text{ J})}{(3 \times 10^{-5} \text{ m}^2)(6.7 \times 10^{16} \text{ A}^2\text{s/m}^4)} \simeq 310 \text{ V} \tag{S3.1}$$

放电电压 310 V 是安全的，不存在难以解决的困难。

b）在式（8.72）中代入 $E_m = 100$ MJ，得 $V_D = 3100$ V。该电压在低温容器内非常危险。一广泛使用的降低磁体与其低温容器之间电压的方法是将释能电阻的中间点接地，将电压钳定在某一水平。本例，该方法将相对电位限制到 ±1550 V。当然，这并没有降低磁体端子间电压。对一些大型磁体，如托卡马克（Tokamak）聚变磁体，高达 5~20 kV 的放电电压被认为不可避免。8.8.3A 节指出，降低 V_D 的方法是增加 A_{cd}（从而 I_{op}）。这就是大型聚变磁体运行在 50~100 kA 的原因。若本磁体（$E_m = 100$ MJ 和 $T_f = 100$ K）选择 $I_{op} = 15$ kA（是原来的 A_{cd}10 倍），有 $V_D = 310$ V。

8.9.4　问题8.4：混合Ⅲ超导磁体的热点温度

本问题研究混合Ⅲ超导磁体的保护。表 8.7 列出了导体的必要参数。磁体采用

8.8.3A 节讨论的检测-释能保护方法。

表 8.7　混合 Ⅲ 超导磁体导体参数

超导体	Nb₃Sn		NbTi	
导体等级	高场（HF）	低场（LF）	高场（HF）	低场（LF）
总宽度，a [mm]	9.49	9.10	9.20	9.20
总厚度，b [mm]	4.52	4.47	2.60	2.00
$\dfrac{\gamma_m}{s}\left[=\dfrac{A_m}{(A_{sc}+A_{\bar m})}\right]$	4.1	5.3	3.0	10

混合 Ⅲ 磁体的释能电阻 $R_D = 0.3\ \Omega$，磁体电感 $L = 8.0$ H。在 2230 A（最大运行电流）时，磁体储能量为 19.9 MJ（系统额定运行电流为 2100 A）。

a）磁体内发生失超后，从 2230 A 开始释能时。计算各等级的 Nb₃Sn 和 NbTi 复合导体的热点最终温度 T_f。假设在释能过程中，4 种导体除热点外仍维持超导，热点满足绝热条件。进一步还假设各热点几乎不引起电路中电阻的增加。使用图 8.2 中铜（$RRR = 50$）的 Z 函数。

实际上，磁体在 $t = 0$ 释能开始后，由于绕组内快速变化磁场产生的交流损耗加热磁体，整个磁体的大部分会被迫进入正常态；正常态的绕组接下来又会进一步贡献焦耳热。因此，在电流衰减分析中，将 $r(t)$ 包括进来是更实际的。为了简化，我们将 $r(t)$ 写为：

$$r(t) = r_0 + \eta t \tag{8.73}$$

式中，r_0 和 η 都是常数。

b）证明在放电期间（$t \geqslant 0$），磁体的电流 $I(t)$ 可写为：

$$I(t) = I_{op} \exp\left[-\frac{(R_D + r_0)}{L}t - \frac{\eta}{2L}t^2\right] \tag{8.74}$$

其中，$I\ (t=0)\ = I_{op}$。

c）使用上面的模型，计算磁体中耗散的总能量 E_{sm}。相关参数如下：$I_{op} = 2230$ A；$L = 8$ H；$R_D = 0.3\ \Omega$；$r_0 = 0.3\ \Omega$；$\eta = 0.04\ \Omega/\text{s}$。和 8.4.2 节中讨论的低温稳定性条件不同，这里的正常态区是增长的而不是缩小的，所以 $\eta > 0$。电流释能引起 $\dfrac{dB}{dt}$ 加热，将导致在绕组中产生气体，扰乱绕组中的冷却条件。

问题8.4的解答

a）一般来说，当放电时间常数 τ_{dg} 完全由磁体电感 L 和释能电阻 R_D 确定后，根据式（8.16c），有：

$$Z(T_f, T_i) = \left(\frac{\gamma_{\frac{m}{s}}}{1 + \gamma_{\frac{m}{s}}}\right) J_{m0}^2 \left(\frac{L}{2R_D}\right) \tag{8.16c}$$

其中，J_{m0} 由下式给出：

$$J_{m0} = \frac{I_{op}}{A_m} = \left(\frac{\gamma_{\frac{m}{s}} + 1}{\gamma_{\frac{m}{s}}}\right)\frac{I_{op}}{ab} \tag{S4.1}$$

Nb$_3$Sn **高场**，我们有：

$$J_{m0} = \left(\frac{5.1}{4.1}\right)\frac{(2230\ \text{A})}{(9.49 \times 10^{-3}\ \text{m})(4.52 \times 10^{-3}\ \text{m})} = 6.47 \times 10^7\ \text{A/m}^2 \tag{S4.2}$$

联立式（8.16c）和式（S4.2），有：

$$Z(T_f, 4\ \text{K}) = \left(\frac{5.1}{4.1}\right)(6.47 \times 10^7\ \text{A/m}^2)^2 \left(\frac{8\ \text{H}}{2 \times 0.3\ \Omega}\right) = 4.5 \times 10^{16}\ \text{A}^2\text{s/m}^4$$

由图 8.2（青铜 $RRR = 50$），得热点温度 $T_f \sim 65$ K。

表 8.8 给出了 4 种导体的小结。从表 8.8 我们发现由于过高的热点温度，2 种等级 NbTi 导体都可能严重损坏。

表 8.8　混合 Ⅲ 超导体的 $Z(T_f, 4\text{K})$ 和 T_f 值

导　体	A_m [10^{-6}m^2]	J_{m0} [MA/m^2]	Z (T_f, 4K) [$10^{16}\text{A}^2\text{s/m}^4$]	T_f [K]
Nb$_3$Sn 高场	34.5	64.7	4.5	~65
Nb$_3$Sn 低场	34.2	65.2	4.7	~70
NbTi 高场	17.9	124.3	15.4	⩾300
NbTi 低场	16.7	121.4	17.8	⩾300

b）$t \geqslant 0$ 时的电路微分模型为：

$$L\frac{dI(t)}{dt} + (R_D + R_0 + \eta t)I(t) = 0 \tag{S4.3}$$

式（S4.3）可按下式解出：

$$\frac{\mathrm{d}I(t)}{\mathrm{d}t} = -\frac{(R_D + R_0 + \eta t)}{L}\mathrm{d}t \tag{S4.4}$$

$$\ln\left[\frac{I(t)}{I_{op}}\right] = -\frac{(R_D + R_0)}{L}t - \frac{\eta}{2L}t^2 \tag{S4.5}$$

在式（S4.5）中解出 $I(t)$，我们有：

$$I(t) = I_{op}\exp\left[-\frac{(R_D + R_0)}{L}t - \frac{\eta}{2L}t^2\right] \tag{8.74}$$

c）本问题有 2 种解法。

方法 1　计算 E_m 最简单、最快捷的方法是估算 $r(t)$ 在电流衰减期间的平均值 $\bar{r}$，并使用简单的"分压器"方法确定磁体内的能量耗散：$E_{sm} = \dfrac{E_m\bar{r}}{(\bar{r}+R_D)}$，这里 $E_m = 19.9$ MJ。

无 $r(t)$ 时，电路时间常数 τ_D 由 $\dfrac{L}{R_D}$ 给出，约为 27 s。根据式（8.73），有：$r(0)=0.3\ \Omega$；$r(5\ \text{s})=0.5\ \Omega$；$r(10\text{s})=0.7\ \Omega$；$r(15\ \text{s})=0.9\ \Omega$；$r(20\ \text{s})=1.1\ \Omega$。

上述时段内的 $r(t)$ 平均值为 $0.7\ \Omega$，对应新的时间常数约为 8 s$\left[=\dfrac{L}{(R_D+0.7)}\right]$。这意味着时间平均应在 0 和 10 s 之间进行，对应新的 $\bar{r}$ 为 $0.5\ \Omega$。即 19.9 MJ 的约 63%$\left[=\dfrac{0.5}{(0.3+0.5)}\right]$ 耗散于磁体内：$E_{scm} \simeq 12.4$ MJ。

方法 2　确定 E_{sm} 更严格的方法是对 $r(t)I^2(t)$ 积分，即：

$$E_{sm}\int_0^\infty r(t)I_0^2\exp\left[-\frac{2(R_D + R_0)}{L}t - \frac{\eta}{L}t^2\right]\mathrm{d}t \tag{S4.6}$$

式（S4.6）涉及 *erf* 函数。该函数可以图形化方式进行积分，结果如表8.9所示。在 $t=0$ 到 $t=20\text{s}$ 范围内对 $r(t)I^2(t)$ 积分，得 $E_{sm} \simeq 12.2$ MJ，大约是初始储能的 60%。12.2 MJ 与上面计算的 12.4 MJ 基本一致。

表 8.9 混合 III 超导磁体的能量耗散

$t\,[s]$	$r\,(t)\,[\Omega]$	$I\,(t)\,[A]$	$r\,(t)\,I^2\,(t)\,[MW]$	$\int_0^t r(t)I^2(t)\,dt\,[MJ]$
0	0.3	2230	1.49	0
5	0.5	1440	1.04	6.5
10	0.7	820	0.47	10.2
15	0.9	413	0.15	11.7
20	1.1	183	0.04	12.2

高场 NbTi 的 $Z(T_f)$ 现在变为 $\sim 8\times10^{16}$ A^{2}s/m^4，得出 $T_f \sim 125$ K。低场 NbTi 的 $Z(T_f)$ 现在变为 $\sim 9\times10^{16}$ A^{2}s/m^4，得出 $T_f \sim 150$ K——二者均在安全极限 ~ 200 K 以下。

8.9.5 讨论8.1: 失超电压探测——1个变种

图 8.20 给出了曾运行于 FNNML 的另一个磁体——混合 II 磁体的示意图[3.17]。超导磁体由 22 个 NbTi 双饼线圈构成。图中还包括了水冷内插磁体和热辐射屏蔽铜板以强调该磁体是一个"真实"的系统，其中的磁耦合不仅限于双饼——所有的组件都是耦合的。这些组件之间的磁耦合令 8.8.5 节中电桥电路的"平衡"变得复杂。

混合 II 的超导磁体分为 4 个部分：部分 B′（双饼 1 到 7）；部分 A′（双饼 8 到 11）；部分 A（双饼 12 到 15）；部分 B（双饼 16 到 22）。该磁体用了 2 种失超电压检测技术。

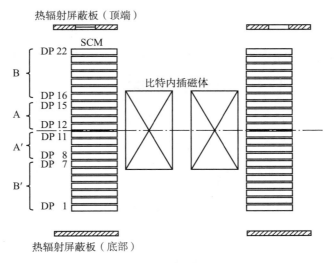

图 8.20 混合 II 磁体的结果示意图，包括比特内插磁体，22 个双饼组成的超导磁体和热辐射屏蔽板。

A. 技术 I

在此技术中，磁体被分为两组：A+A′和 B+B′。相比传统技术将磁体分为 B′+A′和 B+A，本分组方式能更好地消除电感电压，但仍不能令人完全满意。本技术不能消除水冷磁体或 NbTi 线圈励磁导致的全部电感电压。

B. 技术 II

第 2 种技术是由石乡冈猛（Ishigohka）[8.114] 提出的，他将所有 22 个双饼上的电压引出，并将它们组合成 2 组：第 1 组包括偶数双饼，$V_{2n-1}(t)$；另一组包括奇数双饼，$V_{2n}(t)$。通过调整 22 个独立放大器的增益，可以在没有电阻性电压的情况下调节各双饼的电压以最小化 $V_{out}(t)$。于是：

$$V_{out}(t) = \sum_{n=1}^{11} \left[\alpha_{2n-1} V_{2n-1}(t) - \alpha_{2n} V_{2n}(t) \right] \tag{8.75}$$

式中，α_{2n-1} 是第 $2n-1$ 个双饼的放大器增益，α_{2n} 是第 $2n$ 个双饼的放大器增益。

使用技术 I 消除感性电压的成效取决于两部分的不受电流水平或电流变化率影响的电感电压的接近程度。在混合 II 中，因为 NbTi 线圈的低温容器关于线圈中平面不对称，电压平衡不能做到与电流水平或电流变化率无关。更严重的是，单独针对 NbTi 线圈励磁优化的电桥在插入磁体励磁后不再是最优化，优化的设置点随自场和内插磁场变化率而变化。

技术 II 极大地减小了包括超导线圈、内插磁体、辐射屏蔽板和低温容器的其他部件在内的整个系统的不对称性。这令总不平衡感性电压有数量级的下降。

图 8.21 给出了 25 kA[8.114] 内插磁体中的 3 个平衡电压：$V_{AA'}$，$V_{BB'}$ 和奇偶差分电压 V_{δ}。可以看到，$V_{BB'}-V_{AA'}$ 比 V_{δ} 的峰值大 100 倍以上。

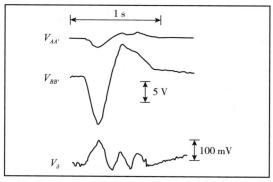

图 8.21　混合 II 磁体在内插磁体时测到不平衡电压[8.114]。

于是，V_δ 仅在超导线圈运行条件下检测时是一个更敏感的方法。提高敏感性的代价是需要大量的差分放大器，并且要求每一个都不能失效。

8.9.6　问题8.5：释能电阻设计

这里我们研究用于主动保护的释能电阻 R_D 的设计标准[8.115,8.116]。其中，有 2 个参数很重要：①R_D 本身的值；②磁储能 E_m。E_m 之所以重要，是因为几乎所有释能电阻都必须吸收大部分 E_m；显然，谨慎的设计假设是 100% 的 E_m 都被电阻器绝热的吸收。如图 8.22 所示，假设我们的电阻器是一个长条形，长度为 ℓ，截面为矩形，宽为 w，厚为 δ。

由于释能电阻被加热到 200 K 甚至高于室温的过程中，经常承受远高于 100 V 的释能电压且吸收的能量远大于 1 MJ，我们必须慎重选择释能电阻在磁体系统中的位置。其中，安全是最重要的选择标准。释能电阻通常放置在有围栏的隔离区域，远离人员和其他设备。

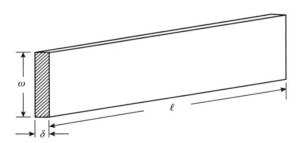

图 8.22　长条释能电阻器的示意图。长 ℓ，截面为 $w\delta$。

a）证明电阻器的长度 ℓ 为：

$$\ell = \sqrt{\frac{E_m R_D}{\rho C_p \Delta T}} \tag{8.76a}$$

其中，ρ 是电阻器材料（通常是钢）的电阻率。因为电阻器绝热吸收 E_m，其温度显然会升高，进而 ρ 会变大，不过这里我们假设其为常数。C_p 是电阻器材料的热容，同样假设为常数，在这里是一个可以接受的假设，特别是在 300 K 以上的温区。ΔT 是电阻器绝热吸收 E_m 后的温升。

b）证明电阻器的横截面为：

$$w\delta = \sqrt{\frac{\rho E_m}{R_D C_p \Delta T}} \tag{8.76b}$$

ℓ 和 $w\delta$ 对这些参数的依赖性容易理解。

c）计算混合Ⅲ参数下的 ℓ 和 $w\delta$：$E_m \simeq 20$ MJ；$R_D = 0.3$ Ω；电阻材料为钢时，有 $\rho \simeq 10^{-6}$ $\Omega \cdot$ m，$C_p \simeq 4 \times 10^6$ J/m^{2}K 以及 $\Delta T \simeq 200$ K。

问题8.5的解答

a）释能电阻的 R_D 为：

$$R_D = \frac{\rho\ell}{\omega\delta} \tag{S5.1a}$$

或

$$\omega\delta = \frac{\rho\ell}{R_D} \tag{S5.1b}$$

绝热吸收 E_m 令电阻升温 ΔT：

$$E_m = \ell\omega\delta C_p \Delta T \tag{S5.2a}$$

或

$$\omega\delta = \frac{E_m}{\ell C_p \Delta T} \tag{S5.2b}$$

令式（S5.1b）和式（S5.2b）相等，解出 ℓ：

$$\ell = \sqrt{\frac{E_m R_D}{\rho C_p \Delta T}} \tag{8.76a}$$

b）将式（8.76a）得出的 ℓ 代入到式（S5.1b），得：

$$w\delta = \sqrt{\frac{\rho E_m}{R_D C_p \Delta T}} \tag{8.76b}$$

c）计算混合Ⅲ磁体的 ℓ 和 $w\delta$，有：

$$\ell \simeq \sqrt{\frac{(2 \times 10^7 \text{ J})(0.3 \text{ }\Omega)}{(10^{-6} \text{ }\Omega \cdot \text{m})[4 \times 1066 \text{ J}/(\text{m}^2 \cdot \text{K})](200 \text{ K})}} = 86.6 \text{ m}$$

$$w\delta \simeq \sqrt{\frac{(10^{-6}\ \Omega \cdot m)(2 \times 10^7\ J)}{(0.3\ \Omega)[4 \times 10^6\ J/(m^2 \cdot K)](200\ K)}} \simeq 2.9 \times 10^{-4}\ m^2 \simeq 290\ mm^2$$

混合Ⅲ磁体的释能电阻器包括电气上串联的近 90 个钢条，每根长约 1 m，宽约 5 cm，厚 6 mm。如果 ΔT 被限定于 100 K，ℓ 和 $w\delta$ 将增加约 40%：$\ell \simeq 120$ m，$w\delta \simeq 410$ mm^2。

8.9.7　讨论8.2：磁体的缓慢放电模式

实验室环境中使用最广泛的电源是那些仅运行在$+V/+I$象限中运行的电源。如果使用这种电源来为电感为 L 的超导磁体供电，可能需数小时才能使磁体放电。当然，除非使用释能电阻的情况。

这里，我们讨论 2 种简单的技术来实现缓慢放电模式，并粗略设定放电率。2 种技术的电路图如图 8.23 所示。各电路中，r_ℓ 代表电路线路总电阻，通常不大于 1 mΩ。

在 2 种技术中，当要求磁体电流 $I_m(t)$ 缓慢下降时，打开 S，令低阻电阻器 r_d（图 8.23a）或 1 组串联的二极管（图 8.23b）接入电路。在放电模式下，若没有上述 2 种元件接入电路，由于$+V/+I$象限电源的 $V_p \simeq 0$，有 $V_m(t) = -r_\ell I_m(t)$，并且 $I_m(t)$ 以时间常数 $\tau_m = \dfrac{L}{r_\ell}$ 衰减。例如，$L = 100$ H 的磁体和 $r_\ell = 1$ mΩ 的线路电阻对应 $\tau_m \simeq 10^5$ s。即磁体放电至少需要好几天。

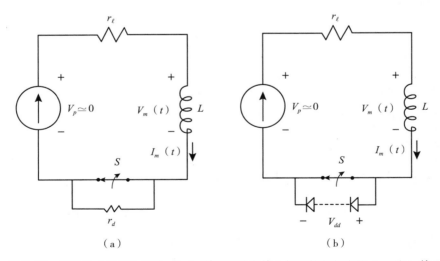

图 8.23　缓慢放电模式的电路：（a）利用开关 S 接入低阻值释能电阻 r_d；（b）接入 1 组串联二极管。2 个电路中，r_ℓ 表示总线路电阻，$V_p \simeq 0$。

A. 低阻电阻器

当 r_d 在电路中被激活，$V_m(t) = -(r_d+r_\ell)I_m(t)$：$I_m(t)$ 指数式衰减，时间常数 $\tau_m = \dfrac{L}{(r_\ell+r_d)}$。显然，不管电流速率如何衰减，$\dfrac{dI_m(t)}{dt}$ 肯定不是常数，而是随 $I_m(t)$ 减小：

$$\frac{dI_m(t)}{dt} = -\frac{I_m(t)}{\tau_m} \tag{8.77a}$$

举例来说，对于运行电流 250 A 的磁体，使用的 r_d 要高达 10 mΩ。所以 100 H 的磁体的时间常数 $\tau_m \simeq 10^4$ s，可在大约半天的时间内完成放电。

r_d 的设计标准将在讨论 8.3 中研究。

B. 串联二极管

虽然理想二极管导通时正向电压为 0，但实际二极管并非如此。二极管在有电流时一般有 0.1~0.5 V 的压降。与电阻器不同，该电压在电流高于大约 1 A 时几乎与电流无关。因此，磁体电流能以几乎恒定的速率衰减。如果一组串联二极管的总电压 V_{dd} 满足 $r_\ell I_m(t) \ll V_{dd}$，电流衰减率可由下式得出：

$$\frac{dI_m(t)}{dt} = -\frac{V_{dd}}{L} \tag{8.77b}$$

如前面所举的例子中 100 H 磁体，有 $V_{dd} = 2.5$ V（5~10 个二极管），磁体电流从 250 A 衰减到 0 需要 10000 s 或约 3 小时。这里用到的二极管，无论是气冷还是水冷，功率都要在约 25~125 W。

8.9.8 讨论8.3：低阻电阻器设计

低阻值电阻器 r_d 的设计流程类似问题 8.5 中研究过的释能电阻器的设计。一个重要的不同是这个电阻器必须耐受大功率而非大能量，因为这里的 $I_m(t)$ 衰减的时间尺度是小时至少是分钟，几乎不能是秒。对于和 R_D 同样的电阻器几何形状，在 $w \gg \delta$ 时，r_d 的 2 个设计式为：

$$r_d = \frac{\rho \ell}{w\delta} \tag{8.78a}$$

$$r_d I_m(0)^2 \simeq 2w\ell g_{cv} \tag{8.78b}$$

式中，$I_m(0)$ 是电阻器接入时刻得磁体电流，g_{cv} 是电阻器表面的自然对流热通量 [W/m²]，假定为常数。电阻器表面通常处于静止空气（本例）或静止水池中；若为水池，需要足够大，以保证水能够吸收总的耗散能量而不产生明显的温升。

式（8.78b）表明，电阻器中产生的总焦耳热 $r_d I_m(0)^2$ 和电阻器表面的总对流热传热平衡，在 $w \gg \delta$ 时，近似为 $2w\ell g_{cv}$。注意，$I_m(t)$ 实际上衰减缓慢，被假定为常数，且等于式（8.7b）中的 $I_m(0)$。从两式中解出 ℓ：

$$\ell \simeq r_d I_m(0) \sqrt{\frac{\delta}{2\rho g_{cv}}} \tag{8.79a}$$

$$w \simeq I_m(0) \sqrt{\frac{\rho}{2\delta g_{cv}}} \tag{8.79b}$$

ℓ 和 w 对这些参数的依赖性也是可以理解的。

实例 计算 ℓ 和 w：①气冷电阻器；②水冷电阻器。使用以下参数：$r_d = 10$ mΩ，$I_m(0) = 250$ A，$\rho = 10^{-6}$ Ω·m 以及 $\delta = 250 \times 10^{-6}$ m。尽管 g_{cv} 依赖于表面温度、取向以及冷却介质，这里我们对静止空气取 $g_{cv} \simeq 20$ W/m²，对静止水取 $g_{cv} \simeq 20$ kW/m²。

气冷 使用式（8.79a）和式（8.79b），有：

$$\ell \simeq (0.01\ \Omega)(250\ A) \sqrt{\frac{(250 \times 10^{-6}\ m)}{2(10^{-6}\ \Omega \cdot m)(20\ W/m^2)}} \simeq 6.3\ m$$

$$w \simeq (250\ A) \sqrt{\frac{(10^{-6}\ \Omega \cdot m)}{2(250 \times 10^{-6}\ m)(20\ W/m^2)}} = 2.5\ m$$

可见，初始状态时，这个 10 mΩ 的电阻器必须承受 625 W 的总功率。满足上面 2 个条件的 10 mΩ 的气冷电阻器式可以造出的，例如，使用 50 根钢条，每根 250 μm 厚，6.3 m 长，5 cm 宽，电气上**并联**。

水冷 从式（8.79a）和式（8.79b）可见，

$$\ell \simeq (0.01\ \Omega)(250\ A) \sqrt{\frac{(250 \times 10^{-6}\ m)}{2(10^{-6}\ \Omega \cdot m)(20 \times 10^3\ W/m^2)}} \simeq 20\ cm$$

$$w \simeq (250 \text{ A}) \sqrt{\frac{(10^{-6} \ \Omega \cdot \text{m})}{2(250 \times 10^{-6} \text{ m})(20 \times 10^{3} \text{ W/m}^{2})}} \simeq 8 \text{ cm}$$

随 g_{cv} 增加，ℓ 和 w 趋向于 0。不过，$\frac{\ell}{w}$ 与 g_{cv}（和 r_d）无关。举例说，某 $I_m(0)$，g_{cv} 和 r_d 组合给出 $\ell = 5$ cm 和 $w = 2$ cm。如果觉得这个尺寸过小了，那选择"实用"的水冷方案更好：2 个 250 μm 厚的钢条并联，钢条长 25 cm，宽 5 cm。

8.9.9　讨论8.4：过热和内部电压判据

这里我们应用过热判据式（8.30a）和内部电压判据式（8.40b）来推导 NMR 磁体等绝热磁体允许的基底电流密度范围。基底金属使用铜（$RRR = 50$）。

实例　考虑一个螺管线圈，$a_1 = 0.15$ m，$\alpha = 1.3$，$\beta = 3$，$E_m = 3$ MJ，$I_{op} = 300$ A。由图 3.14，我们找到 $\mathcal{L}(\alpha = 1.3, \beta = 3) \simeq 0.54$。

在 $f_r = 0.5$ 和 $T_f = 200$ K 条件下应用过热判据。对该铜复合超导体，取 $\gamma_{\frac{m}{s}} = 1$，ρ_m（$T_f = 200$ K）$= 1.11 \times 10^{-8} \ \Omega \cdot$ m。根据图 8.2，有 $Z(T_f = 200 \text{ K}, \ T_i = 4.2 \text{ K}) = 10.5 \times 10^{16} \text{ A}^2\text{s/m}^4$。将这些参数代入式（8.30a），我们得到了基底电流密度 $J_{m_{op}}^{sh}$ 在 T_f 允许值为 200 K 时的上限：

$$J_{m_{op}}^{sh} = \left(\frac{1 + \gamma_{\frac{m}{s}}}{\gamma_{\frac{m}{s}}}\right) \frac{f_r \pi (\alpha + 1) \rho_m(T_f) Z(T_f, T_i)}{2} \sqrt{\frac{a_1}{2\mu_0 \mathcal{L}(\alpha, \beta) E_m}} \qquad (8.30a)$$

$$= \left(\frac{1 + 1}{1}\right) \frac{(0.5)\pi(1.3 + 1)(1.11 \times 10^{-8})(10.5 \times 10^{16})}{2} \times$$

$$\sqrt{\frac{0.15}{2(4\pi \times 10^{-7})(0.54)(3 \times 10^6)}}$$

$$\simeq 2(21.1 \times 10^8)(0.19) \simeq 805 \text{ MA/m}^2 = 805 \text{ A/mm}^2$$

$J_{m_{op}}^{sh} \simeq 805$ A/mm² 甚至比高性能磁体使用的基底电流密度都高。这意味着，由于 $J_{m_{op}}^{sh} \propto f_r$，在 $J_{m_{op}}^{sh} = 300$ A/mm² 时，$f_r \sim 0.2$ 足以限制 T_f 到 200 K。

现在对同一个磁体应用内部电压判据（式 8.40b）解出基底电流密度需要满足的电压判据 $J_{m_{op}}^{V}$。取 $V_{bk} = 10$ kV。

$$J_{m_{op}}^{V} = \frac{2}{f_r(1 - f_r)} \left[\frac{\sqrt{\mathcal{L}(\alpha, \beta)}}{\pi(\alpha + 1)} \right] \left[\frac{V_{bk} I_{op}}{\rho_m(T_f)} \sqrt{\frac{2\mu_0}{a_1 E_m}} \right] \quad (8.40b)$$

$$= \frac{2}{0.5(1 - 0.5)} \left[\frac{\sqrt{0.54}}{\pi(1.3 + 1)} \right] \left[\frac{(10^4)(300)}{(1.11 \times 10^{-8})} \sqrt{\frac{2(4\pi \times 10^{-7})}{(0.15)(3 \times 10^6)}} \right] = 520 \text{ A/mm}^2$$

由上面得到的 $J_{m_{op}}^{sh} \simeq 805 \text{ A/mm}^2$ 和 $J_{m_{op}}^{V} = 520 \text{ A/mm}^2$，我们可以得到如下结论：限制磁体基底电流密度的是内部电压标准，至少对我们这个实例是这样的。

8.9.10　讨论8.5：　Bi2223超导带电流引线的保护

如今，在"干式"（无制冷剂）超导磁体中使用 HTS 引线已经很常见。此处，我们仅考虑 Bi2223/Ag-Au 超导带制成的 HTS 引线，即与问题 4.4、4.5 和 4.6C 中研究的气冷 HTS 电流引线一样。前已论及，必须用 Ag-Au 替换纯 Ag 以降低通过热传导进入冷环境的热量。

考虑一根长 ℓ、总 Ag-Au 截面积为 a_m 的 Bi2223/Ag-Au 电流引线，绝热运行，冷端温度为 $T_{cl}(z=0)$，热端为 $T_{wm}(z=\ell)$。

A. 均匀加热下的最高温度点

证明，载有电流 I_t 的超导带若在"整个"长度上成为电阻性的，最可能发生熔化或严重过热的位置是轴向（z）中点 $z \simeq \frac{\ell}{2}$ 处。下面的热分析中，假定基底热导率 k_m 和电阻率 ρ_m 均与温度无关（Ag-Au 的热导率和电阻率数据如图 4.23 和图 4.24 所示，从中可知这里的假设是基本成立的）。

绝热条件下的单位导体长度的功率方程为：

$$a_m k_m \frac{\mathrm{d}^2 T}{\mathrm{d}z^2} + \frac{\rho_m I_t^2}{a_m} = 0 \quad (8.80)$$

代入 $T(0) = T_{cl}$，$T(\ell) = T_{wm}$，定义 $\zeta \equiv \frac{z}{\ell}$，$T(\zeta)$ 可写为：

$$T(\zeta) = T_{cl} + (T_{wm} - T_{cl})\zeta + \frac{\rho_m \ell^2 I_t^2}{2a_m^2 k_m}(\zeta - \zeta^2) \quad (8.81)$$

最高温度 T_{pk} 发生的轴向位置 $\zeta(T_{pk})$ 为：

$$\zeta(T_{pk}) = \frac{1}{2} + \frac{a_m^2 k_m}{\rho_m I_t^2 \ell^2}(T_{wm} - T_{cl}) \tag{8.82a}$$

在 $\zeta(T_{pk}) \simeq 0.5$ 时，T_{pk} 由下式给出：

$$T_{pk} \simeq \frac{1}{2}(T_{cl} + T_{wm}) + \frac{\rho_m I_t^2 \ell^2}{8 a_m^2 k_m} \tag{8.82b}$$

可以证明，在"典型"的参数下，式（8.82a）等号右侧的第 2 项比 0.5 小很多，可以忽略。超导带中的 T_{pk} 实际就出现在引线中点。在 $k_m = 2$ W/mK 和 $\rho_m = 1 \times 10^{-6}$ $\Omega \cdot$ cm——这些值大致对应 Ag-5.3wt%（3at%）Au 在 70 K 的情况（图 4.23 和图 4.24），$a_m = 8 \times 10^{-3}$ cm^2（4 mm 宽 Bi2223/Ag-Au 超导带的截面积），$\ell = 15$ cm，$I_t = 50$ A，$T_{cl} = 10$ K 以及 $T_{pk} = 70$ K 时，有：

$$\frac{a_m^2 k_m}{\rho_m I_t^2 \ell^2}(T_{wm} - T_{cl}) = \frac{(8 \times 10^{-3} \text{ cm}^2)^2 [2 \text{ W}/(\text{cm} \cdot \text{K})]}{(1 \times 10^{-6} \ \Omega \cdot \text{cm})(50 \text{ A})^2 (15 \text{ cm})^2} \simeq 0.01$$

所以，最高温度点确实出现于带材轴向中点附近。

由式（8.82b）得：

$$T_{pk} \simeq \frac{1}{2}(T_{cl} + T_{wm}) + \frac{\rho_m I_t^2 \ell^2}{8 a_m^2 k_m} = \frac{1}{2}(10 \text{ K} + 70 \text{ K}) +$$

$$\frac{(1 \times 10^{-6} \ \Omega \cdot \text{cm})(50 \text{ A})^2 (15 \text{ cn})^2}{8(8 \times 10^{-3} \text{ cm}^2)^2 [2 \text{ W}/(\text{cm} \cdot \text{K})]} \simeq 590 \text{ K}$$

B. 熔化时间

将银从 70 K 升高到熔点 1223 K 需要的能量密度 $\simeq 2900$ J/cm^3（在估算带材熔化时间时，我们假定银-金合金的焓用银代替）。我们取这种基底在 70 K 和 1200 K 之间的平均电阻率为 $\sim 5 \times 10^{-6}$ $\Omega \cdot$ cm，基底电流密度为常数 6000 A/cm^2（$= \frac{I_t}{a_m}$，其中 $I_t = 50$ A，$a_m = 0.008$ cm^2），基底加热的平均焦耳热密度约为 200 A/cm^3。所以，在这种引线所处的制冷机冷却磁体的真空、绝热条件下，熔化带材只需不到 15 s $\left[\dfrac{2900 \text{ J/cm}^3}{200 \text{ W/cm}^3} \right]$。

带材需要连续监测和保护，下文将会进一步讨论。

C. 补充说明

正如本书中经常提到的，HTS 磁体非常稳定，不该发生上述事件。具有较大电感的磁体的电流引线发生突然断开的后果可能非常危险且可能损坏磁体系统。注意，$V \propto L \dfrac{\mathrm{d}I}{\mathrm{d}t}$，故引线**绝不**允许开路，除非磁体端子被一个足够鲁棒的电阻器分流，这个电阻器应能吸收磁能且在此过程不能坏。

正如在讨论 4.15 中已经讨论并在问题 4.6B 和 4.6C 中进一步研究的那样，这些超导带需要用具有低导热率（以保持传导热输入低）和低电阻率的额外普通金属带保护。

8.9.11 讨论8.6： MgB_2 磁体的主动保护

我们展示检测-激活加热器保护技术在某磁体中的应用。该 0.5 T 磁体由 1 个主线圈（M）和 2 个校正线圈（C1 和 C2）组成，用裸直径 0.84 mm 的 MgB_2 超导线绕制，室温孔 210 mm，以持续电流模式运行于 10 K。磁体的关键参数总结如表 8.10 所示。图 8.24 为三线圈磁体示意图，图中定义了各螺管的轴向左侧的位置 $LE(z)$。线圈 M 的中点位于 $z = 0$，$LE_M(z) = -b$，其中，b 是绕组长度（$2b$）的一半。线圈 C1 的左端在 $-z$ 区域，$LE_{C1}(z)$ 是负值；线圈 C2 的左端在 $+z$ 区域，$LE_{C2}(z)$ 是正值。

线圈 M、C1 和 C2 使用超导接头连接，并联有持续电流开关（PCS），电路如图 8.25，可见电路有 4 个超导接头。注意，在这种设置下，各个线圈的层数为奇数，更方便实现。

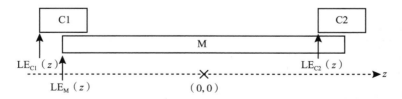

图 8.24 由 3 个螺管线圈（C1，M，C2）组成的磁体示意图。该图定义了各螺管的左端在轴向的位置 $LE(z)$。M 的中心位于 $z = 0$，$LE_M(z) = -b$，其中，b 是其绕组长度（$2b$）的一半。

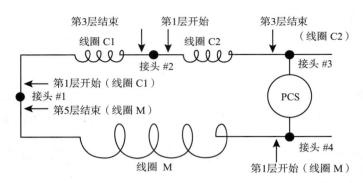

图 8.25　三线圈磁体的原理示意图。磁体使用 PCS，以持续电流模式运行。黑点表示 4 个 MgB_2/MgB_2 超导接头。

表 8.10　由 3 个线圈组成的 0.5 T 的 MgB_2 磁体参数——MgB_2 裸线直径 0.84 mm

参　数		M	C1	C2
运行温度 T_{op}	[K]	10		
绕组内直径/外直径（$2a_1/2a_2$）	[mm]	260.0/268.6	280.0/285.3	
绕组长度（2b）	[mm]	599.6	84.56	
LE（z）*	[mm]	−299.8	−299.8	215.24
匝数/层；层数		624；5	88；3	
总匝数		3120	264	
线长	[m]	2591	235	
运行电流 I_{op}	[A]	80.0		
总体电流密度 J_e@I_{op} 时	[A/mm²]	96.8087	96.2504	
中心场 B_z（0，0）@I_{op} 时	[T]	0.479	0.021	
中心场 B_z（0，0）@I_{op} 时	[T]	0.500		
最大场 $|B_{pk}|$@I_{op} 时	[T]	0.6	0.5	
自感	[H]	0.925	0.024	
自感	[H]	1.219		
总储能量@I_{op} 时	[kJ]	3.9		

*左端在轴向上的位置，如图 8.24 所示。

A. 持续模式磁体——被动保护

被动保护技术通常用于持续模式超导磁体，例如 MRI 和 NMR。与主动保护技术不同，它通常不依赖位于低温恒温器外部的设备。迄今为止，运行于**持续模式**的 LTS NMR 和 MRI 磁体，几乎都依赖于被动保护，主要是因为在 LTS 绕组中，即使热点仅从一处开始，LTS 的高 NZP 速度也会使之很快扩散到其他区域。在持续模式 LTS 磁体中，磁体被分为许多线圈，由各自的电阻分流以促进线圈之间的能量传递及耗散。不过，被动保护技术无法保护持续模式 HTS 磁体的热点诱发失超。

B. 持续模式 HTS 磁体的检测–激活加热器保护

广泛用于大型 LTS 磁体的检测–释能技术（8.8.3 节）通过将储能的大部分转移到连接在磁体端子上的释能电阻器而保护磁体。由于不存在可以在闭合时超导或在打开时真正开路的开关，该技术尚未应用于持续模式磁体。不过，应用于 LTS 磁体[8.102–8.110] 的检测–激活加热器技术适用于持续模式磁体。图 8.18 是一个应用实例，这是一个用于保护 NMR 磁体的电路。

在检测–激活加热器技术（8.8.4 节）中，被保护加热器强制转化为正常台区域的部分必须足够大才能吸收全部磁体能量并保证温度低于 300 K。如下面这个三线圈磁体所展示的，为满足低于 300 K 的要求，令占整个绕组约 3% 的体积进入正常态是必要的。同样如前所述，该保护加热器都可以安装在绕组的"方便"位置，**无需**考虑热点大小或位置。重要的一点是：迫使绕组任意位置的一部分体积吸收全部磁能，保持温度远低于 300 K，尽量减少绕组内因不同材料的膨胀差异引起的热应力。

C. 要求迫使进入正常态的最小绕组比例

如表 8.10 所示，该三线圈磁体在运行电流为 80 A 时的储能是 3.9 kJ。设定被迫进入正常态电阻性区域的最终温度允许值为 100 K。假设整个绕组的热性质由铜表示，铜在 100 K 的熔密度为 94.3 J/cm^3，则吸收 3.9 kJ 所需的总绕组体积为 41 cm^3，对应直径 0.84 mm 的导线长度为 75 m。因为磁体共使用了约 3000 m 导体（表 8.10），所以只要约整个绕组的 3% 就足以吸收 3.9 kJ 并确保最高温度仅为 100 K，远低于 300 K。

D. 保护加热器

这里我们讨论该三线圈磁体的保护加热器的关键设计问题：①位置；②功率要求；③加热丝及其布局；④加热器电阻和电源。

位置　如前所述，对保护加热器的位置没限制：设计者可以将之放在**实际**磁体系统中最易安装的位置。本磁体中最可能的位置是线圈 M 的第 5 层或者线圈 C1 和 C2 的第 3 层的外层，可以布满整层，也可以只占一部分。这个讨论中，我们将保护加热器放在线圈 C1 和 C2 上，即加热丝绕在线圈 C1 和 C2 的第 3 层外。两线圈的第 3 层匝数均为 88 匝（表 8.10），分别使用 MgB$_2$ 线 78 m，从而 2 个第 3 层的总体积为 86 cm^3。传入 2 个第 3 层总能量 3.9 kJ 折合能量密度 45 J/cm^3（或 5 J/g）：线圈第 3 层将被加热到 75 K。

功率要求　　对于这个运行于 10 K 的磁体，保护加热器必须将第 3 层加热到电流分流温度 T_{cs}，实际上这个温度沿轴向是变化的。此例中，我们对整层都取 $T_{cs} = 30$ K。30 K 时铜的熔密度为 1.74 J/cm^3，总体积 86 cm^3，于是需要 150 J 的热输入。在检测到失超后，该能量将在约 0.2 s 内注入保护加热器，然后通过热扩散进入到 MgB$_2$ 层，并在 ~0.1 s 内强迫超导层转入电阻态。即被加热的超导层在**检测到失超后**，将在不长于 ~0.3 s 内被迫进入正常态。保护加热器需求功率为 375 W$\left(= \dfrac{75 \text{ J}}{0.2 \text{ s}} \right)$。

注意，如果保护加热器安装在磁体的高场区，该功率要求可以降低。此时，T_{cs} 可以是 25 K（相同的热点体积下对应 345 W）或甚至 20 K（对应 130 W）。

加热丝及其位置　　为了让保护加热器和线圈 C1 和 C2 的第 3 层 MgB$_2$ 超导线紧密热接触，可以采用 Cu90 – Ni10 导线 AWG#20（裸直径 0.81 mm，包绝缘后约 0.9 mm），绕在本层上，从而令保护加热丝形成密排六方的第 4 层。为了改善热接触，保护导线应湿绕。

加热器电阻和电源　　各保护加热器在 10 K 时的电阻均为 25 Ω（10 K 时的电阻率 16.7 μΩ·cm）。一个 10 A/100 V 的电源可为 2 个 25 Ω 的加热器提供 800 W 功率，每个加热器 400 W。各保护加热器的电感（主要是对线圈 M 和线圈 C1 或 C2 的互感）为 ~0.03H：加热器电流 0.1 s 升高 4 A 所要求的感应电压约为 1 V，和 100 V 的电阻电压相比可忽略。加热器在电流密度约为 8 A/mm^2 时，哪怕接入时间大于 10 s，也不会过热。

E. 失超检测：加热过程和所需检测时间

在检测-激活加热器保护技术中，第一个关键的步骤是失超检测。我们假设一个热点被绝热加热，进一步假设在 I_{op} 或对应电流密度下基底电流保持不变，$J_m(t) = J_{m0} = \dfrac{I_{op}}{A_m}$。由式（8.9c），可以计算热点从 T_i 被绝热加热到 T_f 的时间 τ_{ah}：

$$\int_{T_i}^{T_f} \frac{C_m(T)}{\rho_m(T)} \mathrm{d}T = \left(\frac{A_m}{A_{cd}} \right) J_{m0}^2 \tau_{ah} \tag{8.9c}$$

代入 $\rho_m = 0.017\ \mu\Omega \cdot cm$（紫铜，$T_i = 10\ K$），$\dfrac{A_m}{A_{cd}} = 0.19$ 和 $J_{m0} = 762\ A/mm^2$（$I_{op} = 80\ A$），计算得到：在绝对极限 $T_f = 300\ K$ 下，$\tau_{ah} \simeq 0.5\ s$。即必须在 ~0.5 s 内检测到失超。

F. 热点大小

热点大小可通过式（6.33）给出的 MPZ 的尺度 R_{mz} 来估算：

$$R_{mz} = \sqrt{\frac{3k_{wd}(T_c - T_{op})}{\rho_m J_m^2}} \tag{6.33}$$

式中，R_{mz} 是**球状** MPZ 的半径，其热导率 k_{wd} 在 3 个正交方向相等。$T_c = T_{cs}$，其中，T_{cs} 是电流分流温度。另有 $J_m = J_{m0}$。对我们这个应用，假设 $k_{wd} = k_m = 10\ W/mK$（紫铜，10 K），假设热传导仅沿导线轴向——MPZ 是针型的。对该 80 A 的 MgB$_2$ 线，$T_{cs} \simeq 30\ K$，$\rho_m = 0.017\ \mu\Omega \cdot cm$，$J_{m0} = 762\ A/mm^2$，得到 $R_{mz} \simeq 2.5\ cm$。即热点在导线上长为 5 cm。换句话说，任何短于 5 cm 的热点都将因轴向的热传导冷却而收缩并恢复超导。在下面的分析中，我们假设热点在接下来的 1 s 左右的绝热加热期间保持 5 cm 长度不变［实际中，因为 MgB$_2$ 的 NZP 速度和 LTS 有可比性（见表 8.5），MgB$_2$ 上的电阻性区域的实际长度可能远大于 R_{mz}：保护加热器可以比上面的计算值短的多］。

G. 热点电阻和电阻电压随时间的增大

在保护加热器于 $t = 0.5\ s$ 被接入电路之前，我们假设磁体电流保持 80 A。式 8.9c 可用来计算 $T(t)$，将 τ_{ah} 替换为 t 即可。表 8.11 给出了在热点在 1.3 s 内达到 265 K 期间的几个依赖于时间的参数值。

表 8.11　热点在失超过程中的近似参数值

$t\ [s]$	$T\ [K]$	$\rho_m\ [\mu\Omega \cdot cm]$	$R_m\ [\mu\Omega]$	$V_r\ [mV]$	$\dfrac{dI_{op}}{dt}\ [mA/s]$
0	30	0.017	81	6.5	−5.3
0.5	60	0.11	523	42	−34
1.0	150	0.72	3423	274	−225
1.3	265	1.55	1385	591	−485

H. 失超检测技术

可用于激活保护加热器的电压信号包括：①线圈 M、C1 和 C2 的端电压；②持续电流开关 PCS 上略带感性的电压；③置于磁体腔内测量磁体电流的罗氏线圈的电压（问题 2.9）。

线圈 M、C1 和 C2 的端电压分别为：

$$V_M(t) = V_r(t) + (L_M + M_{MC1} + M_{MC2}) \frac{\mathrm{d}I_{op}(t)}{\mathrm{d}t} \tag{8.83a}$$

$$V_{C1}(t) = (L_{C1} + M_{C1M} + M_{C1C2}) \frac{\mathrm{d}I_{op}}{\mathrm{d}t} = V_{C2}(t) = -\frac{1}{2}V_M(t) \tag{8.83b}$$

式中，M_{MC1} 和 M_{MC2} 分别是线圈 M 和 C1、C2 间的互感，均为 0.061 H。$L_M = 0.925$ H（表 8.10）。类似地，$L_{C1} = 0.024$ H（表 8.10），$M_{C1M} = 0.061$ H，$M_{C1C2} = 0.004$ H。注意，只要 PCS 保持超导，就有：

$$V_M(t) + V_{C1}(t) + V_{C2}(t) = 0 \tag{8.83c}$$

例如，在 $t = 1.0$ s 时，我们得到 $V_r(t) = 274$ mV（表 8.11）。将适当的值代入式（8.83a）和式（8.83b），得：$V_M = 38.6$ mV 和 $V_{C1} = -20.0$ mV（$V_{C1} \simeq -\frac{1}{2}V_M$），上述电压值都足够大，可用于触发保护加热器。

如果在线圈 M 上放置更多的电压抽头，每个电压抽头跨过小部分绕组，则这些电压中的某一个可能由 $V_r(t)$ 占主导。因为对于相同的 $V_r(t)$，在更少的绕组上负电感电压会更小，例如，$t = 1$ 时 $V_r(t)$ 为 274 mV。作为对比，跨过整个线圈 M 的电压值在 $t = 1$ s 时，接近 274 mV 而不是 38.4 mV。

普遍采用持续模式的一个应用是 MRI 磁体。MRI 迄今都是 LTS 的，未来可能会有 HTS 的。若用线圈电压触发保护加热器，如果进测量发生在 MRI 磁体的脉冲梯度线圈激励期间，则测量的电压可能包括非常大的误差信号。尽管梯度线圈的轴向场从一端到另一端平均下来为 0，但"不平衡"电压信号仍可能很大，大到会被误认为是**真正失超电压**。

出于上述考虑，应采取方法让略带感性的 PCS 和罗氏线圈上的电压不易受梯度线圈激励的影响。将磁体腔内的 PCS 或罗氏线圈布置在与梯度线圈具有最小磁耦合的地方是一种实施方法。

8.9.12　问题8.6：　NMR 磁体的被动保护

这里使用 FBML 开发的 750 MHz（17.6 T）NbTi 线圈超导磁体记录的实验结果作为示例[8.101]，研究在持续模式核磁共振（NMR）磁体的多个内插线圈所产生的电压和电流信号。整个磁体由 12 个嵌套的螺管线圈组成，其中内侧的 7 个线圈用 Nb_3Sn 导体绕成，外侧的 5 个线圈用 NbTi 导体绕成，每个线圈都用环氧树脂浸渍，并采用"浮动绕组"（floating winding）技术[7.31,7.32]。图 8.26 指出了 12 个线圈的位置。

从图 8.26 可看出，线圈 10、11 和 12 是所谓的"校正"线圈，主要功能是改善磁体中心的磁场均匀性，可视为问题 3.7 中研究的凹槽螺管的变体。线圈 9 由两部分组成，绕在同一骨架上，两部分各有旁路电阻。线圈 11 和 12 共用一个旁路电阻，如图 8.27 所示。

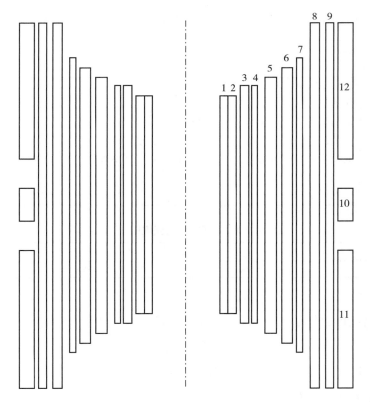

图 8.26　由 12 个线圈组成的 750 MHz（17.6 T）磁体中各线圈的位置示意图[8.101]。图中的水平尺度是轴向尺度的 4.5 倍。

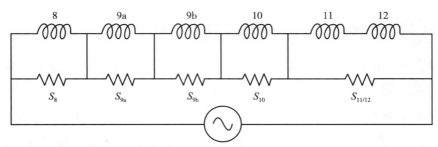

图 8.27　NbTi 线圈的电路模型。

因为这里的讨论主要涉及持续开关和二极管均为开路状态的系统充电期间发生的过早失超，故图 8.27 没有显示出持续电流开关和系统的续流二极管。由于电源的存在，整个系统是短接的，与系统处于持续模式的情况一样。

电感矩阵和分流电阻的值分别在表 8.12 和表 8.13 中给出。从表 8.12 可以看出，线圈 11 和线圈 12 实际上具有略微不同的电感值，理想情况下应该相同。

表 8.12　NbTi 线圈的电感矩阵　［H］

线　圈	8	9a	9b	10	11	12
8	4.413	2.268	2.243	0.715	2.747	2.755
9a	2.268	1.344	1.343	0.427	1.645	1.649
9b	2.243	1.343	1.404	0.450	1.737	1.742
10	0.715	0.427	0.450	0.606	0.378	0.379
11	2.747	1.645	1.737	0.378	5.382	0.368
12	2.755	1.649	1.742	0.379	0.368	5.410

表 8.13　NbTi 线圈的旁路电阻　［mΩ］

S_8	S_{9a}	S_{9b}	S_{10}	$S_{11/12}$
288	156	165	58	868

在这种多线圈磁体系统中确定旁路电阻值的经验法则是先从电压出发，确定旁路电阻的总值。具体在本例中，选择为~1.5 Ω。因为在 310 A 的工作电流下，它对应~500 V 的电压，一个安全电压。然后，通过令各旁路电阻与其对应的线圈总储能量大致成比例，选定各旁路电阻值。

图 8.28 给出了磁体在 227 A 过早失超时记录的一组电压波形。从波形可以看出，失超开始于线圈 9a。来自 AE 传感器（此处未示出）的信号表明，过早失超是由磁体中发生的机械事件引起的。因为电阻性线圈电压出现在线圈 9a 中，所以机械事件最

可能发生在线圈 9a 中。注意，在 $t=1.6$ s 和 $t=2.25$ s 之间，线圈 11 和线圈 12 的记录电压之和 $V_{11/12}$ 饱和了。

图 8.29 给出了一组基于图 8.28 电压波形**计算**得到的线圈电流曲线。表 8.14 给出了图 8.29 所示电流曲线在选定时间的一组 $\dfrac{\mathrm{d}I}{\mathrm{d}t}$ 值。

表 8.14　几个选定时点的 $\dfrac{\mathrm{d}I}{\mathrm{d}t}$ 值

线圈名	$\dfrac{\mathrm{d}I}{\mathrm{d}t}$ [A/s]			
	$t=0.5$s	$t=1.0$s	$t=1.5$s	$t=4.0$s
线圈 8	84.5	147.2	−252.8	−56.1
线圈 9a	−154.1	−234.7	−62.1	−48.9
线圈 9b	−107.1	−198.1	−57.8	−42.8
线圈 10	41.3	−44.8	81.5	−47.4
线圈 11/12	33.6	19.3	113.1	−48.9

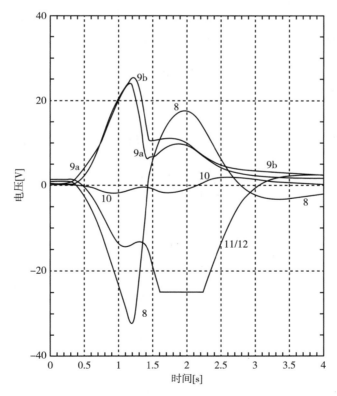

图 8.28　在 227A 失超后，线圈 8、9a、9b、10 和 11/12 的电压记录波形[8.80]。

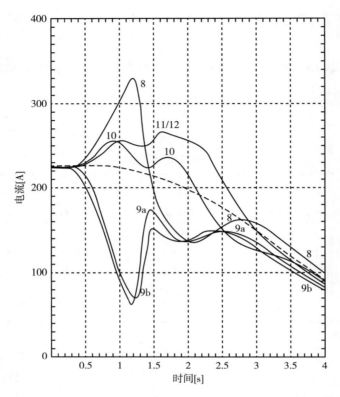

图 8.29　对应图 8.28 线圈 8、9a、9b、10 和 11/12 的电压记录波形的电流曲线。虚线是电源电流 I_0。

a）证明，通过以下各式，各线圈的电流可由对应的电压波形确定：

$$I_8 = I_0 - \frac{V_8}{S_8} \tag{8.84a}$$

$$I_{9a} = I_0 - \frac{V_{9a}}{S_{9a}} \tag{8.84b}$$

$$I_{9b} = I_0 - \frac{V_{9b}}{S_{9b}} \tag{8.84c}$$

$$I_{10} = I_0 - \frac{V_{10}}{S_{10}} \tag{8.84d}$$

$$I_{11/12} = I_0 - \frac{V_{11/12}}{S_{11/12}} \tag{8.84e}$$

其中，I_0 是电源电流。

b）几乎在线圈 9a 进入正常态的同时（从图 8.28 中的电压上升可明显看出），线圈 9b 紧跟着进入正常态并在其他线圈中感应出大电流（图 8.29）。线圈 10 是紧接着进入正常态的。随后是线圈 8，它的电流在 $t=1.2$ s 开始下降。计算线圈 8 在 $t=0.5$ s 出现的**感应**电压之和，说明线圈 8 彼时仍为完全超导态。

c）在 $t=1.0$ s 时，线圈 8 的电压尽管在下降，证明它实际已出现正常态区域并估算它的电阻。同时讨论，如何准确地确定线圈 8 出现正常区的精确时间。

d）计算 $t=4.0$ s 整个磁体（线圈 8~线圈 12）产生的净焦耳热的**近似值**。

e）在线圈 8 已被迫进入正常态的 $t\sim1$ s 时，它的峰值磁场为 ~6 T，导体临界电流（4.2K）为 ~900 A，远大于观察到的失超电流 ~270 A（线圈 8 在 $t=0.5$ s 和 $t=1.0$ s 之间的电流平均值，据图 8.29）。找到一个合理的原因来解释线圈 8 为什么在如此小电流下发生了失超。

f）解释线圈 11 和线圈 12 为什么没采用各自分别接旁路电阻的方案。

g）对线圈 11 和线圈 12 没有分别接旁路电阻的风险，做一个一般性评论。

问题8.6的解答

a）如图 8.27 所示，很显然 $I_8=I_0-I_{r8}$。其中，I_{r8} 是旁路电阻 8 中的电流：$I_{r8}=\dfrac{V_8}{S_8}$。于是：

$$I_8 = I_0 - I_{r8} = I_0 - \frac{V_8}{S_8} \tag{8.84a}$$

类似地，

$$I_{9a} = I_8 + I_{r8} - I_{r9a} = I_0 - \frac{V_8}{S_8} + \frac{V_8}{S_8} - \frac{V_{9a}}{S_{9a}} = I_0 - \frac{V_{9a}}{S_{9a}} \tag{8.84b}$$

$$I_{9b} = I_{9a} + \frac{V_{9a}}{S_{9a}} - \frac{V_{9b}}{S_{9b}} = I_0 - \frac{V_{9a}}{S_{9a}} + \frac{V_{9a}}{S_{9a}} - \frac{V_{9b}}{S_{9b}} = I_0 - \frac{V_{9b}}{S_{9b}} \tag{8.84c}$$

$$I_{10} = I_{9b} + \frac{V_{9b}}{S_{9b}} - \frac{V_{10}}{S_{10}} = I_0 - \frac{V_{9b}}{S_{9b}} + \frac{V_{9b}}{S_{9b}} - \frac{V_{10}}{S_{10}} = I_0 - \frac{V_{10}}{S_{10}} \tag{8.84d}$$

$$I_{11/12} = I_{10} + \frac{V_{10}}{S_{10}} - \frac{V_{11/12}}{S_{11/12}} = I_0 - \frac{V_{10}}{S_{10}} + \frac{V_{10}}{S_{10}} - \frac{V_{11/12}}{S_{11/12}} = I_0 - \frac{V_{11/12}}{S_{11/12}} \tag{8.84e}$$

b) 线圈 8 的端电压为：

$$V_8 = V_r \big|_8 + L_8 \frac{\mathrm{d}I_8}{\mathrm{d}t} + M_{8,9a} \frac{\mathrm{d}I_{9a}}{\mathrm{d}t} + M_{8,9b} \frac{\mathrm{d}I_{9b}}{\mathrm{d}t} + M_{8,10} \frac{\mathrm{d}I_{10}}{\mathrm{d}t} +$$

$$M_{8,11} \frac{\mathrm{d}I_{11}}{\mathrm{d}t} + M_{8,12} \frac{\mathrm{d}I_{12}}{\mathrm{d}t} \tag{S6.1}$$

其中，$V_r \big|_8$ 是由于正常态区域出现引起的线圈 8 端间的电阻性电压。向式 (S6.1) 等号右侧代入表 8.12 和表 8.14 中给出的 $t = 0.5$ s 时相应的值，得：

$$V_8 \simeq V_r \big|_8 + (4.413\ \mathrm{H})(84.5\ \mathrm{A/s}) + (2.268\ \mathrm{H})(-154.1\ \mathrm{A/s}) +$$

$$(2.243\ \mathrm{H})(-107.1\ \mathrm{A/s}) + (0.715\ \mathrm{H})(41.3\ \mathrm{A/s}) +$$

$$(2.747\ \mathrm{H})(33.6\ \mathrm{A/s}) + (2.755\ \mathrm{H})(33.6\ \mathrm{A/s}) \tag{S6.2a}$$

$$V_8 = V_r \big|_8 + 372.9 - 349.5 - 240.2 + 39.4 + 92.4 + 92.6$$

$$= V_r \big|_8 - 2.5\ \mathrm{V} \tag{S6.2b}$$

从图 8.28 中我们找到：$t = 0.5$ s 时有 $V_8 \simeq -2.3$ V，这差不多和式 (S6.2b) 给出的净感性电压相等，从而 $t = 0.5$ s 时有 $V_r \big|_8 \simeq 0$ V。所以，线圈 8 在 $t = 0.5$ s 时仍超导。

c) 同样，向式 (S6.1) 中代入合适的值，我们得到 $t = 1.0$ s 时的 V_8：

$$V_8 = V_r \big|_8 + (4.413\ \mathrm{H})(147.2\ \mathrm{A/s}) + (2.268\ \mathrm{H})(-234.7\ \mathrm{A/s}) +$$

$$(2.243\ \mathrm{H})(-198.1\ \mathrm{A/s}) + (0.715\ \mathrm{H})(-44.8\ \mathrm{A/s}) +$$

$$(2.747\ \mathrm{H})(19.3\ \mathrm{A/s}) + (2.755\ \mathrm{H})(19.3\ \mathrm{A/s}) \tag{S6.3a}$$

$$V_8 = V_r \big|_8 + (649.6 - 532.3 - 444.3 - 32.0 + 53.0 + 53.2)[\mathrm{V}]$$

$$= V_r \big|_8 - 252.9[\mathrm{V}] \tag{S6.3b}$$

根据图 8.28 的电压波形，在 $t = 1.0$ s 时有 $V_8 = -23$ V。于是，根据式 S6.3b，我们有 $V_{r|8} \simeq 230$ V。从图 8.29 找到 $I_8 \simeq 306$ A，于是 $R_8 = \dfrac{230\ \mathrm{V}}{306\ \mathrm{A}} = 0.75\ \Omega$。

我们通过找到线圈 8 的 $V_r \big|8$ 刚刚变为非 0 值的时刻来确定正常区出现的精确时点。

d）整个磁体产生的焦耳热 P_{mg} 由下式给出：

$$P_{mg} = \sum_{n=8}^{12} V_r \mid_n \times I_n \qquad (S6.4)$$

于是，如 b 或 c 那样计算每一个线圈的 V_r 十分必要。不过，在 $t = 4.0$ s 时，注意，各线圈几乎有相同的值：①电压，$\tilde{V} \sim 0$ V（图 8.28）；②电流，$\tilde{I} \sim 90$ A（图 8.29）；③电流变化率，$\dfrac{\mathrm{d}\tilde{I}}{\mathrm{d}t} \sim -50$ A/s（表 8.14）。于是，在这个特定时间，式（S6.4）的可以由下式近似：

$$P_{mg} \simeq \left(\tilde{V} - \sum_{m,n=8}^{12} L_{m,n} \frac{\mathrm{d}\tilde{I}}{\mathrm{d}t} \right) \times \tilde{I} \qquad (S6.5)$$

注意，式（S6.5）括号中的结果近似于磁体端间电阻性电压。从表 8.12 我们可以得到电感总和为 60.25 H。在 $\dfrac{\mathrm{d}\tilde{I}}{\mathrm{d}t} \sim -50$ A/s 和 $\tilde{I} \sim 90 \sim$ A 时，有：

$$P_{mg} \simeq \left[0 - (60.25\ \mathrm{H})(-50\ \mathrm{A/s}) \right](90\ \mathrm{A}) \simeq 270000\ \mathrm{W} \qquad (S6.6)$$

因为 $\tilde{V} \sim 0$，感性电压和电阻性电压几乎相等。此时，总电阻电压为 3000 V $\left(\dfrac{270000\ \mathrm{W}}{90\ \mathrm{A}} \right)$ ——这是一个 8.3.3 节讨论过的失超磁体内部产生过电压的例子。由这个电压我们估计磁体总电阻已经增长到 ~ 33 Ω $\left(\sim \dfrac{3000\ \mathrm{V}}{90\ \mathrm{A}} \right)$。

e）根据我们的判据，并结合过去 10 来年 FBNML 开发的失超程序成功应用的经验[8.45,8.47,8.55,8.85]，当线圈传输电流［这里是 $I_8(t)$］达到运行温度 T_{op}(4.2 K) 和线圈内最大磁场所决定的临界电流后，导致线圈失超。根据这一标准，不应该在 270 A 观察到过早失超，因为它远低于线圈 8 的估计临界电流 900 A。很明显，该判据对源线圈发生在相对较高电流（接近设计工作电流）下的过早失超有效，所以他们更接近目标线圈的 T_{op} 下的临界电流。

应该注意的是，恒定导体温度 T_{op} 条件在处于时变磁场或电流下的绝热绕组中不成立[8.79]。交流损耗会提高局部导体温度，降低目标线圈中的临界电流。因此，目标线圈在观察值 ~ 270 A 的电流下失超确实是可能的。

在失超的绝热绕组中，耦合损耗是另一个非常重要的加热源。因为芯丝节距

（ℓ_p）是控制耦合损耗的关键参数，它意味着 ℓ_p 也是与保护高性能磁体有关的一个关键设计参数。在合理范围内，出于保护的目的，ℓ_p 应尽量的加长。

f）线圈 11 和线圈 12 都位于磁体中平面之外。因此，存在一个作用在线圈 11（位于中平面下方）朝向中平面（+z 方向）的净轴向力和一个作用在线圈 12（位于中平面上方）朝向中平面（−z 方向）的净轴向力。如果通过线圈 11 和线圈 12 的电流相同，就不会有作用在磁体系统上的不平衡净轴向力。而只有当 2 个线圈串联并共用同一个旁路电阻时，才可以保持该力平衡条件。

如果 2 个线圈使用独立的旁路电阻，则 2 个线圈中的感应电流将不同，有可能在系统上产生巨大的净不平衡力。在 $t = 1$ s 时，假设 2 个线圈的电流不再为同样 250 A，而是线圈 11 为 275 A，线圈 12 为 225 A。此时，向上推线圈 11 的力将达 581 kN，向下推线圈 12 的力将达 525 kN，产生的净不平衡轴向力为向上推力，高达 56 kN（近6吨）！

g）串联线圈 11 和线圈 12、共用旁路电阻器方式的最关键危险出现在线圈 11 或线圈 12 失超的情况下，组合线圈内可能产生非常高的感应电压。这一点从电压和电流波形中并不能明显看出，尤其是线圈 11/12 的电压曲线在 $t = 1.3$ s 和 $t = 2$ s 之间还存在饱和。

8.9.13 讨论8.7： HTS 磁体到底要不要保护

是否对 HTS 磁体进行保护以防止**失超引起的损坏**是一个两难问题。因为在**正常运行条件**下，HTS 磁体不大可能失超。决策指导是经济性：我们令**无保护** HTS 磁体自身费用、失超检测/保护系统费用、使用另一个无保护磁体替换损坏磁体的费用分别为 \$$_M$、\$$_{qp}$ 和 \$$_{rp}$。\$$_{rp}$ 不仅包含 \$$_M$，还包括与磁体更换相关费用 \$$_{ra}$。假设 P_{dm} 为替换失超损坏的原始无保护磁体的概率。配备了失超检测/保护的 HTS 磁体的总费用为 \$$_{T/w}$，无保护但需要后期增加 \$$_{rp}$ 的 HTS 磁体费用为 \$$_{T/wo}$。具体构成为：

$$\$_{T/w} = \$_M + \$_{qp} \tag{8.85a}$$

$$\$_{T/wo} = \$_M + P_{dm}(\$_M + \$_{ra}) \tag{8.85b}$$

式（8.85a）中假定，有保护 HTS 磁体永不会因失超导致的损坏而被替换。于是，要不要保护 HTS 磁体取决于 \$$_M$，\$$_{qp}$，\$$_{ra}$ 和 P_{dm}。如果 \$$_{qp}$ 大而 P_{dm} 足够小，能满足 \$$_{qp} > P_{dm}(\$_M + \$_{ra})$，那么有 \$$_{T/w} > \$_{T/wo}$。在这个条件下，经济性给出的结论是不要对 HTS 磁体进行失超保护。

参考文献

［8.1］ P. F. Smith，　"Protection of superconducting coils," *Rev. Sci. Instr.* **34**, 368
（1963）.

［8.2］ Z. J. J. Stekly，" Theoretical and experimental study of an unprotected
superconducting coil going normal," *Adv. Cryogenic Eng.* **8**, 585（1963）.

［8.3］ B. J. Maddock and G. B. James，" Protection and stabilization of large
superconducting coils，" *Rev. Sci. Instrum.* **34**, 368（1963）.

［8.4］ D. L. Atherton，" Theoretical treatment of internal shunt protection for
superconducting magnets，" *J. Phys. E: Sci. Instr.* **4**, 653（1971）

［8.5］ M. A. Green，"Quench protection and design of large high current density
superconducting magnets，" *IEEE Trans. Magn.* **MAG-17**, 1793（1981）.

［8.6］ D. Ciazynski，"Protection of high current density superconducting magnets，"
IEEE Trans. Magn. **MAG-19**, 700（1983）.

［8.7］ M. A. Hilal and Y. M. Eyssa， " Self protection of high current density
superconducting magnets，" *IEEE Trans. Magn.* **25**, 1604（1989）.

［8.8］ Lembit Salasoo， " Superconducting magnet quench protection analysis and
design，" *IEEE Trans. Magn.* **27**, 1908（1991）.

［8.9］ Alexei V. Dudarev，Victor E. Keilin，Yurii D. Kuroedov，Alexei A. Konjukhov
and Vytaly S. Vysotsky， "Quench protection of very large superconducting magnets，" *IEEE
Trans. Appl. Superconduc.* **5**, 226（1995）.

［8.10］ L. Bottura， "Stability and protection of CICCs: an updated designer's view，"
Cryogenics **38**, 491（1998）.

［8.11］ Joel H. Schultz， "Protection of superconducting magnets，" IEEE *Trans.
Appl. Superconduc.* **12**, 1390（2002）.

［8.12］ J. W. Lue， R. C. Duckworth， M. J. Gouge， " Short-circuit over-current
limitation of HTS tapes，" *IEEE Trans. Appl. Superconduc.* **15** （2005）.

［8.13］ M. Okaji，K. Nara，H. Kato，K. Michishita，and Y. Kubo，"The thermal
expansion of some advanced ceramics applicable as specimen holders of high Tc
superconductors，" *Cryogenics* **34**, 163（1994）.

［8.14］ Cees Thieme and Garry Ferguson of American Superconductor Corp.，（personal communication，2004）.

［8.15］ J. P. Voccio，O. O. Ige，S. J. Young and C. C. Duchaine，"The effect of longitudinal compressive strain on critical current in HTS tapes," *IEEE Trans. Appl. Superconduc.* **11**，3070（2001）.

［8.16］ NIST website：www. ceramics. nist. gov/srd/summary/htsy123. htm.

［8.17］ Volker Pasler，G¨unter B¨onisch，Rainer Meyder，and Gernot Schmitz，"Deployment of MAGS, a comprehensive tool for magnet design and safety analysis, for quench and arc simulation of an ITER-FEAT coil," *IEEE Trans. Appl. Superconduc.* **12**，1574（2002）.

［8.18］ N. G. Anishchenko，R. Heller，Yu. A. Shishov，G. P. Tsvineva，and V. Ya. Vokov，"High voltage heavy current leads for liquid helium cryostats," *Cryogenics* **22**，609（1982）.

［8.19］ J. Gerhold，"Design criteria for high voltage leads for superconducting power systems," *Cryogenics* **24**，73（1984）.

［8.20］ B. Fallou，J. Galand，and B. Bouvier，"Dielectric breakdown of gaseous helium at very low temperatures," *Cryogenics* **10**，142（1970）.

［8.21］ J. Thoris，B. Leon，A. Dubois，and J. C. Bobo，"Dielectric breakdown of cold gaseous helium," *Cryogenics* **19**，147（1970）.

［8.22］ J. Gerhold，"Dielectric breakdown of cryogenic gases and liquids," *Cryogenics* **19**，571（1979）.

［8.23］ M. S. Naidu and V. Kamaraju，*High Voltage Engineering* 2nd Ed.，（McGraw Hill，New York，1995）.

［8.24］ T. Tominaka，N. Hara，and K. Kuroda，"Estimation of maximum voltage of superconducting magnet systems during a quench," *Cryogenics* **31**，566（1991）.

［8.25］ W. H. Cherry and J. I. Gittleman，"Thermal and electrodynamic aspects of the superconductive transition process," *Solid State Electronics* **1**，287（1960）.

［8.26］ C. N. Whetstone and C. Roos，"Thermal transitions in superconducting NbZr alloys," *J. Appl. Phys.* **36**，783（1965）.

［8.27］ V. V. Altov，M. G. Kremlev，V. V. Sytchev and V. B. Zenkevitch，"Calculation of propagation velocity of normal and superconducting regions in composite conductors," *Cryogenics* **13**，420（1973）.

［8.28］ D. Hagendorn and P. Dullenkopf, "The propagation of the resistive region in high current density coils," *Cryogenics* **14**, 264（1974）.

［8.29］ L. Dresner, "Propagation of normal zones in composite superconductors," *Cryogenics* **16**, 675（1976）.

［8.30］ K. Ishibashi, M. Wake, M. Kobayashi and A. Katase, "Propagation velocity of normal zones in a sc braid," *Cryogenics* **19**, 467（1979）.

［8.31］ Osami Tsukamoto, "Propagation velocities of normal zones in a forced-flow cooled superconductor," *IEEE Trans. Magn.* **MAG-15**, 1158（1979）.

［8.32］ B. Turck, "About the propagation velocity in superconducting composites," *Cryogenics* **20**, 146（1980）.

［8.33］ A. Vll. Gurevich, R. G. Mints, "On the theory of normal zone propagation in superconductors," *IEEE Trans. Magn.* **MAG-17**, 220（1981）.

［8.34］ P. H. Eberhard, G. H. Gibson, M. A. Green, E. Grossman, R. R. Ross, and J. D. Taylor, "The measurement and theoretical calculation of quench velocities within large fully epoxy impregnated superconducting coils," *IEEE Trans. Magn.* **MAG - 17**, 1803（1981）.

［8.35］ M. Kuchnir, J. A. Carson, R. W. Hanft, P. O. Mazur, A. D. McInturff and J. B. Strait, "Transverse quench propagation measurement," *IEEE Trans. Magn.* **MAG-23**, 503（1987）.

［8.36］ H. H. J. ten Kate, H. Boschamn, L. J. M. van de Klundert, "Longitudinal propagation velocity of the normal zone in superconducting wires," *IEEE Trans. Magn.* **MAG-23**, 1557（1987）.

［8.37］ K. Funaki, K. Ikeda, M. Takeo, K. Yamafuji, J. Chikaba and F. Irie, "Normal-zone propagation inside a layer and between layers in a superconducting coil," *IEEE Trans. Magn.* **MAG-23**, 1561（1987）.

［8.38］ D. A. Gross, "Quench propagation analysis in large solenoidal magnets," *IEEE Trans. Magn.* **24**, 1190（1988）.

［8.39］ A. Ishiyama and Y. Iwasa, "Quench propagation velocities in an epoxy-impregnated Nb_3Sn superconducting winding model," *IEEE Trans. Magn.* **24**, 1194（1988）.

［8.40］ Y. Z. Lei, S. Han, "Quenching dynamic process and protection by shunt resistors of solenoid superconducting magnets with graded current density," *IEEE Trans. Magn.* **24**, 1197 (1988).

[8.41] Yan Luguang, Li Yiping and Liu Decheng, "Experimental investigation on normal zone propagation in a close-packed superconducting solenoid," *IEEE Trans. Magn.* **24**, 1201 (1988).

[8.42] D. Ciazynski, C. Cur′e, J. L. Duchateau, J. Parain, P. Riband, B. Turck, "Quench and safety tests on a toroidal field coil of Tore Supra," *IEEE Trans. Magn.* **24**, 1567 (1988).

[8.43] A. A. Konjukhov, V. A. Malginow, V. V. Matokhin, V. R. Karasik, "Quenching of multisection superconducting magnets with internal and external shunt resistors," *IEEE Trans. Magn.* **25**, 1538 (1989).

[8.44] Arnaud Devred, "General formulas for the adiabatic propagation velocity of the normal zone," *IEEE Trans. Magn.* **25**, 1698 (1989).

[8.45] C. H. Joshi and Y. Iwasa, "Prediction of current decay and terminal voltages in adiabatic superconducting magnets," *Cryogenics* **29**, 157 (1989).

[8.46] Yu. M. Lvovsky, "Thermal propagation of normal zone with increasing temperature level in helium-cooled and high temperature superconductors," *Cryogenics* **30**, 754 (1990).

[8.47] Z. P. Zhao and Y. Iwasa, "Normal-zone propagation in adiabatic superconducting magnets: I. Normal-zone propagation velocity in superconducting composites," *Cryogenics* **31**, 817 (1991).

[8.48] G. Lopez and G. Snitchler, "Quench propagation in the SSC dipole magnets" *IEEE Trans. Magn.* **27**, 1973 (1991).

[8.49] A. Ishiyama, Y. Sato, and M. Tsuda, "Normal-zone propagation velocity in superconducting wires having a CuNi matrix," *IEEE Trans. Magn.* **27**, 2076 (1991).

[8.50] M. Iwakuma, K. Funaki, M. Takeo and K. Yamafuji, "Quench protection of superconducting transformers," *IEEE Trans. Magn.* **27**, 2080 (1991).

[8.51] S. Fujimura and M. Morita, "Quench simulation of 4.7 tesla superconducting magnet for magnetic resonance spectroscopy," *IEEE Trans. Magn.* **27**, 2084 (1991).

[8.52] C. Haddock, R. Jayakumar, F. Meyer, G. Tool, J. Kuzminski, J. DiMarco, M. Lamm, T. Jeffery, D. Orris, P. Mazur, R. Bossert, J. Strait, "SSC dipole quench protection heater test results," *1991 Particle Accelerator Conf.*, 2215 (1991).

［8.53］ E. Acerbi, G. Baccaglioni, M. Canali and L. Rossi, "Experimental study of the quench properties of epoxy impregnated coupled coils wound with NbTi andNbSn," *IEEE Trans. Magn.* **28**, 731 (1992).

［8.54］ M. K. Chyu and C. E. Oberly, "Influence of operating temperature and contact thermal resistance on normal zone propagation in a metal-sheathed high-Tc superconductor tape," *Cryogenics* **32**, 519 (1992).

［8.55］ R. H. Bellis and Y. Iwasa, "Quench propagation in high Tc superconductors," *Cryogenics* **34**, 129 (1994).

［8.56］ G. Baccaglioni, M. Canali, L. Rossi and M. Sorbi, "Measurements of quench velocity in adiabatic NbTi and NbSn coils. Comparison between theory and experiments in small model coils and large magnets," *IEEE Trans. Magn.* **30**, 2677 (1994).

［8.57］ Hunwook Lim and Yukikazu Iwasa, "Two-dimensional normal zone propagation in BSCCO−2223 pancake coils," *Cryogenics* **37**, 789 (1997).

［8.58］ Nghia Van Vo, Hua Kun Liu and Shi Xue Dou, "Construction and normal zone propagation analysis of high Tc superconducting Bi (Pb) 2223/Ag class Ⅱ coils andmagnets," *IEEE Trans. Appl. Superconduc.* **7**, 893 (1997).

［8.59］ S. B. Kim and A. Ishiyama, "Normal zone propagation properties in Bi2223/Ag superconducting multifilament tapes," *Cryogenics* **38**, 823 (1998).

［8.60］ S. S. Oh, Q. L. Wang, H. S. Ha, H. M. Jang, D. W. Ha and K. S. Ryu, "Quench characteristics of Bi2223 coil at liquid helium temperature," *IEEE Trans. Appl. Superconduc.* **9**, 1081 (1999).

［8.61］ V. S. Vysotsky, Yu. A. Ilyin, T. Kiss, M. Takeo, M. Lorenz, H. Hochmuth, J. Schneider, R. Woerdenweber, "Quench propagation in large area YBCO films," *IEEE Trans. Appl. Superconduc.* **9**, 1089 (1999).

［8.62］ A. V. Dudarev, A. V. Gavrilin, H. H. J. ten Kate, D. E. Baynham, M. J. D. Courthold and C. Lesmond, "Quench propagation and protection analysis of the ATLAStoroids," *IEEE Trans. Appl. Superconduc.* **10**, 365 (2000).

［8.63］ F. −P. Juster, J. Deregel, B. Hervieu, J. − M. Rey, "Stability and quench propagation velocities measurements on the 'racetrack' mock-up of ATLAS toroid coil," *IEEE Trans. Appl. Superconduc.* **10**, 677 (2000).

［8.64］ J. W. Lue, M. J. Gouge, R. C. Duckworth, D. F. Lee, D. M. Kroeger, and J. M. Pfotenhauer, "Quench tests of a 20–cm long RaBiTS YBCO tape," *Adv. Cryogenic Engr.* **48**, 321 (2002).

［8.65］ Naoyuki Amemiya, Noritaka Hoshi, Nobuya Banno, Takao Takeuchi, and Hitoshi Wada, "Quench propagation and stability of Nb3Al superconductors made by rapidheating, quenching, and transformation process," *IEEE Trans. Appl. Superconduc.* **12**, 1001 (2002).

［8.66］ R. Grabovickic, J. W. Lue, M. J. Gouge, J. A. Demko, R. C. Duckworth, "Measurements and numerical analysis of temperature dependence of stability and quenchpropagation of 9.5 – and 20 – cm long RaBiTS YBCO tapes," *IEEE Trans. Appl. Superconduc.* **13**, 1726 (2003).

［8.67］ F. Trillaud, H. Palanki, U. P. Trociewitz, S. H. Thomson, H. W. Weiers, J. Schwartz, "Normal zone propagation experiments on HTS composite conductors," *Cryogenics* **43**, 271 (2003).

［8.68］ Francois-Paul Juster, Alexey V. Dudarev, Philippe Fazilleau, and Fran, cois Kircher, "Conceptual and experimental results of the transverse normal zone propagation in the B0ATLAS-barrelmodel coil," *IEEE Trans. Appl. Superconduc.* **14**, 1322 (2004).

［8.69］ Atsushi Ishiyama, MasahiroYanai, Toru Morisaki, Hiroshi Ueda, Yuh Shiohara, Teruo Izumi, Yasuhiro Iijima, and Takashi Saitoh, "Normal transition and propagation characteristics of YBCO tape," *IEEE Trans. Appl. Superconduc.* **15**, 1659 (2005).

［8.70］ H. van Weeren, N. C. van den Eijinden, W. A. J. Wessel, P. Lezza, S. I. Schlachter, W. Goldacker, M. Dhall'e, A. den Ouden, B. ten Haken, and H. H. J. ten Kate, "Adiabatic normal zone development in MgB_2 superconductors," *IEEE Trans. Appl. Superconduc.* **15**, 1667 (2005).

［8.71］ E. Flock, G. K. Hoang, C. Kohler, P. Hiebel, and J. M. Kauffmann, "Measurement of velocities up to 1.1 km/s and test of a very fast quench inducing system," *IEEE Trans. Appl. Superconduc.* **15**, 1671 (2005).

［8.72］ Shaolin Mao, Cesar A. Luongo, and David A. Kopriva, "Discontinuous Galerkin spectral element simulation of quench propagation in superconducting magnets," *IEEE Trans. Appl. Superconduc.* **15**, 1675 (2005).

［8.73］ X. Wang, U. P. Trociewitz, J. Schwartz, "Near-adiabatic quench experiments on short YBa2Cu3O7-δ coated conductors," *J. Appl. Phys.* **101**, 053904 (2007).

［8.74］ Frederic Trillaud, Woo-Seok Kim, Yukikazu Iwasa, and John P. Voccio, "Quench behavior of a low stored energy magnet built with 2G HTS wire," *IEEE Trans. Appl. Superconduc.* **18**, 1329 (2008).

［8.75］ Woo-Seok Kim, Frederic Trillaud, Yukikazu Iwasa, Xuan Peng, and Michael Tomsic, "Normal zone propagation in 2−dimensional YBCO winding pack models," *IEEE Trans. Appl. Superconduc.* **18**, 13337 (2008).

［8.76］ C. A. Luongo, R. J. Lyod, F. K. Chen, and S. D. Peck, "Thermal-hydraulic simulation of helium expulsion from a cable-in-conduit conductor," *IEEE Trans. Magn.* **25**, 1589 (1989).

［8.77］ L. Dresner, "Theory of thermal hydraulic quenchback in cable-in-conduit superconductors," *Cryogenics* **31**, 557 (1991).

［8.78］ J. W. Lue, L. Dresner, S. W. Schwenterly, C. T. Wilson, and M. S. Lubell, "Investigating thermal hydraulic quenchback in a cable-in-conduit superconductor," *IEEE Trans. Appl. Superconduc.* **3**, 338 (1993).

［8.79］ Mamoon I. Yunus, Yukikazu Iwasa, and John E. C. Williams, "AC-loss-induced quenching in multicoil adiabatic superconducting magnets," *Cryogenics* **35**, (1995).

［8.80］ K. Takeuchi, Y. K. Kang, H. Hashizume, and Y. Iwasa, "Interfilament coupling loss for protection of superconducting multicoil magnets," *Cryogenics* **38**, 367 (1998).

［8.81］ Yehia M. Eyssa, Ziad Melhem, "Effect of AC loss on quench propagation in impregnated magnets," *IEEE Trans. Appl. Superconduc.* **10**, 1380 (2000).

［8.82］ V. S. Vysotsky, Yu. A. Ilyin, A. L. Rakhmanov, K. Funaki, M. Takeo, K. Shimohata, S. Nakamura, M. Yamada and K. Hasegawa, "Quench development and ultimatenormal zone propagation 'velocity' in superconductors under fast current change," *IEEE Trans. Appl. Superconduc.* **11**, 2118 (2001).

［8.83］ M. N. Wilson, "*Computer simulation of the quenching of a superconducting magnet*," (Rutherford High Energy Physics Laboratory Memo RHEL/M151, 1968).

［8.84］ D. Eckert, F. Lange and A. M̈obius, "A computer program simulating the quench of superconducting magnet systems," *IEEE Trans. Magn.* **MAG − 17**, 1807 (1981).

［8.85］ J. E. C. Williams, "Quenching in coupled adiabatic coils," *IEEE Trans. Magn.* **MAG−21**, 396 (1985).

［8.86］ V. Kadambi and B. Dorri, " Current decay and temperatures during superconducting magnet coil quench," *Cryogenics* **26**, 157 (1986).

［8.87］ K. Kuroda, S. Uchikawa, N. Hara, R. Saito, R. Takeda, K. Murai, T. Kobayashi, S. Suzuki, and T. Nakayama, "Quench simulation analysis of a superconducting coil," *Cryogenics* **29**, 814 (1989).

［8.88］ O. Ozaki, Y. Fukumoto, R. Hirose, Y. Inoue, T. Kamikado, Y. Murakami, R. Ogawa and M. Yoshikawa, "Quench analysis of multisection superconductingmagnet," *IEEE Trans. Appl. Superconduc.* **5**, 483 (1995).

［8.89］ Yehia M. Eyssa and W. Denis Markiewicz, "Quench simulation and thermal diffusion in epoxy-impregnated magnet system," *IEEE Trans. Appl. Superconduc.* **5**, 487 (1995).

［8.90］ Tomoyuki Murakami, Satoru Murase, Susumu Shimamoto, Satoshi Awaji, Kazuo Watanabe, " Two-dimensional quench simulation of composite CuNb/Nb$_3$Sn conductors," *Cryogenics* **40**, 393 (2000).

［8.91］ V. S. Vysotsky, Yu. A. Ilyin, A. L. Rakhmanov and M. Takeo, " Quench development analysis in HTSC coils by use of the universal scaling theory," *IEEE Trans. Appl. Superconduc.* **11**, 1824 (2001).

［8.92］ A. Korpela, T. Kalliohaka, J. Lehtonen and R. Mikkonen, " Protection of conduction cooled Nb$_3$Sn SMES coil," *IEEE Trans. Appl. Superconduc.* **11**, 2591 (2001).

［8.93］ L. Imbasciati, P. Bauer, G. Ambrosio, V. Kashikin, M. Lamm, A. V. Zlobin, "Quench protection of high field Nb$_3$Sn magnets for VLHC," *Proc. 2001 Particle Accelerator Conf.*, 3454 (2001).

［8.94］ Yuri Lvovsky, "Conduction crisis and quench dynamics in cryocooler-cooled HTS magnets," *IEEE Trans. Appl. Superconduc.* **12**, 1565 (2002).

［8.95］ Ryuji Yamada, Eric Marscin, Ang Lee, Masayoshi Wake, and Jean-Michel Rey, "2−D/3−D quench simulation using ANSYS for epoxy impregnated Nb$_3$Sn highfield magnets," *IEEE Trans. Appl. Superconduc.* **13**, 159 (2003).

［8.96］ Qiuliang Wang, Peide Weng, Moyan He, "Simulation of quench for the cablein-conduit-conductor in HT−7U superconducting Tokamak magnets using porousmedium model," *Cryogenics* **44**, 81 (2004).

［8.97］ C. Berriaud, F. P. Juster, M. Arnaud, Ph. Benoit, F. Broggi, L. Deront, A. Dudarev, A. Foussat, M. Humeau, S. Junker, N. Kopeykin, R. Leboeuf, C. Mayri, G. Olesen, R. Gengo, S. Ravat, J−M. Rey, E. Sbrissa, V. Stepanov, H. H. J. tenKate, P. V′ edrine, and G. Volpini, "Hot spot in ATLAS barrel toroid quenches," *IEEE Trans. Appl. Superconduc.* **18**, 1313 (2008).

［8.98］ Taotao Huang, Elena Mart1nez, Chris Friend, and Yifeng Yang, "Quench characteristics of HTS conductors at low temperatures," *IEEE Trans. Appl. Superconduc.* **18**, 1317 (2008).

［8.99］ Philippe J. Masson, Vincent R. Rouault, Guillaume Hoffman, and Cesar A. Luongo, "Development of quench propagation models for coated conductors," *IEEE Trans. Appl. Superconduc.* **18**, 1321 (2008).

［8.100］ I. Terechkine and V. Veretennikov, "Normal zone propagation in superconducting focusing solenoids and related quench protection issues," *IEEE Trans. Appl. Superconduc.* **18**, 1325 (2008).

［8.101］ A. Zhukovsky, Y. Iwasa, E. S. Bobrov, J. Ludlam, J. E. C. Williams, R. Hirose, Z. Ping Zhao, "750 MHz NMR Magnet Development," *IEEE Trans. Magn.* **28**, 644 (1992).

［8.102］ R. Stiening, R. Flora, R. Lauckner, G. Tool, "A superconducting synchrotron power supply and quench protection scheme," *IEEE Trans. Magn.* **MAG−15**, 670 (1979).

［8.103］ D. Bonmann, K. −H. Meß, P. Schmuser, M. Schweiger, "Heater-induced quenches in a superconducting HERA test dipole," *IEEE Trans. Magn.* **MAG−15**, 670 (1979).

［8.104］ A. Devred, M. Chapman, J. Cortella, A. Desportes, J. DiMarco, J. Kaugerts, R. Schermer, J. C. Tomkins, J. Turner, J. G. Cottingham, P. Dahl, G. Ganetis, M. Garber, A. Ghosh, C. Goodzeit, A. Greene, J. Herrera, S. Kahn, E. Kelly, G. Morgan, A. Prodell, E. P. Rohrer, W. Sampson, R. Shutt, P. Thompson, P. Wanderer, E. Willen, M. Bleadon, B. C. Brown, R. Hanft, M. Kuchnir, M. Lamm, P. Mantsch, D. Orris, J. Peoples, J. Strait,

G. Tool, S. Caspi, W. Gilbert, C. Peters, J. Rechen, J. Royer, R. Scanlan, C. Taylor, and J. Zbasnik, "Investigationof heater-induced quenches in a full-length SSC R&D dipole," *Proc. Intn'l Conf. Magnet Tech.* (*MT11*), (1990).

[8.105] H. Yoshimura, A. Ueda, M. Morita, S. Maeda, M. Nagao, K. Shimohata, Y. Matsuo, Y. Nagata, T. Yamada, M. Tanaka, "Heater-induced quenching in a modelfield winding for the 70MW class superconducting generator," *IEEE Trans. Magn.* **27**, 2088 (1991).

[8.106] E. Acerbi, M. Sorbi, G. Volpini, A. Dael, C. Lesmond, "The protection system of the superconducting coils in the Barrel toroid of ATLAS," *IEEE Trans. Appl. Superconduc.* **9**, 1101 (1999).

[8.107] Yehiha M. Eyssa, W. Denis Markiewicz, and Charles A. Swenson, "Quench heater simulation for protection of superconducting coils," *IEEE Trans. Appl. Superconduc.* **9**, 1117 (1999).

[8.108] V. Maroussov, S. Sanfilippo, A. Siemko, "Temperature profiles during quenches in LHC superconducting dipole magnets protected by quench heaters," *IEEE Trans. Appl. Superconduc.* **10**, 661 (2000).

[8.109] E. E. Burkhardt, A. Yamamoto, T. Nakamoto, T. Shintomi and K. Tsuchiya, "Quench protection heater studies for the 1−m model magnets for the LHC low-β quadrupoles," *IEEE Trans. Appl. Superconduc.* **10**, 681 (2000).

[8.110] Iain R. Dixon and W. Denis Markiewicz, "Protection heater performance of Nb_3Sn epoxy impregnated superconducting solenoids," *IEEE Trans. Appl. Superconduc.* **11**, 2583 (2001).

[8.111] W. Denis Markiewicz, "Protection of HTS coils in the limit of zero quench propagation velocity," *IEEE Trans. Appl. Superconduc.* **18**, 1333 (2008).

[8.112] J. M. Pfotenhauer, F. Kessler, and M. A. Hilal, "Voltage detection and magnet protection," *IEEE Trans. Appl. Superconduc.* **3**, 273 (1993).

[8.113] I. R. Dixon, W. D. Markiewicz, P. Murphy, T. A. Painter, and A. Powell, "Quench detection and protection of the wide bore 900 MHz NMR magnet at the NationalHigh Magnetic Field Laboratory," *IEEE Trans. Appl. Superconduc.* **14**, 1260 (2004).

[8.114] T. Ishigohka and Y. Iwasa, "Protection of large superconducting magnets: a normal-zone voltage detection method," *Proc. 10th Sympo. Fusion Eng.* （IEEE CH1916-6/ 83/0000-2050, 1983）, 2050.

［8.115］ Charles A. Swenson, Yehia M. Eyssa, and W. Denis Markiewicz, "Quench protection heater design for superconducting solenoids," *IEEE Trans. Magn.* 32, 2659 （1996）.

［8.116］ Thomas Rummel, Osvin Gaupp, Georg Lochner, and Joerg Sapper, "Quench protectionfor the superconducting magnet system of Wendelstein 7 - X," *IEEE Trans. Appl. Superconduc.* **12**, 1382 （2002） .

第 9 章

螺管磁体的实例，HTS 磁体，结语

9.1 引言

本章包括 3 个部分。第 1 部分给出多个螺管磁体的实例，各实例均由问答（Q/A）构成。第 2 部分讨论了 HTS 的磁体应用及其前景。第 3 部分是一个简明的结语。

本章描述和研究的 4 个螺管磁体实例的选择标准主要是因为作者对这些磁体熟悉，而不是因为它们特别重要或唯一，没有哪个磁体系统是唯一的或许对某些人而言，每个磁体都是唯一的。在问答部分，前 7 章（第 2~8 章）涉及的若干设计和运行要点会被再度审视。

这里，我们再次强调第 1 章中已经阐述过的我们的基本哲学：任何需要数值解的问题，第 1 步应使用经得起数值解检验的简单模型得到近似估计。近似估计能快速告诉磁体设计者磁体是否在正确的轨道上。对于任何磁体，无论简单的还是复杂的，该工作都很重要。"创新性的"磁体想法通常始于个人。为了评估该想法是否切合实际并且值得与同事进一步深入研究甚至组建设计团队，发起人必须计算设计和运行关键参数的近似值估算（第 2~8 章）：简单参数如总安匝数、总体运行电流密度、磁体尺寸、重量、导体总长度；更复杂的参数如稳定性和保护、力和低温要求。这里的关键词是近似，在磁体项目的后期阶段，设计团队的专家将使用精密的程序计算准确的参数值。将准确值留给专家，但要准备好验证他们的数值应落在我们独立计算的近似范围内。作者希望读者（包括但不限于电磁场、应力、低温、甚至材料等领域的专家）在研究了第 2~8 章后，能够处理下面提出的 4 个磁体实例中的大部分问题。

9.2 螺管磁体的实例

实例中描述和研究的 4 个螺管磁体是：①一个混合磁体，由一个大型超导磁体和一个电阻性内插磁体组成；②位于钢板上的一个磁体；③一个 HTS 板（盘片），在位于下方的螺管磁体产生的磁场中悬浮；④一个螺管磁体，由层叠 HTS 环片组成，各环片由块材或涂层导体"板"制成。

9.2.1 例9.2A：串联混合磁体

NHMFL 建造的中心轴向场为 35~40 T（取决于室温孔大小，32~50mm）的高场磁体，由一个超导磁体和一个插入超导磁体室温孔的五线圈高均匀电阻性（水冷）磁体组成。因为超导磁体和五线圈电阻性内插磁体在电气上串联且由同一个 DC 电源供电，该磁体被称为"串联混合"（series connected hybrid，SCH）磁体。SCH 产生的中心场超过 NHMFL 所有的全电阻性磁体（35 T）和全超导磁体（21 T）。图 9.1 显示出了 SCH 磁体的剖面示意图——其中的参数值与最终采纳值略有不同[9.1]。

SCH 还包括一个薄（$\alpha \simeq 1$）的超导屏蔽线圈，绕组半径约 1 m，图中未显示出。屏蔽线圈是反极性的，减小了 SCH 磁体的边缘场。在"问答 Q/A"部分，我们将计算超导屏蔽线圈要求的近似安匝数。同时，我们还将设计可作为技术备选的钢圆柱壳屏蔽系统。

图 9.2 是 SCH 的电路图。其中，超导磁体自感 $L_s = 260$ mH；电阻性磁体自感 $L_r = 10$ mH，电阻 $R_r = 30$ mΩ，二者串联。磁体由 20 kA/600 V 电源供电。保护方面，超导磁体用 $R_D = 0.1$ Ω 释能电阻和二极管串联组作为旁路，电阻性磁体使用二极管旁路（假设 2 个二极管都是理想的，即正向电阻为 0，反向电阻无穷大）。如图 9.2 所示，2 个磁体间互感 M_{sr} 为 17 mH。在任一磁体异常时，打开 20 kA/2 kV 断路器。

表 9.1 列出了超导磁体和该磁体最内层使用的 CIC 导体的关键参数值。其中的 A_{sc}，$A_{\overline{m}}$，A_m，A_{cl} 分别是 CIC 导体中 Nb_3Sn、非基底金属、基底金属（铜）、4.5 K 超临界氦的截面。

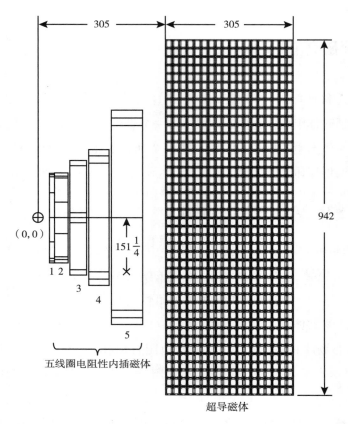

图 9.1　NHMFL 的 SCH 磁体的剖视图，取一半结构—半径约 1 m 的超导屏蔽线圈未画出。绕组的尺度为近似值，以 mm 为单位；线圈 5 的×号表示它在故障模式后的磁场中心——将在"问答 Q／A"部分讨论。

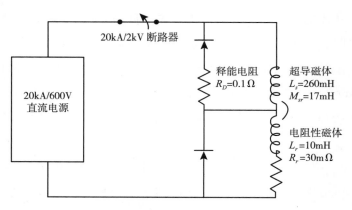

图 9.2　SCH 磁体的等效电路图（NHMFL 授权使用，2005）。

表 9.1　超导磁体和 CIC 导体的参数

参　数		数　值
超导磁体		
绕组内径（$2a_1$）	［mm］	610.0
绕组外径（$2a_2$）	［mm］	1220.2
绕组高度（$2b$）	［mm］	942.0
匝数/层		42.0
层数		18.0
总匝数（N）		756.0
最内层的 CIC 导体		
$A_{sc}+A_{\overline{m}}$	［mm^2］	40.2
A_m	［mm^2］	57.4
A_{cl}	［mm^2］	76.0

9.2.2　Q/A 9.2A：SCH 超导磁体

a）总体电流密度。超导磁体在其运行电流 $I_{op}=20$ kA 时的总体电流密度 λJ_{op} 是多少？

应用式（3.108a），代入 $N=756$ 和 $I=I_{op}=20$ kA，得：

$$\lambda J_{op} = \frac{NI}{2b(a_2 - a_1)} \tag{3.108a}$$

$$= \frac{756(20 \times 10^3 \text{ A})}{(942.0 \text{ mm})(610.1 \text{ mm} - 305.0 \text{ mm})} = 52.6 \text{ A/mm}^2$$

b）中心场。超导磁体在 $I_{op}=20$ kA 时，在中心位置产生的磁场（磁感应强度）$B_z(0,0)$ 是多少？

根据表 9.1 我们有 $\alpha=\dfrac{1220.2}{610.0}=2.00$，$\beta=\dfrac{942.0}{610.0}=1.544$。使用式（3.110），有：

$$B_z(0,0) = \frac{\mu_0 NI}{2a_1(\alpha - 1)}\ln\left(\frac{\alpha + \sqrt{\alpha^2 + \beta^2}}{1 + \sqrt{1 + \beta^2}}\right) \tag{3.110}$$

于是：

$$B_z(0,0) = \frac{(4\pi \times 10^{-7}\text{H/m})(756)(20 \times 10^3\text{A})}{(0.610\text{m})(2.00-1)} \ln\left(\frac{2.00 + \sqrt{(2.00)^2 + (1.544)^2}}{1 + \sqrt{1 + (1.544)^2}}\right)$$

$$= 14.52 \text{ T}$$

c）中平面径向场。假设磁体绕组是理想的螺管，那么它在中平面（$z=0$）的 $r = a_2$ 处产生的磁场的径向分量 $B_r(z=0, r=2a_2)$ 是多少？

理想螺管磁体或嵌套线圈磁体产生的磁场的径向分量关于中平面对称，总是 0，即 $B_r(0, a_2) = 0$。

d）电感。使用式（3.81）和式（3.14）计算磁体自感 L_s 的近似值。如前文所述，准确值是 260 mH。

使用式（3.81）和式（3.14），$\mathcal{L}(\alpha = 2.00, \beta = 1.544) \simeq 1.2$，有：

$$L = \mu_0 a_1 N^2 \mathcal{L}(\alpha, \beta) \tag{3.81}$$

$$L_s = (4\pi \times 10^{-7} \text{ H/m})(0.305 \text{ m})(756)^2(1.2) = 263 \text{ mH}$$

e）储存的磁能，超导磁体在运行电流 $I_{op} = 20$ kA 时储存的总磁能 E_{ms} 是多少？
此处必须考虑互感的影响。所以：

$$E_{ms} = \frac{1}{2}(L_s + M_{sr})I_{op}^2 = \frac{1}{2}(260 \text{ mH} + 17 \text{ mH})(20 \text{ kA})^2 = 55.4 \text{ MJ}$$

f）二极管。解释与电阻 R_D 串联的二极管的 2 个功能。

解：反向串联的二极管有 2 个作用：①当磁体充电时，防止电流通过 R_D，即令 100% 的电源电流都进入磁体；②当开关打开时，允许电流通过 R_D 放电。

g）充电电压。恒速率充电，$\dfrac{dI_s}{dt} = \dfrac{dI_r}{dt} = \dfrac{dI_S}{dt} = 400$ A/s，其中，I_s 是通过超导磁体的电流，I_r 是通过电阻性磁体的电流，I_S 是电源电流。那么，$I_s = I_r = I_S = 10$ kA 时，要求的电源电压 V_S 是多少？

电源电压为：

$$V_S = L_s \frac{dI_s}{dt} + M_{sr}\frac{dI_r}{dt} + M_{sr}\frac{dI_s}{dt} + L_r\frac{dI_r}{dt} + R_r L_r \tag{g.1a}$$

$$= (L_s + 2M_{sr} + L_r)\frac{dI_s}{dt} + R_r I_S \tag{g.1b}$$

相式（g.1b）代入合适的值，有：

$$V_S = (260 \text{ mH} + 2 \times 17 \text{ mH} + 10 \text{ mH})(400 \text{ A/s}) + (30 \text{ m}\Omega)(10 \text{ kA}) = 421.6 \text{ V}$$

h）功率。当充电速率为 $\dfrac{dI_S}{dt} = 400$ A/s，$I_S = 10$ kA 时，电源供给磁体（含超导和电阻两部分）的总瞬时功率 P_S 为多少？

如 g，我们有：

$$V_S = (L_s + 2M_{sr} + L_r)\frac{dI_S}{dt} + R_r I_S \qquad (\text{g.1b})$$
$$= 421.6 \text{ V}$$

于是，$P_S = V_S I_S = (421.6 \text{ V})(10 \text{ kA}) = 4.216$ MW。注意，在 4.216 MW 中，有 1.216 MW$[=4.216 \text{ MW}-(30 \text{ m}\Omega) \times (10 \text{ kA})^2]$ 是"无功功率"，即存储于 2 个磁体中的磁能。电源电流减为 0，磁能会"返回"到电源中。

i）600 V 电源电压。证明在给定电流速率（如 400 A/s）下，电源最大电压 600 V 在 $I_S \simeq 16$ kA 时达到。

要求的总感性电压 V_{ind} 为：

$$V_{ind} = (L_s + 2M_{sr} + L_r)\frac{dI_S}{dt}$$

在 $\dfrac{dI_S}{dt} = 400$ A/s 时，上式变为：

$$V_{ind} = (260 \text{ mH} + 2 \times 17 \text{ mH} + 10 \text{ mH})(400 \text{ A/s}) = 121.6 \text{ V}$$

同时还有：$V_S = V_{ind} + R_r I_r$。代入 $V_S = 600$ V 和 $R_r = 30$ mΩ，解出 I_r，有：$I_r = 15946.7$ A，$I_S \simeq 16$ kA。

j）16 kA→20 kA 充电时间。证明在电流超过 16 kA(I_{16}) 之后，如果电源电压维持 600 V，电流达到运行电流 20 kA(I_{20}) 的时间约 1 分钟。允许大约 10 A 偏差限。

当电流达到 16 kA 后，电源的电压不能维持电流速率 400 A/s。在 $I_s(t) \geqslant I_{16} = 16$ kA 后，$I_s(t) = I_{20} + (I_{20} - I_{16})\left[1 - e^{-\frac{t}{\tau}}\right]$。其中，$I_{20} = 20$ kA，τ 是有效时间常数，为 ~10 s，由总有效电感 304 mH$[=260 \text{ mH}+(2 \times 17 \text{ mH})+10 \text{ mH}]$ 除以 30 mΩ 得到。在 6 个时间常数。即 1 分钟内，总电流将达到 20 kA 的 10 A$(\simeq 4000 e^{-6})$ 偏差限内。

k）CIC 导体与氦流量。CIC 导体的氦流截面积 $A_{cl} = 76.0 \text{ mm}^2$（表 9.1）。通道流过 3.5 atm/4.5 K 的超临界氦，流量为 $\dot{m}_{he} = 5 \text{ g/s}$。证明，流动是湍流，雷诺数 $Re \simeq 10^5$。使用以下参数：氦密度 $\rho_{he} = 0.132 \text{ g/cm}^3$；氦黏度 $\nu_{he} = 35.9 \times 10^{-6} \text{ g/cms}$；水力直径 $D_{he} = 1 \text{ cm}$。

流体速度 v_{he} 由 $\dot{m}_{he} = \rho_{he} A_{cl} v_{he}$ 给出。于是：

$$v_{he} = \frac{\dot{m}_{he}}{\rho_{he} A_{cd}} = \frac{(5 \text{ g/s})}{(0.132 \text{ g/cm}^3)(0.760 \text{ cm}^2)} \simeq 50 \text{ cm/s}$$

雷诺数 Re 为：

$$R_e = \frac{\rho_{he} v_{he} D_{he}}{\nu_{he}} \simeq \frac{(0.132 \text{ g/cm}^3)(50 \text{ cm/s})(1 \text{ cm})}{35.9 \times 10^{-6} \text{ g/cms}} \simeq 1.8 \times 10^5$$

当 Re 超过 ~2300 后，流动成为湍流。

l）CIC 导体与低温稳定性。在运行电流 $I_{op} = 20 \text{ kA}$ 时，CIC 导体是低温稳定的吗？使用下列参数值：$A_m = 57.4 \text{ mm}^2$，$f_d P_D = 30 \text{ mm}$，$T_c = 10.3 \text{ K}$，$\rho_m = 2 \times 10^{-8} \ \Omega \cdot \text{cm}$ 以及氦流量 $\dot{m}_{he} = 5 \text{ g/s}$。

根据式（6.30），有：

$$I_{lim} = \sqrt{\frac{A_m f_p P_D h_{he}(T_c - T_{op})}{\rho_m}} \tag{6.30}$$

图 6.30 显示出了液氦的传热系数。从图中，我们找到在 $P = 3.5 \text{ atm}$，$T_{op} = 4.5 \text{ K}$，$\Delta T = 5.8 \text{ K}$，$Re = 10^5$ 时的传热系数为 $h_q \simeq 0.26 \text{ W/(cm}^2 \cdot \text{K)}$。根据式（6.29），$h_{he} \propto Re^{0.8}$，于是在 $Re = 1.8 \times 10^5$ 时，$h_q \simeq 0.42 \text{ W/(cm}^2 \cdot \text{K)}$。

$$I_{lim} = \sqrt{\frac{(57.4 \times 10^{-2} \text{ cm}^2)(3 \text{ cm})[0.42 \text{ W/(cm}^2 \cdot \text{K)}](5.8 \text{ K})}{2 \times 10^{-8} \ \Omega \cdot \text{cm}}} \simeq 14.4 \text{ kA} < 20 \text{ kA}$$

即该超导磁体运行电流比斯特科利（Stekly）电流 14.4 kA 高出 ~40%。所以，CIC 导体在 20 kA 时不是低温稳定的。

m）电流释能。假设 2 个磁体都运行于 20 kA，保护系统在 $t = 0$ 时刻在任一磁体中检测到故障，并无延迟地打开了 20 kA/2 kV 断路器。为了快速估算 $I_s(t)$ 和

$I_r(t)$，假定 $M_{sr}=0$（两磁路无耦合），尽管实际耦合并不可忽略：$k_{sr}=\dfrac{M_{sr}}{\sqrt{L_s L_r}}=$

$\dfrac{0.017}{\sqrt{(0.260 \times 0.010)}}=0.333$。不过，假定 $M_{sr}=0$ 的计算结果有助于我们"感受"时间尺度。

在 $M_{sr} \neq 0$ 时，2 个磁体的电路方程分别为：

$$L_s \frac{\mathrm{d}I_s(t)}{t} + M_{sr} \frac{\mathrm{d}I_r(t)}{\mathrm{d}t} + R_D I_s(t) = 0 \qquad (\text{m.1a})$$

$$M_{sr} \frac{\mathrm{d}I_s(t)}{\mathrm{d}t} + L_r \frac{\mathrm{d}I_r(t)}{\mathrm{d}t} + R_r I_r(T) = 0 \qquad (\text{m.1b})$$

若令 $M_{sr}=0$，上式简化为：

$$L_s \frac{\mathrm{d}I_s(t)}{\mathrm{d}t} + R_D I_s(t) = 0 \qquad (\text{m.2a})$$

$$L_r \frac{\mathrm{d}I_r(t)}{\mathrm{d}t} + R_r I_r(t) = 0 \qquad (\text{m.2b})$$

式（m.2a）和式（m.2b）可以独立求解：

$$I_s(t) = I_0 e^{-\frac{tR_D}{L_s}} \qquad (\text{m.3a})$$

$$I_r(t) = I_0 e^{-\frac{tR_r}{L_r}} \qquad (\text{m.3b})$$

式中，$I_0 = 20\ \text{kA}$，$\dfrac{L_s}{R_D} = 2.6\ \text{s}\left(=\dfrac{260\ \text{mH}}{0.1\Omega}\right)$，$\dfrac{L_r}{R_r} = 0.33\ \text{s}\left(=\dfrac{10\ \text{mH}}{30\ \text{m}\Omega}\right)$。式（m.3a）实心圆圈和式（m.3b）空心圆圈见图 9.3。

n）耦合效应。两磁体显然是电感耦合的——即 $M_{sr} \neq 0$。解释图 9.3 中，$M_{sr} = 0.017\ \text{H}$ 对应的 $I_s(t)$ 曲线为什么在 $M_{sr}=0$ 对应实心圆圈的上方。

我们可以把式（m.1a）的写为：

$$L_s \frac{\mathrm{d}I_s(t)}{\mathrm{d}t} = -R_D I_s(t) - M_{sr} \frac{\mathrm{d}I_r(t)}{\mathrm{d}t} \qquad (n.1)$$

因为 $\dfrac{\mathrm{d}I_r(t)}{\mathrm{d}t}<0$，式（n.1）中的 $-\dfrac{M_{sr}\mathrm{d}I_r(t)}{\mathrm{d}t}$ 为正，从而令 $\left|\dfrac{\mathrm{d}I_r(t)}{\mathrm{d}t}\right|$ 在 $M_{sr} \neq 0$ 时

要比在 $M_{sr}=0$ 时小。即 $M_{sr}\neq0$ 时的 $I_s(t)$ 要比 $M_{sr}=0$ 时衰减的更慢。但是，因为 k_{sr} 并不很大，假定 $M_{sr}=0$ 获得的快速解对真实解的偏离并不大，至少对 $I_s(t)$ 是如此。

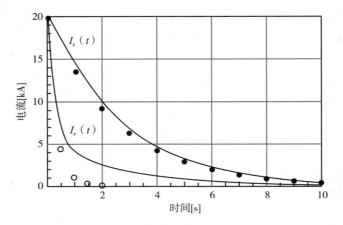

图9.3　式（m.3）两式在 $M_{sr}=0$ 的结果，实心圆圈为 $I_s(t)$，空心圆圈为 $I_r(t)$。各点列旁边的曲线是取 $M_{sr}=0.017$ H 对应的解。

o）有效衰减时间常数。如 n 所述，将 2 个磁体间的电感耦合考虑进来后，$I_s(t)$ 和 $I_r(t)$ 相比 m）中的不耦合系统衰减的更慢。假设超导磁体在 20 kA 时储存的总磁能是 55.4 MJ［问题 e）的结果］，全部耗散于释能电阻 R_D，耦合系统中的 $I_s(t)$ 使用"有效"时间常数 τ_{eff} 表示。计算 τ_{eff}。

超导磁体的磁能全部耗散于 R_D:

$$E_s = R_D\int_0^\infty I_s^2(t)\,\mathrm{d}t \tag{o.1a}$$

因为 $I_s(t)=I_0\,e^{-\frac{t}{\tau_{eff}}}$，上式成为:

$$E_s = R_D\int_0^\infty I_0^2 e^{-\frac{2t}{\tau_{eff}}}\mathrm{d}t = \frac{R_D I_0^2 \tau_{eff}}{2} \tag{o.1b}$$

解出上式的 τ_{eff}，有:

$$\tau_{eff} = \frac{2E_s}{R_D I_0^2} = \frac{2(55.4\times10^6\ \mathrm{J})}{(0.1\ \Omega)(2\times10^4\ \mathrm{A})^2} = 2.77\ \mathrm{s}$$

可见，这比不耦合系统计算得到的 2.6 s 长约 6%。

p) 磁滞损耗。磁体从 0 励磁到 B_m 过程中，各超导芯丝中产生磁滞损耗。估计一根直径 $d_f = 42\mu$ m、位于 CIC 导体最内层的 Nb_3Sn 芯丝的空间平均磁滞能量密度 e_{hy1}。磁体缓慢升流至 20 kA，此时 $B_m = 14$ T。存在传输电流时的比恩板（情况 4i），可从式（7.23a）入手：

$$e_{hy} = \frac{1}{2}\mu_0 H_p H_m (1 + i)^2 \qquad [H_m \geqslant H_p(1 - i)] \qquad (7.23a)$$

假定我们处理的导线为圆截面，直径 d_f，处于垂直场下，使用 $H_p = \frac{8}{3\pi} \cdot J_c \cdot \frac{d_f}{2}$（式5.29b）。接下来，因为 I_t 自 0 始，到 20 kA 止，比近 40 kA 的 I_c 小很多，取 $(1+i)^2 \simeq 1$ 可简化式（7.23a）。用以确定 J_c 的 H_p 在 0 和 14 T 之间宽幅变动，我们必须从 $\mu_0 H_m = B_m = 0$ 到 $B_m = 14$ T 对式（7.23a）积分，得到 20 kA 下最内层的平均场：

$$e_{hy1} \simeq \frac{2d_f}{3\pi} \int_0^{B_m} J_c(B, T, \epsilon) \, dB \qquad (p.1)$$

式中，$J_c(B, t, \epsilon)$ 是 Nb_3Sn 的临界电流密度，不仅考虑了对 B 和 T 的依赖，还包括了对应力 ϵ 的依赖。在磁体励磁和退磁过程中，作用于每一根导体芯丝上的应力是变化的。对 T 的依赖也很重要，因为如果磁体励磁或退磁的过程不是足够缓慢的，为了将热能传递给制冷剂，导体的温升不可忽略。通常，式（p.1）的闭式积分解是非常复杂的。

不过，在一些假设下我们可以构建闭式解：①足够缓慢地改变磁场从而维持导体温度为 4.5K；②忽略应力对 J_c 的效应。对处于磁体中平面最内层位置的 Nb_3Sn 复合导体芯丝，可以用平均电流密度 $\tilde{J}_c(B, 4.5\ \text{K})$：

$$\tilde{J}_c(B, 4.5\ \text{K}, \epsilon = 0) = \tilde{J}_c(0, 4.5\ \text{K}) \frac{b_0}{b_0 + B} \qquad (p.2)$$

式中，$\tilde{J}_c(0, 4.5\ \text{K}) = 42 \times 10^9\ \text{A/m}^2$，$b_0 = 1$ T。式（p.2）是 Nb_3Sn 在 4.5 K 和 $\epsilon = 0$ 下的 $\tilde{J}_c(B, T, \epsilon)$ 的粗略估计。

我们首先对式（p.1）积分：

$$\int_0^{B_m} \tilde{J}_c(B, 4.5\ \text{K}) \, dB = \tilde{J}_c(0, 4.5\ \text{K}) b_0 \int_0^{B_m} \frac{dB}{b_0 + B} = \tilde{J}_c(0, 4.5\ \text{K}) b_0 \ln\left(\frac{b_0 + B_m}{b_0}\right)$$

$$= (42 \times 10^9 \text{ J/m}^2)(1\text{T})\ln 15 = 113.7 \times 10^9 \text{ J/m}^4$$

将结果代入式（p.1），有：

$$e_{hy1} \simeq \frac{2(42 \times 10^{-6} \text{ m})}{3\pi}(113.7 \times 10^9 \text{ J/m}^4) \simeq 1014 \text{ kJ/m}^3$$

使用 GRANDLF，加夫里林（Gavrilin）根据式（p.1）得到 $e_{hy1} = 1039 \text{ kJ/m}^3$。在我们的简化模型下，他得到 $T = 4.5$ K 和 $\epsilon = 0$ 条件下的 e_{hy1} 为 1122 kJ/m^3——略大于 1039 kJ/m^3，因为 $J_c(B, 4.5 \text{ K}, \epsilon = 0) > J_c(B, T > 4.5 \text{ K}, \epsilon > 0)^{[9.2]}$。

q）充电速率与氦温升的关系。流体上看，该磁体的各层是并联的。假定进入制冷剂的唯一热输入是空间平均分布的磁滞损耗，计算磁体从 0 到 20 kA 的最大恒流充电速率 $\left(\dfrac{\mathrm{d}I_s}{\mathrm{d}t}\right)_{mx}$，要求在该速率下，若氦流量为 5 g/s，氦的时间平均温升不超过 $\Delta \widetilde{T}_{he} \simeq 4.0$ K $(= \widetilde{T}_{cs} - T_{op})$。这里，$\widetilde{T}_{cs}$ 是时间平均的电流分流温度，通过 $I_{op} = 0$ 时，$T_{cs} = 10.3$ K；$I_{op} = 20$ kA 时，$T_{cs} = 6.7$ K 计算得到：$\widetilde{T}_{cs} = 8.5$ K。此处计算使用 p 中在恒定温度下得到的 $e_{hy} = 1014 \text{ kJ/m}^3$。

氦在 4.5 K/3.5 atm 下的物性如下：定压比热 $C_{he} = 4.28$ J/（g·K）；密度 $\rho_{he} = 0.132$ g/cm³，与温度和压力无关。证明在最内层释放的磁滞损耗总能量 E_{hy1} 为 3.5 kJ。解：最内层释放的磁滞损耗总能量为：

$$E_{hy1} = e_{hy}(A_{sc} + A_{\overline{m}})\ell_1$$

式中 $A_{sc} + A_{\overline{m}} = 40.2 \text{ mm}^2$，$\ell_1$ 是最内层的导体总长度。我们有 $\ell_1 \simeq 2\pi(a_1 + w)(42)$，其中，$a_1$ 是绕组的内半径，w 是铠甲径向尺度，42 是每层的匝数——上述数据可从表 9.1 查得。根据图 9.1 和表 9.1，磁体绕组的径向尺度 $a_2 - a_1$ 是 305.1 mm，包括 18 层 CIC 导体，从而 $w = \dfrac{(305.1 \text{ mm})}{18} \simeq 17$ mm。于是：

$$\ell_1 \simeq 2\pi(0.305 \text{ m} + 0.017 \text{ m})42 \simeq 85 \text{ m}$$

$$E_{hy1} = (1014 \times 10^3 \text{ J/m}^3)(40.2 \times 10^{-6} \text{ m}^2)(85\text{m}) \simeq 3.5 \text{ kJ}$$

在流量 $\dot{m}_{he} = 5$ g/s 下，在最内层的入口到出口，氦焓值的时间平均变化率 $\dfrac{\mathrm{d}H_{he}}{\mathrm{d}t}$ 为：

$$\frac{\mathrm{d}H_{he}}{\mathrm{d}t} = C_{he}\dot{m}_{he}\Delta\widetilde{T}_{he} = [4.28\ \mathrm{J/(g \cdot K)}](5\ \mathrm{g/s})(4.0\ \mathrm{K}) \simeq 86\ \mathrm{W}$$

即在时间平均温升为 4.0 K 时，最内层的氦提供冷却功率 86 W。该冷却功率必须与最大耗散功率 $P_{hy1_{mx}}$ 匹配：

$$P_{hy1_{mx}} \simeq \frac{E_{hy1}}{\Delta t_{mn}} = 86\ \mathrm{W} \tag{q.1}$$

在式（q.1）中解出 Δt_{mn}，得：

$$\Delta t_{mn} = \frac{E_{hy1}}{P_{hy1_{mx}}} \simeq \frac{3.5\ \mathrm{kJ}}{86\ \mathrm{W}} \simeq 41\ \mathrm{s}$$

于是：

$$\left(\frac{\mathrm{d}I_s}{\mathrm{d}t}\right)_{mx} = \frac{\Delta I_s}{\Delta t_{mn}} \simeq \frac{20 \times 10^3\ \mathrm{A}}{41\ \mathrm{s}} \simeq 490\ \mathrm{A/s}$$

这样，充电速率 400 A/s 可以保证导体低于其电流分流温度：在 $I_{op}=0$ 时为 10.3 K，在 $I_{op}=20$ kA 时为 6.7 K。

r）耦合损耗。使用式（7.36）和式（7.39c），计算耦合耗散能量密度 e_{cp}。计算条件为：导体芯丝直径 $D_{mf}=0.6$ mm，$\ell_p=10$ mm，以恒定速率 400 A/s 或 $\tau_m=50$ s（如图 7.18 的三角形场激励）将磁体从 0 kA 充电至 20 kA（$B_m=14$ T）。对于本 Nb_3Sn 芯丝，$\tau_{cp}=30$ ms[9.2]。

解：在 $\tau_m \gg \tau_{cp}$ 时，三角波激励下的时间平均 e_{cp} 由式（7.36）和式（7.39c）给出：

$$e_{cp} = 2\mu_0 H_m^2\left[1 + \frac{1}{4}\left(\frac{\pi D_{mf}}{\ell_p}\right)^2\right]\Gamma \tag{7.36}$$

$$\Gamma \simeq \frac{4\tau_{cp}}{\tau_m}(\tau_m \gg \tau_{cp}) \tag{7.39c}$$

式（7.36）中，$\left(\dfrac{\pi D_{mf}}{\ell_p}\right)^2 \ll 1$，$H_m = \dfrac{B_m}{\mu_0}$。充电时间周期仅包括整个三角波的 $\dfrac{1}{2}$（图 7.18），所以式（7.36）中必须加入因子 $\dfrac{1}{2}$。这样，e_{cp} 成为：

$$e_{cp} \simeq \frac{1}{2}\left(2\frac{B_m^2}{\mu_0}\right)\Gamma = \frac{4B_m^2\tau_{cp}}{\mu_0\tau_m} \qquad (\text{r. 1})$$

代入 $B_m = 14$ T，$\tau_{cp} = 30$ ms 以及 $\tau_m = 50$ s，得：

$$e_{cp} = \frac{4(14\ \text{T})^2(30\times10^{-3}\ \text{s})}{(4\pi\times10^{-7}\ \text{T})(50\ \text{s})} \simeq 375\ \text{kJ/m}^3$$

可见，耦合损耗约为磁滞损耗的 $\frac{1}{3}$。

s）热点温度。假定 $t=0$ 时，超导磁体中检测到失超，断路器无时延打开——在 $t=0$ 时刻打开。假定超导磁体中的电流 $I_s(t)$ 以指数衰减，等效时间常数 $\tau_{eff}=2.77$ s［问题 o）中计算］。还假定初始失超点（热点）由焦耳热绝热加热，并仅由 CIC 导体——超导体、非基底金属、基底（铜，$RRR=100$）——吸收焦耳热，用铜的热容量代表全部导体的热容量。计算热点的最终温度 T_f。

根据式（8.16a），有：

$$Z(T_f, T_i) = \left(\frac{A_m}{A_{cd}}\right)\int_0^\infty J_{m0}^2 e^{-\frac{2t}{\tau_{dg}}}\mathrm{d}t = \left(\frac{A_m}{A_{cd}}\right)J_{m0}^2 \times \frac{1}{2}\tau_{dg} \qquad (8.16a)$$

将表 9.1 中的参数代入式（8.16a）：$A_m = 57.4$ mm^2，$A_{cd} = A_m + A_{sc} + A_{\bar{m}} = 97.6$ mm^2，$J_{m_{op}} = \dfrac{I_{op}}{A_m} = \dfrac{20000}{(57.4\times10^{-6})} = 3.48\times10^8$ A/m^2。将 $\tau_{dg} = \tau_{eff} = 2.77$ s 代入式（s. 1），解铜的 $Z_{cu}(T_f, T_i)$：

$$Z_{cu}(T_f, T_i) = \left(\frac{57.4\times10^{-6}\ \text{m}^2}{97.6\times10^{-6}\ \text{m}^2}\right)(3.48\times10^8\ \text{A/m}^2)^2\left(\frac{2.77\ \text{s}}{2}\right)$$

$$\simeq 9.9\times10^{16}\ \text{A}^2\text{s/m}^4$$

从图 8.2 中我们找到 $Z_{cu}(T_f, T_i = 4.5\ \text{K}) = 9.9\times10^{16}$ A^{2}s/m^4，对应铜（$RRR=100$）的 $T_f \simeq 125$ K。

t）释能起始延时。因为热点电压升高到可检测水平和断路器开断都需要一定时间，一个更贴近实际的场景是考虑从热点出现 $t=0$ 时刻到断路器实际开断、起始释能时刻之间的延时 τ_{dl}。假设在这段时间内，超导磁体的电流保持 20 kA，估算热点最终温度 T_f。除 $\tau_{dl}=0.5$ s 外，条件假设同问题 s）。

使用式（8.66b），并使用 τ_{eff} 代替 τ_{dg}，有：

$$Z(T_f, T_i) = \left(\frac{A_m}{A_{cd}}\right)\left(\tau_{dl} + \frac{1}{2}\tau_{eff}\right)J_{m_{op}}^2 \simeq 13.5 \times 10^{16}\mathrm{A}^2\,\mathrm{s/m}^4$$

从图 8.2 我们看到 $Z_{cu}(T_f, T_i = 4.5\ \mathrm{K}) = 13.5 \times 10^{16}\mathrm{A}^2\,\mathrm{s/m}^4$，对应铜（RRR = 100）的 $T_f \simeq 225\ \mathrm{K}$，这几乎是可接受的热点温度的极限。尽管实际中由于制冷剂的冷却，T_f 应能 <225 K，但出于谨慎考虑，磁体产生热点后断路器应确保在 0.5 s 内打开。这也意味着，要在远小于 0.5 s 的时间内将热点检测到。

图 9.4 给出了温度（实线）和压力（虚线）与时间的关系。该图由加夫里林制作，他使用 GANDALF 计算了类似问题 s 的案例。他的计算中不仅使用了 $I_s(t)$ 的准确解，还考虑了氦的冷却效应和交流损耗。大体上说，由于氦的冷却，热点温度 T_f 仅上升到约 95 K，而不是问题 s）中在绝热和 $\tau_{dl} = 0$ 条件下计算得到的 125 K。分析还表明，导体内氦的压力峰值达到了 23.5 atm。

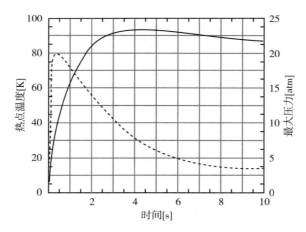

图 9.4　加夫里林计算得到的从 20 kA 放电对应的热点温度（实线，左 y 轴）和最大压力（虚线，右 y 轴）与时间的关系[9.2]。

u）故障模式的轴向力。SCH 磁体的一个可能故障模式就是在额定运行电流 20kA 下，五线圈电阻型内插磁体各线圈有一半损坏（最恶劣情景）形成电气短接，剩余一半继续工作产生磁场。各线圈的上半部分短接时，每个线圈的轴向场对称中心下移 $\frac{b}{2}$。由图 9.1 可见，最外侧的线圈 5 下移 $151\frac{1}{4}$ mm。表 9.2 给出了五线圈电阻型内插磁体的关键参数[9.3]。

表9.2　5个线圈电阻性内插磁体的参数[9.3]

参　　数		线圈 1	线圈 2	线圈 3	线圈 4	线圈 5
绕组内径（$2a_1$）	[mm]	54.0	80.4	151.4	241.8	347.8
绕组外径（$2a_2$）	[mm]	78.0	145.4	235.8	341.8	500.0
绕组高度（$2b$）	[mm]	239	238	317	353	605
中心场	[T]	4.03	6.33	4.78	4.37	3.72

当这种情况发生后，超导磁体受到向下的轴向力，该力与电阻型磁体受到的向上力等量反向。从图 9.1 我们可以看到，超导磁体受到的最大力来自线圈 5，尽管其中心场最小。主要原因是：①线圈 5 最大；②它与超导磁体耦合最紧密。参照下面给出的逐步的简单但逻辑缜密的步骤，近似计算线圈 5 和线圈 4 对超导磁体的力。这里的目标是让设计小组的非专家获得大致认知；组内的专家则会使用程序计算得到"精确"值。

在 3.5 节我们讨论了环线圈、薄壁线圈等简单螺管线圈组合的解析计算方法。这些组合中，最简单的是 2 个环线圈之间的力的计算（图 3.5）：线圈 A 的直径为 a_A，总匝数为 N_A，电流为 I_A；线圈 B 的直径为 a_B，总匝数为 N_B，电流为 I_B。

第 1 步　将各线圈建模为环线圈，使其产生和原始线圈相同的中心场。计算环线圈在运行电流 20kA 下的总匝数 N。尽管超导磁体和电阻线圈建模为薄壁螺管线圈更准确（图 3.7），但相应的轴向力表达式也更复杂，在近似评估时显得不必要。

第 2 步　使用式（3.34）计算 2 个环线圈之间的轴向力：首先是超导环线圈（线圈 A）和电阻型环线圈 5（线圈 B）之间的力；其次计算超导环线圈（线圈 A）和电阻型线圈 4（线圈 B）之间的力。

复习2个环线圈之间的轴向力

2 个环线圈 A 和 B 的轴向距离 ρ，则二者间的轴向力 $F_{zA}(\rho)$ 为：

$$F_{AZ}(\rho) = \frac{\mu_0}{2}(N_A I_A)(N_B I_B) \frac{\rho\sqrt{(a_A + a_B)^2 + \rho^2}}{(a_A - a_B)^2 + \rho^2} \times \left\{ k^2 K(k) + (k^2 - 2)\left[K(k) - E(k)\right] \right\}$$

（3.34）

$K(k)$ 和 $E(k)$ 分别是第一类和第二类完全椭圆积分。模量 k 为：

$$k^2 = \frac{4a_A a_B}{(a_A + a_B)^2 + \rho^2} \tag{3.36}$$

使用式（3.111a）给出的场表达式计算超导环线圈 A 的匝数 N_A：

$$B_z(0,0) = \frac{\mu_0 NI}{2a_1} \tag{3.111a}$$

这时，$N = N_A$，$I = I_A$，$a_1 = a_A$。对超导线圈的 a_A 的一个合理近似是取内直径和外直径的平均（表 9.1）：$a_A \simeq 458$ mm。代入 $B_z(0,0) = 14.52$ T 和 $I_A = 20$ kA，有：

$$N_A = \frac{2a_A B_z(0,0)}{\mu_0 I_A} = \frac{2(0.458 \text{ m})(14.52 \text{ T})}{(4\pi \times 10^{-7} \text{ H/m})(2 \times 10^4 \text{ A})} = 529$$

注意，N_A 比磁体实际的匝数（756 匝）少。这是由于产生相同的中心场，环线圈要比各匝分布于很大的绕组截面上的实际磁体效率高。

将线圈 5 建模为环线圈 B 时必须更加小心。中心场 3.72 T 不能直接使用，因为这是线圈 5 在故障前的中心场。现在，轴向距离 2b 折半了，于是，必须先计算线圈 5 在 $\beta' = \frac{\beta}{2}$ 时产生的中心场。对于比特磁体，场因子 $[F(\alpha,\beta)]_B$ 由式（3.115b）给出：

$$[F(\alpha,\beta)]_B = \ln\left(\alpha \frac{\beta + \sqrt{1+\beta^2}}{\beta + \sqrt{\alpha^2+\beta^2}}\right) \tag{3.115b}$$

在损坏的线圈中，健康的一半的参数不变，于是新的中心场 $[B_z'(0,0)]_B$ 可由原中心场 $[B_z(0,0)]_B$ 给出：

$$\frac{[B_z'(0,0)]_B}{[B_z(0,0)]_B} = \frac{[F(\alpha,\beta')]_B}{[F(\alpha,\beta)]_B} = \frac{\ln\left(\alpha \frac{\beta' + \sqrt{1+\beta'^2}}{\beta' + \sqrt{\alpha^2+\beta'^2}}\right)}{\ln\left(\alpha \frac{\beta + \sqrt{1+\beta^2}}{\beta + \sqrt{\alpha^2+\beta^2}}\right)} \tag{u.1}$$

将线圈 5 的以下值代入式（u.1）：$[B_z(0,0)]_B = 3.72$ T，$\alpha \simeq 1.44\left(= \frac{500.0 \text{ mm}}{347.8 \text{ mm}}\right)$，

$\beta \simeq 1.74 \left(= \dfrac{605 \text{ mm}}{347.8 \text{ mm}} \right)$，$\beta' = \dfrac{\beta}{2} \simeq \dfrac{1.74}{2} = 0.87$。解出 $\left[B_z'(0,0) \right]_B$，得：$\left[B_z'(0,0) \right]_B =$ 2.66 T。

线圈 5′ 的 a_B 的合理值是其几何平均 $a_B = \sqrt{a_1 a_2} = 208.5 \text{ mm}$ 而不是算术平均 $\dfrac{(a_1 + a_2)}{2} = 212.0 \text{ mm}$。这是因为比特线圈中的电流密度不均匀，按 $\propto \dfrac{1}{r}$ 变动（式 3.114）。

为了简化，我们取 $a_B = 174 \text{ mm}$。这样，代入 $\left[B_z'(0,0) \right]_B = 2.66 \text{ T}$ 和 $I_B = 20 \text{ kA}$：

$$N_B = \frac{2(0.174 \text{ m})(2.66 \text{ T})}{(4\pi \times 10^{-7} \text{ H/m})(2 \times 10^4 \text{ A})} \simeq 37$$

代入 $a_A = 0.458 \text{ m}$，$a_B = 0.174 \text{ m}$，$a_A + a_B = 0.632 \text{ m}$ 和 $\rho = 0.151 \text{ m}$（线圈 5 原始值的 $\dfrac{1}{4}$），计算出模 k：

$$k^2 = \frac{4 a_A a_B}{(a_A + a_B)^2 + \rho^2} \tag{3.36}$$

$$= \frac{4(0.458 \text{ m})(0.174 \text{ m})}{(0.632 \text{ m})^2 + (0.151 \text{ m})^2} \simeq 0.7550 \, (k \simeq 0.8689)$$

向式（3.34）中代入 $K(0.8689) = 2.1655$，$E(0.8689) = 1.2079$，$a_A - a_B = 0.284 \text{ m}$ 和其他参数，我们得到线圈 B（线圈 5 的 $\dfrac{1}{2}$）施于线圈 A（超导磁体）的力 F_{zA}（$\rho = 151 \text{ mm}$）为：

$$F_{zA}(151 \text{ mm}) = \frac{(4\pi \times 10^{-7} \text{ H/m})}{2}(529)(2 \times 10^4 \text{ A})(37)(2 \times 10^4 \text{ A}) \times$$

$$\left\{ \frac{(0.151 \text{ m}\sqrt{(0.632 \text{ m})^2 + (0.151 \text{ m})^2}}{(0.284 \text{ m})^2 + (0.151 \text{ m})^2} \times \right.$$

$$\left. \left[0.7550(2.1655) + (0.7550 - 2)(2.1655 - 1.2079) \right] \right\}$$

$$= (4.92 \text{ MN}) \times [0.948 \times 0.443] = 2.06 \text{ MN}$$

为计算线圈 B（线圈 4 的 $\dfrac{1}{2}$）施于线圈 A 的力，用线圈 B 的以下新参数：$\alpha =$

1.41；$\beta = 1.46$；$\beta' = 0.73$；$B_z'(0,0) = 2.96$ T；$N_B \simeq 28$；$a_B = 0.121$ m。代入 $\rho = 0.088$ m；$a_A + a_B = 0.579$ m；$a_A - a_B = 0.337$ m，有：$k^2 \simeq 0.6463$（$k \simeq 0.8039$），对应给出的 $K(0.8039) \simeq 2.0030$，$E(0.8039) \simeq 1.2728$。将这些值代入式（3.34），得到 $F_{zA}(88 \text{ mm}) = 0.49$ MN。该值小于线圈 5 初始所施力的 $\dfrac{1}{4}$，意味着线圈 1~3 的贡献可以忽略。

采用程序计算的线圈 1~5 的合力是 1.9 MN[9.3]。我们基于简化模型的方法，尽管需要用计算器按上一段时间，其给出的结果（来自线圈 5 的 2.06 MN）用于评估特征是很好的。

磁场屏蔽

因为磁体越大（尺寸大和/或场强大），它的边缘场延伸的范围越大，故大磁体通常需要屏蔽。主动屏蔽使用电磁体（屏蔽线圈），被动屏蔽使用铁磁结构（钢壳）。主动屏蔽会弱化磁场，为保证其他设计参数，应离主磁体尽可能的远。而被动屏蔽通常会增加磁场。高场（>1 T）MRI 和大部分 NMR 磁体如今都是有屏蔽的，或主动，或被动，或二者兼有。

如开始所述，SCH 磁体和其他实验系统防止在同一个实验间。为减少磁体的磁场对邻近实验的干扰，SCH 磁体系统有一个屏蔽线圈，如图 9.5 所示磁体截面示意图的右侧所示。相比于室温孔很大的超导主磁体来说，电阻性磁体贡献了很小的边缘场，图中忽略未画出。图 9.5 的左侧的钢壳用于被动屏蔽——这是屏蔽超导主磁体的另一种方法。

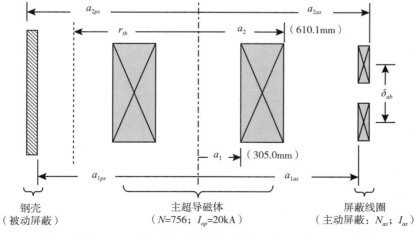

图 9.5　使用屏蔽线圈（主动屏蔽）或钢壳（被动屏蔽）屏蔽的主磁体截面图。主动屏蔽线圈由 2 个子线圈组成，分别在中平面的上方和下方。

如图 9.5 所示，主动屏蔽线圈（本 SCH 磁体系统首创[9.1]）实际由 2 个子线圈构成，一个放置在中平面上方，另一个在下方，都被建模为环线圈。钢壳是圆柱形的，在这里的分析中认为它在周向将主磁体完全围住。下面研究 2 个元件相关的重要问题。

v）主动屏蔽线圈——匝数。将 2 个用于磁屏蔽的子线圈建模为单屏蔽线圈。然后，将超导主磁体线圈和上述屏蔽线圈模型转换为偶极矩。令其磁极矩与主磁体的极矩相同，估算这个模型屏蔽线圈的总匝数。屏蔽线圈和运行于 20 kA 的主磁体串联但极性相反。

远离螺管磁体中心的磁场 $\vec{H}_f$ 可以建模为偶极矩（问题 3.11）：

$$\vec{H}_f = H_0 \left(\frac{R_e}{r}\right)^3 \left(\cos\theta_{\vec{i}r} + \frac{1}{2}\sin\theta_{\vec{i}\theta}\right) \qquad (3.163)$$

式中，R_e 是偶极半径。对一个均匀分布安匝 NI 的螺管，乘积 $H_0 R_e^3$ 由下式给出：

$$H_0 R_e^3 = \frac{1}{6}(a_1^2 + a_2^2 + a_1 a_2) NI \qquad (3.165)$$

式中，a_1 和 a_2 分别是磁体绕组的内、外半径。因为 $\vec{H}_f \propto \left(\frac{R_e}{r}\right)^3$（式 3.163）以及 $H_0 R_e^3 \propto a_1^2$［式（3.165）］，我们实际上可以忽略电阻内插磁体，线圈 5 的 $a_1 = 173.9$ mm，超导磁体的 $a_1 = 305.0$ mm。对超导主磁体和屏蔽线圈（下标 as）应用式（3.163）和式（3.165），有：

$$a_1^2(1 + \alpha^2 + \alpha) NI_{op} = a_{1as}^2(1 + \alpha_{as}^2 + \alpha_{as}) N_{as} I_{as} \qquad (v.1)$$

其中，$\alpha_{as} = \dfrac{a_{2as}}{a_{1as}}$。代入 $I_{as} = I_{op}$，从式（v.1）中解出 N_{as}：

$$N_{as} = \left(\frac{a_1}{a_{1as}}\right)^2 \left(\frac{1 + \alpha^2 + \alpha}{1 + \alpha_{as}^2 + \alpha_{as}}\right) N \qquad (v.2)$$

将 $a_1 = 0.305$ m，$a_{1as} = 1.203$ m，$\alpha = 2.00$，$\alpha_{as} = 1.04$ 和 $N = 756$ 代入式（v.2），N_{as} 成为：

$$N_{as} = \left(\frac{0.305\text{m}}{1.203\text{m}}\right)^2 \left(\frac{1 + 4 + 2}{1.08 + 1.04}\right)(756) \simeq 109$$

屏蔽线圈的实际匝数是 78[9.4]，并且是由 2 个如图 9.5 所示的子线圈组成的。轴向绕匝的移位未引起磁矩衰减，仅引起磁场降低。

w）主动屏蔽线圈对中心场的减弱。前文提及主动屏蔽线圈产生与超导主磁体反向的磁场。计算主动屏蔽线圈在磁体中心产生的轴向场 $B_z^{as}(0,0)$。屏蔽线圈使用以下参数：$a_{1as}=1.203$ m；$a_{2as}=1.250$ m；$b_{as}=0.471$ m（实际系统中，主动屏蔽线圈由 2 个短的子线圈构成，二者距中平面均有一个间隙[9.4]）；$N_{as}=78$ 和 $I_{as}=20$ kA。

磁场的计算是式（3.110）的直接应用：

$$B_z(0,0) = \frac{\mu_0 NI}{2a_1(\alpha-1)}\ln\left(\frac{\alpha+\sqrt{\alpha^2+\beta^2}}{1+\sqrt{1+\beta}}\right) \tag{3.110}$$

代入 $N\to N_{as}=78$，$I\to I_{as}=20$ kA，$\alpha\to\alpha_{as}=1.04$，$\beta\to\beta_{as}=0.392$ 以及 $a_1\to a_{1as}=1.203$，$B_z^{as}(0,0)$ 成为：

$$B_z^{as}(0,0) = \frac{(4\pi\times10^{-7}\text{ H/m})(78)(20\times10^3\text{ A})}{(2.406\text{ m})(1.04-1)}\ln\left(\frac{1.04+\sqrt{(1.04)^2+(0.392)^2}}{1+\sqrt{1+(0.92)^2}}\right)$$

$$\simeq 0.75\text{ T}$$

若无主动屏蔽线圈，超导主磁体在 20 kA 时的中心场是 14.52 T（问题 b）计算所得），主动线圈将之降低了 0.75 T，约为 5%，这并不是完全不重要的。

x1）主动屏蔽线圈——作用力：1。如果屏蔽线圈建模为单线圈，那么它和主磁体之间不会有净作用力。在原始系统中，屏蔽线圈被分为 2 个子线圈。此时，作为整体的屏蔽线圈和主磁体之间仍无净作用力，但是各子线圈自身与主磁体间存在作用力。这里我们将主磁体和其中一个子线圈均建模为环线圈，计算其作用力的近似幅值。取 $\rho=0.227$ m（中心对中心）。在图 9.5 中，$\delta_{ab}=2\rho$，所以 $\delta_{ab}=0.554$ m。

在前文问题 t 中，主磁体已被建模为环线圈：$N_A=529$；$a_A\simeq458$ mm。类似地，我们可以将其中一个子线圈建模为环线圈，使其产生 0.375 T 的中心场（0.75 T 的 $\frac{1}{2}$，尽管二者是垂直放置的）：$a_B=1.227$ m（a_{1as} 和 a_{2as} 的平均），N_B 为：

$$N_B \simeq \frac{(0.375\text{T}2a)B}{\mu_0 I_B} = \frac{(0.375\text{ T})2(1.227\text{ m})}{(4\pi\times10^{-7}\text{ H/m})(20\times10^3\text{ A})} \simeq 37$$

子线圈的 $\alpha=1.04$，β 也很小，表明它们非常接近环线圈（$\alpha=1,\beta=0$），所以"有效匝数" 37 与实际匝数 39 如此接近并不令人惊讶。我们使用问题 t 用到的

式 (3.36) 计算模 k：

$$k^2 = \frac{4a_A a_B}{(a_A + a_B)^2 + \rho^2} \tag{3.36}$$

$$= \frac{4(0.458\ \text{m})(1.227\ \text{m})}{(0.458\ \text{m} + 1.227\ \text{m})^2 + (0.227\ \text{m})^2} \simeq 0.7709(k \simeq 0.8780)$$

2 个环线圈间的作用力由式 (3.34) 给出：

$$F_{zA}(\rho) = \frac{\mu_0}{2}(N_A I_A)(N_B I_B) \frac{\rho\sqrt{(a_A + a_B)^2 + \rho^2}}{(a_A - a_B)^2 + \rho^2} \times$$

$$\left\{ k^2 K(k) + (k^2 - 2)\left[K(k) - E(k) \right] \right\} \tag{3.34}$$

代入 $K(0.8780) = 2.1957$，$E(0.8780) = 1.1977$，$a_A + a_B = 1.685$ m，$a_A - a_B = -0.769$ m，得到线圈 B（上方子线圈）对线圈 A（主磁体）的力 F_{zA}：

$$F_{zA}(0.277\ \text{m}) = \frac{(4\pi \times 10^{-7}\ \text{H/m})}{2}(529)(2 \times 10^4\ \text{A})(37)(-2 \times 10^4\ \text{A}) \times$$

$$\left\{ \frac{(0.277\ \text{m})\sqrt{(1.685\ \text{m})^2 + (0.277\ \text{m}^2)}}{(-0.769\ \text{m})^2 + (0.277\ \text{m})^2} \times \right.$$

$$\left. \left[0.7709(2.1957) + (0.7709 - 2)(2.1957 - 1.1977) \right] \right\}$$

$$= -(4.91\ \text{MN}) \times (0.7080 \times 0.4660) = -1.62\ \text{MN}$$

作用在主磁体上的力是负值（向下），同样大小的力作用在中平面上方的屏蔽子线圈，向上。即如果线圈没有约束，它将远离中平面。当然，上下 2 个子线圈对主磁体的净作用为 0。

x2）主动屏蔽线圈——作用力：2。这里我们计算 2 个子线圈之间的引力。将 2 个线圈建模为相同的环线圈：直径 1.227 m，匝数 37，电流 -20 kA。这里 $\rho = 0.554$ m，等于图 9.5 中的 δ_{ab}。

环线圈直径相同 (a)。尽管在这里条件 $\rho(=0.554\ \text{m}) \ll 2a(=2.454\ \text{m})$ 并不能严格满足，我们仍使用式 (3.34) 在 $\rho \ll 2a$ 条件下的简化版本式 (3.39d)。本例中，$N_B I_B = N_A I_A$。

$$F_{zA}(\rho) \simeq \mu_o (N_A I_A)(N_B I_B)\left(\frac{a}{\rho}\right) \tag{3.39d}$$

$$= \mu_0 (N_A I_A)^2 \left(\frac{a}{\rho}\right)$$

$$= (4\pi 10^{-7} \text{ H/ m})\left[(37)(-2\times 10^4 \text{ A})\right]^2 \left(\frac{1.227 \text{ m}}{0.554 \text{ m}}\right) \simeq 1.5 \text{ MN}$$

这和用程序计算得到的 1.6 MN 非常一致[9.3]。

y1）被动屏蔽壳：1。磁屏蔽的另一个选项是被动屏蔽，用铁磁材料（一般是钢）来实现（问题 2.3 和表 2.5）。被动屏蔽相对主动屏蔽的优势通常在于费用，但对于大型、高场磁体，费用优势就没有了。被动屏蔽的另一个常被忽视的优势是其"逆向屏蔽"（reverse shielding）能力，即它还能与主磁体相邻的其他磁体的边缘场对主磁体的影响。被动屏蔽的最大劣势是笨重。

这里，我们考虑一个钢制圆柱筒，尺寸与主动屏蔽线圈一致，即内半径 $a_1 \equiv a_{1as} = 1.203$ m，高 $2b_s = 2a_{1as}$（图 9.5）。假定主超导磁体（$N = 756$，$I_{op} = 20$ kA）可以建模为偶极矩，其 $B_0 R_e^3$ 由式（v.1）得到（忽略电阻内插磁体），计算圆柱筒的外半径 a_{2as}，使其壁厚能保证钢的磁化 $\mu_0 M_s$ 在 1.25 T 时仍有足够高的 $\left(\frac{\mu}{\mu_0}\right)_{dif} : \left(\frac{\mu}{\mu_0}\right)_{dif} = 180$（表 2.5 中的 As-Cast 钢）。

$\left(\frac{\mu}{\mu_0}\right)_{dif} = 180$ 时，我们可以将钢视为理想的，即认为 $\left(\frac{\mu}{\mu_0}\right)_{dif} = \infty$。由于主磁体的所有磁通都从磁体室温孔发出，位于 $r \geq a_{1as}$ 的磁通将在顶部穿入钢制圆柱筒，并在其底部穿出返回磁体室温孔。稍微复杂的是磁体外半径 $a_2 \simeq 0.610$ m 与钢制圆柱筒内半径 $a_{1ps} = 1.203$ m 之间的环形空间的磁通线。

磁通线选择走磁阻最小的路径。因钢的磁阻小于空气，磁通线通过钢。这样，$r = a_2$ 之外的磁通线要么直接垂直进入空气，走过 $b = 0.471$ m 距离后到达中平面（表 9.1），要么首先径向走过 $a_{1ps} - a_2 = 0.593$ m 距离达到钢制圆柱筒上方，然后垂直进入钢，从钢内"无阻"地到达中平面。因为 0.471 m < 0.593 m，所以这些磁通不通过钢内。根据这个判断，我们可以得到一个半径阈值为 r_{th}，超过该值后磁通线将改路通过钢圆柱筒内，该值大概是 $a_{1ps} - b = 0.732$ m。即所有的位于 r_{th} 到 $r = \infty$ 之间的磁通线要通过钢制圆柱筒。于是，中平面上在 r_{th} 到 ∞ 的总磁通 $\Phi\left(\begin{matrix} r_{th} \\ \infty \end{matrix}, z = 0\right)$ 和中平面

上通过钢的磁通 $\Phi_s(z=0)$ 分别由下式给出，其中，$\alpha=\dfrac{a_2}{a_1}$。

$$\Phi\left(\frac{r_{th}}{\infty}, z=0\right) = \frac{1}{2}\left[\frac{\mu_0 a_1^2(1+\alpha^2+\alpha)NI_{op}}{6}\right]\int_{r_{th}}^{\infty}\frac{2\pi r}{r^3}\mathrm{d}r \tag{y1.1a}$$

$$\boldsymbol{\Phi}_z(z=0) = \pi(a_{2ps}^2 - a_{1ps}^2)(\mu_0 M_s) \tag{y1.1b}$$

因为上述 2 个磁通相等，我们有：

$$\frac{\mu_0 a_1^2(1+\alpha^2+\alpha)NI_{op}}{6r_{th}} = (a_{2ps}^2 - a_{1ps}^2)(\mu_0 M_s) \tag{y1.2}$$

在上式中解出 a_{2ps}，得：

$$a_{2ps} = \sqrt{a_{1ps}^2 + \frac{\mu_0\, a_1^2(1+\alpha^2+\alpha)NI_{op}}{6r_{th}(\mu_0\, M_s)}} \tag{y1.3}$$

向式（y1.3）中代入合适的值，计算得：

$$a_{2ps} = \sqrt{(1.203\ \mathrm{m})^2 + \frac{(4\pi\times 10^{-7}\ \mathrm{H/m})(0.305\ \mathrm{m})^2(7)(756)(20\times 10^3\ \mathrm{A})}{6(0.732\ \mathrm{m})(1.25\ \mathrm{T})}}$$

$$= \sqrt{1.447\ \mathrm{m}^2 + 2.254\ \mathrm{m}^2} = 1.942$$

可见，钢制圆柱筒的壁厚 $a_{2ps}-a_{1ps}$ 应为 72 cm。这样的一个高为 2.4 m 的圆柱筒总重量约为 133000 kg（133 吨）。

钢圆柱筒内的磁场主要为轴向（z），同时切向场（这里为 z 向）必须在钢——空气边界连续，所以，磁场可根据 $\dfrac{\mu_0 M_s}{\left(\dfrac{\mu}{\mu_0}\right)_{dif}}$ 得出，即在 $r = a_{1ps} = 1.203$ m 处和 $r = a_{2ps} = $ 1.924 m 处有 $\dfrac{1.25\mathrm{T}}{180} = 0.0069$ T 或 69 Gs。在 $r \simeq 20$ m 处，磁场衰减至不足 1 Gs。根据法向（轴向）的磁通连续性，钢圆柱筒内的向下的 1.25 T 磁通在"回到"磁体中平面后方向变为向上，对超导主磁体产生的 14.52 T 磁场是增强作用。从这个意义上看，被动屏蔽要优于主动屏蔽。

y2）被动屏蔽壳：2。由式（y1.3）可明显看出，钢圆柱壳放的离主磁体越远，要求的壳壁厚越薄。不过，根据被动屏蔽的基本规律，为消除一个给定的偶极矩，如果钢被磁化到同一个水平，所需的钢量与钢屏蔽体所处位置无关。这里，考虑一个比壳 1 大 50% 的壳 2，$a_{1ps}=1.805$ m，高为 3.6 m，计算 a_{2ps}，核验壳 2 的质量是否仍为 133000 kg。

使用和上文相同的依据，我们得到磁通线的新的阈值半径 $r_{th}=a_{1ps}-b=1.805-0.471=1.334$ m。向式（w.3）中代入合适的参数值，计算有：

$$a_{2ps}=\sqrt{(1.805\text{ m})^2+\frac{(4\pi\times10^{-7}\text{ H/m})(0.305\text{ m})^2(7)(756)(20\times10^3\text{ A})}{6(1.334\text{ m})(1.25\text{ T})}}$$

$$=\sqrt{3.258\text{ m}^2+1.237\text{ m}^2}=2.120\text{ m}$$

圆柱壳的厚度 $a_{2ps}-a_{1ps}$ 这时成为 32 cm，比壳 1 薄了 $\frac{1}{2}$，从而壳 2 的总质量为 109000 kg，轻于壳 1。这种差异意味着这种简单的分析方法只对钢屏蔽质量的粗略估计有效。

9.2.3 例9.2B：钢板上的超导线圈

在这个实例中，我们应用铁磁材料制成的球体对磁场屏蔽（问题 2.3）和理想二极磁体的钢扼效应（问题 3.8）中用到的基本规律来研究超导线圈产生的磁场是如何被位于线圈下方的圆形钢板影响的。我们将看到，钢板显著增强了上方的磁场，且几乎消除了钢板下的磁场。与场屏蔽和二极磁体案例一样，钢同样被建模为理想铁磁材料，即 $\frac{\mu}{\mu_0}=\infty$。

图 9.6 给出了置于厚为 δ_{st}、直径很大的圆形钢板上的超导磁体剖面图。z-r 坐标的中心与线圈中心重合。图中的线圈未画出骨架。表 9.3 列出了线圈的参数。

图 9.7 画出了线圈通流 25A 且无钢板时在 $z=0$，5 mm，7.5 mm，10 mm，12.5 mm，15 mm，17.5 mm 和 20 mm 时的 $B_z(z,r)$。

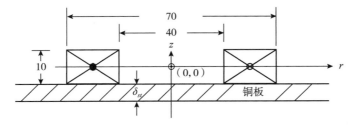

图 9.6 置于钢板上的超导线圈的剖面图。尺寸单位为 mm。

表9.3　线圈参数

参　　数		数　　值
绕组内径（$2a_1$）	［mm］	40
绕组外经（$2a_2$）	［mm］	70
绕组高度（$2b$）	［mm］	10
总匝数（N）		150

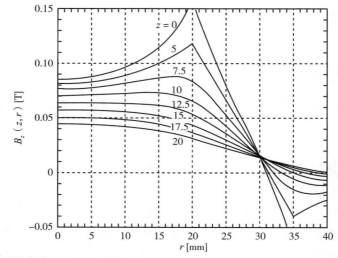

图9.7　线圈通流25A 且无钢板时在 $z=0$，5 mm，7.5 mm，10 mm，12.5 mm，15 mm，17.5 mm 和 20 mm 位置产生的磁场 $B_z(z, r)$。$B_z(0, 20\ \text{mm}) = 0.158\ \text{T}$，$B_z(0, 35\ \text{mm}) = -0.068\ \text{T}$。

复习电感

3.7 节指出，线圈的自感 L 可以由 Φ 和 I 的关系得出：

$$\Phi = LI \tag{3.78}$$

其中，Φ 是电流 I 时的总磁链：

$$\Phi = 2\pi \sum_{j=1}^{N} \int_0^{R_j} r B_z(z_i, r)\, \mathrm{d}r \tag{9.1}$$

式中，R_j 是轴向距离 $z = z_j$ 处的第 j 匝的半径。明显这个积分手工计算起来很麻烦。如今已有大量可以计算电感的程序，手工计算已不再必要。

这里我们针对图 9.6 所给的线圈，通过合并式（3.78）和式（9.1）的简化版本来计算"说得过去精确"的电感值：

$$L \simeq \frac{2N\pi}{I} \int_0^{a_2} B_z(z=0,r) r \mathrm{d}r \qquad (9.2)$$

式（9.1）的被积函数在式（9.2）中由一个仅涉及线圈中平面磁场的简单项 $B_z(0,r)$ 近似。式（9.2）给出了 L 的"上限"，因为并非所有 N 匝都在 $r=a_2$ 交链；实际上一些磁通仅在 a_1 内交链。或许中间点 $\dfrac{(a_1+a_2)}{2}$ 是径向积分限的一个很好的折中。

Q/A 9.2B：钢板上的超导线圈

a）线圈电感。使用式（9.2）和图 9.7 的 $B_z(0,r)$ 图，计算线圈自感（无钢板）。使用 $B_z(0,20\ \mathrm{mm})=0.158\ \mathrm{T}$，$B_z(0,35\ \mathrm{mm})=-0.068\ \mathrm{T}$。

$B_z(0,r)$ 和 $B_z(0,r)r$ 的数据已列于表 9.4。图 9.8 给出了 $B_z(0,r)r$ 与 r 的关系，据此可知 $\int B_z(0,r)r\mathrm{d}r$ 和 Φ 可如下计算：

表 9.4　$B_r(0,\ r)$ 和 $B_z(0,\ r)\ r$

$r\ [\mathrm{mm}]$	$B_z(0,\ r)\ [\mathrm{T}]$	$B_z(0,\ r)\ r\ [\mathrm{T\ mm}]$
0	0.0863	0
5	0.0886	0.443
10	0.0966	0.966
15	0.1150	1.725
20	0.1579	3.158
25	0.0735	1.838
30	0.0221	0.664
35	−0.0678	−2.373

$$\int_0^{a_2} B_z(0,r) r \mathrm{d}r \simeq 38.0\ \mathrm{Tmm}^2 \ (\text{图 9.8 中阴影部分})$$

$$= 3.80 \times 10^{-5}\ \mathrm{Tm}^2$$

$$\Phi = 2\pi(3.80 \times 10^{-5}\ \mathrm{Tm}^2) \simeq 23.9 \times 10^{-5}\ \mathrm{Tm}^2$$

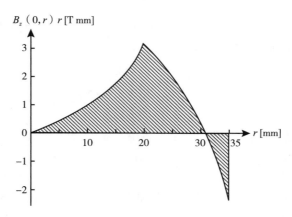

图 9.8　$B_z(0,r)r$ 与 r 的关系。

于是，

$$L = \frac{N\Phi}{I} \simeq \frac{150(23.9 \times 10^{-5}\ \mathrm{Tm}^2)}{25\ \mathrm{A}} \simeq 1.43\ \mathrm{mH}$$

该值比实际值 1.33 mH 大大约 10%。由于 $B_z(0,r)$ 要比 $B_z(z,r)$ 在 $-5 \leqslant z \leqslant 5$ mm 范围内的平均值大，式 9.2 高估了 L。注意，因为 $B_z(0,r)\ r$ 在 $r \simeq 31$ mm 和 a_2 之间的积分值为负，并且它与 $\dfrac{(a_1+a_2)}{2} = 27.5 \sim 31$ mm 的积分值很接近，所以从 0 到 a_2 的积分与从 0 到 $\dfrac{(a_1+a_2)}{2}$（上文提出的更合适的积分限）之间的积分近乎相等。

如 3.7.2 部分讨论的，对于一个参数为 a_1，α，β，N 的螺管，其自感可由下式计算：

$$L = \mu_0\, a_1 N^2 \mathcal{L}(\alpha,\beta) \tag{3.81}$$

其中，$\mathcal{L}(\alpha, \beta)$ 如图 3.14 所示，仅依赖于 α，β。

由表 9.3 可知，$a_1 = 0.02$ m；$\alpha = \dfrac{70}{40} = 1.75$；$\beta = \dfrac{10}{40} = 0.25$；$N = 150$。使用图 3.14 中的 $\mathcal{L}(\alpha, \beta)$，当 $\alpha = 1.75$ 时，在 $\beta = 0.2$ 和 $\beta = 0.4$ 之间做线性插值确定 β，有 $\mathcal{L}(1.75, 0.25) \simeq 2.35$。于是：

$$L \simeq (4\pi \times 10^{-7}\ \mathrm{H/m})(0.02\ \mathrm{m})(150)^2(2.35) = 1.33\ \mathrm{mH}$$

这与实际值完全相同。

b）钢板。现在我们考虑钢板。为了简化问题，首先假定钢板的磁导率无限大，即 $\frac{\mu}{\mu_0} = \infty$。其次，为了模拟钢板对其上方（即 $z \geqslant -5$ mm）磁场的作用，将钢板替换为一个和原线圈完全一样但至于板下的对称位置的虚拟线圈，如图 9.9 所示。

通过证明虚拟线圈满足理想钢板在（$r, z = -5$ mm）处的边界条件，解释位于原线圈正下方的虚拟线圈是如何能模拟理想钢板的效果的。

$\frac{\mu}{\mu_0} = \infty$ 的理想钢板的边界条件是磁场切向分量（此处为轴向）在板表面必须为零，$B_z(z = -5$ mm, $r) = 0$。即磁场必须以垂直钢板表面的形式穿入或传出。与原线圈等同并且置于其正下方的线圈，根据对称性，可以满足 $z = -5$ mm 处（钢板上面的位置）边界条件。

c）钢板的场增强作用。使用图 9.9 中的模型，计算线圈的中心场 $B_z(0,0)$。磁体系统如图 9.6，线圈电流为 25 A。

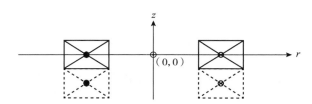

图 9.9　为建模钢板的效应而做的线圈安排。尺寸与图 9.6 一致。与原线圈等同的虚拟线圈置于原线圈正下方，替代 $\frac{\mu}{\mu_0} = \infty$ 的理想钢板。

根据图 9.7，没有钢板时，线圈通流 25 A 产生 $[B_z(0, 0)]_{w/o} \simeq 0.0863$ T。有钢板时，我们必须加入中心位于 $r = 0$ 和 $z = -10$ mm 的虚拟线圈的贡献。

$$[B_z(0,0)]_{with} = [B_z(0,0) + B(z = 10\ \text{mm}, 0)]_{w/o}$$
$$\simeq 0.0863 + 0.0711 \simeq 0.1574\ \text{T}$$

等式右侧的第 2 项是中心位于（$z = -10$ mm, 0）的虚拟线圈对（$z = 0,0$）处磁场的贡献。注意，钢板不足以令上方区域的磁场都翻倍——仅在 $z = -5$ mm 处有这个效果。就像钢板在 $z = -5$ mm 下方区域的磁场翻折到了其上方区域。理想钢板的下方，磁场为 0。

d）钢板厚度。为了确保我们对钢板的 $\frac{\mu}{\mu_0} \gg 1$ 假设有效，需保持钢板磁化 $\mu_0 M_{st}$ 小于 1.25 T。计算所需钢板的最小厚度。

我们采用如下步骤：①假定钢板为理想的，$\frac{\mu}{\mu_0} = \infty$；②由图 9.7，确定 $z = -5$ mm 处的径向位置 $r = r_\pm$，在该处总 B_z（实线圈和虚线圈）的方向改变——在 $0 \leqslant r \leqslant r_\pm$ 区间 B_z 离开钢板，在 $r \geqslant r_\pm$ 区间进入钢板；③确定在 $0 \leqslant r \leqslant r_\pm$ 区间离开钢板的总磁通；④令 $\Phi_r(r = r_\pm)$ 与在钢板 $r = r_\pm$ 处径向总磁通相等。

理想钢板中总的轴向磁场是实线圈 $B_z(-5$ mm, $r)$ 的 2 倍——因为虚线圈给出了等量的贡献。注意，$B_z(-5$ mm$,r) = B_z(5$ mm$,r)$。$2B_z(5$ mm$,r)$ 和 $2B_z(5$ mm$,r)r$ 的值在表 9.5 中给出。$\int 2B_z r dr$ 由图 9.10 给出的 $2B_z(5$ mm$,r)r$ 线得到。

$$\int_0^{r\pm} 2B_z(z = 5 \text{ mm},r)r dr \simeq 7.22 \times 10^{-5} \text{ Tm}^2 \text{（图 9.10）}$$

在 $0 \leqslant r \leqslant r_\pm = 31.56$ mm 区间穿出钢板的总磁通 $\Phi_{r_\pm}$ 于是为：

$$\Phi_{r\pm} = 2\pi(7.22 \times 10^{-5} \text{ Tm}^2) \simeq 45.4 \times 10^{-5} \text{ Tm}^2$$

这个磁通在 $r = r_\pm$ 流入，等于通过钢板的总磁通 Φ_{st}：

$$\Phi_{st} = 2\pi r_\pm \delta_{st}(\mu_0 M_{st}) = \Phi_{r\pm}$$

解出 δ_{st}：

$$\delta_{st} = \frac{\Phi_{r\pm}}{2r_\pm(\mu_0 M_{st})} = \frac{45.4 \times 10^{-5} \text{ Tm}^2}{2\pi(0.03156 \text{ m})(1.25 \text{ T})} \simeq 1.8 \text{ mm}$$

即约 2 mm 厚的钢板应当足够满足要求。在表 2.5 中注意 as-cast 钢在 $\mu_0 M = 1.25$ T 时有 $\left(\frac{\mu}{\mu_0}\right)_{dif} = 180$。

表 9.5　$2B_z(5$ mm$,r)$ 和 $2B_z(5$ mm$,r)r$

r [mm]	$2B_z$ (5mm, r) [T]	$2B_z$ (5mm, r) r [Tmm]
0	0.1640	0
5	0.1675	0.838

续表

$r[\text{mm}]$	$2B_z(5\text{ mm},r)[\text{T}]$	$2B_z(5\text{ mm},r)r[\text{Tmm}]$
10	0.1788	1.788
15	0.2010	3.015
20	0.2377	4.754
25	0.1282	3.205
30	0.0344	1.032
31.56	0	0

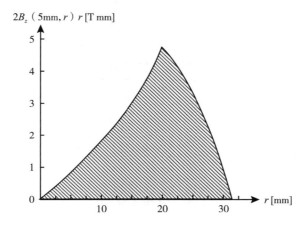

图 9.10　$B_z(5\text{ mm}, r)\ r$ 与 r 的关系。

那么钢板的外径 r_{od} 应当是多少呢？理论上来说应该是无限大——当然这不现实。需要我们做的就是从 $r_{\pm}$ 到 r_{od} 对 $rB_z(r,5\text{ mm})$ 积分，并满足如下条件：

$$\int_{r_{\pm}}^{r_{od}} B_z(r,z=5\text{ mm})r\mathrm{d}r > \sim (0.8)\int_0^{r_{\pm}} B_z(r,z=5\text{ mm})r\mathrm{d}r$$

也就是说，钢板应该至少能捕获内部区域（$0 \leqslant r \leqslant r_{\pm}$）穿出磁通的 80%。为了满足该条件，$r_{od}$ 有约 60 mm 就够了。

9.2.4　例 9.2C：HTS 平板的悬浮

图 9.11 给出了一个厚为 δ_d、半径为 R_d 的 HTS 平板悬浮于磁体之上的系统剖面图。磁体置于钢板上，由线圈 1 和线圈 2 嵌套组成，2 个线圈均无骨架，电流方向相反。HTS 板与磁体和钢板轴向对齐，悬浮高度距磁体中心点 z_{ℓ}，表 9.6 给出了 2 个线圈的参数。

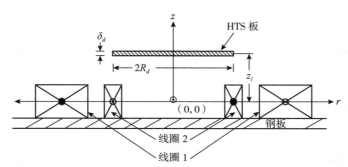

图 9.11 由一个厚为 δ_d、半径为 R_d 的 HTS 板和 2 个嵌套线圈组成的悬浮系统剖面图。线圈 1 和线圈 2 的电流方向相反，均无骨架，置于钢板上。图中尺寸为近似值。

表 9.6 线圈参数

参 数		线圈 1	线圈 2
绕组内径（$2a_1$）	［mm］	40	20
绕组外径（$2a_2$）	［mm］	70	30
绕组高度（$2b$）	［mm］	10	10
总匝数（N_s）		150	50

图 9.12 给出了线圈 1 通流 25 A，线圈 2 通流 −15 A 时，$z=0$ mm，5 mm，7.5 mm，10 mm，12.5 mm，15 mm，17.5 mm，20 mm 处的 $B_z(z,r)$ 与 r 的关系。图 9.13 给出了同样电流下，$r=5$ mm，10 mm，12.5 mm，15 mm，17.5 mm 处的 $B_z(z,r)$ 与 z 的关系。注意，以上均为没有钢板时的情况。

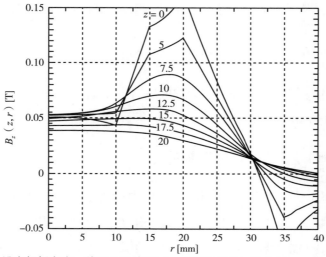

图 9.12 没有钢板存在，线圈 1 通流 25 A，线圈 2 通流 −15 A 时，$z=0$ mm，5 mm，7.5 mm，10 mm，12.5 mm，15 mm，17.5 mm，20 mm 处的 $B_z(z,r)$ 与 r 的关系。

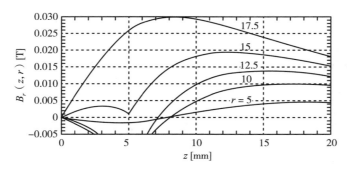

图 9.13　没有钢板存在，线圈 1 通流 25 A，线圈 2 通流 −15A 时，r=5 mm，10 mm，12.5 mm，15 mm，17.5 mm 处的 $B_z(z, r)$ 与 z 的关系。

Q/A 9.2C：　HTS 板的悬浮

a）悬浮力。假定 HTS 板中感应出的超流电流 I_s 限于平板边缘，首先证明将平板悬浮于中心轴上方 z_ℓ 的悬浮力 $F_z(z_\ell)$ 可由下式给出：

$$F_z(z_\ell) = 2\pi R_d I_s B_r(z_\ell, R_d) \tag{9.3a}$$

式中，$B_r(z_\ell, R_d)$ 是在 (z_ℓ, R_d) 处由 2 个线圈产生的径向场。

其次，将平板建模为置于均匀轴向场中的具有相同半径的无限长圆柱，轴向场与比恩临界态场满足 $H_z(z_\ell, R_d) \ll J_c R_d$。给出 $F_z(z_\ell, R_d)$ 对 δ_d 和 $B_z(z_\ell, R_d)$ 的显式依赖关系。

在 $H_z(z_\ell, R_d) \ll J_c R_d$ 条件下（其中，J_c 是板材料的临界电流密度），超流电流 I_s 被限制在厚度为 δ_d 的表面薄层内。假定该表面电流是均匀的且仅限于板边缘。我们可以令悬浮力 $F_z(z_\ell, R_d)$ 与边缘处（$r=R_d$）电流 I_s 上的洛伦兹力相等，其中后者定义为 $2\pi R_d$，I_s 和 $B_r(z_\ell, R_d)$ 之积：

$$F_z(z_\ell) = 2\pi R_d I_s B_r(z_\ell, R_d) \tag{9.3a}$$

根据比恩临界态模型，在 $H_z(z_\ell, R_d) < H_p$（其中，$H_p = J_c R_d$ 为临界态场）时，超流层厚度 δ_s 为：

$$\delta_s = \frac{H_z(z_\ell, R_d)}{J_c} = \frac{1}{J_c}\left[\frac{B_z(z_\ell, R_d)}{\mu_0}\right] \tag{a.1}$$

即板内感应的总超流电流为：

$$I_s = \delta_d \delta_s J_c = \delta_d \left[\frac{B_z(z_\ell, R_d)}{\mu_0} \right] \qquad (a.2)$$

联立式（9.3a）和式（a.2），有：

$$F_z(z_\ell) = 2\pi R_d \delta_d \left[\frac{B_z(z_\ell, R_d) B_r(z_\ell, R_d)}{\mu_0} \right] \qquad (9.3b)$$

式（9.3b）表明，$F_z(z_\ell) \propto B_z(z_\ell, R_d) B_r(z_\ell, R_d)$。即在这个悬浮系统中，可以通过改变 2 个线圈的电流设定悬浮高度[9.5-9.9]。注意，只要满足 $\delta_s \ll R_d$，即在"大" J_c 下，$F_z(z_\ell)$ 与 J_c 无关。

b）YBCO 板。仍假定无钢板，使用图 9.12 和图 9.13 中的 $B_z(z, r)$ 和 $B_r(z, r)$ 以及式（9.3b），计算一个 $R_d = 15$ mm，$\delta_d = 5$ mm 的 YBCO 板，悬浮高度为 $z_\ell = 10$ mm 时的悬浮力 $F_z(z_\ell)$。同时，计算该板的质量，证明在这个高度上，悬浮力可以撑起板的质量。YBCO 的密度：$\rho = 6.4$ g/cm^3。

由图 9.12 和图 9.13 可知，有 $B_z(z = 10$ mm，$r = 15$ mm$) \simeq 0.070$ T 以及 $B_r(z = 10$ mm，$r = 15$ mm$) \simeq 0.0181$ T。于是：

$$F_z(z_\ell) = 2\pi R_d \delta_d \left[\frac{B_z(z_\ell, R_d) B_r(z_\ell, R_d)}{\mu_0} \right] \qquad (9.3b)$$

$$\simeq \frac{2\pi (15 \times 10^{-3} \text{ m})(5 \times 10^{-3} \text{ m})(0.070 \text{ T})(0.0181 \text{ T})}{(4\pi \times 10^{-7} \text{ H/m})}$$

$$\simeq 0.475 \text{ N}(\simeq 48.5 \text{ g})$$

YBCO 板的质量 m_p 为：

$$m_p = \pi R_d^2 \delta_d \rho = \pi (1.5 \text{ cm})^2 (0.5 \text{ cm})(6.4 \text{ g/cm}^3) \simeq 23 \text{ g}$$

可见，即使没有钢板，在 $z_\ell = 10$ mm 处对板的悬浮力也可以撑起 2 倍 YBCO 板的质量。

c）感应超流。继续假定无钢板。同一个 YBCO 板悬浮于 $z_\ell = 10$ mm 处时，计算超流层的厚度 δ_s 并证明 $\delta_s \ll R_d$。计算时取 $J_c = 10^8$ A/m^2。同时计算 I_s。

使用式（a.1），注意 $B_z(z_\ell, R_d) \simeq 0.070$ T，有：

$$\delta_s = \frac{H_z(z_\ell, R_d)}{J_c} = \frac{1}{J_c} \left[\frac{B_z(z_\ell, R_d)}{\mu_0} \right]$$

$$\simeq \frac{(0.070\ \text{T})}{(10^8\ \text{A/m}^2)(4\pi \times 10^{-7}\ \text{H/m})} \simeq 0.56\ \text{mm} \qquad (\text{a.}1)$$

所要求的条件 $\delta_s \ll R_d$ 显然满足。使用式 a.2 的前两式，有：

$$I_s = \delta_d \delta_s J_c$$

$$\simeq (5 \times 10^{-3}\,\text{m})(0.56 \times 10^{-3}\,\text{m})(10^8\ \text{A/m}^2) \simeq 280\ \text{A} \qquad (\text{a.}2)$$

当 YBCO 板置于轴向场 $B_z(R_d, z_\ell) = 0.07$ T 中，板内感应出超流电流 280 A。

d）悬浮刚度。推导 $z = z_\ell$ 处悬浮刚度 k_z 的表达式。计算 $R_d = 15$ mm，$\delta_s = 5$ mm，$z_\ell = 10$ mm 条件下的 k_z。

$z = z_\ell$ 处悬浮刚度为：

$$k_z = -\left. \frac{\partial F_z(z, R_d)}{\partial z} \right|_{z_\ell} \qquad (\text{d.}1)$$

负号表示 $F_z(z, R_d)$ 随 z 减小而增大。联立式（9.3b）和式（d.1），我们有：

$$k_z = -2\pi R_d \delta_d \left\{ \left[\frac{B_r(z_\ell, R_d)}{\mu_0}\right] \left.\frac{\partial B_z(z, R_d)}{\partial z}\right|_{z_\ell} + \left[\frac{B_z(z_\ell, R_d)}{\mu_0}\right] \left.\frac{\partial B_r(z, R_d)}{\partial z}\right|_{z_\ell} \right\} \qquad (9.4)$$

向式（9.4）中代入合适的参数值，有：

$$k_z \simeq -2\pi(15 \times 10^{-3}\ \text{m})(5 \times 10^{-3}\ \text{m}) \times$$

$$\left[\left(\frac{0.0181\ \text{T}}{4\pi \times 10^{-7}\ \text{H/m}}\right)(-5.2\ \text{T/m}) + \left(\frac{0.070\ \text{T}}{4\pi \times 10^{-7}\ \text{H/m}}\right)(1.1\ \text{T/m}) \right]$$

$$= -2\pi(75 \times 10^{-6}\ \text{m}^2)\left(\frac{10^7}{4\pi}\ \text{m/H}\right)(-0.0943\ \text{T}^2/\text{m} + 0.0758\ \text{T}^2/\text{m})$$

$$\simeq 6.9\ \text{N/m}$$

由图 9.12 知，在 $R_d = 15$ mm 和 $z_\ell = 10$ mm 时，$k_z > 0$。于是我们得到，在"小"的轴向位移下，板的悬浮是稳定的。即如果将板往下推，悬浮力会增加。

e）共振频率。YBCO 板悬浮于 $z_\ell = 10$ mm 时，计算其轴向运动的共振频率 ν_z。使用问题 b 得到的 YBCO 板质量，$m_p = 23$ g。

对一个简单的质量（m）——弹簧（k）系统，共振频率 ν 为：

$$\nu = \frac{1}{2\pi}\sqrt{\frac{k}{m}}$$

于是，

$$\nu_z \simeq \frac{1}{2\pi}\sqrt{\frac{(6.9\ \text{N/m})}{(23\times 10^{-3}\ \text{kg})}} \simeq 3\ \text{Hz}$$

当板垂直位移时，在频率为 3 Hz 时会发生共振。

f1) 水平稳定性 1。证明悬浮于 $z_\ell = 10$ mm 的 HTS 板对小水平位移（这里为 x 轴）是稳定的。假设板内感应超流电流限于边缘的一个薄层 δ_s 内。不考虑钢板。

在水平（x 轴）方向，F_x 正比于 I_s 和 B_z 的叉积。考虑如图 9.11 所示的与线圈轴向对齐悬浮的 HTS 板。$F_x(z_\ell,\ R_d)$ 是 $-x$ 方向的，因为 $I_s(z_\ell,\ R_d)$ 是 $-y$ 方向的、$B_z(x=0)$ 是 $+z$ 方向的：$F_x(z_\ell,\ R_d) \propto -I_s(z_\ell,\ R_d)B_z(z_\ell,\ R_d)\ \vec{i}_x$。另外，$F_x(z_\ell,\ -R_d)$ 是 $+x$ 方向的，因为 $I_s(z_\ell,\ R_d)$ 是 $+y$ 方向的、$B_z(z_\ell,\ -R_d)$ 仍是 $+z$ 方向的：$F_x(z_\ell,\ -R_d) \propto +I_s(z_\ell,\ R_d)B_z(z_\ell,\ R_d)\ \vec{i}_x$。因为 $B_z(z_\ell,\ R_d) = B_z(z_\ell,\ -R_d)$，$I_s(z_\ell,\ R_d) = -I_s(z_\ell,\ -R_d)$，我们有：

$$F_x(z_\ell, R_d) + F_x(z_\ell,\ -R_d) \propto -I_s(z_\ell, R_d)B_z(z_\ell, R_d) + I_s(z_\ell,\ -R_d)B_z(z_\ell,\ -R_d)$$
$$= 0$$

即在 $x=0$ 处板中心的净水平力为 0。

现在考虑板在 $+x$ 向的微小位移 Δx，如图 9.14 所示。这时，我们有：

$$F_x(z_\ell, R_d + \Delta x) + F_x(z_\ell,\ -R_d + \Delta x) \propto$$
$$-I_s(R_d + \Delta x)B_z(z_\ell, R_d + \Delta x) + I_s(-R_d + \Delta x)B_z(z_\ell,\ -R_d + \Delta x) \quad \text{(f1.1)}$$

我们可以假设 $I_s(z_\ell,\ R_d + \Delta x) \simeq I_s(z_\ell,\ R_d)$，$I_s(z_\ell,\ -R_d + \Delta x) \simeq I_s(z_\ell,\ -R_d)$。同时，因为 $I_s(z_\ell,\ R_d) = -I_s(z_\ell,\ -R_d)$，式 f1.1 可以简化为：

$$F_x(z_\ell, R_d + \Delta x) + F_x(z_\ell,\ -R_d + \Delta x) \propto$$
$$-I_s(R_d)\left[B_z(z_\ell, R_d + \Delta x) - B_z(z_\ell,\ -R_d + \Delta x)\right] \quad \text{(f1.2)}$$

在图 9.12 中注意，在 $z = 10$ mm(z_ℓ) 和 $R_d = 15$ mm 附近，在"小"Δx 下有 $B_z(z_\ell,\ R_d + \Delta x) > B_z(z_\ell,\ -R_d + \Delta x)$。于是，水平力可令"小"的水平位移复位。注意

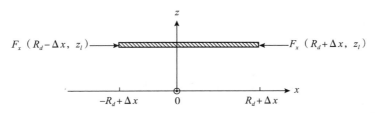

图 9.14　悬浮的 HTS 板在水平向（$+x$）移动 Δx 的剖面图。y 方向为纸面向内。

到图 9.12 中 $z=10$ mm 的峰值出现在 $r \simeq 16.5$ mm，$\dfrac{\partial B_z}{\partial r}$ 随后改变符号。当 $\Delta x > 4$ mm 后，板不再稳定。图 9.12 中对应 $z \geqslant 12.5$ mm 的曲线表明，板在 $z_\ell \simeq 12.5$ mm 时临界稳定，在 $z_\ell > 12.5$ mm 后不稳定。

f2）水平稳定性 2。若水平弹性常数 $k_x \equiv \dfrac{-\partial F_x(z_\ell, r)}{\partial x}$ 在 $r = R_d$ 时为正，则可证明 HTS 板对小的径向位移是稳定的。同时确定在 $z = 10$ mm 和 $x = 15$ mm 时，k_x 和水平方向自然频率 ν_x 的数值。

为了量化 f1 中的分析，考虑作用于最右侧长度 Δy 电流微元上的力 Δf_{x+}：$\Delta f_{x+} = I_s \Delta y B_z(R_d + \Delta x)$。$\Delta f_{x+}$ 被最左侧对应微元上的力 Δf_{x-} 部分平衡：$\Delta f_{x-} = I_s \Delta y B_z(R_d - \Delta x)$。净力微元 $\Delta f_x = \Delta f_{x+} + \Delta f_{x-}$ 为：

$$\Delta f_x(z, R_d) = 2 I_s \Delta y \left. \frac{\partial B_z(z, r)}{\partial r} \right|_{R_d} \Delta x \tag{f2.2}$$

单位电流长度的净力为 $\dfrac{\Delta f_x}{\Delta y}$。如果该力在周向是恒定的，合力 ΔF_x 为 $2 R_d \times \Delta f_x$。

实际上，$\dfrac{\Delta f_x}{\Delta y}$ 在周向按 $\sqrt{1 - \left(\dfrac{r}{R}\right)^2}$ 变化，平均值是峰值的 $\dfrac{\pi}{4}$：

$$\Delta F_x(z, R_d) = \pi R_d I_s \left. \frac{\partial B_z(z, r)}{\partial r} \right|_{R_d} \Delta x \tag{f2.2}$$

于是，k_x 由下式给出：

$$k_x(z, R_d) = \frac{\Delta F_x(z, R_d)}{\Delta x} = \pi R_d I_s \left. \frac{\partial B_z(z, r)}{\partial r} \right|_{R_d}$$

在 $z_\ell = 10$ mm，$R_d = 15$ mm 时，$I_s = 280$ A，$\dfrac{\partial B_z(z_\ell,\ r)}{\partial r} = 1.08$ T/m 时，计算 k_x，有：

$$k_x(z_\ell, R_d) = 2(15 \times 10^{-3} \text{ m})(280 \text{ A})(1.08 \text{ T/m}) \simeq 14.2 \text{ N/m}$$

与 $k_z(z_\ell, R_d)$ 相比，水平刚度 $k_x(z_\ell, R_d)$ 差不多翻倍。

水平方向的自然频率 ν_x 为：

$$\nu_x = \frac{1}{2\pi}\sqrt{\frac{k_x}{m_p}} \tag{f2.4}$$

$$\simeq \frac{1}{2\pi}\sqrt{\frac{14.2\text{N/m}}{(23 \times 10^{-3}\text{kg})}} \simeq 4\text{Hz} \tag{f2.4}$$

这些数值和实测值在同一量级[9.5,9.6]。

g）功率需求。如果用于液化氮的功率可以忽略，就算将铜磁体浸泡运行于一个大气压下的液氮池中也是节能的。计算电流为 25 A 的线圈 1 和电流为 15 A 的线圈 2，在 77.3 K 液氮中运行所需的总功率 $P_T = P_1 + P_2$。假定各线圈的"空间因数" λ 均为 0.785。紫铜在 77 K 时的电阻率为 $\rho_{cd} = 2.5$ nΩ·m。

解：由式（3.112），我们有：

$$P = \rho_{cd} J^2 \lambda a_1^3 2\pi\beta(\alpha^2 - 1) \tag{3.112}$$

$$= \rho_{cd}\frac{(\lambda J)^2}{\lambda} a_1^3 2\pi\beta(\alpha^2 - 1)$$

代入 $\lambda J = \dfrac{NI}{2b(a_2 - a_1)} = \dfrac{NI}{2a_1^2\beta(\alpha - 1)}$，$P$ 成为：

$$P = \frac{\pi\rho_{cd}(NI)^2(\alpha + 1)}{2\lambda a_1\beta(\alpha - 1)} \tag{g.1}$$

对线圈 1，$a_1 = 20 \times 10^{-3}$ m；$\alpha = \dfrac{2a_2}{2a_1} = \dfrac{70 \text{ mm}}{40 \text{ mm}} = 1.75$；$\beta = \dfrac{2b}{2a_1} = \dfrac{10 \text{ mm}}{40 \text{ mm}} = 0.25$。式（g.1）给出：

$$P_1 = \frac{\pi(2.5 \times 10^{-9}\ \Omega \cdot \text{m})(150 \times 25 \text{ A})^2(1.75 + 1)}{2(0.785)(20 \times 10^{-3}\text{ m})(0.25)(1.75 - 1)} \simeq 52 \text{ W}$$

类似地，线圈 2 有：

$$P_2 = \frac{\pi(2.5 \times 10^{-9} \ \Omega \cdot m)(50 \times 15 \ A)^2(1.5 + 1)}{2(0.785)(10 \times 10^{-3} \ m)(0.5)(1.5 - 1)} \simeq 3 \ W$$

于是，2 线圈的总功耗为约 55 W。

h）液氮挥发率。在功耗为 55 W 条件下，计算液氮的近似挥发率 $\dot{Q}_\ell$。

加热功率 P 下的液氮挥发率为：

$$\dot{Q}_\ell = \frac{P}{h_L} \tag{h.1}$$

式中，h_L 为液氮的汽化潜热。由表 4.2 知，$h_L = 161 \ J/cm^3$，式（h.1）给出：

$$\dot{Q}_\ell = \frac{(55 \ W)}{(161 \ J/cm^3)} = 0.34 \ cm^3/s = 1224 \ cm^3/h \sim 1 \ L/h$$

由此可知，本系统长期运行时，需要以约 1 L/h 的速率向磁体的低温容器补充液氮。

我们现在研究图 9.11 中的钢板的影响。为了简化问题，假设钢板磁导率无限大，$\frac{\mu}{\mu_0} = \infty$。为了研究钢板对板上部区域（即 $z \geqslant -5$ mm）的磁场的影响，将钢板替换为与原始线圈组一致、置于原始线圈组正下方的镜像线圈组，如图 9.15 所示。其中，假定各线圈均无骨架。

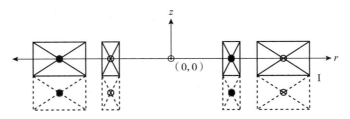

图 9.15　有钢板存在时，图 9.11 建模用到的线圈排列。

i）有钢板。现在我们计算存在理想钢板时，磁场对 $z_\ell = 10$ mm 处板的悬浮力。同样，讨论轴向和径向的稳定性。

无钢板时，由图 9.12 和图 9.13 我们有 $[B_z(z_\ell, R_d)]_{w/o} \simeq 0.070$ T 和 $[B_r(z_\ell, R_d)]_{w/o} \simeq 0.019$ T。有理想钢板时，位于 $z = -10$ mm 的镜像线圈的贡献也必须计入。

$$\left[B_z(z_\ell, R_d)\right]_{with} = \left[B_z(z_\ell, R_d) + B_z(z_\ell + 10.0 \text{ mm}, R_d)\right]_{w/o}$$

$$\simeq (0.070 \text{ T}) + (0.036 \text{ T}) = 0.106 \text{ T}$$

$$\left[B_r(z_\ell, R_d)\right]_{with} = \left[B_r(z_\ell, R_d) + B_r(z_\ell + 10.0 \text{ mm}, R_d)\right]_{w/o}$$

$$\simeq (0.018 \text{ T}) + (0.015 \text{ T}) = 0.033 \text{ T}$$

将上述磁场值代入式（9.3b），得：

$$F_z(z_\ell, R_d) = 2\pi R_d \delta_d \left[\frac{B_z(z_\ell, R_d) B_r(z_\ell, R_d)}{\mu_0}\right] \tag{9.3b}$$

$$\simeq \frac{2\pi(15 \times 10^{-3} \text{ m})(5 \times 10^{-3} \text{ m})(0.106 \text{ T})(0.033 \text{ T})}{(4\pi \times 10^{-7} \text{ H/m})} \simeq 1.31 \text{ N}(\simeq 134 \text{ g})$$

于是，存在理想钢板时，系统产生了一个 6 倍 YBCO 板重量（0.23 N）的悬浮力。即板能够撑起大于 110 g 的载荷。该系统在轴向是稳定的（$k_z \simeq 6.9$ N/m），在水平向也是稳定的（$k_x \simeq 9.1$ N/m）。

9.3 例9.2D：HTS 环磁体

有一种只有 HTS 才可能的磁体设计，它由许多 HTS 块或环形板堆叠而成。图 9.16 给出了示意图，注意，环片磁体既无接头也无端子。

YBCO 和其他稀土类 HTS 块材[9.10-9.14] 实际可制成的 $2a_1$，$2a_2$ 的尺寸分别可达 40~60 mm 和 70~100 mm，这使得采用这种块材环片来开发小型 NMR 磁体具有了现实可行性[9.15]。同时，宽为 40~100 mm 的涂层 YBCO 导体正在开发中[9.16,9.17]，在不久的将来，在宽涂层导体上用模具压制出环片也许是可行的。

典型的块材环片厚度 $\delta_b \sim 10$ mm，薄板环片厚度 $\delta_p \sim 100$ μm，$\delta_f \sim 1$ μm。这样，一个 $2b = 300$ mm 的环片磁体将包括 30 个块材环片或大约 3000 个薄板环片。因为各环片是闭合的，其励磁过程和线绕磁体存在很大的不同——见问题 1.2。

Q/A 9.2D： HTS 环片磁体

a）总（工程）电流密度。假定环片磁体是长的，即 $\beta \gg 1$，计算在 $2a_1 = 50$ mm，$2a_2 = 75$ mm，$2b = 300$ mm 时，产生轴向中心场 $B_0 = 11.74$ T（对应 500 MHz 的 NMR）所需的总体电流密度 λJ（或工程电流密度 J_e）。

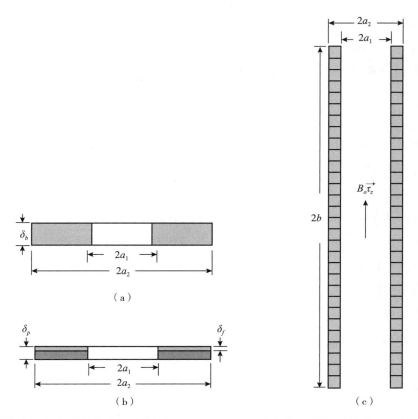

图 9.16　环片及其构成的磁体的剖面示意图，内径均为 $2a_1$，外径均为 $2a_2$。a）厚度
为 δ_b 的块材环片。b）厚度为 δ_p 的薄板环片，其中的超导薄膜厚度为 δ_f。c）高度为 $2b$
的环片磁体，由块材环片或薄板环片堆叠而成。

由于 $\alpha = 1.5$，$\beta = 6$，这个螺管磁体可以视为长的，即磁体中心场 $B_0 = B_z(0,0)$ 可
由式（3.111e）给出：

$$B_z(0,0) = \mu_0 \lambda J a_1(\alpha - 1) \qquad (3.111e)$$

注意，$B_z(0,0)$ 与磁体长度无关，正比于绕组尺度。从式（3.111e）中解出
λJ，得：

$$\lambda J = \frac{B_z(0,0)}{\mu_0 a_1(\alpha - 1)} = \frac{(11.74\ \text{T})}{(4\pi \times 10^{-7}\ \text{H/m})(0.025\ \text{m})(1.5 - 1)} = 7.5 \times 10^8\ \text{A/m}^2$$

b）电流密度要求——块材片与板片对比。讨论块材片和板片的总体（工程）电
流密度。

尽管图 9.16（c）给出的绕组空间完全由块材片或板片填满，但在实际的环片磁体中，相邻片间还有一个薄垫片。这些垫片不仅能加强绕组对磁场力的耐受强度，还能用来调节轴向场分布，只需沿轴向在不同位置采用不同厚度的垫片。

块材片：因为垫片占据不超过总绕组空间的 ~10%，故 $\lambda J \simeq J_c$。其中，J_c 是块材临界电流密度。即块材环片磁体的材料临界电流密度应当不是限制产生 11.74 T（或更大）中心场的因素。

板片：以涂层 YBCO 导体为例，它还复合有其他非超导材料［如缓冲层、基底，其厚度在图 9.16（b）中表示为 $\delta_p - \delta_f$］。δ_p 和 δ_f 的典型值分别是 75~100 μm 和 1 μm。于是，为了实现总体电流密度 $10^8 \sim 10^9$ A/m^2，YBCO 膜的 J_c 必须至少达到 10^{10} A/m^2，该值仅在温度低于 77 K 时才能实现。

c）励磁技术。讨论给一个大型和高场的环片磁体励磁的方法。

通常来讲，改变超导回路围起来的磁通是不可能的，除非部分回路处于正常态——"磁通门"必须要打开。所以，励磁一个超导回路都是不可能（问题 1.2），更遑论一个完全闭合的、保持超导态的回路或超导磁体。

如讨论 7.4 所研究的，励磁"常规的"持续运行模式磁体的一个方法是使用持续电流开关（PCS）。这里所谓的常规，是指用导线绕成的磁体，可以在 PCS 维持一个小的线电阻时用电源励磁。

另一个经常使用的技术是将未励磁且已处于超导态的线绕超导磁体（或块材片）置于一个脉冲磁体的室温孔中。脉冲磁场的快速变化将加热部分或大部分超导磁体，从而允许磁通进入。确保超导磁体得到良好冷却后，能够让磁体回到完全超导态，"捕获"的部分脉冲磁场将成为持续模式的磁场。本技术的缺点是：一是难于精确控制持续模式磁场的水平，因为它很大程度上依赖于加热/冷却条件；二是若用于大型高场磁体，脉冲磁体自身将变得很大很复杂。

为了励磁大型高场环片磁体，直流超导外场是最好的选项。图 9.17 给出了本技术励磁

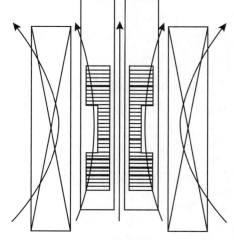

图 9.17 环片磁体在励磁过程的第 2 步之后的示意图。仍处于室温的磁体/低温容器单元置于外部直流超导磁体的室温孔内，暴露于外磁体的磁场中。

环片磁体初始某一步的示意图，这里给出的是无垫片的环片堆叠磁体，中心部分有凹槽（见问题 3.7）。励磁环片磁体的过程有 5 步。

步骤 1：将处于室温的磁体/低温容器单元置于外部 DC 超导磁体的室温孔中。

步骤 2：在环片磁体处于正常态时，将之置于外部磁体产生的磁场中（图 9.17）。图中示意的画出了磁力线。

步骤 3：将环片磁体冷却至完全超导态。因为环片是第 II 类超导体，场线在环片磁体冷却至转变温度的过程中保持基本维持不变。

步骤 4：缓慢将外部磁体放电至 0，这将在各环片中建立起超流分布，反过来它将产生持续模式磁场。这个过程叫作"磁场冷却"。

步骤 5：将磁体/低温容器单元从外部磁体中移出，在其周边安装由钢片组成的场屏蔽设备。步骤 5 之后的总体装配示意图如图 9.18 所示。

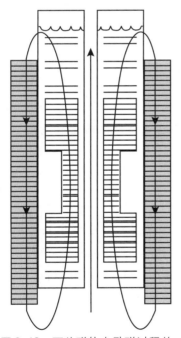

图 9.18　环片磁体在励磁过程的第 5 步之后的示意图。缓慢将外部磁体放电至零将在各环片中建立起超流分布，已冷却并完全超导的环片磁体产生持续模式磁场。由钢片制成的磁场屏蔽体安装于磁体/低温容器单元周围。

d）场屏蔽。我们希望尽量减小磁体外部的边缘场。如图 9.18 所示，环片磁体可以用钢片制成磁场屏蔽体。使用以下参数估算钢环片的外径 D_{so}：钢环片内径 $D_{si} = 225$ mm；$2a_1 = 50$ mm；$2a_2 = 75$ mm；$B_z(0,0) \equiv B_0 = 11.74$ T；$\mu_0 M_s = 1.25$ T。

因为室温孔的轴向磁通基本上全部都通过内径 D_{si}、外径 D_{so} 的钢片屏蔽体，根据磁通守恒，有：

$$\frac{\pi}{3}(a_2^2 + a_2 a_1 + a_1^2)B_0 \simeq \frac{\pi}{4}(D_{so}^2 - D_{si}^2)\mu_0 M_s$$

（d.1）

式中，B_0 是中心场。式（d.1）等号左侧为磁体室温孔内（$\pi B_0 a_1^2$）和 a_1 到 a_2 环形域上的总磁通。其中，$B(r) = \dfrac{B_0(a_2 - r)}{(a_2 - a_1)}$，从 a_1 时的 B_0 线性降至 a_2 时的 0。M_s 是钢的磁化强度，足够低以使其在 $\mu \geq 100\mu_0$ 时有效。将参数值代入式（d.1），我们得：$D_{so} \simeq 296$ mm。

注意，对于这个 $D_{so} \simeq 296$ mm 的环片磁体系

统，钢环片屏蔽体在径向占据大量空间。不过，一个产生了 11.74 T 中心场的屏蔽磁体，其径向尺度仅为 0.15 m，应视为相当紧凑了。

e）垫片。HTS 环片之间的垫片可以满足环片磁体的若干关键要求。描述哪些要求可以满足，并提出合适的垫片材料。

这些要求包括：①机械加强；②热稳定性；③NMR 磁体的场均匀性。

机械加强：以 11.7 T 磁体为例，在内径为 50 mm、外径为 75 mm 的环片中洛伦兹力引起的最大应力 ~270 MPa，这要高于 YBCO 块材的强度，在 HTS 环片间插入高强度垫片可以抗住这个载荷的大部分。一种优异的垫片候选者是高强度 Cu-Ag 合金片[9.18]。它最初用于高场比特磁体，极限强度接近 1000 MPa，杨氏模量 ~150 GPa，和铜的热导率几乎相同。

热性能：在场冷却阶段，外部电磁体放电导致的交流损耗（主要是磁滞损耗）将加热块材[9.19,9.20]。可以通过降低磁场放电速率以限制温升，但最好使用高强度且热导率好的垫片：上文给出的良好机械性能的 Cu/Ag 合金片同时也能满足热性能要求。

场均匀性：通过控制特定轴向位置的垫片的厚度可以实现磁体中心特定的空间场均匀性。这里，仅厚度是重要的。

f）块材与薄板。比较块材环片和薄板环片，给出 2 个选项的优势和劣势，包括制造难易程度。

2 个选项各有优劣，简要描述如下：

块材：如问题 b 中已指出的，块材环片磁体的总体电流密度可以接近材料的临界电流密度 J_c：这是块材的最大优势。当下可用的 HTS 块材片可用于组装建造产生 12 T 或更大磁场的环片磁体。它最大的劣势可能是它的厚度：10 mm，各环片中产生的感应电流分布可能不均匀，令其难于实现既定的场分布。另一个缺点是块材环片的制造，每个盘的中心部分必须被切掉，钻孔过程可能非常耗时并可能损坏环片的超导性能。

板：块材的优势是薄板的劣势，反之亦然。于是，使用薄板环片建造高场的环形磁体，必须进一步提高超导体的 J_c，或进一步增加超导薄膜的厚度，或减少非超导材料的比分。它最大的优势是超导膜的厚度（~1 μm）。相比于块材环片磁体，更易于调节场的空间均匀性。最后，相比于块材片，它可以更容易、进而更便宜地大规模生产：简单地使用模具从宽（例如 100 mm）涂层超导体带上"冲"出来，就像从传送带上移动的薄面团上冲出来曲奇饼干一样。

g）稳定性。简要讨论环片磁体的热稳定性。

环片磁体的运行温度可从 4.2 K（液氦浸泡）到 77 K（液氮浸泡）。因为令环片磁体失超的能量密度远高于能量裕度，故无论环片磁体的运行温度为何，磁体都可抵御系统可能发生的任何扰动而不失超，非常稳定。环形磁体可能过热的唯一窗口是场冷却过程[9.20]。为减小过热，外场必须以尽可能慢的速率下降。

h）保护。简要讨论环片磁体的保护。

环片磁体中的感应电流不是串联的。单个环片可视为一个单匝线圈，仅与相邻的环片存在较大程度的电感耦合。于是，单一环片吸收磁体全部储能的可能性几乎没有。失超只可能缓慢的从一个环片扩展至相邻环片。在最恶劣的情况下，各环片仅被自身及其最邻近环片储存的磁能加热。

i）场的时域稳定性。简要讨论环片磁体的场的时域稳定性。

尽管温度保持不变，当 HTS 盘中最初感应出电流后，由于盘片内的磁通移动会产生能量耗散，电流将会衰减。这个衰减和其他第 II 类超导体（无论 HTS 还是 LTS）线、盘片的情况别无二致。不过，在初始阶段后（可能会持续"较长"时间），如果温度和外场不变，则感应的超流将保持不变。

如果环片磁体的运行温度 $T_{op}(t)$ 随时间变化，但满足 $T_{op}(t)<T_{fc}$（其中，T_{fc} 是场冷却温度），捕获的磁场将保持不变。实验结果确认了 $T_{op}(t)<T_{fc}$ 条件下场的独立性[9.21]；结果还表明，T_{op} 比 T_{fc} 小的越多，感应的超流电流的时不变性越显著。在 $T_{op}(t)<T_{fc}$ 条件下场的不变性最近由基于块材 HTS 盘的飞轮储能系统得到了确认[9.22]。为了让磁场的时不变达到某种程度，比如高分辨率 NMR 磁体所要求的，T_{op} 在实践中应远小于 T_{fc}。

9.4 HTS 磁体

9.4.1 主要应用领域——HTS 和 LTS

一项技术通常要么是使能性的，要么是替代性的。如果技术是使能性的，因为既有技术（或竞争技术）无法提供一种或几种特性，那它就能以价格（通常是市场上最普遍也是最关键的）之外的标准和既有技术竞争。如果是替代性的，该技术通常只能以价格来与既有技术竞争。

表 9.7 列出了 LTS 和 HTS 的应用（主要是磁体），有些应用的成功已被市场证

明，有些仍处于 R&D 阶段。这个表格还列出了精选的参考文献，大部分是 R&D 论文，其中大部分发表在 *IEEE Transactions on Magnetics* 或 *Applied Superconductivity* 上。论文主要是那些报道了完整磁体实验结果的，也选择了一些关于设备的低温、导体、交流损耗、保护等特定设计或运行问题的，几乎没引用那些仅报道了设计、建模或仿真研究的。对于电力应用，给出了几篇综述文章。在出于同一小组的关于设备或其升级版本的大量文章中，仅引用其中的一小部分，通常是几篇早期文章和最新文章，以反映该组的活动。各应用简述如下。

电流引线——LTS 版本和 HTS 版本都获得了商业的成功，精选参考文献见第 4 章。

电力应用——除了聚变磁体，表中的 LTS 磁体在电力的应用均止步于 R&D 阶段。如前所述，从体量的角度看，电力应用很明显为 HTS 提供了最广阔的机会，但同时也带来了困难的挑战。

• 发电和储能　聚变；发电机；超导磁储能（SMES）/飞轮储能　现有 6 个在进行的超导聚变装置在运行或开发，都是 LTS 的。运行的是 Tore Supra, Large Helical Device 和 KSTAR；正在开发的如表所列，按接近完成的程度，为 EAST、Wendelstein 7-X 和 ITER。有一个小装置 LDX，使用了 HTS 磁体。对于发电机和 SMES/飞轮储能，HTS 应用处于 R&D 阶段。

• 配电　限流器；变压器和传输电缆　所有的 HTS 应用都处于 R&D 阶段。

• 用户　电动机　HTS 应用处于 R&D 阶段。

磁悬浮——尽管已有很多磁悬浮的应用，但这里引用的文章仅限于人员运输和电磁发射领域的（多数是分析和设计）。HTS 应用处于 R&D 阶段。

磁分离——基于 LTS 的高梯度磁分离（HGMS）获得了市场上的成功，但限于很小的领域。实际上，只用于高岭土；针对其他材料（包括水净化）的 HGMS 还在攻坚[9.23]。HTS 应用处于 R&D 阶段。和其他列于表 9.7 的市场化的 LTS 系统一样，此处未引 LTS 的论文，只引用了一些基于 HTS 的 R&D 文章。

医用 MRI——HTS 正走向 R&D 阶段[9.28]。

研究用磁体——超导磁体主宰了研究用磁体领域，因为在该领域性能远比费用重要。

• 高能物理　所有的磁体——探测器、二极磁体、四极磁体——都是 LTS 的。HTS 版本处于早期 R&D 阶段。

• 高场直流螺管　LTS/HTS（HTS 作为 LTS 的内插磁体）、所有的 HTS 和无制冷剂 LTS（~10 T 以上）都处于 R&D 阶段。

• NMR/MRI　　所有市场化的磁体都是 LTS 的。高场 LTS/HTS 磁体（NMR）、HTS（MRI）处于早期 R&D 阶段。

硅片处理——LTS 磁体在市场上取得了成功，尽管仅用于硅片制造商。HTS 版本处于 R&D 阶段。

上面列出的成功的超导应用至少 2008 年以前都是基于 LTS 的，运行于液氦温区。如前所述，从体量角度被认为最有价值的电力应用，LTS 已被证明不可能：希望寄托在 HTS 上。

表 9.7　LTS 和 HTS 的应用领域——以磁体为主

应　用	评论［精选参考文献］
电流引线——市场化（LTS；少数 HTS），见第 4 章	
电力—— 一般性综述[9.24-9.29]	
·发电、储能：	LTS[9.30-9.56]；LTS/HTS[9.57-9.58]
聚变	LTS * ~[9.59-9.62]；HTS[9.63-9.74]
发电机	
SMES／飞轮	LTS *[9.75-9.80]；HTS[9.81-9.111]
·配电	—
限流器	LTS *[9.112-9.115]；HTS[9.116-9.151]
变压器	LTS *[9.152-9.156]；HTS[9.157-9.171]
输电	LTS *[9.172-9.179]；HTS[9.180-9.201]
·用户：电机	LTS *[9.202-9.204]；HTS[9.205-9.233]
磁悬浮列车	LTS *[9.234-9.247]；HTS[9.248-9.258]
磁分离	LTS（市场化）；HTS[9.259-9.267]
医疗 MRI	LTS（市场化）
研究用磁体	—
高能物理	LTS *[9.268-9.336]；HTS[9.337-9.341]
高场直流螺管†	LTS（市场化）；LTS/HTS& HTS‡[9.342-9.369]
NMR/MRI§	LTS（市场化）；LTS/HTS& HTS[9.370-9.385]
硅晶片处理	LTS（市场化）；HTS[9.386]

* 出于对历史的兴趣，列出了早期的（上溯至 20 世纪 80 年代中期，不含 MAGLEV 和高能物理）文章；其他仅包括分析、概念、设计、综述、计划、项目或状态。

† 混合磁体相关论文未列出（见第 3 章参考文献）；列出了部分无制冷剂 LTS 磁体（高于~10 T）的最新文章。

‡ 也包括了低场 HTS 磁体。

§ 代表性 LTS 磁体的文章在此列出。

9.4.2 HTS 磁体展望

HTS 有两类市场化的应用，一类属于 LTS 失败的或者 LTS 从未开拓的，HTS 相比 LTS 最重要的特征——更高的运行温度——能使其在这些旧有的或未开拓的应用中成功。令人惊讶的是，成功的关键可能不是那么引人注目的技术优势，而是更容易实现的远高于 4.2 K 的运行温度。此类应用，临界温度分别为 93K 和 >100 K 的 YBCO 和 BSCCO 将优于 MgB_2(39 K)。

另一类是那些业已被 LTS 占领的领域。对于这一类应用，HTS 是 LTS 的替代者。它的成功于不可能是来源于它突出的使能性特征，而是对任何替代者都极为清晰的标准：HTS 必须和 LTS 在价格上正面竞争。现在看起来，MgB_2 要比 BSCCO 和 YBCO 更适合。

低温系统的运行成本必然会随工作温度提高而降低，但对低温技术的首要挑战是更少烦扰（less intrusive），而不是强调因更高工作温度而提高的效率。当然，正如在讨论 7.5 中所研究的那样，在存在交流损耗的应用中，如果超导版本优于对应室温版本，则低温系统的效率将成为关键的或甚至决定性的因素。对市场具有重要意义的磁体，同样重要的还有机械完整性、稳定性、保护和导体规格。在这些问题方面，正如我们所研究的那样，工作温度提高的影响虽然复杂且相互交织，但似乎更利于 HTS 磁体。

9.5 结语

本书第二版与第一版一样，介绍并讨论了 LTS 和 HTS 磁体设计和运行的关键问题，并在适当时候强调了 HTS 磁体相关的问题。读者应该已经获得了更多的理解和认识，即更高的工作温度并不一定能让磁体设计师的工作更容易。最后，希望第二版将成为超导磁体设计师、经验丰富的专家、刚刚进入本专业领域的工作者以及研究生的必备参考。

参考文献

［9.1］ John R. Miller and Tom Painter（SCH presentations，April and August 2005）.

［9.2］ Andrey V. Gavrilin（SCH presentation，April 2005）.

［9.3］ Mark D. Bird（SCH presentation, August 2005）.

［9.4］ Iain Dixson（SCH presentation, August 2005）.

［9.5］ Yukikazu Iwasa and Haigun Lee, "'Electromaglev' —magnetic levitation of a superconducting disk with a DC field generated by electromagnets: Part 1 Theoreticaland experimental results on operating modes, lift-to-weight ratio, and suspension stiffness," *Cryogenics* **37**, 807 (1997).

［9.6］ Haigun Lee, Makoto Tsuda, and Yukikazu Iwasa, "'Electromaglev' 'active-maglev' —magnetic levitation of a superconducting disk with a DC field generated by electromagnets: Part 2 Theoretical and experimental results on lift-to-weight ratio and stiffness," *Cryogenics* **38**, 419 (1998).

［9.7］ Makoto Tsuda, Haigun Lee, So Noguchi, and Yukikazu Iwasa, "'Electromaglev' ('active-maglev') — magnetic levitation of a superconducting disk with a DC field generated by electromagnets: Part 4 Theoretical and experimental results on supercurrent distributions in field-cooled YBCO disks," *Cryogenics* **39**, 893 (1999).

［9.8］ Y. Iwasa, H. Lee, M. Tsuda, M. Murakami, T. Miyamoto, K. Sawa, K. Nishi, H. Fujimoto, and K. Nagashima, "Electromaglev—levitation data for single and multiple bulk YBCO disks," *IEEE Trans. Appl. Supercond.* **9**, 984 (1999).

［9.9］ Stephen Hawking, *A Brief History of Time* (Bantam Books, New York, 1988).

［9.10］ S. Jin, T. H. Tiefel, R. C. Sherwood, M. E. Davis, P. B. van Dover, G. W. Kammlott, R. A. Fastnacht, and H. D. Keith, "High critical currents in Y-Ba-Cu-O superconductors," *Appl. Phys. Lett.* **52**, 2074 (1988).

［9.11］ K. Salama, V. Selvamanickam, L. Gao, and K. Sun, "High current density in bulk YBa2Cu3Ox superconductor," *Appl. Phys. Lett.* **54**, 2352 (1989).

［9.12］ S. Gotoh, M. Murakami, H. Fujimoto, and N. Koshizuka, "Magnetic properties of superconducting YBa2Cu3Ox permanent magnets prepared by the melt process," *J. Appl. Phys.* **6**, 2404 (1992).

［9.13］ N. Sakai, K. Ogasawara, K. Inoue, D. Ishihara, and M. Murakami, "Fabrication of melt-processed RE-Ba-Cu-O bulk superconductors with high densities," *IEEE Trans. Appl. Supercond.* **11**, 3509 (2001).

［9.14］ Masaru Tomita and Masato Murakami, "High-temperature superconductor bulk magnets that can trap magnetic fields of over 17 tesla at 29 K," *Nature* **421**, 517

（2003）.

［9.15］ Yukikazu Iwasa, Seung-yong Hahn, Masaru Tomita, Haigun Lee, and Juan Bascunan, "A 'persistent-mode' magnet comprised of YBCO annuli," *IEEE Trans. Appl. Superconduc.* **15**, 2352 (2005).

［9.16］ M. Konishi, S. Hahakura, K. Ohmatsu, K. Hayashi, K. Yasuda, "HoBCO thin films for SN transition type fault current limiter," *Physica C* **412-414**, 1056 (2004).

［9.17］ Marty Rupitch (personal communication, 2007).

［9.18］ Y. Sakai, K. Inoue, T. Asano, and H. Maeda, "Development of a high strength, high conductivity copper-silver alloy for pulsed magnets," *IEEE Trans. Magn.* **28**, 888 (1992).

［9.19］ H. Fujishiro and S. Kobayashi, "Thermal conductivity, thermal diffusivity and thermoelectric power in Sam-based bulk superconductors," *IEEE Trans. Appl. Supercond.* **12**, 1124 (2002).

［9.20］ Hiroyuki Fujishiro, Tetsuo Oka, Kazuya Yokoyama, Masahiko Kaneyama, and Koshichi Noto, "Flux motion studies by means of temperature measurement in magnetizing processes for HTSC bulks," *IEEE Trans. Appl. Supercond.* **14**, 1054 (2004).

［9.21］ K. Okuno, K. Sawa and Y. Iwasa, "Performance of the HTS bulk magnet in cryocooler system with cyclic temperature variation," Physica C: Supercond. 426-431, 809 (2005).

［9.22］ N. Koshizuka, "R&D of superconducting bearing technologies for flywheel energy storage systems," *Advances in Superconductivity XVIII* (Elsevier, 2006), 1103.

［9.23］ Christopher Rey (private communication, 2007).

9.7 引用的论文：电力

一般性综述

［9.24］ Mario Rabinowitz, "The Electric Power Research Institute's role in applying superconductivity to future utility systems," *IEEE Trans. Magn.* **MAG-11**, 105 (1975).

［9.25］ Paul M. Grant "Superconductivity and electric power: promises, promises... past, present and future," *IEEE Trans. Appl. Superconduc.* **7**, 112 (1997).

［9.26］ William V. Hassenzahl, "Superconductivity, an enabling technology for 21st century power systems?," *IEEE Trans. Appl. Superconduc.* **11**, 1447 (2001).

［9.27］ Donald U. Gubser, "Superconductivity: an emerging power-dense energy-efficient technology," *IEEE Trans. Appl. Superconduc.* **14**, 2037（2004）.

［9.28］Osami Tsukamoto, "Roads for HTS power applications to go into the real world：cost issues and technical issues," *Cryogenics* **45**, 3（2005）.

［9.29］Alex P. Malozemoff, "The new generation of superconductor equipment for the electric power grid," *IEEE Trans. Appl. Superconduc.* **16**, 54（2006）.

聚变——Tore Supra

［9.30］B. Turck, "Six years of operating experience with Tore Supra, the largest Tokamak with superconducting coils," *IEEE Trans. Magn.* **32**, 2264（1996）.

［9.31］J. L. Duchateau and B. Turck, "Application of superfluid helium cooling techniques to the toroidal field systems of tokamaks," *IEEE Trans. Appl. Superconduc.* **9**, 157（1999）.

聚变——Large Helical Device（LHD）

［9.32］T. Satow, N. Yanagi, S. Imagawa, H. Tamura, K. Takahata, T. Mito, H. Chikaraishi, S. Yamada, A. Nishimura, R. Maekawa, A. Iwamoto, N. Inoue, Y. Nakamura, K. Watanabe, H. Yamada, A. Komori, I. Ohtake, M. Iima, S. Satoh, O. Motojima, and LHD Group, "Completion and trial operation of the superconducting magnets for the Large Helical Device," *IEEE Trans. Appl. Superconduc.* **9**, 1008（1999）.

［9.33］S. Imagawa, N. Yanagi, H. Sekiguchi, T. Mito, and O. Motojima, "Performance ofthe helical coil for the Large Helical Device in six years' operation," *IEEE Trans. Appl. Superconduc.* **14**, 629（2004）.

［9.34］S. Imagawa, T. Obana, S. Hamaguchi, N. Yanagi, T. Mito, S. Moriuchi, H. Sekiguchi, K. Ooba, T. Okamura, A. Komori, and O. Motojima, "Results of the excitation test of the LHD helical coils cooled by subcooled helium," *IEEE Trans. Appl. Superconduc.* **18**, 455（2008）.

聚变——EAST

［9.35］Peide Weng, Qiuliang Wang, Ping Yuan, Qiaogen Zhou, and Zian Zhu, "Recent development of magnet technology in China：Large devices for fusion and other applications," *IEEE Trans. Appl. Superconduc.* **16**, 731（2006）.

表 9.7 引用的论文：聚变

聚变——KSTAR

［9.36］W. Chung, Y. B. Chang, J. H. Kim, J. S. Kim, K. Kim, M. K. Kim, S. B. Kim,

Y. J. Kim, S. I. Lee, S. Y. Lee, Y. H. Lee, H. Park, K. R. Park, C. Winter, C. S. Yoon, and KSTAR Magnet Team, "The test facility for the KSTAR superconducting magnets at SAIT," *IEEE Trans. Appl. Superconduc.* **10**, 645 (2000).

[9.37] K. Park, W. Chung, S. Baek, B. Lim, S. J. Lee, H. Park, Y. Chu, S. Lee, K. P. Kim, J. Joo, K. Lee, D. Lee, S. Ahn, Y. K. Oh, K. Kim, J. S. Bak, and G. S. Lee, "Status of the KSTAR PF6 and PF7 coil development," *IEEE Trans. Appl. Superconduc.* **15**, 1375 (2005).

[9.38] S. H. Park, W. Chung, H. J. Lee, W. S. Han, K. M. Moon, W. W. Park, J. S. Kim, H. Yonekawa, Y. Chu, K. W. Cho, K. R. Park, W. C. Kim, Y. K. Oh, and J. S. Bak, "Stability of superconducting magnet for KSTAR," *IEEE Trans. Appl. Superconduc.* **18**, 447 (2008).

聚变——Wendelstein 7-X (W7-X)

[9.39] T. Schild, D. Bouziat, Ph. Bredy, G. Dispau, A. Donati, Ph. Fazilleau, L. Genini, M. Jacquemet, B. Levesy, F. Molini'e, J. Sapper, C. Walter, M. Wanner, and L. Wegener, "Overview of a new test facility for the W7X coils acceptance tests," *IEEETrans. Appl. Superconduc.* **12**, 639 (2002).

[9.40] L. Wegener, W. Gardebrecht, R. Holzthum, N. Jaksic, F. Kerl, J. Sapper, andM. Wanner, "Status of the construction of the W7-X magnet system," *IEEE Trans. Appl. Superconduc.* **12**, 653 (2002).

[9.41] Juergen Baldzuhn, Hartmut Ehmler, Laurent Genini, Kerstan Hertel, Alf Hoelting, Carlo Sborchia, and Thierry Schild, "Cold tests of the superconducting coils for the Stellarator W7-X," *IEEE Trans. Appl. Superconduc.* **18**, 509 (2008).

聚变——ITER

[9.42] C. D. Henning and J. R. Miller, "Magnet systems for the International Thermonuclear Experimental Reactor," *IEEE Trans. Magn.* **MAG-25**, 1469 (1989).

[9.43] D. Bruce Montgomery, Richard J. Thome, "US perspective on the ITER magnetics R and D program," *IEEE Trans. Appl. Superconduc.* **3**, 342 (1993).

[9.44] S. Shimamoto, K. Hamada, T. Kato, H. Nakajima, T. Isono, T. Hiyama, M. Oshikiri, K. Kawano, M. Sugimoto, N. Koizumi, K. Nunoya, S. Seki, H. Hanawa, H. Wakabayashi, K. Nishida, T. Honda, H. Matsui, Y. Uno, K. Takano, T. Ando, M. Nishi, Y. Takahashi, S. Sekiguchi, T. Ohuchi, F. Tajiri, J. Okayama, Y. Takaya, T. Kawasaki, K. Imahashi, K. Ohtsu, and H. Tsuji, "Construction of ITER common test facility for CS model coil," *IEEE Trans. Magn.* **32**, 3049 (1996).

［9.45］ A. della Corte, M. V. Ricci, M. Spadoni, G. Bevilacqua, R. K. Maix, E. Salpietro, H. Krauth, M. Thoener, S. Conti, R. Garre, S. Rossi, A. Laurenti, P. Gagliardi, and N. Valle, "EU conductor development for ITER CS and TF Model Coils," *IEEE Trans. Appl. Superconduc.* **7**, 763 (1997).

［9.46］ Arend Nijhuis, Niels H. W. Noordman, Oleg Shevchenko, Herman H. J. ten Kate, Neil Mitchell, "Electromagnetic and mechanical characterisation of ITER CS-MC conductors affected by transverse cyclic loading. Ⅲ. Mechanical properties," *IEEETrans. Appl. Superconduc.* **9**, 165 (1999).

［9.47］ D. Ciazynski, P. Decool, M. Rubino, J. M. Verger, N. Valle, R. Maix, "Fabrication of the first European full-size joint sample for ITER," *IEEE Trans. Appl. Superconduc.* **9**, 648 (1999).

［9.48］ D. Bessette, N. Mitchell, E. Zapretilina, and H. Takigami, "Conductors of the ITER magnets," *IEEE Trans. Appl. Superconduc.* **11**, 1550 (2001).

［9.49］ A. M. Fuchs, B. Blau, P. Bruzzone, G. Vecsey, M. Vogel, "Facility status and results on ITER full-size conductor tests in SULTAN," *IEEE Trans. Appl. Superconduc.* **11**, 2022 (2001).

［9.50］ T. Ando, T. Isono, T. Kato, N. Koizumi, K. Okuno, K. Matsui, N. Martovetsky, Y. Nunoya, M. Ricci, Y. Takahashi, and H. Tsuji, "Pulsed operation test results of the ITER-CS model coil and CS insert," *IEEE Trans. Appl. Superconduc.* **12**, 496 (2002).

［9.51］ N. Cheverev, V. Glukhikh, O. Filatov, V. Belykov, V. Muratov, S. Egorov, I. Rodin, A. Malkov, M. Sukhanova, S. Gavrilov, V. Krylov, B. Mudugin, N. Bondarchouk, V. Yakubovsky, A. Cherdakov, M. Mikhailov, Yu. Konstantinov, Yu. Sokolov, G. Yakovleva, S. Peregudov, P. Chaika, V. Sytnikov, A. Rychagov, A. Taran, A. Shikov, V. Pantcyrny, A. Vorobieva, E. Dergunova, I. Abdukhanov, K. Mareev, and N. Grysnov, "ITER TF conductor insert coil manufacture," *IEEE Trans. Appl. Superconduc.* **11**, 548 (2002).

［9.52］ R. Heller, D. Ciazynski, J. L. Duchateau, V. Marchese, L. Savoldi-Richard, and R. Zanino, "Evaluation of the current sharing temperature of the ITER Toroidal Field model coil," *IEEE Trans. Appl. Superconduc.* **13**, 1447 (2003).

［9.53］ Kiyoshi Okuno, Hideo Nakajima, and Norikiyo Koizumi, "From CS and TF model coils to ITER: lessons learnt and further progress," *IEEE Trans. Appl. Superconduc.*

16, 850（2006）.

［9.54］L. Chiesa, M. Takayasu, J. V. Minervini, C. Gung, P. C. Michael, V. Fishman, andP. H. Titus, "Experimental studies of transverse stress effects on the critical current of a Sub-Sized Nb$_3$Sn superconducting cable," *IEEE Trans. Appl. Superconduc.* **17**, 1386（2007）.

［9.55］P. Bruzzone, B. Stepanov, R. Wesche, E. Salpietro, A. Vostner, K. Okuno, T. Isono, Y. Takahashi, Hyoung Chan Kim, Keeman Kim, A. K. Shikov, and V. E. Sytnikov, "Results of a new generation of ITER TF conductor samples in SULTAN," *IEEE Trans. Appl. Superconduc.* **18**, 459（2008）.

［9.56］K. Seo, A. Nishimura, Y. Hishinuma, K. Nakamura, T. Takao, G. Nishijima, K. Watanabe, and K. Katagiri, "Mitigation of critical current degradation in mechanically loaded Nb$_3$Sn superconducting multi-strand cable," *IEEE Trans. Appl. Superconduc.* **18**, 491（2008）.

聚变——LDX ［LTS/HTS］

［9.57］Philip C. Michael, Alexander Zhukovsky, Bradford A. Smith, Joel H. Schultz, AlexiRadovinsky, Joseph V. Minervini, K. Peter Hwang, and Gregory J. Naumovich, "Fabrication and test of the LDX levitation coil," *IEEE Trans. Appl. Superconduc.* **13**, 1620（2003）.

［9.58］Philip C. Michael, Darren T. Garnier, Alexi Radovinsky, Igor Rodin, VladimirIvkin, Michael E. Mauel, Valery Korsunsky, Sergey Egorov, Alex Zhukovsky, andJay Kesner, "Quench detection for the Levitated Dipole Experiment（LDX）charging coil," *IEEE Trans. Appl. Superconduc.* **17**, 2482（2007）.

发电机 ［LTS］

［9.59］J. L. Smith, Jr., J. L. Kirtley, Jr., P. Thullen, "Superconducting rotating machines," *IEEE Trans. Magn.* **MAG-11**, 128（1975）.

［9.60］C. E. Oberly, "Air Force application of light weight superconducting machinery," *IEEE Trans. Magn.* **MAG-13**, 260（1977）.

［9.61］J. L. Smith, Jr., G. L. Wilson, J. L. Kirtley, Jr., T. A. Keim, "Results from the MITEPRI3-MVA superconducting alternator," *IEEE Trans. Magn.* **MAG-13**, 751（1977）.

［9.62］A. D. Appleton, J. S. H. Ross, J. Bumby, A. J. Mitcham, "Superconducting A. C. generators：Progress on the design of a 1300MW, 3000 rev/min generator,"

IEEETrans. Magn. **MAG-13**, 770（1977）.

发电机［HTS］

［9.63］ P. Tixador, Y. Brunet, P. Vedrine, Y. Laumond, J. L. Sabrie, "Electrical tests on a fully superconducting synchronous machine," *IEEE Trans. Magn.* **27**, 2256（1991）.

［9.64］ T. Suryanarayana, J. L. Bhattacharya, K. S. N. Raju, K. A. Durga Prasad, "Development and performance testing of a 200 kVA damperless superconducting generator," *IEEE Trans. Energy Conversion* **12**, 330（1997）.

［9.65］ Tanzo Nitta, Takao Okada, Yasuyuki Shirai, Takuya Kishida, Yoshihiro Ogawa, Hiroshi Hasegawa, Kouzou Takagi, and Hisakazu Matsumoto, "Experimental studies on power system stability of a superconducting generator with high response excitation," *IEEE Trans. Power Sys.* **12**, 906（1997）.

［9.66］ K. Ueda, R. Shiobara, M. Takahashi, T. Ageta, "Measurement and analysis of 70MW superconducting generator constants," *IEEE Trans. Appl. Superconduc.* **9**, 1193（1999）.

［9.67］ Sung-Hoon Kim, Woo-Seok Kim, Song-yop Hahn and Gueesoo Cha, "Development and test of an HTS induction generator," *IEEE Trans. Magn.* **11**, 1968（2001）.

［9.68］ M. Frank, J. Frauenhofer, P. van Hasselt, W. Nick, H. -W. Neumueller, and G. Nerowski, "Long-term operational experience with first Siemens 400 kW HTS machine in diverse configurations," *IEEE Trans. Appl. Superconduc.* **13**, 2120（2003）.

［9.69］ Paul N. Barnes, Gregory L. Rhoads, Justin C. Tolliver, Michael D. Sumption, and Kevin W. Schmaeman, "Compact, light weight, superconducting power generators," *IEEE Trans. Magn.* **41**, 268（2005）.

［9.70］ Maitham K. Al-Mosawi, C. Beduz, and Y. Yang, "Construction of a 100 kVA high temperature superconducting synchronous generator," *IEEE Trans. Appl. Superconduc.* **15**, 2182（2005）.

［9.71］ S. K. Baik, M. H. Sohn, E. Y. Lee, Y. K. Kwon, Y. S. Jo, T. S. Moon, H. J. Park, andY. C. Kim, "Design considerations for 1 MW class HTS synchronous motor," *IEEETrans. Appl. Superconduc.* **15**, 2202（2005）.

［9.72］ L. Li, T. Zhang, W. Wang, J. Alexander, X. Huang, K. Sivasubramaniam, E. T. Laskaris, J. W. Bray, and J. M. Fogarty, "Quench test of HTS coils for generator application at GE," *IEEE Trans. Appl. Superconduc.* **17**, 1575 (2007).

［9.73］ S. S. Kalsi, D. Madura, G. Snitchler, M. Ross, J. Voccio, and M. Ingram, "Discussion of test results of a superconductor synchronous condenser on a utility grid," *IEEE Trans. Appl. Superconduc.* **17**, 2026 (2007).

［9.74］ Wolfgang Nick, Michael Frank, Gunar Klaus, Joachim Frauenhofer, and Heinz-Werner Neum"uller, "Operational experience with the world's first 3600 rpm 4MVA generator at Siemens," *IEEE Trans. Appl. Superconduc.* **17**, 2030 (2007).

SMES、飞轮储能［LTS］

［9.75］ Roger W. Boom and Harold A. Peterson, "Superconductive energy storage for power systems," *IEEE Trans. Magn.* **MAG-8**, 751 (1972).

［9.76］ J. D. Rogers, H. J. Boenig, J. C. Bronson, D. B. Colyer, W. V. Hassenzahl, R. D. Turner, and R. I. Schermer, "30 - MJ superconducting magnetic energy storage (SMES) unit for stabilizing an electric transmission system," *IEEE Trans. Magn.* **MAG-15**, 820 (1979).

［9.77］ T. Shintomi, M. Masuda, T. Ishikawa, S. Akita, T. Tanaka and H. Kaminosono, "Experimental study of power system stabilization by superconducting magnetic energy storage," *IEEE Trans. Magn.* **MAG-19**, 350 (1983).

［9.78］ T. Onishi, H. Tateishi, K. Komuro, K. Koyama, M. Takeda, T. Ichihara, "Energy transfer experiments between 3MJ and 4MJ pulsed superconducting magnets," *IEEE Trans. Magn.* **MAG-21**, 1107 (1985).

［9.79］ Shinichi Nomura, Koji Kasuya, Norihiro Tanaka, Kenji Tsuboi, Hiroaki Tsutsui, Shunji Tsuji-Iio, and Ryuichi Shimada, "Experimental results of a 7-T forcebalanced helical coil for large-scale SMES," *IEEE Trans. Appl. Superconduc.* **18**, 701 (2008).

［9.80］ A. Kawagoe, S. Tsukuda, F. Sumiyoshi, T. Mito, H. Chikaraishi, T. Baba, M. Yokoto, H. Ogawa, T. Hemmi, R. Abe, A. Nakamura, K. Okumura, A. Kuge, and M. Iwakuma, "AC losses in a conduction-cooled LTS pulse coil with stored energy of 1MJ for UPS-SMES as protection from momentary voltage drops," *IEEE Trans. Appl. Superconduc.* **18**, 789 (2008).

SMES、飞轮储能［HTS］

［9.81］ P. Stoye, G. Fuchs, W. Gawalek, P. G"ornert, A. Gladun, "Static forces in a superconducting magnet bearing," *IEEE Trans. Magn.* **31**, 4220 (1995).

［9.82］ P. Tixador, P. Hiebel, Y. Brunet, X. Chaud, P. Gautier-Picard, "Hybrid superconducting magnetic suspensions," *IEEE Trans. Magn.* **32**, 2578 (1996).

［9.83］ S. S. Kalsi, D. Aized, B. Conner, G. Snitchler, J. Campbell, R. E. Schwall, J. Kellers, Th. Stephanblome, A. Tromm, P. Winn, "HTS SMES magnet design and test results," *IEEE Trans. Appl. Superconduc.* **7**, 971 (1997).

［9.84］ S. Ohashi, S. Tamura, and K. Hirane, "Levitation characteristics of the HTSC permanent magnet hybrid flywheel system," *IEEE Trans. Appl. Superconduc.* **9**, 988 (1999).

［9.85］ Y. Miyagawa, H. Kameno, R. Takahata and H. Ueyama, "A 0.5kWh flywheel energy storage system using a high-Tc superconducting magnetic bearing," *IEEETrans. Appl. Superconduc.* **9**, 996 (1999).

［9.86］ Shigeo Nagaya, Naoji Kashima, Masaharu Minami, Hiroshi Kawashima andShigeru Unisuga, "Study on high temperature superconducting magnetic bearing for 10kWh flywheel energy storage system," *IEEE Trans. Appl. Superconduc.* **11**, 1649 (2001).

［9.87］ J. R. Fang, L. Z. Lin, L. G. Yan, and L. Y. Xiao, "A new flywheel energy storage system using hybrid superconducting magnetic bearings, *IEEE Trans. Appl. Superconduc.* **11**, 1657 (2001).

［9.88］ Yevgeniy Postrekhin, Ki Bui Ma and Wei-Kan Chu, "Drag torque in high Tc superconducting magnetic bearings with multi-piece superconductors in low speed high load applications," *IEEE Trans. Appl. Superconduc.* **11**, 1661 (2001).

［9.89］ Thomas M. Mulcahy, John R. Hull, Kenneth L. Uherka, Robert G. Abboud, JohnJ. Juna, "Test results of 2−kWh flywheel using passive PM and HTS bearings," *IEEE Trans. Appl. Superconduc.* **11**, 1729 (2001).

［9.90］ Amit Rastogi, David Ruiz Alonso, T. A. Coombs, and A. M. Campbell, "Axial and journal bearings for superconducting flywheel systems," *IEEE Trans. Appl. Superconduc.* **13**, 2267 (2003).

［9.91］ Ryousuke Shiraishi, Kazuyuki Demachi, Mitsuru Uesaka, and Ryoichi Takahata, "Numerical and experimental analysis of the rotation speed degradation of superconducting magnetic bearings," *IEEE Trans. Appl. Superconduc.* **13**, 2279 (2003).

［9.92］ Xiaohua Jiang, Xiaoguang Zhu, Zhiguang Cheng, Xiaopeng Ren, and Yeye He, "A 150 kVA/0.3MJ SMES voltage sag compensation system," *IEEE Trans. Appl. Superconduc.* **15**, 574 (2005).

［9.93］C. J. Hawley and S. A. Gower, "Design and preliminary results of a prototype HTS SMES device," *IEEE Trans. Appl. Superconduc.* **15**, 1899（2005）.

［9.94］So Noguchi, Atsushi Ishiyama, S. Akita, H. Kasahara, Y. Tatsuta, and S. Kouso, "An optimal configuration design method for HTS-SMES coils," *IEEE Trans. Appl. Superconduc.* **15**, 1927（2005）.

［9.95］Ji Hoon Kim, Woo-Seok Kim, Song-Yop Hahn, Jae Moon Lee, Myung Hwan Rue, Bo Hyung Cho, Chang Hwan Im, and Hyun Kyo Jung, "Characteristic test of HTS pancake coil modules for small-sized SMES," *IEEE Trans. Appl. Superconduc.* **15**, 1919（2005）.

［9.96］Takumi Ichihara, Koji Matsunaga, Makoto Kita, Izumi Hirabayashi, MasayukiIsono, Makoto Hirose, Keiji Yoshii, Kazuaki Kurihara, Osamu Saito, ShinobuSaito, Masato Murakami, Hirohumi Takabayashi, Mitsutoshi Natsumeda, andNaoki Koshizuka, "Application of superconducting magnetic bearings to a 10kWh-class flywheel energy storage system," *IEEE Trans. Appl. Superconduc.* **15**, 2245（2005）.

［9.97］Y. H. Han, J. R. Hull, S. C. Han, N. H. Jeong, T. H. Sung, and Kwangsoo No, "Design and characteristics of a superconductor bearing," *IEEE Trans. Appl. Superconduc.* **15**, 2249（2005）.

［9.98］T. A. Coombs, I. Samad, D. Ruiz-Alonso, and K. Tadinada, "Superconducting microbearings," *IEEE Trans. Appl. Superconduc.* **15**, 2312（2005）.

［9.99］Qiuliang Wang, Shouseng Song, Yuanzhong Lei, Yingming Dai, Bo Zhang, ChaoWang, Sangil Lee, and Keeman Kim, "Design and fabrication of a conduction cooled high temperature superconducting magnet for 10 kJ superconducting magnetic energy storage system," *IEEE Trans. Appl. Superconduc.* **16**, 570（2006）.

［9.100］H. J. Kim, K. C. Seong, J. W. Cho, J. H. Bae, K. D. Sim, S. Kim, E. V. Lee, K. Ryu, and S. H. Kim, "3 MJ/750 kVA SMES system for improving power quality," *IEEE Trans. Appl. Superconduc.* **16**, 574（2006）.

［9.101］S. Nagaya, N. Hirano, H. Moriguchi, K. Shikimachi, H. Nakabayashi, S. Hanai, J. Inagaki, S. Ioka, and S. Kawashima, "Field test results of the 5MVA SMES system for bridging instantaneous voltage dips," *IEEE Trans. Appl. Superconduc.* **16**, 632（2006）.

［9.102］T. Tosaka, K. Koyanagi, K. Ohsemochi, M. Takahashi, Y. Ishii, M. Ono,

H. Ogata, K. Nakamoto, H. Takigami, S. Nomura, K. Kidoguchi, H. Onoda, N. Hirano, and S. Nagaya, "Excitation tests of prototype HTS coil with Bi2212 cables for development of high energy density SMES," *IEEE Trans. Appl. Superconduc.* **17**, 2010 (2007).

[9.103] M. Strasik, P. E. Johnson, A. C. Day, J. Mittleider, M. D. Higgins, J. Edwards, J. R. Schindler, K. E. McCrary, C. R. McIver, D. Carlson, J. F. Gonder, and J. R. Hull, "Design, fabrication, and test of a 5-kWh/100-kW flywheel energy storage utilizinga high-temperature superconducting bearing, *IEEE Trans. Appl. Superconduc.* **17**, 2133 (2007).

[9.104] Uta Floegel-Delor, Rolf Rothfeld, Dieter Wippich, Bernd Goebel, Thomas Riedel, and Frank N. Werfel, "Fabrication of HTS bearings with ton load performance," *IEEE Trans. Appl. Superconduc.* **17**, 2142 (2007).

[9.105] Keigo Murakami, Mochimitsu Komori, and Hisashi Mitsuda, "Flywheel energy storage system using SMB and PMB," IEEE Trans. Appl. Superconduc. 17, 2146 (2007).

[9.106] Rubens de Andrade, Jr., Guilherme G. Sotelo, Antonio C. Ferreira, Luis G. B. Rolim, Jos'e da Silva Neto, Richard M. Stephan, Walter I. Suemitsu, and RobertoNicolsky, "Flywheel energy storage system description and tests," *IEEE Trans. Appl. Superconduc.* **17**, 2154 (2007).

[9.107] Takeshi Shimizu, Masaki Sueyoshi, Ryo Kawana, Toshihiko Sugiura, and MasatsuguYoshizawa, "Internal resonance of a rotating magnet supported by a high-Tc superconducting bearing," *IEEE Trans. Appl. Superconduc.* **17**, 2166 (2007).

[9.108] T. Suzuki, E. Ito, T. Sakai, S. Koga, M. Murakami, K. Nagashima, Y. Miyazaki, H. Seino, N. Sakai, I. Hirabayashi, K. Sawa, "Temperature dependency of levitation force and its relaxation in HTS," *IEEE Trans. Appl. Superconduc.* **17**, 3020 (2007).

[9.109] Qiuliang Wang, Yinming Dai, Souseng Song, Huaming Wen, Ye Bai, LuguangYan, and Keeman Kim, "A 30 kJ Bi2223 high temperature superconducting magnet for SMES with solid-nitrogen protection," *IEEE Trans. Appl. Superconduc.* **18**, 754 (2008).

[9.110] Liye Xiao, Zikai Wang, Shaotao Dai, Jinye Zhang, Dong Zhang, Zhiyuan Gao, Naihao Song, Fengyuan Zhang, Xi Xu, and Liangzhen Lin, "Fabrication and test of a 1MJ HTS magnet for SMES," *IEEE Trans. Appl. Superconduc.* **18**, 770 (2008).

[9.111] P. Tixador, M. Deleglise, A. Badel, K. Berger, B. Bellin, J. C. Vallier,

A. Allais, andC. E. Bruzek, "First test of a 800 kJ HTS SMES," *IEEE Trans. Appl. Superconduc.* **18**, 774（2008）.

超导限流器［LTS］

［9.112］J. D. Rogers, H. J. Boenig, P. Chowdhuri, R. I. Schermer, J. J. Wollan, and D. M. Weldon, "Superconducting fault current limiter and inductor design," *IEEE Trans. Magn.* **MAG-19**, 1054（1983）.

［9.113］E. Thuries, V. D. Pham, Y. Laumond, T. Verhaege, A. Fevrier, M. Collet, M. Bekhaled, "Towards the superconducting fault current limiter," *IEEE Trans. Power Delivery* **6**, 801（1991）.

［9.114］T. Ishigohka and N. Sasaki, "Fundamental test of new DC superconducting fault current limiter," *IEEE Trans. Magn.* **27**, 2341（1991）.

［9.115］Tsutomu Hoshino and Itsuya Muta, "Load test on superconducting transformer and fault current limiting devices for electric power system," *IEEE Trans. Magn.* **30**, 2018（1994）.

超导限流器［HTS］

［9.116］D. W. A. Willen and J. R. Cave, "Short circuit test performance of inductive high Tc superconducting fault current limiters," *IEEE Trans. Appl. Superconduc.* **5**, 1047（1995）.

［9.117］W. Paul, Th. Baumann, J. Rhyner, F. Platter, "Tests of 100 kW High-Tc superconducting fault current limiter," *IEEE Trans. Appl. Superconduc.* **5**, 1059（1995）.

［9.118］J. Acero, L. Garcia-Tabares, M. Bajko, J. Calero, X. Granados, X. Obradors, S. Pinol, "Current limiter based on melt processed YBCO bulk superconductors," *IEEE Trans. Appl. Superconduc.* **5**, 1071（1995）.

［9.119］H. Kado and M. Ichikawa, "Performance of a high-Tc superconducting fault current limiter 'Design of a 6.6 kV magnetic shielding type superconducting fault current limiter,'" *IEEE Trans. Appl. Superconduc.* **7**, 993（1997）.

［9.120］Minseok Joe and Tae Kuk Ko, "Novel design and operational characteristics of inductive high-Tc superconducting fault current limiter," *IEEE Trans. Appl. Superconduc.* **7**, 1005（1997）.

［9.121］J. X. Jin, S. X. Dou, H. K. Liu, C. Grantham, Z. J. Zeng, Z. Y. Liu, T. R. Blackburn, X. Y. Li, H. L. Liu, J. Y. Liu, "Electrical application of high Tc superconducting saturable magnetic core fault current limiter," *IEEE Trans. Appl. Superconduc.* **7**, 1009（1997）.

［9.122］D. J. Moule, P. D. Evans, T. C. Shields, S. A. L. Foulds, J. P. G. Price, J. S. Abell, "Study of fault current limiter using YBCO thick film material," *IEEE Trans. Appl. Superconduc.* **7**, 1025（1997）.

［9.123］Victor Meerovich, Vladimir Sokolovsky, Shaul Goren, Andrey B. Kozyrev, VitalyN. Osadchy, and Eugene K. Hollmann, "Operation of hybrid current limiter based on high-Tc superconducting thin film," *IEEE Trans. Appl. Superconduc.* **7**, 3783（1997）.

［9.124］B. Gromoll, G. Ries, W. Schmidt, H. −P. Kraemer, B. Seebacher, B. Utz, R. Nies, H. −W. Neumueller, E. Baltzer, S. Fischer, B. Heismann, "Resistive fault current limiters with YBCO films 100 kVA functional model," *IEEE Trans. Appl. Superconduc.* **9**, 656（1999）.

［9.125］K. Tekletsadik, M. P. Saravolac, A. Rowley, "Development of a 7.5MVA superconducting fault current limiter," *IEEE Trans. Appl. Superconduc.* **9**, 672（1999）.

［9.126］X. Granados, X. Obradors, T. Puig, E. Mendoza, V. Gomis, S. Pinol, L. Garc1a-Tabares, J. Calero, "Hybrid superconducting fault current limiter based on bulk melt textured YBa2Cu3O7 ceramic composites," *IEEE Trans. Appl. Superconduc.* **9**, 1308（1999）.

［9.127］E. Leung, B. Burley, N. Chitwood, H. Gurol, G. Miyata, D. Morris, L. Ngyuen, B. O' Hea, D. Paganini, S. Pidcoe, P. Haldar, M. Gardner, D. Peterson, H. Boenig, J. Cooley, Y. Coulter, W. Hults, C. Mielke, E. Roth, J. Smith, S. Ahmed, A. Rodriguez, A. Langhorn, M. Gruszczynski & J. Hoehn, "Design and development of a 15 kV, 20 kA HTS fault current limiter," *IEEE Trans. Appl. Superconduc.* **10**, 832（2000）.

［9.128］Masahiro Takasaki, Shinji Torii, Haruhito Taniguchi, Hiroshi Kubota, Yuki Kudo, Hisahiro Yoshino, Hidehiro Nagamura and Masatoyo Shibuya, "Performance verification of a practical fault current limiter using YBCO thin film," *IEEE Trans. Appl. Superconduc.* **11**, 2499（2001）.

［9.129］T. Janowski, H. D. Stryczewska, S. Kozak, B. Kondratowicz-Kucewicz, G. Wojtasiewicz, J. Kozak, P. Surdacki, and H. Malinowski, "Bi2223 and Bi2212 tubes for small fault current limiters," *IEEE Trans. Appl. Superconduc.* **14**, 851（2004）.

［9.130］Hans-Peter Kraemer, Wolfgang Schmidt, Bernd Utz, BerndWacker, Heinz-WernerNeumueller, Gerd Ahlf, and Rainer Hartig, "Test of a 1 kA superconducting fault current limiter for DC applications," *IEEE Trans. Appl. Superconduc.* **15**, 1986 (2005).

［9. 131］ Louis Antognazza, Michel Decroux, Mathieu Therasse, Markus Abplanalp, and Øystein Fischer, "Test of YBCO thin films based fault current limiters with a newly designed meander," *IEEE Trans. Appl. Superconduc.* **15**, 1990 (2005).

［9. 132］ Min Cheol Ahn, Duck Kweon Bae, Seong Eun Yang, Dong Keun Park, Tae KukKo, Chanjoo Lee, Bok-Yeol Seok, and Ho-Myung Chang, "Manufacture and test of small-scale superconducting fault current limiter by using the bifilar winding of coated conductor," *IEEE Trans. Appl. Superconduc.* **16**, 646 (2006).

［9. 133］ Kazuaki Arai, Hideki Tanaka, Masaya Inaba, Hirohito Arai, Takeshi Ishigohka, Mitsuho Furuse, and Masaichi Umeda, "Test of resonance-type superconducting fault current limiter," *IEEE Trans. Appl. Superconduc.* **16**, 650 (2006).

［9. 134］ T. Yazawa, Y. Ootani, M. Sakai, M. Otsuki, T. Kuriyama, M. Urata, Y. Tokunaga, and K. Inoue, "Design and test results of 66 kV high-Tc superconducting fault current limiter magnet," *IEEE Trans. Appl. Superconduc.* **16**, 683 (2006).

［9. 135］ Manuel R. Osorio, Jos'e A. Lorenzo, Paula Toimil, Gonzalo Ferro, Jos'e A. Veira, and F'elix Vidal, "Inductive superconducting fault current limiters with Y123 thin-film washers versus Bi2223 bulk rings as secondaries," *IEEE Trans. Appl. Superconduc.* **16**, 1937 (2006).

［9. 136］ V. Rozenshtein, A. Friedman, Y. Wolfus, F. Kopansky, E. Perel, Y. Yeshurun, Z. Bar-Haim, Z. Ron, E. Harel, and N. Pundak, "Saturated cores FCL—A new approach," *IEEE Trans. Appl. Superconduc.* **17**, 1756 (2007).

［9. 137］ Ying Xin, Weizhi Gong, Xiaoye Niu, Zhengjian Cao, Jingyin Zhang, Bo Tian, Haixia Xi, Yang Wang, Hui Hong, Yong Zhang, Bo Hou, and Xicheng Yang, "Development of saturated iron core HTS fault current limiters," *IEEE Trans. Appl. Superconduc.* **17**, 1760 (2007).

［9. 138］ Rossella B. Dalessandro, Marco Bocchi, Valerio Rossi, and Luciano F. Martini, "Test results on 500 kVA-class MgB$_2$-based fault current limiter prototypes," *IEEE Trans. Appl. Superconduc.* **17**, 1776 (2007).

［9. 139］ S. I. Kopylov, N. N. Balashov, S. S. Ivanov, A. S. Veselovsky, V. S. Vysotsky, and V. D. Zhemerikin, "The effect of sectioning on superconducting fault current limiter operation," *IEEE Trans. Appl. Superconduc.* **17**, 1799 (2007).

［9.140］ Keisuke Fushiki, Tanzo Nitta, Jumpei Baba, and Kozo Suzuki, "Design and basic test of SFCL of transformer type by use of Ag sheathed BSCCO wire," *IEEE Trans. Appl. Superconduc.* **17**, 1815 (2007).

［9.141］ Hyo-Sang Choi and Sung-Hun Lim, "Operating performance of the flux-lock and the transformer type superconducting fault current limiter using the YBCO thin films," *IEEE Trans. Appl. Superconduc.* **17**, 1823 (2007).

［9.142］ A. Gyore, S. Semperger, V. Tihanyi, I. Vajda, M. R. Gonal, K. P. Muthe, S. C. Kashyap, and D. K. Pandya, "Experimental analysis of different type HTS rings in fault current limiter," *IEEE Trans. Appl. Superconduc.* **17**, 1899 (2007).

［9.143］ Carlos A. Baldan, Carlos Y. Shigue, Jerika S. Lamas, and Ernesto Ruppert Filho, "Test results of a superconducting fault current limiter using YBCO coated conductor," *IEEE Trans. Appl. Superconduc.* **17**, 1903 (2007).

［9.144］ T. Hori, M. Endo, T. Koyama, I. Yamaguchi, K. Kaiho, M. Furuse, and S. Yanabu, "Study of kV class current limiting unit with YBCO thin films," *IEEE Trans. Appl. Superconduc.* **17**, 1986 (2007).

［9.145］ Caihong Zhao, Zikai Wang, Dong Zhang, Jingye Zhang, Xiaoji Du, Wengyong Guo, Liye Xiao, and Liangzhen Lin, "Development and test of a superconducting fault current limiter-magnetic energy storage (SFCL-MES) system," *IEEE Trans. Appl. Superconduc.* **17**, 2014 (2007).

［9.146］ L. F. Li, L. H. Gong, X. D. Xu, J. Z. Lu, Z. Fang, and H. X. Zhang, "Field test and demonstrated operation of 10.5 kV/1.5 kA HTS fault current limiter," *IEEE Trans. Appl. Superconduc.* **17**, 2055 (2007).

［9.147］ A. Usoskin, A. Rutt, B. Prause, R. Dietrich, and P. Tixador, "Coated conductor based FCL with controllable time response," *IEEE Trans. Appl. Superconduc.* **17**, 3475 (2007).

［9.148］ Hyoungku Kang, Chanjoo Lee, Kwanwoo Nam, Yong Soo Yoon, Ho-Myung Chang, Tae Kuk Ko, and Bok-Yeol Seok, "Development of a 13.2 kV/630A (8.3MVA) high temperature superconducting fault current limiter," *IEEE Trans. Appl. Superconduc.* **18**, 624 (2008).

［9.149］ Min Cheol Ahn, Dong Keun Park, Seong Eun Yang, and Tae Kuk Ko, "Impedance characteristics of non-inductive coil wound with two kinds of HTS wire in parallel," *IEEE Trans. Appl. Superconduc.* **18**, 640 (2008).

［9.150］Carlos A. Baldan, Carlos Y. Shigue, and Ernesto Ruppert Filho, "Fault current test of a bifilar Bi2212 bulk coil," *IEEE Trans. Appl. Superconduc.* **18**, 664 (2008).

［9.151］Kei Koyanagi, Takashi Yazawa, Masahiko Takahashi, Michitaka Ono, and Masami Urata, "Design and test results of a fault current limiter coil wound with stacked YBCO tapes," *IEEE Trans. Appl. Superconduc.* **18**, 676 (2008).

变压器［LTS］

［9.152］H. Riemersma, P. W. Eckels, M. L. Barton, J. H. Murphy, D. C. Litz, J. F. Roach, "Application of superconducting technology to power transformers," *IEEE Trans. Power Apparatus and Systems PAS-100*, 3398 (1981).

［9.153］H. H. J. ten Kate, A. H. M. Holtslag, J. Knoben, H. A. Steffens and L. J. M. van de Klundert, "Status report of the three phase 25 kA, 1.5kW thermally switched superconducting rectifier, transformer and switches," *IEEE Trans. Magn.* **MAG-19**, 1059 (1983).

［9.154］Y. Yamamoto, N. Mizukami, T. Ishigohka, K. Ohshima, "A feasibility study on a superconducting power transformer," *IEEE Trans. Magn.* **MAG-22**, 418 (1986).

［9.155］A. Fevrier, J. P. Tavergnier, Y. Laumond, M. Bekhaled, "Preliminary tests on a superconducting power transformer," *IEEE Trans. Magn.* **MAG-24**, 1059 (1988).

［9.156］E. M. W. Leung, R. E. Bailey, M. A. Hilal, "Hybrid pulsed power transformer (HPPT): magnet design and results of verification experiments," *IEEE Trans. Magn.* **MAG-24**, 1508 (1988).

超导变压器［HTS］

［9.157］K. Funaki, M. Iwakuma, M. Takeo, K. Yamafuji, J. Suchiro, M. Hara, M. Konno, Y. Kasagawa, I. Itoh, S. Nose, M. Ueyama, K. Hayashi, and K. Sato, "Preliminary tests of a 500 kVA-class oxide superconducting transformer cooled by subcooled nitrogen," *IEEE Trans. Appl. Superconduc.* **7**, 824 (1997).

［9.158］S. W. Schwenterly, B. W. McConnell, J. A. Demko, A. Fadnek, J. Hsu, F. A. List, M. S. Walker, D. W. Hazelton, F. S. Murray, J. A. Rice, C. M. Trautwein, X. Shi, R. A. Farrell, J. Bascu ~ nan, R. E. Hintz, S. P. Mehta, N. Aversa, J. A. Ebert, B. A. Bednar, D. J. Neder, A. A. McIlheran, P. C. Michel, J. J. Nemec, E. F. Pleva, A. C.

Swenton, W. Swets, R. C. Longsworth, R. C. Johnson, R. H. Jones, J. K. Nelson, R. C. Degeneff, and S. J. Salon, "Performance of a 1 - MVA HTS demonstration transformer," *IEEE Trans. Appl. Superconduc.* **9**, 680 (1999).

[9.159] Maitham K. Al-Mosawi, Carlo Beduz, Yifeng Yang, Mike Webb and Andrew Power, "The effect of flux diverters on AC losses of a 10 kVA high temperature superconducting demonstrator transformer," *IEEE Trans. Appl. Superconduc.* **11**, 2800 (2001).

[9.160] Ho-Myung Chang, Yeon Suk Choi, Steven W. Van Sciver, and Thomas L. Baldwin, "Cryogenic cooling temperature of HTS transformers for compactness and efficiency," *IEEE Trans. Appl. Superconduc.* **13**, 2298 (2003).

[9.161] Z. Jelinek, Z. Timoransky, F. Zizek, H. Piel, F. Chovanec, P. Mozola, L. Jansak, P. Kvitkovic, P. Usak, and M. Polak, "Test results of 14 kVA superconducting transformer with Bi2223/Ag windings," *IEEE Trans. Appl. Superconduc.* **13**, 2310 (2003).

[9.162] P. Tixador, G. Donnier-Valentin, and E. Maher, "Design and construction of a 41 kVA Bi/Y transformer," *IEEE Trans. Appl. Superconduc.* **13**, 2331 (2003).

[9.163] Michael Meinert, Martino Leghissa, Reinhard Schlosser, and Heinz Schmidt, "System test of a 1 - MVA-HTS-transformer connected to a converter-fed drive for rail vehicles," *IEEE Trans. Appl. Superconduc.* **13**, 2348 (2003).

[9.164] T. Bohno, A. Tomioka, M. Imaizumi, Y. Sanuki, T. Yamamoto, Y. Yasukawa, H. Ono, Y. Yagi and K. Iwadate, "Development of 66 kV/6. 9 kV 2MVA prototype HTS power transformer," *Physica C: Superconductivity* **426-431**, 1402 (2005).

[9.165] C. S. Weber, C. T. Reis, D. W. Hazelton, S. W. Schwenterly, M. J. Cole, J. A. Demko, E. F. Pleva, S. Mehta, T. Golner, and N. Aversa, "Design and operational testing of a 5/10-MVA HTS utility power transformer," *IEEE Trans. Appl. Superconduc.* **15**, 2210 (2005).

[9.166] Alessandro Formisano, Fabrizio Marignetti, Raffaele Martone, Giovanni Masullo, Antonio Matrone, Raffaele Quarantiello, and Maurizio Scarano, "Performance evaluation for a HTS transformer," *IEEE Trans. Appl. Superconduc.* **16**, 1501 (2006).

[9.167] H. Okubo, C. Kurupakorn, S. Ito, H. Kojima, N. Hayakawa, F. Endo, and M. Noe, "High-Tc superconducting fault current limiting transformer (HTc-SFCLT) with 2G coated conductors," *IEEE Trans. Appl. Superconduc.* **17**, 1768 (2007).

[9.168] I. Vajda, A. Gyore, S. Semperger, A. E. Baker, E. F. H. Chong, F. J. Mumford,

V. Meerovich, and V. Sokolovsky, "Investigation of high temperature superconducting self-limiting transformer with YBCO cylinder," *IEEE Trans. Appl. Superconduc.* **17**, 1887 (2007).

[9.169] H. Kamijo, H. Hata, H. Fujimoto, A. Inoue, K. Nagashima, K. Ikeda, M. Iwakuma, K. Funaki, Y. Sanuki, A. Tomioka, H. Yamada, K. Uwamori, and S. Yoshida, "Investigation of high temperature superconducting self-limiting transformer with YBCO cylinder," *IEEE Trans. Appl. Superconduc.* **17**, 1927 (2007).

[9.170] S. W. Lee, Y. I. Hwang, H. W. Lim, W. S. Kim, K. D. Choi, and S. Hahn, "Characteristics of a continuous disk winding for large power HTS transformer," *IEEE Trans. Appl. Superconduc.* **17**, 1943 (2007).

[9.171] Yinshun Wang, Xiang Zhao, Junjie Han, Huidong Li, Ying Guan, Qing Bao, Liye Xiao, Liangzhen Lin, Xi Xu, Naihao Song, and Fengyuan Zhang, "Development of a 630 kVA three-phase HTS transformer with amorphous alloy cores," *IEEE Trans. Appl. Superconduc.* **17**, 2051 (2007).

输电 [LTS]

[9.172] R. L. Garwin and J. Matisoo, "Superconducting lines for the transmission of large amounts of electrical power over great distances," *Proc. IEEE* 55, 538 (1967).

[9.173] E. Bochenek, H. Franke, R. Wimmershoff, "Manufacture and initial technical tests of a high-power d. c. cable with superconductors," *IEEE Trans. Magn.* **MAG-11**, 366 (1975).

[9.174] E. B. Forsyth, "Progress at Brookhaven in the design of helium-cooled power transmission systems," *IEEE Trans. Magn.* **MAG-11**, 393 (1975).

[9.175] A. S. Clorfeine, B. C. Belanger, N. P. Laguna, "Recent progress in superconducting transmission," *IEEE Trans. Magn.* **MAG-12**, 915 (1976).

[9.176] I. M. Bortnik, V. L. Karapazuk, V. V. Lavrova, S. I. Lurie, Yu. V. Petrovsky, L. M. Fisher, "Investigations on the development of superconducting DC power transmission lines," *IEEE Trans. Magn.* **MAG-13**, 188 (1977).

[9.177] J. D. Thompson, M. P. Maley, L. R. Newkirk, F. A. Valencia, R. V. Carlson, G. H. Morgan, "Construction and properties of a 1-m long Nb3Ge-based AC superconducting power transmission cable," *IEEE Trans. Magn.* **MAG-17**, 149 (1981).

[9.178] P. Klaudy, I. Gerhold, A. Beck, P. Rohner, E. Scheffler, and G. Ziemke,

"First field trials of a superconducting power cable within the power grid of a public utility," *IEEE Trans. Magn.* **MAG-17**, 153 (1981).

［9.179］ E. B. Forsyth and G. H. Morgan, "Full-power trials of the Brookhaven superconducting power transmission system," *IEEE Trans. Magn.* **MAG-19**, 652 (1983).

输电［HTS］

［9.180］ J. W. Lue, M. S. Lubell, E. C. Jones, J. A. Demko, D. M. Kroeger, P. M. Martin, U. Sinha, and R. L. Hughey, "Test of two prototype high-temperature superconducting transmission cables," *IEEE Trans. Appl. Superconduc.* **7**, 302 (1997).

［9.181］ M. Leghissa, J. Rieger, H. - W. Neum ¨ uller, J. Wiezoreck, F. Schmidt, W. Nick, P. van Hasselt, R. Schroth, "Development of HTS power transmission cables," *IEEE Trans. Appl. Superconduc.* **9**, 406 (1999).

［9.182］ Y. B. Lin, L. Z. Lin, Z. Y. Gao, H. M. Wen, L. Xu, L. Shu, J. Li, L. Y. Xiao, L. Zhou, and G. S. Yuan, "Development of HTS transmission power cable," *IEEE Trans. Appl. Superconduc.* **11**, 2371 (2001).

［9.183］ J. P. Stovall, J. A. Demko, P. W. Fisher, M. J. Gouge, J. W. Lue, U. K. Sinha, J. W. Armstrong, R. L. Hughey, D. Lindsay, and J. C. Tolbert, "Installation and operation of the Southwire 30-meter high-temperature superconducting power cable," *IEEE Trans. Appl. Superconduc.* **11**, 2467 (2001).

［9.184］ D. W. A. Willen, F. Hansen, C. N. Rasmussen, M. D ¨ aumling, O. E. Schuppach, E. Hansen, J. Baerentzen, B. Svarrer-Hansen, Chresten Traeholt, S. K. Olsen, C. Ramussen, E. Veje, K. H. Jensen, J. Østergaard, S. D. Mikkelsen, J. Mortensen, M. Dam-Andersen, "Test results of full-scale HTS cable models and plans for a 36 kV, 2kArms utility demonstration," *IEEE Trans. Appl. Superconduc.* **11**, 2473 (2001).

［9.185］ Jeonwook Cho, Joon-Han Bae, Hae-Jong Kim, Ki-Deok Sim, Ki-Chul Seong, Hyun-Man Jang, and Dong-Wook Kim, "Development and testing of 30 m HTS power transmission cable," *IEEE Trans. Appl. Superconduc.* **15**, 1719 (2005).

［9.186］ Shinichi Mukoyama, Noboru Ishii, Masashi Yagi, Satoru Tanaka, Satoru Maruyama, Osamu Sato, and Akio Kimura, "Manufacturing and installation of the world's longest HTS cable in the Super-ACE project," *IEEE Trans. Appl. Superconduc.* **15**, 1763 (2005).

［9.187］ Ying Xin, Bo Hou, Yanfang Bi, Haixia Xi, Yong Zhang, Anlin Ren,

Xicheng Yang, Zhenghe Han, Songtao Wu, and Huaikuang Ding, "Introduction of China's first live grid installed HTS power cable system," *IEEE Trans. Appl. Superconduc.* **15**, 1814 (2005).

[9.188] Takato Masuda, Hiroyasu Yumura, M. Watanabe, Hiroshi Takigawa, Y. Ashibe, Chizuru Suzawa, H. Ito, Masayuki Hirose, Kenichi Sato, Shigeki Isojima, C. Weber, Ron Lee, and Jon Moscovic, "Fabrication and installation results for Albany HTS cable," *IEEE Trans. Appl. Superconduc.* **17**, 1648 (2007).

[9.189] S. Mukoyama, M. Yagi, M. Ichikawa, S. Torii, T. Takahashi, H. Suzuki, andK. Yasuda, "Experimental results of a 500m HTS power cable field test," *IEEE Trans. Appl. Superconduc.* **17**, 1680 (2007).

[9.190] Victor E. Sytnikov, Vitaly S. Vysotsky, Alexander V. Rychagov, Nelly V. Polyakova, Irlama P. Radchenko, Kirill A. Shutov, Eugeny A. Lobanov, and SergeiS. Fetisov, "The 5m HTS power cable development and test," *IEEE Trans. Appl. Superconduc.* **17**, 1684 (2007).

[9.191] Lauri Rostila, Jorma R. Lehtonen, Mika J. Masti, Risto Mikkonen, Fedor G̈om̈ory, Tibor Mel'1̌ek, Eugen Seiler, Jan ̌Souc, and Alexander I. Usoskin, "AC losses and current sharing in an YBCO cable," *IEEE Trans. Appl. Superconduc.* **17**, 1688 (2007).

[9.192] T. Hamajima, M. Tsuda, T. Yagai, S. Monma, H. Satoh, and K. Shimoyama, "Analysis of AC losses in a tri-axial superconducting cable," *IEEE Trans. Appl. Superconduc.* **17**, 1692 (2007).

[9.193] Daisuke Miyagi, Satoru Iwata, Norio Takahashi, and Shinji Torii, "3D FEM analysis of effect of current distribution on AC loss in shield layers of multi-layered HTS power cable," *IEEE Trans. Appl. Superconduc.* **17**, 1696 (2007).

[9.194] Satoshi Fukui, Takeshi Noguchi, Jun Ogawa, Mitsugi Yamaguchi, Takao Sato, Osami Tsukamoto, and Tomoaki Takao, "Numerical study on AC loss minimization of multi-layer tri-axial HTS cable for 3-phase AC power transmission," *IEEE Trans. Appl. Superconduc.* **17**, 1700 (2007).

[9.195] M. J. Gouge, J. A. Demko, R. C. Duckworth, D. T. Lindsay, C. M. Rey, M. L. Roden, and J. C. Tolbert, "Testing of an HTS power cable made from YBCO tapes," *IEEE Trans. Appl. Superconduc.* **17**, 1708 (2007).

［9.196］Naoyuki Amemiya, Zhenan Jiang, Masaki Nakahata, Masashi Yagi, ShinichiMukoyama, Naoji Kashima, Shigeo Nagaya, and Yuh Shiohara, "AC loss reduction of superconducting power transmission cables composed of coated conductors," *IEEE Trans. Appl. Superconduc.* **17**, 1712 (2007).

［9.197］Makoto Hamabe, Atsushi Sasaki, Tosin S. Famakinwa, Akira Ninomiya, YasuhideIshiguro, and Satarou Yamaguchi, "Cryogenic system for DC superconducting power transmission line," *IEEE Trans. Appl. Superconduc.* **17**, 1722 (2007).

［9.198］H. J. Kim, D. S. Kwag, S. H. Kim, J. W. Cho, and K. C. Seong, "Electrical insulation design and experimental results of a high-temperature superconducting cable," *IEEE Trans. Appl. Superconduc.* **17**, 1743 (2007).

［9.199］J. F. Maguire, F. Schmidt, S. Bratt, T. E. Welsh, J. Yuan, A. Allais, and F. Hamber, "Development and demonstration of a HTS power cable to operate in the Long Island Power Authority transmission grid," *IEEE Trans. Appl. Superconduc.* **17**, 2034 (2007).

［9.200］C. S. Weber, R. Lee, S. Ringo, T. Masuda, H. Yumura, and J. Moscovic, "Testingand demonstration results of the 350m long HTS cable system installed in Albany, NY," *IEEE Trans. Appl. Superconduc.* **17**, 2038 (2007).

［9.201］S. H. Sohn, J. H. Lim, S. W. Yim, O. B. Hyun, H. R. Kim, K. Yatsuka, S. Isojima, T. Masuda, M. Watanabe, H. S. Ryoo, H. S. Yang, D. L. Kim, S. D. Hwang, "The results of installation and preliminary test of 22.9 kV, 50MVA, 100m class HTS power cable system at KEPCO," *IEEE Trans. Appl. Superconduc.* **17**, 2043 (2007).

电动机［LTS］

［9.202］William J. Levedahl, "Superconductive naval propulsion systems," *Proc. 1972 Appl. Superconduc. Conf.* (IEEE Publ. No. 72CH0682-5-TABSC), 26 (1972).

［9.203］Howard O. Stevens, Michael J. Superczynski, Timothy J. Doyle, John H. Harrison, Harry Messinger, "Superconductive machinery for naval ship propulsion," *IEEE Trans. Magn.* **MAG-13**, 269 (1977).

［9.204］R. A. Marshall, "3000 horsepower superconductive field acyclic motor," *IEEE Trans. Magn.* **MAG-19**, 876 (1983).

电动机［HTS］

［9.205］ A. Takeoka, A. Ishikawa, M. Suzuki, K. Niki and Y. Kuwano, "Meissner motor using high-Tc ceramic superconductors," *IEEE Trans. Magn.* **25**, 2511 (1989).

［9.206］ Alan D. Crapo and Jerry D. Lloyd, "Homopolar DC motor and trapped flux brushless DC motor using high temperature superconductor materials," *IEEE Trans. Magn.* **27**, 2244 (1991).

［9.207］ C. H. Joshi, C. B. Prum, R. F. Schiferl, D. L. Driscoll, "Demonstration of two synchronous motors using high temperature superconducting field coils," *IEEE Trans. Appl. Superconduc.* **5**, 968 (1995).

［9.208］ Michael J. Superczynski, Jr. and Donald J. Waltman, "Homopolar motor with high temperature superconductor field windings," *IEEE Trans. Appl. Superconduc.* **7**, 513 (1997).

［9.209］ J. P. Voccio, B. B. Gamble, C. B. Prum, H. J. Picard, "125 HP HTS motor field winding development," *IEEE Trans. Appl. Superconduc.* **7**, 519 (1997).

［9.210］ J. T. Eriksson, R. Mikkonen, J. Paasi, R. Perälä and L. Söderlund, "A (n) HTS synchronous motor at different operating temperatures," *IEEE Trans. Appl. Superconduc.* **7**, 523 (1997).

［9.211］ Drew W. Hazelton, Michael T. Gardner, Joseph A. Rice, Michael S. Walker, Chandra M. Trautwein, Pradeep Haldar, Donald U. Gubser, Michael Superczynski, Donald Waltman, "HTS coils for the Navy's superconducting homopolar motor/generator," *IEEE Trans. Appl. Superconduc.* **7**, 664 (1997).

［9.212］ D. Aized, B. B. Gamble, A. Sidi-Yekhlef, J. P. Voccio, D. I. Driscoll, B. A. Shoykhet, B. X. Zhang, "Status of the 1000 HP HTS motor development," *IEEE Trans. Appl. Superconduc.* **9**, 1201 (1999).

［9.213］ B. Oswald, M. Krone, M. S˙˙oll, T. Straßer, J. Oswald, K. −J. Best, W. Gawalek, L. Kovalev, "Superconducting reluctance motors with YBCO bulk material," *IEEE Trans. Appl. Superconduc.* **9**, 1201 (1999).

［9.214］ P. Tixador, F. Simon, H. Daffix, M. Deleglise, "150 − kW experimental superconducting permanent-magnet motor," *IEEE Trans. Appl. Superconduc.* **9**, 1205 (1999).

［9.215］ John R. Hull, Suvankar SenGupta, and J. R. Gaines, "Trapped-flux internal-dipde superconducting motor/generator," *IEEE Trans. Appl. Superconduc.* **9**, 1229 (1999).

［9.216］Myungkon Song, YongSoo Yoon, WonKap Jang, Taekuk Ko, GyeWon Hong, In-Bae Jang, "The design, manufacture and characteristic experiment of a small scaled high-Tc superconducting synchronous motor," *IEEE Trans. Appl. Superconduc.* **9**, 1241 (1999).

［9.217］L. K. Kovalev, K. V. Ilushin, S. M. −A. Koneev, K. L. Kovalev, V. T. Penkin, V. N. Poltavets, W. Gawalek, T. Habisreuther, B. Oswald, K. − J. Best, "Hysteresis and reluctance electric machines with bulk HTS rotor elements," *IEEE Trans. Appl. Superconduc.* **9**, 1261 (1999).

［9.218］Mochimitsu Komori, Kazunori Fukuda, and Akio Hirashima, "A prototype magnetically levitated stepping motor using high Tc bulk superconductors," *IEEE Trans. Appl. Superconduc.* **10**, 1626 (2000).

［9.219］Young-Sik Jo, Young-Kil Kwon, Myung-Hwan Sohn, Young-Kyoun Kim, Jung-Pyo Hong, "High temperature superconducting synchronous motor," *IEEE Trans. Appl. Superconduc.* **12**, 833 (2002).

［9.220］Woo-Seok Kim, Sang-Yong Jung, Ho-Yong Choi, Hyun-Kyo Jung, Ji Hoon Kim, and Song-Yop Hahn, "Development of a superconducting linear synchronous motor," *IEEE Trans. Appl. Superconduc.* **12**, 842 (2002).

［9.221］M. Frank, J. Frauenhofer, P. van Hasselt, W. Nick, H. −W. Neumueller, and G. Nerowski, "Long-term operational experience with first Siemens 400kW HTS machine in diverse configurations," *IEEE Trans. Appl. Superconduc.* **13**, 2120 (2003).

［9.222］Hun-June Jung, Taketsune Nakamura, Itsuya Muta, and Tsutomu Hoshino, "Characteristics of axial-type HTS motor under different temperature conditions," *IEEE Trans. Appl. Superconduc.* **13**, 2201 (2003).

［9.223］Jungwook Sim, Myungjin Park, Hyoungwoo Lim, Gueesoo Cha, Junkeun Ji, andJikwang Lee, "Test of an induction motor with HTS wire at end ring and bars," *IEEE Trans. Appl. Superconduc.* **13**, 2231 (2003).

［9.224］M. H. Sohn, S. K. Baik, Y. S. Jo, E. Y. Lee, W. S. Kwon, Y. K. Kwon, T. S. Moon, Y. C. Kim, C. H. Cho, and I. Muta, "Performance of high temperature superconducting field coils for a 100 HP motor," *IEEE Trans. Appl. Superconduc.* **14**, 912 (2004).

［9.225］S. D. Chu and S. Torii, "Torque-speed characteristics of superconducting synchronous reluctance motors with DyBCO bulk in the rotor," *IEEE Trans. Appl. Superconduc.* **15**, 2178 (2005).

［9.226］ Hirohisa Matsuzaki, Yousuke Kimura, Eisuke Morita, Hideaki Ogata, Tetsuya Ida, Mitsuru Izumi, Hidehiko Sugimoto, Motohiro Miki, and Masahiro Kitano, "HTS bulk pole-field magnets motor with a multiple rotor cooled by liquid nitrogen," *IEEE Trans. Appl. Superconduc.* **17**, 1553 (2007).

［9.227］ Stephen D. Umans, Boris A. Shoykhet, Joseph K. Zevchek, Christopher M. Rey, and Robert C. Duckworth, "Quench in high-temperature superconducting motor field coils: Experimental results at 30 K," *IEEE Trans. Appl. Superconduc.* **17**, 1561 (2007).

［9.228］ M. Steurer, S. Woodruff, T. Baldwin, H. Boenig, F. Bogdan, T. Fikse, M. Sloderbeck, and G. Snitchler, "Hardware-in-the-loop investigation of rotor heating in a 5MW HTS propulsion motor," *IEEE Trans. Appl. Superconduc.* **17**, 1595 (2007).

［9.229］ Masataka Iwakuma, Akira Tomioka, Masayuki Konno, Yoshiji Hase, ToshihiroSatou, Yoshihiro Iijima, Takashi Saitoh, Yutaka Yamada, Teruo Izumi, and YuhShiohara, "Development of a 15kW motor with a fixed YBCO superconducting field winding," *IEEE Trans. Appl. Superconduc.* **17**, 1607 (2007).

［9.230］ Taesoo Song, Akira Ninomiya, and Takeshi Ishigohka, "Experimental study on induction motor with superconducting secondary conductors," *IEEE Trans. Appl. Superconduc.* **17**, 1611 (2007).

［9.231］ Taketsune Nakamura, Yoshio Ogama, and Hironori Miyake, "Performance of inverter fed HTS induction-synchronous motor operated in liquid nitrogen," *IEEE Trans. Appl. Superconduc.* **17**, 1615 (2007).

［9.232］ J. L'opez, J. Lloberas, R. Maynou, X. Granados, R. Bosch, X. Obradors, andR. Torres, "AC three-phase axial flux motor with magnetized superconductors," *IEEE Trans. Appl. Superconduc.* **17**, 1633 (2007).

［9.233］ Hidehiko Sugimoto, Teppei Tsuda, Takaya Morishita, Yoshinori Hondou, ToshioTakeda, Hiroyuki Togawa, Tomoya Oota, Kazuya Ohmatsu, and Shigeru Yoshida, "Development of an axial flux type PM synchronous motor with the liquid nitrogen cooled HTS armature windings," *IEEE Trans. Appl. Superconduc.* **17**, 1637 (2007).

表 9.7 引用的论文：磁悬浮 ［LTS］

［9.234］ J. R. Powell and G. T. Danby, "Magnetic suspension for levitated tracked vehicles," *Cryogenics* **11**, 192（1971）.

［9.235］ Tadatoshi Yamada, Masatami Iwamoto, and Toshio Ito, "Levitation performance of magnetically suspended high speed trains," *IEEE Trans. Magn.* **MAG-8**, 634（1972）.

［9.236］ H. H. Kolm and R. D. Thorton, "Magneplane: guided electromagnetic flight," IEEE Conf. Record, IEEE Cat. No. 72 CHO-682-5 TABSC, 72（1972）.

［9.237］ H. Coffey, J. Solinsky, J. Colton, and J. Woodbury, "Dynamic performance of the SRI Maglev vehicle," *IEEE Trans. Magn.* **MAG-10**, 451（1974）.

［9.238］ H. Kimura, H. Ogata, S. Sato, R. Saito, and N. Tada, "Superconducting magnet with tube-type cryostat for magnetically suspended train," *IEEE Trans. Magn.* **MAG-10**, 619（1974）.

［9.239］ H. Ichikawa and H. Ogiwara, "Design considerations of superconducting magnets as a Maglev pad," *IEEE Trans. Magn.* **MAG-10**, 1099（1974）.

［9.240］ Y. Iwasa, W. Brown, and C. Wallace, "An operational 1/25 - scale magneplane system with superconducting coils," *IEEE Trans. Magn.* **MAG - 11**, 1490（1975）.

［9.241］ David L. Atherton, Anthony R. Eastham, Boon-Teck Ooi, and O. P. Jain, "Forces and moments for electrodynamic levitation systems—large-scale test results and theory," *IEEE Trans. Magn.* **MAG-14**, 59（1978）.

［9.242］ T. Ohtsuka and Y. Kyotani, "Superconducting maglev tests," *IEEE Trans. Magn.* **MAG-15**, 1416（1979）.

［9.243］ C. G. Homan, C. E. Cummings, and C. M. Fowler, "Superconducting augmented rail gun（SARG）," *IEEE Trans. Magn.* **MAG-22**, 1527（1986）.

［9.244］ Hiroshi Nakashima, "The superconducting magnet for the Maglev transport system," *IEEE Trans. Magn.* **30**, 1572（1994）.

［9.245］ H. Nakao, T. Yamashita, Y. Sanada, S. Yamaji, S. Nakagaki, T. Shudo, M. Takahashi, A. Miura, M. Terai, M. Igarashi, T. Kurihara, K. Tomioka, M. Yamaguchi, "Development of a modified superconducting magnet for Maglev vehicles," *IEEE Trans. Appl. Superconduc.* **9**, 1000（1999）.

［9.246］ Y. Yoshino, A. Iwabuchi, T. Suzuki, and H. Seino, "Property of mechanical heat generation inside the superconducting coil installed in MAGLEV inner vessel," *IEEE*

Trans. Appl. Superconduc. **16**, 1803（2006）.

［9.247］Luguang Yan, "Development and application of the Maglev transportation system," *IEEE Trans. Appl. Superconduc.* **18**, 92（2008）.

表 9.7 引用的论文：磁悬浮 ［HTS］

［9.248］C. E. Oberly, G. Kozlowski, C. E. Gooden, Roger X. Lenard, Asok K. Sarkar, I. Maartense, J. C. Ho, "Principles of application of high temperature superconductors to electromagnetic launch technology," *IEEE Trans. Magn.* **27**, 509（1991）.

［9.249］Kenneth G. Herd, E. Trifon Laskaris, and Paul S. Thompson, "A cryogen-free superconducting magnet for Maglev applications: design and test results," *IEEE Trans. Appl. Superconduc.* **5**, 961（1995）.

［9.250］A. Senba, H. Kitahara, H. Ohsaki and E. Masada, "Characteristics of an electromagnetic levitation system using a bulk superconductor," *IEEE Trans. Magn.* **32**, 5049（1996）.

［9.251］Mitsuyoshi Tsuchiya and Hiroyuki Ohsaki, "Characteristics of electromagnetic force of EMS-type maglev vehicle using bulk superconductors," *IEEE Trans. Magn.* **36**, 3683（2000）.

［9.252］Suyu Wang, Jiasu Wang, Xiaorong Wang, Zhongyou Ren, Youwen Zeng, ChangyanDeng, He Jiang, Min Zhu, Guobin Lin, Zhipei Xu, Degui Zhu, and HonghaiSong, "The man-loading high-temperature superconducting Maglev test vehicle," *IEEE Trans. Appl. Superconduc.* **13**, 2134（2003）.

［9.253］Tomoaki Takao, Akihiro Niiro, Soichiro Suzuki, Masahiro Hashimoto, Hiroki Kamijo, Junichiro Takeda, Toshihiro Kobayashi, and Hiroyuki Fujimoto, "Experimental and numerical analysis of lift force in magnetic levitation system," *IEEE Trans. Appl. Superconduc.* **15**, 2281（2005）.

［9.254］Ludwig Schultz, Oliver de Haas, Peter Verges, Christoph Beyer, Steffen R̈ohlig, Henning Olsen, Lars Kuhn, Dietmar Berger, Ulf Noteboom, and Ullrich Funk, "Superconductively levitated transport system—the SupraTrans project," *IEEE Trans. Appl. Superconduc.* **15**, 2301（2005）.

［9.255］W. J. Yang, Z. Wen, Y. Duan, X. D. Chen, M. Qiu, Y. Liu, L. Z. Lin, "Construction and performance of HTS Maglev launch assist test vehicle," *IEEE Trans. Appl. Superconduc.* **16**, 1124（2006）.

［9.256］Kenji Tasaki, Kotaro Marukawa, Satoshi Hanai, Taizo Tosaka, Toru Kuriyama, Tomohisa Yamashita, Yasuto Yanase, Mutsuhiko Yamaji, Hiroyuki Nakao, MotohiroIgarashi, Shigehisa Kusada, Kaoru Nemoto, Satoshi Hirano, Katsuyuki Kuwano, Takeshi Okutomi, and Motoaki Terai, "HTS magnet for Maglev applications（1）—coil characteristics," *IEEE Trans. Appl. Superconduc.* **16**, 1110（2006）.

［9.257］Jiasu Wang, Suyu Wang, Changyan Deng, Jun Zheng, Honghai Song, QingyongHe, Youwen Zeng, Zigang Deng, Jing Li, Guangtong Ma, Hua Jing, Yonggang Huang, Jianghua Zhang, Yiyu Lu, Lu Liu, Lulin Wang, Jian Zhang, LongcaiZhang, Minxian Liu, Yujie Qin, and Ya Zhang, "Laboratory-scale high temperature superconducting Maglev launch system," *IEEE Trans. Appl. Superconduc.* **17**, 2091（2007）.

［9.258］John R. Hull, James Fiske, Ken Ricci, and Michael Ricci, "Analysis of levitational systems for a superconducting launch ring," *IEEE Trans. Appl. Superconduc.* **17**, 2117（2007）.

表 9.7 引用的论文：磁分离［HTS］

［9.259］M. A. Daugherty, J. Y. Coulter, W. L. Hults, D. E. Daney, D. D. Hill, D. E. McMurry, M. C. Martinez, L. G. Phillips, J. O. Willis, H. J. Boenig, F. C. Prenger, A. J. Rodenbush, and S. Young, "HTS high gradient magnetic separation system," *IEEE Trans. Appl. Superconduc.* **7**, 650（1997）.

［9.260］J. Iannicelli, J. Pechin, M. Ueyama, K. Ohkura, K. Hayashi, K. Sato, A. Lauderand C. Rey, "Magnetic separation of kaolin clay using a high temperature superconducting magnet system," *IEEE Trans. Appl. Superconduc.* **7**, 1061（1997）.

［9.261］J. X. Jin, S. X. Dou, H. K. Liu, R. Neale, N. Attwood, G. Grigg, T. Reading, T. Beales, "A high gradient magnetic separator fabricated using Bi2223/Ag HTS tapes," *IEEE Trans. Appl. Superconduc.* **9**, 394（1999）.

［9.262］H. Kumakura, T. Ohara, H. Kitaguchi, K. Togano, H. Wada, H. Mukai, K. Ohmatsu, H. Takei, and H. Okada, "Development of Bi2223 magnetic separation system," *IEEE Trans. Appl. Superconduc.* **11**, 2519（2001）.

［9.263］N. Nishijima, N. Saho, K. Asano, H. Hayashi, K. Tsutsumi, and M. Murakami, "Magnetization method for long high-Tc bulk superconductors used for magnetic separation," *IEEE Trans. Appl. Superconduc.* **13**, 1580（2003）.

［9.264］C. M. Rey, W. C. Hoffman, Jr., and D. R. Steinhauser, "Test results of a

HTS reciprocating magnetic separator," *IEEE Trans. Appl. Superconduc.* **13**, 1624 (2003).

[9.265] Shin-Ichi Takeda and Shigehiro Nishijima, "Development of magnetic separation of water-soluble materials using superconducting magnet," *IEEE Trans. Appl. Superconduc.* **17**, 2178 (2007).

[9.266] Qiuliang Wang, Yingming Dai, Xinning Hu, Shouseng Song, Yuanzhong Lei, Chuan He, and Luguang Yan, "Development of GM cryocooler-cooled Bi2223 high temperature superconducting magnetic separator," *IEEE Trans. Appl. Superconduc.* **17**, 2185 (2007).

[9.267] Dong-Woo Ha, Tae-Hyung Kim, Hong-Soo Ha, Sang-Soo Oh, Sung-Kuk Park, Sang-Kil Lee, and Yu-Mi Roh, "Treatment of coolant of hot rolling process by high gradient magnetic separation," *IEEE Trans. Appl. Superconduc.* **17**, 2189 (2007).

表 9.7 引用的论文：研究用磁体 HEP

高能物理［LTS］

[9.268] Paul J. Reardon, "High energy physics and applied superconductivity," *IEEE Trans. Magn.* **MAG-13**, 704 (1977).

[9.269] Hiromi Hirabayashi, "Development of superconducting magnets for beam lines and accelerator at KEK," *IEEE Trans. Magn.* **MAG-17**, 728 (1981).

[9.270] H. Desportes, "Superconducting magnets for accelerators, beam lines and detectors," *IEEE Trans. Magn.* **MAG-17**, 1560 (1981).

[9.271] H. Brechna, E. J. Bleser, Y. P. Dmitrevskiy, H. E. Fisk, G. Horlitz, J. Goyer, H. Hirabayashi, J. P'erot, "Superconducting magnets for high energy accelerators," *IEEE Trans. Magn.* **MAG-17**, 2355 (1981).

[9.272] S. Wolff, "Superconducting HERA magnets," *IEEE Trans. Magn.* **24**, 719 (1988).

[9.273] R. Perin, "Progress on the superconducting magnets for the Large Hadron Collider *IEEE Trans. Magn.* **24**, 734 (1988).

[9.274] C. Taylor "SSC magnet technology," *IEEE Trans. Magn.* 24, 820 (1988).

[9.275] P. Brindza, V. Bardos, A. Gavalya, J. O' Meara, W. Tuzel, "Superconducting magnets for CEBAF," *IEEE Trans. Magn.* **24**, 1264 (1988).

[9.276] R. Meinke, "Superconducting magnet system for HERA," *IEEE Trans. Magn.* **27**, 1728 (1991).

［9. 277］ F. Wittgenstein, "Detector magnets for high-energy physics," *IEEE Trans. Magn.* **28**, 104（1992）.

［9. 278］ N. Siegel for the LHC Magnet Team, "Status of the Large Hadron Collider and magnet program," *IEEE Trans. Appl. Superconduc.* **7**, 252（1997）.

［9. 279］ Martin N. Wilson, "Superconducting magnets for accelerators: a review," *IEEE Trans. Appl. Superconduc.* **7**, 727（1997）.

［9. 280］ David F. Sutter and Bruce P. Strauss, "Next generation high energy physics colliders: technical challenges and prospects," *IEEE Trans. Appl. Superconduc.* **10**, 33（2000）.

［9. 281］ Lucio Rossi, "The LHC main dipoles and quadrupoles toward series production," *IEEE Trans. Appl. Superconduc.* **13**, 1221（2003）.

［9. 282］ A. Devred, D. E. Baynham, L. Bottura, M. Chorowski, P. Fabbricatore, D. Leroy, A. den Oudem, J. M. Rifflet, L. Rossi, O. Vincent-Viry, and G. Volpini, "High field accelerator magnet R&D in Europe," *IEEE Trans. Appl. Superconduc.* **14**, 339（2004）.

［9. 283］ Akira Yamamoto, "Advances in superconducting magnets for particle physics," *IEEE Trans. Appl. Superconduc.* **14**, 477（2004）.

［9. 284］ D. Elwyn Baynham, "Evolution of detector magnets from CELLO to ATLAS and CMS and towards future developments," *IEEE Trans. Appl. Superconduc.* **16**, 493（2006）.

探测器磁体

［9. 285］ P. H. Eberhard, M. A. Green, W. B. Michael, J. D. Taylor and W. A. Wenzel, "Tests on large diameter superconducting solenoids designed for colliding beam accelerators," *IEEE Trans. Magn.* **MAG-13**, 78（1977）.

［9. 286］ H. Desportes, J. Le Bars, and G. Mayayx, "Construction and test of the CELLO thin-walled solenoid," *Adv. Cryo. Engr.* **25**, 175（1980）.

［9. 287］ W. V. Hassenzahl, "Quenches in the superconducting magnet CELLO," *Adv. Cryo. Engr.* **25**, 185（1980）.

［9. 288］ Stefan Wipf, "Superconducting magnet system for a 750 GeV MUON spectrometer," *IEEE Trans. Magn.* **MAG-17**, 192（1981）.

［9. 289］ R. W. Fast, E. W. Bosworth, C. N. Brown, D. A. Finley, A. M. Glowacki, J. M. Jaggerand S. P. Sobczynski, "14. 4m large aperture analysis magnet with aluminum coils,"

IEEE Trans. Magn. **MAG-17**, 1903（1981）.

［9.290］R. Bruzzese, S. Ceresara, G. Donati, S. Rossi, N. Sacchetti, M. Spadoni, "The aluminum stabilized Nb-Ti conductor for the ZEUS thin solenoid," *IEEE Trans. Magn.* **25**, 1827（1989）.

［9.291］A. Bonito Oliva, O. Dormicchi, M. Losasso, and Q. Lin, "Zeus thin solenoid: test results analysis," *IEEE Trans. Magn.* **27**, 1954（1991）.

［9.292］F. Kircher, P. Br'edy, A. Calvo, B. Cur'e, D. Campi, A. Desirelli, P. Fabbricatore, S. Farinon, A. Herv'e, I. Horvath, V. Klioukhine, B. Levesy, M. Losasso, J. P. Lottin, R. Musenich, Y. Pabot, A. Payn, C. Pes, C. Priano, F. Rondeaux, S. Sgobba, "Final design of the CMS solenoid cold mass," *IEEE Trans. Appl. Superconduc.* **10**, 407（2000）.

［9.293］A. Dael, B. Gastineau, J. E. Ducret, and V. S. Vysotsky, "Design study of the superconducting magnet for a large acceptance spectrometer," *IEEE Trans. Appl. Superconduc.* **12**, 353（2002）.

［9.294］S. Mizumaki, Y. Makida, T. Kobayashi, H. Yamaoka, Y. Kondo, M. Kawai, Y. Doi, T. Haruyama, S. Mine, H. Takano, A. Yamamoto, T. Kondo, and H. tenKate, "Fabrication and mechanical performance of the ATLAS central solenoid," *IEEE Trans. Appl. Superconduc.* **12**, 416（2002）.

［9.295］J. J. Rabbers, A. Dudarev, R. Pengo, C. Berriaud, and H. H. J. ten Kate, "Theoretical and experimental investigation of the ramp losses in conductor and coilcasing of the ATLAS barrel toroid coils," *IEEE Trans. Appl. Superconduc.* **16**, 549（2006）.

［9.296］Jean-Michel Rey, Michel Arnaud, Christophe Berriaud, Romain Berthier, SandrineCazaux, Alexey Dudarev, Michel Humeau, Ren'e Leboeuf, Jean-Paul Gourdin, Christophe Mayri, Chhon Pes, Herman Ten Kate, and Pierre V'edrine, "Coldmass integration of the ATLAS barrel toroid magnets at CERN," *IEEE Trans. Appl. Superconduc.* **16**, 553（2006）.

［9.297］C. Berriaud, A. Dudarev, J. J. Rabbers, F. Broggi, S. Junker, L. Deront, S. Ravat, E. Adli, G. Olesen, R. Pengo, P. Vedrine, C. Mayri, E. Sbrissa, M. Arnaud, F. P. Juster, J. － M. Rey, G. Volpini, A. Foussat, P. Benoit, R. Leboeuf, M. Humeau, V. Stepanov, A. Olyunin, I. Shugaev, N. Kopeykin, and H. H. J. ten Kate, "Onsurface tests of the ATLAS Barrel Toroid Coils: Acceptance criteria and results," *IEEE*

Trans. Appl. Superconduc. **16**, 557（2006）.

［9.298］Roger Ruber, Yasuhiro Makida, Masanori Kawai, Yoshinari Kondo, YoshikuniDoi, Tomiyoshi Haruyama, Friedrich Haug, Herman ten Kate, Taka Kondo, OlivierPirotte, Jos Metselaar, Shoichi Mizumaki, Gert Olesen, Edo Sbrissa, and AkiraYamamoto, "Ultimate performance of the ATLAS superconducting solenoid," *IEEE Trans. Appl. Superconduc.* **17**, 1201（2007）.

［9.299］Fran, cois Kircher, Philippe Br'edy, Philippe Fazilleau, Fran, cois-Paul Juster, BrunoLevesy, Jean-Pierre Lottin, Jean-Yves Rouss'e, Domenico Campi, Beno^1t Cur'e, Andrea Gaddi, Alain Herv'e, Giles Maire, Goran Perini'c, Pasquale Fabbricatore, and Michela Greco, "Magnetic tests of the CMS superconducting magnet," *IEEE Trans. Appl. Superconduc.* **18**, 356（2008）.

［9.300］K. Barth, N. Delruelle, A. Dudarev, G. Passardi, R. Pengo, M. Pezzetti, O. Pirotte, H. Ten Kate, E. Baynham, and C. Mayri, "First cool-down and test at 4.5K of the ATLAS superconducting barrel toroid assembled in the LHC experimental cavern," *IEEE Trans. Appl. Superconduc.* **18**, 383（2008）.

［9.301］Bernard Gastineau, Andr'e Donati, Jean-Eric Ducret, Dominique Eppelle, PhilippeFazilleau, Patrick Graffin, Bertrant Hervieu, Denis Loiseau, Jean-Pierre Lottin, Christophe Mayri, Chantal Meuris, Chhon Pes, Yannick Queinec, and ZhihongSun, "Design status of the R3B－GLAD magnet：large acceptance superconducting dipole with active shielding, graded coils, large forces and indirect cooling by thermosiphon," *IEEE Trans. Appl. Superconduc.* **18**, 407（2008）.

二极和四极磁体

［9.302］W. B. Sampson, "Superconducting magnets," *IEEE Trans. Magn.* **MAG－4**, 99（1968）.

［9.303］J. Bywater, M. H. Foss, L. E. Genens, L. G. Hyman, R. P. Smith, L. R. Turner, S. T. Wang, S. C. Snowdon, J. R. Purcell, "A six-tesla superconducting dipole magnet design and development program for POPAE," *IEEE Trans. Magn.* **MAG－13**, 82（1977）.

［9.304］F. Arendt, N. Fessler, P. Turowski, "Design and construction of superconducting quadrupole magnets at Karlsruhe," *IEEE Trans. Magn.* **MAG－13**, 290（1977）.

［9.305］A. Dael, F. Kircher, J. Perot, "Use of superconducting self-correcting harmonic coils for pulsed superconducting dipole or multipole magnets," *IEEE Trans. Magn.* **MAG-11**, 459 (1975).

［9.306］W. E. Cooper, H. E. Fisk, D. A. Gross, R. A. Lundy, E. E. Schmidt & F. Turkot, "Fermilab Tevatron quadrupoles," *IEEE Trans. Magn.* **MAG-19**, 1372 (1983).

［9.307］P. Dahl, J. Cottingham, M. Garber, A. Ghosh, C. Goodzeit, A. Greene, J. Herrera, S. Kahn, E. Kelly, G. Morgan, A. Prodell, W. Sampson, W. Schneider, R. Shutt, P. Thompson, P. Wanderer, and E. Willen, "Performance of initial full-length RHIC dipoles," *IEEE Trans. Magn.* **MAG-24**, 723 (1988).

［9.308］K. Tsuchiya, K. Egawa, K. Endo, Y. Morita, N. Ohuchi, and K. Asano, "Performance of the eight superconducting quadrupole magnets for the TRISTAN low-beta insertions," *IEEE Trans. Magn.* **27**, 1940 (1991).

［9.309］J. L. Borne, D. Bouichou, D. Leroy, W. Thomi, "Manufacturing of high (10 tesla) twin aperture superconducting dipole magnet for LHC," *IEEE Trans. Magn.* **28**, 323 (1992).

［9.310］J. M. Baze, D. Cacaut, M. Chapman, J. P. Jacquemin, C. Lyraud, C. Michez, Y. Pabot, J. Perot, J. M. Rifflet, J. C. Toussaint, P. Vedrine, R. Perin, N. Siegel, T. Tortschanoff, "Design and fabrication of the prototype superconducting quadrupole for the CERN LHC project," *IEEE Trans. Magn.* **28**, 335 (1992).

［9.311］D. Leroy, J. Krzywinski, L. Oberli, R. Perin, F. Rodriguez-Mateos, A. Verweij, L. Walckiers, "Test results on 10 T LHC superconducting one metre long dipole models," *IEEE Trans. Magn.* **3**, 614 (1993).

［9.312］L. Coull, D. Hagedorn, V. Remondino, F. Rodriguez-Mateos, "LHC magnet quench protection system," *IEEE Trans. Magn.* **30**, 1742 (1994).

［9.313］E. Acerbi, M. Bona, D. Leroy, R. Perin, L. Rossi, "Development and fabrication of the first 10 m long superconducting dipole prototype for the LHC," *IEEE Trans. Magn.* **30**, 1793 (1994).

［9.314］P. Vedrine, J. M. Rifflet, J. Perot, B. Gallet, C. Lyraud, P. Giovannoni, F. LeCoz, N. Siegel, T. Tortschanoff, "Mechanical tests on the prototype LHC lattice quadrupole," *IEEE Trans. Magn.* **30**, 2475 (1994).

［9.315］Akira Yamamoto, Takakazu Shintomi, Nobuhiro Kimura, Yoshikuni Doi, Tomiyoshi Haruyama, Norio Higashi, Hiromi Hirabayashi, Hiroshi Kawamata, Seog-Whan

Kim, Takamitsu M. Kobayashi, Yasuhiro Makida, Toru Ogitsu, Norihito Ohuchi, Ken-ichi Tanaka, Akio Terashima, Kiyosumi Tsuchiya, Hiroshi Yamaoka, Giorgio Brianti, Daniel Leroy, Romeo Perin, Shoichi Mizumaki, Shuichi Kato, Kenji Makishima, Tomohumi Orikasa, Tomoaki Maeto, Akira Tanaka, "Test results of a single aperture 10 tesla dipole model magnet for the Large Hadron Collider," *IEEE Trans. Magn.* **32**, 2116 (1996).

[9.316] S. Jongeleen, D. Leroy, A. Siemko and R. Wolf, "Quench localization and current redistribution after quench in superconducting dipole magnets wound with Rutherford-type cables," *IEEE Trans. Appl. Superconduc.* **7**, 179 (1997).

[9.317] Timothy Elliott, Andrew Jaisle, Damir Latypov, Peter McIntyre, Philip McJunkins, Weijun Shen, Rainer Soika, Rudolph M. Gaedke, "16 tesla Nb_3Sn dipole development at Texas A&M University," *IEEE Trans. Appl. Superconduc.* **7**, 555 (1997).

[9.318] A. K. Ghosh, A. Prodell, W. B. Sampson, R. M. Scanlan, D. Leroy, and L. B. Oberli, "Minimum quench energy measurements on prototype LHC inner cables in normal helium at 4.4 K and in superfluid He at 1.9 K," *IEEE Trans. Appl. Superconduc.* **9**, 257 (1999).

[9.319] D. E. Baynham, D. A. Cragg, R. C. Coombs, P. Bauer, R. Wolf, "Transient stability of LHC strands," *IEEE Trans. Appl. Superconduc.* **9**, 1109 (1999).

[9.320] K. Artoos, T. Kurtyka, F. Savary, R. Valbuena, J. Vlogaert, "Measurement and analysis of axial end forces in a full-length prototype of LHC main dipole magnets," *IEEE Trans. Appl. Superconduc.* **10**, 69 (2000).

[9.321] Walter Scandale, Ezio Todesco and Paola Tropea, "Influence of mechanical tolerances on field quality in the LHC main dipoles," *IEEE Trans. Appl. Superconduc.* **10**, 73 (2000).

[9.322] R. M. Scanlan, D. R. Dietderich, and H. C. Higley, "Conductor development for high field dipole magnets," *IEEE Trans. Appl. Superconduc.* **10**, 288 (2000).

[9.323] S. A. Gourlay, P. Bish, S. Caspi, K. Chow, D. R. Dietderich, R. Gupta, R. Hannaford, W. Harnden, H. Higley, A. Lietzke, N. Liggins, A. D. McInturff, G. A. Millos, L. Morrison, R. M. Scanlan, "Design and fabrication of a 14 T, Nb_3Sn superconducting racetrack dipole magnet," *IEEE Trans. Appl. Superconduc.* **10**, 294 (2000).

[9.324] V. Maroussov, S. Sanfilippo, A. Siemko, "Temperature profiles during quenches in LHC superconducting dipole magnets protected by quench heaters," *IEEE*

Trans. Appl. Superconduc. **10**, 661 (2000).

［9.325］L. Bottura, P. Pugnat, A. Siemko, J. Vlogaert, and C. Wyss, "Performance of the LHC final design full scale superconducting dipole prototypes," *IEEE Trans. Appl. Superconduc.* **11**, 1554 (2001).

［9.326］Peter McIntyre, Raymond Blackburn, Nicholai Diaczenko, Tim Elliott, RudolphGaedke, Bill Henchel, Ed Hill, Mark Johnson, Hans Kautzky, and Akhdior Sattarov, "12 Tesla hybrid block-coil dipole for future hadron colliders," *IEEE Trans. Appl. Superconduc.* **11**, 2264 (2001).

［9.327］F. Simon, C. Gourdin, T. Schild, J. Deregel, A. Devred, B. Hervieu, M. Peyrot, J. M. Rifflet, T. Tortschanoff, T. Ogitsu, K. Tsuchiya, "Test results of the third LHC main quadrupole magnet prototype at CEA/Saclay," *IEEE Trans. Appl. Superconduc.* **12**, 266 (2002).

［9.328］T. Ogitsu, T. Nakamoto, N. Ohuchi, Y. Ajima, E. Burkhardt, N. Higashi, H. Hirano, M. Iida, N. Kimura, H. Ohhata, K. Tanaka, T. Shintomi, A. Terashima, K. Tsuchiya, A. Yamamoto, T. Orikasa, S. Murai, O. Oosaki, "Status of the LHClow-beta insertion quadrupole magnet development at KEK," *IEEE Trans. Appl. Superconduc.* **12**, 183 (2002).

［9.329］P. Fessia, C. Lanza, D. Perini, and T. Verbeeck, "First experience in the mass production of components for the LHC dipoles," *IEEE Trans. Appl. Superconduc.* **12**, 1256 (2002).

［9.330］Andrew V. Gavrilin, Mark D. Bird, Victor E. Keilin, and Alexey V. Dudarev, "New concepts in transverse field magnet design," *IEEE Trans. Appl. Superconduc.* **13**, 1213 (2003).

［9.331］RyujiYamada and MasayoshiWake, "Quench problems of Nb_3Sn cosine theta high field dipole model magnets," *IEEE Trans. Appl. Superconduc.* **15**, 1140 (2005).

［9.332］M. Calvi, E. Floch, S. Kouzue, and A. Siemko, "Improved quench localization and quench propagation velocity measurements in the LHC superconducting dipole magnets," *IEEE Trans. Appl. Superconduc.* **15**, 1209 (2005).

［9.333］S. Feher, R. C. Bossert, G. Ambrosio, N. Andreev, E. Barzi, R. Carcagno, V. S. Kashikhin, V. V. Kashikhin, M. J. Lamm, F. Nobrega, I. Novitski, Y. Pischalnikov, C. Sylvester, M. Tartaglia, D. Turrioni, G. Whitson, R. Yamada, A. V. Zlobin, S. Caspi,

D. Dietderich, P. Ferracin, R. Hannaford, A. R. Hafalia, and G. Sabbi, "Development and test of LARP technological quadrupole (TQC) magnet," *IEEE Trans. Appl. Superconduc.* **17**, 1126 (2007).

［9.334］ S. Caspi, D. R. Dietderich, P. Ferracin, N. R. Finney, M. J. Fuery, S. A. Gourlay, andA. R. Hafalia, "Design, fabrication, and test of a superconducting dipole magnet based on tilted solenoids," *IEEE Trans. Appl. Superconduc.* **17**, 2266 (2007).

［9.335］ F. Nobrega, N. Andreev, G. Ambrosio, E. Barzi, R. Bossert, R. Carcagno, G. Chlachidze, S. Feher, V. S. Kashikhin, V. V. Kashikhin, M. J. Lamm, I. Novitski, D. Orris, Y. Pischalnikov, C. Sylvester, M. Tartaglia, D. Turrioni, R. Yamada, and A. V. Zlobin, "Nb_3Sn accelerator magnet technology scale up using cos-theta dipole coils," *IEEE Trans. Appl. Superconduc.* **18**, 273 (2008).

［9.336］ Paul D. Brindza, Steven R. Lassiter, and Michael J. Fowler, "The cosine two theta quadrupole magnets for the Jefferson Lab super high momentum spectrometer," *IEEE Trans. Appl. Superconduc.* **18**, 415 (2008).

高能物理 ［HTS］

［9.337］ William B. Sampson, Arup K. Ghosh, John P. Cozzolino, Michael A. Harrison, and Peter J. Wanderer, "Persistent current effects in BSCCO common coil dipoles," *IEEE Trans. Appl. Superconduc.* **11**, 2156 (2001).

［9.338］ A. I. Ageev, I. I. Akirnov, A. M. Andriishchin, I. V. Bogdanov, S. S. Kozub, K. P. Myznikov, D. N. Rakov, A. V. Rekudanov, P. A. Shcherbakov, P. I. Slabodchikov, A. A. Seletsky, A. K. Shikov, V. V. Sytnik, A. V. Tikhov, L. M. Tkachenko, andV. V. Zubko, "Test results of HTS dipole," *IEEE Trans. Appl. Superconduc.* **12**, 125 (2002).

［9.339］ Hiromi Hirabayashi, Nobuhiro Kimura, Yasuhiro Makida, and Takakazu Shintomi, "Hydrogen cooled superferric magnets for accelerators and beam lines," *IEEE Trans. Appl. Superconduc.* **14**, 329 (2004).

［9.340］ R. Gupta, M. Anerella, J. Cozzolino, J. Escallire, G. Ganetis, A. Ghosh, M. Harrison, A. Marone, J. Muratore, J. Schmalzle, W. Sampson, and P. Wanderer, "Status of high temperature superconductor magnet R&D at BNL," *IEEE Trans. Appl. Superconduc.* **14**, 1198 (2004).

［9.341］ A. Godeke, D. Cheng, D. R. Dietderich, C. D. English, H. Felice, C. R. Hannaford, S. O. Prestemon, G. Sabbi, R. M. Scanlan, Y. Hikichi, J. Nishioka, and T.

Hasegawa，"Development of wind-and-react Bi2212 accelerator magnet technology," *IEEE Trans. Appl. Superconduc.* **18**, 516 (2008).

表 9.7：研究用磁体—高场 DC 螺管磁体

HTS & LTS/HTS（含高于 10 T 的无制冷剂磁体 LTS）

［9.342］ T. Kitamura, T. Hasegawa, H. Ogiwara, "Design and fabrication of Bibased superconducting coil," *IEEE Trans. Appl. Superconduc.* **3**, 939 (1993).

［9.343］ D. Aized, M. D. Manlief, C. H. Joshi, "Performance of high temperature superconducting coils in high background fields at different temperatures," *IEEE Trans. Magn.* **30**, 2010 (1994).

［9.344］ Richard G. Jenkins, Harry Jones, Ming Yang, Michael J. Goringe, and ChristopherR. M. Grovenor, "The construction and performance of BSCCO 2212 coils for use in liquid nitrogen at 64 K on an iron yoke in demonstrator devices," *IEEE Trans. Appl. Superconduc.* **5**, 503 (1995).

［9.345］ Pradeep Haldar, James G. Hoehn, Jr., Y. Iwasa, L. Lim, M. Yunus, "Development of Bi2223 HTS high field coils and magnets," *IEEE Trans. Appl. Superconduc.* **5**, 512 (1995).

［9.346］ Drew W. Hazelton, Joseph A. Rice, Yusuf S. Hascicek, Huub W. Weijers andSteven W. Van Sciver, "Development and test of a BSCCO－2223 HTS high field insert magnet for NMR," *IEEE Trans. Appl. Superconduc.* **5**, 789 (1995).

［9.347］ J. F. Picard, M. Zouiti, C. Levillain, M. Wilson, D. Ryan, K. Marken, P. F. Hermann, E. Béghin, T. Verhaege, Y. Parasie, J. Bock, M. Baecker, J. A. A. J. Perenboom, J. Paasi, "Technologies for high field HTS magnets," *IEEE Trans. Appl. Superconduc.* **9**, 535 (1999).

［9.348］ G. Snitchler, S. S. Kalsi, M. Manlief, R. E. Schwall, A. Sidi-Yekhief, S. Ige, R. Medeiros, T. L. Francavilla, D. U. Gubser, "High-field warm-bore HTS conduction cooled magnet," *IEEE Trans. Appl. Superconduc.* **9**, 553 (1999).

［9.349］ Michiya Okada, Kazuhide Tanaka, Tsuyoshi Wakuda, Katsumi Ohata, JunichiSato, Hiroaki Kumakura, Tsukasa Kiyoshi, Hitoshi Kitaguchi, Kazumasa Toganoand Hitoshi Wada, "Fabrication of Bi2212/Ag magnets for high magnetic field applications," *IEEE Trans. Appl. Superconduc.* **9**, 920 (1999).

［9.350］ K. Ohmatsu, S. Hahakura, T. Kato, K. Fujino, K. Ohkura and K. Sato,

"Recent progress of HTS magnet using Bi2223 Ag-sheathed wire," *IEEE Trans. Appl. Superconduc.* **9**, 924（1999）.

［9.351］M. Newson, D. T. Ryan, M. N. Wilson and H. Jones, "High Tc insert coils for high field superconducting magnets-the Oxford programme," *IEEE Trans. Appl. Superconduc.* **10**, 468（2000）.

［9.352］Tsukasa Kiyoshi, Michio Kosuge, Michinari Yuyama, Hideo Nagai, Hitoshi Wada, Hitoshi Kitaguchi, Michiya Okada, Kazuhide Tanaka, Tsuyoshi Wakuda, Katsumi Ohata, and Junichi Sato, "Generation of 23. 4 T using two Bi2212 insert coils," *IEEE Trans. Appl. Superconduc.* **10**, 472（2000）.

［9.353］Sang-Soo Oh, Hong-Soo Ha, Hyun-Man Jang, Dong-Woo Ha, Rock-Kil Ko, Young-Kil Kwon, Kang-Sik Ryu, Haigun Lee, Benjamin Haid, and Yukikazu Iwasa, "Fabrication of Bi2223 HTS magnet with a superconducting switch," *IEEE Trans. Appl. Superconduc.* **11**, 1808（2001）.

［9.354］So Noguchi, Makoto Yamashita, Hideo Yamashita, and Atsushi Ishiyama, "An optimal design method for superconducting magnets using HTS tape," *IEEE Trans. Appl. Superconduc.* **11**, 2308（2001）.

［9.355］H. Morita, M. Okada, K. Tanaka, J. Sato, H. Kitaguchi, H. Kumakura, K. Togano, K. Itoh, and H. Wada, "10 T conduction cooled Bi2212/Ag HTS solenoid magnet system," *IEEE Trans. Appl. Superconduc.* **11**, 2523（2001）.

［9.356］Weijun Shen, Michael Coffey, Wayne McGhee, "Development of 9. 5T cryogen-free magnet," *IEEE Trans. Appl. Superconduc.* **11**, 2619（2001）.

［9.357］Tsukasa Kiyoshi, Shinji Matsumoto, Michio Kosuge, Michinari Yuyama, HideoNagai, Fumiaki Matsumoto, and Hitoshi Wada, "Superconducting inserts in high field solenoids," *IEEE Trans. Appl. Superconduc.* **12**, 470（2002）.

［9.358］V. Cavaliere, M. Cioffi, A. Formisanao, and R. Martone, "Shape optimization of high Tc superconducting magnets," *IEEE Trans. Magn.* **38**, 1129（2002）.

［9.359］H. W. Weijers, Y. S. Hascicek, K. Marken, A. Mbaruku, M. Meinesz, H. Miao, S. H. Thompson, F. Trillaud, U. P. Trociewitz, and J. Schwartz, "Development of a 5T HTS insert magnet as part of 25T class magnets," *IEEE Trans. Appl. Superconduc.* **13**, 1396（2003）.

［9.360］Xiaohua Jiang, Xu Chu, Jie Yang, Nengqiang Jin, Zhiguang Cheng,

ZhenminChen, Luhai Gou, and Xiaopeng Ren, "Development of a solenoidal HTS coil cooled by liquid or gas helium," *IEEE Trans. Appl. Superconduc.* **13**, 1871 (2003).

[9.361] Kazutomi Miyoshi, Masanao Mimura, Shin-ichiro Meguro, Takayo Hasegawa, Takashi Saitoh, Naoji Kashima, and Shigeo Nagaya, "Development of HTS coil with Bi2223 transposed segment conductor," *IEEE Trans. Appl. Superconduc.* **14**, 766 (2004).

[9.362] F. Hornung, M. Klaser, T. Schneider, "Usage of Bi-HTS in high field magnets," *IEEE Trans. Appl. Superconduc.* **14**, 1102 (2004).

[9.363] R. Musenich, P. Fabbricatore, S. Farinon, C. Ferdeghini, G. Grasso, M. Greco, A. Malagoli, R. Marabotto, M. Modica, D. Nardelli, A. S. Siri, M. Tassisto, andA. Tumino, "Behavior of MgB$_2$ react & wind coils above 10 K," *IEEE Trans. Appl. Superconduc.* **15**, 1452 (2005).

[9.364] M. Beckenbach, F. Hornung, M. Kl¨aser, P. Leys, B. Lott, and Th. Schneider, "Manufacture and test of a 5 T Bi2223 insert coil," *IEEE Trans. Appl. Superconduc.* **15**, 1484 (2005).

[9.365] Kenji Tasaki, Michitaka Ono, Toru Kuriyama, Makoto Kyoto, Satoshi Hanai, Hiroyuki Takigami, Hirohisa Takano, Kazuo Watanabe, Satoshi Awaji, GenNishijima, and Kazumasa Togano, "Development of a Bi2223 insert coil for a conduction-cooled 19T superconducting magnet," *IEEE Trans. Appl. Superconduc.* **15**, 1512 (2005).

[9.366] R. Hirose, S. Hayashi, S. Fukumizu, Y. Muroo, H. Miyaka, Y. Okui, A. Ioki, T. Kamikado, O. Ozaki, Y. Nunoya, and K. Okuno, "Development of 15T cryogen-free superconducting magnets," *IEEE Trans. Magn.* **16**, 953 (2006).

[9.367] L'ubom1r Kopera, Pavol Kovac, and Tibor Meliek, "Compact design of cryogenfree HTS magnet for laboratory use," *IEEE Trans. Magn.* **16**, 1415 (2006).

[9.368] Takashi Hase, Mamoru Hamada, Ryoichi Hirose, Yasuhide Nagahama, Koji Shikimachi, and Shigeo Nagaya, "Fabrication test of YBCO coil and multi-tape conductor," *IEEE Trans. Appl. Superconduc.* **17**, 2216 (2007).

[9.369] Justin Schwartz, Timothy Effio, Xiaotao Liu, Quang V. Le, Abdallah L. Mbaruku, Hans J. Schneider-Muntau, Tengming Shen, Honghai Song, Ulf P. Trociewitz, Xiaorong Wang, and Hubertus W. Weijers, "High field superconducting solenoids via high temperature superconductors," *IEEE Trans. Appl. Superconduc.* **18**, 70 (2008).

表 9.7 引用的论文：研究用磁体——NMR/MRI

NMR/MRI［LTS］

［9.370］J. E. C. Williams, L. J. Neuringer, E. Bobrov, R. Weggel, D. J. Ruben, and W. G. Harrison, "Magnet system of the 500 MHz NMR spectrometer at the Francis Bitter National Magnet Laboratory：I. Design and development of the magnet," *Rev. Sci. Instrum.* **52**, 649 (1981).

［9.371］E. S. Bobrov, R. D. Pillsbury, Jr., W. F. B. Punchard, R. E. Schwall, H. R. Segal, J. E. C. Williams, and L. J. Neuringer, "A 60 cm bore 2.0 tesla high homogeneity magnet for magnetic resonance imaging," *IEEE Trans. Magn.* **23**, 1303 (1987).

［9.372］W. D. Markiewicz, I. R. Dixon, C. A. Swenson, W. S. Marshall, T. A. Painter, S. T. Bole, T. Cosmus, M. Parizh, M. King, G. Ciancetta, "900 MHz wide bore NMR spectrometer magnet at NHMFL," *IEEE Trans. Appl. Superconduc.* **10**, 728 (2000).

［9.373］Tsukasa Kiyoshi, Shinji Matsumoto, Akio Sato, Masatoshi Yoshikawa, SatoshiIto, Osamu Okazaki, Takayoshi Miyazaki, Takashi Miki, Takashi Hase, MamoruHamada, Takashi Noguchi, Shigeo Fukui, and Hitoshi Wada, "Operation of a 930 − MHz high resolution NMR magnet at TML," *IEEE Trans. Appl. Superconduc.* **15**, 1330 (2005).

［9.374］M. Tsuchiya, T. Wakuda, K. Maki, T. Shino, H. Tanaka, N. Saho, H. Tsukamoto, S. Kido, K. Takeuchi, M. Okada, and H. Kitaguchi, "Development of superconducting split magnets for NMR spectrometer," *IEEE Trans. Magn.* **18**, 840 (2008).

［9.375］Th. Schild, G. Aubert, C. Berriaud, Ph. Bredy, F. P. Juster, C. Meuris, F. Nunio, L. Quettier, J. M. Rey, and P. Vedrine, "The Iseult/Inumac whole body 11.7T MRI magnet design," *IEEE Trans. Magn.* **18**, 904 (2008).

NMR［LTS/HTS］

［9.376］Tsukasa Kiyoshi, Shinji Matsumoto, Michio Kosuge, Michinari Yuyama, HideoNagai, Fumiaki Matsumoto, and Hitoshi Wada, "Superconducting inserts in high field solenoids," *IEEE Trans. Appl. Superconduc.* **12**, 470 (2002).

［9.377］Haigun Lee, Juan Bascunan, and Yukikazu Iwasa, "A high-temperature superconducting (HTS) insert comprised of double pancakes for an NMR magnet," *IEEE Trans. Appl. Superconduc.* **13**, 1546 (2003).

［9.378］W. Denis Markiewicz, John R. Miller, Justin Schwartz, Ulf P. Trociewitz, and Huub Weijers, "Perspective on a superconducting 30 T/1.3 GHz NMR spectrometer magnet," *IEEE*

Trans. Appl. Superconduc. **16**, 1523 (2006).

［9.379］Juan Bascunan, Wooseok Kim, Seungyong Hahn, Emanuel S. Bobrov, HaigunLee, and Yukikazu Iwasa, "An LTS/HTS NMR magnet operated in the range 600－700 MHz," *IEEE Trans. Appl. Superconduc.* **17**, 1446 (2007).

［9.380］T. Kiyoshi, A. Otsuka, S. Choi, S. Matsumoto, K. Zaitsu, T. Hase, M. Hamada, M. Hosono, M. Takahashi, T. Yamazaki, and H. Maeda, "NMR upgrading project towards 1.05 GHz," *IEEE Trans. Appl. Superconduc.* **18**, 860 (2008). MRI

MRI ［HTS］

［9.381］Minfeng Xu, Michele Ogle, Xianrui Huang, Kathleen Amm, Evangelos T. Laskaris, "Iterative EM design of an MRI magnet using HTS materials," *IEEE Trans. Appl. Superconduc.* **17**, 2192 (2007).

［9.382］M. Modica, S. Angius, L. Bertora, D. Damiani, M. Marabotto, D. Nardelli, M. Perrella, M. Razeti, and M. Tassisto, "Design, construction and tests of MgB_2 coils for the development of a cryogen free magnet," *IEEE Trans. Appl. Superconduc.* **17**, 2196 (2007).

［9.383］Roberto Penco and Giovanni Grasso, "Recent development of MgB_2-based large scale applications," *IEEE Trans. Appl. Superconduc.* **17**, 2291 (2007).

［9.384］Marco Razeti, Silvano Anguis, Leonardo Bertora, Daniele Damiani, RobertoMarabotto, Marco Modica, Davide Nardelli, Mauro Perrela, and Matteo Tassisto, "Construction and operation of cryogen free MgB_2 magnets for open MRI system," *IEEE Trans. Appl. Superconduc.* **18**, 882 (2008).

［9.385］Weijun Yao, Juan Bascunan, Woo-Seok Kim, Seungyong Hahn, Haigun Lee, andYukikazu Iwasa, "A solid nitrogen cooled MgB_2 'demonstration' coil for MRI applications," *IEEE Trans. Appl. Superconduc.* **18**, 912 (2008). Papers Cited in Table 9.7: Silicon Wafer Processing

MRI ［HTS］

［9.386］M. Ono, K. Tasaki, Y. Ohotani, T. Kuriyama, Y. Sumiyoshi, S. Nomura, M. Kyoto, T. Shimonosono, S. Hanai, M. Shoujyu, N. Ayai, T. Kaneko, S. Kobayashi, K. Hayashi, H. Takei, K. Sato, T. Mizuishi, M. Kimura, and T. Masui, "Testing of a cryocooler-cooled HTS magnet with silver-sheathed Bi2223 tapes for silicon single-crystal growth applications," *IEEE Trans. Appl. Superconduc.* **12**, 984 (2002).

附　　录

ⅠA　物理常数和转换因子

表 A1.1　物理常数

常　数	符　号	数　值
光速	c	3.00×10^8 m/s
自由空间磁导率	μ_0	$4\pi \times 10^{-7}$ H/m
自由空间介电常数	ϵ_0	8.85×10^{-12} F/m
阿伏伽德罗常数	N_A	6.022×10^{23} 原子数/mole
电荷	e	1.60×10^{-19} C
电子静止质量	m_0	9.11×10^{-31} kg
质子静止质量	M_{P_0}	1.67×10^{-27} kg
普朗克常数	h	6.63×10^{-34} Js
玻尔兹曼常数	k_B	1.38×10^{-23} J/K
气体常数	R	8.32×10^3 J/(kg · mole · K)
摩尔气体体积	V_R	22.4 m^3/(kg · mole)
斯特藩-玻尔兹曼常数	σ_{SB}	5.67×10^{-8} W/(m^2 · K^4)
重力加速度	g	9.81 m/s^2
维德曼-弗兰兹数	Λ	2.45×10^{-8} W · Ω/K^2

表 A1.2　转换因子

"常用" 非 SI 单位	SI 单位
电磁	
1 Gs	10^{-4} T
1 Oe	$250/\pi$ A/m
1 emu/cm^3	1000 A/m
压力	
1 mmHg （1 torr）	133 Pa

"常用" 非 SI 单位	SI 单位
压力	
1 atm（760 torr）	101 kPa
1 bar（750 torr）	0.1 MPa
1 psi（52 torr）	6.9 kPa
黏度	
1 poise	0.1 Pa·s（0.1 kg/ms）
能量和功率	
1 eV	1.6×10^{-19} J
1 cal	4.18 J
1 BTU	1055 J
1 hp	746 W
温度	
0°C	273 K
1 eV	11600 K
质量	
1 lb	0.45 kg
1 metric ton	1000 kg
尺度	
1 in	25.4 mm
1 French league	4 km
1 liter（1000 cm^3）	0.001 m^3
1 ft^3（28.3 L）	0.0283 m^3

ⅠB　均匀电流密度螺管线圈的场误差系数

第 3.4 节讨论指出，$F(\alpha,\beta)$ $E_n(\alpha,\beta)$ 的乘积由式（3.15b）得出：

$$F(\alpha,\beta)E_n(\alpha,\beta) = \frac{1}{M_n \beta^{n-1}}\left[\frac{f_n(\alpha=1,\beta)}{(1+\beta^2)^{n-0.5}} - \frac{\alpha^3 f_n(\alpha,\beta)}{(\alpha^2+\beta^2)^{n-0.5}}\right] \quad (3.15b)$$

$f_{n+1}(\alpha,\beta)$ 可以由下面的递归公式给出：

$$f_{n+1}(\alpha,\beta) = \frac{1}{(n+1)M_n}\frac{\partial}{\partial\beta}\left[\frac{f_n(\alpha,\beta)}{(\alpha^2+\beta^2)^{(n-0.5)}}\right]$$

下面给出了 M_n 的值以及 $f_n(\alpha, \beta)$ 从 $n=2$ 至 $n=20$ 的表达式：

$n = 2$：$M_2 = 2$；$f_2(\alpha,\beta) = 1$

$n = 3$：$M_3 = 6$；$f_3(\alpha,\beta) = \alpha^2 + 4\beta^4$

$n = 4$：$M_4 = 24$；$f_4(\alpha,\beta) = 2\alpha^4 + 7\alpha^2\beta^2 + 20\beta^4$

$n = 5$：$M_5 = 40$；$f_5(\alpha,\beta) = 2\alpha^6 + 9\alpha^4\beta^2 + 12\alpha^2\beta^4 + 40\beta^6$

$n = 6$：$M_6 = 240$；$f_6(\alpha,\beta) = 8\alpha^8 + 44\alpha^6\beta^2 + 99\alpha^4\beta^4 + 28\alpha^2\beta^6 + 280\beta^8$

$n = 7$：$M_7 = 336$；$f_7(\alpha,\beta) = 8\alpha^{10} + 52\alpha^8\beta^2 + 143\alpha^6\beta^4 + 232\alpha^4\beta^6 - 112\alpha^2\beta^8 + 448\beta^{10}$

$n = 8$：$M_8 = 896$；$f_8(\alpha,\beta) = 16\alpha^{12} + 120\alpha^{10}\beta^2 + 390\alpha^8\beta^4 + 715\alpha^6\beta^6 + 1080\alpha^4\beta^8 - 1008\alpha^2\beta^{10} + 1344\beta^{12}$

$n = 9$：$M_9 = 1152$；$f_9(\alpha,\beta) = 16\alpha^{14} + 136\alpha^{12}\beta^2 + 510\alpha^{10}\beta^4 + 1105\alpha^8\beta^6 + 1480\alpha^6\beta^8 + 2592\alpha^4\beta^{10} - 2688\alpha^2\beta^{12} + 1920\beta^{14}$

$n = 10$：$M_{10} = 11520$；$f_{10}(\alpha,\beta) = 128\alpha^{16} + 1216\alpha^{14}\beta^2 + 5168\alpha^{12}\beta^4 + 12920\alpha^{10}\beta^6 + 20995\alpha^8\beta^8 + 19976\alpha^6\beta^{10} + 49632\alpha^4\beta^{12} - 46464\alpha^2\beta^{14} + 21120\beta^{16}$

$n = 11$：$M_{11} = 14080$；$f_{11}(\alpha,\beta) = 128\alpha^{18} + 1344\alpha^{16}\beta^2 + 6384\alpha^{14}\beta^4 + 18088\alpha^{12}\beta^6 + 33915\alpha^{10}\beta^8 + 44436\alpha^8\beta^{10} + 23408\alpha^6\beta^{12} + 114048\alpha^4\beta^{14} - 88704\alpha^2\beta^{16} + 28160\beta^{18}$

$n = 12$：$M_{12} = 33792$；$f_{12}(\alpha,\beta) = 256\alpha^{20} + 2944\alpha^{18}\beta^2 + 15456\alpha^{16}\beta^4 + 48944\alpha^{14}\beta^6 + 104006\alpha^{12}\beta^8 + 156009\alpha^{10}\beta^{10} + 177268\alpha^8\beta^{12} - 2288\alpha^6\beta^{14} + 494208\alpha^4\beta^{16} - 311168\alpha^2\beta^{18} + 73216\beta^{20}$

$n = 13$：$M_{13} = 39936$；$f_{13}(\alpha,\beta) = 256\alpha^{22} + 3200\alpha^{20}\beta^2 + 18400\alpha^{18}\beta^4 + 64400\alpha^{16}\beta^6 + 152950\alpha^{14}\beta^8 + 260015\alpha^{12}\beta^{10} + 324268\alpha^{10}\beta^{12} + 355160\alpha^8\beta^{14} - 228800\alpha^6\beta^{16} + 1006720\alpha^4\beta^{18} - 512512\alpha^2\beta^{20} + 93184\beta^{22}$

$n = 14$：$M_{14} = 186368$；$f_{14}(\alpha,\beta) = 1024\alpha^{24} + 13824\alpha^{22}\beta^2 + 86400\alpha^{20}\beta^4 + 331200\alpha^{18}\beta^6 + 869400\alpha^{16}\beta^8 + 1651860\alpha^{14}\beta^{10} + 2340135\alpha^{12}\beta^{12} + 2465460\alpha^{10}\beta^{14} + 3027960\alpha^8\beta^{16} - 3615040\alpha^6\beta^{18} + 7742592\alpha^4\beta^{20} - 3214848\alpha^2\beta^{22} + 465920\beta^{24}$

$n = 15$：$M_{15} = 215040$；$f_{15}(\alpha,\beta) = 1024\alpha^{26} + 14848\alpha^{24}\beta^2 + 100224\alpha^{22}\beta^4 + 417600\alpha^{20}\beta^6 + 1200600\alpha^{18}\beta^8 + 2521260\alpha^{16}\beta^{10} + 3991995\alpha^{14}\beta^{12} + 4850640\alpha^{12}\beta^{14} + 4232160\alpha^{10}\beta^{16} + 6980480\alpha^8\beta^{18} - 10286848\alpha^6\beta^{20} + 14137344\alpha^4\beta^{22} -

$$4845568\alpha^2\beta^{24} + 573440\beta^{26}$$

$n = 16$：$M_{16} = 491520$；$f_{16}(\alpha,\beta) = 2048\alpha^{28} + 31744\alpha^{26}\beta^2 + 230144\alpha^{24}\beta^4 + 1035648\alpha^{22}\beta^6 + 3236400\alpha^{20}\beta^8 + 7443720\alpha^{18}\beta^{10} + 13026510\alpha^{16}\beta^{12} + 17678835\alpha^{14}\beta^{14} + 18886320\alpha^{12}\beta^{16} + 12335200\alpha^{10}\beta^{18} + 33747584\alpha^8\beta^{20} - 49956608\alpha^6\beta^{22} + 49334272\alpha^4\beta^{24} - 14135296\alpha^2\beta^{26} + 1392640\beta^{28}$

$n = 17$：$M_{17} = 557056$；$f_{17}(\alpha,\beta) = 2048\alpha^{30} + 33792\alpha^{28}\beta^2 + 261888\alpha^{26}\beta^4 + 1265792\alpha^{24}\beta^6 + 4272048\alpha^{22}\beta^8 + 10680120\alpha^{20}\beta^{10} + 20470230\alpha^{18}\beta^{12} + 30705345\alpha^{16}\beta^{14} + 36455760\alpha^{14}\beta^{16} + 35305600\alpha^{12}\beta^{18} + 11776512\alpha^{10}\beta^{20} + 81808896\alpha^8\beta^{22} - 109531136\alpha^6\beta^{24} + 82722816\alpha^4\beta^{26} - 20054016\alpha^2\beta^{28} + 1671168\beta^{30}$

$n = 18$：$M_{18} = 10027008$；$f_{18}(\alpha,\beta) = 32768\alpha^{32} + 573440\alpha^{30}\beta^2 + 4730880\alpha^{28}\beta^4 + 24442880\alpha^{26}\beta^6 + 88605440\alpha^{24}\beta^8 + 239234688\alpha^{22}\beta^{10} + 498405600\alpha^{20}\beta^{12} + 818809200\alpha^{18}\beta^{14} + 1074687075\alpha^{16}\beta^{16} + 1132428880\alpha^{14}\beta^{18} + 1047367552\alpha^{12}\beta^{20} - 149334528\alpha^{10}\beta^{22} + 3085089280\alpha^8\beta^{24} - 3565506560\alpha^6\beta^{26} + 2143272960\alpha^4\beta^{28} - 444530688\alpha^2\beta^{30} + 31752192\beta^{32}$

$n = 19$：$M_{19} = 11206656$；$f_{19}(\alpha,\beta) = 32768\alpha^{34} + 606208\alpha^{32}\beta^2 + 5304320\alpha^{30}\beta^4 + 29173760\alpha^{28}\beta^6 + 113048320\alpha^{26}\beta^8 + 327840128\alpha^{24}\beta^{10} + 737640288\alpha^{22}\beta^{12} + 1317214800\alpha^{20}\beta^{14} + 1893496275\alpha^{18}\beta^{16} + 2209194460\alpha^{16}\beta^{18} + 2080028192\alpha^{14}\beta^{20} + 2015437312\alpha^{12}\beta^{22} - 1533862400\alpha^{10}\beta^{24} + 6968944640\alpha^8\beta^{26} - 6839951360\alpha^6\beta^{28} + 3365732352\alpha^4\beta^{30} - 603291648\alpha^2\beta^{32} + 37355520\beta^{34}$

$n = 20$：$M_{20} = 24903680$；$f_{20}(\alpha,\beta) = 65536\alpha^{36} + 1277952\alpha^{34}\beta^2 + 11821056\alpha^{32}\beta^4 + 68956160\alpha^{30}\beta^6 + 284444160\alpha^{28}\beta^8 + 881776896\alpha^{26}\beta^{10} + 2130960832\alpha^{24}\beta^{12} + 4109710176\alpha^{22}\beta^{14} + 6421422150\alpha^{20}\beta^{16} + 8205150525\alpha^{18}\beta^{18} + 8620015404\alpha^{16}\beta^{20} + 7193248608\alpha^{14}\beta^{22} + 8412511744\alpha^{12}\beta^{24} - 11477921280\alpha^{10}\beta^{26} + 30055434240\alpha^8\beta^{28} - 25007497216\alpha^6\beta^{30} + 10287710208\alpha^4\beta^{32} - 1608155136\alpha^2\beta^{34} + 87162880\beta^{36}$

Ⅱ　制冷剂的热力学性质

这里考虑到大多热力学性质的数值（一般仅给到 3 位有效数字）仅供估算和初始设计使用。对氢（H_2），给出的是"普通"氢（n-H_2）的数据。焓，只在 2 个温度之间的差值或发生相变的时候有意义。0K 的焓值并不一定设定为 0，焓与温度关系的数据是根据比热计算出来的。所以，这里给出的焓值可能与其他来源的有数值上的不同，但其差值应该是基本一致的。

符号说明：T_b、T_{ct}、T_m、T_s 和 T_Δ 分别是沸腾、临界、熔化、饱和和三相点温度，单位均为［K］；P_s 是饱和压力，单位［torr/atm］；ρ 是密度，单位［kg/m³］；h 是焓，单位［kJ/kg］；h_L 是在 T_m 和 T_Δ 时的熔化热，或在 T_b 时的汽化热，单位［kJ/kg］；h_ℓ 是单位体积汽化热，单位［J/cm³］；k 是热导率，单位［W/(m·K)］；ν 是黏度系数，单位［Pa·s］；Pr 是普朗特（Prandtl）数。

物性数据来源

这里各表所给出的物性数据都汇编自多个数据源，并在下文列出。请注意，有些物性数值在不同源之间并**不是精确得完全一致**，这是因为它们都是来自试验的数据。

- Randall F. Barron, *Cryogenic Systems* 2nd Ed., (Clarendon Press, Oxford, 1985). GASPAK (V. D. Arp and R. D. McCarty of Cryodata Inc.).

- V. A. Grigoriev, Yu. M. Pavlov, and E. V. Ametistov, *Boiling of Cryogenic Liquids* (in Russian; Energia, Moscow, 1977).

- R. T. Jacobsen, S. G. Penoncello, and E. W. Lemmon, *Thermodynamic Properties of Cryogenic Fluid* (Plenum, New York, 1997).

- E. W. Lemmon, M. O. McLinden, and D. G. Friend, *Thermal Properties of Fluid Systems* (NIST Chemistry WebBook; http://webbook.nist.gov).

- R. D. McCarty, *Thermophysical Properties of Helium-4 from 2 to 1500K with Pressures to 1000 Atmospheres* (NBS Technical Note 631, 1972).

- Robert D. McCarty, *The Thermodynamic Properties of Helium II from 0K to the Lambda Transitions* (NBS Technical Note 1029, 1980).

- *NIST Reference Fluid Thermodynamic and Transport Properties Database* (*REFPROP*): *Version 8.0*. Website: http://www.nist.gov/srd/nist23.htm

● V. A. Rabinovich, A. A. Vasserman, V. I. Nedostup, L. S. Veksler, *Thermophysical Properties of Neon, Argon, Krypton, and Xenon* (Hemisphere Pub. Corp., New York, 1988).

● Russell B. Scott, *Cryogenic Engineering* (1963 Edition reprinted in 1988 by Met-Chem Research, Boulder, CO).

● T. A. Scott, "Solid and liquid nitrogen," *Physics Reports* 27C, 89 (1976).

● P. C. Souers, *Hydrogen Properties for Fusion Energy* (University of California Press, Berkeley, 1986).

● R. B. Stewart, *ASHRAE Thermodynamic Properties of Refrigerants* (American Society of Heating, Refrigerating and Air Conditioning Engineers, New York, 1969).

● Thomas R. Strobridge, *Thermodynamic Properties of Nitrogen* (National Bureau of Standards, Technical Note 129, 1962).

● V. V. Sychev, A. A. Vasserman, A. D. Kozlov, G. A. Spiridnonov, and V. A. Tsymarny, *Thermodynamic Property of Helium, Neon, Argon, Krypton and Xenon*—A Series of Property Tables, National Standard Reference Data Service of the USSR.

● E. Yu. Tonkov, *High Pressure Phase Transformations, Volume 2* (Gordon and Breach, 1992).

● Steven W. Van Sciver, *Helium Cryogenics* (Plenum Press, New York, 1986).

表 A2.1 部分制冷剂在 1 atm 时的性质

性　质		He	n-H$_2$	Ne	N$_2$	Ar	O$_2$
沸点 T_b	[K]	4.22	20.39	27.10	77.36	87.28	90.18
汽化热 h_L	[kJ/kg]	20.7	443	85.9	199	162	213
hline 汽化热 h_ℓ	[J/cm^3]	2.6	31.3	104	161	226	243
密度（T_b，液）	[kg/m^3]	125	70.8	1206	807	1394	1141
密度（T_b，气）	[kg/m^3]	16.9	1.33	9.37	4.60	5.77	4.47
密度@273 K 时（0℃）*	[kg/m^3]	0.179	0.090	0.900	1.251	1.784	1.429
密度@293 K 时（20℃）	[kg/m^3]	0.166	0.083	0.834	1.158	1.652	1.324
密度 $\frac{(T_b，液)}{密度}$（273 K）		700	787	1340	645	781	798
密度 $\frac{(T_b，液)}{密度}$（293 K）		753	853	1446	697	844	862

* 标准状态下。

表 A2.2　部分固态制冷剂在 1 bar/1 atm 下的密度和焓

温度	氖 （1 bar）		氮 （1 atm）		氩 （1 bar）	
T [K]	ρ [kg/m³]	h [kJ/kg]	ρ [kg/m³]	h [kJ/kg]	ρ [kg/m³]	h [kJ/kg]
4	1507	0.02	1032	0.008	1771	0.01
5	1507	0.09	1032	0.021	1771	0.015
6	1506	0.10	1032	0.044	1771	0.024
8	1505	0.31	1032	0.15	1771	0.08
10	1503	0.75	1031	0.38	1771	0.20
12	1499	1.43	1031	0.880	1771	0.42
15	1490	2.76	1029	1.85	1769	0.96
20	1466	6.78	1027	4.74	1765	2.20
22	1452	8.84	1025	6.29	1763	2.80
24.56	1429（1240†）	12.0（24.2†）	1022	8.51	1760	3.90
30	—	—	1016	14.5	1752	6.12
35.61‡	—	—	1002（994）	22.7（30.8）	1742	8.90
40	—	—	989	37.1	1731	11.3
45	—	—	981	44.3	1725	14.2
50	—	—	970	52.1	1715	17.3
60	—	—	949	68.9	1691	23.9
63.16	—	—	946（877†）	74.3（100.0†）	1683	25.5
70	—	—	—	—	1664	31.1
80	—	—	—	—	1633	39.1
83.81	—	—	—	—	1619	42.3（71.6†）

† 液相。

‡ 固−固相变；氮膨胀并吸收能量 $8.17×10^3$ [kJ/kg]。

表 A2.3a　饱和氦

T [K]	p^* [torr/atm]	ρ† [kg/m³]		h† [kJ/kg]	
1.50	3.53	145	0.15	0.26	22.61
1.55	4.47	145	0.19	0.32	22.85
1.60	5.59	145	0.23	0.39	23.09
1.65	6.90	145	0.27	0.48	23.33
1.70	8.45	145	0.33	0.58	23.56
1.75	10.2	145	0.38	0.70	23.79
1.80	12.3	145	0.45	0.84	24.02
1.85	14.6	145	0.52	1.00	24.25
1.90	17.2	145	0.60	1.18	24.47
1.95	20.2	145	0.69	1.38	24.69
2.00	23.4	146	0.8	1.63	24.91

T〔K〕	p*〔torr/atm〕	ρ†〔kg/m³〕		h†〔kJ/kg〕	
2.05	27.0	146	0.89	1.92	25.13
2.10	31.0	146	0.99	2.23	25.33
T_λ: 2.18	38.0	146	1.18	—	25.41
2.20	39.9	146	1.24	3.28	25.51
2.30	50.4	146	1.50	3.57	25.91
2.40	62.5	145	1.81	3.82	26.30
2.50	76.6	145	2.14	4.05	26.68
2.60	92.6	144	2.52	4.27	27.04
2.80	133	142	3.40	4.73	27.71
3.00	182	141	4.46	5.23	28.33
3.25	257	139	6.08	5.93	28.99
3.50	352	136	8.09	6.72	29.52
3.75	470	133	10.5	7.62	29.91
4.00	615	129	13.6	8.65	30.12
4.22	760/1.00	125	16.9	9.71	30.13
4.30	**1.07**	124	18.2	10.1	30.1
4.40	**1.17**	121	20.2	10.7	30.0
4.50	**1.28**	119	22.1	11.3	29.8
4.75	**1.58**	112	28.7	13.0	29.0
5.00	**1.93**	101	39.3	15.4	27.3
T_{ct}: 5.20	**2.24**	69.6		21.4	

* 低于 760torr（1atm），用 torr 作单位；高于 760torr，用 atm 作单位。

† 密度和焓值凡有 2 列的，右侧为气相。

表 A2.3b　氦在 1 atm、6 atm、10 atm 时的密度和焓

温度	1 atm		6 atm		10 atm	
T〔K〕	ρ〔kg/m³〕	h〔kJ/kg〕	ρ〔kg/m³〕	h〔kJ/kg〕	ρ〔kg/m³〕	h〔kJ/kg〕
2.5	147	4.58	156	7.56	161	9.93
3.0	143	5.64	153	8.45	159	10.7
3.5	138	6.96	150	9.55	157	11.7
4.0	130	8.70	146	10.9	153	13.0
4.224	125（16.9）	9.71（30.13）	145	11.6	151	13.6
4.5	14.5	32.5	140	12.5	148	14.4
5.0	11.9	36.2	133	14.6	144	16.2
5.5	10.3	39.5	124	17.2	138	18.2
6	9.15	42.5	112	20.3	131	20.5
7	7.53	48.4	78.5	30.0	115	26.0

续表

温度	1 atm		6 atm		10 atm	
T [K]	ρ [kg/m³]	h [kJ/kg]	ρ [kg/m³]	h [kJ/kg]	ρ [kg/m³]	h [kJ/kg]
8	6.44	54.0	54.1	40.5	94.5	33.4
9	5.64	59.5	42.2	48.9	75.5	42.1
10	5.02	64.9	35.1	56.1	62.4	50.3
12	4.13	75.7	27.0	69.0	46.9	64.3
14	3.52	86.3	22.2	81.0	37.9	77.1
16	3.07	96.9	18.9	92.6	32.0	89.4
18	2.72	107	16.5	104	27.8	101
20	2.44	118	14.7	115	24.6	113
25	1.95	144	11.5	142	19.3	141
30	1.62	170	9.65	169	16.0	168
35	1.39	196	8.26	196	13.6	195
40	1.22	222	7.22	222	11.9	222
45	1.08	248	6.42	249	10.6	249
50	0.973	274	5.78	275	9.54	275
55	0.885	300	5.25	301	8.68	301
60	0.811	326	4.82	327	7.96	328
65	0.749	352	4.45	353	7.36	354
70	0.696	378	4.13	379	6.84	380
75	0.649	404	3.86	405	6.39	406
80	0.609	430	3.62	431	5.99	432
90	0.541	482	3.22	484	5.34	484
100	0.487	534	2.90	536	4.81	537
125	0.390	664	2.33	666	3.86	667
150	0.325	794	1.94	796	3.22	797
175	0.279	924	1.66	925	2.76	927
200	0.244	1054	1.46	1055	2.42	1057
225	0.217	1183	1.30	1185	2.15	1186
250	0.195	1313	1.17	1315	1.94	1316
275	0.177	1443	1.06	1445	1.76	1446
300	0.163	1573	0.973	1575	1.62	1576

表 A2.4a 饱和氮

T [K]	p^* [torr/atm]	$\rho\dagger$ [kg/m³]		$h\dagger$ [kJ/kg]	
T_m: 63.16	93.48	868	0.67	0	216.1
64	109	865	0.77	1.74	216.9
65	131	861	0.92	3.80	217.9

续表

T [K]	p^* [torr/atm]	$\rho^\dagger$ [kg/m³]		$h^\dagger$ [kJ/kg]	
66	154	857	1.07	5.86	218.8
67	182	853	1.24	7.7	219.7
68	213	849	1.43	10.0	220.7
69	249	844	1.65	12.1	221.6
70	288	840	1.89	14.1	222.5
71	334	836	2.16	16.2	223.4
72	384	831	2.46	18.3	224.2
73	440	827	2.78	20.4	225.1
74	502	823	3.14	22.4	226.0
75	570	818	3.53	24.5	226.8
76	645	814	3.96	26.6	227.6
T_b: 77.364	760/1.00	807	4.60	29.4	228.7
78	**1.08**	804	4.93	30.7	229.1
79	**1.21**	800	5.48	32.8	229.9
80	**1.35**	795	6.07	34.8	230.6
82	**1.67**	786	7.40	39.0	232
84	**2.05**	776	8.94	43.1	233
86	**2.48**	766	10.7	47.3	235
88	**2.98**	756	12.7	51.5	236
90	**3.55**	746	15.0	55.7	237
92	**4.20**	735	17.6	59.9	237
94	**4.93**	724	20.6	64.3	238
96	**5.75**	713	23.9	68.7	239
98	**6.66**	702	27.7	73.1	239
100	**7.68**	690	31.9	77.7	239
102	**8.80**	677	36.7	82.4	239
104	**10.03**	664	42.0	87.2	239
106	**11.4**	651	48.0	92.2	239
108	**12.9**	637	54.8	97.2	238
110	**14.5**	622	62.6	102	237
112	**16.2**	606	71.4	108	236
114	**18.1**	589	81.5	113	234
116	**20.2**	570	93.4	119	232
118	**22.4**	549	107	125	230
120	**24.8**	525	124	132	226
T_{ct}: 126.3	**33.6**	254		194	

* 低于 760 torr（1 atm），用 torr 作单位；高于 760 torr，用 atm 作单位。

† 密度和焓值凡有 2 列的，右侧为气相。

表 A2. 4b 氮在 1/15/20 atm 时的密度和焓

温度	1 atm		15 atm		20 atm	
T [K]	*ρ* [kg/m³]	*h* [kJ/kg]	*ρ* [kg/m³]	*h* [kJ/kg]	*ρ* [kg/m³]	*h* [kJ/kg]
64	865	1. 82	867	2. 97	897	3. 39
65	861	3. 87	863	5. 02	864	5. 43
66	857	5. 93	859	7. 06	860	7. 47
67	853	7. 99	855	9. 12	856	9. 52
68	849	10. 1	851	11. 2	852	11. 6
69	844	12. 1	847	13. 2	848	13. 6
70	840	14. 2	843	15. 3	844	15. 7
71	836	16. 3	839	17. 3	839	17. 7
72	832	18. 3	834	19. 4	835	19. 8
73	827	20. 4	830	21. 4	831	21. 8
74	823	22. 5	826	23. 5	827	23. 9
75	818	24. 5	821	25. 5	822	25. 9
76	814	26. 6	817	27. 6	818	28. 0
77	809	28. 6	812	29. 6	813	30. 0
79	4. 50	230	803	33. 7	804	34. 1
77. 364	807 (4. 60)	29. 4 (228. 7)	811	30. 4	812	30. 7
80	4. 44	232	799	35. 8	800	36. 1
85	4. 15	237	775	46. 0	776	46. 3
90	3. 90	242	750	56. 2	752	56. 5
95	3. 68	248	723	66. 8	725	67. 0
100	3. 48	253	694	77. 8	697	77. 9
105	3. 31	258	661	89. 6	665	89. 5
108	3. 21	262	639	97. 1	644	96. 8
110. 60	3. 13	264	617 (6. 51)	104. 0 (237. 0)	623	104
112	3. 09	266	6. 29	240	611	107
114	3. 04	268	6. 01	243	592	113
115. 823	2. 99	270	5. 79	246	571 (9. 22)	118. 6 (232. 6)
118	2. 93	272	5. 56	250	8. 59	238
120	2. 88	274	5. 37	253	8. 13	242
125	2. 76	280	4. 97	260	7. 28	252
130	2. 65	285	4. 65	267	6. 67	260
135	2. 55	290	4. 37	274	6. 19	268
140	2. 46	295	4. 14	281	5. 81	275
150	2. 29	306	3. 76	293	5. 20	288
200	1. 71	358	2. 64	351	3. 56	349
250	1. 37	410	2. 07	406	2. 77	404
275	1. 24	436	1. 87	433	2. 50	431
300	1. 14	462	1. 71	459	2. 28	458

表 A2.5 饱和氢、氖、氩

T［K]	p＊［torr/atm]	ρ†［kg/m³]		h†［kJ/kg]	
正常氢					
T_Δ：13.95	57.6	76.9	0.14	213	662
T_m：14.0	59.2	76.9	0.14	213	662
15	100.7	76.0	0.22	221	672
16	161.5	75.1	0.34	228	680
17	246	74.2	0.49	236	688
18	361	73.2	0.69	244	696
19	510	72.2	0.94	253	702
20.28	760/1.00	70.8	1.34	265	710
21	1.23	70.0	1.62	272	714
22	1.61	68.7	2.07	283	718
23	2.07	67.4	2.61	395	722
T_{ct}：32.94	13.0	32.2		555	
氖					
24.55‡	325	1248	4.41	28.2	117.0
25	383	1241	5.12	29.0	117.4
26	539	1224	7.00	30.9	118.1
T_b：27.10	760/1.00	1207	9.58	33.0	118.8
28	1.30	1189	12.2	34.8	119.3
29	1.71	1170	15.7	36.8	119.8
30	2.21	1151	20.0	38.8	120.1
31	2.80	1131	25.0	40.9	120.4
32	3.51	1111	30.9	43.1	120.6
T_{ct}：44.40	26.2	483		92.5	
氩					
83.78 §	515	1415	4.05	71.9	235.1
85	593	1407	4.60	73.2	235.6
86	662	1401	5.08	74.2	235.9
T_b：87.28	760/1.00	1394	5.77	75.6	236.4
88	1.08	1388	6.18	76.4	236.7
89	1.19	1382	6.80	77.5	237.0
90	1.32	1376	7.45	78.6	237.4
95	2.11	1344	11.5	84.2	238.9
T_{ct}：150.86	48.3	536		189.9	

＊ 低于 760 torr（1atm），用 torr 作单位；高于 760 torr，用 atm 作单位。

† 密度和熔值凡有 2 列的，右侧为气相。

‡ T_Δ = 24.556 K，T_m = 24.56 K。

§ T_m = 83.8 K，T_Δ = 83.806 K。

表 A2.6　氖在 1/10/20 atm 时的密度和焓

温度	1 atm		15 atm		20 atm	
T [K]	ρ [kg/m³]	h [kJ/kg]	ρ [kg/m³]	h [kJ/kg]	ρ [kg/m³]	h [kJ/kg]
27.10	1270 (9.58)	0 (85.8)	1213	0.43	1218	0.97
28	9.22	86.9	1197	2.12	1203	2.63
29	8.85	88.1	1179	4.02	1185	4.50
30	8.52	89.2	1160	5.97	1167	6.42
32	7.94	91.5	1119	10.06	1128	10.4
33	7.68	92.5	1097	12.21	1108	12.5
34	7.43	93.6	1074	14.43	1086	14.7
36	6.99	95.8	1023	19.13	1038	19.2
37.62	6.67	97.5	974.5 (88.2)	23.31 (86.80)	994.6	23.1
40	6.25	100	77.0	91.3	916.9	29.7
42.34	5.89	103	69.5	95.0	787.3 (212.9)	39.1 (78.6)
44	5.66	104	65.2	97.4	172.1	85.5
46	5.41	106	61.0	100	148.9	90.7
48	5.18	109	57.4	103	134.0	94.8
50	4.96	111	54.3	105	123.1	98.3
55	4.50	116	48.0	111	104.1	106
60	4.12	121	43.2	117	91.5	113
65	3.80	126	39.4	123	82.1	119
70	3.52	131	36.2	129	74.7	125
75	3.29	137	33.6	134	68.7	131
80	3.08	142	31.3	140	63.7	137
85	2.90	147	29.3	145	59.4	143
90	2.74	152	27.6	150	55.7	148
95	2.59	157	26.1	156	52.5	154
100	2.46	163	24.7	161	49.7	159
110	2.24	173	22.4	172	44.9	170
120	2.05	183	20.5	182	40.9	181
130	1.89	193	18.9	193	37.7	192
140	1.76	204	17.5	203	34.9	202
150	1.64	214	16.3	214	32.5	213
160	1.54	224	15.3	224	30.5	223
180	1.37	245	13.6	245	27.1	244
200	1.23	266	12.2	266	24.3	265
220	1.12	286	11.1	286	22.1	286
240	1.02	307	10.2	307	20.3	307
260	0.945	328	9.4	328	18.7	328
280	0.878	348	8.7	348	17.4	349
300	0.819	369	8.2	369	16.2	369

表 A2.7　制冷剂气体在 1 atm 时的一些热力学性质

T [K]	5	10	20	30	50	75	100	150	200	250	300
液体密度 ρ, [kg/m³]: He (125); n-H₂ (70.8); Ne (1206); N₂ (807); Ar (1394) *											
He	16.9†	5.02	2.44	1.62	0.97	0.65	0.49	0.32	0.24	0.20	0.16
nH₂	**88.5‡**	**88.2**	**1.33†**	0.85	0.49	0.33	0.25	0.16	0.12	0.10	0.08
Ne	**1520**	**1517**	**1484**	9.37†	4.97	3.30	2.47	1.64	1.23	0.98	0.82
N₂	**1031**	**1031**	**1027**	**1016 §**	970	4.60†	3.48	2.29	1.71	1.37	1.14
Ar	**1771**	**1771**	**1765**	**1752**	**1715**	5.77†	4.98	3.25	2.44	1.95	1.62
热导率 k, [mW/(m·K)]: He (19.6); n-H₂ (119); Ne (113); N₂ (140); Ar (123)											
He	10.6†	15.6	25.3	31.9	46.8	60.7	73.6	96.9	118	137	155
nH₂	**400**	**800**	**15.8†**	22.9	36.2	51.6	68.0	98.5	128	155	177
Ne	**3500**	**950**	**370**	9.86†	14.1	18.2	22.2	29.8	36.9	43.3	49.2
N₂	**4350**	**1450**	**500**	**280 §**	690	7.23†	9.33	13.7	18.0	22.1	25.8
Ar	**3250**	**3575**	**1410**	**900**	**500**	5.48†	6.41	9.58	12.5	15.2	17.7
黏度 ν, [$10^{-6}Pa\,s$]: He (3.56); n-H₂ (13.2); Ne (130); N₂ (158); Ar (252)											
He	1.24†	2.15	3.37	4.37	6.09	7.88	9.47	12.4	15.0	17.4	19.9
nH₂	—	—	1.11†	1.61	2.49	3.41	4.21	5.60	6.81	7.93	8.96
Ne	—	—	4.77†	8.18	11.4	14.4	19.3	23.8	27.9	31.7
N₂	—	—	—	5.41†	6.98	10.1	13.0	15.6	17.9
Ar	—	—	—	—	7.43†	8.39	12.2	15.9	19.5	22.7
普朗特数, Pr											
He	0.90†	0.72	0.68	0.68	0.67	0.66	0.67	0.68	0.67	0.68	0.69
nH₂	—	—	0.77†	0.75	0.72	0.71	0.70	0.72	0.72	0.72	0.73
Ne	—	—	0.56†	0.62	0.65	0.67	0.67	0.66	0.66	0.66
N₂	—	—	—	—	0.81†	0.80	0.77	0.75	0.73	0.72
Ar	—	—	—	—	0.74†	0.71	0.67	0.67	0.67	0.67

* 括号中的数字为液体饱和温度 T_s 下的值。

† 饱和温度 T_s 和 1 atm 时的值。例如，$T_s = 4.22$ K（He），87.28 K（Ar）。

‡ 粗体的数字表示固态。

§ 固-固相变发生于 35.61 K。在 35.56⁻ K 时，有 $c_p = 1.63$ [kJ/kg K]；在 35.56⁺ K 时，有 $c_p = 1.30$ [kJ/kg K]。相变热：8.17 kJ/kg。

Ⅲ　材料的物理性质

　　本小节给出的物性数据中，大部分数据都至少给出了 3 位有效数字，意味着这些数据的准确性，但实质上它们并不一定能够准确代表我们需要的特定材料的精确值。这里列出的材料物性数据中容易受到材料批次影响的包括：热导率（图 A3.1a，图 A3.1b)、热容（图 A3.2a，表 A3.1)、焓（图 A3.2b，表 A3.2)、机械性能（表 A3.3）以及热膨胀（表 A3.4)，特别是非金属的数据。

物性数据来源

A. F. Clark, "Low temperature thermal expansion of some metallic alloys," *Cryogenics* **8**, 282（1968）.

- C. C. Clickner, J. W. Ekin, N. Cheggour, C. L. H. Thieme, Y. Qiao, Y. -Y. Xie, A. Goyal, "Mechanical properties of pure Ni and Ni-alloy substrate materials for Y-Ba-Cu-O coated superconductors," *Cryogenics* **46**, 432（2006）.

- Robert J. Corruccini and John J. Gniewek, *Specific Heats and Enthalpies of Technical Solids at Low Temperatures*（NBS Monograph 21, 1960）.

- *Cryogenic Materials Data Handbook Volumes 1 and 2*（Martin Marietta Corp. Air Force Materials Laboratory, 1970）.

- C. C. Koch and D. S. Easton, "A review of mechanical behavior and stress effects in hard superconductors," *Cryogenics* **17**, 391（1977）.

- *Materials Engineering Materials Selector 1987*（Penton Publishing, Cleveland, OH）.

- J. H. McTaggart and G. A. Slack, "Thermal conductivity data of General Electric No. 7031 varnish," *Cryogenics* **9**, 384（1969）.

- T. Nishio, Y. Itoh, F. Ogasawara, M. Suganuma, Y. Yamada, U. Mizutani, "Superconducting and mechanical properties of YBCO-Ag composite superconductors," *J. Materials Science* **24**, 3228（1989）.

- Russell B. Scott, *Cryogenic Engineering*（1963 Edition reprinted in 1988 by Met-Chem Research, Boulder, CO）.

- N. J. Simon, E. S. Drexler, and R. P. Reed, *Properties of Copper and Copper Alloys at Cryogenic Temperatures*（NIST Monograph 177, 1992）.

- N. J. Simon and R. P. Reed, Structural Materials for Superconducting Magnets（Preliminary Draft, 1982）.

- David R. Smith and F. R. Fickett, "Low-temperature properties of silver," *J. Res. Natl. Inst. Stand. Technol.* **100**, 119（1995）.

- Y. S. Touloukian, R. W. Powell, C. Y. Ho, and P. G. Klemens, *Thermophysical Properties of Matter*, *Volume 2*,（IFI/Plenum, New York-Washington, 1970）.

- Y. S. Touloukian and R. K. Kirby, *Thermophysical Properties of Matter*, *Volume 12* (IFI/Plenum, New York-Washington, 1975).

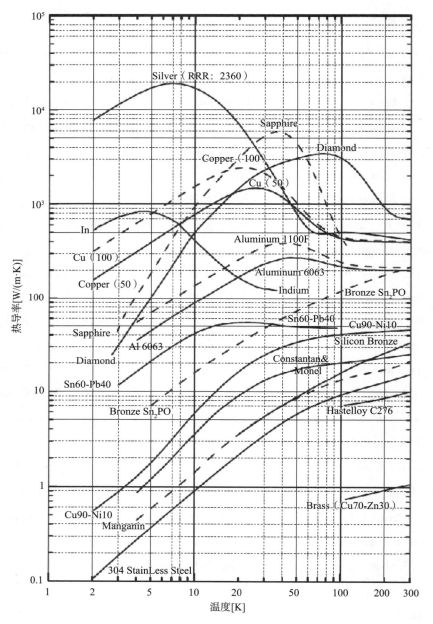

图 A3.1a 主要导电材料的热导率与温度关系图。为了清楚起见，部分曲线用虚线画出。

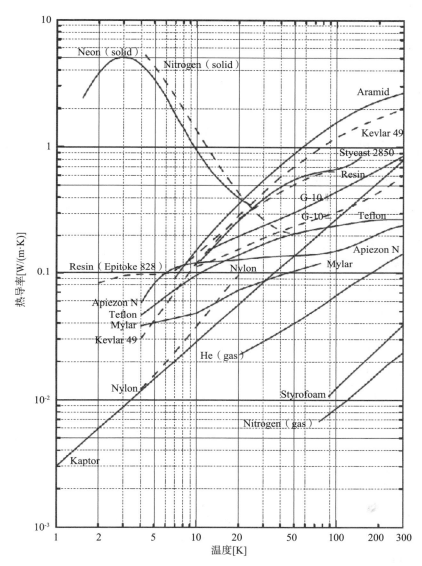

图 A3.1b　主要非导电材料的热导率与温度关系图。G-10‖表示平行于缠绕纤维方向，G-10⊥表示垂直于纤维方向。为了清楚起见，部分曲线用虚线画出。

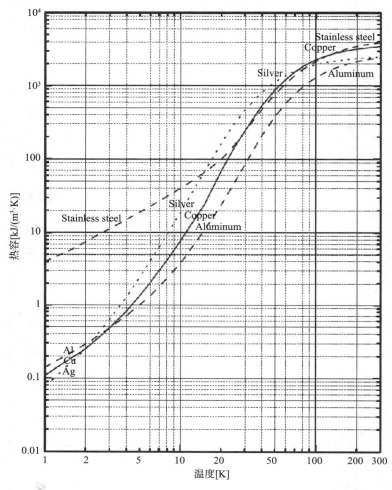

图 A3.2a　铝、铜、银和不锈钢的热容与温度关系图。该图在密度不变的条件下从比热数据转换而来：铝（2700 kg/m³）、铜（8960 kg/m³）、银（10490 kg/m³）和不锈钢（7900 kg/m³）。

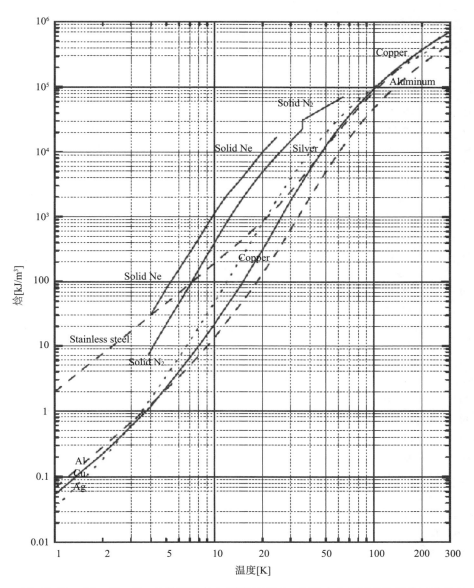

图 A3. 2b　铝、铜、银、不锈钢的焓与温度关系图。该图在密度不变的条件下从比热
数据转换而来：铝（2700 kg/m³）、铜（8960 kg/m³）、银（10490 kg/m³）和不锈钢
（7900 kg/m³）。固氖和固氮在 1 bar 下的密度，见表 10. 4。

表 A3.1　几种材料‡ 的热容数据　[kJ/（m³·K）]

T [K]	铜	镍	钨	环氧树脂	卡普顿	特氟龙
2	0.251	2.16	0.304	0.116	0.164	0.2*
4	0.816	4.48	0.757	0.869	1.34	3*
6	2.06	7.30	1.51	3.70	4.43	10*
8	4.21	10.6	2.71	9.25	10.1	22*
10	7.71	14.4	4.50	17.5	18.9	39.6
15	24.2	27.6	14.0	48.7	54.5	106
20	69.0	51.7	34.7	92.1	105	167
25	143	90.0	81.0	143	164	224
30	242	149	151	195	226	275
40	538	339	354	271	349	363
50	887	608	639	383	465	444
60	1.23×10^3	918	930	490	571	524
70	1.55×10^3	1.24×10^3	1.16×10^3	588	670	603
80	1.84×10^3	1.54×10^3	1.38×10^3	679	762	686
90	2.08×10^3	1.82×10^3	1.56×10^3	761	850	770
100	2.28×10^3	2.07×10^3	1.71×10^3	836	933	849
120	2.58×10^3	2.48×10^3	1.94×10^3	969	1.09×10^3	1.01×10^3
140	2.80×10^3	2.80×10^3	2.12×10^3	1.09×10^3	1.24×10^3	1.16×10^3
160	2.97×10^3	3.05×10^3	2.25×10^3	1.19×10^3	1.38×10^3	1.32×10^3
180	3.10×10^3	3.25×10^3	2.35×10^3	1.29×10^3	1.52×10^3	1.49×10^3
200	3.19×10^3	3.41×10^3	2.41×10^3	1.40×10^3	1.66×10^3	1.63×10^3
220	3.26×10^3	3.54×10^3	2.46×10^3	1.51×10^3	1.79×10^3	1.76×10^3
240	3.32×10^3	3.65×10^3	2.50×10^3	1.63×10^3	1.92×10^3	1.89×10^3
260	3.37×10^3	3.76×10^3	2.54×10^3	1.77×10^3	2.04×10^3	2.01×10^3
280	3.41×10^3	3.86×10^3	2.58×10^3	1.93×10^3†	2.14×10^3	2.22×10^3
300	3.46×10^3	3.96×10^3	2.62×10^3	2.10×10^3†	2.28×10^3	2.24×10^3

* 插值。

† 外推。

‡ 几种材料在室温下的密度［kg/m³］为：铜（8960）、镍（8908）、钨（19250）、环氧树脂（1150）、卡普顿（1140）、特氟龙（2200）。

表 A3.2　几种材料的焓数据　[kJ/m³]

T [K]	铜	镍	钨	环氧树脂	卡普顿	特氟龙
2	0.224	2.15	0.29	0.087	0.102	—
4	1.165	8.73	1.32	0.857	1.37	—
6	3.94	20.3	3.50	5.02	6.79	—
8	10.0	38.1	7.62	17.5	20.9	—

续表

T [K]	铜	镍	钨	环氧树脂	卡普顿	特氟龙
10	21.5	63.2	14.7	43.9	49.3	103
15	95.9	165	57.2	204	225	462
20	305	365	178	551	620	1.14×10^3
25	806	704	456	1.14×10^3	1.29×10^3	2.13×10^3
30	1.75×10^3	1.29×10^3	1.03×10^3	1.99×10^3	2.13×10^3	3.39×10^3
40	5.47×10^3	3.68×10^3	3.48×10^3	4.29×10^3	5.14×10^3	6.58×10^3
50	1.25×10^4	8.35×10^3	8.39×10^3	7.56×10^3	9.22×10^3	1.06×10^4
60	2.31×10^4	1.59×10^4	1.62×10^4	1.19×10^4	1.44×10^4	1.54×10^4
70	3.70×10^4	2.67×10^4	2.68×10^4	1.73×10^4	2.06×10^4	2.11×10^4
80	5.39×10^4	4.06×10^4	3.95×10^4	2.37×10^4	2.78×10^4	2.75×10^4
90	7.37×10^4	5.75×10^4	5.41×10^4	3.09×10^4	3.59×10^4	3.48×10^4
100	9.50×10^4	7.69×10^4	7.05×10^4	3.89×10^4	4.48×10^4	4.29×10^4
120	1.44×10^5	1.23×10^5	1.07×10^5	5.70×10^4	6.50×10^4	6.14×10^4
140	1.98×10^5	1.75×10^5	1.48×10^5	7.75×10^4	8.83×10^4	8.29×10^4
160	2.55×10^5	2.34×10^5	1.92×10^5	1.00×10^5	1.15×10^5	1.08×10^5
180	3.16×10^5	2.97×10^5	2.37×10^5	1.25×10^5	1.44×10^5	1.36×10^5
200	3.80×10^5	3.64×10^5	2.85×10^5	1.52×10^5	1.75×10^5	1.67×10^5
220	4.44×10^5	4.33×10^5	3.35×10^5	1.81×10^5	2.10×10^5	2.01×10^5
240	5.10×10^5	5.05×10^5	3.85×10^5	2.13×10^5	2.47×10^5	2.37×10^5
260	5.77×10^5	5.79×10^5	4.35×10^5	2.47×10^5	2.87×10^5	2.76×10^5
280	6.45×10^5	6.56×10^5	4.87×10^5	2.84×10^5*	3.09×10^5*	3.18×10^5
300	7.13×10^5	7.34×10^5	5.39×10^5	3.24×10^5*	3.53×10^5*	3.64×10^5

＊ 外推。

表 A3.3　几种材料的机械性质

材　料	σ_U [MPa]		σ_Y [MPa]		E [MPa]	
T [K]	295	77	295	77	295	77
铝 6061（T6）	315	415	280	380	70	77
紫铜（退火）	160	310	70	90	70	100
紫铜（1/4 硬，H01）	250	350	240	275	130	150
紫铜（1/2 硬，H02）	300	—	280	—	130	—
镍	345→2000	—	51	58	60	70
银	190	295	40~60	45~70	82	90
不锈钢 304	550→1030	1450→1860	200→620	260→1400	190→190	200→200
不锈钢 316LN	1290	1790	1100	1400	185	195
环氧树脂	40	100	—	—	27	28
G-10（缠绕/正常）	280/240	—	—	—	18/14	—

续表

材 料	σ_U［MPa］		σ_Y［MPa］		E［MPa］	
迈拉	145	215	—	—	7	13
特氟龙	14	105	—	—	0.4	5

表 A3.4　几种材料的平均线性热膨胀数据$\dfrac{［L(T)-L(293\ K)］}{L(293\ K)}$［%］

材 料	T［K］				
	20	**80**	**140**	**200**	**973†**
铝	−0.415*	−0.391	−0.312	−0.201	—
黄铜（70Cu−30Zn）	−0.369	−0.337	−0.260	−0.163	+1.30
青铜	−0.330	−0.304	−0.237	−0.150	+1.33
紫铜	−0.324	−0.300	−0.234	−0.148	+1.3
镍	−0.224	−0.211	−0.171	−0.111	—
银	−0.409	−0.360	−0.270	−0.171	+1.50
不锈钢 304	−0.306	−0.281	−0.222	−1.40	+1.32
环氧树脂	−1.15	−1.02	−0.899	−0.550	—
G−10（缠绕）	−0.241	−0.211	−0.165	−0.108	—
G−10（正常）	−0.706	−0.638	−0.517	−0.346	—
酚醛树脂（正常）	−0.730	−0.643	−0.513	−0.341	—
Teflon（TTE）	−2.11	−1.93	−1.66	−1.24	—
Nb_3Sn	−0.171	−0.141	−0.102	−0.067	+0.55
Cu/NbTi 超导线	−0.265	−0.245	−0.190	−0.117	—
焊锡（50Sn−50Pb）	—	−0.510	−0.365	−0.229	—

* 一根在 293 K 长 1 m 的铝棒，当其被冷却至 20 K 后，缩短 4.15 mm。

† 典型的 Nb_3Sn 反映温度。

Ⅳ　常规金属的电气性质

物性数据来源

● A. F. Clark, G. E. Childs, and G. H. Wallace, "Electrical resistivity of some engineering alloys at low temperatures," Cryogenics 10, 295 (1970).

● F. R. Fickett, "Aluminum 1. A review of resistive mechanisms in aluminum," Cryogenics 11, 349 (1971).

● F. R. Fickett,"Oxygen-free copper at 4 K: resistance and magnetoresistance," IEEE Trans. Magn. MAG-19, 228 (1983).

● A. M. Hatch, R. C. Beals, and A. J. Sofia, Bench-scale experiments on superconducting material joints (Final Report, Avco Everett Research Laboratory, November 1976; unpublished).

● Y. Iwasa, E. J. McNiff, R. H. Bellis, and K. Sato,"Magnetoresistivity of silver over the range 4.2-159 K," Cryogenics 33, 836 (1993).

● G. T. Meaden, Electrical Resistance of Metals (Plenum Press, New York 1965). Materials at low temperatures, Eds. Richard P. Reed and Alan F. Clark (American Society For Metals, 1983).

● Jean-Marie Noterdaeme, Demountable resistive joint design for high current superconductors (Master of Science Thesis, Department of Nuclear Engineering, Massachusetts Institute of Technology, 1978).

● M. T. Taylor, A. Woolcock, and A. C. Barber,"Strengthening superconducting composite conductors for large magnet construction," Cryogenics 8, 317 (1968).

● Guy Kendall White, Experimental Techniques in Low-Temperature Physics (Clarendon Press, Oxford, 1959).

● J. L. Zar,"Electrical switch contact resistance at 4.2 K," Adv. Cryo. Engr. 13, 95 (1968).

这里列出了 4.2 K 接触电阻与接触压力的关系数据（表 A4.1）、几种金属和合金的电阻率与温度关系（表 A4.2）。

表 A4.1　4.2 K 接触电阻与接触压力的关系数据[*]

铜表面处理	接触电阻 $[p\Omega \cdot m^2]$				
接触压力 [MPa]	7	30	100	200	400
清洗后	100	25	5	0.2	—
氧化	—	—	—	3	1
镀银	1~10	0.4~3	0.2~0.8	0.04~0.06	—
镀银（10 μm 厚）	1	0.9	—	—	—
镀金（1.3 μm 厚）	14	6	—	—	—

[*] 基于诺特达梅（Noterdaeme）的>100 MPa 的数据以及扎尔（Zar）7 MPa 和 30 MPa 的数据。

表 A4.2　几种金属和合金的电阻率与温度关系数据。在 $T \geqslant 76$ K 时，

有 ρ（T）= ρ（76 K）+s（T-76 K）（10.1）。表中：　ρ［$n\Omega \cdot m$］；　T［K］；　s［$n\Omega \cdot m/K$］

金　属		电阻率［$n\Omega \cdot m$］						
T［K］		4	20	40	76	273	295*	s
铝 1100		0.82	0.84	1.14	3.10	26.7	29.3	0.120
铝 6061		13.8	13.9	14.1	16.6	39.4	41.9	0.116
哈氏合金 C	［a］	1230	1230	1236	1240	1268	1271	0.142
无氧高导铜（OFHC）		0.16	0.17	0.28	2.00	15.6	17.1	0.069
黄铜(弹壳黄铜)	［b］	42	42	43	47	67	69	0.102
（海军黄铜）	［c］	33	33	35	39	63	66	0.122
（红色黄铜）	［d］	27	27	28	30	47	49	0.086
青铜(铝青铜)	［e］	139	138	140	140	162	164	0.112
（工业青铜）	［f］	21	21	22	24	39	41	0.076
（镍铝青铜）	［g］	157	157	158	160	184	187	0.122
（磷青铜）	［h］	86	86	88	89	105	107	0.081
90Cu-10Ni		167	167	168	169	184	186	0.076
70Cu-30Ni		364	365	366	367	384	386	0.086
不锈钢304L		496	494	503	514	704	725	0.964
310		685	688	694	724	875	890	0.756
316		539	538	546	566	750	771	0.934

* 根据表头式（10.1）计算得到。

［a］：58Ni-16Mo-15Cr-5Fe-3W；［b］：70Cu-30Zn；［c］：59Cu-40Zn；［d］：84Cu-15Zn；［e］：91Cu-7Al；［f］：真黄铜89Cu-10Zn；［g］：81Cu-10Al-5Ni；［h］：94Cu-5Sn-0.2P。

V　超导体的性质

本附录中的超导体特性和前文材料的特性一样，是代表性的并旨在主要用于磁体设计的早期阶段。以常规电机的设计为例，如果不涉及大规模生产等情况，设计师将能够在一个目录中选择铜线。超导磁体的设计与之不同，就连基于 NbTi 的"标准"MRI 超导磁体的设计过程，也仍然经常需要由磁体设计师设计针对磁体对超导体进行定制设计。也就是说，当前在几乎所有超导磁体设计的早期阶段，超导体的制造就会介入进来。我们希望随着更多磁体量产，这种实践能够且必将退出舞台。届时将有广泛可用的多种"标准"磁体级超导体可用。

这里列出了导体金属和不锈钢的归一化零场 ρ（T）（图 A5.1）、铝、铜和银的 RRR 与磁场关系（图 A5.2）、几种加热器金属材料的电阻率（表 A5.1）。

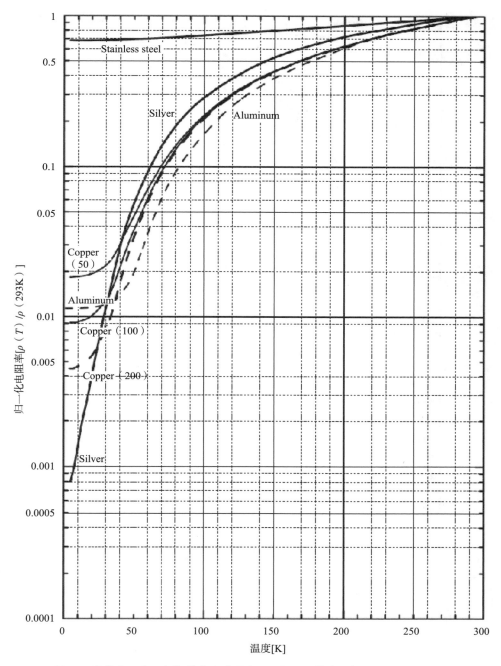

图 A5.1　导体金属和不锈钢的归一化零场ρ（T)图。其中，铝（99.99%，ρ ≤26.44 nΩ·m)；铜（RRR=50，ρ ≤17.14 nΩ·m)；铜（RRR=100，ρ ≤17.03 nΩ·m)；铜（RRR=200，ρ ≤16.93 nΩ·m)；银（99.99%，ρ ≤16.00 nΩ·m)。不锈钢（304 L，ρ ≤725 nΩ·m）代表了典型的合金。对各金属，ρ（T）均归一化为 293 K 零场下的值。

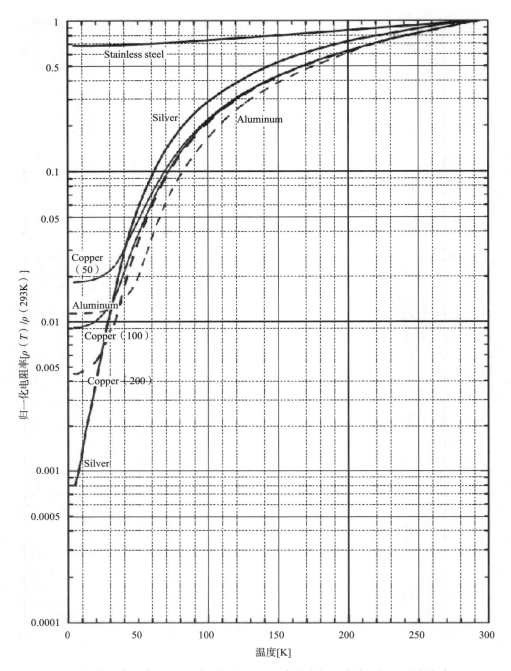

图 A5.2　铝、铜和银的 *RRR* 与磁场关系图：实线为铜，虚线是铝，二者均为 4.2 K 的值；点划线是银，温度如图所示——在 0 T 下 RRR=735。在 77 K 时，铜的 *RRR* 对磁场的依赖性与银类似。

表 A5.1　几种加热器金属材料的电阻率

加热器金属	ρ [n$\Omega \cdot$ m]		
	≤20 K	76 K	259 K
Evanohm（75Ni-20Cr-2.5Al-2.5Cu）	1326	1328	1337
Chromel A（80Ni-20Cr）	1020	1027	1055
Constantan（60Cu-40Ni）	460	466	490
Cupron（55Cu-45Ni）	431	458	476
Manganin（86Cu-12Mn-2Ni）	425	444	475
Tophet A（80Ni-20Cr）	1087	1090	1120
NbTi	600†	—	—

† 处于正常态。

A5.1　NbTi、Nb$_3$Sn、MgB$_2$、YBCO、Bi2223的电流密度

NbTi、Nb$_3$Sn、MgB$_2$（圆线）及 YBCO 和 Bi2223（带）的电流密度总结如表 A5.2。表中未包含 Bi2212 的数据——你可以在导体制造商的网站上看到它在 4.2 K 的数据。表中，J_c 和 J_e 向最近的 0 或 5 A/mm^2 取整。当前（2008），MgB$_2$ 和 YBCO 的 $J_e(B, T)$ 性能提升速度要比 NbTi，Nb$_3$Sn，Bi2223，Bi2212 快不少。这些超导体性能的最新数据的最佳信源是超导体制造商的网站。

注意任一由 NbTi，Nb$_3$Sn，MgB$_2$，YBCO，Bi2223/Bi2212 绕成的磁体中，**总体**电流密度 J_{ov} 或 λJ_{op} 都要比表 A5.1 中给出的数值小。为了满足其他设计要求，包括但不限于电气、机械、保护、稳定性等方面，每一种超导体都必须包括其他非超导材料，从而 $J_{ov} < J_c(J_e)$。事实上，甚至以极限考虑，即 $J_c = \infty$，相应的 J_{ov} 也不会超过 1000A/mm^2。

A5.2　NbTi、Nb$_3$Sn 的标度律

此处介绍多年来为 NbTi、Nb$_3$Sn 开发的标度律。

1) NbTi

临界场与温度关系　$b_{c2}(t)$：约化上临界场定义为 $b_{c2}(t) \equiv \dfrac{B_{c2}(T)}{B_{c2}(T=0)}$，其中，$t \equiv \dfrac{T}{T_c}(B=0)$：

$$b_{c2}(t) = 1 - t^{1.7} \tag{A5.1}$$

5 组 Ti 含量对应的 $B_{c2}(T=0)$ 和 $T_c(B=0)$ 值：$B_{c2} = [14.5,~14.2,~14.4,~14.4,$

14.25 T］以及 $T_c(B=0)=$［9.2，8.5，8.9，9.2，9.35 K］。卢贝尔（Lubell）的选择是 14.5 T 和 9.2 K，即第一个组合。

临界电流密度　$J_c(b, t)$：临界电流密度 $J_c(b, t)$［A/mm^2］作为约化场 $b\left[\equiv\dfrac{B}{B_{c2}(T)}\right]$ 和 t 的函数如下：

$$J_c(b,t) = \frac{C_0}{B}b^\alpha(1-b)^\beta(1-t^n)^\gamma \qquad (A5.2)$$

式中，B［T］是 NbTi 超导体工作的磁场。常数 C_0，α，β，γ 依赖于 Ti 含量。每个常数相应的都有 5 组值：C_0（23.8，28.6，28.5，37.7，28.4T）；α（0.57，0.76，0.64，0.89，0.80）；β（0.90，0.85，0.75，1.10，0.89）；γ（1.90，1.76，2.30，2.09，1.87）。

2）Nb$_3$Sn

临界电流密度　$J_c(b, t, \epsilon)$：临界电流密度 $J_c(b, t, \epsilon)$［A/mm^2］作为约化场 $b\left[\equiv\dfrac{B}{B_{c2}(T)}\right]$，$t$ 和应力 ϵ 的函数如下：

$$J_c(b,t,\epsilon) = \frac{C}{B}s(\epsilon)(1-t^{1.52})(1-t^2)b^p(1-b)^q \qquad (A5.3)$$

其中，C［T］、p 和 q 是参数。$s(\epsilon)$ 是应变 ϵ 的非常复杂的函数，包含多个参数。这里比较重要的一点是，NbTi 超导体的 J_c 以 $\dfrac{1}{B}$ 依赖于磁场，它对温度的依赖关系显然更陡。

表 A5.2　J_c 或 J_e［A/mm^2］数据。NbTi，MgB$_2$ 线是 J_c，Nb$_3$Sn 线是非铜部分的 J_c，YBCO 和 Bi2223 带是 J_e。YBCO 和 Bi2223 带给出了平行场和垂直场数据[*]。

T［K］	B［T］ →	3	5	8	12	15	20	25	30
1.8	NbTi	>5000	>4000	>3000	900	NA†	NA	NA	NA
1.8	Nb$_3$Sn[a)]	>2000	>2000	>2000	>2000	>2000	800	155	NA
4.2	NbTi	>3000	2500	1000	NA	NA	NA	NA	NA
4.2	Nb$_3$Sn[a)]	>2000	>2000	>2000	>2000	1700	475	−‡	NA
4.2	Nb$_3$Sn[b)]	>2000	>2000	1400	840	475	130	—	NA
4.2	Nb$_3$Sn[c)]	3350	2100	1250	660	375	100	—	NA
4.2	MgB$_2$	1930	900	165	—	NA	NA	NA	NA
4.2	YBCO ∥	1350	1270	1155	980	905	810	NA	NA
4.2	YBCO ⊥	425	310	230	175	155	NA	NA	NA
4.2	Bi2223 ∥	900	900	900	800	700	590	490	400

$T[\mathrm{K}]$	$B[\mathrm{T}] \rightarrow$	3	5	8	12	15	20	25	30
4.2	Bi2223 ⊥	560	530	500	485	465	455	440	435
10	Nb₃Sn^c)	1400	850	375	70	10	—	—	—
10	MgB₂	1595	610	75	—	NA	NA	NA	NA
10	Bi2223 ∥	725	725	725	630	560	450	350	300
10	Bi2223 ⊥	505	455	390	350	325	285	265	245
15	MgB₂	1160	280	20	NA	NA	NA	NA	NA
20	MgB₂	585	80	—	NA	NA	NA	NA	NA
20	YBCO ⊥	130	90	65	—	NA	NA	NA	NA
20	Bi2223 ∥	730	650	575	510	460	370	280	200
20	Bi2223 ⊥	385	325	260	200	170	130	100	75
30	Bi2223 ∥	640	540	480	365	300	200	150	100
30	Bi2223 ⊥	230	150	80	45	—	—	—	—
35	YBCO ⊥	80	55	35	—	NA	NA	NA	NA
$T[\mathrm{K}]$	$B[\mathrm{T}] \rightarrow$	sf §	0.1	0.3	0.5	0.8	1	3	5
50	Bi2223 ∥	760	760	590	525	455	420	250	165
50	Bi2223 ⊥	760	485	305	215	140	105	—	—
65	YBCO ∥	205	195	180	160	145	100	NA	NA
65	YBCO ⊥	205	115	80	55	45	20	NA	NA
66	Bi2223 ∥	405	405	295	250	200	185	75	25
66	Bi2223 ⊥	405	225	105	50	—	—	—	—
70	Bi2223 ∥	330	330	240	175	160	135	40	—
70	Bi2223 ⊥	330	175	70	25	—	—	—	—
77	YBCO ∥	100	95	85	75	60	55	NA	NA
77	YBCO ⊥	100	80	45	30	15	—	—	—
77	Bi2223 ∥	220	220	150	120	90	75	—	—
77	Bi2223 ⊥	220	100	30	—	—	—	—	—

* YBCO 和 Bi2223 的 $J_e \parallel \dfrac{(B, T)}{J_e(77\,\mathrm{K}, s.f.)}$ 和 $\dfrac{J_e \perp (B, T)}{J_e(77\,\mathrm{K}, s.f.)}$ 的比值可假定在不同 $J_e(77\,\mathrm{K}, s.f.) = J_e \parallel (77\,\mathrm{K}, s.f.) = J_e \perp (77\,\mathrm{K}, s.f.)$ 取值下不变。

† 无相关数据。

‡ J_c 和 J_e 对磁体应用来说，太低了。

§ 自场平行场约为 1 T，自场垂直场约为 0.01 T。

a) 内锡法。

b) 国际热核实验堆（ITER）。

c) ITER 桶法。

3 种不同规格的导体。

A5.3　力学和热学性质

超导体都不会被独自使用。为了满足稳定性、保护和机械要求，磁体绕组和导体本身**总是**包含其他非超导材料。事实上，对于磁体来说，超导体最重要的要求是有足够的临界电流性能，以满足磁体的工作电流、温度和磁场范围。尽管在大多数磁体设计中，如果有精确的超导体的力学和热数据，是非常有用的；但通常情况下并没有。对于由不同材料组成的磁体绕组来说，情况更是如此。"混合规则"被广泛用于复合导体或绕组的组成材料特性评估。表 A5.3 列出了 5 种磁体级超导体的**近似**力学特性数据：密度（ρ）、杨氏模量（E）、屈服强度（σ_Y）、热导率（k）和热容量（C_p）。同时也给出了用于结构的不锈钢和用于导热的铜的数据。这些属性将在下文中进行讨论。

表 A5.3　超导体的力学性能和热性能数据，不锈钢和铜（RRR=50）作为对比。

力学性能		NbTi	Nb$_3$Sn	MgB$_2$	YBCO	Bi2223	不锈钢
密度@ 295 K	［kg/m^3］	6550	8950	2600	6380	4350	7900
E@ <100 K 时	［GPa］	55~65	<100				200
σ_Y@ <100K 时	［MPa］	*	<50				250
热性能		NbTi	Nb$_3$Sn	MgB$_2$	YBCO	Bi2223	铜
k@ 10 K 时	［W/(m·K)］	~1					5000
k@ 100 K 时	［W/(m·K)］	<10					30000
C_p@ 30 K 时	［kJ/(m^3·K)］	380	280	4	120	NA	240
C_p@ 90 K 时	［kJ/(m^3·K)］	200	1400	NA	670	700	2100

* 极限拉伸强度：76K 为 1.04GPa；4.2K 为 1.28GPa。

杨氏模量　在低场和小磁体中（主要是 NbTi），为了满足稳定性和保护要求，给 NbTi 加铜基底（σ_Y，在 100 K 以下大于 250 MPa）通常就足够了。为了使那些比 NbTi 更敏感的超导体（如 Nb$_3$Sn 和 YBCO）的弯曲应变最小，有时超导体被放置在其中性轴或附近。还要注意的是，在这些超导体中，NbTi 对拉伸应变的耐受性最好。即使在 1% 的情况下，它也能保持 95% 的零应变 J_c。失效应变在这里定义为 J_c 发生不可逆退降对应的最小应变。这些超导体的失效应变有所不同，范围为 0.2~0.45%。每种复合超导体都有一个和其组合成分有关的非线性的应力——应变曲线，可以用混合规则的进行估算。

热导率　　正如第 5 章所讨论的，在整个感兴趣的温度范围内，这些超导体的热导率至少比铜小两个数量级：超导体对热传导的贡献可忽略不计。另外，复合导体中细小的超导体尺寸（1~100 μm）有利于对基底的热传导。在这里，混合规则也可能足以满足大多数分析的需要。

热容　　在第 8 章计算热点最终温度时，作为保护分析的一个简化步骤，我们在体积层面上令随温度变化的超导体的热容与铜的相等。根据表 A5.2 我们可以得出结论：这种简化是大致有效的，尽管对 MgB_2、YBCO 和 Bi2223 效果差些。至少对 YBCO 带材来说，这个差异实际上是没有意义的，因为 YBCO 超导体仅占带材总截面的很小比例（~1%）。

物性数据来源和精选参考

这里仅列出了那些提供了和磁体设计相关数据的文献，不包括纯与超导体材料有关的论文。

LTS 和 HTS 的 $J_c(B)$ 数据：

● Peter J. Lee（http：//magnet. fsu. edu/~lee/plot/plot. htm）——大部分仅提供了 4.2K 数据。

NbTi 和 Nb_3Sn 的 $J_c(B,T)$ 数据：

● C. R. Spencer, P. A. Sanger and M. Young, "The temperature and magnetic field dependence of superconducting critical current densities of multifilamentary Nb_3Sn and NbTi composite wires," IEEE Trans. Magn. MAG-15, 76 (1979).

● K. F. Hwang and D. C. Larbalestier, "Generalized critical current density of commercial Nb46.5, Nb50 and Nb53 w/o Ti multifilamentary superconductors," IEEE Trans. Magn. MAG-15, 400 (1979).

● M. S. Lubell, "Empirical scaling formulas for critical current and critical field for commercial NbTi," IEEE Trans. Magn. MAG-19, 754 (1983).

● Michael A. Green, "Calculating Jc, B, T surface for niobium titanium using a reduced state model," IEEE Trans. Magn. 25, 2119 (1989).

● L. Bottura, "A practical fit for the critical surface of NbTi," IEEE Trans. Appl. Superconduc. 10, 1054 (2000).

● Arno Godeke, Performance Boundaries in Nb_3Sn Superconductors (Ph. D. thesis, University of Twente, Enschede, The Netherlands, 2005); also in J. P. Lee website, ibid.

● Nikolai Schwerg and Christine Vollinger，"Development of a current fit function for NbTi to be used for calculation of persistent current induced field errors in the LHC main dipoles，" IEEE Trans. Appl. Superconduc. 16, 1828（2006）.

● Takashi Hase（Kobe Steel; personal communication）.

MgB_2、YBCO、Bi2223 和 Bi2212 的 $J_c(B,T)$ 数据：

● MgB_2：Columbus Superconductors; Hyper Tech Research.

● YBCO：American Superconductor Corp.（AMSC）; European High Temperature Superconductors（EHTS）; SuperPower.

● Bi2223：AMSC（while current stock lasts）; EHTS; Innova Superconductor Technology（InnoST）; Sumitomo Electric.

● Bi2212：Nexans; Oxford Superconducting Technology

表 A5.1 的数据源（Personal communication）：

● MgB_2：David Doll and Matthew A. Rindfleisch（Hyper Tech Research）. 以及 M. D. Sumption，M. Bhatia，M. Rindfleisch，M. Tomsic and E. W. Collings，"Transport properties of multifilamentary, in situ route, Cu-stabilized MgB_2 strands: one metre segments and the Jc(B,T) dependence of short samples，" Superconductor Science and Technology 19, 155（2006）.

● YBCO：John P. Voccio（AMSC）以及 D. Turrioni，E. Barzi，M. Lamm，V. Lombardo，C. Thieme, and A. V. Zlobin，"Angular measurements of HTS critical current for high field solenoids，" Adv. Cryogenic Engr. Mat. 54, 451（2008）.

● Bi2223：Shin-ichi Kobayashi（Sumitomo Electric）.

应力对 NbTi 和 Nb_3Sn 的 J_c 的影响：

● J. W. Ekin，"Strain scaling law for flux pinning in practical superconductors. Part 1: Basic relationship and application to Nb_3Sn conductors，" Cryogenics 20, 611（1980）.

● J. W. Ekin，"Relationships between critical current and stress in NbTi，" IEEE Trans. Magn. MAG−23, 1634（1987）.

● W. Denis Markiewicz，"Elastic stiffness model for the critical temperature Tc of Nb_3Sn including strain dependence，" Cryogenics 44, 895（2004）.

● David M J Taylor and Damian P Hampshire，"The scaling law for the strain dependence of the critical current density in Nb_3Sn superconducting wires，" Supercond. Sci. Technol. 18, S241（2005）.

● W. Denis Markiewicz, "Invariant temperature and field strain functions for Nb_3Sn composite superconductors," Cryogenics 46, 846 (2006).

● Najib Cheggour, Jack W. Ekin, and Loren F. Goodrich, "Critical-current measurements on an ITER Nb_3Sn strand: effect of axial tensile strain," IEEE Trans. Appl. Superconduc. 17, 1366 (2007).

LTS 和 HTS 的力学、热性质：

● Curt Schmidt, "Simple method to measure the thermal conductivity of technical superconductors, e. g., NbTi," Rev. Sci. Instrum. 54, 454 (1979).

● T. Nishio, Y. Itoh, F. Ogasawara, M. Suganuma, Y. Yamada, and U. Mizutani, "Superconducting and mechanical properties of YBCO-Ag composite superconductors," J. Mat. Science 24, 3228 (1989).

● Ctirad Uher, "Review: Thermal conductivity of high-Tc superconductors," J. Superconduc. 3, 337 (1990).

● H. Ledbetter, "Elastic constants of polycrystalline Y1Ba2Cu3Ox," J. Mat. Sci. Res. 7, 11 (1992).

● S. Ochiai, K. Hayashi, and K. Osamura, "Strength and critical density of Bi (Pb) -Sr-Ca-Cu-O and Y-Ba-Cu-O in silver-sheathed superconducting tapes," Cryogenics 32, 799 (1992).

● W. Schnelle, O. Hoffels, E. Braun, H. Broicher, and D. Wohlleben, "Specific heat and thermal expansion anomalies of high temperature superconductors," Physics and Materials Science of High Temperature Superconductors-II (Kluwer Publishers, Dordrecht, The Netherlands, 1992), 151.

● John Yau and Nick Savvides, "Strain tolerance of multifilament Bi-Pb-Sr-Ca-Cu-O/ silver composite superconducting tapes," Appl. Phys. Lett. 65, 1454 (1994). Neil McN. Alford, Tim W. Button, Stuart J. Penn and Paul A. Smith, "YBa2Cu3Ox low loss current leads," IEEE Trans. Superconduc. 5, 809 (1995).

● Y. Yoshino, A. Iwabuchi, K. Katagiri, K. Noto, N. Sakai, and M. Murakami, "An evaluation of mechanical properties of YBaCuO and (Sm, Gd) BaCuO bulk superconductors using Vickers hardness test at cryogenic temperatures," IEEE Trans. Superconduc. 12, 1755 (2002).

● K. P. Weiss, M. Schwarz, A. Lampe, R. Heller, W. H. Fietz, A. Nyilas, S. I.

Schlachter, and W. Goldacker, "Electromechanical and thermal properties of Bi2223 tapes," IEEE Trans. Superconduc. 17, 3079 (2007).

　● Arman Nyilas, Kozo Osamura, and Michinaka Sugano, "Mechanical and physical properties of Bi2223 and Nb_3Sn superconducting materials between 300K and 7 K," Supercond. Sci. Technolo. 16, 1036 (2003).

　● G. Nishijima, S. Awaji, K. Watanabe, K. Hiroi, K. Katagiri, T. Kurusu, S. Hanai, and H. Takano, "Mechanical and superconducting properties of Bi2223 tape for 19T cryogenfree superconducting magnet," IEEE Trans. Appl. Superconduc. 14, 1210 (2004).

　● Koji Shikimachi, Naoji Kashima, Shigeo Nagaya, Takemi Muroga, Seiki Miyata, Tomonori Watanabe, Yutaka Yamada, Teruo Izumi, and Yuh Shiohara, "Mechanical properties of YBaCuO formed on Ni-based alloy substrates with IBAD buffer layers," IEEE Trans. Appl. Superconduc. 15, 3548 (2005).

　● Najib Cheggour, Jack W. Ekin, and Cees L. H. Thieme, "Magnetic-field dependence of the reversible axial-strain effect in Y-Ba-Cu-O coated conductors," IEEE Trans. Appl. Superconduc. 15, 3577 (2005).

Ⅵ　词汇表

A-15：大多数低温超导体（LTS，例如 Nb_3Al，Nb_3Sn，V_3Ga）的金属间化合物所具有立方晶体结构。这种结构也被称为 β-钨（β-W）结构。

AC loss（交流损耗）：由时变磁场和/或传输电流引起的导体中的能量（功率）耗散，包括磁滞损耗、耦合损耗、自场损耗、涡流损耗。

Active shielding（主动屏蔽）：用相反极性的磁体来降低边缘场的一种技术；用于一些 MRI（> 1.5 T）和 NMR（> 9 T）超导磁体中。

Adiabatic demagnetization（绝热去磁）：一种利用顺磁材料的熵对磁场和温度的依赖特性来实现毫开尔文级及以下温度的冷却技术。

Adiabatic magnet（绝热磁体）：一种绕组内部不暴露在液态冷却剂中的磁体；其主要的冷源（例如液态制冷剂）位于绕组之外。

AE（Acoustic Emission，声发射）：机械结构（例如磁体）在施加载荷（充电）或释放载荷（放电）过程中发生的突然机械事件所发出的声学信号；该信号可以检测导体运动或环氧树脂断裂事件并确定其位置。参见凯泽效应（Kaiser effect）。

Anisotropy（各向异性）：在不同方向上表现出不同值的特性，例如磁场方向对超导体临界电流密度的影响。

ATLAS（A Toroidal LHC ApparatuS，环形 LHC 装置）：大型（总体：直径 25 m，长 46 m）LHC 粒子探测器超导磁体系统，由内部螺线管和轴向长的桶形环状结构组成，两侧是端盖环状结构。参见 LHC。

BCS theory（BCS 理论）：一种超导微观理论，由伊利诺伊大学的 J. 巴丁（J. Bardeen）、L. N. 库珀（L. N. Cooper）和 J. R. 施里弗（J. R. Schrieffer）在 1957 年发表的一篇论文中提出，解释了 LTS 的电磁和热力学性质。

Bean slab（比恩板）：通用电气研究实验室的 C. P. Bean 在 1962 年引入的一维模型，用于构建一个现象学理论来描述磁化现象，这个模型是用来描述第 II 类超导体的。

Bi2212：BSCCO 的一种，可加工成圆形或其他截面形状的导线。

Bi2223：BSCCO 的另一种，只能加工成带状导线。

Breakdown voltage（击穿电压）：绝缘体失效的电压，对于在放电电压高于约 1kV 时的磁体运行来说是一个重要参数。

Bronze process（铜基工艺）：一种用于制造 A-15 超导体（如 Nb_3Sn、V_3Ga）多丝导体的方法。该工艺是于 1970 年由 3 人独立开发出来的：美国惠特克（Whittaker）公司的 A. R. 考夫曼（A. R. Kaufman）和英国原子能研究机构的 E. W. Howelett 针对 Nb_3Sn 以及日本国立材料研究所（前身为国立金属研究所）的 K. Tachikawa 针对 V_3Ga。

BSCCO：一种基于铋（Bi）的高温超导体，化学式为 $(BiPb)_2Sr_2Ca_{n-1}Cu_nO_{2n+4}$，其中 $n=2$ 时得到 Bi2212，其临界温度 Tc 约为 85 K；$n=3$ 时得到 Bi2223，其 Tc 约为 110 K。它是日本国立材料研究所的 H. Maeda 于 1989 年发现的。

Bubble chamber（气泡室）：一种充满过热液体冷却剂（通常是氢）的腔体，一般置于超导磁体内，用于研究高能粒子的相互作用。

Carnot cycle（卡诺循环）：一个由 2 个绝热过程和 2 个等温过程组成的可逆热力学循环。在该循环中，工质工作在 2 个热源之间，以最高效率产生做功或制冷。该理论是法国物理学家和军事工程师 N. L. S. 卡诺（N. L. S. Carnot，1796 ~ 1832）于 1824 年发表的，题为《Reflexions sur la Puissance Motrice du Feu》。

CEA（Commissariat à l'Energie Atomique，法国原子能委员会）：一个在法国各地设有中心的法国政府研究机构。其超导磁体和低温技术活动主要分布在位于巴黎西南约 30 km 的萨克莱和位于普罗旺斯地区艾克斯-安普罗旺斯以北约 40 km 的卡达拉什 2 个地方。

CERN（欧洲核子研究中心）：位于瑞士/法国边境、靠近日内瓦的国际高能物理研究中心。参阅 LHC。

CIC conductor（Cable-In-Conduit，管内电缆导体）：一种由换位多股导体（通常是 NbTi 或 Nb_3Sn）置于高强度的导管中制成的电缆，迫流冷却液体（通常是超临界氦）流过导管而冷却电缆。

CMS（Compact Muon Solenoid，紧凑型 μ 子螺管）：LHC 的超导探测器磁体（与 ATLAS 和其他两个磁体一起），产生一个 4 T 的中心场。该磁体总体尺寸为直径 15 m，长 21.5 m，重量超过 1.25×10^6 kg。

Coercive force（矫顽力）：使已磁化材料失去磁性所需的磁场。

Coherence length（相干长度）：超导-正常相变发生的距离；由 A. B. 皮帕尔德（A. B. Pippard，剑桥大学）在 20 世纪 50 年代初引入。

Composite superconductor（复合超导体）：由超导单丝、多丝或带在正常金属基底上成形的导体。可以是多丝导体（Multifilamentary conductor）。

Cooper pair（库珀对）：在 BCS 理论中，产生超导电性的电子对。

Copper-to-superconductor ratio（铜-超导比）：在复合超导体（如 NbTi）中，铜与超导体的体积比，或在包含其他金属的复合超导体（如 Nb_3Sn）中，铜与非铜材料的体积比。

Coupling loss（耦合损耗）：多丝超导体或 CIC 导体中，由丝和/或股之间的磁感应电流而产生的交流损耗。

Coupling time constant（耦合时间常数）：多丝超导体或 CIC 导体中，磁感应电流的主要衰减时间常数。

Critical current（临界电流），Ic：在给定温度和磁场下，导体在仍保持超导态下所能够承载的最大电流。

Critical current density（临界电流密度），Jc：在超导电中，定义超导临界面的 3 个材料参数之一。在第 II 类超导体中，J_c 对冶金工艺非常敏感。

Critical field（临界磁场），Hc：定义超导临界面的 3 个材料参数之一，对冶金工艺不敏感。在第 II 类超导体中，存在两个临界磁场：下临界磁场（H_{c1}）和上临界磁场（H_{c2}）。

Critical state model（临界态模型）：在比恩板中的磁行为；在临界态下，板的每个部分都处于临界电流密度。

Critical temperature（临界温度），Tc：定义超导态向正常态转变的温度；用于区分 HTS 和 LTS。

Cryocirculator（低温循环器）：一种带有 2 个氦循环器的制冷机，可以提供氦气高压流，两个氦气流的温度典型值为 80K 和 20K。

Cryocooled magnet（低温冷却磁体）：一种由制冷机或低温发生器冷却的磁体。

Cryocooler（制冷机）：一种低温制冷装置，通常由两级组成，第一级提供典型冷却温度范围为 50~70 K，第二级为 4.2~20 K。制冷机是"干式"（无制冷剂）LTS 或 HTS 磁体不可或缺的。

Cryogen（制冷剂）：沸点在低温范围的液体。例如：氦（4.22K，1 大气压），氢（20.39 K），氖（27.10 K），氮（77.36 K），氩（87.28 K）。

Cryogen-free magnet（无冷却剂磁体）：非浸泡在制冷剂中的磁体。参见低温冷却磁体和"干式"磁体。

Cryogenic temperature（低温）：低于约 $150\sim200$ K 的温度。

Cryopump（低温真空泵）：使用低温来创造和维持高真空的泵。

Cryostable magnet（低温稳定磁体）：满足斯特科利（Stekly）或等面积判据的磁体。

Cryostat（低温恒温器）：用于保持低温环境的封闭容器，通常由金属制成；对于某些交变电流应用，由绝缘材料制成。

Current sharing temperature（电流分流温度）：导体中的传输电流等于超导体临界电流 $[It=Ic（Tcs）]$ 时对应的温度。

Cyclotron magnet（回旋加速器磁体）：用于产生高能质子或电子的磁体。

DAPAS（Development of Advanced Power System by Applied Superconductivity，基于应用超导的先进电力系统开发）：韩国政府于 2001 年启动的 YBCO 带材和高温超导在电力系统应用（电缆、限流器、电机、变压器）方面的 10 年期研发项目。

DESY（Deutsches Elektronen Synchrotron，德国电子同步加速器研究所）：德国政府运营的高能物理研究中心，主要设施位于汉堡。

Dewar（杜瓦）：用于盛放低温制冷剂的真空容器，以其开发者詹姆斯·杜瓦（James Dewar）命名。

Dilution refrigerator（稀释冷却制冷机）：一种利用氦-3 和氦-4 熵差的 mK 级制冷机，通常在 50 mK 时提供 100 μW 的制冷功率。

Dipole magnet（二极磁体）：一种在室温孔的大部分区间产生均匀横向磁场的磁体，用于偏转粒子加速器和 MHD 系统中的带电粒子。

Discharge voltage（放电电压）：导磁体在放电过程中端子上出现的最大电压，也称为泄放电压。

Double pancake（双饼）：参见饼式线圈。

Driven-mode（驱动模式）：超导磁体的正常工作模式，由电源供电。为了使磁体在驱动模式下保持"恒定"的磁场，它需要一个高度稳定的电流源。

Dry magnet（"干式"磁体）：①不使用环氧树脂或其他填充材料的绕制磁体；②不依赖液态制冷剂冷却的磁体。

Dump（释能）：超导磁体在紧急情况下的强制放电电流。释能通常涉及打开连接电源和磁体的开关，并将大部分储存的磁能通过释能电阻（Dump resistor）释放出来。

Dump resistor（释能电阻）：超导磁体释能过程中电流被迫流过的电阻，通常放置在磁体低温恒温器之外。

EAST（Experimental Advanced Superconducting Tokamak，先进实验超导托卡马克）：位于中

国合肥的等离子体物理研究所的超导托卡马克研发项目。

Eddy-current loss（涡流损耗）：由时变磁场在导电金属中感应产生的涡流导致的损耗。

Energy margin（能量裕度）：绕组的一个小区域在仍保持超导态条件下可承受的最大输入脉冲能量（或能量密度）值；一种稳定性参数。

Engineering Current Density（工程电流密度），Je：超导体的临界电流除以导体的总横截面积。

Epoxy-impregnated magnet（环氧浸渍磁体）：一种用环氧树脂黏合的绝缘磁体，可最大限度地减少可触发 LTS 磁体过早失超（Premature Quench）的导体运动事件。

Fault mode（故障模式）：超导磁体系统的故障。磁体参数通常根据最极端条件的预期故障模式确定。

FEA（Finite Element Analysis，有限元分析）：一种基于计算机的数值分析技术，用于求解磁体系统中复杂的应力分布等。

Flux jumping（磁通跳跃）：超导体的一种热不稳定，其中磁通运动引起发热，而发热又导致进一步的磁通运动。

Flux pinning（磁通钉扎）：一种抑制磁通运动的机制。磁通钉扎力被认为是由晶体结构提供的，可通过材料掺杂、冷加工和热处理引起的非均匀性来增加，从而产生大的 J_c。

Formvar：聚乙烯缩醛的商品名，一种具有百年历史的绝缘材料，可用于工作温度极低的超导体。

Fringing field（边缘场）：磁体系统外部的磁场，通常是不想要的。

G-10：一种层压热固性环氧玻璃纤维复合材料，当金属材料不合适时，用为磁体和低温恒温器的高强度材料。

Gas（or vapor）-cooled lead（气冷引线）：将低温恒温器内部的磁体连接到外部电源的电流引线。冷氦气流过引线，以减少对磁体的热负荷（传导热和焦耳热）。

GLAG theory（GLAG 理论）：20 世纪 50 年代发展的一种唯象理论，用于解释第 II 类超导体的磁行为。该理论描述了相干长度（Coherence length）和穿透深度（Penetration depth）之间的关系、混合态（Mixed state）和上临界场（Upper critical field）。

G-M（Gifford-McMahon）cycle（GM 循环）：斯特林循环（Stirling cycle）的一种适用于低温制冷机的变种，在 20 世纪 60 年代初开发。

Gradient coil（梯度线圈）：一个产生在轴向随位置线性变化磁场的线圈。

Hall probe（霍尔探头）：一种测量磁场的传感器，基于霍尔效应：在给定电流下，其输出电压正比于磁场强度。

He I：正常氦（He4）的非超流态的别名。

He II：超流氦的别名。

He3：原子重量为 3 的氦同位素，1 大气压下的沸点为 3.19K。自然条件下，丰度仅为 He4 的～

$1/10^6$。

He4：原子重量为 4 的氦同位素，1 大气压下的沸点为 4.22K。

HERA（Hadron Elektron Ring Anlage，强子-电子环装置）：位于 DESY 的一个粒子加速器（1992—2007）。

High-performance magnet（高性能磁体）：一种具有高总体电流密度（Overall current density）的磁体，通常是绝热磁体（Adiabatic magnet）。现在的大多数磁体都是高性能的。

Hot spot（热点）：磁体失超后，绕组中达到最高温度的小区域，通常位于失超发生点。

Hot-spot temperature（热点温度）：磁体失超后，热点达到的最高温度。通常，热点温度低于 200K 被认为是安全的。

HT-7U：一个超导 Tokamak 研发项目，现称为 East。

HTS（High-Tc Superconductor，高温超导体）：一类 T_c 高于~25K 的第Ⅱ类超导体；25K 被认为是 LTS 的临界温度极限。迄今为止，除 MgB_2 外，所有已发现的 HTS 都是钙钛矿氧化物（PEROVSKITE Oxide）。第一个 HTS 是 La1.85Ba0.15CuO4（T_c = 35 K），于 1986 年由 IBM 苏黎世研究实验室发现。

Hybrid magnet（混合磁体）：同时包含水冷（Water-cooled）磁体和超导磁体的磁体系统，可实现总磁场的加强。

Hybrid shielding（混合屏蔽）：一种组合使用主动屏蔽（Active shielding）和被动屏蔽（Passive shielding）的磁屏蔽（Magnetic shielding）技术；在一些 MRI 和 NMR 磁体中使用。

Hysteresis loss（磁滞损耗）：因材料的磁滞效应而导致的能量损耗。例如，第Ⅱ类超导体（Type Ⅱ superconductor）或铁磁材料的磁化。

Index number（N 值）：超导体的电压（电场）和电流（电流密度）关系中的指数 n，典型值在 10 到 100 之间。

Induction heating（感应加热）：时变磁场在导电金属中产生的热——当希望有时叫做感应加热，当不希望有时叫做涡流损耗（Eddy-current loss）。

Internal diffusion process（内扩散工艺）：由三菱电机公司于 1974 年开发的改进型 Nb_3Sn 铜基工艺（Bronze process）。

Irreversible field（不可逆场）：超过该磁场值，超导体无法承载足以用于磁体运行的传输电流。

Iseult：一个位于 CEA Saclay 的法国-德国合作项目，旨在建造用于脑成像的 11.74 T $\frac{(500\ \text{MHz})}{900\ \text{mm}}$ 室温孔的 MRI 超导磁体，磁体全部采用 NbTi 材料，运行在 1.8K，储存磁能~330 MJ。在德国，称为 INUMAC（最初称为 Isolde）。

ITER（International Thermonuclear Experimental Reactor，国际热核试验反应堆）：一个国际合作项目，旨在在法国 CEA 卡达拉什建成一个具有突破性意义的托卡马克反应堆。

"Jelly-roll" process（"卷饼"工艺）：一种制造 NbTi、Nb_3Sn 等 LTS 的工艺，其中"箔状"的超导体成分被卷起来形成基本锭。该工艺于 1976 年开发。也用于制造一些 HTS。

Josephson effect（约瑟夫森效应）：一种量子效应，其特征是超电子通过约瑟夫（Josephson）结绝缘体的隧穿，并在没有外施电压的情况下可观察到电流。基于 B. 约瑟夫（B. Josephson）在 1964 年的理论工作。

Josephson junction（约瑟夫森结）：一种由 2 个超导体薄片和中间的氧化层组成的器件。约瑟夫（Josephson）结用于 SQUID 和其他微电子器件。

J-T（Joule-Thomson）valve（J-T 阀）：一种针阀，工质在其中绝热等焓膨胀，膨胀过程不可逆。

Kaiser effect（凯泽效应）：结构在循环载荷下观察到的一种机械行为，此种事件（例如超导磁体中的导体运动和环氧开裂）仅在载荷超过前一循环达到的最大水平时才会出现。于 1950 年代初发现。参见 AE。

Kapitza resistance（卡皮查热阻）：液氦与固体传热时出现在两者界面上热阻，由 P. 卡皮查（P. Kapitza）在 1941 年发现。

Kapton（卡普顿）：一种聚酰亚胺薄膜的商标，可用作绝缘材料。

Kevlar（凯夫拉）：一种强度高且轻质的聚芳酰胺合成纤维的商标名称。凯夫拉（Kevlar）有 29、49 和 149 三种不同的型号，其中 49 广泛用于低温应用。

Kohler plot（科勒图）：一种将磁场和温度对导电金属低温（Cryogenic temperatures）电阻率的影响组合在一起的图。

KSTAR（Korean Superconducting Tokamak Reactor，韩国超导托卡马克反应堆）：韩国基础科学研究所的超导托卡马克反应堆，用于聚变科学和技术研发。

Lambda point（λ 点）：正常氦（He4）变成超流氦（Superfluid Helium）的温度值。当压力为 38 torr（0.050 atm）时，该值为 2.172 K。

Laser cooling（激光冷却）：一种利用光子，一种"原子激光"——从原子中移除热量从而将其冷却到极低温度（nK - pK）的技术。

Layer winding（层绕）：一种通过将导体以螺旋形式逐层绕在骨架上制造螺管线圈的技术。

LHC（Large Hadron Collider，大型强子对撞机）：迄今为止建造的最大粒子加速器和对撞机，位于欧洲核子研究组织（CERN），主环（近似圆形）直径为 8.5 km。

LHD（Large Helical Device，大型螺旋装置）：一个超导仿星器（Stellarator），运行在日本的国立聚变科学研究所（National Institute for Fusion Science）。

Lorentz force（洛伦兹力）：磁体中最重要的力，源于磁场和电流的相互作用，以荷兰物理学家 H. 洛伦兹（H. Lorentz，1853—1928）命名。

Lower critical field（下临界场），H_{c1}：超导体的磁行为不再表现为完全抗磁性的磁场值。

LTS（Low-Tc Superconductor，低温超导体）：大部分金属超导体的临界温度 Tc < 25 K，第一个 LTS（Hg，汞）是在 1911 年发现的。1950 年代，贝尔实验室的科学家发现了许多用于磁体的超导体，例如 Nb_3Sn。西屋研究实验室的研究（1961 年）为 NbTi 合金发展奠定了基础。

Maglev（Magnetic levitation，磁悬浮）：磁悬浮是由磁力吸引或排斥实现的。一条由德国制造的"吸引式"磁悬浮线（使用永磁体），连接浦东国际机场和上海市中心，全长 30 km，时速最高 500 km/h（额定速度 430 km/h），自 2004 年起运行。一条长 370 km、时速 500 km/h 的"排斥式"磁悬浮线（使用超导磁体），连接东京和名古屋，预计将于 2025 年开始运营。因为车辆推进采用线性电机原理，日本称为"Linear"。

Magnet-grade superconductor（磁体级超导体）：满足磁体的苛刻要求且能商业化获得的超导体。参见 NbTi，Nb_3Sn，Bi2212，Bi2223，MgB_2，YBCO。

Magnetic confinement（磁约束）：在聚变反应堆中，利用磁场约束和稳定热等离子体的技术。

Magnetic drag force（磁阻力）：由涡流损耗（Eddy-current loss）引起的一种阻力。

Magnetic pressure（磁压）：磁场产生的压力，等于磁能密度。

Magnetic refrigeration（磁制冷）：基于绝热去磁的制冷技术。

Magnetic shielding（磁屏蔽）：对人员或磁场敏感设备进行的边缘场屏蔽。

Meissner effect（迈斯纳效应）：超导体的磁通完全被排斥出超导体内部的现象。完全抗磁性是超导体最根本的性质，于 1933 年发现。

"Melt" process（熔化法）：熔融粉末熔融生长（melt-powder-melt-growth，MPMG）工艺的简称，该工艺可制备出均匀高质量 YBCO，于 1991 年由位于东京的国际超导技术中心开发。

MgB_2（Magnesium diboride，二硼化镁）：一种类金属化合物，目前唯一的非氧化物 HTS，Tc = 39 K。它在 2001 年由东京青山大学的团队发现，以多丝导体（Multifilamentary conductor）线和带的形式生产。

MHD（Magneto Hydro Dynamic，磁流体力学）：研究导电流体在磁场中的运动的学科。

Mixed state（混合态）：在第 II 类超导体（Type II superconductor）的大部分磁场范围内，超导态"海"中存在正常态的"岛"的一种状态。参见 Glag Theory。

MPZ（Minimum Propagating Zone，最小传播区）：磁体绕组内能够支持焦耳热产生而不扩大的最大体积。

MRI（Magnetic Resonance Imaging，磁共振成像）：利用磁场通过核磁共振（NMR）创建脑部和其他身体部位的用于诊断的可视图像。参见 Iseult。

Multifilamentary conductor（多丝导体）：为最小化交流损耗（AC loss），由大量超导丝（每根通常直径小于 100 μm）经过换位或扭转后嵌入到正常金属基材中形成的复合导体（Composite superconductor）。

Mylar：聚酯薄膜（厚度为 25 ~ 150 μm）的一个商标名，用作电绝缘或热绝缘材料，在低温

（Cryogenic Temperature）下比 Kapton 更脆。

Nb₃Sn（铌三锡）：铌和锡的一种金属间化合物。它和 NbTi 是唯二的 LTS 磁体级超导体（Magnet-grade superconductor）。

NbTi（铌钛）：铌和钛的合金，通常含有约 50%wt. 的钛，是最广泛使用的磁体级超导体（Magnet-grade superconductor）。

NMR（Nuclear Magnetic Resonance，核磁共振）：一种原子核在磁场中吸收和发出射频辐射的量子效应。NMR 波谱仪用于研究有机化合物，特别是蛋白质的分子结构。更高的磁场可以改善分辨率和信噪比。质子（^{1}H）的共振频率与磁场成正比，在 1 T 下为 42.576 MHz，在 23.49 T 下为 1 GHz。

Nomex：芳纶的一种商标名，用于导体之间的绝缘薄片。

NZP（Normal Zone Propagation）velocity（正常区传播速度）：正常态和超导态间边界的传播速度，LTS 中的 NZP 速度比 HTS 中的更高。

OFHC（Oxygen-Free-High-Conductivity）copper（无氧高导铜）：一种高纯度铜，在常规金属导体中广泛应用，尤其适用于低温应用。

Ohmic heating magnet（欧姆加热磁体）：一种用于加热和稳定等离子体的脉冲磁体（Pulse magnet）。

Overall current density（总体电流密度）：总安培匝数除以绕组横截面积。

Pancake coil（饼式线圈）：一种看起来像“薄饼”的扁平线圈，导体从中心向外螺旋绕制，各匝在同一平面内。双饼（Double-pancake）线圈由导体从一个饼的外部螺旋向内绕，然后再从另一个饼的内部螺旋向外绕而制成的，在内直径处的螺旋过渡匝是连续的。

Paper magnet（纸上磁体）：止步于设计阶段的磁体，对参数研究很有用。

Passive shielding（被动屏蔽）：一般用铁磁材料（如钢）制作的磁屏蔽；在低温环境中，可以用 HTS 圆柱体。

PCS（Persistent-Current Switch，持续电流开关）：将持续模式（Persistent-mode）超导磁体的端子旁路，使其处于闭合状态（超导态）或打开状态（电阻态）。

Penetration depth（穿透深度）：在第 II 类超导体中，将内部磁场排出的表面超导电流的深度。这个概念是由 F. London）和 H. London 兄弟在 1930 年代引入的。

Permanent magnet（永磁磁体）：由具有高矫顽力（Coercive force）的铁磁材料磁化后制成的磁体，它可以在一个小体积内提供高达约 2 T 的磁场。

Perovskite（钙钛矿）：大多数 HTS、铁电材料、铁磁和反铁磁材料具有的立方晶体结构，该名称来自俄罗斯部长 L. A. 冯·佩罗夫斯基（L. A. von Perovski，1792—1856）。

Persistent-mode（持续模式）：对一个通电的超导磁体，通过持续电流开关（PCS）将其与电源解耦以维持“恒定”磁场的一种工作模式。参见驱动模式。

Phenolic（酚醛树脂）：一种热固性树脂，通常使用亚麻布、棉布甚至纸层压增强。与 G-10 相比强度弱，但更易加工。

Piezoelectric effect（压电效应）：一些晶体（如石英）的应变引发电势，反之亦然，是一种机械效应和电效应的耦合现象，由皮埃尔·居里（Pierre Curie）（1859—1906）于 1880 年发现。声发射（AE）传感器利用了这种效应。

Poloidal magnet（极向磁体）：一种在基于磁约束（Magnetic confinement）的聚变装置中产生沿轴向（垂直方向）磁场的脉冲磁体（Pulse magnet），用于等离子体的稳定。

ppm（parts per million，百万分之一）：一个无量纲数，用于表示物质的微量或与标准的偏差，例如，场强的微小变化。

Prandtl number（普朗特数）：一个无量纲系数，等于运动黏度与热扩散率之比，用于衡量对流传热中动量和热的相对扩散速率。以 L. 普朗特（L. Prandtl，1875—1953）的名字命名。

Premature quench（过早失超）：超导磁体在设计工作电流以下发生的失超（QUENCH）的。在一些 LTS 绝热磁体（Adiabatic magnet）中仍然"偶尔"发生。

Pulse magnet（脉冲磁体）：产生短时磁场的磁体，时间范围在微秒到几分之一秒。

Quadrupole magnet（四极磁体）：一种在其室温孔中心区域沿轴线横向产生线性梯度磁场的磁体，用于在粒子加速器中聚焦粒子。

Quench（失超）：超导态向正常态的转变，尤其指磁场或磁体的一部分快速且不可逆的转变为完全正常态的过程。

R3B-GLAD（Reactions with Relativistic Radioactive Beams of Exotic Nuclei-GSI Large Acceptance Dipole）：由萨克雷研究所（CEA Saclay）设计的一套超导磁体系统，包括 6 个跑道磁体（Racetrack magnet），将安装在德国的 GSI（Gesellschaft für Schwerionenforschung）研究中心，用于研究奇异核的结构或反应机制。

Racetrack magnet（跑道磁体）：一种类似跑道的磁体，其线圈在一个平面上绕制，每匝都有两条平行的边，两端则由半圆连接起来。

React-and-wind（先反应后绕）：一种用于已反应超导体（例如 Nb_3Sn 和 HTS）的线圈绕制技术，它仅适用于在绕制过程中产生的应变能够控制在超导体应变容限范围内的情况。

Regenerator（再生器）：斯特林（Stirling）循环和 G-M 循环（G-M cycle）中的一个组件，用于在等容过程中储存和释放热量。在低于约 10K 的工作条件下，稀土材料被证明是有效的。

Reynolds number（雷诺数）：一个无量纲数，描述了流体黏性流动时惯性力和黏性力的比值，以 O. 雷诺（O. Reynolds，1842-1912）的名字命名。

RHIC（Relativistic Heavy Ion Collider，相对论重离子对撞机）：一台超导粒子加速器和对撞机，位于纽约长岛的布鲁克黑文国家实验室，自 2000 年起运行。

RRR（Residual Resistivity Ratio，剩余电阻率）：某种金属在 273 K 的电阻率与在低于约 10K（通常为 4.2K）的电阻率的比，是纯度指标。

Rutherford cable（卢瑟福电缆）：一种适用于低交流损耗（AC Loss）应用的扁平双层电缆，

于 1970 年代在英国的 Rutherford Appleton 实验室开发。每层中的多丝导体（Multifilamentary conductor）以相对于导体轴一定的角度和扭绞节距（Twist Pitch Length）在电缆的两侧交替排列，扭绞节距由倾斜角度和电缆宽度定义。一些设计中在层之间有起加强作用的高强条带。

Saddle magnet（鞍形磁体）：一种绕组像鞍形的磁体。通过配置，鞍形磁体可以产生二极场、四极场、六极场……

Saturation magnetization（饱和磁化强度）：铁磁材料的最大磁化强度。

Search coil（搜索线圈）：一种用于测量磁场的线圈，需要一个非常稳定的积分器来将搜索线圈的输出电压转换为与磁场强度成比例的电压。

Self−field loss（自场损耗）：超导体内通过传输电流而产生的磁场引起的超导体内的磁滞交流损耗（AC loss）。

SFCL（Superconducting Fault Current Limiter，超导限流器）：限流器的超导版本，一种限制电网线路短路期间电流突升的装置。

Shim coils（补偿线圈）：一组被添加到主磁场中以使得合成磁场满足空间磁场要求的"修正"线圈，可以是超导线圈、铜线圈（在室温下运行）或两者兼有。有时也会使用铁磁材料来实现相同的目标。

Skin depth（集肤深度）：正弦时变磁场的振幅在距离金属表面一定距离处衰减至表面磁场的 $0.37\left(=\dfrac{1}{e}\right)$ 倍时对应的距离，由集肤效应（Skin effect）引起。

Skin effect（集肤效应）：指处在时变磁场中的金属，其感应表面电流屏蔽了金属内大部分的磁场的现象。参见 Skin depth。

SMES（Superconducting Magnetic Energy Storage，超导磁储能）：超导磁体利用磁场储存电能，用于电网的能量调节。

SOR（Synchrotron Orbital Radiation，同步轨道辐射装置）：一种通过在通常由超导磁体产生的磁场中加速电子来产生 X 射线的装置。

SQUID（Superconducting QUantum Interference Device，超导量子干涉仪）：一种利用 Josephson 效应（Josephson effect）测量最小可能磁通变化的器件。

SSC（Superconducting SuperCollider，超导超级对撞机）：该项目原计划将成为最大的（比 LHC 更大）高能物理研究用粒子加速器和对撞机，1993 年终止。

Stekly criterion（斯特科利判据）：一个适用于低温稳定磁体（Cryostable magnet）的设计判据，其中冷流与导体的完全正常态焦耳热量相匹配。

Stellarator（仿星器）：一种环形等离子体聚变磁约束（Magnetic confinement）设备，由普林斯顿大学的莱曼·斯皮策（Lyman Spitzer，1914—1997）发明。第一台仿星器于 1951 年在普林斯顿等离子物理实验室建造。

Stirling cycle（斯特林循环）：一种含有再生器的循环，是由苏格兰的 R. 斯特林（R. Stirling，1790—1878）在 1910 年代末发明，具有与卡诺循环相同的效率。

Storage dewar（储存杜瓦）：一种绝热的低温制冷剂（Cryogen）容器。参见 Cryostat 和 Dewar。

Stycast：环氧树脂的一种商标名。Stycast 2850 被用作低温实验中的密封剂和热导率较高的（有机材料）黏合剂。

Styrofoam：聚苯乙烯泡沫的一种商标名，可用于液氮低温恒温器（Cryostat）。

Subcooled superfluid helium（过冷超流氦）：高于平衡压力的超流氦。

Submicron conductor（亚微米导体）：一种丝径为 0.1~0.5 μm 的多丝导体（Multifilamentary conductor），旨在减少在 60 Hz 应用中的磁滞损耗（Hysteresis loss）。

SULTAN（德语 SupraLeiter Test Anlage，英译 Superconducting Test Facility，超导试验装置）：一台用于测试高电流超导电缆的 11 T 分裂成对螺线管装置，具有一个 100 mm 的中平面间隙，使样品能够在与其轴线垂直的磁场中进行测试，位于瑞士的保罗·谢尔（Paul Scherrer）研究所。

Superconducting generator/motor（超导发电机/电动机）：带有超导转子的发电机/电动机。

Superconducting power transmission（超导输电）：使用超导电缆进行交流或直流的电能传输。

Supercritical helium（超临界氦）：高于临界点（2.26 atm 和 5.20 K）的氦。

Superfluid helium（超流氦）：具有奇特性质的一种液氦状态，存在于 λ 点（Lambda point）2.172 K 之下。

Superinsulation（超级绝热）：主要用于 80~300 K 范围低温恒温器真空空间的镀铝聚酯薄膜（迈拉，Mylar），可减少辐射热输入。

Teflon：聚四氟乙烯的商标名。可制成块材或涂层，因其在低温（Cryogenic temperature）下具有低摩擦系数和韧性而受到重视。

Tevatron：第一台超导粒子加速器，自 20 世纪 80 年代起在美国伊利诺伊州的费米国家实验室运行。其尺寸和性能已被 LHC 超越。

Tokamak（俄语 тороидальная камера с магнитными катушками，英译 Toroidal Chamber in Magnetic Coils，用线圈进行磁约束的环形真空室）：一种环形热核聚变设备，利用磁约束（Magnetic Confinement）来容纳高温等离子体。这个概念由位于莫斯科的 Kurchatov 原子能研究所的 L. A. Artsimovich 和 A. D. Sakharov 在 20 世纪 50 年代提出。参见 East、Iter、Kstar 和 Tore Supra。

Tore Supra：一个使用超导磁体的托卡马克，浸泡在过冷超流氦中，自 1988 年起在 CEA 卡达拉什运行。

Toroidal magnet（环形磁体）：一种产生环向（方位角方向）磁场的磁体，用于约束热等离子体。超导版本是直流磁体。

Training（锻炼）：高性能磁体（High-Performance magnet）的一种行为，通过连续的过早失超（Premature quench）可逐步达到其设计运行电流。

Transfer line（传输管路）：一种双壁真空绝热管路，用于将液氦从储存杜瓦（Storage dewar）传输到低温恒温器（Cryostat）。

Transposition（换位）：在换位电缆中，每个股线在其重复长度内，在电缆的整个直径上的每个径向位置上都出现一次。

Triple point（三相点）：固态、液态和气态平衡的相点。氢（13.8033 K）、氖（24.5561 K）、氧（54.3584 K）、氩（83.8058 K）、汞（234.3156 K）和水（273.16 K）的三相点是 1990 年国际温标（ITS-90）中的固定点。氦没有确定的三相点。

Twist pitch length（扭绞节距）：以下情况下的线性距离：①扭转多丝导体完成一个完整的螺旋；②换位电缆的股线完成一个重复模式。

Type I superconductor（第 I 类超导体）：在其临界场之下都存在迈斯纳效应（Meissner effect）的超导体，因其机械强度较低也称为"软超导体"。

Type II superconductor（第 II 类超导体）：一种存在混合态（Mixed state）的超导体，也叫作"硬超导体"。第一个第 II 类超导体是一种铅铋合金，于 1930 年发现。

Upper critical field（上临界场），Hc2：第 II 类超导体完全失去超导性的磁场值。

Vapor-cooled lead（气冷引线）：参见 GAS（Orvapor）-Cooled Lead。

von Mises stress（冯·米塞斯应力）：一种特别适用于延性材料的应力度量。主应力为 σ1、σ2 和 σ3 的材料，当 von Mises 应力超过屈服应力（Yield Stress）时，材料将开始屈服。计算公式为 $\dfrac{\left[(\sigma1-\sigma2)2+(\sigma2-\sigma3)2+(\sigma3-\sigma1)2\right]}{2}$。

Water-cooled magnet（水冷磁体）：通常是由铜或铜合金制成的磁体，一般通过绕组或冷却板中的管道中的迫流水进行冷却。

Wendelstein 7-X（W7-X）：一台研发中的仿星器，将被安装在德国的等离子体物理研究所。

Wind-and-react（先绕后反应）：这是一个由 2 个阶段组成的线圈制备技术：首先用"未反应"的超导体进行线圈绕制，然后对线圈进行热处理。这种技术通常用于 Nb_3Sn 这样的导体，其绕制过程中可能会产生应变，降低超导体的性能。这个过程比"先反应后绕"（React-and-wind）过程更加困难，主要是因为高温反应会限制在热处理前许多材料的使用，如有机绝缘体。

YBCO：一种基于钇的 HTS（YBa2Cu3O7-δ），$T_c = 93$ K，于 1987 年由朱经武领导的阿拉巴马（Alabama）大学和休斯敦（Houston）大学的研究小组发现。最初只能制备成块材，现在也可以制成涂层导体（带）。

Yield stress（屈服应力）：材料开始发生塑性形变的应力，此时材料开始偏离初始的弹性（线性）应力-应变行为。参见 Von Mises stress。

Young's modulus（杨氏模量）：材料的刚度，等于其在弹性应力-应变范围内的应力应变比。也用弹性模量等不同的术语来描述。

Ⅶ　索　引